ALBERT MAUMENÉ

MANUEL PRATIQUE
DE
JARDINAGE
ET D'HORTICULTURE

PARIS
L. MULO, LIBRAIRE-ÉDITEUR
12, RUE HAUTEFEUILLE, 12
1900

8°S
10664

ENCYCLOPÉDIE-RORET

JARDINAGE ET HORTICULTURE

EN VENTE A LA MÊME LIBRAIRIE

NOUVELLE COLLECTION
DE
L'ENCYCLOPÉDIE-RORET
Format in-18 jésus 19 × 12

Manuel de l'Apiculteur mobiliste, nouvelles Causeries sur les Abeilles en 30 leçons, par l'abbé Duquesnois, curé de Saint-Cyr-sous-Dourdan, auteur des *Causeries sur les Abeilles*. 1 vol. in-18 jésus, orné de 50 figures dans le texte (Médaille d'argent à Bar-le-Duc). . . 3 fr.
— **de l'Eleveur de Faisans**, par H.-L.-Alph. Blanchon. 1 vol. in-18 jésus, ornée de 31 fig. dans le texte. . . . . 2 fr.
— **de l'Eleveur de Poules**, par H.-L.-Alph. Blanchon. 1 vol. in-18 jésus, orné de 67 fig. dans le texte (Médaille de vermeil). . . 3 fr.
— **du Pisciculteur**, par H.-L.-Alph. Blanchon, 1 vol. in-18 jésus, orné de 66 fig. dans le texte. . . . . 3 fr. 50
— **de l'Eleveur de Pigeons**, par H.-L.-Alph. Blanchon. 1 vol. in-18 jésus, orné de 44 fig. dans le texte. . . . . 3 fr.
— **de l'Eleveur de Lapins**, par Willemin, 1 vol. in-18 jésus, orné de 24 fig. dans le texte. . . . . 2 fr. 50
Cordon Bleu (le), Nouvelle Cuisinière Bourgeoise, par Mlle Marguerite, 14e édition. 1 vol. in-18 jésus, orné de figures dans le texte. (*En préparation.*)
Eléments Culinaires (les), à l'usage des jeunes filles, par Auguste Colombié. 1 vol. in-18 jésus, cartonné. . . . . 3 fr.
Traité pratique de Cuisine bourgeoise, par Auguste Colombié. 1 vol. in-18 jésus, cartonné. . . . . 4 fr.
100 Entremets, par Auguste Colombié. 1 vol. in-18 jésus, cartonné. 2 fr.
Manuel de Jardinage et d'Horticulture, par Albert Maumené, professeur d'horticulture, diplômé de l'Ecole d'arboriculture de Paris, lauréat des Cours d'horticulture et boursier du département de la Seine; avec la collaboration de Claude Trébignaud, arboriculteur. — 1 vol. in-18 jésus, orné de 275 figures dans le texte. . . . . 6 fr.
— **de l'Agriculture**, par Louis Beuret et Raymond Brunet. 1 vol. in-18 jésus. (*En préparation*).

Vient de paraître :

GUIDE PRATIQUE
DE
TEINTURE MODERNE
SUIVI DE
L'ART DU TEINTURIER-DÉGRAISSEUR

Contenant l'étude des fibres textiles et des matières premières utilisées en Teinture, et des procédés les plus récents pour la fixation des couleurs sur la laine, soie, coton, etc.

Par **V. THOMAS**
Docteur ès sciences,
Préparateur de Chimie appliquée à la Faculté des Sciences de l'Université de Paris.

1 volume grand in-8° raisin, orné de 133 figures dans le texte. . . . **20 fr.**

Coulommiers. — Imp. Paul Brodard. — 1188-99.

MANUEL PRATIQUE
DE
JARDINAGE
ET D'HORTICULTURE

Première partie
NOTIONS GÉNÉRALES, MULTIPLICATION DES VÉGÉTAUX

Seconde partie
CULTURES UTILITAIRES, POTAGÈRES ET FRUITIÈRES DE PLEIN AIR
ET DE PRIMEURS

Troisième partie
CULTURES D'AGRÉMENT, DE PLEIN AIR ET DE SERRES
CRÉATION ET ORNEMENTATION DES JARDINS
GARNITURES D'APPARTEMENT, CORBEILLES, BOUQUETS, ETC.

PAR

ALBERT MAUMENÉ
Professeur d'Horticulture
Diplômé de l'École d'arboriculture de Paris
Lauréat des cours d'horticulture et Boursier du département de la Seine

AVEC LA COLLABORATION DE

Claude TRÉBIGNAUD
Professeur d'Arboriculture fruitière

ILLUSTRÉ DE 275 FIGURES DANS LE TEXTE

PARIS
L. MULO, LIBRAIRE-ÉDITEUR
12, RUE HAUTEFEUILLE, 12
1900

Propriété de l'Éditeur.

INTRODUCTION

Le livre que je présente aujourd'hui et dans lequel je me suis attaché à traiter les procédés de culture les plus simples, les plus rationnels et les plus perfectionnés est conçu avec les idées modernes.

Mon but, dans l'idée générale, a été de réunir l'agréable à l'utile. N'est-ce pas aussi celui poursuivi par l'humanité, dans la recherche de ce qui sert et de ce qui plaît ?

Le *Nouveau Manuel de Jardinage et d'Horticulture* ne s'adresse certes pas aux professeurs et aux grands amateurs d'horticulture : ses prétentions ne sont pas aussi élevées.

Il s'adresse à l'amateur comme à l'ouvrier qui cultivent eux-mêmes leur jardin; à l'apprenti jardinier et au jardinier pour qui il veut être le memorandum de leurs connaissances pratiques. Son but est donc modeste.

Aussi bien dans le classement général que dans la distribution des divers sujets, dans chacune des parties, j'ai suivi l'ordre naturel et rationnel. Ainsi on crée un jardin, on le plante et on l'orne; mais ces choses ne se font pas inversement.

La **Première partie** est réservée aux notions générales et à la multiplication des végétaux. La **Seconde partie** aux cultures utilitaires : potagères et fruitières. La **Troisième partie** aux cultures d'agrément : création et plantation des jardins, la floriculture de plein air et de serre, l'ornementation des jardins; quelques cultures spéciales, etc. Et enfin, cela visant surtout la maîtresse de maison, quelques pages sont réservées aux fleurs à couper, aux garnitures d'appartement et à la confection des corbeilles et des bouquets, ce que l'on chercherait en vain dans les ouvrages de ce genre. D'ailleurs, la table des matières donne une idée des sujets traités.

Dire que toutes ces questions ont été développées longuement avec tous les détails qu'elles comportent ne serait pas toujours exact. Dans beaucoup de cas, pour me permettre d'être complet et, par exemple, de comprendre le plus grand nombre possible de plantes, j'ai dû être bref et ne dire que le strict nécessaire, limité forcément par le cadre de cet ouvrage.

J'ai tenu, avant tout, que ce traité soit pratique, qu'on y sente la main de l'homme du métier et c'est pourquoi, malgré que j'eusse pu l'écrire seul en consultant mes cahiers de cours et les ouvrages déjà nombreux sur ce sujet, j'ai préféré m'adjoindre un collaborateur. Ce collaborateur je l'ai trouvé en mon ami, M. Claude Trébignaud, un jeune, mais déjà bon arboriculteur, qui fait, dans ce livre, pour quelques chapitres, ses premières armes d'écrivain horticole.

Nous avons rédigé en commun le chapitre « Greffage » et la partie utilitaire, tandis que je me suis absolument réservé la rédaction de la première partie et de toute celle concernant « l'Horticulture d'ornement ». Cela nous a permis de donner une note personnelle, selon nos aptitudes, aux parties que nous traitions car, dans le jardinage peut-être plus encore que dans les autres professions, on ne peut être universel.

Je dois remercier M. F. Despinoy, ancien élève diplômé de l'École nationale d'Horticulture de Versailles, dont j'ai mis à contribution, pour le chapitre « Les ennemis des végétaux », les connaissances spéciales qu'il possède sur ce sujet, ainsi que MM. Theulier et Buttel des quelques renseignements qu'ils m'ont fournis.

L'illustration de ce livre a été l'objet de tous mes soins et je dois remercier l'éditeur qui m'a laissé libre de comprendre les figures qui étaient nécessaires. Au moins, si les gravures ne sont pas aussi nombreuses que celles d'autres livres, elles ont au moins le mérite d'être originales. Toutes ont été spécialement dessinées pour cet ouvrage, d'après nature, ou d'après des photographies et croquis. J'ai moins tenu à donner des images que des reproductions exactes et précises qui complètent les explications du texte.

En un mot, j'ai fait en sorte de comprendre le plus de sujets possible et de traiter ces sujets avec les idées modernes. Cela ne veut pas dire que ce livre soit parfait. Nul ne l'est. Qu'importe ; il nous suffit qu'il soit utile pour que nous ne regrettions pas de l'avoir écrit.

Que toutes ces pages aillent donc, avec celles des autres auteurs, semer les bonnes idées au profit du jardinage, et que ces idées étouffent l'ivraie de la routine de leurs fortes racines !

Paris, mai 1900.

ALBERT MAUMENÉ.

NOUVEAU MANUEL PRATIQUE
DE
JARDINAGE ET D'HORTICULTURE

PREMIÈRE PARTIE

QUESTIONS GÉNÉRALES — LES ENNEMIS DES PLANTES
LA MULTIPLICATION DES VÉGÉTAUX

CHAPITRE I

LE SOL ET LES ENGRAIS

I. Les différentes sortes de terres et le rôle qu'elles jouent dans les cultures. — II. Les amendements. — III. Les composts. — IV. Les engrais dits naturels. — V. Les engrais chimiques. — VI. Les labours et défoncements. — VII. Les binages, buttages et sarclages. — VIII. Procédés élémentaires pour l'analyse des terres.

Avant de nous occuper des procédés de culture, il est indispensable de passer en revue quelques questions qui sont inhérentes à la vie des plantes; parmi celles-ci, l'examen des différentes sortes de terres a une certaine importance. Car tous les sols ne sont pas également bons et toutes les plantes ne viennent pas indifféremment dans n'importe quel terrain.

Jardinage.

I. — Les différentes sortes de terres.

La terre propre à la culture des plantes et à laquelle on donne la dénomination générale de terre arable, principalement à la partie du sol qui est travaillée par les instruments aratoires, est composée de matières minérales et organiques. Ces deux substances entrent en plus ou moins grande partie selon la nature du sol. C'est ainsi que dans une terre franche les matières minérales dépassent de beaucoup les matières organiques. Il en est tout autrement pour la terre de bruyère, qui contient généralement plus de matières organiques; c'est encore le même cas pour la terre des jardins maraîchers parisiens qui, par les fumiers successivement apportés, a changé complètement de composition et présente autant, si ce n'est plus, de matières organiques que de matières minérales.

Ceci dit, examinons les différentes natures de terres qui se présentent dans les cultures.

La *terre argileuse* est compacte, froide, retient l'eau, se durcit très vite et se fendille; elle n'est pas très favorable à une bonne végétation, à celle des petites plantes en particulier.

La *terre calcaire* est blanchâtre, elle s'humecte et se dessèche facilement, a peu de consistance, conserve mal les engrais, elle se délite dans l'eau et est très froide.

La *terre siliceuse* ou *sablonneuse* est légère, très perméable à l'eau et à l'air, s'échauffe et se dessèche rapidement; certaines plantes y croissent facilement.

La *terre franche*, nommée *terre à blé*, est composée de ces trois sortes de terres et de matières organiques; elle est de consistance moyenne et très favorable à la végétation; c'est la terre par excellence pour la majorité des arbres fruitiers et d'ornement, des légumes et des fleurs.

La *terre de jardin* est en quelque sorte une terre franche que les apports successifs d'engrais organiques, en modifiant complètement sa nature primitive, ont rendue plus légère et plus humeuse; elle convient à la majorité des légumes et des fleurs; elle est chaude et facile à travailler, contient autant, sinon plus, de matières organiques que de matières minérales.

La *terre de gazon* est obtenue par la décomposition de plaques de gazon et est excellente pour additionner à certaines terres, principalement pour le rempotage des plantes en vases et pour certains semis.

La *terre de bruyère* est composée de silice et de matières organiques, provenant de la décomposition de végétaux. On la trouve dans certaines forêts. Elle convient à une série de végétaux dits de terre de bruyère et est utilisée en plus ou moins grande proportion pour le rempotage des plantes.

Le *terreau de feuilles* est obtenu par la décomposition des feuilles; celui que l'on ramasse dans les bois, dont les feuilles se sont décomposées sans qu'il y ait eu fermentation, est généralement meilleur que celui obtenu en ramassant les feuilles en tas pour en activer la décomposition, car il faut éviter qu'elles ne s'échauffent de trop. On l'utilise comme la terre de bruyère.

Le *terreau de fumier* provient de la décomposition des fumiers; le terreau de fumier de cheval est plus chaud mais aussi plus sec et moins fertile que le terreau de fumier de vache. Les terreaux de fumiers sont additionnés aux terres pour les plantes en pots. Ils sont aussi très employés pour les semis. On fait très souvent du terreau avec diverses matières, ratissages d'allées, herbes, etc.

La *terre fibreuse*, qui est principalement employée pour le rempotage de certaines *Orchidées* et *Aroïdées*, est tout simplement un amas de racines d'une *Fougère* : le Polypode vulgaire.

Il me faut aussi signaler le *Sphagnum*, qui est une mousse dont on se sert pour le rempotage des *Orchidées* ainsi que des *Aroïdées* et de diverses autres plantes également. Le meilleur est le *Sphagnum* à grosses têtes.

La *terre de Camphier* constitue un des secrets de la culture du Chrysanthème au Japon pour l'obtention des grandes fleurs. On importe maintenant en France de cette terre spéciale qu'il suffit d'additionner à raison de 5 kilogrammes par mètre cube pour obtenir de bons résultats sans employer d'autres engrais.

La *fibre de Jadoo* est en quelque sorte un terreau fabriqué, très humeux, composé de toutes sortes de détritus végétaux : Palmiers, Fougères, etc., encore arrosé d'engrais. Le Jadoo donne d'excellents résultats, additionné de terre de jardin et de sable pour les plantes en pots, et peut servir comme fumure pour les cultures de légumes et de fleurs en pleine terre.

II. — Les amendements.

Amender un terrain c'est modifier ses propriétés physiques en lui fournissant les éléments qui lui manquent en totalité ou en partie. Les amendements sont *modifiants* lorsqu'ils changent la nature du sol et *stimulants* lorsque les matériaux employés excitent la végétation en facilitant la décomposition des matières organiques. Les amendements à l'aide de la marne et de la chaux sont des amendements *stimulants*.

On les applique principalement dans les bois et marais tourbeux défrichés, terrains humeux, etc.

Les amendements *modifiants* consistent à incorporer dans un sol argileux des terres sablonneuses et du calcaire pour en diminuer la compacité; dans une terre sablonneuse, de l'argile, des curures d'étangs, de fossés, de gazons, en un mot tout ce qui peut lui donner un peu de consistance.

III. — Les composts.

On donne le nom de compost à un mélange de diverses sortes de terres et d'engrais. Ces mélanges sont principalement faits pour le rempotage et le surfaçage des plantes en pots.

Lorsque l'on vise une production de tiges et de feuilles, ceci principalement pour les plantes à feuillage, les matières azotées doivent dominer dans les composts; il en est tout autrement lorsque l'on traite des plantes en vue de leur floraison, car, alors, les engrais phosphatés et potassiques doivent dominer.

La terre franche offrant beaucoup de consistance, ne rentre généralement qu'en faible partie dans les composts destinés aux plantes en pots; on lui préfère généralement la terre de gazon ou « loam » des Anglais.

Certains composts se préparent au moment de les utiliser; d'autres, au contraire, quelques mois avant, principalement ceux dans lesquels entrent certaines matières qui doivent faire leur effet et se mélanger intimement avec les autres avant que l'on s'en serve.

IV. — Les engrais dits naturels.

On distingue deux sortes d'engrais : les *engrais organiques*, qui proviennent de la décomposition des matières animales et végétales, ainsi que les *engrais liquides*, et les *engrais minéraux*, plus connus sous le nom d'*engrais chimiques*.

Parmi les premiers le plus employé est le fumier d'étable ; les *fumiers chauds*, tels ceux de cheval et de mouton, conviennent surtout pour les terres froides, compactes ; tandis que les *fumiers froids*, tels ceux des bêtes à cornes, sont excellents pour les sols chauds et secs.

Tous les déchets de cuisine, herbes, épluchures de légumes, eaux de lessive, etc., forment d'excellents engrais que l'on peut faire soi-même.

La liste des engrais est longue ; citons, comme excellents et à action immédiate, les poudrettes, guano, engrais de poisson, sang, algues marines, cendres de bois, suie ; puis ceux à action plus lente : tontisses de laine, gadoues ou boues de ville, vases d'étang, râpures de cornes, tourteaux, chiffons de laine, os, déchets de cuir et de peaux, marc de pommes, etc.

Comme *engrais liquides pouvant être dissous dans l'eau* dont l'action est immédiate, car il me faut ajouter que les engrais liquides agissent plus rapidement, citons : l'urine, le purin, le sang frais, la bouse de vache, les matières fécales ou engrais flamand, le guano, etc. Il est bon d'ajouter que l'engrais humain est bien plus riche en azote que le fumier ; si on veut le désinfecter, il faut y ajouter du sulfate de fer.

V. — Les engrais chimiques.

Les engrais chimiques ont surtout leur utilité comme *engrais complémentaires* et *engrais stimulants*. Leur emploi se généralise de plus en plus dans les jardins ; mais à ce titre principalement, car il est ainsi rendu facile de compléter tel engrais que demande une plante. Mais faut-il encore savoir quels sont les éléments : azote, phosphate, potasse, etc., qui conviennent aux plantes que l'on se propose de cultiver. Toutes questions que le cadre de ce volume ne nous permet pas d'aborder. Ajoutons d'ailleurs qu'il existe des formules d'engrais pour diverses sortes de plantes ; mais il faut encore connaître la composition chimique du terrain afin de pouvoir faire le dosage et les employer judicieusement.

Les engrais chimiques ont leurs partisans et leurs détracteurs ; si ce n'était cette question de savoir à peu près la nature du terrain où ils doivent être appliqués et aussi les insuccès maintes fois constatés pour n'avoir pas opéré en toute connaissance de cause, ils seraient peut-être plus employés, car ils ont au moins ces avantages : de contenir sous un petit volume, une grande proportion de matières fertilisantes rapidement assimilables, de pouvoir être employés séparément, s'ils agissent comme engrais complémentaires, et de pouvoir remplacer le fumier dans certains cas.

Enfin, et ceci principalement pour les plantes en pots, un horticulteur doublé d'un chimiste vient de trouver le moyen d'incorporer aux plantes les engrais qui leur sont nécessaires sous forme de pastilles que l'on enfonce dans la terre et qui doivent fournir les matières nutritives pendant un temps donné.

Les engrais chimiques sont très nombreux et très variés. Toute substance renfermant de l'azote, de l'acide phosphorique, de la potasse ou de la chaux, sous une forme assimilable, ou pouvant le devenir, pourvu qu'elle ne contienne pas de matières nuisibles à la végétation, peut servir d'engrais chimique ; mais, en définitive, comme il faut payer ces matières fertilisantes au plus bas prix possible, le nombre de celles qui sont abordables à ce point de vue est assez limité.

Quelques engrais chimiques étant à la fois utiles par leur acide et par leur base, toutefois c'est là le cas le moins fréquent, et dans la grande généralité des cas, on leur demande plus spécialement un seul élément de fertilité ; c'est pour cela qu'on s'accorde assez généralement à diviser ces substances en trois groupes, savoir :

1° Les *engrais azotés* demandés au nitrate de soude ou au sulfate d'ammoniaque, rarement au nitrate de potasse.

2° Les *engrais phosphatés* aux superphosphates ou aux phosphates.

3° Les *engrais potassiques* au nitrate de potasse, sulfate de potasse, chlorure de potassium, carbonate de potasse.

Tous les engrais potassiques s'emploient concurremment avec l'acide phosphorique; il en est de même du nitrate de soude, afin d'éviter une assimilation tardive d'acide phosphorique, et pour donner à l'excès d'absorption d'acide phosphorique, par l'effet du nitrate de soude, son maximum d'activité.

En règle générale, dans les engrais azotés, on préfère le sulfate d'ammoniaque au nitrate de soude, quoique ce dernier paraît mieux convenir au développement des plantes-racines, tout au moins en ce qui concerne le poids de la récolte; ceci est surtout vrai pour la Betterave à sucre; mais si le nitrate l'emporte sur le rendement en poids, le sulfate d'ammoniaque est supérieur en ce qui concerne la richesse saccharine. Le sulfate d'ammoniaque présente sur le nitrate un avantage précieux, c'est que les pertes par les eaux de drainage sont beaucoup moins à craindre. Toutefois, nous devons faire remarquer que, dans les terres très calcaires, l'application du sulfate d'ammoniaque peut entraîner à des pertes considérables en raison de la double décomposition qui ne manque pas de se produire, d'où dégagement du carbonate d'ammoniaque qui s'échappe dans l'air en pure perte.

Pour la même raison, il faudra éviter l'emploi du sulfate d'ammoniaque sur une terre fraîchement marnée ou chaulée, car avec la chaux l'ammoniaque libre est volatilisé.

Le fer est également employé comme engrais. La forme sous laquelle il peut être employé est généralement le sulfate de fer. Son emploi est tout désigné dans les sols manquant de matières organiques, puis dans les terrains siliceux. Les engrais ferrugineux en excès ont une action défavorable sur la végétation et même une action stérilisante manifeste. Donc son emploi doit être, comme le sel marin, très judicieusement étudié.

Pour compléter cette note succincte je dirai que les *engrais azotés* sont obtenus par le nitrate de soude, nitrate de potassium et sulfate d'ammoniaque; les *engrais phosphatés* par scories de déphosphoration, superphosphate, phosphate de chaux; les *engrais potassiques* par le nitrate de potasse, chlorure de potassium; le *fer* par le sulfate de fer. Ce dernier est surtout employé là où le fer manque et lorsque les plantes sont chlorotiques.

VI. — Les labours et défoncements.

Avant d'établir toute culture dans un terrain, il faut le défoncer. La profondeur du défoncement varie avec les cultures que l'on se propose de faire. Pour les légumes, fleurs et gazons, un défoncement de 0ᵐ,40 à 0ᵐ,60 suffit amplement, mais il peut aller jusqu'à un mètre pour les plantations d'arbres fruitiers et d'ornement. Dans les terres fortes le sol sera défoncé plus profondément que dans les terres légères. Lorsqu'on plante un verger, on défonce seulement les emplacements des arbres.

Dans un jardin, au contraire, tout est défoncé. On opère à cet effet par bandes de un à deux mètres de largeur. La terre du dessus est généralement conservée à sa place ou

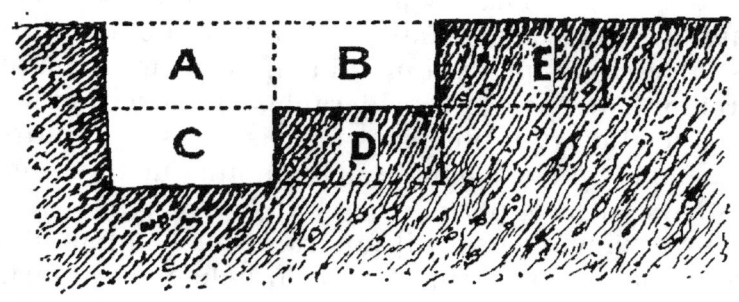

Fig. 1. — Défoncement à trois jauges. — A, B, E, couche de bonne terre à replacer au-dessus ; C, D, épaisseur de terre médiocre à remuer sur place.

bien on la mélange avec le fond ; mais, si le sous-sol est mauvais, il faut éviter de le mélanger avec la bonne terre. Pour cela on ouvre une jauge assez grande, on relève sur une longueur d'un mètre l'épaisseur de bonne terre, on remue le sous-sol, puis on remet au-dessus la bonne terre prise en arrière et ainsi de suite ; la bonne terre extraite de l'ouverture de la jauge sert à la boucher lorsque le défoncement est terminé.

Ou bien encore, ce qu'on appelle *défoncement à trois jauges* (fig. 1), on retire la bonne terre sur deux mètres de longueur et la mauvaise sur un mètre seulement ; on comble le premier mètre par la mauvaise du second mètre, puis par la bonne du troisième et ainsi de suite.

Les défoncements sont généralement faits en hiver et avant cette saison; on a soin de ne pas casser les mottes que le froid mûrit et qui s'effritent d'elles-mêmes.

Les labours des terrains cultivés se font à la bêche, à la fourche à dents plates ou à la houe.

Les *labours ordinaires* sont pratiqués à une profondeur de 25 à 30 centimètres; on doit conserver la surface du terrain horizontale; les mottes qui se trouvent dans la tranchée doivent être brisées ainsi que celles du dessus pour des labours de printemps; mais, pour les labours d'hiver et d'automne, il est préférable de laisser intactes les mottes du dessus; la terre se mûrit ainsi bien mieux.

Les *labours en billons* remplacent avantageusement les labours ordinaires pratiqués avant l'hiver, principalement dans les terres humides qu'ils assainissent. Pour cela on ramène la terre en ados parallèle large de 40 à 50 centimètres environ. Il y a ainsi une plus grande surface d'exposée à l'action de la gelée et l'eau s'écoule plus facilement au printemps, par ces sortes de petites rigoles. Les terrains ainsi préparés peuvent être travaillés plus tôt, au printemps.

En été, les labours légers, entre deux cultures, se font surtout à la fourche à dents plates.

On profite des défoncements et des labours pour incorporer dans le sol les divers engrais qu'il ne faut pas enterrer trop profondément. Au moment des semis on ameublit la surface du sol avec la fourche crochue et le râteau.

VII. — Les binages, buttages et sarclages.

Les binages ont pour but d'ameublir la surface du sol, en facilitant ainsi l'ascension de l'eau jusqu'aux racines seulement et de détruire les mauvaises herbes; les binages sont surtout utiles lorsqu'il fait sec, car, « biner la terre c'est l'arroser sans eau », a dit fort justement M. Raquet.

Les binages se font à l'aide d'un instrument nommé binette qui sert aussi pour le buttage de certaines plantes, opération qui consiste à ramener la terre en billons autour d'elles. Enfin, le sarclage consiste à arracher toutes les mauvaises herbes à la main, principalement dans les semis faits à la volée.

VIII. — Procédés élémentaires pour l'analyse des terres.

Pour classer un terrain, l'analyse chimique est le guide le plus sûr. Voici comment on procède pour trouver avec un peu d'exactitude la composition d'une terre. On prend une certaine quantité de terre, une pelletée par exemple, on la pèse et on la fait ensuite chauffer jusqu'à ce qu'elle n'émette plus de vapeur. Si la terre, après cette opération, n'a pas perdu plus du cinquième de son poids, elle est à base minérale ; si, au contraire, elle a perdu plus du cinquième, elle est à base organique ou mieux à base végétale et animale.

Les terrains à base minérale se divisent en :

1° *Terres salines*, à saveur salée ou styptique ; l'eau digérée sur ces terres donne un précipité par l'azotate d'argent.

2° *Terres vitriolées*, à saveur salée ou styptique ; l'eau digérée sur ces terres contient un sel ferrugineux que le cyanure de potassium précipite en bleu.

3° *Terres siliceuses*, ne faisant pas effervescence avec les acides. Ces terres, lorsqu'on les fait dissoudre dans l'eau, donnent environ les trois quarts pour premier lot (le premier lot comprend les particules les plus grossières qui se déposent lorsque l'eau, dans laquelle la terre est dissoute, a été vivement agitée).

4° *Terres glaises*, ne faisant pas effervescence lorsqu'on en jette une parcelle dans de l'acide. Ces terres, lorsqu'on les fait dissoudre dans l'eau, donnent moins de 0,70 pour le premier lot.

5° *Craies*. On reconnaît qu'une terre est crayeuse lorsqu'en la jetant dans un acide elle entre en effervescence et lorsqu'elle dépose très peu de résidu après l'action de l'acide, ou bien lorsqu'elle ne dépose qu'un résidu siliceux moindre de 0,50.

6° *Terres sablonneuses*, entrent en effervescence et contiennent la moitié d'un sable siliceux ou calcaire très fin.

7° *Terres argileuses*, entrent en effervescence et laissent pour résidu la moitié de leur volume d'argile après l'effervescence et après qu'on les a lavées.

8° *Terres marneuses*, entrent en effervescence et laissent un résidu d'argile, d'où le lavage n'enlève pas plus d'un **dixième de silice**.

La marne est calcaire si elle contient la moitié de carbonate de chaux ou de magnésie; argileuse, si elle contient la moitié d'argile.

9º *Loams* (terres de gazon), entrent en effervescence et produisent un résidu contenant de l'argile et de la silice; en lavant ce résidu on en obtient de l'argile et de la silice libre chacune, dans la proportion de un dixième du poids de la terre.

Les terres à base végétale et animale ne sont autre chose que des terreaux; elles se divisent en :

1º *Terreau doux.* Ce terreau se reconnaît en le faisant bouillir dans de l'eau et en laissant déposer, pour la décanter, l'eau que l'on verse ensuite sur du papier de tournesol; le papier ne doit pas rougir.

2º *Terreau acide.* L'eau dans laquelle il a bouilli rougit le papier de tournesol.

CHAPITRE II

LES ENNEMIS DES VÉGÉTAUX

I. Les animaux nuisibles. — II. Les parasites végétaux : cryptogames et phanérogames. — III. La destruction des animaux et le traitement des maladies.

Les végétaux sont attaqués par toute une pléiade d'ennemis qui sont souvent la cause de leur mauvaise venue, de leur dépérissement ou de leur mort. Contre ces multiples ennemis, le cultivateur doit toujours lutter s'il veut mener à bien ses cultures.

Bien que ne voulant pas faire un traité d'entomologie horticole ou de pathologie végétale d'une partie de ce volume, j'ai cru qu'il était cependant nécessaire de faire connaître aux lecteurs, dans une étude sommaire, les principaux ennemis des plantes, leurs mœurs, et les moyens les plus efficaces susceptibles de les détruire et d'enrayer les dégâts qu'ils font.

Nous plaçant sur le terrain de la pratique plutôt que sur celui de la science pure, nous avons pensé qu'il était plus simple, pour faciliter les recherches, de classer les ennemis des végétaux dans l'ordre alphabétique et, afin d'éviter toute confusion, en deux séries : l'une comprenant les *animaux* nuisibles, l'autre les *végétaux*.

Disons, enfin, qu'une partie de ces ennemis qui envahissent les cultures sont parfois dus à la négligence ; on pourrait pour beaucoup en éviter les ravages par des traitements préventifs, ce que l'on fait rarement ; car, cela est bien vrai : il vaut mieux « prévenir que guérir ». Les attaques se manifestent aussi sur des végétaux en décrépitude.

I. — Les Animaux nuisibles.

Altise du Chou (*Altica brassicæ*), Puce de terre, Tiquet, Lurette. — Petit Coléoptère d'un vert brillant, très nuisible aux plantes de la famille des Crucifères. On l'éloigne en jetant sur le sol une mince couche de sciure de bois blanc ou de suie bien sèche. — On arrose la sciure avec :

Eau.	90 parties.
Nicotine à 12°.	10 parties.

La chaux éteinte et le soufre pulvérisé, mélangés et saupoudrés, mettent aussi les plantes à l'abri des ravages de l'Altise. — De simples mais de fréquents bassinages à l'eau ordinaire donnent également un assez bon résultat.

C'est surtout lors des étés secs ou des vents arides que se manifestent les attaques de l'Altise.

Anthonome du Pommier (*Anthonomus pomorum*). — Ce Charançon, malheureusement très répandu, s'abrite en hiver sous les Mousses et les Lichens qui recouvrent l'écorce des arbres ou sous l'écorce elle-même.

La femelle pond ses œufs dans les boutons non éclos qui, habités par la larve, sèchent en se recroquevillant.

On détruit les insectes adultes en secouant les arbres attaqués au-dessus d'une toile. Il faut procéder le matin alors que les insectes sont encore engourdis. Ne pas négliger d'enlever et de brûler les Mousses, Lichens et vieilles écorces qui servent de refuges aux insectes parfaits.

Aphrophore écumeux (*Aphrophora spumaria*), Crachat de coucou. — Hémiptère de la famille des Cécadellides. Cet insecte est très nuisible aux : Fraisiers, Œillets, Saules, etc. Sa larve sécrète au printemps une écume abondante destinée à protéger ses téguments très mous contre l'action desséchante du soleil. On peut donc la détruire en enlevant simplement l'écume qui la recouvre par un temps bien ensoleillé; elle périt alors rapidement. Faire aussi des pulvérisations à la nicotine au 1/10 [1] ou des seringages fréquents d'eau claire ou d'une infusion de Séné (*Cassia amara*).

---

1. Lorsqu'une fraction est ainsi désignée, cela signifie que cette fraction est pour tant de parties d'eau ; dans ce cas, la nicotine entre pour un dixième dans le mélange qui est de : eau, 9/10, nicotine, 1/10.

Araignées. — On ne connaît pas de moyens pratiques de détruire les Araignées qui nuisent aux semis et aux jeunes plantes. On recommande d'entourer le semis attaqué avec des planches engluées ou de faire une infusion légère de feuilles de Tabac ou de Noyer et d'en arroser les plantes.

Attelabe (*Rynchites Betuli*), Rynchite du Bouleau, Urbec, Cigarer. — Très nuisible aux Vignes, ce Coléoptère doit son nom à ce que la femelle enroule les feuilles de Vigne en cigares après y avoir pondu ses œufs. Le pétiole étant à demi coupé par l'insecte la feuille se dessèche et tombe au pied des ceps. Les larves pénètrent, après l'éclosion des œufs, dans l'écorce de la base des ceps.

Le seul remède consiste à brûler les feuilles enroulées avant qu'elles tombent à terre.

Blaniulu moucheté (*Blaniulus guttulatus*). — C'est un grand ennemi de la Betterave qui s'attaque également aux Citrouilles, Haricots, aux racines charnues des Raves. Ce Myriapode s'introduit aussi dans les fraises mûres qu'il dévore. On le détruit en lui préparant des pièges qu'on visite de temps en temps et de préférence le matin pendant qu'il est encore engourdi par le froid. Ces pièges peuvent être des tranches de Betterave ou de Rave.

Essayer aussi des injections de sulfure de carbone dans le sol.

Bombyx Cul-brun (*Bombyx chrysorrhea*). — Appelé plus brièvement Cul-brun ce papillon crépusculaire est facilement reconnaissable à la blancheur de son corps et de ses ailes, contrastant avec la teinte brune que présentent les derniers anneaux de l'abdomen. Chez la femelle ces anneaux sont garnis d'une touffe de poils bruns qu'elle dépose sur ses œufs, lors de la ponte, et qui est destinée à les protéger. Les chenilles du Bombyx Cul-brun sont très nuisibles aux arbres fruitiers. L'échenillage est l'unique procédé pratique de destruction ; cette opération se fait en hiver. On reconnaît d'ailleurs facilement les agglomérations de ces chenilles à la teinte grisâtre des nids qu'elles se tissent à l'extrémité des branches pour y passer **la mauvaise saison.**

Bombyx disparate (*Bombyx dispar*). — Chez ce papillon, appelé aussi Zigzag, le mâle est plus petit que la femelle. Cette dernière pond ses œufs sur les écorces des arbres et les recouvre, comme le Bombyx Cul-brun, d'une houppe de poils qu'elle porte à l'extrémité de l'abdomen. Ces œufs passent l'hiver et éclosent au printemps donnant naissance à de petites chenilles qui mangent pendant la nuit et se cachent, pendant le jour, sous les écorces.

Détruire et brûler les œufs; écraser le matin les chenilles qui, fuyant la lumière, se cachent derrière des pièges faits de planchettes attachées au tronc des arbres.

Bombyx livrée (*Bombyx neustria*). — Sensiblement de même taille que le Bombyx Cul-brun, le Bombyx livrée est d'un brun rougeâtre et présente sur les ailes deux lignes blanchâtres. Son nom de Livrée provient de ce que ses chenilles sont marquées de lignes blanches, rousses ou noires. En juillet la femelle pond ses œufs en bague autour des petites branches de nos arbres fruitiers. Ces œufs donnent naissance au printemps à de petites chenilles qui vivent en colonies pendant un certain temps et ont vite fait de dépouiller de leurs feuilles les arbres qu'elles habitent.

Pendant la taille, détacher et brûler toutes les bagues d'œufs que l'on aperçoit et détruire en mai-juin avec persévérance les colonies de chenilles, à qui l'on donne aussi le nom de *Chenille bagueuse*.

Bombyx processionnaire (*Bombyx processionea*). — Non content de ravager nos forêts de Chênes, ce redoutable insecte se défend de l'approche des hommes et des animaux en répandant autour de lui, à la moindre inquiétude, un nuage de poils très fins. Ces poils, lorsqu'ils pénètrent dans les voies respiratoires, peuvent donner lieu à d'assez graves désordres.

Les chenilles vivent en nombreuses familles dans des nids qu'on détruit en les flambant, ou en les aspergeant d'un mélange de : 1 partie d'huile lourde pour 90 parties d'eau.

Brûler les paquets d'œufs déposés en août par les femelles sur le tronc des Chênes.

Bruche du pois (*Bruchus Pisi*). — La femelle de ce Charançon pond ses œufs dans les graines du Pois et de diverses autres plantes de la famille des Légumineuses. La larve se nourrit aux dépens des cotylédons sans attaquer l'enveloppe ni l'embryon.

L'insecte parfait, très difficile à détruire, sort en mai-juin. Les graines atteintes n'ont plus de valeur alimentaire. — A l'époque du semis il faut procéder au triage des graines, pour éviter la désagréable surprise d'une levée irrégulière. Ce triage est facile à faire, car les pois bruchés se reconnaissent facilement à l'ouverture pratiquée par l'insecte pour sortir, ou à la tache brunâtre qui indique l'orifice futur de sortie si l'insecte est encore dans la graine.

Cafards. Blattes. Cancrelats. — Ces répugnants insectes, malheureusement si connus, assez gros, noirs, marrons, au corps plat sont très communs dans les endroits chauds, les cuisines, les serres. Pour les détruire on les attire en plaçant le soir un chiffon imprégné de bière dont ils sont très friands ; ils se réfugient dans ce chiffon qu'on s'empresse de brûler le matin. Il faut agir très vivement pour éviter que ces insectes, fort agiles, ne s'échappent.

Casside verte (*Cassida viridis*). — Cet insecte, aussi nuisible à l'état de larve qu'à l'état adulte, s'attaque aux Artichauts. La larve, répugnante, se recouvre de ses excréments. Pour la détruire on conseille des bassinages de nicotine et d'eau ou de bouillie à la mélasse.

Pour détruire l'insecte parfait, on secoue les Artichauts au-dessus d'une toile et on écrase toutes les Cassides qui y tombent.

Cet insecte ayant deux générations par an, on arrive à l'éloigner au moment de la ponte, en avril et juillet, en saupoudrant les plantes de naphtaline en poudre.

Cécidomye (*Cecidomyia nigra*). — C'est une petite mouche dont la femelle pond ses œufs dans les fleurs du Poirier. Les larves se développent à l'intérieur de l'ovaire et les poires atteintes ne s'allongent pas ; on dit alors qu'elles sont calebassées. Ramasser et cueillir les poires attaquées et les brûler. Surtout ne pas les jeter au pourrissoir.

Cétoines (*Cetonia aurata* et *C. stictica*). — Ce sont des Coléoptères de 1 centimètre à 1 centimètre et demi de long dont les larves vivent trois années, le plus souvent dans des terreaux de bois pourri ou de feuilles, et quelquefois dans les troncs d'arbres. — Dans ce cas il n'y a qu'un remède efficace : abattre l'arbre. Si elles vivent dans des tas de terreau, M. Noël conseille de remuer ces tas à la bêche, en toutes saisons, et de se faire suivre par quelques poulets n'ayant pas mangé pendant une demi-journée.

La Cétoine dorée (*C. aurata*) est un bel insecte aux élytres d'un vert brillant à reflets bronzés. On la trouve très communément sur les Pivoines et les Roses.

La Cétoine stictique (*C. stictica*) se trouve sur les fleurs des Pommiers et des Poiriers.

Plus petite que la précédente, elle n'a pas ses vives couleurs et est noire tachetée de blanc sur les élytres.

Chématobie brumeuse (Cheimatobia brumata). — La chenille de ce Lépidoptère dévore au printemps les feuilles et jeunes pousses du Poirier et du Pommier. La femelle, aptère, ne peut voler et est obligée, pour pondre ses œufs dans les lichens qui couvrent les branches des arbres fruitiers, de monter après le tronc. La ponte ayant lieu du 15 octobre aux premiers jours de décembre il faut, pendant cette période, entourer le tronc des arbres, à 20 ou 30 centimètres au-dessus du sol, d'un anneau de goudron toujours frais. Les femelles qui tentent l'ascension du tronc s'engluent et ne peuvent monter pondre leurs œufs.

Cochenilles. Kermès, Pucerons. — Tout le monde connaît les dégâts que causent aux cultures fruitières et florales ces petits mais prolifiques insectes. — En donner ici la description serait long et superflu. Néanmoins, nous rappellerons que la femelle des Cochenilles, celle des serres, par exemple, que les jardiniers appellent Pou blanc des serres, se recouvre d'une matière cireuse et laineuse, blanche, qui est un grand obstacle à l'action efficace des insecticides.

C'est qu'en effet ce revêtement s'oppose à leur pénétration jusqu'au corps de l'insecte, aussi convient-il de mêler à ces insecticides un liquide qui, comme l'alcool, dissolve d'abord cette sécrétion cireuse.

Les Kermès se reconnaissent facilement à l'aspect caractéristique, en forme de carapace brunâtre très adhérente, que prend le corps de la femelle abritant sa progéniture.

Les Pucerons, si communs sur les plantes, amènent par leurs succions répétées le recroquevillement des feuilles. Attirées par leurs déjections sucrées appelées *miellat*, une légion de fourmis envahit la plante hospitalière tandis que, trouvant dans ce liquide un milieu nutritif, la *Fumagine*, champignon microscopique, étend son mycélium sur le feuillage.

Bien des procédés sont employés pour la destruction de ces Hémiptères, nous ferons donc un choix parmi les plus recommandables.

Contre les Cochenilles et les Pucerons, pulvériser ou badigeonner à l'aide d'un pinceau les solutions suivantes :

1°   Eau. . . . .   5 litres.
     Savon noir. . . . .   125 grammes.

2°   Eau. . . . .   4 litres et demi.
     Nicotine. . . . .   1 demi-litre.

3°   Eau. . . . .   9 litres.
     Nicotine. . . . .   7 décilitres.
     Savon noir. . . . .   100 grammes.

Diluer d'abord le savon et ajouter ensuite la nicotine.

4°   Eau. . . . .   5 litres.
     Savon de Marseille. . . . .   10 grammes.
     Nicotine à 12°. . . . .   1 demi-décilitre.

Pour détruire la Cochenille dans les serres et un grand nombre d'autres insectes qui y vivent on emploie très fréquemment et avec succès des fumigations de tabac obtenues en plongeant dans une solution de nicotine des morceaux de fer rougis au feu.

La vapeur toxique dégagée pénètre dans les moindres espaces, les fissures, et beaucoup d'insectes périssent.

Il faut naturellement fermer hermétiquement la serre et ne pas y rester. On peut également mettre de la nicotine additionnée d'eau dans un récipient que l'on met sur un petit réchaud ou bien encore se servir d'un fumigateur. Pour détruire les Kermès le mieux est de laver les plantes avec une éponge ou une brosse, soit à l'eau pure, soit à l'eau de savon, soit encore avec une solution de nicotine au dixième. Mais ce procédé, applicable aux plantes de serres (Oranger, Laurier-Rose, etc.), ne l'est plus par exemple aux arbres fruitiers. Dans ce cas on gratte les rameaux avec une raclette pour détacher les coques et on emploie les solutions suivantes :

1° Savon noir. . . . . 20 à 30 grammes.
    Nicotine. . . . . 1 décilitre.
    Eau. . . . . 2 litres.

Faire dissoudre au préalable le savon dans l'eau et ajouter la nicotine. En pulvérisations.

2° Esprit de vin à 30°.

En badigeonnages au pinceau ou à la brosse.

3° Eau. . . . . 5 litres.
    Savon noir. . . . . 250 grammes.
    Nicotine. . . . . 60 grammes.

Essence de térébenthine, quelques cuillerées. Employer en badigeonnages.

4° Savon noir. . . . . 250 grammes.
    Eau chaude. . . . . 3 lit. 785 grammes.
    Pétrole. . . . . 6 litres et demi.

Imaginé par M. Riley. Faire dissoudre le savon dans l'eau et mélanger le pétrole en remuant pour émulsionner. Employer en badigeonnages. Très employé aussi pour détruire la Cochenille de la Vigne.

Après les applications de ces insecticides il est bon, au bout d'un certain temps, de bassiner les arbres à l'eau claire de façon à entraîner tous les cadavres.

On peut, dans la majorité des cas, prévenir la venue de ces insectes dans les serres en évitant que l'air soit trop aride et trop surchauffé et aussi en mettant sur les tuyaux de chauffage quelques bassines plates contenant de l'eau additionnée de nicotine ou des côtes de betterave que l'on a mis macérer dans la nicotine pure et que l'on renouvelle. Lorsque l'on ne chauffe plus les serres, et pour les plantes de serre, de châssis, de plein air et les Rosiers, il est bon de les bassiner de temps à autre avec de l'eau nicotinée au vingtième.

Il nous reste à dire quelques mots de la destruction d'un terrible et bien tenace ennemi du Pommier, le *Puceron lanigère*. Nous indiquons pour le combattre quelques insecticides qui ont fait leurs preuves.

Formule de M. Petit, *chef du laboratoire de l'École nationale d'Horticulture de Versailles :*

1°	Savon noir.	300 grammes.
	Eau.	5 litres.
	Alcool à brûler.	1 litre.

Délayer le savon dans l'alcool et ajouter l'eau. Applications au pinceau. Ce procédé, expérimenté à l'École de Versailles, a donné les meilleurs résultats.

2°	Acide phénique.	45 grammes.
	Alcool.	45 —
	Eau.	1 litre.

En pulvérisations.

3° Solution de nicotine au tiers et de pétrole aux deux tiers.

Après parfait mélange, en faire l'application au pinceau en badigeonnant toutes les parties atteintes sans omettre les intersections des branches.

Enfin l'émulsion au pétrole de M. Riley, signalée pour la destruction du Kermès, est d'un effet très efficace pour la destruction du Puceron lanigère.

Nous nous abstiendrons de parler du terrible Phylloxera, car ses dégâts ne sont guère à craindre que dans la grande culture, et nous devons surtout nous attacher à l'étude des insectes les plus nuisibles en horticulture courante.

Cochylis de la Vigne, Ver rouge des vendanges, Ver coquin, Teigne de la grappe. — Dans le courant de mai, les femelles issues de cocons cachés sous les écorces pondent leurs œufs sur les jeunes fleurs. De ces œufs naissent de petites chenilles qui rongent les étamines et les pistils. Ce forfait accompli, elles se tissent un cocon et en sortent en août transformées en papillons. Les femelles de cette seconde génération pondent alors sur les grappes et les jeunes chenilles provenant de cette ponte attaquent les grains qui ne tardent pas à pourrir.

Lutter contre l'insecte parfait n'est guère possible ; aussi doit-on porter toute son attention à la destruction de la larve. Dans ce but des pulvérisations d'un liquide insecticide à la poudre de Pyrèthre ont donné, à la station viticole de Lausanne, de très bons résultats.

On fait dissoudre dans 1 litre d'eau chaude 300 à 500

grammes de savon noir et on ajoute à la solution 100 à 200 grammes de poudre de Pyrèthre. On complète par 9 litres d'eau froide.

Les pulvérisations sont faites à l'époque de la floraison et en août au moment de l'éclosion des larves de la seconde génération.

Avoir soin aussi d'écorcer les ceps en hiver pour détruire les chrysalides et brûler tous les débris d'écorce. Après la récolte échauder les ceps et flamber les échalas.

Courtilière (*Gryllotalpa vulgaris*), Courtille, Taupe-Grillon. — Insecte insectivore qui bouleverse les jeunes semis en recherchant les insectes dont il se nourrit. Il est commun et très connu. Pour le détruire, jeter de l'eau bouillante dans l'orifice des nids souterrains qu'il habite.

Si le sol est argileux, jeter d'abord de l'eau, puis de l'huile qui pénétrera dans les stigmates de l'insecte s'échappant pour ne pas être noyé par l'eau.

Pour détruire les larves, enfouir des capsules de sulfure de carbone à 20 ou 25 centimètres.

Enfin éviter d'utiliser des terreaux contenant des œufs ou des larves de Courtilières, car c'est souvent ainsi qu'on amène cet insecte dans les semis.

Criocère du Lis (*Crioceris merdigera*). — Appelé vulgairement Violoneux, cet insecte apparaît en mars-avril sur le Lis. Il est d'un rouge très vif et se laisse prendre facilement. Sa larve se recouvre de ses excréments et se nourrit des feuilles et des tiges de la plante hospitalière.

On ne peut guère s'attaquer qu'à l'insecte parfait qu'on détruit en secouant les plantes au-dessus d'un entonnoir relié à un récipient contenant un liquide insecticide.

Un autre Criocère (*Crioceris asparagi*) s'attaque aux Asperges. Ses élytres sont bleu verdâtre marquillées de rouge et tachetées de blanc.

Erinose de la Vigne (*Phytoptus Vitis*). — Petit acarien qui détermine à la face inférieure des feuilles de la Vigne des amas de poils blanchâtres. Cette affection, peu importante, peut être efficacement combattue par l'échaudage des ceps en hiver et de fréquents soufrages pendant le cours de la végétation.

Erinose du Poirier et du Pommier (*Erineum pyrinum, E. malinum*). — Ces acariens provoquent, par la sécrétion d'un liquide spécial, l'allongement, en poils, des cellules épidermiques des feuilles. Ces poils abritent les œufs et les larves de l'insecte.

Soufrer préventivement au printemps pour empêcher l'évolution de l'insecte et brûler les feuilles attaquées. Badigeonner les troncs d'arbres écorcés avec les mélanges indiqués pour la destruction de l'*Acarus telarius*.

Escargots. — Voir *Limaces*.

Eumolpe de la Vigne (*Eumolpus Vitis*), Écrivain, Gribouri, Coupe-Bourgeons, Vendangeur, Pique-Brocs. — La Vigne a beaucoup à souffrir des attaques de ce Coléoptère dont la larve et l'insecte parfait sont tous deux nuisibles. La larve se nourrit surtout des racines, mais attaque aussi les raisins à la maturité ; l'insecte parfait ronge les jeunes feuilles et les jeunes rameaux. A la moindre approche, l'insecte parfait se laisse tomber, faisant le mort. Il est donc très difficile à détruire, si ce n'est le matin, alors qu'il est encore engourdi, en secouant les ceps au-dessus d'un entonnoir échancré construit spécialement pour cet usage. Essayer la destruction des larves par le sulfure de carbone.

Forficule (*Forficula auriculari*), Perce-oreilles. — De mœurs nocturnes il se cache pendant le jour au centre des inflorescences, sous les écorces, les feuilles, les pierres, etc. Il ronge les boutons et les tiges de quelques plantes et est également très friand de fruits sucrés. Il vit en société. Lui tendre des pièges (pierres, petits tas de feuilles, petits fagots) sous lesquels il se réfugie le jour. Il est alors très facile d'écraser ou de brûler les sociétés abritées.

Fourmis. — Pour se débarrasser de ces insectes, placer sur la fourmilière une éponge humectée d'eau sucrée. Les fourmis ne tardent pas à y pénétrer en grand nombre ; on plonge alors au moment opportun l'éponge dans l'eau bouillante. En répétant plusieurs fois cette opération, on détruira une grande quantité de ces Hyménoptères.

Un autre procédé consiste à retourner le soir la fourmilière d'un coup de bêche et à la recouvrir d'une tuile. Les fourmis se rassemblent sous cette tuile et, le lendemain matin, de bonne heure, il ne reste plus qu'à arroser le tout d'eau bouillante.

Mais l'emploi d'insecticides, si la fourmilière est assez éloignée des arbres, est de beaucoup préférable et d'un effet plus rapide. Ainsi une capsule de sulfure de carbone enfouie dans la fourmilière suffit pour détruire ses habitants.

Des arrosages avec du pétrole ou des liquides corrosifs et vénéneux peuvent être employés avec succès (solutions de sulfate de zinc, sulfate de cuivre, sublimé corrosif).

Grise (Acarus telarius). — Insecte très petit mesurant 0^{mm} 6 et vivant sur de nombreuses plantes de serre ou de plein air (Camélia, Azalée, Agératum, Rosier, Tilleul, Dahlia, Vigne, etc.). De couleur rouge orangé en général, il tisse à la face inférieure des feuilles une toile légère et grisâtre sous laquelle pond la femelle. Épuisées par sa présence, les plantes dépérissent.

L'aridité de l'atmosphère et le surchauffage dans les serres provoquent la venue de la Grise. Si des bassinages à l'eau ordinaire étaient donnés en temps utile en préviendrait souvent sa venue.

Pulvériser à la face inférieure des feuilles des solutions de nicotine et de savon pour les plantes délicates.

Eau.	100 litres.
Savon noir	1 kilogr.
Pétrole ou Nicotine.	1 à 2 litres.

Mouiller le dessous des feuilles.

Pour les arbres : gratter les écorces pour enlever les lichens sous lesquels elle se réfugie et badigeonner les arbres avec un mélange de :

Chaux vive.	1 kilogr.
Savon noir.	1 kilogr.
Eau.	3 à 5 litres.

ou de

Pétrole.	20 parties.
Naphtaline brute.	60 —
Chaux vive	120 —
Eau.	400 —

Guêpes (*Vespa*). — Le meilleur moyen de se débarrasser de ces Hyménoptères est de détruire leurs nids. Pour cela on imprègne de vieux chiffons avec de l'essence de térébenthine, de la benzine phéniquée, du pétrole ou du sulfure de carbone et on s'en sert pour boucher les orifices des nids. Les vapeurs qui s'en dégagent asphyxient les guêpes dont il ne reste plus qu'à détruire les larves; pour cela on retourne le nid à la bêche le lendemain.

L'introduction dans le nid d'une mèche soufrée, d'une capsule de sulfure de carbone ou d'eau bouillante sont également des procédés à recommander.

Le classique flacon d'eau miellée peut être encore d'un grand secours. On place de distance en distance auprès des arbres et dans les arbres fruitiers visités par les guêpes des flacons à large ouverture aux trois quarts remplis d'eau sucrée ou miellée.

Les guêpes attirées par le sucre pénétrent dans les flacons et beaucoup d'entre elles s'y noient.

Hanneton (*Melolontha vulgaris*). — Cet insecte, malheureusement trop commun, appartient à la famille des Lamellicornes. Sa larve, connue sous les noms de *Ver blanc*, man, ture, se nourrit de racines et cause pendant ses trois années de vie souterraine, de nombreux dégâts.

La destruction de la larve étant très difficile, il faut s'attacher à détruire surtout l'insecte parfait et procéder au hannetonnage avec soin et entente. Les insectes ramassés peuvent du reste être convertis en bon engrais par leur mélange avec de la chaux vive.

Détruire *toutes les larves* ramenées à la lumière par les labours.

On peut, par le sulfure de carbone injecté dans le sol à l'aide d'un instrument spécial ou sous forme de capsules à enveloppe gélatineuse, éloigner les Vers blancs dans une zone de petite étendue de même qu'en enfouissant dans le sol des déchets de laine, de vieux chiffons imbibés de pétrole ou de benzine.

On a proposé pour détruire les Vers blancs le concours d'un champignon parasite, le *Botrytis tenella*. Ce procédé, efficace lorsqu'on agit sur une parcelle restreinte, cesse de l'être dans la pratique courante. Le sulfate de fer employé en labourant le sol, à raison de 5 à 10 kilogrammes à l'are, a pour effet, sinon de les détruire, tout au moins de les éloigner des carrés traités. C'est ainsi qu'il est rationnellement possible d'en débarrasser les carrés de Rosiers qui en sont infestés.

Iule terrestre (*Iulus terrestris*). — Très commun au printemps, il se nourrit de jeunes plantes et surtout de fraises dont il dévore la chair mûre. Brûler les fruits contenant ce Myriapode.

Limaces, Escargots, etc. — Les Limaces et les Escargots dévorent les parties jeunes et tendres des plantes et salissent les fruits avec un liquide visqueux.

Les Limaces, appelées plus communément *Loches*, peuvent être détruites en grand nombre par la chasse directe le matin, surtout si l'on a pris soin de disposer la veille au soir dans les plantes qu'elles visitent quelques poignées de son ou des pièges formés de rondelles de carottes ou de pommes de terre.

La chaux vive, les cendres fraîches et surtout le sulfate de cuivre pulvérisé versés en traînées autour des plantes à protéger forment d'excellentes barrières que les Loches ne peuvent franchir sans mourir peu de temps après. Une grosse corde imprégnée d'une solution concentrée de sulfate de cuivre ou des soies de porc versées sur le sol sont aussi de bons obstacles à opposer à ces répugnants animaux.

Les Escargots seront détruits par ces mêmes procédés et aussi par une chasse assidue à la face inférieure des feuilles.

Loirs, Lérots. — Ces animaux très nuisibles appartiennent tous deux à la même famille et, quoique dissemblables, sont appelés communément Loirs. Les premiers ressemblent plutôt aux Ecureuils et les seconds ont l'aspect des Souris.

Très friands de fruits, ils passent l'hiver, cachés dans les troncs d'arbres, les vieux murs, les greniers, se nourrissant de la graisse qu'ils ont accumulée pendant l'été. Grimpant avec aisance après les murs, les Lérots surtout sont de terribles ravageurs d'espaliers et il faut sans pitié leur déclarer la guerre. Heureusement que les Chouettes et les Hiboux, ces oiseaux nocturnes que de sots préjugés font encore détruire, sont pour les Lérots de redoutables ennemis.

Mais leur activité ne suffit pas toujours à détruire ces Mammifères, aussi le cultivateur doit-il avoir recours à l'emploi de pièges.

On trouve dans le commerce des pièges spéciaux qu'on amorce avec des fruits mûrs et que l'on place auprès des arbres à protéger avant la maturité de leurs fruits.

Obstruer tous les trous que l'on peut découvrir dans les murs et que l'on suppose être une issue de la retraite de ces animaux.

La chasse directe pratiquée le soir, au fusil ou à la carabine, car les Loirs sont des animaux nocturnes, permettra d'en détruire un certain nombre, surtout si un aide dirige sur eux les rayons lumineux d'une lanterne. Quelque peu étonnés d'une si vive clarté, ils s'arrêtent un court instant, ce qui permet de viser juste.

Des omelettes à la noix vomique, des fruits empoisonnés à la strychnine, des morceaux de pain enduits de pâte phosphorée, bien que d'un emploi relativement dangereux à cause de leur préparation, qui, il est vrai, peut être faite par un pharmacien, sont des appâts qui donnent de très bons résultats.

Meligethes œneus. — Petit Coléoptère à reflets vert bleuâtre qui cause des dommages assez considérables en s'attaquant aux fleurs de nombreuses plantes : Colza, Navet, Chou, Giroflée, Poirier, etc.

Secouer, le matin, les rameaux fleuris des plantes attaquées, au-dessus d'une bâche et détruire les insectes qui y tombent.

Mouche du Chou (*Anthomya brassicæ*). — Cette mouche est nuisible par ses larves qui vivent dans les tiges du Chou et s'y creusent des galeries. En septembre elles s'y métamorphosent et passent ainsi l'hiver pour devenir des insectes parfaits au printemps.

Pour éviter la reproduction de l'insecte brûler les tiges atteintes.

D'autres *Anthomya* attaquent les Oignons, Radis, Betteraves, Navets, etc.

Mulots et Souris. — Ces deux rongeurs sont très nuisibles. Les Mulots, un peu plus gros que les Souris, vivent dans les champs ; ce sont pour ainsi dire des Souris champêtres qui habitent dans des terriers et se nourrissent de racines et de graines.

Les Souris proprement dites vivent dans les habitations. Elles attaquent également les graines mais se nourrissent indifféremment de papier, de cuir, de paille, causant parfois de grands dégâts dans les provisions de paillassons rangés pendant la belle saison dans les hangars et les greniers.

Pour mettre les semis à l'abri de la dent de ces animaux il est bon de faire tremper les graines, pendant quelques heures, avant de les confier au sol, dans une forte dissolution d'aloès refroidie, ou de les passer rapidement dans du pétrole, ou dans 25 parties d'huile minérale mélangée à 100 parties d'eau.

Un procédé assez original a été imaginé pour détruire les Souris. On place à proximité des trous qui leur servent de retraite une assiette pleine de plâtre recouvert d'une mince couche de farine. Attirées par la farine les Souris s'empressent de manger le contenu de l'assiette. Mais bientôt elles éprouvent le besoin de boire. Comme on a eu soin de placer près de la première une seconde assiette pleine d'eau, les Souris s'y désaltèrent. Le plâtre fait prise dans leur estomac et elles ne tardent pas à mourir.

On trouve du reste chez les marchands de produits chimiques des appâts empoisonnés préparés spécialement pour la destruction des rongeurs.

Noctuelle des moissons (*Agrostis segetum*). — Le Ver gris si redoutable dans les jardins n'est autre que la larve de cette Noctuelle. C'est une Chenille qui vit dans le sol et coupe au collet de nombreuses plantes. Si l'on creuse quelque peu le sol au pied de ses victimes on la rencontre très souvent.

Il faut chercher à la détruire ou tout au moins à l'éloigner des lieux infestés par l'emploi des capsules de sulfure de carbone, par les arrosages au pétrole émulsionné ou les saupoudrages de naphtaline pulvérisée.

Noctuelle du Chou (*Mamestra brassicæ*). — La chenille de cette Noctuelle est très redoutée des maraîchers. A l'état jeune elle vit sur les feuilles extérieures du Chou ; mais, en août-septembre, elle pénètre plus avant dans la plante et en ronge le cœur.

Le mal est irréparable. On ne connaît rien d'autre à faire, à part la chasse directe, que de détruire les jeunes Chenilles alors qu'elles se nourrissent encore des feuilles extérieures, en arrosant les Choux avec de la chaux délitée.

Le voisinage d'une fourmilière peut être, dans ce cas, d'un grand secours, car les Fourmis dévorent un grand nombre de ces chenilles.

Piéride du Chou (*Pieris brassicæ*). — Les cultures de Choux, de Raves, de Navets, etc., sont souvent compromises par la présence des larves de ce Papillon qui rongent le parenchyme des feuilles.

Les Oiseaux, les Crapauds et les Fourmis sont, pour détruire ces larves, de précieux auxiliaires. — En saupoudrant le matin ou en pulvérisant une émulsion au dixième de sulfure de carbone sur les jeunes plants de Choux dont la pomme n'est pas encore formée, on évitera de trop graves ravages.

Pyrale du Pommier (*Carpocapsa pomonana*). — C'est la larve de ce Microlépidoptère qui rend les Pommes *véreuses*. Elle provient d'un œuf déposé par la femelle, au début de l'été, dans l'œil du fruit.

On ne connaît qu'un procédé préventif de destruction. Il consiste dans le ramassage et la destruction certaine des fruits véreux tombés. On évite de la sorte la transformation des larves en nombreux papillons destinés à propager l'espèce l'année suivante au grand détriment du cultivateur.

Rynchites (*Bacchus*), Lisette, Hubert. — Appartient à la famille des Curculionides. C'est un petit Coléoptère à reflets métalliques dorés. La femelle pond un œuf dans les jeunes poires et la larve qui en sort se nourrit en sillonnant l'intérieur du fruit de nombreuses galeries. Recueillir les fruits attaqués et les brûler avant que la larve en soit sortie pour se métamorphoser dans la terre.

Rynchite conique (*Rynchites conicus*), Coupe-Bourgeons, Lisette. — De la même famille que le précédent, c'est un terrible destructeur des bourgeons des arbres fruitiers.

La femelle pond dans la partie tendre des jeunes pousses et entaille le bourgeon au-dessous de sa ponte, sur les trois quarts de la circonférence. L'extrémité du bourgeon se dessèche et tombe. Les larves s'enfouissent en terre et sortent au printemps en insectes parfaits.

Se hâter de recueillir et de brûler avant leur chute les extrémités desséchées des bourgeons.

Taupe. — Bien qu'appartenant à la famille des Insectivores nous avons placé les Taupes au rang des animaux nuisibles, parce que, étant des animaux fouisseurs, ils bouleversent les cultures pour creuser leurs galeries. Essentiellement Insectivores, les Taupes ne mangent pas, comme on le croit souvent, les racines des plantes, mais il est plus que probable qu'elles n'hésitent pas à les couper lorsqu'elles entravent leurs galeries.

On a prétendu aussi que les Taupes étaient de grands ennemis des Vers blancs. Des expériences récentes ont permis de constater que les Taupes ne mangent les Vers blancs qu'autant qu'elles y sont forcées par le manque de vivres, et surtout par l'absence de Lombrics, dont elles font une grande consommation.

Les Vers de terre étant des animaux utiles et jouant un rôle important dans la formation du sol, il est tout naturel de considérer comme nuisibles les animaux qui les détruisent.

C'est justement leur mets favori qu'on emploie pour les empoisonner. On prend un certain nombre de Lombrics qu'on laisse reposer vingt-quatre heures. On les place ensuite dans un vase contenant 30 grains environ de noix vomique pour une soucoupe de Vers.

Au bout de douze heures, on retire les Vers à l'aide de pinces en bois, en prenant bien garde de ne pas y toucher avec les mains.

Ces Vers sont placés dans les galeries des Taupes dont on bouche les orifices de sortie. Les Vers sont consommés par les Taupes qui meurent empoisonnées.

Teigne du Pommier (*Hyponomeuta cognatella*). — Les Pommiers ont beaucoup à souffrir des ravages de cette Chenille, qui fait une prodigieuse consommation de feuilles.

Détruire les Chenilles et les nids qu'elles habitent, formés de plusieurs feuilles réunies par un réseau soyeux. Employer, pour tuer cette Teigne, ainsi que d'autres espèces qui vivent sur les Poiriers, Sorbiers, Pruniers, etc., le liquide suivant en pulvérisations :

> Eau. . . . . 5 litres.
> Savon noir. . . . . 3 à 400 grammes.
> Pétrole. . . . . 100 grammes.

Tenthrède Limace (*Tenthredo adumbrata*). — La larve gluante de cet insecte ressemble à une petite Limace. Elle vit sur le Poirier et cause d'importants dégâts en dévorant le parenchyme foliaire dans toute son épaisseur, ne laissant qu'un épiderme intact ainsi que les nervures.

Détruire la larve à l'aide de pulvérisations de chaux éteinte sur les arbres, ou de cendres de bois fraîches et fines.

Tigre du Poirier (*Tingis Pyri*). — C'est un bien petit Hémiptère qui provoque, par ses piqûres sur les feuilles du Poirier, la sortie de petites gouttelettes de sève, qui s'altère et brunit, donnant à la feuille un aspect tigré.

Supprimer et brûler toutes les feuilles attaquées. Faire des pulvérisations avec des solutions de savon et de nicotine. Des fumigations de feuilles de Tabac, pratiquées sous une bâche recouvrant l'arbre, sont d'un excellent effet.

Ver de terre ou Lombric. — Toutes les personnes qui se sont occupées de la culture des plantes en pots savent combien est désastreuse la présence de ces Vers dans la terre des pots. Ils la soulèvent, la décomposent de telle façon que les plantes souffrent beaucoup de leur présence.

Il faut surtout éviter, lors des rempotages, d'apporter ces animaux dans la terre employée. On recommande, pour les détruire, d'utiliser en arrosages des décoctions de plantes amères, de Marrons d'Inde écrasés, de faibles solutions de nicotine, etc.

Nuisibles dans la culture en pots, ils peuvent être considérés comme utiles dans la culture en pleine terre, ainsi qu'il est dit en parlant des Taupes.

II. — Les Parasites végétaux : Cryptogames et Phanérogames.

Anthracnose de la Vigne (*Sphaceloma Ampelinum*), Charbon de la Vigne, Carbonnat, Rouille noire. — Appelé en Allemagne Brûleur noir, ce Champignon couvre les parties herbacées de petites taches noirâtres. Il s'attaque aux jeunes rameaux non aoûtés, aux feuilles et à leurs pétioles, aux vrilles, aux pédoncules des grappes et aux grains. Les taches produites sont ulcérantes, circulaires et d'un diamètre variant entre 2 et 3 millimètres. Ces taches, ulcérant profondément les tissus, prennent par la suite un aspect irrégulier, tandis que les parties environnantes se déforment et se gonflent en bourrelets. Sur les feuilles, les taches se transforment rapidement en trous.

Le *Mycelium* de l'Anthracnose végète à l'intérieur des cellules et donne naissance à de nombreuses spores destinées à propager la maladie.

Comme traitement préventif, faire, à la fin de l'hiver, le badigeonnage des ceps avec une solution de :

Sulfate de fer.	5 kilogr.
Acide sulfurique.	100 à 150 grammes.
Eau chaude à 53°.	10 litres.

Cette opération doit se pratiquer avant le départ de la végétation, afin de ne pas brûler les jeunes bourgeons. Elle a pour but de détruire le Champignon qui se trouve à l'état latent dans les ulcères qui recouvrent le bois de l'année précédente. On peut utiliser dans le même but et de la même façon un mélange de 20 litres d'eau et de 2 litres d'acide sulfurique à 53°.

Il faut avoir bien soin, dans les deux cas, d'opérer le mélange par petites quantités et de faire dissoudre, au préalable, pour la première solution, le sulfate de fer dans l'acide sulfurique.

Black-Rot (*Guignardia Bidwellii*). — C'est un Champignon originaire de l'Amérique et qui a causé dans ce pays de très grands dommages aux vignobles. Il attaque les feuilles, les rameaux et les grains. Les feuilles se couvrent de taches brunes sur lesquelles apparaissent les fructifications sous la forme de petits points noirs. Des taches analogues se montrent sur les rameaux. Quant aux grains, ils se flétrissent, deviennent noirâtres, se dessèchent et ne tardent pas à se couvrir de fructifications. La connaissance approfondie de son mode de végétation permet de lutter avec succès contre ce parasite.

On le combat comme le Mildiou, par la bouillie bordelaise pulvérisée sur les jeunes feuilles au départ de la végétation, quelque temps avant la floraison, et une troisième fois en pleine floraison. Il faut aussi, pour entraver la reproduction de ce Champignon, brûler avec soin toutes les parties attaquées. (Voir, pour les formules de bouillies au sulfate de cuivre, le traitement du Mildiou.)

Blanc du Pêcher et du Rosier (Sphærotheca pannosa). — Ce Champignon, de la famille des Érysiphées, est désigné communément sous les noms de Blanc ou de Meunier. Son mycélium ne végète pas dans l'intérieur des cellules, mais, vivant à la surface des organes, il envoie seulement des suçoirs dans les cellules épidermiques.

N'étant pas, par ce fait, à l'abri des fongicides, on peut, par des traitements curatifs, en débarrasser les plantes. Ces traitements consistent en soufrages comme on le fait pour détruire l'Oïdium de la Vigne. Ce blanc apparaît surtout sur les fruits, les feuilles et l'extrémité des rameaux.

Le mélange suivant, employé curativement ou préventivement, est d'une grande efficacité.

Il se compose de :

Eau	1 litre.
Fleur de soufre	50 grammes.
Chaux éteinte	50 grammes.

On fait bouillir le tout pendant quelques minutes et on l'emploie en ajoutant à 1 partie de ce mélange 100 parties d'eau.

Chancre du Poirier et du Pommier (Nectria ditissima). — Le Champignon qui occasionne ce chancre émet dans le bois des branches et du tronc des rameaux mycéliens qui amènent la mortalité des tissus. A un certain moment de la végétation le mycélium donne naissance à de petites fructifications globuleuses, rouge orangé, qui contiennent de nombreuses spores.

Pour éviter la formation de ces organes reproducteurs

il faut, en hiver, appliquer sur les parties atteintes, préalablement grattées jusqu'au bois sain, une solution de bouillie bordelaise ou une dissolution de sulfate de fer additionnée d'acide sulfurique dans les proportions suivantes :

Eau	10 litres.
Sulfate de fer	5 kilogr.
Acide sulfurique	100 grammes.

Nettoyer également le bois à vif et, après l'avoir frotté avec des feuilles d'Oseille ou lavé avec une solution de : eau 1 partie et acide acétique 1 partie, étendre sur la plaie une couche de mastic à greffer.

Chlorose ou Jaunisse. — C'est une maladie très commune due, la plupart du temps, à la mauvaise composition du sol. La sécheresse et l'obscurité sont aussi des causes de chlorose, mais il est facile dans ce cas de remédier au mal. Lorsqu'il est possible de remplacer la terre épuisée, dans laquelle végète la plante, par un sol mêlé de riche compost, la plante reprend vite sa vigueur, car elle trouve dans le nouveau sol les éléments qui lui manquaient dans l'autre. Dans le cas contraire, quand on ne peut faire cette opération, il faut avoir recours aux aspersions de sulfate de fer à raison de 10 grammes pour 1000 gr. d'eau, et épandre au pied des plantes du sulfate de fer pulvérisé ou concassé dans la proportion de 10 kilogrammes par are, ou mieux encore incorporer des engrais azotés dans le sol.

Cloque du Pêcher (*Exoascus deformans*). — Le nom de Cloque, donné à cette affection, provient de la forme boursouflée, cloquée, que prennent les feuilles des Pêchers attaqués. Sous l'influence du mycélium de ce Champignon, les cellules du parenchyme des feuilles se multiplient irrégulièrement, et la feuille prend la forme cloquée, pâlit et devient légèrement rougeâtre.

Il faut enlever et brûler les feuilles et les jeunes rameaux atteints et, au départ de la végétation, faire une application préventive à la bouillie cuprique.

Fumagine (*Fumago vagans*). — Le mycélium de ce Champignon, comme celui de Champignons d'espèces voisines, recouvre d'un feutrage noir les feuilles de nombreux végétaux. Il ne pénètre pas dans les tissus et végète superficiellement sur l'épiderme des feuilles ou des rameaux, obstruant les stomates et empêchant par ce fait la respiration des feuilles. C'est surtout sur les feuilles attaquées par les Pucerons que la Fumagine se développe, trouvant dans le miellat que sécrètent ces insectes les éléments nécessaires à sa végétation.

Détruire avec soin les Pucerons c'est éviter presque sûrement la présence de la Fumagine. Ajoutons qu'un simple lavage à l'eau pure avec une éponge suffit pour enlever du feuillage l'enduit noir qui y adhère.

Gomme. — Cette affection, très fréquente chez les arbres à noyaux, s'observe d'une façon toute particulière sur les Pêchers. C'est une maladie d'origine cryptogamique ; aussi faut-il éviter de tailler les arbres sains avec des instruments ayant servi à gratter les plaies gommeuses sans les avoir bien nettoyés au préalable.

Un procédé très simple consiste, pour combattre cette affection, à frotter les plaies bien nettoyées avec des feuilles d'Oseille ou à les recouvrir d'un linge imbibé d'acide acétique et d'eau à proportions égales.

Des applications de bouillie bordelaise très riche en sulfate de cuivre sont aussi utilement employées pour lutter contre cette maladie.

Gui (*Viscum album*). — Nous n'avons pas à lutter ici contre un Champignon mais contre une plante phanérogame. Les graines du Gui sont transportées d'arbre en arbre par les Oiseaux qui en sont très friands.

Comme le passage de ces graines dans le tube digestif des oiseaux n'altère pas leur faculté germinative, elles germent sur les branches où elles sont déposées. Le développement du Gui est très lent pendant les deux ou trois premières années et la fructification ne se produit guère avant la sixième année de végétation.

Cette plante vit sur les Poiriers, Pommiers, Tilleuls, Peupliers, Ormes, Bouleaux et sur une foule d'autres arbres. C'est un terrible Parasite qui enfonce ses suçoirs dans les tissus pour y puiser les éléments nutritifs, amenant ainsi l'affaiblissement des arbres.

Si la touffe de Gui végète sur une forte branche on

entaille celle-ci de façon à éliminer toute parcelle du parasite et l'on recouvre la plaie formée avec du mastic à greffer; mais lorsque la touffe pousse sur une branche de peu d'importance il est préférable de sacrifier cette branche.

Mildiou (*Peronospora viticola*), Mildew. — Cette maladie si redoutée des viticulteurs fit son apparition en France il y a une vingtaine d'années. Sous l'influence du Champignon, dont les fructifications apparaissent sous forme d'efflorescences blanchâtres à la face inférieure des feuilles ou des organes verts attaqués, les feuilles tombent, le bois s'aoûte mal, et les raisins, très pauvres en sucre, mûrissent difficilement. L'humidité et la chaleur favorisent le développement de ce Champignon. C'est surtout par des traitements préventifs qu'on arrive à combattre la maladie. Ces traitements se font à la bouillie bordelaise, à la bouillie sucrée, à l'eau céleste et au sulfate de cuivre.

La bouillie bordelaise se prépare en faisant dissoudre dans un récipient en bois 2 à 3 kilogrammes de sulfate de cuivre dans 10 litres d'eau et *en versant ensuite dans cette solution* 2 kilogr. de chaux vive fraîchement éteinte.

On ajoute 90 litres d'eau et on emploie la bouillie à l'aide d'un pulvérisateur.

La bouillie sucrée, plus adhérente au feuillage, se prépare en délayant dans 80 litres d'eau 2 kilogrammes de chaux éteinte ou 3 kilogrammes de cristaux de soude et en y ajoutant successivement, en remuant activement le tout, une solution de 2 kilogrammes de mélasse dans 10 litres d'eau et une solution de 2 kilogrammes de sulfate de cuivre dans 10 litres d'eau. Le sulfate de cuivre s'emploie préventivement en dissolution à raison de 30 à 50 grammes de sulfate pour 10 litres d'eau et curativement à raison de 200 à 500 grammes pour 10 litres d'eau. Quant à l'eau céleste, on la prépare en faisant dissoudre dans 3 litres d'eau chaude 2 kilogrammes de sulfate de cuivre ; à la dissolution refroidie on ajoute 2 litres et demi d'ammoniaque du commerce et finalement 200 litres d'eau. Pratiquer les traitements le soir ou le matin par un temps couvert et, à l'aide d'un pulvérisateur, arroser le feuillage et surtout la face inférieure des feuilles. Comme il faut prévenir la maladie, c'est au début de la végétation, alors que les bourgeons n'ont que 20 à

25 centimètres, qu'il importe de faire la première application. La deuxième application se pratique 20 à 25 jours plus tard et la troisième alors que les parties herbacées sont entièrement développées.

Les bouillies bordelaises ou sucrées ne doivent pas être acides, ce dont on s'assure en y plongeant un morceau de papier de tournesol bleu. Si ce papier rougit, il faut ajouter de la chaux jusqu'à complète neutralité du liquide, c'est-à-dire jusqu'à ce que le papier de tournesol ne rougisse plus.

Se servir aussi du carbosanol-bouillie préparé avec peu de sel de cuivre et qui est également très efficace.

Mousses et Lichens. — Pour détruire ces Parasites il suffit de racler les écorces par un temps humide avec un gant, une brosse ou un grattoir spécial (fig. 17, p. 51), ou plus simplement de faire tomber les vieilles écorces.

On badigeonne ensuite les parties nettoyées avec un lait de chaux ou on pulvérise soit une solution de sulfate de fer à 50 p. 100, soit de la bouillie bordelaise. Le liquide suivant pulvérisé après la taille est du meilleur effet et détruit également le Kermès :

```
Sulfate de fer. . . . . . . . . . . . .   2 kilogr. 500.
Chaux vive. . . . . . . . . . . . . .   2 à 5 kilogr.
Savon noir. . . . . . . . . . . . . .   1 kilogr.
Eau. . . . . . . . . . . . . . . . . .   50 litres.
```

Oïdium (*Erisyphe Tuckeri*). — C'est un Champignon microscopique qui attaque la Vigne. Il ne vit pas dans l'intérieur des tissus comme le Mildiou, mais à la surface des feuilles ou des organes verts, envoyant seulement des suçoirs dans les tissus épidermiques.

Des efflorescences grisâtres, ternes, d'une odeur de moisi caractérisent sa présence. Ces feuilles gênées fonctionnent mal, le bois ne peut s'aoûter et les grains de raisins se rident et se fendillent.

Le seul remède efficace consiste en des applications de fleur de soufre. Elles se pratiquent, à l'aide d'un soufflet spécial ou simplement d'une houppe, à trois époques différentes : 1° quand les feuilles apparaissent ; 2° à la floraison ; 3° au moment de la végétation.

Il faut pour procéder au soufrage choisir un temps ensoleillé, sec, chaud et sans vent.

Si ces trois soufrages ne suffisent pas, en donner un quatrième et un cinquième, selon l'intensité du mal.

Peronospora de la Pomme de terre (*Phytophtora infestans*). — C'est surtout lors des années humides que ce Champignon, très analogue au Mildiou de la Vigne, se développe, attaquant feuilles, tiges et tubercules. La bouillie bordelaise, employée préventivement et curativement, arrête le progrès de cette maladie et permet d'obtenir un rendement supérieur aux débours qu'occasionne le traitement.

Il faut toujours soigneusement détruire, en les brûlant, les fanes et tubercules atteints (voir pour la composition de la bouillie bordelaise au Mildiou de la Vigne).

Pourridié ou Blanc des racines. — Cette maladie est due à la présence de deux Champignons différents, l'*Agaricus melleus* et le *Dematophora necatrix*.

L'*Agaricus melleus* est un Champignon très commun dont le mycélium blanc donne naissance à des cordons brunâtres qui pénètrent dans les racines. Ils se développent alors derrière l'écorce en lames ayant la forme d'éventails d'où partent des filaments qui, pénétrant dans le bois par les rayons médullaires, provoquent la mort de l'arbre.

A l'automne on voit apparaître l'appareil fructifère sous la forme d'un Champignon d'une teinte jaune clair, constitué par un chapeau conique que supporte un pied assez élevé.

Ce champignon attaque indifféremment les racines des Poiriers, Pommiers, Cognassiers, Pruniers, Abricotiers, Cerisiers, Figuiers, Vignes, Mûriers, Noyers, Rosiers ou celles des Mélèzes, des Pins, des Épicéas.

Malheureusement très prolifique, par ses spores qui germent sur le sol, et par ses cordons souterrains appelés rhizomorphes, il n'existe qu'un unique moyen de le combattre : c'est de détruire par le feu les racines et les arbres attaqués.

Le *Dematophora necatrix* qui cause plus particulièrement le *pourridié* de la Vigne, est un des Champignons parasites les plus redoutables de nos arbres fruitiers et forestiers aussi bien que des plantes annuelles qui font l'ornement de nos jardins.

Son mycélium qui pénètre dans les tissus recouvre les

racines d'un duvet blanc pur qui devient successivement grisâtre et brunâtre.

Brûler les souches et les racines attaquées est encore le seul moyen d'éviter la contamination.

Il faut, de même que pour l'*Agaricus melleus*, éviter d'enfouir au cours des labours des débris de racines et de branches; et si, malgré cette précaution, ces champignons persistent à végéter, il est préférable d'abandonner le sol pendant quelque temps ou de le renouveler entièrement si les végétaux sont plantés en serre.

Rouille des Poiriers et des Pommiers (*Gymnosporangium Sabinæ*). — Ce parasite a besoin, pour accomplir son entier développement, de végéter sur deux plantes différentes. C'est un Champignon hétéroïque qui passe une partie de l'année sur la Sabine, comme la rouille des céréales le fait sur l'Épine-vinette. Au printemps, les spores qu'il émet sur les Genévriers sont transportées par le vent sur les Poiriers et Pommiers voisins, où elles germent, déterminant sur les feuilles l'apparition de taches orangées parsemées de petits points noirs.

Il faut donc bannir des jardins fruitiers tous les pieds de Genévrier, afin d'éviter la reproduction de ce Champignon, et brûler, en été, toutes les feuilles atteintes, parce qu'elles portent des spores susceptibles de reproduire la maladie pendant l'été sur les arbres voisins.

Tavelure (*Fusicladium pyrinum*). — C'est ce Champignon qui, manifestant sa présence sur les feuilles, les rameaux et les fruits par des taches noires ou brunes, rend les poires et les pommes dures, les fait crevasser et leur enlève ainsi toute valeur. La bouillie bordelaise en pulvérisations empêche le développement de ce Cryptogame.

Le premier traitement se pratique en février; il doit être fait avant le départ de la végétation et préventivement.

Un second traitement est appliqué lorsque les fruits atteignent la grosseur d'un pois. Enfin, si les fruits sont très attaqués et que la maladie semble vouloir persister, on procède à une troisième application avec une bouillie plus riche contenant de 3 à 5 kilogrammes de sulfate de cuivre et de chaux pour 100 litres d'eau.

A la fin de l'hiver il faut brûler tous les rameaux atteints, car ce sont autant de foyers d'infection au printemps. La mise des fruits en sacs les préserve souvent des atteintes de la tavelure. (Voir à ce sujet le chap. XXIV, paragr. IV, p. 356.)

III. — La destruction des animaux et le traitement des maladies.

Il est indiqué aux divers paragraphes concernant les animaux ou les parasites le traitement à suivre. La composition des bouillies : bordelaises, sucrées, cupriques [1], eau céleste, solution de nicotine, etc., est expliquée en détail dans quelques-uns des paragraphes.

Les substances les plus employées pour ces divers traitements sont les : nicotine, chaux, suie, fleur de soufre, sulfate de cuivre, sulfate de fer, savon noir, pétrole, alcool, cristaux de soude. La nicotine s'emploie en fumigations, en vaporisations, en aspersions et en lavages.

Le soufre et la chaux vive en saupoudrages, et cette dernière dans les bouillies bordelaises. Une préparation du soufre précipité à la nicotine est souveraine. Les sulfates de cuivre et de fer, en aspersions, et le premier dans diverses bouillies. Les dissolutions de savon en aspersions et en lavages, ainsi que le pétrole et l'alcool.

Pour ces diverses opérations on se sert de vaporisateurs (fig. 21, p. 54) et de seringues pour aspersions; de fumigateurs pour les applications de nicotine, de soufflets, de soufreurs, de houppes, de poudreuses (fig. 23, p. 55) pour projeter la chaux en poudre et le soufre, etc., tous objets que l'on trouve dans le commerce.

Nicotine titrée. — Mis récemment en vente, ce liquide très efficace, est dosé régulièrement; on peut, au moyen de dilutions, en graduer la richesse et l'employer méthodiquement. Ce jus titré très pur étant 5 à 6 fois plus riche en nicotine que les jus ordinaires sa manipulation exige donc plus d'attention qu'on en apporte au maniement des autres produits. Si l'on s'en sert pour les fumigations ne pas rester dans les serres. Cette nicotine est vendue dans les débits de tabac et entrepôts de la régie en récipients de 6 litres, 1 litre et 1/2 litre.

---

1. Ce sont les bouillies dans la composition desquelles le cuivre entre dans une certaine proportion.

CHAPITRE III

LES CLOTURES DE JARDIN ET LEUR UTILISATION

I. Les barrières. — II. Les treillages. — III. Les haies. — IV. Formation rationnelle des haies. — V. Les fossés et les sauts de loup. — VI. Les murs.

Il est à peu près indispensable qu'un jardin soit clos, si l'on veut le préserver de maintes dégradations.

I. — Les barrières.

Les barrières en bois ne sont certes pas difficiles à installer et leur prix de revient n'est pas élevé. Elles sont plus ou moins hautes et formées de lattis cloués sur des traverses ou reliés par des fils de fer.

Les traverses sont fixées sur des forts pieux enfoncés en terre, dont la base a été préalablement goudronnée ou brûlée. Il faut avoir soin de les peindre ou de les enduire de goudron si l'on veut en prolonger la durée.

II. — Les treillages.

Ce sont des treillages de fil de fer dont je veux parler. Ils ont sur les barrières de nombreux avantages, entre autres ceux d'être plus défensifs et de durer indéfiniment.

Ces treillages sont en fil de fer galvanisé très fort; ils se composent de mailles plus ou moins écartées. On les fixe sur des fils de fer très tendus qui sont eux-mêmes attachés sur des montants en fer à T enfoncés dans la terre. Leur hauteur est de $1^m,50$ à $2^m,40$; très souvent ils sont composés de deux largeurs superposées. Il est toujours bon de placer en haut une ou deux rangées de fil de fer épine, qui ne sont pas là pour en faciliter l'ascension.

Ces clôtures ne tiennent aucune place, et ne portent aucun préjudice aux cultures ; elles sont économiques et leur installation se fait rapidement. Aussi, ne saurais-je trop les recommander lorsque l'on ne veut pas faire construire de murs comme clôture en avant des murs en retrait, qui sont aussi avantageusement utilisés pour la culture fruitière (paragr. VI, chap. XV, p. 249) ; ou, encore, afin de séparer le potager du jardin d'agrément, etc.

III. — Les haies.

Les haies vives (car les haies de branchages secs ne sont pas à préconiser), si elles sont bien formées, sont certainement défensives et constituent de bonnes clôtures. Mais, il faut ajouter qu'elles ne sont pas sans nuire aux cultures voisines et qu'elles prennent beaucoup de terrain. Si on ne peut les recommander pour les potagers et les jardins fruitiers, il n'en est pas de même pour les parcs et les jardins d'agrément, car cette clôture est plus naturelle.

Les haies peuvent être formées avec des végétaux à feuillage caduc ou persistant. Autant que possible, il faut choisir les espèces vigoureuses en ce sens qu'elles forment des haies plus défensives.

Parmi les arbustes qui conviennent pour former ces haies, je citerai parmi ceux à feuillage persistant les : *Ajonc*, *Alaterne*, *Houx*, *Buisson ardent*, *Épine-vinette*, *Buis*, *Troène d'Italie*, *Thuya*, etc.

Parmi ceux à feuillage caduc les : *Argousier*, *Aubépine commune*, *A. ergot de coq*, *Citronnier à trois ailes*, *Églantier*, *Févier*, *Hêtre*, *Lyciet*, *Maclura*, *Prunelier*, *Troène commun*, etc.

Il faut, soit préparer soi-même les plants destinés à former les haies, soit les acheter ; car ceux que l'on pourrait arracher ou glaner çà et là ne sauraient donner de bons résultats. Avant de planter une haie, il faut défoncer et fumer le terrain. Pour la plantation on ouvre une petite tranchée, dans laquelle on place les plants tous les 10 à 15 centimètres, en remettant aussitôt la terre, que l'on foule parfaitement. Dans l'année qui suit la plantation on doit autant que possible l'arroser plusieurs fois. Les binages, sarclages, remplacements des plants doivent être faits couramment dans les premières années.

Tous les ans les haies doivent être tondues à la cisaille ou au volant.

C'est une grande erreur de croire que les haies doivent être épaisses pour être défensives. Une haie épaisse de 20 centimètres seulement le sera plus qu'une autre de 60 centimètres, si elle est bien formée et ne présente aucun vide, principalement à la base.

Les haies peu épaisses doivent surtout être formées de végétaux épineux, quoique bien d'autres peuvent avoir les leurs entrelacés.

IV. — Formation rationnelle des haies.

Une haie n'offre vraiment des qualités défensives qu'autant qu'elle est parfaitement garnie, sans cependant être par trop épaisse, car, dans ce cas, outre qu'elle couvre plus de terrain, elle sert de refuge à une quantité d'insectes. Bien souvent, les haies ne sont constituées que par une rangée de buissons assez espacés, séparés par des intervalles vides qui livrent facilement passage aux hommes et aux bêtes. Ceci provient de ce qu'elles ont été mal dirigées dans les premières années suivant leur plantation. Elles ne sont donc pas, dans ce cas, une clôture sûre.

Pour réunir les conditions qu'elle doit remplir, il est de toute nécessité que la haie soit bien formée dès son jeune âge, afin que la base ne se dégarnisse pas, ce qui est le point essentiel.

A Mézières-Charleville et aux environs, où les haies constituent presque toutes les clôtures à elles seules, on les forme d'une manière très rationnelle qui mérite d'être signalée (fig. 2).

Lors de leur plantation, les plants sont distancés de 5 à 6 centimètres ; on les recèpe dès leur mise en terre dans le but de faire développer des bourgeons vigoureux.

L'année suivante, tous les sujets sont rabattus de 25 à 30 centimètres au-dessus de terre, puis ensuite recourbés horizontalement à 20 centimètres du sol (C, fig. 2) ; on les maintient dans cette position en les fixant par des ligatures d'osier sur de minces baguettes maintenues elles aussi horizontalement, ce qui forme un cordon.

Dans le courant de la végétation, les yeux de l'extrémité des rameaux, qui sont recourbés, se développent vigoureusement. L'année suivante, ces bourgeons sont eux-mêmes taillés à la même longueur au-dessus de leur point d'intersection sur les branches horizontales de ces rameaux, comme on l'a fait l'année précédente, en formant ainsi un second cordon (D, fig. 2); on maintient l'écartement par quelques liens d'osier. L'année suivante on fait de nouveau un troisième cordon (fig. 2), puis un quatrième un an plus

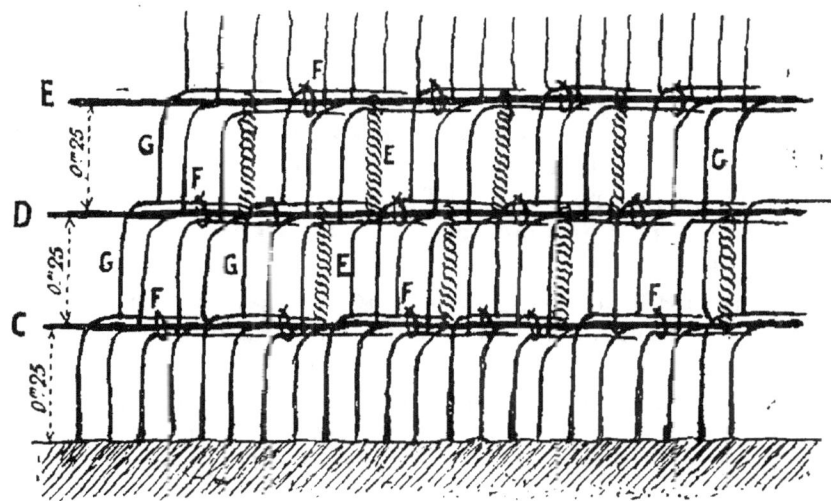

Fig. 2. — Formation des haies (schéma). — C, D, rameaux d'osier ou fil de fer; F, ligatures des rameaux; E, torsades d'osier maintenant l'écartement; G, rameaux se développant sur les branches couchées.

tard, en procédant de la même manière. Quatre cordons suffisent généralement.

Par suite de la position horizontale donnée à l'extrémité des jeunes sujets, la base ne se dénude pas; de plus, en raison de cette position, il se développe, dans les parties inclinées, de nombreux bourgeons très vigoureux et très serrés.

La base de la haie ne se dégarnit pas, n'offre aucun passage et, cependant, elle n'a qu'une faible épaisseur. En effet, peu d'yeux se développent latéralement, presque tous prennent une direction verticale. D'ailleurs, il faut avoir soin de supprimer ceux qui auraient tendance à prendre cette première position. De cette manière, la haie atteindra au plus 15 centimètres de largeur, quelle qu'en soit la hauteur, ce qui est un grand avantage ; c'est du reste l'épaisseur qu'on laisse atteindre à Mézières aux haies ainsi formées.

Nos lecteurs ayant des haies à former comprendront facilement l'avantage qu'ils auront à suivre cette méthode et je les engage vivement à la mettre en pratique, persuadé qu'ils en seront satisfaits.

V. — Les fossés et les sauts de loup.

C'est principalement pour les parcs et les jardins d'agrément que ces deux genres de clôtures trouvent leur application lorsqu'on veut diriger la vue sur un point que toute autre clôture obstruerait ou lorsque l'on veut cacher les limites de la propriété et faire croire à une plus grande étendue, car l'emplacement qu'ils prennent est relativement grand.

La profondeur donnée aux fossés et aux sauts de loup est plus ou moins grande ; mais il faut que les berges aient au moins une inclinaison suivant un angle de 45°.

Le saut de loup est un fossé dont le côté intérieur dans la propriété est droit ou légèrement oblique et maçonné.

On décore généralement les sauts de loup, en élevant des pilastres de chaque côté et de bien d'autres façons ; mais il faut faire en sorte que ces décorations ne soient visibles que de près.

VI. — Les murs.

Les murs sont certainement, au potager et au fruitier, la meilleure clôture, en ce sens qu'ils servent en même temps d'abri ; il est parlé de leur construction et de leur utilisation à la partie Arboriculture fruitière (chap. XV, paragr. VI, p. 248).

CHAPITRE IV

LES OUTILS ET AUTRES OBJETS DE JARDINAGE

I. Outils pour le travail de la terre. — II. Instruments pour les coupes et tailles. — III. Instruments pour les transports. — IV. Instruments pour les arrosages, bassinages et lavages. — V. Récipients pour les rempotages. — VI. Pots et terrines à irrigation souterraine. — VII. Bacs et caisses. — VIII. Entretien des outils et des instruments de jardinage. — IX. Affûtage des outils. — X. Entretien du matériel roulant. — XI. Tuyaux d'arrosage. — XII. De l'étiquetage et de la fabrication des étiquettes.

On ne peut remuer la terre et exécuter tous les autres travaux inhérents au jardinage, sans un outillage approprié.

Nous allons donc examiner les principaux outils qui sont nécessaires au jardinier ou à l'amateur.

I. — Outils pour le travail de la terre.

En premier lieu, nous citerons la *Bêche* (fig. 3), que l'on doit avoir dans chaque jardin ; elle sert, comme on le sait, à labourer le sol, à creuser les trous, etc. Selon les pays, la bêche varie de forme. Dans le Nord, on se sert de bêches longues, un peu cintrées dans l'axe, étroites et longues ; ces bêches conviennent particulièrement pour exécuter les labours dans les sols consistants, terre franche, terre argileuse, etc. ; aux environs de Paris, au contraire, les bêches sont à peu près plates, larges dans le haut et un peu étroites dans le bas. Elles sont convenables pour les sols sablonneux et légers.

On trouve des bêches de plusieurs dimensions : celles

dont le fer est haut de 28 à 30 centimètres sont d'une bonne taille. Un outil que l'on ne pourrait trop recommander, c'est la *fourche plate* (fig. 4) ou à bêcher, à trois ou quatre dents; elle est précieuse pour les labours d'été, dans les massifs et pour l'arrachage de certaines plantes.

La *Fourche* ordinaire est principalement utilisée pour manipuler les fumiers, feuilles, etc.

La *Fourche à dents recourbées* ou *Fourche en croc*, que l'on nomme *Griffe*, sert à herser les terres avant les plantations et principalement avant les semis.

La *Houe* (fig. 5) est très employée dans certaines

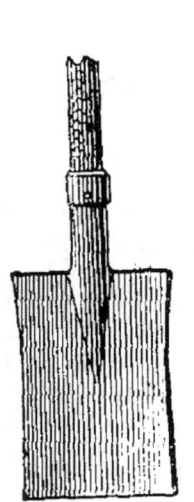

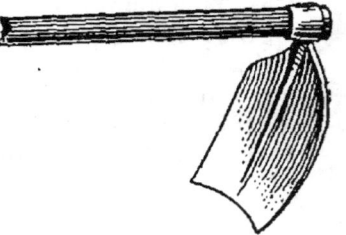

Fig. 3. — Bêche.   Fig. 4. — Fourche plate à quatre dents.   Fig. 5. — Houe.

contrées, au nord-ouest de Paris principalement, pour les labours; lorsqu'on a pris l'habitude de la manier, le travail se fait plus rapidement qu'avec la bêche. Elle est surtout utilisée pour les billonnages faits avant l'hiver et pour les binages un peu profonds en été.

La *Pelle* (fig. 6) est employée pour les manipulations de terres, défoncements, terrassements, etc. On se sert surtout de la pelle de terrassier, parfois aussi de la pelle carrée.

Les *Binettes* (fig. 7) et *Serfouettes* servent à ameublir le sol et à détruire les mauvaises herbes. La serfouette a deux côtés, l'un plat, l'autre formant un bec ou deux dents, dont on se sert pour tracer les rayons.

Le *Coupe-gazon* sert à découper et à dresser les bordures de gazon et affecte la forme d'un croissant; mais, pour le même travail, on se sert très souvent de la bêche.

Le *Crible* est très utile pour tamiser la terre devant servir à certains rempotages, pour les semis, etc. On le choisit à mailles plus ou moins grandes, selon le travail que l'on veut en faire; on utilise aussi la *Claie*.

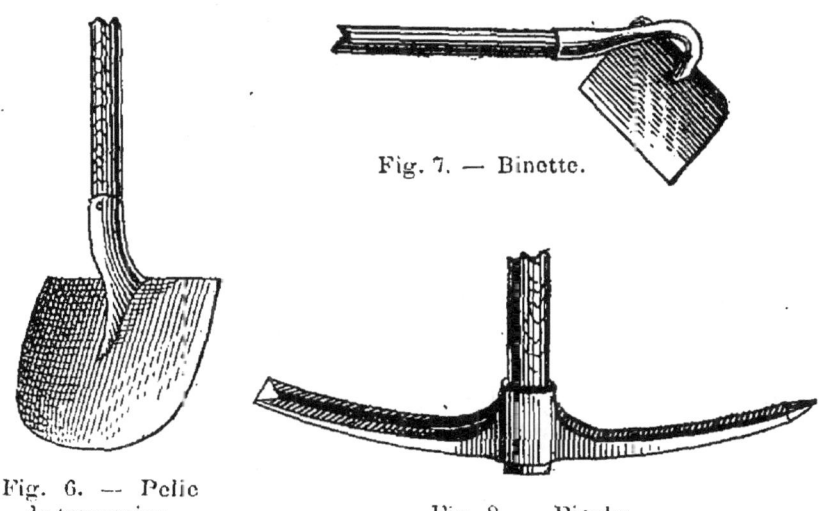

Fig. 6. — Pelle de terrassier.

Fig. 7. — Binette.

Fig. 8. — Pioche.

La *Pioche* (fig. 8) et le *Pic* sont utilisés pour les divers travaux de terrassements; on distingue la *Pioche ordinaire*, dont un côté est pointu et l'autre plat; la *Pioche piémontaise*, dont un côté tranchant sert à couper les racines, lors de l'arrachage des vieux arbres; le *Pic de terrassier*, dont les deux côtés sont pointus.

Lorsque l'on travaille dans les terrains cailloteux, il faut que ces outils soient reforgés et retrempés de temps à autre.

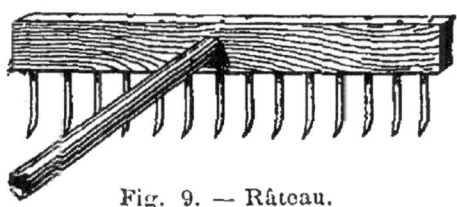

Fig. 9. — Râteau.

Le *Râteau* (fig. 9) est indispensable dans un jardin; les meilleurs sont ceux dont le dos est en bois et dans lequel sont rivées les dents en fer forgé, et le râteau en fer, d'une seule pièce, nommé râteau américain; il est vendu muni de son manche.

La *Ratissoire* est utile pour la destruction des mauvaises herbes dans les allées, sentiers, et dans les planches; on trouve la ratissoire à pousser, dont la lame est presque horizontale et qu'il faut pousser devant soi; la ratissoire à tirer, qui affecte la forme d'une binette.

La *Batte* et le *Rouleau* sont l'un et l'autre nécessaires dans un jardin; tous deux servent à tasser les terres des carrés que l'on vient d'ensemencer, les pelouses, etc.; la batte sert à faire adhérer les plaques de gazon au sol; dans un jardin, il est bon de les avoir tous deux, tandis que dans un petit jardin, la batte suffit; cette dernière est en bois, tandis que le rouleau est en fonte.

Le *Plantoir* peut être fait avec l'extrémité d'un manche de pelle, de pioche ou de bêche, avec une branche noueuse; mais le mieux, parce qu'il se crasse moins et est plus facile à enfoncer, est le plantoir recourbé dont l'extrémité est insérée dans une culasse de cuivre.

La *Houlette* ou *Transplantoir* est d'une grande utilité pour l'arrachage et la plantation des plantes en motte; elle est en fer, en forme de gouttière et munie d'un petit manche en bois.

II. — Instruments pour les coupes et tailles.

La *Cisaille* (fig. 10) est utile pour tondre les haies, gazons, bordures de Buis, etc.; il ne faut pas choisir un trop grand modèle, car alors son maniement serait par trop fatigant.

Le *Croissant* (fig. 11) est nécessaire lorsqu'on a des haies élevées qui ne peuvent être tondues avec la cisaille; on l'emploie aussi pour les arbres soumis à une taille régulière.

Le *Cueille-fruit*, sans être indispensable, peut rendre des services pour atteindre les fruits placés trop haut, lorsqu'on ne tient pas à se servir d'échelle.

L'*Échenilloir* est très commode, autant pour couper les branches portant les nids de chenilles que pour rabattre celles qui doivent disparaître dans les arbres à haute tige;

L'*Émondoir* sert également à couper les branches qu'on

ne peut atteindre facilement; on peut couper des branches plus grosses qu'avec l'échenilloir.

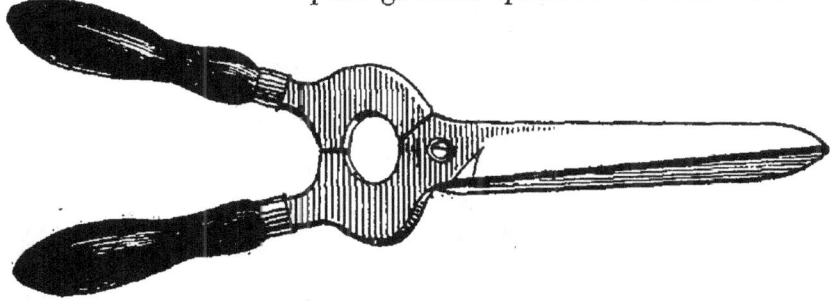

Fig. 10. — Cisaille à main.

Le *Greffoir* (fig. 12) est nécessaire non seulement pour l'exécution des différentes sortes de greffes, mais aussi pour préparer les boutures, faire quelques tailles, rabattre des plantes, etc. Les modèles en sont très variés, et la qualité plus ou moins bonne. Il ne faut faire l'acquisition que de greffoirs de toute première qualité. Pour les greffes ligneuses on se sert principalement du greffoir dont la lame est arrondie, protubérante et effilée à l'extrémité et dont le manche est en corne ou en buffle avec spatule fermant, en os ou en ivoire; les greffoirs anglais, à lames droites ou cintrées, conviennent pour les boutures et les greffes en écusson; le manche en os ou en ivoire est terminé par une spatule. Le greffoir Pradines, dont la spatule est fermante, est un bon outil.

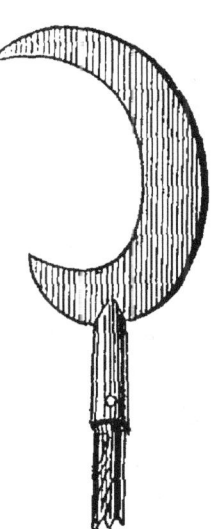

Fig. 11. — Croissant.

On peut, sans crainte, en dire autant de l'épluchoir et de la serpette.

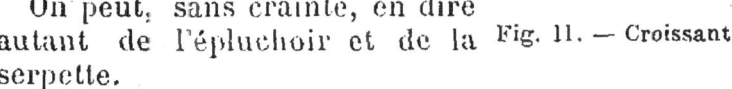

Fig. 12. Greffoir.

La *Hache* et la *Hachette* rendent des services pour couper les grosses branches, abattre les arbres, appointer les tuteurs, etc.

L'*Égoïne* (fig. 13) est une scie à main fermant ou non, destinée à couper le bois vert. Le dos est généralement moins épais que ne l'est la partie où sont les dents, de façon que la coupe soit assez large pour éviter l'engorgement.

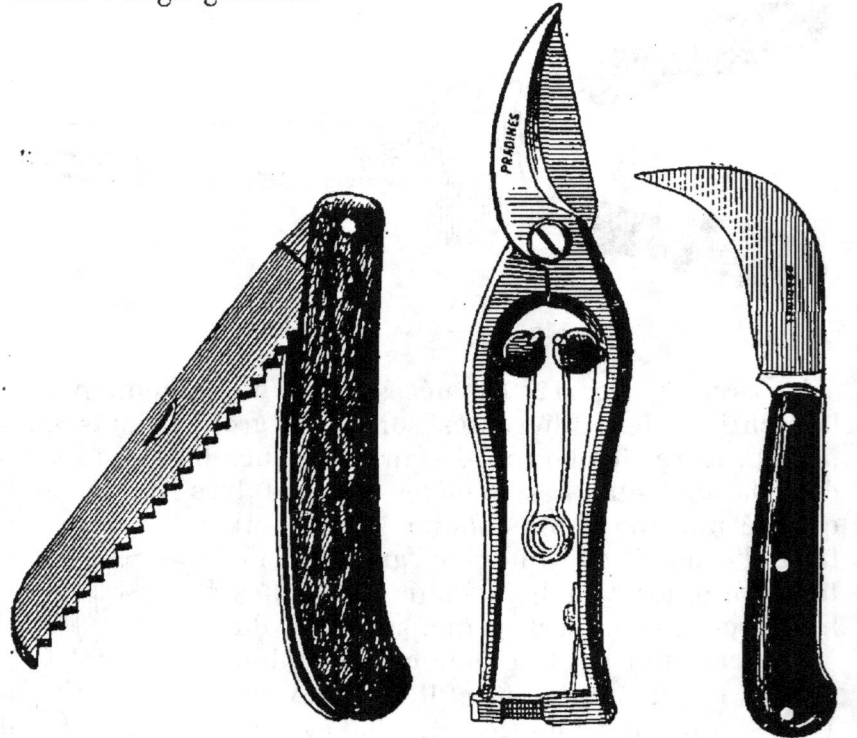

Fig. 13. — Égoïne.   Fig. 14. — Sécateur.   Fig. 15. — Serpette.

Le *Sécateur* est indispensable pour la taille des arbres. Les modèles en sont variés; les uns sont à lame rapportée, tandis que d'autres sont à lame fixe; la forme, la flexibilité et la solidité des ressorts sont aussi très variables.

Le Sécateur (fig. 14) est l'instrument de taille par excellence; par son usage la main-d'œuvre est beaucoup simplifiée. Longtemps après son invention, on lui a préféré la serpette; on lui reprochait, en effet, d'être cause de hachures à chaque coupe de branche, d'où il pouvait résulter des maladies funestes. Depuis, on l'a perfectionné et on en a fait un instrument de précision. Évidemment exception est faite pour les sécateurs qui ne sont pas de marque et que l'on vend à bas prix. Aussi, pour cette dernière raison, ne saurait-on trop recommander de ne pas s'arrêter au prix d'achat de cet instrument, comme, du reste, de tout autre, et de se procurer un outil solide et bien ajusté : le sécateur à ressort en V, marque Pradines (fig. 14), dont nous nous servons depuis longtemps, est parfait dans ce sens.

La *Serpette* (fig. 15) sert à polir (on dit aussi rafraîchir) les plaies formées par la suppression des grosses branches primitivement rabattues à l'aide de l'égoïne; elle sert aussi à couper le bois mort, *qu'il ne faut pas supprimer avec le Sécateur,* car cela l'abîme.

La lame de cet instrument doit être très forte; le manche, en corne de buffle ou en corne de cerf, doit être assez gros et bien *dans la main.*

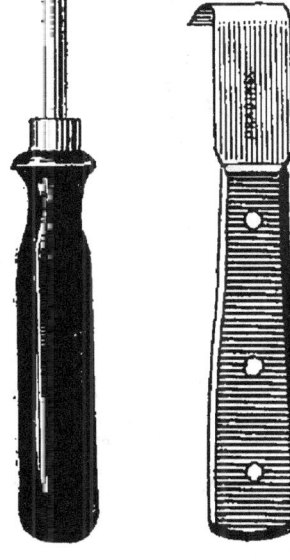
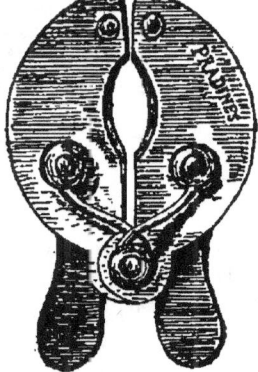

Fig. 16. Épluchoir.   Fig. 17. Gratte-mousse.   Fig 18. Décortiqueur.   Fig. 19. Inciseur Pradines.

L'*Épluchoir* (fig. 16) est une sorte de serpette beaucoup plus petite; la lame est moins courbée et le manche plus léger.

Lorsqu'il s'agit de pratiquer le pincement, le cassement et toutes les tailles en vert, il remplace avantageusement la serpette, qui est beaucoup trop volumineuse, pour ces genres d'opérations. En certains cas, l'épluchoir remplace même le greffoir pour la préparation des greffons.

Le *Gratte-mousse* (fig. 17), le *Décortiqueur* (fig. 18). Spéciaux à la maison Pradines, ces deux excellents instruments doivent avoir leur place dans la trousse de l'amateur. Tous deux servent au nettoyage des écorces des vieux arbres; l'un complète le travail de l'autre. Nous insistons surtout sur ce dernier, avec lequel on met à vif efficacement et rapidement les chancres du Pommier et du Poirier; ce, avant la friction aux feuilles d'Oseille.

Fig. 20. — Tondeuse de gazon.

L'*Inciseur Pradines* (fig. 19) est un petit instrument de la plus grande utilité. Il sert à la pratique de l'incision annulaire de la Vigne, et aussi à celle faite aux bourgeons de Rosier, en vue du bouturage, méthode relativement nouvelle et très recommandable. Ce petit outil possède, entre autres qualités, celle de la commodité.

La *Serpe* est préférable à la hachette pour faire des élagages; on obtient des coupes plus nettes et le travail est plus rapide.

La *Tondeuse de gazon* (fig. 20) est indispensable lorsque l'on veut avoir des gazons courts et bien entretenus. Les modèles sont très différents, mais tous n'ont pas un excellent fonctionnement; il faut, autant que possible, choisir les modèles les plus simples.

La *Faucille*, que l'on nomme aussi *volant*, remplace la tondeuse pour les petites surfaces ; elle est également employée pour tondre les bordures de peu de largeur.

III. — Instruments pour les transports.

Le *Boîte* sert à transporter les plantes en pots d'un endroit à un autre ; elle est plus ou moins longue, et plus ou moins large.

La *Brouette* est d'un emploi constant dans les jardins pour transporter les terres, fumiers, terreaux, etc. On préfère généralement celle qui est en bois avec les côtés mobiles pour les fumiers, et celle avec les côtés fixes pour les terres.

La *Civière* remplit dans bien des cas le même emploi que la brouette, principalement dans les endroits où on ne peut circuler avec celle-ci et aussi pour les transports de plantes, de terreaux dans les aspergeries, etc.

La *Hotte* et la *Manne* servent aussi au transport des matériaux ainsi que les voitures à bras, etc.

Chariots et traineaux. — Pour le transport des bacs et des grandes caisses pour les plantes, on trouve dans le commerce divers systèmes de chariots et de traineaux dont les dimensions sont plus ou moins grandes. Lorsque l'on a très peu de bacs à manier, on se sert avantageusement de crochets spéciaux. On met une paire de crochets de chaque côté, dont ceux du bas prennent le dessous de la caisse, tandis que dans les crochets du haut on passe deux brancards. Le tout constitue ainsi comme une civière. Je citerai pour mémoire les chariots transplantateurs, que l'on emploie rarement soi-même ; car, il est préférable lorsqu'on a des arbres à transplanter en motte, de s'adresser à des spécialistes.

Outre tous les ustensiles cités il en est d'autres qu'il est quelquefois utile de posséder, tels les : Soufflet, Poudreuse (fig. 23) pour le soufrage des Rosiers, Vignes, etc., Couteau à Asperges, Panier à palisser, Fumigateur, Émoussoir, Marteau, Claie, etc., etc.

IV. — Instruments pour les arrosages, bassinages et lavages.

En premier lieu, nous avons l'*Arrosoir*, dont on ne peut se dispenser. Les arrosoirs de jardin sont de forme ovale, et munis d'une grande anse; la pomme, percée de trous fins, est mobile. Pour l'arrosage des plantes en pots, des Orchidées, on trouve dans le commerce des types très variés, munis d'une ou de deux petites anses, avec le goulot allongé qui permet d'atteindre les pots placés hors de portée.

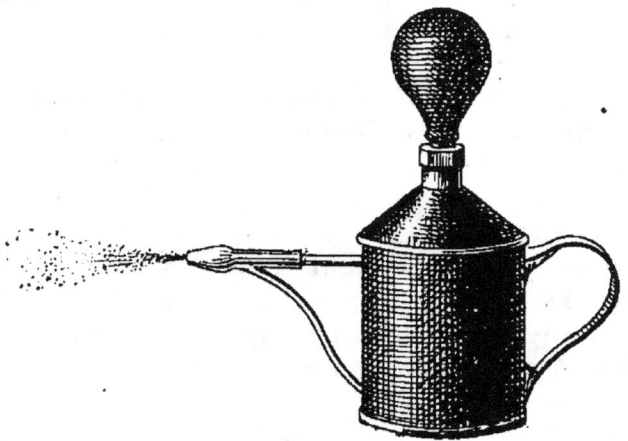

Fig. 21. — Vaporisateur.

Le *Pulvérisateur* ou *Vaporisateur* (fig. 21), sans être indispensable, est d'une grande utilité pour projeter les liquides destinés à combattre certains insectes et maladies et pour bassiner les plantes dans les appartements.

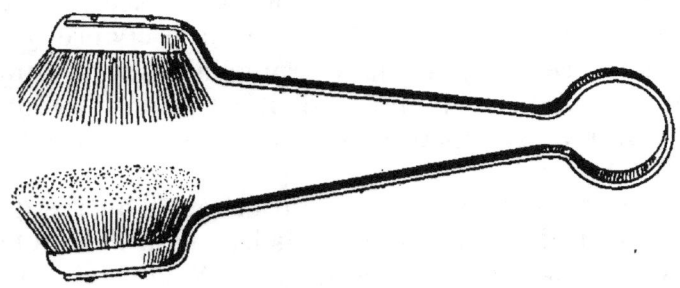

Fig. 22. — Brosse double pour le lavage des plantes.

La *Seringue* fait surtout partie de l'outillage des serres et des châssis et sert à bassiner les plantes; les modèles, ainsi que les grandeurs, sont très variés; il faut principalement fixer son choix sur une seringue en cuivre, celles en zinc n'offrant guère de résistance.

Les *Tuyaux* et leurs accessoires servent à arroser lorsqu'on a une certaine pression; on trouve des tuyaux en toile caoutchoutée et d'autres en zinc montés sur des roulettes; ces derniers ne peuvent être manœuvrés que dans les

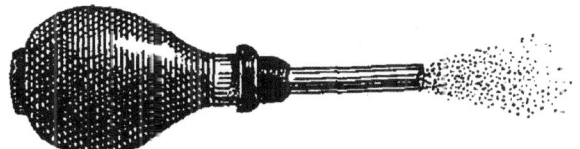

Fig. 23. — Poudreuse.

allées. Il ne faut pas trop traîner les premiers, car ils sont vite mis hors d'usage. On trouve dans le commerce des boîtes dans lesquelles on peut les mettre pour les transporter d'un endroit à un autre, sans risquer de les détériorer. (Voir aussi p. 61.)

Pour le lavage des plantes on se sert d'*éponges*, de *brosses* douces et aussi de la *brosse double* (fig. 22).

V. — Récipients pour les rempotages.

Nous avons en premier lieu les *Pots*. Ceux-ci doivent autant que possible être poreux et non vernis, percés d'un ou plusieurs grands trous à leur partie inférieure, pour l'écoulement de l'eau. Les pots sont généralement de forme

Fig. 24. — Pot à claire-voie.

Fig. 25. — Pot à marcotte.

conique et leur profondeur égale leur diamètre; ils sont munis de larges et épais rebords; on trouve aussi dans le commerce un autre genre de pots plus profonds que les précédents et dont les rebords sont grands : ils sont utilisés pour certaines plantes, celles qui exigent un épais drainage, tout en ayant des racines verticales. Dans la poterie étrangère on se procure des pots dont le diamètre est supérieur à la profondeur et dans lesquels sont cultivées les plantes à racines traçantes; on en trouve même en Angleterre, qui sont très élevés et très droits, pour les jeunes plantes, ce qui permet d'en avoir beaucoup dans un petit espace.

On nomme *Godets* les pots munis de rebords et dont les diamètres varient entre 2 et 12 centimètres.

Enfin, on trouve aussi des *Pots à claire voie* (fig. 24), des *Pots pour marcottes* (fig. 25), etc., des *Terrines rondes ou carrées* pour faire les semis et les repiquages. Il existe aussi des pots faits de matières phosphatées qui communiquent la richesse de leur composition aux plantes.

Pour la culture de quelques plantes et de certaines Orchidées principalement, on fabrique des *Paniers à claire voie* (fig. 27),

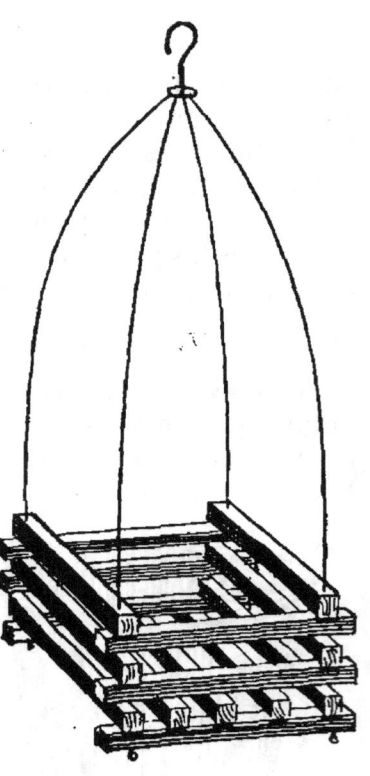

Fig. 26. — Support à Orchidées.

Fig. 27. — Panier en bois à Orchidées.

de formes différentes, avec des baguettes de pitchpin, et aussi avec les matières phosphatées citées plus haut ainsi que des *supports* spéciaux (fig. 26).

Je mentionnerai aussi les *Vases, Corbeilles, Jardinières, Cache-pots, Vases à suspensions*, dans lesquels on place les plantes dans les appartements et dont on trouve quantité de modèles dans le commerce.

VI. — Pots et terrines à irrigation souterraine.

Je dois aussi signaler un nouveau système de pot qui est appelé à rendre les plus grands services, principalement aux amateurs qui ne disposent quelquefois que de peu de

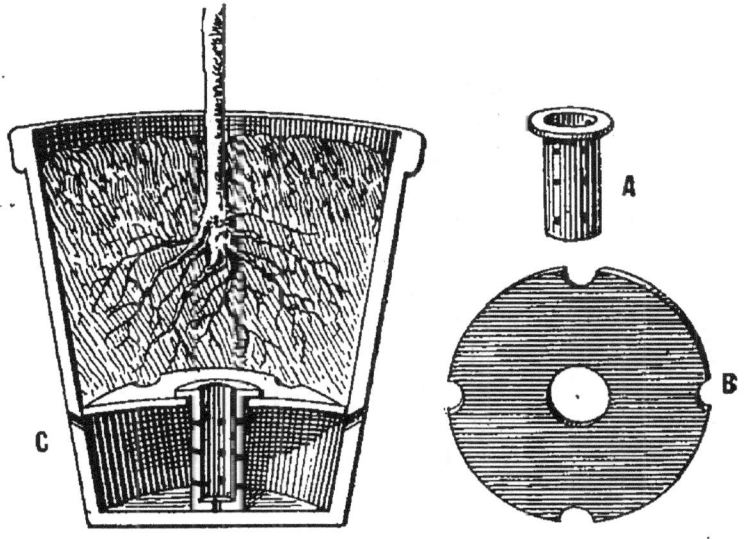

Fig. 28. — Pot à irrigation souterraine système Martinetti. — C, pot complet; A, manchon; B, double fond mobile ou diaphragme.

temps pour arroser leurs plantes. C'est le pot à irrigation souterraine du docteur J.-B. Martinetti (fig. 28), que j'ai été

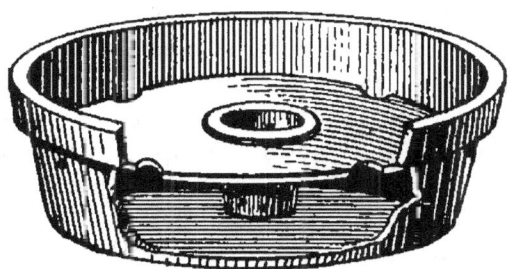

Fig. 29. — Terrine à irrigation souterraine système Martinetti.

le premier à expérimenter, à signaler et à décrire dans les journaux horticoles et scientifiques français. Il modifie l'arrosage des plantes en ce sens qu'il fournit l'eau à celles-ci au fur et à mesure de leurs besoins, et cela pendant un temps plus ou moins long, grâce au réservoir qui en occupe le fond.

Je donnerai donc quelques indications sur la manière dont le système est conçu; ensuite j'en expliquerai le fonctionnement.

Le vase à irrigation souterraine est composé de trois pièces : le pot proprement dit avec le réservoir pour l'eau à sa partie inférieure (C, fig. 28), le double fond mobile muni d'un trou au centre (B, fig. 28), et le cylindre conducteur de l'eau (A, fig. 28).

Sauf qu'il est un peu plus haut, ce pot a toute l'apparence d'un pot à fleurs ordinaire. La partie inférieure est utilisée comme réservoir d'eau. Ce réservoir occupe environ le quart de la hauteur du vase entier. Il est verni intérieurement et muni de deux trous latéraux destinés à l'aération de l'eau ainsi qu'au trop-plein. Au-dessus du réservoir se trouve le double fond mobile, nommé diaphragme, qui repose sur un rebord circulaire large de quelques centimètres et placé au-dessus du réservoir et des deux trous. En outre, ce double fond est bombé au-dessus, échancré à quatre endroits et percé au centre d'un trou rond destiné au passage du cylindre conducteur de l'eau en terre poreuse, dont la longueur doit correspondre avec la hauteur du réservoir.

Voyons maintenant l'application de ce pot. On remplit d'abord le cylindre conducteur avec de la terre, puis on l'introduit à la place qu'il doit occuper. Le double fond est recouvert d'une légère couche de mousse, qui doit être un peu plus épaisse à l'endroit des quatre échancrures. Ensuite, on rempote la plante comme s'il s'agissait d'un pot ordinaire, en ayant soin de laisser un espace entre la partie supérieure de la terre et les bords du pot, cela en vue de faciliter l'arrosage. Une fois rempotée, la plante doit être arrosée jusqu'à ce que l'eau s'écoulant par les échancrures remplisse le réservoir et déborde par les trous latéraux.

Dès lors l'arrosage se fait par capillarité jusqu'à ce que l'eau du réservoir soit épuisée. Dans mes expériences le réservoir a suffi à entretenir la terre suffisamment et régulièrement humide, pendant plus d'un mois, pour les plantes qui sont dans l'appartement, et dix à douze jours, selon la température extérieure, pour celles qui se trouvaient sur mon balcon en plein soleil.

Les amateurs qui possèdent une serre ou une véranda à laquelle ils ne peuvent donner les soins journaliers que nécessitent les plantes auront donc tout avantage à utiliser ce système de pots, qui permet de s'occuper moins souvent des arrosages et est de tous points recommandable, ainsi que la terrine à semis (fig. 29) faite sur le même modèle.

VII. — Bacs et caisses.

Il ne faut pas oublier non plus les bacs et les caisses nécessaires à la culture des fortes plantes en serre ou en orangerie. Les fabricants ont chacun leurs modèles préférés qu'ils préconisent. Je recommanderai à mes lecteurs les bacs coniques plutôt que les caisses carrées; ces bacs sont de beaucoup plus élégants et plus maniables tout en convenant aussi bien, sinon mieux, aux plantes, et avec eux il y a bien moins de place de perdue. La plupart sont munis d'anneaux ou de crochets qui en facilitent le maniement.

Enfin, pour la culture des plantes sur les fenêtres et sur les balcons, il faut donner la préférence aux caisses rectangulaires qui permettent de placer beaucoup de plantes dans un espace relativement étroit.

VIII. — Entretien des outils et des instruments de jardinage.

L'entretien manuel d'un jardin comporte tout un nécessaire d'instruments dont l'énumération a été donnée plus haut. Ces outils sont de deux catégories : 1° Ceux dont on se sert pour l'exécution des gros travaux, ceux en un mot qui sont en contact avec la terre, tels que la bêche, la pelle, la fourche, la houlette, etc. 2° Ceux qui servent aux opérations exécutées sur les végétaux mêmes, comme les instruments de greffage, la serpette, le sécateur, etc.

Tous ces outils coûtent fort cher; aussi doit-on les tenir en parfait état de propreté, afin qu'ils aient la plus longue durée possible. On ne doit pas oublier aussi que le travail se fait mieux et avec moins de fatigue avec un outil non rouillé et bien tranchant.

Pour la première catégorie, les soins de propreté sont simples; il suffit, aussitôt après s'être servi d'un instrument, de le laver et de l'essuyer avec un chiffon sec; puis de le suspendre au râtelier dans un local non humide, un hangar par exemple. Pendant la journée, on ne doit laisser aucun outil exposé aux rayons du soleil; car, le bois ayant la propriété de se resserrer sous l'action de la chaleur, les manches prendraient, de ce fait, du jeu dans les douilles et n'auraient plus la rigidité nécessaire. Afin d'éviter cet inconvénient, on doit, pendant l'interruption du travail, enfoncer la bêche en terre jusqu'à la douille, mettre les autres outils à l'ombre, ou bien, les plonger dans l'eau. Ceux qui ne servent pas sont enduits de graisse, d'huile ou de pétrole.

Pour la seconde catégorie d'instruments, les soins sont plus minutieux, car ce sont des outils de précision. S'agit-il par exemple du sécateur? On doit, à chaque interruption de la taille, gratter le résidu noir qui se dépose sur les parties tranchantes et qui ne tarderait pas à durcir et à les faire rouiller. Chaque soir, ce nettoyage doit être plus complet; après le grattage, on essuie avec un chiffon imbibé de pétrole et d'huile; puis toutes les parties où il y a frottement, de même que le ressort, sont graissés avec de l'huile spéciale. Il en est de même pour tous les autres outils que l'on doit enduire de pétrole ou d'huile lorsqu'ils ne servent pas.

IX. — Affûtage des outils.

Chacun sait affûter, ou plutôt tout le monde croit savoir, la chose paraît tellement simple. Cependant un taillandier vous dira, au contraire, qu'il est presque impossible à quelqu'un qui n'est pas « du métier » de repasser une serpette ou un sécateur d'une manière parfaite. Aussi conseillons-nous à tous de s'en remettre à l'homme du métier, en sacrifiant de temps en temps une modique somme, bientôt regagnée par la bonne exécution du travail.

Nous devons encore faire une dernière recommandation : c'est de ne jamais démonter le sécateur, sous prétexte de nettoyage. Seul le fabricant peut faire cette opération sans détériorer l'instrument; car une vis mal serrée peut provoquer un accident et détruire l'ajustage.

X. — Entretien du matériel roulant.

Le matériel roulant est composé de brouettes ordinaires, de brouettes-civières, de civières et au besoin d'une petite voiture à bras. Tous ces véhicules réclament des soins d'entretien qui consistent à graisser roues et essieux, à enlever le cambouis, à les repeindre à l'extérieur chaque année pendant l'hiver, après avoir procédé à un lavage général ; et, pour augmenter leur durée, il est bon de les enduire intérieurement de coaltar ou goudron de houille.

XI. — Tuyaux d'arrosage.

Les tuyaux servant à l'arrosage sont ordinairement en cuir, en caoutchouc ou en tôle galvanisée avec raccords en cuir. Les premiers et ces derniers sont parfaits pour l'arrosage des pelouses ; ils ne sauraient être traînés dans les allées sans danger de détérioration ; on conserve les premiers longtemps en ayant soin de les graisser fortement chaque année au moment de leur rentrée à l'approche de l'hiver. Ceux en caoutchouc sont très commodes pour les arrosages du potager ; ils sont facilement maniables et permettent l'accès dans les sentiers entre les planches ; par contre, ils sont sujets à se couper. Pour obvier à cet inconvénient, on en fabrique aujourd'hui qui sont protégés par un fort fil de fer enroulé en spirale à 2 centimètres sur toute la longueur du tuyau. Outre la durée qui se trouve augmentée, ces tuyaux ainsi protégés peuvent supporter une forte pression sans danger d'éclatement.

Pour l'arrosage des pelouses on se sert aussi d'arroseurs automatiques et de « batteries », sortes de tuyaux en tôle raccordés avec du cuir et montés sur de petits chariots à billes ou à roulettes ; ceux à billes sont préférables.

Chaque année, lorsque les arrosages ne sont plus nécessaires, les tuyaux sont rentrés au grenier ou en tout autre lieu sec après les avoir soigneusement vidés. C'est à ce moment que ceux en cuir doivent être graissés. Tous sont étendus dans toute leur longueur.

Réparation. — On peut facilement boucher les fuites des arrosoirs et des tuyaux en zinc, en fer-blanc ou en fonte en appliquant sur les trous un morceau de toile trempé dans du *Copal*. Cette réparation dure très longtemps.

XII. — De l'étiquetage et de la fabrication des étiquettes.

L'étiquetage au jardin comme dans la serre est le travail du maître ; il doit être fait et entretenu avec beaucoup d'attention afin d'éviter de désagréables erreurs.

On pratique l'étiquetage de deux manières : soit avec des étiquettes portant exactement les noms des végétaux ; soit avec des numéros correspondant à ceux du catalogue, en regard desquels sont écrits les noms. Nous conseillons d'employer ces deux modes à la fois ; de sorte que si l'étiquette vient à se perdre, le numéro reste et le nom de la plante n'est pas perdu.

Plusieurs sortes d'étiquettes sont employées : les plus durables sont celles en tôle émaillée, en fonte avec lettres en relief, en celluloïde, en zinc fort, etc. Celles en tôle émaillée et celles en fonte se trouvent dans le commerce ; par économie, on peut fabriquer soi-même les suivantes.

Pour celles en celluloïde qui servent plutôt à l'étiquetage en serre, on se procure cette substance en feuilles plus ou moins épaisses, on les découpe dans les dimensions voulues et les noms sont écrits à l'encre de Chine. Ces étiquettes sont munies d'une petite tige en fil de cuivre, en fixant celle-ci au moyen d'un petit trou fait à leur base ; elles peuvent également être suspendues.

Les étiquettes en zinc sont suspendues au moyen d'un fil de plomb ; ou bien elles sont rivées ou soudées sur une tige de fer : la soudure est préférable. Les lettres sont faites soit à la main, soit au moule, en employant l'encre ainsi composée : chlorure de platine 1 gramme, gomme arabique 1 gramme, eau 10 grammes. Les lettres sont préalablement tracées au crayon, puis passées avec cette encre en se servant d'une plume d'oie ou d'un morceau de bois pointu.

Voir aussi le paragraphe « *Étiquetage* » au chapitre « *Quelques opérations usuelles dans la culture des plantes* ».

CHAPITRE V

QUELQUES TRAVAUX DE JARDINAGE

I. Différentes sortes de planches. — II. Dressage des planches et des sentiers. — III. Tracé des rayons et des sillons. — IV. Plombage. — V. Paillis et terreautage. — VI. Divers modes de repiquage. — VII. Moyen d'activer la végétation, couches, réchauds. — VIII. Fabrication des coffres. — IX. Fabrication et entretien des paillassons.

I. — Différentes sortes de planches.

En culture potagère, on dresse les planches [1] ou carrés de deux manières, suivant l'emploi auquel on les destine. Ainsi, pour le semis, c'est la planche à rebords (fig. 30) qui est à préférer; tandis que pour le repiquage ou la plantation, c'est la planche ordinaire ou sans rebords, qui est la plus usitée.

Lorsque le sol du potager est en pente, il est très utile d'établir les planches perpendiculairement à la ligne d'inclinaison, de manière que les eaux de pluies et d'arrosages soient retenues; on évite ainsi les ravinements, toujours préjudiciables aux semis.

La largeur des planches diffère avec le genre de culture; la dimension ordinaire pour le semis est 1^m,30. Lorsqu'il s'agit de plantations ou de repiquages, cette largeur est subordonnée au nombre de rangs et à la distance à laquelle ceux-ci doivent être mis. Dans la plupart des cas les planches sont séparées par des sentiers de 40 à 50 centimètres.

---

[1]. On nomme *planche* une bande de terre plus ou moins large à laquelle on donne souvent 1^m,30 de largeur, séparée d'une autre par un sentier de 40 à 50 centimètres. Dans la planche se font le semis, la plantation ou le repiquage des légumes, des plantes, etc. Dans certains endroits, on nomme cela *carré* ou *table*.

II. — Dressage des planches et des sentiers.

Deux points capitaux d'où dépend la réussite du semis sont certainement un bon labour et un dressage parfait de la planche destinée à recevoir les graines ou les plantes. Il est indispensable que le labour soit exécuté par un beau temps et que le terrain soit parfaitement sain; aussitôt après une pluie, par exemple, cette opération serait mauvaise, car la terre remuée dans un état trop complet d'humidité devient pâteuse d'abord et se durcit fortement en séchant.

Avant de procéder au dressage de la planche, la surface est d'abord dégrossie en passant un vigoureux *hersage* à l'aide de la *griffe*, nommée aussi *quadrudent crochu* ou *fourche crochue*. Après cela, les dimensions de la planche étant

Fig. 30. — Coupe d'une planche dressée et des sentiers.
A, planche; B, rebord pour maintenir les eaux d'arrosages; C, sentier.

marquées par quatre petits piquets, on piétine en marchant à petits pas sur l'emplacement des sentiers. Un ratissage est ensuite opéré en tirant dans ceux-ci les mottes et les cailloux; le meilleur instrument pour ce travail est le râteau en acier ayant douze dents et dont la largeur est égale à celle que l'on donne ordinairement aux sentiers. Les deux côtés de la planche étant limités par un cordeau bien tendu, il faut alors, avec le dos du râteau et tout en conservant un nivellement parfait, amener, du milieu, un peu de terre fine de façon à former le long de ce cordeau un petit rebord ou *filet* (fig. 30). Pour le coup d'œil, le filet doit être bien droit et régulier en hauteur et en largeur; il a pour but de maintenir les eaux d'arrosages qui, sans cela, s'épandraient inutilement dans les sentiers. L'opération se termine par un ratissage des sentiers, d'où les cailloux sont enlevés et utilisés pour d'autres travaux.

III. — Tracé des rayons et des sillons.

Dans beaucoup de cas le semis se fait en rayons; ceux-ci sont tracés et ensuite recomblés en conservant le filet dont nous avons parlé. L'outil dont on se sert est le *rayonneur*; un piquet ou le manche du râteau en font aussi très bien l'office.

Les planches étant dans la plupart des cas à cinq rayons, on se sert du cordeau pour tracer les deux rayons extérieurs généralement de huit à douze centimètres du bord et celui du centre; les deux autres sont facilement tracés « à l'œil », c'est-à-dire sans aucun guide ou en s'aidant d'un bout de bois coupé à la longueur voulue. La profondeur des rayons est subordonnée à la grosseur de la graine et à son mode de culture. Voir le chapitre « *Semis* » a ce sujet.

Les sillons, plus profonds, dans lesquels on fait la plantation de certaines plantes, sont tracés suivant le même procédé et toujours avec le rayonneur.

IV. — Plombage.

Aussitôt après le hersage final par lequel on enterre la graine, il est nécessaire de plomber. Cela consiste à tasser légèrement la surface du sol à l'aide d'une *batte* en bois ayant environ 25 centimètres de largeur sur 40 de longueur, munie d'un manche, et qu'on laisse tomber bien à plat par coups réguliers.

Pour certains semis, d'Oignons par exemple, le plombage se fait avant en piétinant toute la surface du sol comme nous l'avons expliqué plus haut pour les sentiers.

Dans les deux cas le but est d'affermir la terre autour de la graine, de manière que celle-ci adhère aussitôt, ce qui facilite la germination. Dans bien des cas, ce travail peut être fait plus rapidement à l'aide du petit rouleau de jardin en fonte et à main.

V. — Paillis et terreautage.

Tout semis craint beaucoup les rayons trop chauds du soleil et la sécheresse, surtout lors de la germination et de la levée; pour l'en préserver on fait sur toute la surface de la planche un paillis de 2 à 3 centimètres composé de fumier décomposé ou de terreau. Outre cette qualité de maintenir la fraîcheur et d'empêcher le hâle et le durcissement du sol, ce paillis ou le terreautage a l'avantage de tenir en dissolution des engrais qui s'infiltrent après chaque arrosage et font grand bien aux jeunes plantes; il évite de plus que le sol soit battu par les arrosages.

Pour les cultures d'été, aussi bien pour les semis que pour les repiquages, on ne peut trop recommander de pailler le sol, ce qui peut éviter des arrosages et des binages; mais il ne faut pas pailler trop tôt au printemps.

VI. — Divers modes de repiquage.

La plupart des plantes potagères et d'ornement nécessitent, pendant la période comprise entre le semis et le moment de la plantation définitive, une transplantation appelée en pratique : le *repiquage* [1].

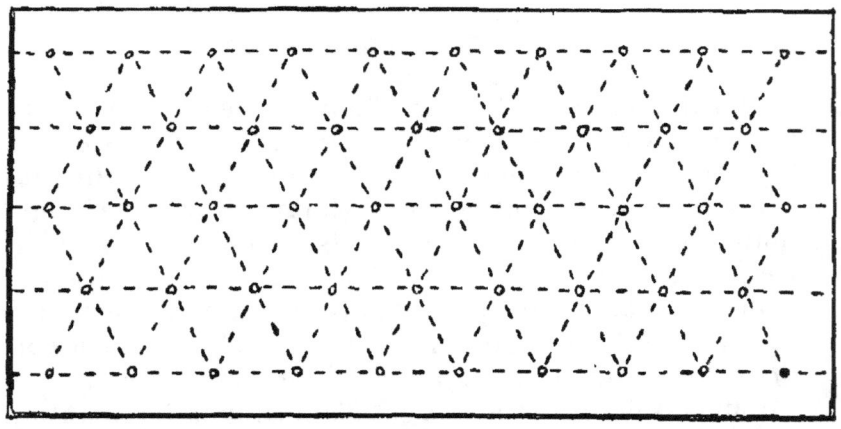

Fig. 31. — Repiquage en quinconce.

Cette opération a pour but de leur faire émettre plus de racines, grâce à la suppression du pivot principal; de leur imprimer, par conséquent, plus de vigueur par la suite; de leur donner même une végétation tout autre qu'à leur état naturel et de faciliter la reprise lors de leur transplantation.

[1]. La plantation des Laitues, Choux, plantes diverses, etc., en planche n'est pas autre chose qu'un repiquage.

Ce repiquage se fait ordinairement à de faibles distances relativement à l'écartement donné à la plantation proprement dite. Deux modes sont employés, ce sont : le *repiquage en quinconce* et celui *en carré*.

Par le repiquage en quinconce, qui est le plus pratiqué, les plantes, également distantes de tous côtés, sont disposées de façon qu'elles forment, quatre par quatre, des losanges réguliers (fig. 31). La plantation définitive est aussi faite le plus souvent suivant ce procédé.

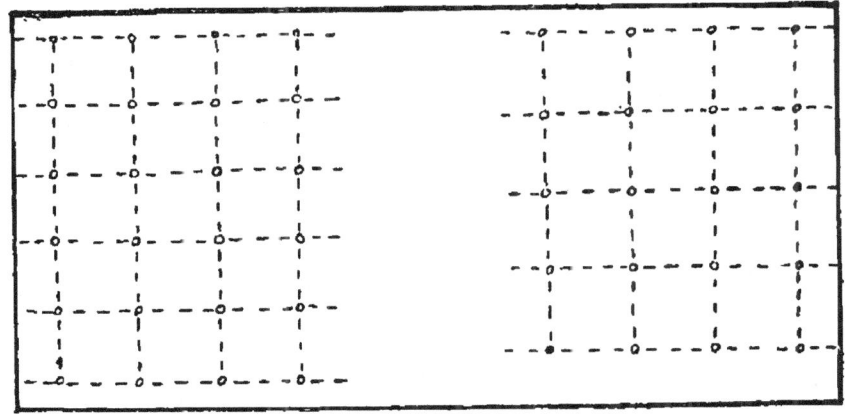

Fig. 32. — Repiquage en carré.

Par le repiquage en carré, les plantes sont mises en face les unes des autres dans tous les sens et forment, quatre par quatre, des carrés, ou parfois des rectangles lorsque l'intervalle entre les plantes est supérieur à celui entre les rangs (fig. 32).

Quel que soit le mode employé, l'opération est la même ; elle consiste, après avoir rogné les extrémités des racines et des feuilles de la plante, à introduire tout le chevelu de celle-ci dans un petit trou préalablement fait avec le doigt ou à l'aide d'un petit *plantoir*, puis à combler ce trou en serrant assez fortement la terre auprès du collet de la plante.

Après le repiquage, un bassinage léger est aussitôt donné avec un arrosoir à pomme fine ; cette opération est continuée pendant les cinq ou six jours suivants, afin que la reprise se fasse plus rapidement. Parfois on fait plusieurs **repiquages successifs pour certaines plantes, soit pour les** avoir davantage touffues, soit pour les retarder, soit aussi pour durcir celles qui doivent passer l'hiver dehors.

VII. — Moyens d'activer la végétation, couches, réchauds.

En culture potagère de primeurs, comme dans la plupart des cas en culture florale, la multiplication et la végétation normale des plantes doivent être activées par une chaleur artificielle produite au moyen de couches de matériaux en fermentation ou par le thermosiphon. Ce dernier moyen est expliqué au chapitre « *Les Serres et Abris* ». Voyons donc comment doit être faite l'installation des couches.

Il y en a de plusieurs sortes qui sont :

1º Les *couches chaudes* donnant en moyenne 18 à 20º.

2º Les *couches tempérées*, dont la température est en moyenne de 12 à 15º.

3º Les *couches froides* nommées aussi *couches sourdes* où la température se maintient de 5 à 8º.

Les matériaux qui entrent dans la composition de ces couches sont : le fumier de cheval, qui s'échauffe d'autant plus fort qu'il est plus imprégné d'urine, et les feuilles sèches, surtout celles de Chêne et de Châtaignier.

Le fumier frais employé seul donne une grande chaleur, mais ne la maintient pas longtemps. Les feuilles, au contraire, développent une chaleur douce et conservent cette chaleur pendant un laps de temps relativement considérable ; c'est pour ce motif qu'on les associe au premier, afin d'obtenir une température d'autant plus douce et plus soutenue qu'elles auront été mises en plus grande quantité.

Les couches chaudes, dont l'épaisseur peut varier de 40 à 70 centimètres, sont composées de deux tiers de fumier et un de feuilles. Dans les couches tempérées, il peut entrer moitié de feuilles et moitié de fumier.

Les couches froides, dont l'emploi ordinaire est d'abriter quelques plantes pendant l'hiver, sont faites avec du fumier *recuit*, c'est-à-dire ayant déjà servi à d'autres couches ou mis en tas depuis longtemps.

Deux manières sont employées pour monter les couches.

1º Par lits de 15 centimètres d'épaisseur chacun, superposés et tassés au fur et à mesure, les matériaux étant préalablement intimement mélangés à part.

2º Par le placement en une seule fois de tous les matériaux, en opérant ainsi : le fumier et les feuilles sont étendus par lits réguliers à l'endroit même où doit être faite la couche ; puis ils sont repris de nouveau par fourchées, secoués pour en opérer le mélange et portés en avant, où ils forment un autre volume dont la hauteur doit être supérieure d'un tiers environ à l'épaisseur de la couche désirée. Au fur et à mesure ces matériaux sont tassés provisoirement en frappant avec la fourche et arrosés si cela est nécessaire. Pendant tout le temps de l'opération il doit exister entre les deux volumes un intervalle ou *jauge* de 1 mètre facilitant le mélange.

La couche terminée, on opère le tassement régulier en marchant sur le tout par allées et venues régulières et en appuyant de tout son poids à chaque pas et en comblant les creux au fur et à mesure. Les coffres sont ensuite placés et leur intérieur garni d'une couche de terreau dont l'épaisseur et la nature sont compatibles avec la culture que l'on désire y faire.

Réchauds. — Des réchauds sont ensuite montés, entourant les coffres ; leur composition est la même que celle de la couche ; la chaleur à l'intérieur du châssis est d'autant plus forte que les réchauds sont plus élevés. C'est en remaniant les réchauds et en ajoutant chaque fois du fumier neuf que l'on ranime cette chaleur lorsqu'elle commence à diminuer.

Les réchauds servent de sentiers entre les lignes de coffres ; en culture maraîchère, où la place « coûte cher », la largeur du sentier est de 30 centimètres. En toutes autres circonstances, il est préférable de porter cette largeur à 40 ou à 45 centimètres ; cela facilite le maniement des châssis et évite le bris des vitres.

Les *accots* sont des sortes de réchauds formés de vieux matériaux de couches, et montés autour des coffres abritant les plantes à hiverner sous châssis *à froid*.

VIII. — Fabrication des coffres.

Les coffres se trouvent dans le commerce à des prix peu élevés ; mais il est encore plus économique de les fabriquer soi-même.

Il suffit de se procurer des planches de sapin de 25 millimètres d'épaisseur, les unes larges de 35 centimètres pour former le haut du coffre, les autres de 25 centimètres pour former le bas. Elles sont coupées à différentes longueurs, suivant qu'on les destine à des coffres de un, deux ou quatre châssis, savoir : 1ᵐ,33 ; 2ᵐ,66 ; 5ᵐ,32. On se munit aussi de chevrons carrés en chêne de 8 centimètres de côté dont l'utilité est de maintenir plus solidement le cadre formé par les planches. Ils sont découpés par longueurs de 45 centimètres pour le haut et 35 centimètres pour le bas.

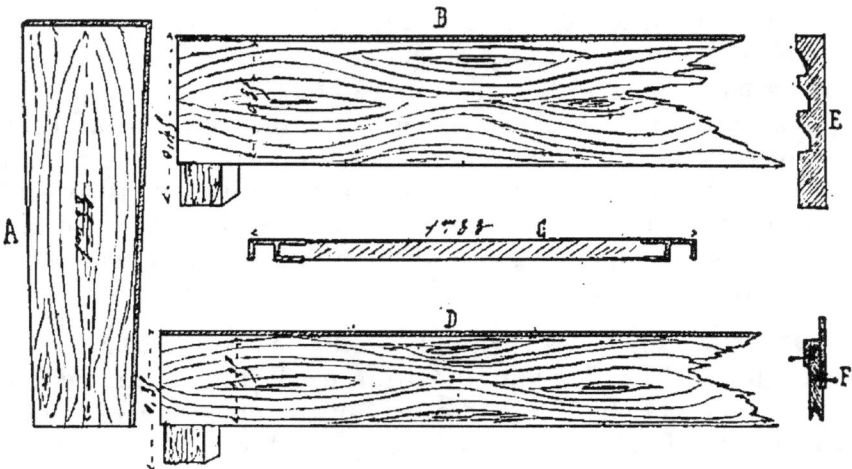

Fig. 33. — Confection d'un coffre : ses différentes pièces. — A, planche de côté ; B, planche du haut ; D, planche du devant ; C, barre d'écartement ; E, crémaillère pour soulever les châssis ; F, taquet pour maintenir les châssis.

Le tout est ajusté et cloué ; les extrémités sont fermées par deux planches de 1ᵐ,33 de longueur, plus larges à un bout qu'à l'autre (A, fig. 33).

Lorsque les coffres sont de plus d'un panneau, ils sont divisés en compartiments par des traverses en bois (C, fig. 33), sur lesquelles reposent les côtés des châssis ; ces traverses ont 1ᵐ,33 de longueur ; elles maintiennent l'écartement entre les deux longs côtés du coffre. Deux taquets en bois ou en fer (F, fig. 33) sont adaptés au bas de chaque compartiment, afin d'empêcher le châssis de glisser lorsqu'il est soulevé.

Les coffres ont une plus longue durée si on a soin, avant la fabrication, de plonger les planches et les pieds dans un **bain de sulfate de cuivre à dose de 5 kilogrammes par hectolitre d'eau**, ou, après fabrication, de les enduire de *coaltar* ou goudron de gaz, ceci six mois à l'avance, parce que sous l'action du fumier en fermentation le sulfate de cuivre dégage des sulfures et le coaltar des émanations qui sont nuisibles aux plantes.

Châssis. — Il y a deux sortes de châssis, ceux en fer et ceux en bois ; ces derniers sont les meilleurs. Le cadre est en bois, sauf le bas, qui est en fer à **U** ; les *petits bois* sont en fer à **T**. Les châssis doivent être repeints tous les ans et mis au sec à l'abri lorsqu'ils ne servent pas. (Voir aussi, au chap. XLII, « *les Serres et les Abris* », les paragraphes I et II, « *Cloches* » et « *Châssis* ».)

Crémaillère. — La crémaillère (E, fig. 33) la plus commode est celle dite maraîchère, avec laquelle il est possible de donner de l'air à cinq hauteurs différentes. Elle est en bois dur ayant 2 centimètres d'épaisseur

IX. — Fabrication et entretien des paillassons.

Les paillassons sont indispensables contre les gelées. Ils sont confectionnés en paille de seigle tissée avec de la grosse ficelle. Leurs dimensions sont de $1^m,25$ de largeur sur $1^m,80$ de longueur. Ils sont faits quelques fois à trois coutures ; quatre sont cependant préférables. Il ne faut pas que les paillassons soient trop lourds ; leur efficacité dépend plutôt du soin apporté à leur confection que de leur épaisseur. On augmente leur durée en les plongeant pendant deux jours dans le bain de sulfate de cuivre à raison de 5 kilogr. pour 100 litres d'eau.

Pour les confectionner on se sert d'un cadre nommé *métier à paillassons*, lequel mesure $2^m,45$ à $2^m,50$ de long sur $1^m,40$ de large et se compose de barres de bois de 8 centimètres de côté. A chaque extrémité, dans le sens de la longueur, se trouvent 3 ou 4 clous sans tête, ceux des côtés à 22 centimètres des bords. Ces clous servent à tendre la ficelle la plus grosse ; la plus fine est employée pour coudre la paille, après l'avoir étendue, en prenant environ 15 brins pour chaque maille que l'on serre et aplatit bien.

Étendre les paillassons chaque fois qu'ils sont mouillés afin qu'ils sèchent, les manier par les coutures et non par la paille entre celles-ci. Les rentrer au sec et à l'abri des **rongeurs**.

CHAPITRE VI

LA MULTIPLICATION DES VÉGÉTAUX

REPRODUCTION NATURELLE

A. — La graine et la fécondation.

I. Comment on peut obtenir de nouvelles variétés par le semis et par variation spontanée. — II. Fixation des variétés. — III. Fécondation artificielle croisée. — IV. Organes de la fleur. — V. Choix des plantes. — VI. Préparation des sujets. — VII. Opération de la fécondation. — VIII. Récolte et conservation des graines. — IX. Stratification des graines. — X. Traitement des graines stratifiées. — XI. Essai de germination des graines. — XII. Conservation des graines en terre. — XIII. Obtention de nouvelles variétés par le greffage.

Les opérations successives qui sont faites pour la propagation des végétaux comptent parmi les plus importantes. Nous allons les passer en revue.

Le semis est, par excellence, le moyen de multiplication non pas toujours le plus pratique, mais le plus naturel; c'est ainsi que toutes ou à peu près toutes les plantes livrées à elles-mêmes se propagent. En culture, si nous mettons en œuvre d'autres procédés nous conservons au semis une large place pour la multiplication des plantes.

I. — Comment on peut obtenir de nouvelles variétés par le semis et par variation spontanée.

Tout le monde a soif du nouveau, aussi accueille-t-on généralement les plantes nouvelles avec satisfaction. C'est que depuis quelques années, et en suivant une marche ascendante, l'horticulture nous a doté et nous dote annuellement d'un grand nombre de nouveautés qui viennent augmenter, en les enrichissant, les collections de nos serres et de nos jardins.

1° *Par semis*. — Le semis a certainement contribué pour la plus large part dans l'obtention de toutes ces nouveautés et c'est certainement de ce côté qu'il faut tourner les regards pour les surprises qu'il nous réserve.

2° *Par variation spontanée*. — Mais, plus d'une plante nouvelle a vu le jour autrement que par le semis et a été trouvée accidentellement sur une autre plante. C'est ce qu'on dit être un *dimorphisme* par ce fait que le rameau qui a varié présente une particularité absolument distincte de la plante en général. C'est ainsi que sur une plante au feuillage vert se développera un rameau aux feuilles panachées, ou bien qu'une branche donnera une fleur de couleur ou même de forme différente. Ce sont des faits qui se présentent assez souvent. Ces variations qui se produisent ainsi spontanément ne peuvent durer qu'une année ; car très souvent la partie ainsi caractérisée n'est pas aussi bien pourvue de nourriture et périt ; ou bien encore, étant très vigoureuse, elle retourne au type.

II. — Fixation des variétés.

Heureusement qu'il est possible de fixer ces variations sans quoi beaucoup de belles plantes, que nous admirons, n'auraient, sans aucun doute, jamais enrichi les collections. Dès qu'un accident de ce genre se produit, il faut immédiatement couper la partie qui est ainsi caractérisée, et en faire des boutures ou des greffes. A de rares exceptions près on arrivera à conserver et à maintenir la stabilité des caractères qui, sans cette opération, seraient anéantis. Cette opération sert, en un mot, à fixer ces accidents. Il n'est pas rare que quelques-unes des boutures ou des greffes retournent au type par *atavisme*. Ceci se manifeste principalement dans les plantes dont la panachure est centrale, parce que cette panachure n'est nullement constante.

Il ne faut pas croire le résultat définitivement acquis avant d'avoir, de nouveau, bouturé ou greffé plusieurs fois les rameaux, émis par les sujets multipliés une première fois, en ne choisissant rigoureusement que les parties ayant les caractères cherchés les plus saillants.

Ce n'est qu'accidentellement, je l'ai déjà dit, que de

plantes présentent ainsi des particularités remarquables sur certaines parties de leur ramure ; aussi les nouveautés ainsi obtenues sont-elles en nombre infime par rapport à la quantité de variétés obtenues par le semis.

Bien que, naturellement, il se produise très souvent des variations dans les semis et qu'ainsi se présentent des types nouveaux, comme c'est le cas pour les Reines-Marguerites et pour tant d'autres plantes, on ne doit pas s'en tenir là et attendre le hasard, étant donné que l'on peut opérer soi-même, aussi bien, sinon mieux que la nature, et obtenir ainsi des variétés nouvelles, si on a recours à la fécondation.

III. — Fécondation artificielle croisée.

C'est la fécondation qui assure la perpétuité de la plante ; elle a donc une importance capitale. Si la fécondation a lieu par l'intervention des insectes ou du vent, ses deux principaux agents, on la nomme *fécondation naturelle*. On donne le nom de *fécondation artificielle* à celle opérée par la main de l'homme et celui de *fécondation artificielle croisée* à celle opérée sur deux fleurs différentes, dont l'une est considérée comme individu père et l'autre comme individu

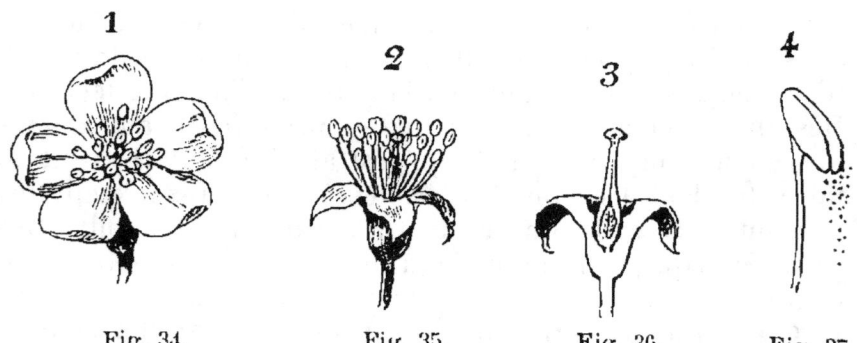

Fig. 34.   Fig. 35.   Fig. 36.   Fig. 37.

Les divers organes de la fleur. — 1, fleur complète ; 2, étamines et pistil ; 3, pistil et coupe de l'ovaire ; 4, anthère laissant échapper le pollen, poussière fécondante.

mère. On donne souvent à cette dernière le nom d'*hybridation*, qualification qui n'est pas d'une rigoureuse exactitude. « A la rigueur, dit Carrière, le mot hybridation conviendrait si on fécondait une *espèce* par une autre *espèce*, fait qu'il est presque toujours difficile de préciser ; ce terme est tout au moins équivoque, puisque, dans tous les cas, on peut douter qu'on *hybride*, tandis qu'on est certain qu'on *féconde*. »

IV. — Organes de la fleur.

Avant d'expliquer l'opération de la fécondation, il est nécessaire de connaître les organes qui assureront le succès de cette opération. Dans une fleur complète, qui a nom d'hermaphrodite nous voyons : 1° le *calice*, qui est la partie extérieure des fleurs, puis la *corolle* (1, fig. 34) et ensuite le *pistil* et les *étamines* (2, fig. 35). Les *étamines* sont l'organe mâle ; chaque étamine est constituée par un *filet*, une *anthère* qui contient le *pollen* ou matière fécondante (4, fig. 37).

Le *pistil* est l'organe femelle ; à sa partie inférieure se trouve l'*ovaire* (3, fig. 36) qui contiendra les graines, et à sa partie supérieure le *stigmate*. Une fleur incomplète contient soit les étamines, soit le pistil, jamais les deux.

Nous verrons, un peu plus loin, le rôle des étamines et du pistil, dans l'acte de la fécondation.

V. — Choix des plantes.

Pour opérer la fécondation on ne peut indifféremment porter son choix sur deux plantes quelconques. D'abord, il est nécessaire que ces plantes soient assez rapprochées, qu'elles soient de la même famille. Autant que possible il faut se tenir à un genre, à une espèce d'où ne sont sorties que très peu ou pas de variétés.

Il faut, pour la plante mère, devant fournir les graines, que l'on nomme *plante fécondée*, s'assurer qu'elle est d'une bonne vigueur et qu'elle donne facilement des graines ; mais il faut en même temps que les fleurs soient autant que possible bien conformées et franchement colorées, à moins toutefois que la fécondation croisée de deux plantes ait pour principal but, soit d'améliorer l'une des deux, soit de supprimer ou d'amoindrir les défectuosités que l'on remarque chez les parents. Exemple : si une plante est remarquable par sa fleur, mais défectueuse comme tenue, on la croisera avec une autre d'un port régulier. On peut, dès lors, être à peu près certain d'obtenir une amélioration très sensible. C'est du reste ainsi qu'il faut opérer, en y joignant la sélection, pour tous les gains obtenus par une première fécondation et qui ne présentent pas tous les caractères désirables. Tout cela n'est que des considérations générales et l'initiative privée doit les compléter, car il ne m'est pas possible de m'étendre davantage.

Un point d'une importance capitale est de n'employer comme parents que des plantes absolument stables, aussi bien dans la coloration des fleurs que dans leur forme, dans celle du feuillage et dans leurs caractères généraux.

VI. — Préparation des sujets.

Ceux-ci choisis, il faut les préparer de façon à les avoir vigoureux, pour qu'ils donnent des fruits bien conformés. Il n'est pas nécessaire de conserver beaucoup de tiges florales sur un même pied; quelques-unes suffisent, et c'est le vrai moyen de ne pas avoir de confusion. Il faut même, si les fleurs sont disposées en grappes, en corymbes, etc., en éliminer une certaine partie. Mais ces suppressions, qui ont pour effet de mieux assurer l'opération, ne doivent être faites que progressivement.

Il faut, autant que possible, à cause du vent et des insectes, ne pas rapprocher, les unes des autres, les plantes d'un même genre, à moins que toutes ne doivent être fécondées par la même espèce; sinon il faut isoler chacune d'elles en la recouvrant d'une cloche ou en l'entourant d'une cloison. Pour les plantes qui ont une tendance à jouer, il est même prudent d'entourer chaque fleur de gaze ou tout au moins de papier de soie très fort, qui la garantisse en même temps contre les injures du temps. Mais cette enveloppe doit être enlevée quelques jours après que la fécondation est terminée.

VII. — Opération de la fécondation.

Je dirai d'abord qu'il faut se munir de quelques petits instruments avec lesquels l'opérateur se constitue une trousse : une petite pince, des petits ciseaux, un canif, une aiguille, des pinceaux en martre, une ou plusieurs petites boîtes en verre ou en acier et une loupe.

Il faut, avant tout, empêcher la fécondation naturelle. Pour cela, si l'on a affaire à des plantes dioïques portant les fleurs mâles et les fleurs femelles sur des pieds séparés, il suffit d'éloigner les pieds portant les fleurs mâles. Si au contraire le sujet est monoïque et porte à la fois des fleurs mâles et des fleurs femelles, il faut avoir grand soin de supprimer les fleurs mâles. Enfin, si les fleurs sont hermaphrodites et portent à la fois les organes mâles et les organes femelles, pistils et étamines, il importe de faire la castration des étamines, opération qui, pour n'être pas difficile, n'en est pas moins délicate. La suppression des étamines doit être pratiquée soigneusement dès que les fleurs sont épanouies; pour certaines fleurs dont le pollen se répand avant leur épanouissement, il convient d'opérer la castration des étamines avant l'ouverture, et, à cet effet, il est nécessaire d'ouvrir les fleurs (calice ou corolle) avec la pointe d'une aiguille ou d'un canif et d'enlever soigneusement les étamines avec la pince sans toucher au pistil.

Le stigmate est apte à être fécondé lorsque la partie supérieure est comme recouverte d'une matière visqueuse. C'est le moment d'y appliquer du pollen à l'aide d'un petit pinceau. En général, pour les fleurs hermaphrodites, le meilleur moment pour féconder est la matinée; les fleurs dioïques durant plus longtemps, l'opération peut même être faite quelques jours après l'épanouissement. Si l'on s'aperçoit sur ces dernières fleurs que l'application du pollen n'a eu aucune influence, il faut recommencer le lendemain.

Il est nécessaire, non seulement, que le stigmate se trouve prêt, mais aussi que le pollen soit à point, c'est-à-dire qu'il s'échappe des anthères. Comme il peut très bien arriver que le pollen soit propre à être employé avant que le stigmate soit apte à le recevoir, il suffit de le recueillir dans de petites boîtes en fer-blanc hermétiquement closes. Il se conserve ainsi plusieurs semaines et peut être employé au moment propice. Ceci facilite aussi beaucoup l'opération et permet des échanges et des envois de pollen comme on le fait pour des greffes et des graines. L'application de ce pollen se fait également au pinceau.

Il est bon d'avoir soin de ne pas se servir du même pinceau pour féconder une fleur avec du pollen d'une autre espèce différente, car il en reste souvent quelques grains qui peuvent modifier les résultats.

Éviter aussi de bassiner les plantes tant que la fécondation n'est pas faite; de même qu'il ne faut pas les exposer à la pluie, car l'eau entraînerait le pollen et anéantirait l'opération. Lorsque l'on féconde des plantes assez délicates, il est bon de les empoter préalablement; car, ainsi cultivées, il est plus facile de leur donner les soins qu'elles réclament. Une fois la fécondation terminée, les pétales de la fleur se fanent, tandis que l'ovaire reste dans son état normal et ne tarde pas à grossir. Si, au contraire, la fécondation ne s'est pas opérée, la fleur reste fraîche. Il n'y a donc qu'à recommencer l'opération le lendemain s'il est encore temps. Si la fécondation a réussi, il convient de remettre à l'air libre les plantes qui croissent dans ces conditions et qu'on avait abritées, parce que les graines se forment et mûrissent mieux ainsi.

Il va sans dire que les sujets qui ont été traités doivent être l'objet de tous les soins. Il faut les étiqueter, en indiquant les croisements qui ont été opérés. Très souvent, lorsqu'on ne possède pas suffisamment de plantes mères, on féconde chacune des fleurs, ou deux ou trois fleurs, avec une espèce différente; il faut alors étiqueter chacune d'elles afin de ne pas mélanger les graines à la récolte. (Voir aussi le chapitre « *Obtention et production des bonnes graines* » et le chapitre « *Les porte-graines* ».)

VIII. — Récolte et conservation des graines.

Il est facile de voir lorsque les graines sont mûres par leurs enveloppes qui jaunissent. Il ne faut pas attendre que certaines de ces enveloppes s'ouvrent, car elles laisseraient échapper les graines qu'elles contiennent. Par conséquent il faut ramasser les enveloppes au fur et à mesure que les graines mûrissent, sans attendre que toutes celles d'une même plante soient mûres. La récolte se fait généralement dans de petits sacs munis d'une étiquette portant le nom des plantes et, au besoin, les noms des parents, si ces graines proviennent de plantes ayant été fécondées.

On les étend ensuite sur des feuilles de papier, dans un grenier ou dans tout autre local bien sec, et à l'abri des animaux rongeurs. Ces graines sont séparées de leurs enveloppes et nettoyées lorsque le tout est bien sec; puis on les met dans de petits sacs portant toutes les indications qui étaient notées sur les étiquettes et, de plus, l'année et la date de la récolte. Lorsqu'on a peu de graines et qu'elles sont sèches, on peut les mettre en sacs avec leurs enveloppes, elles perdent ainsi moins vite leurs facultés germinatives. Tous ces petits paquets doivent être placés dans des cartons ou dans des boîtes et en dehors des atteintes des rongeurs, qui sont friands de certaines graines.

IX. — Stratification des graines.

Beaucoup de graines qui perdent vite leurs facultés germinatives et d'autres dont la germination est longue gagnent à être stratifiées. Ceci est applicable principalement à la majorité des graines d'arbres et d'arbustes : Marronnier, Chêne, Églantier, etc.

L'opération matérielle consiste à alterner dans un vase quelconque un lit de sable frais, avec une couche de graines, jusqu'au haut du vase. Ce ou ces vases sont placés dans un endroit frais où il ne gèle pas : dans un cellier ou dans une cave. Lorsqu'on a beaucoup de grosses graines, on les stratifie dans une fosse profonde dans le jardin, en procédant de la même manière ou bien encore dans de grands pots que l'on enfonce entièrement dans le sol. Il faut avoir soin de garantir ces graines contre les animaux. La mise des graines en stratification se fait dès la récolte; au printemps suivant elles sont germées.

X. — Traitement des graines stratifiées.

Les graines stratifiées, principalement les grosses graines, sont plutôt repiquées que semées en conservant les enveloppes qui sont encore adhérentes; on les repique après avoir pincé l'extrémité de la racine principale ou *pivot* qui s'enfonce perpendiculairement, ce qui favorise le développement de racines latérales. On nomme *écourtement* ou *décurtation* cette opération qui est appliquée lors du premier repiquage des jeunes semis.

XI. — Essai de germination des graines.

Dans beaucoup de cas on peut avoir des doutes sur la qualité germinative de certaines graines, soit qu'elles aient été récoltées dans des conditions défectueuses, soit qu'elles soient trop vieilles. Il est donc très prudent d'être fixé sur leur valeur avant de les semer, car c'est une perte de temps, de travail, de soins, etc., lorsqu'un semis ne lève pas.

Il suffit, dans ce cas, d'en semer une pincée dans une terrine ou dans un pot que l'on met dans une serre à multiplication ou sur couche chaude. A défaut de cela on sème ces graines soit dans un pot ou dans une terrine, soit dans une assiette dans un peu de sable ou de terre que l'on maintient humide. En plaçant le récipient à la chaleur dans une pièce on active notablement la germination. On vend aussi dans le commerce des appareils pour expérimenter la germination, dont il existe de nombreux modèles et que l'on nomme *germinateurs*. Tous sont construits d'après ce principe qu'il faut fournir aux graines la chaleur et l'humidité à un degré voulu pour qu'elles germent normalement. Si l'on tient à connaître le tant pour cent de bonnes graines, il suffit de les compter avant que de les semer.

XII. — Conservation des graines en terre.

Il arrive très souvent que des graines, malgré leurs qualités, lèvent très irrégulièrement ; cela tient aux causes énumérées dans le paragraphe VIII, page 85 ; dans d'autres cas, la levée n'a pas lieu du tout. Il est donc bon, lorsque l'on est sûr de leur valeur, d'attendre plus longtemps. Il est en effet arrivé que des graines semées en pots ou en terrines n'étaient pas levées après une année ; mais elles levaient la seconde année ; j'ai vu aussi, une autre fois, jeter la terre des pots et des terrines et s'apercevoir un peu plus tard que ces graines levaient. Il faut donc être très prudent dans des cas semblables, car ces graines se conservent en terre.

XIII. — Obtention de nouvelles variétés par le greffage.

L'influence du sujet sur le greffon, les transformations qui en résultent et, par suite, l'obtention des hybrides est une question curieuse et intéressante qui fut très discutée. On peut obtenir des variétés nouvelles par le greffage, mais certaines questions sont encore à résoudre. On sait d'ailleurs qu'en arboriculture fruitière il améliore celles qu'on possède. Certaines plantes se ressentent de son influence dans les particularités du feuillage, agrandissement des fleurs, et dans les modifications du coloris qui se rapproche de celui de la fleur du sujet [1]. Exemple : le *Rho-*

I. Voir, pour sa définition, le chapitre Greffage, parag. I, p. 116.

dodendron javanais × var. *Princess royal*, le *Cytisus Adami*, le *Pelargonium zonale* × *peltatum*, le *P. zonale* × *grandiflorum*. Ces deux derniers hybrides, obtenus par M. Theulier fils, sont curieux.

Dans le 1ᵉʳ greffage les changements sont parfois peu sensibles; si un rameau se trouve modifié on peut accentuer et fixer cette particularité en greffant la partie la plus influencée sur un sujet de même espèce que celui de la première opération. En général, l'influence du greffage de deux sujets d'espèces ou de genres différents, de la même famille, se manifeste dans la : végétation, floraison, et fructification. « Le liber devient plus riche en carbone », et les bourgeons plus féconds. On arrive ainsi à hybrider deux espèces dont la fécondation ne réussit pas.

CHAPITRE VII

LA MULTIPLICATION DES VÉGÉTAUX

REPRODUCTION NATURELLE

B. — Le semis.

I. Profondeur des semis. — II. Les différentes sortes de semis. — III. Semis en pleine terre. — IV. Semis à la volée. — V. Semis en rayons ou en lignes. — VI. Semis en poquets. — VII. Semis intercalaires. — VIII. Insuccès dans la levée et moyens d'y remédier. — IX. Semis sous cloches et sous châssis. — X. Semis en terrines en caisses ou en pots. Simplification de l'arrosage. — XI. L'éducation et l'élevage des plantes. — XII. Éclaircissage. — XIII. Repiquage. — XIV. Empotage. — XV. Pincement. Obtention de plantes naines par le pincement.

L'époque des semis est très variable selon la nature des plantes, ce qu'on en attend et selon qu'ils sont faits en pleine terre, sous châssis ou en serre. Cependant, les deux saisons où il est fait le plus de semis, de fleurs principalement, sont le printemps et l'automne. J'indique d'ailleurs, lorsqu'il y a lieu, pour chaque sorte de plante, l'époque à laquelle il convient de la semer.

Les semis doivent être faits dans un sol meuble en rapport avec la nature des plantes, lorsqu'ils sont faits en place et dans un sol léger, lorsqu'ils sont faits en pépinière. Dans l'un ou l'autre de ces deux cas il est toujours bon d'ajouter un peu de terreau à la surface du sol parce qu'il favorise la levée et la bonne venue de la majorité des plantes.

I. — Profondeur des semis.

Il faut certainement tenir compte de la grosseur des graines pour l'épaisseur de terre qui doit les recouvrir une fois semées ; mais il ne faut pas, cependant, toujours les enterrer proportionnellement à leur grosseur, car beaucoup le seraient trop. En principe, les graines les plus fines, comme celles de Bégonias, sont recouvertes de 1 millimètre tandis que les plus grosses, comme les Noix, les Châtaignes, le sont de 4 à 6 centimètres. Toutes celles de grosseur intermédiaire sont recouvertes d'une épaisseur se rapprochant de l'une ou de l'autre de ces mesures selon leur grosseur. Il y a moins d'inconvénient d'enterrer un peu une graine dans un sol sec que dans un sol humide. Les graines pourtant fines de certaines Graminéees dont on constitue les gazons sont parfois recouvertes de 2 à 4 centimètres, et elles lèvent bien néanmoins.

II. — Les différentes sortes de semis.

Selon les plantes auxquelles on a affaire, soit qu'elles soient plus ou moins délicates, soit que l'on veuille ou non en hâter et en protéger la germination, les semis se font : en pleine terre, sous châssis ou sous cloches et en serre. Lorsqu'on ne possède ni châssis ni serre et que l'on a des graines un peu délicates à semer, on les sème dans des pots, dans des petites caisses ou dans des terrines que l'on recouvre d'une feuille de verre

III. — Semis en pleine terre.

On sème surtout en pleine terre la majorité des plantes légumières, certaines fleurs et des graines d'arbres et d'arbustes dont on ne veut pas hâter le venue. Les semis se font à la volée, en rayons, ou en poquets.

Il est bon d'ajouter que les semis en pleine terre, à quelque saison que ce soit, sont plus sujets, pour différentes raisons, à donner moins de satisfaction que ceux faits sous abri, ainsi que je le dis dans le paragraphe « *Insuccès dans la levée* ». Cela tient très souvent à ce que l'opération n'a pas été bien exécutée, que les soins jusqu'à la levée des graines n'ont pas été parfaits, et aux risques naturels dont voici les principaux : qualité médiocre du sol, semis trop hâtivement faits par une température défavorable, sécheresse, aridité de l'air, hâles, brûlures, pluies continuelles et humidité prolongée, dégâts par les insectes et animaux, etc., toutes choses auxquelles je donne le moyen de parer, pour la plupart, dans le paragraphe déjà cité.

IV. — Semis à la volée.

Pour les semis à la volée, les planches étant préparées, on disperse les graines sans symétrie, mais le plus régulièrement possible de façon qu'elles ne soient pas en **trop grand nombre**. On enterre les graines au râteau et on affermit un peu le sol lorsqu'il est très léger, en l'appuyant avec une petite batte en bois. Très souvent on étend au-dessus une petite épaisseur de terreau.

Dans un terrain sec, lorsque les arrosages doivent être fréquents, il est bon de former un petit bourrelet de terre tout autour des planches (paragr. II et fig. 30, p. 64) pour empêcher l'eau de s'échapper, ou bien encore on peut tenir les sentiers plus hauts que les planches.

V. — Semis en rayons ou en lignes.

Les semis en rayons ou en lignes présentent certainement sur le précédent de nombreux avantages en ce qu'ils permettent, par l'espacement régulier des lignes, les travaux de binages, la croissance plus régulière des plantes et une transplantation plus facile.

Pour ces semis, on trace des rayons parallèles (paragr. III, p. 65) plus ou moins espacés selon le développement que doivent prendre les plantes et plus ou moins profonds selon la grosseur des graines que l'on sème au fond. Si on opère dans un terrain sec, ces rayons peuvent être creusés plus profondément, mais n'être que partiellement comblés. Au premier binage ils le seront entièrement, et les plantes se trouvant ainsi rechaussées croîtront plus vigoureusement.

VI. — Semis en poquets.

Pour certaines graines, au lieu de faire les semis en lignes, on creuse de place en place de petits trous ou poches dans lesquels on sème quelques graines que l'on recouvre ensuite.

VII. — Semis intercalaires.

Très souvent, soit en pleine terre, soit sous châssis, dans les cultures légumières principalement, on sème d'autres graines, parmi celles qui doivent occuper les planches ou les châssis, des Radis, par exemple. Ces plantes sont récoltées les premières et occupent le terrain pendant que les autres croissent. C'est un excellent procédé pour les cultures légumières de plein air et de primeurs.

VIII. — Insuccès dans la levée et moyens d'y remédier.

J'ai déjà dit à quoi on devait une partie des insuccès, qu'on attribue souvent aux graines, dans les semis en plein air surtout, et je n'y reviendrai pas, me bornant à examiner comment on peut parer à certaines défectuosités.

Pour les semis de fin d'automne, d'hiver et de printemps, il est bon de les faire dans une partie bien ensoleillée et chaude du jardin. Ceux de mai à juillet et de septembre dans un endroit pas trop ensoleillé; au contraire, pour ceux effectués en juillet-août, lorsque le soleil est torride et l'atmosphère aride un carré ombragé doit leur être réservé. En opérant ainsi et en tenant compte de bien ameublir le sol et de donner judicieusement les soins subséquents ainsi qu'il est dit plus haut, on diminue les risques de mauvaise levée.

On peut encore compléter ces précautions principalement pour les plantes délicates ou pour les graines de levée difficile en opérant ainsi : Dans la partie réservée on creuse, de 6 centimètres, des sortes de cuvettes carrées rectangulaires ou rondes plus ou moins grandes, que l'on remplit de terre meuble et de terreau, en tassant et en régularisant la surface; on arrose un peu si la terre est sèche, puis on sème et on recouvre un peu les graines avec une faible épaisseur de terreau variant avec la grosseur de celles-ci.

Ceci fait, on étend au-dessus de chaque cuvette une épaisse feuille de papier buvard que l'on arrose jusqu'à complète imbibition et que l'on fixe au sol à l'aide de deux petits piquets ou de petites pierres. Plusieurs fois par jour on imbibe ainsi cette feuille selon les besoins, et seulement lorsqu'elle est sèche, avec un arrosoir à pomme et d'autant plus de fois qu'il fait plus sec. On surveille le semis, en soulevant la feuille de temps à autre, et dès que la levée se manifeste on enlève de suite la feuille de papier devenue inutile. De cette façon, si la graine est bonne on peut compter sur une levée régulière, car celle-ci n'a plus contre elle :

la sécheresse du sol et l'aridité de l'air, la croûte de terre qui se forme au-dessous, une alternative d'humidité et de sécheresse, etc.; mais au contraire la condition essentielle pour la favoriser: une régulière et suffisante fraîcheur.

Pour les semis en vases on opère différemment ainsi qu'il est dit plus bas.

IX. — Semis sous cloches et sous châssis.

Beaucoup de légumes sont semés sous châssis pour obtenir des primeurs, d'autres le sont pour en avancer la végétation. Les semis de fleurs annuelles se font pour la plupart sous châssis dès les mois de février et parfois de janvier. Ces semis sont faits soit à la volée, soit en lignes; le semis en lignes est toujours préférable pour les fleurs principalement.

Il faut confectionner une bonne couche à cet effet (voir au chap. V, paragr. VII, p. 68), et si le temps se refroidit faire et remanier les réchauds. Lorsque la température le permet, on donne un peu d'air; cela fortifie les jeunes plantes.

X. — Semis en terrines, en caisses ou en pots.

Les semis dans ces récipients sont parfois faits sous châssis, mais le plus souvent en serre; ou, comme je l'ai déjà dit, lorsqu'on ne possède ni serre ni châssis, on sème ainsi les plantes un peu délicates pour que les graines ne soient pas livrées directement à la pleine terre.

Il faut employer une terre bien légère et bien fine; on sème à la volée et on recouvre légèrement. Il est généralement bon de recouvrir la terrine ou la caisse d'une feuille de verre. On sème parfois certaines fleurs directement en pots pour en former des potées.

Simplification de l'arrosage. — Bien que les semis soient faits en vases et courent moins de risques que ceux confiés à la pleine terre, il faut veiller cependant à leur arrosage rationnel. Les alternatives de sécheresse et d'humidité sont très préjudiciables à une bonne levée; c'est pourquoi je ne saurais trop recommander de faire les semis dans les pots et terrines à arrosage souterrain (fig. 28 et 29, p. 57); ou à leur défaut d'introduire par la partie inférieure des pots, terrines ou petites caisses, des bandes de molleton qui, en trempant dans un bassin en zinc placé au-dessous du récipient où sont les semis, assurent un arrosage constant et régulier. Il est tout indiqué, dans ce cas, que le bassin doit être isolé pour ne pas que le bas de la terrine, du pot ou de la caisse, repose dans l'eau. Si on s'apercevait d'une trop grande humidité il faudrait isoler les bandes de l'eau pendant quelques jours.

Il faut avoir soin de soulever la feuille de verre de temps à autre et de l'essuyer si on ne veut pas que l'humidité fasse pourrir un grand nombre de jeunes plantes.

XI. — L'éducation et l'élevage des plantes.

Lorsque les graines sont parfaitement levées, il ne faut pas croire que tout est terminé; les jeunes plantes ainsi obtenues ne sont pas encore formées et doivent recevoir de nombreux soins, indépendamment des premiers arrosages, travaux du sol, etc., avant de les amener à fleurir et à fructifier et parmi les opérations nécessaires les principales suivent.

XII. — Éclaircissage.

Pour tous les semis faits à la volée et dont les jeunes plantes doivent rester en place, il faut procéder à une opération que l'on nomme *éclaircissage* et qui consiste à enlever, dès qu'elles sont encore jeunes, toutes celles qui sont en trop. Si on craint d'en enlever de trop, on peut faire l'éclaircissage en deux fois. C'est un travail assez long que l'on peut se dispenser de faire ou simplifier, pour la plupart des plantes, en les semant en lignes.

Si l'éclaircissage est fait un peu tard, il faut casser la jeune plante sous les deux cotylédons, ou si on l'arrache, avoir soin de rechausser les autres en jetant un peu de terre et en arrosant.

Pour les plantes semées directement en pots et devant y rester, cette opération n'est pas moins nécessaire et on doit après l'éclaircissage, recouvrir la surface du pot de 1 centimètre de bonne terre qui rechausse les jeunes plantes conservées. (Voir aussi le paragr. « *Culture en potées.* »)

XIII. — Repiquage.

Pour la majorité des plantes il est bon de pratiquer un ou plusieurs repiquages successifs qui permettent à ces plantes de se ramifier et de développer une quantité de racines, de sorte qu'on peut ensuite les transplanter facilement en motte à tous moments, même pendant la floraison, sans qu'elles en souffrent, ainsi qu'on le fait pour les : Zinnia, Reine-Marguerite, Balsamine, Œillet de Chine, etc.

Fig. 38. — Repiquage en terrine de jeunes plants de semis. — Avec une baguette effilée la main gauche perce le trou, tandis que de la main droite, à l'aide d'une spatule avec un cran, on soulève la plantule.

Les plantes semées en pépinière sont repiquées en lignes dès qu'elles sont suffisamment fortes. Il ne faut pas attendre trop longtemps, car cette opération favorise l'émission de nombreuses racines. Pour certaines plantes on fait plusieurs repiquages successifs avant de les mettre définitivement en place. Les plantes de serre ou délicates sont repiquées en terrines (fig. 38) en pots ou sous châssis.

Pour cette opération, on prépare une planche sur laquelle, après avoir étendu un peu de terreau ou de paillis, ce qui est excellent, on trace des rayons plus ou moins espacés où sont repiquées les plantes à une plus ou moins grande distance selon l'accroissement qu'elles doivent prendre et aussi selon le temps qu'elles doivent rester dans ces conditions. On nomme ces repiquages, *repiquages en pépinière*. On les repique au doigt ou avec un plantoir, après avoir pincé la principale racine, en les enfonçant jusqu'aux cotylédons.

Les plantes restent plus ou moins longtemps en pépinière d'attente selon qu'elles sont herbacées ou ligneuses. Tandis que les plantes annuelles n'y restent guère que de 1 à 3 mois, les plantes ligneuses y demeurent plusieurs années.

XIV. — Empotage.

Dans beaucoup de cas il est nécessaire si l'on veut obtenir un bon résultat, lorsqu'il s'agit de plantes qui souffrent ou meurent, par la transplantation, d'en faire le repiquage en pots au lieu de le faire en pleine terre, dehors ou sous châssis. Ce repiquage se fait généralement en godets de 8 centimètres de diamètre que l'on enterre ensuite dans des coffres. Si l'on n'a que quelques plantes à traiter ainsi, on les empote une à une séparément ainsi qu'on le ferait avec de jeunes boutures. Mais cette opération est dispendieuse lorsqu'elle doit être faite sur une grande échelle. Dans ce cas on met directement les godets en place et on les remplit de terre à la pelle, que l'on tasse légèrement, puis on procède au repiquage au doigt absolument comme si cette opération était faite en pleine terre.

On repique aussi en pots, mais à raison de plusieurs par grands pots de 12 à 16 centimètres de diamètre, les plantes qui doivent constituer des potées.

XV. — Pincement.
Obtention de plantes naines par le pincement.

Le pincement des plantes est une opération que l'on ne doit pas négliger et qui trouve son application pour la majorité des plantes de semis, annuelles ou vivaces, ainsi que pour beaucoup de celles obtenues par les autres procédés de multiplication. Le pincement force les plantes à se ramifier, même celles dont la tige serait simple sans cela et aide à les maintenir plus trapues en multipliant ainsi la quantité de branches florales. Le pincement est un diminutif de la taille et est, par cela même, moins radical.

Le premier pincement doit être fait lorsque les plantes n'ont que trois ou quatre feuilles, en supprimant tout simplement avec l'ongle, la partie supérieure, qui est tendre. Les autres pincements, s'il est nécessaire d'en appliquer d'autres, doivent être faits au fur et à mesure de l'élongation des tiges selon la quantité de rameaux que l'on veut avoir; généralement le second pincement peut être appliqué dès que les bourgeons développés par le premier pincement ont de quatre à cinq yeux.

Il est bon d'ajouter que les second et troisième pincements retardant d'autant plus la floraison qu'ils sont pratiqués plus tard, ne doivent pas être appliqués en second ou en troisième lieu; mais être faits de très bonne heure, dès que l'élongation des bourgeons est suffisante, pour en supprimer l'extrémité, si l'on veut obtenir une floraison hâtive. Au contraire, si l'on tient à obtenir une floraison tardive, on doit pincer tardivement, et au besoin une fois de plus, après avoir laissé allonger les bourgeons et en supprimant ainsi le tiers ou la moitié de leur longueur. Les yeux qui restent, mettant plus de temps à se développer que n'en auraient mis ceux de la partie supprimée, s'ils avaient été conservés, il s'ensuit un retard très appréciable dans la floraison.

Les pincements ne sont pas seulement utiles pour les plantes florifères et doivent être progressivement et constamment appliqués pour maintenir, dans des proportions convenables en rapport avec le rôle qu'elles jouent, certaines plantes à feuillage coloré comme les : *Coleus, Iresine, Alternanthera, Gnaphalium, Perilla*, Amarante tricolore, etc. Il est aussi à remarquer, dans ce dernier cas, que les bourgeons qui se développent à la suite du pincement donnent des feuilles d'une coloration plus intense.

Toutes les plantes à fleurs ne gagnent pas à être pincées, au contraire. C'est le cas des : Reine-Marguerite, Amarante Crête-de-coq, etc.

Parmi celles pour qui le pincement est judicieux signalons les : Verveine, Phlox de Drummond, Coréopsis, Immortelle, Cosmos, Sauge, Pelargonium, Fuchsia, Bégonia à tiges, Pétunia, Lavatère, Réséda, Œillet, Anthémis, Chrysanthème, etc.

J'ajouterai que le pincement doit être pratiqué sur des rameaux herbacés et avant qu'ils soient trop allongés pour ne pas en supprimer une trop grande partie; car, si le bourgeon est trop allongé, la sève est déjà montée à l'extrémité et les yeux du bas se développent moins régulièrement et moins vigoureusement.

CHAPITRE VIII

LA MULTIPLICATION DES VÉGÉTAUX

REPRODUCTION ARTIFICIELLE

A. — La division des touffes et le marcottage.

I. Division et sectionnement des touffes. — II. Le Marcottage. — III. Différentes sortes de marcottes : 1° La marcotte simple ; 2° La marcotte chinoise ; 3° La marcotte en arceau ou en serpenteau ; 4° La marcotte en cépée ; 5° Marcottes en vases ; 6° Marcottes aériennes ou suspendues ; 7° Marcottes herbacées ; 8° Marcottes compliquées. — IV. Pieds mères, application et soins divers. — V. Sevrage des marcottes. — VI. Obtention de plantes naines par le marcottage.

I. — Division et sectionnement des touffes.

C'est un des modes de multiplication les plus simples, car il consiste tout simplement à diviser en plusieurs parties les touffes de certaines plantes, à séparer les bulbes et à sectionner les drageons, rhizomes, tubercules, etc. L'opération porte principalement sur les parties souterraines, et le résultat est en général assuré par ce fait que les fractions obtenues sont enracinées ou émettent facilement des racines. La majorité des arbustes, des plantes vivaces à souche simple, bulbeuse ou tubéreuse sont surtout multipliés ainsi. L'opération est ordinairement faite à l'automne pour les plantes qui fleurissent au printemps et en été et au printemps pour celles qui fleurissent à l'automne. Toutefois, dans un terrain humide, beaucoup de plantes ne sont sectionnées qu'au printemps et dans un terrain sec beaucoup le sont à l'automne. On ne doit pas faire cette opération lorsque les plantes sont en végétation, car elles en souffriraient davantage.

La division des touffes se fait la plupart du temps à la main, ou à l'aide de la serpette ; on sectionne les touffes en fragments plus ou moins gros munis de quelques bourgeons et de racines. Lorsque l'on veut multiplier une plante en grande quantité on éclate chacun des drageons.

Si les plantes sont rhizomateuses il faut avoir soin de les détacher de telle façon que chaque fragment porte un ou plusieurs bourgeons. La même opération est à faire si la plante est traçante ou stolonifère.

Pour les plantes tuberculeuses, comme les Bégonias, il ne faut sectionner que les fragments portant un ou plusieurs bourgeons, car, si ces derniers étaient absents, il pourrait se faire que l'opération soit inutile par ce fait qu'aucun œil ne se développerait. La division de la majorité des plantes bulbeuses est simple, car les petits oignons se détachent facilement.

Enfin celle des arbustes est tout aussi simple.

Dans la majorité des cas les fragments ainsi obtenus sont mis directement en place ; ils ne sont plantés en pépinière que si on les a fait très petits, ou si la multiplication est faite en grand ; ils doivent rester là un ou deux ans.

II. — Le Marcottage.

Dans sa plus simple expression, une marcotte est un rameau qui, couché en terre, émet des racines et constitue un autre végétal. Le marcottage n'est certes pas un mode de propagation très rapide, mais il permet de multiplier sûrement certaines plantes dont l'enracinement est très aléatoire par le bouturage.

III. — Différentes sortes de marcottes.

Il y a bien des façons de marcotter les plantes ; mais nous ne passerons en revue que les principales. Les marcottes peuvent être faites soit à l'état herbacé, soit à l'état ligneux, en pleine terre ou en vases ; on fait aussi le marcottage aérien pour les végétaux qui ne peuvent être couchés.

1° La *marcotte simple* consiste tout simplement à courber un rameau soit en pleine terre (fig. 39), soit dans un pot ou dans un panier enfoncé au rez du sol (fig. 40), de façon qu'une grande partie se trouve enterrée à une profondeur moyenne de 8 à 10 centimètres; l'extrémité du rameau qui sort de terre doit être taillée sur un ou deux yeux, qui, lors de leur développement, sont palissés sur un tuteur, si les rameaux sont fragiles. La majeure partie des végétaux

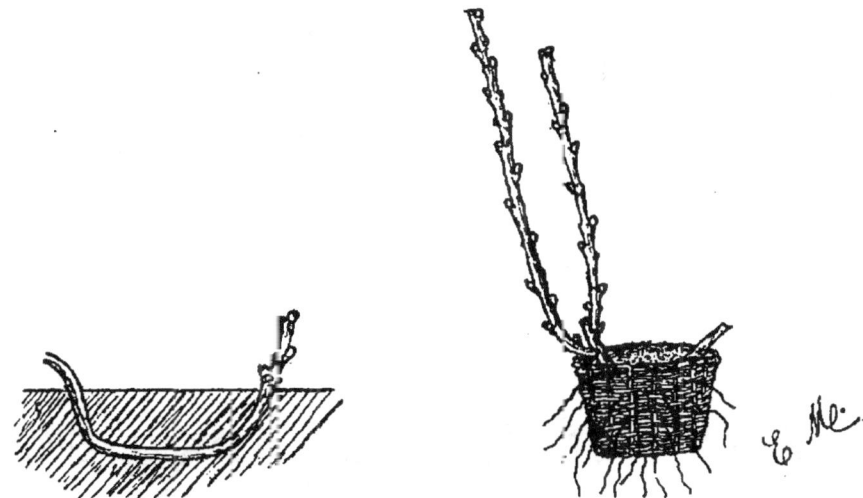

Fig. 39. — Marcotte simple.   Fig. 40. — Marcotte de Vigne en panier.

ligneux se multiplient ainsi. Lorsqu'une touffe est suffisamment forte pour fournir plusieurs marcottes, on ouvre autour d'elle une tranchée circulaire et on couche chacun des rameaux. Cette marcotte simple et distincte est nommée en arboriculture fruitière et en viticulture *provin*; dans son application pour la Vigne, *couchage*.

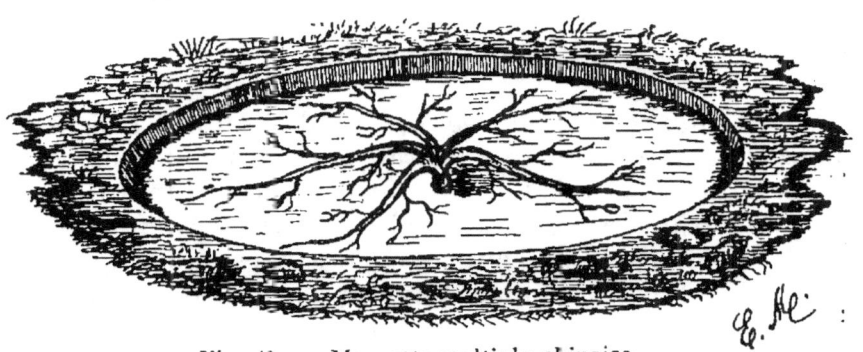

Fig. 41. — Marcotte multiple chinoise.

2° La *marcotte chinoise* (fig. 41) permet d'obtenir un grand nombre de jeunes sujets sur un pied mère; elle est souvent appliquée dans la multiplication de la Vigne, du Rosier et de quelques autres arbustes.

On ouvre autour du pied mère une tranchée circulaire profonde de 8 à 10 centimètres dans laquelle on couche tous les rameaux horizontalement, que l'on maintient dans cette position par des crochets. Lors du développement des yeux en bourgeons on comble progressivement cette tranchée avec de la terre légère ou du terreau ; chacun de ces bourgeons s'enracine et forme une jeune plante.

3° La *marcotte en arceau ou en serpenteau* (fig. 42) est surtout applicable aux plantes sarmenteuses. Elle consiste à coucher et à redresser successivement un rameau de façon

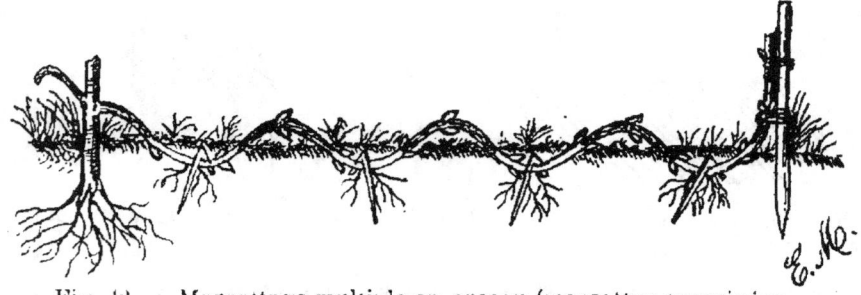

Fig. 42. — Marcottage multiple en arceau (marcottes enracinées pouvant être sevrées).

que, sur toute sa longueur, il fournisse plusieurs marcottes. Il faut avoir soin de conserver plusieurs yeux sur la partie qui se trouve en dehors du sol, de redresser et de tuteurer verticalement l'extrémité pour favoriser la circulation de la sève.

4° La *marcotte en cépée* diffère des autres genres de marcottes en ce sens que les rameaux ne sont pas couchés, mais buttés. On l'emploie surtout pour la multiplication de certains arbres et arbustes fruitiers servant comme porte-greffe et de quelques autres encore. C'est ainsi que l'on multiplie dans la plupart des cas les : Groseillier, Pommier paradis et P. doucin, Merisier, Cognassier, etc.

Comme opération préliminaire, on rabat à 12 ou 15 centimètres du sol les touffes qui doivent être marcottées, de façon à faire développer des bourgeons qui constitueront les marcottes. Cette opération est faite à l'automne ou au printemps. Dans le courant de l'été on conserve une quantité raisonnable de ces bourgeons et l'on butte la touffe au printemps suivant de façon que la base de chacun d'eux se trouve enterrée. Ils s'enracinent pendant l'été, et l'hiver suivant on les sépare du pied mère. On peut aussi ne pas attendre un an et butter aussitôt après le récépage.

Lorsque l'on a séparé chacune des marcottes du pied

Fig. 43. — Marcottage d'un *Dracœna* en godet.

mère, on laisse celui-ci une année découvert, de façon qu'il se développe d'autres bourgeons.

5° **Marcottes en vases.** — Pour bien des raisons, il n'est pas toujours loisible de faire le marcottage en pleine terre. Certaines plantes, par exemple, n'ont de rameaux propres au marcottage qu'à une certaine hauteur du sol. Dans ce cas, le pot est élevé sur un support, ou bien suspendu à la plante. La branche étant courbée dans le pot, on remplit celui-ci d'une terre très humeuse, qu'il faut tenir constamment humide. Mais, très souvent, celle-ci ne pouvant être courbée, on se sert de pots spéciaux (voir fig. 25, p. 55, « Pot à Marcotte ») dont la large fente ménagée permet de passer le rameau à marcotter. Très souvent aussi, on casse un pot en deux, on enferme le rameau entre les deux fragments (fig. 43).

Parfois aussi on substitue aux pots des cornets en plomb, particulièrement pour les Œillets. Certains jardiniers donnent la préférence à ces cornets. Lorsque les rameaux à marcotter sont en vue dans une serre ou dans un jardin d'agrément, les pots, toujours volumineux, sont assez disgracieux ; c'est alors que l'on a recours aux cornets en plomb (fig. 44). C'est ainsi que sont marcottées toutes les plantes dans les jardins publics de Monte-Carlo.

Les marcottes dont le sevrage amène un arrêt de végétation sont faites en pots ou en paniers, comme elles le seraient en pleine terre. Dans ce cas, pots ou paniers en osier sont enterrés, jusqu'aux bords. C'est une opération qui est fréquemment faite pour le marcottage des Vignes de table dans les pépinières (fig. 40, p. 93), Figuiers, etc., car on gagne ainsi une année, il n'y a aucun arrêt dans la végétation et la reprise se fait sûrement.

Cette méthode est excellente aussi pour les sujets devant être expédiés ; pots ou récipients doivent être remplis de terre humeuse, qu'il faut toujours maintenir très fraîche.

6° *Marcottes aériennes ou suspendues.* — Ce que je viens de dire pour le marcottage en vases a ici son application lorsqu'il s'agit d'une marcotte que l'on ne peut plier ; on emploie donc à cet effet les pots spéciaux maintenus sur des supports ou fixés aux branches (fig. 43) lorsque celles-ci sont assez résistantes, les cornets en plomb (fig. 44), toile, papier goudronné et divers autres objets de ce genre. Lorsque les rameaux ne sont pas assez résistants pour supporter les pots, ceux-ci sont, comme je l'ai dit, posés sur des pieux ou sur des planchettes clouées sur ces derniers, si les branches à marcotter se trouvent à des hauteurs diverses ; mais si, au contraire, elles se trouvent être à un même niveau, on établit **un plancher qui supporte tous les pots**.

Pour les marcottes faites en serre, un tampon de mousse autour de la partie qui doit émettre des racines suffit si on a soin de le bassiner régulièrement, de façon à ce que la mousse soit maintenue constamment humide pour que l'enracinement se manifeste rapidement. C'est ainsi que l'on opère pour les : *Vanille, Ficus, Dracæna, Anthurium, Aralia, Croton*, etc., que l'on veut rajeunir lorsque, dépourvus de feuilles à la base, ils sont devenus disgracieux.

Ces marcottes aériennes se pratiquent de la même façon que les autres, mais elles exigent bien plus de soins en plein air, car les vases placés à une certaine hauteur, étant exposés au vent et au soleil, se dessèchent plus rapidement; les arrosages et bassinages doivent donc être très fréquemment appliqués si l'on veut assurer le succès de l'opération.

Fig. 41. — Marcotte en cornet d'un rameau de Troëne.

7° *Marcottes herbacées.* — Les marcottes herbacées ne diffèrent des autres, qu'en ce qu'au lieu de choisir des rameaux déjà ligneux on donne la préférence aux pousses encore herbacées dont l'enracinement est plus rapide. L'application en est faite sur les végétaux dont les rameaux se lignifient très tard ou restent à l'état herbacé ou charnu, comme quelques Aroïdées, Vanille, etc.

8° *Marcottes compliquées.* — Certaines plantes émettent difficilement des racines par le marcottage ordinaire ou, tout au moins, mettent beaucoup de temps à émettre ces racines. Or, pour en favoriser la naissance plus rapide, on leur fait subir quelques mutilations de façon à arrêter la sève à cet endroit et à provoquer un amas de tissus cellulaires, nommé bourrelet, prémice des racines.

Jardinage.

Certainement, ces quelques applications supplémentaires ne sont exigées que par les plantes pour qui la simple courbure ne suffit pas : Laurier Tin, Jasmin, Magnolia, et ne sont pas absolument nécessaires pour celles qui, comme la Vigne, s'enracinent à coup sûr; on en use cependant pour la majorité des marcottes des : Œillet, Troène, Aucuba, Laurier, Fusain, Bougainvillée, etc.

L'incision ou toute autre mutilation doit être faite sur la partie de la courbure qui se relève et non près de la plante, car l'enracinement doit être provoqué principalement près de la surface du sol sur la marcotte elle-même.

Fig. 45. — Marcottes compliquées (anneau d'écorce enlevé sur le rameau de droite et entaille sur celui de gauche).

Pour la marcotte incisée, il suffit d'entamer le bois jusque dans la moitié de son épaisseur, au-dessous d'un œil, procédé qui est excellent; ou d'enlever un anneau d'écorce, toujours autour de l'œil et en bas (fig. 45); ou, encore, de fendre le bois en biseau jusqu'au milieu (fig. 46), en maintenant cette fente ouverte par un bout de bois; on peut conserver un œil sur cette lamelle de bois qui se trouve au-dessous. Pour les végétaux qui, comme le Grenadier, mettent très longtemps à s'enraciner, on poursuit cette fente des deux côtés.

Très souvent on enlève une fraction de bois; dans ce cas on fait sous un œil une entaille en forme de **V**.

Dans toutes ces opérations il faut courber le rameau avec soin, de façon qu'il ne se rompe pas à l'endroit mutilé, et que les fentes soient maintenues très ouvertes. Les crochets, fixant les marcottes, sont d'une grande utilité à cet effet (fig. 45 et 46).

On applique aussi parfois, pour les mêmes raisons, la marcotte par *torsion*, dont l'opération préliminaire consiste

Fig. 46. — Marcotte d'Œillet avec entaille maintenue à l'aide d'un crochet en bois.

à tordre doucement, pour ne pas le casser, l'endroit à marcotter de façon à détacher les fibres; et la marcotte par *strangulation* que l'on serre par un fil de fer au-dessous d'un œil pour provoquer la formation d'un bourrelet.

IV. — Pieds mères, application et soins divers.

Je ne m'étendrai pas sur les opérations pratiques; les descriptions des marcottes contiennent les renseignements nécessaires, complétés encore par les figures. Les pieds mères doivent être sains et lorsqu'ils sont destinés spécialement au marcottage on doit avoir préalablement favorisé le développement de rameaux vigoureux par des rabattages; il va sans dire que les tronçons restant après chaque série de marcottes doivent être supprimés à leur point de naissance. Quant aux plantes sur lesquelles on prend éventuellement quelques marcottes, on doit choisir à cet effet les rameaux les plus souples et les mieux portants.

Autant que possible, la terre recouvrant les marcottes doit être légère, humeuse et fertile. Sauf pour les marcottes en cépée, qui sont nécessairement buttées, on doit tenir le sol un peu plus bas autour d'elles, par un bourrelet de terre, de façon à former une cuvette destinée à maintenir l'eau des arrosages; dans un sol sec ce travail se trouve heureusement complété par un paillis qui maintient une fraîcheur plus régulière.

La sécheresse du sol trop prolongée est pernicieuse, principalement pour les marcottes suspendues; elle peut arrêter les racines dans leur développement et même les détruire. On voit donc que les marcottes suspendues, en plein air surtout, exigent une attention soutenue et des soins constants, parfois très dispendieux, il ne faut pas se le dissimuler. Il est bon, lorsqu'on le peut, d'entourer les vases de mousse, surtout lorsque ceux-ci sont réunis; cette mousse bassinée entretient la fraîcheur et prévient une trop grande évaporation.

Les bassinages sont très favorables aux marcottes. Il faut biner le sol entourant celles qu'on ne paille pas. Afin d'éviter l'ébranlement, qui nuit à l'enracinement des marcottes un peu volumineuses, il est nécessaire de les tuteurer.

V. — Sevrage des marcottes.

Cette opération consiste à séparer du pied mère les marcottes qui sont enracinées, en tranchant le rameau rez de terre. Afin de ne pas amener de trouble dans la végétation et surtout pour les plantes délicates, on fait ce travail en plusieurs fois; et lorsqu'il est terminé, on laisse quelques jours encore les marcottes en place avant d'en faire la transplantation. Pour les plantes marcottées en serre, on les place très souvent à l'étouffée après le sevrage, comme on le fait aussi pour celles dont on craint la bonne reprise. Ces soins s'appliquent évidemment aux marcottes sevrées en pleine végétation; car, pour les marcottes ligneuses de plein air sevrées pendant l'hiver, ils ne sont pas nécessaires; il suffit pour elles de les séparer des pieds mères, d'en supprimer le chicot au ras des racines, de les habiller par quelques petites coupes, s'il y a lieu, et de les transplanter en place ou en pépinière d'attente.

Quant à l'époque du sevrage on ne peut indiquer de date fixe, cela dépend du temps que chacune des espèces met à s'enraciner. En général, les marcottes herbacées peuvent être sevrées après six semaines à deux mois. Les marcottes ligneuses sont ordinairement sevrées l'hiver qui suit l'opération si elles ont été faites au printemps.

Les soins à donner aux marcottes nouvellement transplantées sont les mêmes que ceux donnés aux jeunes plantes obtenues par les autres procédés de multiplication. Ce que j'ai dit quant aux repiquages, empotages, pincements des plantes de semis (p. 87 à 90) est ici applicable.

VI. — Obtention de plantes naines par le marcottage.

Certaines plantes allongent leurs rameaux démesurément et s'obstinent à ne fleurir que lorsqu'elles sont âgées et très développées comme les : Vanillier, Bougainvillée, etc. D'autres, remarquables par leur feuillage, se dénudent vite du bas : *Croton*, *Anthurium*, *Dracœna*, etc., ne sont plus décoratives. Traiter ces dernières comme il est dit pages 95 et 96.

Le procédé est le même pour celles à fleurs. Si on a soin de choisir des rameaux adultes et prêts à fleurir, de les marcotter en vases, en cornets (fig. 43 et 44), on obtient en peu de temps des plantes naines qui épanouissent leurs fleurs et mûrissent leurs fruits tout naturellement sans plus s'allonger et absolument comme si elles n'étaient pas séparées de la plante qui les a émises. C'est ainsi qu'à l'aide de ce procédé on constitue de délicieuses corbeilles de : *Bougainvillea spectabilis*, *Thunbergia*, *Justicia*, *Phlomis*, etc., très nains, l'hiver à Monte-Carlo, avec des marcottes faites en été; qu'un Vanillier a été présenté dans un petit pot, à Paris, avec 54 gousses; qu'on obtient des Vignes minuscules chargées de raisins pour décorer les tables, etc.

CHAPITRE IX

LA MULTIPLICATION DES VÉGÉTAUX

REPRODUCTION ARTIFICIELLE

B. — Le bouturage.

I. Considérations. — II. La bouture et les conditions favorisant son enracinement. — III. Différentes sortes de boutures. — IV. Boutures de rameaux; Boutures ligneuses dépourvues de feuilles. — V. Boutures ligneuses de rameaux feuillus. — VI. Boutures de fragments de tiges. — VII. Boutures herbacées. — VIII. Boutures d'yeux. — IX. Boutures de racines. — X. Boutures de feuilles. — XI. Boutures d'écailles. — XII. Bouturage dans la sciure de bois et dans l'eau. — XIII. Boutures diverses. — XIV. Bouturage sous verre. — XV. Influence de la chaleur du sol et le bouturage à chaud et à l'étouffée. — XVI. Pieds mères et leur traitement. — XVII. Préparation et plantation des boutures. — XVIII. Soins généraux à donner aux boutures pendant et après l'enracinement. Repiquages, empotages, pincements. — XIX. Obtention de plantes naines par le bouturage.

I. — Considérations.

Plus, peut-être, que le semis, le bouturage est usité pour la propagation des plantes. Il faut dire aussi qu'à quelques exceptions près, il est bien plus pratique et plus expéditif que le semis, commercialement parlant surtout; aussitôt enracinée, dans la majorité des cas, une bouture est une plante faite; il n'en est pas ainsi, exception faite, bien entendu, pour les plantes annuelles et bisannuelles, obtenues exclusivement par semis, n'ayant, pour la plupart, qu'une phase de végétation et disparaissant une fois la fructification terminée.

Prenons un Rosier si l'on veut : une bouture enracinée

est aussitôt apte à fleurir ; faite au printemps, elle fleurit la même année. Un semis de printemps fera attendre plusieurs années avant de donner la première Rose. Et il en est ainsi pour bien d'autres plantes. Combien de plantes sont à éliminer dans les semis comme ne répondant pas au type, ce qu'il n'y a pas lieu de faire avec le bouturage !

Bref, lorsqu'on peut le faire, le bouturage ainsi que le greffage, le marcottage et le sectionnement des touffes sont à préférer, quant à la rapidité des résultats.

II. — La bouture
et les conditions favorisant son enracinement.

La bouture est un fragment de végétal, qui, placé et maintenu dans un milieu favorable, émet des racines lui permettant de puiser lui-même sa nourriture et de former une nouvelle plante.

Ainsi que le sectionnement des touffes et le marcottage, le bouturage repose sur les facultés qu'a une fraction de végétal d'émettre des organes aériens : feuilles, rameaux, etc., et souterrains, racines, bulbes, etc., qui lui font défaut et de pouvoir constituer, par la suite, un individu semblable à celui auquel il appartient.

Mais, il faut savoir maintenir ce fragment, la bouture principalement, en bon état jusqu'à l'émission des racines et éviter : l'évaporation des liquides qui se manifeste par la sécheresse trop prononcée de l'atmosphère et du sol ; ou, la désorganisation des tissus qui résulte d'une trop grande humidité. Ces deux agents sont cependant nécessaires, dans de justes proportions, dans le sol et dans l'atmosphère, ainsi que la lumière atténuée. Il ne faut pas oublier que la chaleur du sol est nécessaire pour la prompte formation du bourrelet et l'émission des racines, de même qu'un air concentré est favorable, parce que l'évaporation des tissus est moindre que dans un air vif et renouvelé.

Toutefois cette évaporation est parfois nécessaire et est provoquée avant le bouturage pour les plantes dites *grasses* : Cactées, Crassulacées, Euphorbes, etc., en coupant les boutures à l'avance et en les laissant quelques jours à l'air et au soleil avant de les planter, car les rameaux de ces plantes sont tellement gorgés d'eau qu'ils pourriraient avant l'enracinement.

III. — Différentes sortes de boutures.

Les boutures ne sont pas seulement faites avec des rameaux, car les feuilles, tronçons de feuilles, écailles de bulbes et racines, constituent aussi, pour certaines espèces, un des moyens de multiplication.

IV. — Boutures de rameaux.

Ces boutures sont constituées par les fragments de tiges, herbacés ou ligneux, feuillus ou dépourvus de feuilles.

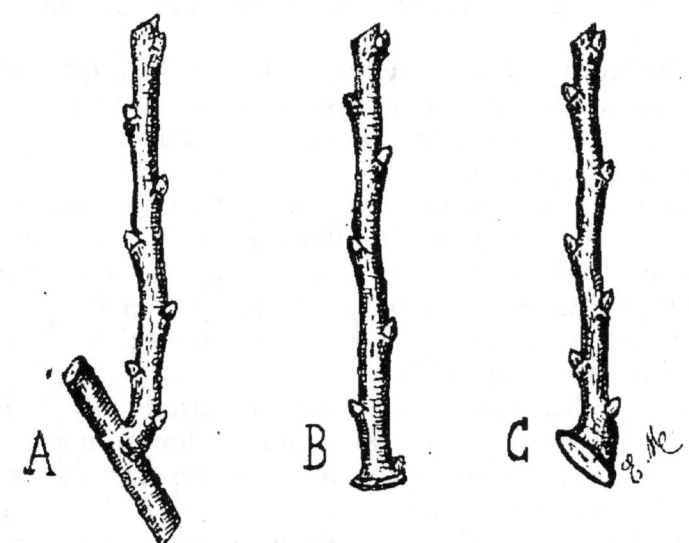

Fig. 47.   Fig. 48.   Fig. 49.
Différentes sortes de boutures de rameaux. — A, bouture crossette ; B, bouture sous un œil ; C, bouture à talon.

Les *Boutures ligneuses dépourvues de feuilles* sont celles avec lesquelles on multiplie la plupart des arbres et arbustes à feuillage caduc. Selon les espèces, on leur donne une longueur de 0^m,08 à 0^m,20 et quelquefois plus. Les rameaux de l'année sont sectionnés en autant de fragments que l'on veut faire de boutures. Si au fragment de la partie inférieure on conserve une partie du vieux bois, c'est une *bouture crossette* (A, fig. 47); mais très souvent on ne réserve qu'une petite partie, l'empâtement du rameau sur la branche ; ce n'est plus une bouture crossette, mais une *bouture avec talon* (C, fig. 49). C'est ainsi que l'on opère généralement pour la Vigne. A cette partie du vieux bois, il se forme plus vite un bourrelet et, par conséquent, l'émission des racines est plus prompte et plus assurée. Dans un rameau, il n'y a qu'une bouture qui peut ainsi être constituée ; les autres sont coupées immédiatement au-dessous d'un œil ; ce sont les *boutures simples* (B, fig. 48).

Bien que les végétaux qui sont ainsi multipliés ne craignent pas absolument la gelée, il est bon de couper les rameaux à l'automne, après la chute des feuilles, de préparer les boutures en taillant le sommet en biseau, de les réunir par petites bottes, en les étiquetant, et de les mettre stratifier à l'abri ; lorsque l'on en a très peu, il suffit d'en enterrer la base dans du sable frais, dans un coin d'une cave ou d'un cellier, ou lorsque l'on en a beaucoup de les enterrer entièrement ou partiellement dans un sol sablonneux, contre un mur au nord.

Ce travail, qui n'est pas dispendieux, en outre qu'il permet d'abriter ces boutures pendant l'hiver, favorise la formation du bourrelet, et de là l'émission des racines et la reprise plus prompte au printemps.

En mars et avril, ces boutures sont repiquées en planches, dans une terre sablonneuse, en lignes distantes de 0^m,15 à 0^m,30. On se sert du plantoir pour le repiquage, en ayant soin de bien serrer la terre autour de chaque bouture. Les pépiniéristes se contentent la plupart du temps d'ouvrir une jauge, d'y disposer les boutures et de la combler ensuite. Il est bon d'incliner un peu les boutures au lieu de les maintenir dans la position verticale. Pour les espèces à bois dur, on laisse deux ou trois yeux hors de terre ; pour celles à bois tendre, comme la Vigne, on n'en laisse qu'un, que l'on butte encore parfois. Il est bon d'étendre un léger paillis sur les planches pour éviter la sécheresse et empêcher le sol de se durcir.

Indépendamment de ces boutures, on fait aussi la *bouture en plançon*, différant des autres par sa longueur, qui atteint parfois 1^m,50. La base est taillée en biseau, un trou est fait très profondément avec un piquet et la bouture est enfoncée. C'est ainsi que l'on multiplie directement en place les Saules et les Peupliers dans les terres marécageuses ou humides.

Je l'ai déjà dit, les *boutures crossette* et *à talon* (A et C, fig. 47

et 49) sont celles qui s'enracinent le mieux, surtout cette dernière, mais il n'est pas possible de les avoir en grande quantité, et pour les espèces qui s'enracinent difficilement, elles font parfois défaut; aussi y pare-t-on avec les *boutures à bourrelet* qui présentent à peu près les mêmes avantages.

Pour l'obtention de ces boutures, on fait sur les rameaux, alors qu'ils sont encore en végétation, une incision annulaire de distance en distance, sous un œil, une par chaque future bouture, avec la serpette, en enlevant un anneau d'écorce, ou avec l'inciseur annulaire (fig. 19, p. 51). Cette incision peut être remplacée par l'étranglement de cette partie à l'aide d'un fil de fer. A l'emplacement de ces mutilations, il se forme un bourrelet de cambium, qui est le précurseur des racines. C'est un procédé qui est plus employé par les amateurs que par les horticulteurs.

V. — Boutures ligneuses de rameaux feuillus.

Les arbustes à feuillage persistant ne se bouturent pas de la même façon que ceux à feuillage caduc, car il est nécessaire de conserver à chaque bouture une partie des feuilles qu'elle porte.

On multiplie les arbustes à feuillage persistant : Laurier, Fusain, Aucuba, Buis, Troène, etc., dès la fin de l'été. On donne à ces boutures une longueur de 6 à 12 centimètres; elles sont coupées sous un œil, en réservant le talon à celles qui en sont munies. Les feuilles qui se trouvent sur la partie devant être enterrée sont supprimées, et celles qui restent sont un peu raccourcies. Le repiquage se fait généralement sous cloches, parfois en terrines, dans une terre très sablonneuse ou dans du sable pur, en espaçant les boutures de 3 à 5 centimètres selon leur grosseur. Presque toutes s'enracinent avant l'hiver. Les soins d'arrosages, de bassinages et d'ombrages ne doivent pas être oubliés.

Il est nécessaire, cela va de soi, d'abriter ces jeunes boutures pendant l'hiver, en entourant les cloches de litière ou de feuilles et en les recouvrant, lorsqu'il y a lieu, de paillassons que l'on enlève lors des belles journées.

Les Azalées, Kalmias, Rhododendrons, sont bouturés de la même façon, mais repiqués à l'étouffée, sous cloches, sous châssis ou en serre.

D'autres végétaux ligneux, comme les Rosiers, sont multi-

pliés à la même époque. On les repique sous cloches dans du sable. Sans enlever toutes les feuilles, il est bon de raccourcir celles qui sont conservées, et même d'en couper quelques-unes en conservant le pétiole.

Au printemps, les boutures de toutes ces plantes sont repiquées en planches, dans un sol fertile, sauf celles des plantes de terre de bruyère, qui doivent être plantées dans de la terre de bruyère.

VI. — Boutures de fragments de tiges.

Certaines plantes qui se ramifient peu ne donneraient qu'un nombre restreint de boutures si on n'opérait pas

Fig. 50. — Bouture de tige de *Dracœna* au moment du développement des jeunes pousses ou turions et de leur enracinement à la base.

autrement. C'est le cas des : *Dracœna, Anthurium, Philodendron, Yucca*, etc.

Lorsque les tiges de ces plantes sont dépourvues de feuilles, on en marcotte ou on en bouture la tête. Les tiges ou les troncs sont ensuite sectionnés par fragments de 6 à 15 centimètres de longueur, que l'on fend parfois longitudinalement, pour les Dracœnas surtout, en deux ou trois morceaux. Chacun de ces fragments est couché horizontalement et enterré partiellement dans du sable humide, en serre et à l'étouffée, la plupart du temps. Il se développe latéralement, sur toute leur longueur, une certaine quantité de bourgeons ou *turions* (fig. 50) qui, lorsqu'ils sont assez longs, sont détachés avec leur empâtement, à l'aide d'un couteau bien tranchant et bouturés à leur tour à l'étouffée.

VII. — Boutures herbacées.

La plupart des plantes herbacées et frutescentes qui peuplent nos jardins et nos serres : Chrysanthème, Pélargonium, Fuchsia, OEillet, Héliotrope, Verveine, Calcéolaire, Bégonia, Plumbago, Anthémis, Irésine, etc., sont multipliées de cette façon, en plein air, sous châssis, en serre, suivant la saison et la plus ou moins grande facilité qu'ont ces plantes de s'enraciner.

Fig. 51.   Fig. 52.

Boutures de *Pelargonium zonale*. — A gauche, bouture au moment de sa plantation ; à droite, la même bouture avec son bourrelet et les premières racines douze jours après.

Les boutures sont coupées sous un œil (fig. 51); lorsqu'elles peuvent être munies d'un talon, on le leur réserve; les feuilles inférieures qui se trouveraient en terre sont supprimées et les autres ont leur limbe supprimé partiellement (fig. 51), afin de diminuer l'évaporation.

Pour les boutures de certaines plantes, comme c'est le cas pour les OEillets de la Malmaison, entre autres, qui ne peuvent être munies d'un talon, on en fend la base ou on fait une incision en forme de V, toujours pour favoriser une prompte émission de racines.

VIII. — Boutures d'yeux.

Dans bien des cas, au lieu de réserver plusieurs yeux à chaque bouture, on n'en conserve qu'un. Dans ce cas, on enterre la fraction de rameau jusqu'au rez de celui-ci, et si, comme pour le Caoutchouc (*Ficus elastica*), la feuille est conservée, on l'enroule et on la maintient par un tuteur.

La Vigne est souvent multipliée ainsi, mais les boutures, qui sont partiellement décortiquées, sont plutôt placées horizontalement que verticalement, et recouvertes en partie de terre, en ne laissant sortir que l'œil.

IX. — Boutures de racines.

Certaines plantes se multiplient presque exclusivement de cette façon : *Paulownia, Aralia spinosa*, Ailante, Sumac, etc. Les racines de ces plantes sont fractionnées en morceaux de 5 à 8 centimètres qui sont repiqués obliquement dans un sol très sablonneux ; ils développent un ou plusieurs bourgeons tout comme les autres boutures. C'est au printemps, avant le départ de la végétation, que, la plupart du temps, on fait cette opération.

X. — Boutures de feuilles.

Il y a déjà quelque temps que ce genre de bouture a été mis en pratique. Ce fut un horticulteur italien, Mandirola, qui l'essaya avec les feuilles d'Oranger et qui en donna les premières notions. Ce sont principalement les Bégonias, Gesnériacées, et quelques plantes grasses, que l'on multiplie de cette façon ; bien d'autres plantes pourraient encore l'être ainsi, mais il n'y a aucun avantage, que je sache, à le faire, si elles possèdent des rameaux en assez grande quantité pour les propager.

Selon les plantes, ces boutures se font de différentes façons, mais, dans la majorité des cas, il est nécessaire d'effectuer ce travail en serre à l'étouffée, ou, tout au moins, sous châssis.

Pour les Bégonias (fig. 53), on choisit des feuilles en bon état, dont la végétation est arrêtée ; on supprime le pétiole près du limbe, on fait quelques incisions au-dessous de chaque principale bifurcation des nervures et on les pose ensuite à plat sur une couche de sable humide, dans la serre à multiplication, en les maintenant au besoin par quelques petits crochets. Il se forme des amas cellulaires aux bifurcations, d'où naissent ensuite des feuilles et des racines. Les feuilles de *Bryophyllum calycinum*, qui offrent un remarquable exemple de ce genre de bouturage, sont,

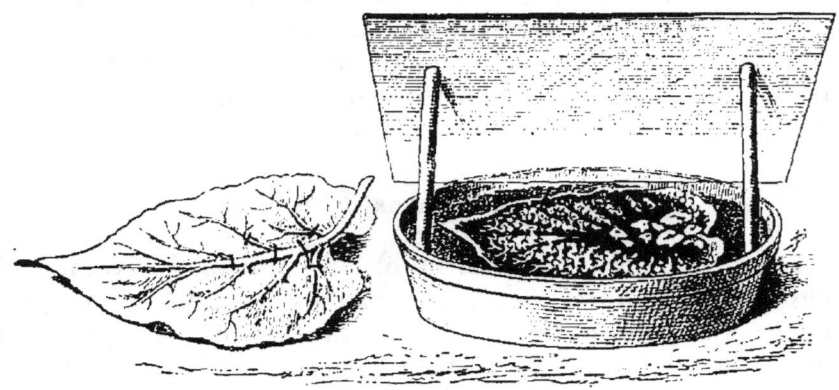

Fig. 53. — Bouture de feuille du *Begonia Rex*. — A gauche, feuille prête à être couchée avec les traits indiquant les incisions ; dans la terrine, la feuille couchée au moment où se développent les jeunes plantes.

elles aussi, couchées de cette façon, mais les incisions sont faites dans les dents des bords du limbe d'où sortiront les racines et ensuite les feuilles. Si on a peu de feuilles de ces plantes, on peut faire les boutures en terrines.

On peut aussi diviser les feuilles en autant de parties qu'il y a de bifurcations de nervures, et repiquer ces morceaux obliquement. Pour les Crassules, Écheverias et autres plantes grasses de ce genre, il suffit de détacher les feuilles et de les repiquer obliquement après les avoir laissées faner quelques jours ; on opère cependant très rarement ainsi pour ces plantes, qui donnent souvent assez d'œilletons.

Enfin pour les Gesnériacées, on conserve le pétiole, car c'est à la base de celui-ci qu'il se forme un petit bulbe ; on le repique après avoir supprimé une partie du limbe.

Au fur et à mesure que, dans ces divers cas, les petites

plantes ont quelques feuilles, on les sépare et on les repique à part, en godets ou en terrines que l'on laisse en serre ou sous châssis.

On peut aussi multiplier ainsi les *Clivia*; car, chose encore peu connue, l'empâtement de la feuille émet facilement des racines, puis des pousses; il suffit de les planter obliquement, dans du sable ou dans de la cendre de houille. C'est M. Raesmuyl qui l'a constaté sur une feuille laissée par mégarde sur une tablette recouverte de cendres de houille; je possède une des plantes ainsi obtenues.

XI. — Boutures d'écailles.

C'est ainsi que l'on multiplie les Lis. C'est un procédé dispendieux qui n'est pratiqué que lorsque l'on veut multiplier en quantité certaines variétés. Au moment de l'arrachage des bulbes, on détache les écailles que l'on repique en terrines dans de la terre de bruyère. Les bulbilles qui naissent ne sont séparées et repiquées séparément qu'après un an ou deux de végétation.

XII. — Bouturage dans la sciure de bois et dans l'eau.

La sciure de bois est parfois utilisée pour le bouturage de certaines plantes de serre : Caoutchouc, Aralia, Dracœna et donne d'assez bons résultats, car les boutures y trouvent les éléments dont il est question au paragraphe II.

On multiplie aussi fréquemment dans l'eau le Laurier rose, le Cyperus, les plantes aquatiques. Les boutures du premier sont plongées dans des bouteilles qu'on expose au soleil; selon l'état de la température, elles s'enracinent en trois semaines. Les tiges de Cyperus coupées juste au-dessous du bouquet de feuilles sont mises dans une terrine remplie d'eau. Mais ces boutures, ainsi que celles des plantes aquatiques, peuvent tout aussi bien être faites dans du sable humide.

XIII. — Boutures diverses.

Sur certaines plantes comme le Lis Tigré et le *Begonia discolor*, etc., il se forme aux aisselles des feuilles de petites bulbilles qu'il suffit de détacher et de repiquer à l'abri pour l'hiver; l'année suivante, elles constituent de petites plantes. A signaler aussi la *bouture-écusson*, se composant d'un fragment de rameau de Rosier Manetti sur lequel on a posé en septembre un écusson d'une variété de Rose et que l'on repique sous cloche au printemps comme une bouture d'œil.

XIV. — Bouturage sous verre.

Beaucoup de plantes peuvent être bouturées sans crainte en plein air, mais il en est d'autres qui, pour émettre des racines, réclament un abri.

Ces plantes sont presque toutes celles dont on se sert pour la garniture des jardins, l'été, et que l'on bouture sous châssis au printemps et à l'automne. Les arbustes à feuillage persistant, les Rosiers, etc., se multiplient de cette façon; lorsque l'on en a beaucoup à bouturer, ce travail se fait sous châssis, en pleine terre ou en terrines; si on en a peu, on le fait sous cloches. La majorité des plantes de serre proprement dites doivent être bouturées en serre.

XV. — Influence de la chaleur du sol et le bouturage à chaud et à l'étouffée.

La majorité des plantes de serre et même une partie de celles de plein air que l'on multiplie de bonne heure au printemps ne se contentent pas d'un simple abri vitré pour s'enraciner. Il leur faut une certaine chaleur atmosphérique et surtout une chaleur de fond, c'est-à-dire la chaleur du sol.

La chaleur du sol a, sur la reprise des boutures, une plus grande influence que la chaleur atmosphérique; on doit à un sol trop froid l'insuccès de certains bouturages printaniers ou très tardifs à l'automne lorsque les boutures pourrissent et ne s'enracinent pas.

La chaleur de fond doit parfois être amenée jusqu'à 30 degrés centigrades pour bien provoquer le développement des racines. Elle est produite pour les châssis par des couches de fumier, et dans les serres par les tuyaux de termosiphon qui sont enfermés dans les bâches et y concentrent la chaleur.

Par *bouture à l'étouffée* on entend ceci : au lieu d'être

plantées à l'air libre, dans la serre, les boutures sont repiquées sous cloches ou dans de petits châssis ; elles bénéficient ainsi d'une chaleur moite et plus régulière, n'ont pas à craindre les courants d'air et, ce qu'il faut éviter dans le bouturage, la trop grande évaporation ; cette opération est l'heureux complément de la chaleur de fond.

XVI. — Pieds mères et leur traitement.

On nomme *pieds mères* les plantes destinées à fournir des boutures ; pour certaines plantes et arbustes de pleine terre on conserve et on cultive des sujets à cet effet sur lesquels on favorise par des tailles, le développement de nombreux rameaux destinés à être convertis en boutures.

Pour quelques plantes servant à l'ornementation des jardins l'été : *Coleus, Gnaphalium, Begonia, Alternanthera, Iresine, Pelargonium*, etc., on hiverne des pieds mères en serre, lesquels, mis en végétation dès la fin de janvier, développent de nombreuses pousses qui sont bouturées lorsqu'elles ont une longueur de 6 à 8 centimètres. Certaines boutures, et même les premières, fournissent de nouvelles séries de boutures qui sont faites au fur et à mesure. Les boutures de ces plantes faites en fin d'été peuvent également servir de pieds mères au printemps.

XVII. — Préparation et plantation des boutures.

Il est indispensable de couper les boutures avec un instrument bien tranchant, de façon à avoir des coupes nettes et de ne pas écraser les tissus. Lorsqu'elles ne peuvent être munies d'un talon, les boutures sont coupées directement sous un œil (fig. 54). Les feuilles qui seraient enterrées doivent être supprimées ainsi que les boutons à fleurs, stipules, etc. Les feuilles conservées sont raccourcies partiellement afin de diminuer l'évaporation, tout en en laissant la quantité nécessaire à la nutrition de la bouture, jusqu'au moment où elle aura émis des racines. Les boutures sont généralement plantées assez serrées. L'espacement observé dépend de leur volume. Elles doivent toujours être repiquées à l'aide d'un plantoir. Elles sont enfoncées plus ou moins selon leur longueur, celles des arbres et des arbustes le sont parfois jusqu'à 0m,30; mais habituellement, elles sont enterrées de 0m,01 à 0m,05. Il faut toujours appuyer la terre et terminer l'opération par un bassinage à l'aide d'une pomme fine.

Fig. 54. — Préparation d'une bouture de *Pelargonium zonale*.

XVIII. — Soins généraux à donner aux boutures pendant et après l'enracinement. Repiquages, empotages, pincements.

Après la plantation, des soins sont à prodiguer aux boutures, et ces soins sont d'autant plus minutieux que celles-ci sont plus délicates.

Boutures en plein air. — Il faut surveiller, bassiner et arroser les boutures faites sous châssis et en plein air, si elles en ont besoin, maintenir le sol propre et meuble. Dans les divers cas, il faut enlever soigneusement les herbes, les feuilles mortes et les boutures qui pourrissent.

Boutures sous verre. — Celles faites à l'étouffée doivent être visitées journellement pour s'assurer qu'elles sont en bon état, que l'air n'est pas trop humide. On profite de cela pour essuyer l'eau qui s'amasse sur les verres par la condensation de la buée. Si l'humidité est trop prononcée, on suspend les arrosages. Il faut aussi enlever soigneusement les feuilles et les boutures pourries, ombrer légèrement si le soleil se montre et surtout bassiner.

Lorsque les boutures faites sous verre possèdent quelques racines, on peut leur donner un peu d'air, ce qui les fortifie. Lorsqu'elles sont suffisamment enracinées, on les repique en place, en pépinière, en terrines ou en godets, comme je l'ai indiqué au chapitre « *Semis* » page 87.

Soins après l'enracinement. — Si les boutures faites sous verre ont été bien traitées elles ne souffrent pas trop de l'empotage. Mais il est bon de fermer les châssis pendant un jour ou deux, ce qui facilite la reprise. Les pots dont on se sert doivent être plutôt petits; la végétation des boutures est toujours meilleure. Il est préférable de pincer les boutures quelques jours après le rempotage que de faire simultanément les deux opérations. Les soins de bassinages, arrosages, ombrages ne doivent pas être oubliés.

XIX. — Obtention de plantes naines par le bouturage.

Comme le marcottage (v. page 101), le bouturage permet d'obtenir, en sujets nains, des inflorescences terminant de longs rameaux, qui sont ainsi très décoratifs et se prêtent à certains arrangements grâce à leur taille réduite et aux petits vases qui les contiennent.

Il suffit de bouturer à chaud pour les plantes de serre; sous cloches et sous châssis pour celles de plein air, les extrémités de rameaux terminaux ou latéraux entièrement développés. Ils s'enracinent facilement et les fleurs s'épanouissent normalement. Les : Phlox vivace, Aster, Sauge, Monarde, Rose-trémière, etc., pour les plantes de plein air; les : Euphorbe, Justicia, Poinsettia, Bégonia, etc., pour les plantes de serre se prêtent à ce traitement. Les Chrysanthèmes nains et uniflores sont dus au bouturage tardif, fait de juin en août, de rameaux terminés par un bouton.

CHAPITRE X

LA MULTIPLICATION DES VÉGÉTAUX

REPRODUCTION ARTIFICIELLE

C. — **Le greffage.** — **Description des greffes.**

I. Définition. — II. Analogie entre les individus. — III. Choix et conservation des greffons. — IV. Ligatures. — V. Instruments. Mastic. — VI. Différents genres de greffes : 1° Greffes par œil. — VII. Greffe en écusson. — VIII. Greffe en flûte ; — 2° Greffes par approche. — IX. Greffe par approche ordinaire. — X. Greffe par approche en incrustation de côté et en tête. — XI. Greffe par approche en arc-boutant ; — 3° Greffes par rameaux détachés. — XII. Greffe en fente simple et double. — XIII. Greffe en couronne ordinaire. — XIV. Greffe en couronne perfectionnée. — XV. Greffe du bouton à fruit. — XVI. Greffe de côté sous écorce. — XVII. Greffe en fente à l'anglaise. — XVIII. Greffe sur racine. Obtention de nouvelles variétés par le greffage.

I. — Définition.

Greffer, c'est appliquer, de différentes façons, une partie d'un végétal sur un autre qui doit désormais lui fournir ses moyens d'existence.

L'arbre qui reçoit la greffe est, dans la plupart des cas, un végétal complet qui possède des racines, une tige, etc.; on l'appelle *sujet*. Quelquefois le sujet est lui-même une portion d'un végétal : racine, rameau, etc.; mais il a la propriété d'émettre des racines aussitôt et par conséquent de devenir un sujet complet. La partie du végétal que l'on insère sur le sujet est le *greffon*, qui est : soit un *œil*, soit un *rameau détaché*, soit un *rameau non détaché*.

L'opération se nomme le *greffage*.

Le greffage a pour but :

1° De multiplier les variétés qui ne se reproduisent pas franchement par le semis (toutes les essences fruitières en général).

2° De provoquer (chez les essences fruitières surtout) une fructification plus prompte et plus abondante.

3° D'apporter sur un arbre des rameaux fructifères et d'en augmenter la fertilité.

4° De restaurer les parties maladives d'un arbre en y transfusant la sève d'un jeune sujet vigoureux et sain; ou bien en y appliquant un rameau du même arbre pris dans une partie plus vigoureuse.

5° De propager les essences d'ornement qu'il est impossible de multiplier autrement.

II. — Analogie entre les individus.

L'affinité entre les individus n'a pas de règles bien précises. On se contente jusqu'alors des faits que l'expérience et les essais ont constatés, mais sans pouvoir les définir.

En effet, telles greffes réussissent et sont durables, contrairement aux prévisions que l'on aurait pu faire; exemples : le Châtaignier sur le Chêne et non pas sur le Marronnier d'Inde comme on pourrait le supposer; le Poirier sur le Cognassier et non le Poirier sur le Pommier, etc. Ce qui prouve que toutes les plantes d'une même famille ne sont pas susceptibles d'être associées par la greffe. Quoi qu'il en soit, si l'on veut que la soudure se fasse et dure, il faut au moins que les deux individus appartiennent à la même famille.

III. — Choix et conservation des greffons.

Nous verrons plus loin que les greffes se font à différentes époques, mais principalement au printemps, au départ de la sève, et à l'automne, à son déclin. Pour opérer à l'automne on se sert de greffons venant d'être coupés, encore en végétation; ils n'exigent aucune préparation spéciale.

Les greffes du printemps sont faites avec des rameaux de l'année précédente. Afin d'opérer avec toutes les chances de succès, il est nécessaire que ces greffons ne soient pas encore en végétation au moment du greffage. Pour cela, il **convient de les couper au mois de décembre ou de janvier et** de les conserver de la manière suivante : au pied d'un mur exposé au nord on creuse une tranchée d'environ 40 centimètres de profondeur dans laquelle on enterre une boîte en bois assez profondément pour que, la tranchée étant comblée, elle soit recouverte de 15 centimètres de terre. Cette boîte a des dimensions en rapport avec la quantité de greffons qu'elle doit contenir. On place au fond un lit de sable sur lequel sont posés les paquets de greffons soigneusement liés et étiquetés. Sans les recouvrir de sable, on ferme le couvercle de la boîte et la terre est remise au-dessus. De cette manière, les rameaux se conservent en bon état jusqu'en mai ou juin.

IV. — Ligatures.

Presque toutes les greffes nécessitent une ligature afin de rapprocher les parties ouvertes et d'empêcher le contact de l'air, toujours funeste. C'est le raphia qui est aujourd'hui le plus usité ; il est peu coûteux et se manie très bien ; mais il a cet inconvénient de ne pas se dilater et de ne pas se prêter à la poussée du bourrelet produit par la greffe. La laine filée n'a pas cet inconvénient, mais la ligature est plus longue à faire.

On peut également se servir de ficelle et d'osier pour les greffes faites sur de grosses branches.

V. — Instruments. Mastic.

Le greffage est opéré avec des instruments spéciaux, qui sont :

1° Le *greffoir* muni d'une lame arrondie servant à inciser les écorces et d'une spatule en corne ou ivoire servant à les soulever sans meurtrir les tissus (fig. 12, p. 49).

2° Le *sécateur* (fig. 14, p. 50), qui est d'ailleurs un outil indispensable pour la taille.

3° L'*égoïne* (fig. 13, p. 50) ou scie à main, avec laquelle on étête les sujets.

4° Le *couteau à greffer*, dont on se sert pour fendre les gros sujets.

5° Enfin le *petit maillet en bois* et le *coin* également en bois très dur, qui sont tous deux les compléments du couteau à greffer : l'un pour frapper, l'autre pour maintenir la fente ouverte pendant l'introduction des greffons.

Toutes les greffes du printemps, de même que la plupart de celles d'automne, nécessitent un engluement fait avec un mastic spécial afin de préserver les plaies contre l'action de l'air. Dans le commerce on vend des mastics tout préparés que l'on emploie à froid et qui sont à préférer pour les amateurs et les jardiniers. Les pépiniéristes qui font, chaque année, des greffes en quantité considérable, fabriquent eux-mêmes un mastic qu'ils emploient à chaud.

VI. — Différents genres de greffes.

Nous avons dit plus haut que le greffon était, suivant le cas, un œil, un rameau non détaché ou un rameau détaché; par conséquent, il est possible de classer les différentes sortes de greffes en trois genres principaux, qui sont :

1° Les greffes par œil.
2° Les greffes par rameaux non détachés ou par approche.
3° Les greffes par rameaux détachés.

1° GREFFES PAR ŒIL.

Il y a plusieurs sortes de greffes par œil; les plus employées sont la *greffe en écusson* et la *greffe en flûte*.

VII. — Greffe en écusson.

Cette greffe est la plus pratiquée de toutes, elle sert à la propagation de tous les arbres fruitiers en général et de beaucoup de végétaux d'ornement. Elle est faite sur collet de racine, rez de terre, et à diverses hauteurs sur la tige de sujets, obtenus par semis, par bouture ou par marcotte.

Il y a deux sortes de greffes en écusson: celle *à œil poussant* faite en avril avec des greffons conservés, et de mai en juillet avec des greffons de l'année; celle *à œil dormant* pratiquée en août et septembre avec des greffons de l'année. La manière d'opérer est identique pour l'une et l'autre.

Le sujet est un jeune arbre ou une branche ne dépassant pas, autant que possible, la grosseur du pouce; à l'endroit de la greffe, l'écorce doit être lisse et souple. La condition essentielle d'où dépend la réussite de l'opération est que, sur le sujet, la zone génératrice soit encore en activité, c'est-à-dire que l'écorce doit pouvoir se détacher facilement du bois ; dans ce cas on dit en pratique que l'arbre est en sève.

Le greffon est un œil pris sur un bourgeon de l'année, lequel doit être doué d'une bonne vigueur, sans cependant être un gourmand, et être suffisamment aoûté.

Les yeux du bourgeon ne sont pas tous greffables avec succès : ceux de la base, mal constitués, ne donnent que des pousses grêles ; ceux de l'extrémité, incomplètement formés, sont susceptibles de se rider et de compromettre la reprise. Seuls les yeux du milieu du bourgeon sont donc très bons. Certains yeux sont portés par une sorte d'embase qui les élève de 1 ou 2 millimètres ; ils sont difficiles à lever et à introduire sous l'écorce du sujet, on doit leur préférer ceux qui, quoique gros, n'ont pas d'embase.

Pour plus de chance de succès, la greffe doit généralement être faite peu de temps avant le sectionnement des greffons ; cependant, on peut couper ceux-ci quelques jours à l'avance et, au besoin, les faire voyager, en prenant la précaution de les envelopper dans de la mousse humide, afin de les préserver du contact de l'air. Pendant le greffage, on a l'habitude d'enfoncer la base du bourgeon-greffon dans une pomme de terre, ce qui est une sage précaution.

De toute manière, lorsqu'on les a détachés de l'arbre, les bourgeons sont dépouillés de leurs feuilles en ayant soin de couper celles-ci vers le milieu du pétiole.

Pour lever l'écusson, on fait sur le rameau deux incisions transversales (fig. 55), l'une (A) à 15 millimètres au-dessus de l'œil, l'autre (B) à 18 millimètres au-dessous ; puis, en commençant un peu plus haut que l'incision supérieure, on passe la lame du greffoir au-dessous de l'œil, en prenant soin de couper, en même temps que l'écorce, un peu de bois, surtout au point où se trouve l'œil (C). Le sujet reçoit deux incisions en forme de **T** (D, fig. 56) et, les bords, de l'écorce incisée, étant soulevés avec la spatule du greffoir, l'écusson est introduit en le poussant au moyen du pétiole. L'écusson n'entre généralement pas tout entier sous l'écorce ; la partie supérieure de son embase, qui n'est pas introduite, est sectionnée à hauteur de l'incision transversale du sujet, contre laquelle elle s'applique alors parfaitement.

Une ligature au raphia ou à la laine filée est faite, après

cela, en commençant plus haut que l'œil et en ayant soin que les tours du lien qui avoisinent celui-ci ne le gênent en aucune sorte. On arrête cette ligature en passant le bout deux fois sous le dernier tour.

Afin d'obtenir deux rameaux parfaitement opposés, on peut placer deux écussons en face l'un de l'autre sur le

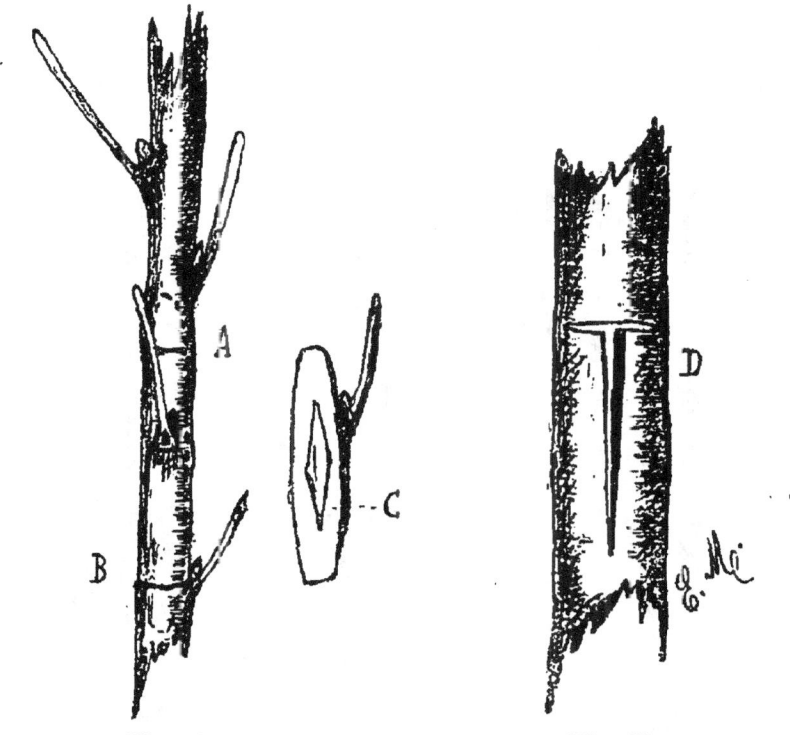

Fig. 55.   Fig. 56.

Détail de la greffe en écusson. — A, B, manière de lever l'écusson; C, écusson levé; D, manière d'inciser le sujet.

sujet; c'est ce qu'on nomme *écussonnage double*; la même ligature sert pour les deux. On peut même, si ces deux rameaux doivent prendre une direction horizontale, mettre les yeux à l'envers; c'est-à-dire les tourner la tête en bas. A leur développement ils pousseront d'abord dans cette direction; puis, petit à petit, se relèveront et se dirigeront horizontalement; à ce moment on pourra les fixer sans qu'il y ait danger de les éclater.

On ne rabat le sujet au-dessus de l'écusson qu'au printemps suivant, s'il s'agit de l'écussonnage à œil dormant;

ou quinze jours après, s'il s'agit de celui à œil poussant. Dans les deux cas, il est laissé un *onglet* ou portion de bois de 12 à 15 centimètres au-dessus de l'œil. Cet onglet sert de *tire-sève* et de tuteur au jeune rameau que l'écusson développe; on ne le supprime qu'en août ou en septembre suivant.

VIII. — Greffe en flûte.

Cette greffe est faite au printemps à œil poussant, ou à l'automne à œil dormant. Le sujet et le greffon doivent être, autant que possible, de même grosseur.

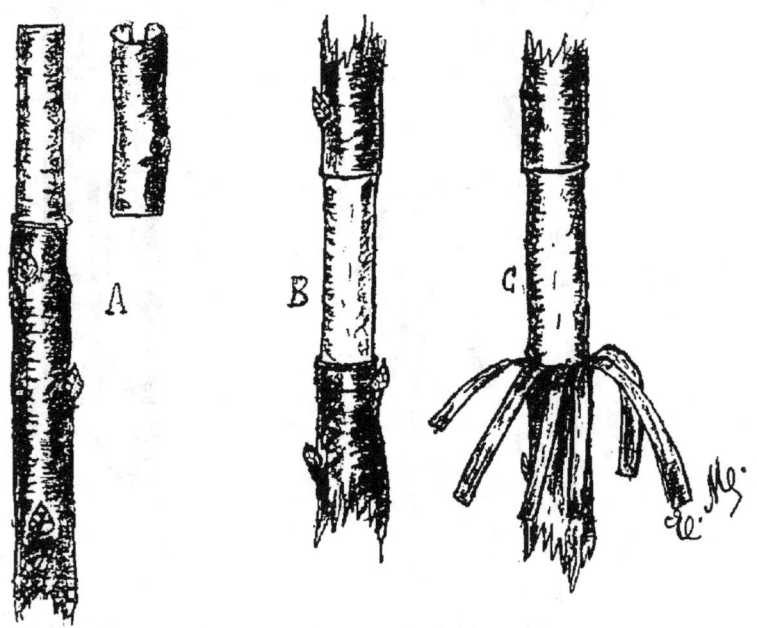

Fig. 57.   Fig. 58.   Fig. 59.

Greffage en flûte. — A, manière de lever le greffon; B, préparation du sujet pour la greffe en flûte ordinaire; C, préparation du sujet pour celle avec lanières.

Le greffon est incisé transversalement à 2 centimètres au-dessus et au-dessous d'un œil, puis longitudinalement derrière cet œil, qui est soulevé avec toute la bande d'écorce entourant le rameau (A, fig. 57).

Le sujet se prépare de deux façons, suivant que l'on désire faire la greffe en flûte ordinaire ou celle avec lanières. Pour la première, il est enlevé sur le sujet une surface d'écorce équivalente à celle du greffon (B, fig. 58). Quant à la seconde manière d'opérer (C, fig. 59), l'écorce n'est pas enlevée complètement; mais, divisée par des incisions longitudinales, en lanières minces, qui sont rabattues, puis ramenées sur le greffon lorsque celui-ci est posé. Dans les deux cas, on ligature et on rabat la tête du sujet immédiatement et graduellement jusqu'à 12 centimètres de la greffe, s'il s'agit de celle à œil poussant; ou au printemps suivant, et définitivement, si la greffe est à œil dormant.

2° GREFFES PAR APPROCHE.

Les greffes par approche forment un groupe important dont les plus pratiquées sont : la *greffe par approche ordinaire*; la *greffe par approche en incrustation de côté et en tête*; la *greffe par approche en arc-boutant*.

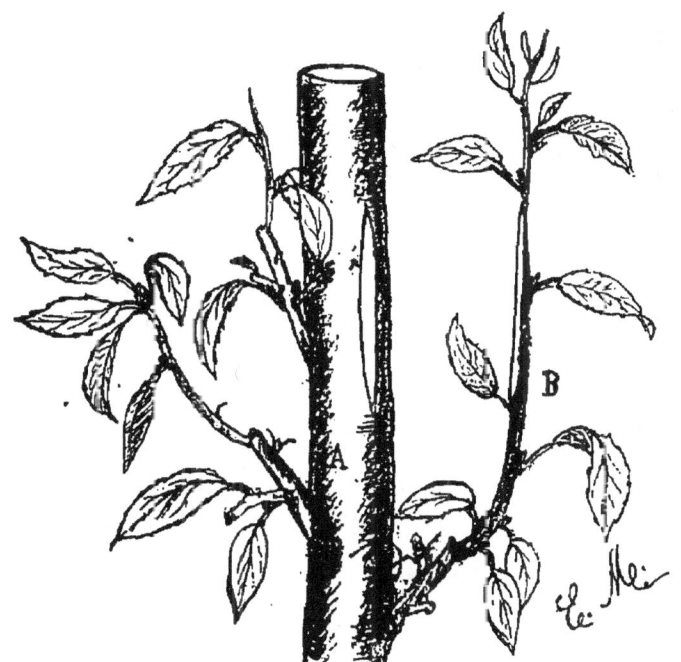

Fig. 60. — Greffage par approche ordinaire.

Elles sont surtout employées pour la restauration des vieux arbres, pour la réfection des branches fruitières manquantes et pour la multiplication des essences d'ornement qu'il est difficile de réussir par la greffe par rameau détaché.

IX. — Greffe par approche ordinaire.

Dans la plupart des cas, le sujet (A, fig. 60) est une branche charpentière d'un arbre fruitier sur laquelle il existe des vides par suite du manque de branches fruitières; le greffon (B, fig. 60) est un bourgeon vigoureux pris aux alentours du vide à la place duquel on vient l'appliquer.

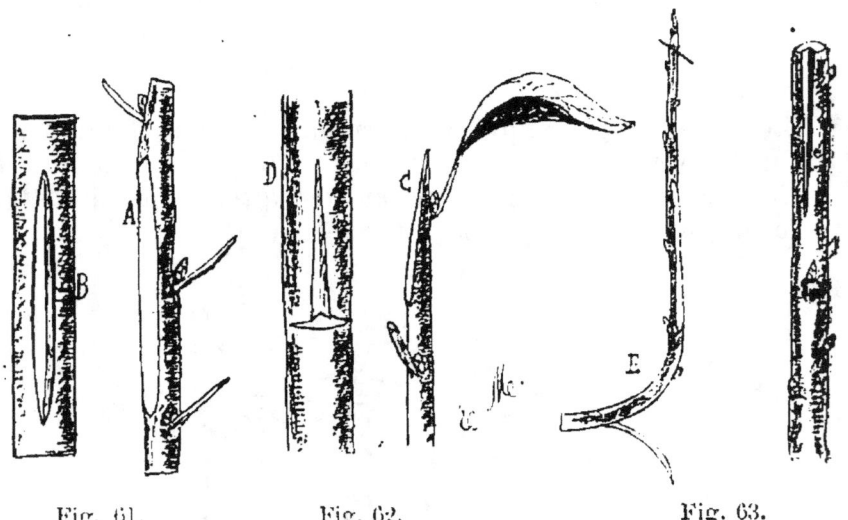

Fig. 61.   Fig. 62.   Fig. 63.

Greffages par approche. — A, B, greffe par approche en incrustation; C, D, greffe par approche en arc-boutant; E, F, greffe par approche en incrustation de côté et en tête.

On entaille d'abord le greffon jusqu'à mi-bois et de façon à allonger cette coupe de 5 à 6 centimètres. Sur le sujet, une lame d'écorce est enlevée, ayant des dimensions légèrement plus grandes que l'entaille du greffon. Celui-ci est approché et serré par une ligature sur le sujet en ayant soin que les plaies soient bien en contact.

Le même greffon peut servir à plusieurs greffes en laissant, après chacune, son extrémité pousser librement.

Le sevrage de la greffe se fait progressivement; à cet effet, quinze jours après l'opération, on pratique une première entaille à quelques centimètres au-dessous de la soudure. La section définitive n'est opérée que deux mois après ou, préférablement, au printemps suivant.

X. — Greffe par approche en incrustation de côté et en tête.

Cette greffe, faite de côté, diffère peu de la précédente et elle a les mêmes attributions.

Le greffon est entaillé par deux coupes en angle sur une longueur de 5 centimètres environ (A, fig. 61). Le contraire est pratiqué sur le sujet; c'est-à-dire qu'il est enlevé une portion de bois angulaire (B, fig. 61), à la place de laquelle sera insérée la partie entaillée du greffon. On ligature et on le sèvre plus tard comme nous l'avons expliqué pour la précédente méthode.

La greffe par approche en incrustation en tête est très employée pour la propagation des espèces d'ornement; pour les arbres pleureurs surtout.

Autour d'un *arbre-greffon* sont plantés de nombreux sujets élevés sur tige. La même année, ces tiges sont rabattues à hauteur voulue, et, à l'extrémité de chacune est appliqué, sans le détacher, un rameau pris sur l'arbre-greffon. Voici comment on opère : en mars ou avril, le greffon (E, fig. 63), est préparé comme celui de la greffe précédente. Le sujet reçoit une entaille angulaire (fig. 63) dans laquelle on fait pénétrer le greffon; on ligature et on enduit les plaies de mastic. L'année suivante, après avoir sevré les greffes, on peut déplanter les sujets et les remplacer par de nouveaux.

XI. — Greffe par approche en arc-boutant.

Cette greffe, comme les deux précédentes, est très utile pour la restauration des arbres fruitiers; elle est souvent le complément de la greffe par approche ordinaire : on a, effectivement, l'habitude de terminer une série de ces sortes de greffes faites avec le même rameau, en opérant, avec l'extrémité de celui-ci, une greffe en arc-boutant.

Le greffon est coupé en biseau allongé sous un œil (C, fig. 62) à hauteur du vide à combler. A cet endroit, sur le sujet, on incise l'écorce en ⊥ renversé (D, fig. 62) et on la soulève avec la spatule. Après cela, le greffon est introduit en le poussant de bas en haut. La ligature est ensuite opérée en la commençant par le bas et en faisant en sorte de préserver l'œil, qui, presque toujours, se développe peu de jours après. Par la suite on apporte à cette greffe les mêmes soins qu'aux précédentes.

3° Greffe par rameaux détachés.

Ce groupe est très important; les greffes les plus employées sont : la *greffe en fente simple et double*; la *greffe en couronne ordinaire et perfectionnée*; la *greffe du bouton à fruit*, la *greffe de côté sous écorce*; la *greffe en fente à l'anglaise*; la *greffe sur racine* Beaucoup d'autres modes de greffage seraient encore à énumérer, mais ceux-ci sont les plus connus et les plus pratiqués et peuvent s'appliquer en toutes circonstances.

XII. — Greffe en fente simple et double.

Ce mode de greffage, surtout employé pour la multiplication des espèces fruitières à haute tige, se pratique à l'au-

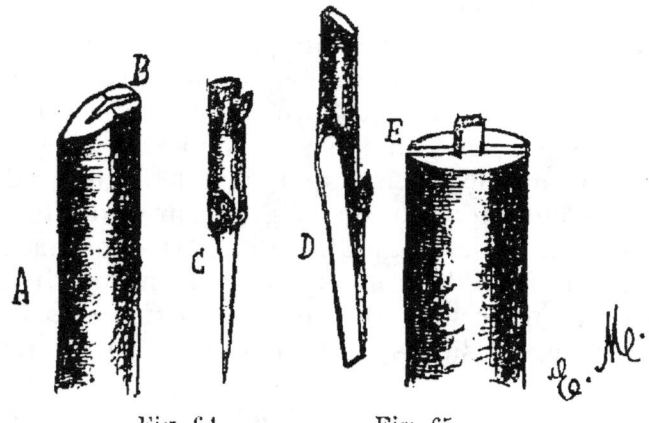

Fig. 64.   Fig. 65.
Greffage en fente simple et double.

tomne, en se servant de bourgeons de l'année, coupés sur le champ, ou au printemps (février et mars) à l'aide de greffons conservés.

S'il s'agit de la greffe en fente simple, qui est faite sur un petit sujet, on étête celui-ci à hauteur voulue, en le taillant en biseau ou bec de sifflet (A, fig. 64), en se servant de la pointe de la serpette, une fente (B, fig. 64) est pratiquée vers le milieu du biseau, en ayant soin que l'ouverture ne soit faite que d'un côté. La greffe ne serait cependant pas manquée si la fente était totale. Il arrive parfois que l'ouverture n'est pas très nette; on y remédie facilement en avivant légèrement les bords.

Le greffon, auquel on laisse ordinairement deux yeux, est

taillé en forme de lame de couteau par deux coupes commencées de chaque côté et à hauteur d'un œil (C, fig. 64) ou plus haut que lui (D, fig. 65); dans ce dernier cas, l'œil sera enchâssé dans la fente du sujet.

La fente étant maintenue ouverte à l'aide du coin (E, fig. 65), le greffon y est introduit et bien ajusté pour que le liber soit en contact avec celui du sujet; ceci est le point important d'où dépend la réussite. La fente étant totale, une ligature est faite très serrée et les plaies sont masticquées.

Quant à la greffe en fente double, le sujet est étêté horizontalement (E, fig. 65) et fendu au moyen du couteau à greffer et du maillet. De chaque côté de l'ouverture, on place un greffon préparé comme le précédent; puis on ligature et on enduit de mastic.

Les gros sujets nécessitent rarement une ligature; souvent, au contraire, cela oblige à introduire, vers le centre, un petit coin en bois (E, fig. 65) qui a pour but de maintenir la fente légèrement ouverte et par conséquent d'empêcher l'écrasement des greffons par la pression du bois.

XIII. — Greffe en couronne ordinaire.

Cette sorte de greffe, employée pour les gros sujets et la *greffe en couronne perfectionnée* utilisée pour les petits, sont pratiquées à l'automne ou en avril-mai.

Pour greffer en couronne, la tête du sujet ayant été rabattue quelques mois auparavant afin qu'une grande quantité de sève s'accumule autour de la coupe, on sectionne de nouveau la tige, horizontalement un peu plus bas, et on a soin de bien polir la plaie (A, fig. 66). Autant que possible, une petite branche comme *tire-sève* est conservée aux environs de la coupe.

Le greffon, devant posséder deux ou trois yeux, est d'abord sectionné à mi-bois du côté opposé à l'œil de la base et à sa hauteur; puis, partant de cette coupe, il est taillé en biseau allongé, dit bec de plume (B, fig. 66). On introduit aussitôt le biseau après avoir préparé l'ouverture avec la spatule du greffoir. Lorsque l'écorce est souple, le greffon entre jusqu'au bout du biseau sans qu'elle se fende; mais le plus souvent elle s'ouvre d'elle-même sous la poussée de celui-ci. Dans ce cas il y a lieu de ligaturer fortement.

On peut mettre ainsi sur une même tige deux ou quatre greffons selon la force du sujet.

XIV. — Greffe en couronne perfectionnée (Dubreuil).

Cette greffe se pratique ainsi : le sujet est taillé en biseau au haut duquel commence une incision longitudinale longue de 3 à 4 centimètres faite avec la lame du greffoir. Un côté de l'écorce seulement est soulevé à l'aide de la spatule (C, fig. 67), tandis que l'autre côté reste adhérent au bois.

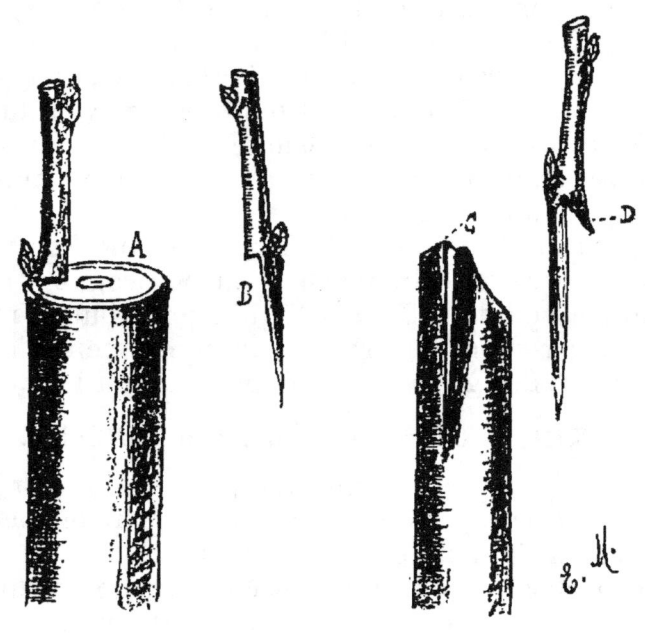

Fig. 66.   Fig. 67.
Greffage en couronne. — A, B, greffe en couronne ordinaire
C, D, greffe en couronne perfectionnée (Dubreuil).

Le greffon est taillé comme celui de la greffe précédente, avec cette différence que le haut du bec de plume est terminé par un crochet (D, fig. 67); en outre une entaille lui est faite, presque insensible, du côté précisément où il doit s'appuyer contre l'écorce du sujet non soulevée. On l'introduit donc sous l'autre lèvre assez profondément pour que le crochet vienne toucher la surface biseautée du sujet; on ligature et on enduit de mastic.

XV. — Greffe du bouton à fruit.

Ce mode de greffage trop souvent négligé est cependant de la plus haute importance en culture fruitière; il doit faire partie du bagage de connaissances de l'arboriculteur. Il sert à combler les vides produits sur les branches charpentières et aux endroits où celles-ci ne sont pas espacées régulièrement. On le pratique également à la base des ramifications fruitières très vigoureuses qu'il serait difficile de faire fructifier autrement, et sur les arbres dont la première récolte se fait trop attendre.

On utilise ainsi de la meilleure façon possible les boutons à fruits se trouvant en trop grand nombre sur les arbres très fertiles.

La condition la plus importante, de laquelle dépend le succès de la greffe, est la date à laquelle il convient d'opérer.

Fig. 68.   Fig. 69.   Fig. 70.

Greffage du bouton à fruit. — A, lambourde née sur une bourse; B, lambourde née sur une ramification; D, coupe du rameau E, E; lambourde d'un an ou brindille pointue; F, G, préparation du sujet.

On doit en même temps tenir compte de l'état de végétation du sujet; car, greffés trop tôt et sur des arbres ayant encore beaucoup de sève, les boutons à fruits fleurissent peu de jours après. Le contraire se produit, c'est-à-dire la greffe ne reprend pas lorsqu'on opère trop tard. En général, c'est pendant les mois d'août et de septembre qu'il y a le plus de chances de réussite.

Les greffons sont coupés et débarrassés de leurs feuilles mais en laissant les pétioles, après s'être assuré que le bouton qui termine ces petits rameaux est bien un bouton à fruit, et non un dard; avec un peu d'habitude, on les distingue facilement. Ces boutons ou lambourdes se présentent sous diverses formes; aussi chacun d'eux réclame une préparation spéciale.

Ainsi, la lambourde née sur une bourse est préparée comme l'indique le pointillé (A, fig. 68). L'embase, prise sur l'ancienne ramification, est rendue lisse, même un peu concave, ce qui lui permet de s'appliquer parfaitement sur le sujet.

La lambourde née sur une ramification (B, fig. 69) est apprêtée de telle façon qu'une partie de la ramification lui serve d'embase (que le pointillé C, fig. 69, indique), à laquelle on laisse une longueur de 4 à 5 centimètres. Comme dans le cas précédent, le point important est de bien aplanir la face qui doit s'appliquer sur le sujet.

La brindille terminée par un bouton à fruit ou lambourde d'un an (E, fig. 70) se rencontre fréquemment sur certaines variétés fertiles, comme la *Passe Crassane*, le *Beurré Diel*, le *Bon Chrétien*, **William**, etc.

Cette production est préférable aux deux précédentes, parce qu'elle est plus facile à préparer, et que, le bois étant plus jeune, la reprise est presque toujours assurée. Elle est taillée en biseau allongé en bec de plume (D, fig. 70); cette coupe commence sous un œil qui, par le renflement du bois, étant annulé, sert d'appui et permet de placer la brindille dans la position naturelle d'une branche.

Telles sont les trois formes sous lesquelles on rencontre, le plus généralement, les lambourdes susceptibles d'être greffées avec succès.

Le greffon, de quelque nature qu'il soit, étant préparé comme il est expliqué, doit être, sans plus tarder, appliqué sur le sujet. Celui-ci, qui est la branche charpentière ou la ramification à garnir, reçoit une double incision en forme de **T** que l'on a soin de pratiquer dans une partie lisse. Les deux lèvres d'écorce (F, G, fig. 70) sont légèrement ouvertes avec la spatule du greffoir et la lambourde y est introduite. En la poussant avec précaution, elle soulève d'elle-même l'écorce, sous laquelle elle se fait une place.

On ligature aussitôt en se servant de raphia ou, préférablement, de laine filée qui, plus souple, se prête mieux à la poussée du bourrelet.

Indépendamment de cette manière de greffer, qui est en quelque sorte la **greffe de côté sous écorce**, on peut encore employer, pour la **greffe du bouton à fruit**, le **greffage en** fente ou en couronne, mais seulement à l'extrémité des ramifications.

Trois semaines environ après l'opération il est nécessaire d'examiner la ligature et de la refaire moins serrée lorsqu'elle produit un étranglement.

La fructification ne se faisant attendre que quelques mois, et les vides étant comblés avec la certitude que les ramifications ainsi posées artificiellement vivront aussi longtemps que les autres, les quelques instants que l'on consacre à cette opération sont donc utilement employés.

XVI. — Greffe de côté sous écorce.

Ce greffage n'est pas opéré autrement que le précédent, avec lequel il diffère seulement par la nature du greffon,

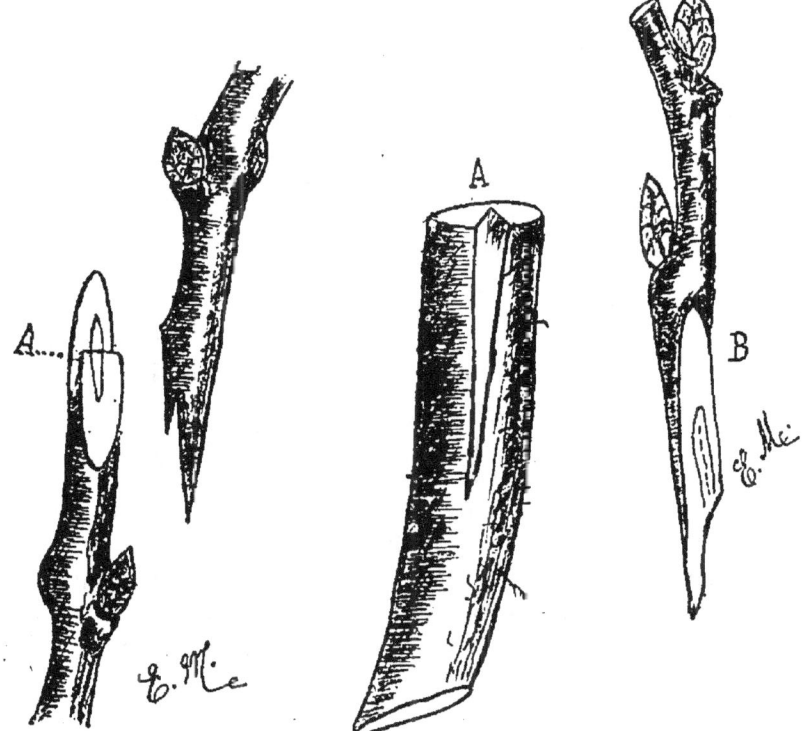

Fig. 71.
Greffage en fente à l'anglaise.

Fig. 72.
Greffage sur racine.

qui, dans ce cas, est toujours un rameau de l'année muni de deux ou trois yeux; nous renvoyons donc aux descriptions précédentes.

XVII. — Greffe en fente à l'anglaise.

Ce greffage, que pas un vigneron n'ignore aujourd'hui, est presque exclusivement employé à greffer la Vigne pour la reconstitution des vignobles par les cépages américains. Nous ne nous étendrons pas sur les procédés culturaux que ce genre de multiplication nécessite et qui ne sont pas de notre ressort ; voici seulement quelques données sur l'opération matérielle.

Le sujet étant le plus souvent une bouture longue de 25 centimètres et le greffon, à peu près de même grosseur, sont tous deux taillés en biseau allongé (3 à 4 centimètres). Vers les deux tiers supérieurs de chaque coupe, il est pratiqué une petite fente longitudinale de 1 centimètre de profondeur, ce qui a pour but d'obtenir une petite languette que l'on soulève légèrement (A, fig. 71). Les deux biseaux sont appliqués en ayant soin d'entrer les deux languettes l'une dans l'autre, puis on ligature.

Pour la Vigne, cette greffe ne nécessite pas d'engluement parce que les boutures sont enterrées entièrement lors de la plantation. Pour les autres végétaux, il y a lieu de mastiquer.

XVIII. — Greffe sur racine.

On emploie cette greffe principalement pour la multiplication des espèces ligneuses d'ornement comme les : Glycine, Pivoine en arbre, Bignone, etc.; et des espèces herbacées comme le Dahlia, etc. Pour toutes, on procède en avril-mai et invariablement de la même façon :

Un fragment de racine est fendu dans le sens de la longueur d'un côté seulement, ce qui est facile à obtenir (A, fig. 72). Le greffon (B), étant préparé comme nous l'avons indiqué à la description de la greffe en fente, on l'introduit en mettant son écorce en contact avec celle du sujet ; cela fait, on ligature. Il n'est pas besoin d'engluement, car on enterre la greffe.

Pour la plupart des espèces, ces greffes ainsi préparées sont mises en pots et rentrées dans une serre ou sous châssis et sur couche jusqu'au moment où la reprise est assurée.

Obtention de nouvelles variétés par le greffage. — Voir, pour cette intéressante et nouvelle question, le paragraphe XIII, page 80.

DEUXIÈME PARTIE

LE JARDINAGE ET L'HORTICULTURE D'UTILITÉ

1° *La culture potagère et maraîchère de plein air et de primeur.*
2° *La culture fruitière en plein air, sous abri et en serre.*

CULTURE POTAGÈRE ET MARAÎCHÈRE

CHAPITRE XI

CRÉATION DU JARDIN POTAGER

I. Le jardin potager spécial. — II. Le jardin mixte. — III. Emplacement. — IV. Préparation du sol. — V. Disposition des carrés. — VI. Choix de l'emplacement du carré de couches. — VII. Canalisation et distribution des eaux d'arrosage. — VIII. Assolement ou alternance des cultures. — IX. Culture intensive.

I. — Le jardin potager spécial.

A quelques rares exceptions près, ce n'est guère qu'aux environs des grandes villes que l'on voit des jardins spécialement réservés à la culture potagère, et ceux-ci ne sont-ils exploités que par les maraîchers qui n'admettent pas, avec raison, d'autres cultures avec les légumes. Cet exemple mériterait d'être suivi en maison bourgeoise où le terrain affecté à ces deux cultures serait d'une assez grande étendue. Les deux principaux intéressés auraient lieu d'être satisfaits de cette disposition : le propriétaire par la régularisation de la production et le jardinier par la simplification du travail.

II. — Le jardin mixte.

Cependant si la propriété a peu d'étendue, il ne faut pas la diviser pour en faire deux jardins, mais la disposer ainsi qu'il est expliqué plus loin au paragraphe V, chapitre XV, « *Culture fruitière* ».

III. — Emplacement.

Le choix de l'emplacement dépend : de la qualité du terrain, de son exposition et de la facilité avec laquelle les eaux d'arrosage peuvent être amenées dans cette partie. Le sol doit être substantiel, humeux, friable, facile à travailler. On doit toujours préférer un terrain plat, abrité des vents froids, bien ensoleillé. Les eaux d'arrosage indispensables dans toutes les cultures proviennent des pluies, de sources naturelles ou de puits.

Dans le premier cas, on gagnera toujours à établir le potager auprès de bâtiments quelconques ou de l'habitation, sans toutefois que ceux-ci ombragent trop les cultures.

Si cela est possible, ce qui est mieux, le potager doit être enclos de murs de 2^m,50 à 3 mètres d'élévation.

IV. — Préparation du sol.

Pour la préparation du sol, consistant en défoncements et en amendements appropriés, nous renvoyons au chapitre I, « *Le sol et les engrais*, » pages 1 à 11.

V. — Disposition des carrés.

Le potager étant parfois un lieu de promenade pour son propriétaire, il est nécessaire qu'il soit divisé par des allées assez spacieuses et bien entretenues. Le potager du maraîcher est tout simplement pourvu d'une allée principale qui permet l'accès des voitures, et le reste du terrain est desservi par des sentiers selon le besoin des cultures.

Le terrain du potager bourgeois est divisé ordinairement, suivant sa contenance, en quatre, six ou huit parties, par des allées dont les principales ont une largeur de 2 à 3 mètres et les secondaires de 1 à 2 mètres selon la grandeur du terrain.

Autour des murs de clôture, on ménage une plate-bande large de 1 à 2 mètres réservée pour les espaliers au devant desquels on ne cultive que des légumes à racines traçantes. Les plates-bandes autour des carrés sont tracées parallèlement aux grandes allées et séparées du reste du carré par un petit sentier; des ouvertures sont ménagées aux quatre coins afin d'en permettre l'accès. Dans le jardin mixte, ce sont ces plates-bandes qui reçoivent les plantations d'arbres fruitiers : Poiriers en fuseaux, vases et contre-espaliers, plantés au milieu et bordés extérieurement, à 20 centimètres des limites, de Pommiers en cordons horizontaux ou bien encore de Rosiers et de plantes vivaces. La largeur des plates-bandes est donc subordonnée à la forme que l'on donnera aux arbres.

Il est nécessaire, pour le coup d'œil et pour le maintien des terres, de planter des bordures dessinant les allées. Ces bordures sont faites, pour le côté extérieur de la plate-bande, avec du Buis ou avec toute autre petite plante; et, à l'intérieur, avec des plantes de condiment : Oseille, Civette, Thym, Persil, Cerfeuil, etc.

VI. — Choix de l'emplacement du carré de couches.

Pour obtenir des légumes en culture ordinaire, quelques cloches suffisent, mais pour les cultures de primeurs, les châssis sont indispensables. Ces dernières nécessitant une chaleur artificielle produite par des couches de matériaux en fermentation, il est bon d'y suppléer en groupant ces couches à une bonne exposition favorisant et augmentant en quelque sorte cette chaleur. En conséquence, il faut établir le carré de couches dans un coin du potager ayant, d'un côté, l'exposition du midi, et de l'autre celle de l'est. Peu importe qu'à cet emplacement le terrain soit mauvais, car toute la surface est creusée de 40 à 50 centimètres. Les terres qui en proviennent sont transportées dans les autres carrés pour augmenter l'épaisseur du bon sol.

Les arbres fruitiers élevés sont exclus des environs du carré de couches : leur ombrage aurait de nuisibles effets sur la production des primeurs.

L'accès de cet endroit doit être facilité par l'allée la mieux empierrée, afin de pouvoir faire en toutes saisons les transports de fumiers, de feuilles et des autres matériaux.

VII. — Canalisation et distribution des eaux d'arrosage.

En établissant un potager, il ne faut pas oublier que sans arrosages fréquents pendant l'été la culture des légumes est plus difficile; une canalisation bien installée est donc un point capital.

La meilleure eau est certainement celle de pluie; les eaux de source et de puits sont également bonnes, à condition qu'elles ne contiennent pas trop de matières calcaires et qu'elles aient subi pendant quelque temps l'influence de l'air.

Aujourd'hui il n'est pas un maraîcher, aux environs de Paris, qui n'ait son manège et son réservoir lui permettant d'arroser toutes ses cultures de pleine terre à la lance. Il serait bon de suivre cet exemple et de construire un réservoir surélevé de 5 mètres environ au-dessus du niveau le plus élevé du jardin, par un massif en maçonnerie ou par une légère charpente en fer. L'eau est montée au moyen d'une pompe mue soit par un cheval, soit par un moulin, soit par un bélier. Un tuyau collecteur part de ce réservoir et passe par les grandes voies du potager. D'autres conduites moins importantes s'y adaptent et vont se terminer, aux endroits voulus, par des bouches sur lesquelles on visse des tuyaux en caoutchouc terminés eux-mêmes par la lance à jet ou à grille (voir paragr. XI, p. 61). Les tuyaux souterrains doivent être enterrés assez profondément à cause de la gelée et doivent suivre les allées pour que les réparations puissent être faites sans nuire aux cultures.

Le prix d'une semblable installation paraît au début onéreux, mais il est bien vite regagné par la diminution de la main-d'œuvre et par la surabondance des produits obtenus, les plantes étant arrosées produisent plus abondamment et plus régulièrement en moins de temps.

VIII. — Assolement ou alternance des cultures.

Pour toute culture en pleine terre, il est important de suivre un système de rotation entre les différentes plantes, de manière à éviter qu'elles soient cultivées deux fois de suite dans le même terrain ; c'est l'*assolement* ou *alternance des cultures*, qui s'applique tout particulièrement aux légumes.

L'assolement triennal, c'est-à-dire la division du jardin potager aux trois parties principales dans chacune desquelles reviennent au bout de trois ans les mêmes cultures, n'est pas facilement applicable, surtout en culture *intensive*, où, le plus souvent, en un an trois, et même cinq *saisons* de plantes différentes se succèdent dans un même terrain.

En cette circonstance, le cultivateur ne doit donc agir que suivant son expérience ; il lui est, du reste, très facile d'établir une rotation continuelle entre ses cultures. Pour plus de facilité il est utile de mettre à part et toutes ensemble les plantes dites *hors sole*, comme : les Fraisiers, les Asperges, les Artichauts, etc., qui restent plusieurs années au même endroit.

IX. — Culture intensive.

Cette méthode, appliquée à la culture potagère, consiste à faire succéder sans interruption les cultures dans une même planche, ou mieux de ne pas attendre qu'elle soit libre pour semer ou contre-planter [1] d'autres plantes. La reprise ou la levée de ces dernières s'effectue donc dans cet entre-temps ; et, lorsque l'on récolte la première, il n'y qu'à biner et à nettoyer le sol. C'est du reste ainsi qu'est faite la culture maraîchère à Paris.

En voici un exemple : on plante en février une saison [2] de Romaines et l'on sème des Radis entre elles. Ceux-ci sont récoltés les premiers et les Romaines en fin mai. Un semis de Carottes leur succède, qui donne jusqu'à fin août. La planche est alors labourée, puis plantée en Choux d'York, qui produisent au printemps suivant ; ou bien semée en Navets ou en Mâches que l'on récoltera en fin d'automne.

Toutefois deux plantes de la même famille ne doivent pas immédiatement se succéder, ce qui est une des règles de l'assolement.

1. *Contre-planter* signifie repiquer ou planter des végétaux entre d'autres.
2. Le mot de *saison* est, dans ce cas, synonyme de *récolte*.

8.

CHAPITRE XII

LES PLANTES POTAGÈRES
LEUR CULTURE

Nous allons aborder, par ordre alphabétique, la description des espèces potagères les plus courantes, sans nous occuper des espèces botaniques rarement cultivées.

Nous expliquerons pour chaque plante sa *culture ordinaire dans le centre, le nord et le midi de la France*, sa *culture forcée*, ses *moyens de reproduction*, ses *meilleures variétés*, et *son emploi*.

Ail (*Allium sativum*). — LILIACÉES.

Culture. — L'Ail aime une bonne terre sablonneuse; planté dans un sol récemment fumé avec de l'engrais frais, il est sujet à graisser; c'est-à-dire que les bulbes se déforment et crèvent la pellicule qui les recouvre.

Avant la plantation, on laboure le sol, puis on trace, avec le dos du râteau, six rangs par planche de 1^m,20.

Les caïeux sont enfoncés avec les doigts à quelques centimètres de profondeur dans le sol, en laissant entre eux 10 à 15 centimètres d'écartement.

Sous le climat de Paris, cette plantation se fait en février ou mars, même en janvier quand le temps le permet. Dans la région du sud et du sud-ouest on plante en fin octobre ou novembre. Dans ces régions méridionales, où l'Ail entre dans l'alimentation, on se sert du rayonneur, avec lequel on trace des rayons profonds de 5 à 6 centimètres et distants de 15 centimètres. Les bulbes sont mis au fond de ces rayons à 20 ou 25 centimètres sur la ligne. Les planches sont séparées par des sentiers de 40 centimètres.

Afin de favoriser le grossissement des bulbes, il est bon de nouer les fanes lorsqu'elles prennent un trop grand développement généralement en mai-juin.

On choisit une chaude journée pour arracher l'Ail; et cela lorsque les fanes commencent à jaunir. Les bulbes sont étendus au soleil et retournés deux ou trois jours après; ils achèvent de sécher le quatrième. Ils sont alors rentrés dans un local sec, pour en faire des bottes.

Si l'Ail doit être consommé en vert, on utilise pour la plantation les petits caïeux impropres à l'autre culture, en les repiquant plus profond et plus près et en les buttant plus tard pour en augmenter le blanc.

Moyen de reproduction. — De caïeux; l'Ail ne donne pas de graines sous notre climat.

Variétés. — Il y a plusieurs espèces d'Ail : l'*Ail commun*, l'*Ail rocambole* et l'*Ail d'Orient*. Le premier a deux variétés, ce sont : l'*Ail rose hâtif* et l'*Ail blanc tardif*.

Emploi. — Les caïeux sont employés comme condiment; ils composent l'aïoli des Marseillais; ils sont consommés en quantité par les habitants du Midi, etc.

Ananas (*Bromelia Ananas*). — BROMELIACÉES.

Culture. — La culture de l'Ananas nécessite une installation de châssis ou de bâches et d'une serre et la chaleur artificielle produite par une couche de fumier ou par un chauffage au thermosiphon.

L'Ananas se multiplie par œilletons ou par bouture de couronne; le premier mode est le plus couramment employé aujourd'hui.

Au mois d'août ou septembre, on prépare une bonne couche composée, par moitié, de fumier de cheval frais et de feuilles; on étend, par-dessus, une épaisseur suffisante de tannée ou de terreau pour que les plantes soient le plus près possible du verre sans le toucher. Les œilletons sont alors détachés du *pied mère* et exposés une journée ou deux sur les tablettes d'une serre, à l'abri du soleil afin que les plaies se cicatrisent.

Plus tard, selon leur force, ils sont mis en pots de 10 à 12 centimètres de diamètre, après avoir rafraîchi proprement la plaie et enlevé quelques feuilles à la base, afin de pouvoir les enterrer de 3 à 4 centimètres. On se sert d'un compost de : un tiers de terre franche, un tiers de terre de bruyère et un tiers de terreau de feuilles.

Ainsi rempotées, les plantes sont placées dans la bâche ou sur la couche, les plus élevées dans le haut du châssis, en enterrant totalement les pots. Elles passent ainsi l'hiver dans un milieu où la température est maintenue de 22 à 25 degrés avec le thermosiphon ou par des réchauds remaniés aussi souvent que cela est nécessaire.

Les arrosements sont faits à propos et en ayant soin de ne pas verser d'eau dans le cornet formé par les feuilles.

Une seconde couche, moins épaisse que la première, recouverte, cette fois, d'une épaisseur de 25 centimètres du compost précité, est faite au mois de mai. Les Ananas y sont plantés après en avoir défait la motte, étendu les racines et supprimé celles paraissant défectueuses. Après la reprise, on aère progressivement à mesure que la température du dehors augmente ; on ombre [1] par les jours les plus chauds ; les arrosages ne doivent pas être ménagés.

A l'automne, les plantes, qui ont acquis un bon développement sont déplantées, remises en pots de 24 centimètres et replacées sur une couche pour l'hiver, où elles sont soumises au même traitement que l'hiver précédent. Les Ananas restent ainsi jusqu'au moment où, marquant fruit, on les plante de nouveau en pleine terre dans une serre spéciale chauffée au thermosiphon ou par une forte couche faite dans l'encaissement, de telle façon que la chaleur soit maintenue de 25 à 30 degrés. Avec une serre à compartiments chauffés à différentes températures, on peut faire plusieurs saisons, en plaçant les plus fortes plantes dans le compartiment le plus chaud. Celles-ci donnent leurs fruits en juillet ; tandis que les autres, maintenues à la température de 12 degrés et chauffées ensuite au fur et à mesure des besoins, mûrissent régulièrement de cette époque jusqu'en décembre.

Pendant tout le temps de la culture et pour chaque nouveau déplacement des plantes, on réunit leurs feuilles par un lien de paille qu'il est facile de faire glisser par le haut, l'opération terminée.

---

1. *Ombrer*, couvrir les châssis de claies, de toiles ou même d'un peu de paillis afin d'atténuer les rayons du soleil.

Variétés. — A. *de la Providence*, beau fruit oblong jaune rougeâtre, hâtif; A. *de la Martinique* ou A. *commun*, conique, un des meilleurs, moyenne saison; A. *Comte de Paris*, plus gros que le précédent, moyenne saison; A. *de Cayenne*, feuilles dépourvues d'épines, fruit très gros, tardif.

Emploi. — On mange le fruit cru ou confit.

Arroche Belle-Dame (*Atriplex hortensis*). — Chénopodées.

Culture. — Les premiers semis se font en mars ou avril, en rayons espacés de 20 à 25 centimètres et successivement de mois en mois jusqu'en septembre. On éclaircit et on rechausse le plant après sa levée et on l'arrose de temps en temps.

Cette plante résiste bien à la chaleur, mais elle monte vite à graine; c'est pourquoi l'on fait des semis successifs.

Moyen de reproduction. — La graine est obtenue sur des sujets qu'on laisse monter, en ayant soin de les éloigner les uns des autres pour conserver franches les diverses variétés. La durée germinative est d'un an.

Variétés. — A. *blonde*, A. *rouge*, A. *verte*.

Emploi. — Mélangées avec l'Oseille, les feuilles ont la propriété d'adoucir son acidité; on les mange aussi seules ou avec celles des Épinards.

Artichaut (*Cynara Scolymus*). — Composées.

Culture. — La multiplication de l'Artichaut s'effectue par les œilletons pris, au printemps ou à l'automne, sur de vieux pieds et par le semis, qui n'est d'ailleurs que très rarement employé.

Au printemps, aussitôt après le débuttage des vieux pieds d'Artichauts, on éclate les œilletons pour n'en laisser que deux des plus forts qui assureront encore une récolte.

On fait en sorte que chacun soit enlevé avec un talon sans trop endommager la souche. Les œilletons sont alors rafraîchis à la base, les feuilles en sont raccourcies, puis mis en place directement, ou, préférablement, empotés dans des godets de 8 centimètres et placés sur une couche tiède ayant déjà servi à une autre culture.

La multiplication d'automne est, à notre avis, la meilleure. Comme nous le disions plus haut, au mois d'octobre les rejetons sont œilletonnés puis empotés séparément en pots de 10 à 12 centimètres de diamètre, dans un mélange de sable, de terreau de fumier et de terre de jardin par parties égales. Ces pots sont ensuite placés sous châssis à froid et privés d'air pendant quelques jours, afin de faciliter la reprise.

Ils sont abrités l'hiver par des paillassons ou par une couverture de feuilles sèches ou de litière qui est retirée pendant quelques heures du jour, et constituent de forts sujets bons à mettre en place dans les premiers jours de mars au même moment que ceux venant d'être œilletonnés.

Fig. 73. — Artichaut butté.

La plantation des œilletons s'effectue dans un sol bien fumé et labouré profondément, en quinconce, en espaçant les pieds de 80 centimètres à un mètre en tous sens. Pour utiliser le terrain, on plante en même temps une ligne de Romaines entre les rangs et des Oignons sur les rangs.

Les plants provenant de la multiplication d'automne, produisent pendant l'été, tandis que ceux provenant de l'œilletonnage printanier produisent très tard en saison ou seulement l'année suivante.

Une plantation d'Artichauts peut durer de quatre à cinq ans, mais il est préférable de ne la conserver que **deux ans** et de faire chaque année une nouvelle plantation qui a l'avantage de procurer de très beaux produits pendant toute la saison.

L'Artichaut aime l'humidité, aussi des arrosages assez fréquents sont nécessaires. Un paillis de fumier de vache stimule la végétation et maintient une fraîcheur favorable.

Chaque année, à l'approche des grands froids, sauf dans le Midi et le Sud-Ouest, où les hivers ne sont point rigoureux, il est indispensable de butter les Artichauts pour les abriter contre la gelée (fig. 73). Cette précaution prise, on étend une couche de 10 centimètres de feuilles sèches sur lesquelles on met un léger paillis de fumier long, afin que le vent ne les emporte pas. Lorsque la température s'adoucit, on écarte les feuilles pour donner un peu de lumière et d'air.

En mars les Artichauts sont découverts et débuttés; puis un labour à plat[1] est opéré. En juillet et août, la récolte terminée, les tiges sont coupées et le sol nettoyé; on peut alors, sur toute la surface, semer des Navets pour la production d'automne et d'hiver.

« Au lieu de laisser les Artichauts en terre, nous dit M. Theulier fils, de les butter, de les couvrir, de les découvrir sans cesse pendant tout l'hiver, sous peine de les voir geler ou pourrir, on les arrache tous à la fin de la saison, un peu avant les gelées.

« Après cet arrachage, on choisit les pieds qui « marquent », c'est-à-dire qui montrent vers la fin de l'année le rudiment d'une tête d'Artichaut. On les met de côté pour être replantés sous châssis à froid après les avoir débarrassés d'une partie de leurs œilletons. »

Ces vieux pieds d'Artichauts sont alors soignés comme les œilletons provenant de l'œilletonnage d'automne dont nous avons parlé plus haut. De cette manière et sous l'influence de la température douce que procurent les châssis, les têtes d'Artichauts poussent et produisent de bonnes têtes de novembre à janvier.

Les œilletons d'automne peuvent aussi servir à une culture de primeurs en opérant de cette manière. En décembre une couche tiède est montée et garnie de terreau dans lequel on enterre les pots contenant les œilletons. A l'aide de la couverture nocturne composée de paillassons et à l'aide de réchauds entourant les coffres on maintient une

---

1. Le labour à plat ou superficiel s'opère en enfonçant la bêche presque horizontalement, de manière à ne prendre qu'une mince couche de terre.

température de 8 à 10 degrés. Sous l'influence de cette chaleur douce, les Artichauts se développent lentement, mais sans arrêt, ce qui favorise la fructification, et en février la plupart « marquent ».

« Si l'on veut obtenir des Artichauts très précoces, nous dit encore M. Theulier fils, il suffit, à ce moment, de les dépoter et de les planter sur une couche chaude pour en obtenir des fruits six semaines après. »

L'amateur qui ne possède ni châssis ni serre peut cependant utiliser les vieux pieds comme il est dit plus haut en les replantant, aussitôt l'arrachage, dans un cellier ou dans un autre local quelconque, autant que possible éclairé et dans lequel la température est douce et constante.

En cet endroit, on peut aussi hiverner les œilletons détachés du pied mère en automne, en les replantant, à défaut de pots, dans de la terre meuble et saine mise en planche dans le coin le plus éclairé. Ensuite on prend soin d'enlever au fur et à mesure les feuilles mortes qui pourraient engendrer la pourriture.

Moyen de reproduction. — Par œilletons et par semis. Ce dernier n'est pas recommandable; car les variétés ne se reproduisent pas franchement. Pour récolter de la graine, on laisse fleurir les têtes très belles, que l'on cueille lorsqu'elles sont mûres. La durée germinative est de cinq ans.

Variétés. — *A. vert de Laon*, le plus répandu aux environs de Paris; *A. vert de Provence*, cultivé dans le Midi; *A. violet de Provence*; *A. camus de Bretagne*, très répandu dans l'Anjou et la Bretagne.

Emploi. — On mange cuits ou crus la base des écailles et le fond de la fleur.

Asperge (*Asparagus officinalis*). — LILIACÉES.

Culture. — On sème les graines en rayons en mars ou avril dans une planche préparée par un bon labour. Un peu plus tard, on éclaircit le plant. Les binages et les arrosages ne doivent pas être ménagés. Ainsi traité, le plant d'un an de semis est en tous points préférable à celui de deux ans. Le terrain destiné à la plantation est défoncé par un beau temps à l'automne. L'Asperge étant une plante à racines traçantes, les engrais ne lui sont profitables que lorsqu'ils sont placés superficiellement; pour la même raison on ne doit défoncer profondément que lorsque le sous-sol est imperméable. Les engrais à préférer sont : le fumier décomposé, les plâtras et surtout les boues de rues ou les gadoues, qui sont très employées par les cultivateurs d'Argenteuil.

L'Asperge se plante en carrés, en rangs, en planches ou en lignes isolées. Dans tous les cas, l'espace ordinaire entre les pieds doit être de 70 à 90 centimètres; en principe l'Asperge ne doit jamais être trop enterrée.

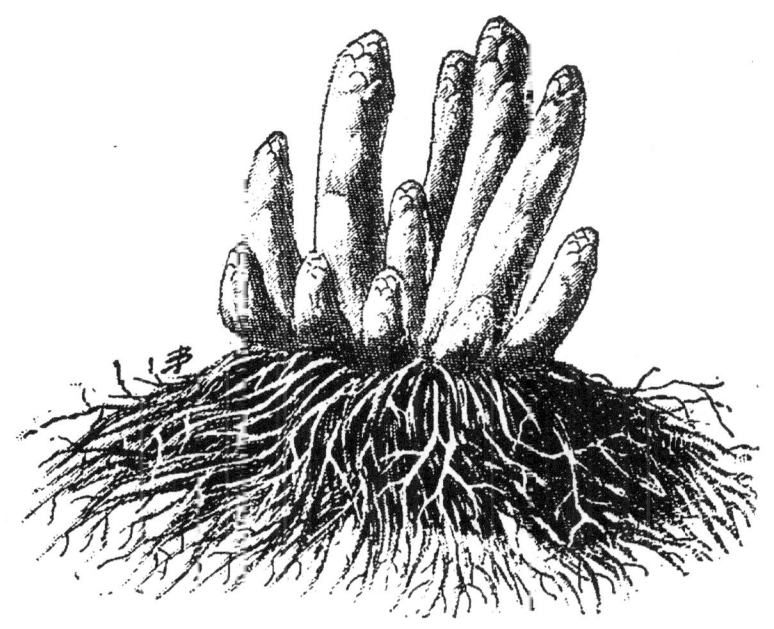

Fig. 74. — Griffe d'Asperge âgée.

S'il s'agit de la plantation en planches, on les creuse de 20 à 25 centimètres, en rejetant la terre dans les sentiers; le fond est labouré, après quoi on étend une couche d'un des engrais précités. Une épaisseur de 5 centimètres de terre est ensuite remise en formant de petits mamelons sur lesquels chacune des griffes est posée en étendant les racines, que l'on recouvre de terre fine en la tassant légèrement avec le plat de la main.

Pendant l'été, on bine le sol pour détruire les mauvaises herbes et on occupe les espaces libres par des cultures intercalaires de légumes à racines traçantes : Haricots, Romaines, Navets, etc.

Jardinage.

A l'automne suivant on coupe les tiges au niveau du sol lorsqu'elles commencent à sécher, ensuite on étend une couche de fumier décomposé ou de gadoue.

Au bout de trois ans de soins semblables, on peut commencer la première récolte d'Asperges. Pour cela, au printemps, un buttage de 25 centimètres de hauteur a été pratiqué sur la griffe, afin de les obtenir plus longues. La récolte se fait en creusant à la main, avec précaution, autour des têtes émergeant à peine du sol et en faisant ensuite une légère pression à la base de la tige avec le couteau à asperge. A partir de la dernière quinzaine de juin on cesse de couper les Asperges, sous peine d'épuiser les souches; on laisse alors pousser les tiges, qui, à l'automne, sont coupées à 15 centimètres du sol; la terre du buttage est alors enlevée et replacée en ados entre les rangs. Après ce travail on a soin d'étendre sur chaque ligne une bonne épaisseur de fumier décomposé.

Les soins seront ainsi de même tous les ans pendant tout le temps que dure la production; un plant d'Asperges produit normalement pendant dix à douze ans au moins, s'il a été bien entretenu.

Culture forcée. — On force l'Asperge sur place pour obtenir des pousses blanches et sur couche pour obtenir des Asperges vertes.

Pour forcer l'Asperge sur place, il faut avoir fait, trois ans au moins auparavant, une plantation spéciale en planches larges de 1^m,25, contenant quatre rangs de griffes, lesquelles sont plantées à 40 centimètres sur la ligne. Ces mesures correspondent aux dimensions du coffre qui doit entourer les planches; de cette manière chaque châssis couvre douze griffes.

Pendant les trois premières années cette plantation ne demande pas d'autres soins que ceux donnés aux Asperges du potager.

Étant donné que les planches d'Asperges ne peuvent être forcées tous les ans, il est nécessaire d'en planter le double de la quantité nécessaire; de cette manière la moitié se reposera pendant que l'autre produira. Il est inutile d'ajouter que pendant le repos des Asperges ayant été forcées il ne faut faire aucune récolte de pousses; on doit au contraire favoriser leur vigueur en supprimant toutes les graines dès qu'elles apparaissent.

Au mois de novembre, on commence à forcer la première saison, et suivant les besoins on continue de mois en mois jusqu'en janvier. Il faut trente jours environ pour obtenir des produits.

A ces différentes époques, l'opération est uniformément la même :

Les coffres sont placés sur les planches d'Asperges que l'on recharge de 20 centimètres environ avec la terre provenant de la fouille des sentiers. Dans l'encaissement produit par cette fouille, il est fait, tout autour des coffres, un bon réchaud de fumier neuf mélangé de feuilles, qui est remanié dans la suite aussi souvent que cela est nécessaire, afin de maintenir une température intérieure constante entre 15 et 20 degrés en ajoutant au besoin du fumier frais.

Suivant une autre manière de procéder, on se sert de terreau pour recharger chaque planche; puis l'intérieur du coffre est garni, jusqu'au haut, par une couche de fumier mélangé qui, en s'échauffant, active le développement des pousses d'Asperges. Dès que celles-ci apparaissent, le fumier est enlevé.

On ne donne pas d'air ni d'arrosages. Les autres soins consistent à couvrir la nuit avec des paillassons, qui sont retirés dans le jour. Par les temps très froids, la couverture est augmentée et elle peut, au besoin, être permanente. C'est aussi à ce moment que le remaniement et même l'augmentation des réchauds s'imposent afin que la chaleur ne baisse pas mais reste aussi élevée.

La récolte terminée, les sentiers sont vidés de leurs réchauds et remplis de la terre que l'on retire des planches; les coffres et les châssis ne sont relevés que plus tard, lorsque les Asperges sont habituées à la température du dehors.

Quant au forçage sur couche, pour la production de l'Asperge verte, il s'effectue avec des griffes de trois ou quatre ans, et même de vieilles griffes, provenant de vieux plants (fig. 74), arrachées au fur et à mesure. Dès le mois d'octobre, on fait une couche de 60 centimètres d'épaisseur, que l'on surmonte de coffres dans l'intérieur desquels on étend quelques centimètres de terre ou de terreau. Lorsque la couche a donné son coup de feu, les griffes sont placées à « touche touche ». Un peu plus tard on fait glisser du terreau entre les racines en les en recouvrant de quelques centimètres. Des réchauds plus ou moins élevés sont établis autour des coffres, de façon que la température monte et se maintienne à 25 degrés à l'intérieur du châssis. Lorsque le temps le permet, on donne un peu d'air et les réchauds sont remaniés selon les besoins. La récolte peut durer un mois; au bout de ce temps, il n'y a plus qu'à jeter les griffes ayant servi et la couche sert à une autre culture.

Moyen de reproduction. — En octobre, on récolte la graine sur de belles tiges réservées à cet effet. La durée germinative est de quatre ans.

Variétés. — *A. de Hollande, A. d'Argenteuil hâtive, A. d'Argenteuil tardive.*

Emploi. — On mange les jeunes pousses blanchies par le buttage, ou vertes; ces dernières sont connues sous le nom d'Asperges aux petits Pois.

Aubergine (*Solanum Melongena* et *S. ovigerum*).

SOLANÉES.

Culture. — On sème la première saison en février ou mars sur une couche spéciale ou préférablement sur une couche dont une partie est déjà utilisée pour d'autres semis. Le plant est repiqué en pépinière lorsqu'il est assez fort.

Sur une nouvelle couche sont tracés trois rangs également distants sur lesquels les Aubergines sont repiquées quelque temps après en les espaçant de 40 centimètres, ce qui les met au nombre de cinq à six pieds par panneau. On peut en faire une seconde saison par un semis effectué un mois après et traité de la même façon.

A partir du mois de juin, on peut planter en pleine terre mais à une bonne exposition celles semées en avril-mai. Les fruits de cette plantation succèdent à ceux venus sur couche. Ajoutons que l'*A. blanche* est fréquemment cultivée en pots et sert aussi à l'ornement des tables plutôt qu'à la consommation.

Il est nécessaire de faire subir une taille aux Aubergines, laquelle consiste à supprimer les pousses se développant trop près de terre et à pincer les autres bourgeons au-dessus du troisième ou quatrième bouquet de fleurs.

Moyens de reproduction. — On laisse mûrir sur pied les premiers et les plus beaux fruits. La récolte en est faite à maturité complète; la graine est extraite et séchée à l'ombre; sa durée germinative est de quatre ans.

Variétés. — A. *violette longue*, hâtive ; A. *violette ronde* ; A. *monstrueuse* ; A. *violette naine*, très hâtive ; A. *blanche* ou *plante aux œufs*.

Emploi. — L'Aubergine est principalement employée comme condiment. Dans les pays méridionaux, on la mange grillée, farcie, imbibée d'huile et fortement assaisonnée d'ail, de poivre et de sel.

Basilic (*Ocimum Basilicum*). — LABIÉES.

Culture. — Le Basilic n'est pas indispensable au jardin potager ; toutefois il est utile d'en avoir quelques plantes. On le sème en mars dans un coin d'une couche déjà utilisée par d'autres semis. Le plant est repiqué sur couche ou en godets de 8 centimètres, que l'on enterre jusqu'aux bords sur la couche où le semis a été fait.

En mai ou juin, on peut planter en pleine terre, les Basilics repiqués ; ceux cultivés en pots sont rempotés de nouveau et les pots enterrés dans une planche en plein air. Dans les deux cas le Basilic demande des arrosages fréquents et copieux. On le coupe de temps à autre afin de l'empêcher de fleurir.

Moyen de reproduction. — La graine est récoltée sur les plus belles grappes de fleurs conservées à cet effet. La durée germinative est de huit ans.

Variétés. — Il y a deux sortes de Basilic : le *B. grand* et le *B. fin*. Les variétés du premier sont : le *B. grand vert* ; le *B. grand violet* ; le *B. à feuille de Laitue*. Les variétés du second sont : le *B. fin vert*, le *B. fin violet*, le *B. fin vert nain*.

Emploi. — Les feuilles sont utilisées comme condiment.

Bette (Voir POIRÉE).

Betterave (*Beta vulgaris*). — CHÉNOPODÉES.

Culture. — Nous ne nous occuperons, ici, que de la Betterave potagère ou Betterave rouge, les variétés agricoles ou industrielles n'étant pas de notre ressort.

On sème d'avril en mai en planches, à la volée, ou préférablement en rayons espacés de 30 à 35 centimètres. Plusieurs binages sont opérés après la levée, et l'éclaircie est faite, pour que les plantes soient espacées de 30 centimètres environ. Il faut arroser de temps à autre. Aussitôt qu'elles commencent à grossir on peut en arracher suivant les besoins.

Les Betteraves à conserver pour l'hiver sont récoltées en octobre ou novembre. Elles sont alors rentrées en cave et enfoncées dans du sable ou dans la sciure de bois; ou bien encore on fait, en plein air, un silo creusé de 80 centimètres à 1 mètre, au fond duquel on les place; on recouvre ensuite de paille et d'un lit de terre assez épais pour empêcher la gelée de pénétrer. Elles se conservent ainsi jusqu'au printemps.

Moyen de reproduction. — Les plus belles racines, caractérisant le mieux les variétés, sont choisies après la récolte, conservées à part, et, au printemps suivant, plantées en pleine terre assez rapprochées les unes des autres. Elles donnent naissance à des tiges florales qu'il faut avoir soin de tuteurer et que l'on coupe dès qu'elles jaunissent afin d'en extraire la graine qui achève de sécher à l'ombre. La durée germinative est de cinq à six ans.

Variétés. — B. rouge grosse, la plus cultivée aux environs de Paris; *B. rouge foncé de Whyte*; *B. rouge à feuillage ornemental*; *B. crapaudine* (fig. 75); *B. rouge naine*; *B. Reine des noires*; *B. rouge à salade de Trévise*.

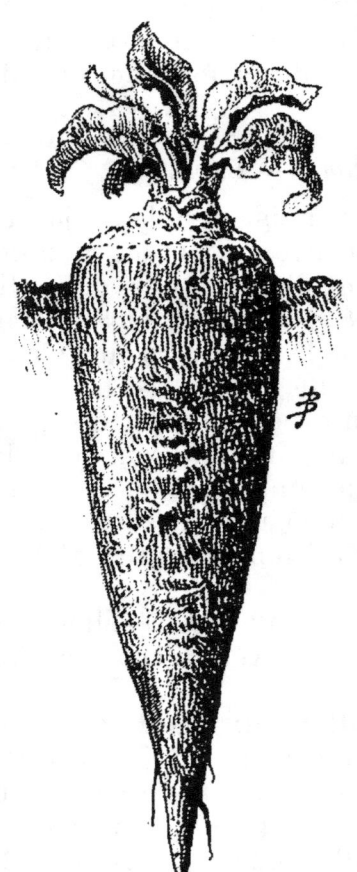

Fig. 75. — Betterave crapaudine.

Emploi. — Les Betteraves potagères se consomment cuites dans la cendre ou à la vapeur et confites au vinaigre ou en salade, surtout mélangées à la Mâche. On les vend généralement toutes cuites sur les marchés.

Capucine grande (*Tropæolum majus*).

Capucine petite (*Tropæolum minus*). — Tropéolées.

Culture. — Ces deux espèces diffèrent en ce que l'une est grimpante et que l'autre reste naine; cette dernière est plus florifère que la précédente, elle est donc plus avantageuse. On les sème en place fin février-mars et successivement jusqu'à la fin de l'été. La Capucine grande se plaît surtout près d'un treillage, auquel elle s'attache d'elle-même. Deux mois après le semis, si les arrosages n'ont pas manqué, on peut faire la première récolte de fleurs.

Moyen de reproduction. — La graine, provenant des plus grandes fleurs, est récoltée au fur et à mesure de sa maturité; on la fait sécher à l'ombre; sa durée germinative est de cinq ans.

Emploi. — Les fleurs servent à orner la salade; les fruits encore verts, étant confits au vinaigre, sont utilisés comme assaisonnement.

Cardon (*Cynara Cardunculus*). — COMPOSÉES.

Culture. — Malgré que certains jardiniers recommandent l'élevage du plant en pots, nous préconisons d'en faire le semis directement en place. A cet effet, au mois d'avril, on creuse, dans un carré, à un mètre en tous sens et en quinconce, des trous ou poquets dans lesquels on mélange un peu de terreau. Chacun d'eux est recomblé en laissant une petite cuvette pour l'arrosage; puis les graines sont semées à raison de trois par poquet.

Si l'on craignait les dégâts des vers blancs ou d'autres insectes, il serait prudent de faire quelques semis en pots à la même époque, afin de pouvoir remplacer les semis qui auraient été détruits.

Le Cardon se développe modérément à son début de sorte que l'espace de terrain qu'il nécessite plus tard, peut être utilisé par une culture intercalaire de : Laitues, Romaines, Chicorées, Radis, Navets, etc.

Après la levée on ne conserve que le plus beau pied par poquet et les autres sont arrachés avec précaution pour ne pas l'endommager. Le Cardon réclame dans la suite des arrosements copieux et des binages profonds.

Les premiers pieds sont blanchis sur place en les buttant et en les entourant de paille fixée par des liens, pendant trois semaines environ. Il faut les consommer aussitôt, pour ne pas courir le risque de les perdre.

Les Cardons destinés à la consommation hivernale sont arrachés en mottes en novembre, parfois en décembre, et replantés dans un local obscur et sain. Ils blanchissent alors d'eux-mêmes et se conservent fort longtemps.

Moyens de reproduction. — A l'automne, on coupe les feuilles et on butte quelques beaux pieds, à la manière des Artichauts. Au printemps, après avoir pratiqué l'œilletonnage, les tiges florales montent; on ne conserve que le fruit principal, qui est coupé vers le mois d'août, époque de sa maturité.

Les vieux pieds conservés après chaque floraison forment, pendant nombre d'années, d'excellents porte-graines. La durée germinative est de sept ans.

Variétés. — *C. de Tours*, variété très épineuse, préférée par les maraîchers de Tours et de Paris; *C. plein inerme*, dépourvu d'épines; *C. Puvis*, cultivé principalement en Bourgogne et aux environs de Lyon.

Emploi. — On mange blanchies les côtes des feuilles du centre et le pivot de la racine, dont la saveur est agréable.

Carotte (*Daucus Carota*). — OMBELLIFÈRES.

Culture. — Les premiers semis de pleine terre se font ordinairement en fin février-mars; ils se continuent, pour les Carottes longues jusqu'en mai, et pour les Carottes courtes et demi-longues jusqu'en juillet. Tout semis de Carottes doit être fait dans un terrain bien fumé et profondément labouré quelques mois à l'avance en carrés ou en planches de 1^m,30 de largeur, séparées par un sentier de 40 centimètres (V. chap. V « *Quelques Travaux de jardinage* », parag. II, fig. 30).

On sème ordinairement à la volée dans ces planches, et, après le hersage, un léger terreautage est excellent. De fréquents bassinages donnés, dans la suite, favorisent la levée, qui s'effectue quinze à vingt jours après le semis. Alors on éclaircit plus ou moins le plant selon la grosseur de la variété cultivée. Après cela, les bassinages deviennent plus copieux et favorisent le grossissement rapide.

Dans le nord, les maraîchers ont l'habitude de semer en rayons espacés de 12 à 15 centimètres; ce moyen facilite parfois les sarclages, binages et l'éclaircissage.

Trois mois environ après le premier semis, on peut récolter les premières Carottes de pleine terre et successivement jusqu'en novembre, époque à laquelle il faut songer à leur conservation pour l'hiver. A cet effet on arrache et on coupe les fanes des Carottes que l'on rentre dans une cave saine, dans la resserre spéciale aux légumes, ou que l'on met en silo. Dans le nord et dans le sud-ouest, on recharge de terre les planches de Carottes après en avoir coupé les fanes; elles sont ainsi abritées contre les gelées et se conservent très saines. On peut encore avoir des petites Carottes fraîches tout l'hiver, en semant à la volée en août l'une des variétés hâtives dans un sol terreauté et en ayant soin de les tenir à l'eau lorsqu'il fait sec et de les recouvrir de feuilles à l'approche des gelées.

Culture forcée. — La première

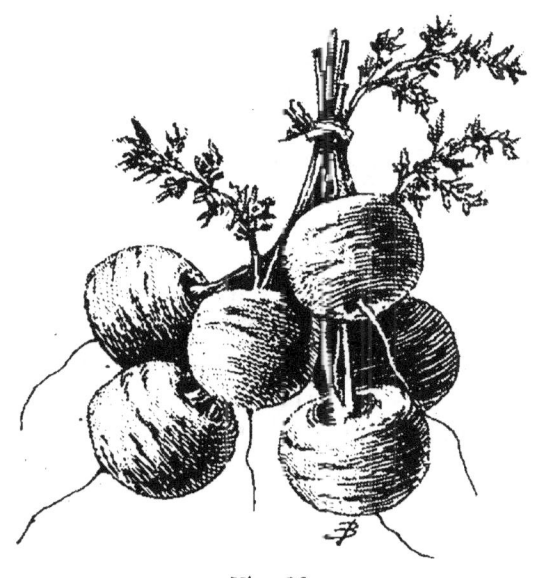

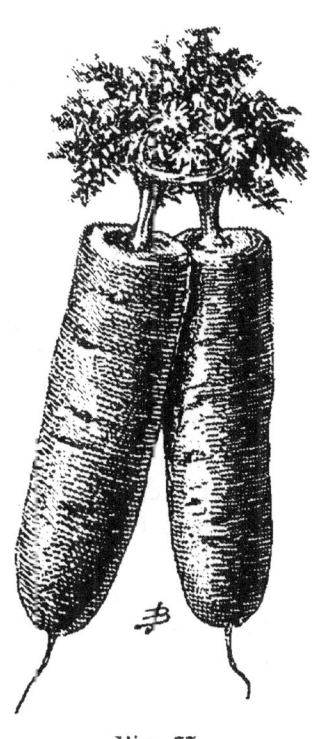

Fig. 76.
Carotte hâtive parisienne.

Fig. 77.
Carotte demi-longue nantaise.

saison est semée en décembre sur une couche de 40 centimètres d'épaisseur. A ce moment, on étend dans l'intérieur des coffres une épaisseur de 5 centimètres de fumier de vache à demi décomposé qui sépare le terreau de la couche elle-même, petit tour de main qui nous a toujours donné d'excellents résultats.

Les Choux-fleurs qui succèdent aux Carottes trouvent dans ce fumier une abondante nourriture. Après ce travail, **la couche est chargée de 15 centimètres de terreau mélangé** avec de la bonne terre ; on dresse soigneusement cette terre et on procède au semis. Un hersage et un léger plombage sont ensuite nécessaires.

En culture maraîchère proprement dite, on jette, en même temps que le semis de Carottes, quelques graines de Radis et on plante seize Laitues gottes par châssis. Les Radis ne tardent pas à être récoltés et les Laitues sont également enlevées avant de porter préjudice aux Carottes qui constituent le produit principal. Pendant ce temps, il ne faut pas oublier l'éclaircissage de celles-ci, ainsi que celui plus hâtif des Radis.

La seconde saison est semée en janvier sur une couche moins épaisse et en procédant de la même manière. On ne donne pas d'air avant la récolte des Laitues. Après cela, le châssis est ouvert progressivement, de façon à habituer les Carottes à l'air et afin de pouvoir les découvrir complètement en avril si toutefois les châssis viennent à manquer pour d'autres cultures.

En février-mars, on sème une troisième saison sous châssis à froid ou sur couche à l'air libre. Ce semis donne ses produits avant ceux de la pleine terre.

Moyen de reproduction. — Au printemps, on choisit, parmi les Carottes conservées, celles qui paraissent le mieux caractérisées (ce ne sont pas toujours les plus grosses) et on les plante à 60 centimètres d'intervalle. Les variétés différentes sont mises à part très éloignées les unes des autres pour empêcher les croisements. Les tiges florales peuvent être coupées en août. La durée germinative est de quatre ou cinq ans.

Variétés. — *C. rouge très courte à châssis* ou *C. grelot*, variété convenant spécialement à la culture de primeur; *C. rouge courte hâtive*, destinée aux premiers semis de pleine terre; *C. rouge demi-courte de Guérande*; *C. rouge demi-longue obtuse*; *C. rouge demi-longue nantaise* (fig. 77); *C. rouge demi-longue de Chantenay*; *C. rouge longue lisse de Meaux*; *C. rouge longue obtuse sans cœur*; *C. rouge longue de Saint-Valéry*.

Emploi. — La Carotte est un des aliments les plus sains; l'art culinaire l'emploie à toutes sortes de sauces. Les vieilles graines sont utilisées à la fabrication de quelques liqueurs. Le jus de Carotte donne au beurre une belle teinte artificielle. Les fleurs sont employées en teinturerie.

Céleri à côtes (*Apium graveolens*). — OMBELLIFÈRES.

Culture. — Le Céleri est gourmand d'engrais, c'est une des plantes qui épuisent le plus le sol; aussi faut-il préparer le terrain auquel on le destine, par un bon labour et une forte fumure d'engrais décomposés.

On sème la première saison sur couche en février ou mars; et on repique plus tard également sur couche. Le plant, ainsi traité, est bon à mettre en place en avril ou mai.

Les autres saisons sont semées sur couche ou sur vieilles couches jusqu'en mai; le plant est ensuite repiqué en pépinière et mis en place jusqu'à fin juin.

La plantation définitive se fait de plusieurs manières; le mode le plus employé est la plantation en planches à 30 centimètres en tous sens. A Paris, quelques maraîchers ne plantent que toutes les deux planches et utilisent les intervalles pour une autre culture donnant ses produits avant le Céleri. A Nantes et aux environs de Bordeaux, on le plante dans des fosses profondes de 30 centimètres et larges de 1 mètre, à raison de deux rangs pour chacune; les intervalles sont plantés de Laitues, Romaines, etc. Tous ces modes de mise en place tendent vers un seul but : le blanchiment du Céleri. Celui planté en planches peut être blanchi de deux manières après avoir été lié : 1° par une couche de feuilles sèches introduites entre les rangs; 2° en l'arrachant en mottes et le plantant côte à côte dans une fosse comblée progressivement. Celui planté en planches espacées, est butté à l'aide de la couche de terre prise dans le sentier et dans la planche voisine. Enfin les maraîchers de Bordeaux et de Nantes n'ont qu'à recombler leurs tranchées au fur et à mesure que le Céleri se développe.

Pendant la végétation, les binages et les arrosages à l'eau ordinaire et à l'engrais doivent être fréquemment faits. Les pieds de la première saison sont liés et buttés fin août-septembre; puis récoltés à partir de fin septembre. Pour les besoins de l'hiver, voici comment nous conseillons d'opérer : le Céleri venu en planches est arraché en mottes et replanté dans un coffre à châssis entouré d'une bonne épaisseur de terre qui le préserve de la gelée. Le fond du coffre doit être suffisamment creusé afin que les plantes puissent y **entrer dans toute leur hauteur**; puis on place ensuite les châssis. L'obscurité constante faisant blanchir le Céleri, **on les recouvre de feuilles ou de paillassons au fur et à mesure des besoins, de la consommation, en comptant qu'il faut de 15 à 25 jours pour le blanchiment.**

Moyen de reproduction. — Les pieds de Céleri pour graines sont arrachés en mottes avant l'hiver et replantés

Fig. 78. — Céleri plein blanc.

à 60 centimètres en tous sens; on les butte comme les Artichauts et le printemps venu, on retire la terre. Les tiges florales ne tardent pas à monter; la graine est récoltée en août, elle a une durée germinative de six à sept ans.

Variétés. — *C. plein blanc* (fig. 78), le plus généralement cultivé; *C. plein blanc doré* ou *C. Chemin*, bonne variété pour la culture en première saison; *C. Pascal*; *C. plein blanc d'Amérique*, etc.

Emploi. — Le Céleri à côtes blanchies est quelquefois mangé cuit; il forme, dans ce cas, un plat succulent; cru, on l'additionne à la salade, à laquelle il donne un goût tout particulier.

Céleri-rave (*Apium graveolens rapaceum*). — OMBELLIFÈRES.

Culture. — Le Céleri-rave est semé sur couche, en février-mars, ou en pleine terre à bonne exposition, en mars. On repique le plant en pépinière et, en mai ou juin, il est mis en place en l'espaçant de 25 à 30 centimètres en tous sens.

Les soins à donner après la plantation consistent en arrosages copieux qui contribuent beaucoup au développement de la racine principale. Les feuilles de la base jaunissent et s'étalent sur terre; il est bon de les enlever. Dans le but d'activer l'accroissement de la partie charnue, on recommande de supprimer les racines se développant latéralement; cette opération ne doit pas, croyons-nous, produire l'effet qu'on lui attribue.

L'arrachage se fait en octobre-novembre, les Céleris sont débarrassés de leurs fanes et des principales racines; ils sont, ensuite, rentrés dans la cave et enterrés dans le sable; ou bien placés en silo, à la façon des Betteraves.

Moyen de reproduction. — On procède de la même manière que pour le Céleri à côtes.

Variétés. — *C. rave gros lisse de Paris*; *C. rond d'Erfurt*; *C. rave géant de Prague*; *C. rave ordinaire*; etc.

Emploi. — L'art culinaire utilise les racines cuites à toutes sauces et même dans le pot-au-feu en guise de Panais; on les mange également crues en salade.

Cerfeuil (*Anthriscus Cerifolium*). — OMBELLIFÈRES.

Culture. — Les derniers semis d'automne faits en octobre sont destinés à la consommation pendant l'hiver en attendant que le semis de février puisse donner ses produits. On continue ensuite à semer, par petites quantités, à quinze jours d'intervalle et surtout à l'ombre; car pendant l'été le Cerfeuil monte rapidement. On sème à la volée ou en rayons, cette dernière manière est surtout préférable pour le dernier semis d'automne. Pour l'hiver on le sème aussi en pots, qu'on enterre dans le terreau d'une couche chaude ou que l'on rentre à l'abri. On est ainsi sûr de pourvoir en tous temps aux besoins de la cuisine.

Moyen de reproduction. — La graine est récoltée, en juillet, sur les plus belles plantes provenant du semis d'automne ; elle conserve ses facultés germinatives pendant deux ans.

Variétés. — *C. commun* et *C. frisé.*

Emploi. — Les feuilles des deux variétés sont utilisées comme assaisonnement ; le *C. frisé* a l'avantage, sur l'autre, d'être plus ornemental et aussi plus facile à distinguer des Ombellifères vénéneuses.

Cerfeuil bulbeux (*Chærophyllum bulbosum*). OMBELLIFÈRES.

Culture. — La graine du Cerfeuil bulbeux est très longue à germer, aussi beaucoup de personnes la sèment en automne. Cependant, nous conseillons de ne pas user de ce procédé, surtout dans les terrains humides où les insectes pullulent. La stratification des graines est de beaucoup préférable.

Dans un pot à fleurs, au fond duquel on a placé un bon drainage, on alterne, une couche de sable avec une couche de graines jusqu'à ce qu'il soit plein ; puis ce pot est mis dans la cave ou enterré au pied d'un mur au nord, où il passe l'hiver.

En février ou mars, on sème, à la volée ou en rayons distants de 5 centimètres, la graine ainsi germée, et on la recouvre peu ; par la suite, sarclages, arrosages, ne doivent pas être négligés.

Vers la fin de juillet, les feuilles jaunissent et se dessèchent ; les bulbes sont mûrs, il faut alors les récolter, puis les laisser *ressuyer* et les rentrer dans un cellier ou dans une cave saine. Ils gagnent en qualité s'ils ne sont livrés à la consommation que quelques semaines après. Lorsque le semis est fait en lignes distantes de 20 centimètres, on peut contreplanter de l'Oignon blanc entre les lignes, et remplacer l'Oignon blanc par des Salades dès que l'on commence à récolter les premières racines.

Moyen de reproduction. — Pour obtenir de la bonne graine, on choisit les plus beaux tubercules, que l'on plante en mars. Les tiges florales sont, plus tard, tuteurées ; puis, récoltées dans le courant de juillet. La graine est bonne **pendant deux ans.**

Emploi. — Les tubercules constituent un mets très fin et très recherché; on les mange préparés comme les Pommes de terre, les Salsifis, etc. La chair est farineuse, sucrée et très aromatisée.

Champignon comestible (*Agaricus campestris*).
CHAMPIGNONS.

Culture. — La culture des Champignons, pour être productive, nécessite une atmosphère saturée de salpêtre, exempte d'une trop grande humidité; les anciennes carrières répondent parfaitement à ces exigences. Cependant, l'amateur peut également cultiver les Champignons dans un sous-sol obscur ou même éclairé, dans une remise ou dans un autre lieu où les changements de température ne sont pas trop sensibles. Les baquets en bois de toutes dimensions peuvent contenir une meule à Champignons, ils ont l'avantage d'être transportables.

Le succès de cette culture dépend non seulement du local; mais aussi, du choix et de la préparation du fumier, l'élément essentiel. Ce doit être du fumier de cheval, provenant d'animaux forts, travaillant beaucoup, dont la litière est changée peu souvent. On doit, avant d'en confectionner les meules, lui faire subir la préparation suivante : à sa sortie de l'écurie, il est mis en tas dont les dimensions doivent être au moins de 1 mètre en hauteur et 2 mètres en largeur; la longueur dépend de la quantité dont on dispose. En faisant ce travail, on retire avec soin tous les corps étrangers, les longues pailles, etc., et on mélange les parties sèches avec celles plus imprégnées d'urine afin que le tout soit homogène. Lorsque, huit à dix jours plus tard, cette couche donne sa chaleur, il devient nécessaire de la remanier et de la remonter en prenant la précaution de placer, à l'intérieur, le fumier qui était sur les bords et réciproquement; on arrose légèrement et surtout au milieu. On recommence une troisième opération, après laquelle le fumier doit être d'une belle couleur brune, onctueux, moelleux et avoir une odeur particulière. S'il réunit ces qualités, on peut alors construire les meules, et ceci de plusieurs manières.

La plus employée est la meule à deux pentes; celle à une pente, dont plusieurs sont superposées sur des tablettes, est également bonne. Pour la culture en baquet, on forme une sorte de dôme dont le haut dépasse un peu au-dessus des bords du récipient.

Quel que soit l'emplacement, la meule doit être bien tassée, bien unie et peignée pour en retirer les pailles trop longues. Ceci fait, on laisse la meule s'échauffer ; et, lorsque le thermomètre, dont la base est légèrement enfoncée dans le fumier, ne marque pas plus de 25 degrés, on peut procéder à l'opération du *lardage*, c'est-à-dire à l'introduction, dans la couche, des galettes (*mises* ou *lardons*) de blanc de Champignon. Ces galettes ont les dimensions de la main, on les enfonce de toute leur longueur dans la meule en les espaçant de 30 centimètres ; on tasse à mesure pour que l'adhérence soit parfaite. Peu de temps après cette opération le blanc doit être repris ; cela se reconnaît aux filaments blancs qui commencent à envahir la meule. Les lardons restés intacts sont immédiatement remplacés. Il faut alors procéder à un autre travail, c'est le *gobetage* ; il consiste à appliquer, avec la main, une petite couche de terre de 2 centimètres de façon à entourer complètement la meule. La terre dont on se sert doit être légère, maigre et mélangée de plâtras ; on la passe au tamis pour en extraire les corps étrangers et les cailloux. Un léger bassinage est quelquefois nécessaire ; il n'est que plus efficace si l'eau est tiède et additionnée de salpêtre ou de purin.

Les meules, construites en plein air ou dans un local éclairé, sont recouvertes d'une *chemise* de paillis très long, ayant une épaisseur de 3 à 4 centimètres. Cela a pour but de préserver la meule contre les pluies et de maintenir une sorte d'obscurité favorable aux Champignons.

La première récolte est faite un mois environ après le gobetage et peut être continuée pendant les trois mois suivants. On peut avoir des Champignons toute l'année en préparant une meule tous les deux à trois mois.

Moyen de reproduction. — Le blanc de Champignon se trouve dans le commerce ; on se le procure aussi soi-même avec la plus grande facilité. Il se rencontre fréquemment dans le fumier de cheval en tas depuis longtemps, dans de vieilles couches, etc. La meilleure façon de l'obtenir est de faire une meule spéciale comme nous l'avons indiqué plus haut, de la larder et de la gobeter. On peut, au besoin, faire une récolte ; après cela, on démolit la meule, et le fumier qui la composait est propre à la reproduction. En le plaçant dans un endroit sec et dans des boîtes, on peut le conserver pendant deux ans, sans qu'il ait perdu aucune de ses qualités. Le blanc conservé ne peut être employé, sans avoir subi une préparation que l'on appelle faire *revenir le blanc*; elle consiste à l'étendre entre deux paillassons et à verser dessus un arrosoir d'eau tiède. On laisse ainsi le tout pendant deux ou trois jours, après lesquels le blanc est moelleux et propre au lardage.

Variétés. — Les champignonnistes de Paris distinguent trois variétés de Champignon de couche, ce sont : la *grise*, la *blonde* et la *blanche*; cette dernière est toujours préférée.

Emploi. — Le Champignon est très employé à la préparation des sauces. Les pâtissiers en font aussi un grand usage pour les bouchées, vol-au-vent, etc.

Chenille (Scorpiurus). — LÉGUMINEUSES.

Culture. — On sème en place, de mars à mai, le plus souvent en bordure, et on éclaircit plus tard en espaçant chaque pied de 40 à 50 centimètres. Cette plante ne demande plus ensuite que quelques arrosages.

La graine est obtenue en laissant les gousses sécher complètement sur pied.

Variétés. — *C. grosse, C. petite, C. rayée, C. velue*.

Emploi. — Les gousses récoltées étant encore vertes ressemblent, à s'y méprendre, à de véritables chenilles; on les met dans la salade pour causer aux personnes qui ne les connaissent pas, une surprise, innocente il est vrai, mais non du meilleur goût.

Chicorée frisée (Cichorium Endivia crispa).
Chicorée scarole (Cichorium Endivia latifolia). — COMPOSÉES.

Culture. — Ces deux plantes présentent à peu près les mêmes caractères, tant au point de vue de leur culture, que de leur mode de végétation; la Scarole est toutefois plus rustique et moins sensible à la gelée.

Le premier semis en pleine terre se fait en avril, à bonne exposition, ou mieux sur couche à l'air libre. Vingt-cinq à trente jours après, on peut repiquer le plant directement en pleine terre, après lui avoir coupé le pivot de la racine et l'extrémité des feuilles. Pour cette plantation, on observe une distance de 25 centimètres entre les rangs et de 40 centimètres entre les pieds. Les semis successifs de mai à juillet sont faits à une exposition plutôt ombragée, afin de les préserver de la sécheresse. Un point capital à noter est que tout semis de Chicorée doit lever dans les vingt-quatre heures, sinon le plant est sujet à monter à graine peu de temps après.

Dans le sud et le sud-ouest de la France les jardiniers maraîchers sèment des Radis ou de la Laitue à couper dans les planches où sont ensuite plantés six rangs de Chicorées. Ce mode de culture st excellent au point de vue de la double production.

Un paillis étendu sur la planche, *avant la plantation*, maintient le sol frais; mais il ne saurait être pratiqué en grand parce qu'il serait trop onéreux. Quoi que l'on fasse, les arrosages et les binages doivent être répétés selon les besoins et les arrosages ne doivent pas être épargnés pour l'obtention de beaux produits.

Culture forcée. — La Chicorée semée sous cloche à froid en septembre, et repiquée plus tard à raison de douze par cloche, est plantée définitivement sous châssis en novembre; il faut aérer fréquemment et enlever les feuilles abîmées afin d'éviter la pourriture.

En culture forcée proprement dite, les premiers semis se font en février ou mars, sur couche donnant une bonne chaleur, pour que la levée se fasse en vingt-quatre heures. Toutefois, afin d'y concentrer plus de chaleur, on peut activer la germination en couvrant les châssis de plusieurs paillassons que l'on enlève le lendemain.

Dès que le plant a trois ou quatre feuilles, on le repique en pépinière sur la même couche. Une quinzaine de jours plus tard, on fait une couche moins forte que la précédente, chargée de 15 centimètres de terreau, et lorsqu'elle a donné son coup de feu, on plante la Chicorée en l'espaçant de 25 à 30 centimètres en tous sens. Les soins à donner par la suite consistent à couvrir la nuit avec des paillassons, à aérer dans le jour si le temps le permet; enfin à arroser suivant le besoin, en ayant soin de ne pas mouiller les cœurs afin d'éviter la pourriture. Les semis se continuent de cette façon jusqu'à l'époque de la culture en pleine terre.

Blanchiment de la Chicorée. — Selon les habitudes de certaines contrées et selon les moyens dont on dispose, on fait blanchir la Chicorée de différentes manières soit pour la consommation immédiate, soit pour celle de l'hiver. Le plus souvent on relève toutes les feuilles en une poignée et on les attache avec deux ou trois brins de paille. Aux environs de Bordeaux, les maraîchers ont l'habitude de faire une première ligature à la base et, quelques jours plus tard, une autre en haut des feuilles; ce moyen est assurément très bon, mais moins expéditif. Un résultat excellent est également obtenu en plaçant sur les lignes de Chicorées frisées ou de Scaroles des planches ou des paillassons; ce mode est parfois adopté par les maraîchers de Paris.

Dans le département du Nord, certains cultivateurs ont l'habitude de renverser sur chaque pied de Chicorée, des pots à fleurs de 15 à 18 centimètres de diamètre. Quelques jours après les pots sont remplis de feuilles parfaitement blanches. Si ce n'était la quantité de pots nécessaires, ce procédé est excellent.

Pour la consommation de l'hiver, les maraîchers de Paris et les jardiniers de maison bourgeoise arrachent en mottes les Chicorées provenant de la dernière saison en pleine terre, et les replantent dans du sable, côte à côte, dans la cave ou dans la resserre aux légumes. On peut, de la même manière, les mettre sous châssis à froid; dans ce cas, on les abrite la nuit contre la gelée avec des paillassons et on aère dans le jour si la température le permet. Pour achever le blanchiment, on laisse les paillassons en permanence sur les châssis; ou bien on introduit de la longue paille à l'intérieur; cela, au fur et à mesure de la consommation.

D'autres moyens de conservation sont encore à notre disposition; le silo, par exemple, est très bon lorsque le terrain est bien sain. Voici comment on procède :

Au pied d'un mur, une tranchée de 1 mètre de largeur sur 25 à 30 centimètres de profondeur est creusée, en mettant la terre en ados de chaque côté. Les Chicorées, *coupées par un temps sec* et lorsqu'elles sont *bien ressuyées*, sont placées côte à côte dans cette tranchée, la tête en bas et les feuilles réunies en une poignée; puis à l'approche des froids elles sont recouvertes d'une mince couche de litière ou de feuilles dont l'épaisseur augmente en raison de la gelée et réciproquement.

Moyen de reproduction. — On choisit comme porte-graines les plants les mieux caractérisés provenant du semis de mars; on les repique sur couche et, plus tard, en pleine terre à la distance ordinaire. Les graines sont bonnes à récolter en août. Les plantes provenant de la dernière saison sont aussi d'excellents porte-graines; on les rempote à la fin de l'automne de façon à les hiverner sous châssis et à les mettre en pleine terre au printemps. La graine de Chicorée a une durée germinative de huit ans et plus.

Variétés. — *C. fine d'été* ou *d'Italie*, convenant spécialement aux semis de primeurs; *C. frisée de Rouen* ou *corne de cerf*, très cultivée dans toute la France; *C. frisée de Meaux*, variété volumineuse convenant aux semis d'automne; *C. mousse*, petite, propre à la culture sous cloche ou sous châssis; *C. frisée de Picpus*, bonne variété, très rustique; *C. Reine d'hiver*, intermédiaire entre les Scaroles et les *C.* frisées; *C. scarole ronde*, excellente variété, la plus cultivée à Paris; *C. scarole blonde à feuille de laitue*, plus large que la précédente, moins rustique; *C. scarole en cornet*, bonne variété d'hiver; *C. scarole verte maraîchère*, donne à la même époque que la *C. frisée de Meaux*.

Emploi. — Les feuilles sont mangées en salade ou cuites.

Chicorée sauvage (*Cichorium Intybus*). — COMPOSÉES.

Culture. — Les premiers semis se font en mars et se continuent jusqu'en juin. La place la plus convenable est en bordure autour des carrés; on sème également en planche à la volée ou de préférence en rayons distants de 25 à 30 centimètres. Ce dernier mode est surtout usité pour les semis destinés à produire la *Barbe de capucin*.

On sème dru pour que les feuilles poussent serrées les unes dans les autres. La récolte est faite en coupant ces dernières 2 centimètres au-dessus de terre.

Barbe de capucin. — Pour obtenir cette salade très estimée, surtout à Paris, on sème les graines en avril comme nous l'avons dit plus haut et en rayons; on éclaircit de façon à espacer chaque pied de 12 à 15 centimètres. Plusieurs binages sont faits dans le courant de l'année et vers la fin de novembre, les racines sont arrachées en prenant soin de ne pas les rompre.

Elles sont alors mises en jauge pour les avoir sous la main au fur et à mesure des besoins. Dès cette époque, on fait, dans un local obscur, à la cave par exemple, une petite couche avec du fumier recuit. Les racines de Chicorée sont mises en bottes par vingt environ, ligaturées avec de l'osier et placées debout sur la couche, en glissant dans les vides et en jetant par-dessus le tout, quelques pellées de terreau ; on arrose et les feuilles étiolées s'allongent rapidement. Quinze jours plus tard, la Barbe peut être livrée à la consommation. On peut également la produire en plantant les racines dans le sable à quelques centimètres les unes des autres. La récolte se fait attendre davantage, mais se prolonge à volonté. Les maraîchers de Paris en font la vente aux Halles avec les racines.

Chicorée à grosse racine. — **Witloof ou Endive.** — Cette Chicorée est semée en avril en rayons espacés de 25 à 30 centimètres, dans une bonne terre fumée et labourée profondément. A l'éclaircissage, on ne laisse qu'une plante tous les 20 centimètres environ. Pendant toute la végétation, de copieux arrosages et des binages profonds sont nécessaires.

Blanchiment de la Witloof. — Dans la première quinzaine de novembre, on arrache soigneusement les racines pour ne pas les briser et on coupe les feuilles à 2 centimètres au-dessus du collet ; après quoi, on prépare une tranchée profonde de 40 centimètres et large de 60 centimètres dont la terre est mise en ados sur les bords. Dans le fond on étend une couche de terreau de 25 centimètres d'épaisseur dans laquelle on repique les racines, très près les unes des autres, en ayant soin que tous les collets se trouvent à la même hauteur ; puis on étale sur le tout 20 ou 25 centimètres de terreau dans lequel se développeront les cœurs blanchis de la Witloof.

Selon le besoin, on place sur la totalité ou sur une partie du silo ainsi formé une épaisseur de 35 à 40 centimètres de fumier neuf de cheval dont la chaleur activera le développement foliacé. Un mois environ après cette dernière opération, les pousses doivent être assez longues ; le fumier est alors retiré, puis celles-ci déterrées avec soin pour ne pas briser les feuilles. Les Chicorées ainsi produites sont cueillies avec une portion de la racine et livrées au commerce.

Ce procédé, surtout employé par les Belges, est le plus rationnel ; en effet, il est nécessaire qu'il y ait au-dessus des racines un certain poids et de la chaleur forçant les feuilles à se développer en pommes serrées et bien faites, ce que l'on n'obtiendrait pas en les traitant à la façon de la *Barbe de capucin.*

Moyen de reproduction. — Pour obtenir la graine de Chicorée sauvage améliorée, on en laisse, du semis d'avril, quelques pieds qui montent à graine dans le courant de l'année suivante; les tiges florales sont coupées au mois d'août, puis séchées quelques heures au soleil et la graine en est extraite par un battage. La durée germinative est de huit ans.

Variétés. — *C. sauvage améliorée panachée, C. sauvage améliorée frisée, C. à grosse racine de Bruxelles.*

Emploi. — Les feuilles vertes ou blanchies sont mangées en salade ou cuites.

Les espèces à *grosses racines* sont utilisées à la préparation de la Chicorée avec laquelle on noircit le café.

Chou cultivé (*Brassica oleracea*). — CRUCIFÈRES.

Culture. — Par une culture bien comprise du Chou et par le choix judicieux des variétés on peut en avoir toute l'année. En donnant la liste des meilleures variétés, nous les classerons par séries et races, en disant, pour chacune d'elles, l'époque du semis qui lui convient.

Choux de printemps. — Les Choux pouvant être récoltés au printemps sont semés vers la fin du mois d'août précédent. A cette époque, le semis est fait en pleine terre en planches et à la volée, et les plus beaux plants sont repiqués en pépinière à 12 ou 15 centimètres, dans une planche abritée par un mur autant que possible. A la fin de novembre, pour les terres sablonneuses et chaudes, ou en février ou mars pour un terrain froid et humide, on plante ces Choux en place en les distançant de 45 centimètres dans un sens et 25 centimètres dans l'autre.

La récolte commence en avril et continue en mai et juin suivant les variétés.

La gelée détruit quelquefois une partie de cette plantation; pour y obvier, on sème sur couche, en février, des Choux de la même variété, que l'on repique plus tard également sur couche. Plantés avec une motte, ces Choux sont récoltés un peu plus tard que ceux dont nous venons de parler, mais avant ceux d'été.

Choux d'été. — En mars et avril, on sème également en planche les Choux qui donneront pendant tout l'été. Lorsque le plant est assez fort, on le met directement en place dans un terrain bien fumé en l'espaçant de 50 à 80 centimètres en tous sens, ces Choux prenant plus de développement que ceux de printemps; puis on arrose aussitôt copieusement au goulot [1].

Nous recommandons de planter non pas au plantoir, mais au hoyau, ce qui permet de garder une motte de terre autour des racines. Les binages profonds qui aèrent le sol et détruisent les herbes, et les arrosages ne sont pas ménagés et constituent les soins de culture, de la reprise à la récolte. Les semis d'été et d'automne sont attaqués par différents insectes. (V. chap. II, « Les ennemis des Végétaux », p. 12.)

Choux d'automne et d'hiver. — Le semis en est fait en mai et juin, à une exposition ombragée; soignés aux arrosages, ces Choux sont, un mois et demi plus tard, bons à replanter en motte immédiatement en place. Les variétés de cette époque (*Milan* pour la plupart) ne prennent pas un très grand développement, 50 centimètres en tous sens leur sont donc suffisants. Nous n'insisterons pas sur les soins culturaux à leur donner; en raison de la saison, ils sont encore plus exigeants que les précédents quant aux arrosages et bassinages.

La dernière plantation devra être d'une plus grande étendue pour subvenir aux besoins de l'hiver. Certaines variétés se conservent très bien sur place sans aucune préparation; parmi celles-ci, les variétés à grosses côtes ont besoin, au contraire, de la gelée qui augmente leurs qualités. Pour la plupart des autres variétés, on se contente d'incliner les Choux du côté du nord et de les maintenir dans cette position, par un peu de terre placée du côté opposé. Enfin les variétés plus délicates sont conservées de la manière suivante : les Choux sont arrachés avec des mottes, replantés très près les uns des autres et, par les froids rigoureux, recouverts de longue litière, de feuilles ou de paillassons.

Moyen de reproduction. — Afin d'obtenir la graine, on choisit les plus beaux Choux, auxquels on coupe la tête; les pieds sont arrachés en motte et mis en jauge avant

---

1. Arroser au goulot, c'est mouiller au pied de la plante après avoir ôté la grille ou pomme de l'arrosoir.

l'hiver. Ils sont abrités contre la gelée par des paillassons et, au printemps, replantés à 50 centimètres en tous sens. Ils donnent alors naissance à une quantité de bourgeons ; on conserve le plus fort, qui se termine plus tard par une tige florale ; celle-ci est coupée en juillet. La graine qui en est extraite a une durée germinative de cinq ans.

Variétés. — 1° CHOUX CABUS :

C. d'York petit, le plus hâtif de tous, printemps ; *C. pain de sucre*, sa pomme est plus grosse, mais il est plus tardif

Fig. 79. — Chou cœur de bœuf.

que le précédent, printemps ; *C. cœur de bœuf* (fig. 79), bonne variété hâtive, printemps ; *C. express*, précoce, pouvant être cultivé serré comme le *C. d'York*, printemps ; *C. très hâtif d'Etampes*, printemps.

C. Bacalan hâtif, très cultivé à Bordeaux et Saint-Brieuc, été ; *C. de Saint-Denis*, très cultivé aux environs de Paris, été ; *C. de Hollande pied court*, propre à la grande culture, été ; *C. de Brunswick pied court*, variété recommandable, été ; *C. de Schweinfurt*, volumineux, propre à la grande culture, été.

C. de Hollande tardif, supporte aisément la gelée, hiver ; *C. quintal*, le plus gros des Choux pommés, hiver ; *C. de Vaugirard* ou *Chou d'hiver*, le plus répandu aux environs de Paris pour la consommation d'hiver.

2º CHOUX DE MILAN :

C. de Milan très hâtif de Paris, le plus hâtif des C. de Milan, été; *C. de Milan très hâtif de la Saint-Jean*, à pied très court, un des plus prompts à se former, été; *C. de Milan petit hâtif*, le plus petit des C. Milan, été.

C. de Milan à pied court hâtif, très cultivé aux environs de Paris, où on le consomme tout l'hiver; ses feuilles sont

Fig. 80. — Chou de Milan des Vertus.

excellentes après la gelée, hiver; *C. de Milan ordinaire*, un des plus cultivés, hiver; *C. de Milan des Vertus* (fig. 80), très gros, bonne variété d'hiver.

3º CHOUX VERTS OU A GROSSES COTES :

C. à grosses côtes ordinaire, *C. à grosses côtes frangé*; ces deux variétés forment d'excellents légumes quand leurs feuilles ont été gelées.

4º CHOUX ROUGES :

C. rouge gros, le plus cultivé de tous; *C. rouge petit, d'Utrecht*; *C. rouge conique*; *C. rouge foncé hâtif d'Erfurt*, très bonne variété, printemps.

Emploi. — Les feuilles sont employées cuites de toutes manières; fermentées, elles forment la choucroute des Allemands. Dans quelques pays, on consomme les Choux rouges crus en salade ou confits dans le vinaigre.

Chou de Bruxelles.

Le *Chou de Bruxelles* est compris dans la race des *Choux de Milan*, mais nous avons cru devoir parler à part de sa culture, qui diffère quelque peu.

Culture. — Le premier semis se fait en mars; les suivants se succèdent tous les mois jusqu'en juin, afin de prolonger

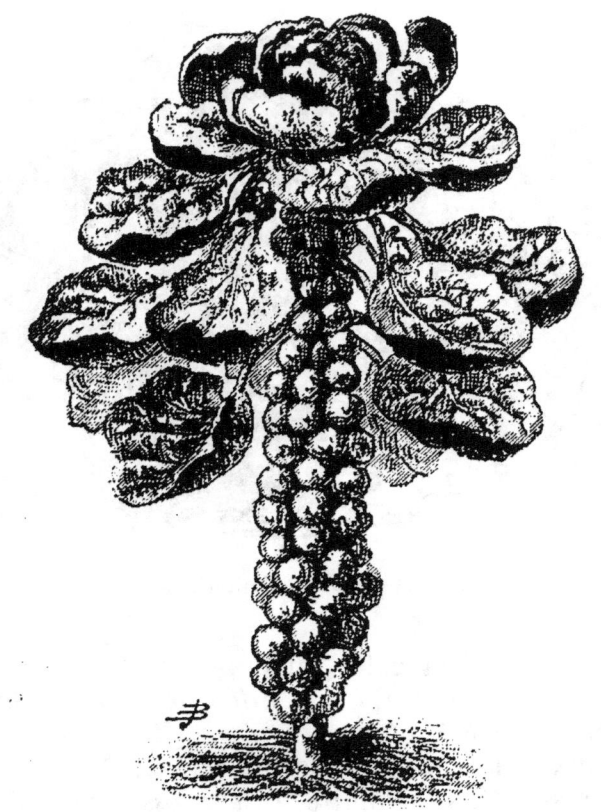

Fig. 81. — Choux de Bruxelles demi-nain de la Halle.

la récolte. On sème le plus souvent en planches à la volée et aussitôt que le plant est bon, il est mis directement en place. La distance à observer est d'environ 50 centimètres en tous sens.

Plus tard les binages et les arrosages doivent être appliqués copieusement et d'une manière suivie. Nous recommandons aussi d'étaler, après le second binage, un bon paillis de fumier d'étable non consommé; cela constitue un engrais permanent dont l'efficacité se manifeste après chaque arrosage. Les C. de Bruxelles hâtifs donnent des pommes qui sont cueillies dès la fin de l'automne et les variétés tardives jusqu'à la fin de l'hiver.

Moyen de reproduction. — La graine est obtenue de la même manière que celle des races précédentes; en choisissant comme porte-graines les pieds les mieux caractérisés et garnis de pommes dures.

Variétés. — *C. de Bruxelles ordinaire*, le plus répandu; *C. de Bruxelles demi-nain de la Halle* (fig. 81), très estimé des maraîchers; *C. de Bruxelles nain*, plus précoce que le précédent.

Emploi. — On consomme les rosettes naissant le long de la tige; à Bruxelles, on les préfère, avec raison, très petites et très dures.

Chou-fleur (*Brassica oleracea Botrytis*).

Culture. — La culture ordinaire du Chou-fleur est des plus simples; il suffit seulement de ne pas le laisser s'arrêter dans sa végétation, sous peine de lui voir former trop tôt une pomme médiocre. Il aime beaucoup un terrain fertile, plutôt humide; par conséquent, les terres de marais lui conviennent très bien. Dans toute terre quelque peu siliceuse, il est indispensable, avant la plantation, d'étendre un bon paillis de fumier gras demi-consommé.

Choux-fleurs de printemps. — Dans le courant de septembre on fait, en pleine terre, un semis de Choux-fleurs destinés à être plantés au printemps. En attendant cette époque, on repique le plant à 12 ou 15 centimètres d'intervalle sous châssis à froid. Après la reprise et pendant toute la durée de leur séjour à cette place, on donne de l'air lorsque le temps le permet et des arrosages suivant les besoins. Pendant l'hiver on établit autour des coffres, avec du vieux fumier de couche, une sorte de réchaud et on couvre la nuit avec des paillassons. Au mois de février et de mars, on donne beaucoup d'air, afin de durcir le plant et dans la seconde quinzaine de ce dernier mois on l'arrache en mottes pour le planter à 70 centimètres en tous sens, en pleine terre, sur côtière. En même temps que les Choux-fleurs, il est avantageux de planter des Romaines ou des

Laitues dont la récolte ne se fera pas attendre. Quelques graines de Radis peuvent également être semées.

Une recommandation importante est celle-ci : il faut, en plantant, enterrer le Chou-fleur jusqu'aux premières feuilles afin que la tige émette des racines.

Par la suite il n'y a plus qu'à surveiller leur développement, à les arroser copieusement et biner le sol lorsque c'est nécessaire. Dès que la pomme se montre, on brise quelques feuilles du centre, avec lesquelles on la recouvre, afin d'intercepter la lumière et, par suite, d'en augmenter la blancheur et la qualité.

Choux-fleurs d'été. — Pour succéder aux précédents, on en sème d'autres, fin de février, sur une couche ayant déjà servi à une autre culture, et on repique le plant sous châssis à froid. En avril, on le met en place en plein carré ou de préférence sur une ancienne couche; les soins culturaux ne diffèrent pas de ceux énumérés; toutefois, les arrosages doivent encore être plus copieux.

Choux-fleurs d'automne. — Les Choux-fleurs d'automne sont semés du premier mai à la seconde quinzaine de juin, en pleine terre et de préférence à une exposition ombragée pour éviter l'*Altise*; quelques cultivateurs les repiquent immédiatement en place; mais nous recommandons de les repiquer en pépinière à 12 ou 15 centimètres en tous sens dans une planche préalablement et fortement terreautée. La mise en place s'effectue, en juillet et août, en pleine terre ou sur une vieille couche dont les produits, les Melons par exemple, sont récoltés. Les soins sont les mêmes.

Culture forcée. — Les Choux-fleurs pour la culture forcée sont semés en septembre et traités comme ceux de printemps. En janvier, on fait une couche de feuilles et de fumier de 30 à 35 centimètres d'épaisseur, sur laquelle on étend, avant de mettre le terreau, un bon lit de fumier gras décomposé. Après avoir mis 12 à 15 centimètres de terreau, les Choux-fleurs sont plantés en quinconce, à raison de six par châssis; comme culture intercalaire, des Laitues sont repiquées en même temps, ou bien il est fait un semis de Radis. Après la reprise, on donne de l'air chaque fois que le temps le permet et on arrose abondamment selon les besoins. Lorsque les feuilles touchent au verre, les coffres sont surélevés et dans le courant de mars, si la température n'est pas trop mauvaise, les châssis sont retirés. Il serait toutefois prudent, chaque soir, d'étendre, sur des piquets et des lattes, des paillassons ou des toiles; tout danger de gelée ou de grêle se trouverait ainsi écarté.

Moyen de reproduction. — Quelques pieds des plus beaux sont conservés et laissés sur place ou arrachés avec de bonnes mottes et replantés en un autre endroit. Les tiges florales sont coupées en août et la graine est extraite en brisant les gousses, auparavant séchées pendant quelques jours. La durée germinative est de cinq ans.

Fig. 82. — Chou-fleur Lenormand à pied court.

Variétés. — *C. fleur nain hâtif d'Erfurt*, très précoce, pomme blanche; *C. fleur tendre ou petit Salomon*, convient à la culture forcée; *C. fleur demi-dur de Paris*; *C. fleur Lenormand à pied court* (fig. 82), le plus cultivé par les maraîchers de Paris; *C. fleur dur de Paris*, convient aux semis d'été.

Emploi. — On mange la pomme formée par les ramifications florales serrées et épaisses.

Chou-navet et Rutabaga
(*Brassica campestris et Napo brassica*).

Culture. — On sème ces Choux en avril directement en place. Le plant est éclairci de manière à l'espacer de

40 centimètres en tous sens; il faut ensuite les biner et les arroser souvent.

Dans certaines contrées du centre et de l'est, les Choux-navets sont cultivés en bordure des champs de Maïs, de Pommes de terre, etc.

Les Rutabagas sont plutôt cultivés comme plante fourragère; les bestiaux en sont très friands.

La graine est obtenue sur quelques racines qu'on laisse passer l'hiver en place et dont les tiges se développent au printemps suivant.

Variétés. — *C. navet blanc*; *C. navet blanc à collet rouge*; *Rutabaga à collet rouge*; *R. jaune très hâtif*.

Emploi. — La racine est mangée cuite comme les Navets.

Chou-rave (*Brassica oleracea Caulo-rapa*).

Culture. — On sème ordinairement en mars ou avril, à la volée, dans une terre saine et meuble. Le développement du plant devant se faire rapidement, il ne doit pas manquer d'eau, afin que, plus tard, la partie renflée et charnue de la tige soit tendre et non ligneuse. Lorsque le plant est assez fort, on le met en place, et cela, à 35 centimètres en tous sens. Il faut arroser en plantant, ainsi que pendant toute la saison.

La graine est obtenue de la même manière que pour le précédent.

Variétés. — *C. rave blanc*; *C. rave violet ordinaire*; *C. rave violet Goliath*.

Emploi. — On emploie les Choux-raves aux mêmes usages que le précédent et on en fait des purées.

Ciboule commune (*Allium fistulosum*). — LILIACÉES.

Culture. — On sème la Ciboule dans le courant de février ou de mars, à la volée, en planche. Après le semis, les maraîchers ont l'habitude de planter de la Romaine ou de semer des Radis dans les planches de Ciboule. Celle destinée à la conservation, est arrachée et mise en jauge, afin qu'il soit possible de l'abriter plus facilement par de la litière ou des paillassons.

Dans le Midi, la Ciboule est parfois semée en pépinière et repiquée en planche ou en bordure. Dans ce pays il est facile de l'abriter sur place par une couche de feuilles.

Moyen de reproduction. — On peut multiplier la Ciboule par la division des touffes; mais le semis est préférable. La plante monte à graine la seconde année; on la récolte en août, elle subit la même préparation que celle de l'Oignon (V. Oignon).

Variétés. — *C. commune*, la plus cultivée; *C. blanche hâtive*, à saveur moins forte que la précédente, plus sensible à la gelée.

Emploi. — En cuisine, elle est employée comme condiment. Dans le Midi on la mange crue avec du pain et du sel. Dans le centre-est on la mange coupée par petits morceaux parsemés sur une tartine de fromage.

Ciboulette, civette (*Allium Schœnoprasum*). — LILIACÉES.

Culture. — Les touffes de Ciboulette étant divisées en mars, chaque portion est plantée en bordure à une distance de 12 à 15 centimètres. Plus tendre on veut l'avoir, plus souvent on la coupe.

Quoique ne craignant pas l'hiver, on la couvre avec un peu de terreau après l'avoir coupée rez de terre.

Pour la consommation hivernale il suffit d'en planter quelques touffes à l'automne sur couche et près du verre.

La multiplication s'effectue par la division des caïeux.

Emploi. — La Ciboulette est utilisée comme la Ciboule.

Concombre (*Cucumis sativus*). — CUCURBITACÉES.

Culture. — La culture du Concombre est tellement semblable à celle du Melon que, pour ne pas nous répéter, nous renvoyons le lecteur aux explications données plus loin pour ce dernier; il réclame cependant moins de chaleur. La culture forcée ne demande donc pas de couches aussi fortes.

Les Concombres à Cornichons, toujours cultivés en pleine terre, présentent aussi cette différence avec les Melons, qu'ils ne nécessitent qu'une taille; c'est pour cette raison que la floraison se prolonge plusieurs mois. On les sème ordinairement sur couche en avril-mai; ils sont repiqués plus tard également sur couche. Vers le commencement de juin, les plants, que l'on a fait durcir en leur donnant de l'air chaque jour, sont arrachés en mottes, puis replantés en pleine terre, en planches, à 1 mètre environ les uns des autres. Ils sont arrosés aussitôt et, plus tard, la tige principale est pincée au-dessus de la troisième feuille ; c'est la seule taille à leur appliquer. A ce moment on étend sur toute la largeur de la planche un paillis de fumier long pour que les Cornichons ne puissent être salis. Par la suite, les branches sont étalées dans une bonne direction et la cueillette est faite tous les deux jours. Les Cornichons sont bons à récolter huit jours environ après qu'ils sont noués.

Moyen de reproduction. — Afin d'éviter les hybridations on sème les diverses variétés de Concombres porte-graines à plusieurs jours d'intervalle afin de permettre aux premières fleurs d'être fécondées avant que celles des suivantes soient épanouies. On garde à chaque pied le plus beau fruit, qui est cueilli à sa complète maturité. Les graines en sont extraites, lavées à grande eau et séchées à l'ombre. Leur durée germinative est de huit ans.

Variétés. — *C. blanc long Parisien*, belle variété très estimée ; *C. blanc très gros de Bonneuil*, le plus cultivé aux environs de Paris, où on le destine à la parfumerie ; *C. vert long géant*, bonne variété pour amateur.

CONCOMBRES A CORNICHONS : *C. à cornichons de Paris*, variété considérablement cultivée un peu partout ; *C. à cornichons fin de Meaux*, fertile, vigoureux ; *C. à cornichons amélioré de Bourbonne*, très long, très fin, et très productif, excellent à confire.

Emploi. — Les fruits sont mangés crus en salade ; dans ce cas ils sont indigestes. Cuits et arrosés de jus de viande, ils sont alors rafraîchissants.

Les petits fruits, ou *Cornichons*, confits au vinaigre et consommés ainsi excitent l'appétit.

La pulpe du Concombre est utilisée dans la parfumerie pour la composition des pommades.

Cornichon (Voir CONCOMBRE).

Courge (*Cucurbita*). — CUCURBITACÉES.

Culture. — On sème sur couche en avril et on repique également sur couche, pour mettre ensuite en place dans le courant de mai. Il est préférable de semer 3 graines par godet de 10 centimètres, enterrés sur la couche ; les plantes sont laissées dans les mêmes pots jusqu'à la mise en place. A ce moment, des trous de 50 centimètres de côté et profonds de 40 centimètres, sont creusés et remplis de fumier de cheval bien tassé et recouvert ensuite de 20 centimètres de terre mélangée de terreau. Dans chacun de ces trous, on plante 3 pieds, que l'on enterre jusqu'aux cotylédons. S'il s'agit de semis en pots, on les dépote, et le contenu de chacun est planté dans chaque trou préparé à l'avance. Les plantes ne tardent pas à développer plusieurs tiges ; on ne garde, sur chacune, que les deux plus fortes. Lorsque celles-ci ont atteint 1^m,50 à 2 mètres, on les marcotte en les recouvrant, sur un parcours de 40 à 50 centimètres, de quelques pelletées de terre, pour leur faire émettre des racines. Un mètre environ plus loin, on peut recommencer l'opération.

Il est utile de ne laisser que deux fruits par pied ; pour cela, on attend que les deux premiers soient bien noués et l'extrémité de la tige est pincée à une feuille ou deux au-dessus. Plus tard les branches qui se développent latéralement sont pincées de nouveau afin de concentrer entièrement la sève sur les fruits, dont on active l'accroissement en prodiguant les arrosements. La récolte est faite dans le courant d'octobre et de novembre. Les Courges, placées dans un local sain, se conservent très bien l'hiver.

Moyen de reproduction. — Les graines sont recueillies dans le fruit le mieux caractérisé et séchées à l'ombre ; leur durée germinative est de cinq années.

Variétés. — Le genre Courge comprend trois races différentes qui sont : 1º CUCURBITA MAXIMA ; 2º CUCURBITA PEPO ; 3º CUCURBITA MOSCHATA.

Dans chacun de ces groupes, nous recommandons les variétés suivantes :

1º CUCURBITA MAXIMA. — *Potiron jaune gros*, le plus cultivé aux environs de Paris ; *P. rouge vif d'Étampes*, très estimé aux Halles de Paris ; *P. gris de Boulogne*, assez répandu et estimé par les maraîchers ; *Courge prolifique très hâtive*, petite Courge recommandable pour les petits jardins ; *Giraumon Turban*, le plus estimé de cette race.

2º CUCURBITA PEPO. — *Courge à la moelle ou moelle végétale* ; le fruit ayant atteint la moitié de sa grosseur procure un mets très délicat ; *C. blanche non coureuse*, comme la précédente, doit être consommée avant sa maturité ; *Patisson panaché, jaune*, cette race sert plutôt à l'ornementation des **treillages** ; *Coloquinte poire*, **comme le précédent est cultivée** pour l'ornement; *Courge bouteille, gourde.* Étant séchés et vidés, les fruits peuvent servir de récipient dont la capacité est d'environ un litre.

3° CUCURBITA MOSCHATA. — *Courge pleine de Naples*, très productive et de bonne conservation. *C. porte-manteau hâtive*, recommandable pour le nord de la France.

Emploi. — Le fruit est consommé cuit dans nombre de cas; il s'associe très bien avec le lait et forme un excellent potage. L'industrie en emploie une grande quantité à la composition d'une confiture imitant celle de Mirabelles et passant comme telle.

Crambé, Chou marin (*Crambe maritima*). — CRUCIFÈRES.

Culture. — La graine de Chou marin est, à la façon des Cardons, semée en août, aussitôt après la récolte, en poquets distants de 60 centimètres, en mettant plusieurs graines dans chacun d'eux. Lorsque les jeunes plants sont suffisamment développés et qu'ils n'ont plus à craindre les insectes, on ne laisse que le plus fort dans chaque poquet. Après cela, il est bon d'étendre sur toute la surface du terrain un épais paillis de fumier de vache. On arrose selon les besoins et on sarcle pour détruire les mauvaises herbes.

Au printemps suivant, un labour est pratiqué à plat pour ne pas couper les racines; et pendant toute la végétation on donne aux Crambés les mêmes soins que pendant la première année. A la fin de cette saison, les touffes sont susceptibles de donner une première récolte.

Il y a plusieurs méthodes pour obtenir le blanchiment:

1° On place sur chaque plante un grand pot ou autre récipient large interceptant la lumière. 2° A partir du mois de décembre jusqu'à la fin de janvier (pour récolter successivement) on forme un ados, sur chaque pied, avec la terre prise alentour. Aux premiers beaux jours, lorsque la butte présente des fissures, la terre est retirée et les pousses sont cueillies avec une partie de leur racine. Il faut néanmoins réserver quelques œilletons et ne pas les laisser fleurir par la suite, afin de ne pas épuiser le pied. Pendant huit ou dix ans, le Crambé peut donner ainsi une récolte annuelle.

Pour la culture de primeurs, la plantation est faite en

sorte que deux lignes se trouvent comprises dans la largeur des coffres. Les sentiers qui entourent ceux-ci sont creusés assez profondément en plaçant la terre sur les plantes et comblés par des réchauds de fumier de cheval que l'on remanie de temps à autre. Les châssis sont constamment recouverts de paillassons pour maintenir l'obscurité à l'intérieur. En opérant ainsi, on avance de beaucoup l'époque de la récolte. Afin de ne pas les épuiser, les mêmes pieds ne doivent pas être forcés chaque année.

Moyen de reproduction. — La graine s'obtient facilement sur quelques tiges qu'on laisse monter à cet effet; on la récolte au mois d'août; sa durée germinative est de quatre ans. La multiplication du Crambé est encore effectuée par boutures de racines ou par division des touffes; mais le semis est toujours préférable.

Emploi. — Le pétiole blanchi des feuilles naissantes se mange cuit comme l'Asperge ou le Cardon. Le goût en est tout particulier et très agréable.

Cresson alénois (*Lepidium sativum*). — CRUCIFÈRES.

Culture. — Cette plante peut être semée en tout autre temps que pendant les mois d'hiver. Comme le Cerfeuil, le Cresson alénois monte à graine très vite; aussi doit-on faire de nouveaux semis tous les quinze jours. En été, on les fera plutôt à une exposition ombragée et on arrosera beaucoup.

Moyen de reproduction. — Il suffit de laisser une partie d'un semis monter à graine. A la maturité, les tiges sont coupées, puis séchées, et la graine en est extraite; sa durée germinative est de cinq ans.

Variétés. — *C. alénois frisé*; *C. alénois doré*; *C. alénois nain très frisé*.

Emploi. — Les feuilles se mangent en salade; elles servent à la garniture des rôtis; elles sont très employées aussi comme condiment.

Cresson de fontaine (*Sisymbrium Nasturtium*). — CRUCIFÈRES.

Culture. — Pour la culture de cette plante, il est indispensable d'avoir à sa disposition un petit cours d'eau dans le lit duquel on établit la cressonnière. A la rigueur, il pourrait être remplacé par un tuyau se déversant continuellement dans la cressonnière, qui serait alors munie d'un trop-plein conduisant l'eau au loin.

Dans les deux cas, et selon l'importance de la culture que l'on désire faire, on creuse une fosse d'une longueur quelconque large de 1m,50 et profonde de 40 centimètres, à laquelle une légère pente est donnée afin que l'eau puisse s'écouler après avoir alimenté la cressonnière. A cet effet, un barrage est établi en amont, avec une planche mise sur champ, dont le bord supérieur doit être de niveau. Un même barrage est nécessaire en aval; on le place 1 centimètre plus bas que le premier, de manière que l'eau s'écoule lentement par-dessus et soit reçue par un conduit ou une rigole la conduisant plus loin. En attendant la plantation, on dirige l'eau d'un autre côté.

Au fond de la fosse est étendue une épaisseur de 25 centimètres d'un compost de : terre franche, vase, bouse de vache et terreau. Cette surface est nivelée et divisée en planches, dans lesquelles on sème de la graine de Cresson ou, ce qui est préférable, on repique des boutures à 12 ou 15 centimètres en tous sens. Cette plantation étant faite, on laisse couler l'eau progressivement de façon que la submersion soit opérée lentement et que la terre ne soit pas dérangée.

Lorsque le Cresson est assez développé, on procède à la cueillette, qui est faite suivant les besoins, et après laquelle il est bon d'étendre sur les touffes une couche de 2 à 3 centimètres du compost précité, ce qui les rechausse et leur donne une nouvelle vigueur. A l'approche de l'hiver il est nécessaire de l'abriter; il suffit d'augmenter l'épaisseur d'eau, en remontant les barrages de 12 à 15 centimètres.

Une cressonnière est épuisée au bout de trois ou quatre ans; on change alors momentanément le cours de l'eau et l'ancienne plantation est remplacée par une nouvelle, faite ainsi que nous l'avons dit plus haut, après avoir enlevé et remplacé le vieux compost.

La culture en baquet donne de maigres résultats. A défaut de cressonnière, nous lui préférons cette culture recommandée par M. Rivoire.

Il suffit de se procurer un certain nombre de bouteilles cassées, mais en choisissant celles dont la base pénètre assez profondément à l'intérieur. Placées les unes auprès des autres, le goulot enfoncé en terre et le dessous venant effleurer le sol, on obtient ainsi un pavé de bouteilles très régulier. Au centre de chacune est percé un trou dans lequel l'eau des arrosages s'amassera. Les vides, entre les bouteilles, seront comblés avec de la bonne terre, puis on mettra une petite plante de Cresson. On arrosera ensuite et il suffira, lors des fortes chaleurs, de procéder à un ou deux mouillages par jour pour obtenir constamment du Cresson.

Moyen de reproduction. — La multiplication s'effectue par boutures et par semis. Choisir, pour cela, les plus belles tiges et récolter la graine en août; sa durée germinative est de quatre ans.

Emploi. — Le Cresson est très recherché et est mangé cru, accompagnant les viandes rôties. Aux Halles de Paris, il est l'objet d'un commerce important; il y est appelé la *santé du corps*.

Crosne du Japon (*Stachys tuberifera*). — LABIÉES.

Culture. — Cette plante est une des moins difficiles à cultiver. Les rhizomes sont plantés en avril à 30 ou 40 centimètres de distance, dans une terre labourée assez profondément. Pendant toute la végétation, il n'y a qu'à retirer les mauvaises herbes et à donner les arrosages nécessaires. Certains jardiniers recommandent de les butter comme on le fait pour les Pommes de terre.

A partir du mois d'octobre et pendant tout l'hiver, on récolte les rhizomes, qui résistent aux plus grands froids. Ils sont toujours plus fermes étant arrachés au fur et à mesure des besoins.

Emploi. — On mange les tubercules cuits à toutes sortes de sauces. Ils forment un aliment excellent, contenant toutes substances nécessaires.

Échalote commune (*Allium ascalonicum*). — LILIACÉES.

Culture. — Le terrain doit, autant que possible, être fumé l'année précédente ou immédiatement avant la plantation, mais avec du fumier décomposé. En février ou mars, le terrain est divisé par planches, dans lesquelles sont tracés 6 ou 8 rangs espacés de 10 centimètres. Après avoir choisi les caïeux les plus allongés, on les enfonce avec les doigts dans les rayons, tous les 10 centimètres; on a soin que le germe de l'Échalote se trouve au niveau du sol. Si avant la plantation on retire la pelure enveloppant le germe, les feuilles se développent bien plus facilement.

Dans le Midi, la plantation de l'Échalote s'effectue en novembre et l'espace laissé entre les caïeux est de 20 centimètres en tous sens.

Pendant la végétation, il est utile de détruire les mauvaises herbes par des sarclages. En juin ou juillet, les fanes jaunissent, les plantes sont alors arrachées, puis exposées au soleil pendant deux ou trois jours, afin d'achever leur maturité. Au bout de ce temps, on les rentre dans un lieu sec.

Moyen de reproduction. — L'Échalote ne produisant pas de graines, on la multiplie exclusivement par ses caïeux.

Variétés. — E. *ordinaire*, E. *de Jersey*, E. *grosse de Noisy*.

Emploi. — L'Échalote est employée, comme l'Ail, en cuisine, à relever le goût des mets. Les feuilles encore tendres peuvent, au besoin, remplacer la Ciboulette.

Épinard (*Spinacia oleracea*). — CHÉNOPODÉES.

Culture. — En échelonnant les semis, on récolte des Épinards toute l'année. Pendant l'hiver et le printemps, ce sont les semis d'automne qui donnent leurs produits. Les semis du printemps leur succèdent et ceux d'été alimentent jusqu'à l'approche de l'hiver. Lors des chaleurs, les Épinards montent très vite à graine; on devra donc en semer tous les quinze jours ou tous les mois au plus.

Quelle que soit l'époque, on procède toujours de la façon suivante : Le terrain étant labouré, des planches de 1m,30 de largeur sont tracées et séparées par des sentiers de 40 centimètres. On sème ensuite à la volée, un léger coup de *griffe* est donné, et toute la surface des planches est recouverte d'une couche de terreau de 2 centimètres. On peut également semer en rayons espacés de 20 à 25 centimètres. L'une et l'autre manière sont également bonnes.

La récolte des Épinards se fait en coupant une à une les plus grandes feuilles avec leur pétiole. De cette façon, les plus petites sont ménagées pour une cueillette future; certains praticiens font la première récolte en coupant la totalité des feuilles, et opèrent, plus tard, comme nous venons de le dire.

Si à la fin de l'hiver on venait à manquer d'Épinards, il serait facile de s'en procurer, en en semant sur couche, à travers un semis de Carottes et en les arrachant plus tard pour ne pas nuire à celles-ci.

Moyen de reproduction. — Les plants provenant du semis d'automne doivent être choisis comme porte-graines; il n'y a aucun inconvénient d'avoir opéré sur eux plusieurs cueillettes de feuilles. Ces plantes montent à graine en avril et la récolte en est faite en juillet. La durée germinative est de quatre ans.

Variétés. — Il existe deux races différentes d'Épinards : l'Épinard à graines rondes, et l'Épinard à graines piquantes. Pour les semis de printemps, les praticiens ont longtemps préféré cette dernière race, plus lente à monter; mais aujourd'hui il existe des variétés à graines rondes ayant les mêmes qualités.

ÉPINARD A GRAINES PIQUANTES : *É. d'Angleterre*, bonne variété, préférée pour les semis printaniers; *É. camus de Bordeaux*, variété préférée dans le Sud-Ouest.

ÉPINARD A GRAINES RONDES : *É. monstrueux de Viroflay*, vigoureux, très volumineux; *É. à feuille de laitue*, convenant très bien aux semis d'automne; *É. lent à monter*, excellente variété, la plus lente à monter, à semer au printemps.

Emploi. — D'un usage fréquent en cuisine, l'Épinard est rafraîchissant; il est surtout mélangé avec l'Oseille, à laquelle il ôte son acidité.

Estragon (*Artemisia Dracunculus*). — COMPOSÉES.

Culture. — L'Estragon se multiplie surtout par la division des pieds. On le plante à 30 centimètres en tous sens par planche de 1^m,30 de largeur; on en fait aussi des bordures. Il n'exige pas d'autres soins que des binages et des arrosages.

Comme il pourrait souffrir des hivers trop rigoureux, on le coupe rez de terre et on le couvre par quelques feuilles sèches. Si, pendant l'hiver, on désirait obtenir des pousses fraîches, il faudrait en planter quelques touffes dans un châssis chauffé ou en rentrer quelques potées à l'abri.

Emploi. — L'Estragon est généralement employé comme condiment. Il aromatise la salade, le vinaigre et les Cornichons confits au vinaigre.

Fenouil doux (*Fœniculum officinale*). — OMBELLIFÈRES.

Culture. — Cette plante, sous le climat de Paris, produit de la graine qui dégénère très vite; aussi doit-on plutôt la faire venir du Midi ou d'Italie.

On sème en mars-avril pour récolter dans le courant de l'année; ou à l'automne pour récolter au printemps suivant. Dans les deux cas, le semis se fait en rayons espacés de 40 centimètres; on éclaircit pour donner 30 centimètres environ entre les plantes; et lorsqu'elles sont assez fortes, on les fait blanchir à la façon du Céleri.

Emploi. — La plante se mange crue comme le Céleri; en Italie, on en est très friand.

Fenouil de Florence (*Fœniculum dulce*). — OMBELLIFÈRES.

Culture. — Cette plante est une variété de la précédente; on la cultive comme elle. Lorsque les renflements de la base des pétioles ont pris la grosseur du poing, la récolte doit en être faite.

Emploi. — C'est ordinairement cuit que se consomme le Fenouil de Florence; sa saveur est plus sucrée et plus parfumée que celle du Céleri.

Fève (*Faba vulgaris*). — LÉGUMINEUSES.

Culture. — Les Fèves se sèment ordinairement en février ou mars, en rayons distants de 25 à 30 centimètres. La graine étant très grosse, il faut l'enterrer de 8 à 10 centimètres au moins.

On éclaircit fortement pour que les tiges ne se nuisent pas entre elles. Il suffit, plus tard, de donner quelques binages. Dès que les Fèves sont bien fleuries, on fait un pincement, lequel consiste à couper avec les ongles l'extrémité de toutes les tiges, afin d'arrêter leur élongation, et de concentrer l'action de la sève sur le fruit, pour le faire mûrir plus tôt et augmenter son volume.

L'époque de la récolte se trouve être sensiblement avancée en semant sur couche en janvier et en repiquant ensuite le plant sur une côtière abritée.

Ce semis peut donner deux récoltes, voici comment : Après leur avoir fait subir le pincement, les Fèves sont récoltées en robes, c'est-à-dire lorsqu'elles sont au quart de leur grosseur; aussitôt la récolte faite, on les coupe au pied, on fume en couverture avec du fumier très consommé, et l'on arrose copieusement pendant cinq à six jours, pour faire repousser des jets, qui donnent encore une récolte.

Dans le Midi, des semis successifs sont faits depuis octobre jusqu'en avril. Les jeunes plants passent aisément l'hiver sous ce climat. Dans la région de Paris, on pourrait à la rigueur semer à la même époque, en ayant soin de recouvrir les plants de Fèves par des coffres et des châssis que l'on retirerait lorsque les gelées ne seraient plus à craindre. On recommande aussi de substituer aux châssis, des paillassons maintenus par des arceaux.

Moyen de reproduction. — La graine est récoltée sur les plus belles tiges provenant du premier semis de mars. Il est urgent d'isoler, autant que possible, les différentes variétés porte-graines. La durée germinative est de six ans.

Variétés. — *F. naine hâtive à châssis, F. Julienne, F. de Séville à longue cosse, F. d'Agua-dulce à très longue cosse.*

Emploi. — Les cosses encore vertes se mangent cuites, comme les Haricots verts. On mange, cuit aussi, le grain vert ou sec. Dans le Midi, le grain à mi-grosseur est consommé cru avec du pain et du beurre.

Fraisier des Alpes ou des quatre saisons
(*Fragaria alpina*). — ROSACÉES.

Culture. — Les Fraisiers des quatre saisons diffèrent quelque peu des Fraisiers hybrides ou Fraisiers anglais, au point de vue de la reproduction et de leur mode de fructification; aussi nous avons cru bien faire d'en expliquer la culture à part.

D'abord les Fraisiers des quatre saisons se reproduisent parfaitement de semis et, de plus, on les force rarement. La multiplication par le semis est, sans contredit, la meilleure; néanmoins, les coulants peuvent servir. Le semis est fait en juin, à une exposition ombragée; quelques bassinages sont donnés de manière à entretenir la fraîcheur et, lorsque le plant a 3 ou 4 feuilles, on le repique en pépinière, à 18 centimètres en tous sens, dans une planche préparée également à l'ombre ou sur une vieille couche. En août-septembre, ces plants sont bons à mettre en place.

On recommande aussi de semer en mars sur couche tiède, de repiquer ensuite le plant une première fois sous châssis à froid; puis, une seconde fois, à 15 centimètres en pleine terre; et enfin, de le mettre en place en juillet-août. Nous croyons que ce mode de culture, beaucoup plus long, n'est pas compensé par des résultats sensiblement meilleurs.

Pour la multiplication par coulants, nous renvoyons aux

Fig. 83. — Fraisier remontant amélioré (Belle de Meaux).

explications données à ce sujet, pour l'élevage des Fraisiers hybrides presque exclusivement propagés de cette façon.

Quel que soit le mode d'obtention du plant, on le met ordinairement en place en août ou septembre; il donne alors sa première récolte au printemps suivant. Toute plantation faite au printemps ne donne abondamment qu'un an après : il y a donc perte de temps.

Le terrain doit être préparé par une fumure et par un bon labour; on le divise par planches de 1m,40 dans lesquelles sont tracés quatre rangs distants de 40 centimètres et un sentier de 40 centimètres est ménagé entre chaque planche. Les Fraisiers sont arrachés en motte et plantés à la *houlette* à 40 centimètres sur le rang et en quinconce. La plantation terminée, on arrose ; et plusieurs fois après si cela est nécessaire. Un temps sec est choisi pour donner un bon binage et les plantes passent ainsi l'hiver.

En avril suivant, un nouveau binage est donné, les feuilles sèches sont enlevées ; puis on étale sous les Fraisiers un épais paillis de fumier long qui maintient une fraîcheur régulière et préserve les fraises des éclaboussures de la pluie. Les mauvaises herbes sont enlevées au fur et à mesure et les arrosements abondants sont donnés à point.

A l'automne, après la dernière récolte, tous les coulants sont enlevés, ainsi que les feuilles mortes. Pendant trois ans on opère de même ; après quoi, la plantation doit être renouvelée par une nouvelle faite dans un autre carré.

Moyen de reproduction. — Pour obtenir la graine, on choisit les fraises bien mûres, les mieux caractérisées, on les écrase dans l'eau ; les graines qui s'en échappent sont séchées à l'ombre ; elles sont bonnes pendant trois ans.

Variétés. — *F. belle de Meaux* (fig. 83), variété excellente dont le fruit est gros et d'un beau rouge carmin, qualité très appréciée dans le commerce ; *F. Janus amélioré*, bonne variété, fruit allongé, d'un rouge vif ; *F. sans filets*, appelée aussi *F. de Gaillon*, ne donne aucun coulant et par cette circonstance convient spécialement à la formation des bordures.

Fraisier hybride à gros fruits. — ROSACÉES.

Culture. — Le Fraisier à gros fruits, appelé aussi *Fraisier anglais* ou *Grosses fraises*, se multiplie presque exclusivement par ses coulants. Voici comment on opère :

Dans le milieu d'une planche de 1^m,20 de largeur bien labourée et fumée, on plante, en août-septembre, un rang de Fraisiers de la variété que l'on désire propager. Tout l'espace de terrain de chaque côté est réservé aux coulants ; en attendant leur développement, et pour ne pas perdre de place, on y sème des Radis et on plante en même temps quatre rangs de Laitues ou de Romaines. Les arrosements que ces légumes nécessitent sont très profitables aux Fraisiers. Au printemps suivant, on donne un binage profond, et à mesure que les coulants se développent on enterre légèrement leur base, qui émet des racines aussitôt. Si l'on a soin d'enfoncer dans la planche des godets de 8 centimètres remplis de terre mélangée de terreau et de repiquer dans chacun d'eux un coulant, on favorise considérablement le développement et la reprise ultérieure de celui-ci ; c'est précisément cette méthode qui est pratiquée pour l'élevage du plant destiné au forçage.

On traite ainsi le deuxième et même le troisième coulant de chaque filet ; après cela, on supprime ceux qui se développent plus loin ; car leurs produits seraient, plus tard, sensiblement inférieurs à ceux des premiers. On ne laisse pas fructifier les Fraisiers mères, afin qu'ils donnent naissance à des filets vigoureux, robustes et bien nourris. On arrose fréquemment ; les mauvaises herbes sont détruites et les coulants ne tardent pas à garnir toute la surface de la planche.

A défaut de cette préparation, on utilise de la même façon les meilleurs coulants pris dans les carrés de Fraisiers.

En août on les déplante à la houlette en laissant une petite motte de terre à chaque sujet. Les plus forts ou ceux repiqués en godets sont mis à part et forment une planche spéciale ; ou bien ils sont traités, comme il est dit plus loin, en vue de la culture forcée.

La plantation en pleine terre est faite et comme nous l'avons expliqué pour le Fraisier des quatre saisons. Toute plantation de Fraisiers ne devant pas durer plus de trois ans, il est nécessaire d'en faire chaque année une nouvelle.

Il est bon : d'éclaircir les fraises, de supprimer les stolons après chaque récolte, de biner les Fraisiers et de les laisser reposer de façon qu'ils aient des rosettes de feuilles bien formées et résistantes pour passer l'hiver et donner ensuite une abondante récolte. Il faut ensuite enlever les feuilles mortes avant l'hiver et nettoyer et biner les carrés au printemps.

Culture forcée. — Le forçage du Fraisier est fait par de nombreux établissements qui fournissent des fraises dès le mois de janvier.

En première et deuxième saison on se sert, pour cette culture, de petites serres spéciales ou de bâches chauffées au thermosiphon, et en troisième saison, on force sur couche et sous châssis. Le succès dépend de la préparation des plants, de la mise en végétation et du chauffage pendant le forçage. Les transitions subites de la température produisent des arrêts ou des accès de végétation funestes à la fructification. Voici des renseignements pratiques que notre collègue M. Chapy nous a communiqués.

ÉLEVAGE DU PLANT. — Les variétés qui se prêtent le mieux au forçage, sont : *Docteur Morère* (fig. 84), *Jarles*, *Général Chanzy*, *Marguerite Lebreton*, *Princesse royale* ; pour ces deux dernières, il faut choisir des filets moyens ne donnant qu'une seule rosette.

A la fin juillet, les filets élevés comme il est dit plus haut, sont plantés à 25 ou 30 centimètres les uns des autres,

Fig. 84. — Fraisier à gros fruit (Docteur Morère).

dans une planche de 1m,30 de largeur dans laquelle on en forme quatre rangs. Des bassinages fréquemment donnés facilitent la reprise. En octobre, ces plants sont arrachés de nouveau en motte et mis en pots de 15 ou 16 centimètres de diamètre. La terre employée à cet usage est composée six mois ou un an à l'avance de bonne terre franche ou de terre de jardin et de terreau gras, par parties égales ; elle doit avoir été remaniée plusieurs fois par un temps sec et arrosée à l'engrais humain ou au purin.

Pour les hiverner, on place ensuite ces pots dans des coffres sur la terre et à « touche-touche ». Par les grands froids, les coffres sont entourés d'un réchaud formé de vieux fumier de couche, et les châssis sont couverts de paillassons. Les Fraisiers restent ainsi jusqu'au moment du forçage. Les cultivateurs qui forcent en bâche chauffée, les mettent directement en place aussitôt après le rempotage.

Première et deuxième saison. — En décembre, on place par châssis 25 pots de Fraisiers que l'on enterre complètement dans le terreau ou la tannée, en mettant les plantes assez près du verre ; puis on étale sous les feuilles un paillis formé de vieux paillassons hachés menu. Pendant la première semaine, on donne, au moyen du chauffage, 10 à 12° de chaleur pendant le jour et 8° pendant la nuit [1]. La chaleur est augmentée progressivement jusqu'à la floraison, qui s'effectue quatre à cinq semaines après le forçage ; à ce moment on donne 15 à 18° le jour et 12 à 15° la nuit. Toutes les fois que le temps le permet, surtout lors de la floraison, on aère en ouvrant le châssis du côté opposé au vent [2]. Les arrosements faits avec de l'eau ayant la température de la bâche et à l'engrais ne doivent pas être négligés. On assure la fécondation en plaçant dans le châssis quelques pieds de la var. *May Queen* dont les fleurs sont toujours chargées de pollen. De la floraison à la maturation, la température peut s'élever jusqu'à 25°.

La deuxième saison commence fin décembre ; le forçage se fait de la même façon que la première.

Troisième saison. — En janvier on monte une couche de 30 centimètres d'épaisseur mélangée par parties égales de fumier de cheval et de feuilles et chargée de 10 centimètres de terreau. Avant le placement des pots, on attend qu'elle ait donné son « coup de feu » ; puis on en met 25 par châssis. Le paillis, dont j'ai parlé plus haut, est placé également ; de même que les arrosages et l'aération ne diffèrent pas. Un bon procédé consiste à placer sous chaque tige fructifère un petit tuteur terminé par une fourche que l'on trouve dans les rameaux de Bouleau ou mieux encore un support circulaire en fil de fer ; par ce moyen, les Fraises étant suspendues, mûrissent plus régulièrement et ne craignent pas la moisissure.

---

1. Ces données sont très importantes : on comprendra qu'il faut, en cela, imiter la température naturelle, qui monte rarement à plus de 8° pendant la nuit au mois de mars, époque du départ de la végétation du Fraisier en pleine terre.

2. A ce propos nous ajouterons que certaines personnes ont la mauvaise habitude de donner de l'air à un châssis en haut et à un châssis en bas : cela produit un courant d'air, et, par suite, une transition trop brusque toujours funeste. **L'air doit être renouvelé, mais insensiblement, sans que cela produise de refroidissement.**

Pour ne pas manquer de fraises, en attendant la production de la pleine terre, on fait à quinze jours ou trois semaines d'intervalle de nouvelles couches de moins en moins épaisses à mesure que l'on avance en saison.

Culture hâtée. — On peut, dans une certaine mesure, hâter la production du Fraisier cultivé en pleine terre. Pour cela, on place, en février, des coffres et des châssis sur une planche plantée depuis le mois d'août précédent. Les sentiers qui l'entourent sont creusés à 30 centimètres de profondeur et comblés par un réchaud de fumier chaud montant jusqu'au haut du coffre. Ventilation, arrosements doivent être donnés judicieusement. Par ce moyen on obtient des fraises précédant de trois semaines celles de pleine terre.

Culture du Fraisier en tonneau. — Nous devons à nos lecteurs quelques explications au sujet de cette culture, toute nouvelle, qui, dit-on, nous vient d'Amérique où elle est faite pour la production en grand.

Ce genre de plantation étant aussi curieux que productif, on peut donc, pour cultiver ainsi le Fraisier, avoir un peu de place sur un balcon, terrasse, etc. En maison bourgeoise, le jardinier trouvera, en cette culture, un élément de plus, un tonneau planté de Fraisiers portant de nombreux fruits étant assez décoratif.

Voici donc comment on opère : On se procure un tonneau spécialement fabriqué pour cet usage, ou bien on le prépare soi-même. Dans ce cas, on le perce, sur ses parois, de trous, ayant de 4 à 5 centimètres de diamètre, espacés entre eux de 25 centimètres en tous sens. Le fond est également percé, mais de trous plus petits (2 centimètres); ceux-ci sont nécessaires pour l'écoulement de l'eau d'arrosage.

En juillet-août, on le remplit avec de la bonne terre de jardin mélangée de terreau après avoir drainé le fond avec une épaisseur de 10 centimètres de tessons.

La plantation est ensuite opérée en repiquant un filet dans chaque trou. Dans l'ouverture supérieure du tonneau, on plante des filets en les espaçant de 15 à 20 centimètres; après la plantation, le niveau de la terre doit être à 2 centimètres au-dessous des bords du récipient. Des arrosages et quelques bassinages pratiqués dans la suite facilitent la reprise et le développement des Fraisiers.

Le tonneau peut passer une partie de l'hiver dehors en

ayant soin de l'abriter la nuit par des paillassons placés debout autour de lui. Si cependant les gelées augmentent

Fig. 85. — Culture du Fraisier en tonneau.

d'intensité, il devient nécessaire de le rentrer momentanément dans l'orangerie, ou à défaut dans un cellier, dans la cave, ou dans tout autre local, pourvu que celui-ci ne soit ni trop humide, ni trop obscur.

En mars, les Fraisiers plantés dans le tonneau reçoivent les mêmes soins que ceux de pleine terre : nettoyage des feuilles mortes, paillis, etc., arrosages, à l'eau pure et aux engrais potassiques et phosphoriques, afin de favoriser la fructification, qui ne tarde pas à se produire.

Nous devons signaler un accessoire extrêmement utile, le « Rotatif Nayroles », sorte de trépied à roulettes muni à sa base d'une couronne, avec lequel il est possible, sans effort, de faire tourner le tonneau. Cela est d'un grand avantage dans le cas où il n'est exposé que d'un côté aux rayons du soleil ; par le mouvement de rotation on donne à tous les Fraisiers leur part de rayons solaires. La figure 85 nous montre l'installation de ce tonneau tournant.

Variétés. — Les plus généralement cultivées et les meilleures sont : *Docteur Morère* (h.), *Général Chanzy*, *Marguerite Lebreton* (t. h.), *Vicomtesse Héricart de Thury* (t. h.), *Princesse royale* (t. h.), *Docteur Nicaise*, *Louis Vilmorin*, *Jarles* (h.), *Jucunda* (t.) ; les nombreuses autres variétés n'ont une réelle valeur que pour les amateurs de collections.

Emploi. — Nous n'insisterons pas sur l'usage des fraises, universellement connues et appréciées ; nous dirons seulement qu'elles constituent à l'état frais un excellent et très rafraîchissant dessert. Elles sont aussi très recherchées sous forme de confitures. En Allemagne, on prépare avec ces dernières une boisson délicieuse et capiteuse que l'on nomme « bolée de fraises ». On recouvre les fraises d'un sirop de sucre, et on les laisse ainsi quelques heures, après quoi, on verse du vin blanc, un peu de rouge et de l'eau de seltz, puis on mélange le tout.

Fraisiers remontants à gros fruits. — Cette nouvelle race permet de récolter de grosses fraises de mai à octobre. La fructification continue a lieu par la succession des tiges florales qu'émettent les touffes et les filets de l'année dès l'enracinement des variétés : *La Constante féconde*, *Rubicunda* (var. ancienne), *Saint-Joseph*, *Jeanne d'Arc*, *Orégon*, *Léon XIII* et seulement les nouveaux coulants de la variété *Louis Gauthier*. Ces fraisiers, qui se multiplient par stolons et par semis, sont les mêmes et réclament les mêmes soins que les *F. des quatre saisons* ; mais pour accentuer la production d'automne, il est bon de supprimer les premières **tiges florales et les filets qui se développent au printemps.**

Haricot (*Phaseolus vulgaris*). — LÉGUMINEUSES.

Les Haricots cultivés dans les jardins potagers appartiennent surtout aux variétés à consommer en vert sous le nom de *Haricots verts*; les *H. sans parchemin* ou *mange-tout* y ont aussi leur place. Ceux destinés à la consommation en grains secs, à part les *H. flageolet vert*, sont plutôt du ressort de la grande culture.

Culture. — Le Haricot étant difficile au point de vue de la chaleur, les premiers semis ne sont faits qu'en fin avril

Fig. 86. — Haricot nain flageolet très hâtif d'Étampes.

et mai, époque à laquelle il n'y a pas moins de 8° à 10° pendant la nuit. La moindre gelée blanche qui pourrait survenir détruirait complètement le semis.

Selon le terrain, on opère le semis de deux façons : en lignes pour les terrains humides, et en touffes en tout autre cas.

Pour la culture en lignes, on trace des planches de 1^m,30 de large dans lesquelles quatre rayons profonds de 5 centimètres sont creusés. Les graines y sont semées à 10 ou 12 centimètres de distance et les rayons recombés par un hersage de la planche.

S'il s'agit du semis en touffes, on en fait également

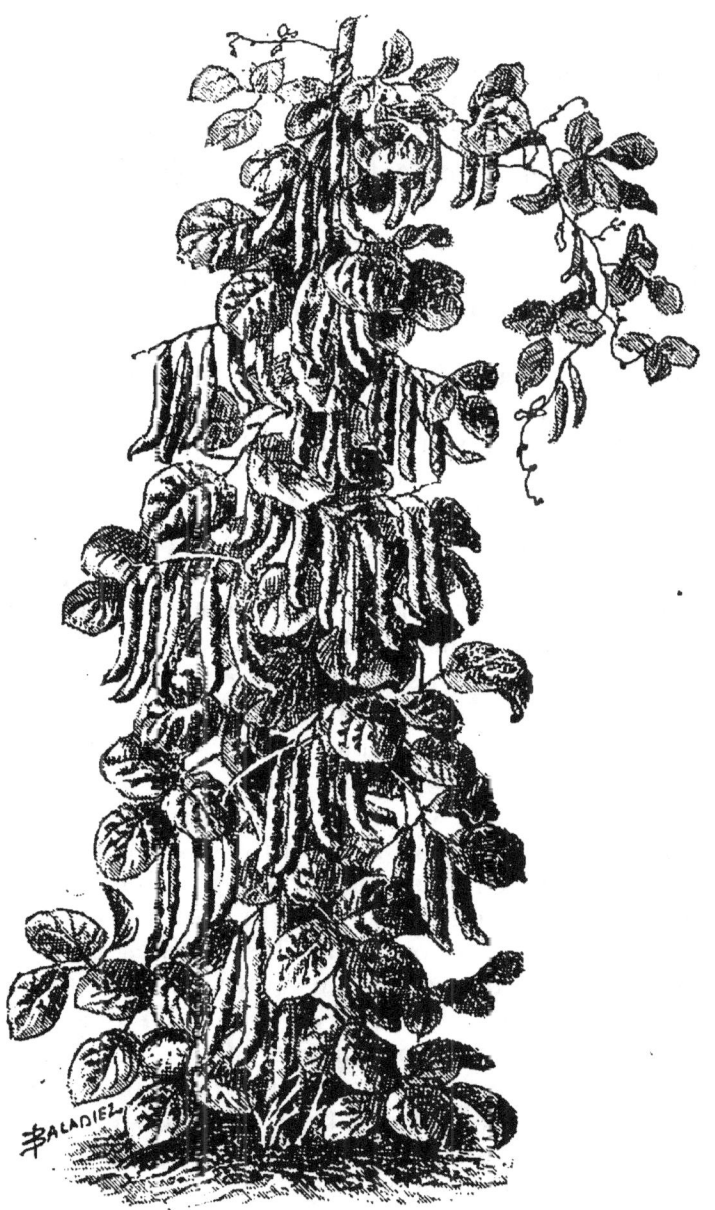

Fig. 87. — Haricot de Soissons a rames.

quatre rangs en les espaçant, sur la ligne, de 40 à 50 centimètres ; on jette six à huit graines par poquet et on les recouvre de terre. On peut aussi faire le semis des Haricots sous châssis, en pots, et les livrer à la pleine terre lorsque les gelées ne sont plus à craindre; cela procure une notable avance dans la production.

Après la levée du plant, plusieurs binages et des arrosages sont nécessaires; il est bon de butter légèrement les pieds. Plus tard, et après un binage et un buttage, on rame les variétés qui en ont besoin. Lorsqu'il fait sec, les arrosages font toujours très bon effet.

Les rames sont enfoncées en terre, les plus petites et les plus droites sur les rangs du milieu de la planche, et les plus longues obliquement, se joignant dans le haut en une sorte de tonnelle.

Les cosses se développent très vite; il faut donc, lorsqu'on veut en faire la récolte, comme Haricots verts, passer tous les deux jours; car, devenus trop gros, ils ne sont plus aussi tendres et les gousses qui restent sur les pieds forment des graines et font cesser la floraison.

Après cette première saison, on continue à semer à quinze jours d'intervalle, afin d'échelonner la production. Les derniers semis sont faits en août pour les Haricots verts, en juin pour les Haricots à grains devant être récoltés en sec et en juillet pour ceux à consommer frais.

La récolte des Haricots destinés à être consommés en sec doit être faite lorsque feuilles et gousses jaunissent; on les traite comme les porte-graines, on les écosse ou on les bat en hiver.

Culture forcée. — Dans le courant de janvier, sur une petite couche d'un châssis préparée à cet effet, ou préférablement sur une vieille couche qui a déjà servi à faire un élevage de Melons, on sème les graines des H. très près les unes des autres. Peu de jours après, on prépare une autre couche de feuilles et de fumier de 40 à 50 centimètres d'épaisseur, que l'on charge de 15 à 20 centimètres de terreau mélangé de terre de jardin. Après qu'elle a donné son coup de feu, le plant est repiqué sur cinq rangs à raison de 14 ou 15 pieds par rang et par châssis. On maintient autant que possible 20 à 22° en augmentant l'épaisseur des réchauds si cela est nécessaire.

Lorsque les Haricots touchent au verre, ils sont couchés vers le haut du châssis et maintenus dans cette position à l'aide d'échalas étendus, dans le sens de la longueur, sur chaque rang de tiges couchées. Les extrémités de celles-ci se relèvent et ne tardent pas à fleurir. On donne de l'air lorsque le temps le permet; et il est inutile d'ajouter que les châssis sont couverts pendant la nuit avec des paillassons, retirés le matin lorsque la température est radoucie.

A quelques semaines d'intervalle, de nouvelles plantations sont faites, afin que la dernière saison précède immédiatement la production de la pleine terre. Cette dernière saison peut également être cultivée sous cloches : le plant étant élevé sur couche, on le repique à raison de trois ou quatre pieds sous chaque cloche; après la reprise, on donne de l'air et, plus tard, lorsque les gelées ne sont plus à craindre, les cloches sont retirées.

Moyen de reproduction. — Les différentes variétés de porte-graines sont plantées assez éloignées les unes des autres afin d'éviter les croisements. Lorsque les cosses sont mûres, on arrache les pieds, on les lie en bottes, que l'on suspend au grenier. La durée germinative est de deux ans.

Variétés. — HARICOTS SANS PARCHEMIN NAINS : *H. jaune de la Chine*, bonne variété très répandue; *H. nain mange-tout extra hâtif*, excellente variété en raison de sa précocité; *H. flageolet beurre*, très bon Haricot mange-tout; *H. Émile* et *H. noir hâtif de Belgique*, recommandables pour la culture forcée.

HARICOTS SANS PARCHEMIN A RAMES : *H. Prédome à rames*, une des meilleures variétés, très répandue; *H. Princesse*, très productif et très hâtif; *H. d'Alger noir*, un des meilleurs mange-tout.

HARICOTS A ÉCOSSER NAINS : *H. flageolet très hâtif d'Étampes*, à grains blancs excellents. *H. Chevrier* et *H. fl. à feuille gaufrée*, les plus répandus parmi les flageolets; *H. jaune de Chalandray*, recommandable ainsi que les deux premiers pour la culture forcée.

HARICOTS A ÉCOSSER A RAMES : *H. de Soissons à rames*, très estimé et très cultivé; *H. de Liancourt*, plus petit; *H. sabre à rames*, variété très vigoureuse et très productive; *H. flageolet beurre à rames*, bonne variété dont le grain est d'une qualité et d'une beauté remarquables.

Emploi. — Les jeunes cosses sont consommées sous le nom de Haricots verts. Le Haricot en grain est d'un usage si fréquent qu'il constitue après la Pomme de terre la base de l'alimentation des travailleurs. Les Haricots mange-tout sont consommés comme les Haricots verts, mais plus tard, au moment où les grains commencent à grossir.

Houblon (*Humulus Lupulus*). — URTICÉES.

Culture. — Dans le potager on réserve au Houblon une planche composée d'une bonne terre profonde et franche. On le plante comme les Haricots à rames. Au commencement du printemps, lorsque les touffes entrent en végétation, on supprime la plupart des jets, en ne conservant sur chaque pied que les deux ou trois plus vigoureux qui grossissent et deviennent tendres.

Emploi. — Dans le nord de la France et en Belgique les jeunes pousses sont consommées au moment où elles sortent de terre; on les prépare à la façon des petites Asperges ou des Salsifis.

Hyssope (*Hyssopus officinalis*). — LABIÉES.

Culture. — L'Hyssope se plante de préférence dans les terres un peu chaudes et calcaires. On sème en avril, en pleine terre, et on plante en juillet, ordinairement en bordure. Dans les pays froids le semis est le procédé de propagation habituellement employé; la multiplication par division des touffes, qui s'enracinent du reste très facilement, est usitée dans les régions chaudes et tempérées. Une plantation d'Hyssope doit être renouvelée tous les trois ou quatre ans.

Emploi. — On emploie les feuilles et l'extrémité des rameaux comme condiment, surtout dans les pays du nord.

Igname de Chine (*Dioscorea Batatas*). — DIOSCORÉES.

Culture. — Le terrain qui doit recevoir cette culture doit être suffisamment sain et profondément labouré, afin que les rhizomes puissent se développer librement. En avril, on repique au plantoir à 25 ou 30 centimètres de distance en tous sens, les extrémités supérieures des racines munies de leur collet ou préférablement les petits rhizomes, laissés de toute leur longueur.

Quant aux soins à leur donner pendant la végétation, ce sont des binages et des arrosages; des rames leur sont également nécessaires; plus longues que celles des Haricots, elles sont placées de la même manière.

La récolte doit être faite en novembre; cette opération est assez difficile en raison de la longueur de certaines racines. Il est nécessaire, afin de ne pas les briser, d'ouvrir une grande jauge et de se servir de la houe fourchue ou de la fourche à dents plates. Les racines peuvent se conserver, comme les Pommes de terre, pendant cinq ou six mois.

Moyen de reproduction. — Outre ce moyen dont nous avons parlé, pour multiplier cette plante on emploie les bulbilles naissant a l'aisselle des feuilles. Il faudrait alors les cultiver en pépinière et ne les planter en place que l'année suivante.

Emploi. — On mange les racines cuites comme les Pommes de terre.

Laitue pommée (*Lactuca capitata*). — COMPOSÉES.

Culture. — LAITUES D'HIVER. — Depuis le 15 août jusqu'au 15 septembre, on sème en pleine terre les différentes variétés de Laitues d'hiver. Le semis est recouvert de terreau et fréquemment bassiné. Dans le courant d'octobre, le plant est repiqué en place à 25 ou 30 centimètres de distance en tous sens; une planche bien saine et à bonne exposition est choisie à cet effet, au pied d'un mur au midi ou au levant. A partir de cette époque, les Laitues se développent peu et passent ordinairement l'hiver sans abri; cependant, s'il ne tombe pas de neige, il est bon d'étendre un peu de longue paille que l'on retire et l'on remet selon le temps. Aux premiers beaux jours, on donne un binage; les Laitues commencent à donner en avril jusqu'à la fin de mai, c'est-à-dire jusqu'au moment où celles de printemps peuvent leur succéder. Les pieds pouvant manquer sont remplacés par d'autres repiqués à cet effet en pépinière.

LAITUES DE PRINTEMPS. — En mars, sur une planche bien exposée, garnie de coffres et de châssis ou de cloches, ou préférablement sur une couche tiède ayant déjà servi à une autre culture, on sème les Laitues de printemps. Le plant est repiqué à raison de quatre par cloche et d'une Romaine qui occupe le centre. Le plant, plus tardif venant du semis en planche, est repiqué en avril en pleine terre. Les Laitues ainsi traitées donnent leurs produits, les premières en mai et les secondes en juin.

On peut également obtenir des Laitues de printemps avec des plants provenant d'un semis d'automne que nous expliquerons plus loin au paragraphe : « *Culture forcée* ».

Ces plants, comme les précédents, sont mis en place sous cloches ou en pleine terre à bonne exposition.

Laitues d'été et d'automne. — Depuis le mois de mars jusqu'en juillet, les semis se font en pleine terre; on recouvre la graine d'un bon paillis de fumier court, et dès que le plant est assez fort, on le repique en place, cette fois en plein carré. Les variétés cultivées à cette époque prennent plus de développement, on les plante moins serrées, à 40 centimètres, sur les rangs distants les uns des autres de 25 centimètres. Dans les terres sèches, ni les arrosements ni les binages ne doivent être ménagés, si l'on veut que les Laitues soient belles et tendres. Ajoutons qu'il est bon d'en semer et d'en planter tous les quinze jours

Fig. 88. — Laitue gotte.

Culture forcée. — La culture des Laitues de primeur se fait avec du plant bon à mettre en place en décembre et janvier; on l'obtient de la manière suivante :

En septembre, on sème, sur couche tiède ou sous cloches sur terreau, les variétés à forcer dont nous donnerons les noms plus loin. Dès que le plant a deux feuilles au-dessus des cotylédons, on prépare, sur une côtière bien exposée, une planche inclinée fortement du côté du midi. On place deux ou trois rangs de cloches et sous chacune on repique 25 ou 30 Laitues. A l'approche des grands froids, les cloches sont entourées d'un *accot* de vieux fumier et couvertes pendant la nuit par des paillassons ou de la paille sèche.

Vers le 15 décembre, on prépare une couche de 40 centimètres d'épaisseur chargée de 10 centimètres de terreau. Le plant est arraché avec de petites mottes et planté à raison de 36 par châssis. En culture maraîchère proprement dite, les Laitues sont plantées dans les couches de Carottes, 16 par châssis. Cette méthode est très bonne parce que les Laitues sont récoltées toutes à la fois et vendues avant qu'elles nuisent aux Carottes ; en maison bourgeoise, où on ne les consomme que petit à petit et lorsqu'elles sont bien pommées cela ne serait pas aussi pratique.

Quoi qu'il en soit, il faut enlever avec soin les feuilles de la base qui viendraient à pourrir, couvrir la nuit avec des paillassons et recharger les réchauds lors des fortes gelées.

Afin de prolonger la récolte jusqu'aux Laitues de la pleine terre, on construit de nouvelles couches à quinze jours ou trois semaines d'intervalle jusqu'à la fin de février pour la *Laitue Georges*.

Fig. 89. — Laitue palatine.

Moyen de reproduction. — Pour obtenir de la graine, les plus beaux plants de chaque variété sont plantés à part ; ils fleurissent la même année, sauf pour les Laitues d'hiver, qui montent au printemps suivant. Afin de faciliter la sortie des tiges florales, on donne deux coups de couteau en croix dans la pomme. Comme l'humidité est pernicieuse, à l'approche de la maturité, on couvre les tiges par des cloches ou des papiers suspendus par des piquets. La durée germinative est de quatre ans.

Variétés. — Laitues d'hiver : *L. Passion, L. Passion blanche* ; ces deux variétés sont considérées comme les plus rustiques pour la culture en pleine terre, graine blanche ; *L. grosse blonde d'hiver*, bonne pour les semis d'automne et d'hiver, graine blanche ; *L. rouge d'hiver*, de même qualité que la précédente, graine noire.

Laitues de printemps : *L. crêpe ou petite noire*, bonne pour la culture forcée, graine noire ; *L. gotte* (fig. 88), comme la précédente, bonne pour la culture forcée et aussi pour celle de pleine terre, graine noire et blanche ; *L. gotte lente à monter*, assez petite, bonne à cultiver en pleine terre, graine noire ; *L. Georges*, excellente variété prenant plus de développement que les précédentes et convenant principalement pour la culture forcée en deuxième saison et pour les premières plantations sur côtière et en pleine terre.

Laitues d'été : *L. blonde d'été*, la plus généralement cultivée, graine blanche ; *L. blonde de Versailles*, convient également aux semis de printemps ; *L. grosse blonde paresseuse*, très volumineuse et très productive, graine blanche ; *L. palatine* (fig. 89), résiste parfaitement à la chaleur, graine blanche ; *L. à bord rouge*, excellente variété, très tendre, ressemblant à la *L. gotte*, graine blanche ; *L. Merveille des quatre saisons*, bonne variété, pouvant être cultivée en toute saison, mais préférablement en été, graine noire ; *L. blonde géante*, une des plus volumineuses, très estimée par les maraîchers de Paris, graine blanche.

Laitue à couper.

Culture. — Tout ce que nous avons dit pour le semis, la culture et la reproduction des Laitues pommées, est applicable à la Laitue à couper, avec cette différence que celle-ci ne subit pas de repiquage.

Variétés. — *L. blonde à couper*, pour la culture sous châssis ; *L. Épinard*, passant assez bien l'hiver et repoussant après avoir été coupée ; *L. Chicorée*, bonne pour l'été.

Laitue Romaine.

Culture. — La culture de cette race de Laitue est la même que celle de la précédente. Certaines variétés sont aussi rustiques que les Laitues pommées d'hiver.

En culture forcée, on procède également de la même manière en repiquant moitié Laitues et moitié Romaines ; cependant, comme il n'existe pas de Romaines d'assez petite dimension, on ne peut pas les associer aux Carottes de primeur. Le plant semé en octobre doit subir plusieurs repiquages; il est hiverné à raison de 19 à 20 par cloche. Aux mêmes époques sont faites de petites couches spéciales, pour elles. On les repique aussi sous cloches à raison de une Romaine pour 4 Laitues; elles donnent ainsi de plus beaux produits.

Fig. 90. — Romaine Ballon.

Variétés. — Romaines d'hiver : *R. royale verte*, *R. rouge d'hiver*, *R. verte d'hiver*; ces trois variétés sont tout aussi rustiques que la Laitue Passion et passent, comme elle, aussi bien l'hiver.

Romaines de printemps : *R. verte maraîchère*, excellente pour le forçage, *R. blonde maraîchère*, *R. blonde hâtive de Trianon*, elles conviennent toutes trois aussi bien aux semis d'été qu'à ceux de printemps.

Romaines d'été et d'automne : *R. alphange*, *R. brune anglaise*, *R. Ballon* (fig. 90); toutes trois sont rustiques, la dernière surtout est volumineuse.

Emploi. — Toutes les Laitues en général sont consommées crues en salade. La Laitue à couper est aussi mangée cuite.

Lentille (*Lens esculenta*). — LÉGUMINEUSES.

La Lentille est peu cultivée dans le potager; c'est à tort, car elle fournit un bon légume sec pour l'hiver.

Culture. — La Lentille se sème en mars en lignes distantes de 30 centimètres. Elle préfère les sols légers; c'est du moins dans ceux-là qu'elle fructifie le plus. La récolte a lieu dans le courant d'août ou de septembre. Pendant le cours de sa végétation, lui donner deux binages, afin de détruire les mauvaises herbes et d'empêcher la terre de durcir. Au moment de la maturité, on peut contreplanter des Haricots verts entre les lignes, et cette seconde récolte faite on peut encore semer des Navets. Les grains se conservant mieux dans les cosses qu'une fois battus, il est préférable de ne battre les Lentilles qu'au fur et à mesure des besoins.

La durée germinative des graines est de quatre ans.

La variété préférée est la *Lentille large blonde*.

Emploi. — On mange le grain sec à la manière des Haricots et en purées.

Lotier cultivé (*Lotus Tetragonolobus*). — LÉGUMINEUSES.

Culture. — Le Lotier cultivé, qu'il ne faut pas confondre avec le *Lotier corniculé* et le *L. velu*, demande les mêmes soins que les Haricots. On le sème au mois d'avril en place, et il ne réclame que quelques arrosages en cas de grande sécheresse.

Emploi. — Les gousses, jeunes et tendres, sont mangées comme les Haricots verts. Le grain torréfié est un succédané du Café.

Mâche commune (*Valerianella olitoria*).
Mâche d'Italie (*Valerianella eriocarpa*). — VALÉRIANÉES.

Culture. — La Mâche doit être semée en place en août pour être récoltée en septembre-octobre, en septembre pour la récolter en hiver, et en octobre pour la cueillette du printemps. Très souvent les semis suivent une récolte d'une autre plante; après avoir nettoyé le sol, sans qu'il soit nécessaire de le labourer, la Mâche affectionnant assez une terre ferme.

Quelle que soit l'époque, on sème à la volée en planches

de 1^m,30 centimètres. Après avoir fait un hersage à la fourche on étend sur toute la surface une petite couche de terreau. Pour les semis d'août et de septembre, on donne quelques bassinages et arrosages.

La Mâche d'Italie moins rustique sous le climat de Paris est plus tardive que la Mâche commune ; elle convient particulièrement aux semis d'août et de septembre et aux cultures méridionales.

Moyen de reproduction. — Les Mâches semées en automne montent à graine au printemps suivant; la récolte en est faite en juin. La durée germinative est de quatre ans; la vieille graine a cette particularité de lever plus régulièrement que la nouvelle.

Variétés. — MÂCHE COMMUNE : *M. ronde, M. verte d'Étampes, M. verte à cœur plein.*

MÂCHE D'ITALIE : *M. d'Italie ordinaire, M. d'Italie à feuille de Laitue.*

Emploi. — Se mange en salade.

Maïs sucré (*Zea Mais*). — GRAMINÉES.

Culture. — On sème en pleine terre vers le 20 avril en lignes distantes de 30 centimètres. Quelques binages et quelques arrosages sont les seuls soins à donner. On peut avancer la production en semant sur couche tiède, et en transplantant en pleine terre vers le 20 mai. On peut contreplanter parmi, des Choux, des Choux-fleurs, etc.

En faisant des semis successifs, on peut avoir des épis frais jusqu'aux gelées.

Variétés. — *M. hâtif du Minnesota; M. h. de Crosby; M. Concord; M. sucré toujours vert,* plus tardif, conservant ses épis plus longtemps tendres.

Emploi. — On mange l'épi cuit à l'eau que l'on sert entier ou égrené. Les petits épis tout jeunes, cueillis avant la floraison, sont confits au vinaigre à la façon des Cornichons. Les Américains ont été les premiers à utiliser le Maïs comme légume.

Marjolaine vivace (*Origanum vulgare*). — LABIÉES.

Culture. — On sème en mars, sur plate-bande, à l'exposition du midi. On la repique très jeune et on la met en

Jardinage.

place au printemps suivant. Elle se plante comme la Lavande et le Thym, en bordure autour des carrés du potager; elle y vit plusieurs années. Tous les deux ou trois ans, les touffes sont dédoublées.

Emploi. — On cultive la Marjolaine vivace, surtout dans le nord de la France, en raison de ses propriétés sudorifiques et stimulantes. On l'emploie dans l'assaisonnement de certains mets, principalement du boudin, des saucisses, des hachis, des fricadelles, etc. Ses feuilles rôties servent à falsifier le Thé.

Marjolaine à coquille (*Origanum Majorana*).

Culture. — Cette espèce, quoique vivace, est annuelle dans la culture. On la sème en place en mars-avril; un mois après on commence à en cueillir les feuilles. Dans le Midi le semis se fait en octobre. On l'abrite des vents du nord, et on la met en place au mois d'avril.

Emploi. — Les extrémités des pousses et les feuilles sont principalement recherchées pour les assaisonnements, dans le midi de la France.

Martynia (*Martynia*). — Pédalinées.

Culture. — Les Martynias se cultivent exactement comme les Melons; comme eux ils demandent de la chaleur pour se développer. On les sèmera donc sur couche chaude et on les repiquera également sur couche.

Variétés. — On cultive deux espèces : le *M. lutea*, qui est cultivé en quantité aux États-Unis pour les *pickles*, mets qui consiste à mettre les fruits dans du vinaigre et du sel, auxquels on ajoute parfois de la moutarde; ses fruits sont petits, mais il en donne beaucoup. Le *M. proboscidea* donne des fruits plus gros et d'une forme plus accentuée.

Emploi. — Lorsque les fruits sont tendres, ils sont mangés, confits dans le vinaigre.

Melon d'eau, Pastèque (*Cucumis Citrullus*). — Cucurbitacées.

Melon vert à rames.

Culture. — Cette plante, plus connue sous le nom de Pastèque, n'est guère cultivée en Europe que sur les bords de la Méditerranée et dans le midi de la Russie, comme les

Melons, en plein champ et sans aucun soin. Sous le climat de Paris, elle ne peut être cultivée qu'à titre de curiosité, ses fruits n'ayant aucune saveur; encore faut-il, pour les obtenir ainsi, la cultiver sous châssis comme le Melon. Contrairement à ce dernier, il ne faut pas la tailler, on doit laisser ses tiges se développer et s'étendre librement.

Emploi. — Le fruit se mange cru à la manière des Melons. Coupée par tranches sa pulpe est confite; ou bien encore on en fait des confitures. Le fruit, avant sa maturité, est consommé comme légume à la façon de la Courge à la moelle.

Signalons aussi le *Melon vert à rames* que l'on élève sur couche comme il est dit ci-dessous et dont les pieds plantés sur une petite couche à bonne exposition, grimpent parmi les treillages et donnent des fruits qui plaisent à certaines personnes.

Melon (*Cucumis Melo*). — CUCURBITACÉES.

Culture. — Sous le climat de Paris, la culture du Melon en pleine terre n'est presque jamais pratiquée. Les dernières saisons, même, ont besoin de l'abri des châssis ou des cloches. Les maraîchers du Midi, plus favorisés, pratiquent cette culture sur une grande échelle. Dans le Bordelais, on plante le Melon dans les Vignes. A Mâcon nous l'avons vu cultiver en plein air sur ados.

Cette dernière plantation, comme, du reste, toutes plantations en plein air, ne doit être faite qu'après avoir construit une couche de fumier neuf à une certaine profondeur; voici comment on opère : lorsqu'il s'agit d'une plantation en lignes continues, on ouvre une tranchée de 50 centimètres de largeur et profonde de 20 centimètres dont la terre est mise provisoirement de chaque côté. Cette tranchée est comblée par une couche de fumier neuf que l'on mouille pour le faire entrer plus vite en fermentation. La terre est mise en « dos d'âne » par-dessus, et les graines de Melon sont semées au nombre de trois dans de petites cuvettes pratiquées au sommet de l'ados, à un mètre environ d'intervalle. Après la levée, un pied ou deux sont laissés auxquels on fait subir la taille au moment voulu; nous expliquerons plus loin cette taille. Par la suite, il n'y a plus qu'à arroser et soigner les Melons comme nous l'expliquerons pour les dernières saisons cultivées sous le climat de Paris.

Culture forcée. — Élevage du Melon. Dans la seconde quinzaine de décembre, on monte une couche de 70 à 80 centimètres d'épaisseur, de la grandeur d'un seul châssis.

Cette couche est chargée de 10 centimètres de terreau dans lequel on enterre des godets de 8 centimètres, *à demi remplis* de bonne terre. Lorsque le coup de feu est donné et que le thermomètre de fond n'accuse pas plus de 30 degrés, on sème deux graines de Melon par godet. Une bonne chaleur est maintenue, en ayant soin de couvrir la nuit et au besoin de mettre un double châssis. Après la levée, on ne laisse que le plus fort plant dans chaque pot, que l'on achève de remplir par de la *terre tiédie* sur les tuyaux d'une serre : il faut bien se garder d'employer de la terre froide. On donne un peu d'air et de légers bassinages quand il fait du soleil ; pendant la nuit, on observe toujours les mêmes soins. Si la température n'est pas assez élevée, on ranime la chaleur en remaniant les réchauds, mais avec modération, car les coups de feu sont funestes et toujours à craindre.

Nous conseillons même, dans la journée suivant l'exécution de ce travail, de se rendre compte de l'état de la température avec le thermomètre de fond et de supprimer une partie de la couverture, ou d'éloigner, d'un centimètre environ, le réchaud du bord du coffre, si la chaleur avait tendance à monter trop fort.

Les jeunes Melons subissent ensuite la première taille à deux feuilles au-dessus des cotylédons que l'on supprime ainsi que les deux bourgeons axillaires. Après cela ils sont bons à planter à demeure.

Plantation. — Une couche de plus grande dimension et de même épaisseur que la première est dressée et chargée cette fois de 12 à 15 centimètres de bonne terre meuble composée, par parties égales, de terre de jardin et de terreau gras, le tout mélangé six ou huit mois à l'avance. Lorsque le coup de feu est donné, on plante deux pieds de Melon par châssis. A partir de ce moment, on apporte des soins assidus qui se résument : aérer, quand il fait assez chaud dehors ; ombrer avec un peu de paillis jeté sur les carreaux quand il fait du soleil ; arroser peu ou pas ; donner un bassinage à l'eau tiède, matin et soir, excepté par temps de gelée et de pluie ; couvrir de bonne heure le soir quand **le temps est menaçant ; enfin, remanier les réchauds lorsque la température de la couche diminue.**

Entre temps et à la suite du premier pincement à deux yeux, deux bourgeons se sont développés. Lorsqu'ils ont atteint 30 ou 40 centimètres, on les pince à trois feuilles, ce qui détermine le développement de trois nouveaux bourgeons sur chacun d'eux. A ce moment, il est utile d'étendre sur le terrain de la couche un paillis de fumier à demi décomposé. Quelques jours plus tard, on pratique une nouvelle taille à deux feuilles sur ces cinq ou six bourgeons, de sorte que chacun d'eux développera deux pousses qui,

Fig. 91. — Melon Prescott fond blanc, de Paris.

normalement, devront porter les premières bonnes fleurs femelles. Aussitôt la fécondation terminée, on doit choisir parmi les jeunes Melons noués, appelés *mailles*, les deux plus beaux, paraissant de bonne venue et supprimer les autres; en même temps un nouveau pincement est opéré à une feuille au-dessus de la maille. Il n'y a plus, alors, qu'à prendre soin des fruits: ne pas les exposer aux rayons du soleil, qui les durciraient et arrêteraient leur développement, mettre sous chacun, une planchette pour qu'il ne repose pas directement sur le sol, et donner de l'air pendant le jour, assez largement pour que la chaleur ne soit pas excessive à l'intérieur du châssis.

A partir de ce moment, on ne fait plus aucune taille;

12.

es arrosements deviennent de plus en plus nécessaires à mesure que la température du dehors augmente; les bassinages sont aussi urgents pour éloigner la *grise*, le plus terrible ennemi du Melon.

Le Melon est reconnu à point pour la cueillette, lorsqu'on perçoit la bonne odeur qu'il exhale et que son pédoncule semble vouloir se détacher par suite d'une fente circulaire qui se produit inévitablement à l'approche de la maturité; on le cueille alors avec une partie de la tige qui le porte. On le met dans un lieu frais où après y avoir passé quelques jours on dit qu'il est *fait*, et, dans ce cas, bon à déguster.

Pour qu'il n'y ait pas d'interruption dans la récolte, on fait une deuxième et une troisième saison en la commençant quinze jours ou trois semaines après la plantation de la précédente. La manière d'opérer est la même, sauf que la couche devra être moins épaisse.

Culture de saison. — La première saison de Melons sur *couche sourde* ou *tiède* commence dans la première quinzaine d'avril; les produits succèdent à ceux venus sur couche chaude.

Dans un carré où il n'a pas été cultivé de Melons depuis trois ans, une tranchée de 80 centimètres de largeur sur 20 centimètres de profondeur est ouverte; dans cet encaissement on établit une couche de fumier neuf sur lequel on ramène la terre en la bombant légèrement; puis, on place les coffres et les châssis.

On plante également deux Melons par châssis, et il n'y a plus qu'à les traiter comme nous l'avons dit. Si plusieurs lignes sont faites dans le même carré, les tranchées sont distancées de façon qu'il y ait entre les coffres un sentier de 50 à 60 centimètres. Après la deuxième taille, on apporte dans ces sentiers un bon paillis de fumier gras à moitié consommé, après avoir ameubli le sol par un léger piochage. Les racines qui s'allongent parfois au delà des coffres, profitent de cet engrais.

Pour les seconde et troisième saisons, qui commencent en fin avril et mai, il n'est pas nécessaire d'avoir une couche aussi épaisse, de même que les châssis et les coffres sont généralement ôtés en juillet, lorsque la fraîcheur des nuits ne porte plus préjudice aux Melons. Avant même que **la récolte soit terminée, on plante ordinairement quatre Choux-fleurs d'été par châssis.**

Moyen de reproduction. — La graine du plus beau fruit de chaque variété est recueillie, puis séchée à l'ombre; elle se conserve pendant quatre à cinq ans.

Variétés. — M. *Cantaloup Prescott petit hâtif*; M. *C. noir des Carmes*; ces deux variétés sont les plus recommandables pour la culture forcée en première saison; M. *C. Prescott fond blanc de Paris* (fig. 91), M. *C. d'Alger*, M. *C. Prescott fond blanc argenté*, M. *C. fond gris*, M. *sucrin de Tours*; toutes ces variétés conviennent aussi bien pour les deuxième et troisième saisons sur couche chaude, que pour la culture sur couche sourde.

Emploi. — On mange le fruit cru comme hors-d'œuvre ou comme dessert. En Allemagne, après en avoir découpé de fines tranches que l'on saupoudre de sucre, on les arrose de rhum pour les manger quelques heures après.

Menthe (*Mentha*). — LABIÉES.

Les rameaux et feuilles des espèces suivantes : M. *de chat*, M. *poivrée*, M. *pouliot*, M. *verte* sont utilisés pour les liqueurs et comme condiment. On les multiplie par sectionnement des touffes que l'on plante dans un endroit frais.

Moutarde blanche (*Sinapis alba*). — CRUCIFÈRES.

Culture. — La Moutarde blanche se sème soit en pots, soit à la volée sous châssis, et l'on coupe les tiges aussitôt que les cotylédons ou feuilles séminales sont bien développés et bien verts. Cette culture ne demande pas plus d'une semaine.

Emploi. — Les jeunes feuilles s'emploient comme salade ou comme garniture.

La variété connue sous le nom de Moutarde noire (*Sinapis nigra*) n'est employée également comme légume qu'à l'état de petit semis. Les graines servent à la fabrication de la moutarde de table. Sa culture est identique à la précédente.

Moutarde à feuille de Chou (*Sinapis species*). — CRUCIFÈRES.

Culture. — On sème au mois d'août, en pleine terre, en rayons espacés de 40 centimètres. Le semis ne demande aucun soin, si ce n'est quelques arrosements pour assurer la levée. Au bout de six semaines, on peut commencer à cueillir des feuilles, et la récolte se prolonge jusqu'aux grands froids. Le semis fait à cette époque est seul à recommander.

Emploi. — On mange les feuilles à l'instar des Epinards;

Fig. 92. — Navet des Vertus marteau.   Fig. 93. — Navet long de Meaux.

elles donnent un produit très abondant et d'un goût agréable. Ce légume est très apprécié dans le Midi.

Navet (*Bassica Napus*). — CRUCIFÈRES.

Culture. — Le Navet n'aime pas la chaleur et quoique l'on puisse en avoir toute l'année, c'est principalement la saison d'automne qui est la plus propice à sa végétation; aussi en sème-t-on à cette époque en abondance pour les besoins de l'hiver.

Les Navets de printemps s'obtiennent ainsi : en février, des coffres sont placés sur une terre bien fumée et labourée, on sème à la volée, on enterre la graine par un hersage et on place les châssis. Plus tard, on éclaircit, et on donne de l'air. Ces Navets sont récoltés en avril et mai. Un nouveau semis est fait en mars, en pleine terre; les semis suivants sont faits à un mois d'intervalle. Durant l'été, on doit choisir une exposition ombragée et fraîche, ou mieux encore, semer dans d'autres cultures : Haricots, Pommes de terre, Artichauts, Cardons, etc.; l'ombrage de ces plantes est très favorable aux Navets.

Les derniers semis se font pour les variétés tardives en juillet-août, et pour les variétés hâtives en août-septembre, à la volée; après quoi on herse à la griffe et on plombe légèrement. L'éclaircie est ensuite pratiquée pour espacer le plant de 12 à 15 centimètres en tous sens.

Les Navets destinés à la conservation de l'hiver sont arrachés avant les premiers froids et mis en silo comme nous l'avons expliqué pour les Betteraves.

Moyen de reproduction. — Au printemps, les Navets les mieux caractérisés sont plantés à 30 centimètres de distance. Afin d'éviter les hybridations, chaque année on ne cultive qu'une variété pour graine; sans cette précaution il faudrait mettre les différentes variétés à une distance considérable. La graine est récoltée en juin; sa durée germinative est de cinq ans.

Variétés. — *N. rond des Vertus*, la meilleure variété pour la culture sous châssis; *N. blanc plat hâtif*; *N. rouge plat hâtif*; *N. plat hâtif*; ces trois variétés sont aussi très cultivées en primeurs; *N. de Milan rouge plat à châssis*, cette variété a comme les précédentes les mêmes qualités; *N. des Vertus marteau* (fig. 92), *N. long de Meaux* (fig. 93), bons pour toutes cultures et pour la conservation d'hiver; *N. jaune de Montmagny*, excellent avant d'avoir atteint son entier développement; *N. jaune de Hollande*, une des meilleures variétés.

Emploi. — La racine donne bon goût au pot-au-feu. Elle est accommodée avec la viande en diverses circonstances.

Oignon (*Allium Cepa*). — LILIACÉES.

Culture. — Les semis se font à deux époques différentes suivant que l'on cultive les gros Oignons rouges pâles tardifs ou les petits Oignons blancs hâtifs; les premiers se sèment au printemps et les seconds à l'automne.

CULTURE ESTIVALE. — En février ou mars, on profite de quelques jours de hâle pour émietter soigneusement la terre dans un carré labouré depuis l'automne précédent. On trace des planches de 1ᵐ,30 de largeur avec sentiers de 40 centimètres. Après cela, on sème assez clair pour simplifier l'éclaircissage, on herse à la griffe et enfin on étale au-dessus une couche de terreau de 2 à 3 centimètres.

Après la levée, on éclaircit le plant de façon à laisser entre chaque un espace de 8 à 10 centimètres; le désherbage se pratique plusieurs fois dans l'année. Au début quelques bassinages légers sont suffisants; mais à mesure que la chaleur est plus élevée, les arrosages doivent être plus copieux pour que les Oignons ne s'arrêtent pas dans leur développement. Il est d'usage, dans le courant de juillet, de coucher les fanes en les appuyant avec le râteau. En août les feuilles jaunissent, les Oignons sont alors bons à récolter; ils sont arrachés et, pendant huit jours, exposés au soleil. Au bout de ce temps, ils sont livrés au commerce ou rentrés au grenier; là ils se conservent tout l'hiver, à la condition de retirer, à mesure, ceux qui seraient pourris ou tachés.

En Bretagne, où cette plante fait l'objet d'une culture considérable, on fait des bottes d'Oignons en tressant les fanes.

CULTURE HIVERNALE ET PRINTANIÈRE. — Sous le climat de Paris les variétés hâtives d'Oignon blanc sont semées très dru en août. On les repique en octobre à 10 centimètres en tous sens, dans une terre légère assez bien exposée. On repique aussi en mars des Oignons provenant d'un semis du mois de septembre. On peut également en avancer la production en plaçant au-dessus d'une planche des coffres et des châssis. De cette façon la récolte se poursuit d'avril en juin.

Afin d'obtenir de nouveaux produits succédant à ceux-ci, on sème sur couche en février pour repiquer en mars en pleine terre. A partir de cette époque les semis en place se continuent jusqu'en juin.

Dans le Midi on pratique surtout le semis d'automne non seulement pour les petits Oignons blancs, mais aussi pour toutes les variétés d'Oignons gros rouges. C'est par ce moyen que sous ce climat de gros produits sont obtenus et apportés en toutes saisons sur nos marchés.

Moyen de reproduction. — Les porte-graines sont choisis parmi les Oignons les plus beaux et les mieux caractérisés, dans chaque variété, que l'on plante en mars à 40 centimètres l'un de l'autre. Les tiges florales sont coupées en août.

Pour l'Oignon blanc, les porte-graines sont plantés en août ou en septembre.

Il est assez difficile d'extraire la graine de son enveloppe, aussi doit-on, pour aller plus vite, placer toutes les têtes dans un sac; la fermentation ne tarde pas à se produire. Au bout de huit jours on les broie à la main dans un baquet d'eau; la graine tombant au fond est recueillie et séchée; elle se conserve pendant deux ans.

Variétés. — GROS OIGNONS OU OIGNONS DE GARDE : *O. jaune paille des Vertus, O. jaune-soufre d'Espagne, O. rouge pâle ordinaire, O. rose de bonne garde, O. rouge de Mézières, O. rouge vif d'août, O. rouge foncé.*

PETITS OIGNONS OU OIGNONS BLANCS : *O. blanc très hâtif de la Reine, O. blanc extra hâtif de Barletta, O. blanc hâtif de Paris, O. blanc gros.*

Emploi. — L'Oignon est d'un emploi fréquent en cuisine où on l'associe à toutes sortes de sauces. Les petits Oignons sont ajoutés aux Cornichons confits.

Oseille (*Rumex acetosa*). — POLYGONÉES.

Culture. — L'Oseille est une plante vivace qui se propage aussi bien par la division des touffes que par le semis. Le premier moyen est surtout employé pour la plantation des bordures.

Au printemps on sème l'Oseille en planche et en rayons espacés de 25 centimètres. Après la levée, le plant est éclairci à 12 centimètres d'intervalle; on procède à la cueillette feuille par feuille en ne prenant toujours que les plus développées. Après trois ans de récolte sur la même planche, elle est considérée comme épuisée et doit être remplacée soit par semis, soit par division des touffes.

L'Oseille fraîche est obtenue l'hiver en plantant des touffes en novembre et en décembre sur couche de 30 centimètres d'épaisseur, dont on entretient la chaleur par des réchauds ou en en rentrant quelques potées dans un endroit chaud.

Moyen de reproduction. — L'Oseille étant une plante *dioïque*, il faut laisser monter une certaine quantité de tiges, ne sachant pas à l'avance lesquelles seront mâles ou femelles; la récolte en est faite en juillet; la durée germinative est de deux ans.

Variétés. — *O. de Belleville*, la plus cultivée et la plus estimée; *O. vierge*, bonne pour la plantation des bordures.

Emploi. — Les feuilles cuites sont consommées seules ou le plus souvent mélangées aux Épinards. Elles sont aussi utilisées pour les potages qui sont rafraîchissants.

Panais (*Pastinaca sativa*). — OMBELLIFÈRES.

Culture. — On sème la graine du Panais en mars, de la même manière que les Carottes; on éclaircit si le plant est trop dru, ce qui est rarement nécessaire, la graine étant d'une levée capricieuse. Dès octobre, les racines sont arrachées au fur et à mesure des besoins.

Moyen de reproduction. — Les Panais porte-graines sont choisis au printemps parmi les plus beaux et replantés aussitôt. La tige monte, on la coupe en août et on en extrait la graine, qui n'est bonne que pendant un an.

Variétés. — *P. rond*, *P. long*, *P. demi-long de Guernesey*; ce dernier est surtout une plante fourragère.

Emploi. — La racine est employée à donner du goût au pot-au-feu.

Patate douce (*Convolvulus Batatas*). — CONVOLVULACÉES.

Culture. — La Patate ne peut être cultivée en pleine terre que dans le Midi où on la plante sur des ados de bonne terre riche en humus et meuble, l'arrosant au moyen de rigoles établies dans l'intervalle des ados, qui doivent être distants d'au moins 2 mètres l'un de l'autre.

Sous le climat de Paris on ne peut obtenir la Patate que par la chaleur artificielle. Voici comment il faut pratiquer cette culture : vers la fin de l'hiver, soit en serre, soit sur couche, on met quelques tubercules en végétation. Dès que les pousses se sont développées, on les détache du tubercule, et on les plante chacune dans un godet de 7 centimètres où elles attendent d'être mises en place.

La plantation se fait en mars ou avril, sur couches recouvertes de châssis. En mai on peut planter simplement sur des couches de feuilles sèches recouvertes de 20 centimètres de terre légère ou de préférence de terreau. Dès que la température devient chaude, il faut donner des arrosements abondants.

Au bout de quatre ou cinq mois les tubercules sont bons à récolter. Sous le climat de Paris on les arrache le plus tard possible ; toutefois lorsque les feuilles ont été atteintes par la gelée on doit les arracher.

On conserve les tubercules dans un endroit sec et à l'abri de la gelée ; il est bon de les déposer dans des caisses qu'on remplit de sable sec ou de sciure de bois.

Variétés. — Voici les plus répandues, avec leurs qualités et leurs défauts : *P. Igname.* — La plus rustique de toutes. Très productive. Elle donne des tubercules pesant 3 à 4 kilogrammes l'un ; sa chair est d'un blanc grisâtre et de première qualité. Conservation facile ; *P. rose de Malaga.* — Tubercules ovoïdes, cannelés ; variété productive se conservant assez bien ; *P. hâtive d'Argenteuil.* — Issue de la précédente, difficile à conserver ; *P. violette ou rouge.* — De première qualité ; peu productive ; la plus cultivée aux environs de Paris ; *P. jaune de Malaga.* — Chair bonne, fine ; racines obtuses.

Emploi. — On mange les tubercules comme les Pommes de terre, accommodés de différentes façons. La chair en est sucrée, très tendre, et possède dans la plupart des variétés un parfum qui rappelle un peu celui de la violette. Ce légume fait l'objet de cultures importantes aux États-Unis, en Algérie et dans différentes colonies.

Persil (*Apium Petroselinum*). — OMBELLIFÈRES.

Culture. — Les semis se font successivement depuis le mois de mars, les premiers à bonne exposition et ceux d'été en bordure ou en planche, dont les rayons sont espacés de 25 centimètres ; entre chacun de ces rayons on plante un rang de Laitues ou de Romaines. Pour la cueillette d'hiver, un semis est fait en août, en planche, que l'on recouvre d'un coffre et de châssis, on peut encore semer en pots ; en rempoter des racines. A l'approche des froids, le coffre est entouré de litière et les châssis recouverts de paillassons la nuit ou les pots rentrés. Il est toujours préférable de cueillir feuille par feuille que de couper toute la plante à la fois.

Moyen de reproduction. — Le Persil monte à graine la seconde année ; on la récolte en août et elle est bonne pendant quatre ans.

Jardinage.

Variétés. — P. *commun*, P. *frisé*, plus ornemental que le précédent; P. *nain très frisé*, le plus beau pour la garniture des plats.

Emploi. — On emploie beaucoup les feuilles crues comme assaisonnement et comme ornement des plats.

Piment (*Capsicum annuum*). — SOLANÉES.

Culture. — Le Piment se cultive en quantité considérable dans le Midi, où un peu de chaleur artificielle est nécessaire au début de sa végétation. Il est traité, sous le climat de Paris, exactement comme l'Aubergine; nous renvoyons donc aux explications déjà données pour cette plante.

Moyen de reproduction. — Les fruits ayant atteint la maturité complète sont cueillis et mis sécher au soleil; on en extrait la graine, dont la durée germinative est de quatre ans.

Variétés. — P. *Cardinal*, fruit d'un beau rouge à saveur assez douce; P. *cerise*, fruit petit, rond, extrêmement fort en saveur; P. *carré jaune hâtif*, fruit d'un beau jaune vif; P. *monstrueux*, fruit rouge intense, saveur relativement douce; P. *doux d'Espagne*, fruit plus beau que le précédent, à saveur douce, qui est consommé lorsqu'il est encore vert.

Emploi. — En Espagne, les Piments séchés remplacent le poivre. Dans le Midi, on les mange crus en salade. Enfin on les emploie confits au vinaigre avec les Cornichons.

Pimprenelle petite (*Poterium Sanguisorba*). — ROSACÉES.

Culture. — Après le semis, qui se fait au printemps, en planche ou en bordure, cette plante ne réclame d'autres soins que des arrosages et sarclages suivant le besoin. La récolte peut être faite plusieurs fois dans l'année en coupant les feuilles rez de terre.

La Pimprenelle donne de la graine la seconde année; on la récolte en septembre; sa durée germinative est de deux ans.

Emploi. — On mange les feuilles en salade.

Pissenlit (*Taraxacum Dens-leonis*). — COMPOSÉES.

Culture. — On sème en mars en lignes espacées de 25 ou 30 centimètres; on repique en juin à la même distance et à 12 centimètres sur la ligne. Dès l'automne, on peut déjà récolter des feuilles vertes; mais elles sont plus recherchées étant blanchies. Pour cela on arrache les racines, dont on coupe toutes les feuilles et on les replante à 5 centimètres en tous sens dans une planche sur laquelle on étale 12 à 15 centimètres de vieux terreau. Lorsque les nouvelles feuilles développées émergent au-dessus, on les cueille en coupant les collets des racines. La récolte se prolonge tout l'hiver, en recouvrant petit à petit de nouvelles plantes à quelques semaines d'intervalle. Le buttage des touffes sur place est aussi à conseiller.

Moyen de reproduction. — On récolte la graine en mai avant qu'elle soit complètement mûre, car le vent l'emporte facilement; sa durée germinative est de un an.

Variétés. — *P. amélioré très hâtif; P. amélioré à cœur plein.*

Emploi. — Blanchi comme nous l'avons expliqué, le Pissenlit peut remplacer la Chicorée sauvage; il constitue une excellente salade.

Poireau (*Allium Porrum*). — LILIACÉES.

Culture. — La première saison de Poireaux est semée sur couche en décembre ou en janvier. Ce semis, qu'il faut aérer et bassiner lorsque c'est nécessaire, fournit du plant bon à repiquer en pleine terre en mars. A ce moment on trace, dans un terrain bien labouré, des planches dont les rayons espacés de 20 centimètres sont creusés assez profondément pour être comblés plus tard, lorsque les Poireaux seront assez forts, afin que ceux-ci aient plus de blanc. Dans ces rayons on repique les plants à 12 ou 15 centimètres après leur avoir rogné les racines et l'extrémité des feuilles. Les semis en pleine terre à la volée se succèdent ensuite de mars en juillet et le plant est mis en place, dès qu'il a atteint la grosseur d'un crayon; en le distançant plus que celui de la première saison, ces Poireaux prenant plus de volume; les arrosages, surtout ceux à l'engrais, leur conviennent très bien. En septembre, un dernier semis est fait très clair, car on ne le repique pas; il passe l'hiver et peut être récolté en mai ou juin.

Moyen de reproduction. — On opère de la même manière que pour obtenir la graine d'Oignon, et comme elle la graine de Poireau se conserve deux ans.

Variétés. — *P. très gros de Rouen* (fig. 94), *P. jaune du Poitou*; ces deux variétés conviennent spécialement aux

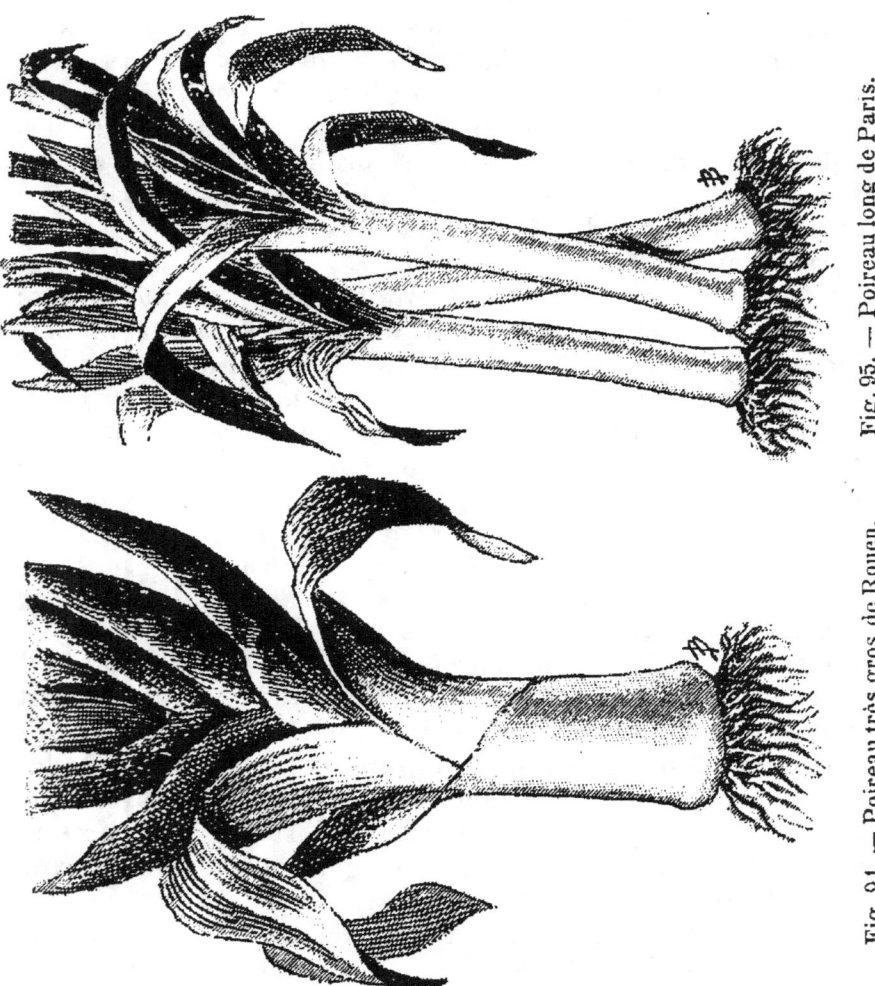

Fig. 95. — Poireau long de Paris.

Fig. 94. — Poireau très gros de Rouen.

semis sous châssis; *P. long de Paris* (fig. 95), *P. gros court*, tous deux conviennent à la production d'automne et d'hiver.

Emploi. — Le Poireau est fréquemment employé en cuisine, principalement dans le pot-au-feu. On mange aussi, quelquefois, la partie blanche en guise d'Asperge.

Poirée (*Beta vulgaris*). — CHÉNOPODÉES.

Culture. — La Bette ou Poirée ressemble beaucoup à la Betterave; on ne la cultive pas comme cette dernière pour sa racine, mais pour ses feuilles. La culture est d'ailleurs la même. En avril on sème en rayons à 35 centimètres de distance, on éclaircit, et plus tard on arrose suivant les besoins. A la fin de l'été, les feuilles les plus développées peuvent être cueillies. A l'approche de l'hiver, on les arrache et on les rentre comme nous avons dit pour le Cardon.

Moyen de reproduction. — Les plus beaux pieds conservés sont plantés au printemps comme les Betteraves porte-graines. La durée germinative est de six ans.

Variétés. — *P. blonde commune*, *P. blonde à carde blanche*, *P. à carde blanche frisée*.

Emploi. — Les feuilles sont cuites et mangées hachées et accommodées comme l'Épinard. Le plus souvent elles sont mélangées avec l'Oseille pour en ôter l'acidité. Les pétioles sont parfois frits.

Pois (*Pisum sativum*). — LÉGUMINEUSES.

Culture. — Nous parlerons de la culture des Pois au potager, sans nous étendre sur celle faite en plein champ. En octobre, un premier semis est fait dans une terre légère ; pour cela deux rayons sont tracés dans des planches de 1m,30 séparées par des sentiers de 40 centimètres. Les graines étant semées assez dru, sont recouvertes de quelques centimètres de terre. Avant l'hiver les Pois lèvent, mais grandissent peu. Au printemps, on bine le sol et plus tard on les butte lorsqu'ils sont assez allongés. Les semis printaniers, de février à avril, sont traités de la même façon. On rame les variétés qui doivent l'être lorsque les Pois ont atteint 25 à 30 centimètres, et comme nous l'avons dit pour les Haricots ; mais, ici, les rames doivent être très branchues, les tiges des Pois n'étant pas aussi volubiles que celles des Haricots. Quelques sarclages et arrosages sont ensuite donnés selon les besoins. Il est bon aussi de pincer l'extrémité des tiges pour favoriser la formation des grains.

Culture forcée. — Pour le cultivateur le forçage n'est plus assez rémunérateur, par suite des produits envoyés d'Italie, d'Espagne et d'Algérie ; aussi n'y a-t-il que les amateurs qui puissent s'y intéresser aujourd'hui.

Les Pois destinés à cette culture se sèment en pépinière sous châssis à froid en novembre ; lorsqu'ils sont levés, on les rechausse avec du terreau ou avec de la terre fine. En décembre ou janvier, des coffres sont placés sur une planche bien exposée, creusée à 25 centimètres, et dont on laboure et nivelle le fond ; après quoi quatre rayons sont tracés, dans lesquels les Pois sont repiqués à une distance de 15 centimètres. Il va sans dire que ce plant est arraché en mottes et avec toutes ses racines.

Après la reprise on ouvre légèrement les châssis quand il fait beau et on couvre de paillassons pendant la nuit. Les tiges ayant atteint 20 centimètres sont couchées vers le haut du châssis et maintenues dans cette position par un peu de terre ou un échalas couché en long. Plus tard les

Fig. 96. — Pois nain de Paris (hâtif).

extrémités des tiges sont pincées au-dessus de trois ou quatre fleurs ; à ce moment on donne quelques légers bassinages. La récolte a lieu ordinairement en avril.

Moyen de reproduction. — Sans faire un semis spécial, on peut réserver un bout d'une planche de Pois comme porte-graines. La récolte doit être faite lorsque les cosses sont mûres ; la durée germinative est de quatre ans et plus.

Variétés. — Pois a écosser nains : *P. nain très hâtif de Paris*, *P. nain de Paris ou Gonthier* (fig. 96), *P. très nain Couturier* ; ces trois variétés à grains ronds se prêtent bien à la culture forcée ; *P. nain de Touraine*, *P. Orgueil du marché*, toutes deux à grains ronds : *P. Wilson*, *P. serpette nain* ; ces deux variétés naines ont les grains ridés.

Pois a écosser a rames : *P. Prince Albert*, le meilleur pour les semis d'automne, grains ronds ; *P. Michaux de*

Hollande, *P. de Clamart*, *P. Express*, *P. serpette vert*, *P. Merveille d'Étampes*, ces différentes variétés sont considérées comme les meilleures à grains ronds ; *P. Téléphone*, *P. ridé vert à rames*, ces deux variétés ont les grains ridés.

Pois sans parchemin ou mange-tout : *P. de quarante jours*, *P. fondant de Saint-Désirat*, *P. Corne de bélier*, *P. géant sans parchemin* ; ce sont les quatre meilleures variétés à rames. Les variétés naines sont : *P. sans parchemin nain très hâtif à châssis*, *P. sans parchemin nain hâtif breton*.

Emploi. — On mange les grains écossés à demi formés ; dans cet état on en fait des conserves pour la consommation hivernale. Les grains secs cassés ou réduits en farine forment la *purée de pois*. Dans les variétés sans parchemin, on mange la cosse et les grains encore tendres.

Pomme de terre (*Solanum tuberosum*). — Solanées.

Culture. — Les Pommes de terre ne se plantent en pleine terre qu'en fin mars et avril, époque où les gelées tardives ne sont plus redoutables. Suivant les dimensions que peuvent atteindre les variétés, on espace les pieds depuis 40 centimètres jusqu'à un mètre en tous sens. Voici comment on procède : on place le cordeau dans le sens de la longueur du carré puis en marchant à reculons, on fait avec une binette des trous ou poquets de 10 à 15 centimètres de profondeur dont on tire la terre derrière soi. Arrivé au bout de la ligne, on place dans chaque poquet un tubercule préparé comme il est dit plus bas en mettant les germes en haut ; il est ensuite recouvert de quelques centimètres de terre. Pour les autres lignes, on procède de même ; ce travail est vivement terminé surtout à trois personnes : une creuse les trous, une autre place les tubercules et la troisième les recouvre de terre. En opérant avec une bêche, deux personnes suffisent : la première ouvre les trous en comblant chaque fois celui qu'elle a devant elle avec la terre qu'elle ôte, et la seconde place les Pommes de terre au fur et à mesure.

Plus tard lorsque les pousses se développent, elles sont rechaussées et les poquets étant complètement recomblés, on donne un bon binage. Peu de jours après, lorsque les fanes ont atteint 15 à 20 centimètres de hauteur, on procède au buttage, qui doit être fait plus ou moins haut selon que les variétés sont traçantes; dans tous les cas, on emploie la binette, avec laquelle on amène, sur la touffe, la terre d'alentour; ce travail fait, il n'y a plus qu'à attendre l'époque de la récolte, qui varie selon la précocité des variétés et l'époque de plantation.

Culture forcée. — En janvier, on fait une couche de 35 à 40 centimètres, que l'on charge de 20 centimètres de bonne terre de jardin mélangée d'un peu de terreau et l'on effectue la plantation. Deux manières sont employées; la plus pratique consiste à faire, dans le sens de la longueur, cinq rigoles profondes de 10 centimètres, de mettre la terre en ados entre les lignes et de planter cinq tubercules par ligne et par châssis. On les recouvre de 1 ou 2 centimètres de terre sans défaire les ados sur lesquels des Radis sont semés. La deuxième manière est de planter vingt-cinq tubercules par châssis et de les recouvrir sans faire d'ados; dans ce cas, il n'est guère possible de cultiver en même temps des Radis, car ceux-ci ne seront pas assez développés au moment où il faudra butter les Pommes de terre. Dans le premier procédé, on a la faculté de recombler la rigole avec de la nouvelle terre sans défaire les ados semés de Radis, lesquels ont en outre l'avantage d'être rapprochés du verre.

Lorsque les pousses des Pommes de terre touchent aux vitres, on les couche et leur base est recouverte d'un peu de terre pour en faire des sortes de marcottes; on donne de l'air au moment du soleil. Si le temps est favorable, la récolte commence en mars.

La deuxième saison, donnant ses produits immédiatement avant ceux de la pleine terre, se pratique en février. La façon d'opérer est la même, sauf que la couche doit être un peu moins épaisse.

Dans les *forceries*, afin d'utiliser la place, on a l'habitude de planter des Pommes de terre dans de grands pots remplis de bonne terre. Les produits ne sont pas de première qualité, mais ils ont l'avantage de ne rien coûter et d'être un rendement de plus.

Moyen de reproduction. — Pour la plantation on se sert des tubercules de moyenne grosseur représentant le mieux le type de leur variété; ils sont choisis au moment de la récolte, placés debout dans de petites *clayettes* ou des paniers plats (fig. 97) et exposés au soleil jusqu'au moment où ils sont devenus complètement verts. Ceci principalement pour les variétés hâtives; car pour les autres, cela n'est pas nécessaire. Après cela ils sont rentrés dans un local frais, exempt d'une trop grande humidité. Les clayettes confectionnées pour cet usage sont munies de pieds, pour qu'elles puissent être placées les unes au-dessus des autres. Pour la plantation, les tubercules entiers sont toujours préférables, mais si on venait à en manquer, ceux que l'on possède pourraient être coupés en deux dans le sens de la longueur.

Fig. 97. — Panier de Pommes de terre Marjolin germées.

Les spécialistes seuls font des semis de Pommes de terre pour obtenir de nouvelles variétés. Les graines sèchent sur pied et on les extrait de leur enveloppe en les broyant dans l'eau; leur durée germinative est de trois ans.

Variétés. — P. de t. : *Marjolin, Victor extra hâtive, à feuille d'Ortie,* ces variétés sont les plus hâtives pour la pleine terre et les plus propres à la culture sous châssis; P. de t. : *Royale, Shaw, Flocon de neige, Institut de Beauvais, farineuse rouge, rose hâtive ou Early rose, Quarantaine de Noisy, jaune longue de Hollande, saucisse.*

Emploi. — La Pomme de terre est, avec le Haricot, l'aliment des classes laborieuses par excellence. L'industrie en fait de l'alcool et de la fécule.

13.

Potiron, voir COURGE.

Pourpier (*Portulaca oleracea*). — PORTULACÉES.

Culture. — Le Pourpier est semé en pleine terre depuis le mois de mai jusqu'en août, en planche et à la volée ; on arrose fréquemment. La première récolte commence deux mois environ après le semis ; et la même plante peut être coupée plusieurs fois.

En mars ou avril de vieilles couches peuvent être utilisées à cette culture ; on sème également en avril sous châssis à froid.

Moyen de reproduction. — La graine est récoltée sur une partie du semis de mai qu'on laisse monter. Elle est récoltée avant sa complète maturité afin de ne pas en perdre ; sa durée germinative est de huit ans.

Emploi. — On emploie les feuilles cuites, ou crues en salade. Dans le Nord, les ménagères les mélangent avec un certain nombre d'autres légumes dans leur soupe aux herbes hachées.

Radis (*Raphanus sativus*). — CRUCIFÈRES.

Culture. — Les petits Radis ou *Radis de tous les mois* sont semés de novembre en février sous châssis et de mars en septembre en pleine terre ou mieux sur de vieilles couches.

Le semis de pleine terre se fait toujours en planche à la volée, le plus souvent en culture intercalaire. Si, par exemple, en mars on fait un semis de Carottes, on jette parmi celles-ci quelques graines de Radis hâtifs ; si, à la même époque, on fait une plantation de Romaines en pleine terre, on sème, avant, des Radis ; on opère de même plus tard pour les Laitues, de sorte qu'il arrive rarement qu'on soit obligé de semer les Radis seuls. En tout cas, on éclaircit et les herbes sont retirées à la main. Les arrosages doivent être abondants. Pour les variétés hâtives, la récolte peut être commencée de dix-huit à vingt-cinq jours après le semis ; pour les autres, il faut attendre trois à cinq semaines.

Les *Radis* ou *Raves d'été* et les *Radis d'automne et d'hiver*, beaucoup plus volumineux, doivent être semés seuls en planche, à la volée. On éclaircit de manière à donner un écartement de 15 centimètres entre les jeunes plants. Suivant les besoins, des arrosages sont donnés ; les Radis d'hiver, récoltés avant les gelées, sont rentrés à la cave, où ils se conservent jusqu'au printemps.

Culture forcée. — Pour la culture de primeurs, on ne cultive que les *petits Radis* que l'on sème avec les Carottes en premier lieu, et ensuite avec les Romaines, Laitues, Choux-fleurs, etc. Naturellement, les soins qui leur sont donnés ne diffèrent pas de ceux appliqués aux plantes parmi lesquelles ils sont intercalés; mais, il ne faut pas négliger, si l'on veut qu'ils « tournent » bien, de les aérer chaque fois qu'on peut le faire.

Fig. 98. — Radis rond rose à bout blanc.

Fig. 99. — Radis demi-long, rose.

Moyen de reproduction. — Les Radis montent à graine la même année; ceux semés sur couche en février et repiqués en avril en pleine terre sont de bons porte-graines; mais il est toujours préférable de faire un semis d'automne, de rentrer les racines pendant l'hiver et de les repiquer au printemps. On coupe les tiges en août et on les bat pour faire sortir la graine, dont la durée germinative est de cinq ans.

Variétés. — R. rond rose à bout blanc (fig. 98), R. *à forcer rond rose à bout blanc, R. à forcer rond écarlate, R. rond écarlate hâtif.* Ces quatre variétés conviennent particulièrement à la culture forcée. *R. demi-long rose* (fig. 99), *R. demi-long écarlate hâtif, R. à forcer demi-long écarlate très hâtif*; ces variétés conviennent aussi pour la culture de primeurs, mais elles sont plutôt cultivées à froid pour succéder aux précédentes. *Rave longue écarlate, R. longue rose à bout blanc, R. de Vienne,* ce sont les trois variétés de Rave à préférer. *Radis blanc rond d'été, R. noir gros rond d'hiver, R. noir long d'hiver, R. rose d'hiver de Chine.*

Emploi. — Les racines sont servies comme hors-d'œuvre.

Raifort sauvage (*Cochlearia Armoracia*). — CRUCIFÈRES.

La plantation des tronçons de racine s'effectue au printemps, dans une terre labourée profondément et bien fumée en rangs espacés de 50 centimètres et à 20 centimètres sur ces rangs. On peut consommer des racines dès l'automne, mais mieux dès le printemps suivant. Il suffit de faire une plantation tous les deux ans.

La racine du Raifort est employée comme condiment, surtout en Allemagne.

Raiponce (*Campanula Rapunculus*). — CAMPANULACÉES.

Culture. — Le premier semis se fait en mai en pleine terre, en planche, à la volée. La graine étant très fine, on a l'habitude de la mélanger avec un peu de sable fin pour la régularité du semis. On ne donne qu'un plombage sans enterrer la graine et les bassinages doivent être légers jusqu'à la levée complète. A ce moment, on éclaircit et on donne les sarclages nécessaires.

Dans le courant de juin, un nouveau semis est fait avec les mêmes précautions; il est bon, en raison de l'état de la température, d'étendre sur la planche un léger paillis de fumier long, que l'on enlève après la levée. La récolte commencée vers le mois d'octobre se continue pendant tout l'hiver si on a soin de rentrer les pieds de Raiponce à la cave et de les enterrer dans du sable.

Moyen de reproduction. — On laisse monter à graine quelques pieds sur place. La graine est mûre en juillet; elle se conserve pendant cinq ans.

Emploi. — Racines et feuilles sont mangées en salade.

Rhubarbe hybride (*Rheum hybridum*). — POLYGONÉES.

Culture. — Les touffes de Rhubarbe sont divisées au printemps, puis plantées en lignes à un mètre en tous sens. La récolte des pétioles commence la deuxième année de plantation et se continue pendant six ans et plus. Il suffit chaque année, au printemps, de les fumer copieusement avec des engrais décomposés. Pour obtenir des pétioles plus allongés, plus tendres et moins acides, on peut entourer les touffes d'un vieux tonneau sans fond, d'un large tuyau, d'un écran en paille, etc.

Variétés. — Les principales variétés à cultiver sont : R. *Myatt's Victoria*, R. *Prince-Albert*, R. *ondulée d'Amérique*.

Emploi. — Les pétioles sont fréquemment employés en pâtisserie; on en fait principalement des compotes qui sont excellentes.

Romarin (*Rosmarinus officinalis*). — LABIÉES.

Culture. — Il est bon d'avoir au potager une touffe de Romarin plantée au pied d'un mur. Il ne demande aucun soin et produit du feuillage pendant de longues années. La multiplication s'effectue par la division des touffes ou par le semis. La graine se récolte sur les vieux pieds de Romarin ; sa durée germinative est de quatre ans.

Emploi. — Les feuilles constituent un excellent condiment pour certaines sauces.

Salsifis blanc (*Tragopogon porrifolium*). — COMPOSÉES.

Culture. — Le terrain étant préparé par un labour très profond pour ne pas avoir de racines fourchues, on sème au printemps en rayons à 20 centimètres de distance; on éclaircit, plus tard, pour mettre chaque pied à 10 centimètres sur la ligne; on bine et on arrose suivant l'état de la température.

La récolte commence en octobre et continue pendant tout l'hiver. En prévision des froids, on peut en mettre une certaine quantité en jauge à la cave.

Moyen de reproduction. — Lors de l'arrachage des racines, les plus belles sont mises de côté pour les replanter au printemps. La graine, dont la durée germinative est de deux ans, se récolte en juillet.

Emploi. — Les racines cuites sont un excellent légume ; les feuilles tendres peuvent être mangées en salade.

Sarriette (*Satureia*). — Labiées.

Culture. — La *Sarriette annuelle* est semée en mai dans un endroit bien exposé. Par suite de la chute des graines qu'elle produit et qui lèvent, il n'est pas nécessaire de la ressemer tous les ans.

La *Sarriette vivace* est semée ou divisée au printemps ; on la plante en bordure et chaque année toutes les tiges sont coupées rez de terre ; de cette façon on a toujours de nouvelles pousses.

Moyen de reproduction. — La graine récoltée un peu avant sa maturité, séchée à l'ombre, est bonne pendant trois ans.

Emploi. — Les feuilles et les jeunes pousses sont utilisées comme assaisonnement.

Sauge officinale (*Salvia officinalis*). — Labiées.

Culture. — La Sauge est aussi facile à cultiver que le Romarin ; il suffit d'en planter un pied ou deux à bonne exposition et de les rabattre chaque année, au printemps, pour obtenir de nouvelles pousses tendres.

Les plants de Sauge proviennent d'un semis du printemps ou de la division des touffes.

La graine s'obtient très facilement en laissant se développer quelques tiges florales sur les pieds âgés d'au moins trois ans ; on en fait la récolte en juillet-août ; elle se conserve pendant cinq ans.

Emploi. — Les feuilles sont utilisées comme condiment ; elles ont aussi des propriétés médicinales.

Scolyme d'Espagne (*Scolymus hispanicus*). — Composées.
Scorsonère (*Scorzonera hispanica*). — Composées.

Culture. — La Scorsonère et le Scolyme se cultivent comme le Salsifis, avec cette différence qu'il n'est pas nécessaire, pour la première, d'arracher toutes les plantes après la première année de végétation, parce qu'elles continuent de grossir sans cesser d'être tendres et propres à la consommation, lors même que les plantes développeraient quelques tiges et fleuriraient dans le courant de l'été.

Emploi. — On mange les racines cuites de même que le Salsifis; on peut aussi employer les feuilles en salade.

Soja (*Soja hispida*). — LÉGUMINEUSES.

Culture. — Le Soja se cultive exactement comme les Haricots; il demande la même somme de chaleur, et mûrit en même temps que les variétés de demi-saison.

Variétés. — On cultive le *Soja ordinaire à grain jaune* qui est nain, atteignant tout au plus 40 centimètres. Cette variété mûrit en trois ou quatre mois. Le *Soja d'Étampes*, moins hâtif, mais plus productif, s'élève à 70 centimètres. Il lui faut cinq mois pour parvenir à maturité.

Emploi. — Les grains de Soja se mangent à la manière des Haricots, frais ou secs. Dans ce dernier cas, on doit les laisser tremper dans l'eau avant de les mettre au feu, sans cela ils restent très fermes et presque durs.

Stachys tubéreux, voir CROSNE DU JAPON.
Tétragone cornue (*Tetragonia expansa*). — MÉSEMBRIANTHÉMÉES.

Culture. — La culture de la Tétragone est surtout pratiquée, dans le centre et le midi de la France, où elle remplace l'Épinard pendant les mois d'été. On sème en place au mois de mai, sur vieille couche ou en pleine terre; sans réclamer presque aucun soin, on récolte les feuilles pendant une grande partie de l'année. Nous ne saurions trop en recommander la culture dans le nord de la France, car cette plante fournit en été un mets aussi délicat que les Épinards.

Emploi. — Celui des Épinards.

Thym ordinaire (*Thymus vulgaris*). — LABIÉES.

Culture. — Le Thym est planté ordinairement en bordure à 10 ou 12 centimètres sur la ligne. Le mode de multiplication le plus expéditif est le bouturage des extrémités des pousses, que l'on coupe en avril et que l'on repique directement en place, par petites poignées de plusieurs brins réunis; si, pendant les chaleurs, on a soin de leur donner les arrosages nécessaires, pas une bouture ne manque. On fait aussi la multiplication de cette plante par le semis et par la division des touffes.

Le Thym peut être taillé tous les ans comme le Buis. Il est bon de renouveler la plantation tous les trois ou quatre ans.

Emploi. — Le Thym aromatise agréablement les sauces.

Tomate (*Solanum Lycopersicum*). — SOLANÉES.

Culture. — Le premier semis, dont le plant est destiné à la culture de pleine terre, se fait en mars, sur couche, ordinairement sur les bords des couches à Melons. Lorsque le plant a quelques feuilles, on le repique sur couche; et en mai, on le met en place à un mètre de distance en tous sens. Il est bon de choisir, à cet effet, une plate-bande bien exposée dans laquelle une bonne couche d'engrais a été enfouie. Si l'on dispose de cloches, au moment de la plantation, elles peuvent être utilisées pendant quelques jours à abriter chacune un pied de Tomate; la reprise se fait alors beaucoup mieux.

On doit dans la suite élever et palisser le pied de Tomate sur une seule tige; pour cela on pince tous les bourgeons latéraux aussitôt qu'ils se développent. La tige elle-même doit être pincée lorsqu'elle a atteint 80 centimètres à 1 mètre et qu'elle a donné quatre ou cinq bouquets de fleurs; ce pincement provoque le développement de faux bourgeons qui, à leur tour, doivent être supprimés dès leur apparition. On peut aussi attacher les tiges sur des fils de fer tendus à cet effet.

Pour hâter la maturité des Tomates plantées en dernière saison, on coupe quelques-unes des feuilles qui les ombragent, mais d'une façon modérée, pour ne pas affaiblir le pied.

Les toutes dernières, qui n'ont pas atteint la maturité avant la gelée, sont cueillies, étalées sur un paillasson sous châssis, ou sur une planche dans une pièce où elles achèvent de mûrir.

Culture forcée. — Cette culture est presque abandonnée par les spéculateurs, par suite des arrivages du Midi et d'Algérie, où l'on obtient la Tomate de primeurs sans frais; elle n'a donc d'intérêt que pour l'amateur.

Le semis se fait en janvier, sur couche chaude. En mars, on monte une couche de 45 à 50 centimètres d'épaisseur sur laquelle on place 25 centimètres de terreau; puis, quatre **pieds de Tomate sont ensuite plantés dans chaque châssis.**

En attendant leur développement on peut semer des Radis et planter de la Laitue. Les Tomates sont, dans la suite, élevées sur deux tiges dirigées horizontalement vers le haut du châssis et arrêtées par un pincement lorsqu'elles ont donné, chacune, trois ou quatre bouquets de fleurs. Elles sont maintenues dans cette position en les attachant sur des piquets plantés dans la couche. On aère quand la température le permet; et on peut, après que les fruits sont noués, donner un arrosage ou deux à l'engrais flamand coupé au vingtième. Ainsi traitées les Tomates don-

Fig. 100. — Tomate rouge naine hâtive.

nent dans le courant de mai. Pour activer la maturité, on effeuille comme nous l'avons déjà dit.

Moyen de reproduction. — Les fruits les plus mûrs, les plus beaux, caractérisant le mieux leur variété, sont choisis et écrasés dans l'eau. On fait, ensuite, sécher la graine à l'ombre; elle a une durée germinative de cinq ans.

Variétés. — *T. rouge hâtive*, *T. rouge naine hâtive* (fig. 100), *T. très hâtive de pleine terre*, *T. Chemin rouge hâtive*, *T. Mikado écarlate*, variétés à préférer; puis les : *T. pomme rouge*, *T. cerise*, *T. poire*, *T. Roi Humbert*, etc.

Emploi. — On l'utilise : en sauce, sautée, farcie, etc.; dans le Midi, on la mange crue en salade avec le Piment.

CHAPITRE XIII

LES PORTE-GRAINES
ET LA CONSERVATION DES LÉGUMES

I. Choix des porte-graines en général. — II. Choix de la semence sur le porte-graines. — III. Culture des porte-graines. — IV. Conservation et conserves de légumes.

I. — Choix des porte-graines en général.

Nous croyons devoir ajouter quelques indications générales complémentaires sur la sélection et les soins de culture des porte-graines des plantes potagères. Les porte-graines doivent posséder les caractères propres à ces plantes et surtout *toutes les qualités qui les font rechercher*.

Le choix du porte-graines est la base d'une bonne culture potagère; on la maintient ainsi intacte, on améliore même les variétés qui sans cela s'abâtardiraient vite. Certaines variétés tardives sont ainsi rendues hâtives; le résultat inverse peut être obtenu, si cela est l'avantage.

On sait que le semis produit de nouvelles variétés (voir chap. VI, p. 72). Ces *accidents* lui sont souvent inférieurs en qualité; parfois aussi quelques-uns sont supérieurs, ou de nature telle qu'ils méritent la propagation. Donc, si pour ces derniers il convient de les choisir tout spécialement comme porte-graines, il est, au contraire, nécessaire d'éliminer les autres avec soin.

Que l'on sème par exemple de l'Oignon variété *jaune paille des Vertus*. A la récolte on trouvera certainement des bulbes de toutes formes; c'est-à-dire plus ou moins gros et plus ou moins plats. Il sera donc nécessaire, si l'on désire maintenir cette variété intacte, de choisir comme porte-graines les Oignons les plus plats, les plus jaunes et, afin de l'améliorer, de prendre les plus gros.

Même remarque est faite pour les Choux, les Laitues, etc., pour la reproduction desquels il ne faudrait pas choisir un sujet monté à graine sans avoir pommé et sans que la forme soit parfaite : bien plate pour les *Choux de Milan*, allongée pour les *C. cœur de bœuf* et, pour tous en général, bien serrée et bien pleine.

II. — Choix de la semence sur le porte-graines.

Si par le choix du porte-graines il est possible de modifier l'époque de production, cette variation s'obtient mieux encore par le choix de la semence sur le porte-graines.

Chacun sait en effet que, sur une tige florale d'une plante potagère quelconque, toutes les graines ne sont pas mûres à la fois; celles des ramifications principales mûrissent avant celles des petites et les graines qu'elles portent sont mieux nourries, plus grosses. Or, il est incontestable que ces graines mûres les premières donneront des produits sensiblement plus précoces, plus beaux, plus francs, que ceux provenant des petites graines venues plus tardivement.

Donc, si l'on veut maintenir, augmenter même, la précocité d'une variété, il ne faut pas prendre la semence indifféremment sur toutes les parties du porte-graines; mais au contraire, il faut choisir celle qui a mûri le plus tôt. Le contraire est fait afin d'obtenir le résultat inverse.

Pour le premier cas, il est toujours bon d'user de pincements, que l'on opère en coupant les tiges florales au-dessus d'un certain nombre de gousses ou grains venus à la base et bien conformés.

III. — Culture des porte-graines.

Il est possible, par la culture, d'aider la nature dans la production des bonnes graines; des soins sont donc nécessaires et d'autant plus minutieux que les plantes cultivées sont éloignées de leur type.

Pour s'en rendre compte, il suffit d'examiner la difformité d'un Chou par rapport à son type. La nature ne l'a pas fait volumineux et pommé, et on conçoit qu'il a fallu bon nombre d'années et de nombreuses opérations culturales pour arriver à ce résultat.

Parmi ces opérations, la transplantation est celle qui joue le rôle le plus important ; elle a pour but, en rompant nécessairement les racines du plant, d'en faire émettre un plus grand nombre, d'augmenter, en un mot, l'appareil radiculaire. Aussi, est-ce pour cette raison qu'il est recommandé de contre-planter les : Laitues, Choux, Choux-fleurs, etc., une dernière fois, pour le porte-graines, lorsque la pomme est formée, lorsqu'on l'a choisi enfin. Les racines, dont le nombre est plus que doublé, par suite de leur sectionnement, plongent avec vigueur dans la nouvelle terre et il en résulte un fort accroissement dans les tiges florales.

On augmente aussi la végétation des porte-graines au moyen d'engrais liquides appropriés et donnés à temps.

IV. — Conservation et conserves de légumes.

Il ne suffit pas de produire de beaux et bons légumes ; il faut aussi assurer leur conservation pour la consommation hivernale, ce dont nous avons parlé pour chacun d'eux en traitant leur culture.

Nous croyons utile d'ajouter à ceci quelques indications sommaires concernant les conserves.

Les conserves de ménage doivent être faites dans des bouteilles à larges goulots qui sont ensuite hermétiquement bouchées.

Les légumes doivent être épluchés et blanchis, ce qui consiste à les échauder dans l'eau bouillante sans sel ; après les avoir égouttés, on les tasse dans les bouteilles, qui sont ensuite remplies d'eau bouillante, bouchées, ficelées au fil de fer, entourées de grosse toile, et mises debout dans une chaudière remplie d'eau froide, chauffée ensuite, pour la cuisson au bain-marie. Après cuisson, les bouteilles sont enlevées lorsque l'eau est encore tiède et les bouchons sont cachetés à la cire. Il est évident que les légumes, destinés aux conserves, doivent être choisis bien sains et de toute première qualité.

Les Haricots verts, H. écossés, Jardinière, petits Pois, demandent 50 à 60 minutes de cuisson.

Les Tomates entières sont essuyées et mises dans un bocal que l'on remplit de ce liquide : eau 9 0/0, vinaigre 1 0/0, sel 10 0/0, et que l'on bouche après avoir versé au-dessus une couche d'huile d'olive.

CHAPITRE XIV

CULTURE POTAGÈRE DE PLEIN AIR ET DE PRIMEURS

TRAVAUX MENSUELS

Janvier.

En janvier, où le froid est quelquefois excessif, il faut redoubler de vigilance auprès des couches déjà montées et occupées par différentes plantes : Carottes grelot, Fraisiers en deuxième saison, etc. Souvent le remaniement et le rechargement des réchauds s'imposent ; il convient de mettre une bonne couverture de paillassons pendant la nuit, et il serait bon d'adjoindre un deuxième châssis au premier couvrant les jeunes Melons semés le mois précédent, car, pour eux, la température ne doit pas être inférieure à 22°. Lorsqu'il a tombé de la neige et qu'elle forme une couche épaisse, il est nécessaire de l'exclure du carré de primeurs, de crainte qu'en fondant elle refroidisse les réchauds ; les paillassons sont soigneusement secoués et mis à sécher. De nouvelles couches, moins épaisses que les précédentes, sont montées et semées en : Carottes de 2ᵉ saison, Radis, Poireaux, Haricots, etc. La 1ʳᵉ saison de Pommes de terre forcées est également plantée à cette époque.

Sont exécutés : la plantation, sur couche, des Choux-fleurs provenant du semis d'automne en pleine terre ; le repiquage, sur couche également, des Haricots semés quelques jours auparavant et des Laitues en seconde saison. Sont aussi repiqués, en pleine terre, sous châssis dont les coffres sont entourés de réchauds, les Pois à forcer. Dans la deuxième quinzaine est commencée la 2ᵉ saison de Fraisiers, sur couche. Les coffres sont aussi apportés sur les planches d'Asperges à forcer sur place et entourés de réchauds. Vers la fin du mois et par un temps doux on plante l'Ail et l'Échalote, plantations qui sont faites à l'automne dans le centre de la France et dans le Midi. On laboure, apporte les fumiers; on veille à la conservation des pieds d'Artichaut, etc. On blanchit la Chicorée Barbe de capucin, la C. Witloof, le Pissenlit.

Février.

C'est encore dans le carré de primeurs que se concentrent les occupations; on doit suivre attentivement la venue de toutes les plantes forcées, le semis de Melons surtout; vérifier souvent la température des couches au thermomètre de fond et ranimer la chaleur par le remaniement des réchauds quand cela est nécessaire.

De nouvelles couches sont montées et sont aussitôt semées en : Choux de printemps, Choux-fleurs d'été, Haricots en 2ᵉ et 3ᵉ saison, Oignons blancs, Céleris, Céleris-raves, Chicorées frisées, Piments, Aubergines, etc. Sont semés sous châssis à froid : Carottes en 3ᵉ saison, Radis, Navets, etc.

Sur couche, on plante la 2ᵉ saison de Pommes de terre, les Choux-fleurs, les Laitues; en 3ᵉ saison, les Melons provenant du semis de décembre; on repique les Haricots en 2ᵉ et 3ᵉ saison. On commence la 3ᵉ saison de Fraisiers sur couche; les planches destinées à la culture hâtée de cette plante sont entourées de coffres et couvertes de châssis.

En pleine terre, on sème le Cerfeuil à bonne exposition; les Pois, les Fèves, la 1ʳᵉ saison d'Oignons, les Salsifis, Scorsonères, en profitant d'une belle journée. On plante l'Ail et l'Échalote. Sont encore semées à bonne exposition la Laitue crêpe et autres.

On continue les labours, fumures, fumures en couverture des carrés d'Asperges; le blanchiment de certains légumes.

Mars.

La température se radoucissant, les semis et plantations de quelques plantes sont faits en pleine terre; le carré de primeurs réclame toujours les mêmes soins assidus.

Sont encore semées sur couche les plantes suivantes : Céleris en 2ᵉ saison, Chicorées frisées, Laitues de printemps, etc.

En pleine terre les : Oignons, Oignons blancs, Carottes, Cerfeuil, Cerfeuil bulbeux (après stratification), Choux-fleurs d'été, Choux de Bruxelles, Ciboule, Fenouil, Fèves, Laitues de printemps, Navets en 2ᵉ saison, Panais, Persil, Poireaux, Pois, Radis, Oignons, Scorsonères, Salsifis, Asperges, etc. Sur de vieilles couches sont semés : le Pourpier, le Basilic, etc.; on sème également les Tomates sur les bords des couches à Melons.

Les plantations sur couches sont les suivantes : Piments, Aubergines, Choux-fleurs parmi les Carottes, Laitues en 4ᵉ saison, Tomates. On plante aussi les Choux-fleurs sur côtière ; on empote le Basilic. En pleine terre, à bonne exposition, on repique les : Poireaux provenant du semis sur couche, Choux, Laitues et on remplace ceux qui ont manqué dans les plantations d'automne; on plante les Pommes de terre hâtives ; on divise les touffes de Ciboulette, Oseille, Sauge, Thym, etc. On découvre les Artichauts et on laboure le carré.

Avril.

Les semis sont à peu près les mêmes, quant au carré de primeurs ; la température étant augmentée, on donne plus d'air aux Haricots, Tomates, Melons, Fraisiers, etc. Il ne faut pas négliger la taille des Melons et les arrosages de toutes sortes. On sème les Cornichons et le Pourpier.

En pleine terre, les semis sont les suivants : Cardon, Céleri-rave, Cerfeuil, Chicorée sauvage, Choux d'été, Choux de Bruxelles, Choux-navets, Choux-raves, Courges, Poirée, Pois, Salsifis, Scorsonères, Oignons blancs, Oseille, Persil, Poireaux, Pissenlits, Pimprenelle, Capucine, etc.; on continue les semis périodiques de Laitues d'été, Epinards, Radis, Navets, Carottes, etc. Également en pleine terre on plante : l'Igname de Chine, les Pommes de terre, on divise la Rhubarbe, on met en place les Laitues de printemps, l'Estragon, les Choux-fleurs d'été, les Choux d'été.

Sur couche tiède on plante : le Céleri, la Chicorée frisée et les Choux-fleurs parmi les Carottes

On exécute le débuttage et l'œilletonnage des Artichauts

et la plantation de ceux œilletonnés à l'automne. Les Asperges sont buttées; les Fraisiers reçoivent un bon nettoyage, de même qu'un binage et un paillis de fumier long. Les fumures et labours doivent être achevés.

Après la récolte des fraises forcées, les pots sont enlevés, leur contenu est mis au tas de compost et à leur place sont plantés des Melons, dont les produits donneront immédiatement avant ceux de la première saison sur couche sourde qui est commencée vers le 15.

Mai.

Dans le carré de primeurs, les coffres et les châssis deviennent maintenant inutiles, sauf pour les Melons; ils sont, du reste, employés à couvrir les couches sourdes. Les Melons en première saison étant arrivés à maturité, des Choux-fleurs sont plantés sur trois rangs et six par panneau, en écartant un peu le feuillage des Melons, qui ne seront enlevés totalement que lorsque la récolte sera complètement terminée. Les vieilles couches non utilisées peuvent recevoir un semis de Radis.

En pleine terre on continue les semis périodiques et ceux des mêmes plantes que dans le mois précédent et auxquelles on ajoute la Raiponce, la Sarriette et les Choux d'automne.

Sont plantés en pleine terre : Céleris en 2ᵉ saison, Céleris-raves, Choux d'été, Choux de Bruxelles, Choux-raves, Laitues d'été, à bonne exposition les Tomates, Aubergines, etc. Les Cardons sont éclaircis et reçoivent un binage. Les binages, sarclages et arrosages de tous les semis et repiquages ne sont pas négligés.

Les couches sourdes pour Melons sont continuées. La planche de Fraisiers destinés à la multiplication reçoit un bon nettoyage et, les coulants se développant, leur base est légèrement enterrée en pleine terre ou dans de petits pots.

Juin.

Au carré de primeurs il n'est guère besoin de châssis, ceux conservés sont ombrés et aérés; les vieilles couches sont néanmoins toutes occupées. Des Melons sont plantés à la place des Choux-fleurs, qui eux-mêmes avaient été repiqués dans la première saison de Carottes; les places libres reçoivent des semis de Radis.

Des arrosages copieux deviennent nécessaires pour toutes les plantes potagères en général; de même que des binages, des sarclages, paillis et terreautages.

Outre les semis des mois précédents, que l'on pratique également en juin, on opère un petit semis de Fraisiers des quatre saisons à une exposition ombragée.

On exécute la plantation sur terreau ou en pleine terre des Piments, Tomates et Aubergines; la plantation de la Chicorée frisée et de la Scarole; celle des Cornichons, des Choux de Bruxelles, des Laitues d'été et le repiquage des Pissenlits. Le premier semis de Chicorée frisée en pleine terre est fait ce mois, de même que celui de la Chicorée à grosse racine (Witloff), de la Chicorée amère (Barbe de capucin), des Choux d'hiver, Brocolis, Choux-raves, gros Radis.

Juillet.

Les coffres et les châssis devenus inutiles sont rentrés à sec sous le hangar où, par les jours de mauvais temps, il est procédé à leur réparation (Voir chap. *Serres et Abris*).

Les soins, quant au reste du jardin potager, ne diffèrent pas de ceux du mois précédent; les arrosages sont encore plus suivis, en raison de la chaleur qui augmente.

Les semis, repiquages et plantations sont aussi les mêmes. Ces derniers sont faits le soir et arrosés de suite car la fraîcheur de la nuit raffermit les plantes. On récolte l'Ail et l'Echalote; les fanes des Oignons sont couchées avec le dos du râteau afin de favoriser le développement du bulbe. On recueille certaines graines, on taille les Aubergines, Tomates, Concombres, etc.

Août.

Les travaux du mois ne diffèrent pas sensiblement de ceux du mois précédent; il est de plus procédé au nettoyage des Artichauts, à la plantation des Fraisiers des quatre saisons et hybrides et d'une planche de Fraisiers destinés à produire des coulants pour l'année suivante. Sont plantés aussi les derniers Choux-fleurs, les Laitues d'automne, la Chicorée Scarole et frisée.

Jardinage.

Les semis sont toujours les mêmes, à savoir : Cerfeuil, Épinards, Haricots (dernier semis à récolter en vert), Navets (dernier semis aussi), Oignons blancs, Persil, Pourpier, Radis, Carottes grelot (pour l'arrière-saison et l'hiver), Scaroles, Choux de Milan, Raiponce, etc.

Outre ces plantes qui ont fait l'objet de nombreux semis consécutifs on sème encore dans ce mois : le Crambé (en place), la Mâche, les Laitues d'hiver, les Choux de printemps, Scorsonères, etc., pour l'année suivante à l'automne.

On récolte aussi l'Ail et les Oignons provenant de la culture estivale et certaines graines au fur et à mesure de leur maturité. C'est presque toujours à leur place qu'est semée la Mâche, sans qu'il soit nécessaire de labourer le terrain.

On taille, on effeuille et on palisse les Tomates. On lie les Céleris, Scaroles, Chicorées, etc., pour leur blanchiment et on continue ce travail périodiquement tous les 15 jours pour en assurer la production continue.

On continue la récolte des graines de : Choux, Laitues, Carottes, Oignons, etc., que l'on traite comme il est dit aux chapitres VI et XIII.

Septembre.

Pendant ce mois, on exécute à peu près les mêmes travaux que précédemment ; les binages et sarclages prennent beaucoup de temps ; par contre, il n'est plus aussi nécessaire d'arroser abondamment.

Sont repiqués les Choux de printemps semés dans le mois précédent parmi lesquels on sème parfois des Mâches.

On sème les mêmes plantes qu'en août, plus les suivantes : Choux-fleurs de printemps, Fenouil, Laitues à forcer et Poireaux (semis clair en place), les derniers semis de Carottes (au commencement du mois) pour les avoir fraîches en hiver. On lie les Cardons, Céleris, etc.

On récolte les Oignons, Échalotes, Pommes de terre ; ces dernières, après être ressuyées, sont rentrées dans un cellier.

Octobre.

Avec octobre viennent les fraîcheurs, aussi les seuls semis qu'il reste encore à faire sont les suivants : Épinards, Mâches, Cerfeuil, Persil, Radis, etc.

Dans le Midi, c'est à cette époque que l'on sème les Fèves et que l'on plante l'Ail. En pleine terre est plantée la Laitue d'hiver; sont repiqués les Oignons blancs; et, sous cloches sur côtière, sont également repiqués en pépinière les plants de Laitues à forcer. C'est aussi le moment de procéder à l'empotage des Fraisiers à forcer.

On nettoie les Asperges; on œilletonne les Artichauts pour la multiplication d'automne et on en rentre quelques touffes à l'abri.

Vers la fin du mois il est prudent de commencer la rentrée de toutes les plantes potagères destinées à la consommation de l'hiver, à savoir : Cardons (en mottes à la cave), Carottes, Panais, Pissenlits (confection d'une couche pour la Barbe de capucin), Witloff, Raiponce, Betterave (en silo), etc.; on termine l'arrachage des Pommes de terre.

On place des coffres et des châssis sur une planche de Persil spéciale aux besoins de l'hiver.

Par les jours de mauvais temps il est procédé à la réparation et à la confection des coffres et les châssis, qui ne tarderont pas à être employés à la reconstitution du carré de primeurs. On s'approvisionne de feuilles, fumier, etc., pour les couches. Pendant ce mois comme pendant les autres on met au pourrissoir tous les détritus du potager, lesquels constituent d'excellents engrais.

Novembre.

On ne fait plus aucun semis en pleine terre, sauf les Pois destinés à la culture forcée et que l'on sème en pépinière, et ceux en culture ordinaire. On sème encore des Radis sous châssis à froid. On stratifie la graine de Cerfeuil bulbeux.

On exécute la plantation des Choux de printemps en terre légère et on continue celle des Laitues d'hiver.

Le repiquage des Laitues à forcer est également continué. Des coffres et des châssis sont apportés sur les planches d'Asperges, afin d'opérer le forçage sur place.

Vers la fin du mois, on monte la première couche, peu épaisse, sur laquelle sont plantées, dans le terreau qui la recouvre, de fortes touffes d'Oseille qui donneront des feuilles fraîches tout l'hiver.

La rentrée des plantes potagères consacrées aux besoins de l'hiver se continue activement. Outre celles que nous avons énumérées dans le mois précédent, ce sont les : Céleris-raves, dont les racines se conservent en silo ou à la cave; les Céleris, que l'on arrache en mottes et que l'on replante sous châssis; la Chicorée à grosse racine propre à produire, la Witloff, les Choux d'hiver, qui sont arrachés et mis en jauge très serrés; l'Igname de Chine, les Navets, dont les racines sont conservées à la cave, et en silo pour ces derniers, etc.

Une partie du mois doit être employée par le jardinier à s'approvisionner de matériaux de couches tels que : fumier de cheval mis en petits tas, afin d'éviter l'échauffement, et surtout de feuilles sèches indispensables à l'obtention d'une chaleur douce, régulière et durable. Le carré de couches fait aussi l'objet d'un nettoyage complet, c'est-à-dire que les terreaux sont enlevés et mis en ados; puis les matériaux ayant constitué les anciennes couches, sont transportés en tas où ils achèvent leur décomposition en attendant leur nouvel emploi : le terreautage des semis de pleine terre.

Si des gelées sont probables on butte les Artichauts et on abrite une foule d'autres plantes.

Décembre.

Le mois de décembre peut être considéré comme celui qui commence l'année en culture potagère; c'est en effet pendant cette période que sont dressées les premières couches à primeurs. Aussi les travaux se concentrent-ils pour la plupart au carré de couches, dont le nettoyage doit être terminé le plus tôt possible.

Après le quinze est montée la première couche à Carottes sur laquelle on peut planter, aussitôt après le semis, des Laitues gottes à raison de seize par châssis. Suivant un autre procédé, celles-ci sont plantées, seules et plus serrées, sur une couche qui leur est spécialement affectée. On sème de même des Radis avec des Carottes ou à part, selon le cas. Une autre couche est semée de Poireaux. Enfin une forte couche est montée et reçoit les griffes d'Asperges destinées à produire l'Asperge verte, à moins que cette culture puisse être faite en bâche, ce qui est préférable. En bâche également est commencée la première saison de Fraisiers.

Vers la fin du mois, le semis de la première saison de Melons est aussi exécuté sur une bonne couche ayant les dimensions d'un châssis.

Le Céleri et autres plantes conservées sous châssis sont l'objet de soins qui consistent, suivant la température, à construire autour des coffres des accots et à couvrir pendant la nuit avec des paillassons. Les derniers légumes laissés en pleine terre doivent être abrités ou arrachés. Les Laitues, Romaines, etc., repiquées sous cloches doivent être aérées lorsqu'il fait beau.

Travaux à l'intérieur.

Lorsqu'il pleut pendant la belle saison, qu'il pleut, qu'il neige ou qu'il gèle trop fort pendant l'hiver, les travaux au dehors sont forcément suspendus.

On doit en profiter pour effectuer quelques travaux à l'intérieur et remettre le matériel en état. Le battage, nettoyage et mise des graines en sachets, au besoin leur cataloguage; la préparation des étiquettes; la réparation, la peinture des châssis et des coffres, le remastiquage et le remplacement des vitres des châssis, la réparation des cloches, la fabrication des abris, auvents, etc.; le rangement des collections de graines, la confection des paillassons, les soins à donner aux légumes hivernés dans la cave, au cellier et dans la serre aux légumes; la préparation des racines des porte-graines si on n'a pu le faire plus tôt, etc., etc., sont des travaux qu'il faut faire lorsque ceux du dehors sont arrêtés.

CULTURE FRUITIÈRE

CHAPITRE XV

CRÉATION DU JARDIN FRUITIER

I. Le Jardin fruitier moderne. — II. Le Jardin spécialement fruitier. — III. Le Jardin mixte. — IV. Choix du terrain. — V. Tracé et distribution. — VI. Emploi des murs. — VII. Distribution des essences fruitières. — VIII. Les diverses sortes de soutiens des arbres fruitiers. — IX. Établissement du treillage. — X. Établissement des contre-espaliers. — XI. Le palissage, les ligatures et leur effet sur la végétation.

I. — Le Jardin fruitier moderne.

Le jardin fruitier moderne est, au jardin en général, une partie où l'on cultive spécialement les arbres fruitiers. Il doit être spacieux, aéré et surtout bien éclairé. C'est cette portion du jardin que l'on doit favoriser, surtout au point de vue de l'exposition, de la chaleur, de la qualité du sol, et qui fait l'objet de soins assidus.

Tout, au jardin fruitier, doit être fait ou établi dans un sens pratique et non luxueux. Les propriétaires et les jardiniers ne doivent rien négliger des commodités modernes, dans l'établissement primitif d'un jardin fruitier.

Les arbres sont plantés avec ordre de façon que, sans être trop serrés, ils occupent entièrement le terrain; c'est dans ce but que la taille a été instituée, et c'est aussi pour cela que les arboriculteurs s'appliquent, chaque jour, à perfectionner les modes de traitement.

On distingue deux sortes de jardins fruitiers : 1° celui spécialement affecté à cette culture ; 2° celui où l'on admet la culture potagère à une certaine distance du pied des arbres.

II. — Le Jardin spécialement fruitier.

Ce genre de disposition vise surtout la culture commerciale. On ne plante, dans ce jardin, aucun végétal autre que les arbres d'essence fruitière ; ceux-ci sont distribués avec art, avec goût. Les espaliers, contre-espaliers, cordons, arbres de plein air, sont mis à leur place respective, en tenant compte de l'orientation qu'il convient de choisir pour chacune de leurs variétés ; nous examinerons plus loin cette question de la plus haute importance.

III. — Le Jardin mixte.

On donne ce nom à un jardin dans lequel on cultive à la fois des arbres fruitiers et des légumes, parfois même des fleurs dans les plates-bandes. Il est bien rare, lorsqu'on ne possède qu'un petit jardin, de le diviser en deux parties : l'une destinée aux arbres fruitiers, l'autre aux légumes ; on combine plutôt ces deux cultures, de telle façon que l'une ne puisse nuire à l'autre : c'est généralement cette disposition qui est appliquée à la majorité des jardins.

Les plates-bandes qui bordent les allées et le pourtour des carrés sont plantées d'arbres, tandis que l'intérieur des carrés et les plates-bandes qui longent les murs de clôture sont réservés aux légumes. Rien ne s'oppose à ce que toute bordure d'allée, contre-allée, etc., soit établie avec des Fraisiers, de l'Oseille, du Thym, ou toute autre plante potagère ou à condiment.

IV. — Choix du terrain.

Le choix du terrain est subordonné aux moyens dont on dispose, à l'exposition et à la qualité du sol. L'exposition à préférer est celle de l'est et du sud. Plus souvent on se contente d'une terre inclinée vers l'ouest sans que la culture en souffre ; cependant l'idéal serait une propriété présentant une légère inclinaison vers l'est, ou vers le sud-est, au pied d'une colline, par exemple.

Le sol à préférer est, sans contredit, une bonne terre à blé, franche, sablonneuse, de consistance moyenne, ayant une épaisseur d'au moins un mètre et reposant sur un sous-sol perméable.

V. — Tracé et distribution.

Lorsque l'on possède un terrain suffisamment spacieux, il est préférable de planter les arbres fruitiers à part, ce que nous conseillons d'ailleurs; de cette façon aucune autre culture ne peut entraver leur bonne végétation.

Un mur d'environ trois mètres d'élévation sera, là, bien placé pour séparer le potager du jardin fruitier proprement dit. Ce dernier devra occuper, au moins, le tiers de la contenance totale du terrain et sera tracé intérieurement comme il est dit pour le potager, page 134. Un deuxième mur productif le séparera de la partie consacrée au Verger.

Étant donné qu'en principe, il faut toujours planter les arbres à grand développement du côté de l'ouest ou du nord, de façon que leur ensemble forme un gradin s'inclinant vers le sud et l'est, c'est dans cette portion du jardin que l'on créera le verger. Sur plusieurs lignes seront ensuite plantées les pyramides de Poiriers et de Pommiers. Puis viendront les fuseaux, également en lignes et enfin, par ordre de hauteur, seront installés les contre-espaliers, vases, buissons et cordons de toutes sortes.

Par cette distribution tous les individus reçoivent la même somme de lumière et de chaleur et les petits arbres sont abrités des grands vents par ceux de grande dimension.

VI. — Emploi des murs.

Sous le climat de Paris, les murs ont une influence considérable sur la végétation ; ils sont indispensables à la culture du Pêcher et de la Vigne ; les beaux fruits d'hiver, pommes et poires, sont également obtenus avec leur concours.

Aussi ne doit-on jamais laisser improductifs les pignons et les surfaces de maçonnerie de toutes sortes.

Certains propriétaires construisent les murs clôturant leur jardin en retrait de 2 mètres environ, pour que les deux faces puissent être utilisées; on ne saurait trop préconiser cette combinaison.

Les plantations ainsi faites le long des murs sont appelées espaliers.

VII. — Distribution des essences fruitières.

La chaleur que les murs développent varie selon la direction vers laquelle leur face est tournée. Quelques-uns, ceux du sud et de l'est, sont très chauds; d'autres n'ont qu'une température moyenne. Il est donc de la plus haute importance d'appliquer sur chacun d'eux l'essence d'arbre capable d'y végéter avec succès.

Ceci posé, examinons les différentes espèces fruitières et disons l'exposition qui leur est favorable :

La Vigne a besoin d'une grande chaleur pour mûrir parfaitement son fruit; les murs du sud, du sud-est et de l'est lui sont indispensables.

Le Pêcher se plaît surtout exposé à l'est ou au sud-est; cependant, on peut le planter le long du mur au sud, même à l'ouest; dans ce dernier cas, il souffre parfois des pluies froides d'automne.

L'Abricotier est surtout un arbre de plein air, que l'on met quelquefois en espalier à l'exposition de l'ouest, afin d'avancer l'époque de la fructification et pour le préserver des gelées du printemps, qui lui sont funestes. Mais toutes les fois que l'on peut le cultiver en plein vent il faut en profiter; car, dans ces conditions, ses fruits sont bien plus savoureux.

Le Cerisier et le Prunier sont aussi des arbres de verger par excellence; il est bon, cependant, d'en employer à garnir les murs froids du nord, du nord-ouest et de l'ouest. Cette combinaison a pour effet de retarder sensiblement la maturité des excellents fruits de ces arbres

Le Poirier vient en général sans le mur; cependant, quelques variétés hâtives mises à bonne exposition (est, sud-est) ont l'avantage de donner leurs fruits plusieurs jours plus tôt. Les variétés délicates, craignant les funestes effets de la tavelure, réclament également les murs du sud, **du sud-est et, à la rigueur, du sud-ouest. Ces variétés sont** le *Beurré d'Hardempont*, le *Doyenné d'hiver*, le *Saint-Germain d'hiver*, etc.

La place du Pommier est en cordon horizontal autour des carrés et des plates-bandes. Cependant, la variété *Calville blanc*, plus délicate, se plaît surtout en espalier contre un mur à l'est ou à l'ouest.

Les amateurs peuvent compléter leurs murs du nord avec des Groseilliers et des Framboisiers, quoique la vraie place de ces arbustes soit en touffes et en lignes en plein air.

VIII. — Les diverses sortes de soutiens des arbres fruitiers.

Les arbres soumis à la taille sont dits *arbres de plein air* lorsqu'ils ne sont nullement soutenus; par exemple : les *pyramides*, les *fuseaux*, etc., ne nécessitant qu'accidentellement quelques baguettes pour donner une bonne direction à leurs branches latérales.

Ils sont dits *arbres palissés* lorsque, plantés en espalier ou en contre-espalier, ils sont soutenus par un treillage ou toute autre sorte de palissage.

Dans ce cas, le mode le plus employé autrefois était le palissage à la loque, c'est-à-dire que tous les rameaux et les branches étaient entourés avec une petite bandelette de drap dont les deux extrémités étaient fixées au mur par un clou. Cette méthode est aujourd'hui presque partout abandonnée, car elle entraîne à de grandes dépenses : enduit des murs au plâtre (3 centimètres d'épaisseur au moins), clous spéciaux, etc. Le palissage à la loque demande, en outre, beaucoup plus de temps et les rameaux, étant collés directement sur le mur, sont privés de la favorable influence de l'air et de la lumière.

Toutes les lacunes de la vieille école sont comblées par le palissage des branches sur un treillage en fil de fer et bois, composé de fils de fer horizontaux et d'un baguettage de lattes en sapin fixées verticalement à distances régulières.

IX. — Établissement du treillage.

La construction de ce treillage est des plus faciles et la durée en est très longue. Il suffit de sceller dans le mur, tous les cinq mètres et dans une direction verticale, des fers à T, dont la longueur est égale à la hauteur du mur. Ces montants, munis de pitons de scellement, sont, à l'avance, percés à 40 centimètres d'intervalle, de petits trous, dans lesquels passent les fils de fer; ceux-ci sont fortement tendus à l'aide de raidisseurs. Il faut que les pitons soutenant les montants soient assez longs pour que ceux-ci se trouvent éloignés de 12 à 15 centimètres du mur. Cette disposition permet la circulation de l'air derrière les arbres, ce qui est d'une grande efficacité.

La carcasse se trouve ainsi installée; il reste alors à fixer un baguettage de lattes à différentes distances selon l'essence d'arbre que le treillage doit supporter.

Pour le Poirier et le Pommier, ces lattes, ayant 2 centimètres × 1 centimètre, sont placées tous les 30 centimètres. Pour le Pêcher, on fixe des lattes de même dimension à 50 centimètres les unes des autres et quatre plus petites (1 centimètre × 1 centimètre) dans chaque intervalle, ce qui les met toutes à 10 centimètres. Pour les autres arbres à fruits à noyaux, le treillage est le même que celui des arbres à fruits à pépins. Le treillage qui soutient la Vigne est fait de deux façons bien différentes, selon qu'elle est formée en cordons verticaux ou horizontaux. Pour les premiers, on place les baguettes à 25 centimètres d'intervalle; pour les seconds, les lattes sont remplacées par des fils de fer horizontaux distancés eux-mêmes de 16 centimètres 1/2. On fixe donc tout simplement une latte par pied de Vigne, en lui donnant la longueur que le cordon mesure verticalement jusqu'à sa partie horizontale.

Chacune des baguettes est attachée sur chaque fil de fer à l'aide d'une ligature en fil de fer fin n° 8.

A défaut de lattes en sapin blanc, les tiges de bambous de Chine forment un baguettage très propre.

X. — Établissement des contre-espaliers.

Le contre-espalier est construit dans le même ordre d'idées que l'espalier.

Les montants, munis de patins en tôle ou de scellements en maçonnerie, sont placés aux mêmes distances. Les poteaux des extrémités doivent être maintenus par des contreforts également scellés.

Le contre-espalier double exige une disposition spéciale;

il faut d'abord qu'il soit dirigé du nord au sud pour que ses deux faces aient une exposition également favorable; et il est utile d'espacer les deux treillages de 60 à 70 centimètres pour que l'air et le soleil agissent favorablement. Dans les anciennes plantations, cet écartement n'est que de 40 centimètres; nous savons par expérience, que cette distance est insuffisante surtout si, comme l'a imaginé le Frère Henri, la plantation se fait au milieu.

XI. — Le palissage, les ligatures, et leur effet sur la végétation.

Avant d'énumérer les différentes ligatures employées chaque année, nous dirons quelques mots des effets du palissage sur la végétation.

Le palissage contribue, pour une grande part, au rétablissement de l'équilibre dans un arbre où la sève n'est pas répartie uniformément; il modère la vigueur des bourgeons et est indispensable pour imprimer aux rameaux une direction voulue, etc. En un mot le palissage doit être fait avec toute l'attention due à son importance.

Les lois qui le régissent sont très vagues; en effet, il est très difficile d'expliquer pourquoi il faut faire une ligature à une place plutôt qu'à une autre.

Par exemple, s'agit-il de faire suivre à un rameau un coude prononcé? Nous pouvons observer l'efficacité de la ligature, et la refaire, au besoin à un autre endroit, si elle n'a pas produit le résultat désiré.

On distingue deux sortes de palissages : 1° celui en sec, qui se fait toujours avec de l'*osier*, car les rameaux, devenus ligneux, demandent une ligature plus solide et plus consistante; 2° celui en vert, qui se fait avec du *jonc* ou du *raphia*. Ce dernier lien n'est pas accepté par beaucoup de praticiens; nous croyons que c'est un tort. La ligature au raphia demande évidemment un peu plus de temps à faire, mais, d'un autre côté, elle a l'avantage d'être plus durable et plus souple que celle du jonc qui, parfois, se desserre et se durcit en séchant.

CHAPITRE XVI

LA PLANTATION DES ARBRES FRUITIERS

I. La distance à observer entre les arbres. — II. Les soins à la déplantation. — III. Époques de la plantation. — IV. L'habillage des sujets. — V. La plantation et le pralinage. — VI. Transplantation des vieux arbres. — VII. Paillis, arrosages et bassinages.

I. — La distance à observer entre les arbres.

Nous avons dit au chapitre précédent que les arbres soumis à la taille sont appelés *sujets palissés* quand ils sont plantés en espalier ou en contre-espalier, et *sujets libres ou de plein air* quand ils sont formés en pyramide, fuseau, colonne, etc. Nous allons, maintenant, en tenant compte des formes, examiner les différentes distances qu'il convient d'adopter pour la plantation.

Pour tous les arbres à fruits à pépins palissés et ceux à fruits à noyaux, à part le Pêcher, l'intervalle est de 30 centimètres entre les branches charpentières. En conséquence, on plante les **U** simples de 50 à 60 centimètres, les doubles de 90 à 1^m,20; les **U** et les palmettes à branches verticales sont distancés d'autant de fois 30 centimètres qu'il y a de branches.

Pour le Pêcher, la distance entre les branches charpentières est de 50 à 60 centimètres; de sorte que l'espace entre les pieds est d'autant de fois 50 à 60 centimètres que les arbres possèdent de branches de charpente.

Pour la Vigne, les cordons verticaux sont espacés de

Jardinage.

80 centimètres; les cordons verticaux alternes de 50 centimètres, les cordons horizontaux à la Thomery à deux bras : 1 série 3 mètres, 2 séries superposées 1m,50, 3 séries 1 mètre, 4 séries 75 centimètres, 5 séries 60 centimètres, 6 séries 45 à 50 centimètres.

Quant aux arbres libres, l'espace entre eux est relatif à la forme désirée et aux sujets sur lesquels ils sont greffés. Ainsi, on distance les pyramides de 4 à 6 mètres, les fuseaux de 2 à 3 mètres, les colonnes de 1 mètre à 1m,50, les Groseilliers et Framboisiers en cépée de 1 à 2 mètres.

Les vases de Poiriers ou de Pommiers se plantent à 2 ou 3 mètres les uns des autres.

Toutes ces données ne sont pas arbitraires et peuvent être modifiées, surtout lorsqu'il s'agit d'un jardin mixte, où une plantation trop serrée porte préjudice aux cultures intercalaires.

II. — Les soins à la déplantation.

On ne saurait apporter trop de soins à la déplantation, car le succès de la plantation en dépend. Pour procéder à cette opération, on se sert de la fourche plate à quatre dents, afin d'enlever autour de l'arbre la première épaisseur de terre sur une surface, d'autant plus grande, que le sujet est plus fort. Après la fourche vient le rôle du croc à deux dents qui sert à dégager la terre entre les racines; cette terre est ensuite jetée, à la pelle, hors du trou. On continue ainsi jusqu'à ce que le chevelu soit complètement découvert; puis on enlève l'arbre avec précaution, et, avec la serpette, on coupe les dernières radicelles qui résisteraient encore.

Lorsqu'il s'agit d'un sujet plus âgé, on procède d'une autre façon : on creuse, à 80 centimètres ou 1 mètre du pied de l'arbre, une tranchée circulaire profonde de 90 centimètres à 1 mètre et large de 60 centimètres. Puis, avec le croc, on attaque la motte restée au pied de l'arbre, en en faisant tomber la terre dans la tranchée, que l'on dégage au fur et à mesure avec la pelle. Lorsqu'on approche du pied de l'arbre et que les racines sont en plus grand nombre, on se sert d'un morceau de bois pointu pour émietter la terre et la détacher. L'arbre se trouve ainsi dégagé sans que ses racines aient eu à souffrir d'aucune meurtrissure.

III. — Époques de la plantation.

Les meilleurs moments pour effectuer la plantation sont : l'automne, aussitôt la chute des feuilles; ceci principalement pour les terres saines, sablonneuses, etc.; et le printemps dans les terres fortes, compactes ou humides; dans ce cas, on met les arbres en jauge après avoir fait l'habillage. La mise en jauge est une sorte de plantation provisoire : les arbres sont inclinés dans une tranchée et leurs racines sont recouvertes de terre fine. Au printemps, on les retire un à un avec beaucoup de précautions et on procède à leur plantation définitive.

IV. — L'habillage des sujets.

Avant la plantation, il ne faut pas manquer de faire l'habillage de l'arbre; cela consiste à couper, avec le sécateur et la serpette, jusqu'à la partie vive, toutes les extrémités des racines brisées ou meurtries pendant l'arrachage ou au cours du voyage. Cette opération a pour but d'éviter la pourriture des racines, d'aider à la cicatrisation des plaies et, par suite, d'activer l'émission d'un nouveau *chevelu*. Le point important est de faire une coupe nette et droite autant que possible; toute section oblique n'est pas aussi efficace, car le bourrelet se forme alors plus difficilement.

V. — La plantation et le pralinage.

La plantation d'un arbre, dans le jardin fruitier et dans le verger, est son début dans une autre période : celle de la production. Pour que ce début soit favorable, il est nécessaire que la plantation soit faite avec tous les soins qu'elle nécessite.

Pour cela il faut : 1° Avoir multiplié et élevé soi-même, ou acheté chez un pépiniériste consciencieux, des arbres sains, de bonne venue et munis d'un bon appareil radiculaire. 2° Que la terre soit fraîche et meuble et, ainsi que nous l'avons déjà dit, bien défoncée, amendée et fumée convenablement (voir le chap. I, *Le sol et les engrais*). 3° Enfin, il ne faut pas trop enterrer l'arbre pour que ses racines puissent profiter de l'influence de l'air et de la chaleur.

L'action de planter est, on le voit, des plus délicates, et elle joue un rôle des plus importants dans la reprise et la végétation future de l'arbre.

Voici la manière d'opérer : On creuse un trou suffisamment grand pour que les racines de l'arbre puissent s'y étendre sans qu'on soit obligé de les courber. On a soin de former, dans le fond du trou, un petit monticule sur lequel on pose les racines; cela de telle façon que le trou étant comblé, le point de soudure de la greffe dépasse de 5 à 8 centimètres le niveau du sol. Pour s'assurer de ce fait, on place une règle en travers du trou et on applique l'arbre contre cette règle, qui donne exactement le niveau du terrain et permet de placer la greffe à la hauteur voulue. On doit aussi tenir compte du tassement qui, éventuellement, peut se produire; qui se produira certainement si le terrain vient d'être défoncé; et d'autant plus que le défoncement aura été plus profond. C'est aussi pour cette raison qu'on ne doit pas attacher immédiatement l'arbre au treillage, sous peine de le voir suspendu après le tassement effectué.

Lorsqu'on plante en espalier, on pose l'arbre obliquement en l'éloignant de 10 à 12 centimètres du pied du mur, pour que plus tard la tige ne soit pas gênée dans son accroissement. Toutes ces conditions remplies, il reste à introduire de la terre fine entre les radicelles, que l'on a préalablement replacées dans leur position primitive. Enfin, dernière recommandation, il ne faut jamais tasser la terre avec le pied, ni secouer l'arbre; mais, faire pénétrer cette terre entre les radicelles, à l'aide d'un petit bâton et, si la terre est sèche, par quelques arrosages.

Lorsqu'on a reçu des arbres ayant voyagé par un temps de hâle, il est bon, avant de procéder à la plantation, de les praliner. Cela consiste à les plonger, tout entiers, dans une sorte de bouillie composée d'argile délayée dans l'eau, à laquelle on ajoute très souvent de la bouse de vache, mais, plus particulièrement, pour le pralinage des racines seulement. Le pralinage a pour effet de préserver les arbres contre les actions de l'air et du hâle, de ramener et de conserver la fraîcheur de l'épiderme. Le pralinage des racines est, en toutes circonstances, très favorable lorsque **la plantation est effectuée dans un terrain léger et sec.**

VI. — Transplantation des vieux arbres.

Il arrive parfois que, dans une plantation déjà âgée, un arbre meurt. Le vide produit est des plus désagréables. Autant pour la régularité que pour le rapport interrompu, il est nécessaire de faire le remplacement par un individu de force à peu près égale. Dans ce but, les pépiniéristes élèvent, dressent et forment des arbres de toutes formes et de toutes dimensions, ayant subi plusieurs contre-plantations. On peut en élever soi-même dans la petite pépinière qu'il est bon d'avoir.

On plante, pour cela, des scions d'une année de greffe que l'on dirige en formes variées, celles qu'on présume avoir besoin; on a soin de les contre-planter tous les trois ans. La contre-plantation consiste à arracher l'arbre et le replanter aussitôt. Elle a pour but de favoriser le développement de nombreuses radicelles et de circonscrire l'appareil radiculaire dans un diamètre relativement restreint, pour que l'on puisse exécuter la plantation définitive avec plus de chances de succès. Ceci arrive à nous faire dire que, lorsqu'on est dans l'obligation de faire l'achat de ses sujets, on ne doit jamais craindre de payer cher, afin d'avoir des arbres contre-plantés dont la reprise est plus assurée.

A l'arrachage et à la plantation définitive on procède avec toutes les précautions déjà décrites. Le vide se trouve ainsi comblé et une fructification abondante ne tarde pas à couronner les efforts du planteur.

VII. — Paillis, arrosages et bassinages.

A la suite de toute plantation, mais seulement en mai, il est bon de pailler le sol; on étend, pour cela, une couche de 4 à 5 centimètres de fumier long et pailleux, dont l'effet est de maintenir une fraîcheur régulière au pied de l'arbre. Par une année très sèche, cinq ou six arrosages copieux, à quelques semaines d'intervalle, sont d'une grande utilité pour assurer la reprise de l'arbre; il est bon pour cela de ménager une cuvette profonde de 6 à 8 centimètres autour de chaque pied, laquelle est remplie de fumier. Les bassinages journaliers, par les journées chaudes du printemps et de l'été, de la ramure et du feuillage, ont aussi une grande influence sur la reprise; il est bon de ne pas les négliger.

CHAPITRE XVII

LES ARBRES FRUITIERS

I. Leur existence au jardin. — II. Les causes naturelles et accidentelles de leur mort. — III. Equilibre de la sève. — IV. Les incisions et les entailles.

I. — Leur existence au Jardin.

Les arbres fruitiers, que l'on dirige sous des formes souvent gracieuses et parfois compliquées, sont, par ce fait, les esclaves du jardinier et de l'amateur; ceux-ci s'y attachent, les soumettent à des formes bien diverses; ils les amputent parfois de tous leurs membres à la fois; toute l'année ils coupent et rognent dans leurs ramifications, et c'est à la suite de ces différentes opérations qu'ils arrivent à en faire des modèles de production et de beauté.

Aussi devons-nous abandonner les anciennes méthodes peu rationnelles et souvent encore mal appliquées, pour arriver, par des opérations plus précises, mieux comprises et plus en rapport avec le mode de végétation, à rendre la vie plus douce aux arbres qui nous plaisent par leur forme et dont les produits font nos délices. Nous devons surtout ne les soumettre qu'à des formes en rapport avec leur mode naturel de végétation. Et, si, parfois, une opération chirurgicale, si l'on peut appliquer ce mot aux suppressions de certaines branches, si cette opération, disons-nous, est obligatoire, prenons toutes les précautions voulues et sachons recouvrir la plaie de mastic ou de tout autre ingrédient analogue pour en faciliter la cicatrisation. C'est le vrai moyen de conserver les arbres en bon état le plus longtemps possible et de les amener à fournir le maximum de beaux et bons fruits.

II. — Les causes naturelles et accidentelles de leur mort.

Les arbres, comme les gens, meurent en leur temps ou bien ils périssent par maladie ou par accident. Dans le premier cas, ils meurent par vieillesse, lorsqu'ils sont épuisés par de longues années de rapport. Dans le second cas, certains sont atteints, dès leur jeune âge ou plus tard, d'une maladie qu'on ne pouvait prévoir et qui est parfois assez grave. Lorque cela est possible, nous devons leur prodiguer des soins assidus; mais s'ils sont inguérissables, il faut les arracher et les remplacer par des individus sains.

Les causes accidentelles de la mort des arbres sont nombreuses : maladies, insectes, cryptogames, etc.; les plus à déplorer sont celles occasionnées par la maladresse de l'arboriculteur; en voici l'énumération :

1° Certains engrais et insecticides appliqués à dose trop forte suffisent pour faire périr l'arbre.

2° Un terrain mal préparé, surtout par un mauvais temps, ne permet pas aux racines de se développer et, de ce fait, l'arbre périt fatalement.

3° Une forme trop petite ou trop grande, qui n'est pas en rapport avec la vigueur de l'arbre; dans le premier cas la sève, n'arrivant pas à se dépenser, occasionne des maladies internes incurables; dans le second cas, l'arbre s'épuise en se couvrant de fleurs chaque année et périt par l'anémie.

4° Une suite d'amputations maladroites (pincements trop radicaux, mauvais soins apportés à la suppression des grosses branches, palissages trop serrés, etc.) produisent des dérangements dans la circulation de la sève; ce qui se manifeste bientôt par l'apparition de chancres ou autres maladies analogues entraînant la perte d'une partie des branches, même de l'arbre entier.

Si l'on ajoute à cela le manque d'arrosage par la sécheresse ou une trop grande humidité maintenue au pied des arbres volontairement ou par le mauvais état du terrain, on comprendra aisément qu'entre des mains inexpérimentées, une plantation d'arbres fruitiers est exposée à des insuccès.

III. — Équilibre de la sève.

Puisque nous parlons en ce moment de la santé des arbres, disons quelques mots sur l'équilibre de la sève, **but vers lequel l'arboriculteur doit concentrer une partie de ses efforts.** Sans ce point capital, il n'y a pas de fructification normale ni de beaux arbres possibles. Il est nécessaire, dès le début, de faciliter la répartition régulière de la sève dans toutes les ramifications, afin qu'elles reçoivent la même quantité de nourriture, et que les fruits acquièrent tous la même qualité. Ce résultat est obtenu par toutes sortes

Fig. 101. — Jeune arbre dont les branches sont mal équilibrées.

de moyens pouvant s'appliquer aux différents cas qui se présentent dans une plantation.

Transportons-nous, par exemple, pendant la végétation, devant un arbre en voie de formation. Cet arbre a **une branche de charpente qui prend une grande partie de la sève et s'allonge plus que la branche qui lui est correspondante** (fig. 101). L'opération la plus radicale à lui faire subir est un pincement sur le bourgeon de prolongement de la branche forte ; cela a pour effet de changer le cours de la sève qui se reporte vers la branche faible et active son accroissement. Si c'est à l'époque de la taille que pareil **cas se produit, le moyen est le même ; c'est-à-dire que l'on** taille le rameau de prolongement le plus fort, à la même longueur que le faible, auquel on laisse l'œil terminal.

Un autre moyen plus doux, est l'inclinaison de la branche forte jusqu'à la position horizontale (voir pointillé fig. 101), en relevant la plus faible dans une direction plus verticale; cette dernière se trouve favorisée en ce sens que la sève, ayant toujours tendance à monter, se dirige plutôt de son côté.

S'il s'agit d'un arbre d'un certain âge, on a recours à la suppression de tous les fruits sur la branche la plus faible, en en laissant par contre le plus possible sur la plus forte; de sorte que, pendant qu'un côté s'épuise, l'autre se fortifie, et il s'ensuit que, l'année suivante, l'équilibre est rétabli. On obtient le même résultat en supprimant sur le côté fort une grande quantité des feuilles ou en pinçant sévèrement tous les bourgeons; cela a pour effet de diminuer la respiration et la nutrition dans cette partie, par conséquent de renvoyer la sève vers l'autre côté.

Quant à la répartition de la sève dans les branches fruitières, c'est en pratiquant le premier pincement sur les bourgeons les plus vigoureux que l'on arrive à fortifier les plus faibles. Nous verrons plus loin les règles du pincement et toutes les opérations qui en dérivent.

IV. — Les incisions et les entailles.

Les incisions sont aussi des opérations énergiques pour la mise en équilibre des diverses ramifications de l'arbre. Elles sont employées couramment pour activer ou diminuer l'accroissement d'un bourgeon ou d'un rameau, ou pour faire développer un œil resté à l'état latent.

On distingue trois sortes d'incisions, qui sont : l'*incision longitudinale simple ou double*, l'*incision transversale* et l'*incision annulaire*.

L'*incision longitudinale* (A, fig. 102) se pratique en dessous d'un bourgeon ou d'un rameau faible dans lequel on désire amener la sève. On se sert de la pointe de la serpette, que l'on enfonce juste assez profondément pour couper l'écorce sans toucher au bois; on allonge la coupure de 5 à 10 centimètres. On pratique également l'incision longitudinale simple sur presque toute la longueur d'une branche chétive, pour en délier les écorces.

L'*incision double* (B, fig. 103) est plus efficace; elle consiste en deux coupures en forme d'angle dont la pointe se trouve juste au-dessous de la ramification à fortifier.

L'*incision transversale* (C, fig. 103) produit un effet opposé aux précédentes; elle a pour résultat d'arrêter la sève momentanément. Aussi on la pratique au-dessus d'un bourgeon faible, pour le fortifier, et au-dessous d'un bourgeon trop vigoureux, pour l'affaiblir. Elle se fait avec la serpette, en coupant transversalement l'écorce jusqu'au bois (C, fig. 103).

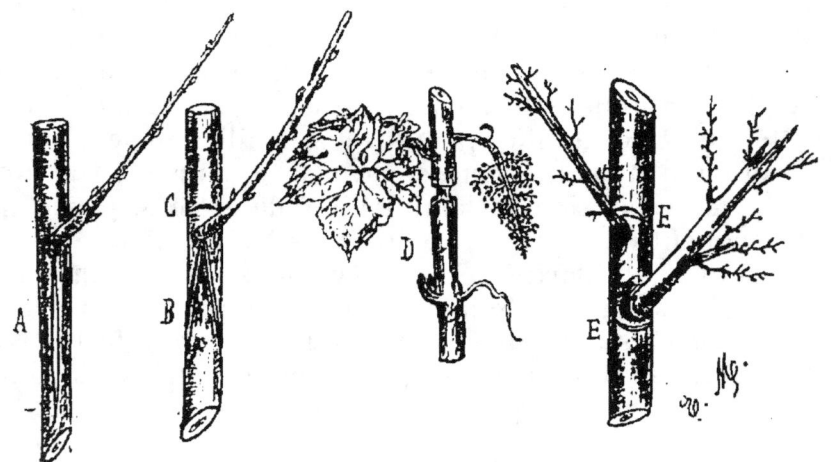

Fig. 102.   Fig. 103.   Fig. 104.   Fig. 105.
Les incisions et les entailles. — A, incision longitudinale; B, incision double; C, incision transversale; D, incision annulaire; E, entaille.

L'*incision annulaire* (D, fig. 104) se pratique couramment sur les bourgeons fructifères de la Vigne; nous l'expliquerons plus loin en traitant de la culture de cet arbuste.

Les *entailles* sont beaucoup plus énergiques et servent de complément aux incisions transversales. Elles sont pratiquées pour les mêmes motifs et de la même manière, mais avec cette différence qu'au lieu de n'entailler que l'écorce, on enlève, en même temps, une portion de bois sur une largeur de 2 millimètres (E, E, fig. 105).

Il est bon d'ajouter que toutes ces opérations, qui sont, en quelque sorte, des meurtrissures, ne doivent pas être trop multipliées, principalement sur les arbres à fruits à noyaux, où elles peuvent déterminer la gomme si la cicatrisation ne se fait pas assez rapidement; ceci principalement lorsque la plantation est faite dans un terrain humide.

CHAPITRE XVIII

LES FORMES EN GÉNÉRAL

I. Les anciennes formes, causes de leur abandon. — II. Les formes modernes. — III. Quelques formes nouvelles ou peu répandues.

I. — Les anciennes formes, causes de leur abandon.

Les anciennes formes qui sont actuellement presque abandonnées sont : les *cordons obliques* et *verticaux simples*, la *palmette à branches horizontales*, les *palmettes Cossonnet*, et certains genres de *candélabres*.

Nous reconnaissons ces formes mauvaises, à cause des difficultés qu'elles créent. Ainsi, les *cordons verticaux*, qui s'appliquent surtout au Poirier, ont comme inconvénient de restreindre la sève sur un trop petit espace ; les arbres ainsi formés ne fructifient qu'après maintes amputations, de sorte qu'ils sont meurtris et épuisés dès les premières récoltes et périssent bientôt par la chlorose.

Le seul avantage à accorder aux *cordons simples*, c'est qu'ils permettent de cultiver un grand nombre de variétés sur un petit espace de terrain ; avantage bien minime si l'on considère qu'une douzaine de variétés seulement sont absolument excellentes et suffisent pour avoir des fruits toute l'année.

La *palmette à branches horizontales* est aussi à rejeter ; on le comprendra facilement si l'on considère que toutes les branches partant du même axe atteignent la même longueur. Or, il arrive, tôt ou tard, que la sève se porte entièrement vers les étages les plus élevés ; de sorte que la moitié supérieure de la surface du mur est productive, tandis que les étages du bas sont chétifs et ne donnent pas de fruits.

Ce sont les mêmes motifs qui font condamner la *palmette*

Cossonnet; c'est-à-dire que la forme à branches horizontales étant déjà défectueuse par elle-même, est, en outre, complètement couverte par celle à branches obliques. Aussi voit-on rarement un mur régulièrement et parfaitement garni par des arbres soumis à cette forme.

Le *candélabre* est une forme assez belle; mais que de difficultés faut-il surmonter pour l'obtenir irréprochable! Les cordons du centre, malgré les précautions que l'on aura prises de les élever quelques années plus tard, seront ou deviendront inévitablement plus forts et prendront la sève au détriment des cordons extérieurs.

Beaucoup d'autres formes sont aussi à rejeter.

Par exemple : les *cordons horizontaux superposés*, c'est-à-dire les cordons doubles ou triples formés avec le même arbre. Dans ce cas, il arrive fatalement que la sève se dirige principalement dans le cordon du haut, portant ainsi préjudice à ceux du bas, qui deviennent bientôt improductifs. Il est préférable, si toutefois l'on désire faire une semblable plantation (qui n'est du reste pas à préconiser), de former chaque cordon avec un pied différent; l'inconvénient capital se trouvera ainsi écarté.

II. — Les formes modernes.

Les formes rationnelles suivantes que nous allons successivement décrire, en traitant de différentes espèces fruitières, sont celles que nous avons jugées les plus convenables pour une bonne culture fruitière. Les personnes qui les ont en quelque sorte créées ou modifiées se sont appliquées à éviter les inconvénients et les difficultés créées par les anciennes formes dont nous avons parlé plus haut.

Nous diviserons les formes actuellement employées en deux séries : les formes d'espalier et de contre-espalier et les formes de plein air.

Parmi les formes d'espalier et de contre-espalier, celles qui remplacent avantageusement les cordons verticaux simples sont : l'**U** *simple* et l'**U** *double*. Ce dernier n'est pas plus difficile à former qu'un candélabre à quatre branches et c'est une des meilleures petites formes. Il nous faut ajouter que l'**U** *double*, comme toutes les formes à nombre pair, est certainement une forme très rationnelle en ce sens que, la sève n'étant pas attirée dans une branche centrale, se répartit plus régulièrement dans toutes les ramifications de l'arbre et permet ainsi d'obtenir un équilibre plus parfait dans l'ensemble qu'avec une forme à nombre impair.

La petite *palmette à quatre branches* n'a pas les avantages de l'U double, en ce sens qu'elle a trois branches au début de sa formation et que celle du milieu peut devenir plus forte que les autres; mais, cette forme est encore de beaucoup préférable au candélabre.

Le *quadruple* U est l'idéal des formes moyennes, par son aspect des plus agréables et son équilibre parfait, il efface les candélabres de toutes sortes.

La *palmette Verrier simple*, à laquelle on peut donner huit étages et plus, est une bonne grande forme; les inconvénients à lui reprocher sont qu'elle est très longue à former; et que, dans leur partie horizontale, les branches latérales ne sont pas toujours très productives.

Comme grande forme nous avons aussi la *palmette Verrier à deux tiges*, improprement appelée *palmette Verrier double*. Cette forme n'est qu'une fantaisie de la précédente; elle en a les mêmes inconvénients.

Si, par exemple, le long d'un mur ou d'un contre-espalier, on a planté à égale distance des arbres d'une même variété, la forme à laquelle on peut les soumettre est le *candélabre à base greffée*. Plutôt fantaisiste, cette forme peut avoir sa place dans le jardin de l'amateur. Les arbres sont unis entre eux par la greffe des bases, qui donnent naissance aux cordons verticaux dans lesquels la sève se divise. On peut encore perfectionner ce genre d'installation, au point de vue de l'équilibre, en ne prenant primitivement que la moitié des montants et en les bifurquant en forme d'U à 15 centimètres au-dessus de la base.

Nous ne devons pas oublier la *palmette sur tige*, très propre à garnir les pignons et les murs élevés dont la base est déjà pourvue d'arbres de formes ordinaires. On peut en effet établir sur tige toutes les formes que nous venons d'examiner; toutes répondent aux exigences demandées.

Parmi les formes en plein air ce sont : la *pyramide* ou *quenouille*, le *fuseau*, la *colonne* et le *vase* qui présentent le plus d'avantages pour la culture fruitière. Le *vase*, tel que nous le décrirons plus loin, est une forme palissée qui offre plus de solidité que les trois précédentes; les fruits sont mieux éclairés et moins secoués par les vents.

En traitant de la culture du Pommier, nous étudierons les formes suivantes, qui s'appliquent plus spécialement à cet arbre; ce sont : le *cordon horizontal unilatéral*, le *cordon bilatéral*, les *cordons superposés* et les *palmettes à branches croisées* ou *haies fruitières*.

III. — Quelques formes nouvelles ou peu répandues.

Sous ce titre, nous allons énumérer quelques nouveaux genres de formation que l'on rencontre rarement et dont nous donnerons le mode de formation en traitant du Poirier, auquel ils s'appliquent plus spécialement.

Voici d'abord une forme que nous avons vue installée dans le jardin confié aux soins de notre regretté collègue M. Lépine; elle nous paraît réunir tous les avantages d'une palmette Verrier simple sans en avoir les inconvénients. Dans cette forme, que nous pouvons appeler la *palmette à branches terminées en* U, toutes les branches latérales sont bifurquées en U; de sorte que, pour une palmette à 12 branches, au lieu de six étages, trois seulement sont nécessaires.

La longueur des branches verticales se trouve ainsi augmentée et la longueur des branches horizontales est diminuée d'autant. Enfin, le dernier avantage est que le nombre d'étages étant diminué de moitié, le temps consacré à établir cette forme est, par suite, presque une fois plus court.

Nous devons aussi citer la *palmette Verrier double* ou *palmette à ailes*. Cette forme se compose de deux palmettes Verrier croisées perpendiculairement. Les branches charpentières naissent par séries de quatre; elles forment autour de l'arbre quatre ailes parfaitement éclairées. Cette disposition, qui demande une charpente toute spéciale, offre une grande solidité contre les grands vents; les fruits sont relativement en sécurité.

Le Frère Henri, dans son ouvrage [1], nous montre un nouveau mode de plantation d'un contre-espalier double. Les arbres sont mis au milieu de deux treillages; chacun d'eux donne naissance à deux bras dirigés d'abord horizontalement vers le treillage, relevés à cet endroit et divisés en U, en U double ou en quadruple U.

Nous examinerons plus loin, pour chacune des espèces, les formes qui lui conviennent et le moyen de les obtenir.

---

1. *Cours pratique d'Arboriculture.*

CHAPITRE XIX

CONSIDÉRATIONS GÉNÉRALES SUR LA TAILLE

I. Pourquoi l'on taille. — II. Notions préliminaires. — III. De l'empâtement. — IV. Manières d'opérer la coupe des rameaux. — V. Époques de la taille en sec. — VI. Mode de fructification des différentes espèces fruitières.

I. — Pourquoi l'on taille.

Les arbres fruitiers, comme tous les végétaux, sont soumis à cette grande loi qui veut que tout être se reproduise. Qu'importe à la nature que le fruit soit charnu et succulent pourvu que la graine qu'il contient possède les éléments nécessaires à la reproduction! Tel n'est pas notre but, à nous cultivateurs, qui voulons, avant tout, que le fruit soit bon et gros. C'est pour cela que nous taillons, que nous pinçons, qu'en un mot nous employons l'excédent de sève au profit du fruit, au lieu de la laisser se dépenser inutilement en bourgeons.

Quelques routiniers diront : « Voyez nos arbres à haute tige, nous ne les taillons pas et ils sont, malgré cela, chargés de fruits! » Oui, mais de quels fruits! Obtenez-vous des poires au coloris aussi éclatant, à la finesse de chair aussi parfaite que celle de nos espaliers? Récoltez-vous des *Beurré magnifique*, des *Doyenné du Comice*, des *Passe-Crassane* dont les prix s'élèvent, comme ceux de nos arbres taillés, à 40, 50, même à 75 centimes? Non, n'est-ce pas.

Nous taillons pour augmenter la production en volume et en qualité et afin de permettre la culture des variétés commerciales délicates.

Dans tout arbre livré à lui-même, la sève se dirige à son gré plus ou moins régulièrement. On n'ignore pas que les arbres de plein vent ne donnent des fruits en quantité notable que tous les trois ans.

Cela s'explique en ce sens que, dans l'année fructifère, la sève est insuffisante et, par conséquent, ne peut nourrir les fruits existants et faire développer les productions pour l'année suivante. Ce fait ne se produit jamais sur les arbres taillés; car, par suite des diverses suppressions que nous leur infligeons, nous ne laissons au sujet que la quantité de fruits qu'il peut amener à bien et l'excédent de sève qui en résulte est employé à nourrir les boutons à fruits pour la récolte prochaine.

La taille nous procure donc, chaque année, une quantité de fruits à peu près égale.

Les arbres de plein vent réclament un espace de terrain considérable. Sur une surface équivalente, nous pourrons, par la taille, tripler la longueur des branches charpentières.

Le Pêcher n'est cultivable en plein vent, avec succès, que dans le Midi; par la taille, il tapisse les murs sous le climat de Paris et ses fruits passent au premier rang sur la table et dans le commerce.

Nous taillons afin de soumettre les arbres à des formes rationnelles et productives et pour faire produire, au terrain et aux murs, le revenu le plus élevé possible.

II. — Notions préliminaires.

La taille comprend toutes les opérations faites chaque année aux arbres fruitiers. Ces opérations sont :

1° La *taille en sec*, ou taille proprement dite, qui comprend les différents traitements appliqués aux prolongements des **branches charpentières** et **aux branches fruitières** pendant le repos de la végétation.

2° La *taille en vert*, qui comprend l'*ébourgeonnement*, le *pincement*, le *cassement*, la *taille sur rides*, l'*éclaircie des fruits* et l'*effeuillage*; toutes opérations faites pendant la période végétative.

Nous avons dit que la taille s'effectue sur les prolongements des *branches charpentières* et sur les *branches fruitières*.

Les *branches charpentières* sont celles qui constituent la forme de l'arbre; leur prolongement est la pousse d'un an à laquelle elles ont donné naissance, et qui sert à leur élongation.

Les *branches fruitières* ou *coursonnes* sont celles qui naissent sur les précédentes; elles sont destinées à porter les fruits; elles doivent avoir un espacement régulier et ne pas être, deux par deux, sur le même point.

On donne souvent le nom de *courson* à la branche fruitière de la Vigne.

Pour le Pêcher et les autres arbres à fruits à noyaux, la branche fruitière prend différents noms, suivant sa nature; nous étudierons ces termes au chapitre concernant le Pêcher.

Sur le Poirier et le Pommier, la branche fruitière est dite *simple* lorsqu'elle ne porte aucune ramification; dans ce cas, elle est constituée par un rameau provenant de l'évolution d'un œil, après une année de végétation, ou par un *dard* âgé qui n'est pas encore ramifié. Plus âgée, la branche fruitière est dite ramifiée lorsqu'elle possède elle-même une ou plusieurs ramifications appelées *productions fruitières*.

III. — De l'empâtement.

L'empâtement[1] a une certaine importance sur le développement d'une branche et, partant de là, sur les opérations qui en découlent. Si l'empâtement est large, on peut être sûr de la durée et de la constitution de la branche, qui sera vigoureuse, trop parfois.

Si l'empâtement, au contraire, est étroit, la durée de la branche peut être courte. Cela a une grande importance. Car sur les arbres à pépins combien voit-on de coursonnes fruitières périr par ce seul fait? Sur ces arbres il faut plutôt favoriser le développement de l'empâtement lorsqu'il est étroit, « bridé », dit-on, par deux incisions longitudinales équidistantes, allant jusque sur la branche principale.

IV. — Manière d'opérer la coupe des rameaux.

La coupe des rameaux n'est pas la moins délicate des opérations faites sur les arbres; elle sert à régulariser la sève, à augmenter ou à diminuer la vigueur d'un œil.

---

1. L'empâtement est le point d'attache d'une branche sur une autre.

La *coupe normale*, exécutée ordinairement sur les branches fruitières, est celle faite en obl que légère du côté opposé à l'œil ou à la production que l'on veut favoriser, de manière que le bas de la coupe soit à hauteur de l'œil (A, fig. 106).

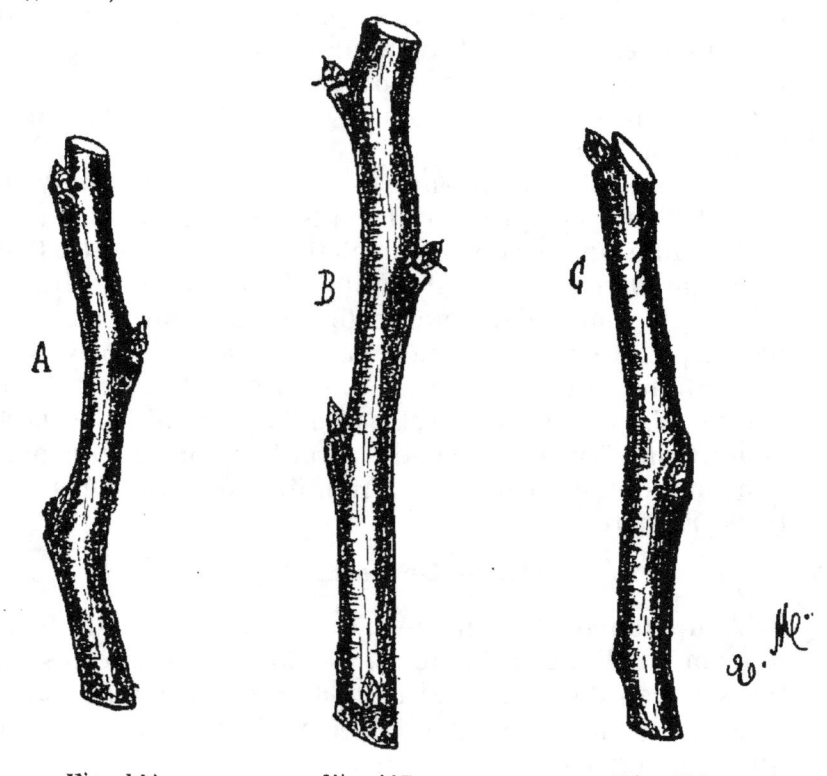

Fig. 106.   Fig. 107.   Fig. 108.
Trois sortes de coupes des rameaux.
A, coupe normale; B. coupe à onglet; C. coupe en éventant.

Le mode de taille que nous recommandons sur les rameaux de prolongement de la charpente est la *coupe à l'onglet* (B, fig. 107); c'est-à-dire qu'une portion de bois de 10 à 12 centimètres est laissée au-dessus de l'œil choisi. En pratiquant cette taille, il faut avoir soin d'éborgner les yeux se trouvant sur l'onglet, afin de favoriser le développement de celui qui doit prolonger la charpente. L'onglet sert à la fois de préservatif à l'œil contre la gelée et de premier tuteur au nouveau bourgeon.

La *coupe en éventant* (C, fig. 108) a pour but de diminuer

la vigueur d'un œil ou d'un rameau. Cette coupe se fait suivant une ligne oblique très prononcée, de façon que le bord supérieur soit à hauteur de l'œil.

Selon que l'on veut obtenir sur l'empâtement même un bourgeon plus faible, ou qu'au contraire on ne désire aucun repercement lors de la suppression totale d'un rameau ou d'une branche, on laisse une épaisseur de bois de 2 millimètres à la base; dans le premier cas, cela s'appelle *tailler à l'écu* (A, fig. 110), et on enlève totalement l'empâtement dans le second cas (B, fig. 109).

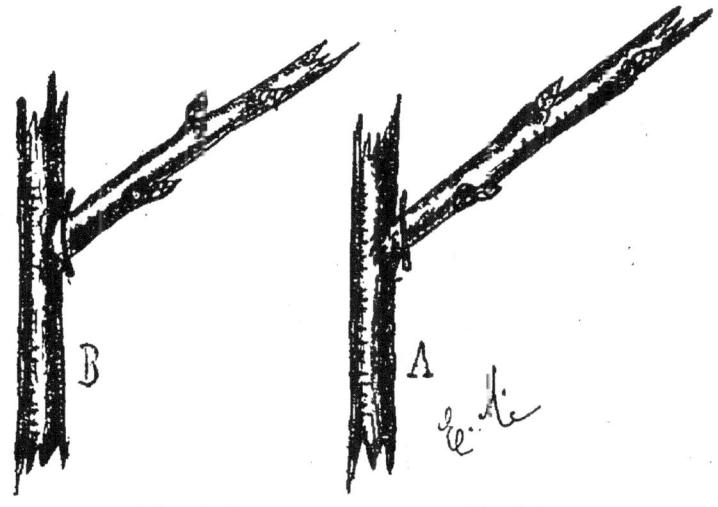

Fig. 109.   Fig. 110.
Deux manières de supprimer un rameau ou une branche.

Les coupes doivent être exécutées avec un instrument bien tranchant, afin de faire des sections nettes sans éraflures. Les suppressions faites à la scie doivent être immédiatement polies à la serpette de manière à faire disparaître toute trace de hachure. Il est nécessaire aussi d'enduire les plaies de quelque importance avec du bon mastic à greffer; ceci est un point capital, au point de vue de la santé de l'arbre.

V. — Époques de la taille en sec.

On peut tailler les arbres depuis le moment où ils ont perdu leurs feuilles jusqu'au départ de la végétation. En taillant avant l'hiver on s'expose aux dégâts de la gelée qui pénètre plus facilement sur une coupe non cicatrisée. En ne taillant que quelques jours avant le développement des bourgeons, le mal est encore plus grand, car la sève est déjà en partie montée dans les extrémités des rameaux et tombe avec eux; cela constitue une perte du liquide séveux nécessaire au développement des premiers bourgeons. Quelques auteurs recommandent ce moyen pour activer la mise à fruit; nous ne saurions être de cet avis, pensant qu'il est préférable de retarder la fructification de plusieurs années, plutôt que d'affaiblir l'arbre par cette taille trop tardive. Les époques les plus favorables sont les mois de février et de mars.

La Vigne ne doit pas, non plus, être taillée trop tard, sous peine d'amener la déperdition d'une certaine quantité de liquide que l'on voit aussitôt s'échapper de la portion du sarment sectionné; en terme de pratique, on dit, dans ce cas, que la Vigne *pleure*.

Les arbres à fruits à noyaux demandent à être taillés à peu près à la même époque; il n'est pas nécessaire d'attendre le complet épanouissement des fleurs, puisqu'il est très facile de distinguer les boutons floraux des yeux à bois. En un mot la taille tardive est une des principales causes qui abrègent la vie des arbres.

VI. — Mode de fructification des différentes espèces fruitières.

Avant d'entrer dans les explications de culture et de taille des espèces fruitières nous devons dire quelques mots sur leur mode de fructification.

En considérant chacune d'elles au point de vue du temps qu'elle met à fructifier, nous devons les classer ainsi : 1° la Vigne; 2° le Pêcher, l'Abricotier, le Prunier, le Cerisier; 3° le Poirier et le Pommier.

La Vigne est, en effet, la plus prompte à produire; car le raisin naît sur un bourgeon en voie de développement. Cependant tous les bourgeons d'une Vigne ne sont pas susceptibles de fructifier. Ne sont capables de donner du raisin que les bourgeons nés sur des sarments robustes d'un an suffisamment *aoûtés* [1].

[1]. Ce mot, couramment employé en pratique, s'applique aux rameaux d'un an, bien constitués, lignifiés et bien mûrs, possédant tous les caractères propres à la fructification.

Le Pêcher et les autres arbres à fruits à noyaux donnent leurs fruits sur le bois d'un an qui végète pour la seconde fois. Les fruits sont quelquefois seuls sur le rameau, mais le plus souvent accompagnés d'un bourgeon. Ils sont parfois groupés à l'extrémité d'un petit rameau appelé *bouquet de mai* ou *cochonnet*, qui est lui-même l'évolution chétive d'un œil.

Sur le Poirier et sur le Pommier un œil met ordinairement beaucoup plus de temps à se transformer en bouton à fruit. Voici d'une manière générale ce qui se produit : un œil, s'il ne se développe en bourgeon, donne naissance la première année à un petit *dard* de 1 à 5 centimètres possédant trois ou quatre feuilles ; à la seconde végétation ce dard s'allonge et prend quatre ou six feuilles ; enfin, à la troisième année, son bouton terminal grossit et s'arrondit ; il possède les rudiments des fleurs qui s'épanouissent la quatrième année.

Cependant un œil ne produit pas toujours un dard, il donne aussi naissance à une *brindille* longue de 12 à 20 centimètres, qui est souvent terminée, la même année, par un bouton à fruit ou qui fructifie la seconde ou la troisième année. Cette brindille est donc aussi prompte à fructifier que le dard.

Un œil produit aussi un rameau ordinaire ; ce rameau, affaibli par plusieurs pincements faits pendant son développement et taillé suivant les règles, est susceptible de fructifier au bout de trois ou quatre ans ; et ce parce que la taille et les pincements font développer ses yeux latéraux en dards, puis en boutons à fruits. Comme on le voit, il faut en moyenne quatre ans pour qu'un œil de Poirier ou de Pommier soit apte à fructifier. Il y a, toutefois, quelques exceptions ; car il arrive qu'un dard se met à fruit l'année même de son développement, et très fréquemment la seconde année.

En repassant et en annotant le paragraphe dans lequel mon collaborateur, M. Claude Trébignaud, donne d'excellents détails, je ne puis résister au désir d'ajouter ce que nous disait un de mes anciens professeurs, M. Vauvel. L'échelle de fructification peut être supposée de trois échelons : 1° la Vigne, 2° le Pêcher, 3° le Pommier et le Poirier.

Sur la Vigne les bourgeons de l'année même portent à

la fois des feuilles et des fleurs ou plus logiquement des grappes. Les bourgeons portant des grappes naissent sur le jeune bois de l'année précédente. Mais le bourgeon qui fructifie ne produit plus et doit être remplacé l'année suivante. C'est ce qui explique : A, la taille sur deux, trois ou plusieurs yeux d'un jeune sarment et la suppression de ce sarment sur un autre de l'année après l'évolution en bourgeons, portant les grappes, de chacun des yeux conservés par la taille ; B, la réserve de ce jeune bourgeon de l'année dont le rôle de remplaçant est de : 1° développer des bourgeons portant à leur tour des feuilles et des fruits ; 2° fournir un bourgeon placé le plus près possible de la branche charpentière, qui, à son tour, assurera la fructification de l'année suivante.

Sur le Pêcher, c'est sur les bourgeons développés de l'année précédente que se fait la fructification. Comme pour la Vigne il faut pourvoir pour les années suivantes au remplacement avec cette différence que c'est un rameau de l'année précédente qui porte les boutons à fleurs qui fructifieront, et non un bourgeon de l'année. C'est un des yeux, qui est à sa base et qui se développera l'année même, qui assurera pour l'année suivante le remplacement et la fructification.

En un mot, sur le Pêcher comme sur la Vigne il faut chaque année prévoir et assurer la fructification de l'année suivante.

Sur le Poirier et le Pommier, ce sont les yeux de plusieurs années qui, subissant une modification, se transforment en boutons à fruits. Ceux-ci, après la fructification, peuvent de nouveau par la formation d'autres boutons à fruits, fructifier incessamment. Il faut donc les conserver.

Résumons : la fructification de la Vigne se fait sur le bourgeon herbacé de l'année même ; celle du Pêcher sur le bourgeon alors rameau, dans sa seconde année ; celle du Poirier et du Pommier sur un rameau de plusieurs années. Tandis que dans les deux premiers les rameaux disparaissent après avoir fructifié et donné pour la Vigne un œil de remplacement et pour le Pêcher un bourgeon, ils subsistent dans le Poirier et le Pommier et portent ensuite de nouveaux boutons.

CHAPITRE XX

LA VIGNE

I. Multiplication. — II. Plantation. — III. Les formes appliquées à la Vigne. — IV. La taille. — V. L'ébourgeonnement. — VI. Le pincement. — VII. Le cisellement et l'éclaircie des grappes. — VIII. L'incision annulaire. — IX. L'effeuillage et la mise du raisin en sacs. — X. La taille à long bois. — XI. Le cordon bisannuel. — XII. Choix des meilleurs variétés de raisins à cultiver en espalier.

I. — Multiplication.

La Vigne est multipliée par *semis*, *boutures* et *marcottes*; à cause des ravages du *Phylloxéra* et dans les pays vignobles on la propage principalement par la *greffe* sur plants de cépages américains.

Laissons de côté le semis et le greffage, qui ne s'emploient guère pour la culture du raisin de table, et occupons-nous plus spécialement de la bouture et de la marcotte.

Bouturage. — Il y a quatre sortes de boutures : la *bouture par œil*, la *bouture simple*, la *bouture crossette* et la *bouture à talon*.

La *bouture par œil*, improprement appelée bouture anglaise, est le mode de multiplication le plus rapide ; car après une année de traitement, chaque œil forme un pied. On laisse une portion de bois de 2 centimètres environ de chaque côté de l'œil, sous lequel on entaille fortement (A, fig. 111). Puis on place ces fragments de sarment, séparément, dans des petits pots de 5 centimètres de diamètre, ou, par plusieurs, dans des terrines, que l'on a, auparavant, remplies aux deux tiers de tessons et de sable fin ; on a soin de placer l'œil en dessus et de ne pas le recouvrir de sable. Peu de temps après, pendant lequel on a bassiné fréquemment pour favoriser une végétation active, le bourrelet est formé sur la partie incisée et l'œil a pris quelque développement; il est alors urgent de replacer les boutures dans des pots plus grands et de rempoter celles qui ont été faites

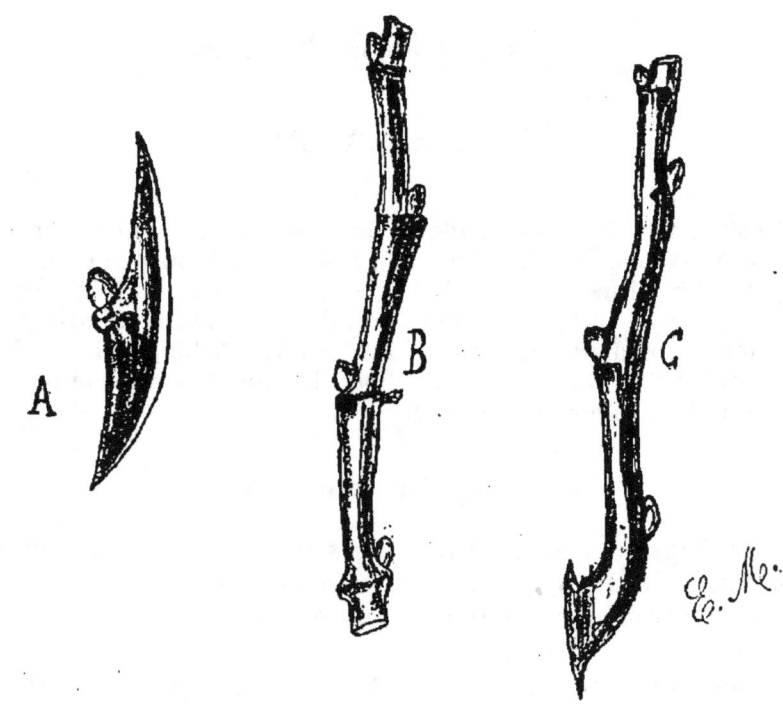

Fig. 111.   Fig. 112.   Fig. 113.
Trois sortes de bouturage de la Vigne.
A, bouture par œil; B, bouture simple; C, bouture à talon.

en terrines, dans une terre légère, sablonneuse, mélangée avec du terreau. Un mois plus tard, il est procédé à un second rempotage, cette fois dans des pots de 12 centimètres.

Ce bouturage est pratiqué à deux époques différentes : en avril, sous châssis à froid, ou en février, sous châssis à chaud, ou en serre chaude. Il va sans dire que ce dernier moyen est plus coûteux, mais il a l'avantage d'avancer considérablement le développement de la bouture.

Dans l'un ou l'autre cas, on peut, au mois de juin, rempoter les boutures une troisième fois si la Vigne est destinée au forçage, ou les mettre en pleine terre.

La *bouture simple* est faite avec une portion de sarment à laquelle on laisse trois ou quatre yeux (B, fig. 112). On plante, par planche, ces boutures à 10 centimètres l'une de l'autre, en les inclinant et en laissant dépasser deux yeux hors de terre, puis en éborgnant ceux inférieurs. Pendant la végétation, on choisit le plus vigoureux des deux bourgeons qui est palissé sur un tuteur; l'autre est pincé au-dessus de trois feuilles.

La *bouture crossette* et celle *à talon* (C. fig. 113) sont préférables à la précédente; elles en diffèrent par une portion de vieux bois à sa base, sur laquelle les racines naissent plus facilement. On les élève de la même manière que la bouture simple.

Marcottage. — La marcotte est le mode de multiplication le plus avantageux; on la fait soit en pleine terre, soit en panier.

Sur les ceps à multiplier, il suffit de réserver de beaux sarments, auxquels on laisse atteindre 1^m,50 et de les pincer à cette longueur pour favoriser l'*aoutement* parfait du bois; ils sont couchés, au printemps suivant, dans une tranchée profonde de 30 centimètres (voir fig. 39, p. 93, *Marcottage simple de la Vigne*), dans laquelle on a préalablement mélangé un peu de terreau avec la terre du fond. Si le marcottage est fait en panier, on enterre celui-ci de 25 centimètres et on courbe le sarment dans l'ouverture supérieure (fig. 40, p. 93).

La tranchée est ensuite recomblée et le sarment est taillé à deux yeux hors de terre. Pendant la végétation, le bourgeon le plus fort est conservé et attaché sur un tuteur, l'autre est pincé à quelques feuilles ou laissé tel. Les soins suivants sont : le pincement des faux bourgeons à une feuille et les palissages successifs. Le bourgeon principal est pincé à son tour lorsqu'il a atteint 1^m,20 de hauteur. Au second printemps, il est procédé au sevrage du sarment et à la mise en place de la marcotte, qui prend alors le nom de *chevelée* ou de *marcotte en panier*, selon qu'elle a été effectuée en pleine terre ou en panier. Cette dernière est toujours préférable, parce que l'appareil radiculaire n'est pas endommagé par la transplantation, la reprise est en quelque sorte certaine, il n'y a pas d'arrêt dans la végétation, et les résultats sont de beaucoup meilleurs.

Jardinage.

II. — Plantation.

Beaucoup de praticiens recommandent la plantation à 1 mètre du mur et plusieurs couchages, dans le but de donner plus de vigueur au cep. D'après les expériences comparatives que nous avons faites, il résulte que ce mode de plantation est plutôt à rejeter, car il constitue un retard de plusieurs années pour la fructification et il n'offre aucun avantage quant à la vigueur. Par la plantation directe le long du treillage, nous obtenons des Vignes tout aussi vigoureuses, qui fructifient dès la deuxième année.

Voici comment il convient d'opérer : Parallèlement au mur, une tranchée de 60 centimètres de largeur sur 30 centimètres de profondeur est ouverte, puis les marcottes chevelées sont couchées aux distances voulues, de façon que deux bons yeux dépassent hors de terre le long du treillage ; les racines sont étalées et recouvertes de quelques centimètres de terre fine mélangée de terreau. S'il s'agit d'une marcotte en panier, celui-ci est enterré avec la motte de terre qu'il contient ; parfois on donne quelques coups de sécateur, pour diviser le panier, mais on laisse les morceaux à leur place. Dans les deux cas, la tranchée est comblée et les sarments taillés à deux yeux. Au départ de la végétation, les deux bourgeons nés sur chacun des pieds sont traités comme nous l'avons expliqué pour l'élevage de la marcotte.

Après un premier binage, un bon paillis de fumier long au pied des Vignes nouvellement plantées et quelques arrosages sont toujours excellents.

III. — Les formes appliquées à la Vigne.

Les formes couramment appliquées à la Vigne, en treille lorsque celle-ci est soumise à la taille courte, sont : le *cordon vertical simple*, le *cordon vertical alterne* et le *cordon horizontal à la Thomery*.

On ne saurait trop recommander la forme en *cordon bisannuel* (Delaville) applicable à la Vigne que l'on désire tailler à long bois ; nous l'expliquerons plus loin en parlant de cette taille.

La forme en cordon *vertical simple* est employée pour

les murs ne dépassant pas 2m,50 d'élévation. Les ceps sont plantés à 80 centimètres ou 1 mètre les uns des autres.

Après une année de végétation, pendant laquelle on s'est appliqué à réserver un beau sarment par pied, on taille chacun d'eux sur trois yeux, dont le premier est pris à

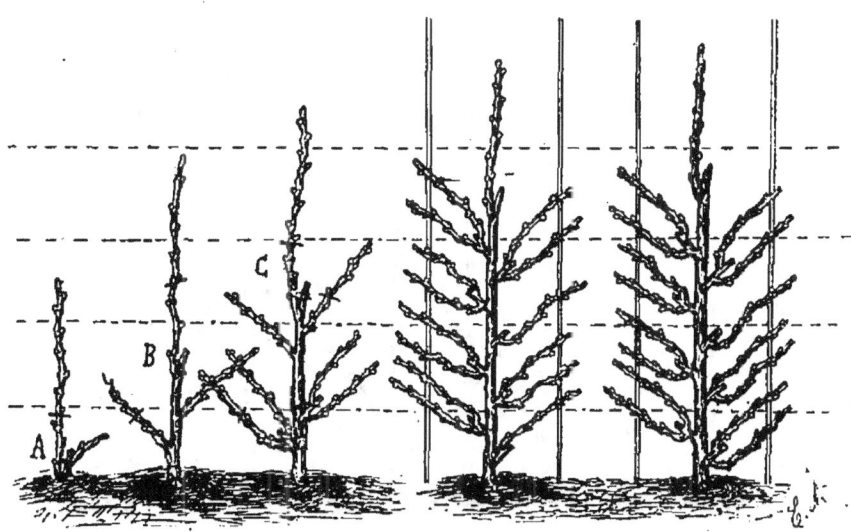

Fig. 114. — Formation des cordons verticaux simples. — A, première taille ; B, deuxième taille ; C, troisième taille, cordons formés.

25 centimètres environ du sol (A, fig. 114). Au départ de la végétation, le bourgeon supérieur est palissé verticalement ; les deux autres sont attachés obliquement ; ils forment les deux premières coursonnes (B, fig. 114). L'année suivante, le sarment supérieur est rabattu à 40 ou 50 centimètres, de façon à présenter, à 15 ou 20 centimètres au-dessus des précédents, deux yeux latéraux, l'un à droite, l'autre à gauche, et un œil supérieur comme prolongement (C, fig. 114). Il est très important que ces yeux soient pris dans le même sens que ceux de l'année précédente, afin que, plus tard, il y ait alternance régulière entre les coursonnes. Jusqu'à achèvement complet du cordon, on prend ainsi chaque année deux nouvelles coursonnes. Lorsqu'il est arrivé au haut du mur, le sarment vertical est taillé à deux yeux et traité comme une branche fruitière ordinaire.

La forme en *cordons verticaux alternes*[1] est employée pour les murs de 3 à 5 mètres de hauteur; on plante les pieds en les distançant de 40 à 50 centimètres.

Par cette disposition (fig. 115) les cordons impairs garnissent le bas du mur et les cordons pairs le haut. Les premiers sont traités comme pour la forme précédente;

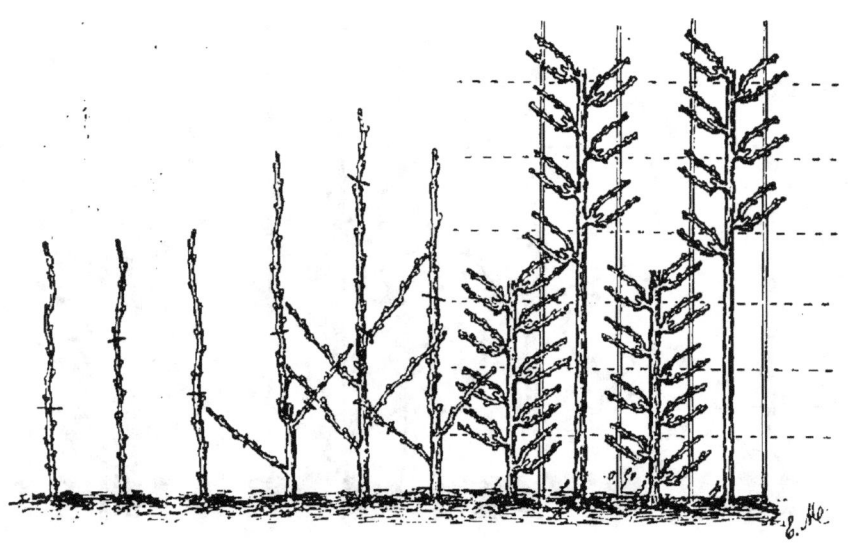

Fig. 115. — Formation des cordons verticaux alternes : à gauche, cordons en formation ; à droite, cordons formés.

les seconds sont rabattus, chaque année, sur cinq yeux, dont le plus élevé continue le cordon, pendant que les quatre plus bas assurent la récolte. Ceux-ci sont supprimés l'hiver suivant leur développement et remplacés par quatre autres bourgeons pris sur le nouveau prolongement qui est, comme le précédent, taillé à cinq yeux. On procède chaque année de cette façon jusqu'à mi-hauteur du mur. A partir de ce point, on applique la taille ordinaire, c'est-à-dire que l'on rabat, tous les ans, le prolongement

---

[1]. Je ne saurais trop recommander les cordons alternes pour les murs élevés, en ce sens que non seulement le mur est plus vite garni, mais encore pour ceci : ce sont les coursonnes supérieures qui donnent les plus belles grappes ; or, en doublant le nombre de coursonnes par la quantité **plus grande de cordons que si ceux-ci étaient simples, on double la récolte** de belles grappes.

à trois yeux pour assurer un coursonnage régulier, ainsi qu'il a été dit pour le cordon vertical simple.

Le *cordon horizontal à la Thomery* est constitué par une tige verticale qui, à une certaine hauteur, se bifurque en deux bras dirigés horizontalement à droite et à gauche. Ces cordons horizontaux sont disposés de telle façon qu'ils garnissent toute la surface du mur ; les pieds sont plantés à 50 centimètres entre eux.

Si, par exemple, cinq cordons sont nécessaires (le mur

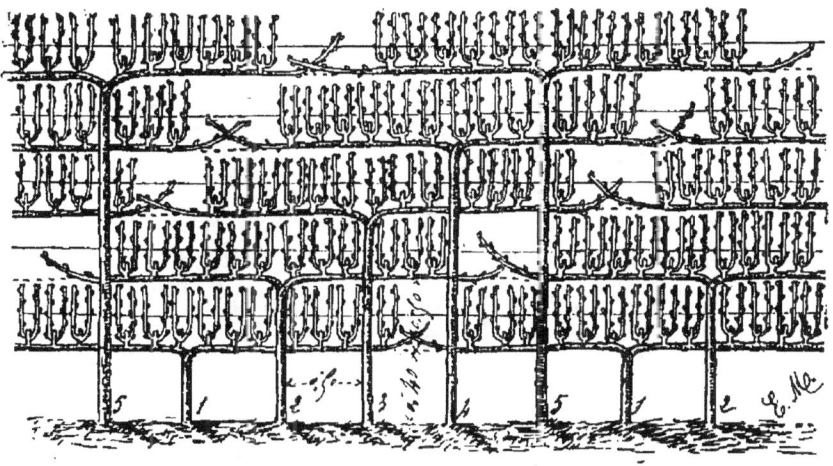

Fig. 116. — Cordons horizontaux à la Thomery formés.

ayant 3 mètres d'élévation), on les dispose ainsi : le pied n° 1, dans chaque série de cinq, constitue le cordon le plus bas à 40 centimètres du sol ; le n° 2 forme le deuxième cordon, le n° 3 forme le troisième, etc. (fig. 116) ; le dernier est situé à 50 centimètres au-dessous du sommet du mur. Voir pour leur espacement page 253. Chacun des ceps est donc dirigé verticalement et bifurqué en **T** à la hauteur qui lui est désignée. Avant de procéder à cette bifurcation, on obtient sur eux plusieurs récoltes successives, en taillant chaque année leur prolongement vertical à 4 ou 5 yeux, autrement dit en les traitant comme les cordons devant garnir le haut du mur de la forme précédente (cordons verticaux alternes).

Il y a plusieurs manières d'obtenir le **T**, la meilleure est, quand cela est possible, l'arcure sur un œil au coude (A, fig. 117) lorsque cet œil est bien placé, ce qui, étant

16.

donnée la longueur du mérithalle, ne se présente pas toujours. Ce dernier cas existant, il suffit alors, pendant la végétation qui précède l'obtention du T, de pratiquer un pincement du bourgeon sur l'œil immédiatement au-dessous du point de bifurcation. Le faux bourgeon, naissant aussitôt, est palissé verticalement. En le taillant au printemps sur les yeux de sa base, on obtient ainsi les deux bras du cordon, aussi bien opposés que possible (B, fig. 117); car on sait qu'à la base des sarments les yeux sont beaucoup plus rapprochés.

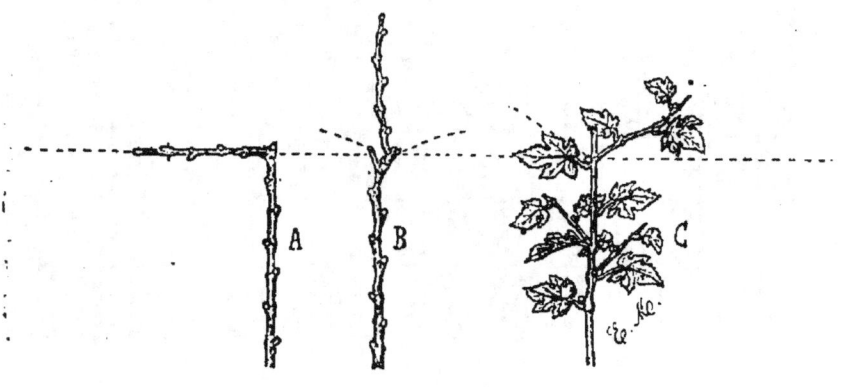

Fig. 117.　　　　　Fig. 118.

Formation du T pour le cordon horizontal à la Thomery.
A, première manière ; B, deuxième manière ; C, troisième manière.

On peut aussi obtenir le T pendant la végétation ; pour cela, on opère un pincement du bourgeon principal, au-dessus d'un œil le plus près du point de bifurcation, opération qui fait développer un bourgeon anticipé. Ce dernier bourgeon est palissé horizontalement sur un côté et sur le fil de fer et pincé à deux feuilles plus loin. Cela a pour effet de forcer la sortie de l'œil proprement dit se trouvant à la base du faux bourgeon. Lorsqu'il se développe, il est attaché, de l'autre côté, sur le fil de fer ; le T est ainsi formé d'une manière parfaite (C, fig. 118).

La bifurcation étant constituée, on obtient, tous les ans, deux coursonnes sur chaque bras du T, en taillant ceux-ci de telle sorte qu'ils développent deux bourgeons qui constituent ces coursonnes sur le dessus et un en dessous qui est le prolongement. Il arrive qu'il ne se trouve pas toujours des yeux situés en dessus à l'intervalle voulu (15 centimètres entre eux); dans ce cas, la torsion du prolongement permet de placer les yeux dans la position convenable.

IV. — La taille.

Toute taille pratiquée sur les jeunes sarments de la Vigne doit, à notre avis, être faite au milieu de l'œil supérieur à

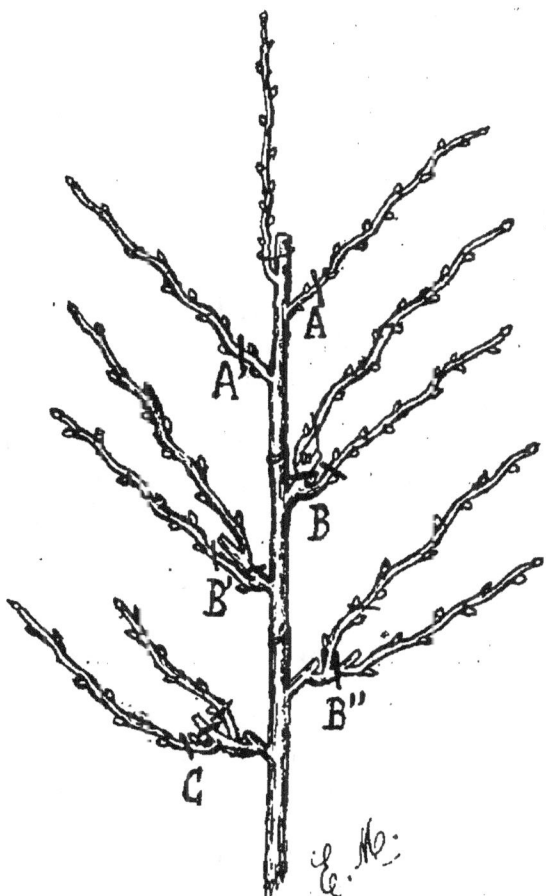

Fig. 119. — Taille des coursonnes de la Vigne.

celui sur lequel on taille; cela s'appelle tailler dans la cloison. Par exemple taille-t-on à deux yeux? La coupe se fait dans la cloison du troisième de façon à l'annuler. Voici pourquoi on opère ainsi : un peu en dessous de chaque œil, il existe une cloison séparant la moelle en autant de parties qu'il existe de mérithalles; en taillant sur cette cloison, ni l'eau ni les insectes ne pénètrent dans la moelle, et l'œil immédiatement au-dessous de la coupe est, de ce fait, protégé.

Ceci dit, examinons maintenant les règles de la taille appliquée à la Vigne.

La taille d'une coursonne d'un an se fait au-dessus des deux premiers yeux de la base bien constitués (A, A', fig. 119), en ne comptant pas ceux nés sur l'empâtement qui ne sont qu'imparfaitement formés.

L'année suivante, cette coursonne présente deux sarments; celui de la base, appelé *remplacement*, est destiné à assurer la nouvelle taille; le plus élevé, appelé *fructifère*, est devenu inutile. Il est donc supprimé par une section faite immédiatement au-dessus du sarment de remplacement que l'on taille, à son tour, à deux yeux (B, B', B'', fig. 119).

Les tailles successives sont faites dans le même ordre, en ayant pour principe de toujours *rapprocher* la coursonne. Il y a, cependant, exception à cette règle; c'est lorsque le remplacement n'est pas assez fort pour donner encore plusieurs grappes; on le taille alors à un œil, et on conserve deux yeux au plus élevé, qui assure la fructification (C, fig. 119). Avec cette façon d'opérer, il n'y a pas de retard dans la fructification et l'on obtient, pour l'année suivante, un bon sarment de remplacement, par suite du développement de l'œil de la base.

V. — L'ébourgeonnement.

C'est au moment où les nouveaux bourgeons montrent assez visiblement leurs petites grappes qu'il est temps de pratiquer l'ébourgeonnement. Prenons, par exemple, une partie d'un cordon vertical établi depuis plusieurs années (fig. 120). Sur le prolongement de l'année précédente, les deux yeux destinés à former de nouvelles coursonnes et celui qui doit continuer le cordon se sont développés; les plus vigoureux de ces trois bourgeons sont parfois accompagnés chacun d'un bourgeon stipulaire; il convient de supprimer celui-ci, même s'il possédait une grappe (A, A', fig. 120).

A la base du prolongement de l'année précédente, il apparaît quelquefois de petits bourgeons latents inutiles que l'on supprime (B, fig. 120).

Plus bas, sur le prolongement de deux ans, les coursonnes, taillées à deux yeux, montrent chacune deux bourgeons au moins, le plus souvent trois et même quatre, par suite du développement des yeux latents de la base.

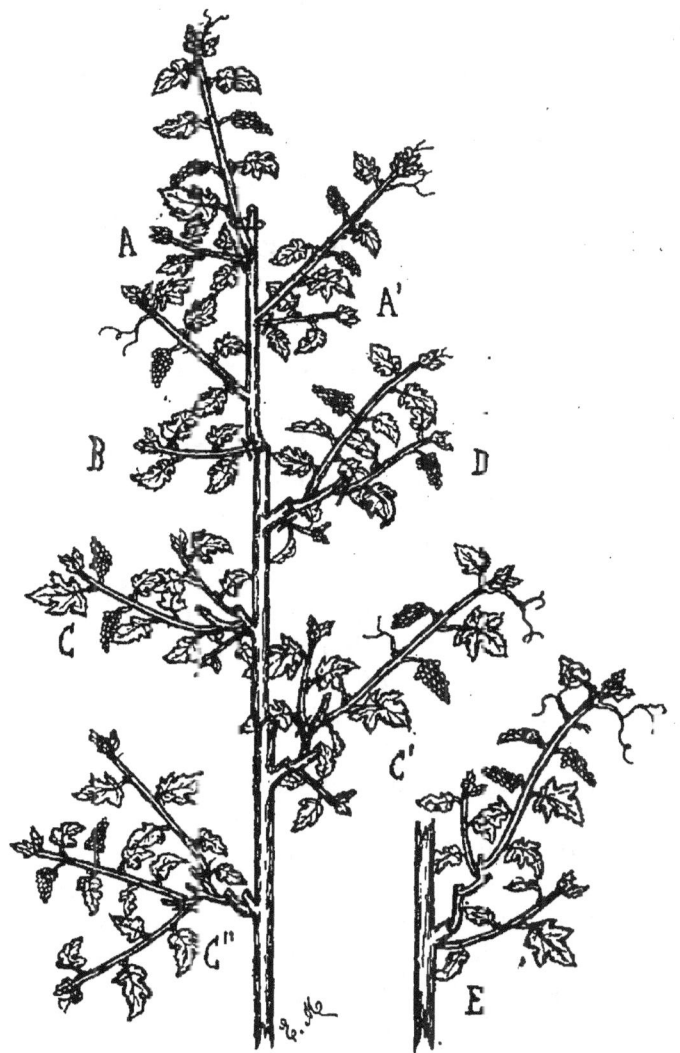

Fig. 120.   Fig. 121.
Ébourgeonnement de la Vigne.

On en réserve deux seulement, qui sont : 1° le plus vigoureux, qui est ordinairement le plus élevé, possédant une ou deux belles grappes : on le nomme *bourgeon fructifère*; 2° le plus fort, parmi ceux de la base, auquel on donne le nom de *bourgeon de remplacement*. Ce choix étant fait, on supprime tous les autres en les éclatant par une pression des doigts (C, C', C", fig. 120). Si à l'extrémité de la coursonne il n'existait qu'un bourgeon ne portant pas de grappe, il conviendrait de le supprimer (D, fig. 120) et de ne conserver que le bourgeon de remplacement.

Il est essentiel de conserver, comme remplacement, le bourgeon le plus près de l'empâtement de la coursonne, sans quoi on allongerait indéfiniment celle-ci, et par ce fait la végétation ainsi que la fructification en souffriraient.

Dans la partie la plus âgée du cep, l'opération est la même. Il ne faut jamais négliger de rajeunir les coursonnes âgées et allongées, chaque fois qu'un bourgeon apparaîtra à leur base (E, fig. 121).

VI. — Le pincement.

Peu de temps après le premier ébourgeonnement, les bourgeons latéraux et celui de prolongement ont besoin d'être palissés; ce dernier est attaché verticalement, tous les autres sont fixés obliquement à 45° environ, sur la première baguette du treillage.

On enlève, en même temps, les vrilles au fur et à mesure qu'elles apparaissent. Plus tard, on pince les bourgeons fructifères à une ou deux feuilles au-dessus de la grappe la plus élevée. Les bourgeons de remplacement sont pincés s'ils sont peu vigoureux à 50 centimètres et s'ils le sont à 60 centimètres; sont pincés également, à 50 ou 60 centimètres, les bourgeons destinés à former de nouvelles coursonnes; c'est-à-dire, ceux prenant naissance sur le prolongement de l'année précédente.

Ces divers pincements ont pour effet d'activer l'accroissement des grappes, sur le bourgeon fructifère, et de faire grossir les yeux de la base du bourgeon de remplacement.

Ils font également développer un bourgeon anticipé à l'aisselle de chaque feuille; c'est alors le moment de pratiquer un second ébourgeonnement.

Les bourgeons anticipés, sur le bourgeon fructifère, sont éclatés, sauf celui de l'extrémité, qui est pincé à une feuille. Ceux émis par le bourgeon de remplacement sont également supprimés, sauf deux à la base et celui du haut, qui, tous trois, sont pincés à une feuille. Le motif qui, dans ce cas, nous oblige à conserver les deux faux bourgeons de la base du remplacement est qu'en les éclatant on pourrait nuire aux futurs yeux de taille, ce qui ne se produit pas en faisant le pincement à une feuille.

Les faux bourgeons qui ont pris naissance sur le prolongement du cep sont tous pincés à une feuille; leur utilité est d'attirer la sève vers lui et d'activer son accroissement, ce qui contribuera à lui faire donner deux nouvelles coursonnes vigoureuses l'année suivante. Ce prolongement est, lui-même, pincé à 1^m,50 de long.

Les pincements successifs que nécessiteront, par la suite, tous ces faux bourgeons, seront faits à une feuille au-dessus du précédent.

VII. — Le cisellement et l'éclaircie des grappes.

Entre ces différentes opérations, il est nécessaire d'en pratiquer une autre : le cisellement des raisins. Il s'opère à l'aide de ciseaux effilés et émoussés, lorsque les grains ont la grosseur d'un petit pois. On retire, d'abord, la pointe de la grappe, dont les grains arrivent rarement à maturité; puis, les petits grains atrophiés formant confusion dans l'intérieur, et, enfin, autour de la grappe, tous les grains qui se touchent, en prenant la précaution de faire tomber les plus petits. Après cette éclaircie, la quantité des grains est environ réduite de moitié, même des deux tiers s'il s'agit d'une variété à gros grains serrés. Le poids n'en est pas pour cela diminué, car les grains deviennent plus gros et de qualité supérieure; la valeur en est doublée et ces grappes, ainsi traitées, se conservent bien mieux et plus longtemps. C'est aussi au moment du cisellement, que l'on retire les petits grappillons inutiles et que l'on pratique l'éclaircie des grappes, quand elles se trouvent en trop grand nombre sur le cordon.

Nous avons dit plus haut qu'il devait exister sur la coursonne un bourgeon fructifère et un de remplacement. Il n'est pas interdit de laisser fructifier ce dernier quand il présente des grappes; mais, nous conseillons de ne pas le faire, afin de ne pas nuire à sa vigueur et par conséquent à la récolte de l'année suivante.

VIII. — L'incision annulaire.

Cette opération, pratiquée immédiatement au-dessous de la grappe inférieure, a pour effet de hâter la maturité des raisins et d'augmenter leur grosseur, au détriment, toutefois, de leur qualité. On opère à deux époques différentes : peu de temps après la floraison, ou au moment du ciselement, et cela sur le bourgeon fructifère seulement.

A l'aide d'un inciseur spécial (fig. 19, p. 51), ou simplement du greffoir, on pratique deux incisions circulaires à 3 millimètres d'intervalle, en enlevant l'écorce comprise entre les deux incisions (D, fig. 104, p. 262). On n'ignore pas que la sève fait son ascension dans l'intérieur du bois et qu'elle redescend entre l'écorce et l'aubier; elle se trouve donc arrêtée dans son trajet et afflue aux environs de l'incision, par conséquent dans la grappe dont elle favorise le grossissement rapide.

IX. — L'effeuillage et la mise du raisin en sacs.

C'est par l'effeuillage qu'est obtenue cette superbe teinte rosée et dorée que l'on admire, en général, sur tous les raisins blancs ainsi traités. Mais il faut bien choisir l'époque, l'état de l'atmosphère, et surtout appliquer ce traitement en plusieurs fois, sous peine de voir le raisin trop brusquement découvert s'arrêter dans son développement, se durcir et perdre sa saveur, la plus grande de ses qualités.

Par un temps sombre ou pluvieux et au moment où les grains commencent à *tourner*, c'est-à-dire à prendre cette teinte luisante qui est le premier indice de la maturité, on pratique l'ablation des feuilles qui peuvent gêner ou toucher la grappe, en avant et en arrière, de façon à n'en laisser que quatre ou cinq formant parasol au-dessus d'elle. Plus tard, et en suivant la même règle, on supprime ces feuilles en exposant ainsi graduellement les grappes aux rayons du soleil.

C'est aussi vers cette époque qu'il est urgent d'abriter les raisins contre les oiseaux et les insectes nuisibles, par les sacs en crin bien connus. En cette occasion, nous dirons quelques mots sur un petit objet que nous-mêmes employons depuis quelques années. C'est une sorte de cage cylindrique, métallique, fermée à ses deux extrémités par un fond en bois. Dans l'un des fonds est pratiquée une petite ouverture, laissant passer le pédoncule de la grappe. Celle-ci est par ce moyen plus à son aise et est en outre **abritée non seulement contre les ennemis que nous avons dit, mais aussi contre les rongeurs.**

La mise en sacs des grappes de raisins est plus importante qu'on ne le croit et nous ne saurions trop engager nos lecteurs à procéder ainsi. On trouve facilement ces sacs ou l'instrument cité plus haut dans le commerce.

Les personnes ne voulant pas faire la dépense de ces sacs peuvent en fabriquer en papier blanc, fort et transparent qui sont également très bons.

X. — La taille à long bois.

Outre la taille à deux yeux que nous avons indiquée, il existe plusieurs autres procédés de taille à long bois s'appliquant surtout aux Vignes en serres ou aux variétés de plein air vigoureuses, dont les yeux de la base des sarments ne sont pas toujours fertiles. Chacun de ces procédés nécessite une forme spéciale, et il serait difficile de l'employer sur de vieilles Vignes que l'on désirerait faire fructifier abondamment par la taille à long bois. Or, voici comment nous conseillons de faire.

Les Vignes étant dirigées en cordons verticaux simples ou alternes, dont nous avons parlé haut, les branches fruitières sont établies de la même manière à 20 ou 25 centimètres l'une de l'autre. Chaque année on fait alterner la production entre les branches fruitières de façon que la moitié donne du raisin pendant que l'autre moitié se repose. Par exemple : les coursonnes paires taillées à quatre yeux, donnent, pendant la végétation, trois ou quatre bourgeons possédant des grappes; les autres, rabattues sur l'œil le plus près du cordon, produisent un sarment vigoureux, sur lequel on assoira la taille à long bois de l'année suivante, pendant que les premières se reposeront à leur tour. Les bourgeons de la coursonne fructifère sont palissés à droite et à gauche et pincés immédiatement au-dessus de la grappe la plus élevée ou à une feuille plus haut. Les bourgeons prenant naissance à la base des coursonnes de remplacement, sont palissés verticalement le long du cordon et pincés à 50 ou 60 centimètres.

La taille à long bois force la Vigne à donner beaucoup de raisin, aussi il ne faut pas en abuser; car, dans ce cas, non seulement les fruits sont de moins bonne qualité, mais ils sont une cause d'épuisement pour l'arbre. Il est donc nécessaire de pratiquer une éclaircie sévère de manière à ne pas laisser sur le cep une trop grande quantité de grappes.

Jardinage. 17

XI. — Le cordon bisannuel (Delaville).

Voici quelques indications sur ce genre à la fois simple et productif, de formation et de taille de la Vigne :

Les pieds de Vigne sont plantés à 40 centimètres l'un de l'autre et, pendant trois ans, traités comme nous l'avons dit pour les cordons verticaux simples.

A la quatrième année, le sarment terminal des Vignes impaires est laissé dans toute sa longueur ou taillé au haut du mur; — il faut dire que celui-ci ne doit pas être plus élevé que 1^m,50 à 2 mètres, — tandis que les Vignes paires sont rabattues à 10 ou 15 centimètres au-dessus du sol. Pendant que les premières fructifient, grâce aux bourgeons latéraux fournis par le sarment long, celles-ci préparent une récolte future en donnant naissance à un sarment très vigoureux qui sera l'année suivante laissé dans toute sa longueur.

On a soin de palisser le sarment long en serpenteau autour de la latte qui le porte, pour assurer le développement de tous les yeux en bourgeons, la sève se trouvant ainsi contrariée dans son ascension.

Chaque année la production alterne de cette manière entre les cordons pairs et impairs; elle est assurée, régulière, presque mathématiquement. Il en résulte une récolte abondante sans épuisement pour les Vignes, qui se reposent une année sur deux.

XII. — Choix des meilleures variétés de raisins à cultiver en espalier.

		maturité.
Chasselas de Fontainebleau..	blanc doré....	août-sept.
Frankenthal...............	noir.........	sept.-octobre.
Bourdalès.................	—	octobre.
Chasselas Vibert...........	ambré........	août.
— *gros coulard*.. ...	blanc........	—
— *rose royal*........	rose.........	août-sept.
— *tokay des jardins*.	—	—
Précoce de Saumur..........	blanc musqué.	août.
Muscat ottonel.............	musqué.....	octobre.

CHAPITRE XXI

LE PÊCHER

I. Multiplication. — II. Les formes appliquées au Pêcher. — III. Les branches fruitières et leur taille. — IV. L'ébourgeonnement. — V. Le pincement et le palissage. — VI. L'éclaircie des fruits. — VII. L'effeuillage et les bassinages. — VIII. La taille en vert. — IX. La restauration. — X. Tableau des meilleures variétés de Pêches et de Brugnons.

I. — Multiplication.

On multiplie le Pêcher par la greffe en écusson sur Prunier, sur Amandier et sur *franc*. Ces trois sujets sont obtenus par le semis des noyaux. Les pépiniéristes emploient aussi le semis pour multiplier le Pêcher et obtenir de nouvelles variétés.

Dans le Midi et dans les pays vignobles, beaucoup de ces arbres sont disséminés dans les Vignes; ce sont des Pêchers venus au hasard du semis, dont les fruits sont petits. Rien ne serait plus simple, là où le climat permet la culture à haute tige, de poser en tête un écusson d'une bonne variété, ce que font, du reste et avec succès, beaucoup de spéculateurs.

On greffe le Pêcher sur *Prunier myrobolan* lorsqu'on veut le planter dans un terrain humide et peu profond ou le cultiver en pot pour le forçage. L'Amandier est le sujet à préférer pour une terre profonde; il donne des individus vigoureux et d'une grande longévité.

II. — Les formes appliquées au Pêcher.

Le Pêcher est un des arbres se soumettant le mieux aux diverses sortes de tailles ; on peut, selon son désir, lui appliquer des formes différentes. Mais, étant donné que les formes fantaisistes sont d'autant moins pratiques, il faut lui réserver celles qui sont les plus simples, et les plus en rapport avec son mode de végétation. Par conséquent, il ne faut donc pas oublier que les formes diminuant, autant que possible, la longueur des branches horizontales, et augmentant, au contraire, la partie verticale, sont celles qui doivent toujours avoir la préférence. L'*U simple*, *l'U double*, *le quadruple U*, *la palmette à branches latérales terminées en U*, *les palmettes à branches verticales* et *les candélabres à base greffée*, sont celles qui réunissent le mieux ces conditions.

Contrairement au Poirier et au Pommier, les arbres à fruits à noyaux, et le Pêcher en particulier, doivent être rabattus au moment de leur plantation.

Pour toutes formes il est nécessaire de choisir des *scions* d'un an possédant, à 30 ou 40 centimètres au-dessus de la greffe, une série d'yeux bien constitués. Ceci a une importance capitale ; car, il arrive souvent qu'un groupe de faux rameaux se trouve à la hauteur où l'on doit établir la 1re série de branches charpentières. Ces scions sont défectueux, parce que les faux rameaux, n'ayant pas d'yeux à leur base, sont impropres à la formation de la charpente. Cependant, en rabattant ces scions à quelques centimètres au-dessus de la greffe et en choisissant, lors du développement des yeux, un des bourgeons que l'on palisse verticalement, celui-ci constitue le 1er étage la même année à l'aide du pincement, ou l'année suivante, à l'aide de la taille.

Comme l'on donne 50 à 60 centimètres d'écartement entre les branches charpentières du Pêcher, chaque forme à laquelle on le soumet, est donc plus développée, avec le même nombre de branches, que la même forme appliquée au Poirier ; mais étant donnée la vigueur excessive du Pêcher, son installation est plus rapide.

L'U simple. — Deux manières sont employées pour l'obtenir : 1° avec un scion simple que l'on taille sur deux yeux de côté (A, fig. 123) ; 2° en choisissant un seul œil situé en avant à 40 centimètres du sol (fig. 122); dans les deux cas, le scion est rabattu à 55 centimètres, pour qu'il y ait, au-dessus des yeux choisis, une portion de bois de 12 à 15 centimètres, appelée *onglet*. Un gabarit, formé d'une baguette flexible ayant la forme d'un **U** (fig. 123), ou simplement une latte horizontale, est nécessaire pour imprimer une bonne direction aux futurs bourgeons de la charpente.

Au départ de la sève, s'il s'agit du scion taillé sur deux yeux latéraux, les deux bourgeons auxquels ceux-ci donnent naissance sont palissés, horizontalement d'abord (B, fig. 124) et relevés plus tard à leur place définitive. S'il s'agit, au contraire, du scion taillé sur un œil en avant,

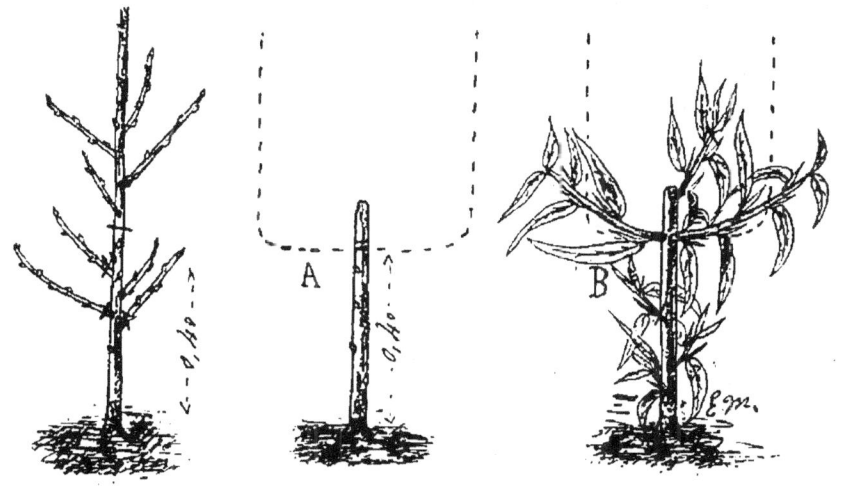

Fig. 122.   Fig. 123.   Fig. 124.
Formation de l'U simple. — A, taille du scion sur un œil en avant; B, obtention de deux bourgeons stipulaires nés à la suite de la suppression de l'œil principal.

l'opération diffère quelque peu : on supprime, avec la pointe de la serpette, l'extrémité de l'œil lorsqu'il mesure 1 centimètre de longueur. Cela provoque aussitôt le développement des deux yeux stipulaires qui accompagnent toujours l'œil principal (B, fig. 124).

Les deux bourgeons ainsi obtenus sont palissés plus tard, comme nous l'avons dit plus haut, en agissant avec beaucoup de précaution.

Un ou deux autres bourgeons sont laissés sur l'onglet et pincés à 15 ou 20 centimètres (fig. 124). Ils ont pour effet de donner plus de respiration à l'arbre et, par conséquent, d'activer l'accroissement des racines. A la taille d'août, lorsqu'il n'a plus raison d'exister, l'onglet est coupé à hauteur des bourgeons de charpente. Certains auteurs recommandent de supprimer les onglets à la taille **en sec** de l'année suivante; nous croyons qu'il est préférable de faire cette suppression avant l'automne; les plaies ont alors le temps de se cicatriser avant l'hiver. Que ceci soit dit pour toutes espèces de formes et d'essences.

Pendant le développement des deux bras de la charpente, l'équilibre est maintenu entre eux par les moyens que nous connaissons; c'est-à-dire le pincement ou l'inclinaison du bourgeon le plus fort (fig. 101, p. 260).

Les faux bourgeons, ou bourgeons anticipés, nés sur le bourgeon principal, sont palissés de chaque côté en arête de poisson et pincés plus tard à 15 ou 20 centimètres; ce sont les premières branches fruitières.

Chaque année on allonge les prolongements des deux tiers, **même des trois quarts de leur longueur.**

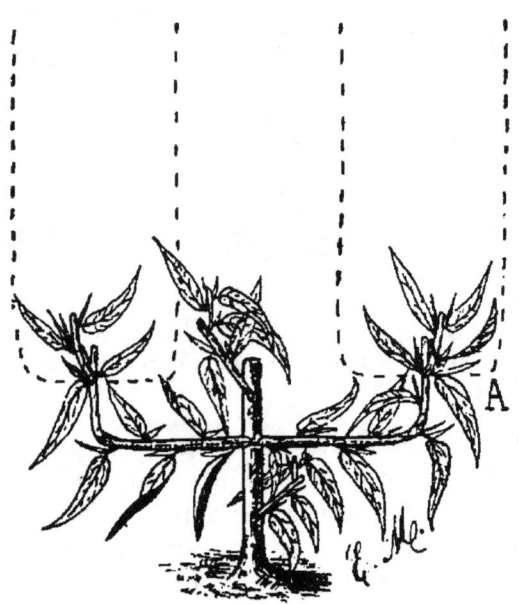

Fig. 125. — Formation de l'U double.

L'U double. — On opère au début comme pour l'**U** simple, en pratiquant l'un ou l'autre des traitements que nous avons indiqués plus haut. Au moment où les deux bourgeons principaux ont été relevés verticalement, à 50 centimètres de leur point de départ, et qu'ils ont acquis 30 centimètres dans cette direction, on pratique sur eux, à 25 centimètres, une des deux opérations suivantes : La première consiste à incliner de nouveau horizontalement l'extrémité des deux bourgeons principaux, en ayant soin que, sur chaque coude, il se trouve un œil, dont le développement forme l'autre bras de l'**U** (voir p. 315, fig. 155, l'**U** *double* du Poirier). La seconde opération consiste en un pincement du bourgeon principal, sur un œil situé en avant, à 25 centimètres dans la partie verticale.

Immédiatement, un faux bourgeon se développe; il est aussitôt pincé à 2 centimètres (A, fig. 125) sur les deux feuilles stipulaires, à l'aisselle desquelles il naît deux nouveaux faux bourgeons qui, étant palissés sur le gabarit, forment un **U** parfait. Comme pour toute forme, il est de la plus grande nécessité de maintenir l'équilibre entre tous les bourgeons de la charpente.

Le quadruple **U**. — Cette forme n'est qu'un **U** double répété ; nous ne croyons pas nécessaire de donner de plus amples détails, puisque les tailles et autres soins sont les mêmes; seule, la durée d'installation diffère de celle précédente. Nous donnons plus loin, du reste, de plus longues explications sur la manière d'obtenir le quadruple **U** du Poirier, ce qui est, en tous points, applicable au Pêcher.

La palmette à branches latérales terminées en **U**. — Cette forme, que nous appliquons surtout au Poirier, s'obtient aussi facilement avec le Pêcher, et elle lui est également favorable; nous renvoyons donc au chap. XXIII, p. 320 et 321, fig. 160 et 161, où en est faite la description.

Les candélabres à base greffée. — Cette disposition est une de celles qui conviennent le mieux au mode de végétation du Pêcher. C'est par elle que s'obtient la plus grande surface possible de branches verticales. Quant à l'équilibre, l'inconvénient se trouve en partie écarté par la soudure des bases, surtout si l'on forme des **U** (fig. 127) au lieu de cordons simples [1]. Dans ce cas, la bifurcation des bourgeons

---

[1]. Je ne saurais trop recommander aux amateurs de donner la préférence aux formes à branches paires 2, 4, 6, 8, 10, etc. (fig. 126, 127, 156, 157, 161)

sur la base est faite à 30 centimètres de celle-ci, en employant les moyens que nous avons recommandés, à savoir : l'arcure sur un œil au coude (A, fig. 126), le double pincement sur un œil en avant, la taille sur deux yeux de côté, etc.

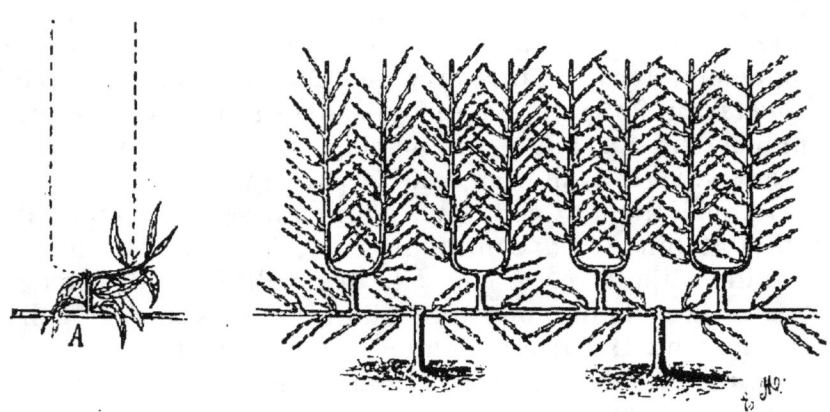

Fig. 126.   Fig. 127.
Formation des candélabres à base greffée. — A, obtention de l'U par l'arcure ; candélabres formés.

Si le mur a moins de 3 mètres d'élévation, il est utile de donner à chaque arbre, au moins six montants, par conséquent de planter les sujets à 3 mètres les uns des autres.

III. — Les branches fruitières et leur taille.

Un Pêcher adulte palissé se compose : du *tronc*, des *branches charpentières* (A, fig. 128) et des *coursonnes* (B, fig. 128) qui supportent les *branches fruitières* D et des *branches de remplacement* C.

Nous verrons plus loin que, suivant la méthode que nous préconisons, les ramifications D (fig. 128), qui ont donné le fruit, sont supprimées à la taille en vert et, par conséquent, n'existent plus à la taille en sec suivante.

Les *coursonnes* auxquelles les branches charpentières

plutôt qu'à celles à nombre impair 3, 5, 7, 9, etc. L'équilibre de la **végétation** et de la répartition de la sève se fait toujours plus régulièrement. Dans le premier cas, il n'y a plus de flèche, partant de là de branche centrale mieux placée que toutes les autres pour la circulation de la sève qu'elle emmagasine davantage au détriment des autres. **Cette remarque s'applique à toutes les essences fruitières.**

donnent naissance doivent être espacées de 12 à 15 centimètres de chaque côté de celles-ci et être maintenues aussi courtes que possible. Il ne faut jamais négliger de les rapprocher chaque fois qu'un remplacement naîtra à leur base. Sur les prolongements d'un an de végétation les coursonnes n'existent pas : ce sont des *branches fruitières simples* qui n'ont encore subi aucune taille.

Les *branches dites fruitières* sont les rameaux d'un an, munis ou non de boutons à fleurs, naissant sur les coursonnes. Le Pêcher ne fructifiant que sur les rameaux d'un an, il est nécessaire de pourvoir au remplacement de

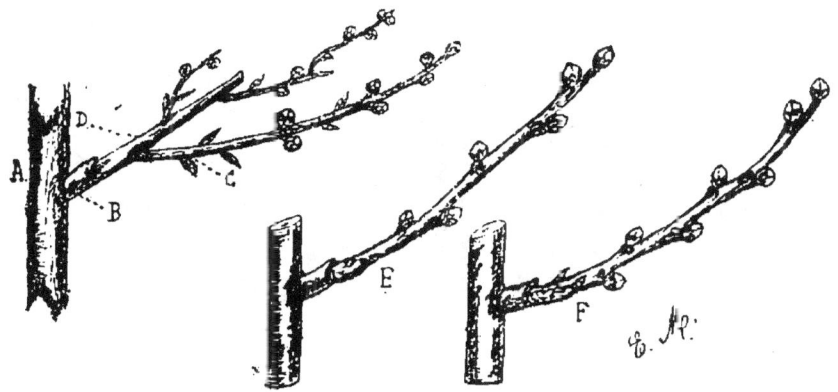

Fig. 128.   Fig. 129.   Fig. 130.

Branches fruitières de Pêcher pendant la taille en sec. — A, fragment d'une branche charpentière ; B, coursonne proprement dite, portant une branche fruitière D et son rameau de remplacement C ; E, branche chiffonne n'ayant pas d'œil de remplacement à sa base ; F, branche chiffonne ayant un œil à sa base.

chaque branche fruitière, par une autre, pendant qu'elle produit ses fruits. Nous verrons plus loin les opérations à effectuer dans ce but.

Les différentes branches fruitières se trouvent sous plusieurs formes ; suivant leur vigueur et leur état, on leur donne différents noms, qui sont :

Le *rameau mixte* ou rameau ordinaire (C, fig. 133), qui possède des yeux à bois et des boutons à fleurs. C'est le meilleur pour la fructification ; on le taille à 15 centimètres de longueur environ, c'est-à-dire au-dessus du quatrième bouton à fleur.

Le *rameau à bois* (D, fig. 134), plus vigoureux que le précédent, ne possède que des yeux à bois ou, par exception, quelques boutons tout à fait à son extrémité; on le taille au-dessus du troisième ou du quatrième œil.

La *branche chiffonne* est grêle, faible et n'a que des boutons à fleurs. Elle est défectueuse parce que, n'ayant pas d'œil de remplacement à sa base, elle est la cause inévitable d'un vide pour l'année suivante (E, fig. 129). On la taille sur le troisième bouton, afin de la faire fructifier. Si, par exception, elle montre un œil sur son empâtement (F, fig. 130), il la faut tailler courte sur cet œil, afin de concentrer la sève pour qu'il ne se développe pas lui-même en branche chiffonne.

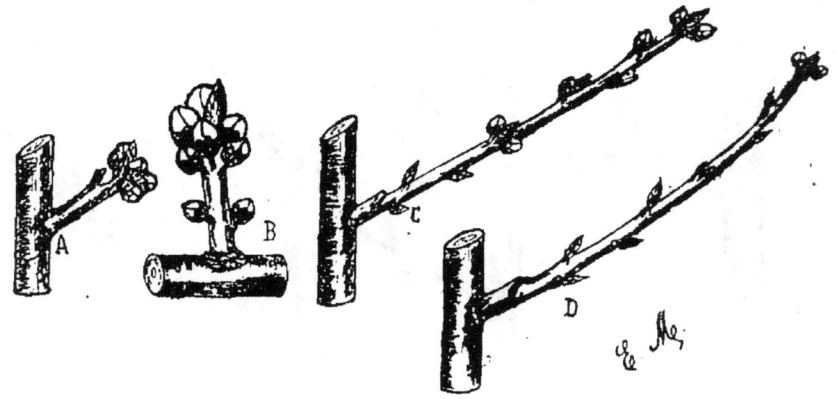

Fig. 131. Fig. 132. Fig. 133. Fig. 134.
Branches fruitières de Pêcher pendant la taille en sec. — A, B, bouquets de mai; C, rameau mixte; D, rameau à bois.

La *branche à bouquet*, nommée aussi *bouquet de mai* ou *cochonnet* (A, B, fig. 131 et 132), est un petit rameau de quelques centimètres de longueur, surmonté d'une rosette de boutons serrés autour d'un œil à bois. Ce rameau est un excellent producteur; mais, il a cette défectuosité de n'avoir point d'œil de remplacement à sa base, ce qui oblige à se servir de celui de l'extrémité, qui est par trop éloigné.

Le *gourmand*, que l'on rencontre fréquemment, fait, après plusieurs pincements bien pratiqués, une excellente branche fruitière. Il est également d'un grand secours pour la restauration des vieux Pêchers.

Telles sont les différentes productions que l'on rencontre sur les coursonnes du Pêcher. Leur taille terminée, il est nécessaire de les palisser obliquement, de façon que leur ensemble soit en forme d'arête de poisson régulière; on se sert pour cela d'osiers très fins.

IV. — L'ébourgeonnement.

Aussitôt que les bourgeons apparaissent, avant même qu'ils aient atteint 3 centimètres, il est indispensable de

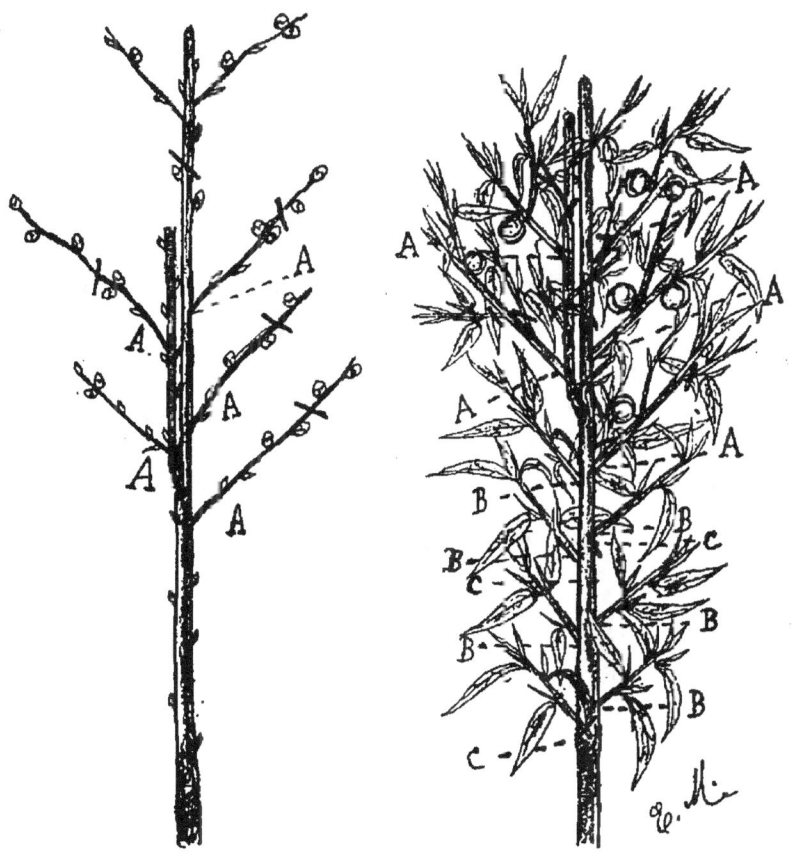

Fig. 135. Fig. 136.
Prolongements de branches charpentières de Pêcher pendant la taille et pendant l'ébourgeonnement.

pratiquer l'ébourgeonnement. On commence d'abord sur les prolongements que l'on a diminués, à la taille, du quart de leur longueur. Presque toujours à l'extrémité de ces prolongements il se trouve une série de faux rameaux (A, fig. 135) taillés et palissés comme des branches fruitières ordinaires ; on leur applique le traitement que nous indiquerons plus loin en parlant du rameau mixte. Plus bas que cette série sont situés les nouveaux bourgeons provenant des yeux normaux qui ne se sont pas développés par anticipation ; ils constituent les nouvelles branches fruitières. Parmi ces bourgeons, on conserve ceux (B, fig. 136) placés latéralement et à 12 centimètres environ, de chaque côté de la branche principale ; tandis que ceux (C, fig. 136) placés en avant et en arrière, sont ébourgeonnés, sauf le cas où ils comblent un vide. Il est toujours bon, outre le bourgeon de prolongement, d'en conserver un autre plus bas, que l'on palisse verticalement sur le premier et que l'on utilise, plus tard, à combler les vides ou à toute autre chose.

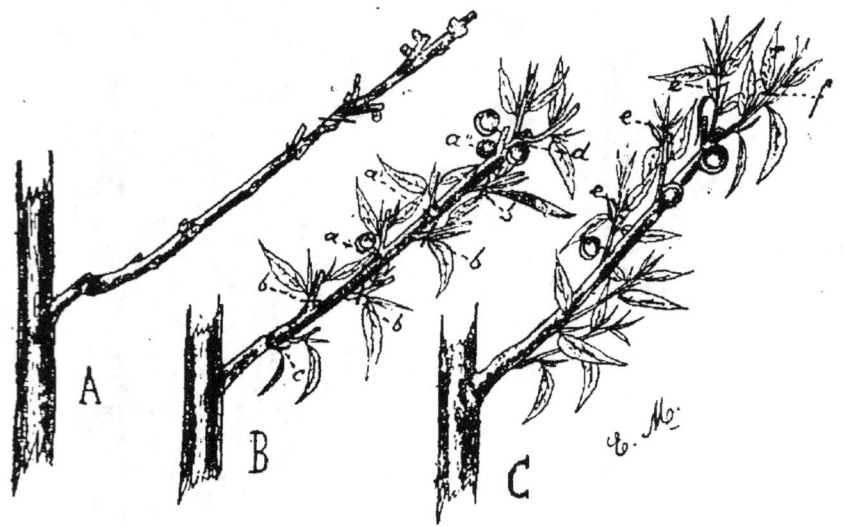

Fig. 137.   Fig. 138.   Fig. 139.
Branches fruitières de Pêcher pendant la période de fructification.
A, taille en sec ; B, premier ébourgeonnement ; C, premier pincement.

L'ébourgeonnement sur les branches fruitières est beaucoup plus délicat ; c'est grâce à lui que l'on obtient, le plus près possible de la branche charpentière, un bourgeon de remplacement.

S'il s'agit, par exemple, du rameau mixte taillé à 4 boutons (A, fig. 137), évidemment toutes les fleurs ne nouent pas. En supposant que deux ou trois petites pêches se montrent, ayant à leur base, chacune (en B, fig. 138), un petit bourgeon (a a' a''), ceux-ci, pour l'instant, sont laissés intacts; ceux qui, au contraire, n'ont pas de pêche (*b*) à leur base doivent être supprimés, à l'exception de un ou deux à la partie inférieure (*c*) de la branche fruitière et un à l'extrémité (*d*). On procède à cette suppression en plusieurs fois et à quelques jours d'intervalle, afin que la végétation ne soit pas contrariée.

Sur le rameau à bois, l'ébourgeonnement est plus simple; il consiste à retrancher un, deux, trois, même tous les autres bourgeons, suivant la vigueur du remplacement,

Fig. 140.   Fig. 141.
Branches fruitières de Pêcher constituées par un rameau à bois.
A, ébourgeonnement; B, taille en vert.

afin que la sève se reporte en quantité suffisante sur celui-ci pour en former une bonne branche fruitière (A, fig. 140).

Quelle que soit la forme, sous laquelle se présente la branche chiffonne, il n'y a pas lieu d'ébourgeonner; il en est de même du bouquet de mai.

V. — Le pincement et le palissage.

Peu de jours après le dernier ébourgeonnement, il est utile de pratiquer le premier pincement (C, fig. 139). Il doit être fait successivement sur les bourgeons accompagnant les pêches, à 5 centimètres environ de leur point de naissance (*e e e*). Le bourgeon qui termine la branche fruitière, est pincé, un peu plus tard, à 4 ou 5 feuilles (*f*, fig. 139);

on le supprime totalement lorsque le remplacement ne pousse pas assez vigoureusement. Pendant ce laps de temps et à l'aide de ces suppressions, les pêches se développent et le bourgeon de remplacement s'allonge; un palissage devient de première nécessité pour celui-ci. On l'attache obliquement, avec du jonc ou du raphia, sur les lattes du treillage, à quelques centimètres au-dessus ou

Fig. 142.   Fig. 143.   Fig. 144.
Branches fruitières de Pêcher pendant la seconde période :
traitement du bourgeon de remplacement.

au-dessous de la branche fruitière. Sur une coursonne vigoureuse et pour que la sève puisse être toute dépensée, il est quelquefois nécessaire de conserver deux remplacements, afin que l'un d'entre eux ne prenne trop de vigueur. Sans cette précaution le seul remplacement laissé devient rameau à bois ou même gourmand et, dans l'un ou l'autre cas, il ne serait pas susceptible de donner des boutons à fleurs l'année suivante.

Des faux bourgeons se développent à la suite du pincement des bourgeons accompagnant les pêches; les pincements successifs qu'ils nécessitent sont toujours pratiqués à une feuille ou deux au-dessus du précédent (A, fig. 142). Celui de l'extrémité (B, fig. 142) est repincé de une à quatre feuilles, selon la vigueur du remplacement; en pratique, on dit qu'il sert de *tire-sève* à ce dernier.

Après la formation du noyau ou par l'éclaircie des fruits, si quelques pêches disparaissent, le bourgeon qui les accompagne, n'ayant plus raison d'être, est aussitôt supprimé (C, fig. 142). Par suite de ces diverses opérations et pendant les quelques jours d'intervalle dont il est urgent de tenir compte, les bourgeons de remplacement ont atteint 20, 30 et 35 centimètres; ceux-ci sont pincés à 30 centimètres (D, fig. 142) et palissés, une seconde fois, sur la deuxième baguette du treillage. Les autres sont pincés à 30 ou 35 centimètres à mesure qu'ils atteignent une longueur suffisante.

Les bourgeons (B, fig. 136), nés sur le prolongement de l'année précédente, et dont nous avons parlé à l'ébourgeonnement, sont pincés à 30 ou 35 centimètres comme des remplacements ordinaires; ils constituent, nous le répétons, les nouvelles branches fruitières.

Les faux bourgeons, qui de coutume se développent sur le prolongement de l'année, ont pour inconvénient d'entraîner très loin leurs feuilles stipulaires et, par conséquent, d'éloigner considérablement leur remplacement futur. Selon

Fig. 145. — Bourgeon de prolongement d'une branche charpentière de Pêcher.

notre manière de procéder, nous ne nous occupons nullement de cette difficulté : ces faux bourgeons sont pincés et palissés comme des bourgeons de remplacement ordinaires; puis, nous choisissons parmi eux le plus bas placé et en avant, que nous palissons verticalement le long du prolongement (A, fig. 143). De cette façon, nous faisons fructifier les premiers pendant un an ou deux au plus et, au bout de ce temps, nous rabattons l'ancienne branche qui les porte immédiatement au-dessus du prolongement inférieur qui a, depuis, émis des bourgeons normaux constituant des coursonnes régulières.

Voici maintenant comment nous traitons les faux bourgeons nés à la suite du premier pincement exécuté sur les bourgeons de remplacement :

Sur les moins vigoureux, qui ne donnent qu'un faux bourgeon à leur extrémité, nous repinçons ce dernier à trois ou quatre feuilles.

Quant aux autres, plus forts (ce sont les plus nombreux), qui donnent naissance à deux ou trois faux bourgeons, nous pinçons d'abord les plus bas à 2 centimètres (E, E, E, fig. 144), lorsqu'ils n'ont que quatre feuilles, et plus tard nous pinçons celui du haut à quatre feuilles (F, fig. 144).

Enfin pour ceux, plus vigoureux encore, qui émettent quatre ou cinq faux bourgeons, nous palissons le long du remplacement le bourgeon anticipé le plus bas placé et nous traitons les autres et celui de l'extrémité comme ceux du remplacement précédent. Il résulte de cette façon d'opérer qu'à la taille suivante nous avons le choix entre le remplacement proprement dit et le faux rameau auquel il a donné naissance. Il est utile de dire que le pincement du faux bourgeon à 2 centimètres a toujours pour résultat de faire naître sur ce petit fragment plusieurs boutons à fleurs.

VI. — L'éclaircie des fruits.

Pendant la période consacrée à ces diverses opérations, c'est-à-dire avant et après la formation du noyau, il ne faut pas négliger de pratiquer l'éclaircie des pêches. Sur les arbres qui en sont abondamment pourvus, on en retire une première fois le cinquième environ lorsqu'elles ont atteint la grosseur d'une noisette. Lors de la formation du noyau, période critique pour les pêches, celles qui n'ont pas tous les caractères propres à la reproduction tombent. Souvent cette éclaircie naturelle n'est pas suffisante; on y supplée en retirant, en une ou deux fois, celles situées derrière les branches et celles déformées ou gênées par une cause quelconque, de façon à en laisser au plus huit par mètre courant de branche charpentière. Par exemple, à un Pêcher à 4 branches, entièrement formé, il ne faudrait demander que de 40 à 50 beaux fruits. Malheureusement on ne se contente généralement pas de cette quantité et on amène l'arbre à une surproduction qui l'épuise en amoindrissant les récoltes futures.

VII. — L'effeuillage et les bassinages.

Trois semaines avant la complète maturité des pêches, et cela à des époques bien différentes, puisque certaines mûrissent en juillet et d'autres en octobre, on pratique l'effeuillage. Cette opération consiste à supprimer, partiellement ou totalement, les feuilles qui portent ombrage aux pêches, dans le but d'exposer progressivement celles-ci aux rayons du soleil, pour en augmenter le coloris et la qualité. L'effeuillage doit être successif et être fait par un temps couvert; sans cette précaution, les fruits subitement mis à la lumière seraient brûlés par le soleil.

On peut, dans la mesure du possible, aider à la coloration des pêches sans nuire à leur qualité, en les bassinant à l'eau fraîche matin et soir, surtout pendant les grandes chaleurs et à l'époque de la maturité.

On recommande aussi les bassinages à l'eau salée.

VIII. — La taille en vert.

Avant et après la récolte des pêches, on pratique la taille en vert. Cette opération consiste à supprimer, en plusieurs fois, à l'aide du sécateur, les ramifications qui ont donné des fruits et celles restées improductives. Cette suppression se fait directement à la base du remplacement si celui-ci est de moyenne vigueur (B, fig. 141, et G, fig. 143). Elle est, au contraire, moins radicale si ce dernier est vigoureux ou très vigoureux; dans ce cas, on laisse sur la branche un ou deux autres bourgeons dont le rôle est d'absorber l'excédent de sève; sans cette précaution, le remplacement **serait transformé en rameau à bois, même en gourmand.**

A la taille en sec suivante, il n'y a plus qu'à enlever cette portion de vieux bois à la base du remplacement et à tailler ce dernier comme nous l'avons dit plus haut au paragraphe III, p. 296.

IX. — La restauration.

Il arrive toujours que, par maladie ou par accident, des vides se produisent sur le parcours des branches charpentières ; il convient d'y remédier.

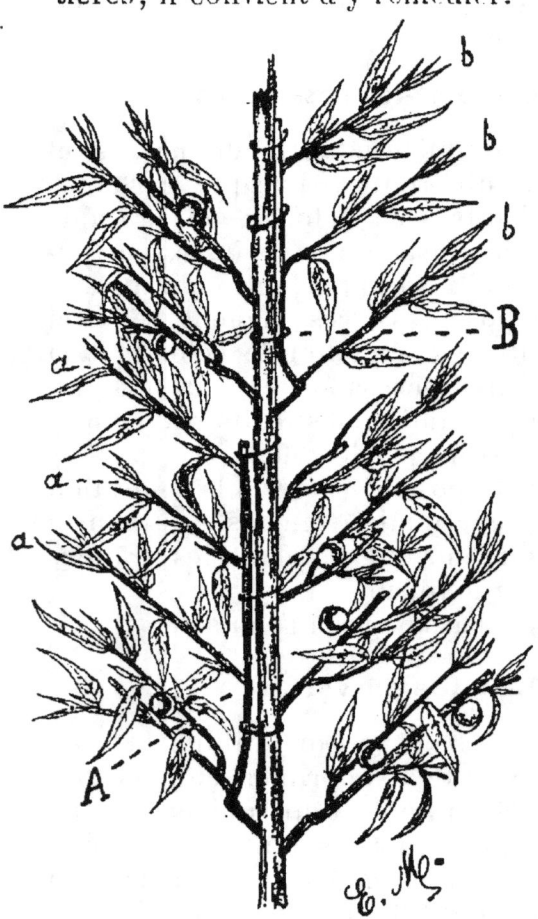

Fig. 146. — Restauration du Pêcher par l'application de rameaux pris dans le voisinage des vides.

Deux moyens sont à notre disposition : le premier est la greffe par approche, dont nous ne conseillons l'application que sur les jeunes sujets ; car étant donné que toute plaie peut amener la gomme, il faut en faire le moins possible.

Le second moyen, plus pratique sur les vieux arbres, est le palissage, le long de la branche charpentière, d'un bourgeon vigoureux ou d'un gourmand pris dans le voisinage du vide (A, B, fig. 146). Sur ce rameau on choisit, l'année suivante, les bourgeons latéraux destinés à remplacer les coursonnes manquantes (*a*, *b*, fig. 146), absolument comme si on opérait sur la branche charpentière elle-même ; et **comme nous l'avons d'ailleurs décrit plus haut.**

X. — Tableau des meilleures variétés de Pêches et de Brugnons.

Variétés.	Dates de maturité.	Qualités.	Formes à adopter.	Observations.
PÊCHES				
Amsden	Juillet(ou fin juin)	Excellent	Grandes formes	Pêche américaine adhér. au noyau
Alexander	Juillet	—	—	—
Early Rivers	—	—	Formes moyennes	Une des plus estimées.
Grosse mignonne hâtive.	Août	—	—	
Galande	—	Très bon	—	
Alexis Lepère	Septembre	Très bon, bien coloré	—	
Belle Beausse	—	Très bon	—	
— *impériale*	—	Très bon, très gros	Grandes formes	
Bourdine	—	Bon	Formes moyennes	
Madeleine rouge	—	Très bon	Petites formes	
Malte (Belle de Paris).	—	Excellent	—	
Reine des Vergers	—	Très bon	Grandes formes	
Vilmorin	—	—	—	
Baltet	Octobre	—	—	
Bonouvrier	—	Bon	Formes moyennes	
Chevreuse tardive	—	Très bon	—	
Belle Henry Pinault	—	Très bon, coloré	—	
Salwey	Novembre	Très bon	—	Voir culture retardée du Pêcher.
BRUGNONS				
Précoce de Croncels	Août	Excellent	Grandes formes	Très gros et bien coloré, ce fruit est superbe.
Galopin	—	—	Formes moyennes	
Lord Napier	—	—	—	
Bowden	Septembre	Très bon	—	
Jaune de Padoue	—	—	Petites formes	

CHAPITRE XXII

L'ABRICOTIER, LE CERISIER ET LE PRUNIER

I. Multiplication. — II. Les formes. — III. La taille. — IV. L'ébourgeonnement. — V. Le pincement et le cassement. — VI. Choix des meilleures variétés d'Abricots. — VII. Choix des meilleures variétés de Cerises. — VIII. Choix des meilleures variétés de Prunes.

I. — Multiplication.

Ces trois essences d'arbres fruitiers sont multipliées de préférence par la greffe en écusson rez terre ou en tête.

Les sujets sont, pour l'Abricotier : le *Prunier*, l'*Amandier* et l'*Abricotier franc*. Pour la région du Midi, il faut toujours préférer l'Amandier, qui s'accommode mieux des terrains secs.

Quant au Cerisier, ce sont : le *Merisier*, pour former des arbres à haute tige, et le *Cerisier Sainte-Lucie* ou *C. Mahaleb* pour les arbres soumis à la taille.

Le prunier a pour porte-greffe : le *Prunier commun* ou le *Prunier myrobolan*. Tous ces sujets doivent être obtenus eux-mêmes par le semis.

Pour compléter la plantation d'un jardin fruitier, il est nécessaire que ces arbres soient compris en nombre respectable, non seulement en plein vent, mais en espalier et en contre-espalier.

Ils sont, principalement le Cerisier, d'un grand rapport au point de vue spéculatif. La récolte provenant de l'espalier, sauf pour l'Abricotier, n'est pas comparable à celle de plein vent pour la beauté, qualité et quantité. Par les grandes formes auxquelles nous pouvons soumettre ces arbres, nous arrivons à leur donner, sur un plus petit espace, un développement équivalent à un arbre à haute tige. La taille et le pincement court les obligent à donner de plus beaux et de meilleurs fruits. Enfin la récolte est plus facile à faire et est, en outre, toujours assurée, par la facilité avec laquelle un espalier est susceptible d'être abrité contre les gelées du printemps. Concluons donc qu'il faut en planter beaucoup pour rendre productifs les pignons mal exposés et les murs froids du nord et de l'ouest.

II. — Les formes.

Il est important de donner à l'Abricotier, au Cerisier et au Prunier un développement suffisant pour que leur extrême vigueur puisse être employée utilement.

Les formes à adopter sont : *le quadruple* **U**, *la palmette à branches terminées en* **U**, *la palmette Verrier, la palmette à deux tiges et la palmette sur tige* pour les pignons élevés. L'écartement entre les branches charpentières étant de 30 centimètres, comme pour le Poirier, nous renvoyons, pour l'obtention de ces formes, au chap. XXIII, qui a trait à cet arbre.

III. — La taille.

La taille de ces trois essences d'arbres étant à peu près la même, nous les avons groupées dans le but d'éviter les longues explications et des redites inutiles.

Prenons, par exemple, un prolongement de branche charpentière après une deuxième année de végétation. Vers la moitié supérieure, nous remarquons des rameaux latéraux ayant été pincés plusieurs fois et possédant des boutons à fleurs; la taille en est faite au-dessus du 5e ou du 6e bouton (A, fig. 147). Sur la moitié inférieure, les yeux du prolongement ont donné naissance à des bouquets de mai que l'on ne taille pas (B, fig. 147).

Sur un prolongement de trois ans et plus, les branches fruitières de l'extrémité se sont ramifiées. Quelques-unes ont un remplacement à leur base; si celui-ci est pourvu de boutons à fleurs, on le taille comme précédemment sur le 5e ou 6e, et on supprime l'ancienne ramification. D'autres n'ont pas de remplacement, mais sont munies de plusieurs bouquets de mai à leur base (C, fig. 147); elles sont taillées sur le 2ᵉ ou 3ᵉ bouquet.

Les bouquets (D, fig. 147) de la base du prolongement se sont ramifiés et ont donné les mêmes productions; il n'y a pas à les tailler.

Sur la partie la plus âgée des branches charpentières, les coursonnes ont toujours tendance à s'allonger ; il ne faut jamais manquer de les rajeunir, chaque fois qu'un bourgeon perce à leur base en les rabattant au-dessus de celui-ci. Ce fait est du reste assez fréquent.

IV. — L'ébourgeonnement.

Au départ de la seconde végétation du prolongement, on opère l'ébourgeonnement à l'instar de celui du Pêcher; c'est-à-dire que l'on élimine les bourgeons placés en avant et en arrière, pour ne laisser que ceux développés latéralement à 15 centimètres d'intervalle (A, fig. 148).

V. — Le pincement et le cassement.

Cette opération est faite en plusieurs fois. Les bourgeons ayant atteint 15 centimètres, sont pincés à 20 centimètres à l'état herbacé (B, fig. 149). Il y a exception pour l'Abricotier, dont les bourgeons pincés trop tôt sont abandonnés par la sève et meurent faute de nourriture. Pour cette espèce, il est nécessaire d'attendre que les bourgeons soient quelque peu ligneux. Après ce premier pincement, on en fait d'autres à une feuille au-dessus du précédent. Sur le Ceri-

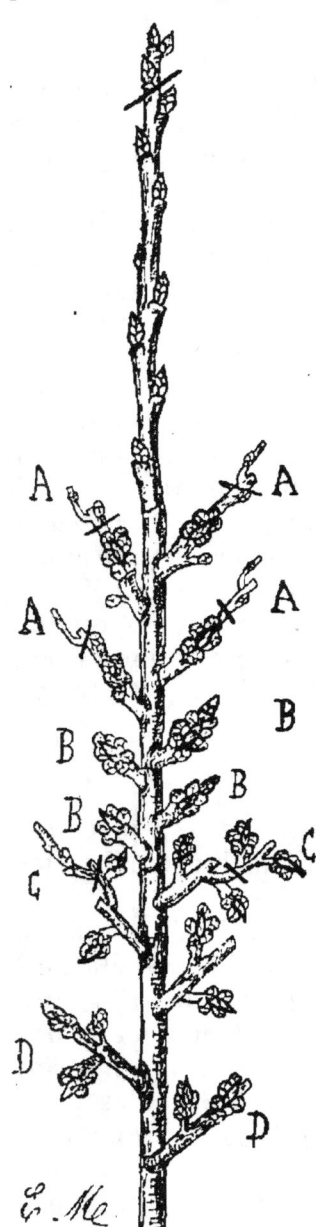

Fig. 147. — Branche charpentière de Cerisier lors de la taille.

sier, on facilite la naissance de plusieurs bouquets de mai à la base d'un bourgeon de l'année, en faisant un cassement en août à 8 centimètres, c'est-à-dire plus bas que le premier pincement (C. fig. 150). Ceci est dit pour les bourgeons prenant naissance directement sur le prolongement. A ceux nés sur les branches fruitières, on n'inflige

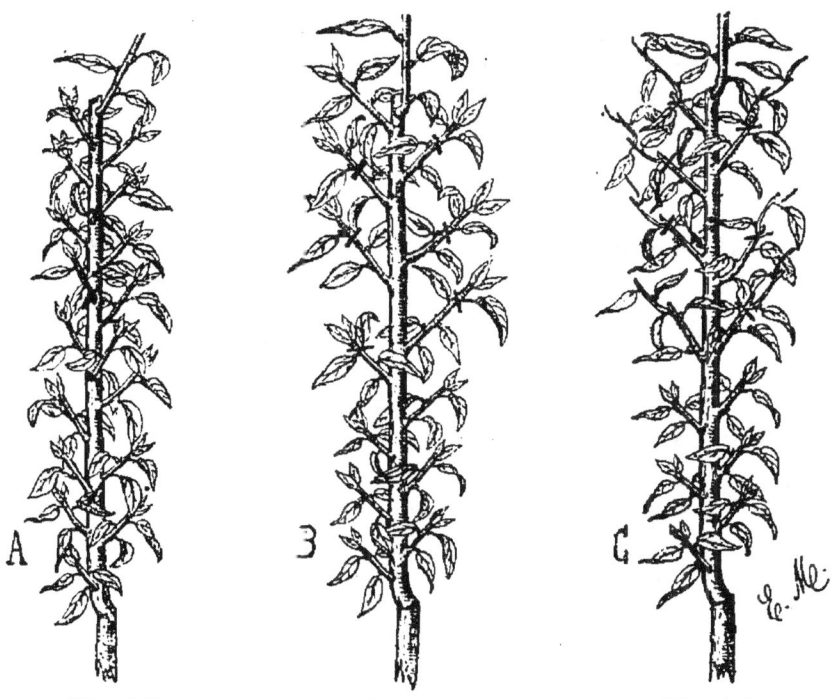

Fig. 148.   Fig. 149.   Fig. 150.

Prolongements de branches charpentières de Cerisier à leur seconde année de végétation. — A, ébourgeonnement; B, premier pincement; C, cassement.

pas de cassement; car, la base de ces branches est presque toujours pourvue de bouquets de mai, ou d'un remplacement traité, lui-même, au pincement et au cassement.

Par ces différentes opérations, nous nous sommes toujours appliqués à obtenir un remplacement à la base de chaque branche fruitière, ou tout au moins des bouquets de mai, pour ces deux raisons que les arbres à fruits à noyaux ne fructifient que sur le bois d'un an et qu'il faut obtenir ces fruits le plus près possible de la branche charpentière.

VI. — Choix des meilleures variétés d'Abricots.

	Maturité.
Commun	juillet-août
Pêche de Nancy	août
Royal	fin juillet
Triomphe de Bussière	—
Moorparck	—
Jacques	mi-août

VII. — Choix des meilleures variétés de Cerises.

	Maturité.
Anglaise hâtive	juin
Belle de Choisy	—
— *magnifique*	juillet
Bigarreau d'Esperen	—
— *Napoléon*	—
Guigne noire	—
— *Ramon oliva*	—
Montmorency à longue queue	—
— à courte —	—
Reine-Hortense	—

VIII. — Choix des meilleures variétés de Prunes.

	Maturité.
Monsieur	juillet
Reine-Claude hâtive	—
Bonne de Bry	—
Reine-Claude dorée	août
— *d'Althan*	septembre
Jefferson	—
Mirabelle petite	—
Reine des Mirabelles	—

CHAPITRE XXIII

LE POIRIER

I. Multiplication. — II. Les formes appliquées au Poirier. — III. La production et l'entretien des branches fruitières. — IV. L'ébourgeonnement. — V. Le pincement. — VI. Le cassement. — VII. L'éclaircie des fruits et leur mise en sacs. — VIII. L'effeuillage. — IX. Les bassinages et le grossissement des fruits. — X. Tableau des meilleures variétés de Poires.

I. — Multiplication.

Les pépiniéristes, et quelques amateurs, multiplient le Poirier de semis afin d'en obtenir de nouvelles variétés. Pour la production fruitière proprement dite, les premiers le reproduisent, en grand nombre, par la greffe en écusson ou en fente. Les exemplaires obtenus sont livrés au commerce à l'état de *scions* ou d'*arbres formés*, ils sont destinés à créer de nouvelles plantations ou à restaurer celles des anciens jardins fruitiers.

Le Poirier est greffé sur Cognassier, lorsqu'on veut le planter dans un bon terrain. Le Cognassier est le sujet le plus convenable, c'est par son intermédiaire que l'on obtient les plus beaux fruits et les plus riches en saveur. Les deux variétés de Cognassier employées par les pépiniéristes sont : le *C. de Doué* et le *C. de Fontenay*. On les multiplie par la marcotte en cépée, chap. VIII, p. 94.

Dans un terrain de qualité médiocre et pour former des arbres de plein vent, on le greffe sur *Poirier franc*. Ce sujet est beaucoup plus vigoureux que le précédent; mais, par contre, les fruits ne peuvent être comparés aux autres quant à la grosseur et à la qualité.

On obtient le Poirier franc par le semis des pépins de poire.

II. — Les formes appliquées au Poirier.

Les formes sous lesquelles on élève le plus souvent le Poirier sont l'*U simple*, l'*U double*, *le quadruple* U, *la palmette à 4 branches*, *la palmette Verrier simple*, *la palmette à branches latérales terminées en* U, *la palmette Verrier à deux tiges*, *les candélabres à base greffée*; *la palmette sur tige*, *la pyramide ou quenouille*, *la pyramide ailée*, *le fuseau*, *la colonne*, *le vase et la palmette Verrier double de plein air*.

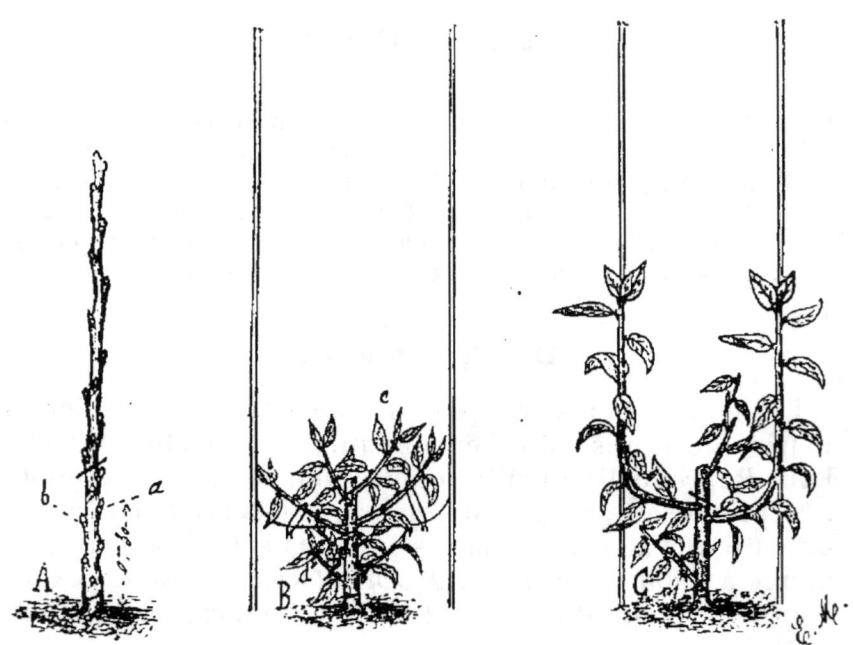

Fig. 151. Fig. 152. Fig. 153.
Formation de l'U simple du Poirier. — A, taille du scion ; B, suppression des bourgeons inutiles et premier palissage des bourgeons de charpente ; C, palissage définitif et suppression de l'onglet.

L'U simple. — Au printemps de la seconde année de plantation, on rabat le scion (A, fig. 151) à 40 centimètres du sol sur deux yeux (*a*, *b*) que l'on a choisis à 30 centimètres à droite et à gauche du pied. On dessine aussitôt la forme, sur le treillage, avec une baguette flexible qui passe à la hauteur des yeux. Lorsque les deux bourgeons attendus atteignent 15 à 20 centimètres, on les palisse sur la baguette, en procédant avec précaution pour éviter de les éclater; il est souvent nécessaire d'opérer ce palissage en plusieurs fois, en tenant d'abord la ligature lâche; les fibres ont alors le temps de se détendre sans se rompre (B, fig. 152).

Il se développe d'autres bourgeons sur le corps de l'arbre; on les supprime sauf deux : un sur l'onglet (c, fig. 152), l'autre plus bas (d); tous deux sont pincés à 12 ou 15 centimètres. Nous avons dit, au sujet de la formation du Pêcher, à quoi servent ces bourgeons qui sont toujours laissés pour toutes sortes de formes.

Au printemps de l'année suivante, les deux rameaux de charpente ont atteint une bonne longueur; on en rabat le

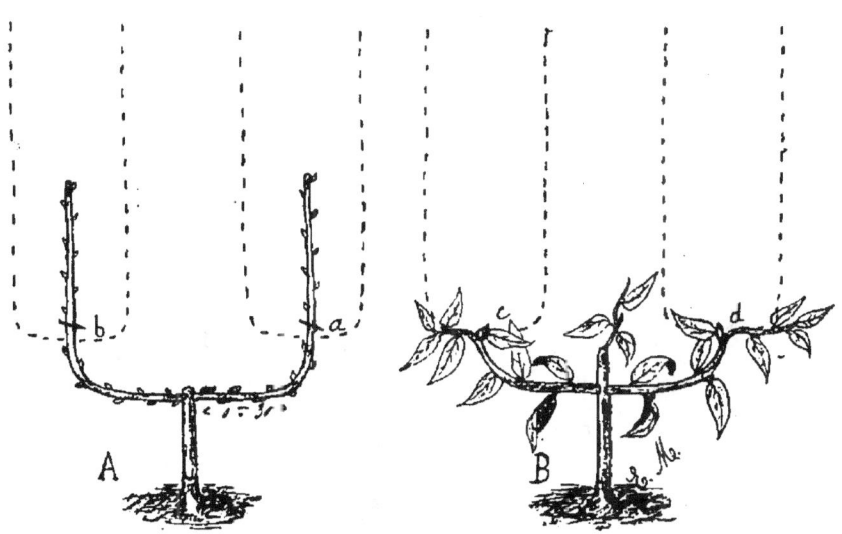

Fig. 154. Fig. 155.

Formation de l'U double du Poirier. — A, obtention de la bifurcation, la seconde année par la taille; B, obtention la même année pendant la végétation.

quart environ sur un œil en avant; cette taille facilite la sortie de tous les yeux sur leur parcours. En même temps on enlève le rameau né plus bas que les branches de charpente. Il est inutile de rappeler que la suppression de la portion de bois au-dessus, appelée *onglet*, a fait l'objet d'une opération au mois d'août précédent (C, fig. 153); ceci a été dit au chapitre XXI concernant le Pêcher. Les plaies sont recouvertes de mastic, la baguette qui a servi au palissage est enlevée et l'U est formé.

L'U double. — L'U double est traité d'abord comme l'U simple, avec cette différence qu'au lieu de relever les deux bourgeons principaux à 30 centimètres du pied, on les redresse à 15 centimètres (A, fig. 154).

A la seconde année de développement, on choisit sur chacun des deux rameaux et à 15 centimètres environ de la partie horizontale, deux yeux de côté (*a*, *b*, fig. 154) sur lesquels on taille afin d'obtenir les deux **U**.

Si l'arbre pousse vigoureusement, on peut le former entièrement la même année (B, fig. 155). Pour cela, lorsque les deux bourgeons ont atteint 15 à 20 centimètres dans la

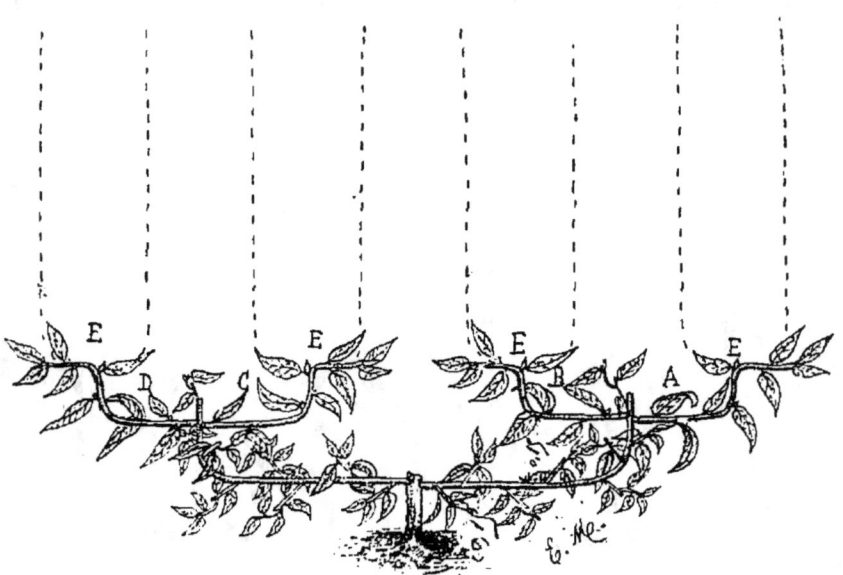

Fig. 156. — Formation du quadruple U du Poirier.

position verticale, on les courbe tous deux sur l'un ou l'autre côté de l'**U** en ayant soin qu'il se trouve un œil au coude (*c*, *d*, fig. 155). Ils sont ensuite pincés sur un œil en dessous qui se développe en faux bourgeon en même temps que celui du coude ; il n'y a plus alors qu'à procéder au palissage de ces bourgeons et à maintenir l'équilibre entre eux. Ce dernier mode de formation est de beaucoup préférable au premier, on gagne du temps sans aucune perte de sève ; il est bien rare, en effet, qu'un arbre soit si faible qu'on ne puisse obtenir de lui des bourgeons de 60 centimètres. L'onglet et les bourgeons nés sur le corps de l'arbre exigent le même traitement que ceux de l'**U** simple (C, fig. 153).

Le quadruple U. — Cette forme s'obtient comme pour l'U simple, en taillant le scion sur deux yeux de côté pris à 15 centimètres du sol. Les deux bourgeons auxquels ils donnent naissance sont palissés horizontalement jusqu'à la longueur de 60 centimètres et relevés ensuite verticalement. L'année suivante, il est procédé comme pour l'U double sur chacun des rameaux primitifs; c'est-à-dire que ceux-ci sont taillés, à 15 centimètres dans la position verticale sur deux yeux de côté (fig. 156). Les bourgeons (ABCD) se développant, sont attachés horizontalement jusqu'à 30 centimètres de leur point de naissance et relevés ensuite pour être bifurqués à leur tour à 15 centimètres plus haut. Si l'arbre est vigoureux, cette forme peut être achevée en deux ans en procédant par l'arcure (E, fig. 156) que nous avons décrite plus haut.

La palmette à 4 branches. — Cette forme (fig. 157) n'est autre qu'une palmette Verrier simple à deux étages sans la flèche; l'établissement est le même que celui de la forme suivante.

La palmette Verrier simple. — On taille le scion sur trois yeux combinés, dont un à droite (A, fig. 158), un 2e à gauche (B) et le 3e en avant (C). Il faut avoir soin de laisser un onglet 10 à 12 centimètres au-dessus du 3e œil. On dessine aussitôt sur le treillage une forme en demi-circonférence avec une baguette flexible fixée au sujet à hauteur des yeux latéraux.

Certains arboriculteurs recommandent de palisser primitivement les branches latérales obliquement et de les rabaisser, petit à petit, jusqu'à la position horizontale. Il n'y a pas lieu d'être satisfait de ce conseil; car il arrive très souvent que les branches éclatent à leur point de naissance. On évite cet accident en dirigeant les bourgeons en demi-circonférence. En effet : partant d'abord dans une direction se rapprochant le plus de l'horizontale, lorsqu'il s'agit de les incliner définitivement, l'action principale se produit, non pas au point de naissance des branches, mais vers le milieu, où il y a moins de danger de rupture.

Donc, aussitôt que les bourgeons sont assez longs pour être attachés, on palisse celui du haut en avant sur l'onglet; un peu plus tard, les deux autres sont inclinés sur la baguette en agissant avec précaution (fig. 159). Sur le corps de l'arbre il est conservé, comme pour les formes précédentes, un ou deux bourgeons que l'on pince à 15 centimètres. Ces bourgeons sont repincés plusieurs fois pen-

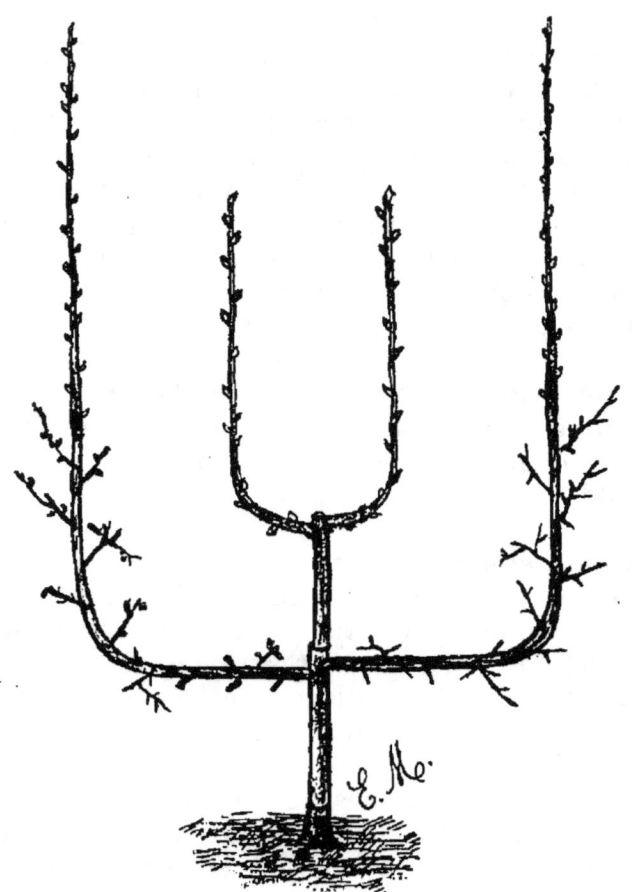

Fig. 157. — Palmette à quatre branches formée.

dant la période végétative. Chaque suppression est faite à quelques centimètres au-dessus de la précédente.

Le bourgeon de la flèche a toujours une tendance à pousser plus vigoureusement que les deux autres; on modère sa vigueur en lui faisant subir un pincement, lorsqu'il a atteint 45 centimètres.

Les faux bourgeons, qui naissent à son extrémité, sont également pincés, autant de fois qu'il est nécessaire, pour maintenir l'équilibre parfait entre les trois bourgeons de cette première série.

Au printemps suivant, il convient de ne pas tailler les deux rameaux latéraux, sauf cependant s'ils ne sont pas d'égale force; dans ce cas, on taille le plus vigoureux à la longueur de l'autre auquel on laisse son œil terminal.

Le rameau de la flèche est rabattu, comme la première fois, sur trois yeux combinés choisis dans le même sens

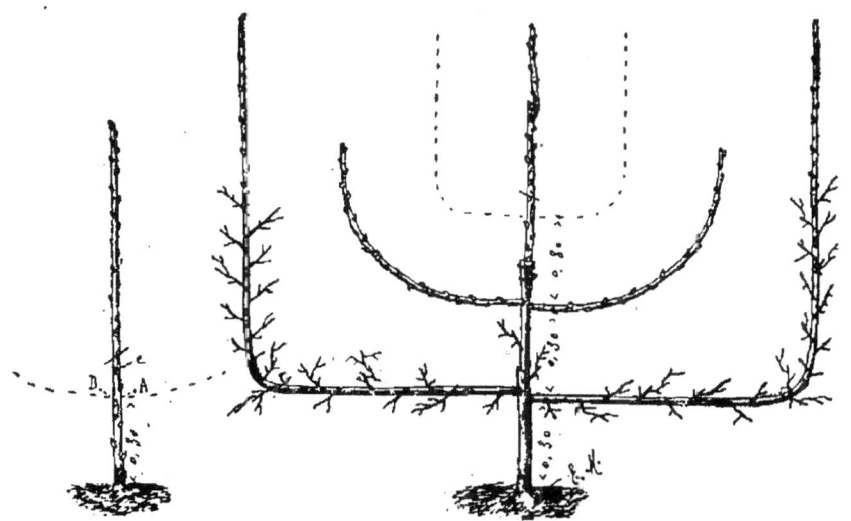

Fig. 158.   Fig. 159.
Formation de la palmette Verrier simple du Poirier.
A, B, C, taille du scion et choix des yeux; Palmette à la 3ᵉ taille.

que les premiers et à 30 centimètres au-dessus, afin de former un nouvel étage. Pour la régularité et la beauté de la palmette, il importe que tous les étages soient pris dans le même ordre, c'est-à-dire que si la branche de droite du premier étage se trouve plus bas que celle de gauche, toutes les branches de droite des étages supérieurs doivent aussi être placées plus bas que celles de gauche. Pour arriver à ce but, on est quelquefois obligé, pendant la végétation qui précède la prise de l'étage, de faire une torsion sur le bourgeon de la flèche afin d'amener les yeux dans la position exigée.

A la troisième taille (fig. 159) on incline la première et au besoin la seconde série dans la position horizontale, en relevant l'extrémité des branches à la place qu'elles doivent occuper définitivement.

On ne commence à tailler les prolongements des branches charpentières que lorsque la palmette est entièrement formée et qu'elle atteint les deux tiers de la hauteur du mur. Cette méthode de ne pas tailler, au début, les extrémités des branches, est, à notre avis, excellente ; l'arbre produit plus vite ; avec quelques incisions on arrive facilement à faire développer tous les yeux ; et, en somme, c'est le traitement qui contrarie le moins la nature.

Les étages s'obtiennent tous d'après les principes que nous venons de décrire ; on s'abstient quelquefois de prendre un étage pendant un an ou deux, cela est toujours nécessaire pour les étages inférieurs, afin de leur permettre d'acquérir de la force et que toute la sève ne se porte pas vers le centre.

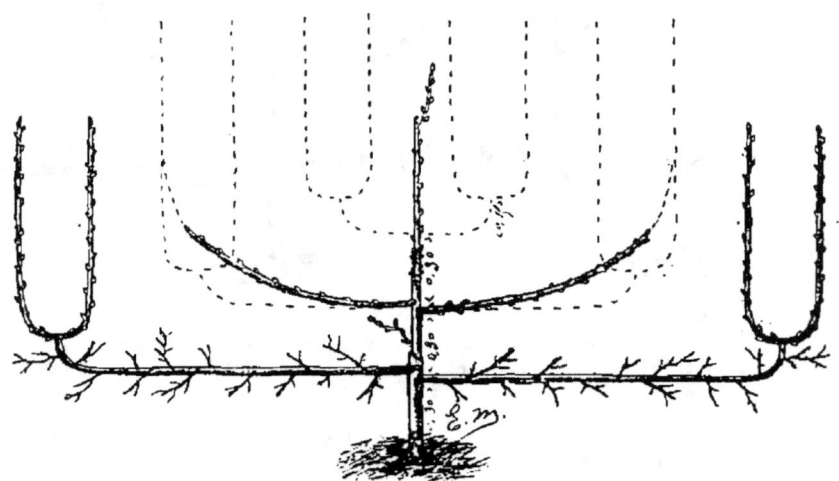

Fig. 160. — Formation de la palmette à branches latérales terminées en U, du Poirier.

La palmette à branches latérales terminées en U (fig. 161). — Au début de la formation, on procède de la même manière que pour la forme précédente, c'est-à-dire que l'on taille le scion à 40 centimètres sur trois yeux combinés, afin d'obtenir trois bourgeons, dont un est palissé verticalement et les deux autres en demi-circonférence.

La seconde année de taille est consacrée à l'obtention d'une nouvelle série traitée comme la précédente, si toutefois celle-ci est assez vigoureuse ; souvent cela ne se peut que la troisième année. Comme pour toutes les grandes formes, on ne taille pas les prolongements.

Dans la suite, on dirige les premières branches charpentières à la place qu'elles doivent occuper; c'est-à-dire qu'elles sont d'abord dirigées horizontalement et relevées ensuite verticalement à la distance voulue (fig. 160).

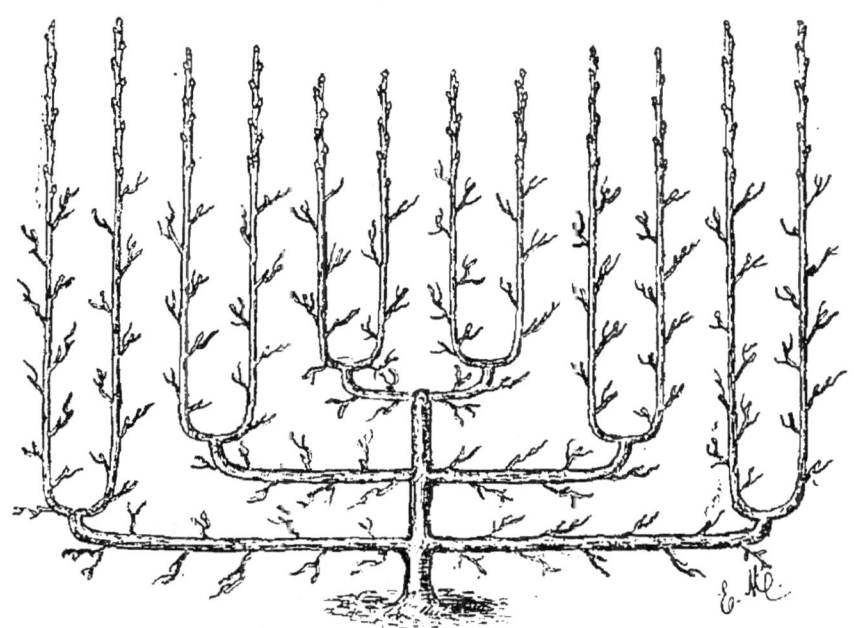

Fig. 161. — Palmette à branches en U formée.

Lorsque ces branches ont atteint 15 centimètres dans cette dernière direction, on les fait bifurquer en U en employant l'un des moyens indiqués en traitant de la formation de l'U double (A, B, fig. 154 et 155).

Tous les étages sont ainsi obtenus jusqu'à achèvement complet de la palmette (fig. 161).

La palmette Verrier à deux tiges. — Au printemps de la seconde année de plantation, on rabat le scion à 20 ou 25 centimètres sur deux yeux latéraux, opposés, situés à 15 centimètres du sol. Les deux bourgeons qui se développent sont palissés horizontalement, puis relevés en forme d'U à 15 centimètres de leur point de naissance. A 15 centimètres plus haut, on incline ces bourgeons une seconde fois, en ayant soin qu'il se trouve un œil (A, fig. 162) sur le coude ainsi formé. Si parfois l'œil dont on a besoin est du côté opposé, une torsion du bourgeon le ramène à la position voulue.

L'année suivante, les extrémités des deux rameaux (B, fig. 162) sont laissées intactes, afin qu'elles puissent acquérir un plus grand développement. Le bourgeon auquel l'œil du coude (A, fig. 162) donne naissance est arqué comme son

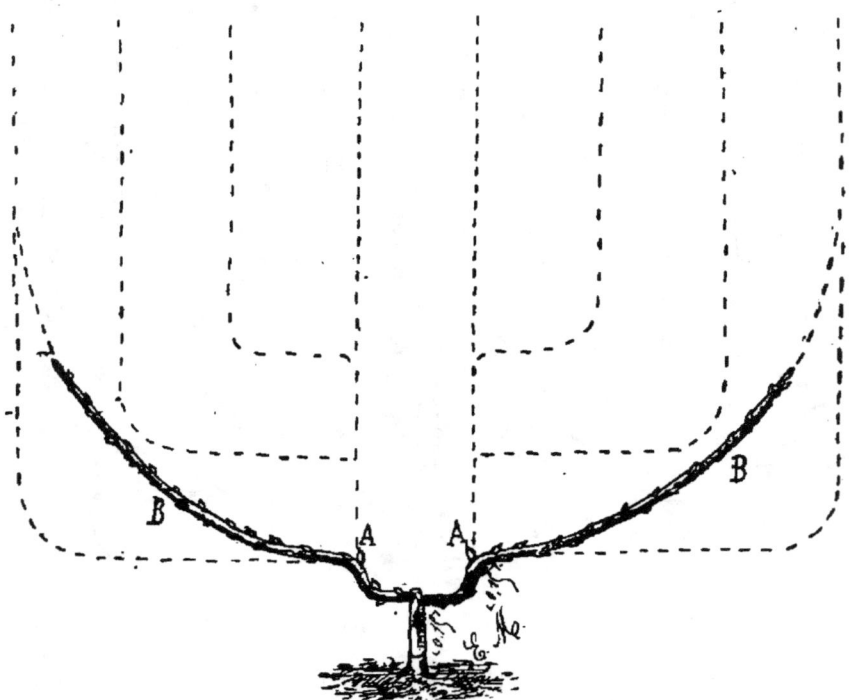

Fig. 162. — Formation de la palmette à deux tiges du Poirier.

précédent à 30 centimètres plus haut. Chaque année on procède de la même façon et autant de fois que la palmette a d'étages. Il est utile de rappeler que, pour toute forme, on s'abstient d'obtenir une nouvelle série, si les étages déjà établis ne sont pas suffisamment vigoureux.

Les candélabres à base greffée. — Les scions sont plantés à une distance régulière, de façon que chacun d'eux forme le même nombre pair de cordons. Les sujets sont tous rabattus la même année à 40 centimètres sur deux yeux latéraux choisis à 30 centimètres du sol. Pour plus de régularité on peut, au mois d'août qui précède la première taille, poser sur chacun des pieds, deux écussons opposés afin d'obtenir, au printemps suivant, toutes les branches exactement à la même hauteur.

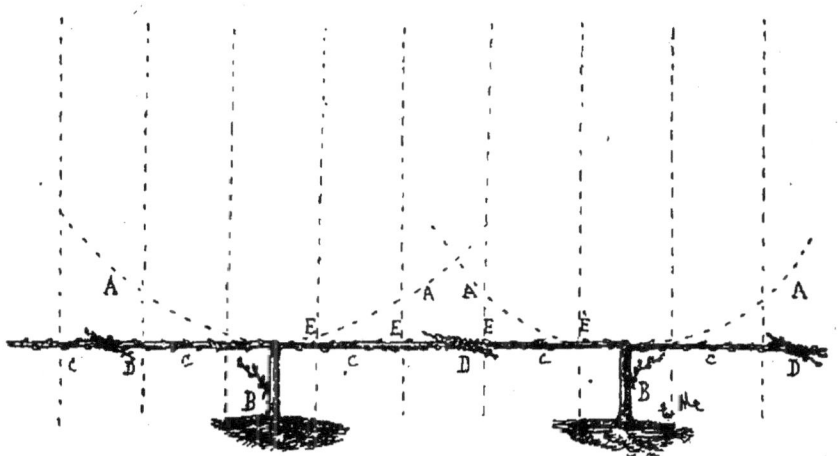

Fig. 163. — Formation des candélabres à base greffée.

Pendant leur végétation, on palisse les bourgeons de charpente en demi-circonférence (A, fig. 163). Sur chaque

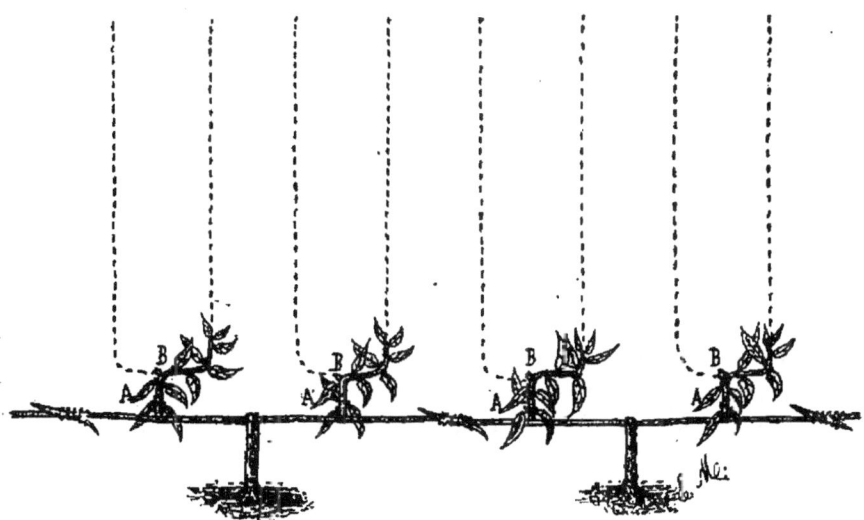

Fig. 164. — Formation des candélabres à base greffée dont les cordons, moitié moins nombreux, sont bifurqués en U pendant la végétation.

pied on conserve, de plus, un ou deux autres bourgeons qui sont pincés plus tard à 15 ou 20 centimètres (B, fig. 163).

A la taille suivante, si tous les rameaux de charpente (C, fig. 163) se sont assez développés pour que leurs extrémités puissent se rejoindre, c'est le moment de les incliner dans la position horizontale et de les greffer (D, fig. 163). Pour cela on emploie la *greffe par approche ordinaire* (p. 123, fig. 60) ou la *greffe en fente anglaise* (p. 131, fig. 71); puis sur chacun d'eux on choisit autant d'yeux (E, fig. 63) qu'il y a de montants à garnir. Il arrive parfois que les yeux ne se trouvent pas où ils doivent être; on y remédie en faisant, à l'endroit voulu, une greffe par approche avec un bourgeon pris aux alentours sur la branche de la base. Pour maintenir la même vigueur entre tous les bourgeons, on pince les plus forts si cela est nécessaire.

Au point de vue de l'équilibre, cette forme est perfectionnée en ne prenant, primitivement, que la moitié des montants, dont chacun est divisé en U à 15 centimètres au-dessus de la base. La bifurcation est obtenue la même année au moyen de l'arcure sur l'œil au coude (B, fig. 164).

La palmette sur tige. — Pour obtenir cette palmette, on greffe, sur franc ou sur Cognassier en écusson rez de terre, la variété choisie, avec laquelle on forme la tige. Cela demande trois ans environ, pendant lesquels on pince, à quelques feuilles, les bourgeons nés sur le rameau principal, pour ne les supprimer que l'année suivante.

Si la variété n'est pas suffisamment vigoureuse, on pratique le surgreffage, qui consiste à poser sur le sujet primitif, un écusson d'une variété robuste, comme le *Curé* et le *Carisi*, et à greffer de nouveau, *en tête* de la tige obtenue par cet intermédiaire, la variété dont on désire avoir les fruits.

Le rameau (A, fig. 165) qui se développe de cette dernière greffe, ou le prolongement de la tige, dans le premier cas, est la base de l'obtention d'une des formes décrites plus haut et, cela, par les procédés qui ont été indiqués à cet effet.

La pyramide. — Pour établir cette forme, on plante un scion simple ou un scion ramifié possédant, à 40 centimètres du sol, cinq ramifications nommées faux rameaux à peu près d'égale force.

L'année suivante le scion simple est rabattu sur six yeux

(A, fig. 166), en laissant un onglet de 10 à 12 centimètres; l'œil supérieur, qui doit être situé du côté opposé à la

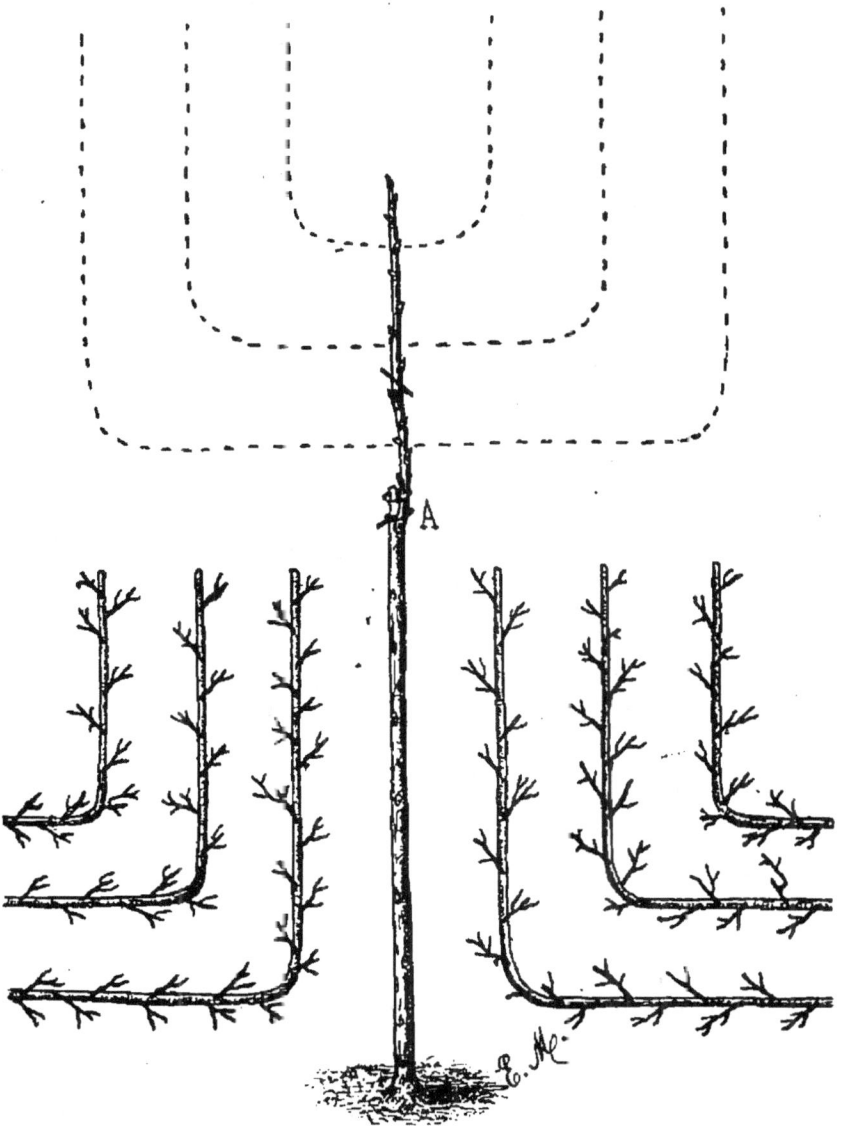

Fig. 165. — Formation de la palmette sur tige.

greffe, continuera l'élongation de la tige; on lui donne le nom d'œil de flèche. Des cinq yeux inférieurs, naîtront cinq bourgeons qui constitueront la première série de branches charpentières.

Jardinage. 19

Le scion ramifié (B, fig. 167), possédant cinq faux rameaux, est taillé à 12 centimètres au-dessus d'un œil situé du côté opposé à la greffe et plus haut que ces rameaux. Ceux-ci sont traités, comme il est dit plus loin, à la seconde taille exécutée sur le scion simple.

Il arrive fréquemment qu'au lieu de cinq faux rameaux, le scion n'en présente que quatre (C, fig. 168). Dans ce cas, chacun d'eux est rabattu à 5 millimètres de son point d'intersection pour provoquer le développement des yeux

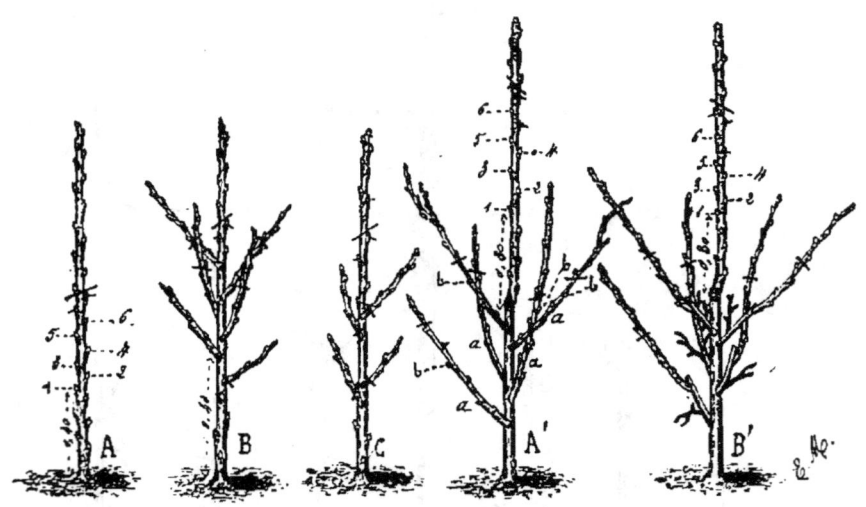

Fig. 166.   Fig. 167.   Fig. 168.   Fig. 169.   Fig. 170.
Formation de la pyramide du Poirier. — A, taille du scion simple ; B, taille du scion ramifié possédant cinq faux rameaux bien placés ; C, taille d'un autre scion ramifié ; A', seconde taille du scion simple ; B', seconde taille du scion ramifié.

stipulaires ; la flèche est taillée de façon à développer deux autres bourgeons qui, avec les quatre premiers, formeront les cinq branches de l'étage et la flèche.

Lors du développement des bourgeons, on attache le terminal sur son onglet, afin de lui imprimer une direction parfaitement verticale. On se sert pour cela de jonc ou de raphia, en faisant une première attache à 2 centimètres et une seconde au haut de l'onglet. Il faut établir entre les bourgeons latéraux une unité de vigueur en pinçant ceux qui tendraient à prendre trop d'ampleur et en écartant de la tige, par un arc-boutant, ceux qui ont une direction trop verticale, de façon à ce qu'ils forment avec elle un angle de 45°. Les bourgeons supplémentaires poussant, sur le corps de l'arbre ou sur l'onglet, sont supprimés, sauf deux, qui sont pincés à trois ou quatre feuilles.

A la seconde taille on mesure 30 centimètres sur la flèche à partir du rameau latéral le plus haut, et, au-dessus de ce point, on compte six yeux destinés à une nouvelle série et la flèche; l'œil donnant naissance à cette dernière est choisi du côté opposé à celui de l'année précédente (A', B', fig. 169 et 170); il est toujours laissé un onglet de 10 à 12 centimètres.

On taille les rameaux (*a*, fig. 169) de l'étage obtenu précédemment à une longueur équivalente au tiers de la hauteur de l'arbre. Le sectionnement est fait à quelques centimètres au-dessus d'un œil (*b*, fig. 169) placé en dessous ou sur l'un des côtés, jamais en dessus, et qui est destiné à prolonger la branche.

Lorsqu'il se développe, le bourgeon-flèche et les bourgeons du nouvel étage, sont traités comme ceux de l'année précédente. Les prolongements des branches de la première série sont palissés sur leur onglet, et ceux qui se développent plus bas sur ces mêmes branches, sont pincés à trois ou quatre feuilles afin d'en former les premières branches fruitières.

Tous les autres étages s'obtiennent, un par an, dans les mêmes conditions, en restant toutefois une année sans prendre une nouvelle série si les branches de la dernière ne sont pas suffisamment vigoureuses.

Les branches charpentières d'une pyramide doivent toujours avoir une longueur égale au tiers de la hauteur comptée à partir du point où elles prennent naissance sur la tige, jusqu'au haut de la flèche. Lorsqu'une pyramide est âgée, il n'est pas nécessaire de mesurer chaque branche; voici comment on procède : après avoir choisi sur la flèche les cinq yeux appelés à former une nouvelle série et avoir taillé cette flèche, on attache sur l'onglet une ficelle en faisant une boucle qui lui permette de tourner tout autour facilement. Les cinq branches de la série inférieure sont mesurées et taillées à la longueur exacte; puis sur l'extrémité de chacune d'elles on maintient l'autre bout de la ficelle de façon à la tendre légèrement. On obtient ainsi une ligne droite à hauteur de laquelle il n'y a plus qu'à couper toutes les branches charpentières qui s'en approchent.

La ficelle est passée, successivement, sur les cinq branches de la base et tous les prolongements se trouvent alors taillés d'une façon absolument régulière et très expéditive.

La pyramide ailée. — Cette forme est une perfection de la précédente, par ce fait que les branches charpentières se trouvent être placées les unes au-dessus des autres, en formant des ailes régulières. Elle présente ceci d'avantageux qu'étant palissée sur une sorte de charpente, les fruits sont plus en sécurité contre les vents.

La charpente est montée ainsi : au pied de l'arbre est planté un tuteur (A, fig. 171) de cinq à six mètres de hauteur à l'extrémité duquel sont fixés autant de fils de fer que l'on désire donner d'ailes à la pyramide. Ces fils sont attachés (en B, fig. 171) à des pieux enfoncés autour de l'arbre sur une circonférence dont le rayon doit être égal au tiers de la hauteur du tuteur central.

Cela fait, au point où chaque branche latérale devra se développer, c'est-à-dire à tous les 30 centimètres sur chaque aile, on attache une latte en sapin (C, fig. 171) dont une extrémité est fixée au tuteur du milieu et l'autre au fil de fer correspondant. Chacune de ces lattes doit former avec le tuteur central un angle de 45°; elles constituent le treillage sur lequel les branches charpentières seront palissées.

Quant à l'obtention des séries, il faut procéder de la même façon que pour la pyramide ordinaire. Les branches devant être prises exactement les unes au-dessus des autres et à intervalle régulier de 30 centimètres, il y aurait tout lieu de croire que la difficulté est plus grande. Il n'en est rien ; avec les torsions exécutées sur la flèche ou au moyen de greffes en écusson, on arrive très facilement à faire développer les branches aux endroits voulus.

Le fuseau. — Pour la formation du fuseau, le scion est taillé à 60 ou 70 centimètres, à 12 centimètres plus haut que l'œil terminal (A, fig. 172) choisi du côté opposé à la greffe. Le bourgeon auquel cet œil donne naissance est palissé sur l'onglet comme nous l'avons expliqué pour la pyramide. Tous les autres bourgeons développés au-dessous du précédent, jusqu'à la hauteur de 30 centimètres du sol, sont conservés; ils constituent la première série de branches charpentières. On maintient l'équilibre entre eux au moyen de pincements et d'arcs-boutants. On doit avoir soin de

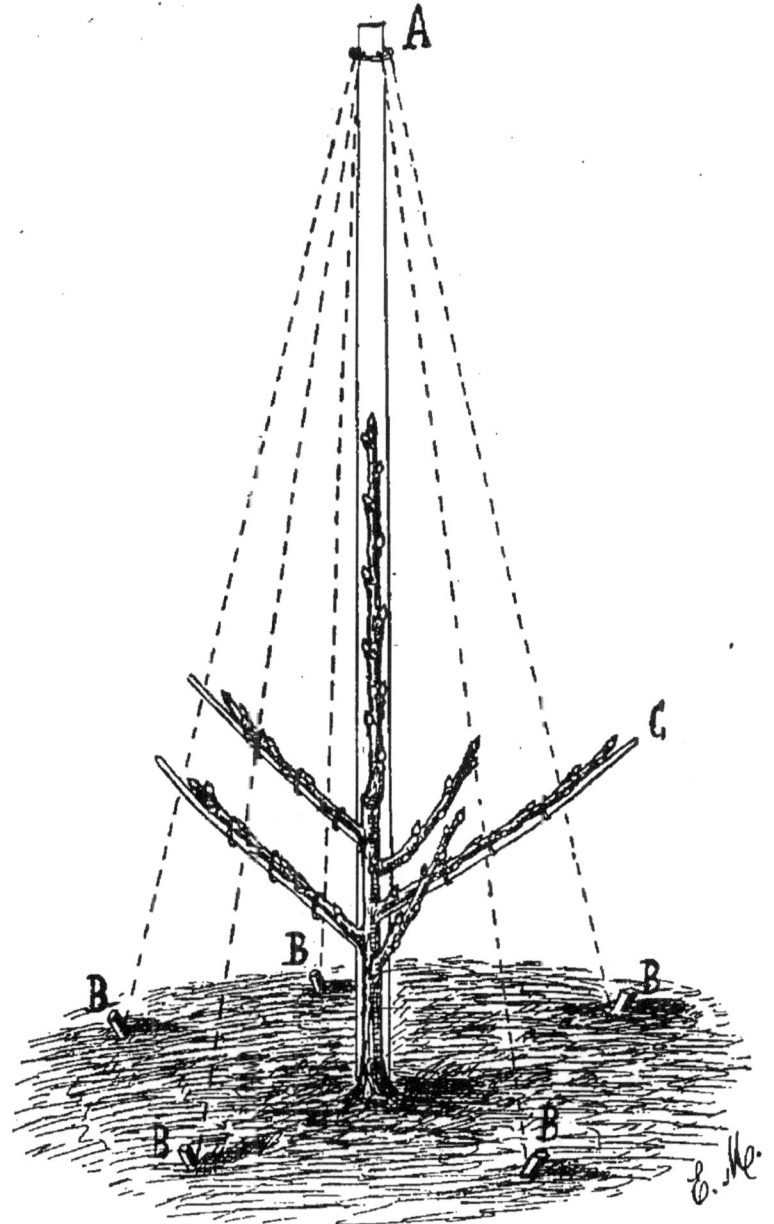

Fig. 171. — Formation de la pyramide ailée du Poirier.

ne jamais en conserver deux sur le même empâtement. L'année suivante, on taille le rameau-flèche à 40 ou 50 centimètres au-dessus de son point de naissance, en admettant qu'il se soit bien développé; si, au contraire, cela n'est pas le cas, on lui supprime le tiers ou la moitié de sa longueur. Comme la première année, on choisit, plus bas que la coupe, un œil (B, fig. 173) du côté opposé à celui de l'année précédente. Tous les yeux situés au-dessous doivent donner naissance aux bourgeons de la deuxième série.

Afin d'assurer leur sortie régulière, on éborgne les trois ou quatre yeux les plus élevés, qui ont toujours tendance à pousser vigoureusement; ils seront remplacés par les yeux stipulaires, beaucoup plus lents à se développer.

Les yeux de la base de la flèche devront être favorisés en pratiquant, sous eux, une incision longitudinale.

Ceux du centre, qui ont d'ordinaire une vigueur normale, seront laissés intacts.

On retranche ensuite l'extrémité de tous les rameaux de la première série, en leur laissant une longueur

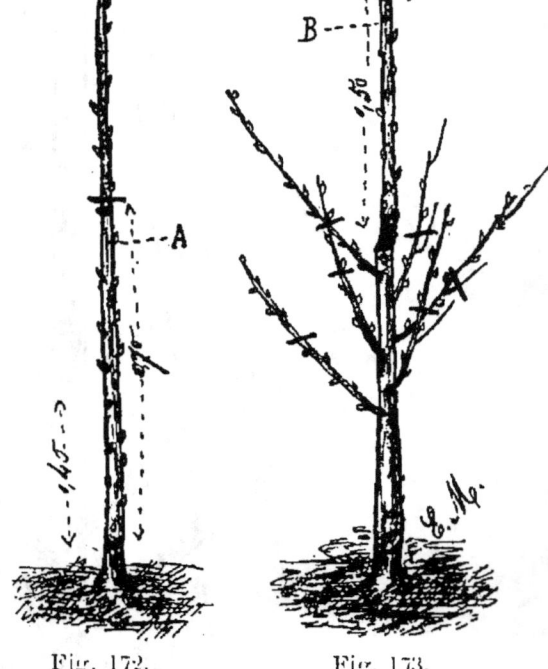

Fig. 172.   Fig. 173.
Formation du fuseau du Poirier.
A, première taille du scion; B, deuxième taille.

équivalente au cinquième de la hauteur prise depuis leur point de naissance jusqu'au haut de la flèche. Ceci est une règle dont on doit toujours tenir compte lorsqu'on taille un fuseau.

A la seconde sève, on fait subir aux bourgeons de la deuxième série en formation le même traitement qu'aux premiers; c'est-à-dire que l'on pince les plus vigoureux à 15 ou 20 centimètres; puis, on les distance régulièrement sur le pourtour de l'arbre à l'aide de tirants d'osier ou de raphia. Sur chacun des rameaux de la première série et à quelques centimètres plus bas que la coupe, on choisit un bourgeon de prolongement situé en dessous ou sur un des côtés, jamais au-dessus; on palisse ce bourgeon sur son onglet d'une manière relativement serrée de façon que le coude soit imperceptible. D'après les mêmes principes, la formation se continue jusqu'au moment où le fuseau atteint la hauteur de 4 mètres environ. Les dimensions sont alors suffisantes et il n'y a plus lieu d'allonger les branches charpentières ni la flèche.

Il est utile de préserver les arbres soumis à cette forme contre les grands vents qui font tomber les fruits. Pour cela on plante aux deux extrémités de chaque ligne de fuseaux un fort pieu en bois ou en fer muni d'un contre-fort. Deux fils de fer sont tendus sur ces pieux : le premier à 2 mètres du sol et le second à 2 mètres plus haut; on fixe sur eux chaque tige des fuseaux par deux attaches solides à l'osier.

La colonne. — La colonne est, en quelque sorte, un cordon vertical dont les branches fruitières se sont allongées démesurément. On l'obtient en opérant comme pour le fuseau. Les ramifications sont prises sans ordre autour de la tige (fig. 174).

On abrite les lignes de colonnes de la même façon que les fuseaux.

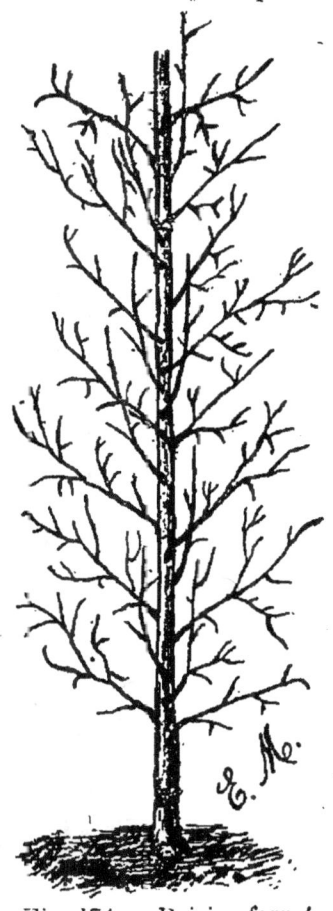

Fig. 174. — Poirier formé en colonne.

Le vase. — On forme des vases de six, huit, dix, douze et seize branches. Chacun d'eux doit avoir un diamètre en rapport avec le nombre de branches qu'il possède ; à savoir :

```
0m,60 de diamètre pour un vase à  6 branches.
0 ,80      —              —        8    —
1 ,00      —              —       10    —
1 ,20      —              —       12    —
1 ,60      —              —       16    —
```

Ces mesures, qui sont le plus généralement adoptées, peuvent, au besoin, être un peu augmentées. C'est ainsi que nous avons fait des vases à six branches ayant 90 centimètres de diamètre et d'autres à huit branches ayant 1^m,20.

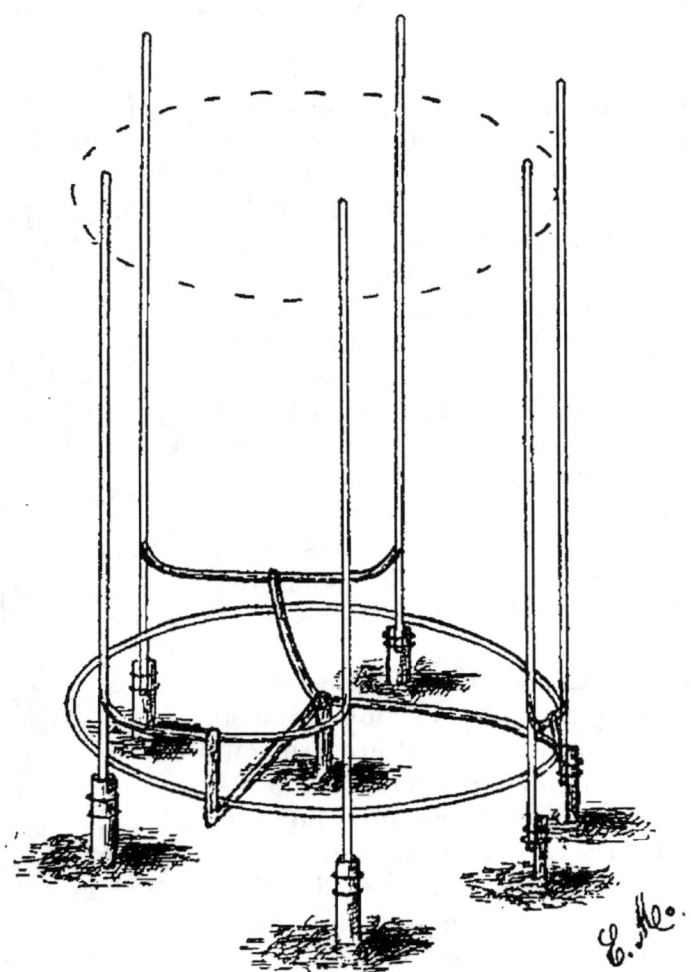

Fig. 175. — Construction de la charpente du vase.

Ces arbres ne laissent pas d'être gracieux et chacun de leurs cordons profite mieux de l'influence de la lumière.

Pour toutes espèces de vase, il est indispensable d'établir une charpente composée de lattes en sapin ayant 2^m,50 de hauteur et de deux cercles.

Voici comment il convient de procéder : après avoir tracé sur le sol une circonférence dont l'arbre est l'axe, on enfonce à distance régulière des pieux de la grosseur d'un échalas, longs de 50 centimètres ; on les laisse émerger de 20 centimètres environ au-dessus du niveau du terrain. Sur ces pieux sont fixées, par deux ligatures en fil de fer, des lattes à treillage de 2^m,50 de longueur, maintenues à l'intérieur par deux cercles en bois ou en fer, dont le premier est à 30 centimètres du sol et le second à 1 mètre plus haut (fig. 175). Cette charpente a une très grande

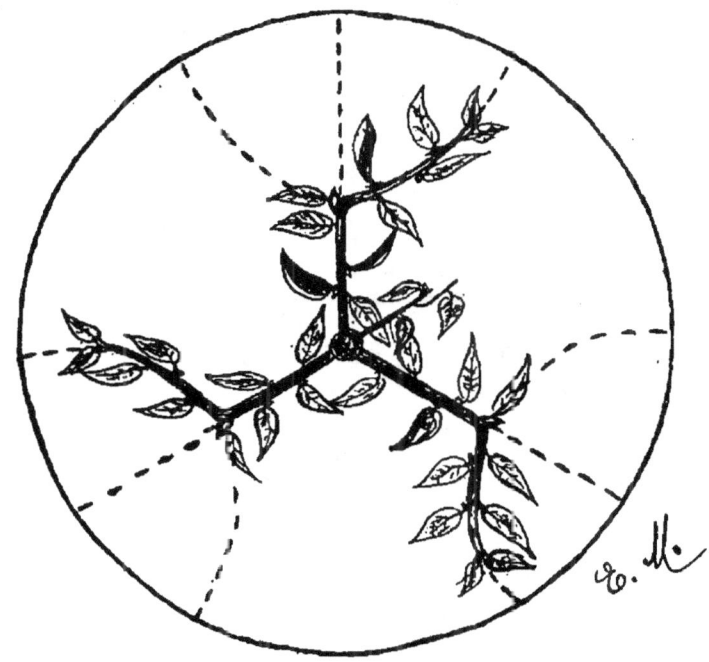

Fig. 176. — Plan montrant comment s'obtient le fond du vase à six branches.

durée, surtout si auparavant on a la précaution de plonger pendant 5 semaines les matériaux dont on se sert, dans un bain de : sulfate de cuivre 5 kilogr., eau 100 litres.

Le vase s'établit primitivement avec la moitié et même le quart des branches nécessaires à son entière formation. En conséquence, pour les vases de six et douze branches, on débute avec trois branches qui sont bifurquées, une fois pour celui de six (fig. 176), et deux fois pour celui de douze (fig. 178). Les vases de huit et de seize branches sont commencés avec quatre branches (fig. 177) ; celui de dix branches s'obtient avec cinq au début.

A l'automne de la première année de plantation, il est de toute utilité de poser quelques écussons à 30 ou 35 centimètres du sol, afin qu'au printemps suivant, il n'y ait que l'embarras du choix pour se procurer les bourgeons nécessaires à la formation. Le scion est rabattu à 45 centimètres environ et, plus tard, les bourgeons se développant, on choisit parmi eux les mieux placés, les plus vigoureux et

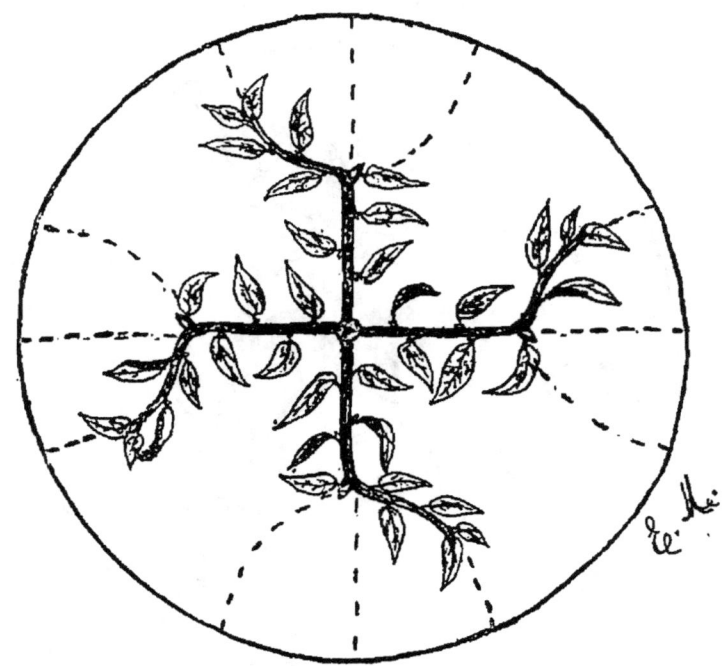

Fig. 177. — Plan montrant comment s'obtient le fond du vase à huit branches.

autant que possible les plus rapprochés entre eux à leur point de naissance. On les palisse aussitôt sur une charpente horizontale provisoire qui consiste en baguettes légères attachées par une extrémité au sujet, sous chacun des bourgeons, et par l'autre, au cercle du bas. Deux autres bourgeons *tire-sève* sont conservés, pincés et traités comme il a été dit pour les autres formes.

Lorsque les bourgeons de charpente ont atteint 40 centimètres de longueur, c'est le moment de les faire bifurquer une première fois. S'agit-il, par exemple, du vase à huit branches? On attache par leur milieu et vers la moitié environ de la longueur des premières, quatre nouvelles baguettes flexibles dont les extrémités sont repliées et fixées à chacune des lattes de la charpente en formant un **U** (fig. 177). Puis on courbe les quatre bourgeons primitifs sur l'un ou l'autre côté de cet **U**, en ayant soin qu'il

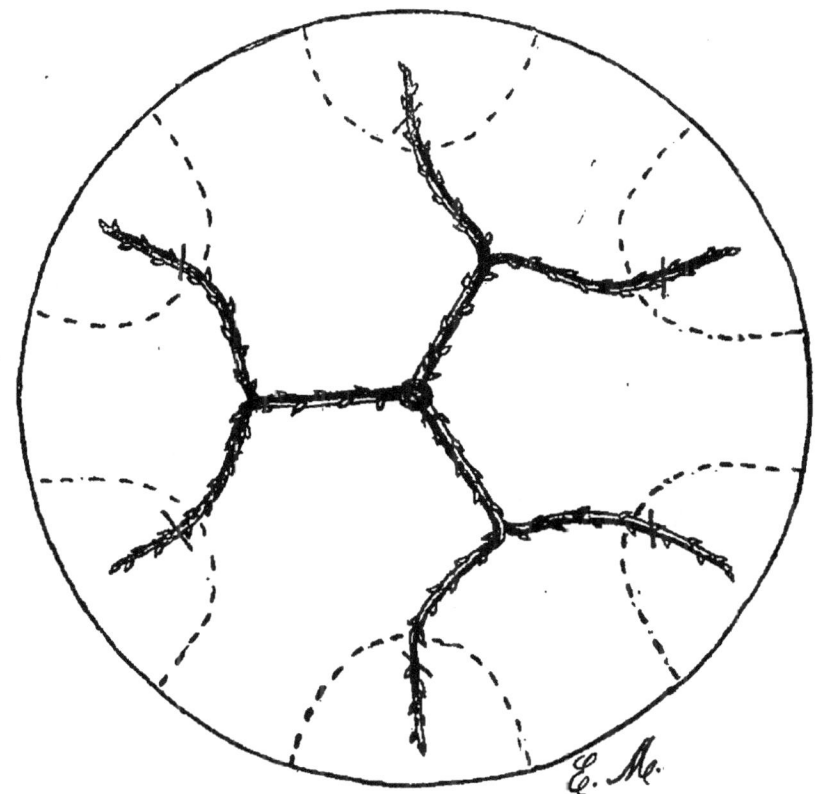

Fig. 178. — Plan montrant comment s'obtient le fond du vase à douze branches.

se trouve un œil à chaque coude, lequel, par suite de l'arcure, se développera et formera l'autre bras désiré (fig. 177). Par ce moyen le fond du vase sera constitué la même année.

Cette façon d'obtenir la première bifurcation est, à notre avis, en tous points préférable à la méthode qui consiste à tailler l'année suivante les quatre premiers rameaux sur deux yeux de côté, car il y a, de ce fait, une perte de temps considérable.

Les soins qui ont été décrits pour les onglets des autres formes sont applicables au vase; il n'y a donc pas lieu d'y revenir.

Quant aux vases à douze et à seize branches, leur seconde bifurcation est obtenue en taillant l'année suivante les six ou huit premiers rameaux sur chacun deux yeux de côté (fig. 178), dont les bourgeons sont plus tard traités et palissés comme ceux qui les ont précédés.

Au vase à dix branches, on donne les mêmes soins qu'à celui de huit; c'est-à-dire que les cinq bourgeons primitifs sont doublés par l'arcure la même année, si leur vigueur le permet.

Il nous est venu à la pensée d'appliquer une nouvelle forme au vase à six branches; la voici : nous avons d'abord palissé les trois bourgeons primordiaux, chacun sur une baguette dirigée entre deux lattes de la charpente. Lorsqu'ils ont atteint le cercle de la base, nous les avons relevés verticalement jusqu'à 10 centimètres plus haut. A ce point, ils ont été bifurqués par l'arcure sur un œil au coude, en les palissant sur un gabarit auparavant dessiné avec une baguette. Les trois bourgeons primitifs ont alors formé un triple U circulaire qui ne laisse pas d'être gracieux (fig. 175). Cette façon de procéder peut également s'appliquer aux vases de toutes dimensions.

La palmette Verrier double de plein air. — Cette forme est peu répandue, elle se compose d'une tige verticale qui supporte deux palmettes Verrier croisées perpendiculairement. Chacune de ces deux palmettes possède six, huit ou dix branches.

Il est nécessaire d'établir un treillage de la manière suivante : s'il s'agit, par exemple, d'une palmette de ce genre à quatre étages, on trace sur le sol deux lignes perpendiculaires (AB, fig. 179) croisées par leur milieu, auxquelles on donne 2^m,40 de longueur. Aux extrémités de ces lignes, sont scellés dans le sol, quatre montants en fer à T (C, D, E, F) dont la hauteur est de 3 mètres. Ces pieux sont reliés deux à deux par des fils de fer horizontaux tendus à 40 centimètres d'intervalle. Sur chacune des quatre ailes ainsi formées, on attache trois lattes verticales (G, H, I) espacées de 30 centimètres l'une de l'autre et du montant extérieur. Une forte latte (J) qui sert au palissage de la tige de l'arbre est également fixée au point de croisement des fils de fer.

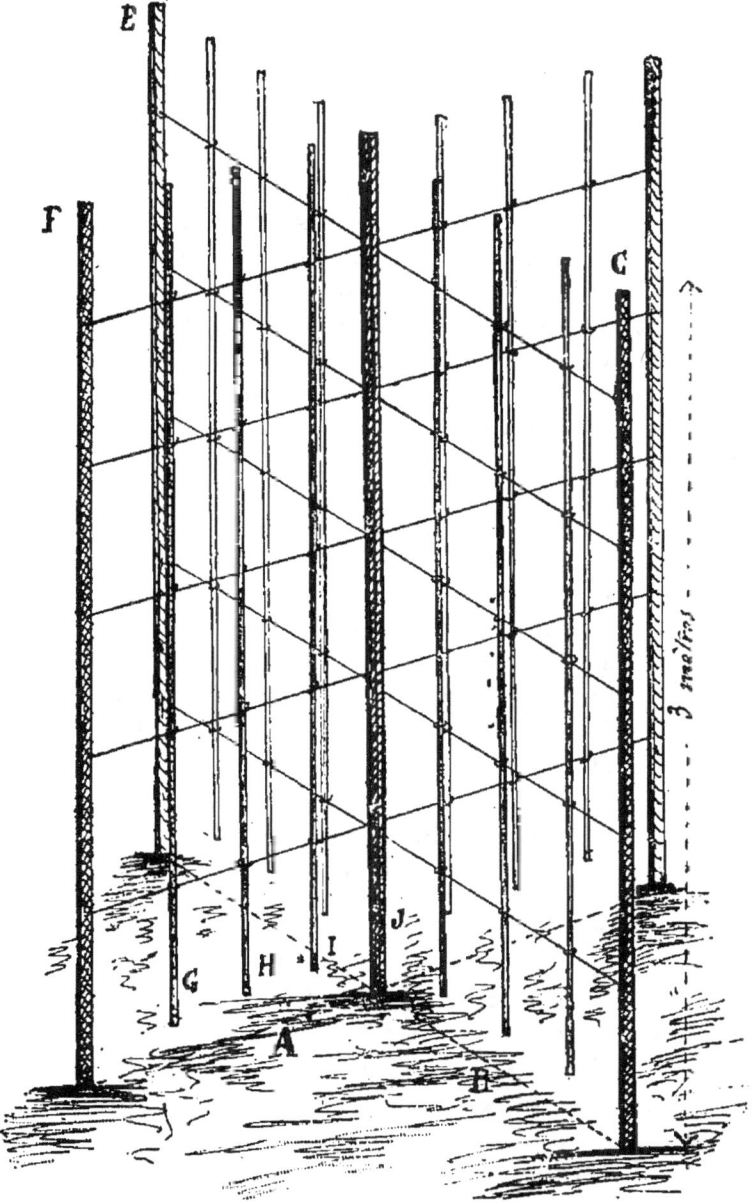

Fig. 179. — Armature pour la formation de la palmette Verrier double de plein air.

Les montants C, D, E, F (fig. 179) ont, de cette manière, le double emploi de supports de la forme et de tuteurs pour l'étage le plus extérieur.

Le treillage établi, on plante, le long de la latte du centre (J), un jeune scion que l'on taille l'année suivante à 45 centimètres du sol. Plus tard, on réserve, à 30 centimètres, cinq bourgeons dont quatre sont destinés à former le premier étage et le cinquième le prolongement. Les quatre premiers sont palissés horizontalement d'abord et relevés en demi-circonférence sur un gabarit préalablement préparé. Le bourgeon central est pincé à 40 ou 50 centimètres de hauteur, de façon que son développement soit modéré au profit de ceux de la base.

La seconde année de taille, si la série s'est bien développée, on choisit de nouveau cinq yeux sur le rameau flèche, afin d'obtenir un nouvel étage.

Ce n'est qu'à la troisième année que les branches de la base sont définitivement abaissées à la position horizontale et relevées verticalement sur les pieux extérieurs.

On continue ainsi la formation, en ayant soin de ne pas prendre une nouvelle série, tant que celles déjà établies ne sont pas suffisamment développées.

La forme étant entièrement achevée, on ne retranche chaque année que le quart des prolongements des branches charpentières, en taillant toujours plus court ceux du milieu et la flèche.

III. — La production et l'entretien des branches fruitières.

Au moment de la taille en sec, sur le parcours d'une branche charpentière, on rencontre des *branches fruitières simples* et des *branches fruitières ramifiées*. Parmi les premières nous remarquons :

1° Le *dard* (A, fig. 181 et 182), petit rameau de quelques centimètres de longueur. Il est lisse la première année et ridé circulairement les années suivantes, et est toujours surmonté d'un œil pointu. D'ordinaire on ne taille pas le dard ; cependant on le rabat sur ses premières rides lorsqu'il est trop âgé et menace de s'atrophier ou lorsqu'il s'est développé à bois pendant la végétation précédente. Dans ce dernier cas, il eût été préférable de le tailler sur rides en sève. De toute façon, après une semblable suppression, il naît toujours plusieurs autres dards autour de la coupe.

2° La *lambourde* (B, fig. 181 et 182) est un dard dont l'œil terminal est transformé en bouton à fruit. Dans cet état, l'œil pointu s'est sensiblement renflé; il est serré au collet et possède sous ses écailles les rudiments des fleurs. C'est donc sur la lambourde qu'est fondé l'espoir d'une récolte prochaine; elle est par conséquent laissée intacte.

3° La *bourse* (C, fig. 181 et 182) est une lambourde ayant fructifié; on la reconnaît à son renflement charnu sur lequel naissent d'autres productions susceptibles de se mettre en voie de fructification, l'année suivante. On prend soin de rogner son extrémité, qui se dessèche et sert de refuge aux insectes.

4° La *brindille* (fig. 181 et 182) est le développement grêle d'un œil ayant reçu un peu plus de sève que le dard. C'est la production la plus facile à faire fructifier; car souvent elle possède un bouton à fruit à son extrémité l'année même de son développement. Lorsqu'elle ne dépasse pas la longueur de 12 à 15 centimètres, elle n'est pas taillée (D); plus allongée, on lui fait subir l'arcure ou, préférablement, la taille sur deux ou trois yeux bien constitués (E, fig. 181).

5° Le *rameau ordinaire* (G, fig. 181 et 182) produit de l'évolution normale d'un œil; c'est avec lui que, par la taille, on forme la branche fruitière la mieux constituée et la plus durable en ce sens qu'elle possède un empâtement suffisamment large sur la tige, pour laisser libre accès à la sève, ce qui n'est pas toujours le cas pour les lambourdes et les dards. (Voir le paragr. III, « *De l'empâtement* », p. 269.)

Le *rameau* est appelé *bourgeon* pendant sa végétation, c'est-à-dire quand il a encore ses feuilles. C'est pendant cette période qu'on lui applique le pincement ayant pour but de faire naître des dards et même des lambourdes à sa partie inférieure la même année (F, fig. 181). Dans ce cas on taille directement sur le bouton à fruit. En toute autre circonstance, le rameau est taillé sur le troisième ou quatrième œil bien constitué (G, fig. 180 et 181).

6° Le *gourmand* est le produit d'un œil sur lequel la sève s'est portée en abondance. On le reconnaît à son empâtement énorme, aux faux rameaux qu'il a émis et aux yeux de la base qui sont annulés.

Le gourmand est funeste pour le Poirier, lorsqu'il s'en développe beaucoup sur un même arbre; il est parfois l'indice de tailles mal appliquées. Aussi doit-on le supprimer radicalement et, afin de reformer la coursonne,

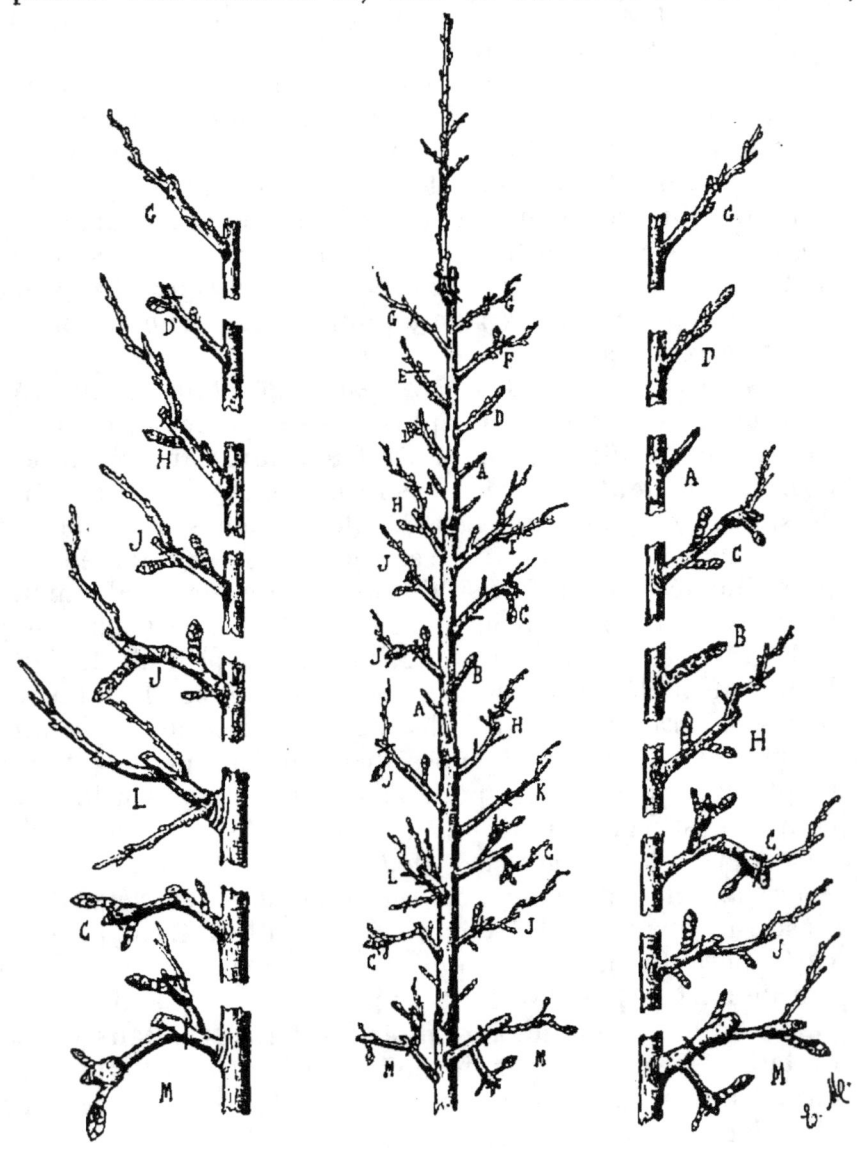

Fig. 180.   Fig. 181.   Fig. 182.
Aspect d'une branche charpentière de Poirier pendant la taille.

avoir recours aux yeux latents qui ne manquent pas de se développer sur son empâtement.

Telles sont les diverses branches fruitières simples que l'on rencontre sur la branche charpentière du Poirier.

Ce sont ordinairement celles qui prennent naissance sur les prolongements d'un ou deux ans au plus.

Les *branches fruitières ramifiées* sont, au contraire, celles qui, étant nées sur le bois d'un ou de deux ans, ont végété avec lui pendant plusieurs années et se sont ramifiées. Elles se présentent sous diverses formes ; ainsi nous remarquons :

1° Celles qui ont à leur base un, deux, trois ou quatre dards et un rameau à leur extrémité. Selon le nombre de dards, on taille ce rameau sur le premier, le deuxième ou le troisième œil, de façon que, la suppression faite, il reste sur la coursonne, trois ou quatre et même cinq organes (H, fig. 181 et 182). Lors de la taille, on doit toujours tenir compte que toute coursonne faible doit être taillée plus court qu'une autre plus vigoureuse.

2° Celles qui possèdent un ou deux dards à la base et deux ou trois rameaux à l'extrémité (J, fig. 180 à 182). Dans ce cas, on rabat la coursonne par une taille au-dessus du rameau le moins vigoureux ; c'est presque toujours le plus bas placé ou celui qui a la position la plus horizontale ; ce dernier est taillé, à son tour, au-dessus du deuxième ou du troisième œil.

3° Celles qui ont à leur base un ou plusieurs dards transformés en lambourdes à la suite de pincements bien pratiqués sur le rameau de l'extrémité. Le traitement à faire en pareil cas, est : une taille sur la lambourde la plus élevée (J), quand bien même il y en aurait trois : à ce sujet, nous ne sommes pas d'accord avec la généralité des auteurs recommandant de tailler au-dessus de la lambourde la plus rapprochée de la base. Nous estimons qu'il est toujours préférable de pratiquer l'éclaircie des fruits que de courir le risque de ne pas en avoir ; car, la seule lambourde conservée peut être rongée intérieurement par un charençon, sans que l'œil le plus exercé puisse s'en apercevoir ; ou bien, elle peut être annulée par les oiseaux, etc. Mais nous devons reconnaître, d'ailleurs, qu'en pratique, la taille sur la première lambourde n'est presque jamais opérée, même par ceux qui la recommandent. Il y a cependant une exception à notre manière d'agir, c'est dans le cas où l'arbre est trop chargé de boutons à fruits ; nous en supprimons alors un certain nombre, afin qu'il ne s'épuise pas par une floraison trop abondante.

4° Celles dont la base n'a donné naissance à aucune

production; seul un rameau se trouve à l'extrémité. On pratique alors une taille sur l'empâtement de ce rameau, afin de forcer la sortie des yeux latents de la base de la coursonne (K, fig. 181).

5° Celles dont tous les yeux ou dards se sont développés à bois et dont l'ensemble forme une tête de saule. En pareil cas, on rabat toute la coursonne, par une coupe en éventant, faite au-dessus du rameau le plus bas et le plus horizontal, lequel est taillé à trois ou quatre yeux (L, fig. 180 et 181).

6° Enfin celles d'un certain âge qui sont allongées et chargées de dards, de bourses et de lambourdes (M, fig. 181 et 182). Il est de première nécessité de les rapprocher graduellement, en pratiquant la taille sur les deux ou trois lambourdes les plus près de la branche charpentière.

IV. — L'ébourgeonnement.

L'ébourgeonnement est une opération pratiquée immédiatement après la taille, lorsque la végétation naissante a donné jour aux petits bourgeons.

Chaque année, on pratique l'ébourgeonnement sur les prolongements, afin d'obtenir des branches fruitières d'égale vigueur, espacées régulièrement à 12 ou 15 centimètres.

Prenons comme exemple le prolongement vertical d'une palmette (A, fig. 183) :

Nous remarquons que la sève s'est d'abord portée à l'extrémité et a fait développer les yeux les plus élevés, tandis que ceux de la base sont restés petits et ne grandiraient pas si l'on ne venait à leur aide. Pour cela, on ébourgeonne; c'est-à-dire, on enlève avec la pointe de la serpette les deux premiers bourgeons (*a*) qui avoisinent celui de prolongement; on a recours, pour les remplacer, aux yeux stipulaires, moins vigoureux, qui les accompagnent.

Les bourgeons (*b*) situés en arrière, entre le mur et le rameau, et ceux nés en avant sont également supprimés si toutefois ils ne servent pas à combler un vide.

Cette suppression produit aussitôt une déviation de la sève qui se porte vers les yeux de la base du prolongement et provoque leur développement en dards ou en brindilles.

L'évolution de ceux-ci est au besoin accentuée au moyen

des incisions que nous avons expliquées au chapitre XVII (paragr. IV, p. 261 et 262, fig. 102 et 103).

Plus tard on pratique un autre ébourgeonnement aux mêmes endroits que le premier, c'est-à-dire là où sont nés les bourgeons stipulaires deux par deux; étant donné que toute branche fruitière faible est plus facile à mettre à fruit, c'est le plus fort de ces bourgeons qui doit disparaître.

L'ébourgeonnement se pratique aussi sur les branches fruitières de manière à ne laisser sur chacune qu'un bourgeon ou deux comme *tire-sève*.

V. — Le pincement.

Pincer signifie supprimer une partie d'un bourgeon herbacé, sans employer d'instrument tranchant. C'est l'opération qui succède immédiatement à l'ébourgeonnement. Le *pincement* a pour but d'empêcher la sève de se dépenser inutilement, de la renvoyer vers les yeux et les dards que l'on désire mettre à fruit et de favoriser en même temps la fructification présente. Il ne faudrait pas croire cependant que pour obtenir ces résultats, il faille, sans méthode, pincer tous les bourgeons à la fois; cette opération serait certainement la plus mauvaise qu'un arbre puisse supporter. Aussi verrait-on bientôt la plupart des dards se développer en bourgeons. De plus, les feuilles et les bourgeons étant les organes respiratoires de l'arbre, les pincements simultanés lui sont absolument pernicieux par ce fait qu'il est subitement privé d'une partie de ses organes. Les pincements doivent donc être faits dans une certaine mesure, avec discernement, en tenant compte qu'ils peuvent être plus radicaux sur un arbre vigoureux, qui se met difficilement à fruit, que sur un arbre chétif.

Dans cet ordre d'idées et en observant qu'il faut agir en plusieurs fois, on commence le traitement sur les bourgeons les plus vigoureux, ceux par exemple avoisinant le prolongement, puis, plus tard, on le continue sur les bourgeons tire-sève situés aux extrémités des branches fruitières. De cette manière et au bout d'un certain temps, tous sont pincés, sauf le bourgeon de prolongement, et l'arbre n'en souffre pas.

Les bourgeons de Poirier, quels qu'ils soient, ont à leur base un groupe de feuilles dépourvues d'yeux à leur aisselle; *on ne compte pas ces feuilles en procédant au pincement*: de sorte que, lorsque celui-ci est effectué à une, deux, trois ou quatre feuilles, celles de la base ne sont pas comprises dans ce nombre. Ce fait n'existe pas dans le faux bourgeon dont toutes les feuilles sont munies d'un œil.

Ceci dit, nous allons examiner les différents bourgeons que l'on rencontre généralement sur l'arbre et en expliquer le pincement :

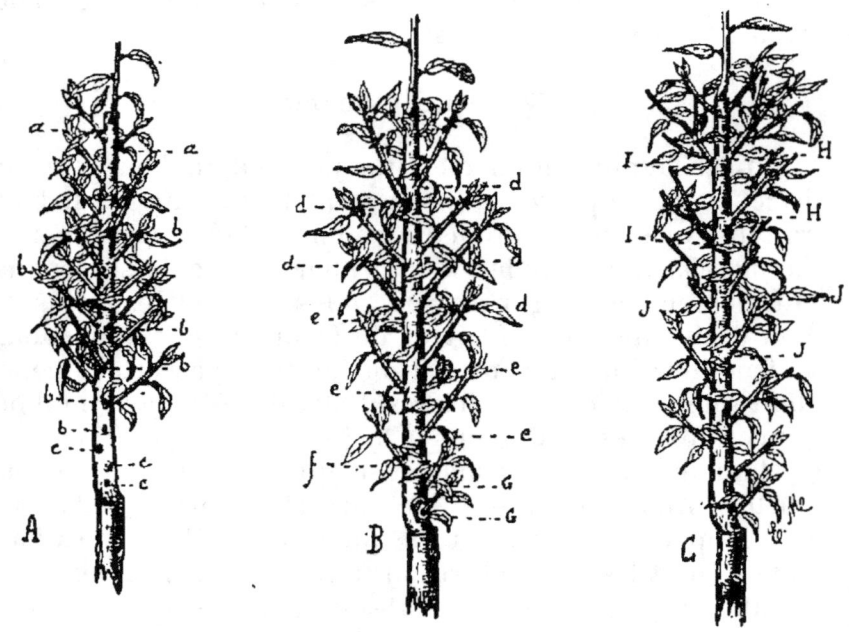

Fig. 183.   Fig. 184.   Fig. 185.
Prolongements de branches charpentières de Poirier à leur deuxième végétation. — A, ébourgeonnement; B, premier pincement; C, deuxième pincement.

Voici d'abord, comme exemple, un rameau de prolongement de l'année précédente, étant par conséquent à sa seconde végétation (B, fig. 184). A l'extrémité de ce prolongement nous trouvons des *bourgeons ordinaires*; vers le milieu, ce sont des *brindilles* et à la base des *dards*. Après avoir pratiqué l'ébourgeonnement décrit plus haut, nous devons pincer successivement les bourgeons ordinaires (*d*) : au-dessus de la troisième feuille, ceux qui ont une vigueur normale; et au-dessus de la quatrième, ceux qui sont très vigoureux.

Les brindilles naissent vers le milieu du prolongement, on les reconnaît à leur pousse grêle et courte. Au lieu d'attendre la taille suivante, on peut dès ce moment les arquer; c'est du temps de gagné, par ce fait que, dès cette année, elles pourront donner naissance à des boutons qui fructifieront à la végétation suivante. Ce qui est préférable et que nous recommandons surtout est le pincement à deux ou trois feuilles (e); cette opération a pour effet de faire transformer, en bouton à fruit, l'œil avoisinant le pincement. Si la brindille ne dépasse pas 12 centimètres, on la laisse intacte (f).

Les dards (G) sont en voie de fructification, il n'y a pas lieu d'y toucher.

Les faux bourgeons développés à la suite du premier pincement sont repincés autant de fois qu'il est nécessaire (C, fig. 185).

Ainsi, sur les bourgeons vigoureux, quand il naît deux ou trois faux bourgeons, on taille les plus bas sur les feuilles stipulaires (H) et on pince le plus élevé à une ou deux feuilles au-dessus du premier pincement. On peut également, comme en I, pratiquer une taille en vert sur le faux bourgeon le plus horizontal et pincer celui-ci à une ou deux feuilles. D'autre part, sur les bourgeons (J) qui n'ont donné naissance qu'à un seul faux bourgeon, on opère sur celui-ci un pincement à une feuille.

Sur le prolongement de deux ans d'une branche de charpente, nous retrouvons les mêmes branches fruitières simples que nous avons traitées à la taille; aujourd'hui elles sont composées parce qu'elles se sont ramifiées; c'est-à-dire, qu'elles ont développé d'autres productions qui, selon leur nombre et leur état, obligent à les traiter de différentes façons :

Les unes ont développé deux petits dards à leur base et un bourgeon à leur extrémité (A, fig. 186 et 187); on pince celui-ci à deux feuilles. La sève passe, de ce fait, au profit des deux dards.

D'autres ont donné naissance à un seul dard à la base et à deux bourgeons à l'extrémité (B, fig. 186 et 187). Comme il ne doit jamais exister deux bourgeons tire-sève, il y a lieu, dans ce cas, d'en supprimer un, en faisant une taille en vert immédiatement au-dessus de l'inférieur, si, toutefois, celui-ci est dans une position horizontale; si, au contraire, le bourgeon supérieur a lui-même cette position, on taille l'inférieur sur ses yeux stipulaires.

Dans l'un et l'autre cas, le bourgeon conservé est pincé, quelques jours plus tard, à deux ou trois feuilles.

D'autres, enfin, très vigoureuses, développent parfois trois bourgeons. Le cas échéant, on supprime une partie de la

Fig. 186. Fig. 187. Fig. 188.
Aspect d'une branche charpentière de Poirier pendant la végétation et les opérations du pincement.

coursonne, par une taille au-dessus de l'inférieur, lequel est pincé aussitôt à trois feuilles (C, fig. 187 et 188).

Quelques brindilles ont donné naissance à une autre brindille à leur extrémité (D, fig. 186 et 187). Afin que la coursonne ne s'allonge ainsi indéfiniment, la nouvelle brindille est pincée sur la rosette de feuilles dépourvue d'yeux, ce qui oblige ceux de la base de la première à se développer et à se mettre à fruit plus rapidement. Sur la plupart des autres brindilles, l'œil terminal ou l'œil de taille se met à fruit; ce sont les meilleures productions.

Parmi les dards de deux ans, quelques-uns sont très grossis et prennent une rosette de six à huit feuilles, ce sont des lambourdes pour l'année suivante (E). Les dards plus vigoureux qui se sont développés en bourgeons sont traités de l'une ou l'autre manière suivante :

Le dard développé à bois est considéré comme un bourgeon ordinaire ayant pris naissance directement sur la branche charpentière, et est par conséquent pincé à trois ou quatre feuilles (F, fig. 186 et 187). Ou bien, ce qui est préférable, il est taillé sur sa rosette, autrement dit sur les rides (G, fig. 187 et 188). Cette coupe provoque la sortie de plusieurs autres dards qui forment une couronne autour du point de section.

Sur les bourses portant les jeunes fruits, il naît quelquefois un bourgeon, même deux pour certaines variétés ; on pince un de ces deux bourgeons à une ou deux feuilles et on supprime totalement l'autre (H, fig. 187 et 188).

Dans les parties plus âgées de l'arbre, les branches fruitières se présentent à peu près sous le même aspect que celles que nous avons décrites ; c'est-à-dire qu'elles ont un ou plusieurs dards et un ou plusieurs bourgeons tire-sève. En règle générale, on ne doit conserver, sur toute coursonne, qu'un seul tire-sève, lequel est pincé suivant le nombre de dards qui se trouvent au-dessous de lui, exemples : à une feuille ou sur la rosette quand le nombre de dards dépasse trois ; à deux feuilles quand il y a deux ou trois dards, etc. Il n'est pas interdit de faire exception à cette règle ; car, à telle branche fruitière vigoureuse, il est quelquefois nécessaire de conserver deux bourgeons tire-sève ; ou à telle autre vigoureuse également possédant un seul gros dard à la base et un seul bourgeon à l'extrémité, il est utile de ne pas pincer celui-ci sous peine de faire développer le dard.

Les différentes productions à l'état herbacé que nous venons d'examiner sont à peu près toutes celles que nous offre le Poirier. Il existe cependant d'autres bourgeons ou brindilles que nous ne devons pas oublier ; ce sont ceux qui se développent parfois à la base d'une coursonne très âgée. En vue du remplacement de cette dernière, ces bourgeons sont conservés et pincés à trois feuilles, tout en laissant subsister, jusque après la récolte, les anciennes ramifications qui seront enlevées à la taille suivante.

VI. — Le cassement.

Le cassement n'est autre qu'un pincement tardif fait sur les bourgeons déjà ligneux, on l'applique donc dans les mêmes conditions.

Quelques arboriculteurs recommandent le cassement partiel; nous estimons, pour notre part, que l'utilité de ce traitement est si minime, si peu effective, qu'elle n'arrive pas à compenser la mauvaise impression produite par ces bourgeons flétris, noircis et pendants autour des arbres.

VII. — L'éclaircie des fruits et leur mise en sacs.

Nous avons l'habitude, au lieu de pratiquer la *castration des fleurs*, de faire un peu plus tard l'éclaircie des fruits.

L'amateur comme le spéculateur aiment que les fruits soient beaux; pour arriver à ce résultat, il importe de ne laisser fructifier qu'une coursonne sur deux, même sur trois, et de ne lui faire porter qu'un fruit ou deux au plus. En opérant ainsi, on ne demande à l'arbre que la somme d'efforts qu'il est capable de donner pour produire des fruits extra.

Voici comment nous procédons : Quelques jours après la chute des pétales, nous faisons une première suppression des fruits qui nous paraissent les plus petits; par exemple : sur un bouquet de cinq ou six poires nous en coupons trois en laissant une partie du pédicelle. Peu importe que ces trois poires soient celles du centre ou du tour, pourvu qu'elles soient les plus mal conformées. Nous ne croyons pas inutile de dire ici qu'à ce moment un insecte fait ses ravages dans ces jeunes fruits. Cet insecte est la *Cecidomye noire* (voir p. 16), dont les larves se trouvent au nombre de quinze à vingt dans l'intérieur d'un même fruit. Celui-ci est facilement reconnaissable par sa grosseur et sa forme arrondie. Il est inutile de dire que ce sont ces poires attaquées que l'on supprime en premier lieu.

Un peu plus tard, lorsque les fruits sont gros comme un dé à coudre, on supprime encore les plus petits, mal formés, en un mot ceux qui paraissent de mauvaise venue. A ce moment, on ne laisse que la quantité nécessaire, c'est-à-dire un ou deux fruits par bourse, en tenant compte que la moitié des bourses ont été débarrassées complètement.

Depuis quelques années certaines variétés d'hiver : *Doyenné d'hiver*, *Passe-Crassane*, etc., sont mises en sacs lorsque les poires ont atteint la grosseur d'un dé à coudre. L'épiderme est ainsi plus frais et l'on évite la tavelure. L'application et les avantages sont les mêmes que la mise des pommes en sacs. (Voir le parag. IV, chap. XXIV.)

VIII. — L'effeuillage.

L'effeuillage a pour but d'exposer progressivement les fruits en pleine lumière et, par ce fait, de leur faire acquérir un beau coloris et plus de saveur.

On commence l'opération un mois environ avant la maturité, en enlevant quelques feuilles formant rideau trop compact devant le fruit tout en conservant leur pétiole. Quelques jours plus tard on supprime une autre partie de ces feuilles. Enfin on découvre totalement le fruit lorsqu'il a atteint sa grosseur et qu'il est habitué à la lumière. Il ne faut jamais procéder trop brusquement, et surtout par un temps très chaud, de crainte que les fruits soient brûlés par un coup de soleil.

IX. — Les bassinages et le grossissement des fruits.

Le Poirier souffre parfois des grandes chaleurs et le feuillage fane durant les heures les plus chaudes de la journée. Aussi il est bon de bassiner le feuillage matin et soir, à l'eau ordinaire, pendant les mois de juin à août, sauf par les temps pluvieux. Ces bassinages modèrent les effets de la chaleur et ont aussi pour avantages d'aider au grossissement et à la coloration des poires. Pour ce dernier motif on les rend encore plus efficaces en adjoignant une poignée de sel gris par arrosoir d'eau.

L'accroissement du volume des poires est aussi favorisé en les bassinant avec une dissolution de sulfate de fer à raison de 1 à 2 grammes par litre d'eau. Ce bassinage est fait le soir: on le répète trois à cinq fois à partir du moment où la dernière éclaircie est opérée.

Jardinage.

X. — Tableau des meilleures variétés de Poires.

Variétés.	Dates de maturité.	Volume.	Qualité.	Degré de fertilité.	Exposition.	Formes à donner aux arbres.		
Doyenné de juillet.......	Juillet.	Petit.	Bon.	Très fertile.	Toutes.	Plein vent.		
Epargne................	Juillet-août.	Moyen.	»	»	»	Fus., pyram.,contre-esp.		
Beurré Giffard.........	»	Gros.	Très bon.	Fertile.	»	»	»	»
Doyenné Boussock.......	Août.	Très gros.	»	Très fertile.	»	»	»	»
Clapp's favorite [1]......	»	»	Extra.	»	Est.	»	»	espalier.
William...............	Août-sept.	»	»	»	Toutes.	»	»	»
Beurré d'Amanlis.......	»	»	Bon.	»	»	»	»	plein vent.
Beurré Hardy..	Septembre.	»	Extra.	Fertile.	»	»	»	contre-esp.
Fondante des bois.......	Sept.-oct.	»	Bon.	»	»	»	»	»
Louise bonne d'Avranches.	»	Gros.	Extra supér.	Très fertile.	»	»	»	plein vent.
Doyenné du Comice [2]....	Oct.-nov.	Très gros.	»	Assez fertile.	Est.	»	»	espalier.
Duchesse d'Angoulême...	Novembre.	»	Bon.	Très fertile.	Toutes.	»	»	contre-esp.
Beurré Diel............	Nov.-déc.	»	Très bon.	»	»	»	»	»
» d'Hardempont ...	Déc.-janvier.	»	»	Assez fertile.	Sud. Est.	Espalier.		
Doyenné d'Alençon	Janvier.	»	»	Très fertile.	Toutes.	Fus., pyram.,contre-esp.		
Joséphine de Malines....	»	Moyen.	»	»	»	»	»	»
Passe Colmar...........	»	Petit.	»	»	»	»	»	»
Passe-Crassane [3].........	Janv.-mars.	Très gros.	»	Très fertile.	»	»	»	»
Doyenné d'hiver [4].......	»	»	»	Fertile.	Sud.	Espalier.		
Bergamote Esperen......	Janv.-avril.	Moyen.	»	»	Toutes.	Fus., pyram.,contre-esp.		

1. Cette variété primera bientôt la variété William, son fruit étant d'une beauté remarquable et n'ayant pas ce goût musqué désagréable à certaines personnes.
2. C'est la reine des poires autant par son goût exquis que par sa forme et sa grosseur.
3. Cette variété est la meilleure des poires d'hiver; ce qui justifie amplement la préférence marquée que lui donnent les marchands des Halles.
4. Le surgreffage sur un intermédiaire, la poire de Curé, par exemple, est nécessaire.

CHAPITRE XXIV.

LE POMMIER, LE COGNASSIER ET LE NÉFLIER

I. Multiplication. — II. Les formes appliquées au Pommier. — III. La taille, l'ébourgeonnement, le pincement, etc. — IV. La mise des pommes en sacs. — V. Les pommes armoriées. — VI. Choix des meilleures variétés de pommes. — VII. Le Cognassier et le Néflier.

I. — Multiplication.

Le Pommier se propage par la greffe en écusson ou en fente, ou par le semis, dans le but d'obtenir de nouvelles variétés; ce dernier mode est du ressort du pépiniériste et du pomologue; nous ne nous occuperons que de la multiplication par la greffe.

On emploie, pour le greffage, trois sujets différents, qui sont : le *Pommier franc*, le *P. doucin* et le *P. paradis*. Le premier de ces sauvageons est multiplié lui-même par le semis, c'est sur lui que l'on greffe pour obtenir les arbres à haute tige.

Le *P. doucin*, un peu moins vigoureux, est pris comme sujet pour les arbres d'un développement moyen : *palmettes, vases, fuseaux*, etc.

Le *P. paradis* est le sujet le moins vigoureux; on le destine aux Pommiers de petites dimensions : *petits gobelets, cordons simples*, etc. Par son intermédiaire, il est obtenu, dès la troisième année de plantation, des fruits d'une remarquable grosseur; mais il vit moins longtemps que les deux précédents.

Le **P. paradis** et le **P. doucin** se multiplient tous deux par la bouture, ou préférablement par la marcotte en cépée (voir chap. VIII, p. 94).

II. — Les formes appliquées au Pommier.

Les formes, sauf peut-être le fuseau, la colonne et la pyramide, les genres d'installation que nous avons décrits au chapitre XXIII « *Le Poirier* » sont applicables à la culture du Pommier; nous n'y reviendrons donc pas. Voici d'autre part quelques explications sur les formes qui sont plus spéciales à celui-ci.

Ces formes sont : les *cordons horizontaux unilatéraux*, les *cordons horizontaux bilatéraux*, les *palmettes à branches croisées* ou *haies fruitières*.

Le cordon horizontal unilatéral. — Cette forme nécessite un soutien qui consiste en fils de fer tendus à 40 centimètres du sol, sur des pieux en fer munis de contreforts.

Suivant la qualité du terrain, on plante les arbres de cinq à huit mètres de distance. Nous avons vu des cordons ayant

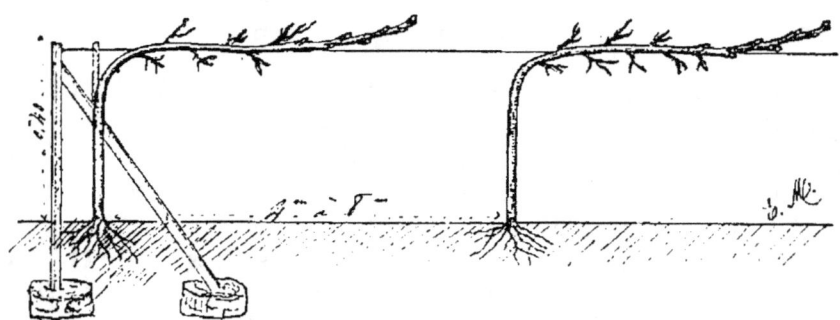

Fig. 189. — Formation du cordon horizontal unilatéral.

dix mètres de développement dans une terre ordinaire; la plantation à trois mètres est donc mauvaise dans la plupart des cas.

A l'*automne de la 1re année* de plantation, on incline les scions sur le fil de fer en leur faisant décrire un coude régulier sans être trop prononcé (fig. 189). Nous insistons sur l'époque à laquelle cette opération doit être exécutée, car, à l'automne, la sève circulant encore, le bois n'a pas acquis toute sa rigidité et il est, pour ce motif, moins exposé à être brisé.

L'arbre n'est ordinairement taillé que par exception : c'est lorsque son prolongement s'est allongé d'une façon démesurée ; mais en d'autres cas il est toujours préférable de ne pas tailler ce prolongement. Sur ce point les praticiens sont en désaccord, car quelques-uns recommandent au contraire de tailler, tous les ans, les prolongements des cordons de Pommiers. Il est cependant facile de se convaincre de l'efficacité du premier traitement, en inspectant attentivement deux arbres cultivés suivant les deux méthodes : l'arbre non taillé n'est pas dégarni, comme on pourrait le croire, parce qu'on a eu soin de pratiquer, chaque année, un ébourgeonnement sévère des gourmands ayant tendance à partir sur le dessus ; les branches fruitières sont formées de dards, de lambourdes ou de brindilles faibles, ce qui est d'une importance capitale au point de vue de la fertilité.

Le cordon taillé est garni aussi ; mais par des gourmands ou tout au moins par des branches fruitières très vigoureuses, qu'il est presque impossible de mettre en voie de fructification. Des rognages continuels qui doivent être opérés sur ces ramifications sont les causes fréquentes de chancres et maladies de toutes sortes, etc.

La première méthode est donc préférable

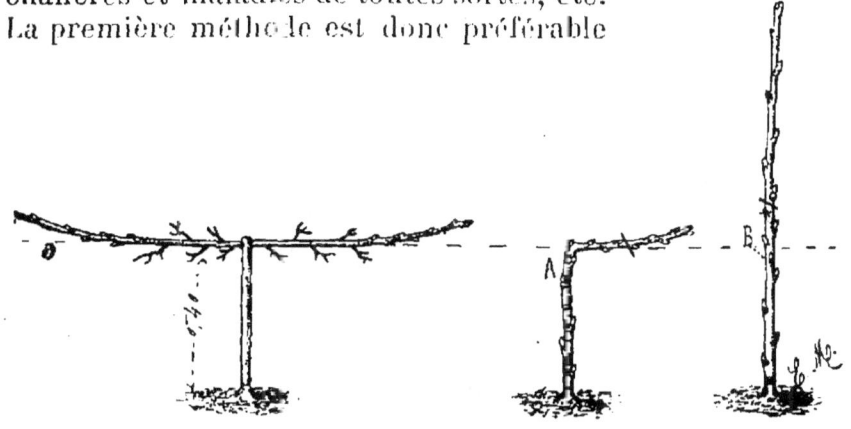

Fig. 190.   Fig. 191.   Fig. 192.
Formation du cordon bilatéral; cordon formé. — A, mode de formation par l'arcure ; B, mode de formation par la taille.

et nous n'hésitons pas à dire qu'il convient de ne jamais tailler les prolongements des cordons horizontaux.

Le cordon bilatéral diffère du précédent en ce sens qu'il est divisé en forme de **T** à hauteur du fil de fer (fig. 190). La bifurcation s'obtient par l'arcure du scion sur un œil au coude (A, fig. 191); ou bien par la taille sur deux yeux de côté (B, fig. 192) Par l'un ou l'autre de ces deux moyens, il est nécessaire de maintenir l'équilibre entre les deux bras et de relever les extrémités comme pour tout cordon horizontal, afin que la sève ne transforme pas en gourmands les bourgeons nés près du pied.

Les *cordons superposés* tels qu'on les a établis jusqu'à présent constituent une installation des plus médiocres. Ils se nuisent eux-mêmes, surtout si le même pied fournit deux ou trois cordons. Les bras inférieurs, ne recevant pas

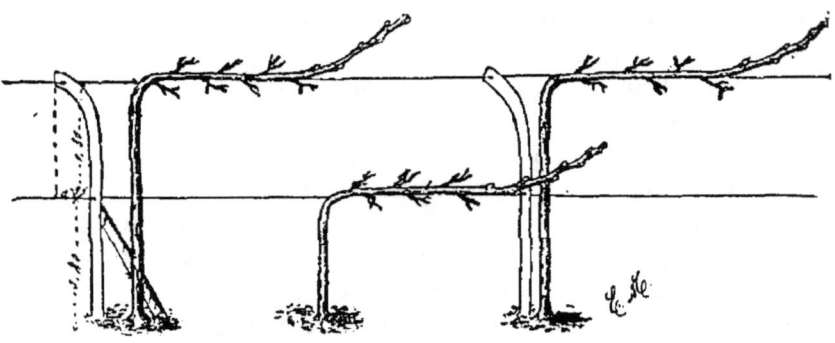

Fig. 193. — Cordons superposés formés et portés par une charpente spéciale qui les dispose de manière que le cordon supérieur se trouve être à 20 centimètres en arrière de l'axe.

la même somme de lumière et de chaleur, restent presque toujours improductifs. C'est pour obvier à cet inconvénient que nous conseillons d'établir la charpente du treillage de façon qu'à 30 centimètres plus haut le deuxième cordon se trouve placé à 20 centimètres en retrait sur l'axe du premier (fig. 193).

Les scions sont plantés d'autant plus rapprochés que le nombre de cordons augmente. *Chacun d'eux ne forme qu'un seul cordon*, de sorte qu'ils sont alternés régulièrement et fournissent la même longueur de branche.

La **palmette à branches croisées ou haie fruitière**, aujourd'hui très commune, peut être obtenue avec des arbres plantés à 60 centimètres ou à 1^m,20 d'intervalle, selon que l'on veut donner, à chacun, deux ou quatre cordons.

Le treillage est formé de fils de fer horizontaux tendus sur des pieux et de lattes attachées obliquement et **croisées avec 30 centimètres d'écartement.**

Lorsque les sujets sont plantés à 60 centimètres, on les taille (A, fig. 194) et on les traite, pour la formation, comme

Fig. 194. — Formation de la haie fruitière à deux cordons par arbre.

des U simples, avec cette différence que les bourgeons sont dirigés en forme de V (B, fig. 194). Quant à la haie dont les

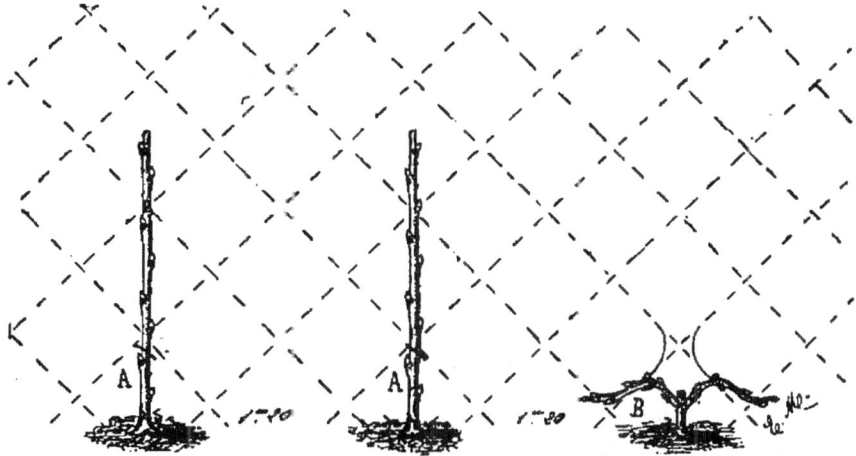

Fig. 195. — Formation de la haie fruitière à quatre cordons par arbre.

sujets sont plantés à 1^m,20, le traitement pour chaque arbre est le même que la formation de l'U double en lui donnant toutefois une direction oblique (B, fig. 195).

III. — La taille, l'ébourgeonnement, le pincement, etc.

Tout ce que nous avons dit quant à l'obtention et l'entretien des branches fruitières du Poirier et les soins divers à donner peut s'appliquer au Pommier; nous renvoyons donc aux démonstrations du chapitre XXIII (paragr. III à IX, p. 338 à 349, fig. 180 à 188).

IV. — La mise des pommes en sacs.

Depuis quelques années on emploie un moyen fort simple et fort ingénieux pour favoriser la belle coloration des pommes; il consiste à envelopper chacune d'elles dans un sac en papier. Le résultat obtenu est vraiment merveilleux; les fruits traités ressemblent à des pommes en sucre que l'on aurait teinté de carmin à plaisir. Le *Calville blanc* et la *Reinette blanche du Canada*, les deux fruits de commerce par excellence, deviennent ainsi d'une finesse de peau incomparable.

On se procure, chez un marchand de vieux papiers, au prix minime de 40 centimes le kilo, des sacs tout préparés et de toutes dimensions. Lorsque chaque pomme a la grosseur d'une noix, on l'enveloppe du sac, lequel a été ouvert d'un côté, en rapprochant les bords du papier et en les nouant, sans les serrer, sur le pédoncule ou l'extrémité de la branche fruitière. Prendre soin de n'enfermer aucune feuille.

La pomme est ainsi abritée contre les intempéries et les insectes. Ce n'est que vers le mois de septembre qu'il faut songer à lui faire voir le jour, et cela progressivement, en déchirant d'abord le fond du sac. Plus tard, on profite d'un temps couvert ou pluvieux pour l'enlever complètement. C'est alors que le soleil teinte de carmin l'épiderme délicat du fruit, coloris qui serait beaucoup moins prononcé si la pomme n'avait été mise primitivement en sac et à l'abri de la lumière.

V. — Les pommes armoriées.

En 1896, M. Marinier fit renouveler par MM. Ledoux et Moreau, arboriculteurs à Fontenay-sous-Bois, l'application qu'il avait faite pour l'exposition fruitière de Saint-Pétersbourg en 1894, de figurer les aigles impériales russes sur les pommes et les pêches qui furent servies sur la table de l'Élysée. Cette idée de reproduire sur les pommes des armes, drapeaux, figurines diverses, initiales, millésimes, fut très goûtée et développée depuis et l'on en voit maintenant des quantités à la vitrine des grands marchands de comestibles et aux expositions d'horticulture. Ce résultat, qui au premier chef paraît difficultueux, est cependant obtenu de la façon la plus simple. Il suffit de dessiner et de découper soigneusement un gabarit représentant la figure à reproduire, avec des ciseaux ou avec un emporte-pièces dans du papier fin et de le coller sur la pomme avant sa sortie du sac (dans la 1re quinzaine de sept.) en le déchirant à cet effet. Le soleil la colore autour du papier, sous lequel le fruit reste clair. Lorsqu'à la cueillette on décolle le papier, le dessin se trouve imprimé naturellement. Les variétés *Grand Alexandre*, *Calville blanc*, *Api*, *Reinette blanche de Canada* sont celles qui conviennent le mieux pour cela.

VI. — Choix des meilleures variétés de Pommes.

Pommes d'été. — *Borowitsky*; *Grand Alexandre*; *Rambour d'été*.

Pommes d'automne. — *Belle Dubois*; *de Contorbéry*; *Reine des reinettes*.

Pommes d'hiver. — *Calville blanc*; *Reinette blanche du Canada*; *Calville Saint-Sauveur*, *Calville madame Lessans*; *Reinette de Caux*; *Reinette de Versailles*; *Reinette grise du Canada*; *Reinette de Granville*; *Teint frais*; *Api rose*.

VII. — Le Cognassier et le Néflier.

C'est à dessein que nous ne consacrons pas un chapitre spécial à ces arbres cultivés à demi-tige, dont la place est au verger.

Le *Cognassier* est multiplié par semis, marcottes, greffes et boutures. On le traite comme le Poirier à haute tige, mais en ne lui appliquant comme taille que l'enlèvement des branches en trop et du bois mort. On cueille les coings à parfaite maturité lorsque le duvet qui les revêt se détache.

Les variétés à cultiver sont les : *C. commun* et le *C. du Portugal*.

Le *Néflier* est greffé sur Aubépine et sur Poirier; on le traite comme le Cognassier. Les nèfles sont consommées à l'état blet; dès la maturité on les étend sur de la paille au grenier.

Les variétés à cultiver sont les : *N. commun* et *N. à gros fruits*.

CHAPITRE XXV

LE FRAMBOISIER

I. Multiplication. — II. Culture et palissage. — III. Taille, pincement et drageonnement. — IV. Choix des meilleures variétés de framboises. La prétendue fraise-framboise.

I. — Multiplication.

Le Framboisier est multiplié par les drageons qui se développent en grand nombre sur les souches. Ces drageons sont détachés, en leur conservant quelques racines, et repiqués en pépinière à 30 centimètres les uns des autres. Après un an de végétation, le plant a formé touffe et est bon à mettre en place.

II. — Culture et palissage.

On cultive le Framboisier en touffe ou préférablement palissé. Il demande une place ensoleillée, bien aérée; dans ces conditions les fruits sont plus sucrés et plus savoureux. A défaut d'un endroit ensoleillé, on peut cependant lui affecter un carré mi-ombragé. On les plante aussi le long des murs au nord.

Pour la culture en touffes, on plante les jeunes pieds en lignes espacées de 1m,50 en les distançant de 1m,20 sur la ligne. Ce mode de culture nécessite pour chaque touffe une charpente composée de piquets en bois ou en fer, enfoncés dans le sol et maintenus en rond par deux cercles en bois.

Quant aux sujets devant être palissés, on les plante à 60 centimètres sur les lignes espacées entre elles de 2 mètres. La charpente est composée, pour chaque ligne, de deux rangées de pieux, en bois ou en fer à **T**, distants de

3 mètres les uns des autres, de deux fils de fer horizontaux tendus sur ces pieux dont ceux des extrémités sont munis de contreforts (fig. 196). Le premier fil de fer se trouve à 60 centimètres du sol et le second à 40 centimètres plus haut et à l'extrémité des pieux. Les deux contre-espaliers, ainsi formés, sont établis à 60 centimètres de chaque côté de la ligne de Framboisiers; ils servent au palissage des rameaux fructifères (fig. 196).

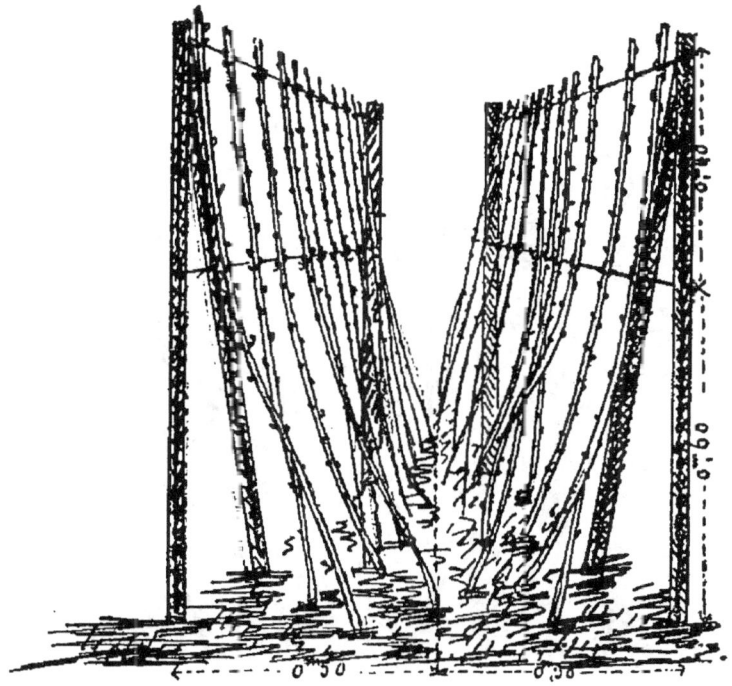

Fig. 196. — Contre-espalier double soutenant des Framboisiers plantés en ligne continue.

Avant de procéder à la plantation, on pratique, au milieu des contre-espaliers, une tranchée large de 30 centimètres et profonde de 20 centimètres, dont la terre est mise en ados de chaque côté. La plantation est effectuée dans le fond et la tranchée est recomblée graduellement dans le courant de la végétation suivante. Chaque année on ouvre de nouveau cette tranchée pour procéder à la taille et à l'enlèvement des drageons trop nombreux et on la recomble après y avoir introduit une couche de fumier décomposé.

Si on ne veut pas soumettre le Framboisier au palissage,

il est bon de tuteurer ses rameaux, ce qui les empêche de se coucher.

III. — Taille, pincement et drageonnement.

On divise les Framboisiers en deux groupes, qui sont :

1º Les *F. remontants*, qui donnent deux fructifications passablement abondantes, l'une au printemps, l'autre à l'automne.

2º Les *F. non remontants*, qui ne fructifient qu'au printemps, mais très abondamment.

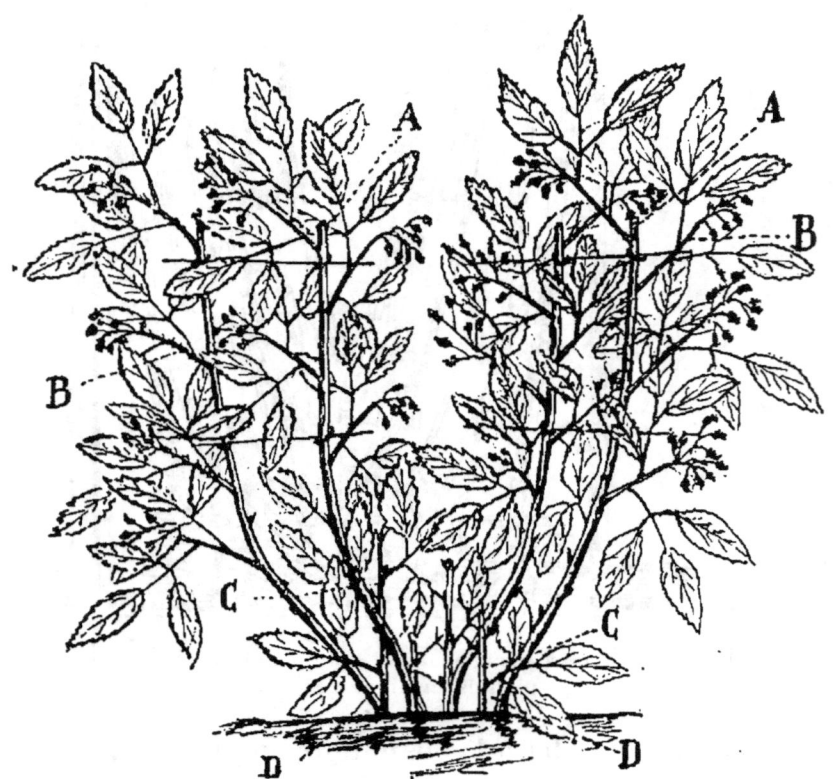

Fig. 197. — Framboisier pendant la fructification du printemps.

La première année de plantation, on taille les drageons à trois ou quatre yeux hors de terre. L'année suivante, les rameaux (A, fig. 197) qui se seront développés devront être fixés par deux ligatures sur les fils de fer du treillage en les distançant régulièrement. On taille ces rameaux à quelques centimètres au-dessus du fil de fer supérieur. Au départ de la végétation, ils donneront naissance sur les deux tiers supérieurs à un certain nombre de petits bourgeons (B, fig. 197) qui porteront les fruits.

Pendant ce temps de nouveaux drageons vigoureux (C) partiront de la base; on les laissera se développer en liberté au milieu des contre-espaliers. Ce sont ces drageons qui, dans les variétés remontantes, donnent la seconde récolte.

Voici alors comment on procède : Vers le mois d'août, on supprime, rez de terre (D, fig. 197), les rameaux qui ont fructifié et on palisse à leur place les nouveaux drageons, en les laissant, cette fois, de toute leur longueur; car, c'est à l'extrémité qu'apparaîtront les fruits.

Au printemps suivant ces mêmes rameaux qui viennent de donner une récolte sont taillés au-dessus du fil de fer supérieur sans être dépalissés; ils fructifient une seconde fois et sont à leur tour remplacés à l'automne par les drageons qui repartent de nouveau du pied. Ainsi de même chaque année.

Pour les variétés non remontantes, ce n'est qu'en hiver que l'on supprime les rameaux ayant fructifié en attachant à leur place sur le treillage, les drageons (D, fig. 197) qui se sont lignifiés et sont alors des rameaux, et en les rabattant comme il est dit plus haut.

S'il se développe une plus grande quantité de drageons qu'il n'est nécessaire, les plus vigoureux sont conservés et palissés à distance régulière et les autres sont évincés.

Toute plantation de Framboisiers demande à être remplacée tous les dix ans environ.

IV. — Choix des meilleures variétés de Framboises.

Remontants. —	*Perpétuelle de Billard*.......	rouge
«	*Merveille des quatre saisons*..	—
«	— — — ...	jaune
«	*Surpasse Falstaff*............	rouge
«	*Surprise d'automne*..........	jaune
«	*Améliorée Congy*............	rouge
Non-remontants. —	*Hornet*................	rouge
«	*Pilate*	—

La prétendue **Fraise Framboise**, dont il a été fortement question dernièrement dans les journaux quotidiens, n'est autre qu'une Ronce originaire du Japon (*Rubus rosæfolium*), dont les fruits sont assez bons.

CHAPITRE XXVI

LE FIGUIER

I. Multiplication. — II. Mode de fructification. — III. Culture, abri, éborgnage, taille, préparation des figues. — IV. Variétés de figues.

I. — Multiplication.

Le Figuier aime surtout un terrain sablonneux, chaud et fertile.

Sa multiplication s'opère par marcottes, ou, plus souvent, par boutures que l'on plante directement en place.

II. — Mode de fructification.

On remarque, vers l'extrémité des rameaux du Figuier, de gros boutons écailleux ; ce sont les figues à l'état latent. Au-dessus de chacun de ces boutons il s'en trouve un autre moins volumineux ; c'est le rudiment d'un bourgeon. Au départ de la sève les jeunes figues sortent rapidement et mûrissent dans le courant de l'été ; on les appelle *figues-fleurs*. A l'automne suivant, à la base des bourgeons de l'année, il apparaît une seconde série de figues ne mûrissant, cette fois, que sous le climat du Midi ; elles sont appelées *figues d'automne* (fig. 198). C'est sur ces mêmes bourgeons, qu'au printemps, naissent les premières figues ou figues-fleurs, déjà citées, qui constituent la récolte sous le climat de Paris, la température ne permettant pas aux figues d'automne d'arriver à maturité.

On voit, par ce fait, que le Midi de la France est doublement favorisé, puisque dans cette région le Figuier donne deux récoltes par an et que ce sont les figues d'automne **qui renferment le plus de suc et de saveur.**

III. — Culture, abri, éborgnage, taille, préparation des figues.

Sous le climat de la Provence et sur le littoral de la Méditerranée, où les gelées ne sont pas à craindre, le Figuier est cultivé à haute tige. On le plante en lignes et en quinconce, à 6 mètres d'intervalle en tous sens, dans un terrain spécial appelé *figuerie*, ou préférablement en lignes alternées avec d'autres arbres fruitiers : Amandiers, Pêchers, Kakis, etc. Parfois aussi, il est disséminé dans les Vignes.

Quel que soit l'endroit où il est cultivé, les tailles auxquelles on le soumet dans son jeune âge ont pour but : la formation d'une tige de 1m,80 à 2 mètres d'élévation et l'obtention, à cette hauteur, des ramifications qui doivent constituer la tête de l'arbre. Celle-ci doit être évidée au centre afin de permettre à la lumière de pénétrer à l'intérieur. Ce point acquis on laisse le Figuier croître et produire librement.

Sous le climat de Paris, la culture du Figuier est plus difficile et demande des soins plus assidus. A Argenteuil, où il est très répandu, on le cultive

Fig. 198. — Bourgeon de Figuier montrant les figues d'automne naissantes.

en plein champ, dans des terrains plats ou en pente. Il est planté en touffes ou cépées en lignes dirigées de l'est à l'ouest lorsque le terrain est plat, ou perpendiculairement à la ligne d'inclinaison lorsque le sol est en pente.

La plantation s'effectue en inclinant les tiges vers le nord dans le premier cas et vers le haut du terrain dans l'autre cas; nous verrons plus loin l'utilité de cette disposition.

Les quatre premières années sont employées à l'obten-

tion de plusieurs rameaux vigoureux, lesquels donneront plusieurs récoltes consécutives. Chaque année, à la fin de l'automne, on les abrite ; pour cela on supprime les feuilles, on couche les rameaux dans des rigoles ouvertes vers le haut du terrain ou vers le nord en les recouvrant de 20 à 25 centimètres de terre formant billon. Au mois de mars suivant, les Figuiers sont découverts, les rameaux relevés et remis à l'air libre, en choisissant pour cela un temps

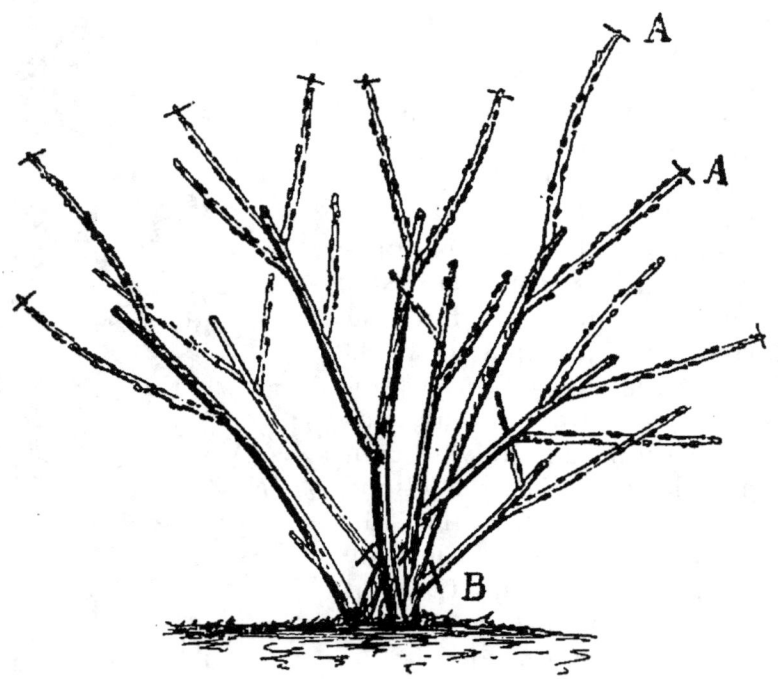

Fig. 199. — Touffe de Figuier au moment de l'éborgnage et de la taille.

doux. C'est à ce moment qu'à la cinquième année de plantation on pratique l'*éborgnage*.

L'éborgnage consiste à couper par le milieu tous les yeux terminaux des rameaux vigoureux (A, fig. 199). Les autres rameaux faibles sont enlevés pour qu'ils ne fassent confusion dans la touffe (B, fig. 199) et ne l'épuisent pas inutilement.

A la Frette, surtout pour la variété de la *Frette*, on n'éborgne pas les yeux, ce qui aurait pour résultat de faire couler les fruits ; on pince seulement, un peu plus tard, le bourgeon terminal des rameaux fructifères.

Les figues ne tardent pas à apparaître, accompagnées chacune par un bourgeon; on supprime celui-ci, sauf un ou deux à la base du rameau, qui serviront de remplacement à ce dernier et assureront la récolte future, et un autre à l'extrémité pour attirer la sève. Pendant la végétation, on veille à ce qu'aucune feuille ne touche les figues sous peine de voir celles-ci se noircir par le frottement.

Si un rameau ne porte pas de figues, on le taille sur cinq à six yeux; les bourgeons qui se développent donneront des fruits l'année suivante.

On avance de huit jours la maturité des figues en appliquant sur l'œil une goutte d'excellente huile d'olive; cette opération est nommée *caprification*. Ceci est fait lorsque l'œil a pris une teinte rouge et que l'épiderme est tendu. On se sert d'un brin de paille en guise de compte-gouttes. Le lendemain la figue a fortement grossi et a pris une teinte jaune; le quatrième jour on procède à la cueillette le matin à la rosée.

Après la récolte, qui est ordinairement terminée vers le 15 août, on rabat les rameaux fructifères au-dessus des bourgeons de remplacement; les plaies ont alors le temps de se cicatriser avant le couchage des rameaux.

Après cinq ou six ans de récolte, il est nécessaire de pourvoir au remplacement total ou partiel des branches de Figuier. Pour cela on laisse partir de la souche autant de bourgeons qu'il est utile dont on favorise au besoin l'émission et on supprime les anciennes ramifications après la récolte.

Chaque année plusieurs binages et un labour sont nécessaires; en faisant ce travail, on ménage des cuvettes destinées à retenir les eaux de pluie : cela est indispensable au Figuier, qui craint la sécheresse prolongée; cette opération peut être avantageusement complétée par un paillis. Il est aussi de toute utilité d'enterrer tous les deux ou trois ans une bonne couche de fumier décomposé.

Dans les jardins, lorsque l'on ne tient à avoir que quelques espèces de Figuier on peut planter ceux-ci aux angles de murs exposés au sud, en palissant les rameaux et en les empaillant pour l'hiver.

IV. — Variétés de Figues.

Blanche hâtive d'Argenteuil; Barbillonne; de Provence; de la Frette.

CHAPITRE XXVII

LE GROSEILLIER

I. Multiplication. — II. Les formes. — III. La taille et le pincement. — IV. Choix des meilleures variétés de Groseilles.

I. — Multiplication.

Les *Groseilliers à grappes, G. noirs, G. à maquereau* se multiplient par éclat des touffes, par marcottes et le plus généralement par boutures. Depuis quelques années on greffe le Groseillier en fente ou en écusson sur une tige formée par un rameau vigoureux du G. à fleurs jaunes (*Ribes aureum*), qui est un arbuste d'ornement. On obtient ainsi des sujets très élégants.

II. — Les formes.

Les formes les plus souvent adoptées sont la cépée ou la pyramide, plantées à 1ᵐ,50. La pyramide, dont les branches naissent à 25 centimètres du sol, est une excellente forme; nous conseillons aussi le vase ou gobelet, le contre-espalier et l'espalier. Dans ces deux derniers cas, on forme avec le Groseillier de petites palmettes dont les branches sont espacées de 25 centimètres en mettant en œuvre les procédés déjà décrits pour le Poirier.

Les *sujets à tige* sont formés en tête ordinaire ou préférablement en vase qui a le double avantage d'être gracieux et productif : le Groseillier épineux se plaît bien sous cette forme. Les fruits sont plus aérés et la cueillette plus facile.

III. — La taille et le pincement.

Le Groseillier, ne donnant ses fruits que sur les rameaux d'un an, nécessite une taille et surtout un pincement régulièrement appliqués, afin que les branches fruitières soient toujours rapprochées des branches de charpente.

Le premier pincement est fait à l'état herbacé à 4 centimètres de longueur; plusieurs autres sont exécutés à une feuille au-dessus du précédent. Ils ont pour effet de concentrer une plus grande quantité de boutons à fleurs à la base du petit rameau traité.

A la taille, il faut rogner les prolongements de l'année de la moitié de leur longueur et rapprocher les branches fruitières sur les premiers boutons de leur base, en les rajeunissant chaque fois qu'il est possible.

La charpente elle-même doit être reformée tous les six ans par des gourmands qui se développent en grand nombre au pied de l'arbuste.

On peut prolonger la cueillette des groseilles à grappes et les conserver fraîches jusqu'à l'automne, en supprimant la presque totalité des feuilles et en abritant l'arbuste du soleil par des enveloppes de toiles ou de paillassons. Toutefois, il ne faut pas abuser de ce procédé qui affaiblit beaucoup les sujets.

IV. — Choix des meilleures variétés de Groseilles.

Groseilliers à grappes.

Commun................................	rouge
Impériale...............................	—
La Versaillaise.........................	
Commun................................	blanc
De Boulogne...........................	—
Impériale...............................	—

Groseilliers noirs ou Cassis.

A fruit blanc..........................	blanc
De Naples.............................	noir
Commun...............................	

Groseilliers épineux.

Toutes variétés communes ou anglaises;
Whinham's industry.

CHAPITRE XXVIII

LE VERGER

I. L'emplacement et la préparation du terrain. — II. Les arbres du verger. — III. La distribution et les distances de plantation. — IV. La plantation et le tuteurage. — V. Les formes de plein vent. — VI. Taille du Pêcher dans le Midi de la France. — VII. La toilette des arbres, émoussage, échenillage, émondage. — VIII. Le Kaki.

I. — L'emplacement et la préparation du terrain.

Nous avons dit au chap. XV, paragr. v, p. 248, que le verger devrait être situé au nord ou à l'ouest du jardin fruitier, pour que ses arbres à grand développement abritent les sujets plus délicats soumis à la taille. Le verger peut aussi être isolé du reste du jardin; comme l'on peut également l'établir dans une prairie, en y plantant les arbres fruitiers à haute tige à de plus grandes distances.

On ne doit jamais choisir un emplacement auprès d'un cours d'eau, car les brouillards du printemps occasionnent des gelées funestes à la fructification.

Un défoncement général n'est pas obligatoire; on se contente le plus souvent de faire des trous de 2 à 4 mètres carrés aux emplacements voulus.

La profondeur de ces défoncements isolés est en rapport avec l'épaisseur de la couche végétale. Si cette épaisseur ne dépassait pas 30 ou 40 centimètres, il serait alors nécessaire de faire des trous plus grands et de les creuser de 80 centimètres environ en enlevant les mauvaises terres que l'on remplacerait par de bonnes, prises dans l'emplacement des allées.

Le verger, selon ses dimensions, doit être coupé dans le sens de sa longueur par une allée de 3 à 4 mètres et dans la largeur par une ou deux allées de mêmes dimensions. Ces chemins seront dressés et empierrés afin de permettre l'accès des voitures.

II. — Les arbres du Verger.

Les arbres du verger par excellence sont : le Poirier et le Pommier ; on en fait des vergers spéciaux d'une grande importance commerciale.

Sous le climat du centre de la France, un verger est complet lorsqu'il est planté de : Poiriers, Pommiers, Abricotiers, Amandiers, Cerisiers, Pruniers, Noyers, Châtaigniers, Cognassiers, Néfliers et Mûriers. Les Pêchers sont peu recommandables pour la culture en plein vent, sous le climat de Paris. Dans le Midi on ajoute aux précédents, l'Oranger, le Citronnier, le Grenadier, le Figuier, l'Olivier, le Kaki, etc.

III. — La distribution et les distances de plantation.

La distribution de la plantation est faite de manière que les plus grands arbres et les moins exigeants, au point de vue de la chaleur, abritent les plus petits et les plus délicats. Ainsi sur une ou deux lignes des côtés nord et ouest, les Noyers et les Châtaigniers sont plantés ensemble ou alternés, espacés de 20 mètres environ, en tous sens. Après eux viendront les Poiriers et les Pommiers alternés sur les lignes ou plantés à part et distancés de 15 mètres environ. On réservera ensuite plusieurs rangs aux Cerisiers et Pruniers, à part ou alternés en leur donnant une distance de 12 à 14 mètres en tous sens. Puis les Abricotiers, Amandiers et Cognassiers avec 6 à 10 mètres d'intervalle. Enfin les Mûriers et Néfliers, plus petits encore, seront plantés à 3 ou 4 mètres. De cette façon l'ensemble des arbres formera une sorte de gradin s'inclinant vers le sud ou l'est.

Nous recommandons surtout la plantation en quinconce qui procure aux arbres plus d'air et de lumière.

IV. — La plantation et le tuteurage.

Tout ce que nous avons dit concernant la plantation des arbres du jardin fruitier est applicable à ceux du verger, avec cette différence que ceux-ci sont un peu plus enterrés et qu'ils nécessitent un tuteur les protégeant contre les vents.

Pour cela, au moment où les racines sont étendues au fond du trou, on enfonce entre elles un fort pieu s'élevant jusqu'aux premières branches; ceci fait, on recouvre les racines. Après le tassement, l'arbre est attaché par trois ligatures, à l'osier de préférence, ou au fil de fer, en l'isolant avec de petits paquets de paille, du cuir ou du caoutchouc.

Le cultivateur peut former ses arbres lui-même dans une petite pépinière établie à cet effet, mais ceci demande tant de temps et de soins qu'il est, à notre avis, plus économique et surtout plus expéditif de se procurer les arbres dont on a besoin chez les pépiniéristes.

Quoi que l'on fasse, les arbres doivent être greffés rez de terre, excepté pour les variétés délicates ou à bois

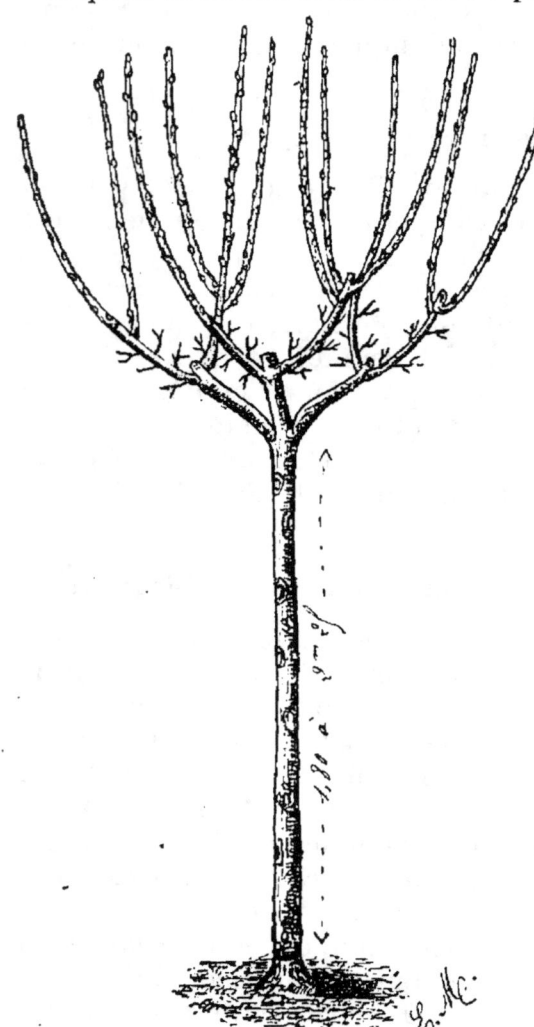

Fig. 200. — Arbre à haute tige, soumis à la forme ronde en vase.

divergent, que l'on greffe en tête. Les tiges doivent être bien droites, l'écorce lisse et non durcie.

V. — Les formes de plein vent.

La forme ordinaire ou forme ronde en vase (fig. 200) est le plus souvent adoptée pour tous les arbres, sauf le **Noyer** et le **Châtaignier**, qu'on laisse pousser librement.

A des hauteurs variant, selon les espèces, de 1^m,80 à 2^m,25, la tige de l'arbre est étêtée; trois ou quatre bourgeons sont conservés et maintenus en équilibre par les moyens que nous connaissons.

L'année suivante, chacun des rameaux obtenus est taillé à 30 centimètres du point de départ, de façon à lui faire donner deux nouveaux bourgeons.

A la troisième année, on bifurque de nouveau tous les rameaux de la charpente; de cette manière, on obtient douze ou seize branches; l'arbre est alors abandonné à lui-même. On peut, pendant la formation, pratiquer la taille sur les branches fruitières de la base. Le centre de l'arbre doit toujours être évidé, ce qui permet l'accès de l'air et de la lumière.

La forme en pyramide (fig. 201) est aussi très employée pour le Poirier. Afin de l'obtenir, on observe les mêmes principes que pour la formation de la pyramide ordinaire; et quand, après quatre ans de formation, on a obtenu trois ou quatre étages, les branches charpentières sont laissées en liberté.

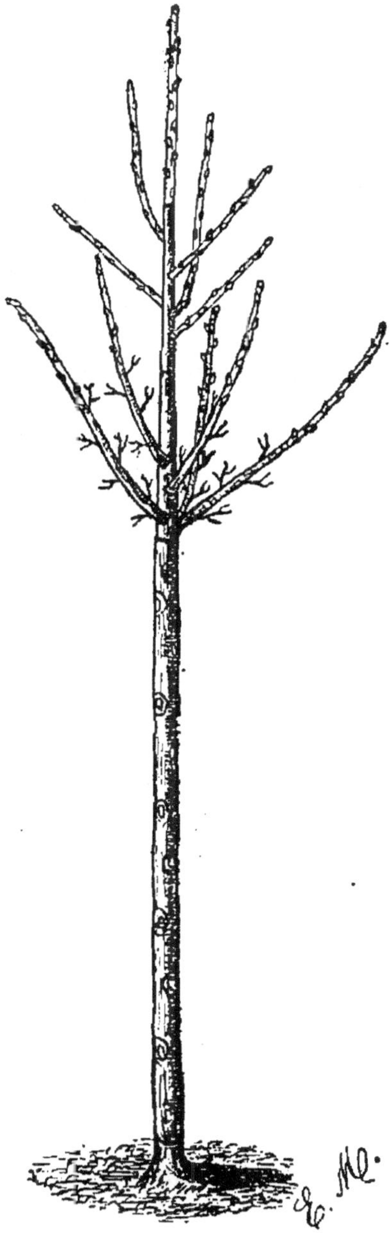

Après l'obtention de l'une ou l'autre de ces formes et pendant la durée des arbres, les soins consistent chaque année, afin de maintenir la charpente en équilibre, à supprimer le bois mort et à rabattre les

Fig. 201. — Arbre à haute tige, soumis à la forme en pyramide.

branches qui tendent à prendre trop de force ou qui s'entremêlent. On supprime aussi les branches qui retombent.

VI. — Taille du Pêcher dans le Midi de la France.

Sous ce climat, les murs sont plutôt nuisibles au Pêcher, à moins qu'on ne le place aux expositions les moins chaudes; la culture en plein vent est celle adoptée par les spéculateurs. On forme, pour cela, des sortes de gobelets surélevés dont les branches charpentières subissent les mêmes traitements que ceux indiqués pour la culture du Pêcher en espalier. Les branches fruitières, sans toutefois être palissées, exigent aussi les mêmes soins, quant à : l'obtention du remplacement, ébourgeonnement, pincement, éclaircissement des fruits, effeuillage et, après la récolte, la taille en vert des branches fructifères, au-dessus des remplacements. (Voir à ce sujet le chap. XXI, « *Le Pêcher* ».)

VII. — **La toilette des arbres, émoussage, échenillage, émondage.**

Les arbres fruitiers doivent être maintenus en parfait état de propreté, ce qui assure : leur longévité, une production soutenue et les préserve des attaques de beaucoup d'insectes et de l'envahissement des cryptogames (voir le chapitre II, « *Les ennemis des végétaux* »). Il est bon de laver leurs rameaux tous les deux ans à l'eau de savon noir à l'aide d'une brosse et de badigeonner au pinceau ou de projeter avec un vaporisateur, sur toutes les branches, la mixture suivante :

Eau.	50 litres.
Chaux vive.	3 kilogrammes.
Sulfate de cuivre.	3 —

Le sulfate de cuivre est dissous dans de l'eau chaude et mélangé avec la chaux préalablement délayée en lait de chaux.

Cette bouillie est employée de suite; sa couleur verdâtre est moins crue que celle de la chaux.

La mousse recouvrant les vieux arbres, est enlevée à l'aide du gratte-mousse (fig. 17), puis le tronc est badigeonné avec la même bouillie rendue plus épaisse en ne mettant que **25 litres d'eau.**

L'échenillage, qui est obligatoire, doit être pratiqué tous les ans sur les arbres à haute tige; à l'aide de l'échenilloir on coupe les branches portant des nids de chenilles et on les brûle immédiatement.

On procède en même temps à l'*émondage*, lequel consiste à supprimer sur les arbres à haute tige, les branches mal placées, celles qui se croisent, les gourmands et tous les rameaux morts, ce qui peut être également fait au mois d'août, en se servant de l'échenilloir.

VIII. — Le Kaki (*Diospyros Kaki*).

Nous avons cru devoir dire quelques mots de cet arbrisseau très cultivé dans le Midi et dont les fruits sont comestibles.

Multiplication. — On multiplie cette plante au moyen du semis, de la greffe sur *Diospyros virginiana* et de la marcotte avec incision comme pour l'Œillet.

Culture. — Sous le climat de Paris, le Kaki est plutôt une plante de serre froide que de pleine terre; on lui applique à peu près la culture du Camélia, sauf qu'il se contente de moitié terre franche et moitié terre de bruyère ou bon terreau de feuilles. « Cependant, nous dit M. Deseine, pépiniériste à Bougival, de qui nous tenons ces renseignements, nous le réussissons palissé sur un mur exposé à l'est, avec garantie de couverture pendant l'hiver et nous en récoltons des fruits en octobre lors des étés chauds comme celui de 1899. »

On pourrait donc faire de même et le diriger sous une forme déterminée à l'instar du Pêcher, mais sans, toutefois, lui appliquer le pincement. Cependant M. Deseine dit encore qu'il a essayé le pincement en le pratiquant à deux yeux au-dessus du fruit lorsque celui-ci *est bien noué* : sans cette dernière particularité on s'expose à le faire couler.

La fleur est verdâtre, solitaire et axillaire; elle naît sur les bourgeons de l'année, se développe lentement et ne s'épanouit que vers la fin de juin : c'est ce qui explique pourquoi il ne faut pas pincer, ou très tard, lorsque le fruit est noué.

CHAPITRE XXIX

LA RÉCOLTE ET LA CONSERVATION DES FRUITS

I. La cueillette et l'entre-cueillette. — II. Le fruitier. — III. Conservation du raisin. — IV. L'emballage des fruits.

I. — La cueillette et l'entre-cueillette.

Au jardin fruitier, la cueillette doit être faite à la main. Seuls quelques arbres du verger sont secoués afin d'en faire tomber les fruits. La gaule ne doit être employée que pour le Noyer et le Châtaignier, et, à la dernière extrémité, pour les autres fruits rebelles aux secousses.

Les époques de la cueillette varient avec celles de maturité. Il faut opérer avec beaucoup d'attention, surtout pour les fruits d'hiver : poires et pommes.

Pour les poires, nous conseillons de pratiquer l'entre-cueillette ; c'est-à-dire de ne pas cueillir à la fois tous les fruits d'un même arbre. Étant donné que ce sont les plus gros qui sont les plus avancés en maturité, on gagnera donc beaucoup à cueillir d'abord ceux-ci pendant que les autres grossiront et prendront de la saveur.

Les poires d'été surtout ne doivent pas être récoltées trop tard, car un fruit mûrissant complètement sur l'arbre perd de sa saveur et devient cotonneux.

En général, les fruits d'un Poirier peuvent être cueillis lorsque, quelques jours auparavant, les poires véreuses se sont détachées d'elles-mêmes et que les plus grosses commencent à prendre une teinte plus claire. A cet effet, on place un lit de foin dans un panier plat, puis on procède à une première cueillette. Les fruits paraissant les plus avancés sont saisis avec la main et soulevés en exerçant une légère pression sur le pédicelle. S'il y a résistance de la part de quelques-uns, ils sont laissés pour être cueillis quelques jours plus tard. Une pression trop forte sur le pédicelle le casse par le milieu et prouve que le fruit n'est pas à point pour être cueilli. Pareille chose doit être évitée avec soin, car les fruits d'hiver récoltés trop tôt se rident et perdent de leur valeur.

On doit opérer avec soin, en ne plaçant que trois lits de fruits par panier; ceux-ci sont portés et non roulés sur une voiture ou sur une brouette; à ce moment le moindre choc produit une tache. Les fruits d'été et d'automne livrés au commerce sont aussitôt emballés et expédiés avant que la complète maturité se produise. Ceux que le propriétaire destine à sa consommation sont placés au fruitier ou dans une chambre bien aérée, sur une couche de foin.

Au fruitier, les poires sont mises en lignes les unes à côté des autres sans se toucher; les fruits véreux ou tachés sont soigneusement mis à part et consommés cuits. On donne grand air pendant la nuit et peu pendant le jour. Une revue générale doit être passée chaque matin afin de retirer les fruits tachés et livrer à la table ceux dont la maturité est achevée. Une poire est mûre à point lorsqu'en la prenant délicatement dans la main, la chair cède à une légère pression faite avec le pouce à côté de la queue.

Les fruits d'hiver et de fin hiver, poires et pommes, sont traités de la même façon; on ne leur donne de l'air que par les temps doux.

Les fruits à noyaux achèvent de mûrir sur l'arbre; ils ne se conservent pas. La cueillette se pratique au fur et à mesure de la maturité; ceux livrés au commerce sont cueillis quelques jours plus tôt afin de faciliter l'expédition.

Pour récolter une pêche, on la saisit du bout des doigts, qui doivent être également distancés tout autour, aucun ne devant faire pression plus que les autres, on tire légèrement à soi : la pêche mûre doit se détacher aussitôt; sinon, il faut la laisser. On opère de même pour les abricots.

Les cerises et beaucoup de prunes se cueillent en conservant leur queue. Les prunes noires ne sont présentables que si elles possèdent encore la *pruine* ou *fleur* recouvrant l'épiderme. Il faut donc en faire la cueillette avec le plus grand soin.

Dans l'Est on secoue les Pruniers, pour en faire tomber **les fruits employés à la distillation de l'*eau-de-vie de questche*.**

II. — Le fruitier.

Le fruitier est la chambre où l'on conserve les fruits. Une

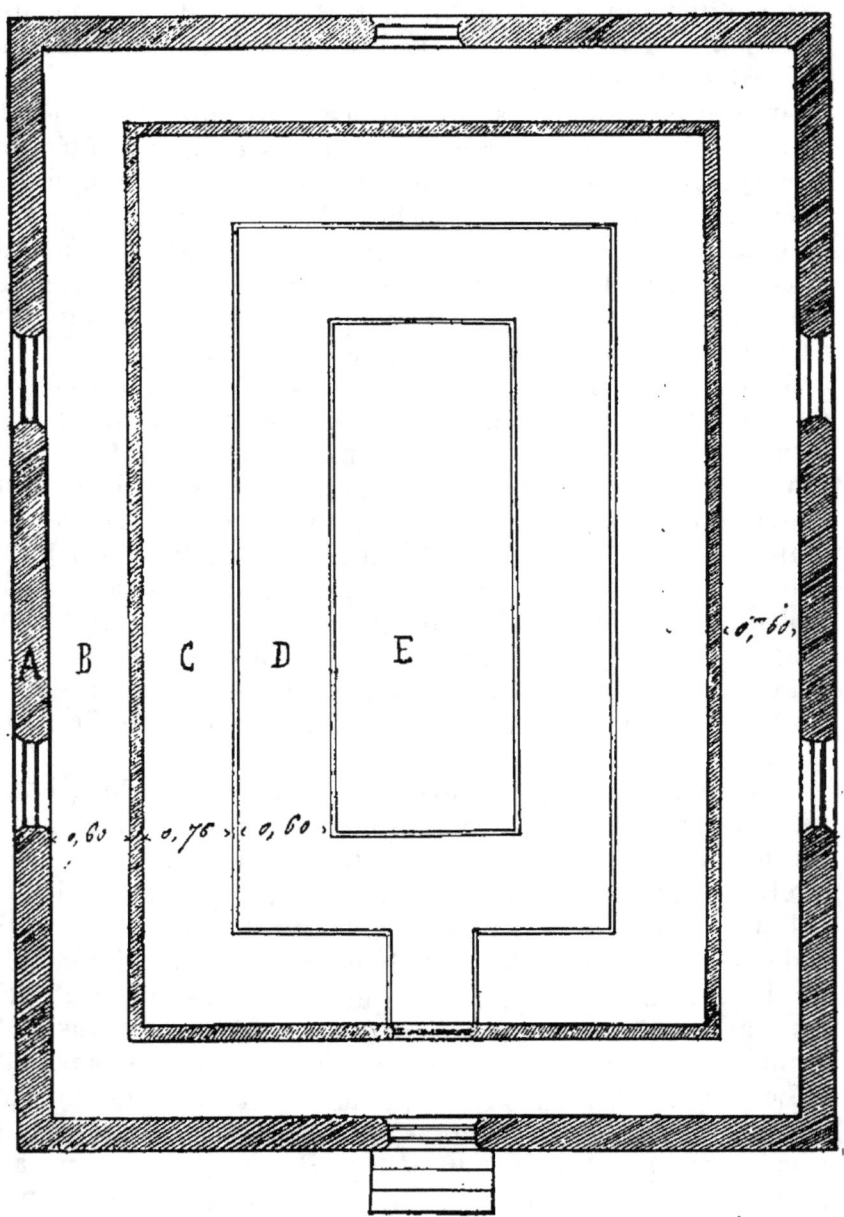

Fig. 202. — Fruitier (plan).

chambre située au nord, une cave, un grenier, etc., peuvent

faire un excellent fruitier, pourvu que ces locaux ne soient ni trop chauds ni trop humides et qu'ils puissent être aérés

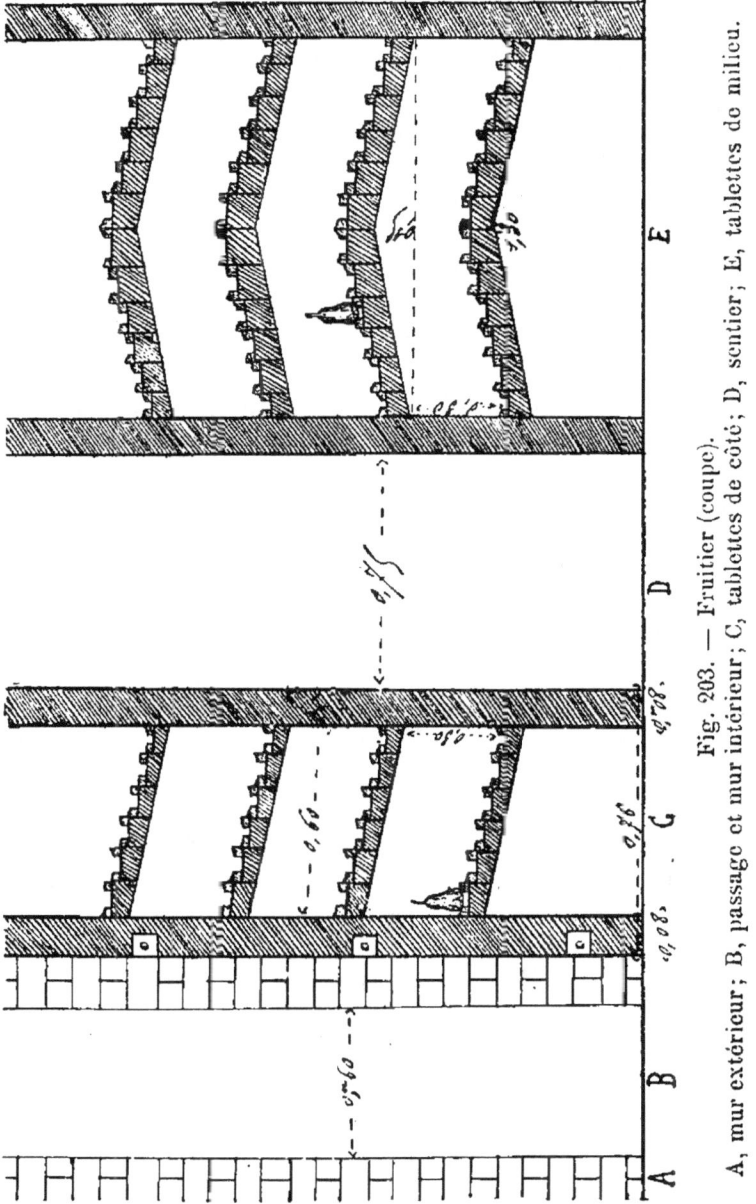

Fig. 203. — Fruitier (coupe).
A, mur extérieur; B, passage et mur intérieur; C, tablettes de côté; D, sentier; E, tablettes de milieu.

facilement. Les spéculateurs font des constructions spéciales (fig. 202) situées du côté nord de leur habitation, au rez-de-chaussée, et auxquelles ils donnent 3 mètres d'élévation.

Le mur est percé, à hauteur d'homme, d'ouvertures (A) rapprochées de 3 mètres environ et fermées par des châssis à charnières. A l'intérieur un mur de refend (B) est monté, avec des briques sur champ, faisant le tour du local à 60 centimètres d'écartement du mur principal. On agit de façon à ce que le dernier rang de briques n'arrive pas en haut du plafond. Cette particularité et le mur ont pour effet d'empêcher l'action directe de l'air froid venant de dehors par suite de l'ouverture des châssis.

Il reste, dans l'intérieur, l'installation des tablettes ou des gradins devant supporter les fruits. Par économie, on établit des tablettes en planches superposées à 30 centimètres les unes au-dessus des autres. Les gradins à claire-voie (C, fig. 203) sont d'un prix de revient plus élevé, mais ils sont, en tous points, préférables. Il ne faut donc pas hésiter à faire la dépense de leur installation.

Aux amateurs possédant un tout petit jardin, nous conseillons le *fruitier portatif* de Mathieu de Dombasle. Il est formé de caisses très plates superposées et se servant mutuellement de couvercle ; les fruits sont disposés au fond des caisses. Ce fruitier tient peu de place ; il est susceptible d'être abrité facilement contre la gelée ; du reste, il doit être placé dans une pièce réunissant les conditions énumérées ci-dessus. D'autres systèmes de *fruitiers modernes* sont composés d'une série de tablettes à claire-voie superposées. Un placard est également un bon fruitier lorsqu'il est dans un local sain.

Dans toutes espèces de fruitiers, il doit régner une température de 2 à 5°, maintenue autant que possible sans l'aide du chauffage.

III. — Conservation du raisin.

Le raisin se conserve sur pied ou au fruitier. La conservation sur pied est celle employée pour la Vigne en serre (chap. XXXI, par. IV) ou plantée le long d'un mur bien abrité. On arrive dans ce cas, en enveloppant chaque grappe de raisin dans un sac en papier, à les conserver fraîches jusqu'en décembre.

Au fruitier, on conserve le raisin de deux façons dénommées ainsi : le *raisin à rafle sèche* et le *raisin à rafle verte*.

LA RÉCOLTE ET LA CONSERVATION DES FRUITS. 379

Les raisins destinés à la conservation sont choisis parmi les plus beaux, ayant subi le cisellement; la cueillette en est faite vers la fin d'octobre.

Pour conserver le raisin à rafle sèche, on étend les grappes sur les tablettes garnies de feuilles sèches de Fougère, ou bien, elles sont suspendues au moyen de petits crochets en S à des cercles, ou à des cadres spéciaux, accrochés eux-mêmes au plafond.

Un moyen excellent est celui-ci. La grappe est coupée avec une partie du sarment qui la supporte; chaque extrémité de ce sarment est enduite de cire à cacheter pour empêcher l'évaporation de la sève. Les grappes ainsi préparées sont suspendues par le sarment sur deux lattes ou deux fils de fer tendus à 7 cent. l'un de l'autre.

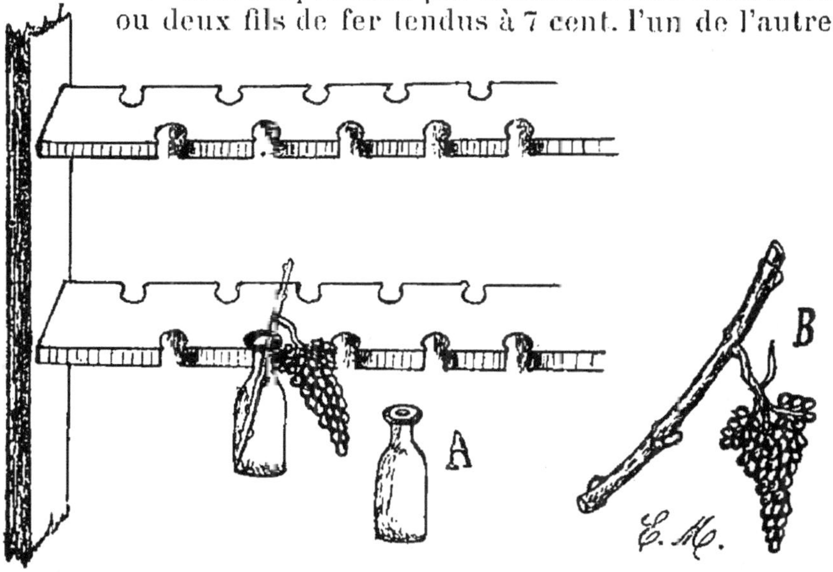

Fig. 204. — Conservation du raisin à rafle verte. — Tablettes supportant les fioles; A, fiole remplie d'eau; B, grappe de raisin munie d'une portion de sarment.

Pour la conservation du raisin à rafle verte, on prépare, dans un local spécial ou au fruitier en général, des tablettes représentées par la figure 204. Dans chaque entaille, on place une petite fiole à goulot à rebord (A), remplie aux trois quarts d'eau dans laquelle on verse une petite poignée de charbon de bois pilé pour obvier à sa décomposition.

Le raisin est cueilli avec une portion du sarment (B) longue de 25 à 30 centimètres; l'extrémité supérieure de celui-ci est enduite de cire et la partie inférieure est mise dans la bouteille. Le raisin est ainsi conservé frais jusqu'en avril. Pendant toute cette période, il faut passer de fréquentes revues et retirer les grains tachés avec le ciseleur.

IV. — L'emballage des fruits.

L'emballage pour l'expédition est évidemment une des opérations les plus délicates. Il importe, en effet, que les fruits arrivent chez le consommateur ou chez l'intermédiaire, sans avoir éprouvé d'avarie au cours du voyage.

En général, les fruits de premier choix (fruits à noyaux et raisin surtout) sont mis dans des caissettes plates qui n'en contiennent qu'un rang; les autres, de qualité inférieure, sont emballés dans des paniers spéciaux plats, carrés, ovales ou ronds.

On trouve aisément dans le commerce ces petites caisses légères en bois très mince ; elles peuvent contenir environ six, huit ou douze pêches, quatorze prunes ou abricots, etc. Voici en général comment on procède à l'emballage : chaque fruit est enveloppé d'une feuille de papier Joseph, en faisant en sorte que la face colorée, la plus belle par conséquent, soit placée pour être apparente. La caisse est *ouverte par le fond* et garnie d'une feuille de papier blanc ; puis, les fruits sont alignés et tournés de façon que leur beau côté se trouve en-dessous. Les vides sont remplis avec de petits tampons de ouate ou de papier Joseph, afin d'éviter le ballottement. On met ensuite, un lit de ouate et une feuille de papier par-dessus le tout et on cloue le fond. Lorsqu'à l'arrivée on ouvrira la boîte par son véritable couvercle, les fruits apparaîtront par leur belle face ; ce qui contribue pour beaucoup à les faire apprécier et lorsqu'ils sont destinés à la vente à l'élévation de leur prix.

Le raisin est emballé de la même manière ; mais il n'est pas besoin de tampons ; on place de petites grappes dans les vides et on a soin, comme précédemment, que le côté coloré se trouve en dessous (qui deviendra le dessus) et de rentrer les queues à l'intérieur. Le point important est qu'il ne puisse y avoir aucun ballottement.

L'emballage en panier se fait de plusieurs façons suivant la qualité des fruits. Les poires et les pommes de premier choix se mettent dans des paniers plats rectangulaires pouvant en contenir deux lits. Chaque fruit est enveloppé de papier Joseph ou de papier ordinaire; le fond est garni d'un fort papier, puis d'un lit de regain sec. Les fruits sont ensuite placés et chaque lit séparé par une feuille de papier et de foin de regain. Au haut du panier la dernière couche de foin doit être plus épaisse, afin que le couvercle appuie assez fortement sur les fruits, sans toutefois les meurtrir.

Les autres fruits de moindre importance sont emballés dans de grands paniers ronds qui peuvent en contenir de trente à quarante kilogrammes. On se sert de balle d'avoine pour séparer chacun des lits; le fond et le couvercle sont garnis de paille de seigle. Ces paniers conviendraient aussi à l'emballage des poires et des pommes de premier choix; mais à condition que la maturité ne soit pas trop avancée et que le transport soit fait directement par voiture.

Les poires extra sont également mises en caisses à raison de deux lits dans chacune; on procède dans ce cas avec les mêmes soins que pour l'emballage des fruits à noyaux.

CHAPITRE XXX

NOTIONS SUR LA CULTURE DES ARBRES FRUITIERS SOUS VERRE

CONSIDÉRATIONS GÉNÉRALES

I. Généralités. — II. Les serres pour le forçage des arbres fruitiers. — III. Le sol et les engrais. — IV. La plantation des arbres fruitiers en serre. — V. Notions générales sur le forçage.

I. — Généralités.

La culture des arbres fruitiers sous verre, lorsqu'elle est envisagée comme culture forcée ou avancée, a pour but de modifier leur période de végétation et de les faire fructifier à des époques différentes de celles du développement ordinaire et de la maturation normale des fruits.

Pour cela, au moyen de serres ou d'abris vitrés chauffés artificiellement ou non, on expose les arbres à une température plus élevée et en rapport avec celles qu'ils subissent lors des diverses phases de leur entrée en végétation, floraison, formation et maturation des fruits, à l'air libre.

On construit des serres spéciales dont certaines ne sont pas chauffées. Celles dans lesquelles une température artificielle est introduite sont munies pour cela d'un chauffage au thermosiphon, à la vapeur ou à la fumée. Il est donc possible de les chauffer au moment opportun, et ce à différentes époques.

Le laps de temps compris entre l'une de ces différentes époques du commencement du *forçage* et le moment de la maturité des fruits est appelé *saison*. Ainsi des pêches de *première saison* sont celles données par des Pêchers que l'on a commencé à forcer dès le mois de décembre et dont les fruits sont récoltés vers le mois d'avril.

La culture des arbres fruitiers en serre est appelée *culture forcée* lorsqu'il s'agit de serres chauffées; *culture avancée* ou *sous verre* lorsqu'il s'agit de serres chauffées seulement par les rayons du soleil, et *culture retardée* quand, au lieu d'avancer la maturation des fruits, on tend à la retarder ou à conserver les fruits plus longtemps sur les arbres. Dans l'une ou l'autre catégorie de serres, on pratique la culture des arbres en pots; mais principalement dans les premières. Ce sont aussi ces serres qui abritent les arbres faisant l'objet des *cultures hâtées* ou de troisième saison.

II. — Les serres pour le forçage des arbres fruitiers.

Les meilleures serres pour un amateur sont certainement les petites serres adossées dont la face est tournée au midi ou au levant; il n'y a guère que dans les grandes *forceries* que l'on construit des serres à double versant, dites serres hollandaises.

Plusieurs modèles sont préconisés, aussi n'a-t-on que l'embarras du choix; la serre destinée aux cultures de première et de deuxième saison faites à l'époque où le soleil est très éloigné du zénith, doit avoir sa toiture fortement inclinée (60 à 70°). La troisième saison étant cultivée dans la seconde serre, l'inclinaison de celle-ci est beaucoup moindre (50°), le soleil étant à ce moment beaucoup plus haut. Le mur de devant, qui n'a guère que 40 centimètres de hauteur au-dessus du sol, doit être monté sur fondation voûtée, afin que les racines des arbres puissent se développer librement dans le sol extérieur de la serre.

Les matériaux supportant le vitrage sont à volonté le bois ou le fer; ce dernier est peut-être moins coûteux; mais il est moins chaud. Le bois, s'il est du *pitchpin*, est toujours préférable; cette espèce de bois de sapin contient en effet beaucoup de résine dans ses tissus, et sa durée est très longue. Tous deux demandent beaucoup d'entretien : couches de peinture, de vernis pour le pitchpin, etc. (voir le par. VII, chap. XLII). Je dois aussi signaler et recommander les *serres portatives*, nommées aussi *serres volantes* ou *abris vitrés* que l'on déplace à volonté et qui conviennent surtout pour le **forçage sur place et en troisième saison pour la culture** forcée et retardée de la Vigne et des autres arbres fruitiers.

Nous ne voulons pas entrer dans les détails de la construction, car il est bien rare que le jardinier ou l'amateur y procèdent eux-mêmes. Ils peuvent cependant, à l'aide de châssis ordinaires et de quelques chevrons, fabriquer de petites serres ou bâches dont l'emploi est des plus recommandables pour forcer sur place un espalier de Pêchers ou bien un espalier ou un contre-espalier de Vignes. Au surplus, l'industrie produit aujourd'hui ces sortes de constructions à des prix relativement minimes.

On peut aussi utiliser les serres que l'on possède et avoir dans une serre quelques pieds de Vigne qui ne nuisent généralement pas aux autres cultures.

La question du chauffage est aussi de la plus haute importance; nous conseillons le thermosiphon et nous sommes d'avis qu'il ne faut pas lésiner sur le prix d'achat, afin d'obtenir une chaudière qui économise le combustible, qui

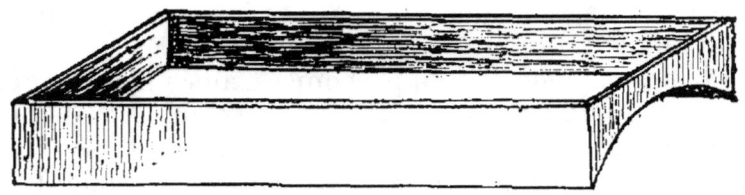

Fig. 205. — Auge se plaçant sur les tuyaux de chauffage d'une serre.

ne perde pas de chaleur; en un mot, qui fonctionne d'une manière parfaite; on choisira autant que possible le foyer à feu continu pour éviter au jardinier de se lever la nuit.

Il est utile de munir les tuyaux passant à l'intérieur de la serre de quelques petites auges (fig. 205) remplies d'eau, qui, en s'évaporant, maintient dans l'atmosphère une humidité indispensable. Comme tuyaux nous recommandons beaucoup ceux dits à ailettes, à cause du plus grand dégagement de chaleur par l'augmentation de la surface de chauffe.

L'aménagement intérieur de la serre est fait de différentes façons, suivant le genre de culture que l'on désire faire : ainsi la Vigne ne se plaît bien que sur un treillage construit à 25 centimètres au-dessous du verre. Dans certaines serres adossées, les Pêchers sont palissés le long du mur du fond comme à l'ordinaire et tout le terrain en avant est occupé par d'autres arbres cultivés en pots :

Pêchers, Cerisiers, Vignes, Poiriers. Entre ceux-ci on alterne d'autres pots dans lesquels sont plantées des Pommes de terre et des Tomates.

Un ou deux bassins doivent avoir leur place au milieu ou à chaque extrémité de la serre; ce sont eux qui, au moment des bassinages, arrosages, etc., procurent l'eau ayant la température intérieure, chose absolument indispensable.

Les sentiers de circulation sont surmontés d'un plancher à claire-voie, ou à défaut sont recouverts de planches surélevées au moyen de traverses.

III. — Le sol et les engrais.

Pour cette culture plus que pour toute autre, le sol doit être bien préparé, profondément défoncé et surtout abondamment pourvu d'engrais décomposés; en un mot être propice à une végétation vigoureuse. Si par sa nature le sol ne répond pas aux exigences des diverses essences d'arbres qu'on désire lui confier, il faut absolument procéder à son amendement. Nous n'entrerons pas ici dans les détails de ces opérations qui font l'objet d'un chapitre spécial de cet ouvrage (chap. I). Disons seulement que le défoncement doit être pratiqué sur toute la superficie intérieure de la serre, plus une plate-bande en avant du petit mur de devant, où les racines peuvent puiser leur nourriture grâce aux fondations voûtées du mur.

Nous rappellerons aussi les engrais, qui sont : les terreaux, gadoues ou boues de rues, les fumiers de cheval, de mouton, de vache, etc.; et les amendements qui sont : la marne, l'argile, les débris du curage des fossés, le sable, les plâtres, la brique pilée, les cendres de bois, etc.

Pour la culture en pots, le compost doit être préparé un an environ à l'avance et remanié plusieurs fois afin d'assurer une parfaite immixtion des différents éléments dont il est formé. Ces éléments sont en général : terre franche, terre de gazon, sable, terreau de feuilles, terreau de fumiers, gadoue, etc., auxquels on ajoute souvent des engrais chimiques : *superphosphate de chaux, nitrate de potasse, sulfate de chaux, chlorure de potassium.*

IV. — La plantation des arbres fruitiers en serre.

Autrefois on plantait la Vigne en dehors de la serre, dans laquelle on la faisait ensuite entrer au moyen de trous

Jardinage.

percés dans le petit mur. M. Van Hulle recommande encore ce genre de plantation pour les serres où la **Vigne** est traitée en culture combinée avec les Fraisiers [1].

Pour la culture forcée, une semblable plantation présente le grave inconvénient de mettre les Vignes dans une **très mauvaise situation**. Elles ont, en effet, au moment du forçage, en hiver par conséquent, leurs parties aériennes à la chaleur, tandis que leurs parties souterraines plongent dans le sol gelé. L'inconvénient disparaît en partie lorsqu'il s'agit d'une serre non chauffée et c'est précisément à ce point de vue que se place M. Van Hulle; car, au moment où il chauffe ses Fraisiers, les Vignes sont complètement en dehors de la serre. Elles n'y sont rentrées que lorsque les fraises arrivent à maturité, c'est-à-dire lorsque la chaleur artificielle n'est presque plus nécessaire.

La plantation à l'intérieur est préférable en toute autre circonstance; les arbres à fruits à noyaux ne sont jamais plantés autrement. L'opération par elle-même ne diffère pas de celle que nous avons expliquée et qui concerne les arbres du jardin fruitier (voir les par. IV et V, chap. XVI).

Lors de l'empotage des arbres à cultiver en pots, il faut, autant que leurs racines le permettent, choisir les récipients les plus petits possible; et à chaque nouveau rempotage ne se servir que de pots dont le diamètre soit de deux ou trois centimètres seulement plus grand que le précédent. La bonne végétation des sujets dépend plutôt de la composition rationnelle de la terre et du degré de fertilité de celle-ci que du volume mis à leur disposition.

V. — Notions générales sur le forçage.

Nul n'ignore que tous les arbres fruitiers ont, en hiver, une période de repos. Ce repos leur est indispensable; car si apparemment ils sont inertes, intérieurement un travail important s'opère : les racines continuent leur fonctionnement (plus lent certainement), accumulent les sucs nourriciers aux interstices des branches, à la base des yeux et des boutons à fleurs. Si bien qu'au printemps les premiers jours tièdes échauffant les rameaux et faisant épanouir les fleurs, ces sucs sont là tout près pour subvenir aux besoins

---

[1]. *Culture de la Vigne sous verre combinée avec celle des Fraisiers*, par H. I. Van Hulle.

des premiers bourgeons et surtout des fleurs, avant même que les racines aient repris leur fonctionnement normal. Il est donc indispensable que ce repos soit accordé aux arbres de la serre; pour cela il ne faut pas commencer le forçage trop tôt. C'est pour le même motif que les serres fruitières doivent être à châssis démontables, afin que les arbres puissent être exposés à l'air longtemps avant le moment de les chauffer.

Le forçage des arbres fruitiers présente une différence sensible avec la culture des plantes ornementales, par exemple; autant celles-ci s'accommodent d'une température régulière et constante, autant pour ceux-là il est nécessaire de varier cette température suivant les différentes phases de leur végétation.

Afin d'obtenir de bons résultats, il suffit, avons-nous déjà dit plus haut, d'avoir dans la serre la température et l'atmosphère que la nature fournit aux arbres pendant leur végétation normale en plein air. Si, par exemple, le forçage est commencé en décembre, il ne faut pas dès le début chauffer brusquement, 5 à 8 degrés suffisent, sous peine de désorganiser complètement les arbres par cette brusque entrée en végétation et d'annuler leur fructification. N'est-ce pas en effet l'habitude que, pendant les quelques jours doux précurseurs du printemps, le thermomètre marque 5 à 8° dehors? C'est donc par cette température qu'il faut débuter. De plus, à ce moment, des pluies sont ordinairement fréquentes; on les reproduit dans la serre par des bassinages de toute la ramure des arbres plusieurs fois par jour.

Pendant la seconde phase, *floraison* (qui n'est pas la seconde pour la Vigne), il faut supprimer les bassinages tout en augmentant la chaleur; quelques jours de beau temps marquent en effet ce passage en plein air et sont nécessaires à la fécondation. Celle-ci étant opérée, les bassinages sont de nouveau appliqués; mais pas aussi fréquemment. L'atmosphère de la serre doit donner l'illusion de celle que nous procurent les mois d'avril et de mai, où quelques pluies douces dégagent cette buée légère dont les effets sont si vivifiants pour tous les végétaux.

A la troisième période, *formation du noyau* pour les arbres à fruits à noyaux, la température dans la serre doit être assez élevée; les arbres ne doivent souffrir en aucune manière, car ils traversent le moment le plus critique au point de vue de leur fructification. Ce moment doit, en effet, correspondre au mois de juin, qui ordinairement est chaud et pendant lequel les journées sont les plus longues. La serre doit donc être découverte de ses paillassons au petit jour le matin et n'être recouverte qu'à la tombée de la nuit, afin que les arbres profitent de la plus grande somme de lumière possible, dont ils ont grand besoin.

Ces dernières observations sont surtout mises en pratique à la quatrième période : celle de la *maturation*. A ce moment surtout la lumière est indispensable pour que les fruits acquièrent la saveur et le coloris qui les font tant rechercher. Une sécheresse relative n'est pas nuisible et ne peut que favoriser la maturation des fruits à ce moment.

En serre froide, la culture diffère peu; la température ne pouvant être montée à volonté, on ne peut s'en remettre qu'aux rayons du soleil. La serre est recouverte de ses châssis beaucoup plus tard, en janvier par exemple; puis la température s'élevant progressivement, les bassinages sont commencés et continués de même que tous les soins dont nous avons parlé. Ces genres de cultures étant pour la plupart ceux de troisième saison, ils produisent donc à une époque où il fait plus chaud, et il va de soi que l'aération doit être augmentée afin que le soleil ne fasse pas monter trop fortement la température intérieure. Au moment de la maturation, les châssis d'aération peuvent même rester constamment ouverts.

Les arbres cultivés en pots ou en bacs ne réclament pas d'autres soins, que ceux que nous venons d'énumérer, pour ceux plantés en pleine terre: ils s'accommodent du même milieu. *Les arrosages seulement doivent être plus fréquents*; ceux faits à l'engrais avant le départ de la végétation (en toutes cultures fruitières du reste) contribuent pour beaucoup à la production de beaux et bons fruits.

Après la cueillette des fruits, si le temps est beau, les châssis sont enlevés; mais s'il fait froid, ils sont laissés pour ne pas exposer les arbres à une transition trop brusque. Les arbres forcés en première et en seconde saison doivent n'être forcés que un à deux ans après; pendant cette période on favorise le développement de bonnes coursonnes. Ceux forcés en troisième saison ou simplement avancés **peuvent fructifier chaque année**.

CHAPITRE XXXI

CULTURE FORCÉE ET RETARDÉE DE LA VIGNE

I. Formation, préparation, Vignes en pots. — II. Forçage. — III. Soins à donner après le forçage. — IV. Culture retardée. — V. Vignes pour la décoration des tables. — VI. Variétés de Vignes pour la culture forcée.

I. — Formation, préparation, Vignes en pots.

La Vigne est forcée de plusieurs manières : 1° en serre spéciale; 2° en espalier au moyen d'une serre volante; 3° en contre-espalier à l'aide d'une bâche volante.

C'est en serre spéciale où elle est plantée en pleine terre que la Vigne donne les plus beaux résultats. Elle est dirigée en cordon vertical simple ou alterne et reçoit pendant les premières années de formation les mêmes traitements que nous avons décrits pour les Vignes d'espalier au chapitre XX, p. 275 à 290. Ce n'est qu'après la troisième année de formation que l'on peut songer à forcer une nouvelle plantation. La serre n'est pas pour cela inutile; car elle peut abriter d'autres arbres en pots cultivés en troisième saison. Il est très important que les jeunes Vignes soient chaque année mises à l'air en enlevant dès le mois d'août les châssis de la serre pour ne les remettre qu'en février ou mars.

Les Vignes cultivées en pots (fig. 206) sont obtenues par la bouture par œil (voir le chap. IX, parag. VIII, p. 109, et le chap. XX); elles peuvent fructifier dès la seconde année si elles ont poussé vigoureusement la première; mais il faut souvent attendre la troisième végétation. La jeune bouture reçoit plusieurs rempotages; pour le dernier on se sert de pots de 30 à 35 centimètres de diamètre. Un peu avant la fin de la végétation les arrosages sont supprimés, afin de favoriser l'aoûtement du bois.

Ces plants de Vigne sont mis le long d'un mur au nord

Fig. 206. — Vigne cultivée en pot.

en attendant le forçage ; et plus tard, s'ils sont jugés bons pour cette culture, ils sont taillés à huit ou dix yeux et palissés en spirale sur un tuteur métallique qui a lui-même cette forme ou autour de trois tuteurs (fig. 206). De ce huit ou dix yeux, les plus élevés, au nombre de cinq ou six seulement, donnent naissance à des bourgeons capables de donner des grappes; ces bourgeons sont pincés à une feuille ou deux au-dessus de la première ou la seconde grappe; certains, les plus faibles, peuvent être pincés immédiatement au-dessus de la grappe.

Pour les Vignes en espalier ou en contre-espalier, sur lesquelles on désire monter une serre ou une bâche volante, il suffit seulement de ne pas les laisser donner une récolte trop abondante pendant la saison qui précède le forçage et de leur administrer avant le départ de la végétation une forte dose d'engrais liquide (l'engrais flamand, le sang de bœuf sont parmi les meilleurs).

Les Vignes âgées traitées de cette manière réussissent parfaitement.

Une opération préliminaire, indispensable aussi, est le nettoyage des cordons; cela consiste en un grattage des vieilles écorces. Un badigeonnage avec une bouillie de chaux et de sulfate de cuivre, étant ensuite appliqué, est des plus efficaces pour combattre toutes les maladies cryptogamiques. La dose est celle-ci : 20 kilogr. de chaux et 10 kilogr. de sulfate de cuivre pour 100 litres d'eau.

II. — Forçage.

En culture de haute primeur on peut commencer le forçage de la Vigne dès le mois de novembre; mais il est préférable de ne le faire qu'en décembre : à la maturité la différence n'est en effet en faveur de la première date que de quelques jours et les risques sont bien plus grands.

Il est très important, pour cette première saison, que les sarments soient bien mûrs (aoûtés) et, autant que possible, qu'ils aient subi les influences de la gelée. Les autres saisons se succèdent jusqu'en février.

Quelle que soit l'époque, le forçage est divisé en cinq périodes pendant chacune desquelles il faut procurer aux arbres des soins et une chaleur convenables; cette dernière doit être moins élevée la nuit que le jour de 1/5 à 1/4 environ. Nous avons donné plus haut les principes généraux que l'on doit suivre en cette occurrence pour le forçage de **tous les arbres. Voici quelques données s'appliquant à la Vigne :**

Entrée en végétation au bourgeonnement. — Pendant la première période, tout en donnant de fréquents bassinages, la température est montée au début à 8 ou 10° pendant le jour, puis augmentée progressivement de façon que le thermomètre marque 15° au moment du départ des bourgeons. Il est bon jusque-là de couvrir la serre jour et nuit lorsqu'il fait froid.

Bourgeonnement à la floraison. — Dès que les bourgeons apparaissent, il est nécessaire d'aérer, vers le milieu du jour et lorsque la température le permet il est même bon d'aroser à l'engrais très dilué.

Alors commence la deuxième période pendant laquelle les petites grappes se montrent. Les bassinages sont continués et la température peut varier entre 16 et 18°.

Floraison et fécondation. — Les jeunes grappes fleurissent bientôt et le forçage entre dans la troisième période. Pendant quelques jours les bassinages sont supprimés et, la température du dehors le permettant, les ventilateurs sont légèrement ouverts afin de donner un peu d'air. Il faut néanmoins conserver à l'intérieur un peu d'humidité en versant de l'eau sur les tuyaux et sur le sol. La chaleur peut être à ce moment montée à 20 ou 22° dans le jour.

Formation des grains à maturation. — La fécondation terminée, les bassinages sont repris, et c'est la quatrième période qui s'effectue. Nous ne voulons pas insister sur les soins d'ébourgeonnement, de pincement, de palissage et surtout de cisellement des raisins que nous avons décrits en traitant de la culture de la Vigne au jardin fruitier (voir le chap. XX).

Maturation. — Pendant cette période de la maturation, le temps le permettant, l'aération est augmentée; et, s'il s'agit d'une deuxième ou troisième saison, le chauffage est presque nul pendant le jour; la température doit être pourtant de 24 à 28°.

Les bassinages deviennent plus rares à mesure que les raisins grossissent; ils cessent à peu près complètement lorsque les grains *tournent*. La maturité s'achève ainsi en maintenant dans la serre une atmosphère relativement sèche.

Suivant l'état de perméabilité du sol, il est nécessaire d'administrer quelques arrosements pendant le cours de la végétation. Il est toujours bon d'adjoindre à l'eau, qui doit toujours être prise dans le bassin de la serre, 1/15 ou 1/20 d'engrais flamand. Afin de combattre l'oïdium, du soufre est répandu de temps à autre sur les tuyaux.

Durée du forçage. — La durée du forçage est assez variable selon qu'il est fait en première et en troisième saison ; il faut compter environ 4 mois et demi, dont voici la répartition : début du forçage à floraison, en première saison 60 à 70 jours, en troisième 50 à 60 jours ; floraison et fécondation 10 à 15 jours ; floraison à maturation 2 mois.

III. — Soins à donner après le forçage.

La récolte étant terminée, la serre est découverte, en profitant pour cela d'une journée sombre et pluvieuse.

Il serait nuisible de forcer en première saison les mêmes Vignes pendant deux années consécutives ; aussi les laisse-t-on reposer pendant une année.

Les coursonnes sont toutes taillées à un œil afin d'obtenir pour l'année suivante de beaux sarments fructifères et les châssis sont remis au printemps, mais la serre n'est pas chauffée. Il n'en est pas de même pour les cultures de deuxième saison et celles de serre froide, où les Vignes peuvent fructifier sans inconvénient tous les ans. On leur applique alors la taille à long bois décrite au parag. X, p. 289.

IV. — Culture retardée.

La culture retardée a une certaine importance, parce que l'on peut conserver du raisin sur pied jusqu'en décembre. Le *Frankenthal*, le *Black Alicante*, le *Muscat d'Alexandrie* et même le *Chasselas doré* sont des variétés se prêtant bien à cette culture et que l'on traite de la façon suivante :

La serre est fermée au printemps et aérée après la formation des grains ; puis les panneaux sont enlevés une dizaine de jours après et remis en octobre. Dès ce moment la serre doit être tenue sèche en chauffant de temps à autre et en ventilant ; 2 à 3 degrés de froid ne peuvent nuire au raisin. Il faut passer les grappes en revue plusieurs fois la semaine. Les soins pendant l'été sont les mêmes qu'en plein air ; il ne faut pas oublier le ciselage. (Voir le chap. XX).

Les serres portatives qui ont été utilisées pour la culture avancée conviennent très bien pour cet usage. Pour les serres que l'on ne peut pas dépanneauter, il faut aérer abondamment chaque nuit pendant tout l'été.

V. — Vignes pour la décoration des tables.

Dans quelques pays, et en Angleterre principalement, la décoration florale des tables est souvent complétée par de minuscules arbres fruitiers, par des Vignes principalement, chargés de fruits et qui sont très curieux.

Pour ces dernières on choisit des Vignes élevées et cultivées en pots comme il est dit au paragraphe I de ce chapitre; mais comme le pot est trop grand, on introduit le sarment dans un pot posé sur la terre du précédent bien plus petit, de 15 à 16 centimètres de diamètre, par le trou inférieur, avant de le mettre en végétation. On emplit ce petit pot de terre très fertile, on dirige le sarment en spirale ou sous une autre forme et on force la Vigne comme il est dit dans les précédents paragraphes en tenant toujours fraîche la terre du petit pot. Pendant la végétation ce sarment émet de nombreuses racines dans ce pot, si bien que lorsque le raisin est mûr, il suffit de couper le sarment sous ce petit pot pour avoir une très jolie Vigne minuscule chargée de grappes qui, se trouvant dans un petit récipient, est très originale, fait bon effet sur la table, et les convives peuvent eux-mêmes cueillir leur raisin.

VI. — Variétés de Vignes pour la culture forcée.

Raisin blanc ou rose : Chasselas doré de Fontainebleau; Forster's Sedling; Muscat d'Alexandrie; Chasselas rose.

Raisin noir : Frankenthal ou Black Hambourg; Lady Downe's Seedling black; Muscat de Hambourg; Black Alicante; Gros Colman.

CHAPITRE XXXII

CULTURE FORCÉE ET RETARDÉE DU PÊCHER ET DES ARBRES A FRUITS A NOYAUX

I. Formation et préparation des arbres. — II. Forçage. — III. Culture retardée. — IV. Variétés d'arbres fruitiers à cultiver en serre. — V. Cultures dérobées dans les serres.

I. — Formation et préparation des arbres.

En culture forcée et pour le Pêcher il ne faut pas s'attarder à établir des grandes formes ; les plus simples sont les meilleures : ce sont l'U simple et l'U double que l'on doit préférer. Nous avons donné au chap. XXI, p. 291 à 307, les moyens de les obtenir ; nous avons de même décrit pour chacun des autres arbres à fruits à noyaux (chap. XXII, p. 308 à 312) les traitements relatifs aux ramifications fruitières et les soins à donner pendant les premières années de formation ; ils sont applicables ici et nous n'y reviendrons pas.

Le forçage ne peut être fait avec succès qu'après la 3ᵉ ou 4ᵉ année qui suit la plantation.

Un mur garni de Pêchers ou d'Abricotiers peut aussi, à l'instar de ce qui est fait pour un mur de Vignes, être abrité d'une serre volante. Une plantation en pleine terre de Pêchers, d'Abricotiers, de Pruniers et de Cerisiers élevés en petits fuseaux peut aussi faire l'objet d'une culture de 3ᵉ saison à l'aide d'une serre volante à double pente montée pour la circonstance.

Les Pêchers, Pruniers et Abricotiers cultivés en pots sont choisis greffés sur Prunier ; les Cerisiers à préférer sont ceux greffés sur Sainte-Lucie. Si l'empotage est fait quelques semaines seulement avant le forçage, les arbres sont arrachés en mottes en profitant d'une faible gelée, la terre est alors plus adhérente et la motte se forme et tient mieux. En toutes circonstances il ne faut pas laisser produire de fruits ou très peu aux arbres destinés à être forcés l'année suivante. Ne jamais commencer le forçage avant que des gelées aient arrêté complètement la végétation des arbres.

II. — Forçage.

La première saison est commencée en janvier, les autres lui succèdent à un mois environ d'intervalle.

Mise en végétation. — Les arbres reçoivent une taille sommaire, puis un bon arrosage à l'engrais flamand, quelques jours avant de chauffer. La première semaine, la température est élevée de 5 à 10°; puis, progressivement, jusqu'à 15 ou 18° pendant les 4 à 5 jours précédant la floraison. On bassine plusieurs fois par jour pendant cette première période.

Floraison, bourgeonnement. — Six semaines environ s'écoulent et la floraison s'effectue; on supprime momentanément les bassinages, mais on bassine les sentiers; la température peut être sans inconvénient réduite à 10 ou 12°, de cette façon la floraison dure plus longtemps, en multipliant les chances d'une bonne fécondation, à moins que le soleil ne l'élève lui-même davantage; son intervention est évidemment très efficace pour assurer la fécondation; si les rayons sont trop forts il faut aérer et ombrer légèrement.

Formation du noyau. — Quelques jours après commence la 3e période, pendant laquelle les bassinages sont repris. La température est élevée progressivement jusqu'à 20° au moment critique de la formation du noyau pendant laquelle on ne doit pas trop pousser la végétation, ce qui déterminerait la chute des fruits. Le soleil aidant, cela est facilement obtenu et quelquefois dépassé, ce qui n'est pas nuisible, car toute chaleur naturelle est toujours très profitable. Ebourgeonnement, pincement, palissage, abri des fruits avec les feuilles sont pratiqués comme nous l'avons expliqué aux chap. XXI et XXII; mais avec plus de sévérité peut-être, car en cette circonstance il faut parfois savoir sacrifier le remplacement à la récolte actuelle. Il est très rare que l'éclaircie des fruits soit nécessaire, car, en première saison surtout, beaucoup tombent à la formation du noyau; nous rappelons au cultivateur qu'un trop grand nombre de fruits est préjudiciable aux arbres; nous renvoyons d'ailleurs à ce sujet aux chap. XXI et XXII. Quoi qu'il en soit, il ne faut faire cette éclaircie qu'après la période de la formation du noyau.

Formation du noyau à maturation. — Pendant la 4ᵉ période il ne faut pas négliger l'effeuillage (pour le Pêcher seulement); les bassinages sont continués, ils assurent un beau coloris aux pêches.

Les arbres cultivés en pots réclament durant toute la saison de copieux arrosages à l'engrais coupé au 1/20.

Au moment où les fruits arrivent à maturité, le chauffage est presque inutile; la température du dehors est souvent suffisante et le soleil se charge lui-même de fournir dans la serre la chaleur nécessaire qui est d'ailleurs réglée au moyen des ventilateurs et qui ne doit pas excéder 30°.

Les bassinages sont supprimés quelques jours seulement avant la complète maturité. Lorsqu'il s'agit des 2ᵉ et 3ᵉ saisons on peut, pendant cette période, enlever chaque jour les châssis afin d'exposer les fruits à l'air et de leur faire acquérir toutes les qualités de ceux venus en espalier.

Soins après le forçage. — La récolte terminée, les châssis sont définitivement ôtés par un jour pluvieux; un labour est donné au pied des arbres, en enfouissant des engrais de fumier décomposé et la serre est nettoyée.

On favorise l'aoûtement du bois et on empêche une végétation anormale par un palissage sévère.

Les arbres forcés en 1ʳᵉ saison sont forcés en dernière saison l'année suivante et en 1ʳᵉ ou en seconde la 2ᵉ année. Il n'y a pas avantage à les laisser vieillir, car alors le fruit est moins bon; il faut mieux les remplacer lorsqu'ils sont épuisés. Ceux mis en végétation vers le mois de février peuvent subir le même traitement tous les ans, sauf qu'il faut ombrer et aérer davantage.

Durée du forçage. — De la mise en végétation à la récolte de la première pêche il faut compter 4 mois et demi à 5 mois en première saison, un peu moins pour les autres saisons, ce qui se repartit ainsi selon les périodes : 1ʳᵉ, *Mise en végé-*

tation, 35 à 40 jours; 2°, *Floraison et fécondation*, 18 à 22 jours; 3°, *Formation du noyau*, 40 à 50 jours; 4°, *Maturation*, 30 à 35 jours.

III. — Culture retardée.

Plus que pour le raisin il est utile de prolonger la récolte normale des pêches, en choisissant à cet effet des variétés tardives : *Téton de Vénus, Salway, Admirable jaune, Chevreuse tardive, Vilmorin, Alexis Lepère, Baltet, Bourdine*. Ces variétés, dont quelques-unes ne mûrissent pas sans abri, sont plantées en espalier au sud-ouest ou au sud-est. Dans le courant d'octobre on les abrite par des serres mobiles adossées que l'on complète parfois par un petit termosiphon pour chauffer légèrement selon les besoins. On récolte ainsi des pêches jusqu'en décembre.

IV. — Variétés d'arbres fruitiers à cultiver en serre.

Pêches : Amsden; Alexander; Grosse mignonne hâtive; Alexis Lepère; Belle Beauce; Bourdine; Madeleine rouge.

Brugnons : Précoce de Croncels; Lord Napier; Jaune de Padoue.

Cerises : Anglaise hâtive; Ramon Oliva.

Prunes : Reine-claude dorée; Reine-claude verte; Reine-claude d'Althan; Kirké's; Coés golden drop; Grosse mirabelle

Abricots : pêche; royal; commun.

V. — Cultures dérobées dans les serres.

On peut faire quelques cultures dérobées dans les serres, lors des premières années de plantation et ensuite; mais plutôt dans les serres à Vignes, car cela entrave généralement la bonne végétation des Pêchers en production.

Dès la fin de janvier et de février, on peut semer ou repiquer en pleine terre des : Radis, Épinards, Haricots, Laitues, Romaines, Tomates, Choux-fleurs. Le mieux est évidemment de faire ces cultures en pots, ce qui n'est guère avantageux que pour les Pois, les Haricots et les Tomates, en leur choisissant des grands pots. Ces dernières doivent être palissées assez bas. La culture des Fraisiers ne donne de bons résultats que si on peut placer les pots près du verre et en 2e et 3e saison.

CHAPITRE XXXIII

CULTURE FRUITIÈRE EN PLEIN AIR ET SOUS VERRE

TRAVAUX MENSUELS

Janvier.

Avec le commencement de l'année, il est bien rare qu'il ne survienne de fortes gelées, très souvent accompagnées de neige. Les travaux d'arboriculture sont alors arrêtés; on ne peut s'occuper, à l'intérieur, qu'à la confection des abris en paille, treillages et gabarits de toutes sortes, préparation du badigeonnage, etc. S'il survient des temps plus doux on en profite pour continuer la taille des arbres à fruits à pépins, commencée au mois de novembre précédent. Il est bien entendu qu'en même temps que la taille sont exécutées toutes les opérations qui la complètent : palissage, dressage des jeunes arbres, entailles, etc. Le badigeonnage des arbres à la chaux est également fait pendant ce mois; mais de préférence après avoir fait la taille. Au fruitier, il faut continuer les visites et livrer à la table ou au commerce les fruits mûrs; retirer les fruits tachés, en un mot y apporter tous les soins que nécessite ce local.

En serre on commence la 2e saison du forçage de la Vigne, la 1re du Pêcher et des arbres à fruits à noyaux.

Février.

Pendant ce mois les travaux sont à peu près les mêmes que pendant le précédent : taille, lorsque le temps le permet; taille de la Vigne, du Pêcher, etc. Si la terre n'est pas gelée, on peut, avec les rameaux provenant de la taille de la Vigne, pratiquer le bouturage et le marcottage. Les plantations doivent être également continuées dans ce mois, si toutefois on n'a pu les terminer à l'automne, ce qui est préférable.

Au fruitier les soins sont les mêmes qu'en janvier.

On commence la 3e saison de la Vigne et la 2e du Pêcher, on profite des rayons du soleil et des heures plus chaudes du milieu du jour pour aérer légèrement. Ne pas oublier les bassinages des branches ou l'arrosage des sentiers. Installer les abris vitrés ou serres volantes pour les arbres en espaliers traités en culture hâtée.

Mars.

On doit tailler avec activité afin de terminer ces travaux le plus tôt possible. Après la taille, les labours doivent être exécutés avec précaution à la fourche plate, et en enterrant une bonne couche de fumier décomposé.

C'est le moment de rendre les Figuiers à l'air en choisissant pour cela une journée douce : quelques jours après on leur applique l'éborgnage. C'est aussi le moment de greffer en fente, et de faire les semis des noyaux et pépins stratifiés à l'automne.

Les Pêchers devant bientôt fleurir, il convient de placer au plus tôt les abris en paille ou en planches.

Au fruitier les derniers fruits vont bientôt disparaître, on peut encore employer une journée ou deux lors des mauvais temps à faire un nettoyage général.

Continuer l'installation des abris volants pour les autres saisons. Bassiner les arbres qui sont en serre; ombrer légèrement les serres de Pêchers si le soleil est trop vif, donner un peu d'air dans le milieu du jour, ne chauffer que la nuit, à moins de gelées. Arroser à l'engrais, pincer, ébourgeonner, etc.

Avril.

Les jeunes feuilles font leur apparition sur les arbres; avec elles surgissent les difficultés de toutes les opérations qui constituent la *taille en vert*. Le Pêcher le premier a besoin d'un ébourgeonnement bien compris. Ce sont ensuite les autres arbres : le Poirier sur lequel il faut choisir les prolongements des branches charpentières, les nouvelles séries aux pyramides, palmettes, etc. La Vigne réclame aussi l'ébourgeonnement afin de ne laisser sur chacune de ses coursonnes que le *bourgeon fructifère* et le *bourgeon de remplacement*.

On opère aussi toutes sortes de greffes : en écusson, à œil poussant, en fente, en couronne, etc.

A la fin du mois on retire les abris des Pêchers.

Dans les serres fruitières on chauffe moins et on aère davantage ; on palisse, on ébourgeonne, on cisèle les raisins et on pratique l'incision annulaire. Bassiner, ombrer, aérer. On cueille les premières cerises, les abricots, parfois les pêches et les raisins de 1re saison.

Mai.

On commence la mise des pommes et des poires en sacs.

L'ébourgeonnement est continué et suivi par le premier pincement fait sur le Poirier et le Pommier. Il ne faut pas oublier de pratiquer le palissage des bourgeons sur leur onglet ou sur le treillage. Les bourgeons de la Vigne ont déjà besoin d'un premier sulfatage et d'un soufrage comme traitement préventif contre les maladies cryptogamiques.

Le bourgeon de remplacement de la branche fruitière du Pêcher a besoin aussi d'un premier palissage ; les bourgeons qui accompagnent les pêches sont pincés, etc. Il convient de veiller à ce que les parasites, pucerons et autres, ne fassent leurs ravages sur les arbres ; le pulvérisateur a souvent beaucoup de besogne.

Dans les serres fruitières, mêmes soins que le mois précédent ; on continue la récolte, et celle-ci faite, on découvre les serres en profitant d'un temps de pluie.

Juin.

On continue les pincements et les palissages, le second ébourgeonnement de la Vigne, etc. A la fin du mois quelques pêches hâtives arrivant à maturité, il convient de pratiquer l'effeuillage afin qu'elles se colorent rapidement. On doit en même temps que l'éclaircie des pêches plus tardives faire le second palissage du bourgeon de remplacement et les divers pincements des autres bourgeons.

Pendant les derniers jours du mois on peut commencer le cisellement du raisin. Suivant les années, on récolte aussi les premières cerises.

Dans les serres et abris vitrés on continue la récolte, on donne les mêmes soins en aérant, ombrant, bassinant davantage en raison de la chaleur. L'arbre en culture forcée achève sa végétation et le bois mûrit; l'arbre en culture avancée continue la sienne et reçoit les soins déjà indiqués.

Juillet.

Avec le mois de juillet viennent les grandes chaleurs; les arbres en général et le Pêcher en particulier, ont besoin de rafraîchissements qu'on leur procure en les bassinant matin et soir. Les pincements et les palissages se continuent pour les Poiriers, Pommiers, etc.; de même que l'effeuillage sur le Pêcher. On peut, pour ce dernier, commencer la taille en vert des ramifications qui ont donné leurs fruits. Dans ce mois, on pratique le greffage par approche, afin de combler les vides à la place des branches fruitières manquantes.

Plusieurs variétés de pêches doivent être récoltées; de même que les cerises, quelques prunes et les premières poires (*Doyenné de juillet*).

Les derniers palissages assurent la maturité du bois des arbres forcés; aérer et bassiner la Vigne en culture avancée; découvrir les Pêchers.

Août.

Les travaux sont à peu près les mêmes que ceux du mois précédent : le pincement devient le cassement, les bourgeons étant devenus ligneux. On continue le greffage par approche; on pose les premiers écussons à œil dormant sur les sujets dont la végétation est presque terminée. On peut également essayer quelques greffes de boutons à fruits vers la fin du mois, mais sur des arbres ne poussant plus beaucoup, sous peine de voir les boutons fleurir quelques jours après. On récolte les pêches, les poires, les prunes, les premières pommes et le premier raisin. Dans la première quinzaine on récolte les figues après avoir mis sur l'œil une goutte d'huile, quelques jours auparavant, pour en hâter la maturité.

Les arbres qui ont été forcés sont au repos, les autres reçoivent les mêmes soins.

Septembre.

Pendant ce mois, on continue les greffages indiqués le mois précédent, surtout la greffe des boutons à fruits, que l'on peut, dès lors, opérer en toute sécurité. Les raisins sont mis en sacs et, en même temps, on pratique un premier effeuillage.

Il convient de commencer une opération importante : la suppression des onglets sur tous les arbres en général. Les cordons de Pommiers en formation sont courbés à cette époque; on enlève progressivement les sacs recouvrant les pommes et les poires et on applique les dessins pour les pommes armoriées.

Dans la dernière quinzaine on pratique les défoncements pour les terrains où l'on désire planter à l'automne.

On récolte les poires, pommes, pêches, raisins, etc.

On donne les derniers soins aux cultures avancées, on visite les arbres et les fruits destinés à la culture retardée.

Octobre.

Ce mois est des plus agréables pour l'arboriculteur, car la récolte se fait en grand : poires et pommes d'hiver, raisins, etc. Ces fruits sont soigneusement rentrés au fruitier, qui demandera à partir de cette époque des visites et des soins fréquents. Les défoncements sont continués; et les plantations d'automne sont opérées avec tous les soins voulus.

On pose les serres volantes sur les arbres en culture retardée en espaliers et on installe les abris vitrés pour les arbres en contre-espaliers.

Novembre.

Mêmes travaux que pendant le mois précédent : dernière cueillette, soins au fruitier, défoncements, plantations, etc. On procède aussi au couchage des Figuiers ou à leur empaillage, afin de les préserver de la gelée. Les feuilles tombant, commencer la taille des arbres à fruits à pépins.

S'il fait humide ou trop froid, on chauffe légèrement, en

aérant, lorsque c'est possible, les serres, abritant les arbres en culture retardée. Nettoyer les serres fruitières pour la 1re saison du forçage : chauler les arbres, décortiquer et chauler la Vigne, labourer et incorporer les engrais dans le sol.

Décembre.

Les gros travaux sont continués lorsque le temps le permet. On profite des temps de gelée pour transporter les engrais, défoncer, etc. Par les journées douces on continue la taille, le nettoyage, l'émoussage et le badigeonnage des arbres.

Mêmes soins en culture retardée qu'en novembre; on récolte les derniers fruits. Mêmes soins aussi dans les serres fruitières; on commence la 2me saison de Vignes après un arrosage à l'engrais flamand.

A l'intérieur. — Lors des pluies, les travaux à l'intérieur ne manquent pas : nettoyage du fruitier, confection des abris en paille, gabarits; raccommodage des sacs à raisin; peinture, nettoyage, remplacement des vitres et mise en état des serres et des abris; préparation des étiquettes, [des osiers, des tuteurs, etc.

TROISIÈME PARTIE

LE JARDINAGE ET L'HORTICULTURE D'AGRÉMENT

1° *Les Jardins d'ornement et leur création.*
2° *Les arbres et les arbustes d'ornement.*
3° *L'ornementation des Jardins.*
4° *Les plantes de plein air, annuelles, bisannuelles, vivaces, bulbeuses, etc.*
5° *Les serres, les abris et les plantes de serre.*
6° *Quelques cultures spéciales et opérations usuelles.*
7° *La production des bonnes graines.*
8° *Cultures forcées et avancées.*
9° *Les serres d'agrément.*
10° *Emploi des plantes et des fleurs dans l'ornementation.*

Après l'utile, l'agréable. Le jardin serait triste sans aucune fleur et il est peu de personnes qui se bornent au jardinage d'utilité. Toujours dans le jardin de l'ouvrier et du bourgeois les arbres, les légumes et les fleurs voisinent. Il en est de même dans ce livre.

Puisqu'il a été parlé de l'établissement du jardin potager et du jardin fruitier, il n'était que juste que j'initie mes lecteurs à la création des jardins d'agrément, à leur plantation et à leur décoration. C'est pourquoi l'arboriculture d'ornement, qui joue un certain rôle, n'a pas été oubliée.

Les différents groupes de l'horticulture d'agrément ont été placés dans leur ordre naturel et logique : on établit le jardin, on y plante des arbres et des arbustes, on y sème du gazon et on y met des fleurs; les châssis et quelquefois une petite serre viennent compléter le tout et fournissent une partie des fleurs qui l'ornent, tandis que les autres vont décorer l'appartement en compagnie des fleurs coupées dans le jardin. C'est pourquoi j'ai dit quelques mots des bouquets et des corbeilles après avoir consacré un chapitre à quelques plantes actuellement en vogue.

CHAPITRE XXXIV

LES JARDINS D'ORNEMENT

I. Jardins symétriques. — II. Jardins paysagers. — III. Jardins mixtes. — IV. Etude du plan. — V. Jardins alpins. — VI. Tracé et exécution des travaux. — VII. Terrassements et nivellements des pelouses et des massifs. — VIII. Plantations. — IX. Corbeilles et plates-bandes de fleurs. — X. Le gazonnement dans le Nord et dans le Midi et les plantes gazonnantes. — XI. Les rivières et les pièces d'eau. — XII. Les roches et les rocailles. — XIII. Les constructions rustiques. — XIV. Canalisation pour l'arrosage. — XV. Arrosage et bassinage. — XVI. Fauchage et entretien des gazons.

L'art des jardins modernes ne possède pas une classification aussi compliquée qu'elle le fut il y a quelques années. Aujourd'hui, on s'accorde à reconnaître trois styles principaux : 1° le style symétrique; 2° le style paysager, 3° le style mixte ou composite. Chacun de ces styles renferme certainement plusieurs genres, mais que nous ne pouvons examiner en détail dans ce livre.

I. — Jardins symétriques.

Le style symétrique, qui comprend tous les jardins réguliers, est d'essence absolument française. Il est la modification complète des jardins italiens. Il fut appliqué et perfectionné par le célèbre architecte de jardins Le Nôtre. C'est pour cela que l'on nomme très souvent les jardins réguliers *jardins français*.

On ne fait plus maintenant de ces vastes jardins réguliers comme ceux de : Versailles, Saint-Cloud, Marly, etc. Ce sont des créations trop coûteuses à cause des mouvements

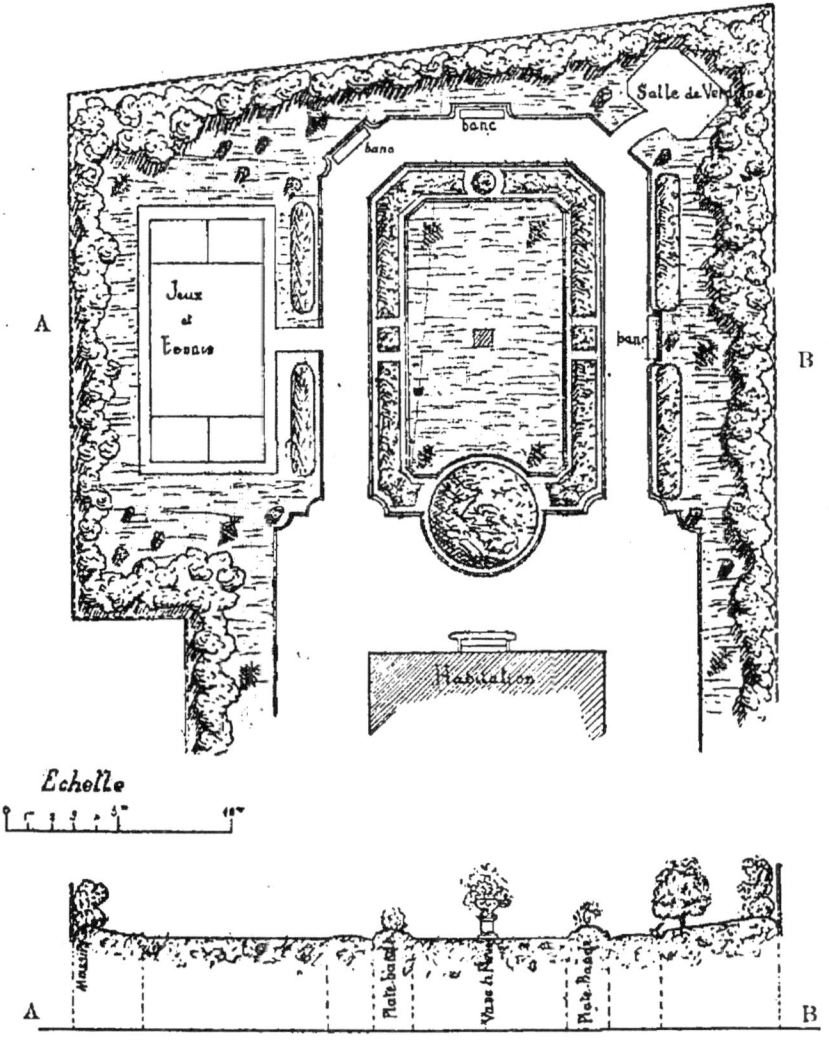

Fig. 207. — Petit jardin symétrique (dit à la française) avec salle de verdure, jeux de tennis et fleurs. (Plan et profil en travers en A. B.)

de terre qu'elles comportent. Mais ce style est couramment appliqué, cependant, dans les parties avoisinant les habitations, principalement devant les constructions architecturales, et il se résume en des parterres et boulingrins plus ou moins vastes. Les jardins fleuristes sont aussi généralement tracés dans ce genre ainsi que certains jardins de ville et autres très restreints (fig. 207). Le style symétrique ne comporte que des lignes tracées au compas ou au cordeau; ce n'est que du régulier. Il est le plus bel accompagnement des vastes et grandioses constructions.

II. — Jardins paysagers.

Le style paysager, à qui on applique improprement le nom de *jardin anglais*, diffère du style symétrique par l'absence de régularité; les allées décrivent des courbes plus ou moins prononcées et non géométriques, pour conduire le promeneur aux endroits les plus intéressants. Elles passent tantôt au milieu des massifs boisés, tantôt au milieu des gazons (fig. 208). Très souvent cependant, on remarque une ligne droite, ou une figure curviligne régulière; ce n'est là qu'un emprunt fait au style géométrique, lorsqu'il y a nécessité.

Actuellement on crée davantage de jardins paysagers que de jardins symétriques, car on les exécute avec beaucoup moins de dépenses et leur entretien exige moins de frais. C'est, du reste, le jardin qui s'allie le mieux avec les maisons de campagne.

III. — Jardins mixtes.

L'adaptation du style géométrique avec le style paysager a amené la création d'un style nouveau tenant des deux styles précédents. Beaucoup de personnes tiennent à avoir devant leur habitation un petit parterre; il est très facile de tracer un parterre plus ou moins grand se développant dans l'axe de l'habitation ou bien d'entourer cette dernière de parterres ou de plates-bandes régulières en harmonie avec l'architecture du bâtiment (B. B., fig. 208). C'est même de cette façon que l'on opère très souvent lorsque la déclivité du sol est très sensible. Le terre-plein est à peu près horizontal et est alors limité par des lignes droites et par des courbes géométriques. Il est très facile de raccorder les lignes droites avec les lignes courbes, sans nuire aucunement au bon aspect du jardin. L'assemblage des deux styles a fait donner à celui-ci le nom de style mixte ou **composite**.

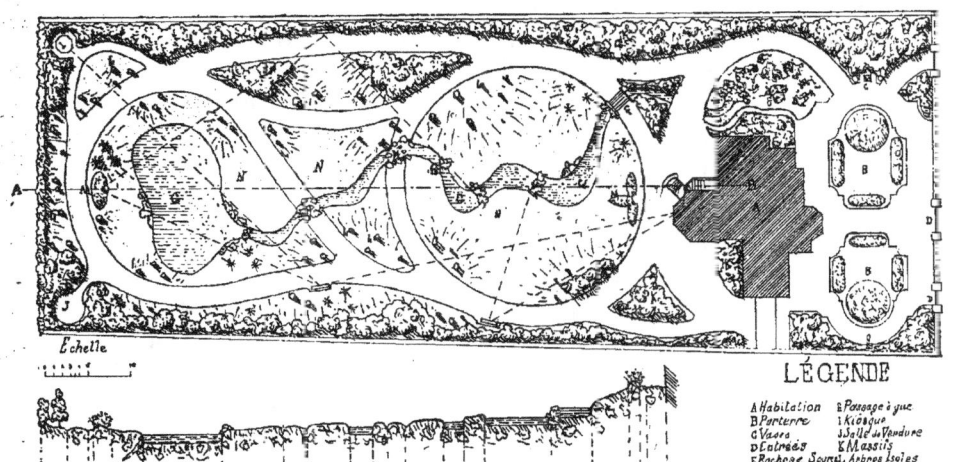

Fig. 208. — Jardin paysager (improprement appelé Jardin anglais) avec petit parterre en BB. (Plan et profil en long en AB.)

IV. — Étude du plan.

On ne peut directement faire un tracé quelconque sur le terrain. Le temps est passé où le propriétaire grisait son jardinier, et lui faisait ainsi parcourir le jardin à tracer, dans lequel la marche peu assurée du jardinier formait des courbes plus ou moins prononcées qui étaient l'axe des futures allées.

Il est préférable, dans tous les cas, d'étudier son plan préalablement, quand on ne devrait faire qu'un simple croquis. Mais pour cela, il faut faire le relevé et le nivellement de la propriété. Si on ne peut le faire soi-même, on trouve toujours dans la région un géomètre qui se charge de ce travail et l'établir à une échelle donnée de 1,2,5 millimètres ou 1 et 2 centimètres pour mètre.

C'est sur ce plan que l'on étudie le passage des allées. Dès lors il ne faut pas oublier que celles-ci doivent mener le plus directement possible partout, sans toutefois nuire à l'aspect de l'ensemble en coupant les belles perspectives. Il fut une période où l'on s'attacha à faire une allée qui se rapprochait le plus possible des limites de la propriété et qu'on nomma allée de ceinture. Aujourd'hui, on ne s'applique à faire une allée de ceinture proprement dite que dans les petites propriétés, où l'agrément et les vues doivent être trouvés dans la propriété même. Si l'on fait encore une allée circulaire dans les grandes propriétés, celle-ci ne suit pas aussi rigoureusement les limites extérieures, car généralement on laisse des percées en dehors du parc. Il n'est donc pas aussi nécessaire de vouloir augmenter fictivement la surface puisque la propriété semble s'étendre en dehors de ses limites.

L'allée d'arrivée doit être étudiée en premier; après elle vient l'étude des allées principales, puis des allées secondaires, desservant certains bâtiments ou étant tout simplement réservées à la promenade. On s'occupe ensuite des eaux, vallonnements, constructions, rochers, plantations, gazons, etc. Lorsque le terrain est un peu mouvementé il est bon de faire quelques profils (AB, fig. 208) qui sont le meilleur guide pour les terrassements.

L'étude d'un parterre ne diffère pas quant à la manière d'opérer, sauf qu'au lieu de tracer les courbes à la main on a recours au compas et à la règle pour les lignes droites.

Dans l'étude d'un jardin régulier il ne faut pas donner de fausses directions aux allées ; on doit s'appliquer, autant qu'il est possible de le faire, à diriger celles-ci sur des parties saillantes de l'habitation lorsque le parterre est créé près d'elles. L'axe de cette dernière doit correspondre, autant que possible, avec l'axe du parterre. Il faut relier les lignes du parterre à celles des constructions. En un mot, l'architecture du parterre doit être coordonnée avec celle de l'habitation.

Pour les études de projets de jardins je ne saurais trop engager les propriétaires à s'adresser à un paysagiste, qui leur dressera les plans, devis, établira les listes de plantations ; libre à eux après de faire exécuter les travaux comme ils l'entendront.

Pour les grands travaux il faut même, de préférence, en confier l'exécution à un entrepreneur de travaux de parcs et de jardins, ou tout au moins la direction à un paysagiste.

V. — Jardins alpins.

Le jardin alpin n'est pas, comme on pourrait le croire, la reproduction d'un ensemble de montagnes mais plutôt la reproduction d'une scène montagnarde dans le groupement des roches et des plantes (fig. 209).

Le point essentiel, après la question artistique de l'arrangement, est de savoir réunir dans un espace relativement restreint les différentes conditions qui sont indispensables à la vie des plantes : sol, humidité, exposition, etc.

Pour l'établissement d'un jardin alpin, puisqu'il doit être accidenté, on choisira donc la partie de la propriété la plus accidentée et on se trouvera bien de le placer, si toutefois cela est possible, à proximité d'une pièce d'eau.

Si le terrain dont on dispose est assez vaste et ne présente pas suffisamment d'accidents, on accentuera le vallonnement de façon à rappeler une scène naturelle ; en outre, on pourra y apporter quelques embellissements quant à la disposition des roches, qui devront conserver une certaine harmonie et ne pas être entassées pêle-mêle.

Un ornement du jardin alpin, c'est l'eau, qui, indépendamment de son rôle principal dans la végétation, inspire un sentiment de calme et de gaîté tranquille. On créera donc, s'il n'en existe pas, un petit ruisselet raviné terminé par une nappe d'eau que peuvent décorer quelques plantes aquatiques et semi-aquatiques.

Mais cet ensemble de : roches, gazons et fleurs devra se détacher sur un fond sombre d'arbres ; par exemple, quelques plantations de Sapins augmenteront le relief des hauteurs. Aux abords du ruisseau on groupera et on disséminera des plantes : Spirées, Carex, Aquilegia, Arundo, etc.

De loin en loin quelques plantes de tourbières et autres : Conifères, Rhododendrons ajouteront encore au charme du lieu ; quant aux points dénudés et sauvages, ils seront meublés par les plantes saxatiles.

La nature des roches se rattachant intimement à celle des plantes relativement au sol, il s'ensuit que l'on devra réunir dans la même zone, autant que possible, les plantes calcifuges ; dans une autre, toutes les plantes réclamant les roches granitiques, etc.

VI. — Tracé et exécution des travaux.

Les Allées. — Le plan étant étudié, il faut avant de travailler faire le tracé. On commence par établir l'axe des allées principales que l'on double ensuite, puis les allées secondaires, ce qui permet d'avoir des raccordements plus corrects. Ceci terminé, on fixe les points de hauteur et alors on peut attaquer les travaux. Les allées sont dressées, car elles guident les déblais et les remblais dans les pelouses. Les terres que l'on enlève sont employées pour former des mamelons et grossir les emplacements des massifs. Généralement lorsque l'on manque de bonne terre, on enlève celle des allées, que l'on remplace par d'autre de qualité inférieure. Une fois les allées dressées, on s'aperçoit mieux des corrections qu'il faut faire dans les pelouses ; puis lorsque ces premières doivent être empierrées, on en prépare l'emplacement. Le long de la bordure il faut toujours laisser un espace large de 10 à 20 centimètres sans être empierré, sans quoi les pierres glissent toujours contre celle-ci et lorsque l'on fait les découpages du gazon on est très gêné et on abîme les outils.

VII. — Terrassements et nivellements des pelouses et des massifs.

Aussitôt les allées ébauchées, on procède au dressement des parties qui doivent être gazonnées et à celles qui doivent recevoir les plantations d'arbres et d'arbustes.

Fig. 209. — Jardin alpin.

Afin d'éviter toute fausse manœuvre, on établit un profil dans l'axe des pelouses (A,B, fig. 207 et 208), qui est généralement le point le plus bas des vallonnements. Le milieu du vallonnement est généralement maintenu au même niveau ou légèrement plus bas que les allées latérales dans les terrains horizontaux ou légèrement inclinés; au niveau moyen des deux allées latérales lorsque celles-ci sont à des hauteurs différentes. Il ne faut pas croire, pour les allées qui traversent les pelouses, que ce sont elles qui commandent la hauteur des gazons; ce serait une grave erreur, car ce sont elles qui, au contraire, doivent suivre le mouvement du sol. Par conséquent, on fait en sorte qu'il n'y ait aucune cassure dans les pelouses et dans les bordures; que les pentes soient adoucies dans certains endroits, afin que chaque chose se compense.

Les côtés latéraux d'une pelouse forment toujours une proéminence par rapport au vallonnement central et cette proéminence est plus accusée, plus accentuée, au croisement des allées ou à tous les endroits occupés par un massif d'arbres et d'arbustes, un groupe de végétaux isolés ou une corbeille de fleurs. Ce sont ces sortes de mamelons qui accusent le mouvement du sol, car le sol se raccorde à eux par des ondulations plus ou moins accentuées, selon que les différences de hauteurs sont plus ou moins sensibles.

Dès que le profil en long est établi, on fait des profils en travers; de cette façon, on est immédiatement fixé sur les déblais et les remblais à effectuer.

L'établissement des profils en long et en travers est principalement nécessaire dans toutes les parties qui exigent des déplacements de terre assez considérables. Dans un terrain où il y a peu de changements à faire, il suffit d'établir le profil central auquel on donne une largeur de 60 à 80 centimètres.

Dans le premier cas, avant de commencer le déblaiement, on défonce un peu les parties qui doivent être remblayées pour que les remblais fassent corps avec le sol existant, et on déblaie les parties trop hautes, en portant des terres sur les parties à surélever; puis les premières sont défoncées convenablement. Si l'on défonçait toutes les parties avant on s'exposerait à un double travail : 1° les parties devant être remblayées auraient reçu un défoncement inutile; 2° celles qui doivent être déblayées ne le seraient plus assez et, par conséquent, le défoncement serait à recommencer.

Dans le second cas, lorsqu'il y a très peu de déplacements de terre à effectuer, on peut défoncer d'abord toutes les parties, puis faire le nivellement, en transportant à la brouette les terres là où il y en a besoin. Il va sans dire que dans les terrains pierreux, tous les cailloux sont soigneusement enlevés en défonçant et déposés dans les allées qu'ils serviront à empierrer.

Il ne faut pas du premier coup vouloir niveler complètement le sol ; on établit simplement les mouvements de terrain et ce n'est qu'au moment de semer le gazon que l'on procède aux règlements définitifs. Cette manière d'opérer est la meilleure, en ce sens que si un vallonnement n'est pas tout à fait correct, on peut le modifier sans que cela entraîne à trop de frais ; car lorsque tout est dressé *grosso modo* on l'aperçoit aussi bien que si le dernier règlement était terminé et c'est en faisant le dernier règlement que l'on s'aperçoit des modifications nécessaires. Il arrive également qu'il se produit des tassements sur les remblais importants faits avant l'hiver ; dans ce cas, le règlement définitif n'aurait servi à rien. Lorsque les règlements du sol ont été faits avant l'hiver et que le semis du gazon ne doit se faire qu'au printemps, la terre se tasse et il est très difficile de la préparer convenablement pour recevoir la graine ; tandis que les légères modifications que nécessite le dernier nivellement font qu'on remue tant soit peu la terre partout, ce qui l'ameublit.

Avant de semer le gazon, il est bon de donner un coup de fourche crochue au sol, et d'enlever les mauvaises herbes, pierres, etc. Dans les sols pierreux ou remplis de mauvaises herbes, on fait suivre ce travail d'un coup de râteau qui enlève tous ces corps étrangers. Mais ce travail n'est nullement nécessaire lorsque le sol est propre, et on ne le fait que pour les bordures des massifs d'arbustes et des corbeilles de fleurs et parfois également pour celles des pelouses. Dans un jardin régulier, la manière d'opérer pour les terrassements ne diffère seulement qu'au lieu de faire du vallonnement on établit des parties planes, et au lieu d'avoir un relief curviligne, c'est la plupart du temps un relief rectiligne.

VIII. — Plantations.

Nos lecteurs trouveront au chap. XXXV, « *Les arbres et les arbustes d'ornement* », paragraphe VI, « *Disposition des planta-*

tions », des données pour la distribution de ces végétaux dans un jardin, et au paragraphe II, « *Soins à la déplantation et à la replantation* », des données pour l'opération matérielle.

IX. — Corbeilles et plates-bandes de fleurs.

Les corbeilles de fleurs se placent en plus grand nombre près de l'habitation et dans les parties un peu fréquentées. Leur présence doit être motivée par quelque chose. Lors de l'exécution on les appuie par une petite éminence. Elles doivent être bien défoncées et le sol, si besoin est, doit être remplacé ou amendé avec de l'autre terre, afin d'offrir un milieu favorable aux fleurs qu'elles doivent recevoir. Ce sont généralement les corbeilles elliptiques qui sont les plus usitées dans les jardins; parfois au croisement de deux allées, dans une pointe on fait plutôt une corbeille ovale. Les corbeilles rondes se font le plus souvent dans les parties régulières. Lorsque l'on règle le terrain, le niveau de la corbeille doit se raccorder avec le terrain ordinaire; ce n'est que lorsque le gazon est levé que l'on procède au découpage et qu'on la bombe davantage.

L'établissement des plates-bandes de fleurs dans les jardins réguliers ne diffère aucunement quant à la manière d'opérer; mais au lieu d'avoir des bordures dont le niveau est variable, on doit avoir toutes les bordures régulièrement dressées.

X. — Le gazonnement dans le Nord et dans le Midi et les plantes gazonnantes.

Si l'on opère dans un terrain sablonneux ou léger, il est préférable de faire le nivellement quelques jours avant le semis du gazon, pour que la terre ait le temps de se tasser un peu. Mais si l'on opère dans une terre assez consistante, comme le sont les terres argileuses et les terres franches, l'ameublissement du sol à la fourche crochue et le coup de râteau doivent être donnés au moment même de faire le semis, alors que la terre est bien ameublie.

Lorsque l'on opère dans des terres pauvres, je ne saurais trop conseiller d'étendre à la surface du sol une petite couche de terreau de fumier de vache, de boues de ville, curures de fossés, ou de toute matière analogue, ainsi que du sulfate de fer, dans le but de fournir au gazon les éléments nutritifs qui sont nécessaires à son premier développement et qu'il ne pourrait trouver dans la terre ordinaire. Si le terrain est trop froid, que le sol soit humide ou trop compact, ces matériaux sont remplacés par du terreau de fumier de cheval auquel on peut ajouter des terres de routes, qui divisent très bien le sol.

On ne doit pas semer le gazon immédiatement sur cette couche rapportée, mais mélanger celle-ci à la couche superficielle avec la fourche crochue. On constitue donc ainsi un milieu très favorable à la bonne venue du gazon. Quoique cette manière d'opérer augmente un peu les frais, on doit l'employer toutes les fois qu'il est possible, car les gazons ainsi obtenus seront bien plus beaux et se conserveront plus longtemps.

Une fois ce travail terminé, on dresse les bordures et l'on trace les filets, qui ne sont autre chose qu'un léger sillon fait à l'aide du râteau et qui limite toutes les parties gazonnées, en bordure des allées, autour des corbeilles, plates-bandes, massifs d'arbustes, etc.

Il faut se procurer de bonnes graines de gazon, en s'adressant à un marchand grainier consciencieux. En lui expliquant dans quelles situations se trouve le terrain que l'on veut gazonner : à l'ombre, au soleil, en pente, etc. ; quelle est la nature du sol : sablonneux, crayeux, argileux, aride, humide, ordinaire ; il formera le mélange en conséquence, mélange que l'on nomme couramment *Lawn-grass* et non *Ray-grass*, comme on le dit parfois, le Ray-grass anglais ou d'Écosse n'étant qu'une seule Graminée : le *Lolium perenne*, qui n'a pas de durée et avec lequel on ne peut constituer que des gazons temporaires, lorsqu'il est employé seul, mais qui entre dans tous les mélanges, parce qu'il constitue de suite un beau gazon.

Comme indication voici les Graminées qui peuvent entrer dans la constitution des gazons : sol ordinaire *Ray-grass*, *Paturin des prés*, *Agrostide stolonifère*; sol sec : *Ray-grass*, *Agrostide stolonifère*, *Fétuque ovine*, *Paturin des prés* ; à l'ombre : *Ray-grass*, *Paturin des bois*, *Flouve odorante*, *Fétuque à petites feuilles*, *F. hétérophylle*. On peut également semer du *Trèfle blanc* dans les terrains secs et en pente. La quantité de graines à semer est de 1 à 2 kilogrammes à l'are. Un kilogramme suffit lorsqu'on a de grandes surfaces et 2 kilogrammes suffisent à peine lorsqu'il y a beaucoup de bordures à semer. A moins que les filets ne soient à plat, il ne faut pas semer de graines spécialement dedans, car il en tombe généralement assez des bordures lorsque celles-ci sont en pente. Le semis se fait à la volée, le plus régulièrement possible. Aussitôt terminé, on donne un coup de griffe pour enterrer la graine, puis on tasse le sol à l'aide du rouleau ou de la batte, ensuite on étend au-dessus une légère couche de terreau. Je dirai tout de suite qu'il est préférable de ne point rouler le terreau. Parfois le mélange n'est pas fait; on sème d'abord les grosses graines, on les enterre et on sème les petites ensuite sans les recouvrir ou en recouvrant d'un peu de terreau seulement.

S'il fait sec, il faut arroser fréquemment et lorsque le gazon est levé le rouler plusieurs fois pour le faire taler. Dès qu'il a huit à dix centimètres de haut, il faut le faucher à la faux. Les autres fois on peut se servir de la tondeuse (fig. 20, p. 52); plus on voudra avoir un gazon fin et court, plus il faudra le tondre.

On peut aussi constituer des gazons de suite par le placage, surtout pour les bordures droites et les parties en pente. Il suffit d'enlever des plaques de gazon de 30 centimètres sur 25 soit dans une pelouse, soit dans une gazonnière, de les poser, de les battre et même de les retenir avec des chevilles si le terrain est incliné. De bons arrosages doivent suivre.

Plantes gazonnantes. — Dans les endroits par trop ombragés on peut constituer les gazons avec des : Lierre des bois que l'on repique ou que l'on plaque comme le gazon; Pervenche, Aspérule, Millepertuis. Sur les talus arides les : Achillée Millefeuille, Fétuque glauque, Gazon turc, Lamier maculé, Pyrèthre de Tchihatcheff, Sedum, Statice Armeria, etc.

Gazonnement dans le Midi de la France. — Avec les chaleurs estivales il est très difficile de conserver les gazons beaux dans le Midi; on les retourne en mai-juin et on les sème de nouveau tous les ans en septembre-octobre. Dans ces conditions, ces gazons étant temporaires, on ne les constitue pas avec le mélange du *Lawn-grass*, mais tout simplement avec du *Ray-Grass* (*Lolium perenne*). Le semis doit être fait très dru, car les jeunes plantes n'ont pas le temps de taler et il faut compter au moins de 4 à 6 kilogrammes de graine à l'are. On terreaute le gazon comme dans le Nord; ou l'on étend un léger paillis de fumier à demi décomposé que l'on bat bien. Dans les endroits ombragés, sous les Palmiers principalement, on constitue le gazon avec de la Turquoise ou Muguet du Japon (*Ophiopogon japonicus*), que l'on repique tous les deux à quatre ans seulement et qu'il suffit de tondre aussi une fois, en

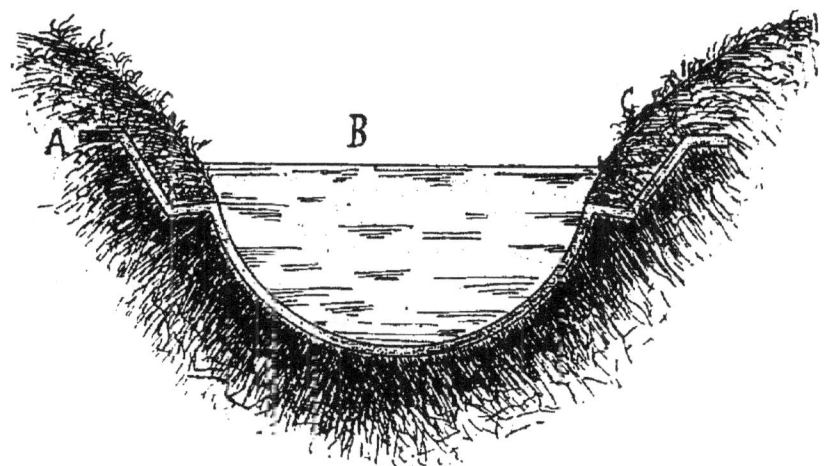

Fig. 210. — Coupe d'une petite rivière en ciment armé avec partie supérieure de l'enduit de ciment dissimulé. — A, revêtement en ciment armé; B, niveau de l'eau; C, gazon descendant au-dessous du niveau de l'eau et dissimulant la partie supérieure de l'enduit de ciment.

septembre chaque année. Cette plante donne un beau tapis vert foncé résistant bien à la sécheresse, mais qu'il faut bien se garder de mettre en plein soleil. Tout aussi bien que la Sélaginelle denticulée, elle peut aussi constituer les gazons dans les jardins d'hiver.

XI. — Les rivières et les pièces d'eau.

Le creusement des cours et des pièces d'eau a lieu au moment où l'on exécute les terrassements. Lorsque la différence du niveau entre le départ de la rivière et son extrémité inférieure est trop grande, on établit plusieurs biefs, avec chutes d'eau, sans quoi on serait obligé de trop les enterrer. Les chutes d'eau auxquelles on donne selon l'importance du cours d'eau, de 60 centimètres à 1^m,20 de haut, offrent un certain caractère. Il n'est pas nécessaire que le cours d'eau ait partout la même largeur et se trouve à la même hauteur par rapport à la pelouse. Bien au contraire, car cela varie les aspects.

On donne aux petits cours d'eau une profondeur de 45 à 60 centimètres au départ avec un pente de 1 à 2 centimètres par mètre au fond. Pour les petites pièces d'eau, on porte cette profondeur jusqu'à 1m,20, toujours avec une petite pente.

Si on opère dans un terrain compact, naturellement glaiseux, on enduit les parois du cours d'eau et de la rivière d'une couche de terre glaise que l'on étend et que l'on bat bien. Mais cela n'a pas toujours une bien longue durée.

Aussi préfère-t-on le ciment armé ou ciment métallique, qui est moins coûteux que de maçonner les parois en moellons, en les recouvrant d'un enduit de ciment comme on le fait encore parfois ou de les bétonner. Il faut avoir recours pour ce travail à des ouvriers spéciaux que l'on nomme cimentiers rocailleurs, qui se chargent en même temps des rochers. Mais il faut se méfier de la tendance de ces ouvriers à vouloir faire arriver le bord de la pièce d'eau et de la rivière jusqu'au niveau du gazon, ce qui met le ciment à découvert et produit un très vilain effet. La partie cimentée doit évidemment effleurer le sol, mais il est nécessaire qu'elle forme une rentrée, de façon que le gazon puisse descendre plus bas que le niveau de l'eau (fig. 210). Les cours et les pièces d'eau paraissent ainsi plus naturels puisque le niveau de l'eau est toujours un peu plus haut que la partie gazonnée et l'on n'a pas devant les yeux ces bordures de ciment qui sont d'un si vilain effet. Pièces et cours d'eau doivent être munis de bondes de fond qui permettent de vider chacun d'eux lorsqu'on veut les nettoyer.

XII. — Les roches et les rocailles.

Il ne faut pas abuser des rochers, dans un jardin, mais se tenir au strict nécessaire. Ainsi, sur les talus on peut placer çà et là quelques roches imitant des éboulis et près desquelles on a soin de planter un groupe de végétaux sarmenteux et retombants qui les recouvriront partiellement. Près des ponts, des biefs, on dispose également quelques roches, qui semblent sortir du sol, de même que sur les bords d'une rivière ou d'une pièce d'eau l'on peut en mettre quelques-unes dont la base baigne dans l'eau. Si l'on a des terres à soutenir, on fait quelques roches en banc de carrière. Il faut avoir soin de laisser des poches suffisamment grandes dans lesquelles seront plantés quelques végétaux saxatiles.

Enfin, on fait très souvent des rochers spécialement pour la culture des plantes alpines, des Fougères, etc., les rocailles doivent alors surtout être établies en vue de la culture; mais je ne puis m'arrêter sur cette question, qui m'entraînerait en dehors de mon sujet.

Actuellement on a moins la manie des rochers qu'il y a quelques années et surtout de la grotte que l'on rencontrait dans chaque jardin et qui seyait là, parfois, comme un trou au milieu d'un route. Pour tous les travaux de ce genre quelque peu importants, il faut s'adresser à des gens du métier plutôt que de vouloir les diriger soi-même; on s'évite ainsi de pénibles déboires.

XIII. — Les constructions rustiques.

Des spécialistes sont arrivés actuellement à perfectionner d'une façon notable l'élégance et la solidité des constructions rustiques. Il faut surtout donner la préférence aux bois écorcés et sulfatés.

Certaines parties du jardin se prêtent tout spécialement aux constructions de ce genre. Ainsi, un mamelon, un belvédère, la plate-forme d'un rocher, peuvent recevoir un petit kiosque ou un banc couvert; on anime une pièce ou un cours d'eau par une cabane d'oiseaux placée sur les bords et, lorsqu'on peut y aller en barque, par un petit embarcadère. Enfin une allée de sortie dans la plaine ou dans un bois peut être munie d'une barrière de ce genre qui s'allie très bien avec le caractère même du lieu.

Toutefois il faut se garder de l'insistance de certains spécialistes qui font du rustique à l'excès, ce qui devient banal, et c'est pourquoi on peut aussi faire quelques constructions en bois écorcé et équarri.

XIV. — Canalisation pour l'arrosage.

On doit profiter des travaux de mouvements du sol avant de semer les gazons et d'empierrer ou de niveler les allées.

pour installer une canalisation d'eau pour l'arrosage, qui est indispensable si l'on veut pouvoir arroser convenablement et avoir le jardin en bon état. Je conseille pour un jardin de moyenne étendue, allant même jusqu'à 6 hectares, la canalisation en fonte plutôt que celle en plomb. Il suffit dans ces conditions que les tuyaux aient 8 centimètres de diamètre intérieur pour la ou les conduites principales, et 6 centimètres pour les conduites latérales, et des tuyaux de plomb de 4 centimètres pour les raccords des bouches. Il faut avoir soin de munir les tuyaux de vannes et de robinets d'arrêt de décharge, afin de pouvoir vider tout ou une partie de la canalisation pour l'hiver ou lorsque certaines réparations sont nécessaires.

L'espacement des bouches d'arrosage dépend de la pression et aussi de la longueur de tuyaux mobiles dont on dispose. Je dirai de suite qu'il ne faut guère avoir plus de 20 mètres de tuyaux mobiles en toile ou en caoutchouc, et encore il est bon de les diviser en deux bouts de 10 mètres au plus ; la manipulation en est difficile, et en plus que l'on abîme les tuyaux en les manœuvrant, on risque fort de casser des plantes.

Dans ces conditions et avec une pression moyenne donnant un jet horizontal de 7 à 12 mètres, on peut espacer les bouches de 50 à 55 mètres en tous sens. Si l'on veut s'en tenir à un seul tuyau de 10 mètres il faut les placer tous les 30 à 35 mètres.

XV. — Arrosage et bassinage.

Les arrosages et les bassinages des fleurs et du gazon doivent être fréquents pendant la saison d'été, et on doit en plus arroser et bassiner les arbres et les arbustes de temps à autre. Ce travail se fait ordinairement à la lance, avec le tuyau d'arrosage ; mais, et surtout pour le gazon, si on ne peut pas s'astreindre à tenir le tuyau continuellement on peut installer des batteries mobiles d'arrosage, ou quelques instruments spéciaux automatiques, que l'eau fait mouvoir et qui la projettent en pluie ; on n'a qu'à les changer de place de temps à autre. (Voir le paragr. XI, « *Tuyaux d'arrosage* », p. 64.)

XVI. — Fauchage et entretien des gazons.

Il ne suffit pas de semer de beaux gazons, il faut aussi les entretenir pour les avoir toujours en bon état. La première (voir p. 418) comme les autres années, les arrosages doivent suivre chaque coupe de gazon. Le gazon doit être *fauché* ou *tondu* : tous les huit à dix jours à la tondeuse ; tous les quinze à vingt jours à la faux pour avoir du beau gazon et moins souvent si on ne tient pas à l'avoir beau. La dernière coupe est faite à temps pour que le gazon ait le temps de repousser avant les gelées. Tandis que dans les grandes parties les fauchages peuvent être faits à la tondeuse (fig. 20, p. 52) ou à la faux il faut se servir de la cisaille (fig. 10, p. 49) ou du volant ou faucille (voir p. 52) pour les petites bordures.

Chaque année, pendant l'hiver, il est bon de répandre de l'*engrais* sur les gazons, une couche : de terreau, de gadoue, ou de fumier de tourbe ; éviter de faire cette opération lors des fortes gelées ou lorsqu'il fait trop humide. Il faut autant que possible que le gazon soit assez bas lorsque l'on emploie le terreau et le fumier de tourbe, car s'il était trop long ce serait assez pour provoquer la pourriture. Pour le même motif, avoir soin que le fumier de tourbe ne soit pas chaud. On peut aussi avantageusement utiliser les : tourteaux (20 kilog. à l'are), cendres (20 litres), guano (8 kilog.), scories de déphosphoration (6 kilog.), kaïnite en poudre (2 kilog.), sang desséché (2 kilog.). Ces trois derniers engrais gagnent à être utilisés simultanément ; on les emploie beaucoup dans le Midi pour stimuler la végétation du gazon en hiver. Détruire les mousses par de vigoureux hersages au râteau par un temps humide, à l'automne de préférence, et par le sulfate de fer (2 kilog. à l'are) et arracher les mauvaises herbes en toutes saisons.

Lorsque *le gazon manque* par places, il faut donner un léger hersage sur le sol, semer les graines, cylindrer et les recouvrir d'un peu de terreau. Si c'est dans une bordure et que celle-ci soit à l'ombre, le mieux est encore de la reconstituer avec des plaques de gazon levées dans une partie de pelouse, partie qui est ensuite ressemée, ou dans une prairie ; on est ainsi assuré qu'il tiendra mieux.

Les plantes gazonnantes qui garnissent les talus doivent être replantées tous les deux ou trois ans, à l'automne dans un terrain sec, au printemps dans un terrain compact et humide.

CHAPITRE XXXV

LES ARBRES ET LES ARBUSTES D'ORNEMENT

I. Élevage et culture. — II. Soins à la déplantation et à la replantation. — III. Utilité de la taille et de l'élagage. — IV. Taille et élagage des arbres. — V. Taille des arbustes. — VI. Disposition des plantations. Les massifs, les groupes et les isolés. — VII. Les diverses catégories d'arbres et d'arbustes. — VIII. Les Rosiers. — IX. Taille du Rosier. — X. Rosiers non remontants. — XI. Soins d'entretien. — XII. Quelques bonnes variétés. — XIII. Les Conifères.

Les arbres et les arbustes d'ornement jouent un rôle prépondérant au point de vue de la plantation des jardins d'agrément. Sans ces végétaux, les plus beaux parcs et jardins feraient piteux effet. On peut dire qu'ils sont à l'ornementation des parcs et des jardins, ce que les fleurs sont à la décoration des parterres. On en forme des massifs compacts, des groupes et des isolés. Ce sont eux qui accusent les perspectives, ménagent les effets dans les jardins paysagers, masquent les endroits à dissimuler, etc. Enfin, dans les antiques jardins symétriques ce sont toujours les arbres d'ornement qui forment les avenues, les bordures, et les taillis, etc.

I. — Élevage et culture.

On multiplie ces végétaux par semis, boutures, greffes et marcottes (voir les chapitres VI à X). Leur éducation est certainement plus longue que celle des fleurs ; aussi les amateurs ne les élèvent généralement pas eux-mêmes, mais les achètent chez les pépiniéristes. Pour ceux qui voudraient en élever quelques-uns, je dirai qu'après la multiplication ils doivent les repiquer en carré en les espaçant de 50 centimètres environ en tous sens. Un an ou deux après, les arbres et les arbustes sont déplantés, et replantés ainsi : pour les arbres, on laisse entre les lignes un espace de 80 centimètres à 1 mètre et pour les arbustes, de 70 à 80 centimètres. On forme la tige des arbres d'ornement comme celle des arbres fruitiers. Si l'on veut les planter lorsqu'ils sont gros, il faut tous les quatre ans leur faire subir une contre-plantation en les espaçant davantage.

Les arbustes doivent être rabattus de façon à former de bonnes touffes au moment de leur plantation. Tandis que la déplantation des arbustes à feuillage caduc se fait à racines nues, il faut avoir soin de transplanter en mottes ceux à feuillage persistant.

II. — Soins à la déplantation et à la replantation.

C'est dès l'automne et une fois les gelées passées qu'il convient principalement d'opérer la plantation des arbres et des arbustes à feuillage caduc. Tandis que l'automne, octobre et novembre, est surtout favorable pour la plantation dans les terrains sablonneux, les mois de février et de mars sont très souvent choisis pour celles faites dans les terrains humides. C'est une bonne chose que d'agir ainsi. Ces données visent les arbres et les arbustes à feuillage caduc. Bien qu'en pratique, la plantation des arbustes à feuillage persistant et des Conifères se fait surtout en même temps que celle des premiers, je ne saurais trop recommander de les effectuer principalement en mars, avril et en août. Dans le premier cas, ils sont prêts à entrer en végétation et ne souffrent nullement ; dans le second cas, la plantation est faite entre la première et la seconde végétation. Les transplantations des Conifères et des arbustes à feuillage persistant se font en mottes. Lorsque les mottes sont petites, elles sont livrées par les pépiniéristes en tontines, c'est-à-dire la motte entourée de paille, mais lorsqu'elles sont grosses, il faut en demander la transplantation en paniers et en bacs, qui réserve plus de chances de succès.

Le terrain doit avoir été défoncé préalablement ; dans ce cas les trous sont donc faits de la grandeur de la motte de l'arbre ou l'arbuste. Les mêmes soins que ceux exigés par les plantations fruitières sont ici applicables et j'engage à s'y reporter. (Voir paragr. II à VII, chap. XVI, p. 254 à 257.)

Les arbres et les arbustes doivent être habillés, c'est-à-dire les coupes des racines rafraîchies et celles meurtries enlevées. Le raccourcissement des branches est subordonné aux suppressions faites sur les racines.

Un bon arrosage, surtout pour les plantations printanières, doit suivre, car il facilite le tassement des terres. Les hâles du printemps font rider les écorces; il est donc nécessaire de bassiner et même de supprimer les feuilles en conservant les pétioles des arbustes à feuillage persistant lorsque ce fait se produit, pour en faciliter la reprise.

III. — Utilité de la taille et de l'élagage.

Une fois plantés, tous ces végétaux ne doivent pas être abandonnés à leur propre végétation, car ils réclament certains soins de culture, des tailles principalement.

On doit, autant que possible, ne pas délaisser les arbres à haute tige et faire les suppressions que comporte leur bonne formation au fur et à mesure de leur développement, c'est-à-dire dès qu'une branche est gênante, il faut l'enlever avant qu'elle ait grossi. Les arbustes demandent également des soins de taille qui, pour certains, doivent être suivis si l'on veut toujours les avoir en bon état.

La taille, considérée dans ses applications à l'arboriculture d'ornement, a pour but : 1° de faciliter le développement régulier des arbres et des arbustes et de les maintenir dans les proportions voulues; 2° de leur donner une forme en rapport avec le but qu'ils doivent remplir; 3° d'empêcher leur dépérissement en pratiquant des suppressions raisonnées; 4° de favoriser chaque année : une floraison régulière pour les végétaux à fleurs, un beau feuillage pour ceux à feuillage persistant ou décoratif, et de nombreux et vigoureux rameaux pour ceux dont l'écorce est colorée.

La taille, appliquée aux arbres, favorise le développement régulier de la ramure en rapport avec sa végétation naturelle; elle régularise toutes les branches entre elles en affaiblissant les plus fortes et en fortifiant les plus faibles; elle permet de rétablir l'équilibre de la végétation, lorsque les branches supérieures ont pris un trop grand développement et que la base se trouve dégarnie; elle a la même influence sur les arbres dépérissants.

C'est par les tailles et les élagages que l'on applique et que l'on maintient certaines formes régulières.

IV. — Taille et élagage des arbres.

On peut diviser la formation d'un arbre à haute tige en deux périodes. Lors de la plantation, un arbre tige a une hauteur de 4 à 6 mètres selon les essences; on fait quelques suppressions des branches inutiles comme nous l'avons vu pour la plantation d'un arbre fruitier. Il n'y a donc à surveiller pendant les années suivantes que les branches, devant constituer la charpente, se développent normalement en empêchant, par un rabattage s'il y a lieu, celles du haut de s'emporter.

Pendant la seconde période, on a plutôt des élagages que des tailles à faire, surtout si les arbres n'ont pas été soignés. Il arrive que, si une grosse branche gêne, il est nécessaire de la rabattre jusque sur le tronc; c'est ce que l'on nomme *ravalement*. Dans ce cas, la branche est enlevée à la serpe, tangentiellement au tronc de l'arbre; la plaie est ensuite recouverte de goudron.

Mais, très souvent, on n'a que des suppressions partielles à pratiquer sur certaines branches latérales qui se sont trop emportées; cette opération se nomme *rapprochement* et *écimage*, si c'est le prolongement qui est ainsi rabattu. Dans ce cas, les coupes sont faites en biseau et il faut toujours avoir soin de les recouvrir de goudron.

Indépendamment de ces opérations, qui se font à l'aide de la serpe et de la scie, il faut enlever soigneusement avec l'échenilloir ou avec l'ébranchoir, les petites branches qui forment confusion; de même que l'on doit supprimer les chicots et le bois mort.

Dans la première comme dans la seconde période, on doit veiller à ce que la flèche soit toujours dans une position verticale, et au besoin l'y diriger à l'aide d'attaches ou de tuteurs.

Le raccourcissement des branches latérales a lieu lorsque celles-ci sont trop emportées verticalement ou latéralement.

Comme il arrive fréquemment pour les Platanes, les

branches s'élancent et se dégarnissent du bas; on élague toute la tête en diminuant la longueur des branches d'un tiers à la moitié; de cette façon de nouveaux bourgeons se développent et l'arbre redevient beau.

V. — Taille des arbustes.

Beaucoup de personnes se figurent avoir bien taillé les arbustes d'un massif lorsqu'elles sont arrivées à donner aux bords de ce massif l'apparence d'une haie et qu'elles ont, à l'intérieur, rabattu toutes les touffes uniformément et horizontalement à la même hauteur jusqu'à leur donner l'apparence de « têtes de Saule », sans nullement réfléchir à quelle catégorie d'arbustes elles ont affaire. Pourtant la taille doit varier avec les différents groupes d'arbustes qui sont :

A. — LES ARBUSTES A FEUILLAGE CADUC :
    1° à feuillage ornemental;
    2° à écorce colorée;
    3° à fleurs s'épanouissant l'hiver et le printemps;
    4° à fleurs s'épanouissant l'automne et l'été.

B. — LES ARBUSTES A FEUILLAGE PERSISTANT.

Arbustes à feuillage ornemental. — Les arbustes à feuilles laciniées, colorées, panachées, etc., sont taillés pendant l'hiver au sécateur; on supprime totalement les chicots et les vieilles branches, on conserve les bons rameaux, que l'on rabat sur quatre ou cinq yeux, de façon à provoquer le développement de vigoureux bourgeons qui émettront ainsi de belles et grandes feuilles. Si des arbustes à feuillage coloré sont disposés seuls, en un massif de faibles dimensions, on rabat la moitié des rameaux les plus vigoureux sur cinq ou six yeux et les plus faibles sur deux ou trois yeux. Tandis que les premiers donneront une végétation luxuriante, les autres resteront stationnaires ou à peu près.

Vers le mois de juillet, la plupart des feuilles sont de moins en moins colorées; pour obtenir une teinte plus franche, on supprime la plupart de ceux qui ont été taillés longs, et dès lors les yeux des autres rameaux restés latents se développent.

Par ce procédé on applique deux tailles : une taille en sec et une taille en vert. Mais il ne faut pas en abuser et, si l'on craint les opérations aussi radicales, on se contente de pincer l'extrémité des bourgeons de l'année pour en faire développer d'autres par anticipation.

Les *arbustes à écorce colorée* se taillent de la même façon en hiver.

Arbustes à fleurs. — Les arbustes qui fleurissent de l'hiver à juin émettent leurs fleurs sur le bois de l'année précédente. Il ne faut donc pas les tailler en hiver, mais se contenter seulement de faire quelques suppressions pour la bonne formation de la touffe. La majorité de ces arbustes, comme les Lilas, peuvent avantageusement être taillés après la floraison et même assez courtement, ainsi qu'on le fait pour les Lilas formés en boule. On enlève tous les chicots et on taille les rameaux conservés sur trois ou quatre yeux, parfois plus, qui se développent normalement et donnent les fleurs l'année suivante.

Les arbustes fleurissant l'été et l'automne (de la mi-juin à novembre) sont taillés pendant l'hiver.

Pour les *arbustes à fruits décoratifs*, on peut se baser sur ce qu'il vient d'être dit, avec cette différence qu'il ne faut pas couper les fruits qui sont leur ornement pendant une partie de l'hiver. Le plus rationnel est de tailler l'hiver une partie des rameaux, en gardant les autres intacts et que l'on taillera un autre hiver, de façon à empêcher la touffe de se dénuder.

Arbustes à feuillage persistant. — La taille des arbustes à feuillage ornemental et à fleurs se fait comme ceux à feuillage caduc, en rapport avec la floraison. Pour ceux dont le feuillage seul est ornemental, la taille est appliquée à la fin de l'hiver, en supprimant les chicots, le bois mort, pour ne laisser que la ramure saine et jeune.

VI. — Disposition des plantations. Les massifs, les groupes et les isolés.

La beauté d'un jardin ne réside pas seulement dans l'harmonie du tracé et des mouvements de terre, mais en grande partie dans la bonne combinaison de la plantation. Indépendamment qu'il importe de savoir avant de planter un arbre ou un arbuste si le sol lui convient à divers points de vue, il ne faut pas planter un parc au hasard.

Les plantations ont dans leurs attributions : de diriger une vue, de mettre une construction ou toute autre chose en valeur, en les disposant convenablement; de dissimuler ce qui ne doit pas être vu, en plus des effets particuliers à chacun d'eux, au point de vue décoratif : fleurs, feuillage décoratif, port élancé, rameaux retombants, etc.

On dispose les arbres et les arbustes de trois façons différentes : en massifs pleins; en groupes et en isolés (fig. 211).

Les massifs compacts sont faits toutes les fois qu'il s'agit

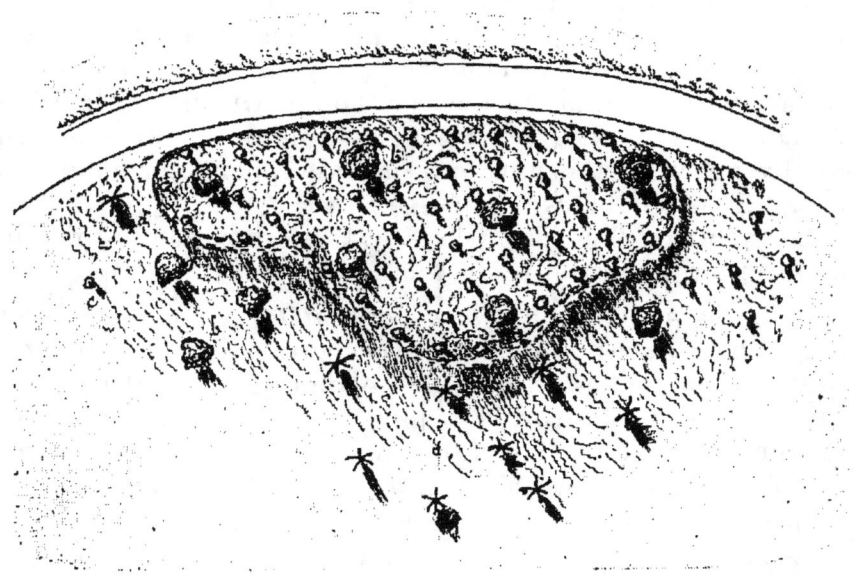

Fig. 211. — Disposition des plantations d'un massif d'arbres et d'arbustes, des groupes et des isolés dans un Jardin paysager. — A, massif d'arbres et d'arbustes; *b*, arbres tiges; *c*, arbustes; *d*, Conifères.

de dissimuler quelque chose et de bien limiter une percée. Ils sont composés d'arbres à hautes tiges, quelquefois de Conifères et d'arbustes des diverses catégories, seuls ou en mélange. Un massif peut être composé d'une ou de plusieurs essences quant aux arbres. Pour les arbustes, on les place *par groupes de plusieurs variétés*, de façon à former de petites masses, ou en disséminé; on peut placer des arbustes à feuillage persistant parmi d'autres à feuillage caduc, comme on fait parfois des massifs composés ou d'arbustes à feuillage persistant, ou à feuillage ornemental et caduc, ou à fleurs. La proportion d'arbustes à feuillage persistant que l'on doit planter dans un jardin de moyenne étendue est généralement d'un tiers. C'est surtout dans les massifs, près des habitations, que ceux-ci sont placés en plus grand nombre. Dans les jardins de ville les arbustes à feuillage persistant sont plantés en plus grand nombre que les autres.

Le mode de plantation *par groupes* n'est pas assez souvent appliqué, quoique ceux-ci soient bien plus jolis et plus dégagés dans la plupart des cas, que les massifs pleins. Lorsque la vue n'a pas absolument besoin d'être interceptée, ces groupes qui de loin forment néanmoins des masses, ont plus d'élégance et les silhouettes y sont mieux accusées que dans les massifs pleins. On fait aussi bien des groupes d'arbres que des groupes de Conifères et d'arbustes. C'est surtout aux carrefours d'allées, en avant des masses boisées, que l'on dispose ainsi ces végétaux.

Les plantations *isolées* sont un diminutif des plantations par *groupes*; ce sont surtout les beaux végétaux et ceux remarquables par leur forme : pleureurs, fastigiés, par leur feuillage, etc., que l'on choisit pour cet emploi. Ce sont eux que l'on place çà et là en vedette, sur les bords d'une pelouse, en avant d'un massif d'arbustes dont ils sont comme la continuation.

VII. — Les diverses catégories d'arbres et d'arbustes.

J'ai réuni les arbres, arbustes et Conifères dans l'ordre alphabétique, en disant quelques mots de leur culture, de leur emploi et de leurs caractères, mais je vais auparavant examiner rapidement les principales catégories de cette section, que je n'ai pas séparée afin de ne pas créer de confusion, certains de ces végétaux étant à la fois cultivés comme arbres tiges et comme arbustes, comme arbustes à feuillage décoratif et à fleurs, etc.

Parmi les arbres tiges, certains sont remarquables par leur floraison : Marronnier, Robinier, Tulipier de Virginie, Sorbier, Catalpa, Frêne fleuri, Paulownia; d'autres par le coloris ou la panachure du feuillage : Prunier de Pissard, Érable Sycomore à feuilles pourpres; Érable Negundo à feuilles panachées, Frêne à feuilles jaunes, etc.

D'autres variétés le sont par leurs fascies : arbres pleureurs, **Bouleau commun, Frêne, Orme, Tilleul, Hêtre** (fig. 217), Saule, Noisetier (fig. 219), etc. Arbres à rameaux fastigiés : Peuplier d'Italie, P. de Boll (fig. 220), Bouleau, Orme, Acacia, etc.

La série des Conifères ne doit pas être non plus oubliée, et je parle plus loin des principales espèces qu'il convient de planter dans les jardins. Tandis que dans les grands jardins, on peut en réunir de différentes tailles, il faut, dans les petits, se borner à celles de petite taille : If, Retinospora, Thuya, etc.

Les arbustes sont nombreux, mais ils ne peuvent tous avoir le même emploi, car leurs qualités décoratives ne sont pas toutes les mêmes. Certains sont en effet remarquables par la coloration du feuillage : Noisetier pourpre, Prunier de Pissard, Épine-Vinette pourpre, Spirée à feuilles d'Obier dorées (jaune), Sureau à feuilles dorées (jaune), Sureau à feuilles panachées (blanc et vert), Érable Negundo à feuilles panachées, Cornouiller à feuilles panachées, etc. D'autres le sont par la conformation et la découpure du feuillage, comme le Sureau à feuilles laciniées et quelques autres.

Enfin, les arbustes à fleurs ont un très grand mérite; ceux-ci sont en grande quantité. Mais il est bon de savoir que, tandis que certains épanouissent leurs fleurs en hiver et au premier printemps, d'autres ne fleurissent qu'en automne, ce qui permet, en les utilisant, d'avoir une floraison successive.

Toute une série d'arbres et d'arbustes tire son mérite de la coloration du bois, qui est vert, jaune, rouge, bleu glauque, etc., selon les espèces, tandis que d'autres sont remarquables par leurs fruits qui persistent très tard en hiver et animent un peu les scènes, tels les : (arbres) Sorbier, Aubépine, Alisier; (arbustes) Buisson ardent, Cotoneaster, pour ne citer que ceux-là.

Une section d'arbustes qu'il ne faut pas oublier est celle des arbustes sarmenteux et grimpants, car ces végétaux sont aussi très utiles pour tapisser les murs, pour garnir les barrières et entourer les troncs d'arbres, retomber des rochers, former des guirlandes, etc.

La série des arbustes à feuillage persistant rend de très grands services dans la plantation des parcs et des jardins. Certains arbustes ont leur beauté de feuillage vert ou panaché complétée par une brillante floraison.

Les *arbustes de terre de bruyère* qui résistent sous les climats de Paris : Rhododendron, Azalée molle, Andromède, Kalmia et Erica, nous sont aussi très précieux. Ces plantes, qui sont livrées en mottes par le pépiniériste, doivent être plantées dans de la terre de bruyère. A cet effet, le sol creusé jusqu'à 60 centimètres de profondeur, est bien drainé, le drainage recouvert de racines et le tout de terre de bruyère. Ces arbustes sont généralement réunis en massif dans les endroits mi-ombragés, mais on peut également en isoler et en grouper sur les pelouses, où ils font toujours très bon effet.

VIII. — Les Rosiers.

Les Roses restent les reines de nos jardins, aussi, je leur consacre une note spéciale dans ce chapitre. Les amateurs et les personnes cultivant ces fleurs comme leurs favorites feront bien de consulter, pour des renseignements plus détaillés, les ouvrages spéciaux qui ont été publiés sur les Rosiers, dont le meilleur à ce jour est, à mon avis, celui de M. Forney.

Voici les principaux groupes de Rosiers qui sont surtout cultivés dans les jardins : Rosiers thé, Hybrides de thé, Hybrides remontants, Noisettes, Bengale, Ile Bourbon, Mousseux, etc.

La multiplication des Rosiers se fait principalement par boutures et par greffes. Pour les amateurs, les procédés de multiplication sont : le bouturage fait sous cloches, en août-septembre; le greffage en écusson à œil dormant pendant la même période. (Voir les chap. IX et X, « *Bouturage et Greffage* ».)

Les Rosiers doivent être plantés dans un sol meuble, de consistance moyenne et fertile. C'est surtout à bonne exposition qu'il faut les disposer, en espaçant les Rosiers tiges de un mètre au minimum et les Rosiers nains de 60 centimètres; la distance peut être plus grande si l'on veut; cela dépend comment les Rosiers sont plantés.

On en réunit très souvent dans les plates-bandes du jardin potager, qui sont destinés à fournir des Roses pour la garniture des vases en appartement. Mais, au point de vue décoratif, on en garnit des corbeilles et des plates-bandes entières. Lorsqu'on peut le faire, le mieux est de les réunir dans un endroit spécial qui a reçu le nom de *roseraie*; ils

Jardinage.

sont véritablement chez eux et les amateurs peuvent comparer très facilement les différentes variétés. La roseraie, quel qu'en soit le dessin, est généralement divisée en plates-bandes courbes ou droites, larges de 1 m. 10 à 1 m. 40, dans lesquelles les Rosiers sont disposés sur trois rangs. Le rang central comprend les hautes tiges; les deux autres rangs, qui se trouvent en bordure, des sujets moins hauts, et entre chacun d'eux un Rosier nain. Enfin les variétés sarmenteuses sont plantées le long des murs, qu'elles tapissent; on en forme aussi des colonnes, des boules, etc.

IX. — Taille du Rosier.

Rosiers remontants. — Les Rosiers remontants donnant leurs fleurs sur le bois de l'année doivent être taillés en hiver, avant le départ de la végétation.

En principe, il faut éviter aussi bien sur un Rosier tige

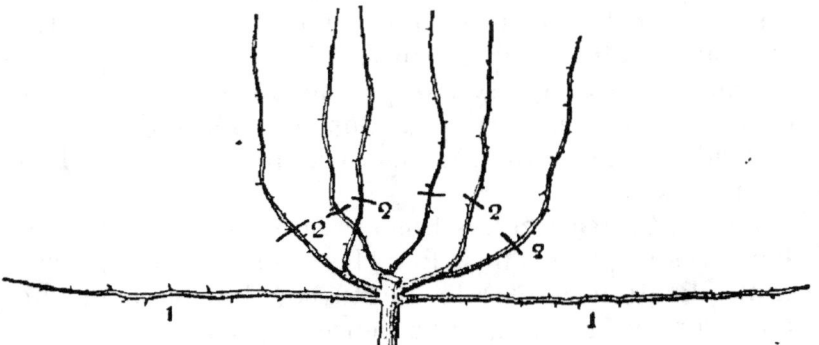

Fig. 212. — Taille d'un Rosier tige à long bois. — (1, rameaux très vigoureux, non taillés ou très peu et maintenus dans la position horizontale afin de provoquer le développement de tous les yeux; 2, taille normale de rameaux de vigueur moyenne.)

que sur un Rosier nain, de laisser un trop grand nombre de rameaux et surtout les petites ramifications chétives qui ne donnent pas de Roses, mais qui épuisent davantage le Rosier que si elles en donnaient.

Sur un jeune Rosier on ne conserve que les quelques bons rameaux qu'il porte; trois suffisent pour constituer sa charpente. On leur laisse une longueur de 10 à 15 centimètres, ce qui fait qu'ils portent chacun trois ou quatre bons yeux, qui tous donneront des Roses. Sur un Rosier adulte, il suffit d'avoir après chaque taille six à huit rameaux qui sont taillés à la même longueur (fig. 213). De cette façon on a, sur un Rosier de vigueur normale, de dix-huit à trente rameaux florifères, au lieu d'une quarantaine et même plus, dont la plupart resteraient stériles.

Certaines variétés donnent de nombreux gourmands qui les épuiseraient si l'on n'y prenait garde. Au lieu de les supprimer, je ne saurais trop recommander de les con-

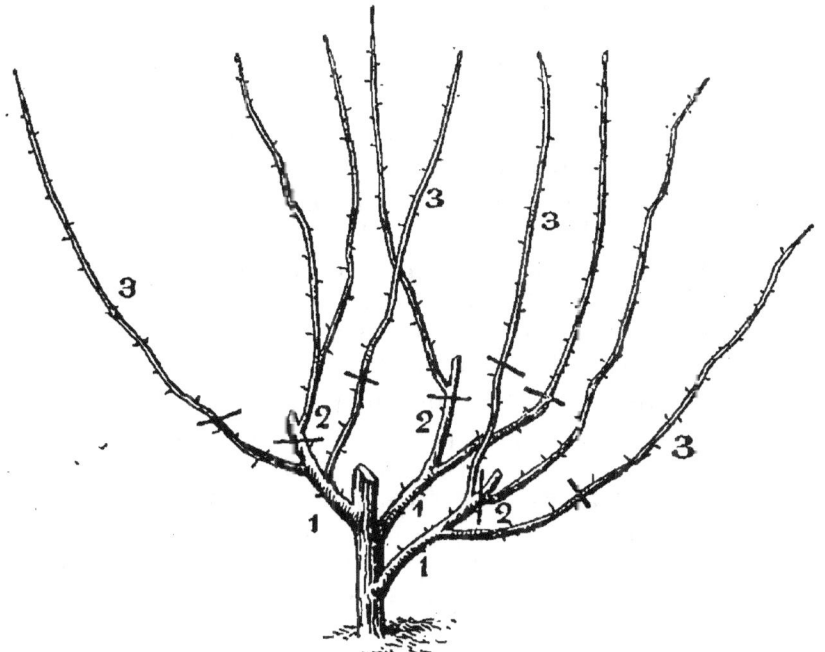

Fig. 213. — Taille d'un Rosier nain. — (1, branches principales; 2, branches de deux ans; 3, rameaux de l'année, supprimés ou raccourcis.)

server; mais, lors de la taille, de les incliner horizontalement (fig. 212). Ainsi disposés, tous les yeux se développent; ils donnent de nombreuses Roses de bonne heure, qui en diminuent la vigueur. Après la floraison, on peut les rabattre à leur naissance.

X. — Rosiers non remontants.

Ces Rosiers donnant des Roses sur des brindilles de l'année précédente et à l'extrémité des rameaux, il ne faut donc pas employer une taille aussi courte, mais ne supprimer que les rameaux chétifs, le bois mort et les chicots. Si quelques branches ont besoin d'être rabattues, c'est après la floraison qu'il faut le faire. De cette façon, les rameaux qui se développent l'année même, donnent des Roses l'année suivante. Quant aux gourmands, on peut les tailler au printemps; les bourgeons qui se développent, garnissent la base qui se dénude dans la plupart des cas.

XI. — Soins d'entretien.

Ces soins se résument en ceci : bien fumer le sol avec des engrais consistants, auxquels il est bon d'adjoindre, chaque année, dans les sols pauvres, un kilogramme de sulfate de fer par 10 mètres carrés, que l'on enterre à la houe. Les soufrer préventivement contre le blanc pour l'éviter et, par les temps secs, les bassiner à l'eau de savon noir nicotinée pour prévenir les attaques des pucerons. Enlever les Roses fanées, les arroser, les bassiner en été et pailler le sol pour éviter qu'il ne dessèche trop et se hâle.

Enfin l'hiver, il est bon d'empailler, ou d'entourer de papier huilé ou goudronné tous les Rosiers thé et hybrides de thé principalement, pour les protéger de la gelée et de la neige. Certaines personnes préfèrent les coucher et enterrer la tête; tous ces procédés sont bons, mais il faut avoir soin de les découvrir et de les déterrer vers le commencement du mois de mars, si on ne veut pas les voir souffrir. (Voir aussi le chap. XXXVII, « *Travaux mensuels* ».)

XII. — Quelques bonnes variétés.

Le cadre restreint de ce livre ne me permet pas de parler des divers groupes de Rosiers, mais, par contre, je donne ici une liste de bonnes variétés pour les divers usages. Les lettres suivantes qui suivent chaque nom indiquent à quoi ils sont surtout propres.

Dans cette liste, je comprends une série de variétés bonnes pour divers emplois. Les abréviations suivantes indiquent comment ces variétés peuvent être utilisées : C, pour couper les fleurs; Col, pour colonnes et pour garnir les murs et treillages; Cor, pour corbeilles; F, pour la culture forcée; P, pour la culture en pots. Dans cette liste, je ne comprends que les variétés remontantes.

Rosiers Noisette, Bengale, Thé, etc.

Madame Georges Bruant.......	C, F.
Blanche Moreau...............	C.
Mousseline...................	C.
Impératrice Eugénie...........	C.
Madame Moreau................	C.
Hermosa......................	C, F, P.
Cramoisi supérieur............	C, F, P.
Climbing Niphetos.............	Col.
Niphetos.....................	P, F, C, Cor.
Belle Lyonnaise...............	C, Cor, F, P.
Coquette de Lyon..............	F, C.
Madame Falcot................	C, Cor, F, P.
Maréchal Niel.................	C, Col, Cor, F.
Jean Ducher..................	P, F.
Madame Bérard................	C, Col, Cor, P.
Gloire de Dijon...............	C, Col, Cor, F, P.
Marie Van Houtte..............	C, F, P.
Paul Nabonnand...............	C, F.
Grace Darling.................	C, P, F.
Reine Marie-Henriette.........	C.
Caroline Testout..............	C, F, P, Cor.
La France....................	C, Cor, F, P.
Aimée Vibert..................	Col, P.
France et Russie..............	C, Cor, F. P.
Lamarque....................	P, F, Col.
William Allen Richardson......	Col, P, F, C.

Rosiers hybrides remontants.

Captain Christy...............	C, Cor, F, P.
Climbing Captain Christy......	Col.
Merveille de Lyon..............	C, Cor, F, P.
Baronne A. de Rothschild......	C, Cor, F, P.
Baronne Prévost...............	C, Cor, Col, F, P.
Madame Gabriel Luizet........	C, Cor, Col, F, P.
Anna de Diesbach.............	C, Cor, F, P.
Magna charta................	C, Cor, F, P.
Paul Neyron..................	C, Cor, F, P.
Jules Margottin...............	C, Cor, F, P.
Ulrich Brunner................	C, F, P.
Général Jacqueminot...........	C, Cor, F, P.
Triomphe de l'Exposition......	C, Cor, F, P.
Géant des batailles............	C, Cor, P.
M. Boncenne..................	C, Cor, F, P.
Prince Noir...................	C, F, P.

Il me faut signaler aussi dans les Rosiers le *R. Crimson Rambler*, qui est véritablement remarquable avec ses nombreuses Roses carminées et qui convient grâce à sa vigoureuse végétation, aussi bien pour isoler sur les pelouses que pour planter sur les rochers et pour traiter à la façon des R. sarmenteux. On a eu l'idée de le greffer en tête sur des robustes et hautes tiges d'églantier; on obtient ainsi de bien jolis Rosiers à rameaux pendants qui se couvrent de Roses en juin-juillet. Il n'est pas remontant, mais sa floraison est très abondante.

XIII. — Les Conifères.

Cette famille est riche en belles plantes et nous offre des exemplaires de tailles et d'aspects bien différents, dont les uns conviennent surtout pour les grands parcs, tandis que les autres ont leur place marquée dans les petits jardins et d'autres encore sur les rochers.

Ces végétaux nous sont précieux pour les plantations arborescentes. On en forme des massifs pleins, des groupes sur les pelouses, on les étage sur les pentes comme on les isole dans les endroits bien en vue.

Du reste, à chacun des genres énumérés, j'indique comment il convient d'en utiliser les diverses espèces. Je ne saurais trop insister toutefois pour qu'on n'en forme pas des motifs réguliers, ronds, ovales avec les sujets placés symétriquement, comme on le voit trop souvent, le port de la plupart des Conifères s'alliant mieux avec une disposition irrégulière.

CHAPITRE XXXVI

ARBRES, CONIFÈRES ET ARBUSTES D'ORNEMENT

les plus cultivés pour les plantations arborescentes et arbustives des parcs et des jardins, leur multiplication, leur culture et leur utilisation.

Cette partie de l'ouvrage est réservée à la nomenclature par ordre alphabétique des Arbres, Conifères, Arbustes à feuillage caduc, à feuillage persistant et à rameaux sarmenteux, rustiques et demi-rustiques sous le climat de Paris, les plus utilisés dans les plantations des parcs et des jardins.

Il est fait une description aussi sommaire qu'élémentaire de leur côté décoratif. Leurs multiplication, culture, utilisation sont traitées rapidement et complétées par l'époque à laquelle il convient de tailler ceux qui doivent l'être, suivant les indications données dans le précédent chapitre aux parag. III, IV et V, « *Taille et élagage des arbres et des arbustes* ».

Je n'ai pas réuni séparément, ainsi que je l'ai déjà dit : les Conifères, les Arbres, les Arbustes à feuillage caduc, les Arbustes à feuillage persistant, les Arbustes sarmenteux, les Arbustes de terre de bruyère, la place dont je dispose ne me permettant pas de faire les répétitions qu'un tel classement, excellent je l'avoue, m'eût obligé de faire. La liste n'est pas si longue non plus, et j'espère que mes lecteurs trouveront néanmoins très facilement les renseignements dont ils auront besoin.

Abélia (*Abelia*), Caprifoliacées. — Arbustes délicats à planter dans un sol sablonneux [1] et chaud à bonne exposition et à bien abriter l'hiver. On cultive surtout l'*A. de Chine* à feuillage caduc et à fleurs rosées et l'*A. floribond* à feuillage persistant et aux fleurs roses disposées en bouquets. Multiplication par boutures à l'étouffée et par marcottes. Floraison estivale; tailler au printemps.

Abies. — (Voir *Sapin*.)

Acacia. — (Voir *Robinier*.)

Actinidia (*Actinidia*), Ternstrœmiacées. — Arbustes peu connus, rustiques et sarmenteux, à planter le long des murs et des barrières; les fleurs blanches, en corymbes, apparaissent de juin à juillet. On cultive l'*A. volubile*, l'*A. polygame* et plus rarement l'*A. Kolomikta*, dont les feuilles changent accidentellement de coloris à l'automne. Taille modérée au printemps.

Agnus-Castus. — (Voir *Gattilier*.)

Ailante (*Ailantus*), Vernis du Japon, Simarubées. — L'*A. glanduleux* principalement est un très bel arbre d'ornement et d'alignement pour les plantations d'avenues et de jardins. Les feuilles composées sont très ornementales. Le bois est gros, mais cassant dans le jeune âge; les fleurs verdâtres dégagent une odeur particulière.

La multiplication s'effectue par semis et par boutures de racines; les jeunes sujets doivent être recépés après un, deux ou trois ans de repiquage; ils forment ainsi une belle et grosse tige la même année. Il ne faut pas trop abuser des élagages.

Airelle (*Vaccinium*), Vacciniacées. — Ce sont de charmants petits arbustes rustiques croissant dans la terre de bruyère et dans la terre siliceuse. On peut les planter dans les rocailles et sur les talus. A citer les : *A. de Pensylvanie* et sa variété *A. de P. à grandes feuilles*, fleurs d'un blanc

---

[1] A moins d'indication spéciale de la nature du sol qui leur convient, les arbres, arbustes et Conifères dont il est question dans ce chapitre s'accommodent des différentes sortes de terres.

rosé, fruits bleuâtres, les feuilles se teintent de pourpre à l'automne ; *A. commune*; *V. Myrsinites*, *V. nitidum* à feuillage persistant. Semis et parfois bouturage sous cloches. Taille sobre.

Akébia (*Akebia*). — L'*A. à cinq feuilles* (*A. quinata*) est assez rustique sous le climat de Paris, pourvu qu'il soit planté près d'un mur bien exposé, et dans un sol chaud. Le feuillage est persistant et ses fleurs, d'un rose violacé vineux, s'épanouissent en mars-avril. Multiplication par sectionnement des touffes et par boutures. Tailler court après la floraison, pincer et palisser les bourgeons en été.

Alaterne (*Rhamnus*), Nerprun, Rhamnées. — Logiquement *Nerprun*; genre très important mais dont on ne cultive seulement que quelques espèces rustiques, notamment le *Nerprun Alaterne* (*R. Alaternus* et ses variétés, le *N. A. à feuilles panachées* (*N. A. variegata*), et le *N. A. à feuilles étroites* (*R. A. angustifolia*) souvent confondu avec le *N. à feuilles d'Olivier* (*R. oleifolia*, mieux *R. californica*). Ce sont des arbustes à feuillage persistant rappelant un peu, par la forme, celui de l'Olivier ; leurs fleurs sont insignifiantes. Ils conviennent surtout pour les plantations en sous bois et dans les parties ombragées, mais abritées. On les multiplie par semis et par marcottes; on les élève en pleine terre et en pots [1], à la façon de beaucoup d'autres arbustes à feuillage persistant. Taille au printemps.

Alibouflier (*Styrax*), Styracées. — L'*A. du Japon*, qui mérite d'être planté : soit avec les végétaux de terre de bruyère, soit en isolé ou en groupes, dans un sol sablonneux, est rustique et est une variété de l'*A. serrulatum*. Il atteint 3 à 4 mètres de haut; feuilles caduques, fleurs blanches odorantes en grappes en mai-juin, les boutons rappellent ceux de l'Oranger, multiplication par boutures. Taille sobre après la floraison.

---

[1]. Ceci dit une fois pour toutes, certains arbustes à feuillage persistant, reprenant assez difficilement, gagnent, au point de vue de leur reprise lors de leur transplantation, à être élevés en pots, lesquels sont enterrés complètement en planches. C'est ainsi que l'on opère dans les pépinières de premier ordre pour les : *Cotoneaster, Nerprun, Buisson ardent, Chêne vert, Genêt, Coronille, Laurier-Tin.* etc. **Les très forts exemplaires sont aussi mis en paniers.**

Alisier (*Pyrus*), Rosacées. — Ce sont des arbres peu élevés que l'on cultive surtout au point de vue de la valeur décorative de leur feuillage blanchâtre argenté, de leurs fleurs blanches odorantes et de leurs fruits, qui prennent une teinte rouge, les : Alisier (*Pyrus* ou *Cratægus Aria*) *argenté* ou *du Mont d'Or*, *A. de Fontainebleau*, et la récente variété au feuillage jaune, l'*A chrysophylla*. Multiplication par semis et par greffes. Taille sobre au printemps.

Althæa. — (Voir *Ketmie*.)

Amandier (*Amygdalus*), Rosacées. — Certaines espèces d'Amandier sont classées parmi les meilleurs arbres et arbustes à fleurs, principalement les variétés naines. On les multiplie par greffes sur l'A. commun. Les *A. commun à fleurs doubles*, *A. fragilis* et *A. macrocarpa*, ainsi que l'*A. nain*, sont très ornementaux. Taille longue après la floraison.

Amelanchier (*Amelanchier*), Rosacées. — Très jolis petits arbres et arbustes, aux grappes de fleurs blanches s'épanouissant au printemps, auxquelles succèdent des fruits rouges, principalement les *A. à grappes* ou *A. du Canada* (*A. canadensis*, syn. *A. Botryapium*), haut de 3 à 4 mètres, et ses variétés : *A. c. florida*, *A. c. ovalis*. Marcottes et greffes sur Cognassier. Utilisation dans les massifs et en groupes. Taille sobre après la floraison ou avant en réservant les boutons floraux.

Amorpha (*Amorpha*), Légumineuses. — Arbuste rustique à feuilles caduques et à fleurs en grappes, que l'on utilise pour les plantations des massifs d'arbustes. On les multiplie de semis, boutures et marcottes, à l'automne ou au printemps. On utilise surtout l'*A. Faux Indigo* (*A. fructicosa*), aux grappes de fleurs violacées s'épanouissant en juin, que l'on plante en groupe sur le gazon et en deuxième et troisième ligne dans les massifs. Tailler au printemps et écimer en été.

Ampelopsis (*Ampelopsis*), Ampélidées. — Belle série d'arbustes sarmenteux rustiques. On les multiplie de boutures faites à l'étouffée et à froid et de marcottes; on les

utilise pour garnir les berceaux, pergolas, balcons, etc.
La *Vigne-vierge* (A. *quinquæfolia*) est l'espèce la plus cultivée ; les *A. de Veitch* et *A. des murailles* à feuillage plus petit sont à préconiser parce qu'elles s'accrochent aux murailles qu'elles tapissent et n'ont pas besoin d'être attachées. Leur feuillage se colore de pourpre à l'automne.

Andromède (Andromeda), Éricacées. — On cultive principalement l'*A. du Japon* (A. *japonica*), qui est un arbuste de terre de bruyère à feuillage persistant, remarquable par ses grappes de fleurs d'un blanc cireux s'épanouissant en avril. Ces grappes, formées à l'automne, sont tout l'hiver d'une couleur rose-brun. Les jeunes pousses ont aussi des feuilles carminées. On la plante et on la traite comme toutes les plantes de terre de bruyère. Elle convient très bien pour la culture forcée. On rencontre aussi l'*A. en arbre* (A. *arborea*) connue en Angleterre sous le nom de *Lys de la vallée en arbre*, dont les fleurs blanches, en grappes, s'épanouissent en août. Multiplication par semis boutures et marcottes. Tailler sobrement la première après sa floraison et pincer les premières pousses de l'année. Tailler la seconde en hiver. (Voir « *Culture forcée* ».)

Aralia (Aralia), Araliacées. — On cultive les *A. de Chine* (A. *chinensis*) et *A. de Mandchourie* (A. *mandschurica* ou *Dimorphanthus mandschuricus*) pour l'ornementation des parties chaudes des jardins. Ce sont de très beaux végétaux mais un peu frileux. Taille longue et rare.

Araucaire (Araucaria), Conifères. — L'*A. du Chili* (A. *imbricata*) n'est pas considéré comme très rustique sous le climat parisien ; cependant, dans les endroits un peu abrités, surtout dans les sols chauds et sablonneux, il reste parfaitement garni. J'ai eu l'occasion d'en voir cette année deux beaux exemplaires à la villa des Bruyères, sur la lisière de la forêt de Montmorency, à Saint-Leu-Taverny (S.-et-O.), dont l'un a au moins 15 mètres de haut et un autre aussi bien joli, à Ercuis (Oise). Cependant, s'ils sont mal exposés et si le sol est humide, ils se dégarnissent du bas. C'est surtout dans l'ouest et dans le sud-ouest que l'on rencontre les beaux exemplaires. C'est un arbre majestueux par son port symétrique, avec ses branches entourées complètement de feuilles imbriquées, qui sont disposées en verticille de 5 à 8. Multiplication par semis et par boutures de tête. Les planter dans un sol siliceux ou amendé et dans un endroit sain, isolé sur une pelouse bien exposée et à l'abri de hautes futaies. Taille inutile.

Arbousier (*Arbutus*), Ericacées. — On cultive surtout dans le centre et dans le midi de la France l'*A. des Pyrénées* (*A. Unedo*), connu aussi sous le nom d'*Arbre aux fraises* et de *Fraisier en arbre*. A ses fleurs en grappes, d'un blanc rosé, s'épanouissant en septembre, succèdent des fruits ressemblant à des fraises, qui ne mûrissent que l'année suivante et sont seulement rouges lorsque les autres fleurs s'épanouissent. On ne peut guère le considérer comme rustique dans la région parisienne, à moins qu'il soit planté à une exposition abritée et chaude, dans un sol léger; encore lui faut-il un léger abri en hiver. On le multiplie par semis et par marcottes. Taille très sobre au printemps.

Arbre de Judée. — (Voir *Gainier*.)

Arbre de neige. — (Voir *Chimonanthe* et *Viorne*.)

Arbre aux quarante écus. — (Voir *Ginkgo*.)

Argousier (*Hippophae*), Eléagnacées. — On cultive l'*H. rhamnoides*, qui est un arbuste épineux et même un arbre atteignant de 5 à 6 mètres à tiges et à feuilles tomenteuses et à fruits orangés qui persistent. On le multiplie par semis et on le plante dans les massifs. Taille longue.

Aristoloche (*Aristolochia*), Aristolochiées. — Arbuste sarmenteux dont l'espèce *A. siphon* (*A. sipho*) est très employée pour la garniture des berceaux, balcons, etc. Il demande un bon sol. Multiplication de boutures à l'automne et de marcottes au printemps.

Arroche (*Atriplex*), Chénopodées. — On cultive sur le littoral de la Manche et de l'Océan l'*A. Halime* (*A. Halimus*), plus connue sous le nom de *Pourpier de mer*, qui est un arbuste traînant, à feuillage tomenteux, persistant, et sa variété **A. H. monumentale** (**A. H. monumentalis**), haute de

2ᵐ,50. Tous deux sont précieux pour les plantations au bord de la mer et même dans les dunes, et ils peuvent être utilisés ailleurs. Multiplication par semis, par éclats et par boutures. Taille sobre au printemps.

Aster. — (Voir *Diplopappus*.)

Aubépine. — (Voir *Épine*.)

Aucuba (*Aucuba*), Cornées. — Arbustes rustiques à feuillage persistant très employés dans les massifs d'arbustes. Les feuilles sont diversement colorées et les fruits rouges venant sur les sujets femelles sont très décoratifs et persistent longtemps. On peut aussi les cultiver en pots et en bacs pour l'ornementation des terrasses et des balcons. Une terre légère, humide l'été, une exposition mi-ombragée leur sont favorables. On multiplie les *Aucuba* par le bouturage automnal sous cloches en terre sablonneuse, par boutures d'été incisées préalablement et aussi par marcottes. Le semis peut être fait dès la maturité.

On cultive principalement les variétés de l'*A. du Japon* (*A. japonica*) : *alba variegata, bicolor, longifolia*, etc.

Planter ensemble des sujets mâles et femelles si l'on veut avoir des fruits. Transplanter en motte. Taille courte au printemps.

Aune (*Alnus*), Bétulacées. — Ce sont des arbres et arbustes à feuillage caduc et à fleurs monoïques. On les multiplie par semis, au printemps, à la volée, en rayons; on repique l'hiver suivant en espaçant de 30 à 40 centimètres entre les rangs et 20 centimètres entre les plants. Parfois on multiplie aussi par boutures et par marcottes en cépée. Les plants destinés à former des tiges sont élevés à cet effet; les autres sont souvent rabattus pour les faire ramifier. On cultive principalement l'*A. à feuilles en cœur* (*A. cordifolia*) et ses variétés pour le reboisement et les plantations des terrains secs; il atteint de 10 à 18 mètres et sa variété à feuilles découpées est très curieuse. L'*A. glutineux* (*A. glutinosa*) trouve son emploi dans les terrains marécageux, dans les prés; il pousse rapidement et atteint de 20 à 30 mètres de haut. Tous deux ont le bois cassant.

Azalée (*Azalea*), Tricacées. — Avec l'*A. amœna* on cultive en pleine terre les Azalées à feuillage caduc, princi-

palement les : *A. molle* et *A. pontique*, *A. de pleine terre*,
A. de Gand, et leurs nombreuses variétés. On les cultive en
terre de bruyère dans les endroits mi-ombragés, plantés
en : corbeilles, bordures et massifs. Comme il est très facile
de les transplanter en motte, on les emploie à Paris pour
les garnitures temporaires des corbeilles au printemps. La
majorité des nombreuses variétés peuvent être forcées,
dans le but d'en avancer la floraison. La multiplication se
fait de semis, boutures et greffes. C'est la spécialité de
certains établissements horticoles. (Voir aussi à « *Culture
forcée* ».) Taille au printemps après la floraison et pincer
les bourgeons en été.

Azara (*Azara*), Bixinées. — On peut cultiver à une exposition très abritée et dans un sol chaud l'*A. à petites feuilles*
(*A. microphylla*), qui est un arbuste très vigoureux, à feuillage persistant, d'un vert luisant, à ramure très légère, de
la conformation de celle du *Cotoneaster* à petites feuilles
et qui convient surtout à garnir les murs au sud. Abriter
un peu l'hiver. Multiplication par boutures faites à chaud.
Tailler au printemps.

Azerolier. — (Voir *Épine*.)

Baguenaudier (*Colutea*), Légumineuses. — Arbuste vigoureux à feuillage caduc, de 3 à 4 mètres, que l'on utilise dans
les plantations des massifs. Fleurs jaunes en été. Ses gousses
vésiculeuses sont très curieuses. On multiplie de semis et
de boutures. L'espèce la plus cultivée est le *B. commun* ou
Faux Séné (*C. arborescens*). Tailler long au printemps.

Bambou (*Bambusa*), Graminées. — On cultive dans les
jardins quelques espèces rustiques qui conviennent très
bien pour isoler dans les parties un peu fraîches, principalement, mais saines, abritées et chaudes. Ce sont les : *B.
vert-glauque* (*B. viridis-glaucescens*), *B. noir* (*B. nigra*), *B.
doré* (*B. aurea*), *B. Metake* (*Arundinaria japonica*). On doit
effectuer, de préférence, leur plantation en août. On favorise une vigoureuse végétation par des arrosages abondants
aux engrais chauds et azotés : sang, matières fécales, etc.
On les multiplie en août par le sectionnement des **rhizomes
rampants**. (Voir aux « *Plantes de serre* ».)

Bignone (*Bignonia*), Bignoniacées. — Plus connue sous le nom de Jasmin de Virginie (*B. radicans* ou mieux *Tecoma radicans*), cette plante est un de nos plus jolis arbustes sarmenteux; elle est très vigoureuse et remarquable par son

Fig. 214. — Jasmin de Virginie (Bignone de Virginie)
(*Bignonia radicans, Tecoma radicans*).

abondante floraison; aussi convient-elle pour garnir les tonnelles et en un mot pour couvrir de grandes surfaces. On lui préfère cependant très souvent la *B. de la Chine* ou *B. à grande fleur* (*T.* ou *B. grandiflora*), dont les fleurs sont grandes et belles. Ces deux espèces, qui peuvent avoir le même emploi, ont donné naissance à plusieurs variétés dont les fleurs varient du jaune orangé au rouge pourpre, deux couleurs qui se rencontrent du reste dans les deux types s'épanouissant en été. La *B. de Virginie* (fig. 214) peut très bien être utilisée pour garnir les murs, où les rameaux s'accrochent solidement grâce à leurs racines adventives. La multiplication s'effectue par le bouturage des racines et aussi par celui des jeunes pousses herbacées. Tailler au printemps.

Biota d'Orient. — (Voir *Thuya.*)

Bois gentil. — (Voir *Daphne.*)

Bonduc (*Gymnocladus canadensis*), Chicot du Canada, Légumineuses. — Très bel arbre de 8 à 12 mètres aux grandes feuilles bipennées, dépassant souvent un mètre; les fleurs blanches s'épanouissent en juin. On l'utilise pour former des groupes et dans les massifs. Multiplication de semis.

Bouleau (*Betula*), Cupulifères. — Beaux arbres employés pour les massifs et les groupes. Poussent dans tous les terrains et certains conviennent pour les plantations des terrains pauvres. La multiplication s'effectue par semis au printemps. Le *B. blanc* ou *commun* (*B. alba*) est le plus employé en France; c'est un arbre forestier et ornemental de 18 à 25 mètres. Il a donné naissance à plusieurs variétés; celles à rameaux pleureurs (*B. pendula*), à feuilles pourpres (*B. purpurea*), à feuilles laciniées (*B. laciniata pendula*) sont très cultivées. Très ornemental par son écorce. Tailler rarement et peu; planter de jeunes sujets, car la reprise est assez difficile.

Boule de neige. — (Voir *Viorne*).

Bruyère (*Erica*), Ericacées. — Charmantes plantes dont quelques-unes sont indigènes et que l'on emploie avec succès, celles de petite taille surtout, pour garnir le dessous des massifs de plantes de terre de bruyère et les parties de rocailles siliceuses. Les grandes espèces peuvent être associées aux plantes de terre de bruyère comme elles peuvent orner les rocailles. La multiplication s'effectue par semis, sectionnement des touffes, marcottes et boutures. Lorsque l'on est à proximité des stations naturelles de Bruyères on peut très bien en transplanter en motte. Je recommanderai les : *E. arborea, E. australis, E. carnea, E. cinerea, E. Tetralix, E. vagans*, etc. Tailler rarement, au printemps.

Buddleia (*Buddleia*), Loganiacées. — Quelques espèces sont rustiques et sont utilisées pour les plantations arbustives, principalement à cause de leur floraison tardive; ils affectionnent les sols chauds et fertiles. Fleurs en grappes violettes et roses. On les multiplie par : semis et bouturage, sous cloches. Les *B. globosa*, *B. japonica* et principalement le *B. Lindleyana*, se rencontrent généralement; le *B. variabilis* est une espèce récente de 1er ordre. Tailler long au printemps.

Buis (*Buxus*), Euphorbiacées. — Arbuste à feuillage persistant dont on emploie le : *B. commun* (*B. sempervirens*) et ses variétés : *argentea*, *aurea*, *latifolia*, *myrtifolia*, atteignant de 3 à 5 mètres, dans la composition des massifs. C'est certainement un des arbustes les plus rustiques et que l'on n'utilise pas assez, principalement dans les sous-bois; il est de croissance lente, mais il résiste à tous les hivers.

Le *B. de Mahon* moins rustique sous le climat de Paris est cependant à recommander.

Le *B. nain* (*B. suffruticosa*) ou *B. à bordure* est utilisé en quantité pour les bordures des jardins potagers et réguliers et les bordures de jardins paysagers en sous-bois. Il se multiplie par éclats; on le plante très serré et on le tond une ou deux fois par an, afin d'avoir des bordures régulières et compactes.

On multiplie le *B. commun* de semis, de boutures sous cloches en automne, et de marcottes. On le taille au printemps.

Buisson ardent. — (Voir *Épine*.)

Buplèvre (*Bupleurum*), (Ombellifères). — On cultive le *B. oreille de lièvre* (*B. fructicosum*), arbuste de 1m,50 à 2 mètres, à feuillage persistant, convenant pour les massifs d'arbustes et pour les isolés; il est précieux pour les plantations au bord de la mer. Ses fleurs verdâtres sont en ombelles. Multiplication par semis et boutures. Tailler au printemps.

Callicarpe (*Callicarpa*), Verbénacées. — Arbuste demi-rustique dans la région parisienne, qui demande à être planté à bonne exposition et abrité l'hiver. Remarquable par ses fleurs bleues et par ses fruits rouges, le *C. d'Amérique* est à peu près la seule espèce à cultiver dehors. Multiplication par boutures, traitement des Fuchsias demi-rustiques, taille au printemps.

Calycanthe (*Calycantus*), Calycanthées. — Arbrisseaux de 2 à 3 mètres aux fleurs axillaires odorantes, que l'on utilise dans les massifs d'arbustes, lorsque le sol est léger. Multiplication de marcottes et de graines que l'on sème dès leur maturité. On cultive les *C. floridus*, *C. glauque*, et le *C. précoce* (*C. præcox*) ou *Chimonanthe odorant* (*Chimonanthus fragrans*), à floraison hivernale, qui, pour bien fleurir, doit être taillé annuellement au printemps, dans le but de faire développer des rameaux qui donneront des fleurs l'hiver suivant.

Camélia (*Camellia*), Ternstrœmiacées. — Bien qu'il soit rentré en serre dans la région parisienne le Camélia peut être cultivé dehors en pleine terre de bruyère et en plein air contre un mur au nord ; il suffit de l'abriter de quelques paillassons lors des froids trop rigoureux et des neiges. Choisir principalement ceux à fleurs imbriquées, les variétés *Rubra plena* et *alba plena*. En Bretagne et plus au sud c'est un arbrisseau franchement de plein air. Voir aussi aux « *Plantes de serre* ». Tailler les longs rameaux après la floraison et pincer les bourgeons vigoureux pendant la végétation.

Caragana (*Caragana*), Légumineuses. — Arbres et arbustes atteignant de 1 à 7 mètres, que l'on utilise dans les parcs, particulièrement le *C. Altagana*, charmant arbuste aux fleurs jaunes. Le *C. arborescent* est un arbre de 6 à 7 mètres, il a donné naissance à une variété à rameaux pendants : *C. a pendula*. A citer les *C. frutescent*, et le *C. spinosa*, ce dernier convenable par ses épines pour la formation des haies. Multiplication de graines. Écimage après la floraison.

Carpenteria (*Carpenteria*), Saxifragées. — Le *C. de Californie* (*C. californica*) est un bel arbuste aux grandes fleurs blanches en cymes terminales s'épanouissant en été à utiliser dans les jardins en bordure des massifs ou en groupes. Multiplication de semis et boutures. Tailler au printemps.

Casse (*Cassia*), Légumineuses. — Arbustes de 1 à 1ᵐ,50 au feuillage léger et aux jolies grappes de fleurs, dont une espèce, le *C. de Maryland* (*C. marylandica*), est aussi souvent employée dans les plantations arbustives. Multiplication de graines et de boutures. Tailler au printemps. Floraison d'août en octobre.

Catalpa (*Catalpa*), Bignoniacées. — Arbres très décoratifs, de 12 à 15 mètres. On emploie surtout le *C. syringæfolia* pour la formation des groupes et des massifs, dont les fleurs, s'épanouissant en juillet, sont disposées en belles grappes terminales et qui a donné naissance à plusieurs variétés : *aurea, argentea, purpurea, grandiflora*, etc. Après viennent le *C. Bungei*, plus ramassé, plus compact, puis le *C. speciosa*, plus tomenteux. Multiplication de graines et de boutures; recéper les tiges comme celles de l'Ailante.

Céanothe (*Ceanothus*), Rhamnées. — Très jolis arbustes de 1 à 2ᵐ,50, à floraison continue de juin aux gelées, qui sont très utilisés dans les jardins pour les massifs, groupes et isolés et pour tapisser les murs. Les fleurs qui s'épanouissent sur les bourgeons de l'année conviennent très bien pour les garnitures des tables et pour les bouquets. Multiplication de semis, boutures, marcottes. Ce sont principalement les très nombreuses variétés du *Céanothe azuré* (*C. azureus*) : *Gloire de Versailles, Bijou, Marie Simon, Phare*, etc., qui sont les plus cultivées. on a ainsi le rose pâle jusqu'au rouge et du bleu pâle au bleu foncé. Reprend assez difficilement lorsque les touffes sont âgées. Le transplanter en motte ou en pot. Certaines personnes les considèrent comme des arbustes à feuillage persistant. Tailler au printemps.

Cèdre (*Cedrus*), Conifères. — Beaux arbres très élevés qu'on utilise dans les plantations des parcs. Ils poussent un peu dans tous les sols. Il faut les transplanter en mottes. On les multiplie par semis et par greffes. Les espèces qui trouvent leur emploi sont les *C. atlantica, C. a. glauca* nommé *Cèdre bleu*, le *C. Deodara* (fig. 215), le *C. Libani*. Tous ont donné naissance à de belles et nombreuses variétés. Les *C. atlantica* et *C. Libani* sont plus sévères dans leur forme que le *C. Deodara*.

Cèdre bâtard (*Cedrela*), Méliacées. — Beaux arbres de 16 à 25 mètres au feuillage et à l'aspect très décoratifs; les fleurs sont disposées en panicules lâches. Depuis quelques années on en plante dans les parcs, principale-

Fig. 215. — Cèdre des Monts Deodar (*Cedrus Deodara*).

ment par groupes et en isolé. C'est principalement l'espèce *C. de Chine* (*C. sinensis*) qui est la plus cultivée jusqu'alors, quoique le *C. odorant* (*C. odorata*) se rencontre assez souvent.

Il y a assez d'analogie entre le *C. de Chine* et le Vernis du Japon, quoiqu'on ne puisse pas les confondre, car les feuilles du *Cedrela* sont bien plus allongées. Leur multiplication s'effectue de boutures et de tronçons de racines. Taille presque nulle et au printemps.

Cephalotaxus (*Cephalotaxus*), Conifères. — Assez voisins des Ifs, les C. sont rustiques et décoratifs ; multiplication par semis et par boutures. On cultive surtout les *C. de Fortune* et *C. drupacé*.

Cerisier (*Cerasus*). Rosacées. — Les Cerisiers d'ornement sont des arbres et des arbustes à feuillage caduc et persistant. Ceux à feuillage caduc se multiplient surtout par semis, marcottes et greffes ; quant aux autres, on applique principalement le bouturage.

Les C. à feuillage caduc sont principalement décoratifs par leurs fleurs, diversement colorées et plusieurs qui sont doubles ; mais dont certaines espèces sont réunies au genre Prunier : *Merisier commun* (*C. avium*), *C. de Sainte-Lucie* (*C. Mahaleb*), *C. à grappes* (*C. padus*), *C. faux Cerisier* (*C. pseudo-Cerasus*), *C. de Virginie* (*C. Virginiana*). On les emploie principalement pour former des massifs, en isolé et en groupes sur les pelouses. Tailler long après la floraison.

Les C. à feuillage persistant comprennent le *Laurier Cerise* ou *L. Amande* (*C. Lauro-Cerasus*), atteignant de 3 à 6 mètres, qui a donné naissance à de belles variétés dont les *L. du Caucase* (*C. caucasica*), *L. de Colchique* (*C. colchica*), *L. à larges feuilles* (*C. latifolia*) ; et le *L. de Portugal* (*C. lusitanica*), atteignant de 3 à 6 mètres. Ce sont de bons arbustes très employés dans les plantations des massifs dans les parcs et les jardins. On doit transplanter en motte. Tous peuvent être plantés en 2e et 3e rang dans les massifs. On forme parfois des haies avec le *L. cerise*. Tailler au printemps.

Chalef (*Elæagnus*), Éléagnées. — Arbres et arbrisseaux atteignant de 1 à 12 mètres, que l'on utilise fréquemment dans les plantations arborescentes, principalement l'*Olivier de Bohême* (*E. angustifolia*), arbre de 8 à 10 mètres au feuillage argenté et aux fleurs jaunes odorantes que l'on plante près des pièces d'eau. L'*E. glabre*, l'*E. du Japon* et ses variétés à *feuilles maculées dorées, tricolores, de Simon*, et l'*E. à rameaux retombants* (*E. reflexa*), sont à feuillage persistant ; ce dernier est souvent planté sur les rocailles ; il a les feuilles argentées et brillantes en dessous. Multiplication par semis, marcottes et boutures. Tailler après la floraison.

Fig. 216. — *Chamærops excelsa.*

Chamæcerisier. — (Voir *Chèvrefeuille*.)

Chamæcyparis (*Chamæcyparis*), Conifères. — Ce sont de beaux arbres et arbustes qu'on utilise beaucoup pour l'ornementation des jardins. Ils se plaisent dans tous les sols et principalement dans ceux qui sont frais. On en fait des groupes ou on les place en isolé sur les pelouses. On les multiplie de semis, boutures et greffes. On rencontre souvent les *C. de Lawson* (*C. Lawsoniana*), *C. de Mitka*, *C. obtusa*, etc., et leurs nombreuses variétés.

Chamærops (*Chamærops*), Palmiers. — Les *C. excelsa* (fig. 216) et *C. humilis* sont plantés en pleine terre dans la région parisienne. Ils passent parfaitement l'hiver, s'ils sont plantés dans un sol chaud et rocailleux, abrités l'hiver avec de la paille ou des paillassons et leur pied recouvert de litière. Les arroser l'été avec des engrais chauds et supprimer les inflorescences pour obtenir une végétation luxuriante. (Voir aux « *Plantes de serre* ».)

Charme (*Carpinus*), Charmille, Cupulifères. — C'est le *C. commun* ou *Charmille* (*C. Betulus*), atteignant de 15 à 20 mètres de haut, qui est le plus cultivé; il en existe plusieurs variétés à feuillage diversement panaché. On en forme surtout des haies ou des rideaux dits *Charmilles*. Multiplication par semis. Planter de jeunes sujets pour mieux assurer la reprise. On cultive aussi le *C. d'Amérique*. Tailles et tontes en été des sujets formant des rideaux et des haies. Tailler rarement ceux formés à tige.

Chêne (*Quercus*), Cupulifères. — Cet arbre est à la fois un arbre forestier et un arbre d'ornement de la plus haute valeur; aussi l'emploie-t-on fréquemment dans les plantations des parcs et des jardins pour la formation des massifs ou des groupes. On le multiplie de semis, qui doivent être faits à la récolte des glands, et de greffes pour la majorité des variétés horticoles. A citer les *Q. alba*, *Q. Cerris*, *Q. pedunculata*, *Q. rubra*, à feuilles caduques, et aussi les *C. à feuilles de Houx* (*Q. Ilex*), et *C. toujours vert* (*C. sempervirens*), à feuillage persistant.

Chèvrefeuille (*Lonicera*), Caprifoliacées. — Arbustes dressés ou grimpants à feuillage persistant ou caduc que l'on a divisés en deux séries : l'une comprenant les *Chamæcerisiers* (*Chamæcerasus*), Chèvrefeuille de Tartarie (*L. tatarica*), *C. Xylosteon* (*L. Xylosteum*), etc.; l'autre comprenant les *Chèvrefeuilles* grimpants, ceux à feuillage persistant (**L. sempervirens**) et ceux des bois. Ceux à feuillage persistant sont un peu plus délicats ; il convient de les planter auprès d'un mur bien exposé et d'en abriter les pieds pendant l'hiver. Les espèces et variétés grimpantes sont employées à garnir les tonnelles, murs, troncs d'arbres, etc. ; enfin, les espèces arbustives conviennent très bien pour les plantations en sous-bois, principalement le *C. de Tartarie* ; ce dernier atteint de 2 à 4 mètres ; ses fleurs petites sont blanches et rosées. On taille assez court les C. de Tartarie après la floraison. Ceux à floraison hivernale : *L. fragrantissima* et *L. Standishii*, ainsi que ceux à floraison automnale, doivent être taillés au printemps.

Espèces grimpantes : *L. Caprifolium, L. flexuosa, L. Periclymenum, L. sempervirens, L. Standishii* et *L. fragrantissima*, etc. ; espèces arbustives : *L. Alpigena, L. floribunda, L. involucrata, L. nigra, L. tatarica, L. Xylosteum*, etc. La multiplication s'effectue de boutures et de marcottes.

Chicot du Canada. — (Voir *Bonduc*.)

Chimonante. — (Voir *Calycanthe*.)

Chionanthe (*Chionanthus*), Oléacées. — On rencontre surtout le *C. de Virginie* (*C. Virginiana*), plus connu sous le nom d'*Arbre de neige*, arbuste robuste haut de 4 mètres et qu'on peut cultiver aussi sur petite tige en le greffant en écusson sur le Frêne. Fleurs blanches en grappes s'épanouissant en mai-juin. Multiplication par semis. Taille sobre après la floraison et rajeunissement des touffes tous les trois ou quatre ans.

Choisya. — Voir « *Plantes de serre* ». — Peut être planté en plein air dans une situation abritée ; il résiste aux hivers pas trop rigoureux en l'abritant avec un peu de litière. Tailler et pincer après la floraison.

Ciste (*Cistus*), Cistinées. — Plantes suffrutescentes ou arbrisseaux qu'il faut planter à une exposition chaude si on veut les voir croître vigoureusement ; fleurs violacées en juin-juillet. On les multiplie de boutures faites sous cloches ou en serre et de semis. A citer les *C. Cyprius, C. ladanifère* (*C. ladaniferus*), etc. Tailler au printemps à long bois et pincer en été.

Citronnier (*Citrus*), Rutacées. — On isole sur les pelouses le *C. à trois feuilles* ou *C. à trois épines* (*C. trifoliata* ou *C. triptera*), plus correctement *Egle sepiaria* (*Ægle sepiaria*), qui est un arbuste très curieux à rameaux verts, aplatis et épineux, à feuilles caduques, qui dépasse rarement 1^m,50 ; aux fleurs blanches succèdent des petits citrons très parfumés et d'assez bon goût. Multiplication par boutures faites sous cloches. Taille du vieux bois seulement.

Cladastris tinctoria. — (Voir *Virgilier*.)

Clématite (*Clematis*), Renonculacées. — Plantes sarmenteuses aux fleurs parfois très larges, auxquelles succèdent généralement des aigrettes plumeuses. Ce sont des plantes que l'on utilise avec avantage pour tapisser les murs, les troncs d'arbres, les colonnades, etc.

Leur multiplication s'effectue par semis, boutures et greffes. Les boutures sont faites à chaud, et les greffes sont effectuées au printemps, en fente, sur racines d'espèces vigoureuses, telle la *C. Vitalba*. Il faut les planter dans un sol à la fois léger, chaud et fertile. Il ne faut pas modérer les arrosements pendant la période végétative. Souvent on les plante en pots ou en caisses que l'on enterre, lorsque le sol naturel ne leur est pas favorable.

En général il faut tailler les Clématites après leur floraison, principalement pour celles qui fleurissent sur les pousses de l'année précédente ou au printemps, mais en conservant les rameaux susceptibles de donner des fleurs. Celles qui fleurissent sur le bois de l'année sont taillées au printemps. Mais en général il vaut mieux se contenter de supprimer le bois mort. On cultive les *C. patens*, *C. lanuginosa*, *C. Jackmanni*, *C. Vitalba*, *C. Viticella* et un grand nombre de variétés : *Aurora*, *Gigantea*, *Regina*, *Marcel Moser*, *René Moser*, *Splendida*, etc. Consulter les catalogues des spécialistes pour les autres variétés.

Clerodendron (*Clerodendron*), Verbenacées. — Le *C. de Bunge* (syn. *C. fœtide*), est un bel arbuste haut de 1^m,40 à 1^m,60 aux fleurs rose lilacé en août ; le *C. trichotomum*, haut de 2 mètres, est remarquable par ses fleurs à calice rouge en septembre. Tous deux sont plantés dans les endroits abrités et de préférence dans un sol chaud. Bouturage sous verre, au printemps. Taille sévère au printemps.

Clethra (*Clethra*), Ericacées. — On cultive principalement les espèces arbustives à feuilles caduques, qui peuvent atteindre de 1 à 3 mètres et dont les fleurs blanches en grappes s'épanouissent en août. On multiplie de boutures et on cultive pour la plantation des massifs d'arbustes les : *C. à feuille d'Aune* et *C. tomenteux*. Tailler au printemps.

Cognassier (*Cydonia*, syn. *Chænomeles*), Rosacées. — Le *C. du Japon* (syn. *Poirier du Japon*), (*C. japonica*), est un des arbustes d'ornement à fleurs les plus méritants. Les fleurs, diversement colorées : carnées, cuivrées, carminées, cramoisies, s'épanouissent dès le mois de février s'ils sont plantés à bonne exposition et durent parfois jusqu'en juin sur certaines variétés ; à ces fleurs succèdent des fruits plus ou moins décoratifs. On les plante généralement en bordure des massifs d'arbustes, sur les talus et dans les endroits rocailleux et on les groupe ou on les isole sur les pelouses. Je ne saurais trop recommander de les cultiver en cordons le long de fils de fer et aussi de les traiter à la façon des arbustes sarmenteux en palissant leurs rameaux contre les murs, terrasses, grillages, soubassements de serres, etc. Dans ces conditions leur floraison s'effectue merveilleusement bien. On peut aussi en former des arbres à tige en les greffant sur tige d'Aubépine ou de Poirier.

Les variétés en sont nombreuses, je citerai : les *C. du J.* : *aurore*, *à fleurs carnées*, *à fleurs rouges*, *à grandes fleurs*, *de Simon*, *à fleurs doubles*, *versicolor*, *rouge cardinal*, etc.

Les rameaux boutonnés continuent à épanouir leurs fleurs, si on les utilise dans la composition des bouquets. Multiplication par : greffes, boutures, marcottes et drageons. Élevage et transplantation en pots. Taille après la floraison.

Copalme (*Liquidambar*), Hamamélidées. — Connu aussi sous le nom de *Copal*; on cultive principalement le *C. d'Amérique*, atteignant 15 à 18 mètres, dont les feuilles sont odorantes et se colorent, l'automne, d'un rouge intense. La multiplication s'effectue de marcottes et de semis.

Corète (*Corchorus* ou *Kerria*), Tiliacées. — On cultive la *C. du Japon*, qui atteint facilement 2m,30 ; l'écorce est verte et luisante et les fleurs jaunes ; il existe une variété à fleurs jaunes doubles ; elle fleurit au printemps et en été. On la multiplie par boutures et on la plante en bordure des massifs ; on la palisse aussi contre les murs. Tailler après la floraison, ce qui favorise la seconde floraison.

Cornouiller (*Cornus*), Cornées. — On cultive dans ce genre des espèces arborescentes et arbustives. Le *C. mâle* est un arbre de 6 à 7 mètres de haut, dont les fleurs jaunes s'épanouissent au premier printemps. Parmi les espèces arbustives, qui atteignent 3 à 4 mètres de haut, il faut citer en premier rang le *C. sanguin* à bois rouge vif, et sa variété à *feuilles panachées*, puis le *C. de la Floride* à fleurs jaunes et le *C. à fleurs blanches*. On multiplie le premier de semis, les autres de semis, marcottes et boutures. Tous prospèrent en sous-bois. Taille au printemps pour les variétés à bois rouge et à feuillage panaché et après la 1re floraison pour ceux à fleurs.

Coronille (*Coronilla*), Légumineuses. — On cultive surtout la *C. des jardins*, qui peut atteindre 1m,20. On la multiplie par boutures et par marcottes. Elle croît dans les terrains secs ; sa reprise est assez difficile et il faut la transplanter en motte. Sa place est marquée en bordure des massifs d'arbustes et sur les pelouses. Tailler court après la floraison pour en provoquer une seconde.

Cotoneaster (*Cotoneaster*), Rosacées. — Ce sont de très bons arbustes à feuillage persistant atteignant de 80 centimètres à 2m,30, dont certains, tel le *C. commun* ou *C. du Népaul*, entrent dans la composition des massifs. Mais la majorité sont des arbustes saxatiles utilisés principalement pour garnir les rochers : *C. horizontal*, *C. à feuilles de Buis*, *C. à petites feuilles*, *C. à feuilles de Thym* aux rameaux couchés que l'on peut dresser en les tuteurant. Les fruits rouges sont très décoratifs, on les multiplie par boutures, marcottes et par greffes sur le *C. commun*. Il faut autant que possible les élever en pots pour faire leur transplantation avec succès. **Ne pas tailler en hiver, sauf ceux du Népaul.**

Coudrier. — (Voir *Noisetier*.)

Cyprès (*Cupressus*), Conifères. — Ce sont de beaux végétaux qu'on isole sur les pelouses des jardins. On cultive surtout les *C. fastigié*, *C.* ou *Chamæcyparis de Lawson* et ses variétés, tous à feuillage persistant, et le *C. chauve*, à feuilles caduques très curieux. On les multiplie de semis et de greffes; ces deux derniers préfèrent les terrains humides, mais en général ils aiment les sols secs.

Cytise (*Cytisus*), Légumineuses. — On cultive à tige ou sous forme d'arbuste les : *C. faux-Ébénier*, atteignant 8 mètres de haut, à fleurs jaunes s'épanouissant au printemps, et sa variété à *rameaux pleureurs*; *C. d'Adam* portant à la fois des fleurs rouges et jaunes; *C. toujours fleuri*; *C. pourpre*. Le *C. faux-Ébénier* convient très bien pour les fonds des grands massifs. La multiplication s'effectue par semis au printemps. Tailler après la floraison.

Daphné (*Daphne*), Thyméléacées. — On cultive les : *D. Bois gentil* et sa variété *à fleurs pourpres*, à feuilles caduques, dont les fleurs s'épanouissent avant les feuilles; *D. Laureola*, *D. petit Thymélée*, tous deux à feuillage persistant. Remarquables par leur floraison hivernale. On les multiplie surtout de boutures et on les plante dans les rocailles et dans les massifs de terre de bruyère. Tailler après la floraison.

Desmodium (*Desmodium*, syn. *Lespedeza*), Légumineuses. — Arbustes des plus méritants, d'introduction nouvelle dans les plantations arbustives des parcs et des jardins. On cultive surtout les : *D. à rameaux pendants* (*D. penduliflorum*, correctement *Lespedeza bicolor*), atteignant 2^m,50 de haut, à port très gracieux et dont les rameaux s'inclinent élégamment et donnent depuis août jusqu'aux gelées une profusion de grappes de fleurs pourpre-violacé; *D. du Canada*, *D. de l'abbé Delavay* (*L. Delavayi*), *L. reticulata*, et ses variétés, *L. macrocarpa*, fleurissant à la même époque, et le *L. trigonoclada*, aux fleurs jaunes en panicules.

A planter dans les massifs d'arbustes, sur les talus, dans les rocailles, en isolé et par groupes sur les pelouses. Les fleurs conviennent pour les bouquets. Multiplication par boutures herbacées sous verre, et par semis. La taille assez sévère au printemps favorise le développement de longs et vigoureux rameaux.

Deutzia (*Deutzia*), Saxifragées. — Arbustes à feuilles caduques, très appréciés, pour les plantations des massifs en bordure et en second rang. On cultive surtout les : *D. crénelé* et ses variétés à *fleurs doubles, roses* et *blanches*, atteignant 2m,50 de haut; le *D. gracieux*, haut de 60 centimètres; le *D. parviflora*, fleurissant en avril-mai, et le *D. de Lemoine*, nouveauté récente; ce dernier et les deux autres épanouissent leurs fleurs en mai-juin et le premier jusqu'en juillet. On les multiplie par boutures et séparation de touffes. On peut aussi les cultiver en pots et les forcer, surtout les *D. gracieux* et *D. de Lemoine*. Les fleurs de toutes les espèces et variétés conviennent pour les bouquets. Tailler après la floraison; supprimer le vieux bois et raccourcir les gourmands.

Dierville (*Diervillea* ou *Weigelia*). Caprifoliacées. — Arbustes très décoratifs et de grande valeur, atteignant 1m,80, fleurissant pendant l'été. On cultive surtout le *D. rose* et ses nombreuses variétés *Abel Carrière, Candida, Montesquieu*, etc., à fleurs diversement colorées, et celle à *feuilles panachées*. A placer en bordure et en second rang; en faire aussi des groupes sur les gazons.

On les multiplie par boutures, marcottes et séparation de touffes. Tailler partiellement après la floraison et supprimer le vieux bois.

Dimorphanthus. — (Voir *Aralia*.)

Diplopappus (*Diplopappus*), Composées. — On rencontre parfois, car il n'est pas très répandu, le *D. à feuillage doré* (*D.* ou correctement *Aster chrysophyllus*), charmant petit arbuste de 50 centimètres de haut, dont le feuillage persistant, ténu et bronzé, rappelle celui des Ericas et des autres Asters; les fleurs sont blanches et s'épanouissent tardivement. On le plante dans les rocailles et en bordure des massifs d'arbustes. Multiplication par sectionnement des touffes et par boutures.

Eglé. — (Voir *Citronnier*.)

Épine-Vinette (*Berberis*), Berbéridées. — On cultive l'*É. V. commune* et sa variété à *feuilles pourpres*, toutes deux à feuilles caduques, et les *É. V. à feuilles étroites, É. V. de Darwin, É. V. à fruits doux* (*B. dulcis*) et sa variété **naine** (*B. d. nana*), à feuillage persistant. Pour toutes il faut se méfier des épines. Bons arbustes pour les massifs, bordures et pour les talus inclinés. On les multiplie par semis, boutures et marcottes. Tailler après la floraison.

Épine (*Cratægus*), Rosacées. — Ce sont des arbres et des arbustes à feuillage caduc ou persistant, aux fleurs odorantes et aux fruits décoratifs. Parmi ceux en arbre il faut citer les : *É. blanche* ou *Aubépine* à fleurs blanches et ses variétés à fleurs : *double blanche, rose, rouge cocciné, rouge cramoisi, É. de Carrière* à gros fruits; *É. Azerolier, É. Ergot de coq* et ses variétés, notamment l'*É. à branches linéaires*, formant parasol, etc., *É. à fruits rouges*, et *E. du Mexique*, *É. à fruits jaunes, É. blanche* à fruits jaunes, etc., toutes à fruits jaunes ou rouges.

On cultive toutes ces espèces, soit sur tige, soit en touffes. Elles entrent dans la compositoin des massifs; on en isole et on en fait des groupes sur les pelouses, qui, au moment de la floraison, mai-juin, sont resplendissants et qui plus tard en automne et en hiver sont constellés de fruits très décoratifs. Une espèce, l'*É. blanche toujours fleurie*, donne des fleurs tout l'été et en arrière-saison porte à la fois des fleurs et des fruits. On les multiplie de semis; et, sur les plants ainsi obtenus, les variétés sont greffées en écusson. Tailler après la floraison en conservant des rameaux portant des fruits.

Ces espèces sont à feuilles caduques, mais on cultive aussi des espèces à feuillage persistant, dont le *Buisson ardent* (*C. pyracantha*), également à fruits rouges, et sa variété *B. a. de Lalande* (*C. p. Lalandei*), dont les fruits rouge orangé sont plus nombreux. Le port est normalement pyramidal. On le multiplie par greffe sur Cognassier; on l'élève en pots, afin de faciliter la transplantation et la reprise; on en fait des groupes sur les pelouses et des massifs entiers. A signaler son emploi comme plante sarmenteuse pour tapisser les murs, où dans cette position les fruits produisent le summum d'effet décoratif. Taille très **modérée** lorsque les boutons sont parfaitement visibles.

L'*É. à feuilles glabres* (*C. glabra*, ou plus logiquement *Photinia glabra*), atteint 4 mètres de haut; ses feuilles sont grandes, allongées, vert luisant et lorsqu'elles sont jeunes, rougeâtres comme les tiges. Ce qui fait que le haut de l'arbuste est toujours purpurin, tandis que le bas est vert intense. Planter à l'intérieur des massifs en terrain sain; gèle assez facilement. Tailler au printemps.

Érable (*Acer*), Acérinées. — Ce sont de très beaux arbres, en général, dont deux ou trois espèces sont propres aux plantations d'alignement. On cultive surtout les espèces suivantes, les : *É. champêtre*, atteignant 10 mètres, et ses variétés; *É. Plane* et ses variétés *à feuilles pourpres, panachées, laciniées, rouge bronzé* (*A. Schwedleri*), à port compact; *É. sycomore* et ses variétés à feuilles *panachées, marbrées de rouge et blanc* (*É. de Léopold*), *pourpres*, etc.; les deux derniers atteignent 30 mètres.

L'*É. Negundo à feuilles de Frêne* et ses variétés, à *feuilles panachées* de blanc ou de jaune, sont aussi cultivées comme arbustes; *É. jaspé*, à écorce bleuâtre striée; *É. de Montpellier*, à feuilles petites. On cultive aussi certaines variétés d'*É. du Japon*, si curieusement et si finement colorées, mais un peu délicates et que l'on doit planter en terre de bruyère siliceuse et humeuse.

On multiplie les Érables par semis, marcottes et greffes; ces dernières appliquées aux variétés. On les plante dans les massifs et on isole ou on groupe sur les pelouses les variétés à beau feuillage, particulièrement l'*É. Negundo* à feuilles panachées. Tailler au printemps; tous se prêtent aux tailles et aux élagages.

Erica. — (Voir *Bruyère*.)

Escallonia (*Escallonia*), Saxifragées. — Charmants arbustes demi-rustiques, à feuillage persistant, qu'il faut planter à bonne exposition et abriter l'hiver. Floraison en été, fleurs en grappes rouges et roses chez les *E. rouge* (*E. rubra*) et *E. d'Ingram*; les *E. floribunda* à fleurs blanches et *E. macrantha* à fleurs rouges tapissent admirablement les murs exposés au sud. Multiplication par boutures et marcottes. Taille au printemps.

Eulalia du Japon. — (Voir aux *Plantes de plein air*.)

Fevier (*Gleditschia*), Légumineuses. — On cultive surtout le *F. à trois épines* (*G. triacanthos*), ses variétés *sans épines* (*G. inermis*) et à *rameaux pleureurs* (*G. Bujoti*). Cet arbre atteint jusqu'à 30 mètres; le tronc est parsemé de grosses touffes d'épines qui lui donnent un aspect curieux; son feuillage est fin et élégant. Il vient jusque dans les plus mauvais sols. On le multiplie principalement de semis.

Filaria (*Phillyrea*), Oléacées. — Arbustes à feuillage persistant, dont les plus cultivés sont les : *F. à larges feuilles* et *F. à feuilles étroites* ; on rencontre moins souvent le *F. de Vilmorin*, qu'on a beaucoup prôné, mais qui ne réunit pas toutes les qualités qu'on lui a prêtées. Il est robuste, rustique, il est vrai, mais il manque d'élégance et croît lentement. On multiplie les Filarias par greffes sur Troène. Leur place est sur les premiers rangs des massifs. Tailler au printemps.

Fontanésia (*Fontanesia*), Oléacées. — On cultive les *F. de Fortune* (*F. Fortunei*) et *F. phillyræoides*, dont les fleurs jaunâtres s'épanouissent en été. Ils rappellent un peu le Troène commun, et sont plantés en isolé et dans les massifs. Multiplication de marcottes et de boutures. Taille au printemps.

Forsythia (*Forsythia*), Oléacées. — Arbustes de grand mérite par leur floraison hâtive dont les fleurs jaunes s'épanouissent au premier printemps avant les feuilles, et qu'on plante dans les massifs d'arbustes, sur les pelouses, contre les murs et sur les rochers. On cultive les *F. à fleurs pendantes* (*F. suspensa*) et sa variété à *grandes fleurs* (*F. de Fortune*) et le *F. à fleurs vertes* (*F. viridissima*). Ils atteignent de 3 à 4 mètres. On multiplie de boutures et on taille après la floraison en supprimant le vieux bois.

Fragon (*Ruscus*), Liliacées. — Ce sont de charmants arbustes à feuillage persistant que l'on plante en avant des massifs d'arbustes et en sous-bois; les rameaux, parfois chargés de baies, sont employés pour les décorations d'appartement. On cultive surtout les : *F. d'Alexandrie*, *F. épineux* ou ***petit Houx*** poussant peu, *F. à grappes* et *F. hypoglosse*, qui atteignent de 40 centimètres à 1 mètre. On peut en faire de jolies potées. La multiplication s'effectue par division des touffes. Tailler peu et au printemps.

Framboisier du Canada. — (Voir Ronce.)

Frêne (*Fraxinus*), Oléacées. — Ce sont de grands et beaux arbres. On cultive principalement le *F. commun* (*F. excelsior*), atteignant 30 mètres, et ses variétés *F. à rameaux pendants* ou *F. pleureur*, *F. à écorce dorée*, *F. à une feuille*, *F. à feuilles d'Aucuba*, etc.; le *F. à fleurs* (*F. ornus*), haut de 10 mètres, est remarquable par ses fleurs blanches disposées en vastes panicules. Les Frênes d'origine américaine ont beaucoup d'analogie avec le *F. commun*, mais sont moins cultivés.

On multiplie ces espèces par semis et leurs variétés par greffes. On les plante dans les massifs, en groupe et en isolé; le *F. pleureur* est très apprécié. Tailler au printemps, et le *F. à fleurs* après sa floraison.

Fuchsia (*Fuchsia*), Onagrariées. — On plante dans les rocailles, en isolé, en groupes et dans les massifs les *F. Carmen* et *F. Riccartoni*, variétés rustiques, repoussant chaque année de la souche, qu'il est bon d'entourer de feuilles pendant l'hiver. Multiplication par division des touffes et par boutures traitées comme les F. de serre. Rabattre les rameaux au printemps, rez de terre. Floraison suivie de juin aux gelées.

Fusain (*Evonymus*), Célastrinés. — Les Fusains comptent parmi les arbustes à feuillage persistant les plus employés dans la formation des massifs, des rideaux, pour isoler et pour garnir les caisses et les jardinières, à l'intérieur et à l'extérieur; on en fait également de belles potées. Les individus que l'on isole sur les pelouses, principalement dans les jardins réguliers, sont: soit taillés en pyramide ou en colonne, soit greffés sur tige, mais ils ne résistent pas à tous les hivers dans la région parisienne et plus au nord.

C'est le *F. du Japon* (*E. japonicus*), à feuillage vert, haut de 2 à 4 mètres, qui est le plus cultivé, ainsi que ses nombreuses variétés: *à feuilles marginées de jaune, de blanc, élégant, à feuilles argentées, duc d'Anjou, maculé de jaune, à grandes feuilles jaunes ou jaunes dorées*, etc. Quelle que soit la couleur que l'on choisisse, il est bon d'arrêter son choix sur des variétés dont la panachure est marginale ; celle-ci est constante, tandis que les panachures centrales disparaissent très souvent et les feuilles se développent vertes.

On cultive encore : le *F. rampant* (*E. radicans*) et ses variétés à feuilles panachées de blanc ou de jaune, surtout le *F. r. silver-gem*; le *F. de Carrière*, plus élevé, avec lesquels on tapisse les talus et les petits murs et qu'on plante dans les rocailles, et le *F. nain* (*E. pulchellus*), propre à faire des bordures.

On multiplie ces Fusains : de semis, de boutures et on greffe très souvent les variétés ci-dessus mentionnées des *F. du Japon* et *de Carrière*. Il faut les transplanter en motte.

Le *F. d'Europe*, haut de 3 à 4 mètres et à feuilles caduques, est apte à garnir les sous-bois. Tailler au printemps.

Gainier (*Cercis*), Légumineuses. — Ce sont de jolis arbres et arbustes d'ornement sur lesquels les fleurs apparaissant sur le vieux bois avant que les feuilles le recouvrent complètement ; à ces fleurs succèdent les siliques, qui se maintiennent parfois d'une année à l'autre.

On cultive le *G. à silique* ou *Arbre de Judée* à fleurs violacées et ses variétés *à fleurs blanches et carnées*, et le *G. du Canada* à fleurs roses. La multiplication s'effectue par semis et par marcottes ; la plantation doit être faite lorsque ces arbres sont jeunes, car plus tard la reprise n'est pas assurée. Tailler après la floraison.

Gattilier (*Vitex*), Verbenacées. — On rencontre dans les jardins les : *V. Agnus-castus*, haut de 2 à 3 mètres, aux fleurs bleu-lilas, en épis terminaux s'épanouissant en septembre ; *V. incisa*, aux fleurs également bleues, s'épanouissant en août-septembre ; et leurs variétés. Utilisation dans les rocailles et dans les massifs multiplication par boutures. Tailler au printemps.

Gaulthéria (*Gaultheria*), Éricacées. — Petits arbustes à feuillage persistant, dont le *G. Palommier* ou *Thé du Canada* (*G. procumbens*) est cultivé en terre de bruyère ; il atteint 40 centimètres ; fleurs d'un blanc-rosé en grappes, auxquelles succèdent de petits fruits de corail très décoratifs ; il peut, avec le **G. Shallon**, également rustique et à fruits rouges, être planté dans les rocailles. Multiplication par drageons et par boutures. Taille sobre au printemps.

Genêt (*Genista*), Légumineuses. — On cultive les *G. commun* à fleurs jaunes, qu'on multiplie par semis, et *G. d'Espagne*, et le *G. d'André* à fleurs maculées de rouge brun. On le multiplie par greffes sur *Faux-Ébénier*. On considère ces arbustes comme étant à feuillage persistant. Les planter jeunes et en pots, car la reprise est difficile, et tailler après la floraison. Multiplication par semis, boutures et greffes.

Genevrier (*Juniperus*), Conifères. — Ce sont de beaux végétaux n'atteignant pas une très grande hauteur et qu'on isole fréquemment sur les pelouses. On cultive les : *G. de Chine* et ses variétés; *G. commun* et ses variétés, principalement les *G. fastigié* et *G. d'Irlande*, à port élancé; *G. de Virginie*, haut de 5 mètres, et ses variétés *à feuilles glauques, panachées et à rameaux pendants*; *G. de Sabine* (*J. Sabina*), propre pour couvrir les rochers, car ses rameaux prennent naturellement la position horizontale en s'étalant.

On les multiplie par semis, boutures, marcottes et greffes, on doit ne transplanter que les sujets en mottes ou en pots, car la reprise en est très difficile.

Ginkgo (*Ginkgo* ou *Salisburia*), Conifères. — Le *G. feuilles d'Adiante* ou *Arbre aux quarante écus* est un bel arbre à feuilles caduques assez larges d'un vert blond. On le multiplie par semis et par marcottes et on le plante de préférence dans les sols frais; c'est un bel arbre à isoler. Transplanter en motte. Taille inutile.

Glycine (*Wistaria*), Légumineuses. — La *G. de Chine* est un remarquable arbuste sarmenteux, qu'on palisse sur les murs et treillages et dont on fait surtout des cordons en haut des murs, des balustres, sur une longueur indéfinie, desquels surgissent en mai-juin et parfois en août des grappes violettes dans l'espèce; blanches dans sa variété. On peut aussi la forcer (Voir chap. « *Culture forcée* »). La multiplication s'effectue par marcottes. Pour que la Glycine devienne jolie, il faut la planter dans un terrain frais et à une exposition chaude. Tailler et pincer après la 1re floraison pour que les fleurs se succèdent tout l'été ou bien encore **palisser les rameaux à la taille d'hiver.**

***Groseillier** (Ribes)*, Saxifragées. — Ce sont de beaux arbustes d'ornement, à floraison printanière et que l'on plante beaucoup dans les massifs d'arbustes, surtout les : *G. sanguin* à fleurs rouges ; *G. à fleurs jaunes* ; *G. de Gordon* à fleurs orangées ; atteignant tous de 3 à 4 mètres ; le *G. des Alpes*, qui ne fleurit pas, est précieux pour la garniture des sous-bois. On les multiplie de boutures et marcottes. Tailler le dernier au printemps et les 1ers après la floraison.

***Halésia** (Halesia)*, Styracées. — Petits arbres et arbustes à feuilles caduques et à fleurs blanches et rosées, en grappes, s'épanouissant au printemps, atteignant de 2 à 4 mètres. Utilisation en isolé et dans les massifs. A citer les *H. hispide, H. tetraptera, H. t. Mechani, H. diptera, H. corymbosa*. Multiplication par boutures. Taille sobre des rameaux après la floraison.

Hedysarum multijugum. — (Voir *Sainfoin*.)

***Hêtre** (Fagus)*, Cupulifères. — Beaux arbres forestiers et d'ornement ; on cultive le *H. commun*, haut de 30 à 35 mètres, et ses nombreuses variétés : *à feuilles panachées, à feuilles pourpres, à feuilles laciniées, pleureur ou à rameaux pendants* (fig. 217). Tandis que le type entre dans les massifs, on fait, avec les variétés, des groupes ou des isolés sur les gazons. On les multiplie par greffes en approche sur le *H. commun*. On leur fait subir plusieurs contre plantations, afin de faciliter leur reprise ; les gros exemplaires sont transplantés en mottes, en paniers ou en bacs. Tailler au printemps.

Hibiscus. — (Voir *Ketmie*.)

Hippophae. — (Voir *Argousier*.)

Hortensia. — (Voir *Hydrange*.)

***Houx** (Ilex)*, Ilicinées. — On cultive le Houx commun et ses nombreuses variétés, à feuilles diversement conformées ou colorées, maculées ou bordées de blanc ou de jaune, hérissées, contournées, etc. Les fruits rouges qui persistent tout l'hiver sont un attrait de plus. On multiplie ces variétés par greffes sur semis de Houx commun.

On en plante en sous-bois, en isolé, sur les pelouses, dans

Fig. 217. — Hêtre commun à rameaux pleureurs
(*Fagus sylvatica*, var. *pendula*).

les jardins réguliers et on en forme de beaux exemplaires qui sont taillés annuellement. On en fait aussi des haies;

et, enfin, les rameaux chargés de fruits, sont employés dans l'ornementation des appartements. Comme la reprise des sujets âgés est assez difficile, il faut la faire en mottes comme pour les petits, en paniers ou en bacs et avec beaucoup de soin. Tailler au printemps.

Hydrangéa (*Hydrangea*), Saxifragées. — Ce sont de magnifiques arbustes très décoratifs, dont on fait dans les jardins des massifs toujours admirés, et des bordures dans les endroits un peu ombragés. Mais il est nécessaire de les planter en terre de bruyère ou, tout au moins, dans une terre siliceuse additionnée de terre de bruyère ou de terreau de feuilles.

On cultive ainsi l'*H. Hortensia* ou *H. des jardins* et ses variétés, notamment l'*H. Otara*, qu'il faut couvrir de feuilles l'hiver, l'*H. paniculée* et sa variété *à grandes fleurs*.

La multiplication s'effectue par boutures aoûtées, faites sous cloches, au printemps et en été. On peut tailler les Hydrangéas, au printemps ou à l'automne, en ayant soin de réserver un certain nombre de bourgeons florifères. Ils sont fréquemment cultivés en pots, pour l'ornementation des appartements, etc., et même dans de grands bacs pour garnir les balcons, terrasses, etc. Souvent on forme des exemplaires uniflores, comme on obtient la couleur bleue des fleurs en additionnant à la terre, du sulfate de fer, ou de l'ardoise pilée. Tailler au printemps.

Idesia (*Idesia*), Bixinées. — L'*I. polycarpe* (*I. polycarpa*) et sa variété *à feuilles crispées* sont de jolis arbres rustiques au feuillage ample, à planter dans un sol frais et sablonneux et en isolé. Multiplication par boutures faites au printemps.

If (*Taxus*), Conifères. — Ce sont des végétaux robustes, mais à croissance lente, très rustiques et se prêtant à la taille; aussi en voit-on sous toutes les formes dans les anciens jardins réguliers. On cultive l'*I. commun* et ses variétés : l'*I. d'Irlande* poussant en colonne; l'*I. à rameaux pendants*, etc. On le multiplie par semis et boutures ; la transplantation doit être faite en mottes. Tailler au printemps.

Indigotier (*Indigofera*), Légumineuses. — Les *I. Dosua* et *I. decora*, hauts de 50 à 90 centimètres, aux fleurs rose vif et rouges, en grappes, s'épanouissant de juin à août, que l'on peut considérer comme rustiques, puisque si les rameaux, qui sont élégamment arqués, gèlent, il en sort d'autres de la souche. Planter dans un sol sablonneux, en massifs et en groupes. Multiplication par boutures herbacées sous verre. Taille courte et recépage au printemps.

Itea (*Itea*), Saxifragées. — L'*I. de Virginie* (*I. Virginica*) est un arbuste à feuilles caduques, aux fleurs blanches en grappes, en été. En faire des groupes dans les endroits mi-ombragés; planter dans un sol siliceux. Multiplication par drageons et par marcottes. Taille longue au printemps.

Jasmin (*Jasminum*), Jasminées. — Ce sont de jolis arbustes grimpants. Parmi les espèces rustiques on cultive principalement le *J. blanc*, à fleurs odorantes; le *J. très odorant*, fleurs jaunes, et le *J. à fleurs nues* (*J. nudiflorum*) à fleurs jaunes qui s'épanouissent en plein hiver, longtemps avant les feuilles. On les multiplie par boutures. Tailler au printemps, pincer en été. Bons pour garnir les treillages, murs, rochers, troncs d'arbres, etc.

Jasmin de Virginie. — (Voir *Bignone*.)

Kalmia (*Kalmia*), Éricacées. — Beaux végétaux de terre de bruyère, à feuillage persistant et aux fleurs roses ou blanches, en coupe, disposées en corymbes. C'est une plante dite de terre de bruyère, dont on borde ou dont on forme des massifs. On cultive principalement le *K. à larges feuilles* et ses variétés : *K. de Puvard* à fleurs rouges et *K. virginal* à fleurs carnées. On le multiplie par boutures et par rejetons. Tailler après la floraison, pincer les jeunes pousses. (Voir « *Culture forcée* ».)

Ketmie (*Hibiscus*), Malvacées. — On cultive dans les jardins la *K. de Syrie*, nommée *Mauve en arbre* ou *Althæa*, remarquable par sa floraison tardive. Elle atteint de 2 à 3 mètres; on la plante dans les massifs d'arbustes, en isolé et dans les jardins réguliers, car elle se prête très bien à la taille qui doit être faite assez court au printemps. On la multiplie par semis, boutures et greffes. Les fleurs sont violacées, mais on cultive des variétés à fleurs simples ou doubles diversement colorées ou panachées dont : *bicolor*,

Comte de Hainaut, Pompon rouge, blanc double, etc. Tailler au printemps.

Kœlreuteria. — (Voir *Savonnier.*)

Laurier Amande, L. du Portugal, L. Tin. — (Voir *Cerisier* et *Viorne.*)

Ledum (*Ledum*), Éricacées. — Petits arbustes de terre de bruyère dont on fait des bordures. Multiplication par marcottes et semis; élevage long; transplantation en motte. Le *L. à feuilles de Buis* (*L. buxifolium*) et le *L. palustre* ou *Romarin de Bohême*, aux feuilles aromatiques, donnent des fleurs blanches en avril-mai. Taille rare et sobre.

Leycesteria (*Leycesteria*), Caprifoliacées. — Le *F. formosa* est un très joli arbuste de 1ᵐ,20 à 1ᵐ,60 de haut; rameaux vigoureux verts, feuillage ample, fleurs blanc-rosé en été, en grappes, entourées de larges bractées rouge purpurin, fruits rouges très décoratifs, persistant très longtemps. Arbustes très robustes et vigoureux trop peu plantés en massifs, en groupes et en isolé. A signaler une nouvelle variété, *L. f. variegata*, aux feuilles naissantes roses, puis marginées de blanc. Semis au printemps, bouturage sous cloches à l'automne. Taille sévère et recépage des vieux rameaux au printemps.

Libocèdre (*Libocedrus decurrens*). — (Voir *Thuya.*)

Lierre (*Hedera*), Araliacées. — Est beaucoup employé dans les jardins, soit pour former des bordures, soit au contraire pour dissimuler des clôtures, sur lesquelles ses racines adventives s'accrochent solidement. On cultive les variétés suivantes du *L. commun* : *L. d'Irlande*, le plus employé, car il est le plus vigoureux et à croissance rapide; *L. arborescent*, au lieu de grimper forme un arbuste, ce qui arrive même aux variétés sarmenteuses lorsqu'elles ont atteint le sommet d'une muraille; *L. orangé* à fruits rouges; *L. gracieux*, etc. Le *L. commun* ou *L. des bois* convient surtout pour les bordures. Ses longs rameaux sont alors crochetés sur le sol; on peut aussi le lever et le placer par plaques à la façon du gazon.

On le multiplie de boutures faites à froid, sous cloches,

et de marcottes; la culture pour la transplantation des sujets un peu âgés doit être faite en pots, si l'on veut obtenir de bons résultats.

Lilas (Syringa), Oléacées. — Ce sont, sans contredit, des arbustes qui comptent parmi les plus utilisés dans les plantations des parcs et des jardins.

Fig. 218. — Lilas commun à fleurs doubles (*Syringa vulgaris flore pleno*), var. Président Carnot.

La multiplication courante s'effectue par boutures, drageons et marcottes; mais on greffe aussi certaines variétés.

On le cultive sous la forme buissonnante, et aussi très souvent sous la forme capitée, avec une tige de 1 à 2 mètres de haut. On cultive surtout les : *L. commun* et ses nombreuses variétés à fleurs doubles ou simples de couleur blanche, purpurine, violette, etc.; simples : *Charles X, M. Lepage, Linné, Mlle Fernande Viger, la Vierge*; doubles : *Jean Bart, Madame Lemoine, Président Carnot* (fig. 218), *Léon Buchner*, etc. Les *L. de Perse* et ses variétés, qui se prêtent parfaitement à la taille; le *L. Varin* et ses variétés. Voir « Culture forcée ».

On doit tailler les Lilas après la floraison; on sait que les thyrses florales se prêtent facilement à la garniture des vases; aussi fait-il l'objet d'importantes cultures forcées.

Liquidambar. — (Voir *Copalme.*)

Lyciet (*Lycium*), Solanées. — Arbustes croissant dans les plus mauvais sols, sur les talus rocheux, etc., convenant aussi pour garnir les treillages. Rameaux retombants, feuillage glauque, fleurs violacées se succédant tout l'été. On cultive les : *L. commun, L. de Chine, L. afrum, L. barbarum*. Multiplication par : boutures, drageons, marcottes. Tonte des sujets en haie ou en palissade au printemps; nettoyage des sujets retombants.

Maclure (*Maclura*), Urticacées. — On cultive le *M. épineux* plus connu sous le nom d'*Oranger des Osages*, qui est un bien bel arbre atteignant 10 à 15 mètres, dont le fruit ressemble assez à une orange. Il en existe un magnifique exemplaire au fleuriste du Luxembourg à Paris.

Il prospère surtout dans un sol frais et convient aussi pour former des haies.

Magnolier (*Magnolia*), Magnoliacées. — Ce sont de magnifiques arbres ou arbustes dont quelques-uns sont rustiques. Ceux cultivés dans les jardins sont à feuillage caduc et à feuillage persistant; des derniers on en voit rarement de très forts exemplaires, sauf en Bretagne et dans le Midi, car ils poussent lentement et beaucoup périssent lors des hivers trop rigoureux. Les fleurs, qui ont la forme d'une Tulipe, sont parfois très odorantes. On les multiplie par : semis, marcottes et greffes, ce qu'il faut laisser faire aux spécialistes. Il faut les planter en terre de bruyère, ou, tout au moins, dans une terre siliceuse fortement additionnée de : terre de bruyère ou de terreau de feuilles.

On rencontre partout les : *M. Yulan* et ses variétés, notamment le *M. Soulangeana*; *M. à feuilles glauques*; *M. à feuilles en cœur*; *M. de deux couleurs* à feuilles caduques; et le *M. à grandes fleurs* à feuillage persistant. Abriter un peu le dernier l'hiver et tailler après la floraison.

Mahonia (*Mahonia*), Berbéridées. — Ce sont des arbustes à feuillage persistant très voisins des Épines-Vinettes, quoique s'en distinguant par leurs feuilles composées. On cultive principalement les : *M. à feuilles de Houx* et *M. fasciculé*, dont on borde les massifs d'arbustes. Les feuilles prennent une teinte pourpre en hiver, ce qui les fait rechercher par les fleuristes; ils dépassent rarement 1^m,40. Le *M. rampant* est un arbuste plus nain. On cultive encore, pour isoler sur les pelouses, les : *M. du Japon*, *M. de Fortune*, *M. du Népaul*, *M. de Béal*, plus délicats.

On les multiplie par semis et marcottes, principalement. Élever de préférence en pots. Tailler au printemps.

Marronnier (*Æsculus*), Sapindacées. — Les Marronniers sont de fort beaux arbres très connus, aux fleurs disposées en grappes. On multiplie le Marronnier par semis des graines aussitôt leur maturité, ou au printemps, en les mettant stratifier dès la récolte et aussi par marcottes. Les espèces et variétés peu vigoureuses se greffent en fente sur le Marronnier ordinaire. On utilise cet arbre comme arbre d'ornement pour les plantations des parcs et des jardins et comme arbre d'alignement dans les villes. Sa végétation hâtive est un très grand avantage à ce dernier point de vue. On cultive surtout le *M. d'Inde* (*Æ. Hippocastanum*) à fleurs blanches, et entre nombreuses variétés, le *M. d'Inde à fleurs doubles*, qui ne fructifiant pas est, par ce fait, recommandable pour les plantations dans les villes.

Le *M. rouge* (*Æ. rubicunda*) est de taille plus petite; sa variété à fleurs plus rouges, *M. r. de Briot*, lui est supérieure comme vivacité de coloris.

Mauve en arbre. — (Voir *Ketmie*.)

Mélèze (*Larix*), Conifères. — On cultive principalement le *M. d'Europe*, à feuilles caduques, haut de 30 à 35 mètres, à ramure et à feuillage légers ; il est élancé, mais a donné naissance à une variété à rameaux pendants. On le plante dans les massifs et on en forme des groupes. La multiplication s'effectue par semis.

Menispermum (*Menispermum*), Ménispermées. — Le *M. du Canada* est un arbuste sarmenteux très vigoureux, aux fleurs vert jaunâtre, surtout cultivé avec le *M. dauricum* dans le Midi de la France. Bien exposé, il réussirait sans doute plus au nord. Division de touffes et bouturage au printemps.

Menziesia (*Menziesia*), Éricacées. — Jolies plantes de terre de bruyère convenant pour la formation des bordures. On cultive les *M. polifolia* et ses variétés à fleurs blanches et purpurines, et le *M. ferrugineux* et ses variétés. Multiplication de marcottes et de boutures.

Micocoulier (*Celtis*), Urticées. — On peut cultiver dans le nord de la France le *M. de Provence* et le *M. de Virginie*, qui constituent de beaux arbustes. Dans le Midi ils atteignent de 18 à 25 mètres ; on les multiplie par drageons et par boutures.

Millepertuis. — (Voir aux « *Fleurs de plein air* ».)

Mûrier (*Morus*), Urticées. — On cultive le *M. blanc* atteignant 15 mètres et sa variété à *rameaux pendants*. On les multiplie par semis et par greffes.

On désigne sous le nom de *Mûrier à papier* (*Broussonetia papyrifera*) un arbre très décoratif appartenant à un autre genre. On le multiplie de boutures.

Myrtille. — (Voir *Airelle*.)

Néflier du Japon ou *Bibacier*. — Voir aux « *Plantes de serre* ».)

Negundo. — (Voir *Érable Negundo*.)

Nerprun. — (Voir *Alaterne*.)

Neviusia (*Neviusia*), Rosacées. — Le *N. alabamensis* est un petit arbuste aux fleurs curieuses en corymbes s'épanouissant en mai. Planter dans un endroit abrité. Multiplication de boutures ; taille après la floraison.

Noisetier (*Corylus*), Cupulifères. — Ce sont des arbres et de grands arbustes que l'on cultive pour l'ornementation et pour la production des noisettes.

Pour la forme capitée on cultive les : *N. de Byzance*, haut de 18 à 20 mètres ; *N. franc*, plus bas ; *N. commun* et ses

Fig. 219. — Noisetier commun à rameaux pleureurs (*Corylus avellana*, var. *pendula*).

variétés : *N. c. à rameaux pendants* (fig. 219), très curieux, et *N. c. à feuilles pourpres*.

Ceux cultivés en buisson sont les : *N. commun* et ses variétés : *à feuilles pourpres*, *à feuilles laciniées* et *à feuilles crispées*; *N. franc* et *N. d'Amérique*.

Les Noisetiers sont surtout plantés dans les massifs d'arbustes, mais on groupe et on isole leurs variétés et principalement le *N. à feuilles pourpres*, auquel on oppose d'autres arbustes à feuillage coloré. On les multiplie surtout par : semis, drageons et greffes. Taille au printemps. Tailler sévèrement et pincer les bourgeons des *N. à feuilles pourpres* pour accentuer la coloration du feuillage.

Noyer (*Juglans*), Juglandées. — Au point de vue ornemental, on cultive le *N. d'Amérique*, qui est très vigoureux, rustique, croissant dans les plus mauvais sols et dont le feuillage rappelle celui de l'Ailante; *N. commun* et ses variétés *à feuilles laciniées* et *à rameaux pendants*.

On les multiplie par : semis, drageons et greffes.

Nuttallia (*Nuttallia*), Rosacées. — Le *N. à cerises* (*N. cerasiformis*) est un arbuste curieux, haut de 1^m,60, à fleurs blanches, auxquelles succèdent des fruits pourpres décoratifs. Planter en isolé. Taille sobre et rajeunissement de la touffe au printemps, en réservant les boutons floraux qui sont apparents. Multiplication de rejets et de marcottes.

Olearia (*Olearia*), Composées. — On cultive parfois l'*O. Haastii*, petit arbuste au feuillage persistant, blanchâtre au-dessous et aux fleurs blanches en mai, pouvant être placé dans les rocailles et en bordure de massifs. Enlever les panicules après leur floraison. On pourrait aussi planter les : *O. rameux, O. macrodonta, O. furfuracea*, etc., qui sont plus élevés. Bouturage au printemps.

Olivier de Bohême. — (Voir *Chalef*.)

Oranger des Osages. — (Voir *Maclura*.)

Oreille de lièvre. — (Voir *Buplèvre*.)

Orme (*Ulmus*), Ulmacées. — Ce sont à la fois de beaux arbres forestiers et d'ornement, propres à constituer les futaies, les massifs comme les avenues. Le plus cultivé est certainement l'*Orme champêtre*, qui a donné naissance à un grand nombre de variétés de beaucoup de valeur : *O. à feuilles pourpres, O. à feuilles panachées, O. pyramidal à feuilles maculées de jaune, O. pyramidal, O. pleureur, O. à rameaux horizontaux*, etc.

Tandis qu'on recherche, pour les jardins, ceux à larges feuilles, on préfère pour former les avenues ceux à petites feuilles, principalement lorsqu'on doit les tailler. Les autres espèces : *O. d'Amérique, O. pédonculé, O. des montagnes*, etc., sont aussi recommandables.

On le multiplie par semis et par marcottage, sur lesquels sujets on greffe les variétés mentionnées plus haut.

Osmanthe (*Osmanthus*), Oléacées. — Arbuste à feuillage persistant rappelant assez le feuillage et le port du Houx et qui est fréquemment utilisé dans les plantations des massifs. Multiplication de boutures et élevage comme les autres plantes à feuillage persistant. On cultive surtout les : *O. à feuilles de Houx* (*O. aquifolium*) et ses variétés : *O. a. ilicifolius, O. a. myrtifolius, O. à feuilles panachées*; *O. fragrans*; *O. d'Amérique*. Taille sobre.

Paulownia (*Paulownia*), Scrophularinées. — Le *P. Impérial* est un très bel arbre qui se forme naturellement en parasol. Son feuillage rappelle assez celui du *Catalpa*; ses grappes de fleurs bleues qui s'épanouissent au printemps, sont formées dès l'automne. C'est un arbre de première valeur pour planter : en isolé, en massif et en avenue. On le multiplie par semis et par boutures de racines. Tailler rarement et après la floraison.

Pavier (*Pavia*), Sapindacées. — Très voisins des Marronniers, ils sont de taille plus petite; ce sont des arbres très décoratifs par leurs fleurs. On cultive les : *P. blanc, P. jaune, P. rouge, P. de Californie* et quelques autres espèces. On les multiplie de semis ou on les greffe sur le *P. jaune* ou sur le *Marronnier blanc*, si l'on désire les voir s'élever davantage. A planter en groupes et en massifs.

Pêcher (*Persica*), Rosacées. — Ce sont de beaux arbres et arbustes d'ornement, à floraison printanière, très appréciés pour les plantations de jardins.

On cultive les : *P. commun*, à fleurs roses; *P. de David*, pouvant atteindre 8 à 10 mètres, à fleurs roses et blanches, s'épanouissant en février-mars; *P. de Chine* et ses variétés à fleurs doubles, *blanches, roses, rouges, blanches striées de rose vif, versicolor*, curieuse variété dont le sujet porte à la fois des fleurs rouges, roses, blanches et blanches striées de rose. On multiplie les premiers par semis et les variétés du

P. de Chine par greffes, ras de terre ou à petite tige sur le *P. commun*. Tailler après la floraison.

Periploca (*Periploca*), Asclépiadées. — Le *P. græca* est un arbuste sarmenteux robuste et vigoureux, couvrant vite les tonnelles, les murs, etc. Les fleurs vert brun s'épanouissent en juillet-août. Multiplication par boutures et par marcottes. Taille sobre.

Pernettya (*Pernettya*), Ericacées. — Le *P. mucronata* traité comme plante de terre de bruyère s'accommode fort bien d'un sol sablonneux ; il atteint 1m,40. Le feuillage est persistant, les fleurs blanches s'épanouissent en juin ; il leur succède des fruits diversement colorés du blanc au noir, selon les variétés de cette espèce qui sont nombreuses, et qui persistent tout l'hiver. Multiplication de boutures. Taille inutile.

Peuplier (*Populus*), Salicinées. — Grands arbres forestiers et d'ornement, à croissance rapide, qui affectionnent les terrains humides, quoique quelques-

Fig. 220. — Peuplier de Boll (*Populus Bolleana*).

uns prospèrent généralement bien dans les sols secs.
Parmi les espèces ornementales je citerai les : *P. blanc* de Hollande, haut de 25 à 35 mètres, et ses variétés *P. de Boll*

(fig. 220), espèce fastigiée de premier ordre ; *P. à rameaux pendants*, *P. Grisard*, *P. à feuilles blanc de neige*, feuillage plus tomenteux et plus blanchâtre que celui du type ; *P. Baumier*, et ses variétés : *à feuilles de Laurier* et *du lac Ontario* ; *P. tricocarpa* ; *P. de la Caroline*, *P. suisse* et sa variété *à feuilles dorées* ; *P. noir* et sa variété *P. pyramidal* ou *P. d'Italie*, tout à fait fastigiée ; *P. tremble* et sa variété *à rameaux pendants*.

Avec les : *P. d'Italie* et *P. de Boll* on forme dans les parcs, principalement près des eaux, des groupes magnifiques.

Parmi les espèces croissant bien dans les terrains secs, il faut citer les : *P. blanc* de Hollande et ses variétés et le *P. suisse* et ses variétés.

On multiplie facilement les Peupliers de boutures au printemps.

Phlomide (*Phlomis*), Labiées. — Ce sont, en général, des plantes vivaces ou sous-frutescentes, toutefois le *P. ferrugineux* aux fleurs jaunes en verticilles est un joli arbuste, propre à garnir les rocailles et les talus. Bouturer à l'automne. Taille sobre consistant à enlever les rameaux inutiles ou à rajeunir la touffe.

Photinia. — (Voir *Épine*.)

Picea. — (Voir *Sapin*.)

Pin (*Pinus*), Conifères. — Ce genre comprend un très grand nombre d'espèces ornementales ou forestières. C'est, comme on le sait, un arbre d'ornement de première valeur. On a classé les Pins en trois sections, selon que les gaines contiennent deux, trois ou cinq feuilles.

Citons parmi les plus cultivés pour les plantations de parcs et des jardins, 1° à deux feuilles les : *P. noir d'Autriche*, qui atteint de 18 à 25 mètres, et vient dans les plus mauvais sols, même les plus calcaires ; son feuillage est sombre ; *P. de Corse*, dépassant parfois 40 mètres, vient comme le précédent en terre calcaire ; *P. maritime*, atteignant 30 mètres, croît rapidement et est précieux pour les plantations au bord de la mer ; *P. sylvestre*, il atteint 30 mètres, son feuillage est clair et il croît dans les sols les plus siliceux ; *P. Mugho*, espèce naine, qui convient pour les plantations dans les rochers ; 2° à trois feuilles les : *P. Coul-*

teri, atteignant 25 mètres; 3° à cinq feuilles : *P. de Balfourie*, atteignant 15 mètres, à forme très élancée; *P. de Sibérie*, atteignant 30 mètres, mais croissant lentement, restant nain pendant un certain nombre d'années; *P. blanc*, de très petites dimensions, à feuillage fin; *P. de Rhotan* ou *pleureur*, atteignant 40 mètres, à ramure grêle; *P. du Lord Weymouth*, très joli, atteignant 50 mètres, très ornemental, a donné naissance à quelques variétés, notamment au *P. du L. W. nain*.

On les multiplie par semis; on repique le plant l'année suivante et après tous les deux ans; lorsqu'ils sont assez forts il faut les transplanter en mottes tontinées, en bacs ou en paniers; les variétés horticoles sont greffées sur les types. Si l'on n'était pas pressé, on pourrait, dans les jardins, planter des Pins âgés de trois à cinq ans; mais on préfère ceux qui sont déjà gros. On les plante en isolé, par groupes sur les pelouses et talus et dans les massifs; les variétés naines sont aptes à garnir les endroits rocheux et escarpés. Taille inutile.

Pivoine (*Pæonia*), Renonculacées. — La *P. en arbre* est un charmant arbuste atteignant jusqu'à 1m,50; les fleurs sont énormes et s'épanouissent au printemps; on en cultive un assez grand nombre de variétés dont les coloris varient du blanc au rouge et au violet. La multiplication s'effectue par greffes de leurs rameaux sur racines de P. herbacée, sous châssis; leur croissance est lente et elles ne fleurissent que trois ou quatre ans après. On les plante par groupes sur les pelouses et en bordure des massifs d'arbustes. Tailler après la floraison.

Plaqueminier (*Diospyros*), Ébénacées. — Au point de vue ornemental, le *Plaqueminier Kaki* ou *Kaki du Japon* (*D. Kaki*) mérite de trouver place dans les endroits abrités et ensoleillés, quitte à envelopper l'hiver la touffe d'un peu de paille, car dans ces conditions il est à peu près rustique et ses rameaux vigoureux donnent un ample feuillage très décoratif et d'un beau vert luisant qui se teinte de carmin à l'automne. Multiplication par : marcottes, greffes et boutures. Taille sévère au printemps.

Platane (*Platanus*), Platanées. — Beaux arbres d'ornement et d'alignement, à grand développement. On les plante beaucoup dans les villes, où ils résistent bien à la fumée et aux miasmes. On les multiplie par boutures. On cultive les : *P. d'Occident* et *P. d'Orient*; toutefois c'est cette dernière espèce et sa variété *P. d'O. à feuilles d'Acer* que l'on rencontre le plus souvent. J'ajouterai que l'on connaît encore de nombreuses variétés *à feuilles laciniées, variées*, etc. Ce qui est remarquable dans les Platanes, c'est leur écorce qui s'enlève par plaques. Il est nécessaire de leur appliquer souvent des tailles de formation lorsqu'ils sont jeunes et des élagages, car dans les villes ils s'élancent beaucoup en se dégarnissant de la base.

Poirier (*Pyrus*), Rosacées. — Quelques espèces de Poirier sont très décoratives, notamment *P. ussuriensis* aux fleurs blanc rosé, apparaissant de bonne heure, auxquelles succèdent des fruits et dont les feuilles se teintent de rouge à l'automne. C'est un arbre de 5 à 8 mètres. Emploi et traitement appliqués aux Sorbiers.

Polygala (*Polygala*), Polygalées. — Le *P. Chamœbuxus* est un petit arbuste traînant à fleurs blanc jaunâtre, dont une variété *à feuillage et à fleurs pourpres* est ravissante; tous deux fleurissent en juin-juillet et conviennent pour les rochers. Bouturage sous verre. Taille sobre au printemps.

Pommier (*Malus*), Rosacées. — Indépendamment des variétés fruitières, on utilise pour l'ornementation les variétés du *P. d'ornement* ou *P. baccifère*, que l'on cultive soit comme petits arbres, soit comme arbustes que l'on dresse souvent en pyramide. Les fruits affectant différentes formes sont eux-mêmes très jolis à l'automne.

Les plus cultivés sont les : *P. à bouquets*, à fleurs plus ou moins carminées, et ses variétés à *fleurs doubles* et celles à *rameaux pleureurs*; *P. de Sibérie*, remarquable par ses fruits; *P. à feuilles pourpres*; *P. toujours vert*. On les multiplie par greffes sur franc ou sur *P. doucin*. Tailler après la floraison ou mieux avant en réservant les boutons floraux.

Pourpier de mer. — (Voir *Arroche*.)

Prunier (*Prunus*), Rosacées. — Ce sont de beaux petits arbres et arbustes d'ornement. Les plus cultivés pour l'ornementation des jardins sont les : *P. de Pissard* (*P. Pissardi*), à feuilles pourpres; *P. Myrobolan*; *P. de Chine ou du Japon*, à fleurs doubles; *P. épineux*. On les multiplie de greffes sur *P. commun* ou sur *P. Myrobolan*. Tailler après la floraison, sauf le *P. de Pissard*, qui l'est avant et dont les rameaux pincés l'été provoquent le développement de jeunes bourgeons aux feuilles très colorées.

Ptelea (*Ptelea*), Rutacées. — On cultive surtout le *P. à trois feuilles* et sa variété *à feuillage jaune* à fleurs blanches, qui est un arbuste atteignant 2 mètres; on le multiplie par semis et par marcottes. Utilisation dans les massifs et en groupes.

Pterocarya (*Pterocarya*), Juglandées. — On cultive le *P. du Caucase*, remarquable par son beau feuillage rappelant celui du Frêne. On le multiplie par semis et par marcottes. C'est un arbre qui atteint 10 mètres.

Pterostyrax. — (Voir *Halesia*.)

Retinospora (*Retinospora*), Conifères. — Ce sont de charmantes petites Conifères, aux rameaux nombreux et au feuillage léger et plumeux; aussi les utilise-t-on fréquemment pour isoler sur les pelouses, principalement dans les petits jardins, et les plante-t-on dans les parties rocailleuses.

On cultive principalement les : *R. plumeux*; *R. à feuilles de Lycopode*; *R. rugueux*; *R. à rameaux grêles*; *R. squarreux*; etc. Le feuillage est plus ou moins vert, parfois même glauque, mais il a ce caractère que, dans un grand nombre d'espèces, il prend une teinte brune, plus ou moins violacée, l'automne et l'hiver.

On les multiplie par semis et par boutures; il faut autant que possible les planter, en les déplantant en mottes, dans un sol frais, humeux et sablonneux.

Rhododendron (*Rhododendrum*), Éricacées. — Beaux arbustes dont on connaît les qualités. On cultive principalement les variétés du *R. pontique* (*R. ponticum*), que l'on plante en massifs ou en isolé dans les jardins, où leur floraison printanière est très appréciée. On les multiplie par : semis, boutures, marcottes et greffes; mais, je recommanderai à mes lecteurs de laisser faire ce travail par les spécialistes et d'acheter leurs Rhododendrons en sujets plus ou moins forts. Ils éviteront ainsi les échecs et la lenteur de l'élevage.

Pour la plantation, on creuse des trous ou des fosses de 60 à 70 centimètres de profondeur; on étale dans le fond un bon drainage de cailloux que l'on recouvre de sable et des racines fournies par le cassage de la terre de bruyère. Au-dessus on met des mottes de terre de bruyère, et au-dessus de celle-ci, de la même terre grossièrement concassée, on a soin de bomber le massif et l'on plante après. C'est surtout à l'automne et au printemps que l'on fait la plantation; l'été quelques arrosages et un paillis sont excellents.

Les variétés actuellement cultivées sont nombreuses et on trouve toute une série de coloris, depuis le blanc jusqu'au rouge et au violet, en passant par les teintes intermédiaires. Certaines sont très ponctuées intérieurement; c'est ce qu'on nomme une *impériale*. Je citerai quelques variétés : *Amazone*, *Alarm*, *Boule de neige*, *Caractacus*, *Guido*, *Evelyn*, *Nelly Moser*, *Sapho*, *Louis Lévêque*, *Minnie*, *Titian*, etc. Beaucoup peuvent être forcés. (Voir chap. « *Culture forcée* ».)

Indépendamment de ces variétés, on rencontre assez souvent les *R. du Caucase*, *R. de Dahurie*, *R. ferrugineux*, etc., que l'on plante dans les parties rocailleuses et dans les jardins alpins. Tailler après la floraison, pincer les bourgeons en été.

Rhodotype (*Rhodotypos*), Rosacées. — C'est un charmant arbuste voisin du *Kerria*, touffu et à fleurs blanches, qu'on utilise en bordures. La multiplication s'effectue par le sectionnement des touffes. Tailler après la floraison.

Robinier (*Robinia*), Légumineuses. — Plus connu sous le nom d'*Acacia*, le *R. faux Acacia* est un bel arbre d'ornement, dont le feuillage léger et les fleurs en grappes, blanches ou roses, parfois odorantes, ne manquent pas d'élégance. Il croît dans les sols les plus mauvais, et dans ce cas il développe de nombreux drageons qui aident beaucoup au maintien des terres lorsqu'il est planté sur un talus. Parmi les variétés du *R. commun*, citons les : *R. de Besson*; *R. fastigié*; *R. parasol*; *R. pleureur*; *R. tortueux*; *R. à une feuille*. Enfin, on cultive encore les : *R. visqueux* et *R. hispide*, qui sont deux espèces différentes qui fleurissent généralement deux fois dans le courant de l'année, et le *R. toujours fleuri* qui remonte. On les multiplie par semis et leurs variétés par le greffage sur le R. commun. Taille modérée au printemps.

Romarin (*Rosmarinus*), Labiées. — C'est un arbuste à feuillage persistant et aromatique. Il faut autant que possible le planter dans un sol sablonneux et chaud et à bonne exposition. Il croît parfaitement dans les rocailles. Les fleurs, légèrement violacées, s'épanouissent à la fin de l'hiver. On le multiplie de boutures qui s'enracinent très facilement. C'est le *R. officinal* que l'on cultive et ses deux variétés à feuilles panachées de blanc et de jaune. Tailler au printemps.

Ronce (*Rubus*), Rosacées. — Ce sont de charmants arbustes dont la plupart conviennent très bien pour garnir les murs et les rochers. On cultive surtout les : *R. élégante*, *R. d'Australie*, *R. à deux fleurs*, *R. odorante* ou *Framboisier du Canada*, *R. de Chine*, etc. On les multiplie par division des touffes et par boutures. Taille longue au printemps, sauf pour la *R. odorante* qui doit être taillée court.

Rosier. — (Voir le chapitre XXXV, paragr. VIII à XII.)

Sainfoin (*Hedysarum*), Légumineuses. — Le *S. multijugum* est un arbuste frutescent traînant, rustique, récemment importé, remarquable par ses nombreuses grappes de fleurs rouge violacé, se succédant de mai aux gelées. Convient pour garnir les talus rocheux. Haut de 80 centimètres. Semis et boutures. Taille sévère et parfois recépage au printemps.

Sapin (*Abies*), Conifères. — Les *Abies*, dont le synonyme est *Picea*, sont plus généralement désignés sous la dénomination de *Sapin*. Ce sont de fort belles Conifères remarquables par leur port élancé et par la robustesse de leur végétation. Aussi emploie-t-on fréquemment ces Abies dans les plantations des parcs et des jardins aussi bien isolés et groupés sur les pelouses et talus pour les plus belles espèces que dans les massifs arborescents pour les autres. L'élevage et la culture en sont assez simples; la multiplication s'effectue par semis, bien que quelques espèces réclament le greffage. La transplantation, dès que les individus sont quelque peu âgés, doit toujours se faire en mottes tontinées, en bacs ou en paniers, et c'est ainsi que doivent les livrer les pépiniéristes.

L'*A. excelsa* (*Picea excelsa*) est une Conifère très vigou-

Fig. 221. — Sapin de Nordmann (*Abies Nordmanniana*).

reuse qui convient surtout pour la formation des massifs, le boisement des talus, etc. Pour grouper et isoler sur les pelouses on doit évidemment donner la préférence aux suivants : S. *Beaumier* (*A. balsamea*), S. *concolor* (*A. concolor*), S. *Morinda* (*A. Morinda*), S. *argenté* (*A. pectinata*), S. *de Nordmann* (*A. Nordmanniana*) (fig. 221), S. *de Gordon* (*A. Gordoniana*), S. *Pinsapo*, S. *de Douglas* (*A. Douglasii*), etc.

Saule (*Salix*), Salicinées. — Certains sont des petits arbres, d'autres des arbustes; presque tous peuvent être cultivés comme arbres. Ils sont d'une croissance rapide, aussi conviennent-ils particulièrement pour boiser les endroits humides. Ce sont certaines variétés de Saule que l'on nomme Osier.

Parmi ceux que l'on peut cultiver comme arbres sont les : *S. blanc*, *S. de Babylone* ou *S. pleureur*, *S. de Humboldt fastigié*, *S. pourpre*, *S. rouge*, *S. à bois bleu*, *S. à bois doré*, ces derniers curieux par la coloration de leur écorce. Tous, sauf le *S. de Babylone*, qui n'est vraiment gracieux que capité, peuvent être cultivés en touffe avec les : *S. Marsault* et sa variété *à rameaux pendants*; *S. de Spath*, *S. rampant*, etc.

On les multiplie avec la plus grande facilité par boutures au printemps. Tailler au printemps.

Savonnier (*Kœlreuteria*), Sapindacées. — Le *S. paniculé* (*K. paniculata*) est un arbre magnifique au feuillage léger, qui atteint 5 à 6 mètres de haut; ses fleurs jaunes, en panicules terminales, s'épanouissent en juin. On doit surtout le planter en isolé. On le multiplie principalement de boutures.

Sénecon en arbre (*Baccharis halimifolia*), Composées. — Arbuste haut de 3 à 4 mètres très employé dans les plantations des parcs et des jardins, principalement dans les contrées maritimes. Feuillage glauque et fleurs blanchâtres. On le multiplie de boutures. Les fleurs s'épanouissent tard en saison. Tailler au printemps.

Seringa (*Philadelphus*), Saxifragées. — Ce sont de beaux arbustes rustiques, à fleurs blanches cireuses qui se développent sur le bois de l'année précédente; certains peuvent atteindre jusqu'à 4 mètres de haut; mais on peut réduire ces proportions en taillant sévèrement dès la floraison terminée. On cultive les : *S. des jardins* à fleurs odorantes; *S. inodore*; *S. à grandes fleurs*; *S. à larges feuilles*; *S. de Lemoine*, qui sont très florifères; *S. hérissé*. Tous fleurissent en juin-juillet. On les plante en bordure des massifs. Comme l'odeur est pénétrante, il ne faut pas trop mettre de *S. des jardins* près des habitations. Tailler les rameaux et pincer les bourgeons après la floraison.

Skimmia (*Skimmia*), Rutacées. — **Charmants arbustes**

suffisamment rustiques si on a soin de les planter à une exposition chaude, en terre de bruyère ou en terre sablonneuse additionnée de terreau de feuilles ou de terre de bruyère; utilisation en groupes dans les pelouses ou en massifs avec les plantes de terre de bruyère. Tout à fait remarquables par leur feuillage persistant luisant, qu'émaillent des grappes de fleurs blanches, rosées et rouges en mai-juin, puis de fruits d'un beau rouge corail persistant tout l'hiver. On cultive surtout ainsi les : S. *du Japon*, S. *oblata*, S. *o. de Veitch*, S. *rubella*, espèce mâle, ne donnant pas de fruits, mais dont les belles grappes formées avant l'hiver portent des boutons rouges très décoratifs. Bouturer dans du sable sous verre et semer au printemps. Taille sobre consistant à l'enlèvement du vieux bois et des rameaux trop nombreux.

Sophora (Sophora), Légumineuses. — C'est un fort bel arbre, que le S. *du Japon* aux rameaux légers et verdâtres et au feuillage élégant, dépassant parfois 35 mètres; les fleurs blanches, en grappes, s'épanouissent en juillet. Sa variété le S. *du J. à rameaux pendants* est très appréciée.

On le multiplie par semis et par marcottage et on greffe sur tige la variété *à rameaux pendants*. Il faut les transplanter souvent lorsqu'ils sont jeunes si l'on veut obtenir une bonne reprise. Tailler quelquefois au printemps.

Sorbier (Sorbus), Rosacées. — Ce sont de beaux arbres très décoratifs, par leurs fleurs et par leurs fruits rouges qui persistent pendant une grande partie de l'hiver. On cultive principalement les : S. *d'Amérique*, S. *hybride*, S. *des oiseaux*; ce dernier est le plus répandu, il a donné naissance à une belle variété, *à rameaux pendants*. Ils atteignent rarement de grandes dimensions et leur hauteur varie entre 7 et 12 mètres. On les multiplie par semis et par greffage, parfois sur Aubépine. Il est préférable de les transplanter en jeunes sujets; la reprise en est plus assurée.

Spirée (Spiræa), Rosacées. — Ce sont des arbustes s'élevant, selon les espèces, de 40 à 50 centimètres, comme la S. *de Thunberg* et de 3 à 4 mètres comme la S. *de Lindley*. On les utilise, les unes en bordure des massifs, les autres à l'intérieur des massifs. Elles fleurissent de mai à septembre, selon les espèces. Les fleurs sont disposées en corymbes, en épis ou en panicules.

Voici les plus cultivées : 1° fleurs en corymbes : *S. à feuilles d'Orme*[1], *S. à feuilles d'Obier*[1], *S. à feuilles de Prunier*[1], *S. de Thunberg*[1], *S. à feuilles lancéolées*[1], *S. de Van Houtte*[1], *S. de Fortune*[1], *S. calleuse*[2], *R. Bumalda*[1] et ses variétés *ruberrima* et *Antony Watterer*, *S. du Japon rouge*, à vastes corymbes de fleurs carmin vif, remontante, nouveauté de 1898 ; 2° fleurs en épis et en panicules, *S. de Billard*[2], *S. à feuilles d'Aria*[2], *S. à feuilles de Sorbier*[2], *S. de Lindley*[2].

On les multiplie principalement par sectionnement des touffes, par éclats et par boutures. On trouve principalement, dans les fleurs, les coloris blanc et rose plus ou moins vifs et carminés. Toutes celles qui fleurissent avant juin[1] doivent être taillées après la floraison, les autres[2] le sont au printemps. (Voir « *Culture forcée* »).

Staphylier (*Staphylea*), Staphyléacées. — On cultive les : *S. de Colchique*, *S. à trois feuilles*, *S. à feuilles pennées*, ou *Faux Pistachier*, qui sont de beaux arbustes à feuillage élégant et à fleurs en grappes. Ils atteignent de 3 à 4 mètres ; on les plante fréquemment dans les massifs et en isolé ; le *S. de Colchique* se prête admirablement à la culture forcée, l'hiver. On les multiplie par semis et par boutures. Taille après la floraison. (Voir « *Culture forcée* ».)

Styrax. — (Voir *Aliboufier*.)

Sumac (*Rhus*), Térébinthacées. — On cultive le *S. Fustet* ou *Arbre à perruque* et sa variété *à rameaux pendants*, remarquables par les houppes soyeuses formées par les pédoncules des fleurs avortées, qui sont rouges dans la variété *à fleurs pourpres*. Le feuillage se colore de pourpre à l'automne. Le *S. glabre à feuilles laciniées* et le *S. de Virginie* sont remarquables par la beauté de leur feuillage ; tous deux atteignent de 2 à 4 mètres. Le *S. rampant* est très curieux. On les multiplie par boutures de racines et par marcottes. Tailler au printemps. Planter en massifs, en groupes et en isolé.

Sureau (*Sambucus*), Caprifoliacées. — Ce sont, comme on le sait, des arbustes à croissance rapide que l'on utilise beaucoup dans les parcs et les jardins en massifs, en groupes et en isolé. On cultive les S. *noir* et ses variétés : *à feuilles : panachées, dorées, argentées, laciniées; à rameaux pendants; pyramidal*; S. *à grappes* ou S. *à fruits rouges* et ses variétés *à feuilles : plumeuses, dorées, argentées et laciniées*. On les multiplie surtout de boutures. Taille longue au printemps et courte avec des pincements l'été pour les S. à feuillage coloré.

Symphorine (*Symphoricarpos*), Caprifoliacées. — Les S. *à petites fleurs* (S. *parviflorus*) et S. *à grappes* (S. *racemosus*) sont des arbustes qui sont décoratifs par leurs fruits, rouges dans la première espèce, blancs dans la seconde, qui persistent pendant une grande partie de l'hiver.

Ils atteignent de 1 à 2 mètres; on les plante en bordure dans les massifs et en sous-bois. On les multiplie facilement par boutures et division de touffes. Taille après la floraison ou au printemps.

Tamaris (*Tamarix*), Tamarixinées. — On cultive les : *T. de l'Inde*[2], *T. d'Afrique*, *T. de France*[1], *T. à quatre étamines*[2], à fleurs roses plus ou moins foncées et pourpres s'épanouissant de mai à septembre, selon les espèces, et le *T. de Germanie*[1] à fleurs bleuâtres, en mai. Ce sont des arbustes, parfois des arbres très jolis par leur feuillage léger et leurs ramifications grêles. C'est principalement dans les terrains frais, près des eaux, qu'ils se plaisent le mieux.

On les multiplie par boutures faites en terre sablonneuse ou dans l'eau. Tailler les Tamaris à floraison tardive[2] au printemps et les autres[1] après leur floraison.

Taxodier (*Taxodium*), Conifères. — Ce sont de beaux arbres qui rappellent les Ifs par leur feuillage; on cultive principalement les : *T. toujours vert*, *T. de Chine* et principalement le *T. distique* ou *Cyprès chauve* que j'ai déjà cité au mot Cyprès; c'est un fort bel arbre qui croît vigoureusement planté le long des pièces d'eau, dont il retient les berges, et dans les terrains humides et dont le feuillage prend une jolie teinte rousse à l'automne. Les deux premiers sont un peu délicats et ne résistent pas toujours aux hivers, dans le nord de la France. On les multiplie par semis.

Tecoma. — (Voir *Bignone*.)

Thuya (*Thuya*), Conifères. — On cultive principalement les : *T. d'Occident* ou *T. du Canada* qui atteint facilement 12 mètres de haut, et ses nombreuses variétés *T. du C. robuste, compact, globuleux, pleureur, à feuilles dorées, de Vervaene, pyramidal*, etc., qui poussent dans tous les sols, et quelques autres espèces, les : *T. de Lobb, T. gigantesque* (*Libocedrus decurrens*), *T. filifère*, etc.

Ces *Thuyas* se distinguent principalement du *T. d'Orient*, connu sous le nom de *Biota*, par leur odeur aromatique très prononcée. Ce dernier et ses variétés offrent un feuillage bien plus compact, ce qui les fait employer par les pépiniéristes pour faire des abris. On cultive les variétés suivantes : *T. d'O. compact, nain doré, glauque, argenté*, etc.

Tous trouvent leur emploi dans les plantations, principalement en groupes et en isolé. On les multiplie par semis et par greffes. Mêmes soins pour la plantation que pour celle des autres Conifères.

Thuyopsis (*Thuyopsis*), Conifères. — Très voisins des Thuyas, ces végétaux sont également utilisés dans les plantations des parcs et des jardins, principalement les : *T. à feuilles en doloire* (*T. dolobrata*) et ses variétés et le *T. boréal* (*T. borealis*) ou *Chamæcyparis de Nutka*. Multiplication par semis et par greffes.

Thymélée. — (Voir *Daphné*.)

Tilleul (*Tilia*), Tiliacées. — Ce sont des arbres employés principalement dans la formation des avenues, car on n'ignore pas qu'ils se prêtent bien à la taille et aux formes qu'on veut leur appliquer. On cultive à cet effet les : *T. à petites feuilles*; *T. commun* ou *T. de Hollande* et ses variétés : *à bois rouge* (*T. corallina*) et *à rameaux pendants*, *T. argenté* et sa variété *à rameaux pendants* (*T. pleureur*). Dans les parcs et les jardins on peut les planter en massif et leurs variétés en isolé, principalement.

On les multiplie par semis et par greffes. Taille et élagage au printemps.

Troène (*Ligustrum*), Oléinées. — Les : *T. à feuilles ovales* ou *de Californie* et ses variétés, *T. d'Italie*, *T. du Nepaul*, *T. de Chine*, sont fréquemment plantés dans les massifs d'arbustes, ainsi que les *T. à feuilles luisantes* et *T. du Japon*, pourtant moins rustiques; tous donnent plus ou moins tardivement des grappes de fleurs blanches. Ce sont des arbustes à feuillage persistant de beaucoup de valeur. Ils se prêtent très bien à la taille: aussi en forme-t-on des massifs et des haies, et les utilise-t-on fréquemment pour cacher les murs et autres constructions peu agréables à la vue. Toutes ces espèces sont à fleurs blanches qui s'épanouissent en été. Le *T. commun* est cultivé surtout pour la formation des haies et dans les plantations en sous-bois. Les *Troènes à feuilles panachées* peuvent être plantés en massifs, en groupes et en isolé.

On les multiplie principalement de boutures. Taille au printemps.

Tulipier (*Liriodendron*), Magnoliacées. — C'est un fort bel arbre atteignant 30 à 35 mètres de hauteur. Les feuilles à quatre lobes, d'un beau vert tendre, se colorent de jaune à l'automne; les fleurs affectent la forme d'une Tulipe; elles sont jaune verdâtre. Le port de l'arbre est magnifique, aussi doit-on de préférence le planter en isolé et parfois aussi en avenue.

La multiplication s'effectue principalement par semis. On doit transplanter les sujets en motte dès qu'ils ont quatre ans, et l'on peut être ainsi assuré d'une reprise parfaite. Il faut autant que possible ne pas les tailler. J'ajouterai que les Tulipiers affectionnent une terre fraîche, fertile, même humide.

Vaccinium. — (Voir *Airelle*.)

Vernis du Japon. — (Voir *Ailante*.)

Vigne (*Vitis*), Ampélidées. — Quelques espèces sont très décoratives et très vigoureuses, notamment les *V. Coigneticæ*, dont les feuilles se teintent de pourpre à l'automne. Utilisation des arbustes sarmenteux. Multiplication de marcottes. Taille sévère au printemps.

Vigne-Vierge. — (Voir *Ampelopsis*.)

Viorne (*Viburnum*), Caprifoliacées. — On cultive principalement les : *V. Mansienne*, qui atteint 4 à 5 mètres de hauteur; *V. obier*, convenant pour les plantations sous bois, de même hauteur, et principalement sa variété : la *V. obier stérile*, plus connue sous le nom de *Boule de neige*, et la

V. obier à feuilles panachées. V. à grosse tête et enfin le *Laurier Tin* (*V. Tinus*), qui est à feuillage persistant, dont les fleurs s'épanouissent dès l'automne et même en hiver lorsque celui-ci n'est pas trop rigoureux, car le Laurier Tin gèle assez fréquemment sous le climat parisien. On multiplie ce dernier par boutures; les autres se multiplient de boutures et par marcottes, sauf la *Boule de neige* et la *V. à grosse tête* que l'on greffe ras de terre ou sur petite tige; on les utilise dans les plantations de massifs et en isolé. (Voir « *Culture forcée* ».) Tailler après la floraison.

Virgilier (*Virgilia*), Légumineuses. — On cultive surtout le *V. à bois jaune*, qui est un très bel arbre au feuillage finement découpé; ses fleurs blanches en grappes pendantes sont magnifiques. On le multiplie par semis et on le plante dans un sol fertile, en isolé ou par groupe, il atteint de 10 à 15 mètres de haut.

Vitex. Agnus-castus. — (Voir *Gattilier*.)

Volkameria. — (Voir *Clerodendron*.)

Weigelie — (Voir *Diervilla*.)

Welingtonia (*Welingtonia*), Conifères. — On cultive le *W. ou Sequoia gigantesque*, qui est la Conifère qui atteint la plus grande hauteur. Elle forme une pyramide régulière du plus bel effet. Parmi ses variétés, le *W. g. glauque* est certainement le plus apprécié.

On le multiplie par semis; il faut le planter dans un sol fertile, frais et profond.

Xanthoceras (*Xanthoceras*), Sapindacées. — Le *X. à feuilles de Sorbier* est un magnifique arbuste au feuillage découpé et aux fleurs blanches, mouchetées de rouge, disposées en grappes plus volumineuses et plus fournies que celles du Staphylier. On le multiplie par semis et par boutures. C'est un magnifique arbuste à feuilles caduques pour isoler qui n'est pas assez cultivé. (Voir « *Culture forcée* ».) Tailler après la floraison.

Yucca (*Yucca*), Liliacées. — Quelques espèces sont rustiques sous le climat de Paris et on les groupe ou on les

ARBRES, CONIFÈRES ET ARBUSTES D'ORNEMENT. 495

isolé sur les pelouses, dans les jardins réguliers, on les masse dans les rochers et sur les talus rocheux ; à l'aspect pittoresque de leur feuillage persistant et de leur port il faut ajouter celui très ornemental des fleurs. A citer les

Fig. 222. — Xanthoceras à feuilles de Sorbier (*X. sorbifolia*).

Y. *filamenteux*, *gloriosa* et ses nombreuses variétés. Multiplication par sectionnement des drageons, boutures de fragments de tiges et de racines et aussi de semis. Élevage en pleine terre ou, préférablement, en pots, ce qui facilite leur transplantation. Il vaut mieux les planter dans un terrain sablonneux et chaud où ils sont moins exposés à souffrir et à mourir lors des hivers rigoureux que dans un sol humide.

CHAPITRE XXXVII

ARBORICULTURE D'ORNEMENT

TRAVAUX MENSUELS

Janvier.

Fumer les massifs; les labourer à la fourche à dents plates pour ne pas couper les racines. Continuer les défoncements pour de nouvelles plantations. Planter les arbres et les arbustes lorsqu'il ne gèle pas.

Semer les : Sapins, Pins et autres Conifères, Sorbiers, Faux-Ébéniers, Tilleuls, Hêtres, etc. Greffer en bâche les : Azalées, Conifères, Rhododendrons, arbustes à feuillage persistant. Procéder aux élagages, taille des arbres et des arbustes, formation des charmilles. Terminer la stratification des noyaux que l'on doit semer au printemps. Couper des boutures et les mettre en jauge. Débarrasser s'il y a lieu les arbustes à feuillage persistant de la neige. Rempoter à l'abri certains arbustes et les Rosiers.

Continuer l'arrachage, l'habillage, le pralinage et la plantation des Églantiers.

Février.

Terminer les travaux du mois précédent qu'on n'a pu faire à cause du mauvais temps. Continuer surtout si on en a la possibilité la plantation des arbustes et celle des Rosiers hybrides remontants. Couper des boutures, faire des semis. S'il fait beau, tailler les Rosiers hybrides remontants. Couper des greffons et les mettre de côté.

Mars.

Terminer les : labours, défoncements et plantations. Commencer la plantation des arbustes à feuillage persistant et des Conifères. Tailler les arbustes à floraison estivale.

Semer les graines de Conifères, Frênes, Rosiers, etc., et la plupart de celles qu'on a mis stratifier. Marcotter la plupart des arbustes et commencer le greffage en fente.

Terminer les plantations d'Églantiers, en ayant soin de praliner les racines. Commencer les plantations des Rosiers Thés et autres variétés gelables si la température est assez clémente. Continuer la taille des variétés rustiques et commencer celles des Rosiers tendres à la gelée, après les avoir déterrés ou découverts. Entourer les tiges des arbres nouvellement plantés de torons de paille qui protègent l'écorce des hâles et des rayons du soleil; les haubanner ou les tuteurer.

Avril.

Beaucoup d'arbustes épanouissent leurs fleurs, notamment les : Cerisiers, Pêchers, Forsythias, Magnoliers, Groseilliers, etc.; les tailler leur floraison achevée.

Les plantations d'arbres et d'arbustes doivent être terminées; pour celles qui restent encore à faire il faut en praliner les racines. Continuer celles des arbustes à feuillage persistant, des Conifères et des arbustes de terre de bruyère. Terminer les semis et les marcottages; greffer en fente et en couronne. Abriter, du côté du soleil, les forts arbustes verts et les Conifères qui auraient été transplantés.

Terminer hâtivement la taille des Rosiers et pincer les bourgeons des greffes à œil dormant dès qu'elles ont quelques feuilles; marcotter les Rosiers, en marcotte chinoise. Ébourgeonner les Églantiers nouvellement plantés.

Mai.

Beaucoup plus d'arbustes sont fleuris, mais il serait trop long de les énumérer. Les tailler aussitôt la floraison terminée. Achever les semis des graines stratifiées.

Terminer les plantations des arbustes à feuillage persistant et celles des boutures de Rosiers de l'année précédente qui ont été hivernées sous cloches.

Si des arbustes à feuillage persistant ont été atteints par des froids et des neiges tardives ou souffrent par les hâles, les effeuiller et les bassiner. Tuteurer et maintenir les arbres et les arbustes nouvellement plantés qui en auraient besoin; mais ne les arroser que suivant leurs besoins, des arrosages trop fréquents pouvant faire pourrir les racines charnues.

Ébourgeonner les Églantiers; tuteurer les pousses des jeunes greffes, ombrer et bassiner les jeunes semis de Rosiers. Prévenir surtout les attaques des pucerons par des bassinages à l'eau nicotinée additionnée de savon noir. Pincer les bourgeons des Rosiers dont on voudrait retarder la floraison. Préparer les Églantiers pour le greffage à œil poussant; biner le sol et le pailler.

Juin.

Bassiner et arroser les arbres et les arbustes des dernières plantations, principalement. Tailler au fur et à mesure de leur floraison les arbustes qui donnent des fleurs directement sur le bois de l'année précédente; ce sont la plupart de ceux qui s'épanouissent jusqu'à la mi-juin.

Bouturer les Rosiers à l'état herbacé sous cloches et commencer à faire l'incision annulaire sur les rameaux aoûtés pour le bouturage un mois après en pleine terre; poser les écussons à œil poussant sur les Églantiers préalablement préparés.

Récolter et semer de suite les graines des Ormes. Biner, pailler et arroser les récentes plantations et les Rosiers. Supprimer les Roses au fur et à mesure de leur défloraison. Commencer la fécondation de certaines variétés.

Juillet.

Il n'est point nécessaire de tailler les arbustes qui fleurissent pendant ce mois; la floraison a lieu sur les pousses de l'année, qui ne doivent être rabattues, s'il y a lieu, que l'hiver suivant. Récolter et semer différentes graines au fur et à mesure de leur maturité. Planter et diviser les touffes de Bambou. Continuer l'écussonnage à œil poussant des Rosiers et commencer leur bouturage sous cloches. Tailler les Rosiers non remontants aussitôt leur floraison terminée. Pratiquer l'incision annulaire et le bouturage en pleine terre après la formation du bourrelet. Arroser, bassiner, biner, comme le mois précédent.

Août.

Récolter les graines au fur et à mesure de leur maturité. Bouturer les Rosiers sous cloches. Écussonner à œil dormant les Rosiers, les arbres et les arbustes d'ornement. Tuteurer les arbres et les arbustes qui en ont besoin au fur et à mesure de leur développement. On peut à la fin du mois commencer la transplantation des Conifères et des arbustes à feuillage persistant. Planter et diviser les touffes de Bambou.

Septembre.

Continuer la récolte des graines, le bouturage et le greffage des Rosiers et des arbustes. Bouturer sous cloches les arbustes à feuillage persistant. Faire les plantations des arbustes à feuillage persistant; commencer les plantations des arbustes de terre de bruyère. Surveiller les écussons.

Octobre.

Commencer les défoncements. Continuer la récolte des graines; mettre en stratification celles qui mettent longtemps à germer et celles qui, comme les marrons, perdent vite leurs facultés germinatives. Continuer certains bouturages. Couper et mettre en botte et en jauge les boutures de Rosiers à long bois et d'arbustes à feuilles caduques qui seront plantés au printemps. Commencer l'arrachage de certains arbustes, le rempotage des arbustes à feuillage persistant et des arbustes de terre de bruyère. Commencer la provision d'Églantiers.

Novembre.

Terminer la récolte des graines; continuer leur mise en stratification. Bouturer par racines les : Paulownias, Sumacs, Vernis, etc. Diviser les touffes et sectionner les drageons de la plupart des arbustes en touffes.

Faire les arrachages et les plantations des arbres et des **arbustes. Déplanter, coucher et abriter les Rosiers;** continuer à faire sa provision d'Églantiers. Rempoter les Rosiers pour l'année suivante; enterrer les pots et les abriter. Abriter les jeunes Fusains et les autres arbustes craignant la neige. Procéder aux fumures, labours, défoncements, etc. Abriter les clochées de boutures par de la litière, des feuilles et des paillassons. Abriter les arbustes demi-rustiques : Camélia, Abélia, Chamærops, Choisya, Ciste, Escallonia, Neviusia, etc., avec de la paille, des paillassons et entourer les touffes de litière ou de feuilles.

Décembre.

Hâter les plantations dans les terrains secs; continuer la division des touffes et leur mise en place. Continuer les arrachages, les rempotages des Rosiers, les labours, défoncements, etc. Abriter les arbustes et les Rosiers, qui n'auraient pu l'être le mois précédent. Tailler; élaguer, etc. Ouvrir des trous dans les terrains humides, pour ne planter qu'au printemps.

CHAPITRE XXXVIII

L'ORNEMENTATION DES JARDINS

I. Conditions générales. — II. Les différents genres d'ornementation. — III. L'ornementation pittoresque. — IV. La mosaïculture. — V. Quelques exemples et dessins de motifs en mosaïculture. — VI. L'ornementation florale. — VII. Exécution des plantations. — VIII. Soins à donner après la plantation. Bassinages, arrosages, pincements. — IX. Les bordures. — X. Plantes vivaces et naines pour bordures permanentes. — XI. Plantes vivaces pour la garniture des plates-bandes. — XII. Plantes pour les garnitures printanières. — XIII. Plantes pour les garnitures estivales. — XIV. Plantes pour les garnitures automnales. — XV. Plantes pour les garnitures hivernales. — XVI. Quelques exemples de compositions florales et leur place dans le jardin.

On ne conçoit pas un jardin sans fleurs ; elles sont l'heureux complément d'un harmonieux tracé, des verts gazons, des arbres et des arbustes. Mais, ces plantes qui doivent jouer un grand rôle ne peuvent être disposées pêle-mêle, sans ordre. En un mot, l'ornementation ou la décoration d'un jardin ne peut être faite n'importe comment.

I. — Conditions générales.

Pour que la décoration d'un jardin plaise à l'œil, il faut qu'elle ait des proportions convenables dans chacune de ses parties, que ces parties aient des formes agréables et que l'ensemble des couleurs forme une association harmonieuse.

Ce sont les plantes qui constituent en quelque sorte ces

trois choses ; on doit donc en connaître les exigences, la rusticité, la forme, les proportions et la couleur, toutes choses que l'on ne peut savoir qu'en les cultivant ou en les étudiant. Je pallie à cette connaissance en donnant plus loin des listes de plantes. Dans la disposition de ces plantes il faut faire en sorte de savoir grouper ensemble les plantes de même taille et surtout de savoir les associer quant à leurs coloris, pour ne pas obtenir de mauvaises oppositions de teintes. Comme il faudrait beaucoup s'étendre sur ce sujet, plus que la place ne me le permet, je renvoie mes lecteurs au chapitre spécial dans un petit livre que j'ai publié [1].

L'ornementation des jardins peut être ou temporaire ou permanente. Temporaire lorsqu'on garnit une corbeille ou une plate-bande à chaque saison ; on fait donc des garnitures printanières, estivales, automnales, et parfois hivernales. Elle est, au contraire, permanente lorsqu'elle dure toute l'année et même plusieurs années. Les plates-bandes ou les groupes de plantes vivaces et bulbeuses rustiques constituent les garnitures permanentes. Dans ce dernier cas on n'a certes pas une floraison aussi soutenue, mais, par contre, une semblable décoration est moins coûteuse.

II. — Les différents genres d'ornementation.

J'ai eu l'occasion de traiter au congrès horticole de 1898, à Paris, cette question : « Des styles et des genres de l'ornementation des Jardins et leur application [2] », et c'est dans cet ordre d'idées, que je crois logique, que je vais passer en revue les différentes façons de décorer un jardin.

III. — L'ornementation pittoresque.

Depuis quelques années il est de mode de décorer certaines parties des jardins paysagers d'une façon toute spéciale. Au lieu de se tenir aux seules corbeilles et plates-bandes de fleurs, on fait des groupes de plantes diverses plantées sans ordre apparent, dans les pelouses, aux carrefours, sur les pentes, près des cours d'eau, mais en s'inspirant de leur disposition naturelle.

1. *La Mosaïculture pratique*, 2ᵉ édition.
2. Ce mémoire a été publié en brochure.

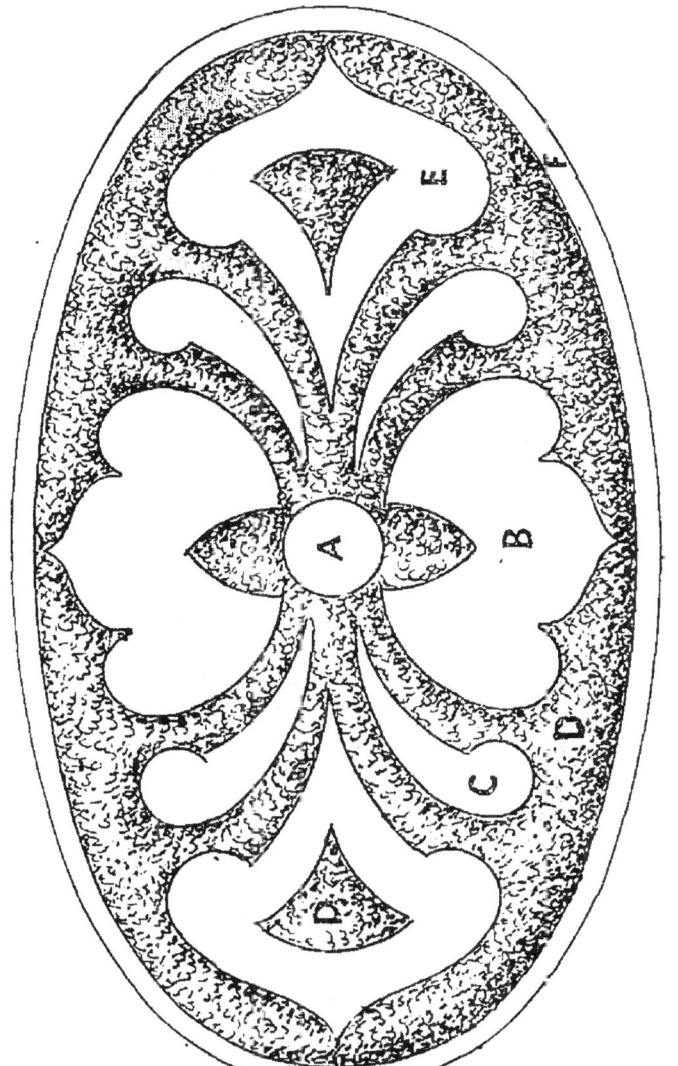

Fig. 223. — Corbeille elliptique en mosaïculture.

EXEMPLE DE GARNITURE ESTIVALE [1]. — Centre : Bananier (*Musa Ensete*); A, *Pelargonium zonale*, variété M. Gouclot ; B, P. z., var. Professeur Albert Mamené ; C, P. z., var. M. Jean Fossey ; D, Cinéraire Maritime ; E, P. z., var. Mme Albert Mamené (fig. 262, page 711) ; F, Iresine de Verschaffelt très brillante (*I. V. brillantissima*).

[1]. Je donne, à chaque motif en mosaïculture, la composition soit printanière, soit estivale, soit hivernale, ceci à titre d'exemple seulement, car tous les motifs figurés se prêtent indifféremment à l'ornementation de chaque saison. Ces exemples peuvent donc être modifiés, interprétés, changés ; le principal c'est que l'on s'en inspire pour le placement des plantes autant à cause de leur hauteur que pour la bonne association des coloris. Les fervents amateurs de mosaïculture trouveront des renseignements plus détaillés et de nombreux dessins dans le petit livre *la Mosaïculture pratique*, choses que je ne puis consigner ici.

Ainsi, un rocher recevra une décoration de plantes alpines, alpestres, saxatiles et vivaces; s'il est à l'ombre, on le dissimulera sous la frondaison des Fougères. Nous avons là une scène de plantes de rocailles. Dans les pelouses, sur les talus, au contraire, on réunira les plantes de plein air, auxquelles on peut en adjoindre quelques autres, comme les Dahlias, Cannas, etc.

A-t-on une pièce d'eau ou une rivière, on la peuplera de plantes aquatiques et, sur les bords, recevront asile toute la série des plantes semi-aquatiques et de tourbières. Les futaies ombreuses seront tapissées d'une multitude de plantes aimant l'ombre.

Enfin, les plantes d'aspect exotique que l'on hiverne l'hiver dans les serres et dans les orangeries : Palmiers, Bananiers, Fougères, Agaves, Plumbagos, etc., constitueront, par leur somptueuse frondaison ou leur éclatante floraison, des scènes de plantes tropicales qui sont hautement décoratives.

Pour la disposition des plantes dans ces groupes, dans ces scènes, on ne peut fixer aucune chose. Il faut s'inspirer de la végétation naturelle et, dans ce cas, le goût personnel y est pour beaucoup. Tandis que l'on forme des masses de certaines plantes, on en groupe et on en isole d'autres en vedette comme on le fait avec les arbres et les arbustes, mais en ne les distançant pas autant. (Voir fig. 211, p. 430.) Naturellement, il faut laisser le gazon ou le tapis d'autres plantes sous celles que l'on plante.

Ces indications que je donne aux paragraphes spéciaux (VII et VIII) concernant la plantation et les soins que les plantes réclament sont ici applicables quant au travail matériel.

IV. — La mosaïculture.

La mosaïculture est l'art, si l'on veut, ou, tout au moins, la manière qui consiste à faire, à l'aide des plantes, des dessins géométriques ou de fantaisie dans les plates-bandes, corbeilles, bordures, etc. La mosaïculture peut tout aussi bien être exécutée, à chaque saison, et même en permanence, avec les plantes dont on dispose.

La mosaïculture en tapis consiste à former les dessins et les fonds avec des plantes de même hauteur qui sont encore maintenues dans ces conditions, ce qui donne un tout uniformément uni. C'est le genre qui convient certainement le mieux aux petits motifs. Mais, lorsque la corbeille est assez grande, on peut ne pas se tenir à ceci et bomber les principales lignes du dessin de façon que les plantes se détachent en relief sur le fond. Sur les lignes,

Fig. 224. — Corbeille ronde en mosaïculture.

EXEMPLE DE GARNITURE HIVERNALE. — Centre : *Cèdre Deodara* (de 2 mètres de haut); A, *Mahonia à feuilles de Houx*; B, *Fusain du Japon à feuilles dorées*; C, *Ceraiste à feuilles tomenteuses*; D, *Lamier à feuillage maculé*; E, *Sauge officinale à feuilles tricolores*; F, *Fusain rampant var. Silwer Gem (à feuilles argentées)*; G, *Fusain du Japon, var. maculé doré*.

pour mieux les accuser, on dispose encore des plantes plus hautes que celles des fonds. Le complément de ceci est certainement de grouper et d'isoler de-ci de-là quantité de plantes à beaux feuillages et à belles fleurs, qui, placées en évidence, font très bon effet et rompent en même temps la monotonie des lignes.

On fait également des bordures en mosaïculture, autour

Jardinage.

des massifs d'arbustes et des autres corbeilles en fleurs. Je dirai quelques mots, dans un autre paragraphe (paragr. VII), du tracé et de la plantation d'un motif en mosaïculture, et les personnes qui s'occupent tout spécialement de ce genre d'ornementation trouveront une foule de renseignements dans l'ouvrage déjà cité : *La Mosaïculture pratique*.

V. — Quelques exemples et dessins de motifs en mosaïculture.

J'ai tenu à donner quelques motifs en mosaïculture avec leur composition dont les dessins sont insérés aux pages 503, 505, 507, 509, de ce chapitre, afin que l'on puisse se faire plus facilement une idée de la disposition des plantes et de leur emploi. Ces dessins, qui sont simples, sont facilement applicables dans les corbeilles, bordures et plates-bandes de même forme et peuvent recevoir, selon les lieux, quelques modifications.

VI. — L'ornementation florale.

Ce que je nomme ornementation florale n'est rien autre que les combinaisons unicolores ou multicolores que l'on fait dans les corbeilles, plates-bandes et bordures. L'ornementation florale a principalement pour but les contrastes, par d'heureuses associations, soit de plantes à feuillage décoratif, soit de plantes à fleurs, soit des unes et des autres.

Au point de vue de l'harmonieuse combinaison des couleurs, comme aussi au point de vue esthétique, voici quels sont les principaux genres de l'ornementation florale.

Les compositions unicolores sont caractérisées par l'emploi dans une même corbeille, de plantes à feuillage ou à fleurs, d'une même couleur, bordées ou non d'un rang d'autres plantes. Ce sont ces compositions que l'on fait généralement dans les corbeilles un peu éloignées de la vue et aussi dans les corbeilles, en variant les couleurs dans chacune d'elles, qui se trouvent placées dans une même pelouse.

Quelquefois on place les plantes de couleurs diverses en lignes ou en bandes parallèles. C'est une disposition que je ne conseillerai pas, quoiqu'on puisse encore l'appliquer dans les plates-bandes. Pour les corbeilles, il faut plutôt **disposer les plantes de diverses couleurs en disséminé, ou** par groupes également en disséminé, ce qui forme une masse polychrome du plus heureux effet. Toutefois, il ne faut pas faire de semblables compositions dans un endroit

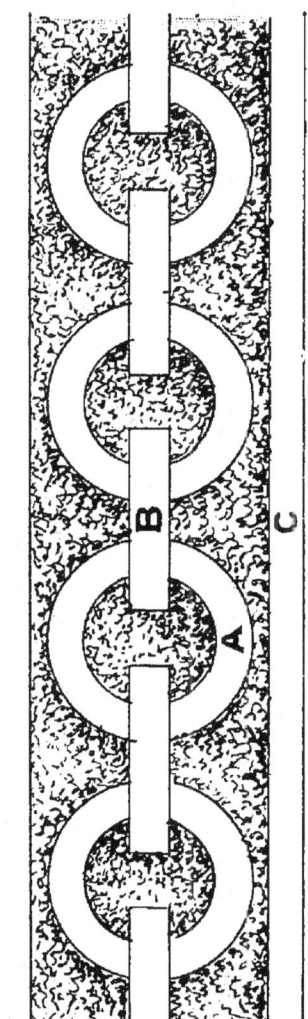

Fig. 225. — Bordure en mosaïculture.

EXEMPLE DE GARNITURE PRINTANIÈRE. — 1° A, Jacinthe à fleurs bleues; C, Jacinthe à fleurs roses; D, Pâquerette vivace à fleurs blanches. — 2° A, Pâquerette vivace à fleurs blanches; B, Pâquerette vivace à fleurs rouges; C, Saxifrage de Huet; D, Aubriétia deltoïde.

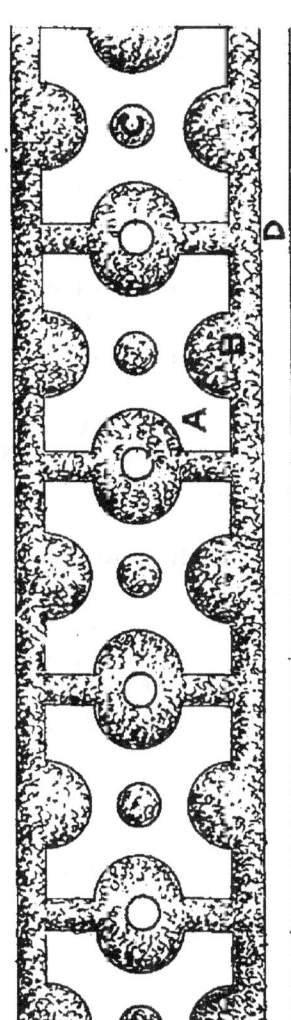

Fig. 226. — Bordure en mosaïculture.

EXEMPLE DE GARNITURE ESTIVALE. — 1° A, Pyrèthre doré; B, Alternanthera amœna; C, Lobelia bleu; D, Gnaphalium tomenteux. — 2° A, Alternanthera amœna; B, Sagine subulée; C, Échevéria glauque; D, Alternanthera à feuilles jaunes.

éloigné; car, à une certaine distance elles ne forment généralement qu'une masse terne.

Lorsque l'on dispose de plantes à beau feuillage ou à belles fleurs, on les dissémine sur un fond de plantes plus basses, sur lesquelles elles se détachent (fig. 228). Ces corbeilles doivent être vues de très près si on veut qu'elles produisent un bon effet.

Enfin, les compositions en mélange sont faites dans les plates-bandes et les larges bordures et consistent en une association de plantes de plein air, annuelles, vivaces, bulbeuses et de serre, qui constituent une ornementation permanente des plus agréables surtout accusée d'avril en novembre. (Voir le paragr. XVI.)

VII. — Exécution des plantations.

Tandis que l'ornementation pittoresque est surtout applicable dans les endroits un peu retirés, l'ornementation florale et la mosaïculture, principalement, doivent être exécutées dans les parties bien en vue et à proximité des habitations.

J'ai déjà dit comment il convenait de disposer les plantes pour former des groupes et des scènes dans les pelouses. Ce qu'il ne faut pas craindre, lors des plantations, c'est de bien fumer le sol qui se trouve parfois être très pauvre. Avant de planter une corbeille en mosaïculture ou de plantes diverses, il faut, après l'avoir labourée, bien la niveler. C'est ensuite que l'on trace les lignes du dessin au gabarit ou à l'échelle. Il est parfois bon de saupoudrer un peu de craie ou de sable blanc sur ces lignes qui accusent mieux le tracé. Il est parfois nécessaire d'établir un petit échafaudage afin de pouvoir tracer et planter convenablement.

Les lignes tracées, on procède à la plantion proprement dite en disposant d'abord les plantes sur les lignes du dessin, puis en plantant celles des fonds, en ayant soin que celles-ci ne forment pas de lignes apparentes. Il est bon de terreauter le sol au fur et à mesure que la plantation s'avance et de terminer le tout par un bon bassinage. C'est une opération assez minutieuse que la plantation d'un motif en mosaïculture et pour l'exécution de laquelle on ne saurait être trop minutieux, surtout dans la plantation des lignes.

Quant aux corbeilles qui ne sont pas en mosaïculture, on commence par délimiter le ou les rangs de bordure et l'on dispose les plantes dans le milieu en les espaçant plus ou moins selon leur développement. Aussitôt leur mise en terre, il faut avoir soin de les arroser, et pour ce travail on ménage très souvent une cuvette à chacune d'elles. Un bon

L'ORNEMENTATION DES JARDINS.   509

Fig. 227. — Plate-bande en mosaïculture.

EXEMPLE DE GARNITURE PRINTANIÈRE. — A, Anémone éclatante; B, Myosotis des Alpes bleu; C, Pensée jaune pur; E, Aubriétie deltoïde; F, Saxifrage de Huet; G, II, Silène à fleurs rouges naine.

paillis doit suivre la plantation.

VIII. — Soins à donner après la plantation. Bassinages, arrosages, pincements.

J'envisage ici principalement l'ornementation estivale et un peu l'ornementation automnale, car l'ornementation printanière n'exige pas autant de soins.

Les arrosages doivent être faits en temps utile, mais avec précaution pour les plantes à fleurs, afin de ne pas faire tomber ces dernières. Lorsqu'il fait chaud, il ne faut pas négliger de bassiner légèrement les corbeilles le soir.

Les tailles et pincements doivent être fréquemment appliqués dans les corbeilles en mosaïculture pour maintenir la rectitude des lignes qui en fait la beauté. Au fur et à mesure qu'une plante s'élance, il ne faut pas négliger de la pincer. On crochette aussi sur le sol les plantes qui doivent le tapisser.

Les pincements peuvent être très sévères pour les plantes à feuillage, mais doivent être modérés pour les plantes à fleurs, afin de ne pas supprimer ces dernières. Lorsqu'on doit le faire, il faut opérer au-dessus des boutons les moins apparents afin que les pousses latérales aient le temps d'en développer d'autres avant le complet épanouissement de ceux-ci. Ce qu'il ne faut pas oublier, c'est l'enlèvement des fleurs fanées; cette suppression favorise dans la majorité des cas une floraison permanente pour quelques plantes, alors que celle-ci passerait bien vite s'il en était autrement. Quoique les pincements soient moins sévères dans les corbeilles autres que la mosaïculture, il faut maintenir en bon état les rangs de plantes qui les bordent.

Si quelques plantes souffrent ou meurent, il faut les remplacer, et pour cela on doit toujours en avoir quelques-unes en réserve. A l'automne il est bon d'abriter les corbeilles avec des toiles, pendant les nuits fraîches, si l'on veut les conserver en bon état le plus longtemps possible.

IX. — Les bordures.

Indépendamment des larges bordures que l'on fait autour des massifs d'arbustes et les rangs de plantes qui entourent les corbeilles, on borde généralement avec des plantes basses en remplacement du gazon, les carrés du jardin fleuriste, voire même du jardin potager et le parterre. On emploie à cet effet des plantes vivaces, naines, gazonnantes se tenant bien, que l'on replante chaque année ou tous les deux ou trois ans. J'ai cru bien faire en donnant une liste de ces plantes.

X. — Plantes vivaces et naines pour bordures permanentes.

Achillée tomenteuse; *Ajuga reptans*; Alysse saxatile et A. s. à feuilles panachées; Arabette des Alpes à feuilles panachées; Antennaire tomenteuse et A. dioïque; Aubriétie deltoïde; Lamium maculé : Phlox vivaces; Pyrèthre de Tchihatcheff; Campanule des monts Carpathes; Iris nain; Œillet mignardise; Œ. flon; Pâquerette vivace; Sagine à feuilles subulées; Saxifrage hyponoïde (gazon turc); Statice armeria (gazon d'Espagne); Thym à odeur de citron; Violette des jardins. (V. ces noms aux *Fl. de pl. air.*)

XI. — Plantes vivaces pour la garniture des plates-bandes.

Anémone du Japon; Aconit Napel; Asters variés; Chrysanthème des laes; C. tardif; C. des Indes variés; Pied-d'alouette vivace; Echinops; Fraxinelle; Gaillarde vivace; Hélénie de Bolander; Hellébores hybrides; Iris de Germanie et des jardins hybrides; Lobelia vivace; Matricaire inodore; Pivoine de Chine; Pyrèthre rose; Rudbeckie pourpre; Stevia pourpre; Monarde écarlate; Soleil vivace; Lychnis Croix de Jérusalem. (V. ces noms aux *Fl. de pl. air.*)

XII. — Plantes pour les garnitures printanières.

Aubriétie deltoïde; Alysse maritime, A. saxatile; Corbeille d'argent à fleurs simples et à fleurs doubles; Nyctérinie; Saxifrage de Huet; Pâquerettes variées; *Erisymum nain*; Silènes variées; Myosotis variés; Saponaire de Calabre; Statice gazon d'Olympe; Arabette des Alpes; Ibéris variés; Pensées variées; Phlox divariqué; Jacinthes; Tulipes; Crocus; Anémones; Renoncules; Julienne de Mahon; Giroflées variées; Scilles. (V. ces noms aux *Fl. de pl. air.*)

XIII. — Plantes pour les garnitures estivales.

1° *à fleurs* : Ageratums variés; Anthemis; Bégonias toujours fleuris et autres, B. bulbeux; Calcéolaires rugueuses et variétés; Fuchsias variés; Gaura; Gazania; Héliotrope du Pérou et variétés; Lantanas variés; Lobelia Erinus et variétés, L. vivaces, *L. cardinalis*; Œillets variés; Pélargoniums zonés variés, P. à feuilles de Lierre, P. à grandes fleurs; Pétunias; Verveines des jardins variées; Sauges rouges variées; Tagetes Œillets d'Inde variés; Reines-Marguerites; Phlox de Drummond; Nierembergie gracieuse; Cannas à fleurs; Plumbago; Célosies à panache; Érythrine.

2° *à feuillage coloré ou décoratif* : *Alternanthera* variés; Alysse maritime à feuilles panachées; Amarante; Centaurée candide; Cinéraire maritime; Coleus variés; Chamœpeuce; *Echeveria* variés; *Gnaphalium* variés; *Iresine* variées; Ficoïde à feuilles en cœur, panachées et tricolores; *Oxalis* à feuilles pourpres; Périlla de Nankin et variétés;

Pyrèthre dorée et variétés ; Maïs à feuilles panachées ; Cannas à feuillage ; *Tradescantia* variés ; Tabac géant et variétés ; Abutilon ; *Caladium* ; *Dracæna* ; *Cyperus* ; *Wigandia* ; plantes de serre variées. (V. ces noms aux *Fl. de serre et de pl. air.*)

XIV. — Plantes pour les garnitures automnales.

On fait peu de garnitures véritablement automnales, parce qu'en les abritant, on peut conserver en bon état nombre des corbeilles estivales en : *Bégonia*, *Pélargonium*, *Fuchsia*, etc., jusque dans le courant de novembre. Cependant on renouvelle parfois la plantation des corbeilles de plantes annuelles lorsque celles-ci sont passées. Ce sont donc les Chrysanthèmes, ces fleurs automnales par excellence, qui remplissent ce but. Bien que nombre de variétés pourraient être utilisées dans les diverses sections ce sont principalement les Chrysanthèmes pompon qui conviennent le mieux. Les variétés en sont nombreuses ; en voici quelques bonnes épanouissant leurs fleurs jusque dans le courant de décembre si on a soin de les abriter : *Acrocliniæflora*, *Miniature*, *Marguerite*, *Julia Lagravère*, *Lord-maire*, *La Quintinie*, *Mont d'Or*, *Ohana*, *Étoile fleurie*, *Riquiqui*, *Gerbe d'Or*, *Pluie d'Or*, *Saïto*. (Voir *Chrysanthèmes*.)

XV. — Plantes pour les garnitures hivernales.

En dehors des Hellébores Rose de Noël et les H. hybrides, Éranthe d'hiver, Saxifrage oreille d'ours et Perce-neige, il n'y a guère que les plantes à feuillage persistant et à fruits décoratifs qui puissent servir pour les garnitures : Achillée tomenteuse ; Arabette à feuilles panachées ; Aucuba du Japon variés ; Buis et ses variétés ; Céraiste tomenteux ; Buisson ardent ; Fusain du Japon, F. à petites feuilles, F. rampant ; Cotoneaster ; Saxifrage gazon turc ; Sédums variés ; Joubarbes variées ; Stachys laineux ; Pervenche à feuilles panachées et Conifères naines.

XVI. — Quelques exemples de compositions florales et leur place dans le jardin.

Il me paraît utile de donner quelques exemples de compositions florales qui peuvent être facilement exécutées telles que ou simplement interprétées. Selon les goûts personnels et aussi selon la conformation du jardin et les plantes dont on dispose, les arrangements de fleurs dans les corbeilles et les plates-bandes peuvent beaucoup varier. Mais telle ou telle composition ne convient pas au même titre dans toutes les parties du jardin et je crois bon de donner à ce sujet quelques indications.

Ainsi, une corbeille savamment peignée ou une corbeille en mosaïculture semble mal placée dans une partie retirée, pittoresque ou tout à fait naturelle d'un parc. Par contre un groupement paysager, désordonné, détonne près d'une façade architecturale. Ce sont là des points extrêmes, mais qui montrent suffisamment qu'en matière de décoration florale il ne faut pas créer de semblables hérésies.

Ainsi donc, tandis qu'il convient de fleurir à profusion les abords de l'habitation et les endroits très familiers, en mettant là si l'on veut des couleurs vives, en exécutant des combinaisons recherchées, il faut éviter semblables choses dans les parties retirées du jardin. Là, si l'on tient à quelques corbeilles de fleurs, il faut les garnir très discrètement de façon qu'elles s'harmonisent avec le milieu et ne choquent pas le regard quelque peu artiste. Par conséquent les choses simples y sont véritablement à leur place.

Les compositions unicolores vont également très bien près des habitations, surtout si les corbeilles sont nombreuses et si elles sont garnies d'une façon différente. Dans ce cas il est bon, au lieu de faire un simple rang de bordure, de doubler ou même de tripler ceux-ci. Ces compositions ayant l'avantage d'être visibles très distinctement de loin, surtout si les plantes sont d'un coloris pâle ou vif, on leur donnera donc aussi la préférence pour les endroits les plus éloignés, aux extrémités des vues et des perspectives.

Les compositions par rangs concentriques et celles en disséminé et par groupes font admirablement bien aux abords des habitations ou à peu de distance de celles-ci, et beaucoup de personnes les préfèrent, à cause de leur diversité, aux compositions unicolores. Mais il faut bien se garder, toutefois, de les exécuter dans les endroits où elles doivent être vues de loin, car, dans ces conditions, les coloris se mélangent, se fondent, et l'œil ne perçoit plus qu'une masse terne sans aucune vivacité. Même là où elles doivent être vues de près, il faut faire en sorte d'avoir une **couleur dominante dans l'ensemble pour éviter la déplorable** monotonie de l'uniformité dans la distribution des coloris.

Quant aux combinaisons de grandes plantes avec tapis de plus petites au-dessous (fig. 228), elles peuvent être exécutées un peu partout dans le jardin. Mais en raison du caractère discret, dû au manque de coloris vif, et de l'effet ornemental de ces compositions, il faut les exécuter dans les endroits où il est possible de les voir de très près. Elles conviennent aussi dans les parties un peu retirées ou éloignées, pourvu qu'elles ne soient pas vues de loin.

Voyons maintenant quelques exemples de compositions :

A. Compositions unicolores avec simple bordure.

1° Centre : *Pelargonium zonale M. A. Gourlot* (rouge).
   Bordure : 1 rang *Cinéraire maritime*.

2° Centre : *Iresine acuminata* (à feuilles acuminées) (rouge).
   Bordure : *Ageratum Wendlandii* (A. de Wendland) (bleu).

3° Centre : *Pelargonium z. Duchesse des Cars* (blanc).
   Bordure : *Pelargonium z. M. J. Fossey* (rouge).

4° Centre : *Pelargonium z. Mme Albert Maumené* (saumoné).
   Bordure : *Tagetes Légion d'honneur* (jaune).

5° Centre : *Pelargonium à feuilles de Lierre M. Albert Maumené* (rouge groseille).
   Bordure : *Gnaphalium lanatum* (G. laineux) (grisâtre).

B. — Compositions unicolores avec plusieurs rangs de bordure.

1° Centre : *Begonia semperflorens pourpre* (B. toujours fleuri).
   Bordure : rang int. : *Begonia s. à fleurs blanches*.
   2° rang : *Ageratum* (Agérate) nain bleu.
   rang ext. : *Pyrèthre doré*.

2° Centre : *Pelargonium M. Poirier* (rose vif).
   Bordure : rang int. : *Coleus Président Drouet* (rouge).
   2° rang : *Coleus Marie Bocher* (jaune).
   rang ext. : *Alternanthera* (Telanthera) *versicolor* (rouge).

3° Centre : *Pelargonium z. Albert Maumené* (rouge vif).
   Bordure : rang int. : *Ageratum Wendlandii* (bleu).
   2° rang : *Coleus Triomphe de Versailles* (jaune orange).
   rang ext. : *Lobelia Erinus* (Lobélie Erine) (bleu).

4° Centre : *Iresine brillantissima* (très brillante) (carmin vif).
   Bordure : rang int. : *Centaurée candide* (gris argent).
   rang ext. : *Begonia s. nain pourpre*.

5° Centre : *Pelargonium z. Montagne de neige* (vert blanc).
Bordure { rang int. : *Lobelia Erinus* (bleu).
rang ext. : *Alternanthera amœna* (rouge).

6° Centre : *Begonia bulbeux à grandes fleurs* (rouge).
Bordure { rang int. : *Gnaphalium lanatum* (grisâtre).
2ᵉ rang : *Alternanthera versicolor* (rouge).
rang ext. : *Echeverie glauque* (vert gris).

C. — Compositions en disséminé et par groupes.

1° Centre, en mélange : *Begonia Ascotiensis Berthe du Châteaurocher, B. s. pourpre, B. s. blanc, B. s. Rhodolphe Lheureur, Iresine acuminata, Cinéraire maritime, Ageratum Lefrançois, Coleus Marie Bocher.*

Bordure { rang int. : *Coleus Marie Bocher* (jaune).
2ᵉ rang : *Iresine Wallisii* (pourpre).
3ᵉ rang : *Lobelia Erinus nain compact.*
rang ext. : *Gnaphalium lanatum variegatum.*

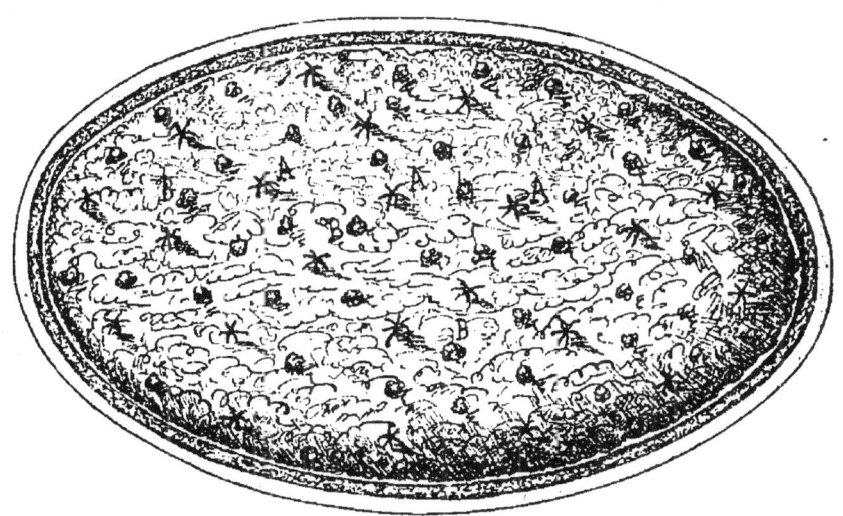

Fig. 228. — Disposition d'une plantation de corbeille avec grandes plantes disséminées sur fond de petites. — A, grandes plantes espacées de 70 centim.; B, petites plantes formant tapis tous les 30 centim.

2° Centre, en mélange ou par groupes : *Begonia Ascotiensis Berthe du Châteaurocher, Iresine acuminata, Cinéraire maritime, Pelargonium z. Professeur Albert Maumené, P. z. Mme Cassier.*

Bordure { rang int. : *P. z. Montagne de neige* (vert blanc).
2ᵉ rang : *Iresine brillantissima* (carmin vif).
rang ext. : *Centaurée candide* (gris argent).

3° Centre, en mélange : *Montbretia*, *Pelargonium z. Mme Albert Maumené*, *P. z. Jeanne Hardy*, *P. z. Avalanche*.

Bordure
- rang int. : *Iresine Wallisii* (pourpre).
- 2ᵉ rang : *Gnaphalium lanatum miniatum* (gris).
- 3ᵉ rang : *Alternanthera versicolor* (rouge).
- rang ext. : 2 rangs *Echeveria secunda glauca*.

4° Centre, en mélange ou par groupes : *Ageratum Lefrançois*, *Calcéolaire Triomphe de Versailles*, *Begonia Brûlefer*, *Cinéraire maritime*, *Pelargonium z. Alfred Mame*.

Bordure
- rang int. : *Gnaphalium lanatum* (gris).
- 2ᵉ rang : *Begonia s. élégant*.
- rang ext. : *Ficoïde à feuilles en cœur tricolore*.

5° Centre, en mélange ou par groupes : *Pelargonium z. Jules Grévy*, *P. z. Duchesse des Cars*, *P. z. Paul-Louis Courier*, *Iresine de Linden* (*I. Lindeni*), *Tagetes pulchra*.

Bordure : 2 rangs, *Pelargonium à feuilles de Lierre M. Albert Maumené* (palissé sur le sol).

6° Centre, en mélange : *Begonia à feuilles de Ricin*, *B. s. versaliensis*, *B. s. élégant*, *B. Victor Lemoine*, *B. à feuilles de Châtaignier*.

Bordure, 2 rangs : *Begonia laura*.

D. — Compositions de grandes plantes avec tapis de petites.

1° Centre : tous les 60 centim., *Maïs à feuilles panachées*.
En tapis : *Pelargonium à feuilles de Lierre Mme Crousse* et *Albert Crousse* et *Campanule des monts Carpathes*.
Bordure, 2 rangs : *Pelargonium z. Jaen* (feuillage panaché blanc et *Iresine acuminata*, alternés.

2° Centre : tous les mètres, *Solanum* (Morelle) *à feuilles marginées*; au-dessous tapis, *Iresine acuminata*.
Bordure : *Begonia s. à fleurs blanches*.

3° Centre : tous les mètres, *Ricin sanguin*; tapis, *Tradescantia tricolor*.
Bordure : *Alternanthera amœna*.

4° Centre : tous les mètres, *Cannas variés*; au-dessous et en mélange, *Pelargonium z. Alfred Mame*.

Bordure
- rang int. : *Pelargonium z. Bijou* (feuillage panaché blanc).
- rang ext. : *Iresine brillantissima*.

5° Centre : tous les mètres, *Plumbago capensis* et *Sauge Ingénieur Clavenad*; au-dessous : *Tagetes pulchra*.
Bordure : 1 rang, *Agerate à fleurs bleues*.

6° Centre : tous les mètres, *Cyperus Papyrus*; au-dessous, *Pelargonium z. Paul-Louis Courier* et *Sauge Alfred Ragueneau*.
Bordure : 1 rang, *Cinéraire maritime*.

CHAPITRE XXXIX

FLORICULTURE DE PLEIN AIR

Énumération, culture, utilisation des principales plantes annuelles, bisannuelles, vivaces, bulbeuses et aquatiques.

Les fleurs et les plantes qui passent une seule saison et meurent après avoir donné des graines qui assurent la perpétuation de l'espèce, telles les plantes annuelles et les plantes bisannuelles; celles qui bravent nos hivers, comme les plantes vivaces, bulbeuses, etc., sont pour la plupart intéressantes et font les délices de toutes les personnes qui, possédant un jardin, ne peuvent se payer le luxe d'une serre. Il était donc tout indiqué que ce groupe eût une place en rapport avec son importance.

La plupart des plantes de plein air servent : certaines à la décoration des jardins, d'autres peuvent être réunies en bouquets, d'autres peuvent être conservées et séchées pour les bouquets d'hiver, etc. Toutes ces indications ont été mentionnées à chacun des genres, *brièvement* il est vrai, car, ainsi que je l'ai déjà dit, la place m'est comptée; mais suffisamment cependant comme du reste celles qui sont données pour les arbustes d'ornement, les plantes de serre, etc. Bien qu'ayant fait un choix des meilleures, j'ai tenu, cependant, quitte à être très concis, à donner un choix le plus grand possible, afin d'être complet et aussi pour satisfaire le goût de tout le monde.

J'ai indiqué le procédé et les époques de multiplication, dont les détails concernant l'application sont consignés aux chapitres VI à X.

Les plantes de plein air ou de pleine terre.

Abronia (*Abronia*), Nyctaginées. — L'*A. à fleurs en ombelle* est une plante peu cultivée mais méritante dont les rameaux sarmenteux ou retombants, longs de 1 m,40 à 1 m,80, se couvrent d'ombelles de fleurs roses odorantes, ressemblant assez à celles d'Androsace, de juin à octobre. Elle est annuelle et doit être semée de préférence au printemps. On peut en constituer de jolies bordures ou mieux l'utiliser comme plante sarmenteuse en la plantant le long des treillages et des murs au midi. Elle est à recommander pour la garniture des balcons et des terrasses. Elle se ressème parfois d'elle-même. Récolter les premières ombelles pour la graine [1].

Acanthe (*Acanthus*), Acanthacées. — Ce genre renferme quatorze ou quinze espèces dont quelques-unes sont rustiques et sont utilisées pour former des groupes dans les pelouses. Ce sont des plantes à beau feuillage dont la multiplication s'effectue par semis et par sectionnement des touffes au printemps et à l'automne.

On cultive les : *A. à feuilles molles* et sa variété à *feuilles larges*, *A. épineuse*, *A. très épineuse*, etc.

Achillée (*Achillea*), Millefeuille, Composées. — Plantes vivaces et rustiques aux feuilles simples ou composées, les capitules sont disposés en corymbes. Les espèces vigoureuses sont utilisées dans les plates-bandes de plantes vivaces ou isolées sur les pelouses et dans les groupes de plantes paysagères ; les diverses colorations du feuillage des espèces à petites feuilles font qu'elles sont fréquem-

---

[1]. J'ai tenu — ce à quoi, jusqu'à présent, on n'avait guère songé dans les ouvrages de jardinage, en ce qui concerne les plantes d'ornement, — j'ai tenu à mentionner très succinctement aux principales plantes quelques indications relatives au choix et à la récolte des graines. Mes lecteurs trouveront au chap. XLVIII « *Notions sur l'obtention des bonnes graines* » et au chap. VI « *La graine et la fécondation* » tous les renseignements détaillés relatifs à cette question. Je rappellerai seulement qu'il faut choisir les graines sur les plantes les mieux caractérisées pour reproduire fidèlement le type avec plus de chances et aussi sur celles présentant des caractères nouveaux, en profitant ainsi des innombrables variations dues à on ne sait quelle intervention et à la transformation continuellement observée aussi bien chez les animaux que chez les végétaux (voir le paragr. I, « *Comment on peut obtenir de nouvelles variétés* », chap. VI, p. 72).

ment employées pour la mosaïculture hivernale. La multiplication s'effectue au printemps, par semis, boutures ou sectionnement des touffes, par ce dernier procédé principalement.

J'ajouterai que les fleurs de quelques-unes peuvent entrer dans la composition des grandes gerbes.

On cultive les : *A. de Clavenna*, fleurs blanc crème; *A. Ptarmique*, fleurs blanches; *A. à fleurs roses*; *A. tomenteuse*, feuillage gris, fleurs jaunes.

Aconit (*Aconitum*), Renonculacées. — Ce sont des plantes très curieuses par la structure des fleurs, au port élancé, et aux feuilles palmées, mais qui sont très vénéneuses. On emploie les Aconits dans les plates-bandes et dans les scènes de plantes vivaces. Ils peuvent être isolés dans les parties agrestes et rocailleuses des jardins. Les fleurs sont très souvent utilisées dans les garnitures florales.

On les multiplie au printemps par le sectionnement des touffes, que l'on plante en place de suite, ou encore par semis, mais plus rarement. Tous les sols leur conviennent, mais les plus fertiles et les plus frais leur sont favorables.

On cultive surtout les : *A. Napel*, bleu intense, et l'*A. Napel* à fleurs blanches; l'*A. bicolore*, bleu et blanc; l'*A. du Japon* bleu; l'*A. Anthora*, jaune pâle.

Acore (*Acorus*), Aroïdées. — Plante semi-aquatique à souche rhizomateuse et feuilles en forme de glaive; spadice peu intéressant. On le cultive principalement sur le bord des pièces d'eau et des ruisseaux fangeux; la multiplication s'opère par la division des rhizomes.

On cultive principalement l'*A. odorant*, l'*A. à feuilles de Graminée* et sa variété *à feuilles rubanées de blanc*, qui est moins rustique et qu'il faut hiverner à l'abri.

Acroclinium (*Acroclinium*), Composées. — Plante annuelle aux rameaux grêles, feuilles petites et fleurs roses écailleuses. Multiplication par semis qu'on effectue en septembre sous châssis en repiquant les plants et en les hivernant sous châssis; ou préférablement au printemps sous châssis ou en pleine terre; repiquer en planche. Les fleurs coupées avant leur complet épanouissement, réunies en bottes et suspendues au sec, servent à la manière des

Immortelles, pour les garnitures florales perpétuelles. Choisir les variétés doubles, dont les fleurs laissent le disque moins apparent. On cultive l'*A. à fleurs roses* et l'*A. à fleurs blanches*, doubles. Réserver et cueillir, pour la graine, les fleurs centrales, les premières épanouies, les mieux conformées et les plus doubles.

Adiante (*Adiantum*), Fougères. — On cultive principalement l'*A. du Canada*, *A. pedatum* et l'*A. cheveux de Vénus*, qu'on plante dans les rochers et dans les Fougeraies. Elles affectionnent les sols siliceux. (Voir « *Culture des Fougères* ».)

Adonide (*Adonis*), Renonculacées. — Plantes assez curieuses et assez ornementales aux feuilles finement découpées et aux fleurs solitaires. On cultive principalement l'*A. Goutte-de-sang*, que l'on sème à l'automne et au printemps, en place ou en pépinière, en pleine terre; en été, les semis peuvent même être distancés, afin d'obtenir une floraison successive. Les fleurs rouges, coupées avec de longues tiges, garnissent très bien les vases. On peut aussi repiquer plusieurs pieds en pots, les pincer plusieurs fois et obtenir ainsi de belles potées. L'*A. de printemps* est vivace; ses fleurs sont jaunes; on la multiplie par division des touffes et on la plante surtout dans les rocailles saines et dans une terre sablonneuse.

Æthionème (*Ethionema*), Crucifères. — L'*Æ. à grandes fleurs* est une plante vivace aux tiges suffrutescentes; fleurs grandes, rose vif. Par sa taille naine et sa floraison d'avril à juillet, elle convient principalement pour former des bordures et pour planter dans les rocailles ensoleillées. On sème en avril-mai, ou après la récolte des graines. On cultive aussi l'*Æ. du mont Liban*, plus délicate, et que l'on doit hiverner sous châssis, ou cultiver dans les rocailles siliceuses.

Agapanthe (*Agapanthus*), Liliacées. — On cultive principalement l'*A. en ombelle* (*A. umbellatus*) à fleurs bleues et ses variétés. On la multiplie par division de souches à l'automne que l'on plante en pots et qu'on hiverne sous châssis comme les plantes mères. Les fortes plantes sont plantées dans des bacs, ou dans des grands pots que l'on peut enterrer dans les pelouses pendant la bonne saison.

Agathée (*Agathea*), Composées. — L'*A. bleue* (*A. cœlestis*), très cultivée dans le Midi de la France, mérite une plus grande faveur dans le Nord. Les ligules bleu ciel qui entourent un disque jaune constituent sa délicieuse fleur. Elle est naine et les fleurs se succèdent continuellement. La planter en bordure et aussi en faire des potées. Multiplication par : boutures, division des touffes ou par semis au printemps. Vivace.

Agérate. — (Voir aux *Plantes de serre*.)

Agrostide (*Agrostis*), Graminées. — Charmantes herbes que l'on utilise dans les bouquets pour leur donner un peu de légèreté. On les fait aussi sécher pour les employer dans les garnitures perpétuelles. Pour cela, ainsi que toutes les autres Graminées, dès que les chaumes sont fleuris, on les réunit en petits paquets que l'on suspend pour faire sécher et que l'on emploie l'hiver. On en fait aussi de charmantes potées en été en les semant et en les repiquant en pots.

On peut les semer en septembre, les repiquer et les hiverner sous châssis et les mettre en place en avril ; mais on les sème plutôt de février en avril, sous châssis ou en pleine terre ; on les repique par petites touffes ou on les éclaircit. Choisir lorsqu'ils sont secs les plus beaux chaumes pour la graine.

On cultive les : *A. nébuleuse*, *A. d'Algérie*, *A. élégante*.

Ail (*Allium*), Liliacées. — Ce sont de charmantes petites plantes dont on expédie les fleurs du Midi de la France, pendant l'hiver. Dans les jardins, elles sont utilisées dans les plates-bandes de plantes vivaces et du potager ; on peut en couper les fleurs pour les bouquets. La multiplication s'effectue par la séparation des caïeux, en septembre-octobre ; on cultive surtout les : *Ail doré* (*A. Moly*) à fleurs jaunes ; *A. blanc* (*A. Neapolitanum*) à fleurs blanches.

Alisme (*Alisma*), Alismacées. — Petite plante aquatique que l'on plante sur le bord des pièces d'eau et des rivières. De la souche partent de nombreuses feuilles, au centre desquelles naît une hampe florale, pyramidale, atteignant de 40 centimètres à 1 mètre de hauteur selon les espèces ; les fleurs sont blanc rosé. La multiplication s'effectue par éclats au printemps ou par semis dès la maturité des graines. On cultive les : *A. Plantain d'eau* (*A. Plantago*) et sa variété *à feuilles lancéolées* et l'*A. natans*.

Alonzoa (*Alonzoa*), Scrophularinées. — Ce sont de bien jolies plantes, aux feuilles plus ou moins grandes selon les espèces, qui atteignent jusqu'à 90 centimètres. On les utilise principalement dans les plates-bandes. On les sème en mars sur couche, ou bien on conserve des vieux pieds en serre sur lesquels on prend des boutures. On cultive surtout les : *A. à feuilles de Lin* (*A. linifolia*), l'*A. à feuilles de Myrthe* (*A. myrtifolia*), tous trois à fleurs rouge écarlate, et l'*A. Warscewicz* et sa variété *compact atrococciné* à fleurs rose cuivré.

Alstrœmère (*Alstrœmeria*), Amaryllidées. — Très jolies plantes dont quelques espèces doivent être hivernées sous châssis. Les fleurs, portées par des tiges robustes, sont disposées en ombelles terminales; elles sont diversement et agréablement nuancées. Les racines charnues sont fasciculées.

On utilise ces plantes dans les plates-bandes principalement et parfois on en cultive en pots. Il est toujours prudent, avant l'hiver, d'en abriter quelques pieds. On cultive ordinairement l'*A. perroquet*, rouge verdâtre tacheté de violet, l'*A. du Chili* jaune rayé de purpurin, et l'*A. orange*, jaune orangé rayé de carmin. Vivace.

Alysse (*Alyssum*), Crucifères. — Plantes très utilisées dans les jardins, principalement pour les bordures et pour la garniture des rocailles. Ce sont des plantes qui sont en général très naines. On multiplie l'*A. Corbeille-d'or* de semis, de division de touffes et de boutures. L'*A. odorant* est annuel, mais vivace dans le Midi et en serre, on le sème à l'automne ou au printemps.

L'*A. Corbeille-d'or* (*A. saxatile*) est vivace, ses fleurs jaunes s'épanouissent au printemps. De cette espèce sont sorties deux variétés, l'une *à feuilles panachées de blanc jaunâtre*; l'autre à port très compact (*A. s. compactum*), toutes deux sont très utiles pour la mosaïculture, la première par son feuillage, l'autre par ses fleurs.

L'*A. odorant* (*A. maritimum* ou *Koniga maritima*), à fleurs blanches, est annuel. Deux de ses variétés sont très employées dans la garniture estivale des corbeilles, l'une naine (*A. m. compactum*), l'autre l'*A. à feuilles panachées de blanc* (*A. m. variegatum*); cette dernière est multipliée de boutures faites en février-mars sur des pieds mères rentrés en serre à l'automne.

Amarante (*Amarantus*), Amarantacées. — Plantes annuelles à fleurs ou à feuillage ornemental et affectant des formes très diverses. On les multiplie de semis de mars en mai, sur couche ou sous châssis. On les utilise en général dans les plates-bandes et celles à grand développement, parmi les arbustes, dans les places vides des massifs d'arbustes.

Les espèces et variétés que l'on emploie pour leurs fleurs sont les : *A. Queue-de-renard*, rouge amarante. *A. gibbeuse*, fleurs rouges; *A. à feuilles rouges*, rouge sanguin, et sa variété *naine*; *A. gigantesque*.

Les espèces et variétés à feuillage coloré méritent d'être plus utilisées pour la garniture à bon marché des corbeilles; elles y remplacent certaines plantes à feuillage coloré; les *Coleus*, *Iresine*, etc.; mais pour cet emploi il

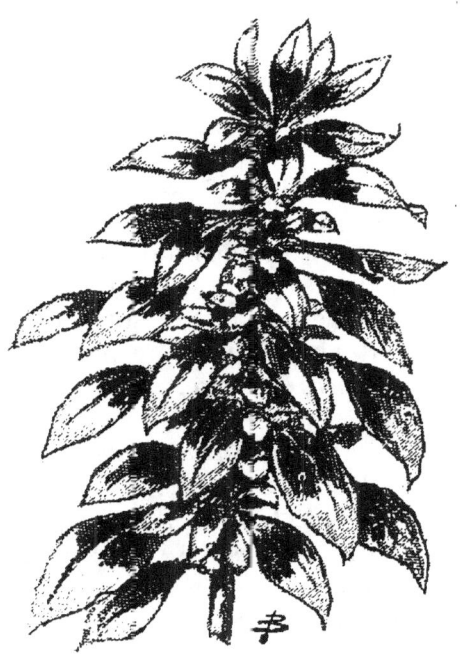

Fig. 229. — Amarante tricolore (*Amarantus melancholicus*, var. *tricolor*).

faut avoir soin de les pincer dès leur jeune âge et souvent dans la suite, afin de les maintenir dans de petites dimensions (voir le par. XV au chap. VII). Voici celles à préférer : l'*A. tricolore* (fig. 229), nuancé de carmin, jaune, vert et purpurin; l'*A. bicolore jaune et vert*; l'*A. bicolore carmin et rouge*; l'*A. très rouge*, rouge rosé; l'*A. éclatante*, rouge, vert jaune; l'*A. à feuilles de Saule*, rouge vif.

J'ajouterai que les *A. à feuillage* peuvent être associées aux plantes de grande taille en leur laissant prendre tout leur développement. On peut aussi en constituer de jolies potées en les pinçant comme il est indiqué plus haut.

Laisser monter à graine les variétés bien caractérisées.

Amarantoïde (*Gomphrena*), Amarantacées. — Plante herbacée, dont les fleurs, par leur conformation, rappellent assez celles des Immortelles. On les utilise séchées comme ces dernières, en ayant soin de les cueillir avant leur complet épanouissement. On les utilise dans les plates-bandes, elles sont plantées en planches en vue de la cueillette des fleurs. Le semis se fait sur couche en mars-avril ; on repique en pépinière sur couche puis en place en mai. La floraison se continue d'août en septembre. On cultive l'*A. violette* et sa variété *naine* et l'*A. orangée*. Annuelle. Réserver pour la graine les fleurs les mieux conformées et épanouies les premières.

Amaryllis (*Amaryllis*), Amaryllidées. — On cultive l'*A. Belladone* à fleurs roses et ses variétés à fleurs plus ou moins foncées dans les jardins, dans une terre profonde et saine, à bonne exposition. La multiplication s'effectue au printemps par la séparation des oignons, mais à de longs intervalles pour ne pas déplacer les touffes. (Voir aussi aux *Plantes de serre*.) Vivace.

Ammobium (*Ammobium*), Composées. — On cultive l'*A. ailé* et sa variété *à grandes fleurs*, toutes deux à fleurs jaunes. Les capitules séchés sont utilisés comme ceux des Immortelles. On sème généralement en mars-avril sur couche ; on repique sur couche, puis en place, dans un sol sablonneux, en mai. La floraison a lieu d'août en octobre. On peut aussi semer en automne, en hivernant sous châssis ; la floraison est ainsi plus précoce. Annuelle et vivace.

Amorphophallus (*Amorphophallus*), Aroïdées. — Très curieuse plante tuberculeuse, ne donnant naissance qu'à une seule feuille, dans son jeune âge ; mais qui est précédée d'une fleur en cornet, brun moucheté, lorsqu'elle est adulte. Le tubercule doit être rentré l'hiver et planté au printemps, dans une terre humeuse et fraîche. On peut même le laisser en terre, en recouvrant celle-ci de litière ou de feuilles. Les jeunes tubercules sont le moyen de propagation usité. Vivace. On cultive l'*A. de Rivière* (*A. Rivieri*).

Ancolie (*Aquilegia*), Renonculacées. — Ce sont de bien belles plantes vivaces, utilisées dans les plates-bandes, scènes de plantes vivaces, et certaines espèces dans les rocailles. Partout elles produisent un très bon effet. Les tiges qui sortent d'une belle touffe de feuillage sont dressées et plus ou moins ramifiées selon les espèces. Les fleurs sont doubles ou simples, et parfois les pétales extérieurs éperonnés sont d'une couleur franchement distincte de ceux intérieurs.

On les multiplie de semis au printemps, dans une terre légère et sablonneuse ; on les propage également par sectionnement des touffes, au printemps et à l'automne. On cultive principalement l'*A. des jardins*, atteignant de 80 à 90 centimètres, aux fleurs de couleurs diverses ; l'*A. bleue* et sa variété *à fleurs doubles* ; l'*A. du mont Olympe*, à fleurs blanches et mauves ; l'*A. à fleurs dorées*, atteignant parfois 1m,30, fleurs jaunes, etc. Les Ancolies fleurissent généralement au printemps ; mais plusieurs espèces refleurissent une seconde fois si on a soin de couper les tiges après la floraison. Vivace. Récolter les graines dès le jaunissement des enveloppes.

Anémone (*Anemone*), Renonculacées. — Au point de vue cultural, on peut classer les Anémones en deux groupes. L'un comprend les Anémones à racines tuberculeuses fasciculées nommées *pattes*. Ces Anémones se plaisent dans une bonne terre humeuse et légère ; on les plante en septembre-octobre en bordure, dans les rocailles, dans les plates-bandes, on en constitue de très jolies corbeilles ; pour ce dernier cas, on les plante parfois en pots pour les mettre en place au printemps. Enfin, pour celles que l'on cultive pour la fleur coupée, on les plante en planches. Les pattes sont arrachées aussitôt la dessiccation des tiges ; lorsqu'elles sont sèches on les nettoie et on les range dans des boîtes en les recouvrant de sable, de préférence. La culture sous châssis avance la floraison. On peut aussi en cultiver en pots pour les garnitures.

On cultive dans ce groupe les : *A. des fleuristes* simples et doubles et autres variétés ; *A. de Caen* et ses variétés ; ces deux espèces présentent des coloris très variés ; *A. double rose de Nice* ; *A. double Chapeau de cardinal* ; *A. éclatante* et ses variétés, rouge ; il est préférable de changer ces Anémones de place chaque année.

L'autre groupe comprend les Anémones non tuberculeuses. Les principales sont l'*A. du Japon*, à fleurs roses, et ses variétés telles que l'*A. Honorine Jobert*, à fleurs blanches, celles à fleurs doubles ou demi-doubles : *A. du J. Whirlwind (tourbillon)* et l'*A. du J. coupe d'argent*, à fleurs blanches, et les *A. du J. à fleurs diversement nuancées*, fleurissant de juillet jusqu'aux froids, si l'on prend soin de couper les tiges, et dont les fleurs conviennent admirablement pour les garnitures. A citer aussi l'*A. élégante* à fleurs rose pâle et l'*A. sauvage*.

Toutes ces espèces et variétés sont très ornementales; on les plante dans les plates-bandes en les distançant de 50 à 60 centimètres, car elles atteignent parfois un mètre de haut; elles font particulièrement bel effet groupées ou isolées en avant des massifs d'arbustes, sur les talus et sur les pelouses, seules ou associées à d'autres plantes dans les scènes paysagères, dans les rocailles, etc. On les multiplie par sectionnement des touffes et des racines traçantes au printemps.

Elles doivent être déplantées tous les deux ou trois ans dans les plates-bandes; mais on peut les laisser plus longtemps, lorsqu'elles sont dans les pelouses elles forment ainsi des touffes plus volumineuses.

Les *A. Hépatiques* sont très distinctes des A. de ces deux groupes; leurs fleurs s'épanouissent au premier printemps; les feuilles leur succèdent; les fleurs sont simples et bleues, mais il en existe des variétés à fleurs blanches, roses et doubles, blanches, bleues, roses. Il faut éviter de les déplanter; les laisser à la même place, c'est ce qui vaut mieux. Les Anémones sont vivaces.

Antennaire (*Antennaria*), Composées. — Plantes à feuillage d'un blanc grisâtre. On cultive pour la mosaïculture et pour former des bordures les *A. tomenteuse* et *A. dioïque*; ce sont deux plantes très naines et à feuillage tomenteux, croissant même dans les sols très secs, et qu'il ne faut pas laisser fleurir. L'*A. perlée* est plus élevée; ses fleurs d'un blanc nacré séchées comme celles des Immortelles sont utilisées dans les garnitures perpétuelles.

La multiplication s'effectue par division des touffes. Vivace.

Arabette (*Arabis*), Crucifères. — On cultive principalement l'*A. des Alpes*, plus connue sous le nom de *Corbeille-*

d'argent, dont les fleurs blanches s'épanouissent au printemps ; elle a donné naissance à une variété *à feuilles panachées de blanc jaunâtre* et à une autre variété de premier ordre, mise récemment au commerce : la *C. d'A. à fleurs doubles*, aux grandes fleurs d'un blanc pur, bien supérieure au type, par la beauté des inflorescences, leur durée et leur hâtivité qui rend cette plante apte à décorer les corbeilles comme à entrer dans les compositions florales ainsi qu'à être forcée sous châssis. A signaler aussi une espèce peu connue, l'*A. aubrietioides*, à fleurs violacées. On multiplie d'éclats, après la floraison. Vivace.

Argémone (Argemone), Papavéracées. — On cultive surtout l'*A. du Mexique à fleurs jaune pâle* et l'*A. à grandes fleurs*, hautes de 1 mètre à 1^m,20. Elles sont utilisées principalement dans les grandes plates-bandes. On les sème en mars-avril sur couche pour les mettre en place en mai. Annuelle.

Arnica (Arnica), Composées. — On cultive l'*A. des montagnes* aux belles fleurs jaune orangé, que l'on plante à bonne exposition dans les rocailles. La graine est semée au printemps ; on repique les jeunes sujets, qu'on hiverne parfois sous châssis. Vivace.

Arondinaire. — (Voir Bambou aux *Arbustes d'ornement*.)

Asclépiade (Asclepias), Asclépiadées. — Plantes assez curieuses, dont une espèce, l'*A. à la ouate*, est très cultivée pour la production de ses soies argentées avec lesquelles on confectionne des boules nommées boules de soie ou boules de neige et qui entrent dans les compositions de fleurs séchées ; cette espèce atteint 1^m,50 à 1^m,80. On cultive aussi l'*A. incarnate*, moins élevée. On les plante dans les rocailles bien exposées et on les multiplie par semis et par sectionnement des touffes. Vivace.

Aspérule (Asperula), Rubiacées. — On cultive principalement l'*A. odorante*, nommée aussi *Muguet des bois*, petite plante indigène à odeur aromatique que l'on cueille dans les bois pour mettre dans le linge. On peut s'en servir pour aromatiser les liqueurs. Ses fleurs sont blanches et s'épanouissent en mai. On la plante en sous-bois, en bordure ombragée et l'on en fait aussi des potées. La multiplication s'effectue par division de touffes. Vivace.

L'*A. azurée* est annuelle; les fleurs bleues sont délicieuses et peuvent entrer dans la composition des bouquets. On la sème à l'automne, en hivernant les plants, ou au printemps.

Asphodèle (*Asphodelus*), Liliacées. — Ce sont de très jolies plantes herbacées qui croissent particulièrement bien dans les terrains sablonneux ou calcaires. On les utilise dans les pelouses, plates-bandes, parties agrestes des jardins, où elles produisent toujours très bon effet. Leurs fleurs s'épanouissent généralement de mai à juillet. On les multiplie par semis et par œilletons. Pour faciliter la reprise de ceux-ci, il est bon de les planter en pots en septembre et de les hiverner sous châssis.

On cultive l'*A. rameux*, fleurs blanches; l'*A. blanc*; l'*A. jaune* et sa variété *A. j. à fleurs doubles*. Les Asphodèles atteignent de 80 centimètres à 1^m,20. Vivace.

Aspidium (*Aspidium*), Fougères. — Plantes très élégantes dont on orne les pelouses et les rocailles, mais qui ont plutôt leur place dans la Fougeraie. On les multiplie par division des touffes. On cultive l'*A. anguleux*, l'*A. à aiguillons* et sa variété l'*A. subtripenné*. Vivace. (Voir *Fougères*.)

Asplenium (*Asplenium*), Fougères. — Ces plantes ont le même emploi que les Aspidiums; les espèces se placent principalement entre les blocs de rochers. On cultive l'*A. Fougère femelle*, l'*A. Adiante noire*, l'*A. Rue des murs*, etc. Vivace. (Voir *Fougères*.)

Asprelle (*Asprella*), Graminées. — On cultive l'*A. hérissée*, qu'on utilise principalement dans les bouquets perpétuels. On la plante dans les plates-bandes, la multiplication s'effectue par semis et division des touffes, au printemps. Elle atteint 50 à 70 centimètres de haut. Vivace.

Aster (*Aster*), Composées. — Ce sont de jolies plantes vivaces que les Asters, bien connus dans les campagnes sous le nom de Saint-Denis, car il n'est pas un jardinet qui n'ait sa touffe d'Asters. On les plante dans les plates-bandes, scènes paysagères, massifs d'arbustes, rocailles, etc. Leur floraison tardive, septembre-octobre, rend leurs fleurs précieuses pour les garnitures d'appartement. Elles forment également de bien charmantes potées. On les multiplie par sectionnement des touffes, après la floraison ou au printemps. Selon les espèces, elles atteignent de 30 centimètres à 1ᵐ,50. Je citerai dans les coloris blancs et blancs teintés :

Fig. 230. — Aster de la Nouvelle-Angleterre (*A. Novæ-Angliæ*).

les : *A. multiflore*, haut de 1ᵐ,10 à 1ᵐ,30; *A. gazonnant*, haut de 45 centimètres; *A. à feuilles ténues*, haut de 1ᵐ,10; *A. à rameaux pendants*, très curieux, haut de 65 centimètres. Dans les coloris mauves, bleus, violacés et lilas, les : *A. OEil-de-Christ* et sa variété *amelloïde* aux ligules divariquées, haut de 60 centimètres; *A. très florifère*, haut de 40 centimètres; *A. rose*, haut de 1ᵐ,20; *A. de la Nouvelle-Angleterre* (fig. 230), haut de 1ᵐ, 40; *A. des Alpes*, haut de 30 centimètres; *A. à grandes fleurs*, haut de 80 centimètres; etc.

Jardinage.

Il faut avoir soin de pincer les Asters destinés à constituer des potées et la garniture des corbeilles, pour les faire ramifier et les maintenir plus bas. On les empote ou on les dispose temporairement en corbeilles quelques jours avant la floraison.

Astilbé (*Astilbe*), Saxifragées. — On cultive principalement : l'*A. du Japon* à fleurs blanches, plus connu sous le nom d'*Hoteia du Japon*, que l'on plante en terre de bruyère ; mais cette espèce est surtout employée pour la culture en pots et forcée ; l'*A. des rivages*, fleurs blanches, en juillet ; plante très jolie que l'on plante près des cours d'eau, au bas des rocailles et dans les pelouses ; il prospère dans une terre fertile et tourbeuse. La multiplication des Astilbés s'effectue par le sectionnement des rhizomes après la floraison. Vivace. (Voir le chap. « *Culture forcée* ».)

Astragale (*Astragalus*), Légumineuses. — On cultive surtout l'*A. de Montpellier*, aux fleurs violet rougeâtre qu'on utilise dans les parties rocailleuses des jardins. Multiplication par semis, en pots. Vivace.

Athyrion. — (Voir *Asplenium*.)

Aubriétia (*Aubrietia*), Crucifères. — Charmantes plantes vivaces, très naines, à floraison printanière et continue que l'on utilise beaucoup pour les corbeilles, bordures et rocailles.

On les multiplie principalement par division de touffes, boutures, au printemps, après la floraison, et de semis. On cultive l'*A. deltoïde* aux fleurs violacées, qui a donné naissance à de nombreuses variétés, entre autres celle à fleurs *pourpres* et celle à *feuilles panachées*.

Aunée (*Inula*), Composées. — On cultive l'*A. glanduleuse* et l'*A. à grosse tête*, toutes deux très ornementales et s'élevant à 60 centimètres et 1 mètre ; les capitules jaunes s'épanouissent en mai-juin et sont utilisés pour les bouquets et les plantes ont leur place dans les plates-bandes et dans les scènes de plantes vivaces. Multiplication par semis et division des touffes, au printemps.

Baguenaudier (*Colutea*), Légumineuses. — Le B. d'Éthiopie à fleurs pourpres et ses variétés *à fleurs blanches* et *à grandes fleurs* (pourpre) n'est guère cultivé. Il est traité comme plante annuelle ou bisannuelle sous le climat parisien, tandis que dans le Midi de la France il est rustique. Par son port, son feuillage il rappelle assez le *B. arborescent* (voir page 446). Il atteint 60 à 80 centimètres. On peut l'utiliser dans les plates-bandes, en faire des groupes sur les pelouses et de jolies potées. Les gousses vésiculeuses qui succèdent aux fleurs sont très curieuses. Semer en juin-juillet, les repiquer en pots ou en pleine terre et les hiverner sous châssis. On peut aussi — sauf la variété à grandes fleurs — la semer au printemps sous châssis. Floraison de mai à juillet.

Balisier (*Canna*), Cannacées. — Plantes rhizomateuses d'une grande valeur ornementale à feuillage ample, dont la race à grandes fleurs est très en vogue en ce moment. Par des suites d'hybridations et de sélections on a obtenu des fleurs d'une grandeur colossale, dont la floraison a lieu de bonne heure et dure jusqu'à l'automne. Il faut distinguer de ce groupe celui des *C. italiens* ou *C. à fleurs d'Orchidées*, qui renferme des plantes très jolies, mais délicates sous notre climat. Les fleurs ne se tiennent pas très bien, car elles ont hérité de celles du *C. à fleurs flasques*. Ils cèdent le pas aux Cannas florifères, dont M. Crozy est un des principaux obtenteurs.

Les rhizomes craignent nos hivers; il faut donc les arracher dès les premières gelées et les rentrer dans un endroit sec, ni froid, ni chaud. La multiplication s'effectue par semis et par le sectionnement des rhizomes, que l'on met en végétation de bonne heure sous châssis. On les laisse en pleine terre ou on les rempote pour les mettre en place en juin, car on en constitue de jolies corbeilles. Il faut les planter dans une terre fortement fumée, à exposition chaude, voire même sur une couche de fumier, afin d'accentuer le beau développement du feuillage et une brillante floraison; les arrosages ne doivent pas être ménagés. On peut aussi les cultiver en bacs et en pots, en bâche ou en serre, pendant l'été; la floraison n'en est que plus brillante.

Les graines sont récoltées sur les variétés les plus belles, ou sur celles que l'on a fécondées, en préférant celles des fleurs les premières épanouies. Il est bon de mettre la graine stratifier ou la semer de bonne heure sur couche ou en serre.

On a presque délaissé les espèces botaniques pour adopter les nouvelles races ; cependant les *C. discolore*, *C. Bihorelli* et *C. zebrina*, méritent d'être cultivés pour leur feuillage.

LISTE DE CANNAS A FLEURS D'ORCHIDÉES [1] :

Africa, feuilles pourpre bronzé, très grande fleur riche écarlate pourpre, jaune d'or et orange à l'intérieur.
Alemannia, feuilles vertes, fleurs très grandes et très rondes, rouge écarlate, large bord jaune d'or.
Austria, feuilles vertes, fleurs jaune canari, gorge maculée de rouge brun.
Borusia, feuilles vertes, beau jaune d'or avec taches orange feu.
Edouard André, feuilles rouge pourpre foncé, rouge feu très vif tacheté d'un jaune orange.
H. Wendland, feuilles vertes, très grands épis, pétales extérieurs écarlates à bord jaune d'or, intérieur rouge feu, centre jaune.
Ibéria, feuilles glauques; pétales extérieurs jaune d'or lisérés de rouge, les intérieurs rouge cramoisi.
Italia, feuilles vertes; fleurs d'un coloris riche écarlate brillant, très larges bords jaune d'or.
La France, feuillage pourpre: fleurs jaune orange resplendissantes à reflets écarlates.
Suevia, feuilles vertes; fleurs jaune canari pur à reflets satinés, passant au blanc au gros soleil.

LISTE DE CANNAS FLORIFÈRES.

Voici une liste d'une vingtaine de bonnes variétés de Cannas florifères; l'indication du coloris des fleurs et la taille de ces variétés permet de les utiliser en toute connaissance à la place que ces variétés doivent occuper; on en constitue des corbeilles en plaçant celles qui viennent les plus hautes au centre :

Alphonse Bouvier (Cr.), 1^m,40, vermillon pourpré.
Baron M. de Hirsch (Cr.), pourpre vif largement bordé jaune d'or.
Camille Bernardin, haut. 1 mètre, saumon foncé nuancé.

---

1. Dénomination donnée à une race de Cannas d'obtention italienne, dits aussi Cannas italiens, dont les fleurs, remarquablement belles, ne s'épanouissent dans leur plénitude que dans le Midi, et dans nos régions en serre. Ces fleurs ont la contexture délicate de certaines fleurs d'Orchidées. Il est bon d'en avoir quelques pieds dans une collection quand ce ne serait que **pour meubler la serre en été.**

Comte de Bouchaud (Cr.), beau jaune canari piqueté carmin.
Duc de Mortemar, haut. 1ᵐ,20, jaune d'or foncé piqueté de carmin.
Edouard Michel, haut. 1ᵐ,20, fleurs orange clair.
Franz Buchner (P.), 1 mètre, orangé pâle.
H.-L. de Vilmorin, haut. 1 mètre, coloris feu se fondant en jaune sur les bords.
J.-D. Cabos (Cr.), 1ᵐ,10, abricot nuancé, feuilles pourpres.
John Laing (Cr.), 80 cent., brique bordé jaune.
J. Prince, haut. 1 mètre, rose carminé saumoné.
Marquise Arthur de l'Aigle, haut. 1ᵐ,20, brique pointé carmin et bordé jaune.
Maurice Rivoire, haut. 1 mètre, feuillage pourpre, fleurs rouge amarante.
Papa Canna (Cr.), coloris minium.
P. Marquant (Cr.), 1 mètre, saumon passant au rose.
Professeur Gérard, haut. 1ᵐ,20, rouge orange nuancé feu.
Reine Charlotte (P.), 80 cent., grenat bordé jaune.
Rose unique (Cr.), rose carminé.
Souvenir d'Antoine Crozy (Cr.), 90 cent., rouge bordé jaune.
Souvenir du Président Carnot (Cr.), 1 mètre, rouge vermillon, feuilles pourpres.
Trocadéro, haut. 1ᵐ,20, feuillage vert, fleurs orange cocciné.

Balsamine (*Impatiens*), Balsaminées. — La *B. des jardins* est une plante annuelle d'une grande valeur; elle pousse très bien même dans les jardins resserrés des villes et dans les parties ombragées. Les fleurs des divers groupes sont très variées comme coloris; certaines sont striées. Par la culture on a obtenu des : *B. doubles*, *B. doubles naines* et la *B. très double* nommée *B. Camellia*. Comme coloris, on trouve le : blanc, blanc rosé, rose, rouge, violet, cramoisi, etc., et les coloris unis, ponctués ou striés.

On sème les Balsamines sur couche ou en pleine terre en avril-mai; on repique en pépinière pour remettre en place en juin. La floraison a lieu d'août à octobre. Grâce à leurs nombreuses racines les Balsamines peuvent être facilement transplantées, même en pleine floraison, sans souffrir, car la motte tient bien. On peut aussi les mettre en pots lors de la floraison, et c'est en cet état ou en mottes dans des bourriches qu'elles sont vendues sur les marchés parisiens.

On plante dans les massifs d'arbustes la *B. glanduligère*, qui, atteignant rapidement un grand développement, 1ᵐ,50 à 2ᵐ,50, remplace les arbustes qui ont manqué. Les fleurs sont violacées. On sème au printemps; les graines se ressèment d'elles-mêmes. (Voir aux *Plantes de serre* pour la **B. du Sultan** ou **B. de Zanzibar**.)

Mettre de côté les types les mieux caractérisés et soigner la récolte des graines lorsque les enveloppes commencent à jaunir, car, à peine mûres, elles sautent de leur **enveloppe**. Pour les variétés doubles, semer plutôt la vieille graine que la nouvelle.

Basilic (*Ocimum*), Labiées. — Les Basilics sont cultivés en pots et apparaissent ainsi sur les marchés parisiens, où on les achète pour orner les fenêtres; il est bien rare de voir une échoppe de savetier sans un pot de Basilic. On en fait aussi des bordures dans le jardin potager. On sème dès le mois de mars les jeunes pieds sur couche et dès fin d'avril en pleine terre; on repique en pépinière pour les mettre en place, dans une bonne terre humeuse lorsqu'ils sont suffisamment forts. Cueillir les graines dès qu'elles sont mûres sur les variétés les mieux caractérisées.

On cultive surtout le *B. petit* et ses variétés : *B. p. nain compact* qui sert pour la mosaïculture, *B. p. nain compact à feuilles violettes*. Toutefois on rencontre aussi le *B. commun* et ses variétés *à feuilles violettes* et *à feuilles de Laitue*.

Bégonia. — (Voir aux *Plantes de serre*.)

Belle-de-jour (*Convolvulus*), Convolvulacées. — Jolies petites plantes ayant cette particularité d'ouvrir leurs fleurs dès le matin et de les fermer le soir. On les sème d'avril à mai, et en place en mai-juin; si on ne peut faire le semis en place, on le fait en pépinière et on repique en godets; sans cette précaution les Belles-de-jour reprennent mal.

La *Belle-de-jour* ordinaire (bleu, blanc, jaune) a donné naissance à plusieurs variétés *à grandes fleurs violettes, à fleurs roses, à fleurs blanches, à fleurs doubles, à fleurs panachées*. Récolter les graines sur les plus beaux types au fur et à mesure de leur maturité.

Belle-de-nuit (*Mirabilis*), Nyctaginées. — Plante dont certaines fleurs se ferment à l'apparition du soleil et dont d'autres s'ouvrent dès qu'il est couché; mais, lors des journées couvertes, ou dans les endroits ombreux, les fleurs restent entr'ouvertes. Grâce à leur croissance rapide, les Belles-de-nuit peuvent être utilisées partout, et les variétés naines, principalement, en bordure des massifs d'arbustes pour l'ornementation estivale.

On les sème en avril en pépinière; on les met en place fin mai et elles fleurissent de juin à octobre; les racines tuberculeuses peuvent être arrachées et conservées comme celles des Dahlias, ou abritées par des feuilles; elles repoussent parfaitement.

Dans les diverses espèces, on trouve des fleurs blanches, roses, jaunes, panachées et striées, particulièrement dans les *B.-de-nuit hybrides*. Leurs fleurs sont odorantes. On cultive la *B.-de-nuit odorante* et la *B.-de-nuit des jardins*. Vivace, traitée comme annuelle.

Benoîte (*Geum*), Rosacées. — Très jolies plantes vivaces, rustiques, croissant à mi-ombre, sauf la *B. écarlate* et sa variété *à grandes fleurs*, qui fondent parfois l'hiver et qu'on utilise dans les rocailles et plates-bandes, et la *B. des ruisseaux*, sur les bords des cours d'eau. On cultive encore la *B. rampante* et la *B. des montagnes* à fleurs jaunes; elles fleurissent en juin, juillet, et la *B. écarlate* et sa *variété* au printemps et à l'automne. Multiplication de graines récoltées en août-septembre et de sectionnement de touffes.

Berce (*Heracleum*), Ombellifères. — Plante très décorative à feuillage ample, s'élevant jusqu'à 1^m,60, et qui produit son effet jusqu'à la floraison; or la plante surtout dans les jardins paysagers, près des cours d'eau. On la multiplie de graines semées dès la récolte et par la division des touffes en septembre. On cultive la *B. pubescente* et la *B. de Perse*. Vivace.

Bocconia (*Bocconia*), Papavéracées. — Le *B. à feuilles en cœur* est du plus haut intérêt; à feuillage ample ses tiges s'élèvent jusqu'à 2^m,80 se terminant en juillet par des panicules pyramidales de fleurs blanc rosé. A citer aussi une récente nouveauté, le *B. microcarpa*, aux inflorescences purpurines. Leur place est marquée sur les pelouses du jardin paysager. Multiplication de graines semées dès la récolte, d'éclats et de fragments de racines au printemps.

Boltonia (*Boltonia*). Composées. — Les fleurs des Boltonias rappellent celles des Asters. Ils fleurissent en fin d'été et en automne et sont aptes à garnir les plates-bandes et à entrer dans les scènes de plantes vivaces. Le B. à *feuilles de Pastel*, qui atteint 2 mètres, convient pour garnir les bords des pièces d'eau ; le *B. à fleur d'Aster* et le *B. à larges écailles* atteignent 1m,40 ; tous sont à fleurs blanc rosé. Multiplication d'éclats au printemps.

Boussingaultia (*Boussingaultia*), Basellacées. — On cultive le *B. à feuilles de Baselle*, vivace, tuberculeux, à rameaux sarmenteux, d'une croissance rapide, dont on orne les treillages, berceaux, balcons, etc., fleurs blanches odorantes. Multiplication de fraction de tubercules qu'on arrache l'automne et qu'on plante de bonne heure au printemps dans une terre très fertile.

Brachycome (*Brachycome*), Composées. — Charmante plante annuelle, à feuilles ténues et aux fleurs élégantes atteignant 30 centimètres. On les sème en automne, on hiverne sous châssis, en mars-avril sur couche, et en place en mai et juin ; ces quatre semis successifs produisent des plantes qui fleurissent de mai à septembre. Le *B. à feuilles d'Ibéride*, à fleurs bleu foncé, avec cercle autour du disque noir, a donné naissance à des variétés à fleurs *blanches*, *bleues* et *roses*. Récolter séparément les graines au fur et à mesure de leur maturité.

Brize (*Briza*), Graminées. — On cultive la *B. à gros épillets* et la *B. à petits épillets*, en vue de l'emploi des chaumes séchés traités comme ceux des Agrostides dans les bouquets perpétuels ; lorsqu'ils sont verts, les fleuristes parisiens les utilisent dans les compositions de fleurs fraîches. On en fait des bordures et de charmantes potées. On les sème de préférence en automne sous châssis, ou on les repique en hiver ; la mise en place s'effectue en avril ; les inflorescences se succèdent de fin mai à août. La récolte des graines des plus beaux épillets a lieu lorsqu'ils sont secs. Annuelle.

Bryone (*Bryonia*), Cucurbitacées. — On cultive la Bryone, qui est une herbe vulgaire, pour recouvrir les berceaux et les tonnelles. On la sème en place dès la maturité des graines récoltées en août. Vivace.

Bryonopside (*Bryonopsis*), Cucurbitacées. — Autre plante grimpante, annuelle, dont les baies vertes se colorent par bandes blanches, puis carminées, dans la B. *à fruits écarlates* et de jaune dans la B. *laciniée*. Les graines, récoltées en septembre, sont semées au printemps en pots, sur une couche. On la met en place fin mai, dans une terre convenablement fumée, elle grimpe le long des treillages, balustres, etc.

Bugle (*Ajuga*), Labiées. — On plante les : B. *pyramidale*, B. *de Genève* et ses variétés, dans les parties rocailleuses, mi-ensoleillées. Les fleurs bleues, roses ou blanches, s'épanouissent en juin et en septembre-octobre. Multiplication par sectionnement des touffes. Vivace.

Buglosse (*Anchusa*), Borraginées. — On utilise les Buglosses dans les plates-bandes, et sur les pelouses; les espèces vivaces sont multipliées par sectionnement de touffes et par semis, au printemps ou à l'automne. La B. *d'Italie* et la B. *toujours verte*, à fleurs bleu pâle, sont vivaces, tandis que la B. *du Cap* à fleurs bleues est annuelle et bisannuelle. Récolter les graines dès leur maturité.

Bulbocode (*Bulbocodium*), Mélanthacées. — Le B. *printanier* est intéressant par sa floraison hivernale. C'est une plante bulbeuse aux fleurs violet purpurin, en grappes, qui s'épanouissent successivement. On le plante dans les gazons où, lors de sa floraison, il produit très bon effet. Multiplication par division des caïeux en août-septembre.

Butome (*Butomus*), Butomées. — Le B. *Jonc fleuri* est une charmante plante aquatique dont les fleurs roses s'épanouissent en juillet-août. On le multiplie de semis et d'éclats, au printemps. On doit tenir sa souche submergée et le planter dans une eau dormante de préférence. Vivace.

Cacalie (*Cacalia*), Composées. — On cultive la C. *écarlate* et sa variété *à fleurs orangées*, qui sont de charmantes petites plantes, fleurissant de juillet aux gelées, employées dans les corbeilles, qu'elles allègent et dont on utilise également les fleurs dans les bouquets. Semer en mars-avril. Annuelle. Récolter les graines au fur et à mesure de leur maturité.

Caladium. — (Voir *Colocasia* aux **Plantes de serre**.)

Calcéolaire. — (Voir aux *Plantes de serre.*)

Calla (*Calla*), Aroïdées. — Le *C. des marais* est une petite plante vivace et aquatique très curieuse. On la plante dans les bassins de plein air. Sa multiplication s'effectue par fractionnement des rhizomes.

Caltha (*Caltha*), Renonculacées. — C'est une plante vivace, semi-aquatique, dont les fleurs jaunes s'épanouissent d'avril à juin. On la plante dans les endroits humides, près de l'eau. Sa multiplication s'effectue par sectionnement des touffes. Le *C. des marais* a donné naissance à une variété *à fleurs doubles*.

Calystégie (*Calystegia*), Convolvulacées. — La *C. pubescente* ou *Liseron double* est une plante à rhizome traçant, à tiges annuelles et à fleurs roses doubles qui s'épanouissent de mai à septembre; on en garnit les treillages peu élevés. On peut aussi en former des bordures en crochetant les rameaux sur le sol. Multiplication par fragments de rhizomes, au printemps.

Campanule (*Campanula*), Campanulacées. — Très jolies plantes annuelles, bisannuelles et vivaces, pour la décoration des jardins et la culture en pots. La *C. à grosses fleurs* et la race améliorée *C. calycanthème* sont deux espèces bisannuelles, dont les fleurs simples et demi-doubles affectent la forme d'une cloche, à coloris roses, blancs, bleus, violets, etc.; durent assez longtemps, principalement celles des *C. calycanthème* à calice coloré. On les sème en mai; on les repique en pleine terre, où elles passent l'hiver; comme elles sont très décoratives, on les plante dans les corbeilles, plates-bandes, etc. La *C. Miroir-de-Vénus* et ses variétés *à fleurs doubles* et *étalée*, sont jolies, mais la floraison est éphémère; on les sème en septembre et on les repique en place. Voici pour les espèces bisannuelles intéressantes.

Parmi les *C. vivaces* il faut citer la *C. des monts Carpathes*, s'élevant à 30 centimètres et fleurissant depuis le printemps jusqu'en automne si l'on a soin de couper les fleurs fanées; la plante est étalée, les fleurs sont bleues; il existe une variété *à fleurs blanches* et une variété plus naine, la *C. à fleurs en toupie*. On les utilise dans les plantations estivales, comme fond, dans les rocailles, en bordure des plates-bandes, etc.

La *C. à fleurs agglomérées*, violettes et blanches, et ses variétés *à fleurs doubles et élégantes*, sont précieuses pour la confection des bouquets ; elles atteignent 50 à 60 centimètres.

La *C. à feuilles de Pêcher*, à fleurs en grappes violettes et bleues, ainsi que ses variétés, sont très jolies ; elles atteignent de 50 centimètres à 1 mètre.

La *C. pyramidale* est principalement cultivée en pots, ses rameaux dirigés sur une armature ; les fleurs nombreuses, bleues, sont très jolies. Quoiqu'il soit parfois nécessaire de l'abriter l'hiver, on la cultive dans les rocailles et plates-bandes bien exposées. Les fleuristes parisiens en vendent des quantités. La *C. de Sibérie* et quelques autres sont également intéressantes. J'ai publié dans *Le Jardin* en 1894 une étude de longue haleine sur ces plantes ; on y trouvera des renseignements spéciaux.

On multiplie les *C. vivaces* par sectionnement des touffes, à l'automne et par semis des graines récoltées au fur et à mesure de leur maturité.

Canche. — (Voir *Agrostide*.)

Canna. — (Voir *Balisier*.)

Capucine (*Tropæolum*), Tropæolées. — Les Capucines figurent au premier rang des plantes grimpantes, annuelles à croissance rapide, pour la garniture des treillages, murs, balcons, tonnelles, etc., car elles atteignent de 4 à 6 mètres de haut. Il existe aussi quelques variétés naines qu'on emploie dans les plates-bandes, corbeilles, etc. Les variétés des : *C. grande* et *C. hybride de Lobb* ne se comptent plus.

Je citerai : 1° dans les variétés grimpantes de la *C. grande* : brun-noir, orange de Dunnett, rose, rose vif et la *C. panachée*. Dans les variétés naines de la *C. grande*, *brillante*, *coccinée*, *cramoisie de Cattell*, *aurore*, *rouge*, *jaune vif*, *rose*, etc.

2° Dans les *C. hybrides de Lobb*, marron, rouge cardinal, jaune vif maculé de pourpre, blanc jaunâtre maculé de pourpre, *Spit-fire* (vermillon éclatant), *Spit-fire brune*, *Spit-fire à feuilles panachées*, cette variété d'obtention récente **est très élégante par son feuillage ; on la multiplie de bou-**

tures prises sur des pieds conservés en serre; toutes les C. *hybrides* peuvent également se multiplier ainsi.

Il y a une certaine différence d'aspect entre ces deux groupes. Je trouve les plantes du dernier bien moins guindées, les tiges très élancées.

La *C. petite* et ses variétés sont également jolies. Enfin la *C. des Canaries* est très gracieuse par ses feuilles petites et ses fleurs jaunes, qui s'épanouissent très tard en saison; elle atteint jusqu'à 4 mètres et convient pour les mêmes usages que les autres et pour la culture en pots.

On sème les graines récoltées au fur et à mesure de leur maturité, en place ou en pépinière, en avril-mai, à bonne exposition et dans un sol fertile. On peut aussi semer à l'automne en hivernant les plantes sous châssis. La chaleur est très favorable aux Capucines, aussi poussent-elles vigoureusement lors des étés chauds.

Les *C. hybrides de Lobb* peuvent constituer des bordures, si l'on a soin de crocheter les tiges sur le sol.

Casse. — (Voir aux *Arbustes d'ornement*.)

Célosie (*Celosia*), Amarantacées. — Parmi les espèces de ce genre, deux sont absolument distinctes : 1º les *Célosies à panache*, qui ont conservé ce nom; 2º les *Célosies cristées*, que l'on nomme plus communément *Amarante Crête-de-coq*.

Ces dernières s'élèvent peu, 30 centimètres au maximum; l'inflorescence, qui est terminale, est aplatie du bas et simule une crête de coq, simple, double, triple, parfois quadruple, dont les bords sont plus ou moins sinueux; ce sont les bractées qui sont colorées; ces crêtes, surtout dans la race naine, qui ne s'élève guère plus de 20 centimètres, atteignent jusqu'à 30 centimètres de longueur. On trouve les coloris : *amarante*, *jaune*, *pourpre*, *rouge*, *rose*, *violacé* et une *variété panachée*. On peut considérer ces crêtes comme une monstruosité. La *C. panachée du Japon* est d'aspect moins guindé; la plante se ramifie et chaque ramification est terminée par une petite crête.

La *C. à panache* est également moins guindée, elle donne de nombreux rameaux terminés par un panache rose, rouge, cramoisi, violet, selon la variété; la *C. à p. Triomphe de l'Exposition* est une des meilleures, son feuillage est bronzé et les épis cramoisis. On sème les Célosies sur couche ; les *C. Crête-de-coq* demandent beaucoup de chaleur. On les repique en pots ou en pleine terre, toujours sous châssis ; on les met en place vers la fin de mai dans un sol bien fumé et chaud. Les *C. Crêtes-de-coq* que l'on doit mettre en pots sont souvent cultivées sur couche ; on plante les *C. à panache*, dans les corbeilles, plates-bandes, etc. ; à toutes il faut beaucoup d'eau. Les inflorescences coupées et séchées à l'ombre conviennent pour les bouquets secs. Récolter les graines en cueillant les crêtes et les panaches avant qu'ils soient complètement secs.

Centaurée (*Centaurea*), Composées. — Plantes annuelles et vivaces à feuillage ou à fleurs, que l'on emploie dans les plates-bandes, corbeilles, etc., beaucoup sont précieuses pour les fleurs coupées, tandis que d'autres, la *C. blanche* (*Centaurea candidissima*) et la *C. de Clément*, le sont par leur feuillage ; aussi les emploie-t-on pour former des bordures et pour la composition des corbeilles et plates-bandes estivales.

Les espèces les plus cultivées sont : la *C. d'Amérique*, qui atteint 1m,30, aux fleurs bleu violacé ; la *C. Bleuet des jardins*, à fleurs doubles, blanches, bleues, ou roses, atteignant 90 centimètres ; la *C. odorante*, jaune, atteignant 60 centimètres, et ses remarquables variétés nouvelles, *C. o. Marguerite* et la *C. o. caméléon* aux fleurs changeantes, toutes annuelles. Et, parmi les vivaces, la *C. des montagnes* et ses variétés *bleues*, *lilacées*, *blanches*, *roses*, hautes de 40 centimètres ; la *C. à grosses têtes*, haute de 1 mètre, à fleurs jaunes. Nous avons vu l'emploi des *C. à feuillage coloré*, auxquelles on peut joindre la *C. à graines nues*.

On multiplie les *C. vivaces* par la division des touffes, les *C. annuelles* que l'on sème en mars-avril sur couche pour les repiquer en place en mai ; on les utilise dans les plates-bandes, scènes paysagères, etc. ; les *C. à feuillage* sont semées de janvier à mars sur couche ou en serre, puis repiquées en pots et mises en place dès la mi-mai.

Céraiste (*Cerastium*), Caryophyllées. — Charmantes plantes vivaces à fleurs blanches, dont quelques-unes sont à feuillage tomenteux. On en forme des bordures, des fonds dans les corbeilles hivernales et dans la mosaïculture. On **les multiplie principalement par division des touffes à l'au-**

Jardinage.

tomne. On cultive les : *C. de Bieberstein*, *C. de Boissier* et *C. cotonneux*, tous à feuillage blanchâtre.

Chamæpeucé (*Chamæpeuce*), Composées. — On cultive le *C. à deux épines* à feuillage clair, qui, la première année, ne fleurit pas et peut constituer des bordures; les fleurs sont violacées ou purpurines. On sème au printemps en pépinière, pour repiquer un peu plus tard. Bisannuel.

Chardon (*Carduus*), Composées. — On cultive le *C. Marie* aux grandes feuilles vertes luisantes marbrées de blanc; les tiges atteignent 1^m,60 et portent des fleurs purpurines. On l'emploie principalement pour former des groupes sur les pelouses. On les sème, en place, ou en pots, après la récolte des graines cueillies au fur et à mesure de leur maturité; si on veut jouir du feuillage, il faut supprimer les tiges dès leur apparition. Annuel et bisannuel.

Chenille (*Scorpiurus*), Légumineuses. — On cultive les Chenilles plutôt comme curiosité, pour mettre dans la salade, par exemple, en donnant l'illusion de vraies chenilles, que comme ornement. On cultive surtout les : *C. rayée*, *C. hérissée*, *C. velue*, *C. vermisseau*. Ce sont les gousses qui offrent cet aspect. Les plantes sont très basses. On les sème en place en avril. Annuelles.

Chiendent panaché. — (Voir *Phalaride*.)

Chionodoxa (*Chionodoxa*), Liliacées. — Charmante plante bulbeuse vivace, aux fleurs bleues se dégradant en blanc au centre. Ses grappes s'épanouissent au printemps. On l'utilise comme les Scilles. On la multiplie en août par la division des caïeux.

Chou (*Brassica*), Crucifères. — Les Choux frisés et panachés conviennent admirablement pour la garniture hivernale des corbeilles. Il y en a de bien jolis, à citer les : *C. frisé demi-nain vert*, *C. frisé panaché*, *C. lacinié panaché*, *C. frisé rouge*. On sème les graines obtenues comme celles des Choux potagers en mai, en pépinière. On les repique en pépinière et on les met en place en octobre. Mis en pots avant cette période, ils peuvent aussi servir pour orner les balcons, orangeries, etc.

Chrysanthème (*Chrysanthemum*), Composées. — Ce genre comprend un très grand nombre d'espèces, que nous diviserons ainsi : les *C. annuels* et les *C. vivaces*. Je comprends à part les *Anthémis* et les *Pyrèthres*, ne portant pas, au point de vue jardinique, le nom générique de Chrysanthème, qui, botaniquement, leur est appliqué.

Parmi les *C. annuels* je citerai le *C. à carène* ou *C. tricolore*, dont les variétés simples, principalement, sont très jolies et offrent des coloris vraiment ravissants; ils sont très remarquables par la coloration variée par cercles autour du disque; les coloris sont très divers. Le *C. de Burridge* est particulièrement attrayant; enfin les variétés à *fleurs doubles* offrent quelques types intéressants.

Le *C. des jardins* possède moins de variétés : on cultive surtout les : *C. doubles à fleurs jaunes* et *à fleurs blanches* ; on les sème au printemps, sur couche, on les repique en pleine terre; ils fleurissent de juin jusqu'aux gelées. On peut hiverner en serre le *C. des jardins*, où il fleurit tout l'hiver, sur lequel on peut toujours couper les fleurs et dont on bouture les jeunes bourgeons au printemps. Tous conviennent pour la garniture des corbeilles, plates-bandes et pour la fleur coupée. Pour la graine on cueille séparément les capitules arrivés à maturité des variétés bien pures.

Parmi les Chrysanthèmes vivaces nous avons :

Les *C. de l'Inde* sont les Chrysanthèmes tout à fait à la mode; je leur consacre une note au chapitre « *Quelques cultures spéciales* » afin de pouvoir examiner les différents genres de culture adoptés actuellement, avec une liste de bonnes variétés.

Le *C. des lacs* (*Leucanthemum lacustre*) est une magnifique espèce aux grands capitules blancs à disque jaune, qui atteint jusqu'à un mètre de haut. Il commence à s'épanouir en mai-juin et si l'on coupe les fleurs de temps à autre la floraison dure jusqu'aux froids. C'est une plante excellente pour l'ornementation des plates-bandes, scènes de plantes vivaces et de premier ordre pour la fleur coupée.

Le *C. tardif* est très méritant par sa floraison d'arrière-saison et son port très pittoresque; ses capitules, plus petits que ceux du *C. des lacs*, sont également blancs. Il atteint jusqu'à 1^m,80 de haut. On le plante dans les plates-bandes et dans les parties agrestes des jardins.

La multiplication de ces deux espèces s'effectue par le

sectionnement des touffes au printemps. On les plante dans un sol meuble, frais et très fertile. Dans une terre froide il est nécessaire d'abriter le *C. des lacs* pendant l'hiver sous une couche de feuilles. Les arrosages et les fumures doivent être abondants pendant l'été.

Cinéraire. — (Voir aux *Plantes de serre.*)

Clarkie (*Clarkia*), Onagrariées. — Très jolies plantes annuelles à fleurs simples et doubles, de coloris variés, que l'on utilise dans les plates-bandes et que l'on cultive aussi en pots et dans des caisses pour l'ornementation des fenêtres et des balcons. La floraison a lieu fin mai à juillet.

On cultive les : *C. élégante* et *C. gentille*, qui par la culture ont donné naissance à des variétés très remarquables par leurs fleurs *doubles, roses, mauves, blanches, rouges, marginées*, etc., et aussi à des *formes naines*.

Le semis en fin septembre est le meilleur; on repique et on hiverne les plantes à une bonne exposition; comme parfois elles se ressèment d'elles-mêmes il faut utiliser les jeunes sujets ; les semis printaniers sont moins favorables. Récolter les graines dès que les enveloppes jaunissent.

Clématite (*Clematis*), Renonculacées. — Indépendamment des espèces sarmenteuses, on cultive pour l'ornementation des jardins la *C. de David* atteignant de 70 centimètres à un mètre, aux fleurs bleu clair ressemblant à celles des Jacinthes par leur parfum et leur forme, réunies en glomérules, et s'épanouissant en septembre; et la *C. dressée*, dépassant parfois deux mètres, à fleurs blanches odorantes, en panicules immenses, s'épanouissant en juin-juillet; il existe une variété à fleurs doubles.

Ces deux espèces se multiplient par le sectionnement des touffes qu'il est bon de faire tous les trois ou quatre ans.

Clintonie (*Clintonia*), Lobéliacées. — La *C. gentille* est une jolie petite plante naine, aux fleurs bleues maculées de blanc. On en fait de jolies potées, des bordures, dans les endroits mi-ombragés, et aussi de charmantes suspensions. Semer en septembre et hiverner sous châssis ou semer au printemps sur couche et repiquer également sur couche. Floraison de mai à septembre. Annuelle.

Cobée (*Cobœa*), Polémoniacées. — C'est une plante grim-

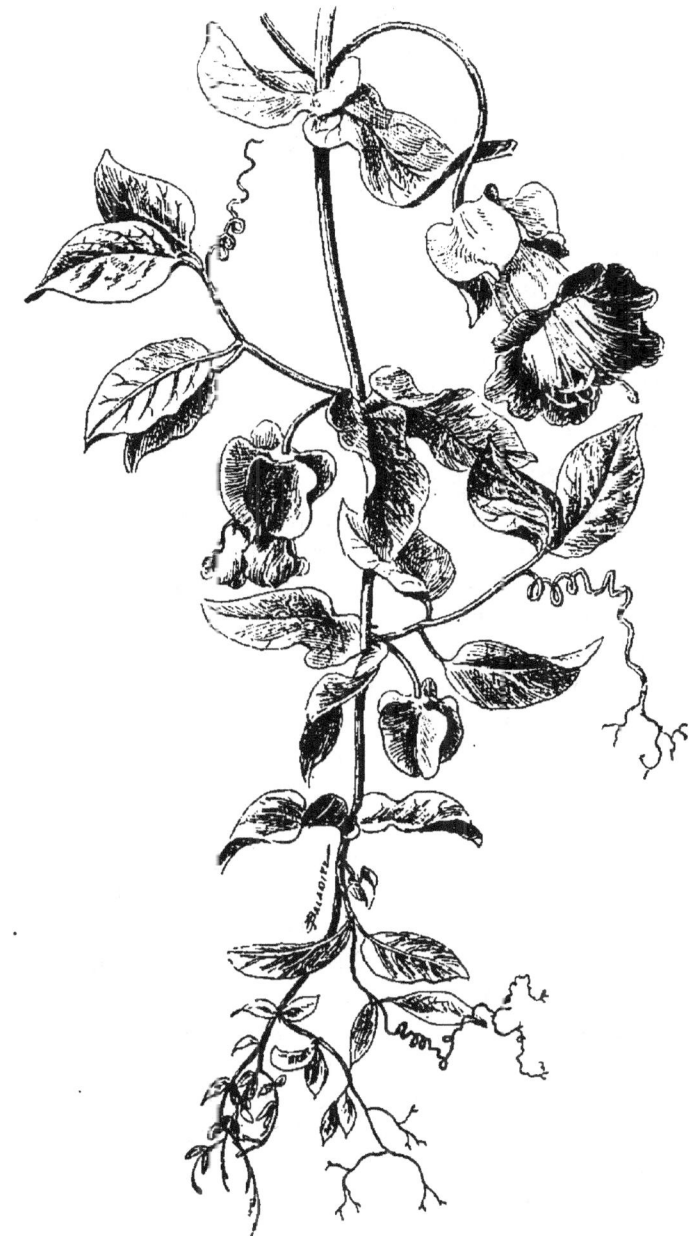

Fig. 231. — Cobée grimpante (*Cobœa scandens*).

pante à grand développement, vivace en serre et dans le Midi, annuelle dans le nord de la France. Ses fleurs, qui affectent la forme de la Campanule calycanthème, sont d'un blanc verdâtre à leur épanouissement et se colorent insensiblement d'une teinte violette (fig. 231). Cette plante est bien connue dans les villes et à Paris où on la cultive en caisses sur les balcons et sur les fenêtres. Indépendamment de cela on en décore les terrasses, berceaux, treillages, troncs d'arbres, etc.

On sème les graines de janvier en avril, en serre ou sur couche, en terrines ou en godets, à raison d'une graine par pot; les plantes sont conservées sous châssis jusqu'à la mise en place en mai. Les Cobées croissent à toutes les expositions; il faut les planter dans une terre très fertile et les arroser assez souvent lorsqu'elles sont cultivées sur les balcons et sur les fenêtres.

Colchique (*Colchicum*), Mélanthacées. — Ce sont des plantes bulbeuses que l'on utilise principalement pour garnir les pelouses et les plates-bandes, qu'elles émaillent à l'automne. Elles affectionnent les terrains frais; on les multiplie par la division des caïeux lors de la replantation en août, car l'on peut les arracher au commencement de juillet, ce qui n'est pas indispensable.

On cultive les : *C. d'automne* rose lilacé et ses variétés à *fleurs blanches, pourpres, panachées*; *C. à damier*, fleurs roses tachetées de pourpre; *C. des Alpes*, à fleurs roses.

Collinsie (*Collinsia*), Scrophularinées. — Ce sont des plantes annuelles peu élevées que l'on fait entrer dans la garniture des plates-bandes. On les sème à l'automne en les abritant de litière pendant les grands froids si l'on veut une floraison hâtive et au printemps, en plusieurs fois, pour étager celle-ci; toutefois la *C. printanière* doit être semée à l'automne, à cause de sa floraison hivernale.

On cultive les : *C. bicolore* à fleurs blanches et lilas et ses variétés *à fleurs blanches, multicolore, multicolore à fleurs marbrées*, roses et blanches, etc.; *C. printanière* à fleurs blanches et bleu ciel; *C. à fleurs violettes* et *C. à grandes fleurs* bleu pâle lavé de rose. Récolter les graines dès que leurs enveloppes sont jaunes.

Collomia (*Collomia*), Polémoniacées. — Plantes annuelles s'élevant de 20 à 40 centimètres, à fleurs rouges terminales;

utilisées dans les plates-bandes principalement. On sème à l'automne, en pépinière, et au printemps, en plusieurs fois pour avoir une floraison échelonnée.

Coloquinte (*Cucurbita*), Cucurbitacées. — Ce sont des plantes sarmenteuses dont les fruits, de formes et de couleurs diverses, sont très décoratifs; on les conserve facilement plusieurs années après les avoir fait sécher et vidé l'intérieur. On les plante contre les treillages, murs, arbres, etc. On les multiplie de graines semées en pots de bonne heure au printemps, sur couche de préférence. La mise en place s'effectue en mai. Pour la *C. vivace*, la multiplication s'effectue par le sectionnement des souches tuberculeuses.

Les espèces annuelles les plus cultivées sont les: *C. poire rayée*; *C. poire blanche*; *C. orange*; *C. bicolore*; *C. galeuse*; *C. plate rayée*; *C. miniature*. Prendre les graines des plus beaux fruits.

Concombre (*Cucumis*), Cucurbitacées. — Plantes voisines des Coloquintes, comme elles sarmenteuses et à fruits décoratifs; le semis s'effectue sur couche et la mise en place a lieu en mai.

On cultive les: *C. des Antilles*; *C. dipsacé*, *C. métulifère*, tous trois à fruits aiguillonnés; *C. serpent*, très long et aux fruits curieux, et *C. d'Égypte* à fruits unis. On utilise ces espèces pour faire grimper aux berceaux, aux arbres, et aussi pour constituer des bordures. Il faut avoir soin de ne pas planter les espèces à proximité les unes des autres, car comme les Coloquintes, ces plantes jouent facilement.

Coquelourde (*Agrostemma*), Caryophyllées. — Très jolies plantes à floraison estivale, que l'on utilise dans les plates-bandes. La *C. Rose-du-ciel* et les variétés *naines* et à fleurs: *blanches*, *pourpres*, *frangées*, sont annuelles; on les sème en septembre et on les hiverne sous châssis pour les mettre en place au printemps; on en constitue de délicieuses corbeilles qui sont en fleurs en mai-juin.

Les: *C. Fleur de Jupiter*, et *C. des jardins* à feuillage cotonneux et à fleurs rouges, ainsi que ses variétés *à fleurs rouges*, *pourpres*, *blanches*, *blanches à cœur rose*, sont considérées comme vivaces et bisannuelles. On les sème en mai et on les met en place en septembre-octobre. Les graines des plus belles fleurs sont recueillies dès leur maturité.

Coqueret (*Physalis*), Solanées. — Plante vivace très curieuse par son fruit, dont le calice, qui se développe considérablement, se colore de rouge et ressemble à un petit ballon ; il renferme une baie ayant la forme d'une Cerise, également de couleur rouge. On le multiplie par sectionnement de touffes et par semis sur couche, au printemps ; la plantation doit s'effectuer en terre calcaire. C'est le *Coqueret officinal* (P. *Alkekengi*) dont il s'agit, mais on cultive aussi depuis peu le *C. de Franchet* (P. *Franchetti*), qui atteint de bien plus grandes dimensions que le précédent, mais il pousse peu pendant la première année de plantation ; ses fruits sont également bien plus gros. On peut en constituer de délicieuses corbeilles. Les enveloppes rouges, très décoratives, durent indéfiniment une fois séchées ; aussi on peut les faire entrer dans les bouquets secs et autres garnitures florales. Le semis s'effectue au printemps sur couche.

Coréopsis (*Coreopsis*), Composées. — Très jolies plantes annuelles et vivaces, dont les premières sont particulièrement attrayantes, autant par la beauté de leurs fleurs que par l'aspect général de la plante ; on les utilise dans les plates-bandes et dans les corbeilles ; elles sont également très appréciées pour la fleur coupée.

Parmi les espèces annuelles il faut citer les : *C. de Drummond* aux fleurs jaunes tachetées de brun, s'élevant jusqu'à 50 centimètres ; le *C. élégant*, annuel et bisannuel, qui atteint 60 à 80 centimètres, aux fleurs également jaunes, mais qui a donné naissance à des variétés à fleurs *marbrées* et *pourpres*, à des variétés *naines* et *hybrides* de même coloris. On les sème en août-septembre en pépinière ; on repique les plantes près d'un mur bien exposé pour les mettre en place au printemps ; la floraison a lieu de juin à août ; les semis faits de mars à mai donnent des individus dont la floraison s'échelonne de juillet en octobre. Pour la graine il suffit de couper les inflorescences des plus belles plantes après la défloraison et de les faire sécher.

On cultive aussi les *C. vivaces* suivants : *C. auriculé*, atteignant 50 centimètres ; *C. à feuilles lancéolées*, de même hauteur ; *C. verticillé* atteignant 90 centimètres ; tous à fleurs jaunes tachetées ou non de brun pourpre. La multiplication s'effectue par semis et par sectionnement des touffes.

Les *C. annuels* principalement sont précieux pour disséminer dans les corbeilles estivales, dont ils allègent l'ensemble.

Corydalle (*Corydalis*), Fumariacées. — Charmantes plantes connues aussi sous le nom de *Fumeterre*. La *C. jaune* (*C. lutea*) est une des espèces les plus cultivées, qui se plaît dans les murs et rocailles ainsi qu'une nouvelle variété, la *C. tomentella* aux feuilles grisâtres et aux fleurs jaunes ; ses fleurs jaunes se succèdent toute l'année ; les : *C. noble, bulbeuse* et *tubéreuse* sont à fleurs jaunes et blanches ; toutes sont vivaces et atteignent de 15 à 30 centimètres ; on les multiplie par semis, au printemps surtout pour les deux premières, ou préférablement par sectionnement des touffes ou des souches tuberculeuses au premier printemps.

Cosmos (*Cosmos*), Composées. — Le *C. bipinné* à grandes fleurs pourpres est une jolie plante annuelle atteignant 1m,10. Les fleurs rouge violacé sont très élégantes et conviennent pour la confection des bouquets. On le plante dans les plates-bandes et en groupe dans les pelouses. De cette espèce sont sorties d'autres formes de coloris variés. On le sème en avril sur couche ou en pleine terre ; on repique le plant en mai ; la floraison a lieu de fin de juin à octobre. Cueillir les enveloppes sèches pour la graine.

Couronne impériale. — (Voir *Fritillaire*.)

Crépide (*Crepis*), Composées. — Jolies plantes annuelles que l'on utilise beaucoup, au printemps, pour l'ornementation des plates-bandes, atteignant 30 centimètres, à fleurs rose foncé dans la *C. rose* et à fleurs blanches dans sa variété. On sème les graines récoltées dès leur maturité en septembre-octobre et on les met en place au printemps dans un sol fertile. La floraison a lieu en mai-juin ; les semis printaniers fournissent des sujets à floraison plus tardive.

Crocosmie (*Crocosmia*), Iridées. — La *C. dorée* est une plante bulbeuse à fleurs orangées dont on forme des touffes. Les bulbes plantés au printemps fleurissent à l'arrière-saison. Pour avoir une floraison hâtive, il est nécessaire de les planter sous châssis avant l'hiver et d'abriter soigneusement ceux-ci pendant les gelées.

Crocus. — (Voir *Safran*.)

Cuphéa. — (Voir aux *Plantes de serre*.)

Cupidone (*Catananche*), Composées. — On cultive la C. bleue et sa variété *à fleurs blanches*. Quoique vivace, il faut mieux la traiter comme plante bisannuelle ou annuelle en semant en juillet et en repiquant à bonne exposition pour mettre en place au printemps ; elle fleurit de juin à août ; les semis printaniers donnent une floraison plus tardive. Planter dans un sol sec. Elle atteint de 60 à 80 centimètres ; les fleurs se ferment l'après-midi.

Cyclamen (*Cyclamen*), Primulacées. — Quoique considérées comme vivaces, il est parfois bon de conserver sous châssis l'hiver les espèces de Cyclamen qui nous occupent. Cependant on peut facilement en hiverner quelques touffes en pleine terre si le sol est chaud et sablonneux, et en les recouvrant de feuilles.
Le *C. de Naples* à fleurs roses et sa variété *à fleurs blanches* fleurissent dès la fin d'août, avant l'apparition des feuilles. Le *C. d'Europe* à fleurs rose foncé s'épanouit de juillet en octobre. *C. d'Ibérie*, rouge et blanc en mars.
La multiplication s'effectue par le semis qu'on fait en terrines sous châssis dès la récolte des graines à leur maturité. On hiverne les jeunes sujets sous châssis après les avoir repiqués le second hiver, pour les mettre en place au printemps. L'abri des châssis n'est utile que pour le nord et le centre de la France ; on peut aussi les multiplier par sectionnement des souches. La plantation se fait en terre légère, de bruyère ou de feuilles, dans une situation ombragée, et aussi dans les rocailles du jardin alpin. (Voir aux « *Plantes de serre* » pour les *C. de Perse*.)

Cynoglosse (*Cynoglossum*), Borraginées. — On cultive principalement la *C. à feuilles de Lin*, à fleurs blanches, qui atteint 35 centimètres ; c'est une excellente plante pour garnir les parterres, former des bordures et des potées. Le semis d'automne, en repiquant les plantes, donne les meilleurs sujets ; **toutefois les semis successifs faits en**

place ou en pépinière, de mars à août, permettent d'avoir toujours des plantes en fleurs, car la floraison est assez éphémère. Pour les graines, conserver et sécher les rameaux cueillis un mois après leur défloraison.

Cystoptéride (*Cystopteris*), Fougères. — Plantes mignonnes dont on cultive principalement les : *C. à bulbilles*, haut de 40 centimètres, et *C. fragile*, haut de 30 centimètres. (Voir culture des *Fougères* au chap. XLVI.)

Dahlia (*Dahlia*), Composées. — Des espèces primitives on a obtenu des races absolument distinctes dont certaines renferment des variétés admirables. Au point de vue horticole on peut classer les Dahlias en cinq groupes, à savoir :

Les *D. doubles à grandes fleurs*, grosses fleurs rondes constituées par un amoncellement de pétales tuyautés.

Les *D. pompons* ou *D. Lilliput*, fleurs plus petites, mais de tous points semblables à celles du précédent. Dans ces deux groupes les fleurs manquent complètement de grâce ; elles sont d'une lourdeur indéfinissable.

Les *D. simples* ont sur les précédents l'avantage d'une grande légèreté des fleurs, qui offrent des coloris divers unis, striés, panachés, moirés, etc. Ils sont très florifères ; les fleurs, qui sont érigées, se tiennent parfaitement, ce qui les rend aptes à la confection des bouquets.

Les *D. simples nains compacts*, d'obtention récente, ont toutes les qualités des *D. simples* ordinaires, avec cet avantage d'être plus nains et par conséquent plus aptes à garnir les corbeilles et les plates-bandes. Pour cet emploi, je ne saurais trop les recommander aux gens de goût principalement. Pour ces deux derniers, récolter les graines sur les plus belles fleurs et les premières épanouies.

Les *D. à fleurs de Cactus*, quoique doubles, n'ont pas la lourdeur des deux premiers ; les pétales (ligules) sont longs, tuyautés ou roulés étroitement intérieurement, pointus et se redressant ou s'incurvant en une courbe gracieuse aux extrémités en donnant aux fleurs un aspect dégagé et agréable. On les utilise pour la confection des bouquets en Allemagne. A ce titre je les recommande aux amateurs et aux fleuristes.

Les *D. dits décoratifs* constituent une section créée depuis peu ; ils se distinguent des *D. à fleurs de Cactus* en ce que les fleurs sont plates, les pétales moins enroulés et **moins pointus**, ne se redressant pas et se recourbant plutôt extérieurement.

Dans chacune de ces races, les coloris et les **variétés** sont tellement nombreux qu'on ne peut les énumérer.

On utilise les Dahlias dans les corbeilles, plates-bandes, en groupes, etc. Lorsqu'ils sont plantés en corbeille, principalement les variétés simples ordinaires, on palisse tous les rameaux sur une carcasse en fil de fer; les fleurs nombreuses émergent ainsi et à une certaine distance d'un fond de verdure.

On multiplie les Dahlias :

De semis principalement pour les variétés à fleurs simples. Cette opération est faite en mars sous châssis; on repique en godets et on met les plantes en place en mai; elles fleurissent de bonne heure.

De boutures, qui est le meilleur procédé pour la multiplication des variétés; les boutures peuvent être faites dès janvier en serre et plus tard sur couche; elles sont coupées sur des sujets mis en végétation vers la fin de décembre. Elles fournissent des plantes supérieures à celles obtenues par le sectionnement des tubercules.

De sectionnement de tubercules, qui n'est recommandable que pour les personnes n'ayant à leur disposition ni cloches ni châssis pour effectuer les boutures. Il faut choisir les tubercules adhérant à la tige qui possèdent des yeux sur le collet; les autres tubercules n'offrent aucune chance de végétation. Il est bon de mettre les tubercules en végétation avant d'opérer le sectionnement, pour être bien sûr que les tubercules choisis sont munis d'yeux.

De greffes, qu'il faut laisser faire aux spécialistes désirant maintenir une variété en végétation pendant tout l'hiver.

La *culture* des Dahlias est très simple; il faut, autant que possible, les planter dans un sol fertile et à une exposition pas trop exposée au vent. Le tuteurage est parfois nécessaire pour les grandes variétés. On conserve les souches tuberculeuses, qui sont arrachées fin octobre-novembre, dans une cave très saine ou dans tout lieu sec où il ne gèle pas; il est bon de couper jusque sur le collet les tubercules qui auraient pu être meurtris lors **de l'arrachage et qui occasionneraient la pourriture.**

Choix de Dahlias Cactus.

Les *D. Cactus* et *D. décoratifs* sont les Dahlias de l'avenir et n'ont pas encore dit leur dernier mot; c'est pourquoi j'en donne une liste de bonnes variétés :

African, Vermillon foncé, pétales très pointus.
Albert Maumené (Pfitzer) rouge orangé, forme très élégante, se tenant bien, pétales pointus.
Augustin Cannell, Mauve carminé ou rose, pétales très fins, superbe.
Beauty of Arundel, Carmin ombré de rose brillant.
Bridesmaid, Rose tendre, centre jaune, superbe variété.
Captain Broad (1899), Pourpre et vermillon, fleurs aux pétales recourbés en dedans et déchiquetés.
Cinderella, Pourpre brillant, ombre de rouge velouté, très belle forme.
Clio (1899), Violet pourpré ombré de rouge et de marron, pétales pointus.
Countess of Lonsdale (1899), Saumon lavé de jaune; splendide variété naine.
Countess of Radnor, Centre jaune, pétales lavés de rose et de jaune.
Cycle, Rouge brillant lavé d'une teinte claire aux extrémités des pétales; superbe variété.
Eclair (1899), Rouge orange carminé brillant, pétales très fins.
Ensign, Carmin violacé brillant, pétales pointus, longues tiges.
Ernest Glasse, Violet foncé, superbe forme; coloris unique.
Fireband (1899), Carmin velouté foncé, longs et fins pétales très pointus, longues tiges.
Fréda (1899), Pétales fins et pointus, rose saumoné; superbe variété.
Fusilier, Saumon foncé et corail, revers des pétales teinté lilas; bonne variété.
Gloriosa, Carmin, plante à grand effet; très belle et grande fleur.
Harmony, Jaune rougeâtre, pétales pointus.
Imperator, Brun rougeâtre, pétales curieusement disposés.
Juarezi, Ecarlate, longs pétales pointus.
Lady Penzance, Jaune pur.
Leader (1899), Carmin foncé, brillant, pétales très pointus.
Lorely (1899), Couleur particulière, centre blanc ivoire, tour lilas mauve, variété unique.
Madame Louis Férard (1899), énorme fleur jaune lavé de jaune brunâtre; plante très florifère.
Madame L. Boucart (1899), Plante naine très florifère, fleur vermillon foncé; superbe variété pour la fleur coupée.

Marquis, Marron velouté, pétales teintés de carmin.
Matchless, Marron velouté très foncé, longs pétales pointus, longues tiges.
Maurice L. Paillet, Jaune chrome lavé de carmin.
Mrs Barnes, Jaune primevère lavé de rose carmin.
Mrs A. Pearl, Fleurs blanches, très florifère.
Mrs Francis Fell, Fleurs blanches, forme superbe.
Paul Paillet (1899), Pourpre noirâtre velouté, énorme fleur, superbe forme, pétales enroulés.
Professor Baldwin, Rouge orange brillant.
Radiance (1899), Orange vermillon, longs et fins pétales; plante naine.
Robert Cannell (1899), Rouge magenta lavé de violet; superbe forme de fleurs.
Royal George (1899), Couleur très difficile à décrire, carmin ombré de pourpre; splendide variété.
Strarfish (1899), Large fleur orange carmin, longues tiges; une des plus jolies variétés.
Souvenir de Madame Galipeau (1899), Carmin violacé, lavé de jaune brun, pétales très incurvés, couleur particulière; superbe forme de D. Cactus.
The Clown (1899), Moitié des pétales brique, l'autre moitié blanc pur, variété remarquable, parfois les fleurs sont entièrement blanches ou rouge brique.
Viscountess Sherbrooke (1899), Vermillon lavé de jaune abricot, pétales longs et pointus; plante naine extra.
William Cuthbertson (1899), Brillant carmin laqué, lavé de jaune, pétales longs et pointus.
Duc d'Orléans (1899), Blanc crémeux strié et sablé de rouge violacé; le premier des D. cactus strié intéressant et superbe.
Alfred Vasey (1899), Jaune aurore enluminé de pourpre, couleur peu facile à décrire.
Arachne (1899), Fleur remarquable; le centre de chaque pétale est blanc doré, bordé de rouge cramoisi, les pétales recourbés et très fins.
Britannia (1899), Saumon tendre et jaune abricot, lavé de pourpre très belle et grande fleur, variété naine remarquable.
Keynes's White (1899), Le plus joli des *Dahlias Cactus* à fleurs blanches, pétales d'un blanc ivoire le plus pur, recourbés vers le centre. Longues et fortes tiges.
Kingfisher (1899), Pourpre rose couleur très fraiche; bonne variété se tenant bien.
Laverstock Beauty (1899), Vermillon tendre; les pétales longs et pointus, belle variété.
Mary Service (1899), Fond jaune orangé, lavé de carmin à l'extrémité des pétales, jaune brun à la base; variété très curieuse.
Primrose dame (1899), Jaune pur; très belle forme de fleur.

Ruby (1899), Rouge rubis passant au carmin brillant à l'extrémité des pétales; longues tiges.

Standard Bearer (1899), Très brillant carmin, floraison abondante; plante formant un buisson couvert de fleurs, belle variété pour la fleur coupée.

Choix de Dahlias Cactus a petites fleurs.

Aurora, Nain et touffu, orange saumoné lavé de rose et rouge.

Fantasy, Rouge orange brillant, pétales très fins; centre très curieux.

Gem, Jaune marron lavé de jaune chrome; extra sous tous les rapports.

The Pet, Jaune ambré, ombré de violet; pétales disposés d'une façon curieuse.

Tiny, Petite fleur, mélange rouge orange, de vieil or; dessous des pétales ombrés, d'une couleur héliotrope.

Choix de Dahlias décoratifs.

Amphion, Jaune chrome teinté cerise.

A. W. Tait, Jaune brillant, pétales déchiquetés.

Bertha Mawley, Rose cochenille.

Delicata, Fleur très jolie, nuancée de rose et de jaune pâle.

Domino, Blanc avec des pétales bordés buffle; certaines fleurs sont blanches ou buffles.

Duke of Clarence, Carmin foncé, extrémité des pétales pourpre.

E. Weckley, Marron foncé, ombré de carmin velouté, très larges fleurs.

Kaiserin, Jaune soufré, lavé de jaune plus foncé.

Kynerith, Vermillon lavé jaune d'or.

Lady Montague, Saumon ombré de rouge cerise, jolie forme de fleurs.

Marchioness of Bute, Fond blanc avec pétales rosés.

Mrs Barry, Rose violacé glacé, très frais.

Madame Ferdinand Cayeux, Jaune carmin foncé.

Maid of Kent, Riche carmin brillant maculé de blanc pur; les fleurs sont parfois rouges ou blanches.

Miss Jane Basham, Rouge brique, base des pétales saumon rose.

Miss Webster, Blanc pur, revers des pétales légèrement teintés de carmin.

Mrs Douglas, Vieux rose lavé de marron clair.

Mrs G. Reid, Blanc teinté fortement de rose violacé.

Major Haskins, Le plus brillant des carmins, revers des pétales rouge clair; très grande fleur.

Oban, Couleur chamois.

Robert Maher, Fleur jaune d'or.

Roi des Cactus (appelé par erreur Cactus), Rouge vermillon brillant, énormes fleurs; plante à grand effet.

The Queen, Blanc pur, tiges longues, revers des pétales légèrement lavé de violet.

Wiltshire Lass, Blanc argent: très jolie fleur.

Datura (*Datura*). Solanées. — On cultive parmi les D. annuels les : *D. cornu*, espèce naine de 50 à 60 centimètres, aux fleurs blanches très odorantes, colorées de violet extérieurement; *D. d'Égypte*, dépassant parfois un mètre, aux fleurs dressées, blanches et odorantes, qui a donné naissance à des variétés à *fleurs doubles blanches* et *violettes*; *C. Métel*, atteignant 1 mètre, à feuillage tomenteux et aux fleurs blanches odorantes.

On les sème en mars-avril, sous châssis, on repique en pots ou en pépinière et on les met en place en mai; ils fleurissent de juillet à septembre. Il faut les planter à une exposition chaude dans un sol fertile et chaud également si l'on veut jouir d'une abondante floraison.

C'est surtout dans le Midi de la France qu'ils poussent et fleurissent admirablement. On en compose de grandes corbeilles et on les plante dans les plates-bandes.

Dauphinelle. — (Voir *Pied-d'alouette*.)

Dentelaire (*Plumbago*), Plombaginées. — On cultive le *P. de lady Larpent* à fleurs bleues passant au violet, qui est une plante basse, rameuse, vivace; elle fleurit de septembre en octobre; il est bon, pendant l'hiver, d'abriter les touffes avec des feuilles. On multiplie par sectionnement des touffes. (Voir aux *Plantes de serre* le *P. à fleurs bleues*.)

Diélytra (*Diélytra*), Fumariacées. — On cultive principalement les : *D. à belles fleurs* rose pâle pendantes; plante s'élevant à 30 centimètres; *D. remarquable*, que l'on nomme *Cœur de Marie*, dans les campagnes; les fleurs pendantes rose vif, en cœur, sont disposées en longues et flexibles grappes. On les multiplie par la division des touffes au printemps; on les plante dans les plates-bandes, qu'elles décorent admirablement. Pour le dernier, qui fleurit en mai-juin, si l'on a soin de pincer les rameaux, il remonte en août-septembre. On peut le cultiver en pots et même en avancer la floraison en mettant, de bonne heure, les plantes sous châssis, en serre ou en appartement, près de la fenêtre.

Digitale (*Digitalis*), Scrophularinées. — On cultive principalement les : *D. pourprée*, plante bisannuelle à fleurs pourpres, et ses variétés de différentes couleurs et principalement la *D. à fleur de Gloxinia*, dont les longues grappes plient sous le poids des fleurs grandes et délicieusement ponctuées et la *D. à grandes fleurs*, jaune pâle.

On en constitue des corbeilles; on les plante en groupes dans les pelouses, talus, rocailles, plates-bandes, etc., où elles produisent un très bon effet par leur port pittoresque. On les sème en mai-juin, on les repique en pots ou en pépinière pour les mettre en place en mars. Dans les talus boisés et granitiques des Ardennes, on voit des scènes entières de Digitales. On peut aussi les forcer très facilement.

Doronic (*Doronicum*), Composées. — On cultive surtout le *D. du Caucase*, dépassant rarement 40 centimètres; fleurs jaune vif, de mars en mai, et *D. Herbe aux panthères*, haut de 30 centimètres, fleurs jaune clair, d'avril à juin. Les Doronics sont vivaces et on les multiplie par division de touffes après la floraison ou à l'automne.

Eccrémocarpe (*Eccremocarpus*), Bignoniacées. — L'*E. grimpant* est une charmante plante pour tapisser les murs bien exposés. Les fleurs en grappes sont rouge orangé. On la sème en mars sur couche; on la repique en pots et on met en place fin mai. C'est une plante vivace qu'il faut traiter comme annuelle sous le climat parisien.

Échevéria. — (Voir aux *Plantes de serre*.)

Échinope (*Echinops*), Composées. — Plante vivace dont les espèces cultivées : *É. Boule azurée*, atteignent 40 centimètres, aux inflorescences bleues à reflets métalliques, et *É. de Russie*, s'élevant à 1m,30, aux feuilles plus épineuses et inflorescences plus grosses, de même couleur, sont plantées dans les plates-bandes et dans les groupes de plantes vivaces. Les boules cueillies avant leur complet épanouissement, séchées à l'ombre, la tête en bas, se conservent très bien et peuvent entrer dans les bouquets secs. On les multiplie par sectionnement des touffes au printemps.

Énothère (*Œnothera*), Onagrariées. — On cultive surtout les : *É. blanche*; *É. de Drummond*, jaune; *É. à tige épaisse* annuelle; *É. à gros fruits*, jaune; *É. élégante*, blanche; *É. glauque*, jaune, vivace. On les emploie dans les plates-bandes et en bordure; on multiplie les *É. annuelles* de semis d'automne ou de printemps et les *É. vivaces* de boutures ou de sectionnement de touffes en mars.

Éphémère (*Tradescantia*), Commélinées. — On cultive l'*É. de Virginie*, plante vivace, haute de 60 centimètres, aux fleurs violettes s'épanouissant de mai à juillet, et ses variétés à *fleurs blanches, roses, azurées, lilas*, etc. On en décore les plates-bandes et les jardins alpins; la multiplication s'effectue par le sectionnement des touffes à l'automne ou au printemps.

Épilobe (*Epilobium*), Onagrariées. — On cultive l'*É. à épi* à fleurs roses et sa variété à *fleurs blanches*, haute de 1 m. 40, et l'*É. hérissée*, atteignant 1 m. 10, qui est une plante semi-aquatique. La multiplication s'effectue principalement par sectionnement des touffes. On les plante toutes deux dans les parties humides ou fraîches des jardins; les fleurs s'épanouissent de juin à septembre.

Éranthe (*Eranthis*), Renonculacées. — Est surtout remarquable par ses fleurs jaunes qui s'épanouissent en hiver avant les feuilles. On la multiplie par sectionnement des touffes après la floraison. On la dissémine dans les plates-bandes et dans les massifs d'arbustes. Vivace.

Érigeron (*Erigeron*), Composées. — On cultive principalement les : *É. orangé*, haut de 40 centimètres, fleurs orangé, s'épanouissant d'avril en octobre; *É. gracieux*, haut de 60 centimètres à 80 centimètres, fleurs bleu violacé; *É. glabrescent*, haut de 40 centimètres, fleurs violacées; *É. des Alpes*, haut de 20 centimètres, fleurs purpurines. On les multiplie surtout par division de touffes à l'automne et on les plante dans les jardins alpins, rocailles, pelouses et plates-bandes. Belles fleurs pour les bouquets. Vivace.

Erysimum (*Erysimum*), Crucifères. — L'*É. gracieux* convient surtout pour garnir les rocailles sèches et les talus arides. Il dépasse rarement 30 centimètres, ses fleurs sont jaunes et odorantes. On le multiplie de semis et de sectionnement de touffes. L'*E. g. nain compact jaune d'or*, variété relativement nouvelle, à fleurs jaunes, convient particulièrement pour les garnitures printanières des jardins au même titre que les Giroflées jaunes naines. L'*E. de Barbarée à fleurs pleines* peut être planté dans certaines poches des rocailles; il s'étale moins et atteint 50 centimètres. Vivace. Récolter les siliques des plus belles fleurs de l'*E. nain*.

Eschscholtzie (*Eschscholtzia*), Papavéracées. — L'*E. de Californie* à fleurs jaunes et ses variétés à fleurs *blanches, rose pâle, safranées, doubles*, plantes très rameuses, hautes de 35 centimètres environ; et l'*E. à feuilles menues*, jaune, fleurissent de mai à octobre; on les plante sur les talus, en bordure, et on les cultive aussi pour la fleur coupée. On les sème sur place en septembre et au printemps. Récolter les graines dès leur maturité. Annuelles.

Eupatoire (*Eupatorium*), Composées. — Ce sont des plantes vivaces dont on cultive surtout les : *E. aromatique*, à fleurs blanches, haute de 90 centimètres; *E. à feuilles d'Agérate*, à fleurs blanches, haute de 1^m,10; *E. pourpre*, atteignant 1^m,50.

On les plante principalement dans les plates-bandes, en terre meuble et fertile et on les multiplie par sectionnement des touffes, au printemps.

Férule (*Ferula*), Ombellifères. — Plantes remarquables par leur feuillage finement découpé; on cultive les : *F. commune* et *F. de Tanger*. On les multiplie par semis, ce qui est très long, ou par sectionnement des touffes. Si on veut avoir un beau feuillage, il ne faut pas les laisser fleurir; elles atteignent alors 1 mètre et on peut les isoler dans les pelouses; elles sont alors très intéressantes. Vivaces.

Ficoïde (*Mesembrianthemum*), Mésembrianthémées. — Ce sont des plantes gazonnantes très utiles pour la garniture des rochers et la formation des bordures. On cultive les : *F. à fleurs capitées*, à fleurs jaunes, annuelles; *F. tricolore*, à fleurs blanc rosé, et sa variété *à fleurs blanches*, annuelles; on les sème au printemps sur couche. Les fleurs de ces Ficoïdes ne s'épanouissent bien qu'en plein soleil; c'est assez dire qu'il ne faut pas les planter à l'ombre.

La *F. à feuilles en cœur* est vivace, ses fleurs sont rose vif; elle a donné naissance à une variété *à feuilles panachées* de blanc cireux et de vert qui est précieuse pour l'ornementation des jardins et principalement pour la mosaïculture. On les multiplie facilement de boutures en toutes saisons. Vivace dans le Midi de la France, il faut hiverner les pieds sous châssis ou en serre froide sous le climat de Paris.

Fraisier (Fragaria), Rosacées. — Le *F. des Indes* est très ornemental et est fréquemment utilisé pour garnir les rocailles, les balcons, les suspensions, etc. Ses rameaux sarmenteux offrent à la fois des fleurs et des fruits rouges; on le multiplie de stolons à l'automne; en plein air, il ne résiste pas toujours aux hivers. Vivace.

Fraxinelle (Dictamnus), Rutacées. — Plante vivace à fleurs blanches, dont une variété *à fleurs roses*, haute de 60 centimètres. Elle a cette particularité, les fleurs principalement, de sécréter une huile volatile qui, par une soirée chaude, peut s'enflammer à l'approche d'une flamme. On la plante dans les plates-bandes et sur les pelouses, et les fleurs conviennent pour les bouquets. La multiplication s'effectue par sectionnement des touffes.

Freesie (Freesia), Iridées. — Plantes bulbeuses à fleurs blanches odorantes convenables pour la fleur coupée, que l'on cultive comme les Ixias.

Fritillaire (Fritillaria), Liliacées. — La *F. impériale* ou *Couronne impériale* est à floraison printanière; ses fleurs rouge brique pendent en couronne au haut d'une tige haute de 80 centimètres à 1m,30. Cette espèce a donné naissance à plusieurs variétés : *à fleurs rouges doubles*; *Aurore*, fleurs orangé bronzé; *à feuilles panachées*, etc. On les plante dans les plates-bandes et par groupes dans les pelouses.

La multiplication s'effectue soit par semis, soit par division des caïeux après la floraison.

Fuchsia. — (Voir aux *Arbustes d'ornement* et aux *Plantes de serre*.)

Fumeterre. — (Voir *Corydalle*.)

Gaillarde (Gaillardia), Composées. — Ce sont de très jolies plantes annuelles et vivaces, les fleurs doubles ou simples sont délicieusement colorées de pâle sur plus foncé.

La *G. à grandes fleurs dentées* atteint 30 centimètres, ses fleurs rouges portées par de longs pédoncules s'épanouissent en été. La *G. vivace à fleurs jaunes* a donné naissance à une variété à *grandes fleurs*. La *G. peinte* à fleurs jaunes et purpurines a donné naissance aux variétés suivantes : *naine*, à fleurs *rouge saumoné*, *marginée de blanc*; *à grandes fleurs*; *demi-double*; *double de Lorenz*.

Les Gaillardes sont précieuses pour la fleur coupée, la garniture des plates-bandes et des corbeilles, ainsi que pour orner les pelouses et les talus. On les multiplie de semis au printemps, sur couche pour les G. annuelles et de sectionnement de touffes pour les G. vivaces.

Galantine (*Galanthus*), Amaryllidées. — Plus connue sous le nom de *Perce-neige*, la Galantine a surtout le mérite d'une floraison hivernale. On connaît ses jolis grelots blancs et ceux de sa variété *à fleurs pleines*. On en disperse des touffes dans les massifs d'arbustes, plates-bandes; et on en constitue aussi de bien jolies bordures.

On multiplie les Galantines d'août en septembre, principalement par la séparation des caïeux. On peut également en constituer de charmantes potées, dont on avance la floraison sous châssis.

Galéga (*Galega*), Légumineuses. — On cultive surtout le *G. officinal* et le *G. d'Orient* aux fleurs en grappes et ses variétés à *fleurs bleues, violacées, blanches* et *roses*, s'épanouissant de juin à septembre, et remontant si on a soin de couper les tiges, chez le premier; bleu violacé et s'épanouissant en juin-juillet, chez le dernier. Ces plantes atteignent de 1 mètre à 1^m,50. Toutes deux sont vivaces et on les multiplie par sectionnement des touffes ou par semis en mars. Ils conviennent pour les plates-bandes et leurs fleurs pour les bouquets.

Gamolépide (*Gamolepis*), Composées. — La *G. Tagète* est une charmante petite plante aux fleurs jaunes convenant surtout pour la formation des bordures. Semer de préférence en mars, repiquer en place en mai; la floraison a lieu en juin-juillet; des semis successifs donnent une floraison plus tardive.

Gaura (*Gaura*), Onagrariées. — Le *G. de Lindheimer* atteint facilement 1^m,60; les fleurs nombreuses et blanc rosé sont disposées en longues grappes très légères. On plante les *Gaura* en disséminé dans les corbeilles et dans les plates-bandes, et on en fait des groupes sur les pelouses. Ces longues grappes de fleurs allègent beaucoup les bouquets et les gerbes. On les multiplie de semis au printemps, ou préférablement par boutures de jeunes pousses, ce qui est plus expéditif; les jeunes plantes ainsi obtenues sont très florifères.

Gazanie (*Gazania*), Composées. — La *G. à fleur de Souci* est une plante vivace et naine, aux fleurs jaunes, convenant pour la formation des bordures, des fonds de corbeille et des tapis en plein soleil. Bouturage au printemps.

Gentiane (*Gentiana*), Gentianées. — On cultive surtout les : *G. acaule*, *G. des Alpes*, *G. printanière*, qui sont des plantes gazonnantes à fleurs bleues. On les multiplie par sectionnement de touffes à la fin de l'été; il faut avoir soin de les planter dans un sol léger et un peu calcaire. Elles affectionnent les talus demi-ombragés et croissent vigoureusement parmi les éboulis et les rocailles.

Géranium (*Geranium*), Géraniacées. — Plantes vivaces très jolies que l'on cultive beaucoup dans les plates-bandes, sur les pelouses en pente et dans les rocailles. Les espèces recommandables par leur port ou leur floraison sont les : *G. d'Ibérie*, haut de 60 centimètres, fleurs violacées; *G. à larges pétales*, haut de 80 centimètres, fleurs violettes; *G. sanguin*, haut de 50 centimètres, fleurs roses; *G. d'Arménie*, haut de 70 centimètres, fleurs rouge violacé; etc.

On les multiplie par division de touffes au printemps ou à l'automne. Ne pas les confondre avec les *Pelargonium*.

Gesse (*Lathyrus*), Légumineuses. — Elles sont plus connues sous le nom de *Pois odorant* et de *Pois vivace*. La *G. à larges feuilles* est vivace; elle atteint parfois 3 mètres de haut, les fleurs sont roses et celles des variétés sont *blanches*, *rouges*. La *G. odorante* s'élève un peu moins, ses fleurs sont roses et odorantes et celles des variétés *blanches*, *mauves*, *bicolores*, *panachées*, *rouges*, Cupidon (*blanc*, *rose* et *jaune*), nouvelle race très naine, précieuse pour la formation des potées et des bordures, etc. La *G. à grandes fleurs* est moins cultivée; ses fleurs sont rouges.

La *G. pubescente*, aux fleurs bleues, est une espèce vivace à planter contre les murs au sud.

On les multiplie de semis faits sur couche, en pots ou en place. On les fait grimper contre les treillages, berceaux, balcons, etc. Les fleurs sont précieuses pour les bouquets.

Gilia (Gilia), Polémoniacées. — Plante annuelle dont on cultive surtout les variétés suivantes : *G. tricolore*, blanc lavé de violet et ses variétés *à fleurs blanches*, *à fleurs roses*, *à fleurs bleues*, *naine à fleurs roses*, *blanches* ou *bleues*, atteignant 20 à 25 centimètres chez la variété naine, 30 à 40 centimètres chez les autres; *G. à fleur de Lin* à fleurs blanches atteignant 30 centimètres. Conviennent pour la formation des potées, des bordures, des corbeilles et les fleurs pour les bouquets. Semer en septembre, repiquer pour l'hiver au pied d'un mur abrité, mettre en place en mars, floraison en mai-juin. Semer en mars, repiquer en place en avril; floraison d'avril à juin. Recueillir les graines, des plus belles fleurs, dès leur maturité.

Giroflée (Cheiranthus), Crucifères. — C'est un genre qui, au point de vue horticole, contient de nombreuses espèces.

La *G. annuelle* ou *Quarantaine* comprend la *Q. ordinaire*; *Q. naine à bouquet*, *Q. anglaise à grandes fleurs*, *Q. demi-anglaise*, *Q. pyramidale*, *Q. d'automne*, dans lesquelles on retrouve ou à peu près la même longue série de coloris.

On les sème sur couche de février en avril; on repique également sur couche, assez serré; la mise en place s'effectue lorsque les plants sont suffisamment forts. On peut aussi semer à l'automne, en hivernant les jeunes sujets sous châssis; ce sont des plantes ainsi obtenues que nous voyons de bonne heure vendues en bourriches sur les marchés parisiens; on peut aussi semer en pleine terre en avril, mais les sujets obtenus sont moins robustes.

Lorsque les boutons apparaissent — que les Giroflées *marquent* — on élimine les simples, en ne conservant que celles qui sont nécessaires pour la récolte des graines. Si l'on veut obtenir des plantes ramifiées, il faut avoir soin de supprimer le bourgeon central, ce qui force les yeux latéraux à se développer.

La section des G. *bisannuelles* comprend les : G. *Quarantaine Parisienne*, G. *Quarantaine Cocardeau*, G. *Empereur perpétuelle*; G. *d'hiver*, G. *Cocardeau*; G. *jaune à fleurs simples et à fleurs doubles*.

Si l'on veut avoir de belles plantes, on sème les G. *Quarantaine* que nous venons de voir de juin à août. Selon qu'on veut avoir une floraison plus ou moins précoce, on les repique en pleine terre, et à l'automne on recouvre les planches de coffres et de châssis, à moins qu'on ne préfère rempoter les Giroflées et les placer ainsi sous châssis.

Les semis printaniers, sur couche, donnent des individus moins ramifiés que l'on rempote par deux ou trois par pot. Pour la fleur coupée, ces sujets peuvent être repiqués très serrés en planches; ou bien encore, pour le même motif, on fait les semis fin mars et commencement d'avril, en planches, à la volée ou préférablement en rayons très rapprochés; on éclaircit un peu si cela est nécessaire. Les premiers fleurissent en juillet et les seconds en août.

Les G. *Empereur* et G. *d'hiver* sont semées en mai sous châssis froid ou en pleine terre; on les repique en pépinière, puis en planches un peu plus tard; pendant l'été, il faut arroser fréquemment. En septembre ces Giroflées sont rempotées dans une terre à la fois fertile et sablonneuse; comme la motte est souvent trop volumineuse, on est obligé de supprimer une partie des racines. On mouille, puis on met les pots à l'ombre ou sous châssis ombrés.

Pour l'hivernage les plantes sont mises sous châssis, les pots reposant sur une épaisse couche de gravois ou de machefer. On ne doit arroser que rarement, les Giroflées redoutant l'humidité. Les châssis doivent être aérés la plupart du temps. En avril on peut les livrer au plein air.

La G. *jaune* et ses variétés sont semées en mai-juin; on les repique plusieurs fois et successivement, afin de les avoir plus résistantes et plus trapues. Elles sont précieuses pour l'ornementation printanière des jardins, surtout les variétés suivantes : *jaune pur, jaune brun, naine à fleur jaune, naine à fleur brune*. On les met en place à l'automne ou au printemps. Si l'on veut couper des fleurs, on en remplit quelques coffres qu'on abrite de châssis. Les variétés à fleurs doubles doivent être hivernées sous châssis ou en serre froide. L'obtention des graines des variétés à fleurs doubles est assez délicate. Il en faut placer quelques simples parmi des doubles, en pots autant que possible et en plein soleil, en n'arrosant que très peu. On recommande de supprimer la partie supérieure des siliques, que l'on récolte à maturité, pour multiplier les chances d'un plus grand nombre d'individus à fleurs doubles.

Glaïeul (*Gladiolus*), Iridées. — Je n'ai pas à dire ici le mérite des Glaïeuls ni des espèces de Glaïeuls, desquelles sont sorties deux races très méritantes, les : *G. de Gand* et les *G. de Lemoine et de Nancy*. Les *G. de Gand* sont remarquables par leurs épis aux fleurs dressées et dont beaucoup sont épanouies à la fois. On trouve à peu près toutes les teintes maculées diversement, sauf le bleu. Les *G. de Lemoine et de Nancy* sont bien connus sous le nom de *G. hybrides rustiques*; ils présentent des teintes les plus diverses jusqu'au bleu; ils sont maculés et veloutés de plus foncé; les grappes sont plus flexibles; il y a moins de fleurs épanouies à la fois, mais la floraison est d'une longue durée.

On fait la plantation des bulbes de mars en mai, en laissant pour les dernières plantations les oignons qui sont le plus en retard. Il faut arroser assez souvent en été, surtout lorsqu'il fait chaud et sec. On les utilise dans la décoration des corbeilles, plates-bandes, etc., les fleurs coupées sont précieuses pour la confection des bouquets.

La multiplication s'effectue de caïeux qu'émettent en très minime quantité les *G. hybrides de Gand*; mais qui par contre sont nombreux dans les *G. de Lemoine et de Nancy*. Ces caïeux doivent être cultivés quelques années en pépinière avant de fleurir; on les arrache tous les ans.

On cultive et on force aussi beaucoup pour la fleur coupée le *G. de Colvile* à fleurs blanches et sa superbe variété *la Fiancée*.

Gnaphalium (*Leontopodium*), Edelweis, Composées. — Le *G. des Alpes*, plus connu sous le nom d'*Edelweis*, est d'une culture réputée difficile. Cette plante est curieuse par ses apicules cotonneux. La cultiver en pots dans une terre schisteuse, mélangée de terre de bruyère et de fragments de schiste, sous châssis froids, ou bien dans une rocaille exposée au nord-est. Semis et séparation des touffes au printemps.

Godétia (*Godetia*), Onagrariées. — Ce sont de très jolies plantes annuelles dont on peut recommander la culture. On cultive surtout les : *G. de Lindley*, rose purpurin ; *G. rubicond* rouge et ses variétés *à fleurs carnées, éclatante à fleurs doubles* ; *G. de Whitney* lilas et ses variétés *écarlate, Duchesse, d'Albany nain* ; *à grandes fleurs maculées*, etc.

La culture n'est pas difficile. On sème les Godétias en septembre dans un sol humeux ; des repiquages successifs doivent être faits dans le but de durcir les plantes. Lorsqu'il fait froid il est bon de recouvrir les plantes de châssis ou de litière. Au printemps, on les met en place ou en pots. On les sème aussi au printemps, soit en place, soit en pépinière ; dans le premier cas il faut avoir soin d'éclaircir les plants suffisamment. Les horticulteurs parisiens apportent sur les marchés des potées de Godétias ainsi obtenues : depuis mars, ils les sèment en pots de 14 centimètres environ, ils éclaircissent un peu le plant et le rechaussent. Les pots sont enterrés par planches, où on les prend lors de la floraison.

Les semis successifs, faits dans ces conditions, jusqu'en juillet, permettent d'avoir des plantes fleuries jusqu'en octobre. Avec les sujets d'automne, on constitue de jolies corbeilles au printemps, mais un peu éphémères.

Choisir et récolter au fur et à mesure de leur maturité les capsules provenant des plus belles fleurs.

Gouet (*Arum*), Aroïdées. — On cultive principalement le *G. d'Italie*, et le *G. à feuilles maculées* que l'on plante surtout sur les talus boisés et frais ; leur feuillage est très décoratif. La multiplication s'effectue en automne par la séparation des tubercules.

Gourde (*Lagenaria*), Cucurbitacées. — On cultive et on emploie comme les Coloquintes et Concombres (voir p. 547), les : *G. massue d'Hercule* et *G. massue très longue*, *G. Calebasse*, *G. pèlerine*, *G. siphon*, *G. poire à poudre*, etc.

Goutte-de-sang. — (Voir *Adonide*.)

Gunnère (*Gunnera*), Gunnéracées. — Plante vivace à beau feuillage, rappelant celui des Rhubarbes, mais malheureusement un peu délicate. Il faut donc l'abriter l'hiver. On en décore les pelouses, parties rocailleuses, bords des pièces d'eau, etc. On multiplie le *G. à feuilles rudes* par le sectionnement des bourgeons qu'émet la souche. Ces bourgeons sont plantés en godets et placés sous châssis jusqu'au moment où ils ont assez de racines et où ils sont assez forts pour être livrés à la pleine terre.

Gynerium (*Gynerium*), Graminées. — Le *G. argenté* et ses variétés sont fréquemment plantés sur les pelouses des jardins qu'ils décorent admirablement. On les multiplie d'éclats extérieurs, au printemps, qu'il est bon de rempoter et de conserver un an ou deux en pots avant de les livrer à la pleine terre; il ne faut pas non plus sectionner trop souvent les souches; mais on ne doit cependant pas attendre que les touffes soient dégarnies au centre. Il est nécessaire d'abriter les Gyneriums pendant l'hiver par une couche de litière ou de feuilles et d'en lier les chaumes et les feuilles.

Les plumets coupés avant leur complet épanouissement se conservent très bien séchés et décorent admirablement les vases d'appartement l'hiver.

Gypsophile (*Gypsophila*), Caryophyllées. — On cultive principalement la *G. paniculée*, vivace, et la *G. élégante*, annuelle, que les bouquetières à Paris nomment *Brouillard*. On les utilise beaucoup dans les garnitures florales.

La *G. élégante* à fleurs blanches et roses se sème à l'automne, en pépinière, pour repiquer au printemps; la floraison a lieu en mai; les semis printaniers et estivals faits jusqu'en août fournissent des fleurs jusqu'à cette époque, qui sont estimées pour les bouquets. On en fait aussi de charmantes potées. La *G. paniculée* est multipliée par sectionnement des touffes et par semis au printemps; elle s'élève à 1^m,20. On la plante dans les plates-bandes, mais on cultive surtout en vue de couper les inflorescences qui peuvent être séchées.

La *G. rampante* est une bonne espèce pour planter dans les rocailles et sur les talus.

Gyroselle (*Dodecatheon*), Primulacées. — Petite plante vivace très curieuse que la *G. de Virginie*, dont on possède maintenant de nombreuses variétés aux *fleurs roses, violacées, blanches*, etc. On les multiplie par semis et sectionnement des touffes au printemps et on les cultive à la façon des Cyclamens.

Haricot (*Phaseolus*), Légumineuses. — On cultive le *H. d'Espagne* à fleurs rouges et ses variétés à fleurs *blanches* et *bicolore*. On l'utilise beaucoup pour garnir les treillages, berceaux, balcons, etc.; il croît rapidement et ses fleurs se succèdent de juin à septembre. On sème les graines en avril-mai, en place ou en pots, sur couche. Par des pincements successifs on peut le transformer en buissons qui se couvrent de fleurs. Récolter dès leur maturité les gousses des plus belles fleurs.

Hélénie (*Helenium*), Composées. — Ce sont des plantes propres à l'ornementation des plates-bandes, des pelouses, etc., et dont les fleurs conviennent admirablement pour la confection des bouquets. On cultive les : *H. d'automne*, haute de 1m,80, à fleurs jaunes; *H. de Bolander*, s'élevant à 60 centimètres, une des plus jolies, fleurs jaunes, toutes deux vivaces; *H. à petites feuilles*, haute de 50 centimètres, fleurs jaunes; *H. noir pourpre*, haute de 50 centimètres, fleurs brunes; ces deux espèces sont traitées comme annuelles.

On multiplie les premières par sectionnement des touffes et les secondes par semis printaniers.

Hélianthème (*Helianthemum*), Cistinées. — Charmantes plantes qui conviennent à orner les talus, les rocailles et les plates-bandes; en général elles sont peu élevées, de 20 à 40 centimètres. On cultive surtout les : *H. à grandes fleurs*, *H. d'Italie*; *H. à fleurs roses*; *H. pulvérulent*, tous trois vivaces.

On les multiplie de semis en été, en pépinière, de boutures et marcottes.

Héliotrope. — (Voir aux *Plantes de serre*.)

Hellébore (*Helleborus*), Renonculacées. — On cultive surtout l'*H. Rose de Noël* et sa variété *à grandes fleurs*, qui sont estimées à cause de leur floraison hivernale, et les *H. hybrides* dont on a obtenu des tons fauves, violacés, bruns, mouchetés, piquetés, etc.

Elles se multiplient de semis, surtout pour les dernières, et de sectionnement de touffes, au printemps. Pour les *Roses de Noël*, il ne faut pas les diviser trop souvent, car les plantes restent assez longtemps sans bien pousser; les grosses touffes sont plus florifères. Si l'on a soin de recouvrir les touffes de *Roses de Noël* de châssis ou de cloches ou de les mettre en pots et de les rentrer en serre ou en appartement, on obtient une floraison prolongée et des fleurs parfaitement blanches. Ces fleurs sont précieuses pour les bouquets et les garnitures florales. La plantation s'effectue à mi-ombre. Récolter les graines des fleurs les plus belles des *H. hybrides*.

Hémérocalle (*Hemerocallis*), Liliacées. — On plante les Hémérocalles dans les plates-bandes, pelouses et dans des caisses sur les balcons, terrasses, etc.; elles demandent peu de soins, elles sont vivaces et rustiques. La multiplication s'effectue par sectionnement des touffes, ce que l'on ne doit faire qu'à de longs intervalles. Les fleurs réunies en corymbes sont portées par une longue hampe, haute de 0m,60 à 1m,10. Ce genre comprend aussi les *Funkia*. On cultive les : *H. du Japon*, fleurs blanches; *H. bleue*, toutes deux à larges feuilles; *H. jaune* et ses variétés; *H. de Sibérie à feuilles rubanées*.

Heuchère (*Heuchera*), Saxifragées. — Charmantes plantes pour bordures et pour garnir les rocailles, principalement l'*H. couleur de sang* (*H. sanguinea*), qui fleurit abondamment, et ses variétés. La multiplication s'effectue par sectionnement des touffes et par semis; planter dans un terrain sain.

Hoteia. — (Voir *Astilbe*.)

Houblon (*Humulus*), Cannabinées. — Est précieux pour recouvrir promptement de grandes surfaces de treillages ou de berceaux, le *H. du Japon* surtout. Sa variété le *H. du Japon panaché* est très décorative, c'est une des plus jolies plantes grimpantes. On sème en place de bonne heure au printemps.

Humée (*Humea*), Composées. — L'*H. élégante* est une plante bisannuelle vraiment décorative par ses grandes panicules retombantes, de fleurs purpurines; atteignant jusqu'à 2 mètres. On peut en garnir les pelouses l'été et les serres.

Le semis s'effectue en juin, en terrines, dans une terre sablonneuse. On repique en pots, puis on les rempote séparément et on les hiverne en serre. En janvier et en avril on les rempote de nouveau dans une terre très fertile et on les arrose souvent à l'engrais. En mai on les livre à la pleine terre; ou, s'ils sont destinés à la culture en pots, on les rempote dans de plus grands pots; dans les deux cas on continue à les arroser à l'engrais; car, plus les plantes sont vigoureuses, plus les panicules prennent de l'ampleur.

Immortelle (Helichrysum), Composées. — On cultive l'*I. à bouquets*, vivace, mais croissant surtout dans le Midi; l'*I. à bractées double*, annuelle, de toutes couleurs, selon les variétés atteignant jusqu'à un mètre et sa race *naine* dépassant rarement 40 centimètres. Les fleurs sont cueillies et séchées lorsqu'elles sont bien épanouies et entrent dans la confection des bouquets et des couronnes. On la sème au printemps, sur couche de préférence, et on repique le plant en pépinière ou en place dès qu'il est assez fort; la floraison est ainsi plus hâtive. On en plante dans les plates-bandes, corbeilles, etc.

L'*I. annuelle* est un peu différente de la précédente; les fleurs violettes, rosées, ou blanches, plus ou moins doubles, sont portées par de longs pédoncules. Les fleurs violettes, cueillies dès leur épanouissement et passées dans une composition chimique, prennent une teinte carminée qu'elles conservent même séchées; c'est sous le nom d'*OEillet de Belleville* qu'on les vend, ainsi préparées. On les sème en septembre, on les repique en pépinière pour les mettre en place au printemps. Choisir et réserver les capitules les plus beaux avec peu de coloris jaunes car ces derniers se reproduisent beaucoup trop dans les *I. à bractées*, et les cueillir lors de leur maturité.

Incarvillée (Incarvillea), Bignoniacées. — On cultive l'*I. de l'abbé Delavay* atteignant $1^m,10$, aux fleurs roses maculées de brun, en juin; l'*I. d'Olga* est plus élancée, d'apparence plus gracieuse; ses fleurs sont roses; l'*I. à grandes fleurs*, rose. Toutes trois sont plantées dans les plates-bandes et dans les pelouses. On les multiplie par semis que l'on conserve sous châssis pour mettre en place au printemps. Les *I. de l'abbé Delavay* peuvent être conservées en pleine terre à condition d'en abriter les touffes. Vivace et bisannuelle.

Ipomée (Ipomœa), Convolvulacées. — Ce sont de charmantes plantes grimpantes, bien connues d'ailleurs. On cultive surtout l'*I. Volubilis* et ses nombreuses variétés de coloris divers. L'*I. à feuilles de Lierre* et l'*I. écarlate* sont également bien jolies. On les sème dès le mois d'avril en godets, sous châssis et dès le commencement du même mois en place, en caisses sur les balcons, près des murailles, tonnelles, etc.

Iris (*Iris*), Iridées. — Ce genre renferme un très grand nombre de belles espèces dont j'examinerai les principales : *I. germanique*, bien connu, à fleurs violettes, dont les rhizomes croissent jusque sur les murs, les toits et les rocailles; de ce genre croisé avec l'*I. varié*, sont sorties de nombreuses variétés offrant les tons les plus ravissants et qui sont connues sous le nom d'*I. des jardins hybrides*. L'*I. nain* à peine haut de 25 centimètres, dont les fleurs violettes s'épanouissent au printemps, a donné naissance à quelques variétés qui diffèrent par la coloration des fleurs; il convient pour former les bordures. L'*I. faux-Acore* est indigène et aquatique, ses fleurs sont jaunes. L'*I. de Suse* a ses fleurs solitaires et gris de Lin, mouchetées de violet. L'*I. de Kæmpfer* et ses variétés sont bien jolies; ses fleurs sont grandes et de colorations diverses; on doit le cultiver, pour l'avoir beau comme plante semi-aquatique. A citer aussi l'*I. à feuilles de Graminée* et l'*I. de Sibérie* pour terminer la série des *I. rhizomateux*.

Parmi les *I. bulbeux* on peut recommander les : *I. Xiphion* et *I. xiphioïde*, délicieusement jolis, de couleurs variées; on les plante dans les plates-bandes et on en fait de jolies potées.

La multiplication s'effectue principalement par sectionnement des rhizomes et division des caïeux. Les *I.* rhizomateux conviennent admirablement pour orner les rochers, talus, etc., et tous peuvent être plantés dans les plates-bandes. Les fleurs coupées ornent très bien les vases.

Ixia (*Ixia*), Iridées. — Délicieuses plantes qu'on ne peut malheureusement cultiver en pleine terre que dans l'ouest et le Midi de la France; sous le climat de Paris on doit se borner à les cultiver en pots, en serre ou sous châssis. On cultive surtout l'*I. maculé*, l'*I. safrané* et les nombreuses variétés. Les oignons doivent être mis en pots en octobre; ils fleurissent en mars et avril. Il faut tuteurer les tiges. Les oignons sont arrachés et conservés dans un endroit sec jusqu'à leur replantation.

Jacinthe (*Hyacinthus*), Liliacées. — Les races des *Jacinthes de Hollande* à fleurs simples et à fleurs doubles, des *J. parisiennes* et des *J. romaines* sont sorties des *J. d'Orient*.

Les variétés du premier groupe sont aujourd'hui très nombreuses, incalculables même et leurs coloris sont des plus divers.

La multiplication des Jacinthes s'effectue par séparation des caïeux, ce qu'on ne fait que pour les *J. parisiennes*. Les *J. de Hollande* dégénérant bien trop vite, il faut mieux acheter les bulbes. La plantation des *J. de Hollande*, des *J. parisiennes* s'effectue en octobre-novembre; on en forme des corbeilles et des bordures délicieuses; les oignons sont arrachés lorsqu'ils sont mûrs; ce qui n'est pas nécessaire pour les *J. parisiennes*. Les *J. romaines* sont cultivées dans le Midi, en pleine terre, mais sous notre climat elles sont seulement forcées en pots. Lorsqu'on veut cultiver les Jacinthes en pots, on les rempote en octobre et on enterre les pots dans une planche. Nous verrons plus loin leur culture forcée et en appartement.

La *J. du Cap* est également cultivée; elle s'élève à plus d'un mètre et ses grandes fleurs blanches s'épanouissent en été; on plante les bulbes en pots.

Choix de Jacinthes de Hollande simples.

Rouges. — *Général Pélissier, Gertrude, Incomparable, Roméo.*
Roses. — *Cavaignac, Gigantea, Moréno, Norma.*
Blanches. — *Albertine, Grand Vainqueur, La Grandesse, Mina, Voltaire.*
Bleues. — *Charles Dickens, Léopold II, Marie, Mimosa, Roi des Bleues, Regulus, Léonidas.*
Jaunes. — *Ida, Héroïne, Obélisque, Yellow Hammer.*

Choix de Jacinthes de Hollande doubles.

Rouges et roses. — *Bouquet royal, Bouquet tendre, Grand conquérant.*
Blanches. — *Anna Bianca, Princesse Alice, Couronne blanche.*
Bleues. — *La Grande vedette, A la mode, Louis-Philippe, Prince Albert.*
Jaunes. — *Jaune suprême, Pure d'or, Bouquet d'orange, Ophir.*

Joubarbe (*Sempervivum*), Crassulacées. — Ce sont des plantes saxatiles par excellence. Il est peu de monde qui ne les connaisse. On cultive surtout les : *J. des toits*,

J. toile d'araignée; *J. hérissée*, *J. de Heuffel*, *J. des sables*, *J. des montagnes*, etc. On les plante principalement dans les rocailles arides et on en utilise plusieurs espèces dans les mosaïcultures d'été et d'hiver. La multiplication s'effectue par la séparation des œilletons.

Julienne (*Hesperis*), Crucifères. — On cultive la **J. de Mahon**, annuelle, et ses variétés *à fleurs lilas, roses, blanches*, dont on constitue de charmantes corbeilles printanières et de délicieuses potées.

Cette plante, haute de 25 centimètres, est semée en septembre et hivernée, soit sous châssis, soit le long d'un mur au midi en l'abritant, pour la mettre en place en avril; on sème aussi en place en avril.

La **J. des jardins**, à fleurs simples, s'élevant à 25 centimètres, et ses variétés *à fleurs doubles, blanches, violettes, rouges*, etc., sont bien jolies. On multiplie les simples par semis au printemps et les doubles par le sectionnement des pieds. On les plante dans un sol fertile et humeux; on en orne les plates-bandes soit en permanence, soit lors de leur floraison. Les fleurs sont estimées pour les bouquets.

Koniga. — (Voir *Alysse*.)

Lagurus (*Lagurus*), Graminées. — Le **L. à épi ovale** est principalement cultivé pour la récolte des épis qu'on utilise dans les bouquets secs et pour l'ornementation des plates-bandes. On les sème en août et l'on hiverne sous châssis, ou bien au printemps, de bonne heure. Les épis, qui s'élèvent à 40 centimètres, sont coupés lors de l'épanouissement des fleurs et traités comme les Agrostides.

Lamier (*Lamium*), Labiées. — On cultive surtout le **L. maculé**, dont les feuilles sont tachetées de blanc et de rose. C'est une plante gazonnante, haute de 30 centimètres, propre à former des bordures et à garnir les talus. On multiplie par sectionnement des touffes. Lorsque les rameaux s'allongent, il est bon de les tondre; il s'en développe d'autres en grand nombre.

Lantana. — (Voir aux *Plantes de serre*.)

Lavatère (*Lavatera*), Malvacées. — On cultive surtout la **L. à grandes fleurs**, aux fleurs d'un rose tendre violacé, et sa variété à *fleurs blanches*, que l'on sème en place au printemps et dont les branches fleuries conviennent pour les grandes gerbes. La *L. en arbre* est décorative par son feuillage *vert* et *vert panaché* dans sa variété. Toutes conviennent pour orner les plates-bandes et les massifs d'arbustes. Elles sont annuelles et la dernière à considérer comme telle.

Leptosiphon (*Leptosiphon*), Polémoniacées. — Ce sont des plantes naines convenant surtout pour constituer des bordures ; on les sème à l'automne, puis on les hiverne sous châssis, et elles sont mises en place au printemps ; on peut aussi semer directement en place au printemps en ayant soin d'éclaircir et de rechausser le plant. On cultive les : *L. jaune d'or*, *L. à fleur d'Androsace*; *L. hybride* et ses variétés à fleurs diversement colorées ; *L. à fleurs roses*; les plantes dépassent rarement 20 centimètres.

Lin (*Linum*), Linées. — On cultive surtout les : *L. à grandes fleurs*, rouge et sa variété à *fleurs roses*, annuel ; *L. vivace* à fleurs bleues, dont les fleurs se succèdent de mai à juillet ; il se multiplie par semis et sectionnement des touffes au printemps. Le premier, qui est plus nain, doit être semé à l'automne et hiverné sous châssis ; ou au printemps, sous châssis et repiqué en place. Tous deux conviennent pour garnir les plates-bandes. Cueillir les graines au fur et à mesure de leur maturité.

Linaire (*Linaria*), Scrophularinées. — Les fleurs en grappes des Linaires ressemblent assez à celles des Muffliers ; ils atteignent en moyenne de 30 à 40 centimètres. On cultive surtout la *L. pourpre* et sa variété à *fleurs blanches* et la *L. aparinoïde*, jaune, dans ce groupe.

On les sème en septembre et au printemps ; on met en place dans les plates-bandes, en mai ; on a des fleurs de juin à septembre.

La *L. Cymbalaire* diffère complètement ; c'est une petite plante sarmenteuse, vivace, saxatile, qui croît sur les murailles, dans les rochers, etc. Aussi l'emploie-t-on dans tous ces cas, ainsi que sur les balcons et pour garnir les suspensions ; ses fleurs sont lilacées. On multiplie de graines et division de touffes, facilement.

Lis (*Lilium*), Liliacées. — Tous les Lis ne sont certainement pas rustiques au même degré, mais la majeure partie peuvent résister si l'on a soin d'abriter l'endroit où ils sont plantés; dans ce dernier cas se rangent les : *L. de Harris, L. à longues fleurs, L. doré du Japon, L. gigantesque, L. à feuilles lancéolées, L. superbe, L. à petites feuilles*, etc. Ceux qui ne demandent pas d'abri sont les : *L. blanc* et ses variétés, *L. Martagon, L. tigré, L. bulbifère, L. du Canada, L. de Humboldt, L. orangé*, etc.

On multiplie les Lis par la séparation des caïeux et par bulbilles; on doit les planter dans un sol sain. La plupart des Lis peuvent être arrachés à l'automne et les bulbes conservés dans des caisses remplies de sable. Cette opération n'est aucunement nécessaire pour les L. rustiques, qu'on peut relever seulement tous les trois ou quatre ans, après leur floraison, lorsqu'on veut les multiplier, pour les replanter de suite, ce qui est nécessaire pour le *L. blanc*.

On cultive les Lis dans les plates-bandes et en pots dans un compost sablonneux et humeux; dans ce dernier cas, chaque bulbe est mis au fond du pot que l'on remplit progressivement au fur et à mesure de l'allongement de la tige qui s'enracine ainsi. Certains sont cultivés pour la fleur coupée, tels les : *L. de Harris* et *L. à feuilles lancéolées*; les horticulteurs ont soin d'enlever les étamines avant de couper les fleurs, pour que le pollen ne les souille pas; ce dernier et ses variétés sont très estimés pour la culture en pots et se vendent beaucoup sur les marchés parisiens. On force aussi les Lis, ce dont je parlerai plus loin. (Voir le chap. LI « *Culture forcée* ».)

Liseron. — (Voir *Belle-de-Jour, Calystégie, Ipomée*.)

Lobélie (*Lobelia*), Lobéliacées. — On cultive beaucoup pour l'ornementation estivale la *Lobélie Érine* à fleurs bleues et ses nombreuses variétés : *L. É. blanche, L. É. blanche compacte; L. É. Crystal Palace; L. É. naine compacte bleue* (fig. 232), etc.; les variétés à *fleurs roses* ont moins d'intérêt. Les Lobélies, les variétés naines surtout, sont précieuses pour la formation des bordures et pour la mosaïculture. Les autres peuvent être utilisées en mélange avec d'autres plantes. La multiplication s'effectue par : semis, boutures et sectionnement de touffes.

Le semis se fait soit à l'automne, soit au printemps, sous châssis; dans le premier cas il faut hiverner les plantes en serre. Les semis de printemps sont faits sous châssis; on repique sous châssis pour mettre en place en mai. (Voir aussi aux *Plantes de serre*.)

Les *L. vivaces* sont plus élevées; on cultive surtout les : *L. écarlate* et variétés, à feuillage rouge et à fleurs rouges

Fig. 232. — Lobélie Érine, naine compacte (*Lobelia Erinus compacta nana*).

ou roses; les *L. brillante*, *L. syphilitique* à fleurs diversement colorées, et enfin la brillante race d'avenir des *L. hybride*, à feuillage vert ou rouge et à fleurs diversement nuancées, dont une des plus jolies variétés est la *L. de Rivoire* à fleurs roses. Conserver les plus belles inflorescences pour la graine.

Lophosperme (*Lophospermum*), Scrophularinées. — Le *L. grimpant* et ses variétés : *L. d'Anderson* et *L. magnifique*, sont des plantes sarmenteuses de grand mérite à fleurs *rose* plus ou moins vif. Ils peuvent garnir les treillages, tonnelles, balustrades, etc. Ils sont vivaces en serre, mais annuels en plein air. Semer en juillet, repiquer en pots et hiverner en serre, ce qui est préférable; ou bien bouturer ou semer en février. Les plantes obtenues par semis en février fleurissent peu ou pas à moins d'un été très chaud.

Lunaire (*Lunaria*), Crucifères. — On cultive principalement la *L. bisannuelle* en vue de la conservation des siliques rondes satinées nommées *Monnaie du pape*, qui entrent dans la confection des bouquets secs. On sème en mai, on repique en pépinière et on met en place au printemps suivant; elle atteint 1 mètre de haut. Les rameaux sont coupés lorsque les siliques sont le plus brillantes et séchées à l'ombre de bas en haut.

Lupin (*Lupinus*), Légumineuses. — Ce sont des plantes très décoratives, à floraison peu soutenue, et dont les fleurs sont très utilisées pour les bouquets; quelques-unes sont vivaces, d'autres sont annuelles. On plante les Lupins dans les plates-bandes, et parfois en groupes dans les pelouses; comme ils résistent assez à la sécheresse, on en cultive sur les balcons et sur les fenêtres. La multiplication se fait par semis directement en place, en avril.

Parmi les vivaces je citerai les : L. *à grandes feuilles*, rouge; L. *polyphylle*, bleu, et ses variétés à *fleurs panachées et blanches*. Voici quelques espèces annuelles : les L. *grand bleu* et variétés; L. *nain* et variétés; L. *changeant* et sa variété *de Cruikshanks*; L. *odorant*, jaune; L. *tricolore élégant*; L. *pubescent*, etc., à fleurs violacées, bleues, roses, etc. selon les espèces et variétés.

Lychnide (*Lychnis*), Caryophyllées. — Plantes excellentes pour la garniture des plates-bandes, rocailles, pelouses, etc., s'élevant, selon les espèces, de 40 centimètres à 1^m,10. A citer les : L. *de Haage*, rouge orangé, et ses variétés *blanches* et *hybride à grandes fleurs*; L. *Croix de Jérusalem*, rouge et variétés à fleurs *roses*, *changeantes*, *blanches*, *doubles rouges* et *blanches*; L. *à grandes fleurs*, L. *éclatante*.

Multiplication par semis sur couche ou en pleine terre au printemps. Repiquer en pépinière ou directement en place; quelquefois les jeunes plantes fleurissent à l'automne; on peut employer la division des touffes au printemps, surtout pour les variétés à fleurs doubles.

Pour la graine choisir les inflorescences les plus belles, les mieux caractérisées et récolter de préférence celles épanouies les premières.

Maïs (*Zea*), Graminées. — On cultive le Maïs à feuilles lamées ou striées de blanc, qui est très décoratif et qu'on plante en isolé et en groupes dans les plates-bandes et sur les pelouses; il atteint jusqu'à 1^m,80. On le sème en mars-avril, sur couche, en pots, et on le met en place en mai,

Jardinage. 33

en ayant soin de bien fumer le terrain. On peut l'associer à des plantes à feuillage coloré, rouge principalement.

Matricaire (*Matricaria*), Composées. — On cultive principalement la *M. inodore à fleurs doubles, blanches*, et celle dite *double blanc de neige*. Ce sont des plantes bisannuelles qu'on sème en septembre et au printemps; on les plante en bordure et dans les plates-bandes et on utilise les fleurs pour les bouquets et les couronnes. On peut également bouturer, sous cloches, à l'automne, les tiges qui n'ont pas donné de fleurs. Recueillir les graines des plus belles fleurs.

Maurandie (*Maurandia*), Scrophularinées. — Charmantes plantes sarmenteuses dont on décore les treillages et qu'on sème à l'automne ou au printemps sur couche, en hivernant celles des semis automnaux en serre. Le bouturage est plus rapide et donne de meilleurs sujets. On prend des boutures sur des pieds-mères conservés en serre, car si les Maurandies sont annuelles dans notre région, elles sont vivaces en serre et dans le Midi; ces boutures sont plantées sous cloches, à chaud et mises en place en mai.
On cultive les : *M. à fleur de Muflier*, rose; *M. de Barclay*, violette, et ses variétés à fleurs *blanches, lilas, écarlate*; *M. toujours fleurie*, rouge violacé.

Mauve (*Malva*, Malvacées. — On cultive les : *M. d'Alger* à fleurs blanc rosé; *M. musquée* rose et *M. à fleurs blanches*; *M. frisée*, dont le feuillage seul est décoratif; *M. rouge*.
On sème les Mauves en pleine terre ou sur couche en mars-avril; on repique en pépinière ou en place en mai; on en décore les grandes plates-bandes, car elles atteignent jusqu'à 2^m,20.

Ményanthe (*Menyanthes*), Gentianées. — Le *Trèfle d'eau* est une charmante plante vivace aquatique, aux fleurs plumeuses d'un blanc rosé. On le multiplie par semis dès la maturité des graines et par sectionnement des touffes, au printemps. On le plante sur le bord des pièces d'eau, en ayant soin de tenir le pied submergé.

Millepertuis (*Hypericum*), Hypéricinées. — On cultive le *M. de Moser* et sa variété *tricolore* à feuillage panaché et le *M. à grandes fleurs*, tous trois à fleurs jaunes; ce sont des plantes vivaces qu'on multiplie avec la plus grande facilité par sectionnement de touffes, drageons, et par boutures, au *printemps*. On en fait des bordures et on en garnit les talus et les rocailles; ils fleurissent tout l'été.

Mimule (*Mimulus*), Scrophularinées. — Ce sont de charmantes plantes herbacées, bisannuelles et vivaces, que l'on traite comme annuelles et bisannuelles. On en compose de très jolies corbeilles au printemps, dont les fleurs s'épanouissent en mai-juin. La multiplication s'effectue par semis que l'on fait en terre sablonneuse en juillet-août sous châssis ombrés; on les repique sous châssis pour les hiverner; la mise en place s'effectue en avril, autant que possible dans un endroit mi-ombragé et dans une terre légère. On peut aussi faire des semis au printemps, dont les fleurs s'épanouissent en juillet, mais elles ont moins d'intérêt. Si l'on veut en constituer des potées, on repique les jeunes sujets en pots.

On cultive les : *M. jaune*; *M. cuivré* et variétés; *M. arlequin*; *M. musqué*; ce dernier plutôt pour l'odeur de ses feuilles; on le plante à l'ombre et on en constitue des potées.

Réserver les plus belles fleurs pour la graine et cueillir les capsules au fur et à mesure de leur maturité.

Mina (*Mina*), Convolvulacées. — Le *M. lobé* est annuel sous le climat de Paris; il garnit admirablement les treillages et donne de jolies grappes orangées. On sème ses graines de très bonne heure, au printemps, en pots et sur couche; on le plante en pleine terre en mai, à bonne exposition et dans un sol riche; la floraison a lieu dès le mois d'août. A citer aussi une nouvelle espèce, le *M. cordata*.

Molène (*Verbascum*), Scrophularinées. — On plante les Molènes dans les corbeilles et dans les plates-bandes et principalement dans les pelouses, sur les talus rocheux; elles s'élèvent de 1 à 2 mètres de haut.

On cultive la *Molène purpurine* et ses variétés à fleurs diversement colorées et la *M. bouillon blanc* à tige et feuilles tomenteuses et à fleurs jaunes. Bisannuelles.

Le semis s'effectue au printemps et en été; on repique les jeunes sujets, que l'on met en place au printemps suivant.

Monarde (*Monarda*), Labiées. — Ce sont des plantes vivaces très intéressantes qu'on plante dans les plates-bandes et par groupes dans les pelouses. On les multiplie par sectionnement des touffes, au printemps et à l'automne.

On cultive la *M. écarlate*, haute de 60 centimètres environ; la *M. fistuleuse* à fleurs roses et ses variétés à fleurs *blanches, pourpres, violettes*, convenant toutes pour les bouquets.

Monnaie du Pape. — (Voir *Lunaire*.)

Montbretia (*Montbretia*), Iridées. — On cultive les *M. à fleurs de Crocosmie* et ses nombreuses variétés à fleurs plus ou moins jaunes ou orangées. On plante les bulbes de Montbretia au printemps, en terre fertile; ou bien on en constitue des potées qu'on met en végétation sous châssis et qu'on plante en isolé dans les corbeilles et dans les plates-bandes où le feuillage et plus tard les fleurs font très bel effet. On peut également en faire des potées dont on avance la floraison, en les mettant en serre, et dont on décore les appartements. Les grappes de fleurs font merveille dans les bouquets. Les arrosages à l'engrais sont excellents. Multiplication par les jeunes bulbes et par semis.

Morelle (*Solanum*), Solanées. — On cultive les Morelles pour leur feuillage, qui est très décoratif, et pour leur port imposant, car elles acquièrent de très grandes dimensions. On en constitue de vastes corbeilles et on forme des groupes sur les pelouses. Les plus utilisées sont : *M. gigantesque*; *M. de Warscewicz*; *M. à feuilles marginées*; *M. robuste*; *M. à feuilles laciniées*. Il me faut signaler aussi la *Morelle faux-Piment* à fruits rouges, connue sous le nom d'*Oranger des savetiers*, la *M. aux œufs*, qui sont décoratives par leurs fruits, et le *S. cornutum* aux fleurs jaunes. On les cultive généralement comme plantes annuelles; on les sème de février en avril sur couche chaude; on les repique en pots et on les met en place en mai-juin. Il faut les planter dans un sol très humeux et même les arroser à l'engrais pour faciliter l'ample développement du feuillage. On pourrait bouturer les six premières, si on en conservait des pieds en serre. (Voir aussi aux *Plantes de serre*.)

Muflier (*Antirrhinum*), Scrophularinées. — Le *M. à grandes fleurs* a donné naissance à trois races : *grande, demi-naine*,

naine Tom-Pouce, dans lesquelles on trouve des coloris très divers : les M. ordinaires atteignent de 50 à 70 centimètres de haut et les variétés naines 20 à 25 centimètres. On les sème : 1° de juin à août en pépinière; on les abrite pendant l'hiver et on les met en place au printemps; 2° de mars à mai en pépinière et on les repique lorsqu'ils ont quelques feuilles. On a de cette façon des fleurs depuis juin jusqu'en octobre.

On les plante dans les plates-bandes, dans les rocailles, sur les murs délabrés, etc.; les fleurs sont précieuses pour les bouquets. Les variétés naines font de ravissantes bordures. J'ajouterai qu'on peut d'avance prévoir la couleur des fleurs; lorsque les tiges sont pâles, les fleurs le seront également; et foncées lorsqu'elles sont fortement colorées.

Muguet (*Convallaria*), Liliacées. — Le M. de mai convient admirablement pour orner les sous-bois et les parties ombragées des jardins. On le plante à l'automne, et on le multiplie par sectionnement des rhizomes, au printemps. On cultive encore les variétés suivantes : *M. à grandes fleurs*, *M. double, blanc et rose*. Le Muguet est couramment forcé, comme nous le verrons au chap. « *Culture forcée* ». Vivace.

Muscari (*Muscari*), Liliacées. — Ce sont de charmantes petites plantes bulbeuses que l'on plante dans les plates-bandes et dont on forme des bordures. On cultive les : *M. à grappe*; *M. odorant*; *M. raisin* et sa variété à *fleurs blanches*; le *M. chevelu monstrueux*; tous sont bleus, ou bleuâtres, sauf le premier, qui tire un peu sur le jaune. On les multiplie par la séparation des caïeux tous les trois ou quatre ans, en août-septembre.

Myosotis (*Myosotis*), Borraginées. — On cultive principalement les : *M. des Alpes*, bleu, et ses variétés à *fleurs blanches et roses, naines roses, blanches, bleues*; *M. des marais*, bleu, et ses variétés à *fleurs bleues et blanches*. On constitue des corbeilles et des bordures du *M. des Alpes* et de ses variétés au printemps; les fleurs coupées sont utilisées pour les bouquets; le *M. des marais* et ses variétés est principalement cultivé dans les parties fraîches des jardins et aux bords des eaux; il est vivace.

Le *M. des Alpes* est semé en juillet-août; on le repique en planches, plusieurs fois même, dans le but de le faire durcir, et on le met en place, soit avant l'hiver, soit au printemps. Pour la graine récolter les plus belles inflorescences épanouies hâtivement.

Narcisse (*Narcissus*), Amaryllidées. — Ce sont de charmantes plantes bulbeuses, qui croissent à peu près partout et qui sont précieuses pour la fleur coupée. Ce sont les tons blancs et jaunes qui se rencontrent dans les fleurs des nombreuses espèces ; voici les principaux : *N. faux-Narcisse* et variétés ; *N. incomparable* et variétés ; *N. des poètes* et variétés ; *N. Jonquille* et variétés ; *N. odorant* ; *N. à bouquets* et variétés ; *N. Bulbocode*.

On les plante en bordure dans les pates-bandes, dans les massifs d'arbustes, dans les pelouses, en pots, etc. ; on les force également.

La multiplication s'effectue par la séparation des caïeux, lors de l'arrachage, qui n'a pas besoin d'être annuel. Toutefois les *N. Jonquille* et *à bouquets*, qui sont un peu sensibles au froid, devront être plantés dans un sol sablonneux et recouverts de feuilles en hiver.

Némophile (*Nemophila*), Hydrophyllées. — Ce sont de petites plantes annuelles s'élevant de 15 à 20 centimètres, que l'on sème et que l'on repique en automne, en pépinière, en abritant l'hiver et en mettant en place au printemps ; on sème aussi sur place d'avril à juin ; la floraison succède à ceux semés à l'automne et on a des fleurs de mai à août. On cultive les : *N. maculé* à fleurs blanches et à œil violet ; *N. remarquable* bleu pâle et ses variétés à fleurs *blanches*, *blanches panachées*, etc. *N. ponctué* à fleurs blanches et sa variété *à œil pourpre*.

Nénuphar (*Nymphæa*), Nymphéacées. — On cultive principalement les : *N. blanc* (fig. 233) et ses nombreuses variétés ; *N. nain* à fleurs blanches ; *N. odorant* à fleurs blanches et roses ; *N. rose de Suède* ; *N. jaune*.

On cultive ces plantes le plus souvent dans des baquets que l'on tient complètement submergés ; ils ornent ainsi admirablement les pièces d'eau ; toutefois, si le fond n'est pas trop profond on peut les planter directement en pleine terre, mais il faut prendre garde qu'ils ne prennent trop d'extension; on les multiplie principalement par sectionnement des rhizomes, le semis étant un peu long.

Fig. 233. — Nénuphar blanc (*Nymphea alba*) (variété à grande fleur).

Nierembergie (*Nierembergia*), Solanées. — Charmantes petites plantes, hautes de 15 à 30 centimètres, que l'on cultive comme plantes annuelles, mais qui sont vivaces en serre. On en fait de jolies bordures et des fonds dans les plates-bandes et dans les corbeilles. On les multiplie de semis sur couche, en mars-avril; on repique sur couche ou en pots pour les mettre en place fin mai; si on en conserve des pieds en serre, on peut en faire des boutures sur couche. Les fleurs se succèdent de mai à octobre.

On cultive les : *N. frutescente*, mauve, et sa variété à fleurs *blanches* et *N. gracieuse* à fleurs violacées.

Nigelle (*Nigella*), Renonculacées. — On plante les Nigelles dans les corbeilles et dans les plates-bandes; leurs fleurs sont très estimées pour les bouquets et les garnitures de vases. On sème les Nigelles en plusieurs fois, depuis le mois de mars jusqu'en juin, en place, en éclaircissant et en rechaussant le plant, que l'on peut du reste repiquer lorsqu'il est tout jeune. Il n'est pas rare que les graines se ressèment d'elles-mêmes et que l'année suivante il apparaisse de jeunes sujets.

On cultive les : *N. d'Espagne* à fleurs bleues et ses variétés à fleurs *blanches* et *pourpres*; *N. de Damas* à fleurs bleues et ses variétés *à fleurs blanches* et *double naine*.

Nyctérinie (*Nycterinia*), Scrophularinées. — La *N. à feuilles de Sélaginelle* convient particulièrement pour constituer des bordures; ses fleurs sont *blanc violacé*. On la multiplie par semis, en septembre; on repique sous châssis pour hiverner le plant, que l'on met en place au printemps; on en constitue de charmantes potées; par ce semis on a des fleurs de mai à juillet; le semis fait sur couche en mars donne des individus qui fleurissent de juillet à octobre.

Œillet (*Dianthus*), Caryophyllées. — Ce genre contient un très grand nombre d'espèces que nous n'étudierons pas toutes, car nous nous en tiendrons aux espèces les plus cultivées.

L'*Œ. Mignardise* est vivace; il est nain et ses fleurs ne sont pas bien grandes. On en fait des bordures et des tapis et on en garnit les rocailles. Les fleurs, très parfumées, sont simples, demi-doubles et doubles selon les espèces et on retrouve les coloris : rose, blanc, pourpré, cramoisi, ponctué, etc. On le multiplie principalement d'éclats en septembre; parfois aussi de semis.

L'*Œ. de poète* ou *Œ. à bouquets* a ses fleurs simples réunies en vastes bouquets; les fleurs affectent des coloris plus ou moins variés, du blanc carné au rouge le plus foncé et au violet; certaines sont pointillées, marginées ou maculées de plus foncé, panachées, à fleurs doubles, etc. On le multiplie par semis faits dès la récolte des graines et par division des touffes; on le plante dans les plates-bandes et on en constitue des bordures.

L'*Œ. Flon* est précieux par sa floraison de mai en octobre; ses fleurs sont petites, rouges, blanches, striées, etc.; on en forme également des bordures, la multiplication s'effectue par sectionnement des drageons à la fin de l'été.

L'*Œ. des fleuristes* est le type d'une section très décorative qui comprend les : *Œ. grenadins*, de couleur rouge ou rose; *Œ. des f. double nain hâtif*, de couleurs unies et variées; *Œ. Marguerite* et ses diverses formes tel que l'*Œ.*

m. *tige de fer* ; c'est un OEillet franchement remontant dont les fleurs se succèdent continuellement, même en hiver, si l'on a soin de rentrer les pieds sous châssis ou en serre.

Sous le nom d'*OE. tige de fer* on cultive une race d'OEillet à fleurs unicolores, se rapprochant comme forme des OE. *flamands* et dont les tiges et pédoncules sont très rigides.

Ces derniers ont les fleurs constituées de pétales larges et non dentés ; ils sont ordinairement de coloris blanc carné d'une ou de deux autres couleurs. Les OE. *de fantaisie* sont plus grands et plus doubles que les OE. *flamands* ; ils sont à fond blanc, ardoisé ou jaune, unicolores, panachés ou striés de couleurs plus foncées.

Les OE. *remontants* présentent des fleurs unicolores et d'autres striées sur fond blanc, jaune ou ardoisé ; ils fleurissent tout l'hiver si l'on a soin de les rentrer en serre.

L'*OE. de la Malmaison* est comme forme et grandeur de fleur, comme force des rameaux, un des plus parfaits du genre ; il est assez varié comme coloris, quoiqu'on rencontre plus souvent les tons blancs et blanc carné. C'est le plus difficile ; aussi doit-on, dans la majorité des cas, le cultiver en pot. On peut par la suppression des boutons axillaires obtenir des fleurs terminales et uniques très volumineuses.

Les OE. *de Chine* sont annuels ou bisannuels. On cultive les variétés doubles de coloris et de formes très diverses. Pour la formation des bordures on cultive surtout les variétés naines. Enfin la race dite *de Hedwig*, à fleurs frangées et laciniées.

On sème les OEillets de Chine en août ; en les repiquant contre un mur bien exposé et en les recouvrant de litière pendant les grands froids, ils passent très bien l'hiver ; on les met en terre ou sur couche et on les repique en place.

La multiplication des OE. *des fleuristes* s'effectue par semis pour les OE. *Marguerite*, *grenadins* et *tiges de fer* ; aux autres races sont appliqués le marcottage et le bouturage, plus rarement le semis. Le marcottage est fait soit en pleine terre, soit en cornet (fig. 44 et 46, p. 97 et 99), de préférence après la floraison ; on a soin de faire une entaille dans la partie qui se trouve enterrée pour provoquer l'émission des racines. On entretient la fraîcheur du sol, et deux mois environ après les marcottes sont enracinées et on peut les sevrer.

Le bouturage est effectué en juillet-août, dans du sable

pur et sous cloches; les boutures sont coupées au-dessous d'un œil et fendues à cet endroit pour faciliter l'enracinement. Ce mode est à préférer au marcottage toutes les fois que l'on veut obtenir un grand nombre de sujets d'un même pied. Ces boutures peuvent passer l'hiver ainsi, mais de préférence elles doivent être rempotées ou plantées sous châssis dès l'enracinement.

Le semis est fait en avril-mai, sous châssis de préférence; les plants sont repiqués dès qu'ils ont quelques feuilles. Certains fleurissent peu de temps après le semis, l'Œillet Marguerite, par exemple.

Quoi qu'on puisse conserver la majorité des Œillets en pleine terre, il est préférable de les hiverner sous châssis froid, ou bien en serre, où ils épanouissent leurs fleurs constamment. La culture en pots leur est très favorable; aussi en orne-t-on les balcons, les fenêtres et les appartements; il est bon, dans ce cas, de les tuteurer. Principalement avec les Œ. *Marguerite* on en constitue de très jolies corbeilles dont les fleurs se succèdent tout l'été. Pour les bouquets, corbeilles, etc., les Œillets sont d'un grand mérite. Il est bon, lorsqu'on a des Œillets crevards, d'entourer le calice d'une bague de caoutchouc qui l'empêche de s'ouvrir, ou bien encore d'ouvrir le calice à plusieurs endroits pour que les pétales s'étalent sur tout le pourtour.

Pour la graine, réserver les Œillets les plus beaux comme fleurs, ayant des qualités comme tenue, floribondité, durée de floraison, etc.; les marquer et cueillir les capsules dès leur maturité.

Œillet d'Inde. — (Voir *Tagète*.)

Onopordon (*Onopordon*), Composées. — Les O. d'*Arabie* et O. d'*Illyrie* sont deux plantes bisannuelles très décoratives dont on constitue de grandes corbeilles et surtout des groupes dans les pelouses. Les tiges et les feuilles sont blanchâtres et épineuses; les fleurs sont d'un rouge violacé. On sème au printemps; on repique en pots et l'on met en place en février; cette première année on jouit d'un beau feuillage, car les plantes ne fleurissent que l'année suivante en juin-juillet.

Opontia (*Opuntia*), Cactées. — On cultive dans les

rocailles sèches, au midi les : *O. de Rafinesque* et *O. vulgaire*; tous deux à fleurs jaunes. On les multiplie de boutures d'articles qu'on repique en terre sablonneuse après que la coupe est parfaitement cicatrisée.

Ornithogale (*Ornithogalum*), Liliacées. — On cultive principalement pour l'ornementation des plates-bandes les : *O. pyramidale* et *O. en ombelle*, toutes deux à fleurs blanches. Elles sont vivaces et on les multiplie par la séparation des caïeux à la fin de l'été, mais pas annuellement.

Osmonde (*Osmunda*), Fougères. — On cultive l'*Osmonde royale*, qui est vraiment jolie; pour la culture et l'emploi, je renvoie à *Fougères*, au chap. « *Quelques cultures spéciales* ».

Oxalide ou **Surelle** (*Oxalis*), Oxalidées. — Ce sont de charmantes plantes généralement vivaces et tuberculeuses, hautes de 10 à 15 centimètres, dont on orne les jardins et dont on constitue de charmantes potées; les fleurs ne s'ouvrent bien qu'en plein soleil. On cultive l'*O. de Deppe* à fleurs rouges; l'*O. florifère* à fleurs roses et sa variété à fleurs blanches; l'*O. corniculée à feuilles pourpres* et à fleurs jaunes, utilisée pour la mosaïculture, dont on forme des tapis et qui croît jusque dans les pierres; l'*O. de Valdivia*, vivace en serre, à fleurs jaunes, et l'*O. à fleurs roses*, toutes deux pouvant être semées chaque printemps. La multiplication des premières s'effectue par semis et par les petits bulbes.

Panicaut (*Eryngium*), Ombellifères. — Ce sont des plantes rappelant les *Pandanus*, mais qui ne sont pas absolument rustiques et qu'il faut avoir soin d'envelopper l'hiver. Certains atteignent jusqu'à 2^m,50 de haut. On les multiplie par le sectionnement des touffes au printemps et par semis. On cultive les : *P. à feuilles de Pandanus, P. à feuilles de Bromelia, P. à épi couleur d'ivoire*. Les planter à bonne exposition et dans un sol chaud.

Panis (*Panicum*), Graminées. — Plantes ornementales par leur feuillage ou par leur chaume. On cultive le *P. de Guinée*, haut de 2^m,10, qu'il faut couvrir l'hiver; le *P. effilé*, moins haut, qu'on multiplie tous deux par division de touffes, vivaces; le *P. capillaire*, qu'on multiplie par semis et dont les chaumes sont utilisés dans les bouquets.

Pâquerette (*Bellis*), Composées. — La P. vivace est précieuse à cause de sa floraison vernale et de sa rusticité. On cultive les variétés à fleurs doubles : *blanches, roses, rouges tuyautées*. On les sème en juin-juillet; on repique en août et on peut mettre en place à l'automne ou au printemps. La division des touffes se fait après la floraison; on peut sectionner les touffes autant de fois qu'il y a de rosettes de feuilles.

On plante les Pâquerettes en bordure dans les corbeilles et dans les plates-bandes pour l'ornementation printanière.

Pavot (*Papaver*), Papavéracées. — Parmi les espèces annuelles, on cultive les : *P. Coquelicot*, atteignant 60 centimètres, et ses variétés à fleurs doubles et diversement colorées; *P. maculé*, à fleurs simples et à fleurs doubles; *P. Tulipe* à fleurs rouges; *P. somnifère*, et ses variétés à fleurs et naines, et principalement le *P. Danebrog*. On les sème au printemps en place, ou en septembre en pépinière, en repiquant en pépinière pour mettre en place au printemps, dans les plates-bandes; les fleurs coupées font très bien dans les bouquets.

Parmi les P. vivaces les suivants méritent d'être cultivés : *P. à tige nue* et *P. des Alpes*, surtout pour garnir les rochers. Le *P. à bractées* et le *P. d'Orient*, dont les fleurs sont très grandes et de coloris divers; ils conviennent surtout pour former des groupes dans les pelouses, car ils atteignent parfois une hauteur de 1^m,50. Enfin les *P. Cambrique* et le *P. safrané* et ses variétés *à fleurs simples* et *à fleurs doubles* à coloris divers sont délicieusement jolis. Multiplication par sectionnement des touffes et par semis de préférence. Réserver les plus belles fleurs pour la graine.

Pennisetum (*Pennisetum*), Graminées. — C'est une charmante Graminée que le *P. à long style*, sa variété à *épillets violets* et surtout cette espèce nouvelle le *P. Ruppellii*. Les épis sont très décoratifs, et on les utilise beaucoup dans les compositions florales. Ils atteignent 60 à 70 centimètres et peuvent être plantés dans les corbeilles, plates-bandes, grands vases, etc. Les épis peuvent aussi être traités à la façon des Agrostides et entrer dans les bouquets secs. On sème sur couche en mars, on repique en place en avril, dans un sol humeux ; la plante est à peu près entièrement développée peu de temps après. En rentrant des pieds mères en serre, en les divisant et les rempotant de bonne heure, on peut les mettre en place en avril-mai et ils font de suite beaucoup d'effet. Recueillir les plus beaux épis pour la graine. Annuel ; vivace en serre.

Pensée (*Viola*), Violariées. — Est à la fois bisannuelle et vivace. On cultive toute une série de races de Pensées, qu'il serait trop long de passer en revue ; ces Pensées sont *unicolores* et, dans ce cas, on trouve ces coloris : blanc, bleu, bleu faïence, jaune, bleu foncé, pourpre, etc. ; ou *multicolores*. Dans les Pensées à *grandes macules* on trouve tous ces coloris en plus des *P. tricolores panachées, striées, demi-deuil*, etc. La race *Trimardeau* renferme aussi de beaux types.

On sème les Pensées d'août en septembre dans une planche terreautée, on les repique en pépinière une ou deux fois et on les met parfois en place avant l'hiver ; c'est l'époque la plus favorable, car les semis de printemps ne donnent pas d'aussi bons résultats.

On constitue des corbeilles et des plates-bandes avec les Pensées, et pour cet emploi je recommanderai principalement les variétés unicolores ; la floraison commence en mars, mais est surtout jolie d'avril à juin. Si l'on voulait avoir des fleurs tout l'hiver, il suffirait de recouvrir les planches de panneaux et de faire des réchauds lors des grands froids. On peut aussi multiplier les Pensées de boutures et de drageons, ce qui est peu usité. Réserver les premières, les plus franches et les plus belles fleurs pour la graine et cueillir les capsules dès leur maturité.

Pentstémon (*Pentstemon*), Scrophularinées. — Ce sont des plantes que l'on utilise beaucoup pour l'ornementation des corbeilles et des plates-bandes, principalement le *P. de Hartweg*, ses variétés, et principalement la race *hybride à grandes fleurs*. Ce sont des plantes annuelles en plein air et vivaces en serre. On les multiplie de semis au printemps ; on peut aussi les bouturer en septembre et les hiverner sous châssis ou en serre. Récolter les graines des fleurs les plus belles et les plus hâtivement épanouies.

Perce-neige. — (Voir *Galantine*).

Persicaire (*Polygonum*), Polygonées. — On cultive principalement les *P. à feuilles cuspidées* et *P. de Sakhalin*, qui atteignent jusqu'à 3 mètres de haut, pour isoler dans les pelouses. On les multiplie par le sectionnement des rhizomes. Elles sont toutes deux vivaces. Parfois, la *P. du Levant*, qui est annuelle, et ses variétés sont utilisées dans les grandes plates-bandes et corbeilles; on les sème au printemps.

A recommander le *P. baldschuanicum*, qui est une plante grimpante encore peu cultivée, très décorative, atteignant 5 à 6 mètres, et qui se couvre d'inflorescences aux fleurs d'un blanc rosé. Les tiges sont annuelles et repartent de la souche chaque printemps. Multiplication par bouture d'yeux comme pour la Vigne.

Périlla (*Perilla*), Labiées. — On cultive pour l'ornementation des jardins le *P. de Nankin* et ses variétés plus ou moins naines et le *P. d. N. feuilles laciniées*. Le feuillage est brun noirâtre, et à cause de cette coloration un peu sombre je me dispenserai de les recommander. On sème les graines en mars-avril sur couche; on repique en pots ou en pleine terre, sous châssis; pour mettre les plantes en place en mai.

Pervenche (*Vinca*), Apocynées. — On cultive la *P. grande* à fleurs bleues et ses variétés *à fleurs blanches* et *à feuilles panachées*. On en forme des bordures et on les plante sur les talus et dans les rocailles fraîches qui avoisinent les cours ou les chutes d'eau; on peut aussi en faire de délicieuses suspensions. La *P. petite* est employée, ainsi que ses variétés, comme la précédente, et on en forme des tapis dans les endroits ombreux. Toutes deux sont vivaces et sont multipliées par stolons, sectionnement de touffes, etc.

Pétunia (*Petunia*), Solanées. — Les Pétunias cultivés sont issus de deux espèces : le *P. à fleurs odorantes* et le *P. à fleurs violettes*. Les coloris des Pétunias varient beaucoup; il existe des variétés *unicolores* et d'autres qui sont *multicolores*; ces coloris sont et dérivent de toute la gamme entre le blanc et le rouge pourpre.

Ils sont très employés pour l'ornementation des jardins,

balcons, fenêtres, ainsi que pour la culture en pots ; dans ce dernier cas les variétés naines et doubles sont toutes désignées. Mais ce qu'on connaît peu du Pétunia, c'est son utilisation comme plante grimpante le long des massifs d'arbustes, treillages, etc. ; alors il ne faut n'employer que

Fig. 234. — Pétunia hybride à très grande fleur et large gorge (*P. hybrida superbissima*).

les variétés hybrides à grandes fleurs. Pour la garniture des corbeilles estivales, il faut choisir de préférence les variétés naines qui tiennent et fleurissent mieux dans ces conditions.

On cultive les *P. hybrides* et ses variétés : *à grandes fleurs et à fleurs doubles* ; *P. à très grande fleur et à large gorge*, (fig. 234); *P. à fleurs doubles et à fleurs doubles frangées* ; *P. nain compact*, etc. On sème les Pétunias sur couche au printemps, on repique en pépinière et on les met en place en mai. Les variétés à fleurs doubles sont principalement multipliées de boutures au printemps. Pour avoir de belles fleurs sur ces dernières, il faut presque constamment les **cultiver sous verre**. Réserver les plus belles fleurs pour la graine qu'il est encore bon de féconder artificiellement pour avoir de meilleurs résultats. Pour la graine de choix, mettre des sujets en pots et sous châssis très aérés.

Phalaride (*Phalaris*), Graminées. — On cultive la P. Roseau à feuilles panachées, plus connu sous le nom de *Chiendent panaché*, pour faire des bordures, garnir les rochers, rocailles, talus arides, etc. Le feuillage est employé pour les bouquets et pour garnir les vases.

Phlox (*Phlox*), Polémoniacées. — On cultive les P. *vivaces*

Fig. 235. — Phlox vivace hybride (*P. hybrida*).

hybrides (fig. 235) (vivaces) et les P. *de Drummond* (annuels); ce sont des plantes très ornementales, chacune de leur côté.

Les premiers s'élèvent jusqu'à 90 centimètres; les panicules de fleurs blanches jusqu'au violet le plus foncé et au rouge le plus foncé *unicolores* ou *oculées*, s'épanouissent de juin à octobre. On en décore les plates-bandes, on en fait des groupes et on les cultive beaucoup pour la fleur coupée. La multiplication s'effectue le plus souvent par sectionnement des touffes et parfois par boutures. On doit les planter dans un bon sol meuble, et si l'on veut avoir de belles touffes plus naines appliquer un ou deux pincements lorsque les tiges n'ont encore que 6 à 12 centimètres.

Les *P. de Drummond* sont annuels; on trouve chez eux des variétés *à fleurs oculées*, *étoilées*, *frangées*, *cuspidées*, *doubles*, etc., de toutes nuances, ainsi qu'une race *naine*. On les multiplie par semis qui se font : 1° en mars sur couche; on repique en pépinière ou en godets et on met en place en mai; 2° en avril, sur place, il faut éclaircir et rechausser le plant et on n'obtient encore que des individus peu ramifiés. Les semis faits en septembre et dont des plants sont repiqués sous châssis pour y passer l'hiver, fournissent les plantes les plus trapues, au printemps, mais sont assez dispendieux. Lorsqu'on veut en faire des potées, on les sème en pots, en ayant soin l'éclaircir et de rechausser le plant; ou on les repique en pots, ce qui est préférable. Réserver les plus belles inflorescences pour la graine.

Je ne saurais passer sous silence le *P. divariqué* aux belles fleurs bleues, que l'on doit hiverner sous châssis, mais dont on fait depuis un an de si jolies corbeilles printanières dans les jardins publics de Paris.

On cultive parfois aussi les : *P. subulé*, *P. sétacé*, *P. printanier*, qui sont des plantes vivaces, basses, aptes à faire des bordures et à garnir les rocailles.

Pied-d'alouette (*Delphinium*), Dauphinelle, Renonculacées. — Les *Pieds-d'alouette* annuels cultivés sont les : *P.-d'a. des blés à fleurs doubles* et ses deux races *double nain* et *impérial*; *P.-d'a. des jardins* et ses races : *grand double* et *nain double*. Dans toutes les races on trouve les coloris du blanc au brun et au violet.

On sème ces plantes de mars à mai en pépinière et on les repique en place; les semis faits en septembre et repiqués en planches donnent de très bons résultats. Beaucoup d'auteurs recommandent de ne pas repiquer; on peut cependant le faire, mais de très bonne heure, lorsque les jeunes plants n'ont que quelques feuilles; les *Pieds-d'alouette des blés* sont ceux qui s'en accommodent les mieux. On plante les *Pieds-d'alouette* dans les plates-bandes. Les fleurs sont précieuses pour les bouquets et les garnitures florales.

Les *P.-d'a. brillant* et *P.-d'a. élevé* sont vivaces; eux et leurs variétés, ainsi que les *P.-d'a. vivace hybride*, sont tout indiqués pour garnir les plates-bandes et pour former des groupes dans les pelouses et aux abords des jardins alpins. On trouve chez eux des tons bleus ravissants; je trouve les variétés doubles moins jolies. On les multiplie par semis et par sectionnement des touffes. Leurs fleurs sont très appréciées pour les garnitures florales.

Le *P. d'a. à tige nue* (*D. nudicaule*), à fleurs rouges est fréquemment cultivé pour décorer les rocailles.

Pigamon (*Thalictrum*), Renonculacées. — On cultive principalement le *P. à feuilles d'Ancolie* à fleurs blanches et ses variétés à fleurs *rose lilacé* et *lilas purpurin* et le *P. à feuilles étroites*. Ce sont des plantes très élégantes, vivaces, s'élevant jusqu'à 1 m. 25, dont on forme des groupes dans les jardins. La multiplication s'effectue par semis et par sectionnement des touffes.

Piment (*Capsicum*), Solanées. — Quelques-uns des Piments cultivés au potager peuvent prendre place dans le jardin d'ornement grâce à leurs fruits, qui sont très décoratifs. On choisit surtout les : *P. à bouquets*, *P. cerise*, *P. chinois*, *P. du Chili*, etc. On les cultive comme au potager (voir page 218); on les plante dans un endroit très chaud et on ne leur ménage pas l'eau.

Pivoine (*Pæonia*), Renonculacées. — La *P. de Chine* est une des plus belles espèces du genre; ses fleurs odorantes, simples dans l'espèce, mais doubles et de teintes très variées allant du blanc carné au rouge dans ses variétés, sont portées par de longs et solides pédoncules, et se dégagent bien du feuillage; c'est ce qui leur fait donner la préférence surtout pour la fleur coupée. Ces fleurs sont réunies par plusieurs sur une même tige. Les plantes forment de belles touffes.

On rencontre cependant davantage la *P. officinale*, qui a

également donné naissance à plusieurs variétés; elle est cependant moins jolie et moins élégante.

La *P. à petites feuilles* (*P. tenuifolia*) ne manque pas d'intérêt, ses fleurs rouges ou roses, selon les variétés, se détachent parfaitement du feuillage, qui est gracieux. On voit encore parfois la *P. de Wittmann*, simple. On multiplie les Pivoines par fractionnement des grosses souches, après la floraison, ce qu'il ne faut faire qu'à de longs intervalles, car cela les fatigue toujours. Il est bien préférable de laisser les touffes cinq ou six années à la même place et de les changer après la floraison; si on fait ce travail au printemps, on annule celle-ci. On les plante dans les grandes plates-bandes et par groupes sur les pelouses. Elles affectionnent un bon sol profond; cependant elles poussent dans tous les terrains.

Pois odorant ou **Pois de senteur**. — (Voir *Gesse*.)

Polémoine (*Polemonium*), Polémoniacées. — On cultive surtout la *P. bleue* et ses variétés *à grandes fleurs bleues, à fleurs bleues, à fleurs blanches, naine à grandes fleurs bleues*; elles atteignent de 20 à 60 centimètres. On les plante dans les plates-bandes, pelouses et rocailles. Vivace.

Polypode (*Polypodium*), Fougères. — On cultive le *P. vulgaire* et quelques variétés qui conviennent surtout pour les rocailles artificielles. Vivace. (Voir *Fougères*).

Pontédérie (*Pontederia*), Pontédériacées. — On cultive la *P. à feuilles en cœur*, qui est une jolie plante aquatique, autant par son feuillage que par ses fleurs bleues. Elle atteint 60 centimètres de haut; on la plante sur le bord des étangs et des pièces d'eau assez profonds pour que la congélation de l'eau ne l'atteigne pas; on peut aussi la planter en bac.

Potentille (*Potentilla*), Rosacées. — On cultive la *P. couleur de sang* qui a donné naissance aux variétés *hybrides à fleurs doubles*, qui se tiennent parfaitement et dans lesquelles on trouve plusieurs coloris. Ces plantes atteignent jusqu'à 60 centimètres. On les plante dans les plates-bandes. La multiplication s'effectue par semis et par sectionnement des touffes. Les fleurs sont appréciées pour les bouquets. D'autres espèces moins jolies sont utilisées dans la **garniture des rochers.**

Pourpier (*Portulaca*), Portulacées. — On cultive le P. à *grandes fleurs* et ses nombreuses variétés simples et doubles de couleurs très diverses. On les plante dans les plates-bandes, corbeilles, etc., en tapis. Ils viennent partout, même dans les sols les plus secs et sur les balcons.

On les sème en place ou en pépinière en avril-mai; si le semis est fait en place, il faut avoir soin d'éclaircir le plant et de le rechausser. Si l'on veut avoir des fleurs plus tôt, on peut faire le semis en mars sous châssis; on repique en pots, en pépinière ou directement en place. Récolter les graines au fur et à mesure de leur maturité.

Primevère (*Primula*), Primulacées. — On cultive la P. *des jardins* et surtout la P. *des jardins hybride*, race nouvelle, qui lui est supérieure et leurs nombreuses variétés; la P. *à grandes fleurs* et P. *à grandes fleurs doubles*; la P. *Auricule à fleurs simples* et *à fleurs doubles*; la P. *du Japon*, qui est une des plus jolies et des plus florifères; la P. *cortusoides agréable* (P. c. var. *amoena*); P. *à feuilles dentelées*; P. *acaule bleue*, etc. Dans la majorité des Primevères que je viens d'énumérer on trouve des coloris très variés.

On multiplie les Primevères par semis au printemps et par sectionnement de touffes après la floraison ou à l'automne. Quoique les espèces que je viens d'énumérer soient rustiques, il est parfois bon d'hiverner sous châssis quelques pieds du P. *Auricule*, du P. *cortusoides* et du P. *du Japon*, principalement si la plantation est faite dans un terrain un peu humide. On constitue de charmantes bordures, des corbeilles et des tapis dans les endroits ombrés avec les Primevères; certaines, telle la P. *du Japon*, font de jolies potées. Vivaces. (Voir aussi aux *Plantes de serre*.)

Pyrèthre (*Pyrethrum*), Composées. — On cultive le P. *Parthenium à feuilles dorées* et de nombreuses formes de celui-ci, tels que le P. P. *à feuilles de Séluginelle*, le P. P. *mousse*, etc., que l'on traite comme les plantes annuelles en le semant au printemps, sur couche. On l'utilise beaucoup pour faire des bordures et pour la mosaïculture et, dans ces divers emplois, il faut le tailler et le pincer assez souvent pour l'empêcher de fleurir.

Quelques autres variétés *à fleurs blanches*, *à grandes fleurs* de cette espèce, offrent quelque intérêt et sont souvent plantées dans les plates-bandes.

Le *P. rose* et ses variétés, à fleurs *doubles, blanches, rouges, pourpres, roses*, etc., qu'on plante dans les plates-bandes et en groupes sur les pelouses. Il est très décoratif et ses fleurs coupées durent longtemps et sont très appréciées pour les bouquets. On le multiplie par sectionnement des touffes en octobre.

A citer aussi par sa valeur comme plante gazonnante, le *P. de Tchihatcheff*, à beau feuillage vert, ne craignant pas la sécheresse et poussant dans tous les terrains.

Reine des prés. — (Voir *Spirée Ulmaire*.)

Reine-Marguerite (*Callistephus*). Composées. — Je n'ai pas ici à faire l'éloge de cette plante, qui est assez connue. On peut en faire de très jolies corbeilles ; elle se prête à la transplantation, ce qui permet de la mettre en pots au moment de la floraison pour en orner les fenêtres et les balcons ; et, enfin, ses fleurs sont très utiles pour la confection des bouquets et des couronnes. Aussi en fait-on des cultures considérables ; des centaines d'hectares sont consacrés à sa culture pour graines ; j'en ai vu en Allemagne des champs entiers de vingt-cinq hectares ! Et toute cette graine se vend.

Les Reines-Marguerites présentent une grande série de races dont je n'examinerai que quelques-unes, celles qui méritent le plus la culture. On trouve presque dans chacune d'elles le blanc au bleu, au rouge, au violet, par toutes les teintes intermédiaires les plus franches et les plus pures ; et si le jaune franc n'existe pas encore, car ce qu'on a mis au commerce et annoncé comme ayant ce coloris n'a encore qu'une teinte crème jaunâtre, même la variété *aurea*, il ne saurait tarder à apparaître franchement. Si par la culture on est arrivé à obtenir des formes et des coloris nouveaux, ces améliorations n'ont pas été sans avoir d'effets sur les tailles des plantes, car on possède aujourd'hui des plantes naines et très naines, demi-naines et de taille ordinaire. Toutefois, celles qui sont par trop naines ne sont pas recommandables, car, avec leur aspect ratatiné, la plupart du temps elles manquent complètement de grâce ; celles qui ont moins de 15 à 18 centimètres de **haut sont généralement dans ce cas.**

La R.-M. *Reine des Halles* est hâtive, fleurit en juillet; elle fut obtenue par la maison Forgeot; à côté d'elle viennent de *R.-M. Parisienne hâtive*; parmi les plus tardives, voici un bon choix de races : *R.-M. triomphe des marchés*; *R.-M. demi-*

Fig. 236. — Reine-Marguerite Comète.

naine multiflore; *R.-M. Comète* (fig. 236), une des plus belles entre toutes; *R.-M. plume d'Autruche* aux ligules frisotés; *R.-M. japonaise*; *R.-M. Victoria*; *R.-M. imbriquée*; *R.-M. Anémone*; *R.-M. à fleur de Chrysanthème*; *R.-M. couronnée*. A citer aussi une récente introduction, la *R.-M. de Chine*, à très grandes fleurs simples s'épanouissant tardivement.

On sème les R.-M. depuis le mois de mars jusqu'en juin-juillet, en semant d'abord les variétés très hâtives, de façon à voir des fleurs depuis les premiers jours de juillet jusqu'aux gelées; les premiers semis sont faits sous châssis, parfois aussi les premiers repiquages. Mais, en général, on les repique en planches terreautées, en pépinière; le second repiquage en motte est fait en place. Ces transplantations sont très favorables en ce sens qu'elles augmentent notablement le chevelu et, de ce fait, la vigueur des sujets, la beauté et l'ampleur des fleurs. Les arrosages et les binages ne doivent pas être épargnés pendant la végétation; si on peut le faire, un bon paillis est très favorable, ainsi que les arrosages à l'engrais. On peut lever les plantes lorsqu'elles sont boutonnées et même en fleurs, sans que cela leur nuise aucunement, soit pour les mettre en pots, soit pour en constituer des corbeilles.

Pour la récolte des graines, il faut choisir les fleurs les mieux caractérisées, les marquer et les cueillir dès leur maturité; on prend généralement celles qui se sont épanouies en premier.

Renoncule (*Ranunculus*), Renonculacées. — On cultive les races et les nombreuses variétés des: *R. des fleuristes* et *R. Pivoine*, dont les fleurs sont aussi jolies que diversement colorées.

La culture n'est pas aussi compliquée qu'on voulait le faire croire à une époque antérieure.

Les *griffes* ou *pattes* sont plantées dans un sol profond et sain en mars-avril sous le climat parisien, à l'automne dans le Midi. Les fleurs s'épanouissent de mai à juillet. Il faut certainement arroser pendant la végétation s'il fait sec. Les griffes sont arrachées en juillet-août, et placées au sec jusqu'à l'année suivante et même jusqu'à la seconde année. La multiplication s'effectue par semis au printemps et par sectionnement des griffes.

On forme avec les Renoncules de délicieuses corbeilles, de même qu'on emploie beaucoup leurs fleurs dans les bouquets.

On cultive encore la *R. aquatique* et la *R. grande Douve* qui toutes deux sont vivaces et aquatiques et dont on orne les pièces et les cours d'eau.

Renouée. — (Voir *Persicaire*).

Réséda (*Reseda*), Résédacées. — On cultive le Réséda plutôt pour l'odeur de ses fleurs que pour leur aspect brillant; ce sont surtout les variétés suivantes du *R. pyramidal à grandes fleurs* que l'on cultive : *pyramidal Machet, pyramidal nain compact, pyramidal à grandes fleurs rouge saumoné*; ce dernier principalement, dont les fleuristes apprécient surtout les potées.

Quoique vivace, on le cultive comme plante annuelle. On le sème dès février à avril en godets; on ne laisse qu'un plant par godet; on le rempote plus tard dans de plus grands pots; pour la culture en pleine terre, on sème en place d'avril à juillet, pour avoir des fleurs constamment et on éclaircit le plant lorsqu'il a quelques feuilles. Il reprend mal étant repiqué. Pour avoir des fleurs l'hiver, on sème de nouveau en godets en septembre et on hiverne sous châssis et en serre. Réserver et cueillir pour la graine les plus belles inflorescences les mieux caractérisées.

Rhodanthe (*Rhodanthe*), Composées. — On cultive la *R. de Mangles* à fleurs *roses, blanches, maculées et doubles*. On sème sur couche en terre sablonneuse en mars-avril et on repique en place. Pour la culture en pots, on repique une quinzaine de pieds par pot de 12 à 14 centimètres de diamètre qu'on laisse sous châssis jusqu'en mai; ces potées ornent les balcons, les fenêtres et les appartements. Les fleurs séchées entrent dans les compositions perpétuelles.

Rhubarbe (*Rheum*), Polygonées. — On cultive pour l'ornementation des pelouses, talus, bords de ruisseaux, etc. les : *R. ondulée, R. officinale, R. palmée*. On la multiplie par division des touffes.

Richardia. — (Voir aux *Plantes de serre*). Peut passer l'hiver en plein air, à condition que les pots se trouvent enfoncés dans l'eau au-dessous du niveau de congélation.

Ricin (*Ricinus*), Euphorbiacées. — Pour isoler, former des groupes dans les pelouses et planter dans les grandes corbeilles et plates-bandes, on cultive principalement les : *R. grand, R. de Zanzibar, R. pourpre, R. de Gibson, R. sanguin*. On les sème en mars-avril, sur couche, et on les met en place en mai-juin, dans un sol bien fumé. En attendant ce moment, on les met en pots plus ou moins grands pour ne pas arrêter leur végétation.

Rose trémière (*Althæa*), Malvacées. — Quoique vivaces, les Roses trémières sont principalement cultivées comme plantes bisannuelles. Ce sont surtout les doubles qui sont préférées; on les plante dans les plates-bandes, contre les murs, et on en forme des groupes dans les pelouses; partout elles font très bon effet et forment des élancés qui ne manquent pas d'élégance. On les sème en mai-juin en planches; on les repique en pépinière et on les met en place à l'automne ou de très bonne heure au printemps. Si on veut en conserver une ou deux variétés scrupuleusement, on bouture les pousses de la souche; mais on n'obtient pas par ce procédé des plantes aussi vigoureuses. Nous ne nous arrêterons pas à examiner les coloris, qui sont très variés et vont du blanc et du jaune au pourpre noirâtre.

Roseau (*Arundo*), Graminées. — On plante sur les pelouses et principalement près des eaux l'*A. Canne de Provence* et sa variété à *feuilles panachées*, qui y font très bon effet. On le multiplie par sectionnement de touffes.

Rudbeckie (*Rudbeckia*), Composées. — On cultive les : *R. élégante*, *R. de Drummond*, *R. pourpre*, à fleurs jaunes, marron ou purpurines, toutes trois vivaces et qu'on plante dans les pelouses, dans les plates-bandes, etc.; les nouveaux : *R. laciniée à fleurs doubles*, haute de 1 m, 20; *R. bicolore superbe*, haute de 40 centimètres, touffu; et la *R. amplexicaule*, qui est annuelle. Cette dernière se multiplie par semis, au printemps, et les trois autres par sectionnement des touffes.

Safran (*Crocus*), Iridées. — On cultive principalement le *Safran du printemps*, dont on possède maintenant toute une série de jolies variétés diversement colorées. On plante les Safrans aux mois de septembre et octobre, dans un sol sain, en les rapprochant assez, tous les 6 à 8 centimètres. On arrache les oignons chaque année, en juin et en procédant de suite à la séparation, opération qui peut être faite également lors de leur replantation. On en constitue de délicieuses bordures; on peut aussi émailler le gazon de leurs fleurs en en plantant dans les pelouses. En appartement, on cultive beaucoup les Crocus dans de la mousse et dans différents vases, à la manière des Jacinthes.

Bonnes variétés. — *Drap d'or, grand jaune, avalanche, Albion, Othello, Prince Albert, Rubens, lilaceus.*

On cultive moins le S. *d'automne*, que l'on plante en juin-juillet et que l'on arrache au mois de mai.

Sagine (*Sagina*), Caryophyllées. — La S. *subulée* est une charmante petite plante gazonnante à feuillage vert et à fleurs blanches, propre à faire des bordures, à garnir les talus, rocailles et corbeilles en mosaïculture. On la multiplie par sectionnement des pieds et par semis au printemps.

Sagittaire (*Sagittaria*), Alismacées. — On cultive la S. *de Chine* et la S. *Flèche-d'eau* ainsi que ses variétés *à fleurs doubles* et *à larges feuilles*. Ses fleurs blanches s'épanouissent de juin à septembre. On multiplie par sectionnement des touffes que l'on plante en bac ou dans le fond d'une pièce d'eau. Vivace, aquatique.

Salicaire (*Lythrum*), Lythrariées. — Plante semi-aquatique dont on orne principalement les abords des pièces et des cours d'eau. On cultive la S. *commune* et ses variétés *à fleurs rose pourpré*, et *à feuilles tomenteuses*; elles atteignent 1ᵐ,60; les fleurs s'épanouissent de juillet à septembre. Multiplication par sectionnement de touffes et par semis.

Salpiglossis (*Salpiglossis*), Scrophularinées. — On cultive le S. *à fleurs changeantes* et ses nombreuses variétés hybrides, naines, de coloris très variés. On les sème en place dans un terrain un peu sec; les fleurs s'épanouissent de juin à août. Annuelle.

Santoline (*Santolina*), Composées. — On cultive la S. *Petit-Cyprès* pour faire des bordures et pour la mosaïculture. C'est une plante vivace à feuillage blanchâtre qui supporte très bien la taille, ce qui la rend propre à ces divers emplois. On la multiplie par sectionnement des touffes et par boutures.

Sanvitalie (*Sanvitalia*), Composées. — On cultive la S. *rampante* et ses variétés, dont on compose des bordures et des tapis, ses fleurs s'épanouissent en juin, mais si on a soin de les supprimer dès qu'elles sont défleuries, la floraison est continue. On sème en mars-avril sur couche ou en pleine terre; on repique en pépinière et on met le plant en place en mai.

Saponaire (*Saponaria*), Caryophyllées. — On cultive la S. *de Calabre* et ses variétés à fleurs *blanches*, *rouges* et *naines* de mêmes couleurs, dont on fait des corbeilles et des bordures printanières. On sème généralement en septembre, on repique en pépinière, on abrite pendant l'hiver et la mise en place s'effectue au printemps. Les semis faits au printemps donnent une floraison plus tardive.

On cultive aussi la S. *Faux-Basilic* et la S. *officinale*, qui sont vivaces, la première naine, la seconde haute de 80 centimètres.

Sauge (*Salvia*), Labiées. — Parmi les espèces les plus ornementales on cultive les : S. *éclatante* et sa variété *Ingénieur Clavenad*, qui à l'automne se couvrent de fleurs et de bractées fulgurantes et sont très estimées pour l'ornementation des jardins. De nombreuses variétés, mises récemment au commerce, sont bien plus naines et à floraison plus hâtive; ce sont : *Alfred Ragueneau*, *Jules Chrétien*, etc.

On cultive aussi la S. *bleue* et la S. *farineuse*, qui sont vivaces.

On sème les Sauges éclatantes au printemps, on repique en pots et on met en place en mai. On en rentre aussi des pieds à l'automne en serre tempérée, sur lesquels on prend des boutures au printemps. Cette Sauge est incontestablement une des meilleures plantes pour l'ornementation estivale des jardins. Réserver pour la graine les inflorescences les plus belles et les plus hâtivement épanouies.

Saxifrage (*Saxifraga*), Saxifragées. — Ce sont de très bonnes plantes vivaces, propres à garnir soit des bordures, soit à planter parmi les rocailles. Dans les plates-bandes on plante aussi la S. *à feuilles en cœur*, la S. *à feuilles ligulées* et la S. *à feuilles épaisses*, la S. *Cotylédon*; enfin la S. *sarmenteuse* et sa variété *tricolore* conviennent très bien pour former des suspensions. Presque toutes fleurissent au printemps.

Dans les rocailles on plante surtout ces dernières et les : **S. *Aizoon*, S. *hipnoïde*, S. *ombreuse*, S. *d'Andrews*, S.**

aizoïde, S. apiculata, etc. Enfin la *S. de Huet* est une charmante espèce annuelle à fleurs jaunes qu'on plante dans les rocailles et dont on fait de charmantes bordures de corbeilles printanières. On la multiplie par semis en septembre ; on repique et on hiverne sous châssis.

Les *S. vivaces* se multiplient par boutures et par sectionnement de touffes à l'automne ; on peut également multiplier de semis faits en terrines.

Scabieuse (*Scabiosa*), Dipsacées. — On cultive moins en France qu'en Allemagne la *S. des jardins* et ses nombreuses variétés, *grande, demi-naine, naine à grandes fleurs* de coloration très diverses. On peut la planter dans les plates-bandes, en former des groupes. Ses fleurs sont aptes à la confection des bouquets et des couronnes. On la sème au printemps sous châssis ou en planche et on repique en place en mai. Réserver les plus belles inflorescences pour la graine que l'on cueille dès que celle-ci est mûre.

Schizanthe (*Schizanthus*), Scrophularinées. — On cultive le *S. de Graham*, le *S. émoussé* et le *S. à feuilles pinnées* et leurs nombreuses variétés de coloris divers et surtout la variété *papillon* à fleurs curieuses. Ils atteignent 60 centimètres ; on les sème au printemps ou à l'automne et on met en place en mai. On en forme des groupes dans les plates-bandes et les fleurs sont employées dans les bouquets.

Scille (*Scilla*), Liliacées. — On cultive principalement la *S. de Sibérie*, la *S. penchée*, la *S. du Pérou*, la *S. d'Italie*, dans lesquelles on trouve les tons bleus, blancs, et roses. On les plante dans les corbeilles et dans les plates-bandes, où elles fleurissent au printemps, sauf la *S. du Pérou*, que l'on cultive en pots comme les Jacinthes. On les multiplie par la séparation des caïeux.

Scolopendre (*Scolopendrium*), Fougères. — On cultive la *S. officinale* et ses nombreuses variétés, aux frondes *allongées* ou *ondulées*. On les plante dans les Fougeraies et près des cours d'eau. (Voir *Fougères*).

Sédum (*Sedum*), Orpin, Crassulacées. — Ce sont en général des plantes saxatiles qui ont leur place dans les rocailles, sur les talus arides et dont on forme des bordures et des tapis dans les corbeilles en mosaïculture. On cultive principalement les : *S. brûlant*, *S. blanc*, *S. sarmenteux*, *S. glauque*, etc.

Les *S. à feuilles planes* sont plus élevés ; les feuilles sont larges et on les cultive à la fois dans les plates-bandes, sur les pelouses et dans les rochers, ils atteignent jusqu'à 70 centimètres et donnent de magnifiques ombelles de fleurs. Parmi ceux-ci sont les : *S. remarquable*, *S. à feuilles rondes*, dont plusieurs sont *à feuilles panachées*, notamment un connu sous le nom de *S. du Japon à feuilles panachées*, dont on fait des bordures. Enfin le *S. de Siebold* et sa variété *à feuilles panachées* sont à rameaux retombants et on en fait des suspensions.

On multiplie les Sédums par sectionnement de touffes et par boutures, au printemps ou à l'automne.

Seneçon (*Senecio*), Composées. — On cultive principalement le *S. élégant à fleurs doubles* et ses nombreuses variétés naines. Les coloris sont très variés ; ils comprennent toutes les nuances du blanc au violet et au rouge. Ils conviennent très bien pour orner les plates-bandes et les corbeilles, car ils fleurissent de juin à octobre ; leurs fleurs sont très goûtées pour les bouquets.

On les sème de mars à mai sur couche ou en pépinière et on les met en place en mai. S'ils sont annuels en plein air, ils sont vivaces en serre et les pieds hivernés en serre fournissent au printemps une grande quantité de boutures.

Sidalcée (*Sidalcea*), Malvacées. — Plante récemment introduite, encore peu répandue et très recommandable. La *S. blanc de neige* à fleurs blanches et la *S. à fleur de Mauve* sont de jolies plantes vivaces hautes de 70 à 80 centimètres dont les tiges florales conviennent tout particulièrement pour les bouquets. Emploi et traitement des Pieds-d'alouette. Vivaces.

Silène (*Silene*), Caryophyllées. — Pour l'ornementation printanière des corbeilles et des jardins, on cultive la *S. à fruits pendants* et ses variétés : *à fleurs rouge vif*, *de Bonnet*, *naine-compacte*, *blanche*, *rose* et *rouge*. On les sème de juin à juillet en pépinière ; on repique les jeunes sujets en pépinière pour les avoir touffus et les faire durcir ; on les met en place à l'automne ou au printemps de préférence.

On cultive encore la S. *d'Orient* et la S. *à bouquets* et ses variétés, qui toutes s'élèvent plus haut que la S. *à fruits pendants*.

Silphium (*Silphium*), Composées. — On cultive pour isoler et grouper sur les pelouses les robustes S. *à feuilles perfoliées* et *à feuilles laciniées*, qui sont à cet effet des plantes de première valeur. On les multiplie par sectionnement de touffes, à l'automne.

Soleil (*Helianthus*), Composées. — Ce sont en général

Fig. 237. — Soleil multiflore (S. vivace) (*Helianthus multiflorus*).

de très jolies plantes dont on décore les plates-bandes et dont on constitue des groupes sur les pelouses des jardins paysagers. Les fleurs coupées et principalement celles des *Soleils vivaces* sont très estimées pour les bouquets et les grandes gerbes.

On cultive les : *S. Tournesol* et ses nombreuses variétés : *à feuilles de Concombre* et *S. à feuilles argentées*, atteignant tous deux de 1m,20 à 1m,80, annuels; leurs fleurs, quoique un peu grandes, peuvent être utilisées dans les grandes gerbes comme le sont celles des *S. multiflore* (fig. 237) et *S. lætiflore*, qui tous deux sont vivaces et épanouissent leurs fleurs d'août à octobre. Le *S. orgyale*, également vivace, a le feuillage fin; il s'élève jusqu'à 3 mètres.

On multiplie les *S. annuels* par semis, au printemps, que l'on repique en place et les *S. vivaces* d'éclats ou de séparation de rhizomes.

Souci (*Calendula*), Composées. — On cultive le *S. des jardins* et ses nombreuses variétés à fleurs plus ou moins crémeuses, ou jaunes, ou orangées; on les plante dans les plates-bandes principalement.

On les sème en mars-avril, en pépinière ou en place; dans le premier cas on repique en place lorsque les jeunes plants ont quelques feuilles.

Sparaxis (*Sparaxis*), Iridées. — On cultive les *S. à grandes fleurs* et *S. tricolore*, que l'on traite comme les *Ixias*, ainsi qu'il a déjà été dit.

Spirée (*Spiræa*), Rosacées. — On cultive assez la *S. Ulmaire à fleurs pleines* ou *Reine-des-prés*, la *S. Barbe-de-bouc* qui atteint 1m,40 et dont les fleurs blanches s'épanouissent en juin-juillet; enfin la *S. Filipendule* à fleurs rosées et sa variété *à fleurs doubles*, atteignant 60 centimètres sont très jolies et très estimées pour garnir les plates-bandes et pour isoler sur les bords des pelouses. Les premières, par leur grande taille, sont à leur place par groupes, aux abords des pièces d'eau. Toutes se multiplient par le sectionnement de touffes, au printemps ou à l'automne.

Stachys (*Stachys*), Labiées. — On cultive le *S. laineux* dont on fait de très belles bordures; le feuillage grisâtre dure même tout l'hiver. La multiplication s'effectue par sectionnement de touffes au printemps de préférence.

Statice (*Statice*), Plombaginées. — Ce sont de fort belles plantes dont les hampes florales, étant séchées à l'ombre se conservent très bien et peuvent être utilisées dans les garnitures perpétuelles.

On cultive les : *S. blanchâtre hybride* à fleurs blanc lilacé ; *S. Limonium* à fleurs blanc bleuâtre ; *S. à larges feuilles* et sa variété *pyramidale* aux fleurs bleu clair, que l'on cultive en pots pour les marchés ; *S. de Tartarie* et sa variété *à feuilles étroites*, à fleurs blanches. Les Statices s'épanouissent pendant une grande partie de l'été ; on peut en grouper sur les pelouses, où ils font très bien ; on les sème au printemps ou à l'automne ; on les multiplie aussi par sectionnement des touffes.

Le *S. Armeria* ou *Gazon d'Olympe* est fréquemment cultivé en bordure.

Stévie (*Stevia*), Composées. — On cultive surtout le *S. à feuilles dentées*, à fleurs blanches et le *S. à fleurs pourpres* ; ce sont de très bonnes plantes pour la fleur coupée. On les multiplie par semis au printemps, sur couche, et par sectionnement des touffes. Il est bon d'abriter les touffes avec de la litière pendant l'hiver, car ils craignent le froid. Vivace.

Stipa (*Stipa*), Graminées. — On cultive le *S. plumeux* pour ses longues glumelles soyeuses qu'on utilise dans les bouquets d'hiver ; on les sème au printemps ; on repique en pépinière et on met en place au printemps. On multiplie aussi par sectionnement des touffes, au printemps. Vivace.

Tabac (*Nicotiana*), Solanées. — On cultive le *T. blanc odorant* et ses variétés dont les fleurs sentent si bon par les soirées chaudes d'été ; on les plante dans les plates-bandes ; on le multiplie par le sectionnement de touffes ou par semis au printemps.

Les *T. sylvestre* haut de 1 ^{m}, 40 aux panicules retombantes de fleurs blanches, *T. gigantesque* ont un tout autre but, celui d'être groupés ou isolés sur les pelouses et pour constituer de grandes corbeilles. Ce dernier atteint une très grande taille et ses fleurs prennent des dimensions colossales ; il a donné naissance à une variété *à feuilles panachées* qui est plus délicate.

On le sème sur couche chaude de très bonne heure **au printemps et on lui donne des rempotages successifs; on** le met en pleine terre bien fumée et on arrose de temps

Fig. 238. — Tabac gigantesque (*Nicotiana colossea*).

à autre à l'engrais. Ce Tabac peut être hiverné en serre et replanté l'année suivante.

Tagète (*Tagetes*), Composées. — Nous nous trouvons en présence de types assez distincts. La *T. Rose d'Inde* à *fleurs doubles*, plus ou moins jaunes ou orangées, qui s'élève jusqu'à un mètre et qu'on emploie principalement dans les grandes corbeilles et bordures; ou on cultive des variétés plus naines. Elles ont le mérite avec les *Œillets d'Inde* de résister parfaitement à la sécheresse.

La *T. Œillet d'Inde* (*T. patula*) nous présente des individus de 30 à 40 centimètres dans le type et ses variétés immédiates, et 20 centimètres dans les variétés naines; les *T. p. Légion d'honneur*, à fleurs marron bordées de jaune clair, et *T. p. naine striée*, sont des variétés de premier ordre. On trouve là des coloris très variés du jaune au marron; on cultive aussi des variétés très naines; celles de taille ordinaire sont utilisées dans les corbeilles, et les naines et très naines en bordure, car on les utilise beaucoup dans l'ornementation estivale des jardins. On emploie aussi la *T. tachée naine* (*T. signata pumila*), aux nombreuses fleurs simples jaunes pour les bordures, et la *T. luisante*. On multiplie les Tagètes par semis de mars à mai sous châssis ou en pleine terre, on repique en pépinière et on met en place en mai-juin. Les plantes, grâce à leur chevelu, se transplantent très facilement. Pour la graine choisir les fleurs bien caractérisées et hâtivement épanouies.

Thlaspi (*Iberis*), Crucifères. — On cultive le *T. blanc* et sa variété *T. b. Julienne*, atteignant 30 centimètres, à fleurs blanches en grappes; *T. lilas* à fleurs en ombelle, haut de 95 centimètres; on cultive toute une série de variétés à fleurs de diverses couleurs et des variétés naines. On les plante dans les plates-bandes et on les utilise dans les bouquets. Ils sont annuels et on les sème en septembre; on les repique en pépinière pour les mettre en place au printemps. On sème encore en mars-avril en pépinière pour repiquer en place. Ils fleurissent de mai à août.

Le *T. toujours vert* est vivace, à floraison printanière; on en fait des bordures et on le multiplie par division des touffes après la floraison.

Thym (*Thymus*), Labiées. — On cultive surtout le *T. à odeur de citron à feuilles panachées de jaune*, que l'on utilise pour les bordures et corbeilles en mosaïculture; on le multiplie par sectionnement des touffes à l'automne.

Tigridie (*Tigridia*), Iridées. — On cultive principalement la *T. à grandes fleurs* et ses nombreuses variétés; les fleurs sont d'une rare beauté, mais, malheureusement très éphémères, car elles s'épanouissent le matin et se ferment définitivement quelques heures après. On plante les bulbes au printemps; on les arrache lorsque les feuilles sont fanées pour les remiser dans un endroit sec.

La multiplication s'effectue par division des caïeux et par semis. Vivace.

Tomate (*Lycopersicum*), Solanées. — On cultive au jardin fleuriste quelques jolies variétés de Tomates : *cerise, à grappes, poire, en chapelet*, etc., que l'on traite comme celles du potager (voir p. 232) et que l'on palisse souvent contre de petits grillages. Annuelle.

Trachélie (*Trachelium*), Campanulacées. — On cultive la T. bleue et sa variété à *fleurs blanches*, dans les plates-bandes comme plantes bisannuelles. Elles atteignent 50 centimètres. On les sème de mai à juillet en terre légère, on les repique en planches, qu'on recouvre de châssis pendant l'hiver. Elles conviennent beaucoup pour la culture en pots et, à cet effet on peut appliquer quelques pincements si l'on veut retarder la floraison.

Trèfle d'eau. — (Voir *Menyanthes*.)

Triteleia (*Triteleia*), Liliacées. — Le T. *uniflore*, est très joli; on en fait de charmantes bordures et potées; les oignons sont plantés en octobre; les fleurs s'épanouissent au printemps; la multiplication s'effectue par division des caïeux.

Tritoma (*Tritoma*), Liliacées. — On cultive principalement le T. *faux-Aloès* et ses nombreuses variétés; les grappes de fleurs sont vraiment décoratives; il s'élève facilement jusqu'à 1^m,20. On le plante par groupe sur les pelouses et dans les plates-bandes. Il est nécessaire de l'abriter un peu l'hiver par des feuilles ou de la litière. On cultive aussi beaucoup le T. *de Saunders*, bien plus élevé, puisqu'il atteint un mètre de plus. Les fleurs conviennent très bien pour les bouquets.

La multiplication s'effectue par sectionnement des touffes, au printemps, travail qu'il ne faut faire qu'à des périodes très éloignées. Vivace.

Trolle (*Trollius*), Renonculacées. — On cultive surtout les : **T.** *d'Asie* et **T.** *d'Europe* et leurs variétés, qui sont de charmantes plantes vivaces à fleurs jaunes que l'on plante beaucoup dans les plates-bandes et dans les rocailles. Ils s'élèvent de 20 à 40 centimètres. On les multiplie par sectionnement des touffes.

Tubéreuse (*Polianthes*), Liliacées. — On cultive la **T.** *des jardins* et ses variétés à *fleurs doubles* notamment celle nommée *La Perle*. Dans le Midi et dans l'ouest, leur culture ne souffre aucune difficulté, mais sous le climat parisien il faut prendre quelques soins spéciaux. Il faut choisir de beaux bulbes n'ayant pas encore fleuri ; en avril on les met en pots que l'on place sous châssis, et lorsqu'au centre des feuilles apparaît la grappe, on les met en pleine terre à une exposition chaude. Si on veut les cultiver en pots, on les rempote en ce moment et on les met quelque temps encore sous châssis, puis on enterre les pots dehors à bonne exposition ; les fleurs s'épanouissent selon les plantes de juillet à septembre. La multiplication s'effectue par division des caïeux, ce qui n'est pas très pratiqué sous le climat de Paris, car il est préférable d'acheter les bulbes.

Tulipe (*Tulipa*), Liliacées. — On cultive les Tulipes des jardins, à fleurs simples et doubles, hâtives ou tardives, convenant surtout à cause de leur floraison moins éphémère pour la garniture des corbeilles ; les Tulipes hâtives sont principalement cultivées en pots pour l'ornementation des appartements. La **T.** *Duc de Thol* et ses variétés est une des plus hâtives et c'est celle que l'on force la première. La **T.** *dragonne* ou **T.** *perroquet* est grande et vraiment curieuse avec ses fleurs ondulées et lavées de couleurs douces. La **T.** *de Greig* est elle-même très curieuse, avec ses feuilles tachetées de brun noir.

On plante les Tulipes dans les corbeilles et plates-bandes de septembre à novembre ; on paille souvent au printemps. Il faut avoir soin de casser, sans la supprimer, la tige qui portait la fleur, dès la défloraison de celle-ci, ce qui favorise le grossissement du bulbe et en accélère la maturité ; l'arrachage s'opère lorsque les feuilles sont complètement jaunes. Les oignons une fois secs sont rangés sur des tablettes jusqu'à la plantation.

La multiplication s'effectue par la séparation des caïeux,

ce qu'il faut toujours faire; au bout de deux ou trois ans de culture ils sont de force à fleurir.

Tulipes simples très hâtives. — *Duc de Thol blanc, D. de T. rose, D. de T. jaune, D. de T. orange, D. de T. écarlate.*

Tulipes simples hâtives. — *Archiduc d'Autriche, Belle Alliance, Duchesse de Parme, Chrysolora, La Reine, La Précieuse, L'Immaculée, Jaune pur, Proserpine.*

Tulipes simples tardives. — *Flamande, F. violette, F. Amarante, F. bleue violacé, F. gris de Lin, F. Carmin, F. brun,* etc.

T. bizarres à fond jaune, acajou et autres coloris plus ou moins foncés et variés.

Tulipes doubles hâtives. — *Duc de Thol, Gloria solis, Imperator rubrorum, La Candeur, Murillo, Rex rubrorum, Rosine, Titan.*

Tulipes doubles tardives. — *Grand Alexandre, Café brûlé, Couronne Impériale, Hercule, Incomparable, Madame Bonaparte, Pivoine jaune, Mariage de ma fille, Rose de Provence.*

Tulipes perroquet. — *Perfecta, Monstre, Luteo, Amiral de Constantinople.*

Tussilage (*Tussilago*), Composées. — On cultive le **T. odorant** dont les fleurs blanches teintées de purpurin s'épanouissent l'hiver dehors et exhalent une douce odeur de Vanille, ce qui lui a fait donner le nom d'*Héliotrope d'hiver*. On le plante dans un sol assez frais. On peut aussi en mettre en pots et les rentrer en appartement, où ils fleurissent. On le multiplie au printemps par sectionnement des touffes.

Valériane (*Valeriana*), Valérianées. — On cultive la **V. des Jardins** et ses variétés, dont on décore les plates-bandes, les rocailles, rochers, vieux murs, etc. Comme elle est vivace on la multiplie surtout par le sectionnement des touffes et par semis, à l'automne ou au printemps, en pépinière ou en place; les fleurs nombreuses en grappes qui s'épanouissent tout l'été conviennent particulièrement pour orner les vases d'appartement.

La **V. macrosiphon** à fleurs roses est annuelle; elle a donné naissance à des variétés à fleurs *blanches, roses* et à des variétés *naines*. On la plante également dans les plates-bandes. On la sème en août-septembre, on hiverne sous châssis et on met en place au printemps; les semis de mars à mai sur couche ou en pleine terre fournissent des plantes moins belles.

Jardinage.

Verge-d'or (*Solidago*), Composées. — On cultive les : V.-d'o. du Canada, V.-d'o. commune et V.-d'o. multiflore. La première est la plus élevée; elle atteint 1m,10; les fleurs sont réunies en de vastes grappes; les deux autres dépassent rarement 80 centimètres; elles sont toutes à fleurs jaunes. On les plante dans les plates-bandes, sur les pelouses, etc. Les fleurs sont recherchées pour les bouquets. On les multiplie par sectionnement des touffes. A considérer parmi les meilleures plantes vivaces.

Véronique (*Veronica*), Scrophularinées. — On cultive la V. de Virginie atteignant 20 centimètres; la V. en épi, à fleurs bleues, haute de 35 centimètres; la V. couchée, fleurs bleu foncé et la V. Germandrée, fleurs bleu intense, s'élevant à 20 centimètres.

On les plante dans les plates-bandes, les variétés naines en bordure sur les pelouses, dans les rocailles; leurs fleurs tiennent très bien dans les bouquets. On les multiplie par sectionnement de touffes au printemps.

Verveine (*Verbena*), Verbenacées. — On cultive principalement la V. hybride ou V. des jardins et ses nombreuses variétés : à *grandes fleurs*, *à fleurs d'Auricule*, *à fleurs striées*, *naine compacte*; on trouve dans chacun de ces groupes, des coloris très variés, du blanc au bleu violet, et au rouge par toutes les nuances intermédiaires, beaucoup avec un œil blanc. A signaler tout particulièrement la V. h. *aurore boréale*, la plus belle variété, aux grandes fleurs rouge vif et aux larges corymbes faisant beaucoup d'effet, à multiplier surtout de boutures, car elle donne peu de graines; et la nouveauté de 1900 : V. h. *Commandant Marchand*.

On en compose des corbeilles et des plates-bandes; si l'on a soin d'épingler les rameaux sur le sol, de supprimer à un moment donné les tiges qui sont en trop et les fleurs passées, on obtient une brillante floraison pendant tout l'été; on peut également en former de bien jolies potées, surtout avec les : V. h. *grandiflore*, V. h. *à fleur d'Auricule*, V. h. *aurore boréale*. On la multiplie principalement de semis, parfois de boutures. Ces semis sont faits en mars-avril sur couche ou en pleine terre. On repique en godets et on met en place en mai. Les semis faits directement en **pleine terre peuvent être repiqués directement en place; un paillis est excellent après la plantation. On multiplie** principalement de boutures les variétés que l'on tient à conserver; le bouturage se fait, au printemps, sous cloches sur des pieds-mères conservés en serre à cet effet.

Récolter pour la graine dès sa maturité les plus belles inflorescences des bonnes variétés.

Parmi les autres espèces annuelles et vivaces en plein air citons les : *V. de Miquelon*, fleurs roses; *V. élégante*, fleurs rose violacé; *V. violette*; *V. spicata* à fleurs bleu éclatant, qui sont cultivées en serre. On les cultive comme la *V. des jardins*.

Violette (*Viola*), Violariées. — De la *Violette odorante* à fleurs violacées, indigène, sont sorties non seulement une pléiade de variétés à fleurs simples ou doubles, blanches, roses, dont la floraison a lieu au printemps; mais encore deux autres groupes : 1° La *V. des quatre saisons* et 2° la *V. des quatre saisons à fleurs doubles*, dans chacun desquels on trouve un grand nombre de variétés à fleurs bleues, purpurines, mauves, etc.

On multiplie principalement les Violettes par le sectionnement des touffes et par le bouturage des tiges et des stolons, opération qui se fait à l'automne ou au printemps, en planches. En Angleterre les boutures sont faites en septembre, dans un endroit ombragé ou sous châssis. Dès leur enracinement elles sont repiquées en pépinière, un peu abritées l'hiver et mises en place en avril. Elles reçoivent alors un paillis de fumier de vache et forment de belles touffes à l'automne suivant.

Dans les jardins on fait avec la Violette des bordures, des tapis, etc., surtout dans les sous-bois de hautes futaies très aérés. Un sol siliceux leur convient mieux qu'une terre forte et humide.

Pour en avoir en fleurs l'hiver, lorsqu'il gèle, on recouvre les planches de châssis; on peut également en faire des potées. Nous verrons au chap. XLIX « *Culture forcée* » comment on les force. Je n'ai pas à insister sur le mérite des Violettes pour la fleur coupée; on en confectionne d'élégantes corbeilles et de ravissants bouquets. Des hectares de Violettes sont plantés dans le Midi et aux environs de Paris pour le seul approvisionnement des fleurs coupées. Afin de guider mes lecteurs, je donne ci-dessous une liste de variétés dans chacun des deux groupes.

Violettes des quatre saisons simples à fleurs violacées, bleues, purpurines, etc. : *La France, Princesse Béatrice, Amiral Avellan, Explorateur Dybowski, Princesse de **Galles**, Luxonne, Bleue de Fontenay, l'Inépuisable, Semprez,* **La Wilson**, *Gloire de Bourg-la-Reine, Czar à fleurs blanches, Princesse de Surmonte, Czar blanc, Rawson* **White**.

Violettes des quatre saisons doubles : *Parme ordinaire, Parme de Toulouse, Parme Marie-Louise, Parme sans filets,* et une variété à fleurs blanches, *Madame Millet*. Je dois aussi signaler les : *V. à fleur jaune* (*V. pubescens*) et *V. odorante jaune soufre* (*V. odorata sulfurea*), encore peu connues, très intéressantes et véritablement curieuses.

Viscaria (*Viscaria*), Caryophyllées. — Ont beaucoup d'analogie avec les Coquelourdes, dont la culture et l'emploi sont les mêmes. On cultive principalement le *V. à œil pourpre* fleurs roses et ses variétés à fleurs *blanches, bleues* et *naines* de diverses couleurs. Annuel.

Vittadinie (*Vittadinia*), Composées. — On cultive comme plante annuelle la *V. à feuilles trilobées* à fleurs blanc rosé se succédant de mai aux gelées, pour former des tapis dans les corbeilles et dans les plates-bandes; on peut aussi en faire des tapis sur les pentes en plein soleil, en sol sec et les planter dans les rochers. On sème les graines en mars-avril, sous châssis, on repique sous châssis et on met en place en mai. Fleurit continuellement dans le Midi de la France. Annuelle sous le climat de Paris. Vivace dans le Midi.

Yucca (*Yucca*), Liliacées. — Superbes plantes au port exotique que l'on isole et que l'on groupe sur les pelouses, talus, etc., où elles font très bon effet. Les feuilles sont longues et rigides et les fleurs, disposées en une vaste panicule terminale, sont grandes et jolies.

On cultive généralement les : *Y. à feuilles flasques*, très florifères, *Y. filamenteux*, qui a sa place dans les rocailles; *Y. glorieux, Y. à feuilles étroites*, etc. On le multiplie principalement par sectionnement des drageons, au printemps. On peut en faire de jolies potées, les planter en vases et au soleil, car ils résistent très bien à la sécheresse. Vivace. (Voir aussi aux *Arbres et Arbustes d'ornement*.)

Zinnia (*Zinnia*), Composées. — On cultive principalement le *Z. élégant* et ses nombreuses variétés *à fleurs* *doubles* de différents coloris, qui atteint jusqu'à 70 centimètres, ainsi que les races à *grandes fleurs*, *à fleurs striées*, pas encore très fixées, *naines pompon*, *très naines* ou *Lilliput*, dans lesquelles on trouve toute une série de coloris. On

Fig. 239. — Zinnia élégant à grandes fleurs doubles
(*Zinnia elegans grandiflora*).

annonce même cette année une race encore *plus naine*, présentant deux types différents, l'un aux fleurs rouge cocciné, l'autre aux fleurs jaune d'or, qui pourront être utilisés en bordure.

On sème les Zinnias en février-mars sur couche; on

repique sur couche et on met en place en mai. Par leur floraison successive ils conviennent admirablement pour garnir les grandes corbeilles et les plates-bandes, à planter parmi les arbustes et à former des groupes ; leurs fleurs bombées sont bien dégagées du feuillage et portées par de longs et rigides pédoncules. Les variétés naines et très naines conviennent surtout pour garnir les petites corbeilles et les plates-bandes ainsi que pour faire des bordures.

On a obtenu assez récemment du Z. *du Mexique* une espèce naine et double toute différente, d'aspect plus gracieux et aux fleurs moins lourdes ; c'est une race très intéressante que celle-là, qui a nom de Z. *du Mexique hybride*, dont on possède maintenant des types à fleurs bien doubles, dont les coloris sont variés et très curieux. Aussi est-ce une bonne plante pour la formation des plates-bandes et des corbeilles estivales comme pour la fleur coupée, car les fleurs n'ont pas cette lourdeur et cette compacité que l'on peut justement reprocher au Z. *élégant* et à ses variétés.

CHAPITRE XL

CULTURE DES PLANTES POUR LA DÉCORATION DES APPARTEMENTS ET DES FENÊTRES.

LES SUSPENSIONS

I. Culture en potées. — II. Empotages, rempotages et traitement des plantes qui souffrent. — III. Les arrosages ordinaires et à l'engrais. — IV. Les plantes annuelles et bisannuelles; semis, plantation et repiquage. — V. Les plantes bulbeuses, vivaces et leur choix. — VI. Plantes et fleurs à couper. — VII. Les suspensions. Vases et composts pour suspensions. Garniture. Arrosage. — VIII. Choix de plantes retombantes à feuillage décoratif et florales pour suspensions de serre, d'appartement, de plein air. — IX. Suspensions originales de Broméliacées et de Fougères.

Tout le monde ne possède pas de serre et il est bien peu de personnes qui ne tiennent à avoir des fleurs dans leurs appartements. C'est une chose facile à résoudre même en dehors des plantes de serre à feuillage ou à fleurs. On peut à l'aide de quelques châssis avoir des fleurs presque toute l'année, en cultivant spécialement des plantes à cet effet.

A ce point de vue l'on a besoin de plantes en pots et de fleurs coupées; je vais examiner rapidement le moyen de répondre à ces desiderata.

I. — Culture en potées.

La plupart des plantes que l'on veut avoir en beaux exemplaires, qu'elles soient à feuillage ornemental ou à fleurs, doivent être ou élevées en pots, ou mises en pots à une certaine époque. Pour avoir des fleurs continuellement, il est nécessaire de faire des semis successifs. C'est ainsi que sont obtenues ces potées de plantes annuelles et bisannuelles que l'on voit sur les marchés parisiens dès le **printemps et jusqu'au mois d'octobre**.

Comme la culture en pots des plantes annuelles est soumise aux mêmes conditions et doit être envisagée de la même façon que la culture de toutes les plantes, je vais dire quelques mots des principales choses.

Nous avons vu au chap. III les différentes terres dont on dispose pour la culture des plantes en vases. Celles qui sont surtout utilisées sont les : terre de jardin, terre franche, terre de gazon, terre de bruyère, terreau de fumier, terreau de feuilles et le sable. Ces terres sont mélangées par parties plus ou moins fortes selon les plantes qu'elles doivent recevoir. Un mélange de diverses terres se nomme compost (voir page 4); on ajoute très souvent à ces composts une certaine quantité d'engrais naturels ou d'engrais chimiques; il est certains composts, comme ceux destinés à la culture des Chrysanthèmes, par exemple, qui doivent être préparés quelques mois à l'avance, et brassés de temps à autre. J'ai aussi parlé des pots à fleurs. Reste la question des engrais, servant soit à l'arrosage des plantes en pots ou devant être répandus sur le sol. Je ne sais rien de plus pratique que les capsules d'engrais comprimés pour employer directement dans les pots, ni que les tablettes dosées pour les arrosages de MM. Georges Truffaut et Cie.

En ce qui concerne l'obtention des plantes naines, voir (chap. VII, paragr. XV; chap. VIII, paragr. VI; chap. IX, paragr. XIX).

II. — Empotages, rempotages et le traitement des plantes qui souffrent.

Empoter une plante, c'est la planter pour la première fois en pot; la rempoter c'est tout simplement la changer de pot. Dans l'un ou l'autre de ces deux cas l'opération matérielle diffère peu. (Voir le paragr. XIV, chap. VII.)

Si c'est une plante que l'on empote, il n'y a qu'à procéder à l'opération; si au contraire il s'agit d'un rempotage, il **faut d'abord préparer la motte. Dans beaucoup de cas il** n'y a pas à toucher à celle-ci, lorsque la plante est jeune, récemment multipliée ou rempotée, ou bien aussi lorsque l'on a affaire à des plantes que l'on rempote successivement plusieurs fois dans l'année comme les : Begonias, Chrysanthèmes, Fuchsias, etc. Au contraire lorsqu'il s'agit de plantes que l'on ne rempote qu'à de longs intervalles, et principalement celles qui souffrent soit par défaut de nourriture, manque ou arrosages trop abondants, quelques petites manipulations sont nécessaires.

Si les plantes ont souffert par trop d'arrosages, la terre est acide et beaucoup de racines ont pourri. Il faut enlever soigneusement toutes ces dernières et faire tomber le plus possible de mauvaise terre en se servant d'un morceau de bois effilé (fig. 240).

Si les plantes sont bien portantes ou ont souffert par le manque de nourriture, la motte présente généralement un fouillis de racines qui l'entourent et la cernent de toutes parts; il ne faut pas craindre, après avoir enlevé les racines desséchées, de supprimer une partie des autres, principalement celles qui s'amassent dans le fond du pot. Toutefois il faut être prudent dans ces suppressions si l'on a affaire à certaines plantes qui ne s'accommodent pas de cela, notamment beaucoup de Palmiers, Azalées, etc. Il y a ensuite avantage à faire tomber une partie de la vieille terre usée qui se trouve entre ces racines, ce que l'on fait avec soin et toujours à l'aide d'un morceau de bois (fig. 240); ne pas oublier d'enlever les tessons qui se trouvent au-dessous de la motte.

Ceci fait le rempotage ressemble fort à l'empotage et on opère de même. On draine donc parfaitement le fond du pot choisi à l'aide de tessons, pour faciliter l'écoulement des eaux, ce qui a une grande importance.

Le drainage est recouvert d'une certaine quantité de terre que l'on tasse légèrement et sur laquelle on pose la motte de la plante, autour de laquelle on met de la terre que l'on a soin d'appuyer pour qu'il n'y ait pas de vides et que le tout ne fasse qu'une seule masse de terre. On fait parfaitement glisser la terre entre les parois du pot et la motte, lorsque le pot est petit, en passant et en repassant un morceau de bois aplati (fig. 241). Il faut bien se garder de rempoter une plante dont la motte est sèche, et si cela était, celle-ci devrait être bien trempée auparavant.

On ménage une cuvette dans le haut pour l'arrosage et on mouille fortement jusqu'à ce que la masse de terre soit complètement saturée d'eau. Il est très important de **bien arroser** après un empotage, afin que certaines parcelles de terre ne restent pas sèches.

Fig. 240. — Rempotage d'un Kentia. (La préparation de la motte; grattage d'une partie de la mauvaise terre.)

Aussitôt les plantes rempotées on les place où elles étaient auparavant. Dans beaucoup de cas lorsqu'elles sont en serre ou sous châssis, on les prive d'un peu d'air pendant quelques jours, on les tient un peu à l'*étouffée*, cela favorise l'émission plus rapide des nouvelles racines.

Lorsque l'on a affaire à des plantes récemment multipliées et n'ayant pas de motte, on remplit le pot de terre, en la tassant suffisamment, et l'on repique la ou les plantes au doigt ou à l'aide d'un petit plantoir comme on le **ferait en pleine terre**. (Voir le chap. VII, paragr. XIV.)

Pour les plantes qui ont beaucoup souffert et dont les

Fig. 241. — Rempotage d'un Kentia. (Placement de la nouvelle terre autour des racines.)

racines sont en mauvais état, il est bon, en outre, d'enterrer les pots dans une couche chaude. Un peu de privation d'air et les bassinages y aidant, elles développent de nouvelles racines bien plus rapidement et se rétablissent plus vite. (Voir aussi « *Le surfaçage* » chap. XLVII, paragr. xv.)

L'époque à préférer pour effectuer les rempotages n'est pas non plus à dédaigner. Cela n'a pas beaucoup d'importance pour les plantes molles, que l'on peut rempoter toute l'année, surtout si on dispose de châssis; mais pour les plantes dites dures : Palmiers, Cycadées, etc., il est préférable de choisir le moment où elles vont entrer en végétation, à moins qu'on ne dispose de couches chaudes pour les mettre dessus après, car le rempotage occasionne toujours une petite perturbation ; à ce moment les nouvelles racines se développent plus vite et les plantes souffrent moins. Les mois d'avril (fin), mai, juin et juillet conviennent très bien. A moins d'installations spéciales, se garder de rempoter ces plantes pendant la période de repos.

III. — Les arrosages ordinaires et à l'engrais.

Les arrosages doivent être donnés en temps utile. Il n'y a pas d'inconvénient à donner un peu plus d'eau aux plantes en été, si celle-ci s'écoule parfaitement, tandis qu'il est pernicieux de ne pas arroser suffisamment. En hiver, au contraire, il faut être prudent pour les arrosages, surtout lorsque les plantes sont placées en appartement.

C'est une question très délicate que de bien arroser et d'arroser à temps. Le pot à arrosage souterrain décrit page 57 (fig. 28) facilite ce travail.

Les arrosages à l'engrais sont très souvent indispensables pour activer la végétation et donner aux composts qui servent pour les rempotages les éléments nutritifs qui sont vite épuisés. Dans ce cas en user très prudemment, les employer très dilués, surtout les engrais chimiques composés, pour lesquels il est bon de suivre le mode d'emploi donné par le préparateur (Voir aussi le chapitre I, paragr. iv et v.)

Il y a moins de danger avec les engrais doux comme les tourteaux de Colza et de Lin, avec la bouse de vache, qui sont deux engrais azotés à utiliser pour les arrosages lorsque l'on veut favoriser principalement le développement du feuillage pour les plantes à fleurs et le développement général des plantes à feuillage. Les arrosages à l'engrais permettent de maintenir plus longtemps une plante dans le même pot. Une dernière recommandation : arroser seulement à l'engrais *lorsque les plantes n'ont pas soif et que la terre des pots est bien mouillée.*

Si on utilise le pot à arrosage souterrain, les engrais peuvent être mis dans le réservoir.

IV. — Les plantes annuelles et bisannuelles, semis, plantation et repiquage.

Celles destinées à constituer des potées sont ou semées directement en pots ou repiquées. Il faut semer de préférence en pépinière et repiquer les petites plantes en pots lorsqu'elles ont quelques feuilles. Ces repiquages ont pour effet de faire mieux ramifier les plantes et de les avoir moins élancées. Toutefois, lorsqu'on veut faire le semis directement dans les pots où les plantes devront rester, voici comment on opère : au lieu de laisser une cuvette juste pour l'arrosage, on lui donne de un à deux centimètres de plus, puis on sème les graines comme il a été dit au chapitre « *Semis* ». Lorsque celles-ci ont quelques feuilles, on les éclaircit en ne conservant que juste celles qui sont nécessaires, de douze à quinze par pot de 12 centimètres de diamètre. Quelques jours après ce travail, ou en même temps, on les rechausse, c'est-à-dire que l'on remplit, partiellement ou entièrement de compost, le vide laissé à cet effet. De cette façon les plantes développent d'autres racines dans cette terre et se trouvent dans de bien meilleures conditions que celles qui ne sont pas rechaussées. (Voir aussi le paragr. xv « *Le surfaçage* », chap. XLVII.)

Il est d'autres plantes qu'on met en pots lorsqu'elles sont suffisamment fortes et prêtes à fleurir, les Reines-Marguerites, par exemple. Toutes celles que l'on peut déplanter facilement gagnent à n'être empotées que lorsqu'elles sont suffisamment fortes les : Chrysanthème à carène, Balsamine, Giroflée, *Lobelia*, etc, peuvent être traitées ainsi. Par contre, pour d'autres comme les : *Acroclinium*, Godetia, Lin, Némophile, Réséda, il est souvent préférable de les semer directement en pots ou tout au moins de les repiquer en pots de très bonne heure. *Pincer* (voir chap. VII, paragr. xv et chap. XLVII, paragr. xvii) et *tuteurer* (voir le chap. XLVII, paragr. i à v) les plantes qui en ont besoin.

V. — Les plantes bulbeuses, vivaces, et leur choix.

Ces plantes fournissent un certain nombre de sujets faisant très bel effet en pots. Les plantes bulbeuses et tuberculeuses, Jacinthes, Tulipes, Lis, Bégonias, etc., sont empotées avant le départ de la végétation dans de petits pots pour la plupart, puis rempotées une ou deux fois dans de plus grands si cela est nécessaire. Les plantes vivaces comme les : Phlox, Chrysanthèmes nains, Asters, etc. sont généralement empotées quelques jours seulement avant leur floraison.

Dans n'importe quel cas il est bon d'enterrer les pots soit dans les coffres des châssis, soit en pleine terre, dans une planche; la terre sèche moins vite, les arrosages sont moins fréquents et les plantes se portent mieux. Exception en est faite certainement lorsque les fleurs sont cultivées sur une terrasse, un balcon, ou une fenêtre. Il est bon en outre de munir les pots qui se trouvent dans ces dernières conditions de soucoupes remplies d'eau, ou mieux de faire usage des pots à irrigation souterraine (fig. 28, page 57).

Voici une liste de plantes annuelles, bisannuelles, vivaces, etc., qui se prêtent le mieux à la culture en potées : *Acroclinium*, *Ageratum*, *Basilic*, Bégonia, Campanule pyramidale, Chrysanthème, Clarkie, Coréopsis, Cynoglosse, Gamolépide, Giroflée, Gypsophile, Jacinthe, Lin, Linaire, Lobelia, Mimule, Myosotis, Œillet, Oxalide, Pensée, Réséda, Tulipe, Nyctérinie, Verveine, Violette.

A ces plantes il faut ajouter celles de serre que nous verrons dans un autre chapitre. Comme plantes de serre, je comprends celles qui ont plus ou moins besoin d'une serre ou d'un abri chauffé pour leur multiplication et leur éducation, comme les : Cinéraire, Primevère de Chine, P. obconique, Calcéolaire, Pélargonium, etc.

VI. — Plantes et fleurs à couper.

La maîtresse de maison a constamment besoin de fleurs coupées et de feuillage pour la garniture de ses vases et la confection des corbeilles et des bouquets. Lorsque l'on possède un jardin assez grand, il est bon de réserver un carré spécial destiné à fournir les fleurs et les feuillages, ou mieux encore un jardin spécial, celui « *des fleurs à couper* ».

Quelques planches peuvent être réservées aux plantes annuelles et bulbeuses, qui exigent d'être semées ou replantées chaque année; les autres sont occupés en permanence par des plantes vivaces et quelques petits arbustes, principalement par des Rosiers. Il est même bon d'avoir contre un mur ou contre une palissade quelques Rosiers hâtifs qui donnent des Roses de bonne heure, et quelques autres plantes sarmenteuses. De cette façon on n'a pas autant besoin de recourir aux plantes qui ornent le jardin, quoique l'on puisse cependant leur emprunter quelques fleurs, de même que l'on peut en couper, ainsi que du feuillage, aux arbustes des massifs. J'ai eu soin d'indiquer en en parlant, chacun des arbustes et des plantes qui étaient favorables pour la fleur coupée. Je n'ai pas manqué non plus d'indiquer par une lettre spéciale les variétés de Rosiers aptes à fournir des Roses en quantité. Je n'y reviendrai donc pas et je donnerai tout simplement une liste sommaire des meilleures plantes, de celles que l'on devra réunir avec les Rosiers dans un carré ou dans un jardin spécial : Ail odorant; Agrostide; Ancolie; Anémone; Anthémis; Aster; Armée glanduleuse; Boltonie; Brize; Campanule; Centaurée; Chrysanthèmes divers; Coréopsis; Cosmos; Dahlia; Digitale; Doronic; Fraxinelle; Gaillarde; Gaura; Giroflée; Glaïeul; Gypsophile; Hélénie; Hellébore; Iris; Lin; Lis; Lupin; Lobélie; Matricaire; Monarde; Montbretia; Muflier; Muguet; Myosotis; Narcisse; Nigelle; Phlox; Pied-d'alouette; Pivoine; Polémoine; Pyrèthre, Reine-Marguerite; Renoncule; Réséda; Sauge; Scabieuse; Soleil; Spirée; Stevia; Tulipe; Verge-d'or; Verveine; Violette.

Quant aux feuillages, on utilise ceux que l'on peut trouver, dans le jardin, arbustes, Graminées, plantes diverses; l'on peut aussi planter quelques plantes à cet effet : *Agrostis*, *Eulalia*, Troène, *Mahonia*, Fougères, etc. Ne pas oublier les arbustes à feuillage coloré, Érable Negundo, Prunier pourpre, etc., dont les rameaux sont un excellent appoint pour les bouquets. (Pour la cueillette des fleurs, l'emballage, le transport, la conservation, voir le chap. LI, paragr. VI à VIII.)

VII. — Les suspensions.

Les suspensions permettent de tirer un judicieux parti ornemental des plantes qui sont naturellement retombantes, et il est assez étonnant que, sauf quelques cas isolés, elles ne soient pas plus utilisées. Pourtant elles apportent un élément décoratif qui n'est pas à dédaigner aussi bien pour la garniture des serres, entrées, vestibules, appartements, vérandas, marquises, loggias, que pour les balcons, terrasses, tonnelles, pergolas, etc.

De nombreuses plantes qui sont dédaignées pour un autre emploi se prêtent à une telle utilisation.

Vases et composts pour suspensions. — On vend dans le commerce des vases spéciaux munis de chaînes pour les suspendre, mais à leur défaut on peut se servir de pots, de terrines, et de paniers à Orchidées. (Voir fig. 27, p. 56.) Comme il entre généralement beaucoup de plantes dans un espace restreint, il faut remplir le récipient de terre humeuse et très fertile; ajouter au compost du sphagnum est une bonne chose, car cette mousse se gorge d'eau lorsqu'on arrose, qu'elle rend ensuite au fur et à mesure que la terre sèche.

Garniture. — On garnit les suspensions quelquefois avec une même espèce de plante retombante très vigoureuse, et d'autres fois avec plusieurs espèces de plantes retombantes, en y ajoutant même au centre quelques plantes dressées, ce qui ne me paraît pas être indispensable.

La plantation se fait absolument comme si l'on garnissait une petite jardinière, en plaçant tout autour les plantes qui doivent retomber, et au centre, si on le fait, les plantes dressées.

Arrosage. — Il faut veiller à l'arrosage; le mieux, lorsque les plantes ont besoin d'eau, est de tremper les pots dans un seau ou dans un baquet. Pour les suspensions d'appartement, il faut avoir grand soin de laisser égoutter l'eau avant de les replacer.

Je compléterai ces quelques indications par un choix de plantes pour suspensions.

VIII. — Choix de plantes retombantes pour suspensions.

1° PLANTES RETOMBANTES A FLEURS POUR SUSPENSIONS DE SERRE POUVANT TEMPORAIREMENT GARNIR LES APPARTEMENTS. — *Æschynanthus, Begonia Gloire de Lorraine,* Cierge flagelliforme, *Epi-*

phyllum truncatum, E. de Makoy, E. Gærtneri, Ficoïde, *Fuchsia* à rameaux pendants, *Episcia chontalensis, E. cupreata, Hoya bella, H. Paxtoni, H. stenophylla, Jasminum gracilimum*, Lapageria, *Lotus peliorhynchus*, Nepenthes, Pelargonium à feuilles de Lierre (fig. 200), *Russellia juncea, Sedum* de Siebold, Torenia de Fournier, *T. rubens* et *T. r. grandiflora, Sarmentia repens. Eranthème.*

2° PLANTES RETOMBANTES A FEUILLAGE DÉCORATIF POUR SUSPENSIONS DE SERRE ET POUVANT ALLER MOMENTANÉMENT EN APPARTEMENT. — Asperge plumeuse, A. de Sprenger. *Cyrtodeira fulgida*, Figuier à rameaux rampants, Ficoïde à feuilles en cœur tricolore, Fittonia de Pearce, F. à feuilles rayées d'argent, Gnaphalium laineux, Isolepis, *Lygodium grimpant, Oplismenus imbecile*, Peperomia métallique, Phalangium à feuilles panachées, *Pelliona decora, P. Daveauana, Silethorpia europea*, Saxifrage sarmenteux, S. s. à feuilles panachées, *Sedum* sarmenteux, S. de Siebold à feuilles panachées, *Selaginella mutabilis, Stenandrium* de Linden, Salsepareille à feuilles panachées, *Tradescantia* variés.

3° PLANTES RETOMBANTES A FEUILLAGE POUR SUSPENSIONS PERMANENTES D'APPARTEMENT [1]. — Ficoïde à feuilles en cœur tricolore, *Isolepis, Oplismenus*, Saxifrage sarmenteux et sa variété panachée, Sedum sarmenteux, S. de Siebold, *Tradescantia zebrina* et vert, Lierre et ses variétés à feuilles panachées, Pervenche à grandes et à petites feuilles et leurs variétés à feuilles panachées.

4° PLANTES RETOMBANTES A FLEURS POUR SUSPENSIONS PERMANENTES D'APPARTEMENT. — Cierge flagelliforme, C. serpentin, *Epiphyllum*, Fraisier des Indes (fruits rouges), Fuschia à rameaux pendants, Pelargonium à feuilles de Lierre.

5° PLANTES A RAMEAUX RETOMBANTS A FLEURS POUR SUSPENSIONS DE PLEIN AIR. — Abronie, Clintonie, Campanule fragile, Fraisier des Indes, Linaire cymbalaire, Lysimaque Nummulaire, Verveine hybride des Jardins, Pervenche. A ajouter pour l'été : Fuchsia à rameaux pendants, Laiche de Vilmorin (*Carex Vilmorini*), Pelargonium à feuilles de Lierre.

6° PLANTES A RAMEAUX RETOMBANTS A FEUILLAGE DÉCORATIF POUR SUSPENSIONS DE PLEIN AIR. — Fraisier des Indes à feuilles panachées, Fusain rampant à feuilles panachées, Lierre à feuilles panachées, Lamier à feuilles maculées, Millepertuis de Moser tricolor, Sedum sarmenteux, Pervenche à feuilles panachées,

---

1. Il peut sembler drôle que quelques plantes sont citées ici comme plantes pour garnitures permanentes d'appartements, alors qu'elles sont déjà dans les deux listes précédentes et que cela semble une contradiction. Je dois donc ajouter que ces plantes peuvent aussi bien constituer des suspensions de serre que des suspensions permanentes ou temporaires dans les appartements et si je ne les citais que dans une liste, l'autre serait forcément incomplète.

Saxifrage sarmenteux; pour l'été : Sedum de Siebold à feuilles panachées et autres, Ficoïde à feuilles en cœur tricolore, *Phalangium*, *Tradescantia* variés.

IX. — Suspensions originales de Broméliacées et de Fougères.

On ne connaît pas assez le mérite ornemental et pittoresque des Broméliacées et des Fougères utilisées en suspension — pas essentiellement comme plantes retombantes bien entendu — dans les serres et momentanément dans les appartements. Mais il faut savoir les disposer avec goût, en tenant compte de leur aspect naturel et, à cet effet, rien n'est plus original que leur groupement sur des bûches rustiques ou mieux encore sur des branchages contournés et noueux, en ce qui concerne surtout les Broméliacées. Il suffit de les fixer sur ces branchages avec du fil de laiton en mettant tout simplement un peu de sphagnum facilitant l'émission des jeunes racines, qui ne tardent pas à se fixer à leur support naturel. On trouve dans les genres *Æchmea*, *Cryptanthus*, *Vriesia*, *Tillandsia* de nombreux types qui se plaisent dans ces conditions.

Pour les Fougères il est bon d'en placer beaucoup en paniers, dont elles garnissent le tour; à citer pour cette utilisation les : *Davallia tenuifolia Veitchiana*, qui se prête admirablement à cette disposition, *D. Mooreana; Polypodium vaccinifolium*, dont les rhizomes contournent le vase et retombent en longues spirales; *Adiantum dolabriforme*, etc. J'ai eu l'occasion de voir de ces jolies choses dans les serres du château de Mello (Oise) et je les ai bien admirées.

CHAPITRE XLI

FLORICULTURE DE PLEIN AIR
GAZONS ET ORNEMENTATION DES JARDINS

TRAVAUX MENSUELS

Janvier.

Continuer au jardin fleuriste les labours, défoncements, fumures, etc.; les pelouses qui doivent être refaites, doivent aussi être labourées si on n'a pu le faire d'avance.

Pour les plantes abritées sous des paillassons, planches, châssis, litière, etc., on profite des quelques beaux jours pour leur donner un peu d'air. Mais, si le soleil se montre, il faut éviter de découvrir celles sur lesquelles il frapperait, car si elles étaient gelées, cela pourrait amener la mort de quelques-unes.

Fin de ce mois et jusqu'en juin, bouturer les Chrysanthèmes.

Février.

Mêmes travaux que le mois précédent. Si le temps est propice, on peut à la fin du mois refaire certaines bordures, faire des semis sur couche, et sous châssis quelques semis de : Amarante, Lobélia, Réséda, Pyrèthre, etc., de même que l'on peut essayer quelques semis en pleine terre et sous cloches. Plus que le mois précédent, il faut aérer certaines plantes abritées. On peut aussi placer sur couche chaude, à défaut de serre, pour les remettre en végétation et pouvoir couper des boutures plus tard les : *Pelargonium*, Verveine, *Fuschia*, *Lantana*, etc., hivernés sous châssis.

Mars.

La besogne ne va pas manquer. Aussi ce mois les labours fumures, nettoyages, etc., doivent être terminés et l'on doit consacrer son temps à la multiplication des plantes qui doivent orner le jardin en été. Bégonia, Pétunia, Verveine, Lobélia, Phlox, etc., doivent être semés sur couche et sous châssis. D'autres, Giroflée, Reine-Marguerite sont semées en pleine terre. Beaucoup de plantes sont bouturées sur couche chaude, lorsqu'on ne possède pas de serre : *Gnaphalium*, *Lantana*, *Pelargonium*, *Iresine*, *Alternanthera*. Mettre aussi en végétation certains tubercules et plantes rhizomateuses que l'on veut diviser : *Begonia*, *Canna*, *Caladium esculentum*, *Dahlia*, etc.

Les pelouses en terrain sec qui ont été labourées, sont hersées, nivelées et semées, en ayant soin d'étendre une couche de terreau. Les plantes vivaces sont multipliées par sectionnement de touffes. Mettre en place les Myosotis, Silène, Giroflée, qui n'ont pu l'être avant l'hiver.

Avril.

Déjà les belles journées deviennent fréquentes. Les travaux de multiplication, semis, bouturages sont menés avec activité. Toute une série de plantes peuvent être semées en pleine terre, en place ou en pépinière : Reine-Marguerite, Zinnia, Balsamine, Tagète, Réséda, Verveine, Pied-d'alouette, Gypsophile, etc. Continuer les bouturages, sectionnement des tubercules et des rhizomes et achever la division des plantes vivaces, encore celles qui fleurissent tard, car semblable opération pourrait nuire à la floraison de celles qui s'épanouissent hâtivement. Terminer aussi la mise en place des : Myosotis, Silène, etc. Préparer les pelouses et semer les gazons dans les terrains argileux; sur ceux qui auraient été semés plus tôt, passer le rouleau aussitôt leur levée.

Aérer souvent les plantes sous châssis; rempoter les boutures; repiquer les plantes des semis hâtifs et arroser lorsque cela est nécessaire. Mettre les Chrysanthèmes en pleine terre. Planter les Glaïeuls.

Mai.

Continuer les semis; faire les dernières boutures des plantes à croissance rapide pour la garniture estivale; repiquer les plantes, soit sous châssis, soit en pleine terre, en place ou en pépinière, en pépinière surtout. Rempoter les Chrysanthèmes.

Préparer les corbeilles, plates-bandes et bordures que l'on plantera après le 15 mai, en commençant par celles devant être garnies de plantes les plus rustiques : Verveine, *Ageratum*, *Fuchsia*, *Lantana*, *Gnaphalium*, *Pelargonium*, etc. Il est bon de ne planter qu'en juin celles moins résistantes au froid : *Alternanthera*, *Coleus*, *Iresine*, etc. Dans la première quinzaine on a soin d'aérer constamment toutes ces plantes afin de les durcir et de ne les couvrir la nuit que si l'on craint la gelée.

Certaines plantes dont on veut en avoir des fleurs constamment, comme les : Gypsophile et Réséda, sont semées tous les quinze jours. Tondre, rouler et arroser les gazons.

Juin.

Continuer certains semis; semer des Giroflées. Tuteurer les Chrysanthèmes, Dahlias, etc. Continuer la plantation des : corbeilles, plates-bandes et bordures. Arracher les bulbes de : Crocus, Narcisse, Jacinthe, Tulipe, les griffes d'Anémone et de Renoncule, les laisser se ressuyer et sécher à l'ombre, puis les ranger et les étiqueter. Commencer la récolte des graines de certaines plantes : Myosotis, Pensée, Mimulus, etc., au fur et à mesure de leur maturité. Tuteurer les plantes qui en ont besoin. Pailler les corbeilles, bassiner, arroser, etc. Soigner les gazons. Pincer les Chrysanthèmes.

Juillet.

Faire les semis de : Giroflée, Mimulus, Pâquerette, Silène, Digitale, Rose-trémière, Corbeille d'or, Julienne de Mahon, pour le printemps suivant; les derniers semis de plantes pour fleurir en automne doivent aussi être exécutés.

Passer les corbeilles et les plates-bandes en revue; pincer, tailler, tuteurer, arroser, etc.; commencer le bouturage des *Pelargonium* qui devront être hivernés sous châssis et que l'on fera durcir en plein soleil après l'enracinement; marcotter les Œillets; arroser sans relâche. Arroser les gazons et les tondre souvent. Mettre les porte-graines de certaines plantes de côté et récolter les graines sur d'autres plantes.

Août.

Mêmes travaux. Bouturer les : *Pelargonium, Ageratum, Anthémis*, etc., qui doivent être hivernés; continuer les semis; faire les premiers repiquages; bouturer et marcotter les Œillets. Diviser et planter les Pivoines et plantes vivaces à floraison printanière. Refaire certains gazons, si on ne veut pas attendre le printemps. Choisir pour cela une période pluvieuse. Récolter des graines. Arroser, bassiner, etc. Constituer les corbeilles de Reine-Marguerite si on ne l'a fait au mois de juillet.

Septembre.

Mêmes travaux. Terminer le bouturage des : *Pelargonium, Ageratum*, etc.; rempoter les premières boutures en godets de huit ou dix centimètres de diamètre à raison de quatre à cinq boutures par godet. Continuer les repiquages des : Pensée, Pâquerette, Myosotis, Silène, etc.; la multiplication des Pivoines et des plantes vivaces à floraison printanière. Commencer le rempotage des : Crocus, Jacinthe, Tulipe, etc. Récolter des graines.

Octobre.

Dans le courant du mois on peut mettre en place les : Silène, Myosotis, Pensée, Pâquerette, Giroflée, dans les terrains sablonneux, mais il faut plutôt attendre le mois de mars, dans les terrains humides où ces plantes seraient exposées à fondre l'hiver; les planter alors sur cotière à l'abri d'un mur, de façon à pouvoir les abriter. Celles plus sensibles au froid, Mimulus, Julienne de Mahon, etc., sont repiquées de manière à pouvoir être recouvertes de châssis et de coffres.

Planter aussi en pleine terre et rempoter les : Crocus,

Jacinthes, Tulipes, etc. Semer aussi certaines plantes : *Nycterinia*, *Nemesia*, *Viscaria*, Némophile, etc. Rempoter les boutures de : *Pelargonium*, *Ageratum*, etc., en rentrer en serre et en placer sous châssis. Arracher les tubercules de *Canna*, *Dahlia*, *Begonia*, etc., si des gelées hâtives ont abîmé les plantes ; les bulbes de Glaïeul, Montbretia, etc., et les rentrer sur les tablettes au sec et à l'abri de la gelée. Abriter les Chrysanthèmes si cela est nécessaire. On peut augmenter la durée des corbeilles de fleurs en tendant au-dessus des fortes toiles pour la nuit.

Commencer les fumures et les labours, dans les terres fortes principalement, pour que l'hiver puisse les mûrir.

Replanter certaines bordures et opérer la division des plantes vivaces dans les sols secs, car dans les terres fortes il est préférable de ne faire ce travail qu'au printemps. Faire des provisions de feuilles pour les couches et abris. Bouturer sous cloches à froid les Calcéolaires ligneuses, que l'on hivernera dans ces conditions.

Effectuer les dernières tontes de gazons.

Novembre.

Activer la rentrée et l'abri des plantes si on ne veut pas être surpris par les gelées ; terminer le rempotage et la plantation des plantes bulbeuses. Pour jouir de leur floraison, abriter et rentrer les Chrysanthèmes si le temps est froid. Arracher les Cannas, Dahlias, etc. qui ne l'auraient pas été ; continuer la plantation des plantes à floraison printanière. Ramasser les feuilles ; abriter les plantes qui en auraient besoin. Continuer les labours, fumures, etc. Garnir les corbeilles d'arbustes à feuillage persistant et à fruits colorés.

Nettoyer les gazons des mousses envahissantes ; commencer leur fumure en couverture avec du terreau de fumier, ou du fumier de tourbe après les avoir tondu et en profitant d'un temps sec. (Voir chap. XXXIV, paragr. X et XVI.)

Décembre.

Terminer les travaux qui n'auraient pu être faits en novembre.

Labourer, défoncer, faire les terrassements et transports. Faire des paillassons. Nettoyer les graines. **Surveiller les abris. Mêmes travaux qu'en janvier.**

CHAPITRE XLII

LES SERRES ET LES ABRIS

I. Les cloches. — II. Les châssis. — III. Les bâches. — IV. Les serres : types de serres et leur construction. — V. Le chauffage des châssis, des bâches et des serres. — VI. L'aération. — VII. Couverture et ombrage. — VIII. Orangerie et conservatoire. — IX. Abris divers. — X. L'entretien, les réparations, la conservation et la peinture des serres, abris, coffres, châssis, cloches, paillassons et claies. — XI. Le vitrage perfectionné des serres.

Il est bien peu de personnes qui, possédant un jardin, n'aient à leur disposition quelques châssis, parfois une bâche et une petite serre.

C'est le matériel nécessaire si l'on veut avoir des fleurs et des plantes en toutes saisons pour la garniture des appartements et des plantes pour l'ornementation du jardin.

Du reste, les châssis, comme les cloches sont également nécessaires au jardin potager, ainsi qu'au jardin fleuriste si l'on veut récolter des primeurs et avancer les semis ; une serre, ou tout au moins une serre-abri est de toute nécessité au jardin fruitier si l'on veut avancer ou retarder la maturité de certains fruits et principalement du raisin. Enfin, toutes les personnes qui veulent avoir un endroit toujours riant à proximité ont soin d'aménager soit une véranda, soit une serre-salon, soit un petit jardin d'hiver, qui communique directement avec leur appartement.

I. — Les cloches.

Les cloches sont principalement utilisées dans la serre à multiplication pour recouvrir les semis, boutures ou greffes, en plein air pour le même emploi et aussi en culture dans le jardin potager. Les plus utilisées, les moins chères, mais aussi les plus fragiles, sont les cloches dites maraîchères. Les cloches verrines sont moins connues; on les utilise principalement dans certains jardins botaniques; elles sont constituées par une série de vitres retenues par des bandelettes de plomb ou de zinc. On conçoit que si l'on casse une petite vitre elle peut être remplacée facilement. Dans certains cas on peut aussi réparer les cloches maraîchères ainsi que je l'explique dans le paragraphe x.

II. — Les châssis.

Je ne ferai pas ici la description des châssis, car ils sont assez connus. Ceux que je recommanderai surtout sont les châssis en bois et en fer. Le cadre est en bois de chêne ou de pitchpin, muni d'une équerre en fer à chacun des angles, et les traverses, au nombre de deux ou de trois, sont en fer à T. Les dimensions courantes sont de $1^m,30$ carré. Le cadre est aussi muni de deux poignées pliantes.

Les coffres sont généralement construits en pitchpin pour un, deux, trois ou quatre châssis (fig. 33, paragr. VIII, p. 69-70); dans le bas ils sont munis de deux taquets par châssis, ce qui permet de soulever ceux-ci sans qu'ils glissent; une traverse enchâssée à queue d'aronde, munie d'une rigole dans l'axe, ou une barre (C, fig. 33, p. 70), est posée entre deux châssis et maintient l'écartement du coffre.

Enfin, on utilise aussi très souvent le châssis-cloche, qui est tout en fer et dont les parties obliques vitrées remplacent le coffre. La lumière pénètre bien mieux et les plantes à fleurs principalement s'en trouvent fort bien. Je signalerai aussi pour mémoire les petits châssis vitrés destinés à la multiplication des plantes, que l'on dispose sur une bâche. Lorsque l'on bouture ou que l'on marcotte des plantes assez fortes, ou encore lorsque l'on sèvre certains sujets, on peut disposer des châssis verticalement en les faisant mouvoir sur une coulisse, sur la bordure de la bâche et le toit de la serre par un cadre préparé à cet effet.

Jardinage.

III. — Les bâches.

Au lieu d'un simple coffre, faire, en l'enterrant dans le sol, une petite construction en maçonnerie qui peut être chauffée tout comme une serre, la recouvrir de châssis ; voilà une bâche. Elle offre cet avantage de pouvoir abriter les plantes pendant l'hiver bien plus rationnellement qu'un châssis à coffre ; la gelée est moins à craindre. La culture des primeurs est aussi facilitée et elle peut servir pour une foule de plantes pendant l'été.

IV. — Les serres : types de serres et leur construction.

Les serres sont soit à un seul versant (fig. 242), ce sont les serres adossées, soit à deux versants (fig. 243 et 244). Le

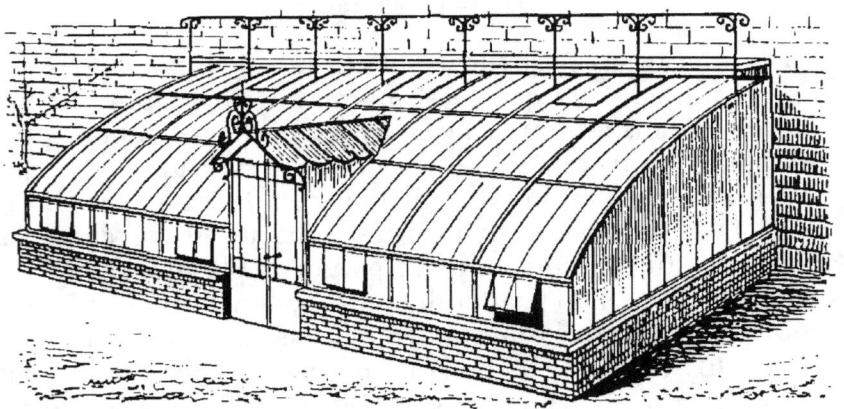

Fig. 242. — Serre hollandaise, adossée, en fer, à comble courbe avec pied droit vitré.

toit ou comble en est droit ou, au contraire suit une courbe parabolique. Les combles droits reposent sur un pied droit vitré, ou, directement sur la maçonnerie ; il en est de même des toits courbes, pour les serres qui sont élevées, mais dans ce dernier cas l'inclinaison curviligne du comble supprime ce pied droit là où il serait nécessaire dans une serre à comble droit, car la courbe vient directement reposer sur la maçonnerie (fig. 244).

Les amateurs qui n'ont qu'une serre doivent accorder leur préférence à un type de serre soit droit avec un pied droit vitré, soit, au contraire, curviligne, sans ou avec pied droit vitré. Quelle que soit sa forme, elle peut être divisée en plusieurs compartiments (voir le chap. XLIII, paragr. IV).

Fig. 243. — Serre à comble droit en pitchpin avec pied droit vitré.

Pour les serres de cultures proprement dites, dans lesquelles on multiplie et on cultive surtout de petites plantes,

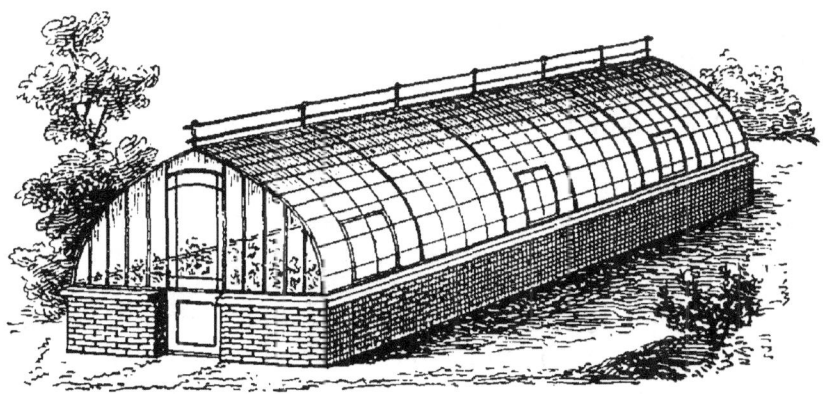

Fig. 244. — Serre hollandaise en fer à comble courbe, sans pied droit vitré, la courbe venant reposer directement sur la maçonnerie.

on choisit un type économique composé tout simplement d'une rangée de châssis de chaque côté, reposant en haut et sur les côtés sur une charpente et au bas sur le pied droit en maçonnerie.

Les matériaux employés sont le fer, le bois et le verre principalement, la maçonnerie étant comptée à part. Je ne m'étendrai pas sur les qualités et les défauts du bois et du fer; je dirai tout simplement, que pour les grandes serres architecturales, c'est au fer que l'on doit donner la préférence tandis que je recommanderai les serres en bois et celles en bois et fer lorsqu'elles sont de dimensions moyennes.

On construit depuis quelques années des serres en pitchpin (fig. 243) à double ou à simple vitrage qui joignent l'élégance à la solidité, et sont très favorables pour la culture; c'est un système de serre que je recommande particulièrement.

Enfin, on trouve encore dans le commerce différents types de serres-abris destinées à avancer ou à retarder la maturation des fruits. Il en est parlé dans la partie arboriculture fruitière (voir le chap. XXX, paragr. II).

Quant aux jardins d'hiver, serres de luxe et vérandas ils entrent autant dans le domaine de l'architecture à ce point de vue que dans celui qui nous concerne (voir d'ailleurs à ce sujet le chap. L, paragr. II).

Un bon conseil aux personnes qui ont une serre à construire, c'est de ne s'adresser qu'à des maisons sérieuses et de demander l'établissement d'un prix à forfait, comprenant tout, c'est-à-dire la serre prête à recevoir les plantes.

V. — Le chauffage des châssis, des bâches et des serres.

On a pour le chauffage des : châssis, bâches, serres, les couches et le feu. Les couches sont le mode primitif de chauffage et sont principalement utilisées pour les cultures sous cloches et sous châssis. Elles sont établies à l'aide de matières fermentescibles : fumiers, herbes, feuilles, tannée, etc. On fait plusieurs sortes de couches : les couches enterrées, si elles sont dans le sol, et montées, si elles sont au-dessus. Elles sont dites *chaudes* lorsqu'elles dégagent une forte chaleur, et *sourdes* lorsqu'elles fournissent une chaleur faible, mais continue. Il est parlé de leur établissement chap. V, paragr. VII, « *Moyens d'activer la végétation, couches, réchauds* ».

Le chauffage des bâches et des serres peut être fait de cinq façons différentes, qui sont :

Le chauffage à feu direct, dit aussi « chauffage à la fumée »; le chauffage à air chaud, poêles, calorifères en fonte ou en maçonnerie; le chauffage par circulation d'eau chaude nommé thermosiphon; le chauffage par circulation d'eau chaude, mais cette dernière chauffée par un jet de vapeur qui détermine en même temps par une poussée continuelle sa circulation dans les tuyaux; et, enfin, le chauffage par circulation de vapeur.

Le chauffage à « la fumée » produit sa chaleur de la façon suivante : le foyer est à l'intérieur de la serre, tout en se chargeant en dehors; la cheminée en est inclinée horizontalement et suit dans cette position les contours de la serre en communiquant ainsi la chaleur par l'échauffement des parois qui dégagent ainsi d'autant plus de chaleur que le feu est plus actif.

En plus que si quelques fissures existent çà et là, la serre se remplit de fumée, ce qui n'est pas rare du tout, tout grille près du foyer, pour peu qu'on soit obligé de faire un feu soutenu.

Je ne dirai rien des poêles et des calorifères, sinon que l'air chaud qui s'en dégage est aussi malsain sinon plus que celui du chauffage à la fumée; son action aride est desséchante et pernicieuse pour les plantes.

Dans le troisième cas, le chauffage se fait par la circulation d'eau chaude dans des tuyaux en fonte ou en cuivre. Le thermosiphon, dont il existe de nombreux modèles, est évidemment le meilleur système de chauffage des serres avec celui consistant à échauffer l'eau par une injection continuelle de vapeur aussi longtemps que l'on veut chauffer que l'on ne peut utiliser que là où il y a une production soutenue de vapeur.

Enfin, le cinquième cas c'est la vapeur comprimée qui circule dans les tuyaux. A moins d'avoir une grande installation, c'est un procédé trop coûteux pour être recommandable.

VI. — L'aération.

L'aération est une chose essentielle; aussi lors de la construction des serres doit-on y attacher l'importance qu'elle mérite. Dans beaucoup de serres, elle a lieu par des ventilateurs disposés dans le mur sous les tablettes et par des vasistas ménagés de distance en distance dans le toit de la serre; c'est le meilleur système et il est fréquemment appliqué dans les serres en pitchpin. Bien souvent, cependant, on se borne à ne ménager que quelques vasistas dans la toiture et pour les serres adossées surtout, quelques châssis mobiles dans le bas du toit ou dans le pied droit vitré.

VII. — Couverture et ombrage.

Aussi bien comme couverture-abri proprement dit que comme ombrage on fait en même temps que les serres une installation pour les couvertures. Pour couvrir les serres et les châssis on utilise principalement des paillassons et parfois aussi des toiles goudronnées ; ces dernières sont bien plus propres que les paillassons et moins coûteuses par l'usage.

Pour l'ombrage on utilise des claies, des toiles à tissus serrés et des nattes. C'est évidemment le procédé le plus rationnel, puisque cet ombrage étant mobile, on peut le relever chaque jour. Beaucoup de personnes reculent devant la dépense et font blanchir les vitres des serres dès que le soleil devient fort. Un bon badigeon est celui que j'ai vu employer pour l'ombrage des serres du roi des Belges à Laeken, qui est assez agréable par sa couleur verte. Il se compose de : eau, blanc d'Espagne, bière, un peu de vert et un peu d'huile, le tout bien dilué ; on l'applique au pinceau et quelques marbrures obtenues avec la brosse font disparaître les traînées du pinceau.

Dans beaucoup de cas des couvertures, toiles et claies, sont installées à une certaine distance du vitrage ; c'est un peu plus coûteux, mais préférable au point de vue des résultats. Les paillassons et les toiles goudronnées utilisés surtout en hiver, parce qu'ils évitent une aussi grande déperdition de chaleur, ne doivent être employés que la nuit et relevés chaque matin.

VIII. — Orangerie et conservatoire.

L'orangerie, qui fut à la mode pendant un certain temps, ne se rencontre généralement que dans les grandes propriétés, là où l'on possède encore de ces beaux exemplaires de : Grenadier, Citronnier, Oranger, Laurier-rose, etc. ; mais on n'en construit plus guère, car il est coutume d'hiverner ces plantes, que l'on ne collectionne plus autant, en forts exemplaires, dans un coin de la serre froide, dans un vestibule ou dans une pièce inoccupée.

L'orangerie est tout simplement un bâtiment dont les murs construits comme ceux des maisons sont percés d'un seul côté de toute une série de baies vitrées.

Au lieu de construire une orangerie, il est donc préférable de construire une serre froide.

Le conservatoire est une pièce non habitée, un sous-sol, une remise ou tout autre endroit éclairé dans lequel on peut très bien hiverner les plantes dites d'orangerie, surtout celles qui comme les : *Lantana*, *Fuchsia*, Grenadier et une partie de celles qui perdent leurs feuilles et dont je parle dans le paragraphe I « *Hivernage des plantes demi-rustiques* », au chapitre XLIII.

On conçoit que celles comme les : Laurier d'Apollon, *Chamærops*, Oranger, Laurier-rose, etc., qui conservent leurs feuilles tout l'hiver, souffrent généralement de l'éclairage imparfait; aussi doit-on les sortir le plus tôt et les rentrer le plus tard possible. Un poêle doit être installé dans le conservatoire pour permettre de chauffer un peu lors des fortes gelées.

IX. — Abris divers.

Indépendamment des abris vitrés qui ont principalement pour but de protéger les plantes non rustiques pendant une partie de l'année et d'avancer la floraison de certaines autres, il en est une catégorie que l'on installe dans le but principal de préserver les plantes de serre mises en plein air l'été, des rayons du soleil parfois trop brûlants pour elles.

Ces abris consistent tout simplement en une charpente en bois plus ou moins élevée, selon la hauteur des plantes, mais généralement assez pour permettre à un homme de passer sans avoir à se baisser et supportant une toiture à claire-voie constituée soit par un treillage, soit par des claies, soit par une toile à ombrer, soit encore par des roseaux ou par des brindilles suffisamment espacées, dont le seul but est de tamiser les rayons du soleil. Quelquefois cette installation est complétée par une cloison latérale mobile ou non, également à claire-voie du côté du midi.

Sous ces abris les plantes sont placées avec leurs pots, soit sur le sol, soit dans une couche de tannée; ou bien encore elles sont mises en pleine terre. Cela convient principalement pour les plantes à feuillage décoratif telles que : Palmiers, Fougères, *Dracœna*, etc., etc.

Les plantes fatiguées par un long stage dans l'appartement, traitées comme il est dit au paragr. II, chap. XL mises ensuite sur couche et sous ces abris se remettent fort bien et assez rapidement.

Des abris permanents sont aussi constitués, dans les pépinières principalement, pour l'élevage de certaines plantes, par des haies parallèles élevées de *Thuya*, de 2 à 3 mètres et espacées de 2 à 3 mètres.

X. — L'entretien, les réparations, la conservation et la peinture des serres, abris, coffres, châssis, cloches, paillassons et claies.

Construire des serres, installer des coffres, des abris et des châssis est fort bien, mais il convient, comme pour les outils, de les entretenir soigneusement et de les avoir en constant état de propreté pour en prolonger la durée et assurer leur bon fonctionnement.

Lors de leur construction, toute la charpente : montants, traverses et autres ferrures des serres et des châssis en fer sont peints à une ou deux couches de minium et après la pose du vitrage à deux couches de peinture; les serres en bois sont également faites de la même façon, ou, ce qui est mieux, reçoivent deux couches d'huile de lin, dont une, froide ou bouillante, doit être appliquée avant l'assemblage des mortaises et des tenons, de façon que toutes les parties en soient imprégnées.

Aussi bien fait que ce travail puisse être, il ne peut se maintenir en bon état que pendant une durée très limitée, car aucune construction ne se trouve dans d'aussi mauvaises conditions que les serres et les châssis. L'intérieur est toujours humide, rempli de buée l'hiver, et surtout si l'on ouvre, le chauffage produit une autre buée qui ramollit tout en dehors; l'eau pénètre dans les fentes du mastic qui se congèle et le fait se détacher. L'été, tandis qu'il y a toujours de l'humidité intérieurement, tout sèche au dehors, et là encore le mastic se détache. De plus ces alternatives de sécheresse et d'humidité rongent la peinture, qui ne tient plus ni au bois ni au fer et se détache par plaques ; la rouille ronge les ferrures et la pourriture gagne le bois si l'on n'y prend garde.

Il convient donc d'étendre au moins tous les deux ans, le mieux serait chaque année, une couche de peinture à toute la charpente des serres et des autres abris, après avoir préalablement gratté les parties endommagées et lavé le tout. Les vitres cassées ou simplement fendues doivent être remplacées ; on doit enlever le mastic aux places où il ne tient plus et le remplacer par du neuf. Lorsqu'il est nécessaire d'enlever du mastic qui tient encore, il suffit de verser dessus et goutte à goutte de l'acide sulfurique qui a la propriété de le faire devenir mou.

On doit passer une couche de peinture sur tout le mastic en même temps que sur la charpente ; il s'imprègne d'huile de nouveau et reste plus longtemps en bon état, l'eau ne pénétrant plus alors aussi facilement et la sécheresse ne le réduisant plus en poussière.

Il est des cas où l'on attend trop longtemps et d'autres où une restauration s'impose. Il faut alors enlever soigneusement toute la rouille des fers, lessiver les boiseries et remplir avec du mastic toutes les cavités provenant de la pourriture, remastiquer les vitres, puis peindre de nouveau à deux couches (après avoir donné une couche de minium), dont une avant que de reposer les vitres, sur toutes les ferrures et même parfois sur les boiseries ; ou bien passer deux couches d'huile sur les boiseries qui ne sont pas peintes, dont une avant que de vitrer.

C'est pendant l'été que l'on doit procéder à ces divers travaux d'entretien de serres, de châssis et d'abris, en choisissant toujours un beau temps afin que cela se ressuie et sèche assez vite. Toutefois on peut profiter d'un temps pluvieux, ou même des mauvaises journées d'hiver pour réparer et peindre les châssis lorsqu'on peut faire ce travail à l'abri. (Pour les outils, voir le chap. IV, paragr. VIII à XI.)

Les paillassons, nattes, toiles à ombrer, claies, doivent aussi être l'objet de beaucoup de soins. On doit les étendre pour les faire sécher après les pluies, et principalement en hiver lors de la fonte des neiges et après des pluies continuelles. Tout ce qui, à un moment donné, doit être rentré, est mis sécher soigneusement auparavant. Pour leur durée les claies gagnent à être peintes tous les trois ou quatre ans, les lames cassées remplacées ainsi que les attaches, fil de fer et cordages. (Voir le chap. V, paragr. IX.)

Lorsqu'une cloche, ce qui arrive souvent, est cassée ou fendue, si elle n'est pas divisée en morceaux trop nombreux, on peut facilement la réparer en rapprochant ces derniers et en les fixant entre deux bandelettes d'étoffe enduites de céruse, suivant longitudinalement les cassures.

Les vitres des serres, des châssis et les cloches doivent être fréquemment lavées.

XI. — Le vitrage perfectionné des serres.

On utilise ordinairement pour le vitrage des serres le verre demi double, qui doit être choisi avec le moins de lentilles possible et est coupé par bandes de 0^m,35 de long sur 0^m,33 de large, espace généralement réservé entre les petits bois. Il faut compter sur un entretien annuel de trente centimes environ par mètre carré vitré, pour le remplacement des vitres cassées, remastiquage, etc. Il y aurait grand avantage, aussi bien pour l'amateur que pour l'horticulteur, à préférer, pour le vitrage des serres et même des châssis, le verre « cathédrale », qui est tout aussi lumineux, est plus fort et plus solide, puisqu'il résiste à la grêle, est d'un entretien facile et clôt hermétiquement la serre. Comme il est plus résistant, on peut l'employer en plus grandes longueurs et largeurs, ce qui diminue le nombre des petits bois et des joints. M. Duval, qui en a fait l'essai, dit que l'on peut utiliser des feuilles de 4 mètres de long, et il conseille la largeur de 42 centimètres. Il n'est pas non plus nécessaire d'avoir un recouvrement de mastic, car il suffit simplement avant la pose d'enduire les bords dans un bain de mastic. Ce verre, tout en étant plus coûteux que le verre ordinaire, revient meilleur marché en diminuant les frais d'entretien et en conservant mieux la chaleur dans l'intérieur des serres. Les vitres de ce verre peuvent également être maintenues fixes en étant agrafées les unes sur les autres par des bandelettes de plomb repliées en S. Si l'on a soin aussi d'en couper le haut en biais, l'eau provenant de la condensation de la buée, est conduite le long des petits bois dont une rainure la déverse dans une petite gouttière placée au bas du faîtage.

CHAPITRE XLIII

NOTIONS GÉNÉRALES DE CULTURE DES PLANTES QUI DEMANDENT UN ABRI

I. Hivernage des plantes demi-rustiques. — II. L'orangerie et le conservatoire. — III. Serre froide. — IV. Serre tempérée. — V. Serre chaude. — VI. Serre à multiplication. — VII. Sortie des plantes de serre. Leur traitement général pendant l'été en plein air, sous abri et en bâche. — VIII. Utilisation des serres pendant l'été. — IX. Rentrée des plantes.

Je vais examiner rapidement les soins généraux de culture applicables aux plantes de serre; j'aurai soin d'indiquer autre part les travaux mensuels à exécuter qui compléteront les indications données dans ce chapitre.

I. — Hivernage des plantes demi-rustiques.

Parmi les végétaux qui ornent les jardins pendant la période estivale, il en est une catégorie qui, sans exiger l'abri d'une serre, ne sont pas rustiques en plein air, l'hiver. Telles sont certaines plantes tuberculeuses et rhizomateuses et une partie de celles qui perdent leurs feuilles.

Les souches rhizomateuses de *Canna* et de *Caladium* et les tubercules de *Dahlia* sont conservés facilement dans une cave ou dans un cellier où il ne gèle pas, lorsque celui-ci n'est pas trop humide. Si les touffes sont grosses, on les pose tout simplement sur le sol ou sur des tablettes, mais lorsque ce sont de jeunes plantes, il est préférable de les mettre soit dans des boîtes soit dans des terrines, en les recouvrant de sable sec.

Les tubercules et bulbes de *Begonia*, de Glaïeul, de *Montbretia*, etc., ainsi que d'autres bulbes, griffes, etc., doivent être conservés sur des tablettes jusqu'au moment de la plantation ou de leur multiplication, dans un endroit sec où il ne gèle pas. Pour certains bulbes provenant de semis ou de la multiplication de l'année même, sur la bonne conservation desquels on aurait quelques doutes, ils peuvent être laissés avec leur terre, qui, une fois sèche, les garantit autant contre la pourriture que contre le dessèchement. Ou bien on peut les mettre dans de petites boîtes en les recouvrant de sable.

Certaines plantes qui perdent leurs feuilles, et qui par conséquent n'exigent pas de lumière pendant la saison de repos, peuvent êtres hivernées dans un endroit sec, cellier, remise, dans lequel il ne gèle pas ; dans cette catégorie sont les : Érythrine, *Datura*, *Phytolacca*, *Fuchsia*, *Lantana*, etc. Il suffit de les déplanter avec leur motte lors des premières petites gelées, d'enlever toutes les feuilles jaunes et même les extrémités herbacées des rameaux et de les mettre en jauge les unes près des autres jusqu'au printemps suivant. On peut les mettre directement en pleine terre aussitôt que la taille a été pratiquée, à moins que l'on ne préfère les mettre en végétation avant sous châssis, en bâche ou en serre. Les sujets sur lesquels on veut prendre des boutures peuvent être rempotés en janvier-février et rentrés dans la serre à multiplication, où ils ne tardent pas à développer des bourgeons herbacés propres au bouturage. (Voir le paragr. XVI, « *Les pieds-mères et leur traitement* », page 113, chap. IX.)

II. — L'Orangerie et le Conservatoire.

Ainsi que je l'ai dit, on ne construit pour ainsi dire plus d'orangerie, la serre froide étant bien plus commode. Toutefois, dans les propriétés où il y en a encore, elles servent à remiser durant l'hiver les grands végétaux de collection qui ne sauraient trouver place dans la serre froide et ceux qui n'ont tout simplement besoin que d'un abri contre les grands froids, les neiges et les pluies continuelles.

Cette construction, qui, du reste, ne doit contenir de plantes que pendant l'hiver, doit toujours être tenue aérée le jour et parfois la nuit quand la température ne descend pas au-dessous de zéro. Il faut aussi chauffer un peu pour chasser l'humidité lors des pluies et combattre le froid lors des fortes gelées.

Mêmes soins au conservatoire qu'il est dit dans ce paragraphe et dans le précédent.

III. — Serre froide.

La serre froide doit être munie de nombreux ventilateurs, car il importe de bien l'aérer le printemps, l'été, l'automne, et quelquefois aussi l'hiver, lorsque la température le permet. Un appareil de chauffage est nécessaire, bien que la température puisse descendre l'hiver à 1 degré centigrade, tandis que 8 à 10 degrés suffisent amplement. Dans beaucoup de cas on ne maintient même qu'une température maximum de 5 à 6 degrés. On ne chauffe donc que lorsque le thermomètre baisse trop, et, à moins de gelées continuelles, la nuit seulement, ou pour combattre l'humidité ; dans ce cas on chauffe en aérant fortement. Les couvertures aident beaucoup à la conservation de la température, mais il ne faut les utiliser que pendant la nuit.

Les plantes que l'on hiverne dans la serre froide sont principalement celles qui servent à la décoration des jardins en été, ainsi que les Azalées, Camélias et d'autres à feuilles caduques, qui sont là dans leur période de repos et n'exigent que très peu d'arrosages. La plupart des plantes bulbeuses sont également dans ce cas, sauf celles comme les : Jacinthes, Tulipes et Crocus, qui entrent en végétation.

En février-mars, les arrosages peuvent être un peu plus nombreux, car beaucoup de plantes commencent à pousser. Du dix au vingt mai, la plupart de toutes ces plantes sont mises en plein air, les pots enterrés dans des planches, arrosés lorsque cela est nécessaire et parfois à l'engrais. On profite du remaniement qu'exige la sortie pour rempoter celles qui en ont besoin. L'été, cette serre ombrée par un des moyens indiqués au chap. XLII, paragr. VII, peut être garnie de plantes à feuillage et à fleurs : Coleus, Pelargonium, Fuchsia, Torenia de Fournier, Begonia bulbeux hybrides, etc., ou bien encore des plantes en guirlandes, culture relativement nouvelle en Europe et à laquelle le paragr. VIII au chap. XLVI est consacré.

IV. — Serre tempérée.

L'installation d'une serre tempérée est la même que celle d'une serre froide, avec cette différence que l'on ne peut pas se contenter d'un chauffage aussi faible que celui pouvant servir pour une serre froide. Lorsqu'on ne possède qu'une seule serre, il vaut mieux la convertir en serre tempérée, car elle peut abriter à la fois des plantes de serre froide et de serre tempérée, et quelques-unes, peu délicates, de serre chaude. Je dirai aussi qu'une seule serre peut servir à la fois de serre chaude, serre tempérée et serre froide, si l'on a soin de la diviser en trois compartiments et de munir le chauffage de vannes permettant de distribuer la chaleur au degré voulu dans chacun des compartiments.

L'hiver, le degré de température peut être de 6 degrés *minima* et 12° *maxima*; certaines personnes laissent atteindre jusqu'à 15°. Cela dépend surtout si, avec les plantes de serre tempérée, l'on a des plantes de serre chaude; dans ce cas il faut surtout la considérer comme serre tempérée chaude. Tandis que si les plantes de serre froide sont associées aux premières, on la considère comme serre tempérée froide, et dans ce cas la température *maxima* peut ne pas dépasser 8 à 10 degrés.

La serre tempérée est moins aérée pendant l'hiver que ne l'est la serre froide; les arrosages y sont plus souvent répétés, la chaleur y étant plus forte. Sauf les plantes qui concourent à l'ornementation des jardins, et qui sont sorties à peu près au même moment que celles de serre froide, si elles ne l'ont pas été avant et mises sous châssis, les autres restent, pour la plupart, dans la serre.

Pendant la période estivale on doit aérer convenablement, ombrer et surtout ne pas oublier les bassinages et les arrosages des sentiers, qui seront d'autant plus souvent répétés que la chaleur sera plus forte, car il est bon de ne pas la laisser s'élever au dessus de 20 à 22 degrés. Une quantité de plantes fleurissant l'été trouvent asile dans cette serre.

Les jardins d'hiver et les serres salons sont généralement traités et chauffés comme la serre tempérée. (Voir le chap. L.)

V. — Serre chaude.

La serre chaude doit être munie d'un appareil de chauffage plus puissant que celui de la serre tempérée. Elle est destinée à abriter les collections si curieuses et si jolies des plantes tropicales, comme certaines Fougères, Orchidées, Broméliacées, Marantacées, Aroïdées, etc. En plus de la serre chaude ordinaire, dont la température peut être de 12 degrés au minimum et de 18 au maximum l'hiver, s'élevant jusqu'à 25 à 28 l'été, il est parfois nécessaire d'en réserver une partie séparée par une cloison, aux plantes de haute serre chaude, comme les Orchidées indiennes, plantes pour lesquelles on ne doit pas laisser trop souvent le thermomètre descendre au-dessous de 15 degrés en hiver et qui peut monter jusqu'à 35 en été.

C'est à la température de la serre chaude que sont forcés l'hiver les : Muguet, Deutzia, Lilas, etc. (Voir le chap. XLIX.)

Pendant l'hiver, il ne faut pas mettre d'obstacle au libre passage de la lumière, mais il faut tamiser les rayons du soleil dès qu'ils sont trop vifs, car la plupart des plantes en souffrent. Les arrosages sont assez nombreux et proportionnés aux besoins des plantes.

L'été on ombre régulièrement, on aère selon les besoins et on prodigue l'eau sous forme d'arrosages et de bassinages, sur les murs, tablettes, pots, sentiers, etc., la plupart de ces plantes affectionnant l'atmosphère moite et même humide.

VI. — Serre à multiplication.

Je dois aussi parler de la serre à multiplication; cette serre peut très bien être organisée dans une partie de la serre chaude. Dans ce cas, il suffit d'établir une cloison sur la face de la bâche de manière à emprisonner les tuyaux sur une certaine longueur, pour concentrer la chaleur, et de ménager des ouvertures pour la régler. Lorsque les châssis sont disposés sur cet emplacement sur des petits coffres, que l'on garnit, soit de sciure de bois, soit de fibres de coco, soit de sable, on plante dans ces matériaux toutes les boutures qui doivent être multipliées assez tôt en janvier, février, mars. Cette serre ne devant être que rarement aérée, il est nécessaire d'essuyer plusieurs fois par jour la vapeur qui se condense sur les vitres des châssis. La température est observée à l'aide d'un thermomètre de fond et doit être maintenue à une moyenne de 22 à 26 degrés centigrades.

VII. — Sortie des plantes de serre. Leur traitement général pendant l'été en plein air, sous abri et en bâche.

Bon nombre de plantes de serre froide et tempérée sont sorties en plein air dès le mois de juin, soit qu'elles soient utilisées pour l'ornementation du jardin, soit que leur sortie soit nécessaire pour consacrer ces locaux à d'autres cultures d'été : Gesnéracées, *Caladium*, etc., ou bien encore pour permettre les diverses réparations et les nettoyages des serres. Ces plantes, si elles ne sont pas utilisées pour l'ornementation du jardin, sont placées dans des bâches, sous des abris, dont il est question au chap. XLII, paragr. IX, pour les préserver des coups de soleil, ou bien en plein air et en planches. Elles sont en dehors de cette catégorie de plantes hivernées en serre : *Pelargonium*, *Héliotrope*, *Lantana*, *Begonia*, *Fuchsia*, etc. qui sont destinées à la garniture des plates-bandes, bordures, corbeilles, etc., et que l'on doit habituer plus tôt au plein air comme il est dit aux chap. XL et XLI.

Si les plantes ne sont pas mises sous abri, on doit surtout profiter d'un temps doux et pluvieux pour effectuer la sortie. Si quelques plantes sont un peu fatiguées par suite de leur passage dans les appartements, on établit une couche mince de tannée ou de fumier sous les abris où elles doivent être placées et on enterre les pots au-dessus. Je crois devoir ajouter que les plantes ayant eu besoin d'être rempotées auront dû l'être dès le mois d'avril-mai (chap. XL, par. II), de sorte qu'elles aient déjà fait de nouvelles racines.

Beaucoup de personnes font les rempotages au moment de la sortie des plantes ; c'est évidemment discutable, mais à part quelques plantes dures et celles que l'on met sur couche tiède, la plupart en souffrent, il leur faut la saison pour se rétablir et la végétation en est amoindrie.

Beaucoup de ces plantes : *Dracœna*, *Ficus*, *Aralia*, *Plumbago*, *Chamœrops*, etc., sont livrées directement à la pleine terre, dans un bon compost et parfois sur une petite couche ; dans ces conditions elles se développent vigoureusement et deviennent superbes; mais, l'automne venu, lorsqu'on les rempote pour les rentrer, on doit supprimer forcément une grande partie des racines qui se sont développées et les plantes en souffrent et perdent des feuilles. Afin d'éviter ceci il faut, au mois d'août-septembre, cerner la motte; de cette façon les racines se ramifient et restent circonscrites dans un plus petit espace. Lorsqu'on doit les rempoter, on agit encore avec précaution en déterrant la motte un peu de loin et en ménageant les racines. Aussi bien pour les plantes qui sont restées en pots que pour celles livrées à la pleine terre, il faut pendant l'été donner des arrosages copieux, dont quelques-uns à l'engrais, et de fréquents bassinages sur le feuillage.

Il ne faut pas placer trop à l'ombre celles qui forment leurs boutons comme les Camélias et les Azalées ou dont le bois doit être parfaitement aoûté pour mieux fleurir l'année suivante comme le Bougainvillea glabre de Sander; un endroit mi-ensoleillé et même ensoleillé leur convient beaucoup mieux.

Il est une catégorie de plantes parmi celles à feuillage coloré qui gagnent à être cultivées sous bâches; les : *Dracœna*, *Croton*, *Phrynium à feuilles panachées*, etc., si jolis par la brillante coloration du feuillage, ne doivent pas être trop ombrés, car le soleil accentue cette coloration. C'est pourquoi dans les bons établissements d'horticulture on cultive les jeunes plantes pour la décoration de l'hiver suivant en bâches et en plein soleil pendant l'été, elles sont ainsi plus résistantes et acquièrent une coloration intense.

VIII. — Utilisation des serres pendant l'été.

La serre froide et, parfois aussi, la serre tempérée restent une partie de l'été, de la sortie à la rentrée des plantes, sans en abriter aucune.

Je crois que c'est un tort, car, à moins que des réparations demandant un temps assez long soient nécessaires, on peut, aussitôt après les avoir bien nettoyées, les utiliser d'une façon agréable pour la saison d'été.

La serre froide et les autres serres étant ombrées peuvent être avantageusement utilisées, ce que l'on ne connaît pas assez dans les maisons bourgeoises, pour la production de graines de choix de certaines plantes : *Gloxinia*, *Begonia*

Petunia, *Pelargonium*, *Coleus*, etc., etc. Le traitement de ces plantes à cet effet : fécondation, récolte, soins divers, est ainsi facilité. (Voir à ce sujet les chapitres VI et XLIII.)

C'est une chose que j'ai beaucoup vu pratiquer en Allemagne et que je ne saurais trop recommander.

Les serres froides et tempérées peuvent aussi être occupées par la culture relativement nouvelle des *Lygodium grimpant* et des *Myrsiphyllum*, en guirlande. (Voir le chap. XLVI, paragr. VIII.)

Les diverses plantes à fleurs ou à feuillage décoratif dont on fait des potées pour la décoration des appartements pendant l'été : *Coleus*, *Caladium du Brésil*, *Pelargonium*, *Gloxinia*, *Tubéreuse*, *Torenia de Fournier*, *Lis*, *Streptocarpus*, etc., y sont préparées et l'occupent d'une façon très agréable, ou bien encore, en l'ombrant assez fortement, on peut élever, plantées en pleine bâche, de petites plantes pour les garnitures l'hiver suivant : *Pteris*, *Adiantum*, *Selaginelle*; ces plantes, divisées en mai-juin, poussent ainsi très vite et constituent de belles touffes que l'on rempote en août-septembre.

Enfin, une serre tenue assez à l'étouffée, ou une partie de la serre où sont les plantes précitées, peut être réservée aux jeunes *Begonia Gloire de Lorraine* (voir p. 678) et à ses variétés, superbe acquisition à cause de leur floraison hivernale, et qu'il faut élever à chaud.

IX. — Rentrée des plantes.

C'est vers la fin de septembre que l'on songe à rentrer les plantes; celles qui sont en pleine terre y demeurent parfois jusqu'au 15 octobre, après elles sont rempotées et rentrées. Pour celles-là le cernage dont je parlais est surtout utile, car après cette époque elles ne peuvent guère faire de racines et en souffrent l'hiver. C'est aussi le moment de rentrer les pieds-mères et les boutures de plantes destinées à la multiplication de celles qui doivent orner les corbeilles et les parterres l'année suivante. Beaucoup parmi elles doivent être mises sous châssis à cause des nuits déjà fraîches ou froides, comme les : *Alternanthera*, *Coleus*, *Iresine*, etc., dont la moindre petite gelée blanche roussit le feuillage. Toutes les plantes qui se trouvent sous châssis peuvent attendre quelque peu aussi, si cela est nécessaire.

Les serres doivent avoir été mises en ordre, appropriées ; les matériaux qui recouvrent les bâches ont été remplacés ou remués, les vitres lavées ; en un mot tout doit être dans un parfait état de propreté. Les plantes elles-mêmes, ainsi que les pots, sont lavés, les feuilles jaunes enlevées, etc.

Les petites plantes sont ensuite rangées avec ordre sur les tablettes et sur les bâches, en ayant soin de réunir toutes celles de la même variété ensemble et d'étiqueter chaque groupe. Cela a une grande importance si l'on songe que la plupart d'entre elles sont destinées à fournir des boutures au printemps et doivent être considérées comme pieds-mères (voir le chap. IX, paragr. XVI). Il en est de même des pieds-mères proprement dits (voir le même paragraphe) qui auraient dû être levés de pleine terre et rempotés d'assez bonne heure. Sans ce classement il pourrait arriver que l'on mélange les diverses variétés lors du bouturage.

Quant aux plantes à grand développement : Palmiers, Fougères, Agaves, etc., qui ont aussi garni le jardin, on les dispose avec goût d'une façon décorative.

Les plantes demi-rustiques : Canna, Dahlia, etc., et celles que l'on ne rentre pas en serre : Erythrine, Fuchsia, etc., sont arrachées après que les gelées ont roussi le feuillage et on les rentre au conservatoire (voir le chap. XLIII, et le paragr. 1 de ce chapitre).

C'est aussi le moment de préparer les plantes, arbustes et bulbes destinés au forçage (voir le chap. XLIX) de façon à les avoir sous la main au premier moment. Les plantes qui doivent fleurir l'hiver ; Cinéraires, Primevères, etc., gagnent à rester encore quelque temps sous châssis ; elles se maintiennent ainsi plus trapues.

Les autres travaux à faire dans les serres sont indiqués au chap. XLV « *Travaux mensuels* ».

CHAPITRE XLIV

LES PLANTES EXIGEANT UN ABRI SOUS LE CLIMAT DE PARIS

Cette partie du *Nouveau Manuel* renferme un choix de plantes de serre classées par ordre alphabétique. Je n'ai pas cru devoir les réunir par catégories de : serre froide, serre tempérée et serre chaude, car certaines, indiquées dans une catégorie, peuvent aussi bien être mises dans une autre : telle plante de serre froide étant fréquemment cultivée en serre tempérée et réciproquement; mais j'ai indiqué à chaque plante énumérée dans quelle serre elle pouvait être cultivée.

J'ai surtout parlé des plantes classiques et de celles les plus méritantes, décoratives ou intéressantes, cet ouvrage, je le répète, n'ayant aucune prétention scientifique et n'étant pas spécial aux plantes de serre.

Jusqu'au moment de la correction des épreuves j'ai cru bon de signaler, comme d'ailleurs à la floriculture de plein air, les plantes nouvelles les plus méritantes parues. Cet ouvrage sera donc à jour à son apparition.

A chacun des genres cités il est mentionné, succinctement, il est vrai, les procédés de multiplication et de culture les plus usuels; j'ai eu soin d'indiquer pour la plupart de celles que l'on multiplie par graines ce qu'il était bon de connaître pour le choix des types et la récolte des graines. Mes lecteurs voudront bien se reporter pour les plus amples détails concernant la multiplication, la culture, les **terres et les composts, les rempotages, les tailles et pincements, les insectes, les maladies et leur traitement, etc., etc.**

aux chapitres I, II, VI à X, XLII, XLIII, et surtout aux chap : XLV « *Travaux mensuels* »; XLVIII, « *Obtention des bonnes graines* »; XLVII, « *Quelques opérations usuelles dans la culture des plantes* ; L, « *Les serres d'agrément* »; toutes choses que, on le comprend, il serait dispendieux de répéter même à chacune des principales plantes.

Abutilon (*Abutilon*), Malvacées. — Joli arbrisseau que l'on cultive pour l'ornementation des jardins. On peut le planter en pleine terre en mai. Dans ces conditions il atteint de bonnes dimensions et fleurit abondamment jusqu'aux premières gelées, époque où on doit le rentrer dans une serre froide. On peut aussi utiliser les Abutilons dans les serres, soit en touffe, soit en les palissant contre les murailles, colonnes, etc. Pour les rempotages, employer une terre substantielle. On cultive surtout les : *A. striatum*, *A. arboreum*, *A. insigne*, *A. Thompsoni*, *A. T. Darwini*, *A. venosum* et ses variétés à feuilles panachées de blanc, *A. v. S^{ir} de Bonn* et *A. v. Sawitzi*, nain. Rustiques dans le Midi de la France, où ils fleurissent continuellement.

Acacia (*Acacia*), Légumineuses. — C'est le nom correct des Mimosas (voir ce nom). On cultive pour l'ornementation estivale des jardins l'*A. lophantha* pour planter en isolé dans les corbeilles alors qu'il est encore tout jeune. On le sème en janvier et on l'utilise les première et seconde années; comme les années suivantes il est parfois dénudé de la base, on le met de côté. Son faciès léger fait très bon effet dans les corbeilles dans lesquelles on le plante de place en place. Rustique dans le Midi de la France.

Acalypha (*Acalypha*), Euphorbiacées. — Arbuste de serre tempérée-chaude, parfois employé pour la décoration estivale, principalement en Allemagne. On le multiplie de boutures[1] en février-mars, à chaud, et on rempote dans de la terre légère. On cultive les : *A. marginata*, *A. mu-*

---

1. Je crois bon de dire, une fois pour toutes, afin d'éviter les répétitions, que les boutures de plantes de serre peuvent en général être faites toutes l'année lorsqu'on peut obtenir une certaine chaleur de fond et de février en octobre lorsque cette chaleur fait défaut. Toutefois le meilleur moment est de fin janvier à septembre. Ainsi donc, faute d'indications spéciales, les plantes de serre dont il va être question peuvent être bouturées, marcottées ou greffées, selon le mode de multiplication indiqué, à ces différents moments.

saica, *A. Wilkesiana*, remarquables par la coloration rouge plus ou moins foncé, marginé ou strié d'orangé, de verdâtre, etc. du feuillage, qui atteignent de 50 centimètres

Fig. 245. — Acalypha hispide, nommé aussi A. de Sander
(*A. hispida*, syn. *A. Sanderi*).

à 3 mètres, mais que l'on maintient de 25 centimètres à 40 centimètres par des pincements.

Une très curieuse espèce, l'*A. hispide* (*A. hispida*), mise au commerce en 1898 et exposée à Gand à l'exposition quinquennale sous le nom d'*A. de Sander* (*A. Sanderi*), a cette particularité d'émettre à l'aisselle de chaque feuille une longue inflorescence rouge carminée ressemblant assez à ces grosses chenilles dont on entoure le bas des globes de verre pour empêcher la poussière de pénétrer; c'est, je crois, une plante qui sera sous peu très répandue, étant donnée sa facilité de multiplication, car les fleuristes parisiens l'ont déjà adoptée. Les plantes présentées à Gand étaient sur une seule tige comme la fig. 245 et présentaient de longues chenilles; mais on a déjà eu l'idée de la cultiver en touffe (la première présentation a été faite à l'exposition de Paris au mois de mai 1899) en pinçant la tige principale. Les rameaux qui se développent à la suite du pincement se couvrent de nombreuses inflorescences plus courtes et la plante n'en est pas moins décorative. Le rempoter dans un compost très humeux et très fertile.

Achimenès (*Achimenes*), Gesnéracées. — Belles plantes de serre chaude et tempérée comprenant une vingtaine d'espèces et un grand nombre de variétés dont la plupart sont supérieures aux espèces dont elles sont issues. Les Achimenès ont des tiges vivaces, rameuses et velues et sont pourvues souterrainement de rhizomes écailleux, que l'on trouve aussi parfois à l'aisselle des feuilles.

On met les Achimenès en végétation en janvier-février dans la serre chaude, en plaçant les rhizomes dans de la terre humeuse, pour ne les rempoter que lorsque les pousses ont quelques centimètres. Certains cultivateurs les rempotent avant la mise en végétation. Le mélange employé doit être à la fois humeux et fertile, composé de : terreau de feuilles et de fumier, terre de bruyère et sable.

Il faut bassiner assez souvent, arroser de même, et quelquefois à l'engrais, et tuteurer les tiges. L'air trop sec amène la grise et les pucerons, que l'on détruit par des fumigations. La floraison terminée, on réduit les arrosements et on laisse les plantes à sec jusqu'à la mise en végétation, qui peut s'effectuer graduellement dès janvier, pour avoir les plantes plus longtemps fleuries.

Les espèces les plus remarquables sont : l'*A. coccinea*, l'*A. à grandes fleurs*, l'*A. à longues fleurs*, etc. Voici maintenant quelques bonnes variétés, blanches : *Marguerite, Mme A. Verschaffelt*; carmin et écarlate : *Météore, Fire fly, Diadème, Eclipse, Aurora*; roses, *Léopard, Unique, Admiration*; bleues et pourpres, *Vivicans, Argus, Gibsoni, Gem*, etc.

La multiplication s'effectue de semis, boutures de

rameaux et de feuilles, de séparation de rhizomes, et d'écailles tubéreuses, au printemps.

Achyranthes. — (Voir *Iresine*).

Acrostichum (*Acrostichum*), Fougères. — C'est un genre comprenant une série d'autres genres et dans les 120 à 130 espèces, presque toutes tropicales; peu d'espèces sont élevées et quelques-unes peuvent servir aux garnitures temporaires d'appartement, comme elles peuvent être cultivées dans les petites serres d'appartement. On trouvera au mot *Fougères* [1] leur culture. J'ajouterai que la plupart sont de serre chaude. Les principales espèces sont les : *A. aureum*, *A. cervinum*, *A. latifolium*, *A. osmundaceum*, *A. grande*, *A. callæfolium*, *A. villosum*, etc. de serre chaude; *A. spicatum*, *A. axillare* et *A. Blumeanum*, de serre froide.

Ada (*Ada*), Orchidées. — Genre voisin des *Brassia*, plantes à pseudo-bulbes, fleurs en grappes écarlates. Rempoter dans un mélange de sphagnum et de terre en drainant parfaitement; ne pas laisser se reposer. Serre froide. (Voir *Orchidées* [1].)

Adamia (*Adamia*), Saxifragées. — Multiplication de boutures et culture en terre de bruyère. Cette plante, qui se rapproche beaucoup des Hortensias, se cultive de la même façon en serre froide. (Voir *Hydrangea*.)

Adiante (*Adiantum*), Capillaire, Fougères. — Se range parmi les Fougères les plus populaires et les plus cultivées, les frondes frêles et fines, très ornementales. D'une très grande utilité pour les compositions florales et les garnitures d'appartement. Multiplication par semis des spores et par division des touffes. Culture en serre tempérée et chaude. Principales espèces et variétés : *A. affine*, *A. caudatum*, *A. crenatum*, *A. cristatum*, *A. cuneatum*, *A. Farleyense*, *A. compactum*, *A. scutum*, *A. venustum*, *A. gracile*, *A. Dolabriforme*, *A. pubescens*, *A. Santæ-Catharinæ*, et quelques autres espèces plus originales et à feuilles plus coriaces,

---

1. Le chap. XLVI « *Quelques cultures spéciales* » est consacré à de longs détails sur la culture des Fougères, Orchidées, Broméliacées, Cactées, etc. ; s'y reporter chaque fois qu'il est mentionné voir : **Fougères, Orchidées**, etc.

A. trapeziforme, *A. peruvianum* ou *A. macrorhizum*, etc. (Pour la culture voir *Fougères*).

Æchmea (*Æchmea*), Broméliacées. — Plantes de serre chaude et tempérée aux feuilles en lanières, qui sont parfois épineuses; les fleurs sont disposées en grappes. Il leur faut en général beaucoup de lumière tout en se plaisant dans une partie ombragée de la serre et une chaleur humide. Le compost dans lequel on les rempote doit être humeux. Ce genre renferme une soixantaine d'espèces dont voici les principales : *Æ. aurantiaca*, *Æ. brasiliensis* *Æ. fulgens*, *Æ. f. discolor*, *Æ. Lindeni*, *Æ. Veitchii*, *Æ. Morelliana*, *Æ. spectabilis*, *Æ. Mariæ-Reginæ*, *Æ. Weilbachii*, etc. (Voir *Broméliacées*.)

Ærides (*Ærides*), Orchidées. — Ce sont de très belles Orchidées de serre très chaude; les feuilles charnues sont disposées d'une façon distique le long des tiges; ces dernières émettent de place en place de très grosses racines charnues. Les fleurs sont grandes et curieuses. Les espèces sont nombreuses, aussi ne citerai-je que les : *A. crassifolium*, *A. Lobbii*, *A. odoratum*, *A. Rœbelenii*, *A. quinquevulnerum*, *A. Fieldingii*, *A. crispum*, *A. suavissimum*. (Pour la culture voir *Orchidées*.)

Æschynanthe (*Æschynanthus*), Gesnéracées. — Ces plantes se multiplient de boutures assez facilement, mais toutefois jusqu'à la reprise complète, il est urgent de ne pas trop arroser. Leurs tiges sarmenteuses indiquent assez qu'il faut les cultiver suspendues ou comme les plantes sarmenteuses. Les rempoter en terre de bruyère et les placer en serre chaude dans un endroit ombragé et humide. Variétés recommandables : *Æ. grandiflorus*, *Æ. tricolor*, *Æ. Boschianus*, *Æ. Lobbianus*.

Agalmyla (*Agalmyla*), Gesnéracées. — L'*A. staminea* est une plante grimpante cultivée en serre chaude et en terre de bruyère pure; elle est très vigoureuse; tige sarmenteuse, se multiplie de boutures sous cloches ou sous châssis dans une serre à multiplication.

Agapanthe (*Agapanthus*), Liliacées. — Charmantes plantes qu'il faut hiverner en serre froide ou sous châssis. Les feuilles sont linéaires et les fleurs en ombelles. On les multiplie par l'éclatage des souches tubéreuses. On les rempote dans une terre humeuse et fertile, et l'été on les plante dans un endroit frais. Je citerai les : *A. en ombelle* (**A.** *umbellatus*) à fleurs bleues et ses variétés à *fleurs blanches, jaunes* et *doubles*, ainsi que celles *à feuilles panachées*. Vivace dans le Midi. (Voir « *Floriculture de plein air* »).

Agathée (*Agathæa*), Composées. — L'*A. bleue* (*A. cœlestis*) est considérée comme une plante demi-rustique à hiverner sous châssis ou dans l'orangerie, qui se multiplie de semis, boutures, marcottes ou rejetons. Pour les rempotages employer une bonne terre légère composée de 1/3 de terre franche et 2/3 de terreau et de terre de bruyère. Les potées rentrées en serre tempérée donnent continuellement des fleurs. Vivace et à floraison continue dans le Midi de la France. (Voir aux *Plantes de plein air*.)

Agave (*Agave*), Amaryllidées. — Végétaux au port majestueux, dont les feuilles, parfois très larges, convergent vers le centre, duquel part souvent une hampe florale gigantesque. La multiplication s'effectue par les drageons et par semis. On cultive les Agaves en pots ou en bacs; on les hiverne en serre froide ou en orangerie, où, rentrées au mois d'octobre, elles peuvent rester sans eau jusqu'en février; c'est le meilleur moyen pour les conserver. L'été on les sort dehors, où elles ornent les pelouses, les pilastres, perrons, ou en fait des groupes sur les pelouses et sur les talus, etc. Les espèces cultivées sont innombrables; les plus communes sont : l'*A. d'Amérique* à feuilles vertes et sa variété *à feuilles panachées*, l'*A. à feuilles de Dasylirion*, l'*A. de Hooker*, l'*A. Salmiana*, l'*A. ferox*, l'*A. horrida*, etc., etc., de plein air dans le Midi de la France, où elles poussent vigoureusement.

Agérate (*Ageratum*), Composées. — Plante aux feuilles poilues et aux capitules nébuleux, très utilisées pour l'ornementation estivale des jardins. Peut être cultivée comme plante annuelle en la semant au printemps sur couche ou en serre. Mais on multiplie surtout de boutures prises sur des pieds très florifères, de février en avril, en serre tempérée chaude ou sous châssis; on rempote en godets que l'on met sous châssis. La mise en place s'effectue en mai-juin. On associe les Agérates à toutes les plantes qui garnissent les corbeilles. Les pieds-mères sont hivernés en serre tempérée froide. Les Agérates peuvent former aussi de très belles potées pour garnir les fenêtres. Il faut avoir soin de couper les fleurs au fur et à mesure de l'épanouissement.

Les espèces employées pour l'ornementation sont : l'**A. bleu de ciel**, l'**A. du Mexique**, l'**A. de Wendland**. Elles ont donné naissance à des variétés naines à fleurs bleues et blanches, très favorables pour les bordures de corbeilles et de plates-bandes et à d'autres variétés de même taille. *A. du M. nain multiflore blanc, nain imperial, nain à grandes fleurs bleues* ; *A. de W. nain bleu, A. de W. nain blanc, A. Lefrançois.* Vivace et à floraison continue dans le Midi.

Allamanda (*Allamanda*), Apocynées. — Plantes grimpantes de serre chaude, aux feuilles verticillées et aux grandes fleurs tubulées. On les rempote dans un compost à la fois fibreux, humeux et fertile, en drainant bien. Les rameaux doivent être laissés s'allonger en toute liberté sur des fils de fer ; c'est ainsi que le feuillage devient brillant et que la floraison s'affirme le mieux. On les multiplie par boutures d'extrémités de rameaux qui sont plantées en godets dans une terre sableuse, en tassant bien, lesquels godets sont ensuite enfoncés sur couche chaude. On ombre, et après la reprise on empote successivement. On cultive surtout les : *A. cathartica, A. magnifica, A. violacea, A. neriifolia, A. Williamsii.*

Alocasia (*Alocasia*), Aroïdées. — Plante de serre chaude dont la beauté réside dans le feuillage, qui est splendide. La mise en végétation a lieu de bonne heure en février-mars. On doit les planter dans un sol spongieux et fertile mélangé de sphagnum et, pendant la végétation les arroser à l'engrais liquide, mais n'arroser qu'avec parcimonie pendant le repos de novembre à février. Par ce fait, il faut bien drainer. Ombrer en été. La multiplication s'effectue par la division des rhizomes et des tiges et par le sectionnement des bourgeons latéraux. (Voir *Aroïdées*.)

Les espèces, une vingtaine, sont actuellement moins nombreuses que les hybrides obtenus. Je citerai les : *A. Au-*

gustiana, A. *Chantrieri*, A. *guttata*, A. *Lindeni*, A. *marginata*, A. *Wavriniana*, A. *argyroneura*.

Aloès (*Aloe*), Liliacées. — Plantes acaules et caulescentes, aux feuilles souvent disposées en rosette. Les fleurs en grappes sont assez jolies. Ces plantes curieuses sont cultivées en serre tempérée et en serre froide. On les rempote dans un mélange de terre de jardin, de terre de bruyère et de terreau de fumier, en drainant bien les pots. On les multiplie surtout par boutures de tête et par drageons. Il faut peu arroser l'hiver, en maintenant les plantes en pleine lumière.

Les espèces sont nombreuses et le sont plus encore depuis qu'on a adjoint à ce genre ceux des : *Gasteria*, *Apicra*, *Haworthia*, etc. Je citerai les : A. *africana*, A. *ferox*, A. *dichotoma*, A. *succotrina*, A. *arborescens*, A. *ciliaris*, A. *cæsia*, etc.

Dans le Midi les Aloès sont rustiques et quelques-unes de ces espèces forment des buissons qui se couvrent d'une multitude de fleurs tout l'hiver.

Alpinia (*Alpinia*), Zingibéracées. — Plantes de serre chaude et tempérée, à feuillage très ornemental, à feuilles lancéolées, engaînantes, et à fleurs en épis terminaux, affectionnant les grands espaces dans lesquels les racines charnues peuvent librement se développer. Pendant la végétation, il leur faut une terre très fertile et des arrosements répétés, avec de l'engrais liquide. La multiplication s'effectue par division des touffes, au printemps, après le repos des plantes. Les *Alpinia* sont souvent plantés dans les jardins d'hiver. Ils sont rustiques dans le Midi de la France.

Alsophila (*Alsophila*), Fougères. — Plantes très ornementales, aux grandes frondes à la base velue. Demandent beaucoup d'eau et aiment une terre humeuse. Serre froide, tempérée ou chaude selon les espèces. L'A. *australis* et l'A. *excelsa*, Fougères arborescentes de serre froide et tempérée, sont les plus cultivées. (Voir *Fougères*).

Alternanthera (*Alternanthera*), Amarantacées. — Ces petites plantes sont cultivées pour leur feuillage, qui, par sa coloration, est très décoratif. On les emploie principalement pour les corbeilles en mosaïculture et pour faire des bordures d'autres corbeilles. Pour la multiplication on rentre en serre tempérée chaude un certain nombre de pieds-mères que l'on met sur couche chaude en janvier, afin de les faire pousser rapidement. Ce sont ces pousses qui sont coupées, bouturées et repiquées dans de la terre sableuse étendue sur une couche chaude, sous châssis et tout près du verre. Par la chaleur de fond les boutures s'enracinent assez vite; on peut les rempoter, mais on les laisse généralement en pleine terre sous châssis. Au fur et à mesure que les vieux pieds repoussent, on coupe de nouvelles boutures, ainsi que sur les plantes multipliées en premier que l'on repique aussitôt; et cela jusqu'au moment où l'on a suffisamment de plants.

Les Alternantheras se transplantent très facilement en mottes. On peut donc les multiplier aussi en serre chaude et les repiquer sous châssis après. On commence généralement à bouturer en février. Attendre la mi-juin pour les mettre en place et les découvrir toute la journée dès le mois de mai pour les durcir. Pincer souvent pendant l'été pour conserver l'éclat du coloris et arroser assez souvent.

Je recommanderai principalement les : *A. Bettzichiana*, *A. B. spathulata*, *A. paronychioides*, *A. p. chromatella*, *A. p. magnifica*, *A. p. major aurea*, *A. p. minor aurea*, *A. sessilis*, *A. s. amabilis A. s. amoena*, *A. s. tricolor*; *A. versicolor* (ou *Telanthera versicolor*), *A. v. aurea*.

Althæa. — (Voir *Ketmie*.)

Amaryllis (*Hippeastrum*), Amaryllidées. — La série des *A. hybrides*, provenant des croisements opérés sur diverses espèces, possède des variétés très nombreuses et d'une grande beauté qu'il serait trop long d'énumérer. On les multiplie par semis et par la division des caïeux; on doit les planter dans un compost à la fois fertile et humeux, en drainant bien les pots. Il leur faut une période de repos pendant laquelle les bulbes restent cependant en terre. Le changement de terre s'effectue à la mise en végétation, qui peut varier d'époque selon celle à laquelle on désire les avoir en fleurs. Rempoter fin octobre ceux que l'on veut voir épanouir en janvier-février, et continuer les rempotages jusqu'en février pour les floraisons successives. Après la floraison, les mettre en serre ou sous châssis pour activer leur végétation. Favoriser le repos et la maturité des bulbes par une suppression partielle des arrosages dès août et mettre ensuite les pots dans un coin de la serre. (Voir aussi *Vallota*.)

Amomon (*Solanum*), Solanées. — Plus connu sous le nom d'*Oranger des savetiers* ou de *Cerisier d'amour*, le S. *pseudo-capsicum* est assez cultivé. C'est une charmante plante pouvant atteindre 1 mètre, décorative par ses fruits, qui se colorent surtout à l'automne et se maintiennent ainsi fort longtemps, ce qui permet de l'utiliser fort utilement à ce moment où les plantes fleuries sont assez rares.

Par quelques pincements, surtout si on cultive les variétés naines, on forme de bien jolies potées. Quelques variations se sont produites quant à la couleur des fruits, qui sont alors jaunes ou orangés; mais cela a peu d'intérêt quant à l'utilisation de ces variétés. La multiplication s'effectue de semis dès la récolte des graines. On a soin de pincer les jeunes sujets en les repiquant. Les arroser au goulot lors de leur floraison pour éviter la chute des fleurs que l'eau occasionne. L'été on peut les planter en pleine terre ou enterrer les pots à mi-ombre; l'automne on les rentre en appartement ou en serre froide; en les soignant bien on peut conserver de belles touffes de cette plante vivace ou petit arbuste pendant quelques années. Rustique dans le Midi de la France.

Amomum (*Amomum*), Zingibéracées. — Plantes odorantes aux feuilles lancéolées et aux fleurs en épis. On les traite comme les *Alpinia*. On cultive surtout l'*A. Cardamomum*.

Ananas (*Ananassa*), Broméliacées. — Plante parfois employée dans l'ornementation des serres, mais possédant surtout plusieurs variétés qui font l'objet d'une culture spéciale pour l'alimentation; les espèces suivantes sont spécialement recommandables : *A. Porteana*, *A. P. variegata*, *A. coccinea*, *A. vittata*. (Voir Les plantes potagères.)

Angiopteris (*Angiopteris*), Fougères. — Plantes d'un port majestueux, dont les frondes d'un beau vert atteignent de 2 à 3 mètres de longueur; se cultivent en serre chaude. Espèces : *A. erecta*, *A. Durviliana*. (Voir *Fougères*.)

Angræcum (*Angræcum*), Orchidées. — Belles plantes épiphytes de serre chaude, aux feuilles vertes et distiques, à l'aisselle desquelles naissent de belles fleurs en épis, qui se conservent longtemps et s'épanouissent pendant l'hiver. On les rempote dans de la terre fibreuse et du sphagnum avec beaucoup de tessons et de charbon de bois. Parmi les nombreuses espèces, je cite les : *A. citratum*, **A. eburneum**, *A. falcatum*, *A. sesquipedale*; cette dernière atteint de grandes dimensions et se distingue des autres espèces par sa fleur cireuse et d'un blanc crémeux, en forme d'étoile.

On cultive aussi quelques petites miniatures qui sont très jolies et très florifères. Je citerai les : **A. Leonis**, **A. Scottianum**, **A. Brognastianum**, *A. fuscatum* et **A. Lioneti**.

Ces espèces gagnent à être suspendues; leur aspect est plus gracieux, et comme leur tiges florales sont toujours légèrement pendantes, cette position est nécessaire. (Pour la culture voir *Orchidées*.)

Anguloa (*Anguloa*), Orchidées. — Plantes de serre tempérée froide à forts pseudo-bulbes. Ils demandent un repos bien marqué, un rempotage dans un compost assez consistant, des arrosages et des bassinages copieux pendant leur période végétative. Multiplication par la division des pseudo-bulbes. A citer les : *A. Clowesii*, *A. eburnea*, **A. Ruckeri** et ses variétés, **A. Turneri**. (Voir *Orchidées*.)

Anœctochilus (*Anœctochilus*), Orchidées. — Charmants bijoux de serre chaude, cultivés pour la beauté de leur feuillage. Demandent des soins spéciaux. On les rempote dans un mélange humeux et sain. Multiplication de boutures et fragments munis de racines. Il faut éviter les gouttes d'eau, qui abiment le feuillage. C'est pour cela qu'on les cultive souvent dans de petites cages en verre. A citer les : *A. Frederici-Augusti*, *A. aureus*, *A. Eldorado*, *A. argenteus*, *A. rubro-venius*, *A. intermedius*, etc. (Voir *Orchidées*.)

Anthemis (*Chrysanthemum frutescens*), Composées. — Plante très florifère, dont les capitules rappellent assez une Marguerite, très utilisée pour l'ornementation des jardins et surtout pour la formation des rangs intérieurs des bordures de massifs et arbustes. A recommander aussi pour a décoration des appartements en plantes et en fleurs coupées. Multiplication par boutures au printemps prises sur des pieds conservés en serre tempérée. Les vieux pieds peuvent très bien être utilisés en les formant en touffes ou à tige ; ils sont aussi très décoratifs. On cultive plusieurs variétés notamment : *Comtesse de Chambord*, *Madame Aunier*, *Gloire de Paris*, à fleurs blanches ; *Étoile d'Or* et *Perrin*, cette dernière la plus florifère des A. à fleurs jaunes et la plus cultivée pour la fleur coupée dans le Midi de la France, Serre tempérée-froide. Rustiques dans le Midi de la France où ils sont cultivés en pleine terre pour la fleur coupée. Les cultiver aussi en pleine terre en été pour la fleur coupée.

Anthurium (*Anthurium*), Aroïdées. — Plantes de serre

Fig. 246. — *Anthurium crystallinum*.

chaude et tempérée, à feuillage ornemental et à fleurs, de la plus grande valeur décorative, particulièrement curieuses et composées d'un spadice et d'une spathe. On les rempote dans un compost très humeux et très fertile avec un drainage parfait. On les multiplie par semis et par division des touffes. On rajeunit aussi les plantes par trop dénudées en les marcottant (paragr. 5° et 6°, p. 95, chap. VIII), il suffit

Fig. 247. — *Anthurium Scherzerianum*.

d'adapter un tampon de sphagnum à l'endroit voulu et de couper net dès que les racines sont développées, et ceci simplement dans la même serre. Ils demandent beaucoup d'eau ; aussi doit-on bien les arroser pendant la période de végétation. On distingue les A. à fleurs de ceux à feuillage.
A. à fleurs : *A. Andreanum* et variétés, *A. carneum*, *A. Chantinianum*, *A. ferreriense*, *A. Scherzerianum* (fig. 247) et ses nombreuses variétés à fleurs plus ou moins rouges ou roses, striées, pointillées, etc., très cultivé pour la fleur coupée.
A. à feuillage : *A. crystallinum* (fig. 246), *A. dentatum*, *A. magnificum*, *A. regale*, *A. splendidum*, *A. Veitchii*, *A.*

Warocqueanum. Les plantes peuvent décorer momentanément les appartements, certaines entrent dans la composition des corbeilles; quant aux fleurs elles sont très appréciées pour les *décorations florales* autant par leur durée que par leur aspect curieux. (Voir *Aroïdées*.)

Aphelandra (*Aphelandra*), Acanthacées. — Arbustes de serre tempérée chaude, au feuillage brillant, très curieux par les bractées colorées qui accompagnent les fleurs et qui sont très ornementales. On les multiplie de boutures. Il leur faut un sol assez fertile et un bon drainage. Pendant la végétation ils demandent une certaine humidité du sol et de l'air et une bonne chaleur. On cultive les : *A. aurantiaca*, *A. cristata*, *A. Margaritæ*, *A. pumila splendens*, etc.

Aralia (*Aralia*), Araliacées. — Arbustes de serre froide, tempérée et chaude, aux feuilles alternes. Les espèces délicates sont rempotées dans de la terre de bruyère, les autres dans un compost consistant. On multiplie de boutures, de marcottes et de greffes; ce dernier procédé pour les espèces s'enracinant difficilement. Beaucoup sont propres à l'ornementation des appartements; d'autres, comme l'*A. Sieboldi* et l'*A. papyrifera*, à l'ornementation estivale des jardins. Ces deux derniers sont rustiques dans le Midi. L'*A. Sieboldi* résiste même et fleurit à l'ouest de la France. A citer les : *A. Chabrieri*, *A. elegantissima*, *A. Veitchii*, plus délicats, qui peuvent servir momentanément aux garnitures d'appartement.

Araucaire (*Araucaria*), Conifères. — Ce sont de jolis arbres toujours verts, de serre froide, dont on admire la symétrie, qui est leur principal mérite. On les multiplie principalement par semis et par le bouturage des têtes. On cultive en serre l'*A. excelsa* rustique dans le Midi et ses variétés *A. e. compacta*, *A. e. robusta*, *A. e. glauca*, etc., qu'on utilise beaucoup pour la garniture des appartements. Il faut être prudent pour les arrosages, ne rempoter que dans de la terre saine et les exposer à une égale lumière pour qu'ils ne se déforment pas. On rencontre aussi dans les jardins d'hiver et dans le Midi l'*A. brasiliensis*, l'*A. Bidwillii* et l'*A. Goldieana*.

Ardisia (*Ardisia*), Myrsinées. — Jolies plantes de serre chaude et tempérée que l'on multiplie par semis de préférence et par boutures. Étant pincées et taillées, elles forment de belles potées; mais le mieux est encore de les cultiver en pleine terre, en serre. Aux fleurs blanches ou roses selon les espèces succèdent des baies rouges, blanches, jaunes, persistant assez longtemps. On rencontre surtout les : *A. crispa*, *A. crenulata*, *A. paniculata*, *A. picta*, etc.

Aréquier (*Areca*), Palmiers. — Belles plantes de serre chaude et tempérée, que l'on multiplie par semis. On les rempote dans de la terre de bruyère. Comme ils atteignent de grandes dimensions, on en plante très souvent un ou deux exemplaires, en pleine terre dans les jardins d'hiver. Les jeunes exemplaires, bien qu'ils n'aient pas la valeur décorative et la rusticité des *Kentia*, sont cependant utilisés en appartement. On cultive surtout les : *A. Baueri*, *A. lutescens* et *A. sapida*. (Voir *Palmiers*.)

Arisæma (*Arisæma*), Aroïdées. — Plantes très curieuses, dont la majorité de serre froide. Multiplication et culture des *Arum*. On cultive surtout l'*A. fimbriatum*. (Voir *Aroïdées*.)

Aristoloche (*Aristolochia*), Aristolochiées. — Plantes sarmenteuses très curieuses, de serre chaude et tempérée. On les multiplie surtout de boutures et on les rempote dans une terre fertile. Certaines espèces dégagent une odeur nauséabonde. A citer les : *A. elegans*, *A. Goldieana*, *A. grandiflora* ou *A. gigas*, *A. g. Sturtevanti*, *A. Westlandi*. Les rameaux sarmenteux sont palissés sur des fils de fer, colonnes, etc., dans les endroits assez ensoleillés des serres.

Arum. — (Voir *Richardia*.)

Asperge (*Asparagus*), Liliacées. — Les espèces ornementales de ce genre sont très appréciées pour les garnitures florales et la confection des bouquets. On les cultive en serre tempérée et en serre chaude dans un compost très fertile; il leur faut beaucoup d'ombre et beaucoup d'humidité. On cultive en pleine terre l'*A. plumeuse* (*A. plumosus*), qui monte très haut; sa variété naine est excellente pour la culture en pot, ainsi que l'*A. très ténue* (*A. tenuissimus*) et l'*A. de Sprenger* (*A. Sprengeri*), très utilisée pour les suspensions. La multiplication s'opère par la division des griffes, par bouturage et par semis. Si l'on désire couper beaucoup de tiges, il est bon de les planter en pleine terre dans les bâches et sur couche chaude et de les arroser avec des engrais azotés.

Aspidistra (*Aspidistra*), Liliacées. — Plantes herbacées, acaules, à feuillage persistant, très résistant. Fleurs insignifiantes sortant à peine de terre. Ce sont des plantes à feuillage dont on garnit les serres et les appartements. Ce sont les plus résistantes pour les appartements, car elles y vivent et y poussent très bien. Serre froide et serre tempérée. Demandent une terre assez légère et fertile. On cultive surtout : l'*A. elatior*, l'*A. e. variegata*, *A. e. aureo-punctatis*. Multiplication par sectionnement des rhizomes; ne pas les changer de pots trop souvent.

Aspidium (*Aspidium*), Fougères. — Genre comprenant quelques espèces de serre : *A. amabile*, *A. falcatum*, *A. anomalum*, *A. auriculatum*, *A. Hookeri*, convenant pour les garnitures de serre et d'appartement. (Voir *Fougères*.)

Asplenium (*Asplenium*), Fougères. — Genre comprenant quelques espèces de serre très ornementales. A cultiver les : *A. acuminatum*, *A. arborescens*, *A. Belangeri*, *A. longissimum*, *A. nidus*, *A. molle-crispum*, etc., souvent utilisées pour les garnitures d'appartement. (Voir *Fougères*.)

Ataccia (*Ataccia*), Taccacées. — Plante rhizomateuse et curieuse qui se multiplie de rejetons. Peut se cultiver en compagnie des Aroïdées. A citer l'*A. cristata*.

Azalée (*Azalea*), Éricacées. — Les espèces et variétés cultivées en serre sont de beaux arbrisseaux à feuillage persistant sortis de l'*A. de l'Inde* (*A. indica*) aux fleurs doubles et simples, aux coloris variés et ravissants. On les cultive en terre de bruyère, en pots ou bacs bien drainés; elles se prêtent très bien à la taille et on les forme de différentes façons en tête, sur tige, en touffe, etc. On demande beaucoup maintenant les petites touffes pyramidales irrégulièrement formées, qui sont plus élégantes.

Lorsqu'on ne veut pas les forcer, on les hiverne en serre froide, mais pour la floraison avancée on les force en serre tempérée et chaude pour avoir des fleurs dès novembre. Il faut les pincer et les tailler après la floraison et en août les pincer de nouveau. L'été on les met dehors à mi-ombre ou au soleil, et lorsqu'on en a un certain nombre on les plante en pleine terre de bruyère et on les rempote en septembre; celles restant en pots le sont en juin, et on les rentre en octobre. Il faut arroser copieusement en été. On

Fig. 248. — Azalée de l'Inde (*Azalea indica*), var. *Perfection de Gand.*

les multiplie principalement par la greffe sur des sujets vigoureux obtenus de bouture. On a essayé avec beaucoup de succès à Dresde (Allemagne) la greffe sur Rhododendron, qui donne des résultats merveilleux; on obtient en trois ans des plantes aussi fortes que celles de six greffées sur Azalée. Les acheter tout élevées.

Principales variétés : *Candidissima, Charmer, Éclatante, La Victoire, Deutsche Perle, Madeleine, Stella, Niobé, Perfection de Gand* (fig. 248)*, Hélène Thelemann, Othello, Vervaeneana, Simon Mardner, Virginie,* etc. Lorsqu'on les cultive constamment en pots, on les rempote après la floraison, quinze jours avant de les avoir taillées, ou quinze jours après.

Balantium. — (Voir *Dicksonia.*)

Balsamine (*Impatiens*), Balsaminées. — On cultive en serre froide et tempérée la *B. de Zanzibar* (*I. Sultani*), qui fleurit presque constamment; ses fleurs sont très variées comme coloration. On en fait de belles potées, dont on décore les jardins d'hiver, et elle est précieuse pour la plantation des corbeilles en été, car elle pousse et fleurit sous les arbres là où aucune plante ne se développe. On la multiplie de boutures et de semis. On cultive encore la *B. chevelure d'or* (*I. auricoma*) à fleurs jaunes, et l'*I. flaccida*. Multiplication par boutures prises sur des pieds rentrés en serre et par semis au printemps.

Bambou (*Bambusa*), Graminées. — Végétaux très décoratifs lorsqu'on veut les planter en pleine terre dans les jardins d'hiver. Les arroser souvent aux engrais azotés et chauds. On peut aussi les cultiver en bacs. Les transplanter en pleine végétation. On les multiplie par le sectionnement des rhizomes rampants. On cultive les : *B. doré* et *B. noir*, *B. Veitchii*, *B. mitis*. (Voir aux *Arbres et Arbustes d'ornement.*)

Bananier (*Musa*), Scitaminées. — Ce sont des plantes très ornementales; on cultive surtout pour l'ornementation des jardins, en été, et dans les jardins d'hiver le *B. d'Abyssinie* (*M. Ensete*) (fig. 249), plante à développement rapide, que l'on multiplie de semis à chaud; il faut le rentrer pour l'hiver en serre froide ou tempérée, mais il est rustique à Monte-Carlo; le *B. du Japon* peut aussi être avantageusement cultivé en pleine terre l'été.

Enfin, parmi les espèces convenant principalement pour la décoration des serres chaudes et tempérées, je citerai les : *B. du paradis*; *B. de Chine*; *B. cocciné*; *B. des sages*, *B. superbe*; *B. à feuilles zébrées*; etc. Il ne faut pas oublier que ce n'est que dans les serres spacieuses qu'on peut jouir des Bananiers dans la plénitude de leur beauté, quoique l'on peut aussi avoir de très beaux spécimens en pleine terre dehors en les plantant dans une pelouse sur couche, en les arrosant avec du sang de bœuf très dilué.

Leurs fruits sont, comme on le sait, très appréciés, et dans l'Inde, en Chine et en Afrique ils sont en quelque sorte la principale nourriture des indigènes. Quelques-uns, notamment le *B. de Chine*, le *B. d'Abyssinie*, etc., peuvent mûrir leurs fruits dans les serres.

Fig. 249. — Bananier d'Abyssinie (*Musa Ensete*).

Banksia (*Banksia*), Protéacées. — Arbustes de serre froide remarquables et cultivés pour la beauté de leur feuillage; la majorité sont de plein air sur le versant méditerranéen. Leur multiplication s'effectue de boutures aoûtées faites dans du sable sous cloche. Il faut bien drainer les pots par une couche de tessons pour que l'eau ne séjourne pas au fond et employer une terre sablonneuse. A citer les : *B. Caleyi, B. collina, B. integrifolia* et ses variétés.

Barkeria (*Barkeria*), Orchidées. — Cultiver en serre chaude humide sur bloc garni de sphagnum et placer dans un endroit très ensoleillé. Pendant sa période de repos, il faut tenir cette plante très sèche. A citer les : ***B. elegans, B. Skinneri***, etc. (Voir *Orchidées*.)

Begonia (*Begonia*), Bégoniacées. — Genre comprenant un très grand nombre d'espèces, tubéreuses, herbacées, ligneuses. Certaines espèces et variétés sont particulièrement remarquables par leur feuillage, tandis que d'autres le sont par leurs fleurs. On multiplie les Begonias par graines pour presque tous; par boutures de tiges ou de feuilles, par le sectionnement des rhizomes et des tubercules, selon qu'ils sont caulescents, acaules, rhizomateux ou tubéreux.

Examinons les principales espèces et leur emploi.

1° BEGONIAS SUFFRUTESCENTS : Le *B. d'Ascot* (*B. Ascotiensis*) atteint de 40 à 75 centimètres; feuillage vert luisant, tiges rougeâtres fleurs rouges et variétés à fleurs roses notamment le *B. d'A. Berthe du Châteaurocher*, fleurit tout l'été; serre tempérée; sont employés pour l'ornementation estivale des jardins, soit à l'ombre, soit au soleil. Forme aussi de belles potées. Multiplication par boutures.

Le *B. à feuilles de Châtaignier* (*B. castaneæfolia*) atteint de 30 à 50 centimètres, fleurs rosées et variétés à fleurs blanches; fleurit tout l'été; serre tempérée; est utilisé à l'ombre et au soleil pour les corbeilles l'été.

Le *B. à fleurs de Fuchsia* (*B. fuchsioides*), convient surtout pour former des potées; remarquable par sa floraison hivernale et printanière; fleurs rouges.

Le *B. gracilis Martiana* est une plante de serre froide très florifère, assez élevée, qu'on emploie l'été avec beaucoup de succès dans les jardins.

Le *B. de Welton* (*B. Weltoniensis*) forme de très belles potées; fleurit l'hiver en quantité et convient l'été pour la formation des bordures ombragées.

Le *B. toujours fleuri* (*B. semperflorens*) a donné naissance à un très grand nombre de variétés qui sont très utilisées l'été pour l'ornementation des jardins. On multiplie principalement les *B. semperflorens* de semis en les traitant ainsi comme des plantes annuelles; ces semis sont faits en janvier; mais on les multiplie aussi très souvent de boutures, au printemps, coupées sur des pieds conservés en serre. On cultive les : *B. s. rose* et *blanc* et *B. s. Sermaise* de 30 à 50 centimètres, les *B. s. versaliensis* et *B. s. atropurpurea* à feuilles pourpres et fleurs rouges, de 25 à 35 centimètres; *B. s. à grandes fleurs Joachim Lheureux* rose, amarante; *B. s. à g. f. Rodolphe Lheureux* rose clair; *B. Julie*

Buisson; et les variétés naines dans les mêmes coloris : **B. s.** *nain compact bijou*, **B. s.** *nain rose*, **B. s.** *nain pourpre*, **B. s.**

Fig. 250. — Begonia tuberculeux hybride à grandes fleurs érigées (*B. h. erecta grandiflora*).

nain Frau Maria Brandt, **B. s.** *nain Souvenir de Madelin*, **B. s.** *n. Pierre précieuse*.

A signaler aussi une brillante série de B. obtenue par le croisement du **B. s.** *atropurpurea* avec le **B. s.** *versaliensis*, qui a reçu le nom de **B. s.** *hybride* présentant des types nains diversement colorés et surtout le **B. s. h.** *tapis fleuri* dont les fleurs rosés se détachent parfaitement du feuillage pourpre, ce qui est très joli, étant donné que les fleurs sont pâles et le feuillage foncé. Une autre série est aussi intéressante que peu connue puisqu'elle est d'obtention récente; c'est le *B. s. gracilis*, obtenu par le croisement des meilleurs types du *B. s. hybride* avec le *B. Schmidtiana*, présentant des fleurs et un port aussi élégants que ceux du *B. s. versaliensis*, la même floribundité et l'avantage de se reproduire de semis; il existe déjà plusieurs coloris bien fixés le rouge, le rose et le blanc.

Le *B. t. f. de Bruant* (*B. s. Bruanti*); atteint de 30 à 50 centimètres; fleurs rosées; employé pour l'ornementation estivale.

Le *B. s. élégant* aux fleurs carminées est aussi à mentionner, car il est bien joli et produit de charmants effets.

Enfin le *B. s. bijou des Jardins* à fleurs doubles est également intéressant et est le point de départ d'une autre nouvelle série.

Le *B. s. aigrette* est une nouvelle variété très curieuse, par ses fleurs mâles bizarrement constituées, présentée à la Société nationale d'horticulture le 28 septembre 1899. Elles présentent au lieu d'étamines un grand nombre de styles agglomérés et formant une masse jaune d'or vif persistant longtemps qui se détache sur le rouge des enveloppes florales et sur le pourpre du feuillage, cette particularité s'étant montrée sur le *B. s. atropurpurea*. Aussi est-elle appelée à jouer un rôle véritablement ornemental dans l'ornementation des jardins. La multiplication s'effectue de boutures.

Les boutures de toutes ces espèces et variétés se font en février-mars sur couche chaude ou à l'étouffée, autant que possible. La mise en place en pleine terre s'effectue fin mai et juin.

Il faut citer aussi le *B. à feuilles de Ricin* (*B. ricinifolia*), qui est très ornemental pour la pleine terre l'été; le *B. corallina*, le *B. c. Président Carnot*, le *B. Faureana*, le *B. socotrana* et ses variétés notamment le *B. s. Gloire de Sceaux* au beau feuillage foncé et aux fleurs roses, s'élevant jusqu'à 80 centimètres, précieux par sa floraison hivernale.

Le *B. Gloire de Lorraine*, que je dois signaler tout particulièrement, est une plante remarquable par sa floraison hivernale. Bien que présenté en 1892 à la S. N. H. d. F, ce n'est que depuis un an qu'il est bien connu et cultivé en France, tandis qu'il était hautement apprécié à l'étranger. **En 1898 M. Truffaut en a présenté de superbes potées à l'exposition des Chrysanthèmes, et en automne 1899**

MM. Truffaut et Salbier en exposaient de beaux sujets, en massifs qui furent très admirés.

Le *B. Gloire de Lorraine* est un hybride des *B. Dregei* et *B. socotrana*; il forme une plante bien ramifiée haute de 20 à 25 centimètres, qui se couvre de fleurs d'un joli rose frais se succédant d'octobre-novembre à février-mars.

On le multiplie par boutures à l'étouffée, dès le mois de février-mars et tout l'été, les fractions de rameaux obtenus par le pincement des plantes constituent à l'automne de jolies petites potées. On les cultive tout l'été en serre chaude et l'on bassine fréquemment. En octobre-novembre il faut donner davantage d'air, ce qui a pour effet de favoriser la floraison. En ne tuteurant pas les rameaux, ceux-ci retombent et constituent de délicieuses suspensions.

Les fleuristes parisiens ont cet hiver (1899-1900) fort bien utilisé dans leurs compositions ce charmant Bégonia. Ajoutons, ce qui est encore peu connu, que ce Bégonia continue à fleurir dans un appartement chauffé pendant au moins trois mois, ainsi qu'il résulte de mes expériences.

2° B. A FEUILLAGE ORNEMENTAL : ce sont les : *B. Rex*, *B. Rex Diadema* et *B. R. decora* et leurs nombreuses variétés, qui constituent la majorité des plus beaux types de cette catégorie. On les multiplie principalement par boutures de feuilles ce qui est expliqué en détail au paragr. X, p. 109 et fig. 53, p. 110. A ceux-ci il faut ajouter les : *B. Evansiana Rex*, *B. Margaritæ*, *B. subpeltata*, ce dernier très utilisé pour l'ornementation estivale des jardins, etc.

3° B. TUBERCULEUX, série très intéressante, principalement les *B. tuberculeux hybrides* à fleurs simples et à fleurs doubles, certains très nains, d'autres offrant des particularités très curieuses, tel le *B. à fleurs cristées* (*B. t. h. cristata*).

La série des *B. t. h.* est notablement améliorée et fournit son appoint pour l'ornementation estivale des jardins et aussi pour la culture en pots. Les *B. t. h. multiflores à fleurs érigées* sont à ces deux points de vue très méritants. Les *B. t. h. à grandes fleurs doubles érigées* doivent surtout être réservés pour la culture en pots, tandis que les *B. t. h. à grandes fleurs simples érigées* ont également leur place marquée dans les corbeilles. Quelques variétés comme : **Lafayette, Abondance de Boissy, Jacques Welker**, seront bientôt classiques. En voici d'ailleurs quelques bonnes classées par groupes :

B. T. H. A GRANDES FLEURS SIMPLES : *Roi des noirs, Brillant, Distinction*, les coloris *rouges, cuivrés, roses, jaunes, blancs*, etc., les variétés *panachées*, peu constantes, et celles à *centre blanc* ou *éclairé*.

B. T. H. A GRANDES FLEURS DOUBLES : *Alice Crousse, La France* (de Crousse), *Louise Robert, Major Hope, Albert Crousse, Clémence Denizart, Général Dodds, Hamlet, Elsa*, etc.

B. T. H. MULTIFLORE SIMPLE : *Abondance de Boissy, Jacques Welker, Robert Sallier*, etc.

B. T. H. MULTIFLORE DOUBLE : *Lafayette, Couronne d'or, Aurora, Madame Courtois, Multiflore rose, L'Avenir, Soleil d'Austerlitz*, etc.

B. t. h. *cristata à fleurs simples* : race nouvelle et d'avenir, curieux par les crêtes formées sur les pétales, les coloris en sont déjà variés et certains B. doubles ont déjà présenté cette particularité, ce sont les B. t. h. *cristata à fleurs doubles*.

Pour les corbeilles les : *B. de Bolivie, B. de B. sulfurea, B. d. B. de Worth, B. de B. de Bertin (B. Bertini)* sont de tout premier mérite, ainsi que le vieux et moins brillant *B. discolor*, presque demi-rustique, puisqu'il suffit de le recouvrir de feuilles l'hiver pour que ses tubercules ne gèlent pas ; se multiplie surtout par les bulbilles qui naissent à l'aisselle des feuilles. (Voir paragr. XIII page 111.)

Ces Bégonias conviennent très bien pour la garniture des corbeilles, et les variétés naines pour les corbeilles et la formation des bordures, l'été à mi-ombre et même au soleil. Les planter dans un sol très humeux. On les multiplie par semis faits en terrines et en terre sablonneuse en janvier ; les graines étant très fines, on ne les recouvre pas, on les appuie tout simplement et on recouvre chaque terrine d'une feuille de verre ; il faut les repiquer de bonne heure en terrines en opérant comme il est dit p. 87 et 88, paragr. XIII, fig. 38 ; par le sectionnement des tubercules au printemps, et par bouturage ; pour ce dernier il faut tenir les Bégonias en végétation jusqu'au moment de la formation complète du bulbe. Les bulbes qui sont bien nettoyés des racines chevelues et de la terre sont hivernés dans un endroit sec où il ne gèle pas ; les plus petits dans du sable et dans de petites caissettes. On les met en végétation sur couche chaude en mars-avril et en place en juin.

Pour la production des graines, choisir les plus beaux types et récolter les graines des plus belles fleurs. Améliorer aussi certaines variétés par leur croisement avec d'autres. Pour les variétés à fleurs doubles opérer surtout en serre.

Bertolonia (*Bertolonia*), Mélastomacées. — Ce sont de charmants bijoux de serre chaude au feuillage richement coloré. On les cultive dans une terre humeuse, dans de petits pots et terrines et on les enferme dans de petits châssis vitrés, dans lesquels l'air est toujours chaud et humide. Leur multiplication s'effectue par boutures et par semis. On cultive les : *B. maculata*, *B. marmorata* et de nombreux hybrides et variétés qui sont dus en partie à un semeur parisien, M. Bleu.

Bibacier. — (Voir *Néflier*.)

Bignone (*Bignonia*), Bignoniacées. — Ce sont de beaux végétaux ligneux et sarmenteux, de serre, qu'on utilise parfois dans les grands jardins d'hiver pour garnir les colonnes et les piliers. Mais il faut les palisser et les tailler très souvent si on ne les veut pas voir envahir l'espace réservé aux autres plantes. On les multiplie de boutures herbacées faites à l'étouffée, de boutures de racines et de marcottes. On cultive principalement les : *B. floribunda*, *B. jasminoides* ou *T. jasminoides*, *B. Pandorea* ou *T. australis*, *B. speciosa*, *B. magnifica*, *B. capensis* ou *T. capensis*, *B. venusta*, etc.

Billbergia (*Billbergia*), Broméliacées. — Plantes de serre chaude et tempérée, surtout cultivées par les collectionneurs. On cultive les : *B. Baraquiniana*, *B. Glazioviana*, *B. rhodocyanea*, *B. vexillaria*, etc. (Voir **Broméliacées**.)

Blanfordia (*Blanfordia*), Liliacées. — Plantes bulbeuses de serre froide aux feuilles linéaires et aux belles fleurs disposées en grappes. On les multiplie par semis et par division des touffes, au moment du rempotage, en automne.

Blechnum (*Blechnum*), Fougères. — Plantes de serre chaude et tempérée, aux belles frondes uniformes étalées. Espèces : *B. australe*, *B. brasiliense*, *B. nitidum*, *B. Spicant*, etc. (Voir **Fougères**.)

Bomarea (*Bomarea*), Amaryllidées. — Plantes aux rameaux volubiles, de serre froide et tempérée, dans la région parisienne. On peut les cultiver en pleine terre dans les serres froides; leurs rameaux grimpent autour des piliers. Autrement, on les rempote dans une terre fertile et dans de grands pots. On les multiplie principalement de rameaux souterrains et par semis que l'on fait en serre chaude. On cultive les : *B. Carderi*, *B. edulis*, *B. vitellina*, *B. chontalensis*.

Boronie (*Boronia*), Diosmées. — Jolis arbrisseaux de serre tempérée, aux charmantes fleurs. On les rempote en août dans un compost de terre de bruyère concassée et de sable de rivière. On les multiplie de boutures herbacées faites à l'étouffée. Il faut appliquer des pincements réitérés aux jeunes plantes, afin de les bien former et de les maintenir trapues. On cultive principalement en serre froide aérée et près du verre et l'été dehors à mi-ombre, les : *B. megastigma*, *B. heterophylla* et *B. pinnata*.

Bougainvillée (*Bougainvillea*), Nyctaginées. — Ce sont des arbustes sarmenteux de serre tempérée, froide, quelquefois épineux et dont l'effet ornemental réside dans la coloration des bractées, car les fleurs sont insignifiantes. On les cultive principalement en pleine terre dans les jardins d'hiver, en les laissant pousser à leur guise si on veut les voir fleurir, ce qui n'arrive pas toujours. Cependant le *B. glabre de Sander* (*B. glabra Sanderiana*) est très floribond et les jeunes sujets mêmes se couvrent de fleurs, surtout si on le place en plein soleil l'été. On peut le cultiver en pots. On les multiplie de boutures de bois aoûté et de racines sur couche chaude et de marcottes. Les : *B. speciosa*, *B. refulgens*, *B. spectabilis* et *B. glabra* sont également très cultivés dans le Midi de la France et en pleine terre, le long des murs au nord qu'ils tapissent, et leur floraison hivernale y est superbe. On en fait aussi des corbeilles avec de petits sujets. (Voir le paragr. VI, p. 101.)

Bouvardia (*Bouvardia*), Rubiacées — Les *Bouvardia* sont très estimés et très cultivés pour l'ornementation des **appartements et des jardins**, ainsi que pour **la confection des bouquets**; pour ces derniers, ce sont principalement les : *B. Humboldti corymbiflora*, *B. jasminiflora* et *B. longiflora* qui sont les plus utilisés, ce dernier également pour la formation des corbeilles, l'été. On rempote les Bouvardias dans une terre légère et humeuse, en drainant bien. On les cultive en bâche, en serre tempérée et en serre chaude pendant l'hiver, en plein air ou sous châssis pendant l'été. Les pincements fréquents sont de rigueur si l'on veut avoir des plantes trapues et très florifères. Ils demandent beaucoup d'humidité terrestre et atmosphérique. La culture en pleine terre l'été et même l'hiver, en bâche, est préconisable pour les personnes qui cultivent ces plantes pour la fleur coupée; on obtient ainsi de très forts sujets qu'on peut rempoter ensuite. On les multiplie de boutures herbacées coupées sur des pieds-mères cultivés à cet effet, à l'étouffée. En plus des espèces ci-dessus énumérées on cultive beaucoup les : *B. angustifolia*, *B. scabra*, *B. triphylla*, *B. longiflora*, et un grand nombre de variétés : *Alfred Neuner*, *elegans*, *Rubis*, *Vulcain*, *Victor Lemoine*, etc.

Brassavola (*Brassavola*), Orchidées. — Serre tempérée; se cultive sur bâche garnie de sphagnum, en maintenant la plante la tête en bas. Les *B. nodosa* et le *B. cordata* sont les plus recommandables. (Voir *Orchidées*.)

Brassia (*Brassia*), Orchidées. — Les *B. verrucosa*, *B. caudata* et *B. brachiata* sont des plantes qui réclament un compost substantiel et une bonne humidité pendant la végétation. (Voir *Orchidées*.)

Brésillet (*Cæsalpinia*), Légumineuses. — Végétaux de 4 à 15 mètres, de serre chaude, cultivés principalement dans les jardins d'hiver. On multiplie de graines et de boutures herbacées à l'étouffée. On cultive les : *B. brasiliensis*, *B. Sappan*.

Browallia (*Browallia*), Scrophularinées. — Charmantes plantes que l'on cultive beaucoup pour la floraison hivernale et aussi pour la garniture estivale des corbeilles. On les sème et on les bouture selon que l'on veut avoir des fleurs tard ou de bonne heure. Les boutures fleurissent en été et les semis très tardifs en hiver. On cultive les : *B. Czerwiakowski*, *B. elata*, *B. grandiflora*.

Brunfelsier (*Brunfelsia*), Scrophularinées. — Jolis arbustes de serre chaude et tempérée, au feuillage toujours vert et aux corolles grandes bien nuancées. On les multiplie de boutures faites à l'étouffée. Le compost doit être fertile et sableux. La floraison est généralement hivernale et doit être suivie du rempotage lorsque c'est nécessaire. On cultive les : *B. calycina*, *B. grandiflora*, *B. uniflora* et *B. undulata*.

Bruyère (*Erica*), Éricacées. — La plupart des belles espèces sont originaires du Cap. Elles font l'objet d'une culture spéciale et importante à Vincennes, pour l'approvisionnement des fleuristes et des marchés parisiens. On les multiplie de graines, mais principalement de boutures que l'on fait à l'étouffée dans une terre très sablonneuse. Mais je ne recommande pas de multiplier soi-même, car l'élevage est trop difficile et il faut laisser ces soins aux horticulteurs spécialistes. On les rempote en terre de bruyère sablonneuse en respectant la vieille motte et en n'enterrant pas la tige. On les cultive l'été sous châssis ou en plein air et l'hiver dans une serre très éclairée. Il faut arroser avec circonspection car un excès d'eau est très nuisible ; et, d'autre part un seul manque d'arrosage de vingt-quatre heures peut faire mourir la plante. C'est tout dire que la distribution de l'eau doit être faite avec soin à chaque sujet séparément. La taille et les pincements sont nécessaires, et ils sont appliqués dès la floraison terminée.

Les espèces à cultiver sont très nombreuses ; je citerai les : *E. aristata*, *E. Aitonia*, *E. Chamissonis*, *E. denticulata*, *E. elegans*, *E. hybrida*, *E. persoluta*, *E. Thunbergii*, *E. ventricosa* et leurs nombreux hybrides et variétés. (Voir aussi *Phylica*.)

Bryophyllum (*Bryophyllum*), Crassulacées. — Le *B. calycinum* est une plante charnue, très curieuse, aux feuilles crénelées, aux fleurs pourpre verdâtre. Serre chaude et tempérée ; rempotage dans la terre de bruyère et multiplication par boutures de feuilles. (Voir paragr. x, p. 109.)

Buddleia (*Buddleia*), Loganiacées. — Moins cultivés que les *B. rustiques*, on les rencontre cependant assez souvent. La multiplication s'effectue par semis et bouturage à l'étouffée et on les cultive dans une terre fertile, en serre chaude et tempérée. Les pincements fréquents sont nécessaires. A citer les : *B. asiatica*, *B. madagascariensis* et *B. crispa*.

Burbidgea (*Burbidgea*), Zingibéracées. — Le *B. nitida* est une plante de serre tempérée-chaude, que l'on cultive en pots et aussi en pleine terre dans les jardins d'hiver, à l'instar des *Hedychium*, et des *Alpinia*, dont il est voisin. Tiges atteignant 1ᵐ,50, terminées par des panicules de fleurs orangées.

Burlingtonia (*Burlingtonia*), Orchidées. — Plantes de serre chaude à cultiver suspendues en terrines ou paniers. On cultive le *B. fragrans* et le *B. candida*.

Caladium (*Caladium*), Aroïdées. — Les plantes de ce genre sont surtout décoratives par leur feuillage; elles sont herbacées et tuberculeuses. Les *C. du Brésil hybrides* sont très nombreux et certains présentent des teintes absolument surprenantes. On les cultive en serre chaude, dans une terre à la fois humeuse, légère et très fertile; les bulbes sont mis en végétation à différentes époques depuis le mois de janvier, mais surtout en mars, on les cultive en serre chaude très éclairée, mais en les préservant d'un soleil brûlant. Bassiner souvent et arroser parfois à l'engrais et attendre que les dernières feuilles soient desséchées avant de les couper pour conserver les bulbes, ce qui se fait dans leurs pots ou dans les pots plus petits que l'on place au chaud. Les *Caladium* conviennent très bien pour les garnitures d'appartement, après avoir été durcis par leur passage dans une serre plus froide. Leur multiplication s'effectue de semis et de sectionnement des tubercules. Les variétés cultivées sont si nombreuses que je ne puis les énumérer.

On cultive beaucoup pour les garnitures florales d'appartement le *C. argyrites*, petite espèce gracieuse.

Enfin les : *C. esculentum* (nommé *Colocasia esculenta*), *C. violaceum*, *C. otorum* (*C. odora*), sont principalement utilisés dans les garnitures estivales des grandes corbeilles et dans la formation des groupements pittoresques. Ils se trouvent aussi très bien du traitement accordé aux Bananiers (voir ce mot) quant au mode de plantation et d'arrosage à l'engrais. On les tient au repos pendant l'hiver et on les met en végétation au printemps.

Jardinage. 39

Calanthe (*Calanthe*), Orchidées. — Orchidées terrestres d'une culture facile, que l'on plante dans un compost humeux et fertile. Il faut les arroser abondamment pendant la période végétative et leur donner beaucoup de chaleur et la lumière vive. On les multiplie par le sectionnement des rejets et des touffes. Les pseudo-bulbes, qui sont pour ainsi dire formés en deux parties superposées, peuvent, en coupant ou en cassant la partie supérieure, servir aussi à la multiplication. On cultive les : *C. Domini*, *C. Regnieri*, *C. Veitchii*, *C. vestita*, etc. (Voir *Orchidées*.)

Calathée (*Calathea*), Scitaminées. — Genre très voisin des *Maranta*. Belles plantes à feuillage de serre chaude et tempérée, qu'on utilise aussi pour l'ornementation des appartements et des jardins d'hiver. On les multiplie par division de touffes ; les pseudo-bulbes formés en deux parties, étant divisés peuvent servir à la multiplication ; les rempotages doivent être annuels autant que possible ; on emploie pour cela une terre légère. On arrose beaucoup pendant la période végétative ; on donne une assez grande humidité atmosphérique et on ombre fréquemment.

On cultive surtout les : *C. illustris*, *C. Kerchoveana*, *C. Makoyana*, *C. Massangeana*, *C. zebrina*. Ce dernier est à grand développement ; son feuillage est ample.

Calcéolaire (*Calceolaria*), Scrophularinées. — Plantes demi-rustiques que l'on divise en deux groupes : les *C. ligneuses* et les *C. herbacées*. Les premières, dont le type est la *C. rugueuse* (*C. rugosa*), a donné naissance à quelques variétés qui sont très utilisées pour l'ornementation estivale des jardins, notamment les : *C. excelsa*, *Gloire de Versailles*, *Pluie d'or*, etc., toutes à fleurs jaunes. On hiverne les pieds-mères et les boutures sous châssis dans une terre sablonneuse sous cloches, que l'on couvre lors des gelées ; on bouture au printemps, sous cloches également.

Les *C. herbacées*, sont principalement affectées à l'ornementation des appartements. Les fleuristes parisiens les emploient beaucoup. On les multiplie de semis en terrines, de juin en août ; les jeunes sujets sont repiqués en terre sableuse, puis rempotés dans de la terre de bruyère et hivernés sous châssis froids, en bâche, ou en serre froide, où on les prend pour en avancer la floraison. Mais il ne faut pas les transporter brusquement dans une serre trop chaude et il vaut mieux les laisser fleurir normalement d'avril à juillet selon l'époque où ils ont été semés. Ces plantes sont attaquées par les pucerons, qu'il importe de détruire par des fumigations. Il faut aérer assez souvent, au printemps et même en hiver lorsque la température le permet.

La série des *C. hybrides* contient des sujets très remarquables, les uns de taille ordinaire, les autres nains; les fleurs offrent des teintes les plus diverses et des dispositions variées : mouchetures, taches, marbrures, etc., de la plus extrême originalité. La récolte des graines est faite sur des pieds laissés en serre et choisis parmi les plus intéressants.

Callistemon (*Callistemon*), Myrtacées. — Arbustes à feuillage persistant, de serre froide, dont quelques espèces, principalement le *C. speciosus* (*Metrosideros speciosus*) apparaissent parfois sur les marchés parisiens. On les multiplie principalement de boutures, que l'on rempote après l'enracinement dans un mélange sablonneux et fertile. Les fleurs rouges diversement nuancées se présentent en épis serrés, terminés par un bourgeon qui s'allonge et donne naissance à un autre épi, ce qui fait qu'à la fois le même rameau présente au bas des graines et en haut des fleurs. On cultive encore les : *C. linearis*, *C. lophanthus* et *C. lanceolatus*, qui sont très jolis. Traitement des plantes du Cap et de la Nouvelle-Hollande.

Camélia (*Camellia*), Ternstrœmiacées. — Arbustes et arbres à feuillage persistant; aux fleurs grandes et régulières, que l'on cultive en pots, en bacs, et même en pleine terre, dans des serres spéciales. Dans ce cas on peut, soit les cultiver en colonne ou en pyramide, soit les palisser contre les murs d'une serre adossée ou à des treillages: c'est la culture en pleine terre qui est la plus suivie par les producteurs de fleurs coupées. En général les Camélias se prêtent à la culture forcée. Les serres sont généralement dépanneautées pendant l'été, car il y aurait à craindre une floraison trop hâtive si elles restaient couvertes avec les châssis, qu'on remplace parfois par des claies. Il est nécessaire de tailler les Camélias, ce que l'on fait après la floraison; le rempotage ou le rencaissage des sujets cultivés dans des vases, suit ou précède la taille. Il faut arroser abondamment pendant l'été. Que ces plantes restent en serre ou qu'elles soient placées dehors, de bons bassinages sur les feuilles et plusieurs fois par jour, tout en évitant de le faire en plein soleil, sont toujours d'un bon effet, car un excès de sécheresse peut faire tomber les boutons; je crois que la chute prématurée des boutons en été n'a pas d'autre cause et est due à une trop forte chaleur avec le manque d'aération ou à trop d'humidité en hiver.

Les plantes cultivées en bacs sont sorties l'été dehors; on les place à mi-ombre. On peut avancer la floraison de certains sujets en les mettant dans une serre tempérée ou chaude. Les plantes fleuries servent à l'ornementation des appartements et les fleurs, à la confection des bouquets. Les cultivateurs spéciaux vendent les fleurs à la douzaine.

On multiplie le Camélia de semis, boutures, marcottes et greffes; on laisse généralement ce soin aux spécialistes et on fait l'acquisition de petites plantes, ce qui est plus avantageux. Ce sont surtout les variétés du *C. du Japon* qui sont cultivées : *Alba plena*, *Archiduchesse Marie*, *Jubilé*, *Rubra plena*, *Prince Albert*, *De la reine*, *Reine des beautés*, *Madame Cope*, *Tricolor*, à fleurs blanches, rouges, roses, striées, etc., selon les variétés. Ils peuvent aussi être cultivés en plein air; voir à cet effet le chap. XXXVI « *Les Arbres et Arbustes d'ornement.* » page 450.

Campylobotryx (*Campylobotryx* ou *Hoffmannia*), Rubiacées. — Se cultive en serre chaude très humide, dans un endroit ombragé, mais craint l'humidité en hiver; la multiplication se fait de boutures très facilement.

A citer les : *C. regalis*, *C. Ghiesbreghtii*, *C. G. variegata*, *C. refulgens* et *C. discolor*, remarquables par leur feuillage.

Caoutchouc. — (Voir *Ficus elastica* ou *Figuier*.)

Caraguata (*Caraguata*), Broméliacées. — Plantes de serre chaude; certaines espèces sont de très jolies plantes qui passionnent certains amateurs. Les inflorescences sont terminales. Les espèces sont assez nombreuses; à citer les : *C. angustifolia*, *C. cardinalis*, *C. Lindeni*, *C. lingulata*, *C. musaica*, *C. virescens*, *C. sanguinea*, etc. (Voir *Broméliacées*.)

Carex. — (Voir *Laiche*).

Carludovica (*Carludovica*), Cyclanthacées. — Très jolis végétaux de serre chaude et tempérée dont le port de quelques-uns rappelle assez celui des Palmiers. Quelques espèces sont très utilisées pour les garnitures des appartements. On les rempote en terre de bruyère et on remet les plantes fatiguées par un passage sur couche chaude (Voir paragr. II, XL). On les multiplie par le sectionnement des touffes et des bourgeons qui poussent au pied. Les : *C. elegans*, *C. humilis*, *C. palmata* et *C. Plumieri* sont très cultivés.

Caryota (*Caryota*), Palmiers. — Superbes végétaux de serre chaude et tempérée, principalement cultivés dans les jardins d'hiver. Ils peuvent être employés ainsi que d'autres Palmiers pour les garnitures pittoresques de plein air l'été. En jeunes plantes ils sont très décoratifs et on les utilise pour les garnitures de console, de cheminée, etc. (Voir *Palmiers*.)

On cultive principalement les : *C. sobolifera*, *C. Cumingii*, *C. urens*.

Catasetum (*Catasetum*), Orchidées. — Plantes épiphytes de serre chaude, très curieuses, dont les fleurs sont disposées en grappes. Ces plantes, que l'on cultive sur bûches ou en paniers suspendus, demandent à être exposées dans un endroit bien ensoleillé. A citer les : *C. Bungerothi*, *C. sanguineum*, *C. cristatum*, etc. (Voir *Orchidées*.)

Cattleya (*Cattleya*), Orchidées. — Un des plus beaux genres de cette importante famille, aux fleurs ravissantes. Plantes à pseudo-bulbes que l'on rempote dans un mélange de sphagnum et de terre fibreuse. Quelques espèces sont cultivées de préférence dans des paniers ou sur des morceaux de bois. Il leur faut une chaleur moite, de fréquents arrosages pendant la période végétative. La formation des pseudo-bulbes terminée, il faut modérer les arrosages pour que la plante se repose; car d'un bon repos dépendent une bonne végétation et une floraison convenable. Il ne faut cependant pas trop prolonger le repos jusqu'au point de laisser rider les pseudo-bulbes.

Les fleurs de Cattleya sont très appréciées par les fleuristes, qui les emploient en quantité dans les compositions florales, car, comme celles de la majorité des Orchidées, elles ont le mérite de durer longtemps.

Les espèces et variétés cultivées sont nombreuses; je citerai les : *C. aurea*, *C. Mendelii*, *C. citrina*, *C. Gaskelliana*,

Fig. 251. — *Cattleya Mossiæ*.

C. labiata autumnalis, *C. Mossiæ* (fig. 251), *C. Trianæ*, *C. Rex*, *C. Warneri*, *C. Skinneri*, *C. gigas*. (Voir Orchidées.)

Centradenia (*Centradenia*), Mélastomacées. — Petit arbuste très gracieux, aux tiges terminées par une panicule dressée, d'un beau rose lilas pour la variété *floribunda*. On le cultive dans une terre légère tenue humide, sans excès cependant, en serre chaude. La multiplication se fait de boutures en février. A citer les : *C. rosea* et *C. grandifolia* qui ont beaucoup de rapport avec le *C. floribunda*. Leurs fleurs coupées se conservent longtemps et les plantes se prêtent à l'ornementation des appartements.

Centropogon (*Centropogon*), Campanulacées. — On cultive surtout le *C. Lucyanus*, intéressant par sa floraison hivernale; fleurs rose-carminé. Multiplication de boutures, à l'étouffée, rempotages successifs et culture sous châssis l'été; les vieux pieds conservés doivent être rabattus pour former une plus belle touffe.

Centrostemma (*Centrostemma* ou *Cyrtoceras*), Asclépiadées. — Plantes très volubiles produisant de jolies fleurs jaunes. On cultive surtout le *C. multiflore* ou *Hoya multiflore* à la façon des *Hoya*.

Cephalotus (*Cephalotus*), Saxifragées. — Le *C. follicularis*, de serre tempérée froide, a un certain rapport avec les Nepenthes, par ses feuilles operculées, quoique n'ayant pas la même tenue. Les grappes de fleurs blanches sont insignifiantes. Pour le rempotage on emploie la terre de bruyère très fibreuse, mélangée de sphagnum, et on devra suspendre ces plantes au-dessus d'un bassin, par exemple, car, pendant la végétation elles aiment beaucoup l'humidité; perdant leurs feuilles l'hiver, on les tient alors moins humides.

Ceratozamia (*Ceratozamia*), Cycadées. — Feuilles pennées, raides, sortant d'un tronc épais et écailleux. Culture en serre tempérée, dans une terre fertile. Multiplication de drageons; mais la majorité des troncs de Cycadées sont importés. Culture des Palmiers. Espèces cultivées: *C. mexicana* et *C. Miqueliana*. (Voir *Cycadées*.)

Cereus. — (Voir *Cierge* et *Cactées*).

Ceropegia (*Ceropegia*), Asclépiadées. — Plantes généralement grimpantes, à racines tubéreuses, aux fleurs très curieuses. Ce sont des plantes de serre chaude et tempérée que l'on rempote en terre de bruyère et que l'on palisse dans la serre ou que l'on tuteure. Multiplication de boutures. Modérer l'arrosement des espèces tubéreuses pendant leur repos. A citer les : *C. bulbosa, C. juncea, C. Sandersoni.*

Ceroxylon (*Ceroxylon*), Palmiers. — Plante de serre chaude et tempérée très remarquable par son magnifique feuillage et son tronc élancé. On multiplie de graines importées et on rempote les plantes dans un mélange de terre de bruyère et de terre de jardin. Une des plus jolies espèces est le *C. niveum*, qui reste assez bas dans les cultures européennes. (Voir *Palmiers*.)

Cestrum (*Cestrum*), Solanées. — Ce sont des arbrisseaux de serre chaude, tempérée et froide, aux fleurs odorantes disposées en cymes. On les utilise dans les jardins d'hiver pour garnir les colonnes ou bien on les maintient par des tailles et des pincements. On les plante alors en pleine terre. Ils demandent une terre légère et fertile et des arrosements assez fréquents; parfois on en met quelques pieds en pleine terre et en plein air l'été. Ils sont rustiques dans le Midi de la France. Multiplication de boutures au printemps ou à l'automne. On cultive les : *C. aurantiacum, C. elegans, C. Parqui, C. corymbosum* et quelques variétés.

Chamædorea (*Chamædorea*), Palmiers. — Belles plantes de serre chaude et tempérée que l'on plante en forts sujets dans les jardins d'hiver et dont on orne les appartements lorsqu'elles sont jeunes encore; très souvent elles se ramifient de la souche et forment ainsi des touffes ravissantes. Je citerai les : *C. elegans, C. Sartorii, C. Martiana, C. elatior, C. Karwinskiana*, etc. (Culture des *Palmiers*.)

Chamærops (*Chamærops*), Palmiers. — On cultive en serre froide les *C. excelsa*, et *C. humilis*, qui sont rustiques dans le Midi de la France et demi-rustiques dans le Nord. On les multiplie de semis et de drageons. Il sont très utiles pour la garniture des vestibules et vérandas, ainsi que pour la plantation des jardins d'hiver froids. Ce sont des plantes dures qui sont traitées comme les Palmiers de la même catégorie. Voir aussi leur traitement en plein air aux **chap. « Arbres et Arbustes d'ornement »** et **« Palmiers »**.

Chirita (*Chirita* ou *Calosacme*), Gesnéracées. — A cultiver en serre tempérée comme les *Gloxinia*, en terre de bruyère. On multiplie de boutures de feuilles. A citer les : *C. lilacina, C. sinensis, C. Zeylanica*, etc.

Choisya (*Choisya*), Rutacées. — Le *C. ternata* est un joli arbuste de serre froide et même demi-rustique aux feuilles ternées et aux fleurs blanches odorantes, disposées en cymes. Par des tailles et des pincements successifs on arrive à donner à cet arbuste une forme assez compacte et à le cultiver en pots. Multiplication de boutures à demi-aoûtées sur couche chaude ou tiède, au printemps. (Voir aussi « *Arbres et Arbustes d'ornement* ».)

Chorizema (*Chorizema*), Légumineuses. — Charmantes plantes sarmenteuses ou retombantes, de serre froide, pouvant admirablement garnir les treillages; floraison hivernale et printanière. On cultive surtout le *C. ilicifolium*, rustique dans le Midi, car il y fleurit tout l'hiver. Multiplication par boutures et par semis.

Cibotium (*Cibotium*), Fougères. — Ce sont de magnifiques Fougères arborescentes dont le tronc dans les *C. élevé* (*C. princeps*) et *C. regale* dépasse parfois 6 mètres. Le *C. de Schiede* (*Schiedei*) est moins élevé, mais ses frondes sont longues et gracieuses, c'est pourquoi on le plante fréquemment dans le haut des grottes et des rochers des jardins d'hiver, tandis que les autres sont plantés dans les pelouses de ces jardins. Culture des *Fougères arborescentes*.

Cierge (*Cereus*), Cactées. — Plantes grasses et charnues, souvent désignées sous le nom commun de *Cactus*, avec les autres plantes de cette famille, dont certains genres ont été réunis à celui-ci. Ce sont des végétaux épineux pour la plupart, dont certains sont très curieux, d'autres remarquables par leurs grandes fleurs éphémères, parfois nocturnes; d'autres, comme le *Cierge du Pérou*, particuliers par leur grande taille et leur développement rapide, et enfin d'autres bizarres par leur monstruosité comme le *C. d. P. monstrueux*. Pour la culture, voir *Cactées*. A citer les : *C. crenatus, C. Engelmanni, C. grandiflorus, C. Macdonaldiæ. C. peruvianus, C. p. monstruosus, C. triangularis*; les : *C. Echinopsis multiplex, C. oxygonus*; les : *C. Pilocereus Houlletii* et

C. P. senilis, le plus curieux certainement avec ses filaments blancs simulant une tête de vieillard.

Cinéraire (*Cineraria*), Composées. — Les *Cinéraires hybrides* sont des plantes à floraison hivernale et printanière qui sont précieuses pour l'ornementation des serres et des appartements dans le Nord et des corbeilles en hiver et au printemps dans le Midi. Ils ont fourni plusieurs races différentes, soit par les fleurs, soit par le port. Les coloris des fleurs sont très variés et on les retrouve peut-être tous à l'exception du jaune. Très souvent les fleurs sont blanches intérieurement et d'une couleur foncée sur le pourtour. On cultive les *Cinéraires hybrides ordinaires*, les *C. h. doubles*, les *C. h. naines*, les *C. h. pyramidales*. Une nouvelle race : les *C. h. naines* (*race Cauier*) à coloris pâles et aux sujets bas sont très remarquables.

On sème les graines de mai à août, pour avoir une floraison échelonnée de novembre en mai. Les semis sont faits en terrines sous châssis. Le repiquage a lieu en terrines; on rempote ensuite en godets et au fur et à mesure que les plantes se développent on les rempote dans des pots plus grands en employant de la terre à la fois légère et fertile. Les plantes sont tenues le plus longtemps possible sous châssis, ou en serre froide pour les avoir trapues, ou on les prend, pour en avancer la floraison, en serre tempérée. Il faut couvrir les châssis lorsqu'il fait froid. Les plantes sont arrosées assez souvent à l'engrais, ce qui facilite le développement d'un feuillage ample. Il faut faire de temps à autre une fumigation à la nicotine, contre les pucerons. On peut aussi les multiplier par boutures et par drageons faits en juillet-août, ce qui est peu pratiqué.

Mettre à part pour la graine les plantes les mieux caractérisées : feuillage ample, étalé, fleurs bien dégagées; les fleurs de deux couleurs nettement détachées, la couleur foncée devant prédominer sur le blanc, et enfin celles unicolores d'un coloris bien franc, surtout le bleu, en évitant les tons par trop violacés. Récolter les graines dès leur maturité.

Enfin la *C. maritime*, au feuillage grisâtre, et surtout sa variété *C. m. candidissima*, au feuillage plus blanc, sont très utilisées pour l'ornementation estivale des jardins au même titre que la Centaurée candide (voir p. 541). Multiplication par semis en juin en hivernant sous châssis ou en serre froide ou encore semer en février en serre tempérée. Vivace. Rustique dans le Midi.

Cissus (*Cissus*), Ampélidées. — Le *C. discolor* est une charmante plante sarmenteuse de serre chaude, à feuillage richement coloré, que l'on emploie beaucoup dans la composition des corbeilles d'appartement. On les multiplie de boutures, que l'on empote d'abord en godets, puis successivement dans des pots de plus en plus grands. Parfois on dirige les rameaux sur des ballons en fil de fer, qu'ils recouvrent rapidement. Dans les serres on peut en garnir les piliers. On peut aussi cultiver les espèces suivantes : C. ou *Piper porphyrophyllus* et *C. à feuilles de Vigne* (*C. viticifolia*), qui sont de serre froide ou d'orangerie.

Citronnelle. — (Voir *Lippia*).

Citronnier (*Citrus*). Rutacées. — Les Orangers et les Citronniers sont moins cultivés dans la région parisienne qu'ils le furent pendant une certaine période. Dans le midi de la France, ils font l'objet d'une culture très importante, en plein air et en pleine terre, pour l'ornementation et pour la production des fruits. Dans le centre et dans le nord de la France, ils sont principalement cultivés comme ornement ; dans les grandes propriétés, des bâtiments spéciaux nommés orangeries leur sont réservés. Selon leur taille, on les cultive en pots ou en caisses, dans un mélange de terre de bruyère, terre franche, sable et terreau de fumier de couche. On les arrose fréquemment à l'engrais liquide pendant la période végétative.

On rempote les jeunes sujets tous les deux ou trois ans et on rencaisse les forts exemplaires tous les cinq ou six ans, en ayant soin de drainer parfaitement. Il faut les tailler annuellement au printemps, si on veut les former en tête. La multiplication s'effectue de semis, boutures, marcottes et greffes.

Les boutons d'Oranger sont utilisés en France pour les bouquets et parures de mariées.

Clerodendron (*Clerodendron*), Verbenacées. — Plantes de serre chaude, tempérée, ou froide, dont certaines espèces sont dressées tandis que d'autres sont sarmenteuses. On les multiplie de boutures et de graines ; le bouturage des espèces sarmenteuses se fait sous cloches à l'étouffée.

Les plantes sont rempotées dans une terre fertile et légère. Les arrosements sont abondants l'été et modérés l'hiver. Ce sont principalement les : *C. Thompsonæ, C. T. Balfourianum, C. delectum, C. scandens, C. splendens, C. s. speciosissima*, etc., que l'on cultive dans la série des *C. sarmenteux* ; on les plante parfois en pleine terre dans les jardins d'hiver. En pots, on palisse leurs rameaux sur une armature. Parmi les espèces dressées je citerai les : *C. fallax, C. fragrans, C. Minahassæ, C. squamatum*, etc.

Clianthe (*Clianthus*), Légumineuses. — Plantes à fleurs très originales, cultivées en serre froide l'hiver et sous châssis élevé de 1^m 50, ou contre un mur, l'été. Les *C. de Dampierre* (*C. Dampieri*), *C. de D. marginé* d'un élevage difficile, sont greffés sur jeunes Baguenaudiers semés en février, alors que ceux-ci ont leurs cotylédons développés. Il suffit de couper l'extrémité et d'appliquer le sommet d'un rameau de *C. Dampieri* ; on évite ainsi le dépérissement des semis de cette plante. Le *C. puniceus* est semé ou bouturé. On les plante dans un compost fertile et sain. Ces plantes sont l'objet de fréquentes atteintes des insectes, qu'il faut prévenir par des lavages ou seringages.

Clivia (*Clivia* ou *Imantophyllum*), Amaryllidées. — Ce sont de très bonnes plantes de serre tempérée, que l'on emploie aussi pour garnir les appartements où elles croissent et fleurissent très bien. Les feuilles sont en lanières et persistantes rouges, cuivrées, orangées, etc. Les fleurs sont disposées en ombelles variant de couleur avec la variété. Les racines sont très charnues et il faut les ménager et les rechausser lors des rempotages.

On les multiplie par semis, par éclatage des drageons, opération qui se fait lors du rempotage et par boutures de feuilles (paragr. x, p. 109 à 111). La terre qui leur convient est celle qui est à la fois fertile et légère. Les arrosages sont modérés en hiver et copieux en été. On arrose assez souvent à l'engrais. On cultive surtout le *C. miniata* et ses nombreuses variétés.

Clusia (*Clusia*), Guttiférées. — Plantes de serre chaude cultivées en terre de bruyère, se multipliant de boutures. Variétés à cultiver : *C. rosea, C. flava, C. venosa, C. **Melenonis**,* la plus belle du genre.

Cochlioda (*Cochlioda*), Orchidées. — Très jolies plantes de serre froide, aux fleurs rouges, en grappes, que l'on traite comme les *Odontoglossum*. On cultive les *C. Nœtzliana* et *C. sanguinea*, principalement. (Voir *Orchidées*.)

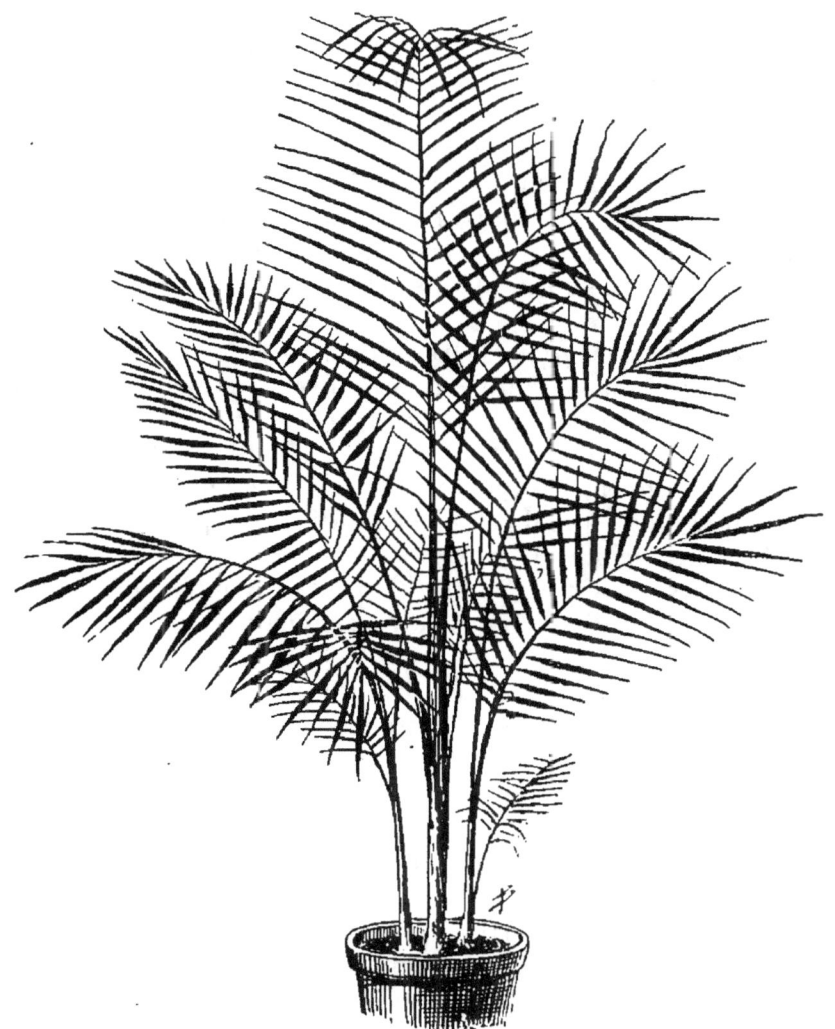

Fig. 252. — Cocotier de Weddell (*Cocos Weddeliana*) cultivé en touffe.

Cochliostema (*Cochliostema*), Commelinées. — Le *C. Jacobianum* est une jolie espèce de serre chaude, aux feuilles oblongues lancéolées et aux fleurs bleues. Multiplication de graines et rempotages dans une terre fertile. Il faut l'arroser et le bassiner souvent pendant la végétation.

Cocotier (*Cocos*), Palmiers. — Très beaux végétaux pour la décoration des serres et des appartements ; pour ce dernier emploi c'est le *C. de Weddell* (*C. Weddeliana*) que l'on utilise surtout. On les multiplie de graines et on les rempote dans un sol fertile. On cultive les : *C. flexuosa*, qui conviennent tout particulièrement, grâce à leurs frondes élancées et gracieusement retombantes à l'extrémité, pour les grandes garnitures élancées : *C. australis*, *C. campestris*, *C. Yatai*, *C. Romanzoffiana*, etc. Les Cocotiers sont de bien jolis Palmiers à planter dans les jardins d'hiver. Ces cinq derniers sont du reste parmi les plus beaux végétaux qui ornent les jardins du littoral méditerranéen où ils atteignent de grandes dimensions. (Voir *Palmiers*.)

Cœlogyne (*Cœlogyne*), Orchidées. — Ce sont des plantes épiphytes de serre froide ou tempérée, mais que l'on cultive principalement en pots. Quelques-unes des espèces conviennent pour orner les appartements pendant leur floraison et pour la fleur coupée. Les *Cœlogyne* demandent beaucoup d'eau pendant la végétation et peu d'arrosages pendant la période de repos.

On cultive les : *C. cristata* et ses variétés, *C. Dayana*, *C. lactea*, *C. speciosa*, etc. (Voir *Orchidées*.)

Coleus (*Coleus*), Labiées. — Plante à feuillage ornemental de serre chaude et tempérée que l'on emploie beaucoup pour les garnitures d'appartement et certaines variétés pour la décoration des jardins. On multiplie les Coleus de boutures, de janvier à mai, en serre chaude ; les premières boutures étant pincées, les extrémités sont elle-mêmes bouturées. On les rempote en godets dans une terre légère et très fertile. Les plantes pour garniture de serre et d'appartement sont rempotées successivement dans des pots plus grands, tandis que celles pour les plantations estivales sont conservées en godets. Les pieds-mères sont hivernés dans une serre tempérée-chaude bien éclairée. Pendant l'hivernage les plantes prennent la cochenille ; on devra les nettoyer avec une solution de nicotine ou d'alcool à 90° au vingtième.

Le semis est employé pour les Coleus à grand feuillage pour les serres et les appartements, qu'on ne multiplie pas de boutures, à cause de leur grande variabilité. Il se font au printemps; les jeunes sujets sont repiqués et par la suite traités à l'engrais pour accentuer l'ampleur du feuillage.

Les variétés cultivées pour la pleine terre l'été sont les *C. Verschaffeltii*, rouge marron; *Président Drouet*, rouge marron marbré de rose vif. *Triomphe du Luxembourg*, jaune verdâtre maculé de marron pourpre, *Marie Bocher* et *Or des Pyrénées*, jaune, etc. Les *C. hybrides* destinés à la production des graines sont mis à part en serre et non pincés; ces dernières sont récoltées dès leur maturité.

Colocasia. — (Voir *Caladium.*)

Columnéa (*Columnea*), Gesnéracées. — Jolies plantes sarmenteuses ou arbustives de serre chaude. On cultive les : *C. aurantiaca, C. scandens, C. hirsuta, C. rutilans, C. pilosa, C. Schiedeana.* (Multiplication et culture des *Æschynanthes.*)

Cordyline. — (Voir *Dracæna.*)

Coronille (*Coronilla*), Légumineuses. — Ce sont de charmantes plantes et on cultive principalement en serre froide la *C. à feuilles glauques* (*C. glauca*), à fleurs jaunes, dont la floraison a lieu au printemps. On la multiplie de boutures au printemps.

Coryanthes (*Coryanthes*), Orchidées. — Plantes voisines des *Stanhopea*, d'introduction assez difficile, aux fleurs très bizarres que l'on cultive en serre chaude sur bûches ou en paniers, à cause des fleurs pendantes; à citer les : *C. Bungerothi, C. maculata*, etc. (Voir *Orchidées.*)

Corypha. — (Voir *Latania* et *Livistona.*)

Cotylédon (*Cotyledon*), Crassulacées. — On cultive surtout les *C. coccinea* et *C. fulgens*, dont la floraison a lieu en été. (Voir *Echeveria.*)

Crassule (*Crassula*), Crassulacées. — On cultive surtout les : *C. coccinée* (*C. coccinea*); *C. arborescente* (*C. arborescens*), charmantes plantes grasses de serre froide, dont on fait de jolies potées. Multiplication par boutures; pincer les tiges qui s'allongent trop. (Culture des *Echeveria.*)

Crinole(*Crinum*),Amaryllidées. —Ce sont de belles plantes bulbeuses de serre froide, tempérée et chaude. On cultive surtout les : *C. d'Amérique, C. d'Asie, C. à larges feuilles* ; etc., en grands pots ou en bacs, en les rempotant chaque **année** dans une terre fertile. Multiplication par semis et par séparation des caïeux.

Croton (*Codiæum*), Euphorbiacées. — Les Crotons [1] font

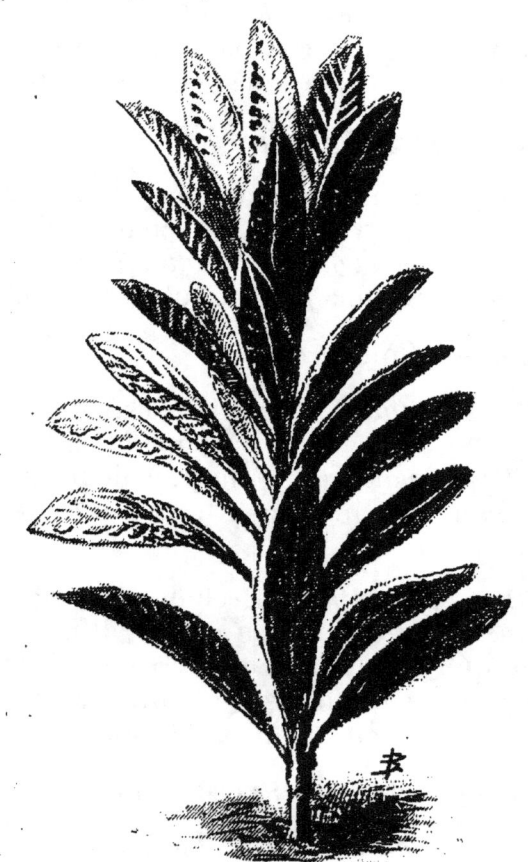

Fig. 253. — *Croton*, var. *Eugène Chantrier*.

partie de cette série de jolies plantes à feuillage coloré. On en garnit les serres chaudes et les appartements et les fleu-

---

1. Bien que *Codiæum* soit l'appellation correcte du genre cultivé et communément connu sous le nom de *Croton*, je conserve ici l'emploi de ce dernier comme nom commun *francisé*, car j'estime que, tout en se conformant aux règles de la nomenclature botanique, il faut généralement ne pas négliger ce que l'usage a consacré, lorsque c'est assez logique, comme dans ce cas, et ne pas être méticuleux au point de vouloir tout changer en impo-

ristes les emploient avec succès dans leurs compositions florales diverses. On les multiplie en février-mars de boutures qui sont plantées à l'étouffée. On les rempote dans un mélange de terreau de feuilles, terre de bruyère et terre de jardin. Le sphagnum peut aussi entrer dans le compost et des essais faits cette année dans ce sens ont donné des résultats surprenants. On dit aussi qu'ils n'aiment pas les engrais et que la coloration s'en ressent; des plantes traitées à l'engrais et présentées à la S. N. H. d. F. ont prouvé le contraire. Comme ils affectionnent la chaleur humide, il faut les bassiner assez souvent pendant la végétation. Au printemps, au lieu de les laisser en serre, on les met sous châssis (chap. XLIII, paragr. vII) et sur couche ou non; les arrosages ordinaires et à l'engrais, les bassinages et l'aération y aidant et surtout par l'exposition à la lumière vive on obtient des plantes trapues robustes et parfaitement colorées; sous châssis il y a aussi moins à craindre les insectes. On peut, pendant l'été, multiplier des boutures de tête, afin d'obtenir des petites plantes à l'automne. On cultive les C. suivants : *Chelsoni*, *M*^{lle} *Marie Duval*, *Mortefontainensis*, *Eugène Chantrier* (fig. 253), *Baron Franck Seillière*, *Président Demôle*, *Thompsonii*, *B. Comte*, *B*^{ne} *de Rothschild*, etc.

Les Crotons sont fréquemment attaqués par la cochenille, aussi il ne faut pas négliger, à cet effet, les bassinages, lavages à l'eau nicotinée, fumigations, etc.

Voici la composition d'un insecticide très employé, que l'on tient secret dans un établissement, et qui détruit infailliblement la cochenille.

Eau, 30 à 40 litres, soufre 3 kilog., savon noir 1 kil. 500, nicotine 3 litres, sulfate de cuivre 250 grammes.

Faire bouillir l'eau, dans laquelle on verse le soufre, et on la laisse en ébullition pendant 10 minutes; on délaye ensuite le savon, puis, après l'avoir enlevé du feu, on ajoute les 3 litres de nicotine et le sulfate de cuivre préalablement dissous. Ajouter ce mélange dans les proportions de 1/10 à l'eau pour les laver et les bassiner et avoir soin que le soufre ne se dépose pas sur la terre au pied du Croton.

Cryptanthus (*Cryptanthus*), Broméliacées. — Ce sont les

sant des termes inconnus et qui semblent barbares. J'en veux un exemple pour le cas que l'on peut demander un Croton chez les horticulteurs : ils le donneront, de même que si on leur demandait une *Cordyline* au lieu d'un *Dracæna*, parce qu'ils le connaissent sous ce nom, tandis que la majorité diront qu'ils n'en n'ont pas si on leur demande un *Codiæum*.

miniatures de la famille des Broméliacées. Leur aspect original avec leurs feuilles ondulées crispées et leur peu d'exigence en culture permet de les utiliser pour toutes sortes d'ornementations. Cultivées seules, elles doivent être placées sur des rocailles ou sur des bûches rustiques dans une partie ombrée de la serre.

On peut aussi les planter contre les paniers à Orchidées; elles contribuent de cette façon à atténuer la dureté du feuillage de certaines plantes. On cultive les : *C. Morennianus C. undulatus, C. bivittatus, C. ruber, C. Beuckeri, C. Regelianus, C. acaulis, C. zonatus* et sa variété. *C. z. folio-brunei.*

Cuphée (*Cuphea*), Lythrariées. — On cultive surtout pour l'ornementation estivale des jardins la *C. couleur de feu* (*C. ignea*), jolie petite plante qui convient très bien pour former les fonds des corbeilles dans les endroits mi-ombragés. On la multiplie de boutures, au printemps, prises sur des pieds conservés en serre froide, ou bien de semis; ou bien encore on hiverne sous cloches des boutures d'automne comme pour les *Calcéolaires ligneuses*. Rustique et à floraison continue dans le Midi.

Curculigo (*Curculigo*), Amaryllidées. — On cultive en serre tempérée et en serre chaude le *C. recurvé* (*C. recurvata*), aux feuilles lancéolées et plissées et ses variétés *à feuilles panachées*. Ce sont des plantes précieuses pour l'ornementation des appartements. Leur multiplication s'effectue par sectionnement des drageons. (Culture du *Cocotier de Weddell*.)

Cyanophyllum (*Cyanophyllum*), Mélastomacées. — Plante d'un port régulier, au feuillage d'un vert métallique, pourpre en-dessous; on cultive surtout le *C. magnifique* (*C. magnificum*), qui est une plante remarquable par la beauté de son feuillage. On le multiplie de boutures et on a soin de placer les plantes dans une partie ombragée de la serre. (Culture des *Hoya*.)

Cyathea (*Cyathea*), Fougères. — Ce sont des Fougères arborescentes de grande valeur décorative que l'on rencontre souvent dans les jardins d'hiver et qui s'élèvent jusqu'à 6 mètres de haut, principalement les : *C. dealbata*, *C. excelsa*, *C. medullaris*. (Voir *Fougères*.)

Fig. 254. — Fougère arborescente (*Cyathea medullaris*).

Cycas (*Cycas*), Cycadées. — On cultive les : *C. circinalis*, *C. revoluta*, *C. du Tonkin* (*C. tonkinensis*), remarquables à la fois par leurs troncs et par la majesté de leur frondaison. On sème rarement les Cycas, sauf dans le Midi, comme d'ailleurs les Cycadées en général, car on importe facilement des troncs de leur pays d'origine, comme on le fait pour les Fougères arborescentes. A leur réception, ces troncs sont plantés dans des vases contenant un compost sablonneux et mis sur couche chaude, qui, les bassinages y aidant, provoquent le débourrage des feuilles. On rem-

Fig. 255. — *Cycas circinalis.*

pote quand cela est nécessaire. En coupant les troncs par rondelles on favorise l'émission de bourgeons latéraux qui fournissent des petites plantes. Il faut bassiner les troncs assez souvent. En Allemagne, on cultive beaucoup les Cycas pour la feuille coupée.

On les cultive généralement en serre tempérée et en serre chaude, sauf le *C. revoluta* de serre tempérée et rustique dans le Midi. (Culture générale des *Palmiers*.)

Cyclamen (*Cyclamen*), Primulacées. — C'est principalement le *C. de Perse* et ses nombreuses races à coloris si variés, à fleurs simples et doubles, à feuillage vert et à feuillage décoratif que l'on cultive maintenant.

Il y a depuis peu de grands progrès de réalisés dans l'obtention de nouveaux types de Cyclamen que l'on a maintenant; quelques horticulteurs se sont spécialisés dans cette culture et leurs gains sont très intéressants; quelques-uns constituent ou constitueront bientôt des races distinctes que l'on peut classer ainsi.

C. de P. h. à grandes fleurs, qui a été le résultat im-

Fig. 256 — Cyclamen de Perse à grandes fleurs (*C. persicum grandiflorum*).

médiat des premières améliorations de cette plante; les fleurs sont grandes, bien érigées au-dessus d'un feuillage ample vert foncé parfois veiné de blanc grisâtre, de coloris varié : blanc pur, blanc rosé au pourpre le plus foncé, en passant par toutes les teintes intermédiaires; certaines fleurs sont panachées, marbrées, striées, etc.

C. de P. h. à gr. fl. doubles; il y a déjà quelque temps que des cas de duplicature ont été remarqués; le 11 janvier 1900 des types se rapprochant de la perfection ont été présentés à la S. N. H. d. F., c'est *la race Caillaud* aux fleurs doubles bien dégagées, étoffées, aux pétales irréguliers, larges, faisant plus d'effet que la majorité des simples et se reproduisant bien. Race d'avenir.

C. d. P. h. à gr. fl. Papilio, d'origine belge, mais obtenu en France au même moment par M. Jobert; race très intéressante avec ses pétales ondulés, frisés sur les bords; fleurs très gracieuses et diversement colorées.

C. d P. h. à gr. fl. cristées (*C. cristata*), fleurs curieuses et décoratives présentant, à l'instar des Bégonias à fleurs cristées, le même phénomène, une excroissance formant une crête en éventail sur chaque pétale.

C. d. P. h. à gr. fl. fimbriées (*C. fimbriata splendens*) (1899), race tout à fait récente, ayant quelque analogie avec le *C. Papilio*, mais aux fleurs encore plus gracieuses, aux pétales frisés, dentelés, ondulés, frangés et bordés d'une autre teinte.

C. d. P. h. à feuillage ornemental, race très décorative par le feuillage qui, au lieu d'être vert, est zoné, veiné, panaché marginalement de blanc argenté, ou bien panaché de la même couleur, sur laquelle se détachent les veines vertes. Les fleurs sont tout aussi belles et aussi variées que celles des C. à feuillage vert et l'on en obtiendra qui présenteront les caractères des autres races : *cristées, fimbriées, doubles*, etc.

Toutes ces races réunies forment une brillante série à floraison hivernale, qui fournit des individus aptes aux décorations de serre, d'appartement et à la garniture hivernale des jardins dans le Midi de la France.

C'est dans une période de onze à treize mois que l'on peut obtenir de magnifiques potées bien fleuries de 25 à 40 centimètres de diamètre. Voici le traitement à leur faire subir : Les graines sont semées de septembre à octobre, en terrines bien drainées, dans un compost de terreau de feuilles, de terre de bruyère et de sable. Ces graines sont à peine recouvertes et les terrines sont placées tout près du verre, dans la serre tempérée. Il faut éviter qu'il se forme une croûte sur la terrine, et dès que le plant a une feuille, le repiquer dans un même compost et en terrines.

En mars les jeunes plantes sont repiquées en terrines ou en godets que l'on met sur une couche chaude. On arrose et on ombre. On rempote de nouveau les plantes en mai, à moins qu'on ne préfère les livrer à la pleine terre sous châssis. Il faut ombrager, arroser et bassiner journellement de façon que ces jeunes plantes soient environnées d'un air moite; lorsqu'il y a du brouillard le matin, ou une forte rosée, il est excellent d'ôter les châssis. Les arrosages à l'engrais ne peuvent être que très profitables.

En août-septembre, on rempote les Cyclamens dans les pots où ils fleurissent, on les met de nouveau sous châssis, puis on les rentre en serre en octobre; et on place les plantes les plus avancées dans les endroits les plus chauds.

Cette culture bisannuelle donne d'excellents résultats et les fleurs sont plus grandes que celles des vieilles plantes.

Aussi très souvent on jette les bulbes, quoique ceux-ci peuvent constituer l'année suivante de très belles potées qui fleurissent abondamment. Mais il est nécessaire, pour cela, de leur donner les soins qu'ils réclament et ne pas laisser dessécher les pots sur les tablettes d'une serre. Cette utilisation des bulbes est précieuse pour les amateurs, car ils ne sont pas ainsi obligés de semer des Cyclamens tous les ans.

Voici en quoi elle consiste : après la floraison, dépoter les Cyclamens et les placer avec leur motte sous une bâche de la serre, où on les laisse jusqu'au moment de la mise en végétation, de mai à juillet, afin d'échelonner la floraison. Si on a beaucoup de bulbes, on les plante directement sous châssis en pleine terre; mais si on en a peu, on les rempote dans des pots de 8 à 10 centimètres de diamètre. On enterre complètement le bulbe en laissant cependant libre le sommet d'où doivent sortir les feuilles et les fleurs. Les traiter dès lors comme il est dit plus haut pour les jeunes plantes et les rempoter d'août en septembre.

Choisir pour la graine les types les mieux caractérisés dans chaque race, présentant des coloris bien francs, des particularités bien distinctes, des améliorations, etc. Pour les variétés à fleurs doubles, féconder les fleurs demi-doubles par le pollen de celles-ci pour obtenir un pourcentage plus fort de types à fleurs doubles. Afin d'éviter la dégénérescence, féconder les fleurs porte-graines par le pollen de types cultivés autre part. Récolter les graines au fur et à mesure de leur maturité.

Cymbidium (*Cymbidium*), Orchidées. — **Plantes de serre**

chaude et tempérée dont on cultive principalement les espèces suivantes : *C. eburneum, C. giganteum, C. Dayanum, C. Parishii, C. pendulum, C. Lowianum*, etc. (Pour la culture, voir *Orchidées*.)

Cyperus. — (Voir *Souchet*).

Cypripède (*Cypripedium*), Orchidées. — C'est un des genres, peut être le seul parmi les Orchidées, le plus riche

Fig. 257. — Cypripède (*Cypripedium*).

en espèces, en variétés, et sur lequel se sont le plus portées jusqu'à présent les hybridations et les essais des semeurs. Ce sont des bonnes plantes de serre froide, tempérée et chaude. L'époque de floraison varie avec les espèces, de sorte que l'on a toujours des plantes fleuries.

On peut dire de ces Orchidées qu'elles n'ont pour ainsi dire pas de repos. Lorsque la végétation active cesse, on modère légèrement les arrosages, mais sans les laisser sécher. Le compost doit être très substantiel; il y a donc avantage à employer avec le sphagnum des petites mottes de terre de bruyère fibreuse et du terreau de feuilles. J'ajouterai que les fleurs sont précieuses pour les garnitures florales en ce qu'elles durent très longtemps, comme la plupart de celles des Orchidées. (Pour les espèces, variétés et plus de détails, voir *Orchidées*.)

Dasylirion (*Dasylirion*), Liliacées. — Ce sont des plantes très élégantes, de serre froide, dont on orne les pelouses et le dessus des colonnes et des perrons, en été, car elles résistent très bien à la sécheresse. Mais il faut prendre garde à leurs feuilles fasciculées et linéaires qui sont très souvent épineuses. On les multiplie par semis et on cultive les : *D. gracieux, D. glauque, D. à feuilles de Graminées*, etc. (Culture des *Agaves*.)

Dattier. — (Voir *Phœnix*.)

Datura (*Datura*), Solanées. — Le *D. en arbre*, qui peut atteindre 2 à 3 mètres de haut, est remarquable par ses longues fleurs blanches. On le cultive en serre froide et on le livre à la pleine terre l'été. Multiplication par semis et par boutures. (Voir aussi le paragr. I, chap. XLIII.)

Davallia (*Davallia*), Fougères. — Ce sont de magnifiques Fougères rhizomateuses dont on cultive surtout, en serre chaude et tempérée les : *D. des Canaries, D. divariqué, D. élégant, D. à feuilles tenues de Veitch, D. pentaphylla, D. Mooreana, D. Tyermanii, D. brillata*. (Voir *Fougères*.)

Dendrobium (*Dendrobium*), Orchidées. — Ce sont des plantes épiphytes, point belles comme forme, mais aux fleurs superbes. D'ailleurs, sauf quelques genres, ce qu'il faut admirer, dans les Orchidées, ce n'est ni leur port, ni leur feuillage, mais leurs fleurs. Les espèces connues sont nombreuses, certaines ont les fleurs disposées en grappes compactes, tandis que d'autres les ont simplement réunies par deux ou trois, à leur naissance sur les pseudo-bulbes ou sur les longues branches. Quelles que soient les espèces, ces

Jardinage.

plantes réclament un repos très accentué; lorsque la pousse est terminée on doit cesser complètement les arrosages pour ne les reprendre que lorsque les boutons floraux sont bien constitués.

Voici quelques espèces à cultiver : *D. Aphrodite, D. Dalhousianum, D. Farmeri, D. nobile* et variétés; *D. Phalænopsis, D. thyrsiflorum; D. Wardianum, D. densiflorum, D. chrysotoxum* et variétés, *D. Falconeri* et variétés. *D. Devonianum* et variétés, *D. crassinode, D. pulchellum*, etc. (Voir *Orchidées*.)

Dentelaire (*Plumbago*), Plumbaginées. — Ce sont pour la plupart de très jolis arbustes. Le *P. capensis* à fleurs bleues est très apprécié en forte touffe élancée pour la garniture estivale des corbeilles; à l'automne on l'arrache, on le rempote et on le rentre en serre froide. Le *D. cærulea* est annuel; les *D. grimpant* (*P. scandens*), *D. rose* sont de serre chaude. On les multiplie par boutures et par semis. Le *P. capensis* fleurit très bien l'hiver en serre tempérée et conviendrait admirablement pour la fleur coupée; il est rustique dans le Midi de la France.

Dichorisandra (*Dichorisandra*), Commélinées. — On cultive les : *D. bordé de blanc; D. à port de Musa; D. picté; D. à fleurs en thyrse*; qui sont à la fois remarquables par la beauté de leurs fleurs et par l'ampleur de leur feuillage. On les multiplie surtout par sectionnement des touffes et par semis; on doit les rempoter dans un sol humeux et fertile. Serre chaude.

Dicksonia (*Dicksonia*), Fougères. — On cultive principalement les espèces arborescentes : *D. antarctica, D. arborescens*, etc., qui sont de très jolies plantes de serre tempérée. (Voir *Fougères*.)

Dieffenbachia (*Dieffenbachia*), Aroïdées. — La valeur ornementale de ces plantes réside dans leur feuillage, qui, dans certaines espèces, est de toute beauté. On les cultive comme les Aroïdées, en serre chaude, dans un compost humeux et fertile et on les multiplie par sectionnement des tiges à l'étouffée. On cultive surtout les : *D. de Baraquin; D. gigantesque; D. de Léopold; D. de Carder; D. noble*, etc.

Dionée (*Dionæa*), Droséracées. — La *D. attrape-mouche* (*D. muscipula*) est classée dans la série des plantes dites carnivores. Son mérite réside dans l'originalité des feuilles et dans leur extrême sensibilité qui fait que, lorsqu'un insecte les touche, chacune des moitiés du limbe se replie en emprisonnant l'intrus.

Il faut la cultiver dans une serre tempérée, près du verre, parfois sous une cloche, pour qu'elle soit constamment dans un milieu humide, en mettant le pot dans une soucoupe avec un peu d'eau, et la rempoter dans un compost humeux et spongieux : sphagnum et petites mottes de terre de bruyère tourbeuse en drainant bien. On la multiplie principalement par division de touffes.

Diosma (*Diosma*), Rutacées. — On cultive surtout le *D.* à port de Bruyère (*D. ericoides*), qui est un charmant petit arbuste de serre froide, dont les fleurs blanches se succèdent de février à août. Multiplication par boutures.

Dipladenia (*Dipladenia*), Apocynées. — Ce sont de magnifiques plantes grimpantes de serre chaude que l'on cultive en pots et en pleine terre dans de la terre de bruyère en dirigeant leurs rameaux volubiles sur des treillages. On les multiplie par boutures d'œil ou de jeunes pousses. On cultive les : *D. amœna*; *D. atropurpurea*; *D. insignis*; *D. splendens*, *D. profusa*.

Disa (*Disa*), Orchidées. — On cultive surtout les : *D. atropurpurea*, *D. grandiflora*, *D. racemosa*, etc., qui sont des Orchidées terrestres de serre tempérée. (Voir *Orchidées*.)

Doryopteris. (*Doryopteris*), Fougères. — On cultive en pots bien drainés, dans de petites mottes de terre de bruyère, avec un peu de sphagnum les variétés suivantes : *D. palmata* et *D. nobilis*. (Voir *Fougères*.)

Dracæna (*Dracæna*), Liliacées. — Ces plantes sont plus connues sous ce nom générique que sous celui de *Cordyline* qui devrait être appliqué à la plupart des espèces. Ce sont des plantes trop connues et trop cultivées pour l'ornementation des serres et des appartements pour que j'aie à en faire l'éloge ici ; qu'il me suffise de dire qu'elles comptent parmi les plantes les plus décoratives que nous possédons,

Les diverses espèces de *Dracæna* et de *Cordyline* diffèrent sensiblement entre elles, et ces différences résident principalement dans la forme des feuilles qui sont : étroites, longues, larges, courtes, vertes, diversement maculées, lamées ou colorées, selon les individus.

Fig. 258. — *Dracæna Goldieana*.

Parmi les espèces à cultiver, je citerai les : *D. congesta*, *D. Dragonnier* (*D. Draconis*), *D. de Linden* (*D. Lindeni*), *D. de Massange* (*D. Massangeana*), *D. de Sander* (*D. Sanderiana*), *D. d'Australie*, *D. Baptistii*, *D. magnifique*; *D. à feuilles entières*, *D. à feuilles de Canna* (*D. cannæfolia*), *D. de la Nouvelle-Calédonie*, *D. indivisa*, *D. Goldieana* (fig. 257), *D. Godseffiana*, etc.

On les multiplie facilement par sectionnement des tiges, que l'on enterre dans du sable à l'étouffée, avec chaleur de fond; tous les yeux qui se développent sont repiqués à part (fig. 50, paragr. VI, p. 107); les bourgeons qu'émettent certaines espèces, étant séparés, constituent autant de jeunes plantes. On les rempote dans un mélange de terre de bruyère, terreau de feuilles et terre de jardin. Les espèces de serre froide et tempérée sont sorties en plein air l'été; on les groupe même parfois sur les pelouses.

Les jeunes plantes multipliées au printemps peuvent être mises sur couche, et sous châssis et, enfin celles de serre chaude sont maintenues en serre, que l'on ombre fortement.

Très souvent aussi on marcotte ceux qui sont très dénudés au bas, qui, ainsi, constituent de bien jolies plantes, et dont la tige sert au bouturage. (Voir les paragr. 5° et 6°, et la fig. 43, p. 95 et 96, chap. VIII.)

Echeveria (*Echeveria*), Crassulacées. — Ce sont des plantes grasses que l'on utilise dans l'ornementation florale des jardins; les espèces cultivées sont les : *E. secunda*, *E. s. glauca*; *E. gibbiflora*, *E. g. metallica* et les *E. retusa*, ce dernier fleurissant l'hiver en serre et en plein air dans le Midi. On les multiplie par la division des œilletons. On hiverne le premier sous châssis froid et les autres dans une serre froide ou tempérée sèche. On fait de très jolies potées de l'*E. retusa*, en utilisant une terre sablonneuse et fertile, en le cultivant l'été en plein air et l'hiver en serre froide.

Echinocacte (*Echinocactus*), Cactées. — Ce sont des plantes plutôt curieuses que véritablement ornementales, qui se présentent généralement sous une forme basse et sphérique; toutes sont garnies d'épines; les fleurs sont, selon les espèces, blanches, jaunes ou rouges. On cultive les : *E. de Lecomte*, *E. multiflore*, *E. de Pfeiffer* etc. (Voir *Cactées*.)

Encephalartos (*Encephalartos*), Cycadées. — Ce sont des plantes assez voisines des Cycas; on les cultive d'ailleurs de la même façon; les folioles des frondes sont généralement épineuses. On cultive surtout les : *E. horride*, *E. de Lehmann*, *E. de Caffer*, *E. de Hildebrandt*; etc. Comme pour les Cycas, il est bon de bassiner les troncs, surtout lorsqu'on veut favoriser le débourrage des feuilles. (Voir *Cycas*.)

Epacris (*Epacris*), Epacridées. — Ces plantes rappellent les Bruyères; leur culture est d'ailleurs la même. On cultive les : *E. à longue fleur* ; *E. rigide*, *E. purpurin*, et une série de variétés horticoles. Serre froide. (Voir *Bruyère*.)

Éphémère. — (Voir *Tradescantia*.)

Epidendrum (*Epidendrum*), Orchidées. — Ce sont des plantes épiphytes de serre chaude et tempérée, dont on cultive les espèces suivantes : *E. atropurpureum*; *E. Brassavolæ*; *E. cinnabarinum*, *E. oncidioides*; *E. sceptrum*; *E. vitellinum*, *E. aurantiacum*, *E. nocturnum*, *E. nemorale*, *E. Frederici Guilielmi*. Ces dernières espèces sont certainement les plus remarquables du genre. etc. (Pour la culture, voir *Orchidées*.)

Épiphylle (*Epiphyllum*), Cactées. — On cultive surtout

Fig. 259. — Épiphylle à glandes tronquées (*Epiphyllum truncatum*) greffé sur tige de Pereskia.

les : *E. Gærtneri*, et sa variété *E. de Makoy* ; *E. de Russel*; *E. tronqué*. Les ramifications de ces plantes sont aplaties et très curieuses; les fleurs sont jolies. On les multiplie de boutures, mais pour former des colonnes on les greffe de côté sur *Pereskia aculeata*, de distance en distance ; ou bien si on veut en former un petit arbre, on le greffe en fente en tête sur tige de *Pereskia* ou de Cierge. (Voir *Cactées*.)

Erica. — (Voir *Bruyère*.)

Eriobotrya. — (Voir *Néflier du Japon*.)

Erythrine (*Erythrina*), Légumineuses. — On cultive principalement l'*E. Crête-de-coq* (*E. Crista-galli*) et ses nombreuses variétés, notamment : *Mme Belanger, ruberrima, versicolor, spectabilis*, etc. ; l'*E. herbacée* ; l'*E. de l'Inde* et ses variétés, pour l'ornementation des jardins en été, en les isolant dans les corbeilles et en les groupant dans les pelouses.

On les multiplie de semis et de boutures ; les souches hivernées en serre ou dans un cellier (paragr. I, chap. XLIII), mises en végétation au printemps, forment de très belles touffes. Serre froide.

Eucalyptus (*Eucalyptus*), Myrtacées. — On cultive surtout l'*E. globulus*, dans son jeune âge, pour l'ornementation des pelouses pendant l'été. Comme il croît rapidement, il faut avoir soin de le pincer assez souvent pour le maintenir en touffes compactes ; son feuillage bleuâtre fait très bel effet. On cultive encore les : *E. robuste, E. d'Occident, E. à odeur de citron*. Ce sont des plantes de serre froide qui peuvent servir l'hiver aux garnitures de vestibules ; elles sont rustiques dans le Midi.

Dans l'*E. globulus* on trouve cette particularité qu'à l'état jeune les feuilles sont sessiles, opposées et cordiformes, tandis que les sujets adultes ont des feuilles alternes et lancéolées.

Eucharis (*Eucharis*), Amaryllidées. — On cultive surtout les : *E. à grandes fleurs* ou *de l'Amazone* (*E. amazonica*), *E. candide, E. de Sander*, qui sont de magnifiques plantes bulbeuses, dont les fleurs blanches sont très appréciées. On les cultive généralement dans un coin humide de la serre chaude, dans de larges caisses ou en pots, dans un compost humeux ; les arrosages à l'engrais liquide leur sont favorables. On les multiplie par division des jeunes caïeux.

Eugenia (*Eugenia*), Myrtacées. — Ce sont de jolis arbustes toujours verts, précieux pour les garnitures d'appartement ; on cultive surtout les : *E. à feuilles de Buis* ; *E. à feuilles de*

Myrte. Leurs fleurs sont groupées par petits bouquets. On les multiplie de boutures. Serre froide et tempérée.

Euphorbe (*Euphorbia*), Euphorbiacées. — Plantes plutôt curieuses que belles, dont certaines rappellent les Cactées. Cependant l'*E. splendens* (ou *E. jacquiniæflora*) est remarquable par ses nombreuses inflorescences rouge vermillon brillant qui se succèdent tout l'hiver. Multiplication de boutures au printemps. (Voir aussi *Poinsettia*.)

Fatsia. — (Voir *Aralia*.)

Ficoïde (*Mesembryanthemum*), Ficoïdées. — Ce sont pour la majorité des plantes hivernées en serre froide que l'on cultive toujours en plein soleil. La *F. à feuilles en cœur panachées*, par son feuillage nacré et la *F. à f. en cœur tricolores*, sont précieuses pour les garnitures des corbeilles en mosaïculture. On les multiplie de boutures. Dans le Midi on cultive de nombreuses espèces dont on garnit les talus ensoleillés et rocheux.

Figuier (*Ficus*), Urticées. — Parmi les espèces cultivées, il faut citer en premier lieu le *F. élastique* (*F. elastica*) plus connu sous le nom de *Caoutchouc*, qui, à l'état de jeunes plantes, est très apprécié comme plante d'appartement, et aussi comme plante pour les garnitures des serres et de plein air l'été; puis les : *F. rouillé*, *F. noble*, *F. à grandes feuilles*, *F. de Neumann*, rustiques et formant des arbres dans le Midi, et enfin une charmante espèce rampante ou grimpante, le *F. stipulata* (ou *F. repens*), dont on tapisse les murs des serres, il a donné naissance à un certain nombre de variétés. On les multiplie de boutures, dans du sable, de la sciure, à peu près en toute saison, mais principalement en janvier, février; on les rempote en terre de bruyère additionnée de terreau, de fumier et de terre de jardin.

Figuier des Indes. — (Voir *Opontia* et *Caoutchouc*.)

Fittonia (*Fittonia*), Acanthacées. — Plantes aux fleurs insignifiantes et dont tout l'intérêt réside dans le feuillage. On les cultive en serre chaude et en serre tempérée. Multiplication de boutures ou d'éclats. Elles se plaisent très bien à ramper dans les bordures des sentiers des serres ou sur les rochers; malgré leur beauté, elles croissent très bien où beaucoup de plantes refusent de végéter; on en fait de jolies potées pour décorer les jardinières et les corbeilles de table. On cultive les : *F. Verschaffelti*, *F. V. argyroneura*, *F. V. Pearcei*, *F. argentea*.

Fleur de la Passion. — (Voir *Passiflore*.)

Fourcroya (*Fourcroya*), Amaryllidées. — Ce sont des plantes assez voisines des Agaves, dont le traitement leur est, du reste, applicable. On cultive surtout les : *F. élégante* et *F. gigantesque*. Jardin d'hiver et serre froide. Rustique dans le Midi.

Fuchsia (*Fuchsia*), Onagrariées. — C'est une plante trop connue et trop populaire que le Fuchsia, pour qu'il soit nécessaire d'en énumérer les mérites. Je dirai seulement qu'il est à sa place un peu partout; on peut utiliser certaines variétés comme plantes grimpantes dans les serres et dans les jardins d'hiver; avec d'autres, très vigoureuses, on obtient la même année des individus capités de 1^m,40 à 1^m,50 de haut. Ces individus sur tige conviennent très bien pour être isolés sur le rang central des grandes plates-bandes, tandis qu'avec ceux en touffe ou sur petite tige on forme des corbeilles et on en garnit le tour des massifs d'arbustes. N'oublions pas non plus les variétés naines et à feuilles panachées, qui sont toutes indiquées pour former les rangs extérieurs des corbeilles et des plates-bandes. Enfin, comme on le sait fort bien, le Fuchsia est une plante de premier ordre pour la culture en pots et pour garnir les fenêtres et les balcons.

La multiplication des Fuchsias se fait surtout par boutures feuillées, à demi aoûtées, en toutes saisons, mais préférablement de février à juillet, et ceci principalement pour les variétés à bois grêle et panachées ou tant soit peu délicates. Mais lorsqu'on veut obtenir des exemplaires de forte taille, de 1 à 2 mètres, soit sur tige, soit en pyramide, il faut faire les boutures en septembre-octobre et les maintenir en végétation pendant tout l'hiver; en les rempotant successivement dans une terre très fertile, en les arrosant à l'engrais et en les pinçant, on obtient facilement des plantes de cette taille en 9 ou 10 mois; mais, on peut encore les bouturer en janvier et obtenir les individus de cette série en 6 ou 7 mois. Une des meilleures variétés pour l'obtention rapide de gros sujets par des rempotages successifs est la variété *Rifflard*.

Lorsqu'on veut en garnir les piliers des serres, ou former des cordons vigoureux le long du vitrage, il faut, autant que possible les mettre en pleine terre ; on les laisse alors se reposer après la seconde floraison et on taille les rameaux assez court. Voici pour cet emploi quelques bonnes variétés : *F. Mme Aulin* ; *F. saumon* ; *F. Victor Hugo* ; *F. Mme Thiers* ; un grand nombre de variétés peuvent encore être utilisées, mais il ne faut choisir pour cet emploi que celles qui sont extrêmement vigoureuses.

Pour la culture en pots, on les rempote généralement dans des pots de 13 à 15 centimètres de diamètre dans un mélange de terreau et de fumier, de feuilles et de terre de jardin. Afin d'obtenir des plantes très ramifiées, il est nécessaire d'appliquer quelques pincements (Voir parag. xv, p. 89, chap. VII).

Les espèces connues sont nombreuses ; mais on en rencontre peu dans les cultures, et sauf peut-être le *F. brillant* (*F. fulgens*) à longues fleurs rouges écarlates, aux racines renflées, et qu'on traite comme les Érythrines, on n'en cultive pas, car on donne la préférence aux variétés, qui sont innombrables.

L'énumération seule des variétés serait fastidieuse, surtout qu'elles ne sont pas connues sous le même nom ; aussi ne donnerai-je simplement qu'une sorte de division permettant de rapprocher celles qui ont quelque anologie entre elles :

1° Celles à calice et corolle uniformément colorés de rose ou de rouge ;

2° Celles à calice coloré et à corolle blanche ;

3° Celles à calice blanc et à corolle colorée ;

4° Celles à fleurs doubles, dont la coloration des diverses parties offre les caractères spéciaux des trois premiers groupes.

Enfin parmi les variétés à feuilles panachées ou colorées, je citerai : *Sunray*, *Wave of Life* ; *Golden chain*. *Meteor*, etc. Ces variétés, qui sont assez délicates, doivent être hivernées en serre tempérée.

Les Fuchsias, qui servent l'été à l'ornementation des jardins, sont traités l'hiver comme plantes de serre froide ou d'orangerie. A la fin d'octobre ou au commencement de novembre on les arrache, puis, après avoir rabattu tous les rameaux sur la charpente principale, on les empote dans des pots relativement petits et dans une terre très sablonneuse. Ces pots sont placés derrière les tablettes de la serre ou dans le fond de l'orangerie; comme les F. n'ont plus de feuilles, il n'y a rien à craindre. A défaut de serre ou d'orangerie, les plantes peuvent être jaugées dans un coin d'un cellier, d'une cave, ou de tout autre endroit où il ne gèle pas (Voir le paragr. 1, chap. XLIII). On les remet en végétation en mars-avril et en pleine terre en mai.

Gardénia (*Gardenia*). Rubiacées. — Ce sont de bien jolies plantes, dont les fleurs odorantes sont très appréciées pour garnir les boutonnières des messieurs lors des réceptions, bals etc. Parmi les nombreuses espèces on cultive principalement les : *G. à fleurs de Jasmin* et ses deux variétés à fleurs doubles, notamment le *G. de Fortune*; *G. à grandes fleurs*; *G. rampants* et ses variétés *à grandes fleurs* et *à feuilles panachées*; *G. à odeur de citron*.

On multiplie les Gardénias de boutures, à chaud; en janvier-février on les cultive en serre chaude humide dans un compost très humeux. On les laisse reposer un peu après la floraison. Se mettre en garde contre les nombreux insectes qui les attaquent, par des bassinages successifs, soit d'eau pure, soit d'eau dans laquelle on a mis dissoudre un peu de savon noir et qu'on additionne légèrement de nicotine.

Genêt (*Genista*). Légumineuses. — Certaines espèces de serre froide et tempérée sont très appréciées des fleuristes parisiens. Culture en terre légère additionnée de terre franche. A citer les : *G. floribunda*, *G. liniflora*, *G. monosperma* (*G. virgata*).

Geonoma (*Geonoma*), Palmiers. — Ce sont à fosjja de grands et élégants Palmiers de serre chaude et tempérée. On les multiplie surtout de semis et de drageons. Les stipes ou tiges sont grêles. On cultive les : *G. élégant*, *G. de Schott*, *G. gracieux*, etc. (Voir *Palmiers*.)

Géranium. — Nom impropre du *Pelargonium*. (Voir *Pelargonium* et *Géranium* à « *Floriculture de plein air* ».)

Gesneria (*Gesneria* ou *Gesnera*) Gesnéracées. — Ce sont de bien jolies plantes tuberculeuses de serre chaude. Les fleurs, diversement colorées, sont disposées en grappes. On les multiplie par boutures de feuilles et de pousses et par division de tubercules. On les rempote, au printemps, dans un compost humeux, et on les tient en serre chaude humide, pendant l'été. On les traite du reste de la même façon que les *Gloxinias*, *Nægelias*, etc., qui sont d'autres Gesnéracées.

Gloriosa (*Gloriosa*), Liliacées. — On cultive principalement le *G. superbe* ou *G. superbe de Malabar*, qui est une plante bulbeuse s'élevant à 2 mètres et dont les fleurs orangées rappellent celles de certains Lis, avec cette différence que les segments sont redressés. On le cultive en serre chaude et tempérée.

Les bulbes sont rempotés au mois de janvier-février ; on tuteure leurs tiges, qui sont grêles. Après la floraison on doit laisser sécher la terre pour laisser reposer les bulbes qui restent cependant dans les pots, que l'on place dans un endroit sec où il ne gèle pas.

La multiplication s'effectue par la séparation des tubercules qui remplacent le tubercule qui a été planté, et par semis. Curieuse remarque, ces tubercules doivent être plantés dans la position inverse de celle qu'ils avaient, car la végétation aérienne se trouve à la partie inférieure.

Gloxinia (*Gloxinia* ou *Ligeria*), Gesnéracées. — Parmi les nombreuses espèces connues, on ne cultive guère que les *G. hybrides*, race qui comprend toute une série ravissante de nombreuses variétés dont la liste serait trop longue à énumérer. Qu'il me suffise de dire qu'en outre du beau coloris de la fleur, qui peut être unicolore ou multicolore ; plus ou moins veloutée ou mat ; être ou n'être pas ponctuée ou striée, présenter une dégradation de tons ; j'ai à ajouter que les fleurs doivent être portées par de longs et rigides pédoncules qui les détachent complètement au-dessus du feuillage.

Pour avoir une floraison échelonnée, les tubercules sont plantés de janvier à avril dans des godets et dans une terre à la fois humeuse, légère et fertile, terreau de feuilles et terre de bruyère. On bassine jusqu'au moment de l'apparition des pousses et on arrose ensuite toutes les fois que c'est nécessaire. Lorsque les plantes sont suffisamment enracinées, on fait un second rempotage dans des pots de

13 à 17 centimètres de diamètre. On les conserve généralement dans la serre chaude ou on les met sous châssis pendant l'été ; il faut les ombrer, mais sans les priver de lumière ; les arrosages à l'engrais sont excellents. L'endroit où sont cultivés les Gloxinias doit être maintenu dans une chaleur moite, ce qui évite l'apparition des thrips.

Il faut manier les plantes avec beaucoup de précaution lorsqu'elles sont fleuries et entourer les fleurs de ouate lorsqu'on doit les faire voyager. La floraison terminée, on laisse sécher la terre pour faire reposer les tubercules. On les multiplie : par semis en terrines en n'enterrant pas la graine, en veillant à l'arrosage et en repiquant les jeunes plants de bonne heure comme pour les Bégonias (voir les paragr. X, p. 86 ; XII, p. 87 et la fig. 38) ; par boutures de pousses et de feuilles adultes.

Pour la graine, réserver quelques fleurs sur les meilleures variétés, laisser les plantes en serre et la récolter dès sa maturité.

Gnaphalium (*Gnaphalium*), Composées. — Ces plantes au feuillage grisâtre et argenté que les botanistes classent sous un autre nom sont véritablement précieuses pour l'ornementation des jardins en été. On cultive le *G. laineux* (*G. lanatum* ou *G. petiolatum*) aux feuilles arrondies et aux rameaux traînants et ses diverses variétés aux feuilles plus *petites* (*G. l. microphyllum*) et *à feuilles panachées* (*G. l. m. variegatum*) et le *G. tomenteux* (*G. tomentosum* ou *G. lanceolatum*), aux rameaux dressés et aux feuilles allongées, plus argentées. Ces deux plantes conviennent particulièrement pour faire les bordures ; elles peuvent être fréquemment pincées et les rameaux des *G. laineux* palissés sur le sol. Serre tempérée et froide l'hiver. Multiplication de boutures au printemps, que l'on coupe sur des pieds-mères qu'il est bon d'hiverner en serre à cet effet.

Goodyera (*Goodyera*), Orchidées. — Plante à tiges rampantes et très cassantes donnant vers le mois de mars de jolies fleurs blanches en épis ; cultivée dans un mélange de terreau de feuilles et sphagnum et placée en serre chaude dans un endroit ombragé et humide, elle donne de très bons résultats. On cultive surtout les *G. discolor* et *G. cordata*. (Voir *Orchidées*.)

Jardinage.

Grenadier (*Punica*), Grenatées. — Sous le climat parisien le Grenadier est cultivé en caisse, à la façon des Orangers, pour orner les cours et les terrasses en été; on le taille généralement en boule. Comme ses feuilles sont caduques, il n'y a pas d'inconvénient à le rentrer dans un local sombre. On le multiplie de boutures, de marcottes et de greffes. Dans le Midi, il est cultivé pour la production fruitière.

Grevillea (*Grevillea*) Protéacées. — Ce sont des jolis arbustes et arbrisseaux de serre froide, qui, sur le littoral méditerranéen, forment de petits arbres ou des arbustes élevés. Leur culture est identique à la majorité des plantes de serre froide et notamment à celles des *Aralia* et des *Banksia*. On cultive surtout en pot le *G. robusta* remarquable par son beau feuillage très découpé, que l'on multiplie de boutures et de greffes. En Angleterre, où il est très estimé, on le multiplie surtout de semis. A citer encore les : *G. arenaria*, *G. asplenifolia*, *G. juniperina*, *G. pulchella*.

Gymnogramme (*Gymnogramma*), Fougères. — Ce sont de bien gracieuses plantes qui sont parfois recouvertes d'une fine poussière blanche ou jaune. Parmi les nombreuses espèces, on cultive surtout les : *G. très élégant*; *G. ferrugineux*; *G. hispide*; *G. du Japon*; *G. soufré*; *G. de Tartarie*, *G. tomenteux*, etc. (Voir *Fougères*.)

Habrothamnus. — (Voir *Cestrum*).

Hæmanthe (*Hæmanthus*), Amaryllidées. — Ce sont des plantes bulbeuses de serre froide, chaude et tempérée, dont les fleurs sont réunies en de grosses ombelles. On les rempote dès qu'on s'aperçoit que les bulbes entrent en végétation et on les laisse se reposer quelques mois dès que la floraison est terminée. La multiplication s'effectue par la division des bulbes.

On cultive surtout les : *H. carné*; *H. cocciné*; *H. magnifique*; *H. multiflore*; *H. sanguin*; *H. tigré*; à fleurs blanches, roses ou rouges.

Hedychium (*Hedychium*), Scitaminées. — On cultive surtout l'*H. de Gardner*, qui est une plante rhizomateuse, à beau feuillage et aux fleurs orangées odorantes, réunies en longs épis. On la plante fréquemment en pleine terre dans les jardins d'hiver. Serre froide et tempérée. (Voir *Alpinia*.)

Heliconia (*Heliconia*), Scitaminées. — Ce sont des plantes de serre chaude et tempérée, très décoratives par leur feuillage. On les cultive dans un compost humeux, comme les Anthuriums à feuillage, en prenant les mêmes soins pour l'ombrage. On les multiplie principalement par sectionnement de touffes, au printemps, parfois aussi par semis. (Culture des *Aroïdées*.)

On cultive les : *H. strié* en jaune ; *H. illustris*; *H. Bihai*; *H. métallique*, etc.

Héliotrope (*Héliotropium*), Borraginées. — On cultive principalement l'*H. du Pérou* à fleurs petites et bleuâtres et ses nombreuses variétés : naine, de taille moyenne ou grande. Les panicules sont très développées, dans les *H. hybrides de Lemoine*; elles sont un peu moins vastes dans les *H. naines de Bruant*, mais, par contre, les plantes sont plus basses et plus ramifiées. Les fleurs, dans ces deux groupes, sont blanches, bleues et violettes plus ou moins foncé, tandis que le feuillage est vert ou très foncé.

On les multiplie de semis et de boutures. Le semis est fait au mois de février; les plantes ainsi obtenues donnent généralement des panicules volumineuses, mais elles sont élevées et fleurissent tardivement.

C'est par le bouturage que l'on obtient les sujets utilisés pour garnir les corbeilles, en été. A cet effet on hiverne des pieds-mères ou des jeunes sujets bouturés à l'automne, sur lesquels, à partir de février, on coupe des boutures qu'on repique dans du sable, à l'étouffée. Pour l'ornementation des jardins, on les associe généralement avec d'autres plantes; la mise en place s'effectue en juin. On peut aussi obtenir des plantes en pyramide ou sur tige, en les dressant sous cette forme.

Pour la graine choisir les plus belles ombelles épanouies en premier.

Hexacentris. — (Voir *Thunbergia*.)

Hibiscus. — (Voir *Ketmie*.)

Hippeastrum. — (Voir *Amaryllis*.)

Hohenbergia. — (Voir *Æchmea.*)

Hovea (*Hovea*), Légumineuses. — Jolis arbustes à feuillage persistant de serre froide, remarquables par leur brillante floraison aux fleurs bleues, violacées ou pourpres s'épanouissant au printemps. Multiplication par boutures s'enracinant assez difficilement, pincer les jeunes plants pour les faire ramifier. On cultive surtout en pots les : *H. elliptica, H. chorizemifolia, H. pungens.*

Howea. — Plus connu sous le nom de *Kentia.* (Voir ce nom).

Hoya (*Hoya*), Asclépiadées. — On cultive principalement le *H. charnu* (*H. carnosa*) qui est une belle espèce grimpante dont on tapisse les murs des serres tempérées ou chaudes et que l'on fait courir en cordon; les racines adventives se fixent aux murs. Les fleurs en ombelles sont blanc rosé; il faut éviter de les couper après la floraison, car, parfois les ombelles donnent naissance à d'autres l'année suivante. On les multiplie de boutures à l'étouffée et de marcottes; les jeunes sujets peuvent être cultivés en petits pots, en enroulant leurs rameaux autour d'une petite armature. En Allemagne, on les cultive beaucoup dans les appartements, où ils réussissent fort bien.

Hydrangea (*Hydrangea*), Saxifragées. — Les *H.* : *hortensis* ou *Hortensia, H. h. Otaksa* et *H. paniculata* et leurs variétés sont fréquemment cultivées en serre et en pots, pour en avancer la floraison. Voir aux « *Arbres et Arbustes d'ornement* » et le chap. « *Culture forcée* ».

Hypocyrta (*Hypocyrta*), Gesnéracées. — Plante de serre chaude à cultiver en terre de bruyère; se multiplie de boutures; elle a l'avantage d'être toujours couverte de fleurs, surtout l'hiver. Espèces cultivées : *H. glabra, H. strigillosa.* (Culture des *Gesnera* et des *Gloxinia.*)

Imantophyllum. — (Voir *Clivia* le nom correct.)

Impatiens. — (Voir *Balsamine.*)

Irésine (*Iresine*), Amarantacées. — Ces plantes à feuillage coloré sont très cultivées pour l'ornementation florale des jardins, où on les utilise dans les corbeilles en mélange, motifs en mosaïculture et en bordure. On en fait aussi de larges bordures et des fonds, en palissant les rameaux sur le sol. Les variétés qui conviennent le mieux pour cet emploi sont les : *I. Herbstii Verschaffeltii* et ses deux

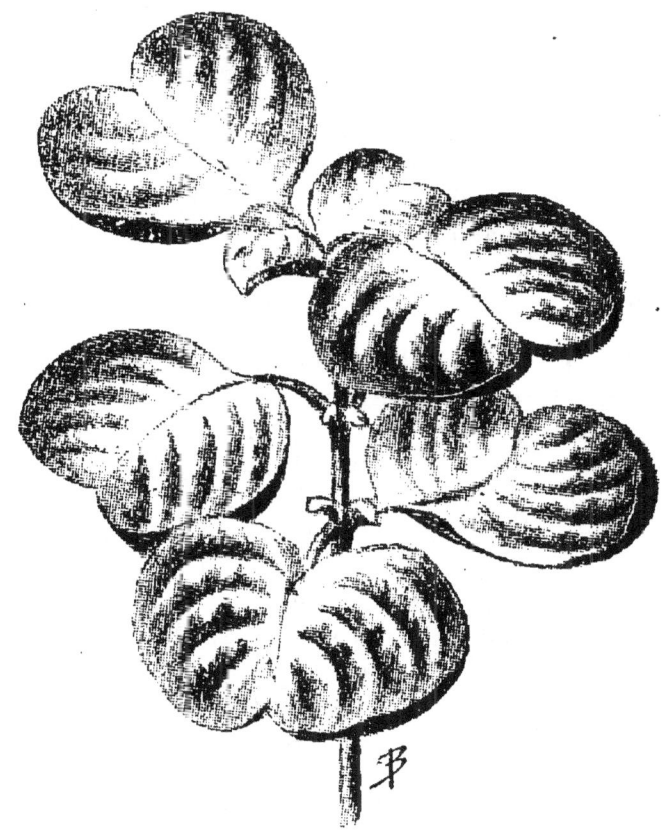

Fig. 260. — Irésine de Verschaffelt très brillante (*I. Herbstii Verschaffeltii brillantissima*).

variétés l'*I. V. à feuilles acuminées* et l'*I. V. très brillante*, cette dernière à belle coloration rose carminé vif. Indépendamment de celles-ci, on cultive encore les : *I. Lindeni*, *I. V. Wallisii*, l'*I. V. Comessii*, à feuillage rouge brunâtre foncé ; les *I. V. Souvenir du Parc* et *Biemuleri* à feuillage carminé et l'*I. V. aureo-reticulata*, à feuillage vert et jaune.

On les multiplie de février à mars, de boutures coupées

sur des pieds-mères conservés en serre tempérée; comme la végétation est rapide, les premières boutures qui doivent être pincées fournissent elles-mêmes d'autres boutures; ces boutures enracinées sont plantées en **godets**, conservées dans la serre ou placées sous châssis jusqu'à la mise en place, en juin. On peut aussi en constituer de belles potées qu'on laisse en serre en été et dont on peut orner les appartements.

Isolepis (*Isolepis*), Cypéracées. — L'*I. gracilis* forme une sorte de perruque assez ténue et retombante. Cette plante est précieuse pour décoration des serres et pour les jardinières; on la cultive en serre froide ou tempérée, dans la terre de bruyère; elle demande à être arrosée abondamment, surtout pendant les grandes chaleurs. Multiplication par division de touffes et rempotage dans une terre très fertile.

Isoloma (*Isoloma*), Gesnéracées. — Plante de serre chaude qui se multiplie de boutures et réclame la même culture que celle appliquée aux Achimenès. Quelques bonnes espèces sont à recommander : *I. digitaliflorum, I. tubiflorum, I. hondense*.

Ixora (*Ixora*), Rubiacées. — Jolies plantes de serre chaude autant par leur feuillage, qui forme une belle touffe, que par leur brillante floraison de fleurs blanches, rouges, roses, réunies en corymbes. La multiplication s'effectue par le bouturage des rameaux aoûtés à l'étouffée avec chaleur de fond. Les rempoter dans un compost humeux et sablonneux; arroser abondamment en été, mais peu l'automne et l'hiver. A citer les : *I. barbata, I. coccinea* et ses variétés, *stricta* et ses variétés, *I. javanica*, etc.

Jasmin (*Jasminum*), Jasminées. — Quelques Jasmins peuvent être cultivés en serre froide et tempérée et y font très bon effet. On cultive surtout ainsi les : *J. à grandes fleurs, J. d'Arabie* et le *J. très gracieux, J. gracilimum*, dont on tapisse les murs et qu'on fait courir le long de fils de fer; mais ce dernier, qui fleurit en hiver, et qui est moins vigoureux, forme de jolies suspensions et même d'élégantes potées, si l'on a soin de le pincer. Multiplication par **semis, boutures et marcottes**.

Jubæa (*Jubæa*), Palmiers. — C'est une belle plante de serre froide, au feuillage léger et au tronc renflé, qui est rustique sur le littoral méditerranéen, où elle croît en plein air. (Voir *Palmiers*.)

Justicia (*Justicia*), Acanthacées. — Ces plantes, bien cultivées, sont susceptibles d'atteindre de grandes dimensions, elles peuvent être plantées en pleine terre dans une serre où la terre aura été préalablement préparée. La multiplication se fait de graines ou de boutures et le rempotage dans une terre légère, fertile et fraîche. Les variétés sont assez nombreuses et demandent à être cultivées dans des serres différentes. Je citerai par exemple les : *J. picta* et *J. speciosa*, qui réclament la serre chaude, les *J. coccinea* et *J. floribonda*, la serre froide, et les : *J. Lindeni*, *J. speciosa* et *J. oblongata*, la serre tempérée. En les bouturant lorsque l'inflorescence apparaît, on en forme de très jolies potées qui restent naines. (Voir le parag. XIX, p. 115, chap. IX). La majorité des espèces sont rustiques dans le Midi.

Kalmia. — (Voir aux *Arbres et Arbustes d'ornement*.)

Kennedya (*Kennedya*), Légumineuses. — Plantes sarmenteuses à végétation rapide, propres à garnir les treillages dans les jardins d'hiver, les serres froides et rustiques dans le Midi. Multiplication par boutures à l'étouffée et par semis. Rempoter ou planter dans une terre humeuse. Arroser beaucoup en été, et peu en hiver. Elles sont souvent attaquées par la cochenille. Bassiner préventivement à l'eau nicotinée ou émulsionnée de pétrole. A cultiver les : *K. coccinea*, *K. eximia*, *K. nigricans*, *K. prostrata*, *K. p. Marryattæ*, *K. rubicunda*.

Kentia (*Kentia*), Palmiers. — Botaniquement, aucune des espèces qui nous occupe n'appartient à ce genre; mais c'est ainsi qu'on les désigne au point de vue horticole [1]. On cultive les : *K. Balmoreana*, *K. Canterburyana* et *K. Forsteriana*, qui, à l'état jeune, sont de bien belles plantes de grande valeur pour les garnitures d'appartement et de tous points recommandables. Ils sont majestueux une fois qu'ils

---

[1]. Voir, pour mon appréciation à ce sujet, le renvoi au sujet de la dénomination horticole du Croton (p. 700).

ont atteint de grandes dimensions; aussi les plante-t-on dans les jardins d'hiver. (Pour la multiplication et la culture, voir *Palmiers*.)

Ketmie (*Hibiscus*), Malvacées. — Les espèces de serre chaude et tempérée, sont tout aussi recommandables que celles de plein air. On cultive principalement les : K. *rose de Chine* et ses variétés : *très brillante, magnifique, éclatante, de Cooper*, etc. ; K. *splendide* ; K. *gigantesque* ; K. *féroce* ; K. *à fleur de Lis*, etc ; à fleurs diversement colorées.

On les multiplie de semis et de boutures au printemps. Les individus adultes sont taillés et rempotés au printemps. La K. *rose de Chine* et ses variétés peuvent être plantées au mois de juin en corbeille, ou en groupe, dans un endroit chaud du jardin. Il faut modérer les arrosements en hiver pour les laisser reposer.

Lachenalia (*Lachenalia*), Liliacées. — Jolies plantes bulbeuses à cultiver en serre froide sous le climat de Paris, à floraison printanière et estivale. Les fleurs, assez grandes et diversement colorées selon les espèces et variétés, du blanc au rouge, sont souvent odorantes. On les rempote en août-septembre dans un compost humeux et fertile à raison de 5 à 6 bulbes par pot de 10 à 12 centimètres de diamètre. Les pots sont ensuite hivernés sous châssis froid ou en serre froide. Arroser abondamment lorsque les boutons se montrent et parfois à l'engrais. Se prête assez mal au forçage. Après la floraison, laisser sécher la terre progressivement, et mettre les pots de côté jusqu'au moment de la mise en végétation. A cultiver les : L. *tricolor*, L. *t. aurea* et ses autres variétés ; L. *Nelsoni* ; L. *lilacina* ; L. *pendula* et L. *p. aureliana*, etc.

Lælia (*Lælia*), Orchidées. — Ces plantes sont très voisines des *Cattleya*, dont elles se distinguent seulement par une diffférence de structure dans certains organes de la fleur. Leur culture est la même que celle de ces plantes. (Voir aussi *Orchidées*.)

On cultive principalement les : L. *anceps* ; L. *cinnabarina* ; L. *elegans* ; L. *majalis* ; L. *purpurata*, L. *superba*, et leurs nombreuses variétés, etc.

Laîche (*Carex*), Graminées. — Quelques espèces assez

intéressantes sont cultivées en vue des garnitures d'appartement; on les multiplie par division de touffes. Ce sont les *L. gracieuse* et *L. du Japon à feuilles panachées*. A signaler aussi la *L. de Vilmorin* (*C. Vilmorini*), qui est curieuse avec ses chaumes retombants et que l'on peut cultiver en serre froide.

Lantana (*Lantana*), Verbénacées. — On cultive principalement les variétés et hybrides horticoles du *L. Camara*, qui sont des arbrisseaux de serre chaude et tempérée utilisés pour la décoration des jardins principalement. Leur feuillage dégage une odeur assez forte et leurs fleurs, réunies en bouquets, sont diversement colorées.

On les multiplie et on les cultive à peu près comme les Héliotropes; très souvent on les dresse sur tige ou en pyramide. Parmi les bonnes variétés, citons les : *L. C. blanc*, *globe d'or*, *delicatissima* à fleurs mauves, fines et nombreuses, *La Neige*, *Solfatare*, etc. A recommander comme plantes sarmenteuses dans les serres. Rustiques dans le Midi, ils fleurissent sans interruption.

Lapageria (*Lapageria*), Liliacées. — Ce sont de belles plantes grimpantes de serre froide, mais que l'on peut cependant cultiver en serre tempérée. On peut en faire de jolies potées, mais elles ne sont réellement belles que plantées en pleine terre, dans une serre froide ou dans un jardin d'hiver, dont elles tapissent les parois de leurs rameaux. On les multiplie principalement de semis et de marcottes.

On cultive les : *L. rose* et ses variétés, *L. blanc* et *L. superbe*.

Lasiandra. — (Voir *Pleroma*.)

Latanier (*Latania*), Palmiers. — Ce sont de bien belles plantes très cultivées pour l'ornementation des serres et des appartements, principalement les : *L. de l'île Bourbon* (*L. borbonica*) et *L. rouge*. (Voir *Palmiers*.)

Laurier (*Laurus*), Laurinées. — On cultive le *L. d'Apollon* en serre froide et en orangerie, dans la contrée parisienne, car plus au sud il vient très bien en pleine terre. Cet arbuste, plus connu sous le nom de *Laurier à sauce*, est cultivé pour son feuillage, qui est foncé; on le taille en pyramide ou en boule et on en décore les cours, les vestibules, etc. **On peut le maintenir dans des bacs relativement petits**

en ayant soin de l'arroser avec des engrais azotés et principalement avec des tourteaux dilués dans l'eau. Il faut le tailler chaque année. Multiplication de boutures et de drageons.

Laurier-rose (*Nerium*), Apocynées. — C'est également une plante d'orangerie ou de serre froide sous le climat de Paris, que l'on met dehors l'été à une exposition ensoleillée. On le multiplie de boutures à l'étouffée l'hiver, en pleine terre sous châssis l'été et, dans des bouteilles d'eau. Comme ils tendent à s'élever, on doit les tailler annuellement. Il faut les arroser fréquemment, en été surtout, dès que les boutons sont formés.

Pour avoir des Lauriers qui fleurissent bien chaque année il ne faut conserver que les rameaux de l'année précédente, qui seuls donnent des fleurs, en supprimant tout le vieux bois. Ils décorent très bien les terrasses et les balcons.

Les fleurs sont simples ou doubles, blanches, roses ou rouges selon les variétés.

Laurier Cerise. — (Voir *Cerisier* aux *Arbres et Arbustes d'ornement.*)

Laurier Tin. — (Voir *Viorne* aux *Arbres et Arbustes d'ornement.*) Les petites touffes bien boutonnées du *L. Tin*, étant empotées et mises en serre froide ou sous châssis aéré, épanouissent leurs fleurs tout l'hiver et sont aptes à décorer les appartements; les fortes touffes mises à l'abri dans une serre froide ou dans une orangerie peuvent fournir des fleurs coupées de novembre à mars.

Leschenaultia (*Leschenaultia*), Goodenoviées. — Ces arbustes australiens, de serre froide sous notre climat, méritent d'être plus cultivés qu'ils ne le sont. Le *L. biloba major* est certainement une des plus belles plantes à fleurs bleues que nous possédions. Ils demandent des soins suivis et les arrosements doivent être faits comme il convient avec discernement, ce qui est d'ailleurs le cas de la majorité des arbustes d'Australie. On les multiplie au printemps et en été de boutures de rameaux mi-aoûtés, dans du sable à l'étouffée avec chaleur de fond. On les rempote après leur enracinement dans une terre de bruyère fibreuse et sablonneuse, qui est celle qui leur convient le mieux. Après chaque rempotage il est bon de faciliter la reprise en les mettant à l'étouffée. Ils doivent après la reprise être tenus en serre bien aérée. Les maintenir par des tailles et des pincements.

A citer les : *L. biloba*, *L. b. major*, *L. b. grandiflora*; *L. chlorantha*, à fleurs bleues; *L. formosa*, *L. f. major*; *L. laricina*, à fleurs orangées et écarlates; *L. linarioides*, à fleurs jaunes. Floraison en été.

Ligeria. — (Voir *Gloxinia*.)

Libonia (*Libonia*), Acanthacées. — On cultive le *L. floribond* (*L. floribunda*) qui est une très jolie plante à fleurs orangées, de serre froide et tempérée, à floraison hivernale. On la multiplie de boutures qui, à la suite de quelques pincements, se ramifient fort bien et forment de belles touffes; les plantes doivent être rabattues chaque année, au printemps, si l'on veut avoir de belles potées.

Lippia (*Lippia*), Verbénacées. — On cultive en serre froide le *L. à odeur de citron* (*L. citriodora*), plus connu sous le nom de *Citronnelle*, à cause de l'agréable odeur de son feuillage. On le multiplie de boutures et on en fait des potées que l'on hiverne en serre froide. Rustique dans le Midi.

Lis d'eau. — (Voir *Nénuphar*.)

Livistona (*Livistona*), Palmiers. — Ce sont de beaux végétaux très voisins des Latanias. On cultive surtout le *L. d'Australie* ou *Corypha australis* et le *L. de Chine* convenant pour l'ornementation des serres et des appartements. (Voir *Palmiers*.)

Lobélie (*Lobelia*), Lobéliacées. — Pour la reproduction exacte des variétés naines il est préférable de bouturer les *Lobelies Erine*. Des pieds-mères sont à cet effet conservés en serre et les pousses bouturées dès février, au fur et à mesure de leur développement. Dès l'enracinement, qui est rapide, les boutures sont rempotées en godets ou plantées en plein châssis. Elles forment en mai des plantes trapues plus florifères que celles obtenues de semis. Lorsqu'on possède beaucoup de pieds-mères, on peut les multiplier aussi par division des touffes. Réserver les pieds les mieux caractérisés pour la graine et cueillir celle-ci au fur et à mesure de sa maturité. Pour les variétés et le semis, voir aux **Plantes de plein air.**

Lomaria (*Lomaria*), Fougères. — Le *L. Boryana* est une Fougère arborescente rappelant un peu la forme d'un Cycas. On cultive aussi en serre froide en compagnie des *Alsophila* les : *L. B. cycadoides*, *L. gibba* et ses variétés et surtout le *L. Spicant* et ses nombreuses variétés, qui sont plus basses. Ce sont des Fougères assez résistantes, qui conviennent fort bien à la décoration temporaire des appartements. (Voir *Fougères*.)

Lopezia (*Lopezia*), Onagrariées. — Jolies petites plantes de serre tempérée froide, rustiques dans le Midi, où elles épanouissent leurs fleurs tout l'hiver. Multiplication de boutures et de semis au printemps. A cultiver les : *L. grandiflora*, *L. macrophylla*, ce dernier le plus cultivé dans le Midi, où il se plaît dans les rochers.

Lotus des Égyptiens. — (Voir *Nénuphar*.)

Luculia (*Luculia*), Rubiacées. — On cultive, en serre tempérée le *L. gratissima*, dont les fleurs roses sont réunies en cymes terminales. Il produit surtout beaucoup d'effet, planté en pleine terre dans un jardin d'hiver. Arroser abondamment l'été et pas du tout l'hiver. Tailler en janvier. Multiplication de boutures au printemps. Le *L. Pinceana* aux fleurs blanches est aussi bien joli.

Lycaste (*Lycaste*), Orchidées. — Ces plantes ne sont pas difficiles quant à la culture et sont de serre tempérée et de serre froide, à pseudo-bulbes. On cultive surtout les : *L. cinnabarina*, *L. Skinneri* et ses nombreuses variétés, en pots bien drainés ; arroser abondamment en été et les maintenir un peu humides pendant la période de repos. (Voir *Orchidées*.)

Lygodium (*Lygodium*), Fougères. — Les *L. grimpant* et *L. de Chine* sont de très jolies Fougères grimpantes, très ornementales. (Voir « *Culture des plantes en guirlandes* », chap. XLVI, paragr. VIII, fig. 268.)

Mamillaire (*Mamillaria*), Cactées. — Plantes plutôt curieuses que belles par leur symétrie et leur originalité. Les espèces cultivées sont nombreuses et sont surtout de **serre froide et tempérée. Les rempoter dans une terre**

sablonneuse. On cultive les : *M. floribonde, M. gracieuse, M. de Haage, M. ténue*, etc. (Voir *Cactées*.)

Manettia (*Manettia*), Rubiacées. — Ce sont de charmantes plantes, dont quelques-unes, et notamment le *M. bicolor*, sont sarmenteuses et conviennent admirablement pour garnir les treillages des serres tempérées et chaudes.

Le *M. bicolor*, qui est rustique dans le Midi, où on l'emploie pour garnir les treillages et les rochers, donne continuellement de jolies fleurs écarlates et rouges. Multiplication de boutures de jeunes pousses à l'étouffée et culture des *Bouvardia*. A citer encore les : *M. coccinea, M. cordifolia, M. micans*.

Maranta (*Maranta*), Scitaminées. — Ce sont des plantes de serre chaude et tempérée, à feuillage très ornemental. Les feuilles sont élégamment panachées, zonées ou marbrées de couleurs veloutées. Les plus cultivées sont les : *M. musaica, M. Makoyana, M. Massangeana, M. Veitchii, M. zebrina, M. Chantrieri, M. minor, M. Van den Hecke*. (Voir aussi *Calathée*, où certaines de ces espèces sont citées car ce sont tout simplement des synonymes.)

Ces plantes affectionnent une chaleur humide et une lumière un peu diffuse. On les multiplie principalement par sectionnement des touffes. Certaines espèces, comme le *M. zebrina*, dépassent parfois un mètre de haut, tandis que d'autres sont d'une taille plus restreinte. Ce sont des plantes très décoratives pour les garnitures des serres et des appartements.

Le *M. arundinacea variegata*, plus connu sous le nom de *Phrynium variegatum*, est une bien jolie plante de serre tempérée chaude, aux feuilles longuement pétiolées et bien panachées de blanc pur, si elle est cultivée sous châssis ensoleillé (voir paragr. VII, chap. XLIII), mais seulement panachées légèrement de vert jaunâtre si elle reste en serre. Elle est très appréciée par les fleuristes pour les garnitures des corbeilles, car elle tient assez bien en appartement.

Masdevallia (*Masdevallia*), Orchidées. — Ce sont de jolies plantes demi-terrestres, ce qui explique qu'on doit les cultiver dans un compost très spongieux et fertile, assez humide, en drainant bien les pots ; les préserver des rayons du soleil et les maintenir dans un air humide. Ils fleurissent généralement plusieurs fois dans le courant de l'année. Multiplication par sectionnement des touffes. Les espèces et variétés sont très jolies et nombreuses. On cultive principalement les : *M. ignea, M. Lindeni, M. Veitchiana*, et leurs variétés. (Voir *Orchidées*.)

Maxillaire (*Maxillaria*), Orchidées. — Ce sont des plantes terrestres et de serre chaude. On cultive principalement les : *M. grandiflora, M. præstans, M. Sanderiana* et ses variétés, *M. venusta*, etc.

Médinilla (*Medinilla*), Mélastomacées. — On cultive surtout le *M. magnifique*, dont les inflorescences rose vif sont vraiment remarquables. C'est un arbuste de serre chaude, atteignant 1^m,50 de haut, se plaisant dans un milieu chaud et humide. On le multiplie de boutures faites à l'étouffée dans du sable et on le rempote dans une terre assez humeuse, terreau de feuilles et terre de bruyère.

Melaleuca (*Melaleuca*), Myrtacées. — Arbustes australiens, que l'on multiplie de boutures et que l'on plante dans de la terre de bruyère siliceuse additionnée de terre de gazon. Les fleurs en épis apparaissent en été à l'extrémité des rameaux qui continuent ensuite à pousser. Afin que les plantes ne se dégarnissent pas trop, il est bon de les tailler de temps à autre et de pincer les jeunes pousses. Sauf le *M. Leucadendron* et ses variétés, qui sont de serre chaude, tous les autres sont de serre froide et rustiques dans le Midi. A citer les : *M. armillaris, M. hypericifolia, M. incana, M. pulchella, M. squarrosa, M. thymifolia, M. Wilsonii*, etc., à fleurs blanches, jaunâtres, rouges, etc.

Mélocacte (*Melocactus*), Cactées. — Ce sont des plantes très curieuses comme la plupart de celles qui composent cette famille, du reste. On cultive principalement les : *M. amœnus, M. Miquelii, M. depressus*, etc. (Voir *Cactées*.)

Méthonica. — (Voir *Gloriosa*.)

Miltonia (*Miltonia*), Orchidées. — Ce sont des plantes à pseudo-bulbes assez voisines des *Odontoglossum* et dont certaines espèces et variétés méritent d'être cultivées, telles

les : *M. candida* et ses variétés ; *M. Clowesii* et ses variétés ; *M. Phalænopsis*, *M. Rœzlii*, *M. spectabilis* et ses variétés ; *M. vexillaria* et ses variétés ; il faut rempoter dans des paniers plats ou des vases peu profonds et surtout observer un repos absolu pendant l'arrêt de la végétation, etc. (Voir *Orchidées*.)

Mimosa (*Acacia*), Légumineuses. — Les plantes de ce genre sont, pour la plupart, cultivées en orangerie ou en serre froide. Dans le Midi de la France les Mimosas sont cultivés sur une grande échelle pour la production des rameaux fleuris pendant l'hiver et le printemps, surtout le *M. dealbata*, dont on force les rameaux ainsi qu'il est dit au chapitre XLIX. La multiplication s'effectue de boutures au printemps. Le *M. dealbata*, craignant le calcaire, doit être greffé sur l'*A. retinodes* lorsqu'il doit être planté dans un sol de cette nature. On les rempote dans une terre légère et fertile et on les taille après la floraison. On cultive principalement à cet effet les : *M. dealbata*, *M. retinodes*, *M. longifolia*, etc. La *Sensitive* (*M. pudica*) est surtout remarquable par la grande sensibilité de ses feuilles, qui se ferment lorsqu'on les touche et pendant la nuit ; on la sème au printemps en serre. (Voir *Acacia*.)

Monstera. — (Voir *Philodendron*.)

Montanoa (*Montanoa* ou *Montagnæa*), Composées. — Le *M. à feuilles bipinnatifides* (*M. bipinnatifida*) est une superbe plante à grand développement, au feuillage ample découpé, convenant principalement pour l'ornementation des pelouses au printemps. On le multiplie par semis faits au printemps, et par boutures de tiges et de racines faites au printemps. On hiverne les plantes dans la serre froide.

Morelle (*Solanum*), Solanées. — En plus des espèces de Morelle signalées à la partie *Floriculture de plein air*, que l'on peut traiter tout au moins l'hiver comme plantes de serre, il convient d'en ajouter quelques espèces très méritantes : la *M. de Wendland* (*S. Wendlandii*), qui est une belle plante sarmenteuse de serre tempérée et de plein air l'été, aux fleurs bleu-lilas ; le *S. Seaforthianum*, aux fleurs d'un beau blanc ; plante sarmenteuse de premier ordre, **pour garnir les treillages, piliers, dans les serres où il** fleurit depuis le printemps, et tout l'été, et pour le plein air l'été, dans une situation chaude et abritée ; et le *S. jasminoïdes*, à qui l'on peut appliquer le même traitement. Multiplication de semis et de boutures au printemps.

Mormodes (*Mormodes*), Orchidées. — Ces plantes, qui sont de serre chaude, sont plus curieuses que belles et sont assez voisines des *Catasetum*. A citer les : *M. Buccinator* et variétés, *M. Luxata* et variétés, *M. pardina*, etc. (Voir *Orchidées*.)

Musa. — (Voir *Bananier*.)

Myoporum (*Myoporum*), Myporinées. — Plantes assez décoratives à cultiver comme les Orangers, en serre froide. Elles ont surtout de l'intérêt dans le Midi, où elles entrent dans la composition des massifs d'arbustes. Multiplication de boutures au printemps. Le *M. parvifolium* est le plus cultivé par les fleuristes qui en font de belles potées. Rustique dans le Midi.

Myrsiphyllum (*Myrsiphyllum* ou *Medeola*), Liliacées. — Connue aussi sous le nom d'*Asperge à forme de Medeola*, cette plante est bien jolie. D'une souche semblable à une griffe d'*Asperge* partent de nombreux rameaux volubiles qui sont précieux pour les guirlandes, garnitures de tables et qu'on apprécie plus en Angleterre et en Amérique qu'en France. L'espèce cultivée a le nom de *M. asparagoïdes*. (Voir « *Culture des plantes en guirlandes*, » chap. XLVI, paragr. VIII, fig. 268.)

Myrte (*Myrtus*), Myrtacées. — C'est un charmant arbuste, connu de temps immémorial, dont les Grecs utilisaient les rameaux pour couronner les mariées, usage qui prévaut encore en Allemagne, où les épousées portent la couronne et le bouquet de Myrte. On cultive surtout le *M. commun*, qui est de serre froide et qu'on multiplie de boutures. Ses fleurs sont simples et blanches, mais il a donné naissance à quelques variétés à fleurs doubles. En l'abritant l'hiver on peut parfois le conserver constamment en pleine terre.

Nægelia (*Nægelia*), Gesnéracées. — Les fleurs de ces plantes rappellent celles des *Gesnera*. On cultive comme elles et comme les *Achimenès*, les : *N. à deux couleurs*, *N. zébré* et les hybrides du *N. multiflore*, serre chaude et tempérée. Employer un compost humeux et fertile; bien les arroser et ne les bassiner qu'avec de l'eau propre. En retardant jusqu'en juillet le rempotage du *N. cinnabarina*, qui est à floraison tardive, il reste en fleurs jusqu'en hiver. Tenir au sec pendant le repos et multiplier de boutures de rameaux ou de feuilles adultes.

Néflier (*Eriobotrya*), Rosacées. — Le *N. du Japon* ou *Bibacier* (*E. Japonica*) est un arbuste élevé très remarquable, mais qui ne résiste pas toujours aux hivers, même aux bonnes expositions; il faut donc le considérer comme arbuste de serre froide sous le climat de Paris. Il est rustique dans le Midi, où il forme un bel arbre qui se couvre de fruits dorés assez bons, et au-delà de Bordeaux, et est très estimé pour les plantations arborescentes des jardins. Planté en pots et en bacs, il est très ornemental. Culture des plantes d'orangerie et multiplication de : semis, marcottes et greffes. Le tailler le moins possible.

Nelumbo (*Nelumbium*), Nymphéacées. — Plantes aquatiques de serre froide que l'on traite comme les Nénuphars en les plantant dans des baquets que l'on peut mettre l'été dans les pièces d'eau abritées et très ensoleillées. Dans le Midi de la France ils peuvent très bien passer l'hiver en plein air. Ils fleurissent en serre sous le climat de Paris et aussi parfois en plein air. Multiplication de rhizomes au printemps. On cultive surtout le *N. d'Orient* ou *N. rose du Nil* (*N. speciosum*) et le *N. jaune* (*N. luteum*).

Nenuphar (*Nymphæa*), Nymphéacées. — Beaucoup de N. hybrides, de plein air dans le centre de la France et dans le Midi gagnent à être cultivés et surtout hivernés en serre.

Pour cela on les plante dans des baquets que l'on peut mettre dans les pièces d'eau de plein air en juin. On possède maintenant de très nombreuses variétés diversement colorées. Parmi les espèces véritablement de serre je signalerai le *N. Lotus des Égyptiens* (*N. Lotus*), très curieux, et sa variété *N. L. dentata*, et le *N. devoniensis*. Multiplication par **semis et sectionnement des rhizomes au printemps.**

Nepenthes (*Nepenthes*), Népenthacées. — Ce sont des plantes très curieuses que l'on a rangées dans le groupe de celles dites carnivores et dont les urnes et ascidies ont la réputation de se refermer sur les insectes qui pénètrent à l'intérieur. On les cultive le plus souvent en paniers dans un compost très humeux, et on les traite comme les Orchidées de serre chaude.

Multiplication de boutures qui sont passées dans le trou préalablement agrandi d'un godet; la coupe repose alors sur la couche humide de sphagnum; en entretenant l'humidité et la chaleur de fond, les boutures faites en février s'enracinent fort bien. Les rempoter ensuite dans un compost humeux.

Les espèces cultivées sont nombreuses; notons les : *N. amabilis*, *N. coccinea*, *N. Mastersiana*, *N. Northiana*, *N. formosa*, *N. ventricosa*, etc.

Nephrodium (*Nephrodium*), Fougères. — Quelques espèces et notamment les nombreuses variétés des *N. Filix-mas* et *N. spinulosum* de ces jolies Fougères ornent admirablement les serres tempérées chaudes et temporairement les appartements. (Pour la culture, voir *Fougères*.)

Nephrolepis (*Nephrolepis*), Fougères. — Autres jolies plantes dont les : *N. à feuilles en cœur* et ses variétés; *N. élevé*, *N. à feuilles de Davallia* et ses variétés; *N. tubéreux*, *N. aux feuilles tripinnatifides*, etc., sont des plus gracieuses. (Pour la culture, voir *Fougères*.)

Nertera (*Nertera*), Rubiacées. — Le *N. depressa* est une charmante plante de serre froide, à peine haute de 3 à 5 centimètres, qui se couvre de jolies baies rouges, ce qui la rend très décorative; elle convient bien pour garnir les rochers des petites corbeilles et pour la mosaïculture. On la multiplie par boutures et par division des touffes, parfois aussi par semis.

Nycterinia. — (Voir aux *Plantes de plein air*). Les N. semés à l'automne, hivernés sous châssis, fleurissent fort bien en serre froide au printemps.

Odontoglossum (*Odontoglossum*), Orchidées. — Ce genre

est un des plus populaires de cette grande famille. L'*O. crispum* (fig. 261) et ses variétés sont cultivés en vue de la production des fleurs coupées, qui se conservent en bon état, dans l'eau, pendant plusieurs semaines. On cultive

Fig. 261. — *Odontoglossum crispum.*

aussi les : *O. bictonense*, *O. Cervantesii*; *O. citrosmum*; *O. Hallii*; *O. Krameri*; *O. luteo-purpureum*; *O. Pescatori*; *O. Rossii* et sa variété *Majus*, *O. Wilckeanum*, *O. triumphans*, etc., et leurs nombreuses variétés. *O. Edwardi*, *O. grande*, *O. maculatum*, *O. Insleayi*, *O. Harryanum*. Serre froide et tempérée. (Voir *Orchidées*.)

Oncidium (*Oncidium*), Orchidées. — Ces plantes sont tout aussi cultivées que les précédentes; la plupart sont de serre froide, tandis que d'autres sont de serre tempérée et de serre chaude. On rencontre surtout, dans les cultures les : *O. barbatum*; *O. citrinum*; *O. crispum* et ses variétés *O. cucullatum* et ses variétés; *O. Marshallianum*; *O. Papilio* et ses variétés; *O. Phalænopsis*; *O. tigrinum* et ses variétés; *O. varicosum* et ses variétés. *O. sarcodes*, *O. pulvinatum*, *O. sphacelatum*, *O. Lanceanum*, *O. flexuosum*, *O. Cavendishianum*, *O. splendidum*, etc.

Ophiopogon (*Ophiopogon*), Hæmodoracées. — On cultive en serre froide, dont on fait de jolies potées qui conviennent pour l'ornementation des serres et des appartements, l'*O. Jaburan* et sa variété à *feuilles panachées*, ainsi que l'*O. du Japon* ou *Herbe aux turquoises* et ses variétés; les fruits de celui-ci qui persistent pendant l'hiver, prennent une belle teinte bleue. Ce dernier qui constitue des gazons dans le Midi en plein air et à l'ombre peut aussi être utilisé comme la Sélaginelle pour former les gazons et les bordures dans les jardins d'hiver; il suffit de le replanter tous les trois ou quatre ans et de le tondre une fois par an. On les multiplie de semis et de sectionnement des touffes.

Oplismenus (*Oplismenus*), Graminées. — Charmantes plantes très utilisées pour l'ornementation des serres et des appartements. Le *O. Burmanni variegatus*, très connu sous le nom d'*O. imbecile*, est surtout recommandable comme plante retombante pour les suspensions, rochers, jardinières, tablettes de serre, à tapisser le sol, etc. Ses feuilles d'un vert clair sont largement panachées de blanc; l'*O. B. albidulum* s'en rapproche, mais il est plus nain et ses feuilles sont presques blanches. On les multiplie de boutures, que l'on met généralement de suite en pots ou en place en toute saison et dans une terre légère et fertile.

Les *O. hirtellus*, *O. loliaceus*, moins intéressants au point de vue décoratif, sont multipliés par semis.

Opontia (*Opuntia*), Cactées. — Nommées aussi *Raquette* ou *Figuier d'Inde*, ces plantes sont des plus curieuses. Les tiges présentent une série d'articles plans ou globuleux à base comprimée, juxtaposés les uns au-dessus des autres. On cultive en serre froide et tempérée les : *O. arborescens*; *O. Figuier d'Inde*; *O tomenteux*, etc. (Voir *Cactées*.)

Ils sont rustiques dans le Midi, où ils atteignent de grandes dimensions et fructifient. On les plante dans les rochers, dans les pelouses et on en forme des haies.

Oranger (*Citrus*), Rutacées. — On ne rencontre plus guère d'Orangers que dans les grandes propriétés.

Pour leur culture en pots et en caisses, il faut avoir soin de bien drainer ces récipients et d'employer une terre pas trop compacte, terreau de fumier, terre de gazon et terre de jardin, qu'on améliore chaque année avec des engrais et des arrosements à l'eau additionnée de bouse de vache, pour n'avoir pas besoin de décaisser les exemplaires de grandes dimensions. Il arrive fréquemment que certains sujets dépérissent; pour les ramener en bon état, il faut les remettre dans une autre caisse et dans un compost neuf et les placer sur une couche chaude ou tiède pour favoriser l'émission de nouvelles racines. Ils sont généralement formés en tête sphérique, sur une tige haute de 80 centimètres à 1^m,20 ; on les taille avant le départ de la végétation. Les arrosements doivent être nombreux en été et modérés en hiver.

L'espèce la plus cultivée est l'*O. Bigaradier*, que l'on greffe sur jeunes sujets de Citronnier ou sur lui-même.

Dans le Midi de la France les Orangers sont cultivés en pleine terre et on peut en faire la transplantation en bacs pendant la végétation de juillet à septembre.

Oranger des savetiers. — (Voir Amomon.)

Oreopanax (*Oreopanax*), Araliacées. — Ce sont des végétaux très décoratifs par leur feuillage ample, de serre tempérée chaude et dont beaucoup sont rustiques dans le Midi. On les multiplie de boutures à l'étouffée et aussi de marcottes (dans le Midi surtout on marcotte les belles extrémités de rameaux et l'on a de suite de jolies plantes). Arroser peu en hiver et les traiter comme les Aralias. On peut les maintenir bas; mais en pleine terre, dans le Midi ou dans les jardins d'hiver, ils atteignent plusieurs mètres de haut. A citer les : *O. nymphæfolia*, *O. platanifolia*, *O. Xalapense*.

Panax (*Panax*), Araliacées. — Plantes vigoureuses, remarquables par la beauté de leur feuillage, que l'on multiplie de boutures de tiges et de racines. On peut les utiliser comme les *Oreopanax*. A citer les : *P. Murrayi*, *P. fruticosum* et ses variétés, *P. laciniatum*, etc.

Le *P. Mastersianum* est un arbuste grimpant, d'introduction récente, remarquable par ses belles feuilles composées longues de 1 mètre et retombantes, vertes, lignées de blanc et de rose. Serre froide et tempérée.

Pancratium (*Pancratium*), Amaryllidées. — Jolies plantes bulbeuses dont quelques espèces de serre sont intéressantes. On les multiplie par les petits caïeux que l'on sépare des principaux et par semis. On les rempote dans une terre fertile en avril. Les arroser beaucoup pendant la floraison, mais supprimer à peu près les arrosages pendant la période de repos. A cultiver les : *P. maritimum*, *P. verecundum*, etc.

Pandanus (*Pandanus*), Pandanées. — Ce sont de bien jolies plantes de serre tempérée et chaude que les *Pandanus*. On les multiplie par semis, par séparation de rejets et aussi par boutures des bourgeons latéraux séparés avec un talon que l'on plante en godet. On cultive surtout les : *P. Baptistii*, *P. reflexus*; *P. ornatus*; *P. utilis*; *P. Veitchi*; *P. Sanderi*; ces deux derniers sont très employés en jeunes sujets pour la décoration des appartements. Il leur faut une bonne lumière, des arrosages et des bassinages abondants pendant la végétation.

Panis (*Panicum*), Graminées. — Indépendamment des autres espèces cultivées en plein air, on cultive en serre et en plein air, car il peut servir pour l'ornementation des jardins en été et pour ceux des appartements, le *P. à feuilles plissées* (*P. plicatum*) à beau feuillage et que l'on peut maintenir bas, ainsi que sa variété le *P. p. niveo-vittatum* aux feuilles largement rayées de blanc pur. On les multiplie surtout par division des touffes et aussi par semis fait en mars en repiquant les jeunes plantes à raison de plusieurs par pot.

Panis imbécile. — (Voir *Oplismenus*.)

Passiflore (*Passiflora*), Passiflorées. — Ce sont de très belles plantes grimpantes nommées aussi *Fleur de la Passion*. On les cultive en serre chaude et tempérée, où on les plante contre les piliers, les treillages et les colonnes, qu'elles recouvrent, et on les fait courir le long des fils de fer posés près du vitrage. On les multiplie de boutures, greffes et semis. Il faut les planter dans un compost humeux et fertile et les bassiner souvent à l'eau savonneuse et nicotinée afin de prévenir la venue de la cochenille.

Parmi les plus cultivées je citerai les : *P. blanche*; *P. bleue*; *P. coccinée*; *P. de Decaisne*; *P. jaune*; *P. de Watson*. La majorité des espèces sont rustiques dans le Midi de la France où elles recouvrent les rochers, les treillages, etc. La *P. bleue* (*P. cærulea*) est même parfois rustique sous le climat de Paris, pourvu qu'elle soit plantée au midi et bien abritée l'hiver. En tous cas les sujets élevés en pots peuvent toujours être mis en plein air l'été, et à ce titre ils conviennent pour la garniture des terrasses et des balcons ensoleillés. Ses fruits orangés sont assez décoratifs.

Pelargonium (*Pelargonium*), Géraniacées. — Voici un genre à la fois populaire et ornemental présentant de nombreuses variétés qui appartiennent à trois groupes bien distincts, qui sont : 1° les variétés et hybrides provenant de croisements entre le *P. zoné* et le *P. écarlate*; le *P. à feuilles de Lierre* ou *à feuilles peltées* et ses nombreuses variétés; le *P. à grandes fleurs des fleuristes* et le *P. à macules* et leurs variétés.

Les variétés des deux premiers groupes comptent parmi les plus employées pour l'ornementation estivale des jardins et on les cultive fréquemment en pots ainsi que les *P. à grandes fleurs* et les *P. à macules*.

La multiplication des Pelargoniums se fait de boutures à la fin de l'été et au printemps. Voir fig. 51 et 52, p. 108 (bouture nouvellement coupée et bouture enracinée), fig. 54, p. 114 (préparation d'une bouture de *Pelargonium zonale*.) A la fin de l'été ces boutures sont coupées sur les plantes de collection et dans les corbeilles; ces boutures sont plantées en plein air, sous châssis ou directement en pots. Vingt à vingt-cinq jours après, les boutures sont bien enracinées et on peut, par conséquent, rempoter celles qui n'ont pas été bouturées en pots, ce qu'on fait à raison de quatre à cinq boutures par pot de 10 à 11 centimètres de diamètre. Ces pots sont ensuite placés sous châssis, jusqu'au moment de la rentrée en serre, en octobre.

Les boutures de printemps sont coupées sur des pieds-mères et sur les boutures du mois d'août précédent et plantées généralement sous châssis.

Pendant l'hiver, les arrosages doivent être modérés; on doit nettoyer les plantes de temps à autre et tenir la serre plutôt sèche; il faut aérer toutes les fois qu'il fait beau dehors. Au mois de mars les boutures qui se trouvent à plusieurs dans un même pot sont rempotées une par une dans des godets de 8 centimètres de diamètre.

Fig. 262. — Pelargonium zonale, variété *Mme Albert Maumené* (Theulier), nouveauté.

Les *P. à feuilles de Lierre* et les *P. z. à feuilles panachées* sont bouturés de la même manière, mais avec plus de soins, et les *P. à grandes fleurs* sont multipliés sous verre et en terre très sablonneuse, à l'automne et au printemps.

Lorsque l'on veut avoir de beaux sujets en pots, pour la

floraison hivernale, on choisit au printemps des boutures faites à l'automne, que l'on rempote, que l'on tient un peu au sec et qu'on empêche de fleurir pendant l'été; si

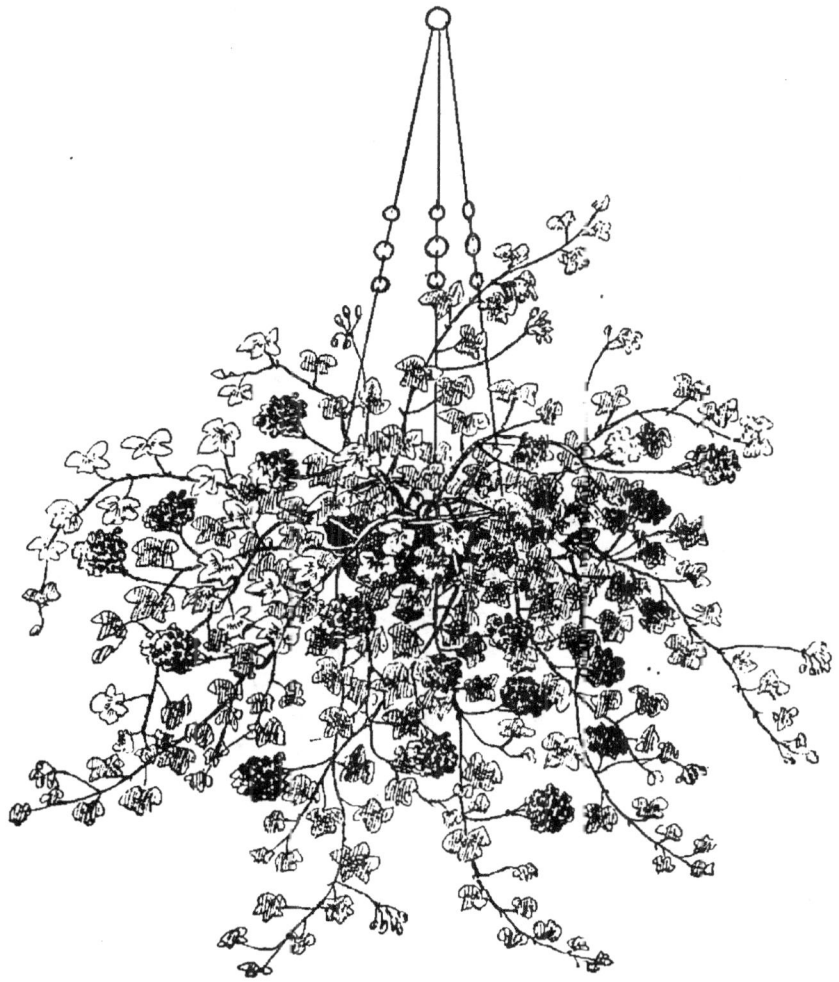

Fig. 263. — Pelargonium à feuilles de Lierre cultivé en suspension.

l'on veut que la floraison soit surtout estivale, on les laisse fleurir et on ne ménage pas les arrosements et les engrais.

Je signalerai maintenant un procédé de multiplication qui, pour n'être pas rapide, est excellent, car il permet aux personnes qui ne possèdent pas de serre de conserver cependant un certain nombre de sujets. Au mois de juillet on plante les boutures au nombre de trois par godet de 11 centimètres de diamètre, dans une terre sableuse. Ces godets sont placés à touche touche, en plein soleil; on arrose très peu, l'eau des pluies devant suffire; on n'ombrage et on n'abrite pas. De cette façon, tout en s'enracinant, la plante se durcit.

En octobre on place ces pots sous un châssis, sur un lit de scories et dans l'endroit le plus ensoleillé du jardin. On établit un réchaud de feuilles autour des coffres. On n'a guère à craindre la pourriture de ces plantes, qui sont par ce traitement très dures et très résistantes. S'il gèle, on recouvre les châssis de paillassons. Pendant l'hiver on arrose très peu et au mois de février on rempote chaque bouture dans un godet de 8 centimètres; ces plantes sont ensuite mises sur couche chaude; la végétation se manifeste et on peut ainsi couper des boutures.

A défaut de châssis, un local éclairé convient pour la conservation de ces boutures et de vieux pieds.

Voici une liste des variétés à fleurs qui sont utilisées pour la plantation des corbeilles dans les jardins publics de Paris : *Amédée Achard, Diogène, Duchesse des Cars, Gloire de Corbeny, Harry Hiccower, Ingénieur Clavenad, Jules Grévy, Jean Paquot, La Destinée, Mme Léon Dalloy, Mme Oddos, Mme Thibaut, Mlle Marie Nicolle, Guillon Mangelli, M. Alfred Mame, M. Joinville, M. Troupeau, Mme Poirier, Paul-Louis Courier, Secrétaire Casin, Souvenir de Carpeaux, Victor Millot (Néron), Octave Opoix.*

Parmi les variétés à feuillage panaché, citons : *Corbeille d'argent, Bijou, Mistress Parker, Mac-Mahon, Golden Cerise unique, Mistress Pollock, Golden Harry Hiccower.*

Les *P. à feuilles de Lierre* sont éminemment propres à former des tapis, des suspensions, etc., principalement les variétés : *La France, Alice Crousse, Albert Crousse, Mme Crousse, Congo, Gloire de Nancy*, etc.

Les *P. à grandes fleurs* ont donné naissance à des variétés maculées et notamment à une section désignée sous le nom de *P. de fantaisie*, remarquable par le port compact des sujets et leur extrême floribondité. Mais peu conviennent pour la pleine terre et leur vraie culture est en pots. Il faut avoir soin de les tailler après leur floraison **et de les cultiver en serre ou sous châssis.**

Listes de Pélargoniums.

Indépendamment des variétés déjà citées, je crois bon de donner quelques choix de bonnes variétés de *Pélargoniums*. Les variétés sont nombreuses, mais toutes ne se valent pas, et c'est pourquoi j'ai tenu, indépendamment de celles déjà citées et très utilisées dans les jardins publics de Paris, à en donner un bon choix, que je dois à M. Theulier, pour l'ornementation des jardins et la culture en pots. Celles de la liste A ont été obtenues par M. Theulier; la plupart ne sont pas encore au commerce et vont y être mises en 1900; mais toutes sont très recommandables à tous les points de vue par leur floraison hâtive et par leur tenue admirable et leur floraison soutenue en pleine terre. J'ai eu l'occasion d'en cultiver cette année (1899) une certaine quantité des variétés ci-dessous décrites; et je puis de ce fait les recommander comme parfaites au point de vue de la végétation, de la tenue et de l'abondante floraison, indépendamment de la beauté générale des coloris. Et, chose véritablement remarquable dans la plupart de ces variétés de *P. zonale*, les ombelles, au lieu de diminuer de grosseur au fur et à mesure qu'elles naissent davantage à l'extrémité des rameaux, semblent être plus volumineuses et dans certaines variétés (marquées d'un *) celles-ci ont la grosseur de certaines ombelles d'Hortensia. Je dois ajouter que ces variétés, ainsi que je l'ai constaté, se comportent admirablement cultivées en pots, en plein air et en serre, et à ce titre je dois aussi les recommander.

A. — *Variétés nouvelles de P. zoné à fleurs simples.*

Lucien Chauré, fortes ombelles, grandes fleurs grenat amarante, onglet capucine.

Mme Ch. Martin, fortes ombelles, grandes fleurs rouge orange clair.

* *Eugène Theulier*, très fortes ombelles, fleurs grandes rouge orange vermillon.

M. Édouard Cardoso, très fortes ombelles, fleurs grandes violet évêque bleuté, pétales supérieurs maculés feu.

Mme H. Martinet, tout le centre de la fleur est blanc; les cinq pétales régulièrement bordés de rose carmin vermillon qui se dégrade en tons adoucis sur le centre de la fleur; fortes ombelles, coloris d'une exquise fraîcheur.

* *Albert Maumené*, ombelles colossales de fleurs cinabre feu brillant.

* *Souvenir de Pierre Theulier*, très fortes ombelles, de très grandes fleurs rouge garance vif.
* *Professeur Maumené*, fortes ombelles, très grandes fleurs écarlate vermillon.
* *Mme Henri Theulier*, ombelles colossales, très grandes fleurs rose carmin brillant, pétales supérieurs maculés de blanc.
* *Mme Albert Maumené*, fortes ombelles, grandes fleurs saumon vif et frais nuancées de blanc sur les bords.
* *A. Gourlot*, fortes ombelles, grandes fleurs violet pourpre, pétales supérieurs maculés feu.
  M. Fossey, fortes ombelles de fleurs rouge cerise orangé.
* *Mlle Marie Lavalette*, fleurs rose lilas vif, pétales supérieurs maculés de blanc, ombelles énormes.
* *Léopold Clerc*, fortes ombelles, fleurs grandes d'un joli coloris nouveau, orange jaune brillant.
* *Ministre Viger*, ombelles énormes, très grandes fleurs rouge écarlate.
* *Flocon de neige*, très fortes ombelles de fleurs blanc pur.
* *Gloire du Trocadéro*, très fortes ombelles, très grandes fleurs rondes rouge cramoisi velouté.
* *Mme Vve Henri*, fortes ombelles, grandes fleurs saumon cuivré nuancé blanc.
  Mme Bornait, très fortes ombelles, très grandes fleurs saumon rose clair largement bordé blanc.
* *Mme G. Courreur*, ombelles énormes, fleurs grandes rose violet giroflée, pétales supérieurs maculés blanc.

B. — Variétés connues de P. zoné à fleurs simples.

Marguerite de Layre, ombelles énormes, de fleurs blanc pur, plante robuste, vigoureuse.
Duchesse des Cars, blanc pur, plante de stature trapue.
Comtesse de Pot, plante compacte, de végétation parfaite, chair rosé saumoné.
Comtesse de Bresson, plante trapue, rose lilas vif, pétales supérieurs maculés blanc.
Secrétaire Cusin, plante vigoureuse, saumon vif.
Octave Deluc, plante trapue, fleur rouge cerise orange.
Paul-Louis Courier, plante trapue, fleur rouge solférino violet, pétales supérieurs teintés capucine feu.
M. Hamelin, saumon pur, plante vigoureuse.
Detaille, plante vigoureuse, trapue, rouge écarlate feu.
Behrens, plante trapue, rouge orange velouté.
Paul Crampel, plante très vigoureuse, très larges fleurs rouge, minium intense.
M. Poirier, plante trapue, rose violet carmin, pétales supérieurs maculés blanc.

Le Rhône, plante naine, rouge cerise foncé, pétales supérieurs maculés blanc.
Mme Poirier, rose mauve très pâle, plante trapue.
Mme Parisot, rose mauve, pétales supérieurs maculés blanc.
Secrétaire Bois, violet reflété feu sur les pétales supérieurs, plante trapue.

C. — Variétés naines connues de P. zoné.

Philémon, fleur double rose tendre.
Jean Paquot, fleur double saumon.
Brasier, fleur double rouge écarlate orange.
Montjoye, fleur double violet carmin de giroflée.
La Fée, fleur double blanc lait passant au rose tendre.
Démo, fleur double écarlate violacé.
Lutin, fleur double rose frais transparent.
Zulu, feuillage jaune, zoné bronze.
Mrs Pollock, feuille bordée jaune, zoné bronze carminé.
Lady Bright, feuille bordée blanc, zoné carmin et rose.
Mrs Parker, feuille bordée blanc, fleurs doubles rose.
Victoria Reginæ, feuille crispée à centre blanc, bordée vert clair, fleurs rouges.
Mrs Mapping, feuille bordée blanc, fleurs blanches.
Louise Moron, feuille bordée blanc, fleurs doubles rouge groseille violacé.
Georges Moron, feuille bordée blanc pur, fleurs simples rouge groseille foncé.
Mme Salleray, panaché blanc, ne fleurit pas, bon pour bordure et mosaïculture.
Corbeille d'argent, mêmes caractères que Mme Salleray, mais plus nain et plus panaché.

Pelargoniums à feuilles de Lierre.

Mlle Clémentine Theulier, fleur rose framboisé, pétales supérieurs lignés pourpre.
M. Vaury, fleur rose groseille violacé, pétales supérieurs maculés pourpre.
Mlle Juliette Pichard, rose très tendre glacé argent.
Mme Way, fleurs violet vif pourpré.
Mme Yves, fleur imbriquée amarante carminé.
M. Dépinay, fleur rouge garance teinté amarante carminé.
Mlle Marie Theulier, fleur rose pêche saumoné onglet rose violet carminé.
Mme Pierre Theulier, fleur mauve purpurin.
Henri Theulier, fleur rouge cerise, pétales supérieurs lignés pourpre.
M. Henri de Vilmorin, fleur cerise aurore vif.

Eugène Theulier, fleur rose carmin vif.
M. D. Bois, fleur aurore saumoné.
Albert Maumené, fleur rose pourpre violacé.
M. Henri Martinet, fleur cerise saumoné aurore.
Galilée, fleur rose cent feuilles.
La France, fleur lilas mauve.
Mme Le Vey, fleur magenta brillant.

Pélargoniums à grandes fleurs et P. à macules.

J'ai tenu à donner un bon choix de Pélargoniums à grandes fleurs ; toutes les variétés citées conviennent très bien pour constituer de très jolies potées et quelques-unes d'entre elles peuvent être utilisées pour la pleine terre, bien qu'en général ces *Pélargoniums* ne se fassent pas remarquer par une floraison continue ; les variétés convenant pour la pleine terre sont précédées d'un astérisque.

Mme Cosson, grande fleur saumon rosé vif.
* *Marie de Vandeuvre*, grande fleur ondulée macule lilacé.
* *Souvenir de feu Lenormand*, fond clair, surmonté de cinq macules.
Triomphe de Mignon, grande fleur violet aigreté de cinq macules marron.
Ronsard, fleur violet prune centre clair.
* *Mlle Marie Lemoine*, fond blanc, larges macules roses.
M. Typhaine, fond mauve, cinq macules foncées.
Victor Clouet, grande fleur carminée.
* *Duchesse d'Isly*, grande fleur blanc le plus pur, macule carmin, très remontant.
* *M. François*, grande fleur rouge carmin nuancé amarante.
* *Triomphe de Paris*, grande fleur rouge légèrement maculé.
* *Mme Réjane*, très grande fleur blanc pur.
* *Général Boulanger*, magenta foncé.
Bouquet tendre, très grande fleur rose mauve glacé.
* *Edward Perkins*, rouge éclatant, macule cramoisi.
Ma Belle, grande fleur fond blanc, bordée rose, macule très foncée.
Vulcain, rouge ponceau, macule feu, bordé rouge vif.
Triomphant, grande fleur énorme centre blanc sur carmin cuivre.
* *Adolphe Veich*, aurore macule cramoisi.
Talisman, forte ombelle chair, macule cramoisi.
Mme Paul Lepeltier, grande fleur ondulée blanc pur.
La Grandeur, énorme fleur, très grandes ombelles rose tendre, fond blanc macule noir, la plus grande fleur du genre.
Mlle Renée Boegnier, cinq macules velours noir bordé feu.
Mlle Fernande Viger, violet lilacé.
Tom Pouce, plante trapue, grande fleur rouge.

Souvenir de Mme Boutreux, fond blanc entouré violet, macule noir.
* *Tapis de Flore*, plante naine, grande fleur fond rosé et pétales supérieurs rose vif, macule noir.
* *E. Forgeot*, énormes ombelles rose vif extrêmement florifère.

Léon Boutreux, grande fleur bien faite, grand centre blanc bordé rose vif.

Caprice de Nini, grande fleur rouge tendre velouté, superbe.

Triomphe de Jeanne d'Arc, blanc pur, très florifère.

Mme Steiner, rose mauve tendre.

* *Songe d'une nuit d'été*, violet noir bordé lilas clair.

Mme Jules Clouet, belle grande fleur rose, macule marron.

Variétés à fleurs doubles.

Ville de Caen, très grande fleur semi-double cramoisi foncé, bordé blanc.

Prince of Teck, grande fleur cramoisi marron teinté violet.

Emmanuel Liais, grande fleur gaufrée rose satiné maculé, la plus jolie variété double.

Pélargoniums de fantaisie.

Atlantique, rouge cramoisi suffusé de pourpre.
Formosa, rouge teinté lilas, centre et bords blancs.
Jeannette, rouge pourpre, centre et bords clairs.
Lucy, cramoisi lavé de violet.
Mme Godard, cramoisi, centre et bords blancs.
Mme Hart, cramoisi, rose, centre et bords blancs.
Roi des fantaisies, cramoisi, rosé, centre blanc.
Thurio, carmin pourpré, centre et bords blancs.
Victor Hugo, cramoisi, centre clair.

Pellionia (*Pellionia*), Urticacées. — Jolie petite plante rampante que l'on cultive en serre chaude et qui se comporte très bien sur les rocailles, où elle fait très bon effet. Planter en terre de bruyère. Multiplication facile de boutures en tout temps. (Culture des *Bégonias*.)

On cultive les variétés suivantes : *P. decora*, *P. viridis*, *P. pulchra*, *P. Rodochanachiana*, *P. pulchra*.

Peperomia (*Peperomia*), Pipéracées. — Ce sont de petites plantes très ornementales, de serre chaude et tempérée, qui sont précieuses pour les garnitures de jardinières, de petites corbeilles, etc. On les multiplie par semis, sectionnement de touffes et boutures de feuilles; on en fait de petites potées. Les espèces cultivées sont les : P. *metallica*, P. *Saundersii*, P. *marmorata*, P. *argyreia*, etc.

Péreskia (*Pereskia*), Cactées. — Les Péreskias diffèrent beaucoup des autres Cactées en ce que leurs feuilles sont normalement développées et sont surtout intéressants parce qu'ils servent de porte-greffe à un grand nombre d'espèces; les plus cultivés pour leurs fleurs sont les *P. aculeata* et *P. Bleo*. Les fleurs du *P. à fleur de Zinnia* peuvent être considérées davantage, car elles sont jolies. Serre froide et tempérée.

Pervenche (*Vinca*). Apocynées. — On cultive en serre tempérée et même dehors en été la *Pervenche de Madagascar* (*V. rosea*), soit comme plante annuelle, en la semant tous les ans au printemps, soit comme plante vivace en en hivernant des pieds en serre que l'on bouture au printemps. C'est une bien jolie plante qui se couvre d'une multitude de fleurs presque toute l'année et qui, moyennant quelques pincements et en en rempotant trois à cinq dans un même pot, forme de belles touffes qui sont bien appréciées. Les fleurs sont rose pâle avec le centre plus foncé et blanches dans une variété.

On peut aussi cultiver dans les serres froides et tempérées, principalement pour en former des suspensions, la *grande Pervenche panachée*, qui est très élégante.

Pétunia (*Petunia*), Solanées. — Les *P. hybrides à fleurs doubles* gagnent à être cultivées en serre l'été, en compagnie des *Torenia*, *Pelargonium*, etc. (Voir aux *Plantes de plein air* pour les variétés et la culture.)

Phajus (*Phajus*) Orchidées. — On les cultive en serre chaude et tempérée. Ce sont des plantes terrestres qui poussent bien dans un compost assez consistant et que l'on doit tenir dans une humidité constante pendant la végétation et modérée pendant le repos.

Multiplication par le sectionnement des rhizomes après la floraison.

On rencontre surtout les : **P.** *Bensoniæ*; **P.** *Humboltii*; **P.** *Marshalliæ* et ses variétés; **P.** *Wallichii*, etc. **P.** *grandifolius*, et le très beau **P.** *Cooksoni*. (Voir *Orchidées*.)

Phalænopsis (*Phalænopsis*), Orchidées. — Ce sont d'autres Orchidées de haute serre chaude, mais épiphytes. Certaines espèces, les : *P. amabilis*; *P. Aphrodite*; *P. Boxallii*; *P. intermedia*; *P. Schilleriana*, *P. Sanderiana*, etc., sont magnifiques et comptent parmi les plus belles espèces de cette famille. Les fleurs durent très longtemps. On les cultive fréquemment dans des paniers que l'on suspend; il leur faut pas ou peu d'air et un air saturé d'eau. Éviter la fraîcheur des nuits, ce qui produit une condensation qui tache les fleurs et fait pourrir les jeunes feuilles. (Voir *Orchidées*.)

Phalangère (*Phalangium* ou *Anthericum*), Liliacées. — Plante de serre froide, aux racines charnues et linéaires. On cultive surtout la *Phalangère rameuse* (*P. ramosum*) à feuilles marginées de blanc qui demande une terre très fertile; peut être utilisée en pots et en suspensions pour les garnitures d'appartement et l'ornementation estivale des jardins, pour la formation des bordures dans les endroits mi-ensoleillés, où elle produit le meilleur effet, associée aux plantes à feuillage pourpre.

Philodendron (*Philodendron*), Aroïdées. — Ce sont à la fois de belles, majestueuses et curieuses plantes remarquables par leur port et par leur feuillage. On les cultive le plus souvent en serre tempérée et en serre chaude, en compagnie des *Anthurium*. Ils croissent bien dans les parties humides, près des bassins, etc.; il leur faut un sol humeux et fibreux. Ceux qui poussent rapidement peuvent être plantés contre un mur, un rocher, etc.

On cultive surtout les : *P. Andreanum*; *P. giganteum*; *P. pertusum*; *P. Selloum*; *P. verrucosum*; *P. Yungii*; *P. gloriosum*; *P. advena*; *P. crassipes*. (Voir *Aroïdées*.)

Phœnix (*Phœnix*), Palmiers. — Ce sont certainement des plantes très décoratives et résistantes de serre froide, tempérée et chaude, tenant bien en appartement pour la plupart. En petits exemplaires ils décorent admirablement les appartements, et en grosses plantes ils font très bel effet dans les grandes serres et dans les jardins d'hiver. Ils atteignent de grandes dimensions en pleine terre, pour la plupart, dans le Midi, surtout les *P. des Canaries*, et sont un des plus beaux végétaux de pleine terre dans les jardins. On cultive surtout les : *P. des Canaries* (*P. canariensis*), *P. reclinata*; *P. tenuis*; *P. rupicola*; *P. spinosa*; *P. dactylifera*; *P. cycadæfolia* plus rare. (Voir *Palmiers*).

Phormium (*Phormium*), Liliacées. — Ce sont des plantes très résistantes et ornementales dont on décore les serres froides et les appartements. L'été, isolés ou groupés sur les pelouses, ils y font très bon effet et fleurissent parfois. Le *P. tenax* nommé aussi *Lin de la Nouvelle-Zélande* et ses variétés à feuilles vertes ou panachées, *P. de Cook* et *P. de Hooker* sont très robustes. On les rempote dans un compost assez consistant et on les multiplie par division de touffes. En plein air, ils croissent tout aussi bien dans les endroits secs que dans ceux humides. Rustique dans le Midi.

Phrynium variegatum. — (Voir *Maranta arundinacea* et *Calathea*.)

Phylica (*Phylica*), Rahmnées. — Le *P. Bruyère du Cap* (*P. ericoides*) est un charmant petit arbuste de forme arrondie qui rappelle assez une Bruyère et dont les fleurs blanches se succèdent tout l'hiver; aussi il est beaucoup vendu sur les marchés aux fleurs.

Il est de serre froide; on le multiplie de boutures et on le traite comme les Bruyères. A citer aussi les : *B. buxifolia*, *B. capitata*, *B. spicata*, aux fleurs également blanches.

Phyllocactus (*Phyllocactus*), Cactées. — Ce ne sont peut-être pas les plus curieux végétaux de cette famille, mais on peut les classer parmi les plus florifères. Les tiges sont longues et plates, et portent de très grandes et très belles fleurs. On les cultive ordinairement en serre tempérée et on les multiplie de boutures, de greffes et de semis. Parmi les plus cultivés, citons les : *P. Ackermanni*; *P. anguliger*; *P. crenatus* et ses variétés; *P. Phyllanthus*, et un grand nombre de variétés remarquables dans l'obtention desquelles le pollen de quelques Cierges (*Cereus*) a joué un certain rôle : *Aurore boréale*; *Grand monarque*; *M. Simon*; *Triomphe de Poissy*, *Victor Hugo*, etc. Bien que donnant de superbes fleurs, ils sont maintenant peu cultivés. (Voir **Cactées**.)

Pilocereus. — (Voir *Cereus*.)

Pittosporum (*Pittosporum*), Pittosporées. — Ce sont des arbustes de serre froide et de plein air dans le Midi, dont les fleurs blanc jaunâtre, disposées en panicules ou en corymbes, sont très odorantes. On cultive surtout les : *P. eugenioides* et *P. e. variegatum* ; *P. undulatum* et *P. Tobira*, à la façon des plantes de serre froide; *Laurier rose, Oranger*, etc., et on en fait des massifs dans les jardins méridionaux.

Le *P. Tobira*, aux belles fleurs blanches odorantes, est le plus cultivé en pot et il est parfois assez apprécié sur les marchés. Multiplication de boutures et de greffes sur le *P. undulatum*.

Platycerium (*Platycerium*), Fougères. — Ce sont à la fois de très jolies et très curieuses plantes épiphytes de serre chaude et tempérée assez longues à élever lorsqu'on les multiplie par semis, comme le *P. grande*, et par division des touffes. On les cultive notamment, très souvent, sur des bûches, sur des planchettes, dans des paniers, que l'on accroche contre les parois de la serre ou que l'on suspend à la charpente. On cultive les : *P. grande*; *P. alcicorne*; *P. æthiopicum*, *P. Æ. angolense*, etc. (Voir *Fougères*.)

Pleroma (*Pleroma*), Mélastomacées. — Plantes de serre tempérée-chaude dont quelques-unes sont sarmenteuses et propres à garnir les piliers, treillages, etc., notamment les : *P. macrantha* (*Lasiandra macrantha*). Il donne d'abondantes fleurs pourpre violacé lorsqu'il est bien développé; *P. sarmentosa*, aux fleurs violacées, de serre froide; les : *P. floribunda* aux fleurs bleues, forme de belles potées, *P. elegans* aux fleurs bleues ; ces deux derniers sont moins élevés. Multiplication de boutures mi-herbacées, à l'étouffée; demi-repos en hiver, arrosages copieux et à l'engrais l'été.

Plumbago. — (Voir *Dentelaire*.)

Poinsettia (*Poinsettia*), Euphorbiacées. — Le *P. éclatant* (*P. pulcherrima*) est véritablement remarquable par ses nombreuses et grandes bractées qui entourent les fleurs et qui sont d'un beau rouge. Une variété à bractées blanches a été présentée en 1898 à S. N. H. d. F. On le multiplie de boutures coupées sur des pieds-mères mis en végétation sur couche au printemps; on ne leur ménage pas les engrais pendant la végétation. Il faut les élever avec beaucoup d'air et sous châssis l'été. Éviter les brusques changements de température et le froid à l'automne, qui provoquent la chute des feuilles. Les bractées apparaissant en hiver. Ces Poinsettias sont très recherchés par les fleuristes, qui les associent aux fleurs blanches.

Polypode (Polypodium), Fougères. — Quelques espèces sont véritablement décoratives, comme les : *P. angustatum; P. argutum; P. aureum; P. Catharinæ; P. Heracleum, P. palmatum, P. pennigerum, P. sporadocarpum, P. Schederii*, etc. On en fait de très jolies potées qui peuvent momentanément décorer les appartements (Voir *Fougères*).

Pontédérie (Pontederia), Pontédériacées. — Quelques espèces de cette jolie plante sont de serre tempérée; ce sont les : *P. azurea, P. angustifolia, P. crassipes*. En les hivernant en serre, on peut les mettre dehors, l'été, dans un bassin bien ensoleillé. Multiplication par semis et par division des touffes.

Porretia. — (Voir *Hovea.*)

Pothos (Pothos), Aroïdées. — Culture des *Anthurium*. Plante convenant très bien pour garnir les murs ou les rochers des serres chaudes. Lorsqu'on les cultive en pots, on donne à certaines espèces une planchette pour support, sur laquelle la tige s'applique exactement et que leurs feuilles arrondies cachent complètement par leur assemblage curieux. A citer les espèces suivantes : *P. celatocaulis, P. argyræus, P. argentea, P. aurea, P. flexuosa.* (Voir *Aroïdées.*)

Primevère (Primula), Primulacées. — Ce sont de bien jolies plantes que les Primevères de serre et qui sont précieuses par leur floraison hivernale, ce qui les rend propices aux multiples garnitures d'appartement. Peu de plantes se sont aussi améliorées et modifiées que les Primevères, surtout les *P. de Chine*; actuellement même la *P. obconique* qui a été considérée au début comme une plante d'avenir est en voie d'amélioration et déjà quelques races tout à fait remarquables ont vu le jour; la *P. de Forbes* n'a pas non plus dit son dernier mot.

On cultive beaucoup la *P. de Chine* et ses races : *P. de Ch. frangée*; *P. de Ch. frangée à fleurs doubles*; *P. de Ch.*

Fig. 264. — Primevère obconique à grandes fleurs
(*Primula obconica grandiflora*).

frangée géante; *P. de ch. frangée géante double rose*; *P. de Ch. à feuilles de Fougère*. Les coloris des variétés dans chacune de ces races sont très variés.

On la multiplie principalement de graines que l'on sème en juin-juillet sous châssis, en terrines, dans une terre très légère et un peu sablonneuse, et qu'on repique successivement en terrines et en pots dans une terre à la fois légère humeuse et plus fertile que celle du semis. On les arrose de temps à autre à l'engrais, on les bassine et on ombre convenablement; en un mot on favorise une vigoureuse végétation. On peut les hiverner sous châssis, en les abritant bien, mais préférablement en serre froide ; on en rentre dans la serre tempérée pour en avancer la floraison. Il n'est pas besoin de leur donner de grands pots, ceux de 11 à 13 centimètres sont suffisants. Si l'on a quelques beaux sujets, on peut les multiplier de boutures.

On cultive aussi beaucoup maintenant la *P. obconique* et la *P. de Forbes*, qui fleurissent abondamment pendant l'hiver et dont la floraison continue, surtout pour cette dernière, pendant la plus grande partie de l'année, si l'on a soin de supprimer les fleurs fanées. Le coloris de la *P. obconique* est mauve, mais on possède des individus : à *grandes fleurs blanc pur frangées* (fig. 264); à fleurs plus ou moins foncées de tonalités tout à fait distinctes, rose, rose lilacé, rose vif, rose violacé, rose chamoisé; à signaler aussi une nouvelle race *à très grande fleur améliorée*, aux fleurs bien plus grandes que les dernières obtentions de cette plante, et qui ont les bords arrondis ou festonnés. Les coloris vifs qui étaient désirés sont maintenant acquis.

Notons que la *P. obconique* plantée l'été en pleine terre et à mi-ombre fleurit abondamment; on peut utiliser aussi les vieux pieds.

La *P. de Forbes* a aussi donné naissance à de nombreuses variétés, à coloration plus vive, rose, rouge violacé, etc., à des races naines aux fleurs bien crispées et surtout à une race nouvelle, la *P. de F. naine compacte magenta*.

La *P. floribonde* (*P. floribunda*) à fleurs jaunes est très cultivée à Londres à la façon des *P. obconique*.

On les multiplie de semis comme les *P. de Chine*, et plus souvent que pour cette dernière de boutures; pour la floraison estivale il est toutefois bon de faire des semis plus tardivement. Ce sont toutes d'excellentes plantes pour les garnitures d'appartement, où les fleurs se succèdent si on a soin de bien les arroser et de les placer près d'une fenêtre.

Bien que la *P. verticillée* ne soit pas une plante de serre, on peut la cultiver à la façon d'autres espèces en serre et en appartement où elle résiste fort bien. A signaler la *P. v. à grandes fleurs* aux fleurs jaune paille. C'est une jolie plante vivace que l'on peut aussi multiplier par division des touffes.

Ptéris (*Pteris*), Fougères. — Les Ptéris comptent parmi les Fougères les plus cultivées; quelques espèces et variétés, principalement celles de petite taille, sont très appréciées pour la décoration des appartements. Ils résistent bien mieux en général, en appartement que les Adiantes. Ceux dont voici la liste sont principalement cultivés en serre froide et tempérée : *P. aigu, P. argenté; P. de Crète* et ses variétés, notamment le *P. d'Ouvrard; P. dentelé* et ses variétés; *P. lacinié; P. tremula* et ses variétés, très résistantes; *P. umbrosa, P. aspericaulis tricolor; P. quadriaurata argyræa, P. arguta.* (Voir *Fougères*).

Quisqualis (*Quisqualis*), Combrétacées. — Le *Q. des Indes* (*Q. indica*) est un bien joli arbuste grimpant, très décoratif, de serre tempérée chaude, tout à fait remarquable par ses belles fleurs en grappes, d'un rouge orangé, s'épanouissant de mai à août. Il convient très bien pour garnir les piliers et les colonnes des serres. Multiplication par boutures herbacées faites à l'étouffée; rempoter dans un mélange de terre de bruyère et de terre de gazon. Arroser abondamment l'été.

Raquette. — (Voir *Opuntia*.)

Ravenala (*Ravenala*), Scitaminées. — On cultive principalement le *R. de Madagascar*, nommé l'*Arbre du voyageur*. C'est une plante à feuillage ample très décoratif, prenant de grandes dimensions et qu'on cultive en bacs dans les serres chaudes et tempérées et en pleine terre dans les jardins d'hiver. Leur multiplication s'effectue par le sectionnement des jeunes pousses.

Renanthera (*Renanthera*), Orchidées. — Plante que l'on cultive avec succès en compagnie des *Ærides* et des *Vanda*. Comme toutes les Orchidées de cette catégorie, elle demande un repos qui ne soit pas trop accentué.

Ses tiges, qui peuvent atteindre quelques mètres de hauteur, produisent de nombreuses racines adventives, ce qui permet de la multiplier facilement. A citer : *R. coccinea, R. matutina.* (Voir *Orchidées*.)

Rhapis (*Rhapis*), Palmiers. — Ce sont des plantes élégantes, poussant assez lentement, formant des touffes assez volumineuses qui font très bel effet dans des grands bacs, ou en pleine terre dans les jardins d'hiver. On cultive principalement en serre froide et tempérée les : *R. nain* (*R. humilis*), *R. élégant* (*R. elegans*) et *R. flabelliforme* (*R. flabelliformis*). (Voir *Palmiers*.)

Rhopala (*Rhopala* ou *Roupala*), Protéacées. — Ce sont de beaux arbustes de serre tempérée-chaude, remarquables par leur beau feuillage. Multiplication de boutures faites à chaud. Les traiter comme les *Aralia* de serre chaude. A citer les : *R. elegans*, *R. montana*, *R. complicata*, etc.

Richardia (*Richardia*), Aroïdées. — On cultive surtout sous le nom d'*Arum*, le *R. d'Afrique*, qui est une très jolie plante tuberculeuse de serre froide, à fleurs blanches cireuses et à grandes feuilles sagittées ; on le cultive beaucoup en pots, pour sa floraison hivernale et printanière ; l'été on plante en pleine terre les pieds destinés à fournir des fleurs l'hiver et on les rempote à l'automne ; il faut avoir soin de les arroser souvent et à l'engrais ; on obtient ainsi des plantes bien trapues et qui fleurissent abondamment. On le cultive aussi comme plante aquatique, en serre et en plein air l'été, en plaçant les pots dans les bassins ; on peut même les conserver en plein air pourvu que les pots se trouvent placés l'hiver dans l'eau au-dessous du plan de congélation.

Cette espèce a donné naissance à plusieurs variétés, notamment à une à très grandes fleurs, et à quelques plantes naines : *R. d'A. compacte nain*, *R. d'A. Bijou* ; ces deux dernières variétés sont précieuses pour la décoration des appartements. Le type et ses variétés peuvent aussi être cultivés pour la fleur coupée.

Rose de Chine. — (Voir *Ketmie*.)

Rose du Nil. — (Voir *Nelumbo*.)

Ruellia (*Ruellia*), Acanthacées. — Jolie petite plante à tiges traînantes que l'on peut employer comme les *Pellionia* et les *Fittonia* pour la garniture des rochers ou des bordures de sentiers de serres et des suspensions. Réussit très bien en serre tempérée et en serre chaude. Multiplication facile de graines ou de boutures. Culture des *Cestrum* et des *Justicia*.

Les fleurs sont diversement colorées selon les espèces, blanches, bleues, rouges, etc. On cultive les : *R. Devosiana*; *R. paniculata*; *R. macrantha*, *R. spectabilis*, *R. ciliatiflora*, *R. ciliosa*, *R. speciosa*; *R. formosa*.

Russellia (*Russellia*), Scrophularinées. — A cultiver en serre tempérée et en terre de bruyère; se multiplie de boutures ou d'éclats. On cultive le *R. sarmentosa* et le *R. juncea*, mais ce dernier doit être tenu suspendu pour jouir parfaitement de sa floraison; planté sur les rochers dans le Midi, il est utilisé comme plante retombante et les fleurs se succèdent tout l'hiver.

Sabal (*Sabal*), Palmiers. — Très jolie plante qui peut prendre de grandes dimensions à cultiver en serre chaude. Je citerai les : *S. Adansoni*, *S. umbraculiferum*; ce dernier est le plus employé dans les garnitures d'appartements. (Voir *Palmiers*.)

Saccolabium (*Saccolabium*), Orchidées. — Ce sont de très jolies plantes épiphytes, de serre chaude, que l'on cultive généralement en paniers près du vitrage. En voici quelques bonnes espèces : *S. bigibbum*; *S. luccosum*; *S. giganteum*; *S. Witteanum*, *S. guttatum*, *S. ampullaceum*, *S. miniatum*, *S. cœleste*, etc. (Voir *Orchidées*.)

Saintpaulia. — (Voir *Violette d'Usambara*.)

Salsepareille (*Smilax*), Liliacées. — Quelques espèces de serre sont véritablement ornementales par leur feuillage vert ou agréablement panaché. Ce sont principalement les : *S. argyreia*, *S. ornata*; *S. salicifolia variegata*. Le premier est de serre chaude et les autres sont de serre froide. On en garnit très souvent les murs, ou l'on en fait des potées dont on dirige les rameaux sur une carcasse en fil de fer. Multiplication par la division des touffes ou par boutures à l'étouffée.

Sarmienta (*Sarmienta*), Gesnéracées. — Le *S. repens* est une jolie petite plante de serre froide, aux rameaux retombants et rampants qui se couvrent de petites fleurs rouges. Le cultiver en suspension de préférence et près du verre.

Sarracenia (*Sarracenia*), Sarracéniacées. — Ce sont des plantes très curieuses dont quelques espèces sont de serre froide. Les feuilles rappellent assez celles des Violettes. Ces plantes demandent un sol complètement saturé d'eau et une atmosphère humide. Lors du rempotage, il faut, à cet effet, ne pas négliger d'additionner du sphagnum à la terre de bruyère. Une période de repos est nécessaire pendant l'hiver. On cultive les : S. *Drummondii* et ses variétés; S. *flava* et ses variétés; S. *purpurea* et une quantité de beaux hybrides.

Sauge. — (Voir aux *Plantes de plein air*.)

Sciadophyllum (*Sciadophyllum* ou *Heptapleurum*), Araliacées. — On cultive comme les *Aralia* le S. *pulchrum*, qui est de serre froide et qu'on utilise beaucoup pour l'ornementation estivale des jardins à cause de son beau feuillage vert. Il atteint 2 à 3 mètres de haut, mais on le tient généralement plus bas. Il est rustique dans le Midi.

Scindapsus. — (Voir *Philodendron*.)

Seaforthia (*Seaforthia*), Palmiers. — On cultive principalement le S. *élégant* (S. *elegans*), qui est une bien jolie plante de serre tempérée; on le plante généralement en pleine terre dans les grands jardins d'hiver (Voir *Palmiers*).

Selenipedium. — (Voir *Cypripedium*.)

Seneçon (*Senecio*), Composées. — On cultive surtout le S. *à grandes feuilles* (S. *grandifolius* ou S. *Ghiesbreghtii*), qui est un magnifique arbuste de serre froide et rustique dans le Midi; il décore les serres l'hiver et les pelouses l'été; ses vastes inflorescences de fleurs jaunes sont aussi très décoratives. Multiplication de boutures et de semis au printemps. A signaler aussi le S. *mikanioides*, qui est une jolie plante sarmenteuse de serre froide et de plein air l'été, le S. *Petasites* ou S. *platanifolius*, le S. *Haworthii*, etc.

Sensitive. — (Voir *Mimosa*.)

Sobralia (*Sobralia*), Orchidées. — Ce sont de jolies plantes de serre froide et tempérée dont le feuillage est agréable; les fleurs sont éphémères, mais s'épanouissent successivement. On cultive surtout le *S. macrantha* et ses variétés. (Voir *Orchidées*.)

Solandra (*Solandra*), Solanées. — Jolies plantes grimpantes au moment de leur floraison au printemps; les fleurs sont blanches et diversement teintées. On peut en garnir les murs, les treillages, les colonnes. Multiplication de boutures à l'étouffée; faciliter un développement rapide suivi d'un repos complet pour les faire fleurir. Bouturer (ainsi qu'il est dit au paragr. xix, chap. IX) l'extrémité des rameaux florifères, pour obtenir de jolies plantes naines fleurissant très bien. A cultiver les : *S. grandiflora*, *S. guttata*, *S. longiflora*. Serre tempérée chaude.

Solanum. — (Voir *Amomon* et *Morelle*).

Sonerila (*Sonerila*), Mélastomacées. — Petits bijoux végétaux par leur feuillage, qui est richement et diversement teinté, mais qui ont l'inconvénient d'être un peu délicats et que l'on doit cultiver en serre chaude humide, à l'étouffée. On les multiplie de graines, et de boutures au printemps, à l'étouffée dans la serre à multiplication et en godets. Les jeunes plants et les plantes adultes sont rempotées dans un compost humeux de terre de bruyère et de sphagnum haché. On cultive le *S. margaritacea* et ses variétés.

Sophronitis (*Sophronitis*), Orchidées. — Ces mignonnes Orchidées épiphytes de serre froide aux fleurs écarlates en petites grappes méritent d'avoir une place dans les collections. Il leur faut un drainage parfait, en terrines peu profondes et suspendues près de la vive lumière. Citons les : *S. grandiflora* et ses variétés, *S. cernua* et le *S. violacea*. (Voir *Orchidées*).

Souchet (*Cyperus*), Cypéracées. — Plantes semi-aquatiques dont on cultive les : *S. à papier* (*Cyperus Papyrus*), *S. à feuilles alternes* (*C. alternifolius*) et ses variétés : *S. à f. a. très gracieux* (*C. a. gracilis*), plus grêle, et *S. à f. panachées* (*C. a. variegatus*), soit comme plantes aquatiques, en serre, soit comme plantes terrestres, en pots ou encore en pleine terre, l'été, surtout le *S. à papier*, très curieux avec ses tiges triangulaires terminées par une houppe filamenteuse et qui, si on l'arrose abondamment dépasse souvent deux mètres de haut. Le S. *à feuilles alternes* qui dépasse rarement 0ᵐ,60, est utilisé fréquemment dans les garnitures; on le plante aussi dans les petits aquariums.

Les hiverner en serre tempérée-chaude. Multiplication de semis, sectionnement des touffes au printemps et aussi de boutures des bouquets de feuilles que l'on repique surtout dans du sable humide. Provoquer une robuste végétation par des arrosements aux engrais azotés.

Sparaxis (*Sparaxis*), Iridées. — Petites plantes bulbeuses de serre froide, dont la culture est la même que celle des *Ixia*; les fleurs sont disposées en grappes. On cultive les : *S. grandiflora*, *S. tricolor* et leurs variétés. (Voir *Ixia*.)

Sparmannia (*Sparmannia*), Tiliacées. — On cultive principalement le *S. d'Afrique* (*S. africana*), aux feuilles pubescentes et aux fleurs blanches réunies en ombelles et dont les filets des étamines sont tantôt jaunes avec la pointe rouge, tantôt rouge carminé avec l'anthère jaune, ainsi que sa variété le *S. d'A. à fleurs doubles*; cette espèce est très cultivée dans les serres froides, il fleurit de février à juin, selon la température. La multiplication s'effectue par boutures au printemps, sur couche chaude. On les met généralement en caisses et on les forme en tête, en les taillant chaque année, car ils atteignent facilement 3 à 4 mètres de haut. Ils sont rustiques dans le Midi et entrent dans la composition des massifs d'arbustes.

Spathiphyllum (*Spathiphyllum*), Aroïdées. — Plantes de serre chaude, ornementales par leur feuillage principalement et que l'on cultive à la façon des *Anthurium*, en pots dans les serres et en pleine terre dans les jardins d'hiver. Les plus jolies ou plus curieuses espèces sont les : *A. cannæfolium*, *S. Patini*, *S. floribundum*, *S. candidum*, etc. Serre tempérée-chaude. (Voir *Aroïdées*.)

Stanhopea (*Stanhopea*), Orchidées. — Très curieuses plantes dont les grandes fleurs bizarres de formes et de coloris, très odorantes, en grappes pendantes, lâches, ont la particularité de se développer en dessous de la plante, ce qui force à la cultiver en paniers avec peu de drainage. On cultive en serre tempérée et chaude, les : *S. eburnea, S. grandiflora, S. oculata, S. tigrina*, etc. (Voir *Orchidées*.)

Stapélia (*Stapelia*), Asclépiadées. — Plantes de serre froide, plutôt curieuses que belles et rappelant certaines *Cactées*, avec lesquelles elles voisinent du reste sous le nom commun de *Plantes grasses*. On n'en rencontre guère que chez les collectionneurs de Cactées et dans les jardins botaniques. On les cultive à la façon des Cactées (Voir ce mot) dans un sol poreux et parfaitement drainé. Les fleurs sont bizarres et à odeur fétide. On cultive les : *S. deflexa, S. Desmetiana, S. divaricata, S. grandiflora, S. picta*, etc.

Stephanotis (*Stephanotis*), Asclépiadées. — On cultive surtout en serre chaude le *S. floribunda*, qui est une bien belle plante sarmenteuse aux fleurs très odorantes et d'un blanc pur. Il faut les planter soit en pots, soit en pleine terre, dans une compost humeux et fertile, bassiner très souvent à l'eau nicotinée pour prévenir les attaques des cochenilles. La multiplication se fait par boutures de rameaux de l'année précédente, en godets et à l'étouffée, au printemps. On cultive aussi le *S. Thouarsii*, à fleurs plus petites, d'un blanc crémeux.

Sterculier (*Sterculia*), Sterculiacées. — Très beaux arbustes de serre tempérée-chaude, à feuillage toujours vert.
Fleurs jaunes ou rouges en panicules. A cultiver en grands vases ou en pleine terre dans les jardins d'hiver chauds. Multiplication de boutures à l'étouffée. A citer les : *S. austro-caledonica, S. discolor, S. platanifolia*, etc.

Strelitzia (*Strelitzia*), Scitaminées. — Belles plantes de serre tempérée à croissance assez lente, remarquables autant par leur feuillage, qui est très décoratif, que par leurs fleurs curieuses, jaunes dans certains, jaunes et bleues dans d'autres, sortant par plusieurs de grandes spathes obliques. On les cultive en terre humeuse et fertile en pots ou en pleine terre, en les arrosant abondamment en été, mais peu en hiver. Le plus joli est le *S. Reginæ* ; à signaler aussi le *S. Augusta* à grand développement, et le *S. farinosa*. Multiplication par sectionnement des rejets. Rustiques dans le Midi.

Streptocarpus (*Streptocarpus*), Gesnéracées. — Plantes très intéressantes qui ont été beaucoup améliorées par la culture et dont on possède maintenant des variétés remarquables pour la décoration des serres et des appartements, notamment les *S. kewensis hybrides*, aux corolles diversement colorées du violet au blanc pur, formant une belle touffe l'hiver comme l'été; sont également méritants les : *S. Dunnii*, *S. polyanthus*, *S. Wendlandii*. On les cultive en serre tempérée dans un compost humeux et on les multiplie par division de touffes, boutures de feuilles et par semis. L'élevage des *S. hybrides* gagne à être fait sous châssis. Quelques espèces, comme le *S. Dunnii*, sont curieuses par leur seule grande feuille solitaire à la base de laquelle sort un bouquet de fleurs.

Strobilanthes (*Strobilanthes*), Acanthacées. — On cultive surtout depuis quelques années le *S. Dyerianus*, au feuillage coloré de violet et diversement veiné, produisant un bel effet en serre, sur lequel on avait fondé des espoirs pour l'ornementation des jardins en été et qu'on a donné à tort comme tel, car dehors il produit un piteux effet et l'on doit le considérer comme plante de serre froide et tempérée; soumise à de fréquents pincements, on en forme de belles potées qui peuvent orner momentanément les appartements. Multiplication de boutures au printemps, à l'étouffée ou non, car elles reprennent très facilement, et que l'on traite ensuite comme les Coleus. Dans le Midi il semble donner de bons résultats.

Superbe de Malabar. — (Voir *Gloriosa*.)

Tabernæmontana (*Tabernæmontana*), Apocynées. — Très jolis arbustes de serre tempérée-chaude, dont quelques espèces sont fréquemment cultivées pour leurs belles fleurs. On les multiplie de boutures faites à l'étouffée et on les cultive comme les *Gardénias*. A citer les : *T. coronaria* et sa variété à fleurs doubles, *T. dichotoma*, *T. grandiflora*, etc.

Tacca (*Tacca*), Taccacées. — Plantes vivaces herbacées, curieuses, de serre chaude, aux inflorescences placées au bas des feuilles. On cultive surtout le *T. cristata* aux fleurs brunes, que l'on multiplie de boutures de racines et par le sectionnement des rejets. Terre humeuse comme pour les Aroïdées. (Culture des *Aroïdées*.)

Tacsonia (*Tacsonia*), Passiflorées. — Plantes sarmenteuses de serre tempérée-chaude que l'on cultive et multiplie comme les Passiflores. A signaler les : *T. manicata*, *T. mixta* et ses variétés, etc.

Telanthera. — (Voir *Alternanthera*.)

Thrinax (*Thrinax*), Palmiers. — Belles plantes, peu élevées, de serre tempérée-chaude, au feuillage élégant et inerme, très décoratif qui atteignent de belles dimensions plantées en pleine terre ; on cultive les : *T. argenté* (*argentea*), *T. elegans*; *T. multiflora*, etc. (Voir *Palmiers*.)

Thunbergia (*Thunbergia*), Acanthacées. — Bien jolies plantes de serre froide et de serre chaude, dont quelques-unes sont volubiles ; grandes et belles fleurs diversement colorées selon les espèces, jaune, bleu, pourpre, blanc, etc. Ce sont les espèces sarmenteuses qui sont les plus cultivées pour garnir les piliers, les murs de serre, etc. On les multiplie par semis et par boutures, à l'étouffée au printemps. Les espèces à cultiver sont les : *T. affinis*, *T. capensis*, *T. coccinea*, *T. fragrans*, etc. ; le *T. alata* et ses nombreuses variétés, qui, semés et élevés au printemps sur couche chaude, peuvent être plantés pour garnir les berceaux, tonnelles, etc. pendant l'été et les serres froides, vérandas, suspensions.

Thunia (*Thunia*), Orchidées. — Plante très ornementale pendant la végétation, mais perdant ses feuilles lorsque la végétation s'arrête. Elle demande à être cultivée dans un compost très riche de sphagnum, de terre de bruyère très humeuse et de terre franche. On doit arroser abondamment pendant la période active et tenir très sec pendant le repos. Je citerai comme espèces à cultiver les : *T. nivalis*, *T. alba*, *T. Marshalliæ*. (Voir *Orchidées*.)

Tillandsia (*Tillandsia*), Broméliacées. — Plantes plutôt curieuses que belles, comme du reste la majorité des Broméliacées, épiphytes ou demi-épiphytes, à fleurs diversement colorées ; les espèces en sont nombreuses et il faut encore leur ajouter la liste déjà longue des hybrides horticoles. Ces plantes sont principalement cultivées par quelques amateurs qui collectionnent les Broméliacées, par quelques horticulteurs, qui en élèvent pour les fleuristes, et dans les jardins botaniques. On peut cependant tirer un heureux parti des Broméliacées pour les garnitures des appartements, les rochers, dans les serres et dans les jardins d'hiver; on les cultive aussi en pots sur des bûches, et sur des morceaux d'écorce et de liège. Leur multiplication s'effectue par semis et surtout par les rejetons que l'on rempote séparément; malheureusement la plante est perdue lorsqu'elle a fleuri. Beaucoup d'espèces de *Tillandsia* sont considérées comme des synonymes de plusieurs *Vriesea*. Parmi les plus jolies espèces et variétés citons les : *T. Lindeni, T. cardinalis, T. anceps, T. carinata, T. splendens, T. rex, T. fulgida, T. Morreni, T. fenestralis, T. hieroglyphica, T. tessellata, T. musaica*, etc.

Torenia (*Torenia*), Scrophularinées. — On cultive principalement, pour constituer des potées, le *T. de Fournier* (*T. Fournieri*), qui est une très jolie plante. Il est de serre tempérée; on le multiplie par semis ou par boutures au printemps, qui par quelques pincements forment de belles potées dont les rameaux se couvrent d'une quantité de fleurs d'une couleur générale violacée, très agréable; c'est une espèce précieuse pour la décoration des serres et des appartements en été. Le *T. rubens grandiflora* est également bien joli et convient aussi pour les suspensions.

Tortue (*Testudinaria*), Dioscorées. — On cultive la *T. à pied d'Éléphant* (*T. elephantipes*), qui est particulièrement curieuse par son tubercule sortant de terre et qui est recouverte d'une sorte d'écorce fendillée en losange. La tige est grêle, volubile et le feuillage persistant. On importe les tubercules; n'arroser que modérément en été et pas en hiver. Serre froide.

Tradescantia (*Tradescantia*), Commelinées. — Les espèces que nous visons ici sont à rameaux retombants et à ce titre cultivées en suspensions, dans les rochers des serres et, quelques-unes pendant l'été en plein air, pour former des tapis dans les corbeilles. Elles conviennent aussi fort **bien pour les suspensions permanentes en appartement.**

On les cultive aussi bien en serre froide qu'en serre chaude. La multiplication s'effectue par boutures, qu'il suffit de sectionner et de repiquer parce qu'elles émettent des racines assez rapidement. Les T. à feuilles vertes (*T. viridis*), *T. discolor*, *T. decora*, *T. tricolor* (ou *T. multicolor* ou *Zebrina pendula*) et *T. zebrina*, que l'on classe dans d'autres genres, sont les espèces les plus recommandables.

Tubéreuse bleue. — (Voir *Agapanthe*.)

Tydæa. — (Voir *Isoloma*.)

Vallota (*Vallota*), Amaryllidées. — Le V. pourpre ou *Amaryllis pourpre* (*A. purpurea*) et ses quelques variétés à fleurs diversement colorées sont de jolies plantes rustiques dans le midi de la France et de serre froide dans le nord. Le Vallota est cultivé en pleine terre, dans cette contrée; dans le nord, en pots ou encore on le plante en pleine terre dans les jardins d'hiver. Traitement des Amaryllis, avec un repos peu marqué et en évitant les multiples déplantations et surtout la suppression des racines charnues.

Vanda (*Vanda*), Orchidées. — Genre très important renfermant de très belles espèces, que l'on cultive en serre tempérée et en serre chaude, en pots et en paniers, bien drainés avec un compost dans lequel le sphagnum entre en grande quantité. Les *Vanda* s'élèvent beaucoup, mais lorsqu'ils sont dénudés du bas, on coupe la tête, dont la tige est toujours munie de nombreuses racines adventives, et on les rempote; les jeunes pousses qui partent de la base sont elles-mêmes bouturées. Ces opérations doivent être faites quand on chauffe fortement ou au moment des grandes chaleurs autrement les plantes risquent de perdre des feuilles. Il faut aux *Vanda* beaucoup de lumière; on ne doit ombrer que très peu en été; l'humidité atmosphérique est nécessaire pendant la période active de végétation. Il faut bien prendre garde aux insectes. On cultive les : *V. cærulea*, jolie espèce demandant moins de chaleur que les autres, *V. tricolor* et ses variétés, *V. insignis*, *V. Lindeni*, *V. Sanderiana*, *V. suavis*, *V. teres*, etc. (Voir *Orchidées*.)

Vanille ou **Vanillier** (*Vanilla*), Orchidées. — On rencontre assez souvent quelques exemplaires de Vanilles qui sont cultivés comme plantes sarmenteuses. Le *V. planifolia* produit de très bonnes gousses de Vanille. Il faut avoir soin de contourner les rameaux autour de sarments sur lesquels on les fixe par quelques attaches en interposant des tampons de sphagnum. Afin d'amener le Vanillier à fleurir, il faut tordre les rameaux, les inciser, etc. Lors de la floraison, féconder les fleurs dès le matin. Les gousses mettent une dizaine de mois à mûrir; si on a soin à leur maturité de les faire sécher en les enveloppant dans du coton ou dans un linge, on obtient des gousses aussi parfumées que celles venant des colonies. Serre chaude, multiplication par marcottes et par boutures des tiges. (Voir *Orchidées*.)

Véronique (*Veronica*), Scrophularinées. — Parmi les espèces australiennes, quelques-unes ont de l'intérêt et sont assez cultivées en serre froide comme garniture. On peut ainsi les utiliser l'été, pour planter certains coins et on en fait des potées pour les appartements. Citons pour ces usages les : *V. de Lindley*, *V. à feuilles de Saule*, *V. d'Anderson*, etc. On les multiplie de boutures, au printemps, en été et à l'automne sous châssis; on peut faire l'élevage en pots ou en pleine terre; dans ce dernier cas elles poussent bien plus vite et il n'y a qu'à les cerner pour les rempoter. Elles sont rustiques dans le Midi.

Victoria (*Victoria*), Nymphéacées. — La *Victoria regia* est la plus remarquable plante aquatique par son développement. Sa culture n'est pas accessible pour tout le monde, car il lui faut un très grand bassin pour elle seule, dans lequel il faut entretenir l'eau à un degré élevé, même en plein été, afin de l'amener à fleurir. Dans le Midi on peut la cultiver en plein air à condition toutefois que l'eau soit chauffée. On la cultive comme plante annuelle en semant ses graines au printemps.

Violette d'Usambara (*Saintpaulia*), Gesnéracées. — La seule espèce cultivée de cette charmante plante est la *V. d'Usambara* (*Saintpaulia ionantha*) qui est d'introduction récente. Elle forme de magnifiques potées qui, constamment sont couvertes de jolies fleurs violettes dont on a déjà obtenu de nouvelles variétés au coloris plus ou moins lilacé, chamois, etc., dont les étamines forment une tache jaune; ces fleurs, qui rappellent assez par leur forme la Violette ordinaire, sont réunies en bouquets.

On sème la graine en terrines de janvier en mars; on bouture également les petites tiges et les feuilles. Serre chaude et tempérée. Elles se comportent assez bien en appartement pourvu qu'on ne les arrose pas trop.

Vriesea (*Vriesea*), Broméliacées. — Ce genre est botaniquement attaché au genre *Tillandsia*; ce sont des plantes qui, à tort peut-être, ne sont plus aussi considérées qu'elles le furent, bien qu'elles aient une certaine valeur ornementale. Les nombreux hybrides sont pour la plupart bien supérieurs en beauté, par leur inflorescence, aux espèces primitivement cultivées. Ces hybrides sont très nombreux et notons seulement les : V. T. *rex*, V. T. *cardinalis*, V. T. *elegans*, V. T. *splendida*, etc. (Voir *Tillandsia* et Broméliacées.)

Washingtonia (*Washingtonia*), Palmiers. — Genre de Palmiers très voisins des *Pritchardia*, avec lesquels on les a réunis; serre tempérée. On cultive surtout le W. *robusta*, qui croît merveilleusement en pleine terre dans le midi de la France et le W. *filifera*. (Pour la culture, voir *Palmiers*.)

Yucca (*Yucca*), Liliacées. — Quelques espèces de cette plante sont cultivées dans les serres, notamment les : Y. *Desmetiana*, Y. *flexilis*, Y. *gigantea*, etc.; cependant on ne les rencontre surtout que dans les serres des jardins botaniques et en pleine terre dans le Midi. Traitement des Agaves.

Zamia (*Zamia*), Cycadées. — Ce sont des plantes curieuses que l'on cultive surtout dans les grandes serres et dans les jardins d'hiver comme les Cycas. Les espèces en sont nombreuses, à citer les: Z. *Lindeni*, Z. *pumila*, Z. *pygmæa*, etc. (Pour la culture, voir *Cycas*.)

Zebrina. — (Voir *Tradescantia*.)

Zygopetalum (*Zygopetalum*), Orchidées. — Genre dont certaines espèces sont assez cultivées en serre chaude ou tempérée. Ce sont des Orchidées épiphytes à floraison hivernale principalement et qu'on cultive dans des pots, terrines ou paniers. Parmi les bonnes espèces, citons les : Z. **citrinum**, Z. **crinitum**, Z. **Mackayi**, etc. (Voir **Orchidées**.)

CHAPITRE XLV

SERRES, ORANGERIES, BACHES CHAUFFÉES

TRAVAUX MENSUELS

Janvier.

Le chauffage des serres et des bâches, le remaniement des couches doivent être l'objet des soins les plus attentifs. Les arrosages, bassinages doivent être appliqués parcimonieusement. On peut aérer les serres, bâches froides et orangeries, s'il fait quelques belles journées. Combattre les insectes, au besoin, par des mesures préventives. (Voir chap. II et chap. XLVII, paragr. VIII.)

Il faut rentrer dans la serre chaude les plantes que l'on désire multiplier : *Iresine, Coleus, Alternanthera*, etc., et dans la serre tempérée d'autres exigeant moins de chaleur : *Pelargonium, Anthemis, Fuchsia, Ageratum*, etc. Les *Dracana, Ficus, Aralia* etc. peuvent aussi être bouturés dès cette époque. Enfin, on fait des semis en terrines près du verre, de plantes pour les garnitures d'été : *Lobelia, Begonia semperflorens* et *B. bulbeux*, Centaurée et Cinéraire maritime, etc. (Voir les chap. VII et IX.)

Surveiller activement les plantes et les arbustes forcés; leur remplacement dans la serre doit être calculé de telle sorte que l'on ne manque pas de fleurs. Au fur et à mesure de leur épanouissement on les rentre dans une serre plus froide afin d'en prolonger la floraison.

Cesser progressivement les arrosages des Cyclamens dont la floraison est achevée, lorsqu'on veut conserver les bulbes.

Février.

Mêmes précautions; le soleil devenant plus forts on peut parfois donner quelques bassinages, si la chaleur intérieure le permet. On a parfois, en février, quelques belles journées qui permettent de chauffer moins; parfois on peut aérer un peu la serre froide dans le milieu du jour, à la fin du mois principalement.

La multiplication des plantes pour les garnitures d'été doit être activée; aussitôt enracinées, les boutures sont empotées en godets ou repiquées en terrines et mises sous châssis et sur couche s'il n'y a pas assez de place en serre et où elles s'enracinent tout aussi bien et même pour certaines plantes directement en pleine terre sous châssis. J'ajouterai que celles faites en serre gagnent à être ensuite mises sous châssis et sur couche; elles sont plus trapues et plus résistantes que celles restées en serre et ne peuvent leur être comparées à ce point de vue. Les jeunes plantes semées précédemment, principalement les Bégonias, sont repiquées en temps utile; surtout se méfier de *la toile* (paragr. VII, chap. L). A la fin du mois on peut faire quelques rempotages.

Mêmes soins pour les plantes forcées.

Récolter les premières graines mûres de Cyclamens.

Mars.

Dès le commencement du mois la température permet d'aérer davantage les serres froides, orangeries, bâches et même les serres tempérées; mais en chauffant dans ces dernières si cela est nécessaire, pour maintenir le degré de chaleur convenable.

La multiplication, les repiquages et les rempotages continuent. Certaines plantes hivernées à froid peuvent être rentrées en serre et remises en végétation. C'est du reste dans le courant du mois que l'on facilite la végétation de la plupart des plantes à feuillage en étant moins parcimonieux dans la distribution de l'eau.

Les floraisons avancées et forcées s'obtiennent avec plus de facilité; toutefois il faut y apporter tous les soins voulus. Continuer la récolte des graines de Cyclamens.

Avril.

Ce mois, on ne chauffe plus les serres tempérées qu'à de rares exceptions, et l'on aère beaucoup. Les bassinages, mouillages de sentiers, en vue de tenir les plantes dans un air moins sec, ne doivent pas être épargnés. Déjà il faut ombrer serres, bâches et châssis, car le soleil devient brûlant. Continuer les boutures et les rempotages qui n'auraient pu être faits plus tôt. Ne pas négliger les arrosages ordinaires et à l'engrais.

Mai.

Il n'est plus besoin de chauffer les serres chaudes tous les jours. Une grande aération est établie dans les serres froides et tempérées, bâches et châssis; dès le milieu du mois beaucoup de plantes de serre froide et celles d'orangerie sont sorties dehors après avoir rempoté celles qui en avaient besoin.

Certaines plantes remarquables par la coloration de leur feuillage et récemment multipliées : *Croton*, *Phrynium* à feuilles panachées, *Dracæna*, sont mises sur une couche tiède en bâche dans un endroit ensoleillé, où elles resteront tout l'été; elles sont par ce traitement plus résistantes et leur feuillage a une coloration plus intense. (Voir chap. XLIII, paragr. VII.)

Avec la fin du mois cessent la plupart des cultures forcées. Il faut aérer fréquemment toutes les plantes qui doivent orner les jardins, afin de les durcir et de les habituer au plein air.

Mettre sur couche tiède ou chaude les plantes qui ont besoin d'être refaites ainsi qu'il est dit au chapitre XL, paragr. II, et au chap. XLVII, paragr. XIV.

Diviser les petites plantes en touffes : Ptéris, Adiantum, Sélaginelle et les planter en pleine terre humeuse sur couche et sous châssis. (Voir chap. XLVII, paragr. V.)

Commencer la récolte des graines des : Cinéraires, Primevères, etc.

Juin.

Beaucoup de plantes de serre tempérée sont sorties dehors; les serres vides sont occupées par des cultures d'été : *Begonia*, *Achimenes*, *Gloxinia*, *Streptocarpus*, *Torenia*, *Pelargonium*, *Coleus*, etc., suivant les moments, et cela jusqu'en septembre-octobre.

Les bassinages, arrosages, l'ombrage et l'aération sont des soins journaliers qu'il faut observer. Naturellement, les Orchidées de serre froide et tempérée ont dû être soumises au même traitement d'aération depuis le mois d'avril. Les plantes qui vont être livrées à la pleine terre doivent être constamment aérées; même pour celles mises sous châssis ces derniers doivent être enlevés.

Récolter les graines au fur et à mesure de leur maturité.

Juillet.

Mêmes soins qu'en juin. Ne pas ménager les bassinages et les répandages d'eau dans les sentiers ainsi que l'aération. Beaucoup de plantes doivent être bouturées; d'autres : Cinéraire, Primevère de Chine et *P. obconique*, Calcéolaire, etc., doivent être semées dans le courant de ce mois. On profite de ce que les serres ne sont pas occupées pour faire les réparations qui peuvent être nécessaires. (Voir à ce sujet le chap. XLII, paragr. X.)

Août.

Mêmes soins qu'en juin. Continuer les semis et faire les repiquages des jeunes plantes. Bouturer les Bégonias, Pélargoniums et autres plantes, ainsi que les Irésines, Coleus, etc., qui doivent être hivernés; diminuer les arrosages pour les plantes : *Gloxinia, Caladium*, etc., mises de bonne heure en végétation et qui entrent dans la phase du repos. Exposer au soleil les plantes qui doivent former leurs boutons ou dont le bois doit être bien aoûté pour favoriser une bonne floraison : Camélia, Azalée, Bougainvillea de Sander, etc. Repiquer les : Cinéraires, Primevères, etc. Rempoter les Cyclamens, continuer la récolte des graines des : *Begonia, Gloxinia*, etc.

Septembre.

Continuer les semis, repiquages, bouturages, rempotages; diminuer les arrosages pour les plantes qui vont se reposer. Se préoccuper de l'aménagement des serres pour la rentrée des plantes; celles de serre chaude qui auraient été sorties doivent être réintégrées dans leur quartier d'hiver. Cerner et commencer à rempoter celles qui ont été livrées à la pleine terre. Rempoter les : Cinéraires, Primevères, etc.

Octobre.

Il devient de moins en moins nécessaire d'ombrer; les **arrosages et bassinages sont aussi diminués. On rentre les** plantes de serre tempérée, de serre froide ensuite, après les avoir nettoyées. Aérer de temps à autre. Chauffer la serre chaude. Les plantes que l'on a dû déplanter de pleine terre et rempoter doivent être placées dans une serre où il est possible de leur donner un peu de chaleur pour les aider à former quelques racines. Bouturer les Calcéolaires ligneuses sous cloches à froid dans du sable où elles seront hivernées. Rentrer aussi les boutures de jeunes plantes pour l'été prochain sous châssis ou en serre et rempoter les bulbes de : Jacinthes, Tulipes, Crocus, etc., qui doivent être forcés. Aérer un peu les *Begonia Gloire de Lorraine* qui vont bientôt fleurir. Arroser fréquemment les Cyclamens qui épanouissent leurs fleurs et réserver les plus beaux pour la graine. Terminer les récoltes de graines.

Novembre.

Il faut chauffer de plus en plus, arroser et aérer de moins en moins. Les plantes qui ont été rempotées doivent être surveillées. On donne un peu d'air dans la serre froide et dans la serre tempérée lorsqu'on peut le faire. Les plantes à feuillage vert, d'autres qui se reposent et même certaines Orchidées peuvent être hivernées en bâche si on a besoin de la serre pour des cultures actives comme les forçages et pour les plantes : Cinéraires, Primevères, qui commencent à fleurir en cette saison. Commencer le forçage des plantes bulbeuses et rhizomateuses : Jacinthes, Tulipes très hâtives, etc.; continuer celui des arbustes : Lilas, Boule de neige, etc.

Décembre.

Une surveillance active est nécessaire en ce qui concerne le chauffage, qui doit être seulement suffisant, les couvertures et la modération des arrosages. Toutefois dans les serres de forçage tout est plus actif : chauffage, arrosages, bassinages. Les couvertures sont parfois nécessaires par les nuits de grands froids, mais elles doivent disparaître avec le jour. Éviter une trop grande humidité dans les serres de Pelargonium; chauffer même par un temps doux mais humide. Éviter pendant tout l'hiver d'exposer les plantes qui garnissent les appartements à des alternatives **continuelles de chaleur et de froid.**

CHAPITRE XLVI

QUELQUES CULTURES SPÉCIALES

I. Les Chrysanthèmes. — II. Les Orchidées. — III. Les Aroïdées. — IV. Les Palmiers. — V. Les Fougères. — VI. Les Cactées. — VII. Les Broméliacées. — VIII. Culture des plantes en guirlandes : Le Lygodium. — Le Myrsiphyllum.

Certaines plantes, actuellement en vogue, comme l'est le Chrysanthème, et enfin quelques autres qui sont d'une culture courante méritent plus qu'une simple note et je leur ai consacré un paragraphe spécial dans ce chapitre.

I. — Les Chrysanthèmes.

Depuis quelques années la culture des Chrysanthèmes a fait de rapides progrès; par un traitement tout à fait intensif on est arrivé à obtenir des fleurs très volumineuses. Cela a donné une impulsion considérable à la culture de cette plante; de nombreux amateurs s'y sont adonnés, des sociétés de chrysanthémistes se sont formées, des congrès ont été organisés et chaque année enregistre de nombreuses expositions spéciales de Chrysanthèmes.

Je n'ai pas la prétention de vouloir présenter ici une étude complète sur cette culture, le manque de place ne le permet pas et, d'ailleurs, des traités spéciaux ont été écrits par des chrysanthémistes que les amateurs consulteront avec profit. Je tiens à dire, afin d'éviter toute équivoque, que je dois une partie de ces renseignements à M. Ragueneau qui excelle, non pas en paroles et en écrits, mais en pratique dans cette culture et à qui le prix d'honneur pour les plus belles fleurs coupées lui a encore été attribué à l'exposition des Chrysanthèmes de Paris en 1899.

Multiplication. — La multiplication, s'effectue principalement par semis, boutures, drageons et sectionnement de touffes. Le semis est principalement employé pour l'obtention des nouvelles variétés. La division des touffes (Voir le chap. VIII, paragr. I) s'opère comme celle des plantes vivaces et est surtout pratiquée pour ces plantes que l'on cultive dans le jardin en compagnie d'autres plantes vivaces.

Boutures. — On choisit autant que possible des boutures saines et vigoureuses sur des plantes n'ayant pas été soumises à une culture trop intensive. Pour l'obtention des plantes spécimen et des sujets destinés à la grande fleur, le bouturage se fait en novembre, décembre et janvier et en février-mars ; celles faites en avril et mai ne peuvent dans le nord donner les mêmes résultats ; avec elles on peut avoir des demi-grandes fleurs, ou des grandes fleurs, mais ces dernières à raison de une ou deux par plante. Les boutures de la même époque peuvent aussi par quelques pincements successifs donner de belles plantes pour la culture ordinaire en potée et pour la décoration des jardins. Enfin, on peut bouturer en godets jusqu'en juin et même plus tard si l'on veut avoir des petits sujets nains et uniflores. (Voir le chap. IX, paragr. XIX.)

Ces boutures sont faites en godets de cinq à six centimètres de diamètre ou en terrines, dans une terre très sablonneuse. Elles sont rempotées successivement dans un sol fertile dès qu'elles sont suffisamment enracinées. Un essai de bouturage de Chrysanthèmes dans du sable pur, en serre froide et à l'étouffée sous cloche, en mars, a donné d'excellents résultats.

Drageons. — La multiplication par drageons enracinés que l'on détache du pied-mère peut donner d'excellents résultats pour la culture à la demi-grande fleur en pleine terre et en pots. Si on ne veut pas faire des boutures, c'est à ce moyen de propagation qu'il faut donner la préférence plutôt qu'à la division des touffes. Il suffit de détourner la touffe, d'en détacher les drageons enracinés, de les rempoter en godets, ou de les planter en pleine terre. Mais il me faut ajouter ceci que les drageons, par leur essence même, développent bien plus de bourgeons au pied et que la suppression de ces derniers doit faire l'objet d'une surveillance active.

A. — **Culture ordinaire.**

Par culture ordinaire j'entends l'élevage des Chrysanthèmes dans le seul but d'en obtenir des touffes pour la décoration des parterres et, aussi, pour en constituer des potées à l'époque de leur floraison.

On doit planter les boutures et les drageons en planches, dans un sol bien ameubli et très fertile, en espaçant les plantes de 40 à 50 centimètres, après quoi on étend un bon paillis de fumier gras sur le sol. Dès que les tiges s'allongent on procède à un ou deux pincements, dans le but d'obtenir des plantes trapues et bien ramifiées. Le tuteurage est nécessaire afin de maintenir les rameaux, qui sont très cassants. Les arrosages à l'engrais ne doivent pas être ménagés, ainsi que ceux à l'eau ordinaire.

Lorsque les boutons apparaissent, le bouton terminal ou un des principaux boutons latéraux est seul conservé en supprimant les autres, si l'on veut avoir des fleurs un peu plus grandes.

Lorsque la floraison est proche, on les rempote, ce qui permet de mieux les abriter en cas d'intempéries. Celles restant en pleine terre peuvent être protégées à l'aide de toiles tendues, sur des légères charpentes, au-dessus des planches, plates-bandes ou corbeilles dans lesquelles elles sont plantées. Cela atténue l'action du brouillard et des nuits froides.

B. — **Culture spéciale.**

La terre. — La terre ou plutôt le mélange de terres et d'engrais que l'on nomme *compost* doit être très fertile en même temps que très perméable. Un compost de bonne terre de jardin, de terre gazon de préférence, de terreau, de fumier de vache et de cheval qui a été mélangé de matières fécales, mais dont le tout est bien décomposé et auquel on peut encore additionner des engrais chimiques, est excellent. Des engrais spéciaux sont préparés dans le commerce, dont je recommande l'emploi, mais seulement après avis préalable des personnes qui les ont utilisés. Les engrais solubles de M. Georges Truffaut donnent aussi d'excellents résultats.

Rempotages. — Il vaut mieux rempoter les plantes en plusieurs fois, que de les mettre de suite dans de grands pots. On leur fournit ainsi successivement les aliments dont elles ont besoin. Certains cultivateurs font quatre rempotages, d'autres trois.

Il ne faut pas, lors du premier rempotage qui est fait lorsque les racines de la jeune plante contournent les parois du godet, employer une terre aussi fertile que celle qui sera utilisée lors du dernier rempotage. Une progression doit être faite en ce sens.

Pour le premier rempotage on prend des godets de huit à neuf centimètres. Le second, est fait à la fin de mai ou dans les premiers jours de juin, dans des pots de onze à douze centimètres de diamètre. Le troisième fin de juin ou premiers jours de juillet dans des pots de quinze à seize, et le quatrième, au commencement d'août dans des pots de vingt à vingt-deux. Si on ne rempote que trois fois, on procède au dernier rempotage en juillet, de même que l'on peut avancer les autres. La date du rempotage est simplement indicative. Car c'est l'état de la plante et des racines qui la fixe ; il ne faut jamais attendre que les racines se fixent contre les parois des pots ; l'effet en est désastreux.

Surfaçage. — Lors des rempotages, et principalement des derniers rempotages, il est bon de laisser une cuvette profonde de quelques centimètres pour les arrosages et afin d'effectuer un rempotage partiel qui donne un peu de vigueur, lorsque la terre s'épuise. Je veux parler du surfaçage (nommé je ne sais pourquoi *top-dressing*), qui consiste, après avoir gratté le dessus de la terre, d'étendre au-dessus une épaisseur de quelques centimètres, du compost préparé pour les plantes ; mais plus fortement dosé d'engrais. C'est principalement entre le dernier rempotage et la floraison que le surfaçage produit un effet réel.

Arrosages et bassinages. — Les arrosages ne doivent

pas être épargnés aux Chrysanthèmes. Ils doivent être appliqués aussi souvent que le besoin s'en fait sentir et il ne faut jamais qu'une plante se fane à cause du manque d'eau. On arrose de temps à autre à l'engrais très dilué, mais seulement lorsque les plantes sont bien mouillées. Il faut bien veiller au parfait écoulement de l'eau surabondante.

Pendant les grandes chaleurs, même si les plantes n'ont pas soif, lorsque le feuillage se fane, il faut les bassiner à la seringue dès que le soleil ne frappe plus violemment sur les feuilles.

Traitement. — Les plantes ne sont conservées sous châssis que jusqu'en mai; à cette époque elle sont sorties dehors. A cet effet, on creuse une planche assez large pour trois rangs de pots, on met dans le fond une couche de scories de charbon, sur laquelle les pots reposent. Les espaces vides entre ceux-ci sont comblés avec du fumier décomposé, ou avec toute autre matière empêchant l'air de dessécher la terre et assez perméable pour la circulation de l'air.

C. — **Culture en pleine terre.**

Certaines personnes livrent les plantes à la pleine terre au lieu de les cultiver en pots, ce qui est un procédé très recommandable pour les amateurs qui disposent de peu de temps et aussi pour la fleur coupée; dans ce cas, le sol doit être meuble et rendu fertile par des additions d'engrais, et l'espacement doit être tel qu'on puisse opérer les pincements et autres opérations culturales. Il faut pailler le sol après avoir ménagé une cuvette au pied de chaque plante pour l'arrosage, arroser et bassiner lorsque c'est nécessaire. Si les résultats ne sont pas toujours aussi bons que pour les plantes cultivées en pots, les soins exigés en tant qu'arrosages et rempotages sont aussi moins nombreux et cette culture est plus à la portée des personnes qui ne peuvent lui consacrer beaucoup de temps. Les soins généraux sont les mêmes que pour la culture en pots.

D. — **Applications diverses de culture.**

Dressement, pincement, ébourgeonnement. — Le Chrysanthème se prête aux formes auxquelles on veut le soumettre; en buisson nain, à tige, etc, indépendamment des formes moins jolies évidemment qu'ont les sujets cultivés à la grande fleur et auxquels on ne laisse que, une, deux, trois, quatre ou cinq tiges.

Fig. 265. — Suppression des bourgeons latéraux situés autour du bouton-couronne du Chrysanthème. — A, bouton-couronne (pouvant être conservé); *b*, bourgeons latéraux à supprimer si l'on conserve le bouton-couronne A. — (Dessiné d'après une photographie prise dans les cultures du Riviera Palace à Monte-Carlo.)

Les pincements sont une des opérations principales de cette culture. Le premier pincement est fait à huit ou dix centimètres au-dessus du sol, à moins qu'on ne veuille ne conserver qu'une seule tige. De ce pincement naissent plusieurs tiges, deux, trois ou quatre, que l'on conserve pour la culture à la très grande fleur, mais que l'on pince de nouveau à une longueur de 14 à 22 centimètres du point de départ aussitôt qu'elles ont atteint cette longueur. Ce pincement suffit généralement pour l'obtention du nombre de tiges dont on a besoin.

Éviter les pincements faits sur des tiges déjà aoûtées et voir à ce sujet ce qui est dit au chap. VII, paragr. XV.

Une fois que la charpente, par un plus ou moins grand nombre de tiges, est obtenue, on enlève soigneusement avec un instrument tranchant tous les bourgeons axillaires, au fur et à mesure de leur apparition. Les drageons qui poussent autour de la plante doivent être sérieusement évincés.

Réserve des boutons et suppression des bourgeons et des boutons. — La suppression de la majorité des boutons, en ne conservant que les mieux favorisés, sur lesquels se concentre ensuite toute la sève, est une des opérations les plus délicates.

On ne conserve qu'un seul bouton par branche, lequel n'est pas toujours le terminal, comme on pourrait le croire. En effet, les Chrysanthèmes produisent deux sortes de boutons : *le bouton-couronne* et *le bouton terminal*.

Le bouton-couronne (A fig. 265) est un bouton solitaire qui se montre hâtivement et qui est entouré de bourgeons ; livré à lui-même, ce bouton avorte généralement, tandis que les bourgeons qui l'entourent s'accroissent d'autant plus rapidement qu'il est plus hâtif.

Ces bourgeons eux-mêmes donnent à leur tour naissance à trois boutons-couronnes, accompagnés chacun de trois bourgeons, lesquels sont susceptibles de porter d'autres boutons-couronnes. Sur certains Chrysanthèmes livrés à eux-mêmes, ce fait peut se produire jusqu'à cinq fois sans qu'un seul bouton-couronne fleurisse. Les derniers bourgeons se terminent, eux-mêmes, non plus par un seul bouton, mais par une inflorescence composée d'un bouton central et d'autres boutons qui s'épanouissent.

Ce dernier est le bouton terminal (C fig. 266), qui n'est jamais accompagné de bourgeons, mais bien d'autres boutons. C'est ce qui se produit naturellement ; mais l'avortement des boutons-couronnes, qui semble assez normal, n'est cependant pas le plus rationnel et on ne doit pas en tenir compte. En effet, il appert que, dans la plupart des cas, c'est le bouton-couronne qui donne de meilleurs résultats, principalement sur les plantes bouturées assez hâtivement : la fleur est moins plate, plus grande et franchement colorée. C'est l'avis de M. Ragueneau et les fleurs exposées par lui à Paris démontrent bien qu'il a raison. Cependant s'il n'est pas réservé à temps, on obtient, par contre, une fleur défectueuse.

Les boutons-couronnes qui apparaissent en juin et juillet ne doivent pas être conservés, car ils ne grossissent guère, durcissent et avortent ou donnent des fleurs mal conformées. Des trois bourgeons qui se développent à la suite de la suppression des boutons-couronnes, on n'en conserve qu'un seul qui continue la tige et donnera naissance à un autre bouton-couronne qui sera conservé.

La meilleure époque pour réserver le bouton-couronne est du 10 et même du 15 août au 15 septembre. Tous ceux qui se montrent trop avancés avant le 5 août doivent être supprimés.

C'est de très bonne heure qu'il faut supprimer les bourgeons lorsque ceux-ci ont à peine atteint un centimètre (*bbb*, fig. 265) et que le bouton est bien apparent (A, même figure). Après cette suppression, il reste quelques jours stationnaire, puis il se développe vigoureusement et s'élève au-dessus des feuilles, la sève qu'il reçoit le fait grossir rapidement et il n'avorte jamais ou très rarement.

Lorsque la suppression des bourgeons est faite trop tardivement, ce peut être une cause d'insuccès ; la sève se dirige bien vite de préférence sur ces bourgeons, qui deviennent rapidement vigoureux au détriment du bouton dont le pédoncule reste maigre.

On doit alors le supprimer ainsi que deux autres bourgeons, à la place desquels restent des plaies qui se cicatrisent difficilement ; ou bien si on le conserve, il ne peut plus acquérir la grosseur qu'il aurait eue si l'opération avait été faite à temps.

Lorsque par accident ou pour toute autre cause on n'a pu conserver aucun bouton-couronne, on doit réserver tous ses soins pour le bouton terminal (C, fig. 266). Celui-ci apparaît généralement après le 5 au 10 septembre ; il termine la tige et n'est accompagné d'aucun bourgeon, mais d'autres boutons (*bbb*, fig. 266).

C'est généralement le bouton central, qui est toujours un peu plus volumineux, que l'on conserve, à moins qu'il ne soit mal conformé; on lui substitue alors un des meilleurs boutons latéraux. Il faut enlever tous les autres dès qu'ils sont bien apparents et que leur pédoncule est encore soudé à l'axe; ils devraient déjà être supprimés dans l'état

Fig. 266. — Suppression des boutons latéraux du Chrysanthème et conservation du bouton terminal — C, bouton terminal conservé; *b*, boutons latéraux supprimés. — (Dessiné d'après une photographie prise dans les cultures du Riviera Palace à Monte-Carlo.)

d'avancement où ils sont dans la figure 266, qui permet de mieux le distinguer du bouton-couronne. Aussitôt seul, ce bouton recevant entièrement toute la nourriture grossit rapidement et fleurit normalement.

On doit faire avec beaucoup de soins l'enlèvement des bourgeons et des boutons pour ne pas endommager le bouton conservé. C'est le matin, alors que les tiges sont gorgées d'eau, qu'il faut les enlever en les détachant avec l'ongle ou la pointe d'un canif.

Rentrée des Chrysanthèmes. — En prévision des froids, il faut rentrer les plantes en septembre-octobre, sous des abris vitrés; ceux-ci doivent être secs et bien aérés. Aus-

Fig. 267. — Chrysanthème W.-H. Lincoln (cultivé à la demi-grande fleur). — (Dessiné d'après une photographie prise dans les cultures du Riviera Palace à Monte-Carlo.)

sitôt l'épanouissement des fleurs on transporte les plantes dans les endroits qu'elles doivent orner; ou bien on coupe les fleurs pour les bouquets et les gerbes.

Une fois la floraison terminée, les tiges sont coupées et les plantes hivernées sous châssis, que l'on aère le plus possible dans le but d'obtenir des boutures ou des drageons très fermes et non étiolés.

Variétés.

Les variétés de Chrysanthèmes sont aujourd'hui très nombreuses et chaque année un grand nombre de nouveautés viennent s'ajouter aux autres. Je ne citerai donc que quelques-unes de ces variétés, se prêtant le mieux aux modes de culture décrits plus haut : *Amiral Avellan, Boule d'Or, Mme Carnot, Jules Chrétien, le Colosse Grenoblois, M. Hoste, W. H. Lincoln* (fig. 267), *Viviand Morel, Mme Edmond Royer, H. Martinet, Mrs Harman Payne, Commandant Marchand, Mme Ragueneau, Paul Oudot, Vulcain, Yellow, Mme Carnot*, etc. Voir à la partie floriculture de plein air pour les Chrysanthèmes propres à la décoration des corbeilles.

Je ne saurais trop conseiller aux personnes qui désireraient cultiver en grand les Chrysanthèmes de lire à ce sujet les ouvrages spéciaux.

II. — Les Orchidées.

La famille des Orchidées a depuis quelques années acquis les suffrages d'un grand nombre d'amateurs qui se sont voués à leur culture et qui en possèdent de superbes collections. Ce n'est pas à ceux-là que les renseignements concis qui vont suivre s'adressent, mais, au contraire, aux personnes qui débutent dans cette culture.

On a fait beaucoup de bruit autour de ces plantes en les donnant comme très difficiles à cultiver. C'est très exagéré et pour ma part, j'ai cultivé il y a une dizaine d'années des Orchidées dans une serre-salon, sur les toits, à Paris, qui n'offrait certes pas tout le confortable désirable à ce point de vue et pourtant leur végétation et leur floraison étaient satisfaisantes.

Pour les notions de culture qui vont suivre j'ai emprunté au petit guide pratique de la culture des Orchidées de M. L. Duval quelques conseils fort judicieusement exposés.

Des serres à Orchidées. — Si l'on ne possède pas de serre spéciale, on peut très bien cultiver quelques Orchidées, dans les serres déjà existantes avec d'autres plantes, pourvu que la lumière y vienne abondamment, que l'aération en soit facile et que le chauffage soit fait à l'eau chaude ou à la vapeur et non à la fumée. Au lieu de placer les pots sur du sable, on les pose sur des lattes au-dessous desquelles l'air circule parfaitement, ou bien on étend au-dessus du gravillon et on pose les pots sur d'autres renversés. Au toit sont accrochés les paniers à claire-voie et d'autres pots.

On construit maintenant, pour les Orchidées, des serres spéciales à simple ou à double vitrage avec aération au faîte du toit et au-dessous des bâches. Ces serres peuvent être divisées en trois compartiments, servant de serre froide, serre tempérée et serre chaude, ce qui permet de réunir une certaine collection d'Orchidées.

L'ombrage doit être fait avec des claies ou avec des toiles et autant que possible on devra par un moyen quelconque isoler ces claies ou toiles de 20 à 30 centimètres du vitrage et on ne doit jamais badigeonner les vitres comme on le fait constamment pour certaines plantes autres que les Orchidées.

Placement des plantes. — Les plantes en pots sont placées à la lumière, et si elles ne sont pas assez rapprochées du verre, on établit un petit plancher pour les soulever, ou bien on les place sur des pots renversés. Si on a quelques fortes plantes, on les dispose de place en place bien en évidence. Enfin, les paniers et même certains pots sont suspendus aux ferrures du vitrage. En règle générale on devra aussi observer que chaque plante soit placée à l'endroit qui saurait mieux lui convenir selon ce qu'elle demande : lumière vive, endroit humide ou plus ou moins chaud, etc. Il est bon de munir chaque plante d'une étiquette.

Matériel de culture. — On se sert de pots ordinaires, de pots munis de fentes sur les côtés et de paniers de différentes formes (fig. 24 et 27, p. 55 et 56). Il est de tout point nécessaire de ne se servir que de pots neufs, poreux, que l'on a soin de tremper dans l'eau avant de les utiliser. Les vieux pots peuvent aussi être utilisés, mais il faut avoir soin de bien les laver préalablement. Les tessons utilisés pour le drainage doivent être d'une propreté parfaite. Les **pots peuvent être posés sur des supports spéciaux dans lesquels on met un peu d'eau (fig. 26, p. 56), ce qui procure** une certaine humidité atmosphérique en empêchant les limaces d'atteindre les plantes.

Les paniers généralement utilisés sont ceux en pitchpin, que l'on doit aussi tenir très propres. Enfin, on fixe parfois des Orchidées épiphytes sur des planchettes qui peuvent être en pitchpin ou en peuplier. Les plantes y sont attachées avec du laiton rouge.

Compost. — Les matériaux dont on se sert pour la culture des Orchidées sont principalement le *sphagnum* et les fibres de Polypode, dont il a déjà été question au chapitre I : « *Le sol et les engrais* ». Le *sphagnum* doit être acheté bien frais et encore en végétation ; il est soigneusement débarrassé des herbes et autres corps étrangers ; après cela on l'étend dans un endroit sec et à l'ombre, où il sèche ; on le remise ensuite dans un endroit sec également, où il peut rester longtemps et se remettre en végétation dès qu'il est de nouveau à l'humidité. Il faut néanmoins profiter du rempotage des plantes pour en faire l'acquisition et on ne met de côté que ce qui est en trop.

Quant à la terre fibreuse, on ne conserve que les fibres, en rejetant toutes les parties terreuses et les rhizomes des Polypodes qui repousseraient en serre.

Pour certaines Orchidées, le compost est fait de sphagnum et de fibres hachés ; plus il devra être substantiel, plus on devra augmenter la quantité de fibres. Pour certaines Orchidées comme les Cypripediums on peut, sans inconvénient, ajouter un peu de terre de bruyère fibreuse ou de terreau de feuilles qui le rend plus fertile. Enfin, d'autres se plaisent dans un compost très fertile, dans lequel il entre de la terre de jardin et de la bouse de vache ; c'est le cas des Calanthes. Certaines Orchidées sont même cultivées dans le terreau de feuilles pur.

Le drainage est fait principalement de tessons bien propres.

Rempotage. — Nous ne saurions trop recommander aux débutants dans la culture des Orchidées, à qui ce livre s'adresse, de ne faire l'acquisition que de plantes établies. C'est donc du rempotage de celles-ci dont je vais parler ; en tout cas je traiterai plus loin des plantes dites d'importation.

Lorsqu'une plante est depuis longtemps dans son pot ou dans son panier et que ses racines adhèrent fortement aux parois, il faut faire en sorte de la dépoter sans mutiler celles-ci. Si cela est nécessaire, on scie l'un des côtés du panier ou l'on casse le pot. Les racines pourries ainsi que les débris du compost qui ne sont pas sains, sont soigneusement ôtés. Le pot ou le panier doit être assez grand pour que la plante puisse rester deux ou trois ans sans être rempotée. Après avoir placé au fond une bonne couche de tessons qui doit occuper au moins les deux tiers du pot et que l'on recouvre d'un peu de sphagnum et du compost approprié, on place la plante non pas au milieu, mais sur l'un des côtés, de façon qu'elle ait un espace libre suffisamment grand afin de pouvoir s'étendre, car, on le sait, la végétation se poursuit sur le même côté. Si un tuteur est nécessaire, on le place de suite. Puis, maintenant la plante, on remplit les vides sans trop tasser, en faisant au-dessus du pot un mamelon demi-sphérique que l'on recouvre de sphagnum, en ayant soin qu'il reste un petit espace entre la surface de celui-ci et les premières pousses.

Après le rempotage on arrose copieusement. Par la suite, les arrosages peuvent être moins fréquents pendant la première période du rempotage, surtout si on a cassé ou mutilé quelques racines.

Lorsqu'il s'agit de plantes absolument épiphytes, il n'y a qu'à les fixer sur une bûche ou sur une planchette à l'aide du fil de laiton, en ajoutant au besoin un peu de sphagnum.

Surfaçage. — Une autre opération qui a bien son importance est le surfaçage, qui doit être pratiqué plusieurs fois pour les plantes que l'on ne rempote que tous les deux ou trois ans. A l'aide d'une spatule en bois, on enlève toute la partie supérieure du compost, jusqu'entre les racines, puis l'on remplit le tout de compost que l'on tasse légèrement et que l'on bombe. C'est un rempotage partiel qui a pour lui l'avantage de ne pas déranger les racines et de ne pas troubler la végétation.

Le repos. — C'est certainement l'un des côtés de la culture des Orchidées qui doit le plus attirer l'attention du cultivateur. Savoir laisser reposer une plante à l'époque convenable et pendant une période suffisante, c'est favoriser une bonne végétation ainsi qu'une abondante floraison.

Dès qu'une Orchidée a terminé sa végétation et a fleuri

dans d'excellentes conditions, il faut la mettre au repos. Aux amateurs qui n'ont que quelques sujets je recommanderai de marquer chaque plante qu'ils mettent au repos de façon qu'ils ne soient pas tentés de les arroser. Les pseudo-bulbes doivent être formés avant que la plante soit mise au repos, mais si un œil de la base semblait vouloir se développer, il ne faudrait pas pour cela maintenir la plante en végétation. La durée du repos n'est pas fixée et peut être plus ou moins longue selon la nature des plantes. Lorsque celles-ci entrent de nouveau en végétation, il convient de ne pas les maintenir au repos, mais de les rempoter ou de les surfacer et de les arroser progressivement pour en favoriser le départ. Vouloir les empêcher de pousser, cela aurait le même inconvénient à ce moment, que de les empêcher de se reposer au moment opportun, c'est-à-dire après la floraison.

La période de repos ne peut être nettement déterminée; elle est plus longue chez les plantes à pseudo-bulbes et épiphytes que chez les plantes terrestres : Les Cypripediums exigent très peu de repos; c'est le contraire pour la majorité des Odontoglossums.

La question de propreté est aussi dans la culture des Orchidées une chose essentielle; on devra veiller par de fréquents lavages à l'eau additionnée de nicotine et par des fumigations assez souvent répétées à empêcher l'envahissement des insectes.

Il est aussi d'autres ennemis à combattre, ce sont les limaces et les cloportes, qui sont très friands des jeunes racines. On devra leur faire la chasse à outrance. Pour les limaces, le plus simple est de chercher à les surprendre le soir à la lanterne ou le matin. Pour les cloportes on pourra les surprendre en creusant quelques pommes de terre.

Arrosages et bassinages. — Les arrosages jouent un très grand rôle dans cette culture. S'il ne faut pas trop prodiguer l'eau lorsque les plantes sont en pleine végétation, il faut la distribuer sobrement lorsqu'elles se disposent au repos.

La meilleure eau d'arrosage est certainement l'eau de pluie; mais, à défaut de celle-ci, il faut bien employer celle que l'on a à sa disposition. Les eaux de source qui sont froides doivent être mises quelque temps à l'air, avant de les employer.

Lorsque l'on arrose une potée ou un panier d'Orchidées, il faut le mouiller copieusement, soit avec l'arrosoir, soit de préférence — quand on n'a pas beaucoup de plantes à soigner — le tremper dans un seau d'eau, après quoi on n'arrose plus que lorsque c'est nécessaire. Si une Orchidée semble souffrir, il faut au lieu de prodiguer les arrosages plutôt les modérer; il peut arriver que ce soit un excès d'eau qui la fasse souffrir et qu'il y ait un commencement de pourriture des racines.

Dans ce cas, une diète ramène la plante à son état normal.

Les bassinages sur les plantes sont plutôt légers et ne sont appliqués que pendant les belles journées, mais ne conviennent pas à toutes; par contre, afin de pouvoir fournir une certaine humidité atmosphérique, principalement lors des chaudes journées, on mouille les sentiers, le dessous des bâches, les murs, etc.

Les importations. — Je tiens aussi à dire un mot des plantes d'importation : Chaque plante doit être à son arrivée débarrassée de toutes ses parties avariées et être placée suspendue dans un endroit plus froid que celui où elle devra être acclimatée. Lorsqu'arrive l'époque de sa végétation, on suspend cette plante la tête en bas dans la serre où elle doit être cultivée et on la bassine fréquemment. Au bout d'un certain temps la pousse apparaît et ne tarde pas à émettre quelques racines. Dès lors on peut la rempoter en drainant le pot fortement et en mélangeant quelques tessons bien propres dans le compost.

Un peu plus tard, lorsque les racines ont pris possession des matériaux, on retire ces tessons, que l'on remplace par du compost. Ainsi traitées ces plantes peuvent fleurir au bout de la seconde année.

Culture dans le terreau de feuilles. — Quelques personnes ont fait des expériences sur ce mode de culture relativement nouveau, qui a ses partisans d'une part, ses détracteurs d'autre part. J'ai vu récemment dans un important établissement d'horticulture, réputé par ses excellents procédés culturaux, des Cypripediums cultivés de cette façon et en pleine terre dans une bâche faire mauvaise figure; dans un autre, au contraire, ils prospèrent à merveille. A l'école d'horticulture Galliera, toutes les Orchidées :

Cypripedium, Stanhopea, Dendrobium, Odontoglossum, Oncidium, Cœlogyne, Agræcum, cultivées ainsi, m'écrit M. Trébignaud, ont une autre vigueur que lorsqu'elles étaient cultivées dans un autre compost. Il paraît même que les *Cypripedium bellatulum, C. niveum, C. Godefroyæ*, empotés en terre franche sont aussi très robustes.

Chez M. Duval, à Versailles, les : *Cattleya Trianæ*, **Lælia purpurata**, *Dendrobium, Oncidium*, etc., ont une végétation semblable à celle qu'ils ont dans leurs pays d'origine.

Voici comment il faut opérer : choisir une terre neuve, fibreuse, mélangée de débris de feuilles à demi décomposés, la diviser à la main ou au râteau de façon à avoir une série de petites mottes, en n'utilisant pas les parties pulvérisées qui se tassent trop et se décomposent vite.

Drainer les pots et rempoter comme il est dit plus haut en laissant un petit mamelon que l'on surface avec du sphagnum. Bien arroser aussitôt et bassiner ensuite, puis arroser de plus en plus lorsque les racines se sont développées, observer un repos plus marqué que si elles étaient rempotées dans un compost plus spongieux, car les pseudobulbes sont plus nourris et plus charnus ; n'arroser par conséquent pendant cette période que pour les empêcher seulement de trop rider. Pendant la végétation les aérer et les exposer davantage au soleil.

Si le terreau est décomposé et sablonneux, les résultats sont plutôt négatifs.

Quoi qu'il en soit, c'est un procédé nouveau à développer et qui n'a pas dit son dernier mot.

Culture en plein air pendant l'été. — Préconisé par les uns, rejeté par d'autres, ce genre de culture est bien intéressant et certaines Orchidées non seulement se développent fort bien mais aussi fleurissent mieux. Si l'on peut disposer d'une haute futaie bien aérée, autant que possible traversée par un petit cours d'eau, il suffit de suspendre aux arbres les : *Lælia, Odontoglossum, Oncidium, Cattleya*, qui, avec quelques soins, poussent plus vigoureusement que dans la serre et fleurissent abondamment. A défaut de sous-bois on peut même les suspendre simplement sous quelque arbre en arrosant le sol pour donner un peu de fraîcheur. M. Cappe a rapporté récemment qu'il avait fait ainsi fleurir des *Lælia autumnalis* qui s'obstinaient à ne pas fleurir et M. Page a présenté naguère à la S. N. H. d. F un *Vanda teres* qui ne fleurissait jamais et qui avait donné des fleurs après avoir été mis en plein air l'été.

Tableaux des principales Orchidées cultivées.

Je donne maintenant, d'après M. Duval, des tableaux de quelques bonnes Orchidées classiques à cultiver, en renvoyant à son petit livre pour de plus amples informations.

Dans ce tableau sont indiquées : 1° la période de végétation; celle de repos comprend donc les mois qui ne sont pas énumérés; 2° l'époque de floraison, la couleur et la disposition des fleurs; 3° la serre qui leur convient et dans laquelle elles doivent être cultivées. Lorsque les pots ou paniers doivent être suspendus, j'ai eu soin de l'indiquer; lorsqu'il n'est rien dit, c'est que ceux-ci doivent être disposés sur les tablettes.

Noms des plantes.	Période végétative.	Floraison.	Serre.
Calanthe Veitchii, veratrifolia, vestita, Regnieri.	Mars à août.	Février à mai. Fleurs blanches ou pourprées en grappes dressées.	Tempérée. Compost très substantiel.
Cymbidium eburneum.	Presque constante.	Février à mai. Fleurs blanches.	Tempérée. Compost substantiel.
C. Lowianum.	Presque constante.	Février à mai. Longues grappes, fleurs jaune verdâtre.	Tempérée. Compost substantiel.
Dendrobium densiflorum.	Septembr.	Mai-juin. Fleurs jaune d'or, grappes pendantes.	Chaude. Pots ou paniers.
D. nobile.	Mars à août-sept.	Mars-avril. Fleurs lilas.	Tempérée. Pots ou paniers.
D. thyrsiflorum.	Juin à septembr.	Mai-juin. Grappes pendantes, fleurs blanches.	Chaude.
D. Wardianum.	Mars à septembr.	Mars-avril. Fleurs lilas.	Chaude. Paniers suspendus.

QUELQUES CULTURES SPÉCIALES.

Noms des plantes.	Période végétative.	Floraison.	Serre.
Lycaste Skinneri.	Juin à mars.	Mars-avril. Fleurs roses.	Tempérée. Compost subtantiel.
Masdevallia amabilis, Davisi, Harryana, Houlleana, ignea, Lindeni, Schuttleworthi, tovarensis, Veitchii.	Presque constante.	Mars-avril-mai-juin et parfois plus tard. Fleurs blanches, jaunes, rouges ou magenta.	Froide assez humide.
Miltonia candida.	Mai à octobre.	Août à octobre. Fleurs jaune brunâtre.	Tempérée. Terrines basses.
M. Roezli.	A peu près constante.	Février à juin.	Chaude.
M. Vexillaria.	A peu près constante.	Mai-juin-juillet.	Chaude et bon compost.
Odontoglossum citrosmum.	Mars à septembr.	Avril-mai. Fleurs pendantes roses.	Tempérée. En pots suspendus.
O. crispum.	Presque constante.	Mars-avril-mai. Fleurs blanches ou rosées en grappes.	Froide. Bon compost.
O. grande.	Mars à octobre.	Septembre à octobre. Grandes fleurs jaunes maculées de brun.	Tempérée.
O. Harryanum.	Mars à octobre.	Mai-juin. Fleurs jaune verdâtre.	Froide.
O. Pescatorei.	Presque constante.	Février-mars-avril. Fleurs blanches ou rosées en grappes.	Froide.
O. Rossi.	Presque constante.	Mars à mai. Fleurs en grappes retombantes.	Froide. Terrines ou pots suspendus.
Oncidium crispum.	Mars à septembr.	Juin-juillet. Fleurs brunes en grappes flexibles.	Tempérée. En paniers drainés ou sur blocs.
O. Kramerianum.	Constante.	A peu près permanente. Fleurs ayant l'aspect d'un papillon et portées sur une tige flexible.	Chaude. En paniers drainés ou sur planchettes.

Noms des plantes.	Période végétative.	Floraison.	Serre.
O. papilio.	Constante.	A peu près permanente. Fleurs ressemblant à celles du Kramerianum, mais plus grandes.	Chaude. En paniers drainés ou sur planchettes.
O. Marshallianum.	Mars à août-sept.	Juin-juillet. Grandes grappes aux fleurs d'un jaune citron.	Tempérée. Sur paniers plats ou sur bûches, ou en pots.
O. Rogersii.	Mars à octobre.	Septembre à octobre. Fleurs jaunes en grandes grappes.	Froide. En paniers suspendus ou en pots.
Vanda tricolor. V. cærulea.	Mars à septembr.	Avril-mai. Fleurs assez grandes, d'un blanc ivoire ou jaunes.	Chaude. En paniers et de préférence en sphagnum.
Cypripedium argus.		Avril-mai.	Chaude. Sphagnum et polypodium.
C. Bellatulum.		Mai-juin.	Suspendus en pots. Mélange de petits tessons, terre fibreuse et sphagnum.
C. Chamberlainianum.		Continuelle.	Chaude. Compost substantiel.
C. Dauthieri.		Hivernale.	Tempérée. Substantiel.
C. insigne.		Décembre à mars.	Tempérée. Compost substantiel.
C. Lawrenceanum.		Mars à mai.	Chaude. Bon compost.
Cattleya citrina.	Mars à juillet.	Mai-juin. Fleurs jaunes et pendantes.	Froide. Sur blocs ou paniers plats.
C. Gaskelliana.	Mars à septembr.	Juin-juillet. Grandes fleurs mauves.	Chaude. En pots ou paniers.

Noms des plantes.	Période végétative.	Floraison.	Serre.
C. gigas.	Mars à octobre.	Juin-juillet-août. Grandes fleurs mauves.	Chaude. En pots ou paniers.
C. labiata autumnalis.	Février à septembr.	Octobre à novembre. Très grandes fleurs mauves à labelles pourpres.	Chaude. En pots ou paniers.
C. Mendelii.	Avril à septembr.	Mai-juin. Fleurs blanches ou teintées.	Chaude. En pots ou paniers.
C. Mossiæ.	Mars à septembr.	Mai-juin. Fleurs très variées de couleurs.	Chaude. En pots ou paniers suspendus.
C. Trianæ.	Décembre à octobre.	Janvier à mars. Grandes fleurs plus ou moins colorées, lab. violet ou pourpre.	Chaude. En pots ou paniers.
C. Skinneri.		Avril à juin. Petites fleurs pourpres en grappes dressées.	Tempérée. En pots ou paniers.
C. purpurata.	Juin à septembr.	Mai-juin. Fleurs blanches et rosées.	Chaude.
Lælia anceps.	Mars à septembr.	Janvier. Fleurs lilas portées sur de longues tiges.	Tempérée. En pots ou paniers.
L. autumnalis.		Novembre à janvier. Grandes fleurs violacées portées sur de longues tiges.	Tempérée. En pots ou terrines.

III. — Les Aroïdées.

La culture de la majorité des Aroïdées, pour n'être pas toujours aussi minutieuse que celle des Orchidées, offre cependant avec celle-ci plus d'un point de rapprochement. La plupart des Aroïdées caulescentes, car je ne parle pas des Aroïdées à souche bulbeuse ou tubéreuse, comme les *Caladium* du Brésil que l'on cultive à la façon des plantes annuelles, en serre, demandent pour croître vigoureusement une humidité atmosphérique et terrestre assez constante pendant leur période végétative.

Les : *Anthurium, Philodendron, Pothos, Spathiphyllum* pouvant être cultivés de la même façon, je les comprendrai dans un même groupe et je résumerai à cet effet les articles que j'ai publiés dans le *Jardin* en 1894 et en 1895, où les lecteurs pourront du reste se reporter pour de plus amples informations.

Multiplication. — Leur multiplication est faite par semis, par boutures, marcottes, et division de touffes. Le marcottage est certainement excellent pour les vieux pieds trop dénudés et que l'on veut rajeunir. Enfin lorsque l'on possède des graines, on sème celles-ci en terrines dans un compost humeux et en serre chaude. Les boutures et marcottes sont faites toute l'année, mais de préférence en janvier-février dans la serre chaude ou à multiplication. Pour le marcottage il suffit d'entourer l'endroit de sphagnum que l'on tient humide, pour que l'enracinement se manifeste promptement (Voir le chap. VIII, paragr. 6º, p. 96). Après le sevrage on laisse les plantes quelques jours à l'étouffée. Les boutures sont généralement faites avec l'extrémité des rameaux, mais on peut aussi utiliser les tronçons de tiges dénudées à la façon de celles des *Dracæna* (Voir le chap. IX, paragr. VI, fig. 50, p. 107); quelques espèces, comme l'*A. Dechardii*, sont parfois multipliées par fragments de racines (Voir chap. IX, paragr. IX, p. 109).

Dès leur maturité on récolte les graines, on les sépare de la pulpe qui les entoure, on les met sécher; après quoi on les sème autour de fortes plantes sur le compost même ou dans un même compost dans des terrines.

Le rempotage se fait dans une compost très humeux de terre de bruyère fibreuse, sphagnum ou mousse hachée; terreau de feuilles non décomposé; terre de polypode. Il faut fortement drainer les pots et recouvrir la couche de tessons, de fragments de racines; tous les détritus de la terre de bruyère peuvent être utilisés avec profit dans ces conditions. Le dessus du pot est légèrement bombé et recouvert de sphagnum. Certaines espèces ont leurs tiges qui tendent à s'allonger; pour celles-ci, il est bon de bien **les enterrer et de ne pas bomber ce compost au-dessus du pot, de façon à pouvoir en mettre quelques couches au fur** et à mesure de l'élongation des tiges, qui développent ainsi quantité de racines. Il ne faut pas oublier que les divers matériaux utilisés doivent toujours être bien sains.

Les *arrosages* et les *bassinages* doivent être abondants pendant l'été, mais plus modérés en hiver. Les arrosages à l'engrais de bouse de vache sont excellents pour la bonne végétation. Enfin on peut cultiver certaines espèces, destinées à la fleur coupée, comme les variétés de l'*A. Scherzerianum*, directement en pleine terre dans une bâche de la serre. Les : *Anthurium*, *Pothos*, *Philodendron*, etc., dont il vient d'être question affectionnent à peu près tous la serre tempérée-chaude.

Ce traitement à peu de chose près est également applicable au *Dieffenbachia*.

J'ai donné, dans l'énumération des plantes de serre quelques indications sur la culture des *Caladium*. Je n'y reviendrai pas.

Quant aux *Alocasia*, la mise en végétation des tubercules s'effectue en mars, dans une terre humeuse, très fertile, en drainant parfaitement les pots. On peut d'abord les mettre dans des pots relativement petits, car on a après toute la latitude de pouvoir les rempoter plus grandement. Le compost des *Anthurium*, mais avec un peu plus de terre de bruyère, leur convient très bien ainsi que la même température. Lorsqu'ils poussent bien, il ne faut pas leur ménager les arrosages à l'engrais et ceux à l'eau ordinaire, car ils affectionnent autant l'humidité du sol que celle de l'air. Toutefois les arrosages devront être progressivement donnés à la mise en végétation, comme on devra les modérer à la fin de celle-ci.

Repos. — La période de repos des tubercules est celle comprise entre les mois d'octobre et de mars. Leur multiplication s'effectue par semis et par le bouturage des bourgeons latéraux.

La durée du repos des tubercules de *Caladium* est à peu près la même, mais le moment de l'arrêt de végétation varie avec l'époque de la mise en végétation. Les *Philodendron*, *Pothos*, etc. ont aussi besoin d'une période de repos bien marquée ainsi qu'il est dit aux notes les concernant spécialement; on diminue, à cet effet progressivement les arrosages en novembre pour les reprendre **en février**.

IV. — Les Palmiers.

Il n'est pas nécessaire de faire l'éloge des Palmiers, ces rois des végétaux, comme on s'est plu à les nommer avec juste raison. Ils comptent parmi les plantes les plus cultivées et servent à de multiples emplois. Sous le climat de Paris, car dans le midi de la France beaucoup de Palmiers croissent en pleine terre, on plante les forts exemplaires en pleine terre dans les jardins d'hiver, ou bien ils décorent admirablement les grandes serres-salons. Certains amateurs ont des serres spéciales consacrées aux collections de Palmiers. En Allemagne presque tous les jardins botaniques ont leur « Palmen-Haus, » (maison des Palmiers). En France certains établissements et casinos ont aussi leur « *Palmarium* ». Mais, dans la plupart des cas, les Palmiers sont cultivés à l'état de petits exemplaires et, dans ces conditions, on les utilise beaucoup pour les garnitures d'appartement.

Le semis est le mode de multiplication le plus usité, mais l'élevage des plantes étant assez long, j'engagerai les personnes qui en ont besoin à les acheter en petits exemplaires.

Les *rempotages* doivent être pratiqués avec soin, selon les besoins des plantes, dans une terre fertile pas trop consistante et ne se décomposant pas, dans des pots plutôt petits que grands, pour la force des plantes; il est préférable d'arriver à une grandeur de pots par deux rempotages que par un seul, sans toutefois en abuser. Il ne faut pas attendre pour rempoter une plante que les racines s'entremêlent. Lorsque la plante pousse vigoureusement, il suffit qu'au rempotage il y ait 4 centimètres d'épaisseur de terre autour de la motte. Le drainage ne doit pas être négligé, surtout lorsqu'elles sont destinées aux garnitures d'appartement. Rempoté dans ces conditions, un Palmier bien portant peut rester deux ans sans être rempoté de nouveau. Dans l'intervalle on peut retirer la couche de terre supérieure et la remplacer par de la plus fertile; de cette façon il n'y a pas à les déranger souvent, ce qu'ils n'aiment guère.

Les **arrosages** doivent être donnés selon les besoins en

été, mais doivent être comptés pendant l'hiver. Les arrosages à l'engrais sont toujours excellents, car ils stimulent la vigueur des plantes et entretiennent le compost fertile, ceux à la bouse de vache additionnés de suie et ceux de tourteaux macérés dans l'eau pour donner aux feuilles une belle teinte verte sont peut-être les meilleurs. Mais il ne faut les appliquer qu'autant que les racines sont saines et que les plantes sont en bonne santé.

Les *bassinages* du feuillage leur sont aussi très favorables pendant les fortes chaleurs, et ceux sur le tronc sont recommandables pour les grands Palmiers. On peut aussi rétablir les plantes qui auraient trop souffert en appartement de la façon suivante, qui permet d'en rétablir une partie : on secoue une bonne partie de la terre de la motte et on les rempote ensuite dans des pots plutôt un peu justes ; puis, dans un endroit à mi-ombre on établit une couche sourde chargée de 30 centimètres de terre sur laquelle on enterre les plantes (Voir chap. XL, paragr. II). Dans ces conditions elles ne tardent pas à faire de nouvelles feuilles. On mouille et on bassine toutes les fois qu'il est nécessaire et lorsque en octobre on rentre ces plantes, elles ont acquis une nouvelle vigueur.

Beaucoup de Palmiers sont sortis l'été dehors, on les place à mi-ombre et dans un endroit bien en vue ; ils décorent ainsi très bien les pelouses. Certains sont rustiques, à condition de les empailler l'hiver ; ce sont les : *Chamærops excelsa* et *C. humilis* (Voir chap. XXXVI aux « Arbres et Arbustes d'ornement ». Parmi ceux qui sont à préconiser pour les décorations d'appartement je citerai : *Kentia*; *Cocos Weddelliana, C. flexuosa*; *Phœnix*; *Chamœrops*; *Latania*; *Rhapis*; *Corypha*; *Areca sapida* et *A. lutescens*.

Palmiers en touffes. — On s'est mis depuis peu à cultiver en touffes certains Palmiers pour imiter ceux qui croissent ainsi naturellement (*Areca lutescens, Rhapis*, etc.) qui servent aux décorations d'appartements, notamment les *Cocos Weddelliana* (fig. 252, p. 697), *Kentia Areca*, etc., ce qui leur donne un autre aspect et les rend plus propres aux garnitures, mais en leur enlevant tout leur cachet. Cela est obtenu en mettant au centre du pot une plante assez forte et trois plus petites autour de celle-ci.

V. — Les Fougères.

La grande famille des Félicinées compte parmi les plus importantes du règne végétal et renferme des sujets dont certains sont très ornementaux et très curieux.

Fougères rustiques. — On possède un grand nombre de Fougères rustiques, que l'on rencontre dans beaucoup de propriétés. Ces espèces rustiques sont nombreuses et cela permet d'en réunir de belles collections. Les amateurs de ces plantes les réunissent dans un endroit spécial et approprié du jardin, que l'on nomme Fougeraie. On choisit généralement un endroit un peu ombragé, car, quoique certaines espèces ne craignent pas le soleil, la majorité affectionne les endroits ombragés et humides. Les talus conviennent à l'établissement d'une Fougeraie, en disposant deci delà quelques blocs de rochers. A défaut d'un talus naturel on peut établir une butte de terre sur laquelle on place quelques rochers. Si cette installation peut être faite près d'un cours d'eau, cela est parfait.

La plantation des Fougères s'effectue entre les rochers et dans le bas; celles qui croissent sur les rochers sont placées dans les fissures. On donne à chacune des Fougères la terre qui lui convient, terre qui doit être humeuse et à laquelle il est toujours bon d'ajouter un peu de mousse hachée. Il me faut ajouter que certaines espèces ne peuvent croître dans un sol calcaire; à celles-là on doit donner une terre siliceuse et granitique.

Les *Fougères de serre* réclament un peu plus de soins que celles de plein air. On peut les diviser en deux groupes : 1° les *Fougères arborescentes*; 2° les *Fougères acaules* ou *s'élevant peu*. Les premières ont un aspect tropical et font surtout très bon effet dans les vastes serres et dans les jardins d'hiver, où leur port majestueux contraste avec ce qui les environne; mais dans les petites serres on leur préfère les espèces plus basses qui exigent moins de place.

Multiplication. — On n'élève pas en serre les Fougères arborescentes; les troncs sont importés en Europe et mis en végétation. Les autres espèces sont multipliées par division des touffes et des rhizomes, pour certaines; de bulbilles pour d'autres, et, enfin, par le semis des spores, opération assez délicate et assez longue qui est indiquée pour le *Lygodium* au paragr. VIII de ce chapitre.

Le *rempotage* des Fougères se fait dans une terre à la fois très humeuse et fertile grossièrement concassée, à laquelle on ajoute parfois avec succès un peu de sphagnum ou de mousse; les pots sont parfaitement drainés.

Les *arrosages* doivent être fréquents pendant la période de végétation. Il faut, par tous les moyens possibles, maintenir dans la serre aux Fougères une bonne humidité atmosphérique; à cet effet on bassine le sol, les bâches, les murs, etc. De légers bassinages sur le feuillage, surtout si l'aération est parfaite, font le plus grand bien.

Quant aux Fougères que l'on utilise en quantité pour la garniture des appartements, *Pteris*, *Adiantum*, etc., on peut les multiplier par la *division des touffes* et les élever très rapidement en pleine terre, en serre ou sous châssis. Au mois de juin, on dépote toutes les mignonnes plantes qui sont soit en bonne santé, soit fatiguées par leur séjour en appartement; on les divise et on les plante à 12 centimètres environ de distance, dans un compost très humeux, en serre basse ou sous châssis et sur couche de préférence. On bassine fréquemment, et pendant le jour on ombre avec des claies. Dans ces conditions la végétation est vigoureuse et on se trouve, en septembre avec un lot de jolies plantes robustes. Le même traitement peut être appliqué aux *Sélaginelles*, dont avec ces Fougères on fait un très grand usage.

Pour ces plantes on emploie aussi avec succès les *arrosages à l'engrais* liquide, la bouse de vache délayée dans l'eau, mais on ne doit avoir recours à ce moyen que si les racines ont pris possession de la terre et commencent à atteindre les parois des pots. Il est aussi une autre manière d'administrer ces engrais. On répand de l'urine de vache pure dans les allées de la serre, ensuite on arrose bien ces allées. Les odeurs ammoniacales que dégage ce liquide ont la propriété d'activer la végétation.

Beaucoup de ces Fougères peuvent être plantées dans les anfractuosités et les poches des rochers des jardins d'hiver, où elles poussent avec une très grande vigueur.

Les *Fougères arborescentes* sont, la plupart du temps, plantées en bacs ou en pleine terre. Il ne faut pas leur ménager les bassinages du tronc plusieurs fois par jour, pendant les fortes chaleurs ce qui fait développer de nombreuses racines adventives. C'est une des principales choses à faire si l'on veut avoir des plantes vigoureuses. Par contre les arrosages du sol et ceux du tronc doivent être donnés modérément pendant la saison de repos, en hiver, car ils entretiennent une végétation active, mais sans vigueur et les frondes développées pendant cette période sont peu consistantes et sèchent lorsque les premiers rayons du soleil frappent dessus.

Il est donné des renseignements spéciaux à chacun des genres dont il est parlé aux plantes de serre.

VI. — Les Cactées.

Les Cactées n'ont plus maintenant la vogue d'antan et on n'en trouve guère plus de collections que dans les jardins botaniques et chez quelques rares amateurs. Cependant deux genres sont encore assez cultivés : les *Epiphyllum*, que les fleuristes emploient en hiver, et les *Phyllocactus*. J'ai cru bon de donner ici quelques détails de culture à l'intention des personnes que ces plantes intéressent encore.

La multiplication des Cactées s'effectue par semis, boutures et greffes, par ces deux derniers moyens principalement. Les semis sont faits en terrines dans une terre sablonneuse, aussitôt la récolte des graines.

Pour les boutures on choisit les sommités pour certains *Cereus* et *Pilocereus*, etc., tandis que pour les *Phyllocactus*, *Epiphyllum*, *Opuntia*, *Mamillaria*, etc., on bouture les rameaux latéraux. Les amputations sont faites avec un couteau bien tranchant et les boutures sont posées dans un endroit sec, afin que les plaies soient bien cicatrisées avant de les repiquer, ce que l'on fait dans une terre très sablonneuse.

On greffe surtout les *Epiphyllum*, les *Phyllocactus*, *Echinocereus*, etc., en choisissant comme sujet le *Pereskia* ou encore quelques *Cereus* et *Opuntia* ; la greffe est faite en fente de côté ou en tête (Voir le chap. X à ce sujet).

Le traitement des Cactées est assez simple. Elles demandent, pour la plupart, un endroit aéré et bien éclairé de la serre. Comme elles ont un repos bien marqué qui coïncide généralement avec l'hiver, elles n'ont pas besoin d'être beaucoup arrosées pendant cette période. Ce n'est pas une raison pour les laisser complètement sèches, car, de même que les autres plantes, elles ont besoin d'une certaine quantité d'eau, qui est d'autant plus grande qu'elles sont en pleine végétation. Évidemment, leurs tissus étant charnus, elles sont plus exposées que les autres à pourrir par un excès d'eau, mais il ne faut pas en conclure qu'il faut totalement les en priver. L'été les arrosages et les bassinages doivent être abondants, à la condition que les pots soient parfaitement drainés. Par les bassinages on obtient une fraîcheur parfaite de l'épiderme et les pousses se développent vigoureusement au lieu de rester rachitiques.

La terre à employer pour les rempotages doit être très fertile et légère pour les *Epiphyllum* et un peu plus consistante pour les autres espèces. Le rempotage est fait en mars, en proportionnant bien la grandeur des pots à la force et à la vigueur des plantes.

On peut sortir les Cactées dehors, de fin juin à septembre, en ayant soin de les ombrer légèrement avec une toile on peut même les faire entrer dans un groupement pittoresque, surtout dans les rochers.

Il est dit quelques mots des principaux genres et espèces de Cactées dans l'énumération des plantes de serre.

VII. — Les Broméliacées.

Cette grande famille est assez importante pour que je lui consacre ici quelques lignes.

Les Broméliacées peuvent être considérées comme plantes épiphytes s'accommodant du traitement donné aux Orchidées. A part quelques variétés qui viennent très fortes et que l'on est forcé de cultiver en pots, on peut en cultiver la majorité sur bûches sur lesquelles on les fixe à l'aide d'un fil de laiton avec un peu de sphagnum ce qui entretient l'humidité.

Pour le rempotage on prépare un compost formé de sphagnum et de terre fibreuse que l'on trouve généralement sur le dessus des plaques de terre de bruyère mélange que l'on fait par parties égales, et on draine fortement les pots. Ces plantes demandent à ne pas être trop arrosées; on doit tenir le compost plutôt sain que trop humide, et ne craignant pas la vive lumière; on n'ombre que pendant les heures les plus chaudes de la journée. Par contre, si elles ne demandent pas d'arrosages abondants, de bons bassinages leur sont toujours favorables, et il est bon de mouiller fortement les allées des serres.

La méthode la plus pratique pour la multiplication des Broméliacées est le bouturage des œilletons. On les détache de la plante-mère et on les laisse exposés à mi-ombre pendant quelque temps pour cicatriser la plaie.

Ensuite on peut rempoter dans des pots de 7 à 8 centimètres de diamètre, dans le mélange que j'ai indiqué plus haut; les boutures s'enracinent sans le secours d'aucun autre abri que celui de la serre.

La reproduction des Broméliacées peut aussi se faire par semis, ce qui est fréquemment fait avec les graines obtenues par la fécondation artificielle.

Ces graines sont semées en terrines sur de petites mottes de terre de bruyère mélangée de sphagnum. Le semis est simplement effectué à la surface de compost, sans être enterré.

Groupement pittoresque. — J'ai déjà dit au chap. XL, paragr. IX, quel était l'effet produit par les Broméliacées, sur bûches, en suspensions. Leur caractère ne s'allie pas avec les choses guindées, c'est pourquoi leur vraie place est d'être disséminées et groupées sur des troncs d'arbres ramifiés, noueux, tordus. Les plus fortes sont placées dans les cavités tandis que les autres sont fixées sur les divers rameaux. Elles revêtent ainsi leur véritable caractère et c'est bien dommage qu'on ne les utilise pas ainsi davantage.

J'ajouterai, ainsi que je l'ai déjà dit, que quelques espèces conviennent bien pour les garnitures momentanées des appartements et entrent dans la composition des corbeilles.

VIII. — Culture des plantes en guirlandes.

A. — Le Lygodium.

Les *Lygodium*, originaires du sud de la Chine, sont des Fougères sarmenteuses. Elles sont surtout remarquables par leur caractère extrêmement volubile, caractère commun aux espèces de ce genre, mais rare dans les autres genres appartenant à la famille des Fougères; les tiges des Lygodiums s'enroulent, en effet, avec une incroyable facilité autour des ficelles et des fils de fer et leurs frondes palmatipartides sont très élégantes.

Ces plantes, qui ne sont pas rares, sont peu répandues en France; en Allemagne, au contraire, on les voit un peu partout et je me souviens en avoir admiré dans les serres du Palmen-Garten de Francfort-sur-Mein, surtout dans le Palmen-Haus, où certaines touffes plantées en pleine terre recouvraient des colonnes de leur gracieux feuillage, escaladaient la rampe d'une balustrade et s'enroulaient autour de quelques fils de fer.

La *multiplication* des Lygodiums s'effectue par le semis des spores. On récolte celles-ci aussitôt la maturité des épis fructifères, et si on ne veut pas semer aussitôt, on les laisse sécher, en les étalant dans un endroit sec sur une feuille de papier. Lorsqu'elles sont sèches, on les enveloppe dans de petits sacs. On peut également les semer au fur et à mesure que les spores sont mûres, dans des terrines bien drainées avec du terreau de feuilles ou de la terre de bruyère concassée, sans les recouvrir. La terre doit être bien mouillée; ensuite les terrines sont placées sur la tablette d'une serre tempérée-chaude. Dès ce moment il n'y a plus qu'à maintenir la fraîcheur du sol jusqu'à l'apparition des prothales. Lorsque les plantes ont deux ou trois feuilles, on procède au premier repiquage en terrines, mais si les semis ont été faits tardivement, ne repiquer les jeunes Fougères qu'au printemps. La multiplication peut également se faire au printemps par division de touffes, lors de l'entrée en végétation, ou après avoir coupé les tiges pour la décoration. Opérer comme il est dit pour les Ptéris et les Adiantums au paragr. v de ce chapitre.

Les plantes de semis repiquées ou non, ainsi que celles provenant de la division des touffes, sont hivernées en serre tempérée; pendant cette période, elles ne doivent être arrosées que selon leurs besoins. Au printemps on repique en pleine terre dans une serre tempérée. En été il faut arroser et bassiner fréquemment afin de favoriser une bonne végétation et pour obtenir des plantes vigoureuses que l'on rempote et que l'on hiverne de nouveau en serre tempérée-froide.

Ce n'est qu'à la troisième année que commence la **culture pour l'obtention des guirlandes.**

La disposition intérieure d'une serre pour la culture des Lygodiums est ainsi faite. Ce sont les serres à doubles versants élevés sur des pieds droits vitrés qui conviennent le mieux, quoique l'on puisse aussi utiliser les serres adossées. Il est préférable qu'il n'y ait pas de bâche, les guirlandes obtenues sont plus longues, ce qui est mieux. L'emplacement de la bâche est défoncé, puis drainé ; ensuite on fait une couche de fumier à demi décomposé de 12 à 15 centimètres, laquelle est recouverte de la même épaisseur du mélange suivant, convenant aussi pour les rempotages des *Lygodium* et des *Myrsiphyllum* : terre de gazon, terreau de feuilles et terreau de fumier par parties égales.

Ceci fait, on cloue deux lattes le long du vitrage, juste en face de l'axe du sentier ou en face de chaque rang extérieur. On peut remplacer les lattes par deux fils de fer. C'est alors que l'on dispose, dans le sens de la largeur, une autre série de fils de fer ou même de fortes ficelles tendus sur les deux rangées de lattes et espacés de 20 à 25 centimètres. Sur ces fils sont attachées les ficelles autour desquelles les Lygodiums s'enroulent.

On fixe en haut la petite ficelle que l'on tend en enfonçant dans le sol le crochet de bois sur lequel elle est attachée dans le bas au fur et à mesure de la plantation de chaque rangée. Si la culture est faite en pots, on procède également de la même façon.

Ces pots ont de 12 à 14 centimètres de diamètre ; leur disposition peut avoir lieu en mars-avril et même plus tard pour les plantes qui ne sont pas assez avancées. Après la plantation ou le rempotage, il convient de n'aérer que très peu. Dès ce moment les Lygodiums étant avides d'eau et d'engrais, il faut arroser et bassiner assez souvent, parfois à l'eau nicotinée pour éloigner les insectes. Les arrosages aux engrais spéciaux aux Fougères, c'est-à-dire azotés, font beaucoup pour la végétation ; à leur défaut la bouse de vache diluée dans l'eau convient aussi très bien.

Pendant les fortes chaleurs, aérer journellement et surveiller l'enroulement des tiges. Ainsi traitées les tiges atteignent $2^m,50$ à 3 mètres de haut en cinq et six mois, car elles croissent vigoureusement (fig. 268). Lorsqu'elles atteignent le haut de la serre, il faut en pincer l'extrémité.

QUELQUES CULTURES SPÉCIALES. 809

Cette plante est très recommandable, et ces procédés cul-

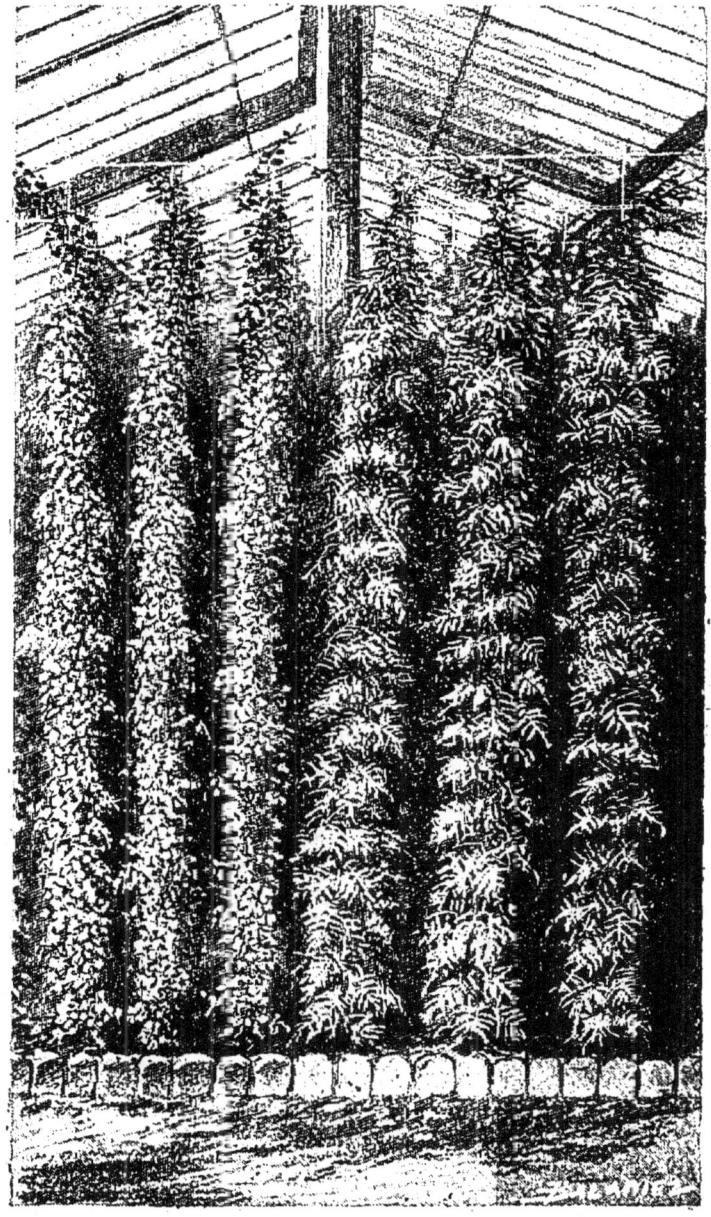

Fig. 268. — Culture de plantes en guirlandes. *Myrsiphyllum asparagoides. Lygodium grimpant.*

turaux visent la production pour la maison bourgeoise.

Lorsqu'on en a besoin de peu pour les décorations, on occupe ainsi pendant l'été les serres inoccupées, même les serres à un seul versant.

Indépendamment des *Lygodium scandens*, on pourrait essayer la culture de nombreuses espèces, soit en serre chaude pour les unes, soit en serre froide pour les autres. Il est vrai que pour la plupart ils n'ont pas un feuillage aussi léger que ce dernier. Parmi les espèces à cultiver en serre chaude ou tempérée-chaude, je citerai : les *L. articulatum, L. palmatum, L. dichotomum L. volubile, L. reticulatum*. En serre tempérée-froide : *L. japonicum* et les diverses formes de *L. scandens, L. s. Fulcheri* et *L. s. microphyllum*.

B. — **Le Myrsiphyllum**.

Le *Myrsiphyllum asparagoides* est une bien jolie plante qui joue un rôle important dans les décorations florales. La culture en est assez facile; la multiplication s'effectue par le semis. Vers le mois de février-mars on sème les graines dans des terrines remplies de terre légère, puis on les place sous les châssis de la serre à multiplication.

Au bout d'une dizaine de jours, ces graines germent, puis quand les jeunes plantes ont 3 à 4 centimètres de hauteur, on place de nouveau les terrines sur les tablettes de la serre tempérée et on habitue les jeunes plantes à l'air. Dès ce moment appliquer de légers bassinages à la nicotine pour éloigner les pucerons. Vers la fin de mars les jeunes plantes doivent être rempotées à raison de trois par godet, car elles commencent à se mêler; au milieu du pot placer un tuteur autour duquel viennent s'enrouler les jeunes tiges. Un mois après on doit procéder à un nouveau rempotage dans des godets plus grands ayant 10 à 11 centimètres.

La multiplication par la division des touffes est également recommandable; elle s'effectue au printemps en plantant les jeunes plantes dans des godets et en les traitant **ensuite** comme des plantes de semis.

Lorsque les plantes commencent à se développer **vigoureusement**, on doit aérer souvent et bassiner pendant les journées chaudes. Quand les *Myrsiphyllum* sont arrivés au terme de leur développement, si on les a cultivés en rangées parallèles, les guirlandes se mêlent et se contrarient **mutuellement**; en les laissant dans cet état l'humidité, on cause la chute de feuilles et les plantes ne sont plus aussi jolies.

Pour l'établissement de la serre, se reporter à la culture en guirlandes des Lygodiums, la disposition intérieure étant la même (fig. 268).

Après la plantation il faut tenir la serre peu aérée et bassiner assez souvent, et parfois à la nicotine, puis enrouler autour des fils les tiges qui s'allongent.

Il est important de récolter les tiges avant leur floraison, car pendant la maturation des graines beaucoup de feuilles tombent.

Utilisation des guirlandes de Lygodium et de Myrsiphyllum. — Ces guirlandes se prêtent aux arrangements les plus variés : à la décoration des murs, des panneaux ; en les enroulant autour des colonnes, et surtout des anses de corbeilles, on obtient des choses délicieuses. Mais c'est surtout pour la décoration des tables qu'elles rendent le plus de services, soit qu'on les dispose en capricieux méandres sur la table, ou en festons tout autour de la nappe, soit qu'on les utilise pour entourer certains sujets en reliant ainsi les principales pièces, corbeilles, candélabres, etc. Piquées de fines fleurs, elles font toujours beaucoup d'effet.

CHAPITRE XLVII

QUELQUES OPÉRATIONS USUELLES DANS LA CULTURE DES PLANTES

LE TUTEURAGE

I. Utilité du tuteurage. — II. Choix des tuteurs. — III. Ligatures. IV. Pose des tuteurs et attaches. — V. Armatures diverses. — VI. Les arrosages. — VII. Les bassinages des arbres, arbustes et plantes de serre et de plein air. — VIII. Traitement préventif contre les insectes dans les serres. — IX. La propreté des plantes, les lavages. — X. Le nettoyage des vieilles feuilles. — XI. L'ombrage. — XII. L'aération. — XIII. Empotage et rempotage. — XIV. Traitement des plantes malades. — XV. Le surfaçage. — XVI. Traitement des bulbes, tubercules et rhizomes. — XVII. Tailles et pincements. — XVIII. Etiquetage, catalogue et étiquettes. — XIX. Les thermomètres et leur utilisation.

I. — Utilité du tuteurage.

Parmi les plantes cultivées en plein air aussi bien que dans les serres, il en est qui n'ont besoin d'aucun soutien ; ce sont : 1° les plantes dont la tige est résistante ; 2° les plantes naines ou celles que l'on maintient ainsi par des tailles et des pincements ; 3° les plantes qui, bien que n'étant pas naines, ont les feuilles qui se tiennent bien pendant un certain temps (tels sont les : *Palmiers*, *Dracænas*, etc.) ; 4° les plantes retombantes ; 5° certaines Cactées. A côté de ces plantes dont les rameaux se tiennent bien, combien d'autres doivent être tuteurées ! Je ne parle pas des plantes volubiles et grimpantes, que l'on doit palisser sur des treillages, ou attacher sur des colonnes, sur des charpentes en bois, faire courir sur des fils de fer, etc., pour qu'elles garnissent bien la partie qu'elles ont à décorer. Le tuteur n'est pas un ornement, mais un soutien indispensable dans la plupart des cas. L'opération du tuteurage, bien qu'elle soit une nécessité, ne doit pas être faite sans attention, mais avec goût de manière que les tuteurs s'aperçoivent le moins possible.

II. — Choix des tuteurs.

Pour tuteurer les plantes, il faut des tuteurs et des ligatures : c'est ce que je vais expliquer.

Un bon tuteur est celui qui est le moins laid et qui résiste le mieux à l'humidité du sol ; cette dernière condition a peu d'importance lorsque les tuteurs ne doivent servir qu'une saison. Pour les premiers, je dirai qu'ils pourrissent toujours non pas dans la partie enterrée, mais à l'endroit de la première couche de terre. Les alternatives d'humidité et de sécheresse ainsi que l'air en activent la décomposition. A la campagne on se procure soi-même ses tuteurs ; les meilleurs sont ceux de : Cerisier de Sainte-Lucie, Cornouiller mâle, Noisetier, Tilleul, Saule, etc., ceux de bois creux ne peuvent être utilisés que pour les tuteurages temporaires, car ils n'ont pas une grande durée. Dans cette série on se sert des baguettes bien droites provenant de la tonte des haies, de la taille des arbres et des arbustes d'ornement même des prolongements des arbres fruitiers ; et si l'on est près d'un terrain marécageux les tiges du roseau à balai forment de gentils tuteurs.

Dans le commerce on trouve en dehors de ceux que je signale plus haut des tuteurs en bambou ainsi qu'en pitchpin de toutes dimensions, de toutes grosseurs. Pour prolonger leur durée il faut : soit les sulfater, soit les peindre, soit les vernir. Pour le sulfatage il suffit de faire tremper les tuteurs, ou tout au moins la base de ceux-ci, dans un bain composé de 1 kilogramme de sulfate de cuivre pour 20 litres d'eau, pendant quinze jours à trois semaines.

III. — Ligatures.

Ce que j'ai dit au point de vue du choix des tuteurs est applicable en ce qui concerne les ligatures. Pour les plantes en pots, on se sert surtout de raphia et de jonc ; on peut aussi se servir de ganse de laine, principalement pour les feuilles des forts Palmiers, Cycadées, etc. Pour les Rosiers, arbres et arbustes, on emploie l'osier rouge ; au point de vue de la durée le raphia l'emporte sur le jonc ; cependant celui-ci dure assez longtemps lorsqu'il a séché à l'air libre ; avant de s'en servir il faut le mettre tremper quelques heures. L'attache se boucle par un nœud avec le raphia et par une torsade avec le jonc ou l'osier.

IV. — Pose des tuteurs et attaches.

Les tuteurs n'ont pas seulement pour but de soutenir les tiges faibles ou celles pliant sous le poids des fleurs ou des fruits ; ils facilitent le dressement et la formation des plantes. Dans ce cas ils aident à diriger les rameaux au fur et à mesure qu'ils se développent. Quel que soit le genre de baguettes que l'on choisisse, le tuteur doit être proportionné comme grosseur et hauteur, à la force de la plante. La partie destinée à être enfoncée en terre doit être soigneusement effilée de façon qu'une fois placée elle ne balance pas et soit résistante. Il est donc généralement nécessaire de l'enfoncer jusqu'au fond du pot ; ceci est très facile en opérant en temps voulu, c'est-à-dire aussitôt l'empotage ou le rempotage de la plante. Si dans l'intervalle des rempotages une plante devait être tuteurée, il ne faudrait cependant pas attendre qu'on ait à la rempoter pour faire cette opération. Le tuteur doit être éloigné de la tige de 1 à 2 centimètres afin qu'il ne blesse pas les racines et n'entrave pas la croissance de celle-ci. On doit encore apporter plus d'attention à cela si l'on tuteure des plantes bulbeuses ou tubéreuses. Le tuteur doit être un peu plus haut lorsqu'il est destiné à des plantes dont la croissance n'est pas terminée, afin que l'on puisse au fur et à mesure attacher les rameaux qui se développent. Parfois il est des cas où le tuteur doit être placé obliquement, par exemple lorsque l'on tuteure les branches d'une touffe d'Hortensia, de Chrysanthème, etc. Une fois le tuteur définitivement placé, on doit attacher les rameaux dessus. Lorsque le rameau doit être attaché contre le tuteur, il faut tourner **une fois le jonc ou le raphia autour en le croisant, cela pour éviter le glissement.** Avant d'enserrer le rameau dans l'attache, on croise de nouveau celle-ci afin qu'une fois nouée elle relie le tuteur au rameau par une sorte de 8. Ce croisement a pour effet d'éloigner la tige du tuteur et par conséquent d'éviter le frottement. Si le tuteur doit soutenir plusieurs rameaux, on fait avec la ligature une torsade d'une longueur égale à l'espace qu'il doit y avoir entre le tuteur et le rameau. Le jonc et l'osier se prêtent surtout à cela ; quant au raphia, il est aussi employé quand il s'agit de rapprocher les branches.

La ligature doit être proportionnée à la grosseur du rameau ; trop grosse elle l'écraserait, trop mince elle le couperait. Le raphia peut être divisé en lanières plus ou moins larges ; on voit d'après ceci qu'il est facile d'en proportionner la largeur. Parfois une seule attache ne suffit pas ; plusieurs sont nécessaires : on les distance alors en commençant par le bas.

Lorsque plusieurs tuteurs sont nécessaires, principalement pour les plantes en touffes dont les rameaux sont très nombreux, on place les tuteurs près des rameaux qu'ils doivent soutenir, non pas verticalement, mais en ayant soin de les incliner en dehors. Lorsqu'une plante possède trop de rameaux et qu'on ne peut guère songer à les tuteurer individuellement, ce qui arrive pour les petites plantes telles que : Résédas, Primevères, Godétias, Lins, OEillets, on enfonce sur la périphérie un certain nombre de tuteurs, autant que possible toujours un certain nombre impair, cinq, sept, neuf, etc., en les inclinant en dehors, puis on les relie par une ceinture en raphia si la plante est éphémère ou en fil de fer si ce doit être durable. Pour que la ligature se voie le moins possible on peut dans ce cas utiliser une ligature verte et remplacer les tuteurs par de gros fils de fer étirés n° 16 à n° 18. De cette façon les rameaux ne risquent pas de se casser en retombant au dehors.

Lorsque chaque branche est fixée à un tuteur spécial, il ne faut pas en attacher l'extrémité, mais au contraire laisser celle-ci se dégager librement. Indépendamment des branches, il est parfois indispensable de donner un soutien aux tiges florales de certaines plantes : Tulipes, gros OEillets, Tubéreuses, etc., dont les fleurs volumineuses ou lourdes retomberaient ou se casseraient.

Parfois il arrive que certaines plantes sont tuteurées trop tard; il faut alors opérer avec prudence, car certains rameaux ont déjà pris une mauvaise direction et on s'expose à les briser en les attachant. Il est même bon de ne pas laisser pousser trop librement les tiges et les fleurs des plantes cassantes. Lorsqu'un tuteur est pourri, il est nécessaire de le remplacer. Dans ce cas, on doit le retirer soigneusement pour ne pas le briser ras de terre; car la partie qui resterait dans le sol pourrait lors de sa décomposition, provoquer la formation du blanc des racines. Dans le trou fait par le tuteur on met de la terre nouvelle avant d'enfoncer le nouveau tuteur.

V. — Armatures diverses.

Indépendamment des tuteurs proprement dit on utilise aussi de petites armatures, en fil de fer plus ou moins gros, de formes simples et très diverses : éventails, ellipses, ovales, boules, ballons, colonnes, cercles, parapluies, etc., sur lesquelles on dirige principalement les rameaux des plantes volubiles de serre et de plein air : *Cissus discolor*, Fuchsias, Rosiers sarmenteux, Jasmins, Capucines, etc. Si on tenait à employer ces sortes de petites charpentes, il faudrait les utiliser établies sur des piquets en bois, lesquels tiennent plus solidement dans la terre que si les fils de fer seuls y étaient. Dans ces conditions on dirige les rameaux le mieux possible et on les attache comme on le ferait sur des tuteurs.

VI. — Les arrosages.

Arroser semble à première vue une besogne élémentaire qui peut être confiée à n'importe qui, aux apprentis, aux hommes de peine. Pourtant il n'en est pas ainsi. Si l'opération matérielle est simple, les considérations que l'on doit prendre pour faire ce travail intelligemment ne le sont pas autant lorsqu'il s'agit de plantes en pots principalement.

Évidemment, en été lors des chaleurs et des temps secs, le principal est de donner de l'eau à profusion à la majorité des plantes; mais au déclin de la végétation et pendant le repos de celles-ci on ne doit pas le faire.

En pleine terre les jeunes semis et autres multiplications doivent être arrosés suivant les besoins de façon que la terre soit suffisamment mouillée, mais ne se transforme pas en boue. Pour ces arrosages on se sert des arrosoirs à pomme et parfois aussi on arrose à la pomme avec les tuyaux d'arrosage.

Les arbres et les arbustes d'ornement, les arbres fruitiers, et principalement ceux qui sont nouvellement plantés, ont besoin au printemps et en été de copieux arrosages. A cet effet on ménage une cuvette au pied, que l'on remplit plusieurs fois à l'aide de l'arrosoir, ou mieux à l'aide des tuyaux d'arrosage, lorsqu'on possède une canalisation. Les légumes et plantes de plein air réclament aussi de fréquents arrosages si on veut les faire pousser rapidement. Il n'est pas toujours possible pour ces derniers de ménager une cuvette, mais on doit bien tremper le sol à chacun des arrosages, au printemps et en été principalement pendant les temps secs.

Ce sont toutefois les plantes cultivées en vases qui réclament le plus de soins à cet effet. Pour beaucoup d'entre elles un excès de sécheresse peut les faire périr et pour d'autres des arrosages trop fréquents amènent la décomposition de la terre et la pourriture des racines.

Lors du départ de la végétation, on doit arroser à de longs intervalles et selon les besoins des plantes; c'est précisément cela qu'il importe d'observer attentivement. Un peu plus tard, lorsque les plantes sont en pleine végétation, les mouillures doivent à la fois être plus fréquentes et plus copieuses; pendant l'été un excès d'eau, à moins que la plante ne soit malade, n'est guère préjudiciable. Plus tard, au déclin de la végétation, et surtout pour les plantes bulbeuses, tuberculeuses ou rhizomateuses qui entrent dans la période de repos, il faut diminuer progressivement les arrosages jusqu'au moment où pour ces dernières on les supprime totalement, de façon que la terre des pots reste sèche pendant un certain temps. Toutes les plantes qui sont conservées l'hiver sous abri, en serre et dans les appartements, ne doivent être arrosées que modérément pour les entretenir en bon état; c'est pendant cette période surtout qu'il est pernicieux de trop arroser, car l'humidité reste stagnante et les plantes en souffrent souvent plus qu'on ne le pense.

Beaucoup de personnes croient avoir bien arrosé une plante lorsque chaque jour elles répandent la valeur de quelques cuillerées d'eau sur la surface du pot, qui elle,

Jardinage.

évidemment, se trouve mouillée tandis que tout le reste est sec. Lorsqu'on arrose une plante en pot, il faut verser de l'eau jusqu'au moment où celle-ci s'échappe par l'orifice inférieur. Ayant ainsi arrosé, on attend que la plante ait de nouveau soif pour lui donner la même ration d'eau. Si la motte est trop sèche, il est même nécessaire de la tremper dans l'eau jusqu'à sa complète imbibition. Il faut aussi bien éviter de projeter l'eau à une certaine hauteur comme on le fait trop souvent; on dégrade ainsi la terre et on met les racines à nu.

Pour les plantes de semis ou nouvellement multipliées, les arrosages doivent être donnés à temps si on ne veut pas avoir des déboires : les faire sécher ou empêcher la levée par défaut d'eau; les faire pourrir par une trop grande humidité. (Voir à ce sujet le chap. VII, paragr. VIII et X.)

Les pots et terrines à arrosage souterrain sont à ce point de vue d'une réelle utilité et je les recommande aux amateurs. (Voir leur description et leur fonctionnement, p. 57, fig. 28 et 29.)

VII. — Les bassinages des arbres, arbustes et plantes de serre et de plein air.

Dans beaucoup de cas les bassinages ont une importance au moins égale aux arrosages par leur action bienfaisante. Les bassinages ont surtout pour effet de fournir aux tissus de la plante une certaine fraîcheur et de réduire d'une façon notable l'évaporation des liquides qu'ils contiennent. Ils ont surtout le plus d'effet et sont plus utiles sur les plantes dont l'appareil radiculaire n'est pas dans son état normal, comme c'est le cas pour les végétaux nouvellement plantés et principalement les végétaux ligneux dont une partie des racines a été enlevée, les plantes malades à cause d'un appareil en mauvais état, les plantes nouvellement multipliées de boutures, greffes ou marcottes, les plantes nouvellement rempotées, etc. Les bassinages légers appliqués de temps à autre et lorsqu'il fait chaud valent un demi-arrosage et font souvent plus d'effet qu'un arrosage dont les racines ne sauraient qu'imparfaitement absorber cette eau, qui ne suffirait même pas à l'évaporation.

Ainsi donc les bassinages ne sont pas seulement applicables aux plantes en pots; on doit bassiner fréquemment les arbres fruitiers et autres nouvellement plantés lors des fortes chaleurs, et cela seul peut en empêcher beaucoup de mourir. En bassinant les poires et les pommes de temps à autre, on rafraîchit leur épiderme et elles grossissent davantage. (Voir les chap. XXIII, XXXI et XXXII.)

Dans les serres, les bassinages ont aussi pour effet de rafraîchir l'air souvent trop sec et trop aride à cause des tuyaux de chauffage, et ils préviennent ainsi la venue de désastreux insectes comme la grise et le thrips. L'arrosage des sentiers, des bâches, des murs produit à peu près le même effet lorsque certaines choses s'opposent aux bassinages. Les troncs des Palmiers, Fougères, Dracænas, Cycas, doivent être bassinés de temps à autre, ceux des Fougères doivent l'être plusieurs fois par jour lorsqu'elles sont en végétation. Mais il faut toutefois éviter de donner de trop copieux et de trop fréquents bassinages dans les serres lors les temps humides et brumeux, car les gouttes d'eau en ne s'évaporant pas assez vite peuvent produire des taches sur certains feuillages délicats.

Il ne faut se servir pour les bassinages que d'eau absolument propre et éviter les eaux calcaires, qui, au lieu de nettoyer le feuillage des plantes, le maculent de souillures. L'eau doit être à la même température que l'air des serres; dans celles-ci, on la projette à l'aide de la seringue; de la lance et de la seringue en plein air et des vaporisateurs dans les appartements.

VIII. — Traitement préventif contre les insectes dans les serres.

A certaines époques de l'année les serres sont souvent infestées par des insectes. C'est une chose que l'on doit éviter autant que possible et que les bassinages bien appliqués peuvent empêcher dans une certaine mesure, surtout ceux additionnés très légèrement de savon ou de nicotine. Il est bon d'avoir toujours sur les tuyaux de chauffage quelques petits bassins (fig. 205, p. 384) dans lesquels se trouve de la nicotine additionnée d'eau. Cette nicotine s'évapore peu à peu et légèrement et l'air contient toujours des vapeurs nicotinées qui empêchent la venue de certains insectes, des pucerons et nuisent à leur multiplication. On peut aussi faire macérer des pétioles de Betteraves, de Rhubarbe dans de la nicotine et les mettre sur les tuyaux de chauffage ; en les arrosant de temps à autre il s'en échappe des vapeurs nicotinées qui produisent le même résultat. (Voir aussi le chap. II.)

IX. — La propreté des plantes, les lavages.

Les plantes cultivées en serre, en appartement ou simplement sous abris, doivent être tenues dans un état constant de propreté, ainsi que les vases qui les contiennent.

Les feuilles et les parties vertes étant les organes essentiels des végétaux, la poussière qui s'y dépose est la principale cause de leur mauvais fonctionnement. Il ne faut donc pas la laisser s'y amasser. En été le lavage des plantes peut se faire très simplement en les mettant dehors lorsqu'il pleut; ou en les seringuant fortement. Lorsqu'il y a peu de poussière et que l'eau est propre, cela suffit ; mais, la plupart du temps, à l'endroit où les gouttes d'eau ont séché, il apparaît des souillures sur le feuillage. Ce procédé n'est donc pas parfait, mais on doit l'adopter pour les plantes de peu de durée ainsi que pour celles dont le feuillage est trop tendre ou trop petit; telles sont les : Jacinthes, Primevères de Chine, Calcéolaires, Cinéraires, *Asparagus plumosus*, etc.

Pour les plantes à feuillage ample ou non cassant, comme les : Dracæna, Aspidistra, Palmier, Croton, etc., ce lavage par trop sommaire ne suffit pas.

C'est surtout en hiver que les plantes se salissent, surtout dans les appartements, car les appareils de chauffage même les plus perfectionnés projettent de la poussière et aussi parce que l'on ne peut aérer aussi longtemps qu'on le voudrait pendant le nettoyage des pièces.

Nettoyer les plantes une fois par semaine en appartement, et tous les deux mois pour celles qui sont en serre, n'est donc pas de trop ; on se munit à cet effet d'une petite éponge ; un linge fin, un tampon de ouate peuvent également servir. L'eau tiède doit être employée de préférence à l'eau froide. L'éponge ou le tampon étant bien imbibés on les passe doucement et avec précaution sur toute la surface des feuilles, afin de ne pas les déchirer. Une bonne précaution à prendre, c'est de placer la main gauche sous chaque feuille, que l'on lave de la main droite plutôt que de tirer dessus en passant l'éponge. On a soin de tremper très souvent le tampon ou l'éponge dans l'eau et les presser chaque fois pour qu'ils ne contiennent pas d'impuretés. Il faut aussi changer l'eau dès qu'elle commence à se souiller. Si ces précautions ne sont pas prises, lorsque les feuilles sont complètement sèches il reste des dépôts d'un aspect peu agréable.

Si l'on attend trop longtemps pour laver une plante — ce que l'on doit éviter, — il se forme une crasse adhérente que l'eau tiède ne peut faire disparaître. Dans ces conditions il faut se servir d'une eau savonneuse, obtenue en faisant dissoudre cinquante grammes de savon noir par litre d'eau.

On procède au lavage comme si l'on se servait d'eau pure, mais on a soin de rincer à l'eau propre. Ce lavage au savon a pour effet de détruire les insectes qui auraient pu se développer dans la poussière amassée, mais il est préférable de ne pas laisser les plantes s'encrasser à un tel point. Parfois il est bon de les épousseter doucement avec un plumeau bien propre. Lorsque les plantes qui sont en appartement ont le feuillage lisse et luisant comme celui de l'Aspidistra, sur lequel il y a peu de poussière d'amassée, on se contente de l'essuyer avec un linge doux. On peut ainsi alterner et procéder tantôt à un lavage, tantôt à un essuyage.

L'éponge ou le tampon de ouate ou de linge sont utilisés pour nettoyer les grandes feuilles unies et planes, mais lorsque le feuillage présente de nombreux plis, on ne peut ôter la poussière qu'à l'aide d'une brosse ou d'un pinceau. C'est le cas pour les plantes à ramure serrée, comme les Camélias, les Azalées, etc.; pour celles ayant les feuilles pliées ou plissées comme celles des : Phœnix, Latania, Kentia; enfin pour celles dont le bas des feuilles embrasse trop étroitement la tige, comme c'est le cas pour les : Clivia, Dracæna, Phormium; en un mot pour toutes celles qui ne permettent pas à l'éponge de pénétrer partout.

Dans le lavage au pinceau ou à la brosse, comme dans celui fait avec l'éponge, il suffit d'eau claire tiède, lorsque la poussière adhère peu, mais si la crasse s'est formée, on a recours à l'eau de savon. Il n'est pas inutile d'ajouter un peu de nicotine à cette dissolution, car c'est surtout dans les parties peu accessibles que se réfugient les insectes.

Pour ces plantes on lave avec l'éponge tout ce qui peut l'être sans difficulté, puis on écarte les feuilles; pas trop, car on risquerait de les éclater. On passe alors le pinceau, qui doit être en crin très doux, ou la brosse, imbibés d'eau, dans les parties qui ne pourraient être nettoyées autrement. On passe le pinceau ou la brosse autant de fois qu'il est nécessaire ; c'est surtout au point d'intersection des feuilles sur les tiges que le pinceau est le plus utile.

Lorsque des insectes, des kermès par exemple, sont attachés aux feuilles, il est nécessaire d'employer une brosse dure.

L'emploi du pinceau doux est indispensable pour les plantes dont la surface est munie d'épines ou d'aiguillons, comme les Cactées.

On peut utiliser avantageusement la brosse double et spéciale (fig. 22, p. 54), qui peut remplacer l'éponge lorsqu'on veut laver les feuilles sur les deux faces. Cette brosse facilite et abrège les lavages et permet de moins risquer de s'abîmer les mains avec des feuilles à bords aigus ou dentés comme celles des : Dracæna, Phormium, Pandanus, Broméliacées, Agave, etc.

On ne doit pas négliger d'autres soins ; d'abord le nettoyage des pots : pour les rempotages ne se servir que de pots très propres. Lorsque les plantes sont empotées, on ne doit pas laisser les pots se couvrir de mousses ou d'autres souillures. Les pots doivent être lavés autant que cela est nécessaire, avec l'eau tiède et à l'aide d'une brosse dure en chiendent. Éviter également que des matières étrangères, mousses et mauvaises herbes se développent à la surface de la terre, car elles croissent rapidement et épuisent le compost au détriment des plantes. Il faut les enlever et biner la terre à l'aide d'un bâton taillé en pointe.

X. — Le nettoyage des vieilles feuilles.

Il faut profiter du lavage des plantes pour procéder à d'autres soins qui ont leur importance, sinon au point de vue cultural, tout au moins à celui de l'aspect des plantes.

Ces soins consistent : 1° à rogner avec des ciseaux les bouts de feuilles secs ou gâtés sur les Palmiers ou autres plantes à feuillage, en s'arrangeant de telle façon qu'il ne semble pas que l'on ait fait ces suppressions ; 2° à enlever les feuilles mortes et les parties malades des végétaux ainsi que celles qui pourrissent ; les suppressions des rameaux doivent toujours être faites avec un couteau bien tranchant pour que les plaies se cicatrisent rapidement.

Pour les plantes à fleurs, il ne faut pas oublier de supprimer les hampes florales dès que les fleurs sont passées, car elles prennent sans utilité une quantité de nourriture. Les fleurs fanées restant sur les plantes qui continuent à fleurir peuvent amoindrir leur floraison. La propreté étant indispensable pour la bonne santé des plantes, dans ces conditions elles se développent bien et ont un meilleur aspect que celles privées de ces soins.

XI. — L'ombrage.

L'ombrage et l'aération (voir les paragr. VI et VII, chap. XLII), sont deux choses qui ont une certaine importance dans la culture des plantes sous verre principalement.

Certaines plantes à feuillage tendre ne peuvent guère supporter les rayons par trop directs du soleil à travers les vitres des serres et des châssis et il est nécessaire de les ombrer. L'ombrage est obtenu de plusieurs façons : en badigeonnant les vitres et à l'aide de toiles et de claies.

Le badigeonnage est certainement le moyen le moins coûteux et le plus rapide à appliquer, puisqu'il s'agit de badigeonner la serre au printemps avec du blanc d'Espagne additionné d'un peu de vert ou encore avec un lait de chaux, soit à l'extérieur, soit à l'intérieur, pour être tranquille tout l'été, car, en ajoutant un peu de colle, cette peinture tient assez bien tout l'été au dehors. Mais par ce procédé les plantes sont constamment ombrées par les journées ensoleillées comme par les journées pluvieuses ou sombres et on comprend que celles qui sont délicates peuvent en souffrir. Avec les claies que l'on déroule au moment opportun ou avec les toiles que l'on étend à volonté, cet inconvénient ne subsiste pas, puisque le matin à l'heure que l'on veut on peut ombrer et ensuite retirer l'ombrage dès qu'on le juge nécessaire, comme ne pas ombrer du tout, lors des journées brumeuses ou pluvieuses. Mais aussi il ne faut pas se laisser surprendre par le soleil pendant quelques heures, car certains feuillages seraient vite brûlés.

XII. — L'aération.

Le renouvellement de l'air dans les serres a également son importance, principalement pour les plantes qui n'exigent qu'un simple châssis pour passer l'hiver et pour celles d'orangerie, de serre froide et même de serre tempérée. L'air du dehors favorise la bonne santé de ces plantes et renouvelle celui de la serre, trop souvent chargé de miasmes lorsque l'on chauffe. Il faut procéder à ce renouvellement de l'air prudemment et, lors de la mauvaise saison pendant le milieu du jour seulement en évitant les courants d'air. Dans la serre chaude, cela est moins utile pendant cette période et, du reste, ce serait souvent impossible à cause de l'air trop froid qui entrerait et qui, causant une brusque transition, pourrait amener la mort de certaines plantes. Toutefois, dans certaines serres chaudes on peut aérer l'hiver grâce au dispositif employé pour permettre à l'air froid du dehors de se réchauffer en passant autour des tuyaux de chauffage avant d'être mis directement en contact avec les plantes.

Dès les mois de mars et d'avril, lors des journées un peu chaudes et pendant le milieu du jour, on en profite pour aérer la serre froide, la serre tempérée et même un peu la serre chaude. Dès ce moment l'aération peut se faire d'une façon plus régulière et plus normale. Les plantes qui ont été aérées comme il convient ont peut-être un peu moins d'aspect, dans certains cas, que celles qui ne l'ont pas été; mais elles ont aussi l'avantage d'être bien plus robustes et plus résistantes.

Il y a moins d'inconvénient à ne pas aérer certaines plantes qui doivent rester en serre que celles que l'on livre à la pleine terre ou au plein air pendant la bonne saison. Pour ces dernières il convient de les habituer progressivement au plein air en les aérant graduellement, qu'elles soient en serre ou sous châssis. (Voir aussi le chap. XLII, paragr. VI.)

XIII. — Empotage et rempotage.

Il est parlé au chap. XL, paragr. II, de l'empotage et du rempotage. Je renvoie donc mes lecteurs aux explications données, car l'opération ne diffère pas; voir aussi au même chapitre les fig. 240 et 241.

XIV. — Traitement des plantes malades.

Il y a beaucoup de causes pour que les plantes cultivées en pots soient malades : longue station dans les appartements, défaut d'arrosages ou arrosages trop abondants; pourriture des racines; manque de nourriture, et sans compter une foule d'autres causes d'un ordre secondaire. Le meilleur moyen de remettre ces plantes cultivées en pots est de les traiter ainsi que je l'ai dit au paragraphe rempotage (paragr. I, chap. XL). Une fois rempotées dans une terre saine, on fait une couche chaude ou douce de tannée ou de fumier et on enfonce les pots dedans; ceci dans une serre ou dans une bâche pour les plantes de serre, dehors pour les plantes plus rustiques de plein air. En donnant très peu d'air dans la serre, en les bassinant fréquemment et en les arrosant convenablement, mais modérément, elles émettent des racines et poussent de nouveau de plus en plus normalement. Lorsqu'elles sont remises, ce qui peut être au bout d'un mois pour certaines, de plus d'un an pour d'autres plus malades ou qui se rétablissent plus lentement, on leur donne de l'air progressivement et on les habitue au traitement courant qu'on leur appliquera par la suite. Beaucoup de plantes peuvent être remises en bon état lorsqu'elles ne sont pas trop atteintes. Pour celles rempotées dans de petits pots et qui sont voraces, on les rempote de nouveau.

XV. — Le surfaçage.

Le surfaçage est un rempotage partiel. C'est une opéraration des plus recommandables, qui est très justement appliquée dans la culture des Orchidées (voir paragr. II, chap. XLVI) et de certaines Aroïdées, des Chrysanthèmes (paragr. I, chap. XLVI), etc. et qu'il conviendrait d'appliquer plus qu'on ne le fait aux autres plantes, dans une foule de cas. Ainsi, par exemple, lorsqu'on veut conserver une plante dans un pot relativement petit le plus longtemps possible; éviter de rempoter une plante à une époque peu convenable pour cette opération, principalement pour éviter qu'elle ne souffre s'il s'agit d'une plante délicate; activer la végétation des plantes à croissance rapide, etc., le surfaçage, dans ces multiples applications, favorise de la plupart des avantages du rempotage en apportant des éléments nutritifs nouveaux et n'en n'a pas les inconvénients, puisque les racines ne sont pas dérangées.

Cette opération consiste à enlever avec les doigts ou avec

une spatule en bois tout le compost usé de la partie supérieure du pot, en mettant à nu avec précaution les racines supérieures et à le remplacer par un compost neuf semblable à celui des rempotages et même plus riche en engrais appropriés à la nature des plantes.

On conçoit qu'à la suite de ce travail les matières nouvelles, à l'aide des arrosages, fertilisent le compost du fond en même temps que les racines se développent rapidement. Dans la culture des plantes en potées, lorsqu'il n'y a pas de repiquage, le surfaçage les rechausse et favorise la naissance et la ramification des racines supérieures.

XVI. — Traitement des bulbes, tubercules et rhizomes.

Quelques indications relatives aux soins généraux concernant cette série de jolies plantes ne seront pas de trop ici.

L'époque la plus propice pour procéder à l'arrachage des bulbes et autres est celle qui suit l'arrêt de végétation et le desséchement des tiges et feuilles. Pour les Tulipes, Crocus, Jacinthes, Narcisses, Scilles, et autres, à floraison printanière, c'est de juin à août. Les griffes d'Anémones et de Renoncules doivent parfois être arrachées un peu plus tard. On doit profiter pour faire cette opération d'un temps sec; les bulbes sont triés et on met de côté, après les avoir laissé ressuyer, tous ceux qui sont susceptibles de fleurir le printemps suivant, tandis qu'on garde à part ceux plus petits qui servent pour la multiplication. Tous ces bulbes sont mis dans un endroit sec et à l'abri.

On en effectue la plantation en pleine terre ou en pots à partir de la fin de septembre jusqu'en novembre, de façon à ce qu'ils puissent développer de nombreuses racines.

Les bulbes et tubercules des : Glaïeuls, Montbretias, Tigridias, Cannas, Dahlias, Begonias, et autres à floraison estivale et automnale, sont arrachés très souvent avec leurs mottes, soit après leur floraison pour les trois premiers, soit pour tous après que les premières gelées ont roussi les feuilles. Ces bulbes ou tubercules entourés de terre sont placés dans un endroit sec et sain où ils achèvent de mûrir. Quelque temps après on ôte avec précaution la terre autour, puis on les nettoie et on les range pour les mettre en végétation de mars à mai. Ces bulbes doivent être hivernés dans un endroit sec et à l'abri de la gelée et des rongeurs ; il est bon pour quelques-uns qui seraient trop sujets à « fondre » de les placer dans de petites caisses et dans du sable sec. On laisse parfois de la terre adhérer aux rhizomes de Cannas.

Il y a une quantité de plantes cultivées en serre dont il convient de ne pas laisser les bulbes et tubercules à nu ; tels sont les : *Gesneria, Tydæa, Gloxinia, Caladium, Cyclamen*, etc. L'époque du repos venue, la fin de l'été pour les quatre premiers, le printemps pour le dernier, on cesse progressivement les arrosages ; lorsque la terre est bien sèche, on place les pots dans un endroit sec ou bien on les dépote et on place les mottes côte à côte en remplissant les intervalles de sable sec. C'est au moment du rempotage et de la mise en végétation que l'on enlève la vieille terre pour la remplacer par un compost neuf.

XVII. — Tailles et pincements.

J'ai parlé des pincements et de la taille des plantes d'ornement au chap. VII, paragr. XV, où l'on pourra se reporter, au chap. XXXV, paragr. III à V pour ce qui concerne les arbres et les arbustes et au chap. XXXV, paragr. IX, fig. 212 et 213, des indications sur la taille des Rosiers.

XVIII. — Étiquetage, catalogue et étiquettes.

Je ne saurais trop insister sur les multiples avantages de l'étiquetage des plantes, et surtout sur leur étiquetage correct et sérieux. Une petite collection, si faible soit-elle, gagne à être étiquetée, si l'on ne veut pas commettre des erreurs, car la mémoire n'est pas infaillible. Dans un cas semblable il faut des étiquettes durables et qui ne soient pas disparates.

Les étiquettes en bois jaune dont se servent les horticulteurs durent trop peu et conviennent seulement pour étiqueter les plantes annuelles et autres de peu de durée ; ces étiquettes se font de deux façons différentes : pointues d'un bout pour être fichées en terre pour les unes, munies d'un fil de fer pour les attacher aux branches pour les autres. On écrit dessus à l'aide d'un crayon bien noir.

Les étiquettes en zinc de mêmes formes sont plus durables, pourvu que l'on ait une bonne encre indélébile pour écrire dessus. Voici une formule, pour faire de la bonne encre durant longtemps, employée au Parc de la Tête d'or, à Lyon.

Bichlorure de platine...	1 gramme
Eau...	10 —
Gomme arabique...	1 —

Pour obtenir un noir ne s'altérant pas et ne s'oxydant jamais, on doit, avant d'exécuter l'inscription, nettoyer les feuilles de zinc avec quelques gouttes d'acide sulfurique étendues dans un verre d'eau. Il ne faut pas employer d'autre acide, car les étiquettes resteraient tachées. Après avoir essuyé l'étiquette, écrire dessus le nom de la plante avec une plume d'oie de préférence à une plume en métal. Lorsque l'on possède une collection de plantes, il est bon de ne pas seulement avoir recours aux étiquettes, dont une peut s'égarer. On établit alors un catalogue de ses plantes, graines, etc., dans lequel chacune a un numéro d'ordre. On reporte ces mêmes numéros sur une des extrémités d'une bandelette de plomb de 8 à 12 millimètres de largeur et sur 3 à 4 centimètres de longueur. Cette bandelette est placée sur le bord intérieur du pot, et recourbée en dehors, le numéro bien visible. Pour les plantes qui ne sont pas en pots : Rosiers, Azalées, Rhododendrons, Chrysanthèmes, Dahlias, etc., on roule cette bandelette autour d'un rameau.

Il existe bon nombre d'autres modèles d'étiquettes plus ou moins jolies, dont beaucoup ne sont guère pratiques, entre autres un tube en verre dans lequel on introduit une étiquette en carton ; avec ce système, quelle que soit la fermeture, l'humidité pénètre, le papier noircit et l'écriture disparaît bien vite, lorsque le tube n'est pas cassé avant.

Les étiquettes Couvreux en celluloïde, sur lesquelles on écrit aussi avec une encre spéciale, sont pratiques, durables et d'un bon aspect.

Mais les étiquettes les plus recommandables pour toutes les plantes sont celles en fonte émaillée, cuites au four, vert clair, et sur lesquelles le nom est imprimé en lettres noires. Elles sont à la fois inusables, jolies, de bon goût, assez visibles sans l'être trop, ne choquant pas l'œil et ne coûtant que vingt centimes. Il est bon pour les maintenir propres d'en vernir le dos tous les trois ou quatre ans. Dans le même genre on fait de plus grandes étiquettes que l'on met sur tige de fer et dont on se sert surtout dans les jardins botaniques. (Voir aussi le paragr. xi, chap. IV.)

XIX. — Les thermomètres et leur utilisation.

Le thermomètre, dont il existe plusieurs genres, est un instrument de premier ordre qui sert à mesurer la température, et que l'on doit avoir dans les jardins et dans les serres. Le thermomètre qui, en France, est divisé en degrés centigrades, se compose d'un tube de verre, complètement fermé et qui contient de l'alcool teinté dans ceux à bon marché ou du mercure dans ceux d'un prix plus élevé. Ce tube est fixé sur une tablette verticale, en faïence, en bois ou en métal, sur laquelle est gravée une échelle divisée en degrés de cette façon : 0 est le point de congélation de l'eau et 100 celui de l'ébullition ; l'espace réservé entre eux est divisé en 100 degrés représentés par les chiffres 1 à 100. Cette même échelle de graduation est appliquée au-dessous du zéro. C'est pour cela que l'on dit que la température est à tant de degrés au-dessous de zéro, pour indiquer le degré de froid, et de tant au-dessus pour le degré de chaleur.

Le thermomètre *maxima* et *minima* réglé de la même façon est le plus pratique. Il se compose d'un tube de verre recourbé deux fois et formant trois branches verticales. Le mercure se trouve dans la branche du milieu et se prolonge en descendant dans l'une des deux branches en fixant le degré *minima* ou en montant dans l'autre et en fixant le degré *maxima*, en poussant ainsi dans l'un ou l'autre sens l'une des deux petites tigelles de métal, jusqu'au point le plus haut ou le plus bas, tigelle qui reste à ce point, en indiquant le degré de chaleur ou de froid. Ces tigelles doivent pour une nouvelle constatation être remises journellement en contact avec le mercure à l'aide d'un aimant toujours fourni avec le thermomètre.

Signalons aussi le thermomètre *à minima*, moins pratique et le thermomètre *de fond* ou *de couches*, qui se compose d'un tube de verre enclavé dans une tige métallique munie d'une douille fixe que l'on enfonce dans la couche pour en avoir la température ; et, enfin, le *thermomètre enregistreur*, mû par un mouvement d'horlogerie et dont une tige terminée par une pointe encrée fixe les variations de température sur un cylindre en papier.

Jardinage.

CHAPITRE XLVIII

NOTIONS SUR L'OBTENTION DES BONNES GRAINES DES PLANTES D'ORNEMENT

I. Choix des porte-graines. — II. Plantation des portes-graines. — III. Épuration. — IV. Soins. — V. Sélection. — VI. Culture sous abris. — VII. Récolte des graines. — VIII. Choix des graines sur les porte-graines. — IX. Observations relatives à quelques plantes d'ornement. — X. Autres plantes. — XI. Possibilité d'obtenir des nouvelles variétés de graines produites par des plantes ayant subi l'influence du greffage.

Bien que l'on puisse se fournir de bonnes graines dans la majorité des maisons spéciales il y a, dans bien des cas avantage à produire ses graines soi-même. J'ai déjà, au chap. VI « *La graine et la fécondation* », p. 72, donné des explications générales sur le choix et la récolte des graines et il a été question de ce sujet dans la partie « *Culture potagère* », chap. XIII, p. 234, pour ce qui concerne plus spécialement les légumes. Enfin à chacune des plantes principales des indications les concernant ont été données succintement. Cependant, je crois bon de compléter ce qui a déjà été dit à ces différents chapitres, en ce qui concerne l'obtention des graines dans les cultures d'ornement, tant je trouve que cela a une grande importance. Car, savoir obtenir des graines de choix provenant de sujets sélectionnés est une grande qualité, puisque cela non seulement évite les funestes conséquences de l'atavisme et de la dégénérescence, mais amène des améliorations dans certains types et la perfection dans d'autres, tout en évitant de cultiver inutilement des plantes de second choix.

J'ai déjà dit, en parlant de la fécondation croisée et de ce qui en résultait, les soins que l'on devait prendre dans le sélectionnement des plantes de semis en général (page 73 à 80) ; je ne répéterai pas ce que j'ai dit à cet effet et j'engage donc mes lecteurs à se reporter à ce chapitre.

Lorsque l'on possède de bonnes races et variétés, il faut les conserver pures et les améliorer si possible ; pour cela les opérations suivantes sont d'autant plus nécessaires que l'on a affaire à des plantes riches en variétés.

I. — Choix des porte-graines.

Dans chaque espèce, race ou variété[1] on doit choisir comme producteurs des sujets représentant parfaitement les formes qui la caractérise et qui sont sains et vigoureux au feuillage ample et bien coloré, s'il s'agit de plantes à feuilles ornementales ; sains, vigoureux, très florifères, aux fleurs parfaitement conformées et nettement colorées, s'il s'agit de plantes florales.

II. — Plantation des porte-graines.

La plantation des sujets appartenant à diverses races ou variétés d'une espèce peut, sans aucun danger, être faite dans une même portion de terrain si ces plantes ne jouent pas ; ou bien, si on veut favoriser l'entrecroisement entre divers types d'une même race ou d'une même variété.

Au contraire il faut avoir très grand soin d'effectuer la plantation des plantes qui jouent avec une très grande facilité à une assez grande distance les unes des autres, car le résultat est plutôt médiocre, à cause du mélange des coloris, qui gagnent à être conservés purs, des formes, etc.

Il faut surtout éviter que les plantes se trouvent auprès d'autres de même genre ou espèce de valeur inférieure et surtout des types sauvages, de tels rapprochements étant cause d'effets désastreux.

Dans les plantes comme les Giroflées, dont les individus à fleurs doubles ne donnent pas de graines, il faut avoir soin d'intercaler dans les plantations parmi ces fleurs doubles

---

1. Voir aussi le chap. VI « *La graine et la fécondation* », au paragr. VIII « *La récolte des graines* », page 78.

qui sont stériles, des sujets à fleurs simples, qui sont les producteurs.

Pour les plantes annuelles améliorées par la culture, il y a lieu de faire le moins possible de semis en place, mais au contraire de multiplier les transplantations dans un sol très fertile, ce qui a pour but de faire développer un nombreux chevelu et d'éviter ainsi certains fâcheux effets du retour au type sauvage ou primitif.

III. — Épuration.

L'épuration n'a vraiment raison d'être que lorsque les sujets porte-graines n'ont pas été choisis préalablement. Il arrive, en effet, que l'on repique une planche de mêmes plantes pour la production des graines. Il faut, au premier indice de feuillage et de floraison, supprimer impitoyablement les sujets inférieurs.

Il ne faut pas admettre comme porte-graines et rejeter impitoyablement les individus des plantes bisannuelles qui à la première végétation fleurissent en quantité et donnent des graines. Ainsi il ne convient pas de récolter des graines en automne sur des : Pensées, Giroflées, etc., qui, semées en juillet, fleuriraient à temps pour mûrir leurs graines. Encore moins ne doit-on pas en récolter sur les plantes qui, comme les Myosotis et les Silènes, n'ont pas une floraison continue pendant une partie de l'année et disparaissent généralement après leur floraison. Ce pourrait être là un fâcheux cas de dégénérescence.

Au contraire on doit conserver et récolter des graines sur des individus de plantes annuelles qui, semés à l'automne, ont passé l'hiver, parce qu'ils sont préférables dans ce cas à ceux provenant d'un semis de printemps, cette particularité étant un indice d'acheminement vers une plus grande rusticité.

IV. — Soins.

Les soins dans la culture des porte-graines ne doivent pas être négligés et sont les mêmes que ceux appliqués dans les cultures. Le tuteurage a, dans bien des cas, une grande importance, car il importe qu'après la défloraison la maturité des graines se fasse d'une façon parfaite.

La culture doit d'ailleurs en être faite dans un sol riche et la végétation doit être robuste et se faire sans arrêt dès le début. S'il est nécessaire d'arroser pour favoriser la végétation, il faut diminuer les arrosages dès l'approche immédiate de la floraison.

Il est bon, dans la majorité des cas, d'appliquer un ou plusieurs pincements aux porte-graines, notamment dès que la floraison est commencée et que le nombre de fleurs prévu est suffisant, en supprimant celles qui sont en trop. Ces pincements, en concentrant la sève sur un nombre restreint de fleurs, permettent d'avoir des graines mieux conformées, plus nourries et arrivant plus vite à maturité.

V. — Sélection.

Si des individus ou seulement des fleurs sont remarquables par leur beauté, il faut les marquer et faire la récolte des graines à part. C'est ainsi que l'on arrive à obtenir diverses améliorations.

Les graines ainsi obtenues donneront des sujets dont les meilleurs seront eux-mêmes choisis pour la reproduction; et cela plusieurs années de suite. Tout est là dans le perfectionnement de la majorité des plantes.

Si des fleurs s'épanouissent plus hâtivement que d'autres sur le même pied, on doit évidemment les choisir si cela est susceptible d'être une qualité pour cette plante; car on peut être assuré que des graines qu'elles produisent naîtront des sujets dont la floraison, chez la plupart, sera plus hâtive que celle des individus provenant de graines récoltées sur les fleurs s'étant épanouies plus tardivement.

Une plante présente-t-elle des caractères de nanification ou un acheminement vers une autre forme plus parfaite ou désirable, il faut en récolter la graine à part.

Dans bien des cas, si une plante présente naturellement, une amélioration ou seulement une distinction, soit par son aspect, soit par sa floraison, il faut la déplanter avec soin, la planter dans une autre partie du jardin, quelquefois la couvrir avec une cloche ou la mettre sous châssis pour éviter une auto-fécondation avec ses congénères ce qui pourrait être néfaste. Les sujets provenant des graines récoltées sur cette plante sont étudiés les années suivantes.

VI. — Culture sous abris.

Beaucoup de plantes, bien qu'elles grainent en plein air, gagnent à être cultivées en pots sous châssis, en serre, ou sous abris, indépendamment de celles qu'on doit y cultiver de par leur nature. Il est ainsi rendu plus facile de les soigner, de les épurer et on obtient de meilleurs produits. Parmi celles-ci signalons les : *Begonia, Pelargonium, Canna*, Giroflée, *Petunia*, Œillet, Balsamine du Sultan, etc. (Voir le chap. XLIII, paragr. VIII.)

VII. — Récolte des graines.

La récolte des graines doit se faire à la parfaite maturité de celles-ci. Des indications générales sont données à ce sujet au chap. VI, paragr. VIII et IX. Je les compléterai cependant par les données ci-dessous concernant les plantes d'ornement. Au fur et à mesure que les graines mûrissent, il faut les récolter (la décoloration des enveloppes est un indice du commencement de maturité). Pour beaucoup d'espèces dont la semence s'égraine facilement : Pensée, Balsamine, Réséda, Phlox de Drummond, etc., il faut en effectuer la cueillette au fur et à mesure de la maturité. Pour d'autres dont la totalité mûrit à peu de distance et dont les enveloppes ne s'ouvrent pas aussi vite, comme c'est le cas pour les : Giroflées, Zinnia, etc., on coupe les tiges dès que les dernières sont mûres.

Dans le premier cas les enveloppes sont étendues sur un papier et dans le second on fait la même chose, ou bien les tiges sont suspendues par petites bottes en les entourant, par prudence, d'une feuille de papier pour que, si la graine tombe, elle ne se perde pas. On doit placer le tout dans un endroit sec, à l'ombre, et à l'abri des rongeurs, jusqu'à dessication complète.

Ceci fait, les graines sont séparées de leurs enveloppes, nettoyées, puis mises dans des sacs en toile ou en papier portant, leurs noms, la date de la récolte, l'année, et s'il y a lieu des renseignements complémentaires sur la fécondation, les noms des plantes croisées, etc.

VIII. — Choix des graines sur les porte-graines.

Ce choix n'est pas toujours absolument nécessaire; mais il est bon dans la majorité des cas de prendre celles des fleurs les mieux conformées et les plus belles. Les fleurs des tiges centrales des : Reine-Marguerite, *Zinnia*, *Petunia*, *Begonia*, etc., qui s'épanouissent les premières; les fleurs les plus grandes et également les premières dans les : Pensée, Balsamine, Œillet, etc., ne donnent peut-être pas de meilleures graines que celles qui s'épanouissent en dernier sur les petites ramifications latérales ou inférieures, mais cette graine est évidemment d'un meilleur choix; elle est plus belle et, entre autre, tire sa supériorité de sa maturité plus parfaite, parce qu'elle est plus hâtive.

Il est évident que si l'on voulait créer une variété ou une race dont la floraison soit plus tardive, il y aurait lieu de ne tenir compte de ces observations que relativement et de n'accorder la préférence qu'aux seules graines venant à maturité et provenant de fleurs épanouies en dernier, mais cependant parfaites comme forme.

Ce fait de la supériorité des graines provenant des seules fleurs nées sur les tiges supérieures n'est que général, car, et nous en avons un exemple pour les fleurs dans la Balsamine, les meilleures graines sont celles produites par les fleurs inférieures; il est vrai que ces fleurs sont les mieux conformées et les premières épanouies, ce qui, en quelque sorte, revient au même.

Pour les fleurs qui s'épanouissent en grappe, ce sont ordinairement celles du centre de la grappe qu'il faut choisir, parce qu'elles produisent généralement des graines mieux conformées. Il en est de même pour les fruits en gousses ou siliques : c'est au centre de celles-ci que se trouvent les graines reproduisant plus fidèlement le type. Ce fait a été observé plusieurs fois et trouve son application pour l'obtention des graines de Giroflées reproduisant le plus de fleurs doubles. Joigneaux consigne d'ailleurs ceci dans ses applications à certaines plantes légumières de la famille des Légumineuses.

IX. — Observations relatives à quelques plantes d'ornement.

Je veux compléter ces données générales par quelques détails concernant plus particulièrement quelques-unes des **plantes cultivées.**

Amarante Crête-de-coq. — Pour obtenir des variétés pures, ne conserver que des tiges ou crêtes bien garnies et dont la forme soit parfaite. Cette plante ayant une tendance à dégénérer, la sélection doit en être rigoureuse.

Balsamine. — Plante dont l'épuration présente quelques difficultés. Les différents types doivent être bien tenus dès la première floraison. Faire la cueillette au fur et à mesure de la maturité.

Bégonia. — Pour les *Begonia bulbeux hybrides à grandes fleurs*, ne prendre la graine que sur ceux qui sont bien caractérisés en choisissant les fruits provenant des fleurs les plus belles et les mieux colorées. Pour ceux à fleurs doubles faire le même choix, féconder les fleurs simples avec le pollen des fleurs doubles et ne recueillir que les graines provenant des fleurs fécondées.

Quant aux *B. toujours fleuris*, dont certains sont remarquables par la coloration du feuillage ou des fleurs et par le port, éviter de récolter des graines sur des sujets peu caractérisés. Pour tous les *Begonia* isoler soigneusement ceux qui sont remarquables, car ils jouent facilement, et ne pas craindre de faire intervenir la fécondation croisée. Mettre les plus beaux pieds sous abri.

Campanule. — Les *Campanules à grosses fleurs calycanthème*, principalement, jouent assez facilement; marquer les plus beaux pieds et les belles fleurs et ne récolter la graine que sur celles-ci.

Canna. — Récolter la graine seulement sur les plus beaux types en choisissant de préférence les fleurs parfaites et les plus hâtivement épanouies. Cueillir les graines dès leur maturité et mettre à part les premières récoltées.

Capucine. — Ce qu'il faut surtout observer, ce sont les coloris des fleurs et les couleurs du feuillage, car il y a plusieurs espèces distinctes, les naines et les grimpantes ou grandes. L'obtention des graines est très facile.

Chrysanthème annuel. — La sélection doit être très rigoureuse pour ces plantes, et les doubles sont très difficiles à obtenir. Le *C. des jardins* est assez stable et graine très facilement; mais les *C. à carène* réclament une grande attention, car dans cette série sont renfermés deux types distincts le *C. tricolor* et le *C. de Burridge* qui jouent très facilement.

Cinéraire hybride. — Voir ce qui est dit au sujet de cette plante p. 694, tandis que les variétés grandes doivent avoir l'inflorescence bien dégagée d'un feuillage ample et des fleurs de coloris bien tranchés et vifs; aux zones nettement marquées, pour celles de cette catégorie, en s'attachant à améliorer et à bien fixer les tons bleus, les variétés de la race Caulier doivent être maintenues naines en s'attachant aux types dont les fleurs sont d'un coloris pâle et atténué surtout dans les tons vieux rose.

Coloquinte d'ornement. — Plantes qu'il faut avoir soumises à l'épuration en les éloignant les unes des autres, si l'on veut récolter des graines pures, car elles se croisent avec la plus grande facilité. On doit récolter les fruits au fur et à mesure de leur maturité.

Coréopsis. — Il faut s'attacher à ne récolter la graine que sur les plantes qui ne sont pas dégingandées et dont les fleurs sont grandes et nettement colorées.

Dahlia. — C'est sur les Dahlias simples que l'on récolte couramment de la graine. Ils jouent beaucoup et les fécondations naturelles ne sont pas toujours à l'avantage des beaux gains, qui dégénèrent ainsi. Lorsqu'on possède quelques belles variétés de Dahlias, il faut les planter à part et ne récolter la graine que sur les belles fleurs. Plus la floraison d'un Dahlia est naturellement hâtive, mieux cela vaut; aussi faut-il réserver les graines des premières belles fleurs épanouies, cueillir cette graine dès sa maturité et la mettre à part de celle qui aura mûri plus tard.

Giroflée. — Les Giroflées sont cultivées en grandes quantités. La *G. Quarantaine*, la *G. Quarantaine à grandes fleurs*, qui diffère de la première par la dimension de la fleur, la grandeur du feuillage et la longueur de la tige; la *G. Kiris*, la *G. Victoria* et la *G. Quarantaine parisienne*. Pour l'obtention des graines il est nécessaire de vérifier les diverses plantes cultivées, de les classer d'abord par types en observant les coloris et d'intercaler entre les plantes à fleurs doubles, d'autres à fleurs simples qui porteront des graines. La culture en pots donne des résultats bien meilleurs que la culture en pleine terre pour le pourcentage des individus à fleurs doubles obtenus.

Godetia. — Lors de l'épuration, observer la hauteur de la plante, sa forme, son coloris, de façon à éviter de malencontreux croisements. Les Godetias se sèment sur place.

Héliotrope. — Il existe de belles variétés d'Héliotrope que l'on multiplie aussi bien par semis que par boutures, notamment la race obtenue par Lemoine. Il ne faut récolter la graine que sur les plantes très florifères donnant de volumineuses ombelles; encore ne faut-il prendre que celles dont les fleurs sont grandes, franchement colorées, s'épanouissant régulièrement et très odorantes. Cueillir la graine au fur et à mesure de sa maturité et mettre à part la plus hâtive.

Immortelle. — Pour les *I. à bractées*, sélectionner soigneusement celles à fleurs bien doubles et bien conformées, à floraison hâtive; éliminer celles dont on voit trop le cœur et si l'on veut avoir de beaux coloris; planter les jaunes à part car l'action fécondante en est très rapide; dans un même carré planté de plusieurs coloris distincts elles donnent toujours plus de graines d'individus de cette sorte par suite de cette fécondation. Ne pas mélanger les variétés naines avec les autres. Distancer les différents coloris si l'on veut en faire la récolte à part et avoir des produits purs. S'attacher à récolter la graine sur les fleurs les mieux conformées et les plus hâtives dès leur maturité.

Mêmes observations pour l'*Immortelle annuelle*, sauf ici que c'est le coloris violet qu'il faut éviter de mélanger avec les autres, et qu'on peut récolter les graines des fleurs demi-doubles, qui sont jolies.

Lobelia. — Il faut apporter beaucoup d'attention dans le choix des porte-graines, afin de reproduire des variétés pures. Le port de la plante, le coloris des fleurs et celui des feuilles doivent être rigoureusement observés.

Mimule. — Choisir principalement les pieds les mieux ramifiés et dont les fleurs épanouies de bonne heure soient grandes et bien colorées. Récolter d'abord la graine des premières fleurs.

Myosotis. — On obtient la graine de ces plantes avec facilité; pour la récolte observer le port de la plante et la couleur des fleurs et récolter surtout des graines sur les pieds de floraison hâtive et soutenue.

Œillet. — Ces plantes sont de celles que l'on cultive en grande quantité et qui se reproduisent bien.

Les Œillets *de Chine*, les Œ. *de Chine à fleurs doubles*; surtout pour ce dernier on doit récolter la graine à deux reprises différentes; dans les Œ. *doubles nains* supprimer ceux qui s'élanceraient trop au-dessus des autres; quant aux Œ. *Heddewig* et Œ. *Reine de l'Orient*, choisir principalement ceux bien formés et ayant de beaux coloris. Parfois des épurations rigoureuses sont nécessaires pour obtenir des races pures.

Pâquerette. — Choisir dans les Pâquerettes les pieds présentant des fleurs bien pleines et grandes, isoler ces pieds des autres et surtout pour les *P. à fleurs blanches* et les *P. à fleurs rouges*, ne pas les planter à proximité d'autres. Récolter de préférence la graine des seules fleurs — généralement les premières épanouies — bien conformées et sans tendance à laisser voir le centre jaune.

Pelargonium zonale. — Pour obtenir de belles choses, user de la fécondation artificielle. Ne conserver qu'un certain nombre d'ombelles pour la fructification, toujours les plus belles, et supprimer les malingres et celles d'une mauvaise forme ou s'épanouissant trop tard. Eviter les coloris indécis. Marquer chacune des ombelles dont les fleurs ont été fécondées ou non, et récolter la graine séparément.

Pensée. — Cette plante ayant une tendance à dégénérer, il faut que la sélection soit faite sévèrement afin de reproduire des plantes d'un type pur.

Ces plantes sont très cultivées; la variété *panachée* et *striée* dégénère facilement, la *P. Trimardeau, à grandes fleurs*, a les pétales arrondis, ce qui étend la fleur en largeur; la *P. Parisienne à grande fleur* a les pétales allongés, ce qui l'agrandit.

Il ne faut donc récolter la graine que sur des plantes ayant des coloris purs, foncés ou très francs; la *P. à grandes macules* appelée aussi *Pensée à cinq macules*, à cause des marques régulières qui se trouvent sur tous les pétales. Les masques doivent être réguliers, mais si les plantes commencent à se dégrader il ne faut pas les conserver. Récolter la graine autant que possible, au fur et à mesure de sa maturité, et donner la préférence à celle provenant des premières belles fleurs.

Pétunia. — Pour la récolte des graines on doit procéder avec beaucoup d'attention, car ces plantes sont comme les Pensées; elles ont une tendance à pâlir. On récoltera donc les graines sur les plantes à fleurs panachées et lignées dont le coloris soit foncé de préférence.

Excepté le *P. blanc*, on doit s'abstenir de récolter sur des pieds de couleurs trop pâles.

Phlox de Drummond. — On reproduit assez facilement cette plante, en ayant soin de prendre comme porte-graines les coloris foncés. Pour que la réussite soit assurée, il faut procéder à la sélection avec sévérité en déterminant bien les types.

Ces plantes fleurissent beaucoup; le *P. de Drummond*, le *P. de D. à grandes fleurs* et le *P. de D. nain* sont issus de cette première espèce; quant au *P. frangé* et au *P. cuspidé*, ils sont difficiles à conserver et l'on n'y parvient qu'en y apportant beaucoup d'attention; il en est de même pour le *P. double*.

Pois de senteur. — Pour obtenir des coloris purs il faut, au moment de la floraison, arracher les pieds dont le coloris diffère. Cette plante est facile à cultiver, mais il faut bien choisir les porte-graines.

Primevère. — Dans les diverses races de *P. de Chine*, mettre à part les pieds les mieux caractérisés, éviter les résultats d'une mauvaise fécondation en isolant les pieds sous châssis ou en serre. Tenir compte autant du caractère du feuillage, que de celui des fleurs. Ne pas oublier que **les hampes florales doivent être rigides et parfaitement érigées.**

Eviter la trop grande multiplicité des inflorescences sur un même pied et sélectionner également celles-ci. Il en est de même pour la *P. obconique* où avec les dernières variétés il importe de rechercher les types à grandes fleurs d'une nuance assez intense et plus vive si possible.

Reine-Marguerite. — Quand les porte-graines sont purs, cette plante se reproduit fort bien ; mais il y a une telle quantité de races aux types différents, qu'il est facile de commettre une erreur. Pour distinguer les types les uns des autres, il faut les suivre avec assiduité, établir des cultures afin d'en étudier les coloris.

La R.-M. *à fleur de Pivoine* se maintient difficilement; d'après ceci, elle doit être sélectionnée sévèrement.

Réséda. — Suivant sa nature on le cultive en pleine terre ou en pots. Le *R. amélioré* (*R. amélioré Machet*) est un de ceux que l'on cultive ordinairement; la variété odorante à *grandes fleurs* se sème sur place, la culture en est très facile.

Pour la reproduction ne choisir que des épis un peu allongés, renflés, odorants sur des plantes bien ramifiées et dont le port ne soit pas trop élancé; ne conserver aussi que les pieds portant des fleurs rouges ou bien orangées.

Silène. — Plante jouant très facilement et revenant au type; bien isoler les porte-graines dans chaque variété, avoir soin de bien s'attacher à la sélection des variétés naines au feuillage et aux fleurs bien colorées; la même chose pour les variétés de taille ordinaire à feuilles et à fleurs rouges, qui, sans une parfaite sélection, donneraient des individus à feuillage grisâtre et aux fleurs rose pâle. Choisir de préférence les premières graines mûres afin d'avoir une floraison plus hâtive.

Tagète Œillet d'Inde. — Bien choisir les plantes de grandeur ordinaire ou naines à fleurs bien colorées et parfaitement érigées au-dessus d'un feuillage robuste. Épurer soigneusement les plantes destinées à être porte-graines et évincer les coloris indécis mélangés aux coloris purs, principalement en ce qui concerne la si jolie variété *Légion d'honneur*. Récolter la graine sur les premières fleurs et dans les variétés naines sur les types les plus compacts.

Verveine. — L'épuration de cette plante est très facile et on peut toujours avoir de bons porte-graines en réservant de beaux types. La *V. hybride* est la plante par excellence; sa fleur est grande et unicolore, sauf le jaune on y voit tous les coloris. La variété italienne a la fleur panachée et striée; quant à la *V. à fleur d'Auricule*, elle possède un œil blanc au milieu. Ce sont ces deux derniers types qu'il est plus difficile de maintenir purs; aussi la sélection doit-elle être sévère.

Quelques bonnes variétés grainent peu, notamment : *Aurore boréale* et *Commandant Marchand*, aussi est-il nécessaire de réserver toutes les inflorescences portant des fleurs fécondées.

Zinnia. — Afin de reproduire des variétés pures, on doit procéder à une sélection rigoureuse; ainsi, durant le temps de la floraison il faut avoir soin d'arracher les plantes dégénérées, les simples qui toujours se propagent vite. Les fleurs sont de formes très diverses, elles sont plates, bombées, ou coniques; ceci pour les grands; quant aux *Z. nains*, ils ont la fleur aplatie ou bombée. Les *Z. panachés* et *striés* sont très jolis; mais ils se conservent très difficilement; il faut donc, pour les reproduire fidèlement, procéder à des épurations très sévères.

X. — Autres plantes.

Les quelques indications que je viens de donner sont applicables à la majorité des autres plantes. L'amateur et le jardinier qui tiennent à récolter eux-mêmes leurs graines des plantes de mérite qu'ils possèdent ne seront jamais — et j'insiste sur ce mot : jamais — assez sévères dans le choix des porte-graines et sur le choix des fleurs devant donner les graines, ce qu'on néglige parfois. Pourtant, plus l'épuration des sujets et des graines sera portée à un plus haut degré, plus ils pourront être assurés de la supériorité des produits qui résulteront d'une sélection rigoureusement et judicieusement faite.

XI. — Possibilité d'obtenir de nouvelles variétés de graines produites par des plantes ayant subi l'influence du greffage.

N'en déplaise aux esprits routiniers, le greffage peut non

seulement produire spontanément des bourgeons, feuilles, fleurs et fruits ayant un caractère différent et par conséquent pouvant constituer une espèce ou une variété nouvelle (voir le chap. VI, parag. XIII), en greffant de nouveau ou en bouturant les rameaux influencés; mais encore certains individus greffés, principalement les plantes herbacées, produisent des graines qui, étant semées, donnent naissance à des types nouveaux tout comme si les fleurs qui les ont données avaient été fécondées. Cela résulte des travaux et expériences, que M. Daniel a faits et qu'il a consignés dans son très intéressant ouvrage : « *La variation dans la greffe et l'hérédité des caractères acquis* », Paris, 1899.

Les espèces, variétés, hybrides, ainsi obtenus ont botaniquement la même valeur que les sujets obtenus par la fécondation croisée (voir le chap. VI, parag. III à VII). Pourquoi, d'ailleurs, cela ne serait-il pas admis par les botanistes se tenant au courant de la science et ne se renfermant pas dans une théorie surannée et infirmée par les faits?

Aussi je me rallie à l'opinion de M. Daniel, opinion qui se trouve confirmée par les résultats : « Que la greffe devient propre à la *création directe et raisonnée de variétés nouvelles*, en déterminant une variation que l'on serait impuissant à obtenir par d'autres moyens ». Mais, il faut que le greffage soit raisonné et que l'on tienne compte des affinités entre les individus (voir le chap. X, parag. II). Lire à ce sujet l'ouvrage de M. Daniel pour de plus longs détails.

CHAPITRE XLIX

CULTURE FORCÉE ET AVANCÉE DES PLANTES A FLEURS

I. Arbustes et arbrisseaux divers. — II. Rosier. — III. Plantes bulbeuses et rhizomateuses. — IV. Lis. — V. *Hoteia japonica* et *Spiræa astilboides floribunda*. — VI. Muguet. — VII. Digitale. — VIII. Violette et Corbeille d'argent à fleurs doubles. — IX. Forçage de rameaux coupés, d'arbres et d'arbustes. — X. Forçage de rameaux coupés de *Mimosa dealbata*. — XI. Traitement des plantes et des fleurs forcées.

Le besoin d'avoir sans cesse des fleurs a, depuis un certain nombre d'années, fait augmenter considérablement les cultures forcées des plantes à fleurs, afin de les amener à épanouir celles-ci pendant la saison où la nature en est le moins prodigue. J'examinerai, bien entendu cette question dans le cadre restreint dont je ne puis m'écarter, car il faudrait tout un livre spécial, et un gros pour pouvoir s'étendre un peu en détail. Les végétaux qui se prêtent facilement au forçage sont principalement les arbustes et arbrisseaux d'une part, les plantes bulbeuses et rhizomateuses, vivaces et annuelles, d'autre part; et, enfin les rameaux coupés de certains arbustes à floraison hâtive dont les boutons sont formés avant l'hiver. Je ne considère pas dans l'une de ces deux séries certaines plantes : Cinéraires, Primevères, qui, par la culture qui leur est appliquée, fleurissent l'hiver en serre et dans l'appartement, car ce n'est pas précisément de la culture forcée.

N'importe quelle plante que l'on veut forcer et en obtenir de bons résultats doit être préparée à l'avance. Des pépiniéristes et horticulteurs cultivent chaque année à cet effet des milliers de sujets. Vouloir en préparer soi-même est chose peu pratique dans bien des cas; peu de personnes le font du reste, et il faut mieux acheter des plantes préparées spécialement pour le forçage; on est plus sûr d'avoir moins d'échecs à subir.

I. — Arbustes et arbrisseaux divers.

MM. René et Marcel Moser ont publié en 1895, dans « *Le Jardin* », un article très intéressant sur le forçage des arbustes d'un lot exposé par cette maison, qui donne de très bonnes indications et je ne saurais mieux faire que de le reproduire en partie.

« Pour obtenir un bon résultat, il faut que les plantes cultivées en pots, comme les Glycines de Chine, soient rempotées un an à l'avance. Pour toutes les autres plantes, Magnolias, Rhododendrons, Azalées, Lilas, etc., se levant facilement en motte, la mise en pots ou en paniers doit être faite dans le courant de septembre précédant le forçage. Le choix des sujets ne doit pas être laissé au hasard; il faut soigneusement choisir des plantes bien saines, ayant en quantité suffisante de beaux et bons boutons bien formés. Le choix est fait, les plantes rempotées, celles-ci doivent être mises à l'abri des intempéries, soit dans une serre, dans une orangerie ou sous châssis, soit dans tout autre endroit éclairé et aéré où la température ne descend pas au dessous de zéro.

Au pis aller, lorsqu'on manque d'emplacement, on peut enterrer les plantes au pied d'un mur en construisant au-dessus d'elles un abri qu'on couvre avec de la paille ou de la fougère sèche.

L'époque à laquelle on doit commencer le forçage varie selon les genres et les espèces. Nous donnons ci-dessous la liste des plantes et le nombre de jours qui a été nécessaire pour les amener à floraison. D'après elle, il sera facile, de déterminer pour chaque plante l'époque à laquelle il faudra commencer le forçage. Cette année, la température a été on ne peut plus défavorable; il va de soi que dans une saison plus clémente on pourrait gagner quelques jours. Durant cette période la température s'étant abaissée plusieurs fois jusqu'à 17 degrés, il est arrivé que le matin le thermomètre ne marquait plus que 5 degrés au-dessus.

Le forçage a été commencé dans les serres bien éclairées, avec une température de 12 à 15 degrés centigrades, graduellement augmentée jusqu'à 20 à 25 degrés, exception faite pour les *Andromeda japonica*, qui ont été soumis à une température de 10 à 12 degrés; avec une chaleur plus grande, ces plantes réussissant mal.

« Durant le forçage, les plantes doivent jouir de la plus grande somme possible de soleil, ou, à son défaut, de lumière. Les paillassons couvrant les serres doivent être levés au jour et baissés à la nuit. Chaque fois que le temps le permet il faut renouveler l'air de la serre : les fleurs y gagnent du coloris et de la consistance. — Jusqu'à l'apparition des premières fleurs, à part l'arrosage en temps utile, il n'y a d'autres soins à donner que deux bassinages par jour, bassinages plus ou moins abondants selon l'état de la température de la serre. Il est urgent aussi, de tourner les plantes, de temps à autre, pour que toutes leurs faces soient également exposées à la lumière. Au fur et à mesure que les fleurs commencent à s'épanouir, les bassinages sur les plantes doivent cesser. L'humidité nécessaire pour la saturation de l'atmosphère est alors obtenue par le bassinage des sentiers.

« Quatre ou cinq jours avant le transport des plantes à l'exposition, la température de la serre a été ramenée graduellement à 7 ou 8 degrés, afin que les fleurs puissent se raffermir, voyager et arriver à bon port.

« Le lot exposé comprenait aussi quelques *Erica herbacea alba* et *rosea* en fleurs qui n'avaient subi aucun forçage. Ces plantes avaient été arrachées fleuries dans la pépinière. En effet, ces charmantes plantes, originaires du Spitzberg, fleurissent naturellement de janvier à avril, et leurs fleurs ne sont détériorées ni par la neige, ni par les froids. Ce sont des plantes précieuses qu'on emploie pour les bordures de massifs de Rhododendrons et aussi pour garnir les poches des rochers artificiels de nos jardins. » Voici la liste des plantes forcées exposées avec le nombre de jours de la mise en végétation à la floraison :

Azalées à feuilles caduques : Azalea mollis et variétés, *A. pontica*, de 40 à 50 jours.

Azalées à feuillage persistant : *Azalea amœna, A. Caldwelli, A. grandiflora, A. Mrs Carmichael, A. obtusa, A. pulchella rosea, A. barbata, A. beati rosea, A. dulcis major, A. liliflora, A. Reine des Pays-Bas, A. vittata* et les diverses variétés (voir p. 672) de 30 à 45 jours.

Rhododendrons : *Altaclarens, Boule de neige, caucasicum carmineum, Impératrice Eugénie, niveum, roseum, Chevalier Félix Sauvage, Cunningham White, delicati, Early gem, Mme Émile Bertin, Mme Wagner, Prince Camille de Rohan, rubescens, Sir John Brought, Sir Robert Peel, Vesuvius* (de 20 à 55 jours.)

Certaines variétés à floraison plus hâtive, tel le *R. à fleurs carminées* (*R. carmineum*), ne demandent que 10 jours, et le *R. Early gem* 12 jours.

Glycine de Chine, 45 jours; *Lilas*, variétés à fleurs simples, 25 jours; à fleurs doubles, 30 jours; *Magnolia Alexandrina*, 20 jours; *M. Halleana*, 18 jours; *M. Lennei*, 25 jours; *M. Soulangeana*, 20 jours; *M. Yulan*, 18 jours; *Robinier hispide* (*Robinia hispida*), 50 jours; *Staphylier de Colchique* (*Staphylea colchica*), 30 jours; *Andromeda japonica*, 50 jours (cette espèce forcée en serre froide de 10 à 12 degrés).

Une foule d'autres arbustes, et non des moins méritants, se prêtent également au forçage. Ce sont, en général, tous les arbustes à floraison printanière tels que :

Amygdalopsis Lindleyi, Amandier à fleurs doubles (*Amygdalus persica flore pleno*), *Cognassier du Japon, Cytise faux Ebénier, Deutzia gracieux* (*D. gracilis*), *Exochorda grandiflora, Forsythia de Fortune, Genêt à fleurs blanches, G. d'André. G. scoparia, Hydrangea Hortensia* et autres, *Pommier baccifère à fleurs doubles* (*Malus baccata flore pleno*), *Prunier de Chine à fleurs doubles blanches et roses* (*Prunus sinensis flore alba et roseo pleno*), *Pivoine en arbre* (*Pæonia arborea*), *Groseillier sanguin, Spirées diverses* (*Spiræa Bumalda, S. Thunbergi, S. Reevesiana flore pleno*), *Pêchers de Chine à fleurs doubles variés, Boule de neige* (*Viburnum Opulus sterilis*), *Xanthoceras sorbifolia, Kalmia latifolia*.

Quelques mots au sujet du forçage des *Lilas*. Dans la plupart des cas on vise principalement l'obtention du Lilas blanc. Il faut les forcer dans l'obscurité; lorsqu'on ne possède pas de serres spéciales, il suffit d'aménager le dessous des tablettes, ou d'une partie des tablettes, dans une serre tempérée, en creusant un fossé dont on peut maçonner les parois, assez profondément pour que l'on puisse librement y faire pénétrer les touffes de Lilas. On clôt le tout par des volets en bois adaptés le long des tablettes, et que l'on peut glisser ou ouvrir à volonté, pour donner les soins journaliers d'arrosages, bassinages, etc., pour placer les touffes simplement en mottes, ou bien en pots et en faire la cueillette.

Les tuyaux de chauffage qui passent sous cette tablette fournissent une chaleur concentrée et humide, très favorable à une bonne floraison.

II. — Rosier.

Les Rosiers sont également parmi les végétaux que l'on force couramment, en assez grande quantité, et je crois bon de donner quelques indications spéciales à ce sujet.

On peut les forcer soit en pots, soit en pleine terre. Le premier cas est surtout applicable pour la vente des Rosiers en potée et pour les amateurs; le second, pour la fleur coupée en grand; nous ne nous occuperons pas de cette dernière culture, qui est surtout du ressort des spécialistes.

Comme pour les autres arbustes, il ne faut forcer que des Rosiers robustes qui ont été soignés à cet effet. Bien souvent on les achète chez des rosiéristes qui en préparent de grandes quantités à cet effet; mais on peut aussi les préparer un an ou deux à l'avance, en les taillant assez court pour n'avoir qu'un petit nombre de rameaux, qui tous doivent être vigoureux. A l'automne ou au printemps qui précède le forçage, ils sont rempotés dans un compost fertile et sablonneux; les pots sont enterrés et, pendant l'été ils sont arrosés et soignés convenablement, en ayant soin de ne pas laisser trop de Roses s'épanouir, ce qui les fatiguerait; quelques arrosages à l'engrais font généralement bon effet.

Au commencement d'octobre, on rentre à l'abri les sujets devant être forcés les premiers, de façon à en arrêter la végétation et à les faire reposer; car il importe que la végétation soit complètement arrêtée depuis un certain temps, si l'on veut obtenir d'excellents résultats.

On commence généralement le forçage au mois de novembre. Les Rosiers sont alors taillés, en ne réservant que les rameaux susceptibles de donner des bourgeons florifères et en supprimant totalement toutes les brindilles. Les rameaux conservés sont rabattus au-dessus de six à huit bons yeux, au moins. Les pots sont rentrés et enterrés dans une bâche de la serre. On commence à chauffer à une basse température, 10 degrés, pour laisser progressivement le thermomètre monter à 18 et même 20 degrés. Il faut une pleine lumière aux Rosiers forcés, avant le mois de mars et on doit bien se garder de couvrir la serre. On donne aussi peu d'air en première, seconde et troisième saison ; mais, dès que la température est plus clémente, on peut être moins sévère à ce sujet. Il faut éviter que l'air soit trop sec et pour cela, bassiner fréquemment les bâches, les murs ainsi que les Rosiers eux-mêmes. On arrose lorsque c'est nécessaire, et quelques arrosages à l'engrais potassique sont toujours excellents lorsque les boutons sont formés, parce qu'ils les fortifient, tout en donnant plus de coloris aux Roses.

Si l'on sait avoir soin de soufrer de temps à autre, de jeter de l'eau nicotinée sur les tuyaux de chauffage et de maintenir une humidité atmosphérique constante, on prévient la venue du blanc et les attaques des pucerons.

Pour avoir des Rosiers constamment fleuris, il faut en rentrer une saison tous les vingt jours environ, que l'on traite de la même façon. Au fur et à mesure que l'on avance en saison, le forçage devient plus facile, car on se rapproche davantage de la floraison normale des Rosiers et le soleil est plus ardent. Au mois de mars, on peut mettre les Rosiers à forcer sous châssis, pourvu qu'on ait soin d'entourer ceux-ci de réchauds de fumier.

Afin que les Roses ne passent pas trop vite, il faut mettre les Rosiers dans un endroit plus froid dès que quelques-unes sont épanouies.

Les variétés que l'on peut forcer sont assez nombreuses ; mais toutes ne donnent pas de résultats favorables en première et en deuxième saison. Aussi, avant la fin de décembre, fera-t-on bien de ne forcer que la variété *La Reine* ; mais, à partir de ce moment on peut rentrer les variétés suivantes : *La France, Baronne de Rothschild, Captain Christy, Paul Néron, Triomphe de l'Exposition, Mme Boll, Maréchal*

Niel, Général Jacqueminot, Jules Margottin, Ulrich Brunner, M. Boncenne, Gabriel Luizet, France et Russie et les variétés marquées de la lettre F., chap. XXXV, paragr. XII, etc.

III. — Plantes bulbeuses et rhizomateuses.

La série si grande de ces plantes nous en fournit une certaine quantité qui sont couramment forcées et d'autres qui méritent les honneurs du forçage.

Les : Jacinthes, Tulipes, Crocus, Narcisses, Scilles, Lis, dans les plantes bulbeuses, sont forcés couramment; les : *Hoteia japonica, Spiræa astilboides floribunda,* Muguet, Diélytra, sont très appréciés parmi les plantes rhizomateuses; à toutes celles-là ajoutons la Violette, la Corbeille d'argent et aussi la Digitale, et nous en aurons une série assez importante. Pour toutes ces plantes, il faut naturellement élever spécialement, ou mieux pour la plupart, se procurer chez les horticulteurs qui les préparent, les plantes que l'on veut forcer.

Pour les oignons à fleurs, il faut bien dire au marchand grainier qui vous les vend que c'est pour forcer; de cette façon, s'il est consciencieux, il fournira des oignons et des variétés spéciales selon les coloris que l'on désire avoir.

Voir d'ailleurs pour les variétés des *Crocus,* Jacinthes, Tulipes, se prêtant au forçage, voir ces mots à la partie « *Floriculture de plein air* ».

Pour les Jacinthes, ce sont les Jacinthes de Hollande simples et doubles que l'on force le plus et auxquelles des forceurs adjoignent cependant les Jacinthe romaine et parisienne, principalement pour les forçages très hâtifs.

Les oignons à fleurs destinés au forçage sont empotés de la fin de septembre à la fin de novembre, le plus tôt est le mieux, dans des pots proportionnés à la grosseur et au nombre de ceux-ci. Ainsi, un pot de 11 centimètres de diamètre suffit pour un oignon de Jacinthe de Hollande ou pour trois ou quatre de Jacinthe romaine, ou pour quatre à cinq de Tulipes, ou enfin pour huit de Crocus; on peut aussi employer de plus petits pots; ainsi les forceurs mettent couramment un oignon de Jacinthe de Hollande, trois de Jacinthes romaine, ou quatre de Tulipes dans un pot de 8 à 9 centimètres de diamètre.

On emploie pour le rempotage **une terre légère et hu-**

CULTURE FORCÉE ET AVANCÉE DES PLANTES A FLEURS. 851

meuse, et aussitôt celui-ci terminé, on place les pots dans une plate-bande, au nord ou sous un châssis et on les recouvre de 10 à 12 centimètres de terre ou de terreau, car

Fig. 269. — Bouquet de plantes bulbeuses. — 1, Fritillaire couronne impériale; 2, Sparaxis; 3, Lis tigré; 4, Glaïeul de Gard et G. de Lemoine; 5, Tulipe à fleur simple; 7, Triteleia uniflore: 8, Tulipe à fleur double; 9, Anémone de Caen: 10, Diélytra remarquable; 11, Safran printanier; 12, Narcisse jonquille et N. des poètes; 13, Jacinthe à grandes fleurs.

il importe qu'ils soient quelque temps dans une complète obscurité et développent ainsi une certaine quantité de racines avant que de pousser. Grâce à cette précaution on obtient une floraison plus soutenue.

On peut commencer à forcer dès le mois d'octobre; on

choisit alors les potées les plus avancées des variétés hâtives de *Crocus*, Jacinthes (surtout la J. romaine) et Tulipes *Duc de Thol* que l'on rentre en serre tempérée, le plus près possible du verre. Dès ce moment on donne quelques bassinages de temps à autre, de même qu'on entretient le sol frais par des arrosages donnés au moment opportun; les arrosages à l'engrais sont très favorables à la bonne floraison. Dès que les premières fleurs s'ouvrent, il est bon de transporter les plantes dans un endroit plus froid, où elles dureront plus longtemps. Si on désire, au contraire, avancer la floraison, il n'y a qu'à donner un peu plus de chaleur dès que les boutons sont bien formés. Plus on se rapproche de l'époque normale de floraison, meilleurs sont les résultats, tout en ne forçant pas des variétés aussi hâtives; de même que l'on peut dès lors forcer aussi bien sous châssis.

Tous ces oignons peuvent être cultivés dans la mousse aussi bien que dans la terre. On opère surtout ainsi pour les oignons que l'on force en appartement et que l'on dispose dans des coupes, pots percés de trous, etc.; pourvu que l'on entretienne une humidité suffisante, les oignons fleurissent très bien.

Enfin, ce qui est surtout pratiqué avec les oignons de Jacinthes principalement, c'est la culture sur carafes. Des vases en verre spéciaux sont remplis d'eau pure dans laquelle on met même parfois quelques fragments de charbon de bois pour la conserver en bon état; l'oignon est ensuite placé de façon que sa partie inférieure touche l'eau, après quoi les carafes sont placées dans un endroit obscur, où on les laisse d'un mois et demi à deux mois et demi pour favoriser le développement des racines. On les sort ensuite, mais seulement lorsque les racines sont parfaitement développées et que les pousses s'allongent; on les habitue alors progressivement à la lumière et on les place près d'une fenêtre, où il faut les retourner pour éviter que les hampes florales se dirigent de travers.

Les oignons de Jacinthes de Hollande, principalement ceux cultivés sur carafes, sont à peu près perdus; on peut cependant essayer de les replanter en pleine terre. Quant aux *Crocus*, Tulipes, Jacinthes parisiennes, on peut les mettre en pleine terre dès qu'ils ont fleuris pour que l'année suivante ils donnent quelques fleurs et fleurissent après chaque année.

IV. — Lis.

Pour les personnes qui possèdent une glacière il est très facile d'avoir des Lis fleuris en toute saison : il suffit de placer les bulbes au-dessus ou dans celle-ci, de façon à les empêcher de pousser; lorsqu'on veut les mettre en végétation, on les rempote dans un compost humeux, léger et fertile et on place les pots sous châssis froid, enterrés, de la même façon que les Jacinthes, pour qu'ils développent une grande quantité de racines avant de pousser, après quoi on les met dans une serre tempérée où ils fleurissent. Il est préférable d'employer des Lis dont la végétation a été retardée parce qu'on obtient ainsi de meilleurs résultats. Lorsqu'on désire simplement en avancer la floraison, on utilise des bulbes qui n'ont nullement passé par les glacières. Les pucerons faisant de constantes apparitions, il faut les combattre par des bassinages à l'eau nicotinée. Il ne faut pas négliger les arrosages à l'engrais, qui produisent toujours de bons résultats. Tandis que pour les premières saisons, il faut compter de soixante-quinze à quatre-vingt-quinze jours de la mise en végétation à la floraison, dans les saisons plus tardives soixante-dix à quatre-vingts jours suffisent. On force ou on cultive en pots surtout les : *Lis de Harris* (*L. Harrisii*), *L. doré du Japon* (*L. aureum*) et *L. à feuilles lancéolées* (*L. lancifolium*).

V. — Hoteia japonica et Spiræa astilboides floribunda.

Ces deux plantes sont traitées de la même façon, mais la dernière forme des potées plus fournies et plus élevées, tout en fleurissant quelques jours plus tôt.

Les plantes sont rempotées en novembre, dans des pots dont la grandeur varie avec la grosseur des touffes, dans une terre humeuse : terreau de feuilles et terre de bruyère additionnée d'engrais; après quoi les pots sont placés dans un châssis froid, où on vient les prendre pour les forcer en les mettant d'abord sous les bâches, puis au-dessus dès que les plantes débourrent. On les arrose de temps à autre à l'engrais et on les bassine. Il faut avoir soin de les desserrer au fur et à mesure que le feuillage se développe. Les plantes fleuries peuvent être placées dans un appartement où il ne fait pas trop chaud, où elles se conserveront très longtemps en bon état surtout si l'on a soin de mettre le pot dans une assiette constamment remplie d'eau, car ces deux espèces sont avides d'humidité.

VI. — Muguet.

Le Muguet jouit toujours d'une vogue bien méritée et aujourd'hui on ne se contente plus de le forcer pour la floraison hivernale, mais on en conserve des griffes dans des glacières, que l'on fait fleurir en toutes saisons.

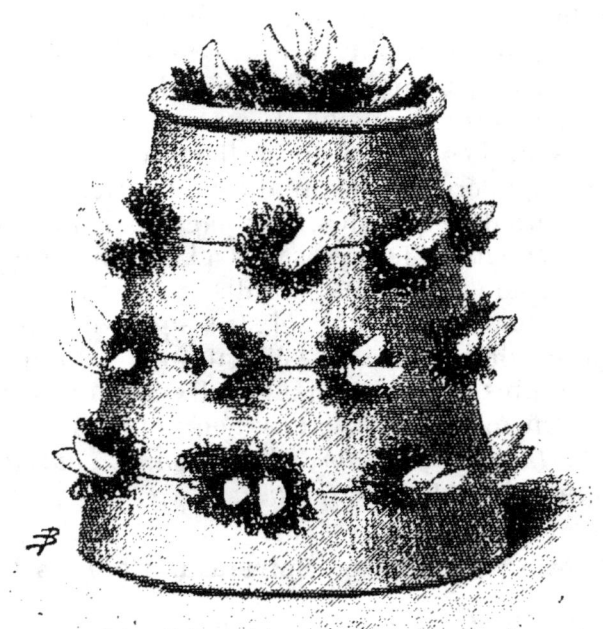

Fig. 270. — Pyramide de Muguet le jour du rempotage.

Il faut avoir soin de se procurer des griffes de trois ans, de tout premier choix, que l'on achète par botte de 25; après en avoir un peu raccourci les racines, on les met soit dans des godets à raison de huit ou dix, soit dans des boîtes hautes de 8 à 10 centimètres dans lesquelles on les distance de 4 centimètres en tous sens; ou bien encore on les réunit en bottillons de huit à dix, que l'on ligature. La plantation peut être effectuée dans n'importe quel objet. Les pots, caisses ou bottillons sont ensuite placés dehors, où on les abrite dans le cas de trop mauvais temps.

Pour les forcer, on les place dans une serre chaude, dans un coffre recouvert de châssis ou de feuilles de verre. On étale une couche de mousse au-dessus des griffes, que l'on ôte seulement lorsque les bourgeons sont allongés. Il faut bassiner fréquemment, et lorsque les boutons s'allongent

Fig. 271. — Pyramide de Muguet au moment de la sortie de l'obscurité, six jours après le rempotage.

on peut soulever et même enlever les feuilles de verre. On donne une température de 20 à 30 degrés, ce qui les amène à fleurir en dix-huit à vingt-six jours.

On ne peut guère ainsi forcer le Muguet avant le mois de novembre ; mais en plaçant des boîtes de griffes dans des glacières, on peut en avoir des fleurs en toutes saisons.

On peut également faire fleurir les Muguets dans les appartements, en culture forcée comme en culture retardée ; mais il faut avoir soin de les mouiller convenablement. A cet effet on les plante souvent dans des vases remplis de trous que l'on nomme « pyramides à Muguets ». C'est incroyable la belle floraison que l'on peut en obtenir et que les figures 270, 271 et 272 montrent à divers états d'avance-

Fig. 272. — Pyramide fleurie de Muguet.

ment. Il faut avoir soin de bien les placer à la lumière après les avoir laissés six à huit jours dans l'obscurité. Ne pas omettre de les tourner de temps à autre pour les faire profiter également de la lumière.

VII. — Digitale.

Je ne comprends pas dans la culture forcée les plantes qui comme les : Cinéraire, Primevère, *Cyclamen*, sont élevées de façon à fleurir en hiver. Je crois devoir signaler une chose nouvelle. Il s'agit du forçage de la Digitale, dont j'ai parlé le premier autre part en ces termes :

Préparant chaque année de nombreuses potées de Digitales pour la garniture printanière de quelques corbeilles, M. Jules Van den Daele eut l'idée, l'hiver (1897-98), d'en forcer quelques fortes plantes. Les résultats ayant été satisfaisants la première saison, il en força d'autres qui lui donnèrent d'aussi bons résultats.

On doit choisir de belles plantes, les rempoter dans des pots de 14 à 15 centimètres de diamètre, puis replacer les pots dehors, en les abritant s'il fait trop froid. En novembre et dans les mois suivants on les rentre en serre à une température de douze à quinze degrés, et on leur donne les soins nécessaires : arrosages et bassinages selon les besoins. Elles fleurissent là très bien au bout de vingt à vingt-cinq jours.

VIII. — Violette et Corbeille d'argent à fleurs doubles.

N'oublions pas non plus ces jolies fleurs aussi aimées qu'elles sont modestes, et que l'on peut parfaitement faire fleurir en hiver.

Il faut d'abord préparer à l'avance les plantes que l'on veut forcer, à moins qu'on ne préfère les acheter toutes préparées.

Autant que possible on doit choisir les filets destinés à fournir les plantes devant être forcées sur des plantes vigoureuses n'ayant point été forcées, dont le cœur est bien formé et qui soit enracinées. Leur plantation s'effectue au printemps, en planches, tous les 0 m. 30 à 0 m. 35 environ. On arrose aussitôt la plantation terminée et on n'arrose de nouveau que s'il fait trop sec. Au mois d'août, époque où elles se développent, on nettoie les planches et on coupe tous les filets qui, mis en jauge, fourniront du plant pour le printemps suivant; cette suppression fait grossir le cœur de chaque pied et le prépare à une bonne floraison.

Les Violettes de Parme ne sont pas préparées autrement, avec cette différence cependant que les filets sont recouverts de châssis pour passer l'hiver.

Vers le 15 octobre il est bon de préparer un abri pour les soustraire aux pluies trop prolongées, aux : givre, gelées, neige, etc., qui peuvent compromettre une bonne floraison.

Dans la plupart des cas, on fait le forçage sur place en

mettant des coffres que l'on recouvre de châssis sur des planches de la même largeur, préparées à cet effet au printemps, et plantées de six rangs de Violettes. Cela convient pour les cultures d'amateur. Mais, on peut aussi placer les coffres, que l'on remplit à moitié de terre légère dans un endroit bien exposé et incliné au midi, et dans lesquels on plante les Violettes en mottes, après en avoir nettoyé les feuilles mortes et supprimé les filets, de manière que le feuillage se touche ; on peut aussi les rempoter, et les placer après sous châssis. Quoi que l'on fasse il faut aérer fréquemment.

On met parfois trois ou quatre touffes de Violettes de Parme dans un même pot.

Pour le forçage, il suffit de creuser les sentiers autour des coffres, de les remplir de fumier chaud que l'on remanie de temps à autre en ajoutant un peu de fumier chaud. On peut, principalement avec les Violettes de Parme avoir une floraison continue. Les potées de ces dernières peuvent aussi être rentrées en serre, ce qui hâte leur floraison.

Parmi les Violettes simples on peut forcer les variétés suivantes : *Princesse de Galles*, *le Czar*, *La France*, *Amiral Avellan*, *Wilson*, *Gloire de Bourg-la-Reine*, etc. ; à peu près toutes les variétés de Violettes de Parme peuvent être forcées ; cependant, dit M. Millet, les variétés *Marie-Louise* et *Comte de Brazza* sont plus difficultueuses que les autres.

La *Corbeille d'argent à fleurs doubles* (voir p. 526) se force aussi très bien, en traitant comme les Violettes les belles touffes qui ont été multipliées au printemps précédent et bien soignées à cet effet pendant tout l'été.

IX. — Forçage de rameaux coupés d'arbres et d'arbustes.

Tous ceux qui n'ont qu'une serre ne peuvent toujours disposer d'assez de place pour forcer les arbustes dont il est question plus haut ; ou bien on n'a pas le temps de préparer les arbustes nécessaires pour ce forçage et le budget dont on dispose ne permet pas de les acheter tout préparés. Les personnes qui se trouvent dans ce cas peuvent très bien avoir, néanmoins, des rameaux d'arbustes fleuris depuis les mois de décembre et de janvier pour garnir les appartements.

Cette façon simplifiée de forçage est à la portée de tous,

elle est tout à fait charmante et aussi facile que peu répandue. Il suffit en effet de choisir et de couper des rameaux d'arbustes à floraison primavérale, d'hiver et de premier printemps, dont les boutons sont toujours formés avant l'hiver, de mettre ces rameaux dans des vases remplis d'eau, dans une serre tempérée et même dans une serre chaude, ou, à défaut dans une bâche. Si l'on a soin de bassiner ces rameaux, les boutons grossissent vite et s'épanouissent dans une période de huit à vingt jours, et en d'autant moins de temps que la serre est plus chaude et que ces arbustes se rapprochent de l'époque normale de floraison.

On peut même obtenir cette floraison dans l'appartement en traitant les rameaux comme il est dit dans le paragraphe suivant, et même sans autant de soins, si l'on peut maintenir une grande humidité.

Parmi les arbustes se prêtant à cette floraison anticipée signalons : 1° pour la floraison de décembre et janvier les : *Chimonanthe odorant, Rhododendron de Dahourie, Jasmin nudiflore, Chamæcerisier odorant et C. de Standish, Laurier Tin, Cornouiller mâle, Daphné, Mahonia à feuilles de Houx.*

2° Pour les mois suivants les : *Forsythia de Fortunne, Pêcher de David, Pêcher de Chine à fleurs doubles, Prunier d'Alphand, Prunier épineux à fleurs doubles, P. de Pissard, Paulownia impérial, Groseillier sanguin, G. de Gordon, Cognassier du Japon, Amandier commun, Deutzia gracieux, Amygdalopsis, Arbre de Judée, Chamæcerisier de Tartarie, Pommier d'ornement, Robinier hispide, Staphylier de Colchique, Spirée à feuilles de Prunier, S. de Thunberg, Lilas variés, Kerria du Japon, Xanthoceras à feuilles de Sorbier, Glycine, Saule Marsault,* etc. (Voir ces noms au chap. « Arbres et Arbustes d'ornement ».)

X. — Forçage de rameaux coupés de Mimosa dealbata.

Les rameaux fleuris de *Mimosa dealbata* (*Acacia dealbata*) qui sont vendus de décembre à fin janvier sont des rameaux forcés, la floraison normale dans le Midi ayant lieu fin février. C'est un mode de forçage à la fois curieux et très simple qui est fait sur une grande échelle de plusieurs façons à Nice et aux environs, en serre, en tonneau ou dans des installations spéciales que j'ai décrites en détail dans une étude parue dans les nos 310 et 311 du *Jardin*; le forçage peut tout aussi bien être fait au lieu de destination, ce que j'ai été le premier à préconiser, en se faisant expédier du Midi des ballots de rameaux boutonnés de *Mimosa*. Les boutons pour bien s'épanouir doivent être gros comme une grosse tête d'épingle et parsemés de points jaunes. Ces rameaux peuvent être conservés au moins vingt jours dans un endroit frais, à la cave, où les boutons continuent à grossir et à se préparer à fleurir, de sorte qu'on peut se faire expédier une assez forte quantité. Il faut trois jours en décembre pour faire fleurir le Mimosa, et moins de temps dès que l'on se rapproche de l'époque normale de floraison, car deux heures suffisent en fin février.

Le principe de forçage est très simple : placer les rameaux de Mimosa dans l'eau, dans un endroit obscur ou non, à l'étouffée et dans une chaleur moite, dans une bâche à la température de 25 à 30 degrés. Dès lors, même le dessous des bâches de serre suffit.

Même en appartement, ainsi qu'il résulte de mes expériences, il suffit de placer des rameaux dans l'eau, dans une caisse, recouvrir d'une couverture, chauffer à l'aide d'une petite lampe à alcool, sur laquelle on place une casserole remplie d'eau, produisant une buée pour avoir une floraison superbe, en un, deux ou trois jours selon l'époque. C'est un procédé de forçage très intéressant à recommander aux jardiniers, aux horticulteurs, et aux amateurs.

XI. — Traitement des plantes et des fleurs forcées.

Les plantes et les fleurs forcées sont généralement plus délicates que celles qui s'épanouissent librement, et d'autant plus qu'elles ont été forcées dans un milieu plus chaud et plus humide. Il est donc prudent, avant de les mettre dans l'appartement ou de les faire voyager, de les mettre un peu dans une serre moins chaude ou dans une pièce fraîche. De cette façon les fleurs se raffermissent et durent plus longtemps.

Pour les fleurs coupées, il est bon de placer ces dernières à la cave ou dans un cellier aussitôt après les avoir cueillies, les tiges trempant dans l'eau. De cette façon elles se gorgent d'eau, se raffermissent également; elles **sont bien plus résistantes et ont une plus longue durée.**

CHAPITRE L

LES SERRES D'AGRÉMENT

I. Du jardin d'hiver à la serre-fenêtre. — II. Construction, chauffage, aération, couverture, ombrage et vitrerie. — III. Aménagement intérieur des jardins d'hiver et des grandes serres. — IV. Aménagement intérieur des vérandas, bow-windows et des petites serres. — V. Soins à donner aux plantes. — VI. Les plantes convenant pour la garniture des serres d'agrément. — VII. La Toile et le Thrips.

I. — Du jardin d'hiver à la serre-fenêtre.

Il est bien intéressant de cultiver les plantes, mais, à certaines époques, en hiver surtout, on aspire d'en jouir et d'en profiter au lieu de les laisser dans les serres de culture ou dans les châssis. C'est ce qui explique la mode charmante d'annexer aux habitations un jardin d'hiver ou une serre-salon, qui, autrefois était un luxe, mais qui, maintenant est le complément des jolies habitations; c'est un coin charmant, verdoyant et fleuri, où l'on se tient avec plaisir quelques instants aux moments de repos.

Dans les petites et dans les grandes villes, où la place est restreinte, ou bien lorsque l'on veut faire face aux exigences du budget, on s'en tient à la construction d'une petite serre, d'une véranda ou d'une galerie vitrée. Dans les grandes villes, cette addition charmante aux habitations, est encore rendue plus difficile, surtout à l'étage; dans ce cas, si on ne peut construire une petite serre-galerie, on peut aménager le bow-window que les architectes adjoignent maintenant aux divers appartements, en petite serre, ou bien encore se contenter de la modeste *serre-fenêtre*, cette dernière évidemment moins confortable, puisque l'on ne peut se tenir dedans et qu'elle ne permet que la vue des fleurs.

Le jardin d'hiver et les autres serres d'agrément ne sont pas, à proprement parler, des serres de culture, bien que les plantes en général y croissent et y fleurissent normalement ; presque toutes les plantes doivent avoir été élevées dans les autres serres avant que d'être placées dans celles-ci. Beaucoup même, comme les : Jacinthe, Safran, Tulipe, Primevère, Cinéraire, Cyclamen, Chrysanthème, plantes forcées, etc., n'y font qu'une courte apparition pendant la durée de leur floraison. D'autres plantes à fleurs, peuvent, par contre, y rester à demeure lorsqu'elles sont suffisamment développées pour pouvoir y être placées : telles sont les : *Fuchsia, Pelargonium, Plumbago, Cestrum, Clivia,* etc.

En résumé, les serres d'agrément permettent de jouir du plaisir que procure les plantes individuellement et collectivement et d'un coin de verdure pendant l'hiver, alors que les jardins sont dénudés et tristes. Ils sont par conséquent un lieu de repos où l'on aime à se réunir en famille, ou lors des réceptions. Indépendamment des plantes, il faut donc les meubler confortablement et d'une façon discrète : Les meubles en rotin, par exemple, font bien sentir que le principal intérêt réside dans la décoration végétale.

II. — Construction, chauffage, aération, couverture ombrage et vitrerie.

De par leur destination même, les serres d'agrément doivent communiquer avec l'habitation, sans que l'on ait besoin de sortir dehors pour y entrer, ce qui serait désagréable lors du mauvais temps et leur enlèverait, par conséquent, leur raison d'être.

Si l'on ne peut construire une serre d'agrément près de l'habitation, il est nécessaire que la communication soit assurée par une galerie. C'est ce qui existe chez le roi des belges à Laeken, où les deux jardins d'hiver sont réunis par une galerie vitrée longue de plusieurs centaines de mètres, et qui elle-même constitue une série de serres d'agrément constamment fleuries. Ce procédé est fort coûteux et je ne le donne pas comme exemple ; mais, j'en parle simplement pour montrer que le manque d'emplacement près de l'habitation ne peut être un obstacle pour une telle construction.

La forme à donner aux serres d'agrément étant tellement variable et subordonnée au style même de l'habitation, à ses dimensions, à sa situation et à d'autres conditions, je conseille d'en confier l'étude à un architecte, ou mieux à un constructeur spécialiste, en faisant remarquer toutefois que les architectes se préoccupent plus du caractère et de l'effet extérieur de « la façade », que des conditions nécessaires à la vie des plantes, puisque ces dernières leur sont la plupart du temps inconnues. Aussi, lorsque la construction est importante au point de nécessiter les études faites par un architecte, il faut assurer à ce dernier le concours d'un homme du métier qui lui fasse remarquer les points laissant à désirer. De cette façon, les deux choses principales, la solidité et l'aspect de cette construction au point de vue architectural d'une part et son côté pratique permettant aux plantes d'y croître et d'y fleurir, se trouvent réunies.

Les serres-galeries, les vérandas, qui demandent à être traitées dans le même style que la construction rentrent dans la même catégorie que les grands jardins d'hiver.

Les petites serres de luxe, les petits jardins d'hiver ne nécessitant pas de telles études et de telles connaissances architecturales peuvent être directement étudiées et construites par un constructeur spécialiste, après avoir examiné les plans avec lui. Il est toutefois bon néanmoins de prendre à ce sujet les conseils d'un paysagiste ou d'un jardinier, connaissant les plantes de serre et leurs besoins, pouvant signaler les imperfections qui se présenteraient au point de vue cultural. J'ajouterai que, pour n'importe quelle serre, les murs sur lesquels reposent les pieds droits vitrés doivent être très peu élevés; 50 à 70 centimètres au-dessus du sol sont bien suffisants; une hauteur plus grande est plutôt désagréable. Quant à la position d'une telle construction, elle doit être à l'abri des vents dominants et dans une situation ensoleillée, au sud, au sud-est ou au sud-ouest dans les régions du Nord, et dans une situation plutôt ombragée dans le Midi.

Le *chauffage* est également une question très importante à résoudre; ce que j'ai dit à ce sujet au chap. XLII parag. v, est ici applicable. Toutefois les tuyaux de thermosiphon, car c'est ce système avec un foyer à feu continu que l'on doit choisir de préférence, ou celui à la vapeur, n'ayant rien de bien décoratif, on les installe de façon qu'ils soient le moins visibles possible : le long des murs de soubassement et sous les tablettes, s'il y en a, et surtout dans de petites galeries sous les allées, en recouvrant celles-ci de grilles ou en ménageant çà et là une bouche de chaleur.

L'eau du thermosiphon peut, dans ces conditions, être chauffée au gaz, ce qui est un moyen très pratique en même temps qu'économique. Un fourneau de 5 à 10 becs suffit, et il est d'un réglage facile, très propre et très simple à entretenir.

Il est évident que dans une petite serre-galerie, dans une véranda, un tel chauffage ne s'impose pas. Dans ce dernier cas il suffit d'y mettre un poêle à feu continu sur lequel on pose un réservoir rempli d'eau qui, en s'évaporant, modère l'aridité et la sécheresse de l'air.

Quant au degré de chaleur à donner dans ces serres, il est en rapport avec la catégorie de plantes qui y sont abritées ; elles peuvent donc être traitées en serre froide, en serre tempérée ou en serre chaude. Le mieux est certainement d'y introduire des plantes de serre tempérée, de serre tempérée-chaude, et de serre tempérée-froide, ce qui permet un plus grand choix de plantes, en traitant alors les serres d'agrément en serres tempérées.

Dans les questions concernant l'*aération*, l'*abri contre le froid* et l'*ombrage*, se reporter à ce que j'ai dit au chap. XLII, aux parag. VI et VII, et au chap. XLVII, par. XI et XII, concernant ces questions, que je compléterai ainsi. Il est bon que l'on puisse aérer dans le bas et dans le faîte en été ; mais, de l'automne au printemps, l'aération par le faîte suffit à cause de l'air froid qui s'introduirait en formant courant d'air. Comme abri pendant les mois d'hiver on emploie les paillassons, les toiles goudronnées qui sont plus propres et souvent même on utilise les claies qui, pendant l'été, servent à ombrer ; ceci principalement pour les grandes serres et les jardins d'hiver, à cause des manipulations qu'exigent le déplacement de ces claies, leur remplacement par d'autres abris, et réciproquement.

Contre le soleil, les claies ou les toiles que l'on déroule

au-dessus sont les plus souvent utilisées. Toutefois, pour des raisons d'ordre économique, on étend une couche de badigeon sur toute la surface vitrée, ce qui n'est pas aussi bien, ainsi que je l'ai déjà dit (voir chap. XLII, parag. VII, et chap. XLVII, parag. XI). Par contre, dans les serres un peu luxueuses, on complète l'ombrage du faîte, obtenu à l'aide de toiles ou de claies, par des stores intérieurs en toile grise ou décorée que l'on déroule contre les parties verticales vitrées; si on se tient dans la serre en été, on peut même tempérer la chaleur en tendant un velum sous le faîte.

Pour ces serres il convient surtout d'utiliser le verre cathédrale dont il est question au chap. XLII, paragr. XI. Comme il faut éviter que les gouttes d'eau provenant de la condensation de la buée ne tombent partout, il est bon de couper le haut du verre en biais. De cette façon, cette eau se trouve conduite le long des petits bois, dans une rainure qui la déverse dans une petite gouttière au bas du faîtage. Ceci est aussi applicable aux serres de culture.

III. — Aménagement intérieur des jardins d'hiver et des grandes serres.

Le nom de jardin d'hiver implique assez que l'intérieur est converti en jardin, et il ne serait plus vrai s'il était occupé par des tablettes.

Il peut donc être traité soit en jardin régulier, soit en jardin symétrique. C'est même cette dernière disposition que l'on doit préférer pour les petites serres d'agrément. Au contraire, c'est le style paysager qui doit être adopté pour les grands jardins d'hiver, parce qu'il permet d'en augmenter fictivement la grandeur.

Pour l'étude du tracé, ce que j'ai dit au sujet des jardins symétriques et paysagers (voir le chap. XXXIV) est ici applicable. Toutefois un jardin de ce genre est plus délicat à traiter; il s'agit, par des coulées bien ménagées, par des arrière-plans bien étudiés et bien établis, par des allées convenablement tracées, de donner l'illusion d'un espace plus grand et imprimer à l'ensemble une puissante note tropicale.

Il faut ménager des allées spacieuses qui permettent de circuler librement sans danger d'abîmer les plantes.

Ces allées sont, ou sablées, ce qui est assez ennuyeux

lorsque l'on doit circuler dedans avec de légères chaussures, ou mieux lorsque la communication est directe avec les salons, carrelées très simplement avec des carreaux de teinte neutre. Les pelouses et les massifs doivent eux-mêmes être entourés de bordures de jardin en terre cuite ou en grès vernissé ou émaillé de couleur naturelle, ou bien encore d'une teinte vert végétal, qui empêchent la terre de tomber dans les allées.

Un rocher ou quelques roches habilement disposées trouvent naturellement leur place dans le jardin d'hiver et permettent de varier les aspects. L'eau est aussi indispensable à son charme; une petite source artificielle jaillissant des rochers peut parcourir la longueur du jardin en formant un petit ruisselet aux contours sinueux traversé en passage à gué par les allées et se terminant en une petite nappe d'eau; ou bien encore l'eau peut être enfermée entre quelques roches qu'elle semble avoir creusées. Les poches, les fissures, les anfractuosités des rochers donnent asile à une foule de plantes saxatiles ou épiphytes : Broméliacées, Fougères, Aroïdées, etc., tandis que du haut, retombent les rameaux des : *Tradescantia*, *Oplismenus*, etc., et qu'à la surface de l'eau s'étalent ou émergent des plantes aquatiques : *Nénuphar*, *Nelumbo*, *Cyperus*, *Pontederia*, *Arum*, etc.

Pour la disposition des plantes on doit s'inspirer de ce que j'ai dit au sujet de la distribution des plantations dans les jardins paysagers (chap. XXXV, parag. VI) tout en y apportant plus de recherche. Le sentiment artistique personnel et la connaissance des végétaux dont on dispose sont deux choses qui influent notablement pour l'arrangement correct. Tantôt c'est un massif, un groupe ou quelques sujets isolés de Palmiers qui étalent là leur superbe frondaison; plus loin ce sont des Fougères arborescentes qui se dressent de chaque côté du ruisselet, voisinant avec des : *Anthurium*, *Pandanus*, *Philodendron*, Bananier, *Strelitzia*, etc., groupés ou disséminés sur le tapis vert. On doit s'efforcer à disposer les plantes le plus rationnellement possible, d'une façon naturelle. C'est un exemple que l'on peut trouver dans le palais d'hiver du Jardin d'acclimatation de Paris.

Les plantes sarmenteuses : *Bougainvillea*, Passiflore, *Fuchsia*, *Begonia*, *Hoya*, *Plumbago*, *Bignonia*, *Lapageria*, *Stephanotis*, *Lygodium*, *Tacksonia*, etc., et même les Rosiers sarmenteux, entourent les colonnes, les troncs des Palmiers et courent parfois le long du vitrage.

Des plantes fleuries naturellement ou forcées, variant suivant la saison : *Cyclamen*, Azalée, Primevère, Calcéolaire, Cinéraire, *Clivia*, *Torenia*, *Poinsettia*, Rosier, Lilas, Chrysanthème, etc., doivent égayer les fonds sombres de verdure, soit disposées en de petites corbeilles, soit groupées ou isolées sur le tapis de verdure qu'elles émaillent, sont utilisées temporairement au fur et à mesure de leur floraison.

Le tapis de verdure est constitué le plus souvent par une espèce de Sélaginelle (*Selaginella denticulata*, ou correctement *S. Kraussiana*), plus connue sous le nom de Lycopode; mais on peut aussi utiliser avantageusement les : Ophiopogon du Japon (*O. japonicus*), l'*Oplismenus Burmannii variegatus* et aussi les *Tradescantia*.

Je dois ajouter que les emplacements destinés aux végétaux doivent être recouverts d'une épaisseur de 0 m. 80 à 1 mètre de terre de bruyère, de terreau de feuilles ou de fumier, et de terre de gazon ou de terre franche sablonneuse, mélangés par parties égales, et être parfaitement drainés.

Les plantes peuvent être directement plantées, mais le mieux est certainement de les laisser dans de grands pots ou dans des caisses dont les parois présentent de nombreuses ouvertures qui permettent aux racines de se développer; de cette façon on peut les déplacer lorsqu'on le juge nécessaire.

Dans les grands jardins publics ou dans les établissements de jeux on donne le nom de « *Palmarium* » aux constructions vitrées servant de lieu de récréation et dans lesquelles sont plantés de forts Palmiers, des *Cocos datil*, *C. flexuosa* et autres grands végétaux.

IV. — Aménagement intérieur des vérandas, bow-windows et des petites serres.

Ces petites serres d'agrément ne permettent pas de planter un grand nombre de petites plantes. Aussi se borne-t-on généralement à en faire de petits groupes çà et là en ménageant un endroit spacieux où l'on puisse se tenir, et en concentrant vers cet endroit l'aspect décoratif de l'ensemble; dans ce cas on ménage généralement une jardinière sur le pourtour de la serre, ou simplement de petites jardinières çà et là, dans lesquelles les plantes ne sont pas plantées mais simplement disposées avec leur pot, de telle façon que l'on puisse les changer de place ou les enlever très facilement. Les jardinières doivent être doublées en zinc pour la propreté.

De belles plantes sont placées çà et là dans des grands vases, posés sur le sol ou sur des socles plus ou moins élevés. Des suspensions attachées au vitrage laissent retomber une profusion de feuillages et de fleurs, tandis que certaines plantes au port pittoresque sont disposées sur des bûches, morceaux de bois, etc. (Voir chap. XL, paragr. VII à IX.)

Dans un tel milieu où la place manque et dans lequel on ne peut donner l'illusion de l'espace, il faut s'attacher à le rendre intéressant par la variété des détails, des petits arrangements décoratifs qui, tous concourent à l'ornementation générale. Les plantes fleuries de saison ne doivent donc pas manquer. Ce petit coin doit être, en un mot, frais, fleuri et toujours coquet.

V. — Soins à donner aux plantes.

Les soins à donner aux plantes sont les mêmes que ceux nécessaires à ces plantes cultivées en serre, décrits dans les chapitres précédents, et tous ceux concernant la propreté doivent encore être plus nombreux. Il faut laver fréquemment le feuillage, enlever les feuilles et les bouts de feuilles mortes, les fleurs passées, les plantes défleuries (voir le chap. XLVII, paragr. IX et X), etc. Il faut bassiner les plantes assez souvent et il est même bon, chaque soir de laisser séjourner de l'eau sur le carreau; celle-ci en s'évaporant, procure aux plantes une humidité bienfaisante que l'on ne peut toujours leur donner dans le courant de la journée. (Voir le chap. XLVII, paragr. VI à VIII.)

VI. — Les plantes convenant pour la garniture des serres d'agrément.

Ces plantes sont nombreuses et j'ai indiqué à l'énumération des plantes de serre celles qui convenaient surtout pour garnir les jardins d'hiver, en mentionnant la façon dont elles devaient être utilisées, selon leur mode de végétation. Parmi celles-là, beaucoup sont surtout utilisées, car il faut qu'elles allient la robustesse de leur végétation à leur caractère majestueux, original ou gracieux, pour leur port et leur frondaison ou pour leur floraison. A ce sujet citons spécialement les Palmiers : *Kentia, Areca. Latania Phœnix, Corypha, Rhapis, Caryota, Cocos, Seaforthia*, etc., les Cycadées, Pandanées, Aroïdées, Bambou, *Dracæna, Musa, Araucaria, Aralia.* Fougères arborescentes ou en touffes, Broméliacées, *Begonia Aloe, Croton, Maranta, Cestrum, Ficus, Alpinia*, etc., *Oreopanax, Stephanotis Phormium*, etc.; ces plantes, ainsi que celles déjà citées plus haut, jouent un rôle prépondérant dans la garniture des serres d'agrément et sont parmi les plus utilisées.

En plus de ces plantes qui concourent à l'ornementation permanente, certaines autres, fleuries, de plein air et de serre, peuvent être apportées momentanément dans les serres d'agrément; c'est ainsi qu'il est rendu possible d'avoir davantage de fleurs constamment.

VII. — La Toile et le Thrips.

Il n'est pas question de cette terrible maladie cryptogamique ni de cet insecte au chap. II; je répare donc cette omission.

La *Toile* qui détruit en une seule nuit toute une multitude de jeunes plantes est due au développement d'un mycélium et elle se répand avec une incroyable rapidité, détruisant tout et surtout les jeunes semis de Begonias et d'autres Gesnéracées. On peut la détruire ou empêcher sa venue de plusieurs façons :

1° En faisant bouillir la terre et en employant celle-ci après l'avoir fait sécher. pour les semis, boutures et jeunes repiquages;

2° Par la méthode Rozain-Boucharlat, en employant en pulvérisations ou en aspersions, préventivement ou curativement, la solution suivante :

Sulfate de cuivre	250 gr.
Ammoniaque liquide à 22°	200 —
Eau	100 litres.

3° En utilisant pour les semis de la terre dans laquelle il entre des aiguilles de Pin. Cette dernière méthode, peut-être moins efficace que les autres, prévient cependant sa venue et est à préconiser.

Le *Thrips* est un petit insecte qui ronge surtout les parties tendres des feuilles et des fleurs et qui se multiplie avec une incroyable facilité sous l'influence de la chaleur sèche. Prévenir sa venue et le détruire comme il est dit pour la *Grise* au chap. II.

CHAPITRE LI

EMPLOI DES PLANTES ET DES FLEURS DANS L'ORNEMENTATION

I. Décoration des salons, boudoirs, salles à manger. — II. Confection des bouquets et des corbeilles. — III. Confection des croix et des couronnes. — IV. Décoration des bow-windows et des vérandas. — V. Décoration des fenêtres, des terrasses et des balcons. — VI. Cueillette des fleurs. — VII. Emballage et transport des fleurs. — VIII. Conservation des fleurs.

On est très souvent heureux de jouir des plantes que l'on cultive autrement que dans une serre ou dans le jardin, c'est pourquoi on en orne les appartements. Les plantes et les fleurs sont on ne peut plus précieuses pour l'ornementation des appartements et, à ce titre, elles font partie de toutes les fêtes; je vais examiner rapidement ce sujet en renvoyant pour de plus amples renseignements aux livres et brochures que j'ai publiés sur cette question [1], dans lesquels les garnitures florales, la composition des bouquets, le montage des fleurs, etc., sont traités avec les détails qu'ils comportent.

I. — Décoration des salons, boudoirs, salles à manger.

Dans chacune de ces pièces, si elles s'y prêtent, on fait des garnitures dans les angles qui ne sont pas occupés par

---

[1]. *L'Art du fleuriste*, 2ᵉ édition; *l'Art d'associer les fleurs dans les compositions florales*; *Les fleurs à travers les âges*; *L'Art du fleuriste décorateur*.

des meubles. Elles se composent d'un petit massif de plantes vertes et fleuries au-dessus duquel s'élance dans le haut un *Cocos flexuosa* ou une autre plante à silhouette élancée. Aux autres endroits libres, on peut aussi constituer un petit massif dans le même ordre d'idées. Dans certains cas, on encadre les panneaux de guirlandes fleuries qui partent des frontons des glaces et des fenêtres.

Mais, ce sont principalement les consoles et les chemi-

Fig. 275. — Corbeille de milieu de table en Roses, Œillets et Gypsophile élégant.

nées qui reçoivent une jolie ornementation. On arrange au-dessus de gracieuses plantes fleuries et à feuillage, dont les plus grandes sont disposées de chaque côté, de façon qu'elles encadrent la glace. Les fleurs de choix comme les Orchidées, si on a quelques-unes de ces plantes à sa disposition, sont placées bien en évidence.

Lorsque sur la cheminée il y a une pendule et des candélabres, il suffit de faire un tapis de petites plantes basses pour ne pas les dissimuler. Si, au contraire, des vases remplacent les candélabres, on les garnit d'une gerbe de fleurs de choix. Bien souvent, les pots gênent pour placer convenablement les plantes ; dans ce cas, on les dépote et on entoure les mottes de mousse fraîche. Puis on recouvre le tout d'un tapis de mousse bien verte de manière à n'apercevoir ni pots, ni mottes.

Ceci s'applique certainement aux garnitures temporaires. Lorsqu'il s'agit de garnitures permanentes, on laisse les plantes en pots, quitte à les serrer moins, et on a soin de garnir les consoles et les cheminées d'un bac en zinc, afin de ne pas les détériorer.

Le complément de cette décoration est évidemment les corbeilles, gerbes et bouquets que la maîtresse de maison dispose sur les divers meubles selon son goût personnel.

Quant à l'ornementation de la table, elle varie selon les goûts et surtout selon les innovations des fleuristes ; mais généralement, dans les maisons bourgeoises, on s'en tient à la corbeille centrale et aux deux bouts de table, qui sont composés avec quelques feuillages et des fleurs de la saison.

II. — Confection des bouquets et des corbeilles.

Il faut d'abord distinguer le bouquet de la gerbe. Tandis que la gerbe (fig. 274) n'est composée de fleurs que sur une seule face, le bouquet en présente sur toutes les faces et se fait rond ou conique.

Pour les gerbes, on place d'abord quelques feuillages dans le vase, puis les fleurs les plus importantes, en imprimant la forme que doit avoir la gerbe, puis on place ensuite toutes les autres fleurs. Si, au lieu d'une gerbe on veut garnir le vase d'un bouquet rond, on procède de la même manière.

Il est toujours préférable, lorsque le bouquet ou la gerbe doit garnir un vase, de placer les fleurs directement dans le vase ; cela permet de donner plus de légèreté à la composition et de la faire plus en rapport avec la grandeur du vase. Car, il ne faut pas l'oublier, la légèreté, la bonne harmonie des couleurs et les proportions doivent être observées, pour faire une jolie composition.

Si l'on veut confectionner le bouquet, on procède de la même façon, mais en plaçant le feuillage au fur et à mesure, de façon que les fleurs ne soient pas serrées. Il est préférable de fixer les fleurs par un tour de ligature, au fur et à mesure qu'on les place, car ainsi on les maintient mieux que si on ne lie le bouquet que lorsqu'il est achevé.

Pour la confection des corbeilles, on remplit le récipient de mousse, en la tassant fortement. Ceci fait, on pique quel-

Fig. 271. -- Petite gerbe de Roses.

ques feuillages, puis les fleurs, en donnant à l'ensemble la forme que l'on préfère et qui est généralement bombée et peu élevée pour les corbeilles de table (fig. 273).

Si au contraire la corbeille doit être formée de plantes, il faut dépoter et démotter celles-ci. En les disposant, on doit avoir soin de les incliner un peu en avant, de façon qu'elles présentent leur plus belle face (fig. 275). Ce dernier cas s'applique plutôt aux corbeilles que l'on met dans les salons, boudoirs, etc. Très souvent, celles-ci sont munies d'une anse. Dans ce cas, on fait serpenter autour les rameaux volubiles de quelques plantes, de même qu'on la noue de rubans. Les corbeilles de plantes ont certainement une durée moins éphémère que celles de fleurs coupées;

mais, comme il faut arroser ces plantes, il est bon de munir les corbeilles de bacs en zinc ; de cette manière elles ne s'abîment pas. On trouve dans le commerce de nombreux modèles de corbeilles, mais les faveurs sont surtout à celles en bambou.

Lorsque les plantes fleuries font défaut, on peut obvier à cet inconvénient en piquant des fleurs ou des rameaux fleuris parmi les plantes à feuillage.

III. — Confection des croix et des couronnes.

Il est nécessaire de se munir de bourrages en paille ou en mousse. On trouve ces bourrages de plusieurs grandeurs et à très bon marché ; aussi n'est-ce pas la peine de les confectionner soi-même. On les recouvre de feuillage afin de dissimuler la paille, puis les fleurs étant montées séparément sur un clou, lorsqu'elles sont assez grosses, ou par petits bouquets lorsqu'elles sont petites, comme les Violettes et les Pensées, on les pique sur le bourrage, non pas au hasard assurément, mais en disposant d'abord une rangée de fleurs intérieurement et extérieurement sur les bords et en terminant par la partie centrale de la couronne. Ces deux rangs sont généralement composés de fleurs fines et de quelques feuillages dépassant les autres fleurs auxquelles ils sont en quelque sorte l'encadrement.

Ou bien on fixe d'abord le rang de fleurs central et les autres ensuite. Bien souvent on fait un fronton ou un piquet gerbe ; dans ce cas, on ne pique pas de fleurs dans la partie où il sera disposé ; une fois ce fond composé, on pique quelques branches de feuillage dépassant le tout, en donnant à l'ensemble la forme qu'aura le piquet-gerbe ou le fronton, et qui est généralement bombée, puis, on pique les fleurs.

On fait aussi au lieu du fronton ou du piquet-gerbe une jetée de fleurs, sur le côté ayant la forme d'une gerbe très allongée. Cette gerbe est d'abord composée, puis fixée sur la couronne à l'endroit désiré. Il est des cas où l'on jette une palme de Dattier ou de Cycas en travers de la couronne.

Pour la confection des croix, on procède de la même façon, mais en réservant au croisement des bras une place sans fleurs où sera placé le petit piquet-gerbe.

Dès qu'un bouquet, une corbeille ou toute autre composition sont terminés, il faut, à l'aide d'un vaporisateur ou d'une seringue très fine, bassiner le feuillage et les fleurs, principalement le dessous des fleurs.

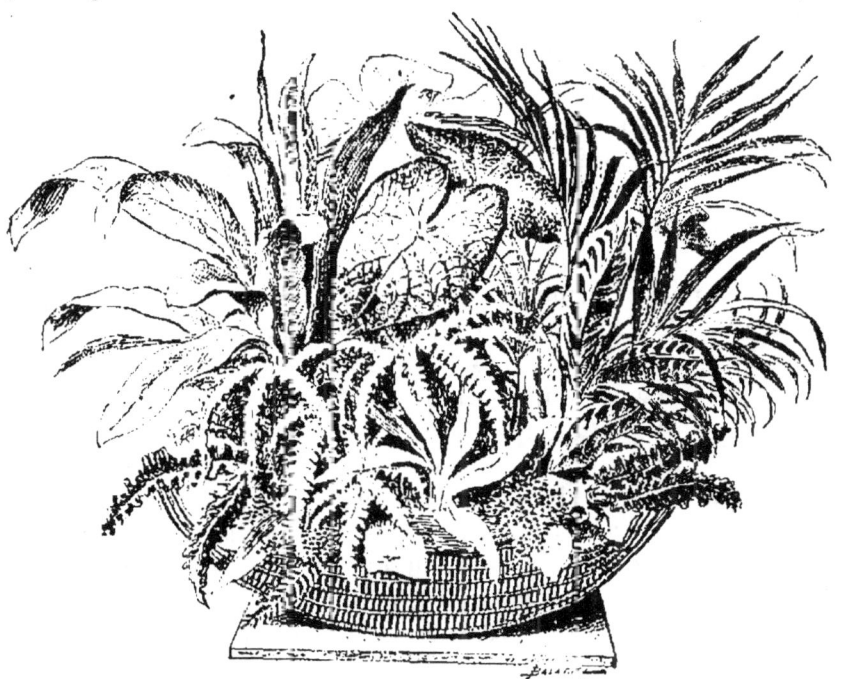

Fig. 275. — Corbeille garnie de plantes à feuillage.

IV. — Décoration des bow-windows et des vérandas.

Les jardinières doivent être garnies à la fois de plantes sarmenteuses, de plantes dressées et de plantes retombantes. Tandis que les plantes sarmenteuses s'enroulent aux montants entre les vitraux, et que les plantes retombantes forment une cascade de fleurs et de feuillage sur les bords des jardinières, les autres plantes la garnissent au-dessus. Parmi les plantes à feuillage : Aspidistra, Palmier, Aralia, etc., qui constituent le fond de la garniture on met quelques plantes fleuries, certainement plus éphémères, que l'on remplace lorsqu'elles sont passées. Si on a de la place pour quelques petites colonnes, on place dessus un bel exemplaire de Palmier, Croton, Caoutchouc, etc., ou une jolie plante fleurie de la saison. Il faut avoir soin de toutes ces plantes, comme du reste de celles que l'on a dans les appartements.

V. — Décoration des fenêtres, des terrasses et des balcons.

On aime généralement à avoir quelques fleurs sur sa fenêtre. Il est bon de les planter dans une petite jardinière dissimulée par quelques plantes retombantes. De chaque côté on met une plante grimpante qui garnit l'encadrement de la fenêtre, puis on dispose quelques plantes fleuries : Œillets, *Pelargonium*, *Fuchsia*, Héliotrope, etc. ; comme plantes retombantes les : *Pelargonium* à feuilles de Lierre, Verveine, *Tradescantia*, etc. font très bon effet ; les plantes sarmenteuses ne manquent pas, et les : Cobée grimpante, Volubilis, Eccrémocarpe grimpante, Capucine, *Mina lobata*, etc., se plaisent très bien dans ces conditions.

Si l'on possède un balcon, les jardinières sont posées contre la balustrade, et les plantes retombantes surgissent au dehors tandis que les plantes grimpantes transforment la balustrade en un rideau de verdure. On peut même, à l'aide de quelques grands tuteurs et de la ficelle former comme une tonnelle que les plus vigoureuses garniront rapidement. Tout cela varie avec le goût des personnes qui décorent ainsi leurs fenêtres, terrasses ou balcons.

Il faut avoir soin de placer sous chaque caisse et sous les pots un bac en zinc qui reçoit les eaux surabondantes provenant des arrosages, ceci pour ne pas s'attirer des inconvénients. Le pot à arrosage souterrain (paragr. VI et fig. 28, p. 57) est aussi à préconiser pour la culture des plantes en pots, dans ces conditions.

VI. — Cueillette des fleurs.

Quelques conseils sur la cueillette des fleurs ne seront pas de trop ici.

Il ne faut pas cueillir les fleurs, celles de plein air principalement, lorsqu'elles sont complètement épanouies, car, dans ces conditions, elles passent bien vite.

Celles qui, comme les Roses, sont seules ou à peu près, sur une tige, sont coupées lorsqu'elles commencent à s'ouvrir seulement et même lorsqu'elles sont encore en boutons ; cueillies et mises dans l'eau, elles se conservent très bien et s'épanouissent parfaitement. Les fleurs en grappes comme les Pieds-d'alouette, ou celles en corymbes, en panicules, etc., sont cueillies lorsque les premières fleurs du bas sont ouvertes ; les autres s'ouvrent successivement lorsque les tiges sont dans l'eau.

La cueillette des fleurs doit autant que possible être faite le matin, quand bien même elles ne devraient être utilisées que le soir. A ce moment les tiges contiennent plus d'eau et les fleurs elles-mêmes sont rafraîchies par la rosée. Aussitôt cueillies, on les met dans un vase rempli d'eau et dans un endroit frais si l'on ne doit pas les utiliser de suite.

Au fur et à mesure qu'on les cueille, les fleurs sont placées dans une corbeille, en mettant au-dessous les moins fragiles et les plus lourdes, et cela sans les serrer.

VII. — Emballage et transport des fleurs.

Les fleurs ayant été cueillies dans les conditions que je viens d'indiquer sont aptes à supporter un voyage ; une fleur non encore épanouie voyage bien mieux que celle qui l'est déjà. On est heureux d'envoyer des fleurs à un ami lorsqu'on est sûr qu'elles arrivent en bon état, comme on est heureux d'en recevoir dans de bonnes conditions.

Les fleurs cueillies le matin et dont les tiges ont trempé dans l'eau, ont leurs tissus gorgés d'eau et sont aptes à être emballées et envoyées dans la soirée.

Ces fleurs sont placées les unes près des autres, dans une petite caisse ou dans un panier garni préalablement de papier. Il vaut mieux les tasser un peu que de laisser entre elles trop d'espace, car si elles sont ballottées, cela les froisse et les abîme. Le tout recouvert d'une feuille de papier, on ferme le couvercle. Si l'on doit les envoyer au loin, on met un peu de mousse mouillée et l'on imbibe d'eau également la caisse ou le panier pour mieux conserver la fraîcheur. D'ailleurs, il faut avoir soin de les bassiner un peu au fur et à mesure qu'on les place. Si ce sont des fleurs fragiles on les entoure de ouate.

Lorsqu'il fait très chaud on doit s'arranger pour qu'elles voyagent principalement la nuit, afin qu'elles arrivent le matin à destination. A l'arrivée, au fur et à mesure qu'on les déballe, on enlève les feuilles et celles qui pourraient être abîmées, puis on les met de suite dans l'eau. Ce n'est qu'après une heure ou plus qu'on les place dans les récipients qui doivent les contenir.

VIII. — Conservation des fleurs

Lors de la réception des fleurs, il est bon de rafraîchir les coupes ; journellement il faut changer l'eau des vases et rafraîchir les coupes à l'aide d'un instrument bien tranchant, pour que l'eau pénètre mieux. Le rafraîchissement des coupes a une grande importance en ce qu'il permet aux vaisseaux des tiges qui se trouvent bouchés par les impuretés de pouvoir de nouveau absorber l'eau, ce qui n'existerait pas si l'on négligeait de faire cette opération, qui a, on le voit, une certaine importance. Aux fleurs dont les tiges sont dures, comme celles des Roses, on enlève même quelques lanières d'écorce pour faciliter l'ascension de l'eau. Les légers bassinages sous les feuilles sont aussi excellents. C'est ainsi que les fleuristes procèdent, et ils doivent à ces soins journaliers de pouvoir conserver les fleurs bien fraîches bien plus longtemps que les amateurs qui ne s'en inquiètent pas.

Beaucoup de personnes mettent du sel ou du charbon de bois dans l'eau ; cela n'a, je crois, aucune influence sur la bonne conservation des fleurs ; le but principal est d'empêcher l'eau de se corrompre.

On prétend cependant que certains engrais, le superphosphate, par exemple, mis dans l'eau, ont quelque influence sur leur bonne conservation.

Si quelques fleurs sont fanées par quelque cause que ce soit : par le voyage, le manque d'eau, etc., on peut les remettre en bon état de cette façon : après avoir rafraîchi les coupes, on met les tiges dans de l'eau douce et même chaude ; cela les ranime bien vite si elles sont fanées, mais non flétries.

Ensuite on peut les remettre dans de l'eau ordinaire. C'est en effet une erreur de mettre les fleurs fanées dans de l'eau très fraîche et même glacée, lorsqu'elles sont un peu fanées, pour les ranimer ; on n'obtient rien de bon de cette pratique, car c'est souvent le contraire qui a lieu.

FIN

TABLE ALPHABÉTIQUE

des plantes potagères, des arbres et arbustes, des plantes de plein air et de serre, des maladies et insectes nuisibles, dont il est parlé dans cet ouvrage.

A

Abelia, 440.
Abies, 440.
Abricotier, 308, 395.
Abronia, 518.
Abutilon, 657.
Acacia, 440, 657.
Acalypha, 657.
Acanthe (Acanthus), 518.
Acer, 463.
Achillée (Achillea), 518.
Achimenès, 659.
Achyranthes, 660.
Aconit, 519.
Acore (Acorus), 519.
Acroclinium, 519.
Acrostichum, 660.
Actinidia, 440.
Ada, 660.
Adamia, 660.
Adiante (Adiantum), 520, 660.
Adonide (Adonis), 520.
Æchmea, 661.
Ærides, 661.
Æschynanthe (Æschynanthus), 661.
Æthionème (Æthionema), 520.
Agalmyla, 661.
Agapanthe (Agapanthus), 520, 661.
Agathée (Agathea), 521, 662.
Agave, 662.
Agérate (Ageratum), 521, 662.
Agnus-Castus, 440.
Agrostemma, 547.
Agrostide (Agrostis), 521.
Ail (Allium), 138, 521.
Ailante (Ailantus), 440.
Airelle, 440.
Ajuga, 537.
Akébia, 441.
Alaterne, 441.

Aliboufier, 441.
Alisier, 442.
Alisme (Alisma), 521.
Allamanda, 663.
Alnus, 445.
Alocasia, 663.
Aloès (Aloe), 664.
Alonzoa, 522.
Alpinia, 664.
Alsophila, 664.
Alstrœmère (Alstrœmeria), 522.
Alternanthera, 664.
Althæa, 442, 601, 665, 728.
Altise du Chou, 13.
Alysse (Alyssum), 522.
Amandier, 442.
Amarante (Amarantus), 523, 836.
Amarantoïde, 524.
Amaryllis, 524, 665.
Amelanchier, 442.
Ammobium, 524.
Amomon, 666.
Amomum, 666.
Amorpha, 442.
Amorphophallus, 524.
Ampelopsis, 442.
Ananas, 139, 666.
Anchusa, 537.
Ancolie, 524.
Andromède (Andromeda), 443.
Anémone, 525.
Angiopteris, 666.
Angræcum, 667.
Anguloa, 667.
Anœctochilus, 667.
Antennaire (Antennaria), 526.
Anthemis, 667.
Anthericum, 753.
Anthonome du Pommier, 13.
Anthracnose de la Vigne, 31.
Anthurium, 668.

Antirrhinum, 580.
Aphelandra, 670.
Aphrophore écumeux, 13.
Aquilegia, 524.
Arabette (*Arabis*), 526.
Araignées, 14.
Aralia, 443, 670.
Araucaire (*Araucaria*), 443, 670.
Arbousier (*Arbutus*), 444.
Arbre de Judée, 444.
— Neige, 444.
— aux 40 écus, 444.
Ardisia, 670.
Aréquier (*Areca*), 671.
Argémone, 527.
Argousier, 444.
Arisæma, 671.
Aristoloche (*Aristolochia*), 444, 671.
Arnica, 527.
Aroïdées, 797.
Arondinaire (*Arundinaria*), 527.
Arroche (*Atriplex*), 141, 444.
Artichaut, 141.
Arum, 671.
Arundo, 601.
Asclépiade (*Asclepias*), 527.
Asperge (*Asparagus*), 144, 671.
Aspérule (*Asperula*), 527.
Asphodèle (*Asphodelus*), 528.
Aspidistra, 672.
Aspidium, 528, 672.
Asplenium, 528, 672.
Asprelle (*Asprella*), 528.
Aster, 415, 528.
Astilbé, 530.
Astragale (*Astragalus*), 530.
Athyrion, 530.
Ataccia, 672.
Atriplex, 444.
Attelabe, 14.
Aubépine, 445.
Aubergine, 148.
Aubriétia, 530.
Aucuba, 445.
Aune, 445.
Aunée, 530.
Azalée (*Azalea*), 445, 672, 846, 847.
Azara, 446.
Azérolier, 446.

B

Baguenaudier, 446, 531.
Balantium, 674.
Balisier, 531.
Balsamine, 533, 674, 836.
Bambou (*Bambusa*), 446, 674.
Bananier, 674.
Banksia, 675.
Barkeria, 675.
Basilic, 149, 534.
Begonia, 534, 676, 836.
Belle-de-jour, 534.

Belle-de-nuit, 534.
Bellis, 588.
Benoite, 535.
Berberis, 462.
Berce, 535.
Bertolonia, 681.
Bette, 149.
Betterave, 149.
Betula, 448.
Bibacier, 476, 681.
Bignone (*Bignonia*), 447, 681.
Billbergia, 681.
Biota d'Orient, 448.
Black-Rot, 31.
Blanc du Pêcher et du Rosier, 32.
— des racines, 37.
Blanfordia, 681.
Blaniule moucheté, 14.
Blattes, 16.
Blechnum, 681.
Bocconia, 535.
Bois gentil, 448.
Boltonia, 535.
Bomarea, 682.
Bombyx, 14, 15.
Bonduc, 448.
Boronie (*Boronia*), 682.
Bougainvillée (*Bougainvillea*), 682.
Boule de neige, 448.
Bouleau, 448.
Boussingaultia, 536.
Bouvardia, 682.
Brachycomé, 536.
Brassavola, 683.
Brassia, 683.
Brésillet, 683.
Briophyllum, 683.
Brize (*Briza*), 536.
Broméliacées, 805.
Broussonetia, 476.
Browallia, 683.
Bruche du pois, 15.
Brunfelsier (*Brunfelsia*), 683.
Bruyère, 448, 684.
Bryone (*Bryonia*), 536.
Bryonopside (*Bryonopsis*), 536.
Bryophyllum, 684.
Buddleia, 449, 684.
Bugle, 537.
Buglosse, 537.
Buis (*Buxus*), 449.
Buisson ardent, 449.
Bulbocode (*Bulbocodium*), 537.
Buplèvre (*Bupleurum*), 449.
Burbidgea, 685.
Burlingtonia, 685.
Butome (*Butomus*), 537.

C

Cacalie (*Cacalia*), 537.
Cactées, 804.
Cæsalpinia, 683.

Cafards. 16.
Caladium, 537, 685.
Calanthe, 686.
Calathée (*Calathea*), 686.
Calcéolaire (*Calceolaria*), 538, 686.
Calendula, 607.
Calla. 538.
Callicarpe (*Callicarpa*). 449.
Callistemon, 687.
Callistephus, 597.
Calosacme, 693.
Caltha. 538.
Calycanthe (*Calycanthus*), 450.
Calystégie (*Calystegia*), 538.
Camélia, 450, 687.
Campanule (*Campanula*), 538, 836.
Campylobotryx, 688.
Canche, 539.
Cancrelats, 16.
Canna, 539, 836.
Caoutchouc, 688.
Capsicum, 594.
Capucine, 150, 539, 836.
Caragana. 450.
Caraguata, 688.
Cardon, 151.
Carex, 688, 728.
Carludovica, 689.
Carotte, 152.
Carpenteria. 450.
Carpinus, 455.
Caryota, 689.
Casse (*Cassia*), 451, 540.
Casside verte, 16.
Catalpa, 451.
Catananche, 550.
Catasetum, 689.
Cattleya, 689.
Céanothe (*Ceanothus*), 451.
Cécidomye, 16.
Cèdre (*Cedrus*). 451.
— bâtard (*Cedrela*), 452.
Céleri à côtes et C. rave, 155, 157.
Célosie (*Celosia*), 540.
Celtis, 476.
Centaurée (*Centaurea*), 541.
Centradenia, 690.
Centropogon, 691.
Centrostemma, 691.
Cephalotaxus, 453.
Cephalotus, 691.
Céraisto (*Cerastium*), 541.
Ceratozamia, 691.
Cercis, 466.
Cereus, 691, 693.
Cerfeuil, 157.
— bulbeux, 158.
Cerisier (*Cerasus*). 308. 395, 453.
Ceropegia, 691.
Ceroxylon, 692.
Cestrum, 692.
Cétoines, 16.
Chænomeles, 458.

Chalef. 453.
Chamæcerisier (*Chamæcerasus*), 454.
Chamæcyparis, 454.
Chamædorea, 692.
Chamæpeuce, 542.
Chamærops, 455, 692.
Champignon comestible, 159.
Chancre, 32.
Chardon, 542.
Charme, 455.
Cheiranthus, 563.
Chematobie brumeuse, 17.
Chêne, 455.
Chenille. 161, 542.
Chèvrefeuille, 455.
Chicorée frisée et C. scarole, 161.
— sauvage, 164.
Chicot du Canada, 455.
Chiendent panaché, 542.
Chimonante (*Chimonanthus*), 455.
Chionanthe (*Chionanthus*), 456.
Chionodoxa, 542.
Chirita, 693.
Chlorose, 33.
Choisya, 456, 693.
Chorizema, 693.
Chou d'ornement, 542.
— cultivé, C. de Bruxelles, C.-fleur, C.-navet et Rutabaga, C.-rave, 166 à 174.
Chrysanthème (*Chrysanthemum*), 543, 777, 836.
Cibotium, 693.
Ciboule commune, 174.
Ciboulette, 175.
Cierge, 693.
Cinéraire (*Cineraria*), 544, 694, 837.
Cissus, 695.
Ciste (*Cistus*), 456.
Citronnelle, 695.
Citronnier (*Citrus*), 457, 695.
Civette, 175.
Cladastris tinctoria, 457.
Clarkie (*Clarkia*), 544.
Clématite (*Clematis*), 457, 544.
Clerodendron, 457, 695.
Clethra, 458.
Clianthe (*Clianthus*), 696.
Clintonie (*Clintonia*), 544.
Clivia, 696.
Cloque du Pêcher, 33.
Clusia, 696.
Cobée (*Cobea*), 545.
Cochenilles, 17.
Cochlioda, 697.
Cochliostema, 697.
Cochylis de la Vigne, 20.
Cocotier (*Cocos*), 698.
Codiæum, 700.
Coelogyne, 698.
Cognassier, 357, 458.
Colchique (*Colchicum*), 546.
Coleus, 698.

Collinsie (*Collinsia*), 546.
Collomia, 546.
Colocasia, 699.
Coloquinte, 547, 837.
Columnéa, 699.
Colutea, 446.
Concombre, 175, 547.
Convallaria, 581.
Convolvulus, 534.
Copalme, 458.
Coquelourde, 547.
Coqueret, 548.
Corbeille d'argent, 526, 857.
* Cordyline, 699.
. Coréopsis, 548, 837.
. Corète (*Corchorus* ou *Kerria*), 459.
Cornichon, 176.
Cornouiller (*Cornus*), 459.
Coronille (*Coronilla*), 459, 699.
Coryanthes, 699.
Corydalle (*Corydallis*), 549.
Corylus, 477.
Corypha, 699.
Cosmos, 549.
Cotoneaster, 459.
Cotylédon, 699.
Coudrier, 460.
Courge, 176.
Couronne impériale, 549.
Courtilière, 21.
Crambé, chou marin, 178.
Crassule (*Crassula*), 699.
Cratægus, 449, 462.
Crépide (*Crepis*), 549.
Cresson alénois, C. de fontaine, 179.
Crinole (*Crinum*), 699.
Crioeère du Lis, 21.
Crocosmie (*Crocosmia*), 549.
Crocus, 550.
Crosne du Japon, 181.
Croton, 700.
Cryptanthus, 701.
Cucumis, 547.
Cucurbita, 547.
Cuphée, 702.
Cuphéa, 550.
Cupidone, 550.
Cupressus, 460.
Curculigo, 702.
Cyanophyllum, 702.
Cyathea, 702.
Cycas, 703.
Cyclamen, 550, 704.
Cydonia, 458.
Cymbidium, 707.
Cynoglosse (*Cynoglossum*), 550.
Cyperus, 708.
Cyprès, 460.
Cypripède (*Cypripedium*), 704.
Cyrtoceras, 691.
Cystoptéride (*Cystopteris*), 551.
Cytise (*Cytisus*), 460.

D

Dahlia, 551, 837.
Daphné, 460.
Dasylirion, 709.
Dattier, 709.
Datura, 556, 709.
Dauphinelle, 556.
Davallia, 709.
Delphinium, 556.
Dendrobium, 709.
Dentelaire, 556, 710.
Desmodium, 460.
Deutzia, 461.
Dianthus, 584.
Dichorisandra, 710.
Dicksonia, 710.
Dieffenbachia, 710.
Dielytra, 556.
Dictamnus, 560.
Diervillea (*Diervillea*), 461.
Digitale (*Digitalis*), 557, 856.
Dimorphantus, 461.
Dionée (*Dionæa*), 711.
Diosma, 711.
Dipladenia, 711.
Diplopappus, 461.
Disa, 711.
Dodecatheon, 567.
Doronic (*Doronicum*), 557.
Doryopteris, 711.
Dracæna, 711.

E

Eccrémocarpe, 557.
Echalote commune, 181.
Echeveria, 557, 713.
Echinocacte (*Echinocactus*), 713.
Echinope (*Echinops*), 557.
Edelweis, 565.
Eglé, 461.
Elæagnus, 453.
Encephalartos, 713.
Enothère (*Œnothera*), 557.
Epacris, 713.
Ephémère, 558, 714.
Epidendrum, 714.
Epilobe (*Epilobium*), 558.
Epinard, 182.
Epine, 462.
— -vinette, 462.
Epiphylle (*Epiphyllum*), 714.
Erable, 463.
Eranthe (*Eranthis*), 558.
Erica, 448, 463, 684, 715.
Erigeron, 558.
Erinose, 21, 22.
Eriobotrya, 715, 737.
Eryngium, 587.
Erysimum, 558.
Erythrine (*Erythrina*), 715.
Escallonia, 463.

Escargots, 22, 25.
Eschscholtzie (*Eschscholtzia*), 559.
Estragon, 183.
Evonymus, 465.
Eucalyptus, 715.
Eucharis, 715.
Eugenia, 716.
Eulalia du Japon, 363.
Eumolpe de la Vigne, 22.
Eupatoire (*Eupatorium*), 559.
Euphorbe (*Euphorbia*), 716.

F

Fagus, 468.
Fatsia, 716.
Fenouil doux et de Florence, 184.
Férule (*Ferula*), 559.
Fève, 184.
Février, 464.
Ficoïde, 559, 716.
Figuier (*Ficus*), 362, 716.
Figuier des Indes, 716.
Filaria (*Phillyrea*), 464.
Fittonia, 716.
Fleur de la Passion, 717.
Fontanésia, 464.
Forficule, 22.
Forsythia, 464.
Fougères, 802.
Fourcroya, 717.
Fourmis, 22.
Fragaria, 560.
Fragon, 464.
Fraisier, 185, 187, 560.
Framboisier, 358.
— du Canada, 465.
Fraxinelle, 560.
Freesie (*Freesia*), 560.
Frêne (*Fraxinus*), 465.
Fritillaire, 560.
Fuchsia, 465, 560, 717.
Fumagine, 33.
Fumeterre, 560.
Fusain, 465.

G

Gaillarde (*Gaillardia*), 560.
Gainier, 466.
Galantine *Galanthus*), 561.
Galega, 561.
Gamolépide (*Gamolepis*), 561.
Gardénia, 719.
Gattilier, 466.
Gaulthéria, 466.
Gaura, 562.
Gazanie (*Gazania*), 562.
Genêt (*Genista*), 467, 719.
Genévrier, 467.
Gentiane (*Gentiana*), 562.
Geonoma, 719.

Géranium, 562, 719.
Gesneria, 719.
Gesse, 562.
Geum, 535.
Gilia, 563.
Ginkgo, 467.
Giroflée, 563, 837.
Glaïeul, 565.
Gleditschia, 464.
Gloriosa, 720.
Gloxinia, 720.
Glycine, 467.
Gnaphalium, 565, 721.
Godetia, 565, 838.
Gomme, 34.
Gomphrena, 524.
Goodyera, 721.
Gouet, 566.
Gourde, 566.
Goutte-de-sang, 566.
Grenadier, 722.
Grevillea, 722.
Grise, 23.
Groseillier, 366, 468.
Guêpes, 24.
Gui, 34.
Gunnera, 566.
Gymnocladus, 448.
Gymnogramme (*Gymnogramma*), 722.
Gynerium, 567.
Gypsophile (*Gypsophila*), 567.
Gyroselle, 567.

H

Halesia, 463.
Habrothamnus, 722.
Hanneton, 24.
Haricot, 194, 568.
Hæmanthe (*Hæmanthus*), 722.
Hedera, 472.
Hedychium, 722.
Hedysarum multijugum, 468.
Hélénie (*Helenium*), 568.
Hélianthème (*Helianthemum*), 568.
Helianthus, 606.
Heliconia, 723.
Héliotrope (*Heliotropium*), 568, 723, 838.
Helichrysum, 570.
Hellébore (*Helleborus*), 568.
Hémérocalle (*Hemerocallis*), 569.
Heptapleurum, 762.
Heracleum, 535.
Hesperis, 573.
Hêtre, 468.
Heuchère (*Heuchera*), 569.
Hexacentris, 723.
Hibiscus, 468, 723, 728.
Hippeastrum, 723.
Hippophæ, 468.
Hoffmannia, 688.
Hohenbergia, 724.

Hortensia, 468.
Hoteia, 569, 853.
Houblon (*Humulus*), 198, 569.
Houx, 468.
Hovea, 723.
Howea, 724.
Hoya, 691, 724.
Humée (*Homea*), 569.
Hyacinthus, 572.
Hydrangea, 470, 724.
Hypericum, 578.
Hypocyrta, 724.
Hyssope (*Hyssopus*), 198.

I

Iberis, 610.
Idésia, 470.
If, 470.
Igname de Chine, 198.
Ilex, 468.
Imantophyllum, 724.
Immortelle, 570, 838.
Impatiens, 724.
Incarvillée (*Incarvillea*), 570.
Indigotier (*Indigofera*), 470.
Inula, 530.
Ipomée (*Ipomea*), 570.
Irésine, 724.
Iris, 571.
Isolepis, 726.
Isoloma, 726.
Itea, 471.
Iule terrestre, 25.
Ixia, 571.
Ixora, 726.

J

Jacinthe (*Hyacinthus*), 572.
Jasmin (*Jasminum*), 471, 726.
— de Virginie, 471.
Jaunisse, 33.
Joubarbe, 572.
Jubaea, 727.
Juglans, 478.
Julienne, 573.
Juniperus, 467.
Justicia, 727.

K

Kaki, 373, 482.
Kalmia, 471, 727, 847.
Kennedya, 727.
Kentia, 727.
Kermès, 17.
Kerria, 459.
Ketmie, 471, 728.
Kœlreuteria, 472, **488**.
Koniga, 573.

L

Lachenalia, 728.
Lælia, 728.
Lagurus, 573.
Laiche, 728.
Laitue pommée, 199.
— à couper, 202.
Laitue romaine, 202.
Lamier (*Lamium*), 573.
Lantana, 573, 729.
Lapageria, 729.
Larix, 475.
Lasiandra, 729.
Latanier (*Latania*), 729.
Lathyrus, 562.
Laurier (Laurus), 739.
— rose (Nerium), 730.
— amande, L. cerise, 472, 730.
— du Portugal, 472.
— Tin, 472, 730.
Lavatère (*Lavatera*), 573.
Ledum, 472.
Lentille, 204.
Leptosiphon, 574.
Lérots, 25.
Leschenaultia, 730.
Leycesteria, 472.
Libocèdre (*Libocedrus*), 472.
Libonia, 731.
Lichens, 36.
Lierre, 472.
Ligeria, 731.
Ligustrum, 492.
Lilas, 473, 847.
Limaces, 25.
Lin (*Linum*), 574.
Linaire (*Linaria*), 574.
Lippia, 731.
Liquidambar, 458, 474.
Liriodendron, 493.
Lis (*Lilium*), 575, 853.
— d'eau, 731.
Liseron, 574.
Livistona, 731.
Lobélie (*Lobelia*), 575, 731, 838.
Loirs, 25.
Lomaria, 732.
Lombric, 30.
Lonicera, 455.
Lopezia, 732.
Lophosperme (*Lophosperma*), 576.
Lotier cultivé (*Lotus*), 204.
Lotus des Egyptiens, 732.
Luculia, 732.
Lunaire (*Lunaria*), 576.
Lupin (*Lupinus*), 577.
Lycaste, 732.
Lychnide (*Lychnis*), 577.
Lyciet (*Lycium*), 474.
Lycopersicum, 232, 611.
Lygodium, 732, 806.

TABLE ALPHABÉTIQUE.

M

Mâche commune et d'Italie, 204.
Maclure (*Maclura*), 474.
Magnolier (*Magnolia*), 474.
Mahonia, 475.
Maïs, 205, 577.
Malus, 351, 483.
Mamillaire (*Mamillaria*), 732.
Manettia, 733.
Maranta, 733.
Marjolaine vivace et à coquille, 205.
Marronnier, 475.
Martynia, 206.
Masdevallia, 733.
Matricaire, 578.
Maurandie (*Maurandia*), 578.
Mauve (*Malva*), 578.
— en arbre, 475.
Maxillaire (*Maxillaria*), 734.
Medinilla, 734.
Melaleuca, 734.
Mélèze, 475.
Meligethes œneus, 26.
Melocacte (*Melocactus*), 734.
Melon, 206.
Menispermum, 476.
Menthe (*Mentha*), 211.
Menyanthes (*Menyanthes*), 578.
Menziesia, 476.
Mesembrianthemum, 559.
Methonica, 734.
Micocoulier, 476.
Mildiou, 35.
Millepertuis, 476, 578.
Miltonia, 734.
Mimosa, 735, 859.
Mimule (*Mimulus*), 579, 839.
Mina, 579.
Mirabilis, 534.
Molène, 579.
Monarde (*Monarda*), 580.
Monnaie du Pape, 580.
Monstera, 735.
Montagnæa, 732.
Montanoa, 735.
Montbretia, 580.
Morelle, 580, 735.
Mormodes, 736.
Mouche du Chou, 26.
Mousses, 36.
Moutarde, 211.
Muflier, 580.
Muguet, 581, 854.
Mulots, 26.
Mûrier (*Morus*), 476.
Musa, 736.
Muscari, 581.
Myoporum, 736.
Myosotis, 581, 839.
Myrsiphyllum, 736, 810.
Myrte (*Myrtus*), 736.
Myrtille, 476.

N

Nægelia, 736.
Narcisse (*Narcissus*), 582.
Navet, 212.
Néflier, 357, 476, 737.
Negundo, 476.
Nelumbo, 737.
Nemophile (*Nemophila*), 582.
Nénuphar, 582, 737.
Nepenthes, 738.
Nephrodium, 738.
Nephrolepis, 738.
Nerium, 730.
Nerprun, 476.
Nertera, 738.
Nevinsia, 476.
Nicotiana, 608.
Nierembergie (*Nierembergia*), 583.
Nigelle (*Nigella*), 583.
Noctuelle des moissons et du Chou, 27.
Noisetier, 477.
Noyer, 478.
Nuttallia, 478.
Nyctérinie (*Nycterinia*), 584, 738.
Nymphæa, 582, 737.

O

Ocimum, 149, 534.
Odontoglossum, 738.
Œillet, 584, 839.
— d'Inde, 586, 841.
Oïdium, 36.
Oignon, 213.
Olearia, 478.
Olivier de Bohême, 478.
Oncidium, 739.
Onopordon, 586.
Ophiopogon, 740.
Oplismenus, 740.
Opontia (*Opuntia*), 586, 740.
Oranger, 740.
— des osages, 478.
— des savetiers, 741.
Orchidées, 787.
Oreille de lièvre, 478.
Oreopanax, 741.
Orme, 478.
Ornithogale (*Ornithogalum*), 587.
Orpin, 604.
Oseille, 215.
Osmanthe (*Osmanthus*), 479.
Osmonde (*Osmonda*), 587.
Oxalide (*Oxalis*), 587.

P

Pæonia, 594.
Palmiers, 800.
Panais, 216.
Panax, 741.

Pancratium, 742.
Pandanus, 742.
Panicaut, 587.
Panis (*Panicum*), 587, 742.
Pâquerette, 588, 839.
Passiflore (*Passiflora*), 742.
Pastèque, 206.
Patate douce, 216.
Paulownia, 479.
Pavier (*Pavia*), 479.
Pavot (*Papaver*), 588.
Pêcher, 291, 395, 479.
Pelargonium, 743, 839.
Pellionia, 751.
Pennisetum, 588.
Pensée, 589, 839.
Pentstémon, 589.
Peperomia, 751.
Perce-neige, 590.
Pereskia, 752.
Perilla, 590.
Periploca, 480.
Pernettya, 480.
Peronospora, 37.
Persicaire, 590.
Persil, 217.
Pervenche, 590, 752.
Petunia, 590, 752, 840.
Peuplier, 480.
Phajus, 752.
Phalænopsis, 753.
Phalangère (*Phalangium*), 753.
Phalaride (*Phalaris*), 592.
Phaseolus, 568.
Philadelphus, 488.
Philodendron, 753.
Phlomide (*Phlomis*), 481.
Phlox, 592, 840.
Phœnix, 753.
Phormium, 754.
Photinia, 481.
Phrynium variegatum, 754.
Phylica, 754.
Phyllocactus, 754.
Picea, 481.
Pied d'alouette, 593.
Piéride du Chou, 28.
Pigamon, 594.
Pilocereus, 755.
Piment, 218, 594.
Pimprenelle petite, 218.
Pin (*Pinus*), 481.
Piper, 695.
Pissenlit, 218.
Pittosporum, 755.
Pivoine, 482, 594.
Plaqueminier, 482.
Platane (*Platanus*), 482.
Platycerium, 556, 710, 755.
Pleroma, 755.
Plumbago, 556, 755.
Poinsettia, 755.
Poireau, 219.

Poirée, 220.
Poirier, 313, 483.
Pois, 221.
— odorant ou de senteur, 595, 840.
Polémoine (*Polemonium*), 595.
Polianthes, 612.
Polygala, 483.
Polygonum, 590.
Polypode (*Polypodium*), 595, 756.
Pomme de terre, 224.
Pommier, 351, 483.
Pontederie (*Pontederia*), 595, 756.
Populus, 480.
Porretia, 756.
Potentille (*Potentilla*), 595.
Pothos, 756.
Pourpier (*Portulaca*), 226, 483, 596.
Pourridié, 37.
Primevère (*Primula*), 596, 756, 840.
Prunier (*Prunus*), 308, 395, 483.
Ptelea, 484.
Ptéris, 759.
Pterocarya, 484.
Pterostyrax, 484.
Pucerons, 17.
Punica, 722.
Pyrale du Pommier, 28.
Pyrèthre (*Pyrethrum*), 596.
Pyrus, 412.

Q

Quercus, 455.
Quisqualis, 759.

R

Radis, 226.
Raifort sauvage, 228.
Raiponce, 228.
Raquette, 759.
Ravenala, 759.
Reine-Marguerite, 597, 841.
— des prés, 597.
Renanthera, 759.
Renoncule (*Renoncula*), 599.
Renouée, 599.
Réséda, 599, 841.
Retinospora, 484.
Rhamnus, 441.
Rhapis, 759.
Rhodanthe, 600.
Rhododendron, 484, 847.
Rhodotype (*Rhodotypos*), 485.
Rhopala, 760.
Rhubarbe (*Rheum*), 229, 600.
Rhus, 490.
Ribes, 366, 468.
Richardia, 600, 760.
Ricin (*Ricinus*), 600.
Robinier (*Robinia*), 485.
Romarin (*Rosmarinus*), 229, 786.
Ronce (*Rubus*), 486.

Rose de Chine, 760.
— du Nil, 760.
— trémière, 601.
Roseau, 601.
Rosiers (*Rosa*), 133, 486, 818.
Rouille, 38
Rudbeckie (*Rudbeckia*), 601.
Ruellia. 760.
Ruscus, 461.
Russellia, 761.
Rynchite et R. conique, 28.

S

Sabal, 761.
Saccolabium, 761.
Safran, 601.
Sagine (*Sagina*), 602.
Sagittaire (*Sagittaria*), 602.
Sainfoin, 486.
Saintpaulia, 761.
Salicaire (*Salicaria*), 602.
Salisburia, 467.
Salix, 488.
Salpiglossis. 602.
Salsepareille, 761.
Salsifis blanc, 229.
Salvia, 230, 603, 762.
Santoline (*Santolina*), 602.
Sanvitalie (*Sanvitalia*), 602.
Sapin, 486.
Saponaire (*Saponaria*), 603.
Sarmienta, 761.
Sarracenia. 762.
Sarriette, 230.
Sauge, 230, 603, 762.
Saule, 488.
Savonnier, 488.
Saxifrage (*Saxifraga*), 603.
Scabieuse (*Scabiosa*), 604.
Schizanthe (*Schizanthus*), 604.
Sciadophyllum, 762.
Scille (*Scilla*), 604.
Scindapsus, 762.
Scolopendre (*Scolopendrium*), 604.
Scolyme d'Espagne, 230.
Scorsonère, 230.
Seaforthia, 762.
Sedum, 604.
Selenipedium, 762.
Sempervivum, 572.
Seneçon (*Senecio*), 605, 762.
— en arbre, 488.
Sensitive, 762.
Seringa, 488.
Sidalcée (*Sidalcea*), 605.
Silène, 605, 841.
Silphium, 606.
Skimmia, 488.
Smilax, 761.
Sobralia, 762.
Soja, 231.
Solandra, 763.

Solanum, 580, 666, 735, 763.
Soleil, 606.
Solidago, 614.
Sonerila, 763.
Sophora, 489.
Sophronitis, 763.
Sorbier (*Sorbus*), 490.
Souchet, 763.
Souci, 607.
Souris, 26.
Sparaxis, 607, 764.
Sparmannia, 734.
Spathiphyllum, 764.
Spirée (*Spiræa*), 489, 607, 853.
Stachys, 607.
— tubéreux, 231.
Stanhopea, 764.
Stapelia, 765.
Staphylier (*Staphylea*), 490.
Statice, 608.
Stephanotis, 765.
Sterculier (*Sterculia*), 765.
Stévie (*Stevia*), 608.
Stipa, 608.
Strelitzia, 765.
Streptocarpus, 766.
Strobilanthes, 766.
Styrax, 490.
Sumac, 490.
Superbe de Malabar, 766.
Sureau (*Sambucus*), 490.
Surelle, 587.
Symphorine (*Symphoricarpos*), 491.
Syringa, 473.

T

Tabac, 608.
Tabernæmontana, 766.
Tacca, 766.
Tacsonia, 767.
Tagète, 609, 841.
Tamaris, 491.
Taupe, 29.
Tavelure, 38.
Taxodier (*Taxodium*), 491.
Taxus, 470.
Tecoma, 491.
Teigne du Pommier, 29.
Telanthera, 767.
Tenthrède Limace, 30.
Testudinaria, 768.
Tetragone cornue, 231.
Thalictrum, 594.
Thlaspi, 610.
Thrinax, 767.
Thrips, 869.
Thunbergia, 767.
Thunia, 767.
Thuya, 492.
Thuyopsis, 192.
Thym (*Thymus*), 231, 610.
Thymélée, 492.

Tigre du Poirier, 30.
Tigridie (*Tigridia*), 610.
Tillandsia, 767.
Tilleul (*Tilia*), 492.
Telanthera 767.
Toile, 869.
Tomate, 232, 611.
Torenia, 768.
Tortue, 768.
Trachélie (*Trachelium*), 611.
Tradescantia, 768.
Trèfle d'eau, 611.
Triteleia, 611.
Tritoma, 611.
Troëne, 492.
Trolle (*Trollius*), 611.
Tropæolum, 150, 539.
Tubéreuse, 612, 769.
Tulipe (*Tulipa*), 612.
Tulipier, 493.
Tussilage (*Tussilago*), 613.
Tydæa, 769.

U, V, W

Ulmus, 478.
Vaccinium, 493.
Valériane (*Valeriana*), 613.
Vallota, 769.
Vanda, 769.
Vanille (*Vanilla*), 769.
Verbascum, 579.
Ver de terre, 30.

Verge d'or, 614.
Vernis du Japon, 493.
Véronique (*Veronica*), 614, 770.
Verveine (*Verbena*), 614, 842.
Victoria, 770.
Vigne (*Vitis*), 275, 393, 493.
— -vierge, 493.
Vinca, 590, 752.
Viola, 589.
Violette (*Viola*), 615, 857.
— d'Usambara, 770.
Viorne (*Viburnum*), 493.
Virgilier (*Virgilia*), 494.
Viscaria, 616.
Vitex Agnus-Castus, 494.
Vittadinie (*Vittadinia*), 616.
Volkameria, 494.
Volubilis (Ipomée), 570.
Vriesea, 771.
Washingtonia, 771.
Weigelie (*Weigelia*), 494.
Welingtonia, 494.

X, Y, Z

Xanthoceras, 494.
Yucca, 494, 616, 771.
Zamia, 771.
Zea, 205.
Zébrina, 771.
Zinnia, 616, 842.
Zygopetalum, 771.

TABLE DES MATIÈRES

Introduction.................................... I

PREMIÈRE PARTIE

QUESTIONS GÉNÉRALES. — LES ENNEMIS DES PLANTES. LA MULTIPLICATION DES VÉGÉTAUX.

CHAPITRE I
Le Sol et les Engrais.

I. — Les différentes sortes de terre et le rôle qu'elles jouent dans les cultures, 2. — II. Les amendements, 4. — III. Les composts, 4. — IV. Les engrais dits naturels, 5. — V. Les engrais chimiques, 5. — VI. Les labours et défoncements, 8. — VII. Les binages, buttages et sarclages, 9. — VIII. Procédés élémentaires pour l'analyse des terres, 10.

CHAPITRE II
Les Ennemis des Végétaux.

I. Les animaux nuisibles, 13. — II. Les parasites végétaux : cryptogames et phanérogames, 31. — III. La destruction des animaux et le traitement des maladies, 39.

CHAPITRE III
Les Clôtures de jardin et leur utilisation.

I. Les barrières, 40. — II. Les treillages, 40. — III. Les haies, 41. — IV. Formation rationnelle des haies, 42. — V. Les fossés et les sauts-de-loup, 44. — VI. Les murs, 44.

CHAPITRE IV
Les outils et autres objets de jardinage.

I. Outils pour le travail de la terre, 45. — II. Instruments pour les coupes et tailles, 48. — III. Instruments pour les transports, 53. — IV. Instruments pour les arrosages, bassinages et lavages, 53. — V. Récipients pour les rempotages, 55. — VI. Pots et terrines à irrigation souterraine, 57. — VII. Bacs et caisses, 59. — VIII. Entretien des outils et des instruments de jardinage, 59. — IX. Affûtage des outils, 60. — X. Entretien du matériel roulant, 60. — XI. Tuyaux d'arrosage, 61. — XII. De l'étiquetage et de la fabrication des étiquettes, 62.

CHAPITRE V

Quelques travaux de jardinage.

I. Différentes sortes de planches, 63. — II. Dressage des planches et des sentiers, 64. — III. Tracé des rayons et des sillons, 65. — IV. Plombage, 65. — V. Paillis et terreautage, 65. — VI. Divers modes de repiquage, 66. — VII. Moyens d'activer la végétation, couches, réchauds, 68. — VIII. Fabrication des coffres, 69. — IX. Fabrication et entretien des paillassons, 71.

CHAPITRE VI

La Multiplication des Végétaux.

REPRODUCTION NATURELLE.

A. — *La Graine et la Fécondation.*

I. Comment on peut obtenir de nouvelles variétés par le semis et par variation spontanée, 72. — II. Fixation des variétés, 73. — III. Fécondation artificielle croisée, 74. — IV. Organes de la fleur, 75. — V. Choix des plantes, 75. — VI. Préparation des sujets, 76. — VII. Opération de la fécondation, 76. — VIII. Récolte et conservation des graines, 78. — IX. Stratification des graines, 79. — X. Traitement des graines stratifiées, 79. — XI. Essai de germination des graines, 79. — XII. Conservation des graines en terre, 80. — XIII. Obtention de nouvelles variétés par le greffage, 80.

CHAPITRE VII

La Multiplication des Végétaux.

REPRODUCTION NATURELLE.

B. — *Le Semis.*

I. Profondeur des semis, 82. — II. Les différentes sortes de semis, 83. — III. Semis en pleine terre, 83. — IV. Semis à la volée, 84. — V. Semis en rayons ou en lignes, 84. — VI. Semis en poquets, 84. — VIII. Semis intercalaires, 84. — VIII. Insuccès dans la levée et moyens d'y remédier, 85. — IX. Semis sous cloches et sous châssis, 86. — X. Semis en terrines, en caisses ou en pots. Simplification de l'arrosage, 86. — XI. L'éducation et l'élevage des plantes, 87. — XII. Eclaircissage, 87. — XIII. Repiquage, 87. — XIV. Empotage, 89. — XV. Pincement. Obtention de plantes naines par le pincement, 89.

CHAPITRE VIII

La Multiplication des Végétaux.

REPRODUCTION ARTIFICIELLE.

A. — *La Division des touffes et le marcottage.*

I. Division et sectionnement des touffes, 91. — II. Le marcottage, 92. — III. Différentes sortes de marcottes : 1° La marcotte simple, 92 ; 2° La marcotte chinoise, 93 ; 3° La marcotte en arceau ou en serpenteau, 94 ; 4° La marcotte en cépée, 94 ; 5° Marcottes en vases, 95 ; 6° Marcottes aériennes ou suspendues, 96 ; 7° Marcottes herbacées, 97 ; 8° Marcottes compliquées, 97. — IV. Pieds-mères, application et soins divers, 99. — V. Sevrage des marcottes, 100. — VI. Obtention de plantes naines par le marcottage, 101.

CHAPITRE IX

La Multiplication des Végétaux.

REPRODUCTION ARTIFICIELLE.

B. — *Le Bouturage.*

I. Considérations, 102. — II. La bouture et les conditions favorisant son enracinement, 103. — III. Différentes sortes de boutures, 104. — IV. Boutures de rameaux ; boutures ligneuses dépourvues de feuilles, 104. — V. Boutures ligneuses de rameaux feuillus, 106. — VI. Boutures de fragments de tiges, 107. — VII. Boutures herbacées, 108. — VIII. Boutures d'yeux, 109. — IX. Boutures de racines, 109. — X. Boutures de feuilles, 109. — XI. Boutures d'écailles, 111. — XII. Bouturage dans la sciure de bois et dans l'eau, 111. — XIII. Boutures diverses, 111. — XIV. Bouturage sous verre, 112. — XV. Influence de la chaleur du sol et le bouturage à chaud et à l'étouffée, 112. — XVI. Pieds-mères et leur traitement, 113. — XVII. Préparation et plantation des boutures, 113. — XVIII. Soins généraux à donner aux boutures pendant et après l'enracinement. Repiquages, empotages, pincements, 114. — XIX. Obtention de plantes naines par le bouturage, 115.

CHAPITRE X

La Multiplication des Végétaux.

REPRODUCTION ARTIFICIELLE.

C. — *Le Greffage. — Description des Greffes.*

I. Définition, 116. — II. Analogie entre les individus, 117. — III. Choix et conservation des greffons, 117. — IV. Ligatures, 118. — V. Instruments. Mastic, 118. — VI. Différents genres de greffes : 1° Greffes par œil, 119. — VII. Greffe en écusson, 120. — VIII. Greffe en flûte, 122. — 2° Greffes par approche, 123. — IX. Greffe par approche ordinaire, 124. — X. Greffe par approche en incrustation de côté et en tête, 125. — XI.

Greffe par approche en arc-boutant, 125. — 3° Greffes par rameaux détachés, 126. — XII. Greffe en fente simple et double, 126. — XIII. Greffe en couronne ordinaire, 127. — XIV. Greffe en couronne perfectionnée (Dubreuil), 128. — XV. Greffe du bouton à fruit, 128. — XVI. Greffe de côté sous écorce, 131. — XVII. Greffe en fente à l'anglaise, 132. — XVIII. Greffe sur racine. Obtention de nouvelles variétés par le greffage, 132.

DEUXIÈME PARTIE

LE JARDINAGE ET L'HORTICULTURE D'UTILITÉ

CULTURE POTAGÈRE ET MARAÎCHÈRE

CHAPITRE XI.

Création du Jardin potager.

I. Le jardin potager spécial, 133. — II. Le jardin mixte, 134. — III. Emplacement, 134. — IV. Préparation du sol, 134. — V. Disposition des carrés, 134. — VI. Choix de l'emplacement du carré de couches, 135. — VII. Canalisation et distribution des eaux d'arrosage, 136. — VIII. Assolement ou alternance des cultures, 136. — IX. Culture intensive, 137.

CHAPITRE XII

Les Plantes potagères; leur culture.................... 138

CHAPITRE XIII

Les porte-graines et la conservation des légumes.

I. Choix des porte-graines en général. 234. — II. Choix de la semence sur le porte-graines, 235. — III. Culture des porte-graines, 235. — IV. Conservation et conserves de légumes, 236.

CHAPITRE XIV

Culture potagère de plein air et de primeurs.

TRAVAUX MENSUELS.

Janvier, 237. — Février, 238. — Mars, 238. — Avril, 239. — Mai, 240. — Juin, 240. — Juillet, 241. — Août, 241. — Septembre, 242. — Octobre, 242. — Novembre, 243. — Décembre, 244. — Travaux à l'intérieur, 245.

CULTURE FRUITIÈRE.

CHAPITRE XV

Création du jardin fruitier.

I. Le jardin fruitier moderne, 246. — II. Le jardin spécialement fruitier, 247. — III. Le jardin mixte, 247. — IV. Choix du terrain, 247. — V. Tracé et distribution, 248. — VI. Emploi des murs, 248. — VII. Distribution des essences fruitières, 249. — VIII. Les diverses sortes de soutiens des arbres fruitiers, 250. — IX. Établissement du treillage, 250. — X. Établissement des contre-espaliers, 251. — XI. Le palissage, les ligatures et leur effet sur la végétation, 252.

CHAPITRE XVI

La plantation des arbres fruitiers.

I. La distance à observer entre les arbres, 253. — II. Les soins à la déplantation, 254. — III. Époques de la plantation, 255. — IV. L'habillage des sujets, 255. — V. La plantation et le pralinage, 255. — VI. Transplantation des vieux arbres, 257. — VII. Paillis, arrosages et bassinages, 257.

CHAPITRE XVII

Les arbres fruitiers.

I. Leur existence au jardin, 258. — II. Les causes naturelles et accidentelles de leur mort, 259. — III. Équilibre de la sève, 260. — IV. Les incisions et les entailles, 261.

CHAPITRE XVIII

Les formes en général.

I. Les anciennes formes, causes de leur abandon, 263. — II. Les formes modernes, 264. — III. Quelques formes nouvelles ou peu répandues, 266.

CHAPITRE XIX

Considérations générales sur la taille.

I. Pourquoi l'on taille, 267. — II. Notions préliminaires, 268. — III. De l'empâtement, 269. — IV. Manière d'opérer la coupe des rameaux, 269. — V. Époques de la taille en sec, 271. — VI. Modes de fructification des différentes espèces fruitières, 272.

CHAPITRE XX

La Vigne.

I. Multiplication, 275. — II. Plantation, 278. — III. Les formes appliquées à la Vigne, 278. — IV. La taille, 283. — V. L'ébourgeonnement, 284. — VI. Le pincement, 286. — VII. Le cisèlement et l'éclaircie des grappes, 287. — VIII. L'incision annulaire, 287. — IX. L'effeuillage et la mise du raisin en sacs, 288. — X. La taille à long bois, 289. — XI. Le cordon bisannuel (Delaville), 290. — XII. Choix des meilleures variétés de raisins à cultiver en espalier, 290.

CHAPITRE XXI

Le Pêcher.

I. Multiplication, 291. — II. Les formes appliquées au Pêcher, 292. — III. Les branches fruitières et leur taille, 296. — IV. L'ébourgeonnement, 299. — V. Le pincement et le palissage, 301. — VI. L'éclaircie des fruits, 304. — VII. L'effeuillage et les bassinages, 305. — VIII. La taille en vert, 305. — IX. La restauration, 306. — X. Tableau des meilleures variétés de Pêches et de Brugnons, 307.

CHAPITRE XXII

L'Abricotier, le Cerisier et le Prunier.

I. Multiplication, 308. — II. Les formes, 309. — III. La taille, 309. — IV. L'ébourgeonnement, 310. — V. Le pincement et le cassement, 310. — VI. Choix des meilleures variétés d'Abricots, 312. — VII. Choix des meilleures variétés de Cerises, 312. — VIII. Choix des meilleures variétés de Prunes, 312.

CHAPITRE XXIII

Le Poirier.

I. Multiplication, 313. — II. Les formes appliquées au Poirier, 314. — III. La production et l'entretien des branches fruitières, 338. — IV. L'ébourgeonnement, 342. — V. Le pincement, 343. — VI. Le cassement, 348. — VII. L'éclaircie des fruits et leur mise en sacs, 348. — VIII. L'effeuillage, 349. — IX. Les bassinages et le grossissement des fruits, 349. — X. Tableau des meilleures variétés de Poires, 350.

CHAPITRE XXIV

Le Pommier, le Cognassier et le Néflier.

I. Multiplication, 351. — II. Les formes appliquées au Pommier, 352. — III. La taille, l'ébourgeonnement, le pincement, etc.,

356. — IV. La mise des pommes en sacs, 356 — V. Les pommes armoriées, 356. — VI. Choix des meilleures variétés de Pommes, 357. — VII. Le Cognassier et le Néflier, 357.

CHAPITRE XXV
Le Framboisier.

I. Multiplication, 358. — II. Culture et palissage, 358. — III. Taille, pincement et drageonnement, 360. — IV. Choix des meilleures variétés de Framboises. La prétendue Fraise-Framboise, 361.

CHAPITRE XXVI
Le Figuier.

I. Multiplication, 362. — II. Mode de fructification, 362. — III. Culture, abri, éborgnage, taille, préparation des figues, 363. — IV. Variétés de Figues, 365.

CHAPITRE XXVII
Le Groseillier.

I. Multiplication, 366. — II. Les formes, 366. — III. La taille et le pincement, 367. — IV. Choix des meilleures variétés de Groseilles, 367.

CHAPITRE XXVIII
Le Verger.

I. — L'emplacement et a préparation du terrain, 368. — II. Les arbres du Verger, 369. — III. La distribution et les distances de plantation, 369. — IV. La plantation et le tuteurage, 369. — V. Les formes de plein vent, 370. — VI. Taille du Pêcher dans le Midi de la France, 372. — VII. La toilette des arbres, émoussage, échenillage, émondage, 372. — VIII. Le Kaki, 373.

CHAPITRE XXIX
La récolte et la conservation des fruits.

I. La cueillette et l'entre-cueillette, 374. — II. Le fruitier, 376. — III. Conservation du raisin, 378. — IV. L'emballage des fruits, 380.

CHAPITRE XXX
Notions sur la culture des arbres fruitiers sous verre.
CONSIDÉRATIONS GÉNÉRALES.

I. Généralités 382. — II. Les serres pour le forçage des arbres fruitiers, 383. — III. Le sol et les engrais, 385. — IV. La plantation des arbres fruitiers en serre, 385. — V. Notions générales sur le forçage, 386.

CHAPITRE XXXI
Culture forcée et retardée de la Vigne.

I. Formation, préparation, Vignes en pots, 389. — II. Forçage, 391. — III. Soins à donner après le forçage, 393. — IV. Culture retardée, 393. — V. Vignes pour la décoration des tables, 394. — VI. Variétés de Vignes pour la culture forcée, 394.

CHAPITRE XXXII
Culture forcée et retardée du Pêcher et des autres arbres à fruits à noyaux.

I. Formation et préparation des arbres, 395. — II. Forçage, 396. — III. Culture retardée, 398. — IV. Variétés d'arbres fruitiers à cultiver en serre, 398. — V. Cultures dérobées dans les serres, 398.

CHAPITRE XXXIII
Culture fruitière en plein air et sous verre.

TRAVAUX MENSUELS.

Janvier, 399. — Février, 399. — Mars, 400. — Avril, 400. — Mai, 401. — Juin, 401. — Juillet, 402. — Août, 402. — Septembre 403. Octobre, 403. — Novembre, 403. — Décembre, 404.

TROISIÈME PARTIE

LE JARDINAGE ET L'HORTICULTURE D'AGRÉMENT

CHAPITRE XXXIV
Les Jardins d'ornement.

I. Jardins symétriques. 406. — II. Jardins paysagers. 408. — III. Jardins mixtes, 408. — IV. Étude du plan, 410. — V. Jardins alpins, 411. — VI. Tracé et exécution des travaux, 412. — VII. Terrassements et nivellements des pelouses et des massifs, 412. — VIII. Plantations. — IX. Corbeilles et plates-bandes de fleurs, 416. — X. Le gazonnement dans le Nord et dans le Midi et les plantes gazonnantes, 416. — XI. Les rivières et les pièces d'eau, 419. — XII. Les roches et les rocailles, 420. — XIII. Les constructions rustiques, 421. — XIV. Canalisation pour l'arrosage, 421. — XV. Arrosage et bassinage, 422. — XVI. Fauchage et entretien des gazons, 422.

CHAPITRE XXXV

Les Arbres et les Arbustes d'ornement.

I. Élevage et culture, 424. — II. Soins à la déplantation et à la replantation, 425. — III. Utilité de la taille et de l'élagage, 426. — IV. Taille et élagage des arbres, 427. — V. Taille des arbustes, 428. — VI. Disposition des plantations. Les massifs, les groupes et les isolés, 429. — VII. Les diverses catégories d'arbres et d'arbustes, 431. — VIII. Les Rosiers, 433. — IX. Taille du Rosier, 434. — X. Rosiers non remontants, 435. — XI. Soins d'entretien, 436. — XII. Quelques bonnes variétés, 436. — XIII. Les Conifères, 438.

CHAPITRE XXXVI

Arbres, Conifères et Arbustes d'ornement.................. 439

CHAPITRE XXXVII

Arboriculture d'ornement.

Travaux Mensuels.

Janvier, 496. — Février, 496. — Mars, 497. — Avril, 497. — Mai, 497. — Juin, 498. — Juillet, 498. — Août, 499. — Septembre, 499. — Octobre, 499. — Novembre, 499. — Décembre, 500.

CHAPITRE XXXVIII

L'ornementation des Jardins.

I. Conditions générales, 501. — II. Les différents genres d'ornementation, 502. — III. L'ornementation pittoresque, 502. — IV. La mosaïculture, 504. — V. Quelques exemples et dessins de motifs en mosaïculture, 506. — VI. L'ornementation florale, 506. — VII. Exécution des plantations, 508. — VIII. Soins à donner après la plantation. Bassinages, arrosages, pincements, 509. — IX. Les bordures, 510. — X. Plantes vivaces et naines pour bordures permanentes, 510. — XI. Plantes vivaces pour la garniture des plates-bandes, 511. — XII. Plantes pour les garnitures printanières, 511. — XIII. Plantes pour les garnitures estivales, 511. — XIV. Plantes pour les garnitures automnales, 512. — XV. Plantes pour les garnitures hivernales, 512. — XVI. Quelques exemples de compositions florales et leur place dans le jardin, 512.

CHAPITRE XXXIX

Floriculture de plein air.

Les plantes de plein air ou de pleine terre................. 518

CHAPITRE XL

Culture des plantes de plein air pour la décoration des appartements et des fenêtres.

Les Suspensions.

I. Cultures en potées, 619. — II. Empotages, rempotages et le traitement des plantes qui souffrent, 620. — III. Les arrosages ordinaires et à l'engrais, 624. — IV. Les plantes annuelles et bisannuelles, semis, plantation et repiquages, 625. — V. Les plantes bulbeuses vivaces et leur choix, 626. — VI. Plantes et fleurs à couper, 626. — VII. Les suspensions. Vases et composts pour suspensions. Garniture. Arrosage, 627. — VIII. Choix de plantes retombantes à feuillage décoratif et florales pour suspensions de serre, d'appartement, de plein air, 628. — IX. Suspensions originales de Broméliacées et de Fougères, 630.

CHAPITRE XLI

Floriculture de plein air, gazons et ornementation des jardins,

Travaux mensuels.

Janvier, 631. — Février, 631. — Mars, 632. — Avril, 632. — Mai, 633. — Juin, 633. — Juillet, 633. — Août, 634. — Septembre, 634. — Octobre, 634. — Novembre, 635. — Décembre, 635.

CHAPITRE XLII

Les Serres et les Abris.

I. Les cloches, 637. - II. Les châssis, 637. — III. Les bâches, 638. — IV. Les serres : types de serres et leur construction, 638. — V. Le chauffage des châssis, des bâches et des serres, 640. — VI. L'aération, 641. — VII. Couverture et ombrage, 642. — VIII. Orangerie et conservatoire, 642. — IX. Abris divers, 643. — X. L'entretien, les réparations, la conservation et la peinture des serres, abris, coffres, châssis, cloches, paillassons et claies, 644. — XI. Le vitrage perfectionné des serres, 646.

CHAPITRE XLIII

Notions générales de culture des plantes qui demandent un abri.

I. Hivernage des plantes demi-rustiques, 647. — II. L'orangerie et le conservatoire, 648. — III. Serre froide, 649. — IV. Serre tempérée, 650. — V. Serre chaude, 651. — VI. Serre à multiplication, 651. — VII. Sortie des plantes de serre. Leur traitement général pendant l'été en plein air, sous abri et en bâche, 652. — VIII. Utilisation des serres pendant l'été, 653. — IX. Rentrée des plantes, 654.

CHAPITRE XLIV

Les plantes exigeant un abri sous le climat de Paris...... 656

CHAPITRE XLV

Serres, Orangeries. Bâches chauffées.

Travaux mensuels.

Janvier, 772. — Février, 773. — Mars, 773. — Avril, 773. — Mai, 774. — Juin, 774. — Juillet, 775. — Août, 775. — Septembre, 775. — Octobre, 775. — Novembre, 776. — Décembre, 776.

CHAPITRE XLVI

Quelques cultures spéciales.

I. Les Chrysanthèmes, 777. — II. Les Orchidées, 787. — III. Les Aroïdées, 797. — IV. Les Palmiers, 800. — V. Les Fougères, 802. — VI. Les Cactées, 804. — VII. Les Broméliacées, 805. — VIII. Culture des plantes en guirlandes : le Lygodium, le Myrsiphyllum, 806.

CHAPITRE XLVII

Quelques opérations usuelles dans la culture des plantes.

Le Tuteurage.

I. Utilité du tuteurage, 812. — II. Choix des tuteurs, 813. — III. Ligatures, 813. — IV. Pose des tuteurs et attaches, 814. — V. Armatures diverses, 816. — VI. Les arrosages, 816. — VII. Les bassinages des arbres, arbustes, plantes de serre et de plein air, 818. — VIII. Traitement préventif contre les insectes dans les serres, 819. — IX. La propreté des plantes, les lavages, 820. — X. Le nettoyage des vieilles feuilles, 822. — XI. L'ombrage, 823. — XII. L'aération, 823. — XIII. Empotage et rempotage, 824. — XIV. Traitement des plantes malades, 824. — XV. Le surfaçage, 825. — XVI. Traitement des bulbes, tubercules et rhizomes, 826. — XVII. Tailles et pincements, 827. — XVIII. Étiquetage, catalogue et étiquettes, 827. — XIX. Les thermomètres et leur utilisation, 829.

CHAPITRE XLVIII

Notions sur l'obtention des bonnes graines des plantes d'ornement.

I. Choix des porte-graines, 831. — II. Plantation des porte-graines, 831. — III. Épuration, 832. — IV. Soins, 832. — V. Sélection, 833. — VI. Culture sous abris, 834. — VII. Récolte des graines, 834. — VIII. Choix des graines sur les porte-graines, 834. — IX. Observations relatives à quelques plantes d'ornement, 835. — X. Autres plantes, 842. — XI. Possibilité d'obtenir de nouvelles variétés de graines produites par des plantes ayant subi l'influence du greffage, 842.

CHAPITRE XLIX

Culture forcée et avancée des plantes à fleurs.

I. Arbustes et arbrisseaux divers, 845. — II. Rosier, 848. — III. Plantes bulbeuses et rhizomateuses, 850. — IV. Lis, 853. — V. *Hoteia japonica* et *Spiræa astilboides floribunda* 853. — VI. Muguet, 854. — VII. Digitale, 856. — VIII. Violette et Corbeille d'argent à fleurs doubles, 857. — IX. Forçage de rameaux coupés d'arbres et d'arbustes, 858. — X. Forçage de rameaux coupés de *Mimosa dealbata*, 859. — XI. Traitement des plantes et des fleurs forcées, 860.

CHAPITRE L

Les Serres d'agrément.

I. Du jardin d'hiver à la serre-fenêtre, 861. — II. Construction, chauffage, aération, couverture, ombrage et vitrerie, 862. — III. Aménagement intérieur des jardins d'hiver et des grandes serres, 865. — IV. Aménagement intérieur des vérandas, bow-windows et des petites serres, 867. — V. Soins à donner aux plantes, 868. — VI. Les plantes convenant pour la garniture des serres d'agrément, 868. — VII. La Toile et le Thrips, 869.

CHAPITRE LI

Emploi des plantes et des fleurs dans l'ornementation.

I. Décoration des salons, boudoirs, salles à manger, 870. — II. Confection des bouquets et des corbeilles, 872. — III. Confection des croix et des couronnes, 874. — IV. Décoration des bow-windows et des vérandas, 875. — V. Décoration des fenêtres, des terrasses et des balcons, 876. — VI. Cueillette des fleurs, 876. — VII. Emballage et transport des fleurs, 877. — **VIII. Conservation des fleurs, 878.**

Coulommiers. — Imp. Paul BRODARD. — 1188-99.

SCHLŒSING Frères & Cie - Marseille

Société en commandite par actions
Capital : **1.200.000** fr.

7 DIPLOMES D'HONNEUR. — 4 MÉDAILLES D'OR

Exposition universelle Paris 1889 :
MÉDAILLE D'OR, la plus haute récompense pour les Engrais.

Nouveau
Soufre précipité Schlœsing
à la Nicotine
POUDRE INSECTICIDE & ANTICRYPTOGAMIQUE

Le **Nouveau Soufre précipité SCHLŒSING à la Nicotine** détruit radicalement les **chenilles, larves, pucerons, limaçons** et autres parasites de l'agriculture, de l'arboriculture, de la viticulture et de la culture maraîchère.

Il débarrasse les choux des chenilles de la **Piéride**, les pommes de terre du **Doryphora**; il guérit du **Péronospéra** les tomates, pois, laitues, choux, etc.

Mélangé aux **Semences**, il les préserve des attaques des larves et insectes de toutes sortes.

Il débarrasse les **poulaillers** de la **vermine des poules**.

Il guérit la vigne de l'**Oïdium**, du **Mildew** de l'**Antracnose**, des **Rots** et autres maladies cryptogamiques, tout en la débarrassant des insectes qui la dévorent (**pyrales, altises, attelabes, érinoses, limaçons**).

Il débarrasse la luzerne du **Négril**.

Il nettoie les arbres fruitiers des **pucerons**, du **kermés** et du **blanc**.

Il protège la vigne de l'attaque des **vers gris**.

Il éloigne les **fourmis**, les **criquets**, les **sauterelles**, les **coléoptères**.

Il guérit les plantes de la **chlorose** et excite la végétation.

Enfin, mélangé au fumier, il le débarrasse des **vers** et parasites de toutes sortes.

Notre Soufre doit être employé le matin à la rosée

PRIX :

Un sachet échantillon de 5 kilos. Fr. **1.25** franco dans toute la France.
Un sachet échantillon de 10 kilos. » **5.50** — —
Un sac de 25 kilos............ » **6.50** ⎫
Un sac de 50 kilos............ » **13** » ⎬ Pris au Dépôt.
Un sac de 100 kilos........... » **25** » ⎪
Par 1000 kilos et au-dessus.... » **24.50** 0/0 kil. ⎭
Soufflet Schlœsing spécial pour
  l'emploi du Soufre précipité... » **6.35** franco dans toute la France.

L. MULO, LIBRAIRE-ÉDITEUR.
PARIS, 12, rue Hautefeuille.

REVUE GÉNÉRALE
D'AGRICULTURE

ORGANE MENSUEL DE L'AGRICULTURE

DIRECTEUR

Raymond BRUNET

Ingénieur Agronome
Lauréat de la Société des Agriculteurs de France, de la Société nationale d'Encouragement à l'Industrie, etc. Membre d'honneur de la Société des Sylviculteurs de France, Propriétaire-Viticulteur.

La *Revue générale d'agriculture* groupe autour d'elle une rédaction comprenant des savants, des agriculteurs éminents, des professeurs d'agriculture. Elle répond d'une façon complète et détaillée aux demandes de renseignements de ses abonnés sur toutes les questions agricoles et économiques. Les abonnés sont conseillés gratuitement pour la gestion de leurs terres.

La *Revue générale d'agriculture* est la publication générale

La plus complète; la plus indépendante;
La moins coûteuse; la plus luxueuse.

Pour l'apprécier, demander par carte postale un numéro spécimen, qui sera envoyé *gratuitement*.

Paraît le 15 de chaque mois.

Abonnement : Un an, 5 fr. Le numéro, 0 fr. 50.

Henri CARPENTIER, 73, B^d Soult – Paris

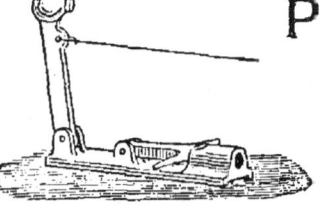

Piège à Feu avertisseur

Contre braconniers
SANS RESSORT NI TRÉBUCHET
Se charge à blanc ou à plombs
PROTÈGE
les Jardins, Parcs, Poulaillers,
Récoltes, Maisons
Contre toute atteinte des voleurs.

Bacs Abreuvoirs

POUR
Bœufs, Chevaux et Moutons

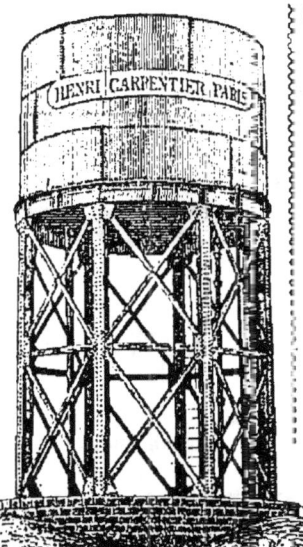

Tonneaux
d'Arrosage
et à Purin

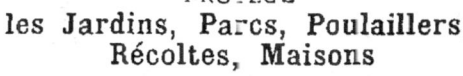

DE TOUTES
CONTENANCES
Sur train ou sans train
Avec pompe ou sans pompe. Tuyaux d'arrosage

Tôle
ondulée
GALVANISÉE

pour Couvertures
Ardoises métalliques

Réservoirs à eau, tôle noire ou galvanisée, sur pylones en fer et sur tours en maçonnerie, jusqu'à 300 mètres cubes. — TUYAUX. — POMPES.

APPAREILS POUR GAZ ACÉTYLÈNE

Aux Grandes Pépinières du Centre
LES PLUS VASTES CULTURES

A. LAURENT O. ※ et Cie
A LIMOGES (Hte-Vne)

60 Hect. de Pépinières
les plus riches en
Arbres fruitiers, forestiers, Arbres verts, Arbustes de toutes sortes, Jeunes Plants pour boisement et clôture, etc.

CONSULTEZ NOTRE
PRIX-COURANT
illustré, gratis et franco
PRIX RÉDUITS

GRANDE CULTURE DE ROSIERS

☞ Notre Catalogue illustré donne les Renseignements sur les meilleurs fruits à cultiver.

Établissement ayant obtenu les plus hautes Récompenses.

R. GOYER, ※ (Gendre et Associé)

✹ Arbres ✹
PÉPINIÈRES
BALTET, O. ※, ※ - Troyes

Arbres fruitiers, sélection extra des meilleures variétés de chaque saison, pour table, pour Cidre, pour Kirsch, etc.
Kaki, arbre fruitier du Japon.
Arbres d'avenue pour Routes, Boulevards, Parcs, etc.
Arbustes d'ornement, pour Massifs, Jardins, etc.

Plantes *d'appartement*. Plantes *vivaces*, Fleurs *de tous genres*.

ROSIERS tiges et nains, à Prix modérés.

FRAISIERS REMONTANTS, NOUVEAUX & AUTRES
ASPERGES
Étiquetage garanti. — Catalogue franco.

CHRYSANTHÈMES. Collection splendide
Catalogue spécial.

V. VERMOREL, Constructeur

Villefranche (Rhône)

APPAREILS POUR LA **DESTRUCTION** DES **ENNEMIS** DES PLANTES CULTIVÉES

400 premiers Prix et Médailles

Pulvérisateurs et Soufreuses

 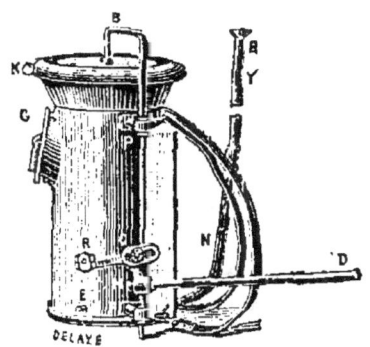

Pulvérisateur « Éclair »   Soufreuse « Torpille »
Prix : **35** Francs   Prix : **25** Francs

FRANCO toutes GARES de la France continentale

Pulvérisateurs pour Arbres fruitiers

Bouillie instantanée « Éclair »

CONTRE LE MILDIOU ET LE BLACK-ROT

Écrire pour Catalogue et Renseignements à **V. VERMOREL**, *à Villefranche (Rhône).*

ENCYCLOPÉDIE RORET
L. MULO, LIBRAIRE-ÉDITEUR
12, rue Hautefeuille, PARIS.

MANUEL
DE
l'Apiculteur Mobiliste

Nouvelles Causeries sur les Abeilles

EN **30** LEÇONS

Par l'abbé DUQUESNOIS
Curé de Saint-Cyr-sous-Dourdan.

MÉDAILLE D'ARGENT A BAR-LE-DUC

1 vol. in-18 jésus, orné de 20 figures dans le texte.... 3 fr.

ENVOI FRANCO CONTRE MANDAT-POSTE

ENCYCLOPÉDIE RORET
L. MULO, LIBRAIRE-ÉDITEUR
12, rue Hautefeuille, PARIS.

MANUEL PRATIQUE
DE
l'Éleveur de Poules

contenant :

Le choix d'une race, l'installation, l'hygiène, la nourriture, la ponte, la conservation des œufs, l'incubation naturelle, l'élevage naturel, l'incubation artificielle, l'élevage artificiel, l'engraissement, les maladies avec la méthode de construire : couveuse, éleveuse, gaveuse (travaux qui ont valu à l'auteur une *médaille de vermeil* décernée par la Société des Agriculteurs de France),

Par H.-L.-Alph. BLANCHON

1 vol. in-18 jésus, orné de 67 figures dans le texte. 3 fr.

ENVOI FRANCO CONTRE MANDAT-POSTE

ENCYCLOPÉDIE RORET
L. MULO, LIBRAIRE-ÉDITEUR
12, rue Hautefeuille, PARIS.

MANUEL PRATIQUE
DE
l'Éleveur de Pigeons
contenant :

Les races de pigeons, l'habitation, la tenue du pigeonnier, nourriture et soins, élevage, produits de l'élevage ; — pigeons voyageurs ; maladies, lois et décrets réglementant les colombiers de pigeons voyageurs,

Par H.-L.-Alph. BLANCHON

1 vol. in-18 jésus, orné de 44 figures dans le texte.   3 fr.

ENVOI FRANCO CONTRE MANDAT-POSTE

ENCYCLOPÉDIE RORET
L. MULO, LIBRAIRE-ÉDITEUR
12, rue Hautefeuille, PARIS.

MANUEL PRATIQUE
DE
l'Éleveur de Faisans
contenant :

les diverses races de faisans, les faisanderies, la nourriture, l'élevage naturel, l'élevage artificiel, les maladies et le transport

Par H.-L.-Alph. BLANCHON

1 vol. in-18 jésus, orné de 31 figures dans le texte.   2 fr.

ENVOI FRANCO CONTRE MANDAT-POSTE

ENCYCLOPÉDIE RORET
L. MULO, LIBRAIRE-ÉDITEUR
12, rue Hautefeuille, PARIS.

MANUEL PRATIQUE
DU
Pisciculteur

CONTENANT :

Étangs : *Établissement, entretien et exploitation;*
Lacs : *Espèces à introduire dans les lacs, leur exploitation;*
Cours d'eau : *Espèces à introduire, multiplication, etc;* — *Culture de l'Écrevisse;* — *Lois sur la pêche,*

Par H.-L.-Alph. BLANCHON

1 vol. in-18 jésus, orné de 65 figures dans le texte.   **3 fr. 50**

ENVOI FRANCO CONTRE MANDAT-POSTE

ENCYCLOPÉDIE RORET
L. MULO, LIBRAIRE-ÉDITEUR
12, rue Hautefeuille, PARIS.

MANUEL PRATIQUE
DE
l'Éleveur de Lapins

contenant :

Races et variétés, choix des reproducteurs, reproduction et élevage, engraissement, alimentation, hygiène, maladies et remèdes, habitation des lapins domestiques, garennes forcées, chasse et destruction; les lapins sauvages, législation, utilisation, commerce des produits; conclusion,

Par WILLEMIN
(Recettes culinaires du professeur A. COLOMBIÉ)

1 vol. in-18 jésus, orné de 24 figures dans le texte.   **2 fr. 50**

ENVOI FRANCO CONTRE MANDAT-POSTE

CATALOGUE
DE LA
LIBRAIRIE RORET

—

L. MULO
Libraire-Éditeur

12, rue Hautefeuille, 12

PARIS

I. Collection des Manuels-Roret. 3
II. Bibliothèque des Arts et Métiers. 23
III. Ouvrages divers sur l'Industrie. 24
IV. Horticulture, Agriculture. 26
V. Journaux. 28
VI. Suites à Buffon. 30
VII. Histoire naturelle. 34
VIII. Ouvrages d'Assortiment 34

1er Mai 1896

ENCYCLOPÉDIE-RORET

COLLECTION

DES

MANUELS-RORET

FORMANT UNE

ENCYCLOPÉDIE DES SCIENCES ET DES ARTS

FORMAT IN-18

Par une réunion de Savants et d'Industriels

Tous les Traités se vendent séparément.

La plupart des volumes, de 300 à 400 pages, renferment des planches parfaitement dessinées et gravées, et des figures intercalées dans le texte.

Les Manuels épuisés sont revus avec soin et mis au niveau de la science à chaque édition. Aucun Manuel n'est cliché, afin de permettre d'y introduire les modifications et les additions indispensables. Cette mesure, qui oblige l'Éditeur à renouveler les frais de composition typographique à chaque édition, doit empêcher le public de comparer le prix des **Manuels-Roret** avec celui des ouvrages similaires, tirés sur clichés.

Pour recevoir chaque volume franc de port, on joindra, à la lettre de demande, un *mandat sur la poste* (de préférence aux timbres-poste). Afin d'éviter les écritures pour l'expéditeur et les frais de recouvrement pour le destinataire, **aucun envoi n'est fait contre remboursement par la Poste.**

Les demandes venant de l'Étranger devront contenir 25 centimes en sus des prix portés au Catalogue, pour frais de recommandation à la Poste.

Les timbres étrangers ne pouvant être utilisés, nous prions nos correspondants de ne pas nous en adresser.

DIVISION PAR ORDRE ALPHABÉTIQUE

Manuel de l'Apiculteur Mobiliste ou Nouvelles Causeries sur les Abeilles en 30 Leçons, par l'abbé DUQUESNOIS, curé de Saint-Cyr-sous-Dourdan, auteur des Causeries sur les Abeilles, 1 vol. in-18 jésus orné de 20 illustrations dans le texte. 3 fr.

NOTA. — *Cet ouvrage entièrement neuf est du format in-18 Jésus.*

— **Pour gouverner les Abeilles** et en retirer profit, par MM. RADOUAN et MALEPEYRE. 2 vol. 6 fr.

— **Accordeur de Pianos**, traitant de la Facture des Pianos anciens et modernes et de la Réparation de leur mécanisme, contenant des Principes d'Acoustique, des Notions de Musique, les Partitions habituelles, la Théorie et la Pratique de l'Accord à l'usage des Accordeurs et des Amateurs, par M. Georges HUBERSON, 1 vol. orné de figures et de musique et accompagné de planches. 2 fr. 50

— **Aérostation**, ou Guide pour servir à l'histoire ainsi qu'à la pratique des *Ballons*, par M. DUPUIS-DELCOURT, 1 vol. orné de figures. 3 fr.

— **Agriculture Elémentaire**, à l'usage des écoles primaires et des écoles d'agriculture, par M. V. RENDU (*Ouvrage autorisé par l'Université*). 1 vol. 1 fr. 25

— **Alcools**, voyez *Distillation, Liquides, Négociant en eaux-de-vie.*

— **Alcoométrie**, contenant la description des appareils et des méthodes alcoométriques, les Tables de Force de Mouillage des Alcools, le Remontage des Eaux-de-Vie, et des indications pour la vente des alcools au poids, par MM. F. MALEPEYRE et AUG. PETIT. 1 vol. 1 fr. 75

— **Algèbre**, ou Exposition élémentaire des principes de cette science, par M. TERQUEM. (*Ouvrage approuvé par l'Université.*) 1 gros vol. 3 fr. 50

— **Alimentation**, par M. W. MAIGNE. 2 vol. 6 fr.

— *Première partie*, SUBSTANCES ALIMENTAIRES, leur origine, leur valeur nutritive, falsifications qu'on leur fait subir et moyen de les reconnaître. 1 vol. 3 fr.

— *Deuxième partie*, CONSERVES ALIMENTAIRES, contenant tous les procédés en usage pour conserver les Viandes, le Poisson, le Lait, les Œufs, les Grains, les Légumes verts et secs, les Fruits, les Boissons, etc., suivi du Bouchage des boîtes, des vases et des bouteilles. 1 vol. orné de figures. 3 fr.

— **Allumettes**, voyez *Briquets*.

— **Amidonnier et Fabricant de Pâtes alimentaires**, traitant de la Fabrication de l'Amidon et des Produits obtenus par des Fruits et des Plantes qui renferment de la Fécule, par MM. MORIN, F. MALEPEYRE et Alb. LARBALÉTRIER. 1 vol. avec figures et planches. 3 fr.

— **Anatomie comparée**, par MM. DE SIEBOLD et STANNIUS; trad. de l'allemand par MM. SPRING et LACORDAIRE, professeurs à l'Université de Liège. 3 gros vol. 10 fr. 50

— **Aniline (Couleurs d')**, d'Acide phénique et de Naphtaline, comprenant : l'étude des Houilles, la distillation des Goudrons, la préparation des Benzines, Nitrobenzines, Anilines, de l'Acide phénique, de la Naphtaline et de leurs dérivés, ainsi que leur emploi en Teinture, par M. Th. CHATEAU. 2 forts vol. ornés de figures. 7 fr.

— **Animaux domestiques (Eleveur d')**. (*En préparation.*)

— **Animaux de Basse-Cour (Eleveur d')**. (*En préparation.*)

— **Animaux nuisibles** (Destructeur des).
1re *partie*, Animaux nuisibles aux habitations, à l'Agriculture, au Jardinage, etc., par M. Vérardi. (*En préparation.*)
2e *partie*, Insectes nuisibles aux Arbres forestiers et fruitiers, à l'usage des Forestiers, des Jardiniers et des Propriétaires, par MM. Ratzeburg, De Corberon et Boisduval. 1 vol. orné de 8 planches. 2 fr. 50
— **Aquarelle**, voyez *Peinture à l'Aquarelle*.
— **Arbres fruitiers** (Taille des), contenant les notions indispensables de Physiologie végétale; un Précis raisonné de la multiplication, de la plantation et de la culture; les vrais principes de la taille et leur application aux formes diverses que reçoivent les arbres fruitiers, par M. L. de Bavay. 1 vol. orné de figures. 3 fr.
— **Archéologie** grecque, étrusque, romaine, égyptienne, indienne, etc., traduit de l'allemand de M. O. Muller par M. Nicard. 3 vol. avec Atlas. Les 3 vol. : 10 fr. 50. L'Atlas séparé : 12 fr. Les 3 vol. et l'Atlas : 22 fr. 50
— **Architecte des Jardins**, ou l'Art de les composer et de les décorer, par M. Boitard. 1 vol. avec Atlas de 140 planches. 15 fr.
— **Architecte des Monuments religieux**, ou Traité d'archéologie pratique, applicable à la restauration et à la construction des Eglises, par M. Schmit. 1 gros vol. avec Atlas contenant 21 planches. 7 fr.
— **Architecture**, voy. *Construction moderne, Maçon*.
— **Arithmétique démontrée**, par MM. Collin et Trémery. 1 vol. 2 fr. 50
— **Arithmétique complémentaire**, ou Recueil de Problèmes nouveaux, par M. Trémery. 1 vol. 1 fr. 75
— **Armurier**, Fourbisseur et Arquebusier, traitant de la fabrication des Armes à feu et des Armes blanches, par M. Paulin Désormeaux. 2 vol. avec planches. 6 fr.
— **Arpentage** ou Instruction élémentaire sur cet art et sur celui de lever les plans, par M. Lacroix, de l'Institut, MM. Hogard, géomètre, et Vasserot, avocat. 1 vol. avec figures. (*Autorisé par l'Université.*) 2 fr. 50
On vend séparément les Modèles de Topographie, par Chartier. 1 planche coloriée. 1 fr.
— **Art militaire**, ou Instructions pratiques à l'usage de toutes les armes de terre, par M. Vergnaud, colonel d'artillerie. 1 vol. avec figures. 3 fr.
— **Artificier** (Pyrotechnie civile), contenant l'Art de confectionner et de tirer les feux d'artifice, par A.-D. Vergnaud, colonel d'artillerie et P. Vergnaud, lieutenant-colonel. 1 vol. orné de fig. et accompagné d'une planche. 2 fr.
— **Asphaltes et Bitumes**, voy. *Chaufournier*.
— **Aspirants** aux fonctions de Notaires, Greffiers, Avocats à la Cour de Cassation, Avoués, Huissiers et Commissaires-Priseurs, par M. Combes. 1 vol. 3 fr. 50
— **Assolements, Jachère et Succession des Cultures**, par M. Victor Yvart, de l'Institut, et M. Victor Rendu, inspecteur de l'agriculture, 3 vol. 10 fr. 50
— Le même ouvrage, 1 vol. in-4. 12 fr.
— **Astronomie**, ou Traité élémentaire de cette science, trad. de l'anglais de W. Herschel, par M. A.-D. Vergnaud. 1 vol. orné de planches. 3 fr. 50
— **Astronomie amusante**, Notions élémentaires sur l'Astronomie, par M. L. Tomlinson, traduit de l'anglais par A.-D. Vergnaud. 1 vol. avec figures. 2 fr. 50

— **Avocats**, voy. *Aspirants* aux fonctions d'Avocats à la Cour de Cassation.
— **Avoués**, voyez *Aspirants* aux fonctions d'Avoués.
— **Ballons**, voyez *Aérostation*.
— **Bibliographie universelle**, par MM. F. Denis, P. Pinçon et De Martonne. 3 gros vol. à 2 colonnes. 20 fr.
— **Bibliothéconomie**, Arrangement, Conservation et Administration des Bibliothèques, par L.-A. Constantin, 1 vol. orné de fig. 3 fr.
— **Bijoutier-Joaillier** et Sertisseur, traitant des Pierres précieuses, de la Nacre, des Perles, du Corail et du Jais, contenant l'Art de les tailler, de les sertir, de les monter, de les imiter, suivi de la description des principaux Ordres et la fabrication de leurs décorations, par MM. Julia de Fontenelle, F. Malepeyre et A. Romain. 1 vol. accompagné de planches. 3 fr.
— **Bijoutier-Orfèvre**, traitant des Métaux précieux, de leurs Alliages, des divers modes d'Essai et d'Affinage, du Titre et des Poinçons de garantie de l'Or et de l'Argent, des divers travaux d'Orfèvrerie en or, en argent et en plaqué, du Niellage et de l'Emaillage des Métaux précieux, de la Bijouterie en vrai et en faux, de la fabrication des bijoux de fantaisie, en fer, en acier, en aluminium, etc., par MM. Julia de Fontenelle, F. Malepeyre et A. Romain, 2 vol. avec figures et planches. 6 fr.
— **Biographie**, ou Dictionnaire historique abrégé des grands hommes, par M. Noel, inspecteur général des études, 2 vol. 6 fr.
— **Blanchiment et Blanchissage**, Nettoyage et Dégraissage des fils de lin, coton, laine, soie, etc., par MM. J. de Fontenelle et Rouget de Lisle. 2 vol. avec figures. 6 fr.
— **Boissons économiques**, voyez *Vins de Fruits*.
— **Boissons gazeuses**, voyez *Eaux Gazeuses*.
— **Bonnetier et Fabricant de bas**, renfermant les procédés à suivre pour exécuter, sur le métier et à l'aiguille, les divers tissus à maille, par MM. Leblanc et Preaux-Caltot. 1 vol. avec planches. 3 fr.
— **Botanique**, Partie élémentaire, par M. Boitard. 1 vol. avec planches. 3 fr. 50
Atlas de botanique pour la partie élémentaire. 1 vol. in-8 renfermant 36 planches. 6 fr.
— **Bottier et Cordonnier**. (*En préparation*.)
— **Boucher**, voyez *Charcutier*.
Tableau figuratif des diverses Qualités de la Viande de Boucherie, in-plano colorié. 1 fr.
— **Boucherie Taxée**, ou Code des Vendeurs et des Acheteurs de Viande, suivi d'un Barême pour l'application du prix à la pesée, par un Magistrat. 1 vol. 1 fr. 50
— **Bougies stéariques et Bougies de paraffine**, traitant de la fabrication des Acides gras concrets, de l'Acide oléique, de la Glycérine, etc., par M. F. Malepeyre. 2 vol. accompagnés de planches. 7 fr.
— **Boulanger**, ou Traité de la Panification française et étrangère, contenant les moyens de reconnaître la sophistication des farines, par MM. J. de Fontenelle et F. Malepeyre, 2 vol. accompagnés de planches. 6 fr.
— **Bourrelier et Sellier**, contenant la fabrication des harnais de toute sorte pour les chevaux d'attelage et de selle, ainsi que la garniture des voitures, par M. Lebrun, 1 vol. orné de figures. 3 fr.
— **Bourse et ses Spéculations** mises à la portée de tout le monde, par M. Boyard, 1 vol. 2 fr. 50
— **Bouvier**. (*En préparation*.)

— **Brasseur**, ou l'Art de faire toutes sortes de Bières françaises et étrangères, par M. F. Malepeyre. Nouvelle édition, entièrement revue et complétée par Schild-Tréherne, 2 gros vol. accompagnés d'un Atlas de 14 planches. 8 fr.

— **Briquetier, Tuilier**, Fabricant de Carreaux, de tuyaux de Drainage et de Creusets réfractaires, contenant la fabrication de ces matériaux à la main et à la mécanique, et la description des fours et appareils actuellement usités dans ces industries, par MM. F. Malepeyre et A. Romain, 2 vol. accompagnés de planches. 6 fr.

— **Briquets, Allumettes chimiques**, soufrées, phosphorées, amorphes, etc., *Briquets électriques, Lumière électrique* et appareils qui la produisent, par MM. Maigne et A. Brandely. 1 vol. orné de figure. 3 fr.

— **Broderie**, ou Traité complet de cet Art, indiquant la manière de dessiner et d'exécuter toutes sortes de Broderies, ainsi que les Dentelles, la Tapisserie et d'autres ouvrages de Dames, par Mme Celnart. 1 vol. accompagné d'un Atlas de 40 planches. 7 fr.

— **Bronzage des Métaux et du Plâtre**, par MM. Debonliez, Malepeyre et Lacombe. 1 vol. 1 fr. 25

— **Cadrans solaires, Gnomonique**, voyez *Mathématiques appliquées*.

— **Cadres** (Fabricant de), Passe-Partout, Châssis, Encadrements, suivi de la restauration des tableaux et du nettoyage des gravures, estampes, etc., par MM. J. Saulo et de Saint-Victor. Édition entièrement refondue, par E. E. Stahl. 1 vol. orné de 27 illustrations. 2 fr.

— **Calculateur**, ou Comptes faits utiles aux opérations industrielles, aux comptes d'inventaire, etc., par M. Aug. Terrière, 1 gros vol. 3 fr. 50

— **Calendrier** (Théorie du) et Collection de tous les calendriers des années passées, présentes et futures, par M. Francœur, professeur à la Faculté des sciences. 1 vol. 3 fr.

— **Calligraphie**, ou l'Art d'écrire en peu de leçons, d'après la méthode de Carstairs. 1 Atlas in-8 obl. 1 fr.

— **Canotier**, ou Traité universel et raisonné de cet Art, par un Loup d'eau douce. 1 vol. orné de figures. 1 fr. 75

— **Caoutchouc, Gutta-percha, Gomme factice**, Tissus imperméables, Toiles cirées et gommées, par M. Maigne. 2 vol. accompagnés de planches. 5 fr.

— **Capitaliste**, contenant la pratique de l'escompte et des comptes courants, d'après la méthode nouvelle, par M. Terrière, employé à la trésorerie générale de la couronne. 1 gros vol. 3 fr. 50

— **Carrier**, voyez *Chaufournier, Mines, Sondeur*.

— **Cartes à jouer** (Fabrication des), voyez *Graveur*.

— **Cartes Géographiques** (Construction et Dessin des), par M. Perrot. 1 vol. orné de planches. 2 fr. 50

— **Cartonnier**, Cartier et Fabricant de Cartonnages, par M. Lebrun. 1 vol. orné de figures. 3 fr.

— **Chamoiseur, Maroquinier, Mégissier, Teinturier en peaux, Fabricant de Cuirs vernis, Parcheminier et Gantier**, traitant de l'outillage à la main, des machines nouvelles, et des procédés les plus récents en usage dans ces diverses industries, par MM. Julia Fontenelle, Maigne et Villon. 1 vol. avec fig. 3 fr. 50

— **Chandelier et Cirier**, contenant toutes les opérations usitées dans ces industries, par MM. Séb. Lenormand et F. Malepeyre. 2 vol. accompagnés de planches. 6 fr.

— **Chapeaux** (Fabricant de) en tous genres, tels que Chapeaux de soie, de soie, de feutre, de poils, de plumes et de paille, par MM. Cluz, F. et Julia de Fontenelle. 1 vol. orné de planches. 3 fr.

— **Charcutier, Boucher et Équarrisseur**, contenant l'élevage e l'engraissement du Porc et de la Truie, l'Art de préparer et de conserver les différentes parties du Cochon, les maniements et le Dépeçage du Bœuf, de la Vache, du Taureau, du Veau, du Mouton et du Cheval, et traitant de l'utilisation des débris, par MM. LEBRUN et MAIGNE. 1 vol. avec figures et planches. 2 fr. 50

On vend séparément :
TABLEAU DES QUALITÉS DE VIANDE, in plano col. 1 fr.

— **Charpentier**, ou Traité complet et simplifié de cet Art, traitant de la Charpente en bois et en fer et de la Manipulation des diverses pièces de Charpente, par MM. HANUS, BISTON, BOUTEREAU et GAUCHÉ. 2 vol. accompagnés d'un Atlas de 22 planches. 7 fr.

— **Charron-Forgeron**, traitant de l'Atelier, de l'Outillage, des Matériaux mis en œuvre par le Charron, du Travail de la forge, de la Construction du gros et du petit matériel, etc., par M. G. MARIN-DARBEL. 1 vol. orné de nombreuses figures et accompagné de planches. 3 fr. 50

— **Chasselas**, sa culture à Fontainebleau, par un VIGNERON des environs. 1 vol. avec figures. 1 fr. 75

— **Chasseur**, ou Traité général de toutes les chasses à courre et à tir, suivi d'un Vocabulaire des termes de Chasse et de la Législation, par MM. DE MERSAN, BOYARD et ROBERT. 1 vol. contenant la musique des principales fanfares. 3 fr.

— **Chaudronnier et Tôlier**, contenant l'Art de travailler au marteau le cuivre, la tôle et le fer-blanc, ainsi que les travaux d'Estampage, par MM. JULLIEN, VALÉRIO et CASALONGA, ingénieurs civils. 1 vol. et 1 Atlas in-18 de 20 planches. 5 fr.

— **Chauffage et Ventilation** des Bâtiments publics et privés, au moyen de l'air chaud, de l'eau chaude et de la vapeur. Chauffage des Bains, des Serres, des Vins, et des Wagons de chemins de fer, par M. A. ROMAIN. 1 vol. accompagné de planches et orné de figures. 3 fr.

— **Chaufournier, Plâtrier, Carrier et Bitumier**, contenant l'exploitation des Carrières et la fabrication du Plâtre, des différentes Chaux, des Ciments, Mortiers, Bétons, Bitumes, Asphaltes, etc., par MM. D. MAGNIER et A. ROMAIN. 1 vol. accompagné de planches. 3 fr. 50

— **Chaussures** (Imperméabilisation des), voyez *Encres*.

— **Chemins de fer**, contenant des études comparatives sur les divers systèmes de la voie et du matériel, le Formulaire des charges et conditions pour l'établissement des travaux, etc., par M. E. WITH. 2 vol. avec atlas 7 fr.

— **Cheval** (Education et dressage du) monté et attelé, traitant de son hygiène et des remèdes qui lui conviennent, par M. DE MONTIGNY. 1 vol. avec planches. 3 fr.

— **Chimie Agricole**, par MM. DAVY et VERGNAUD. 1 vol. orné de figures. 3 fr. 50

— **Chimie analytique**, contenant des notions sur les manipulations chimiques, les éléments d'analyse inorganique, qualitative et quantitative, et des principes de chimie organique, par MM. WILL, F. VŒHLER, J. LIEBIG et MALEPEYRE. 2 vol. ornés de planches et de tableaux. 5 fr.

— **Chimie appliquée**, voyez *Produits chimiques*.
— **Chirurgie**, voyez *Médecine, Instruments de chirurgie*.
— **Chocolatier**, voyez *Confiseur et Chocolatier*.
— **Cidre et Poiré** (Fabricant de), traitant de la Culture et de la Greffe des meilleures variétés de fruits propres à faire le Cidre et le Poiré, ainsi que des Méthodes nouvelles et des Appareils perfectionnés employés dans cette industrie, par MM. DUBIEF, F. MALEPEYRE et le Comte de VALICOURT. 1 vol. orné de figures. 3 fr.

— **Cirage**, voyez *Encres. Papetier-régleur.*
— **Cire à cacheter** (Fabrication de la), voyez *Papetier-régleur, Papiers de fantaisie.*
— **Ciseleur**, contenant la description des procédés de l'Art de ciseler et repousser tous les métaux ductiles, bijouterie, orfèvrerie, armures, bronzes, etc., par M. Jean GARNIER, ciseleur-sculpteur. 1 vol. orné de figures. 3 fr.
— **Clichage** en matière et galvanique, voyez *Graveur.*
— **Coiffeur**, contenant l'Art de se coiffer soi-même par M. VILLARET. 1 vol. orné de figures. 2 fr. 50
— **Colles** (Fabrication de toutes sortes de), comprenant celles de matières végétales, animales et composées, par M. MALEPEYRE. 1 vol. orné de planches. 2 fr. 50
— **Coloriste**, contenant le mélange et l'emploi des Couleurs, ainsi que l'Enluminure, le Lavis, le coloriage à la main et au patron, etc., par MM. PERROT, BLANCHARD, THILLAYE et VERGNAUD. 1 vol. (*En préparation.*)
— **Commerce, Banque et Change**, contenant tout ce qui est relatif aux effets de Commerce, à la tenue des livres, à la comptabilité, à la bourse, aux emprunts, etc., par M. GALLAS, suivi de la MÉTHODE NOUVELLE POUR LE CALCUL DES INTÉRÊTS A TOUS LES TAUX, par M. PIJON. 2 vol. 6 fr.
— **Commissaires-Priseurs**, voyez *Aspirants* aux fonctions de Commissaires-Priseurs.
— **Compagnie** (Bonne), ou Guide de la Politesse et de la Bienséance, par Mme CELNART. 1 vol. 1 fr. 75
— **Comptes-Faits**, voyez *Calculateur, Capitaliste, Poids et Mesures (Barème des).*
— **Confiseur et Chocolatier**, contenant les derniers perfectionnements apportés à ces Arts, par MM. CARDELLI et LIONNET CLÉMANDOT. Nouvelle édition complètement refondue par M. A. M. VILLON, ingénieur-chimiste. 1 vol. avec nombreuses illustrations. 4 fr.
— **Conserves alimentaires**, voyez *Alimentation.*
— **Construction moderne** (La), ou Traité de l'Art de bâtir avec solidité, économie et durée, comprenant la Construction, l'histoire de l'Architecture et l'Ornementation des édifices, par M. BATAILLE, architecte, ancien professeur. 1 vol. et Atlas grand in-8° de 44 planches. 15 fr.
— **Constructions agricoles**, traitant des matériaux et de leur emploi dans les Constructions destinées au logement des Cultivateurs, des Animaux et des Produits agricoles dans les petites, les moyennes et les grandes exploitations, par M. G. HEUZÉ, inspecteur de l'agriculture. 1 vol. accompagné d'un Atlas de 16 pl. grand in-8°. 7 fr.
— **Contre-Poisons**, ou Traitement des individus empoisonnés, asphyxiés, noyés ou mordus, par M. le Docteur H. CHAUSSIER. 1 vol. 2 fr. 50
— **Contributions Directes**, Guide des Contribuables, par M. BOYARD. 1 vol. (*En préparation.*)
— **Cordier**, contenant la culture des Plantes textiles, l'extraction de la Filasse, et la fabrication de toutes sortes de cordes, par M. BOITARD. 1 vol. orné de fig. 2 fr. 50
— **Correspondance Commerciale**, contenant les Termes de commerce, les Modèles et Formules épistolaires et de comptabilité, etc., par MM. REES-LESTIENNE et TRÉMERY. 1 vol. 2 fr. 50
— **Corroyeur**, voyez *Tanneur.*
— **Couleurs** (Fabricant de) à l'huile et à l'eau, Laques, Couleurs hygié-

niques, Couleurs fines, etc., par MM. Riffault, Vergnaud, Toussaint et Malepeyre. 2 volumes accompagnés de planches. 7 fr.

— **Couleurs vitrifiables et Emaux**, voyez *Peinture sur verre, sur Porcelaine et sur Email.*

— **Coupe des Pierres**, contenant des notions de Géométrie élémentaire et descriptive, ainsi que l'art du Trait appliqué à la Stéréotomie, par MM. Toussaint et H. M.-M., architectes. 1 vol. avec Atlas. 5 fr.

— **Coutelier**, ou l'Art de faire tous les Ouvrages de Coutellerie, par M. Landrin, ingénieur civil. 1 vol. 3 fr. 50

— **Couvreur**, voyez *Plombier.*

— **Crustacés** (Hist. natur. des), par MM. Bosc et Desmarett, etc. 2 vol. ornés de planches. 6 fr.

— **Cuirs vernis**, voyez *Chamoiseur.*

— **Cuisinier, Cuisinière.** (*En préparation.*)

— **Cultivateur Forestier**, contenant l'Art de cultiver en forêts tous les Arbres indigènes et exotiques, par M. Boitard. 2 vol. 5 fr.

— **Cultivateur Français**, ou l'Art de bien cultiver les Terres et d'en retirer un grand profit, par M. Thiébaut de Berneaud. 2 vol. ornés de figures. 5 fr.

— **Dames**, ou l'Art de l'Elégance, traitant des Objets de toilette, d'ameublement et de voyage qui conviennent aux Dames, par Mme Celnart. 1 vol. 3 fr.

— **Danse**, ou Traité théorique et pratique de cet Art, contenant toutes les *Danses de Société* et la Théorie de la Danse théâtrale, par Blasis et Lemaitre. 1 vol. 1 fr. 25

— **Décorateur-Ornementiste.** (*En préparation.*)

— **Dentelles**, V. *Broderie, Industrie dentellière* (p. 33).

— **Dessin Linéaire**, par M. Allain, entrepreneur de travaux publics. 1 vol. avec Atlas de 20 planches. 5 fr.

— **Dessinateur**, ou Traité complet du Dessin, par M. Boutereau, professeur. 1 volume accompagné d'un Atlas de 20 planches, dont quelques-unes coloriées. 5 fr.

— **Distillateur-Liquoriste**, contenant les Formules des Liqueurs les plus répandues, les parfums, substances colorantes, etc., par MM. Lebeaud, Julia de Fontenelle et Malepeyre. 1 gros vol. 3 fr. 50

— **Distillation des Grains et des Mélasses**, par MM. F. Malepeyre et Alb. Lardalétrier. 1 vol. accompagné d'un Atlas de 9 planches in-8°. 5 fr.

— **Distillation des Pommes de terre et des Betteraves**, par MM. Hourier et Malepeyre. 1 vol. accompagné de planches 2 fr. 50

— **Distillation des Vins**, des Marcs, des Moûts, des Fruits, des Cidres, etc., par M. F. Malepeyre. Nouvelle édition revue, corrigée et considérablement augmentée par M. Raymond Brunet, ingénieur-agronome. 1 vol. 3 fr.

— **Domestiques**, ou l'Art de former de bons serviteurs; Conseils aux Cuisinières, Valets et Femmes de chambre, Bonnes d'enfants et Cochers, par Mme Celnart. 1 vol. 2 fr. 50

— **Dorure, Argenture, Nickelage, Platinage sur Métaux**, au feu, au trempé, à la feuille, au pinceau, au pouce et par la méthode électro-métallurgique, traitant de l'application à l'Horlogerie de la dorure et de l'argenture galvaniques, et de la coloration des Métaux par les oxydes métalliques et l'Electricité, par MM. Mathey, Maigne et A. Villon. 1 vol. orné de figures. 3 fr. 50

— **Dorure sur bois** à l'eau et à la mixtion, par les procédés anciens et nouveaux, traitant des Peintures laquées et sur Meubles et sur Sièges, par M. Saulo. 1 vol. 1 fr. 50

— **Drainage simplifié**, mis à la portée des Campagnes, suivi de la législation relative au Drainage, par M. De La Hodde. 1 petit vol. orné de fig. 90 c.
— **Draps** (Fabricant de), voyez *Tissus*.
— **Eaux et Boissons Gazeuses**, ou Description des méthodes et des appareils les plus usités dans cette industrie, le bouchage des bouteilles et des siphons, la Gazéification des Vins, Bières et Cidres, etc. Nouv. édit. augmentée des Boissons angl. et améric. Fig. dans le texte. 4 fr.
— **Eaux-de-Vie (Négociant en)**, Liquoriste, Marchand de Vins et Distillateur, par MM. Ravon et Malepeyre. 1 vol. (*Epuisé.*) 75 c.
— **Ébéniste et Tabletier**, traitant des Bois, de leur Teinture et de leur Apprêt, de l'Outillage, du Débitage des bois de placage, de la fabrication et de la réparation des Meubles de tout genre et du travail de la Tabletterie, par MM. Nosban et Maigne. 1 vol. orné de figures et accompagné de planches. 3 fr. 50
— **Economie domestique**, Voyez *Maîtresse de Maison*.
— **Electricité atmosphérique**, ou Instructions pour établir les Paratonnerres et les Paragrêles, par M. Riffault. 1 vol. avec planche. 2 fr. 50
— **Electricité médicale**, ou Eléments d'Electro-Biologie, suivi d'un Traité sur la Vision, par M. Smee, traduit par M. Magnier. 1 vol. orné de figures. 3 fr.
— **Encres (Fabricant d')** de toute sorte, telles que : Encres d'écriture, Encres à copier, Encres d'impression typographique, lithographique et de taille douce, Encres de couleurs, Encres sympathiques, etc., suivi de la *Fabrication des Cirages* et de l'*Imperméabilisation des Chaussures*, par MM. de Champour, F. Malepeyre et A. Villon. 1 vol. 3 fr. 50
— **Engrais** (Fabrication et application des) animaux, végétaux et minéraux et des Engrais chimiques, ou Traité théorique et pratique de la nutrition des plantes, par MM. Eug. et Henri Landrin et M. Alb. Larbalétrier. 1 vol. orné de figures. 3 fr.
— **Engrenages**, voyez *Filature du Coton*.
— **Entomologie élémentaire**, ou Entretiens sur les Insectes en général, mis à la portée de la jeunesse, par M. Boyer de Fonscolombe. 1 gros vol. 3 fr.
— **Epistolaire (Style)**, Choix de lettres puisées dans nos meilleurs auteurs et Instructions sur le Style, par M. Biscarrat et Mme la comtesse d'Hautpoul. 1 vol. 2 fr. 50
— **Equarrisseur**, voyez *Charcutier*.
— **Equitation**, traitant du manège civil, du manège militaire, de l'Equitation des Dames, etc., par MM. Vergnaud et d'Attanoux. 1 vol. orné de figures. 3 fr.
— **Escaliers en Bois** (Construction des), traitant de la manipulation et du posage des Escaliers à une ou plusieurs rampes, de tous les modèles et s'adaptant à toutes les constructions, par M. Boutereau. 1 vol. et Atlas grand in-8° de 20 planches gravées sur acier. 5 fr.
— **Escrime**, ou Traité de l'Art de faire des armes, par M. Lafaugère. 1 vol. orné de figures. 2 fr. 50
— **Etat Civil** (Officier de l'), traitant de la Tenue des Registres et de la Rédaction des Actes, par M. Lemolt. 1 vol. 2 fr. 50
— **Etoffes imprimées et Papiers peints** (Fabricant d'), traitant de l'Impression des Etoffes de coton, de lin, de laine, de soie, et des Papiers destinés à l'Ameublement et à la Décoration des appartements, par MM. Séb. Lenormand et Vergnaud. 1 vol. avec planches. 3 fr.

— **Falsifications des Drogues** simples ou composées, moyens de les reconnaître, par M. Pédroni, chimiste. 1 vol. avec planche. 2 fr. 50
— **Ferblantier-Lampiste**, ou Art de confectionner tous les Ustensiles en fer-blanc, de les souder, de les réparer, etc., suivi de la fabrication des Lampes et des Appareils d'éclairage, par MM. Lebrun, Malepeyre et A. Romain. 1 vol. orné de fig. et accompagné de planches. 3 fr. 50
— **Fermier**, ou l'Agriculture simplifiée et mise à la portée de tout le monde, par M. de Lépinois. 1 vol. 2 fr. 50
— **Fermière** (Bonne), voyez *Habitants de la Campagne*.
— **Filature du Chanvre**, de l'Etoupe et du Lin, voyez page 34.
— **Filature du Coton**, contenant la description des Métiers à filer le coton, diverses formules pour apprécier la résistance des Appareils mécaniques, et un Traité des engrenages, par M. Drapier. 1 vol. avec planches. 2 fr. 50
— **Fleuriste artificiel et Feuillagiste**, ou l'Art d'imiter toute espèce de Fleurs, de Feuillage et de Fruits. 1 vol. orné de figures. (*En préparation.*)
On peut se procurer des *modèles coloriés*, dessinés d'après nature, par Redouté. La planche : 1 fr. 50
— **Fleuriste artificiel** simplifié, par Mlle Sourdon. 1 vol. 1 fr. 50
— **Fondeur**, traitant de la Fonderie du fer, de l'acier, du cuivre, du bronze et du laiton, de la fonte des statues, des cloches, etc., par MM. A. Gillot et L. Lockert, ingénieur. 2 vol. accompagnés de 8 planches. 7 fr.
— **Fontainier**, voyez *Mécanicien-Fontainier, Sondeur*.
Forestier praticien (Le) et Guide des Gardes Champêtres, traitant de la Conservation des Semis, de l'Aménagement, de l'Exploitation, etc., etc., des Forêts, par MM. Crinon et Vasserot. 1 vol. 1 fr. 25
— **Forgeron, Maréchal, Taillandier**, voyez *Charron, Machines-Outils, Serrurier*.
— **Forges** (Maître de), ou Traité théorique et pratique de l'Art de travailler le fer, la fonte et l'acier, par M. Landrin. 2 vol. accompagnés de planches. 6 fr.
— **Galvanoplastie**, ou Traité complet des Manipulations électro-métallurgiques, contenant tous les procédés les plus récents et les plus usités, par M. A. Brandely, ingénieur. 2 volumes ornés de vignettes. 6 fr.
— **Gants** (Fabricant des), voyez *Chamoiseur*.
— **Gardes Champêtres, Gardes Forestiers, Gardes-Pêche et Gardes-Chasse**, par M. Boyard, ancien président à la Cour d'Orléans, M. Vasserot, ancien sous-préfet, M. V. Emion et M. L. Crevat, juges de paix. 1 vol. 2 fr. 50
— **Gardes-Malades**, et personnes qui veulent se soigner elles-mêmes, par M. le docteur Morin. 1 vol. 2 fr. 50
— **Gaz** (Appareilleur à), voyez *Plombier*.
— **Gaz** (Éclairage et Chauffage au), ou Traité élémentaire et pratique destiné aux Ingénieurs, aux Directeurs et aux Contremaîtres d'Usines à Gaz, mis à la portée de tout le monde, suivi d'un *Mémento de l'Ingénieur-Gazier*, par M. D. Magnier, ingénieur-gazier. 2 vol. avec planches. 6 fr.
On a extrait de ce Manuel l'ouvrage suivant :
Mémento de l'Ingénieur-Gazier, contenant les Notions et les Formules nécessaires aux personnes qui s'occupent de la Fabrication et de l'Emploi du Gaz. Br. in-18. 75 c.

— **Géographie de la France**, divisée par bassins, par M. Loriol. (*Autorisé par l'Université.*) 1 vol. 2 fr. 50
— **Géographie physique**, ou Introduction à l'étude de la Géologie, par M. Huot. 1 vol. 3 fr.
— **Géologie**, ou Traité élémentaire de cette science, par MM. Huot et d'Orbigny. 1 vol. orné de planches. 3 fr.
— **Glaces** (Fabrication des), voy. *Verrier*.
— **Glacier**, voyez *Limonadier*.
— **Glycérine** (Fab. de la), voyez *Bougies stéariques*.
— **Gouache**, voyez *Peinture à l'Aquarelle*.
— **Gourmands**, ou l'Art de faire les honneurs de sa table, par Cardelli. 1 vol. 3 fr.
— **Graveur**, ou Traité complet de la Gravure en creux et en relief, Eau-forte, Taille-douce, Héliogravure, Gravure sur bois et sur métal, Photogravure, Similigravure, Procédés divers, Clichage des gravures en plomb et en galvanoplastie, Fabrication des cartes à jouer, Gravure de la musique, etc., par M. Villon. 2 vol. ornés de figures. 6 fr.
— **Greffes** (Monographie des), ou Description des diverses sortes de Greffes employées pour la multiplication des végétaux, par M. Thouin, de l'Institut, etc. 1 vol. orné de 8 planches. 2 fr. 50
— **Greffiers**, voyez *Aspirants* aux fonctions de Greffiers.
— **Grillages**, voyez *Treillageur*, 2° partie.
— **Gutta-Percha**, voyez *Caoutchouc*.
— **Gymnastique**, par M. le colonel Amoros. (*Ouvrage couronné par l'Institut, admis par l'Université, etc.*). 2 vol. et Atlas. 10 fr. 50
— **Habitants de la Campagne** et Bonne Fermière, contenant tous les moyens de faire valoir, de la manière la plus profitable, les terres, le bétail, les récoltes, etc., par Mme Celnart. 1 vol. 2 fr. 50
— **Histoire naturelle médicale et de Pharmacographie**, ou Tableau des Produits que la Médecine et les Arts empruntent à l'Histoire naturelle, par M. Lesson, ancien pharmacien de la marine à Rochefort. 2 vol. 5 fr.
— **Horloger**, comprenant la Construction détaillée de l'Horlogerie ordinaire et de précision, et, en général, de toutes les machines propres à mesurer le temps; par MM. Lenormand, Janvier et Magnier, revu par M. L. S.-T. Nouvelle édition entièrement refondue et augmentée de l'Horlogerie électrique, de l'Horlogerie pneumatique et des Boîtes à musique, par E. Stahl. 2 vol. accompagnés d'un Atlas de 15 planches. 7 fr.
— **Horloger-Rhabilleur**, traitant du rhabillage et du réglage des Montres et des Pendules, augmenté de : **Corrélation du Pendule au rochet** avec le levier de la Force motrice. Etude mécanique appliquée à l'Horlogerie, par M. J.-E. Persegol. 1 vol. orné de fig. et pl. 2 fr. 50
— **Huiles minérales**, leur Fabrication et leur Emploi à l'Eclairage et au Chauffage par M. D. Magnier, ingénieur. 1 vol. accompagné de planches. 3 fr. 50
— **Huiles végétales et animales** (Fabricant et Epurateur d'), comprenant la Fabrication des Huiles et les méthodes les plus usuelles de les essayer et de reconnaitre leur sophistication, par MM. J. de Fontenelle, F. Malepeyre et Ad. Dalican. 2 vol. avec 8 planch. 6 fr.
— **Huissiers**, voyez *Aspirants* aux fonctions d'Huissiers.
— **Hydroscope**, voyez *Sondeur*.
— **Hygiène**, ou l'Art de conserver sa santé, par le d^r Morin. 1 v. 3 fr.
— **Imperméabilisation**, voyez *Caoutchouc*.
— **Indiennes** (Fabricant d'), renfermant les Impressions des Laines, des Châles et des Soies, par MM. Thillaye et Vergnaud. 1 vol. accompagné de planches. 3 fr. 50

— **Instruments de Chirurgie** (Fabricant d'), Traité de la Fabrication et de l'emploi des Instruments employés dans les opérations chirurgicales, par M. H.-C. Landrin. 1 gros vol. avec planches. 3 fr. 50
— **Irrigations et assainissement des Terres**, ou Traité de l'emploi des Eaux en agriculture, par M. le Marquis de Pareto. 3 vol. accompagnés de deux Atlas composés de 40 planches in-folio et de tableaux. 18 fr.
— **Ivoirier**, voyez *Marqueteur*.
— **Jardiniers**, ou Art de cultiver les Jardins, renfermant un calendrier indiquant mois par mois tous les travaux a faire en Jardinage, les principes d'Horticulture, la Taille des arbres, les Greffes, etc., par un Jardinier agronome. 1 gros vol. accompagné de figures. 3 fr. 50
— **Jaugeage**, voyez *Tonnelier*.
— **Jeunes gens**, ou Sciences, Arts et Récréations qui leur conviennent, et dont ils peuvent s'occuper avec agrément et utilité, par M. Vergnaud. 2 vol. ornés de figures. 6 fr.
— **Jeux d'Adresse et d'Agilité**, contenant les Jeux et les Récréations d'intérieur et en plein air, à l'usage des enfants, des jeunes gens et des jeunes filles de tout âge, et des grandes personnes, par M. Dumont. 1 vol. orné de figures. 3 fr.
— **Jeux de Calcul et de Hasard**, ou nouvelle Académie des Jeux, comprenant les Jeux de Dés, de Roulette, de Trictrac, de Dames, d'Echecs, de Billard, etc., par M. Lebrun. 1 vol. (*En préparation*.)
— **Jeux de Cartes**, tels que l'Ecarté, le Piquet, le Whist, la Bouillotte, le Bésigue, le Trente et un, le Baccarat, le Lansquenet, etc. 1 vol. (*En préparation*.)
— **Jeux de Société**, renfermant les Rondes enfantines, les Jeux innocents, les Pénitences, les Jeux d'esprit, les Jeux de Salon les plus en usage dans les réunions intimes, par Mme Celnart. 1 vol. 2 fr. 50
— **Justices de Paix**, ou Traité des Compétences et Attributions tant anciennes que nouvelles, en toutes matières, par M. Biret, ancien magistrat. 1 vol. 3 fr. 50
— **Laiterie**, ou Traité de toutes les méthodes en usage pour traiter et conserver le Lait, faire le Beurre, confectionner les Fromages français et étrangers, et reconnaître les Falsifications de ces substances alimentaires, par M. Maigne. 1 vol. orné de figures. 3 fr.
— **Lampiste**, voyez *Ferblantier*.
— **Langage** (Pureté du), par M. Blondin. 1 vol. 1 fr. 50
— **Langage** (Pureté du), par MM. Biscarrat et Boniface. 1 vol. 2 fr. 50
— **Levure** (Fabricant de), traitant de sa composition chimique, de sa production et de son emploi dans l'industrie, principalement dans la Brasserie, la Distillation, la Boulangerie, la Pâtisserie, l'Amidonnerie, la Papeterie, par M. F. Malepeyre. 1 vol. orné de fig. 2 fr. 50
— **Limonadier**, Glacier, Cafetier et Amateur de thés, contenant la fabrication de la Glace et des Boissons frappées ou rafraîchissantes, par MM. Chautard et Julia de Fontenelle. 1 v. accompagné de pl. 2 fr. 50
— **Liqueurs**, voyez *Distillateur*, *Liquides*.
— **Lithographe** (Imprimeur et Dessinateur), traitant de l'Autographie, la Lithographie mécanique, la Chromolithographie, la Lithophotographie, la Zincographie, et des procédés nouveaux en usage dans cette industrie, par M. Villon. 2 vol. et Atlas in-18. 9 fr.
— **Liquides** (Amélioration des), tels que Vins, Vins mousseux, Alcools, Spiritueux, Vinaigres, etc., contenant les meilleures formules pour le coupage et l'imitation des Vins de tous les crus, des Liqueurs, des Sirops, des Vinaigres, etc., par M. Lebeuf. 1 vol. 3 fr.

2

— **Littérature** à l'usage des deux sexes, par Mme D'HAUTPOUL. 1 vol. 1 fr. 75
— **Locomotion mécanique**, voyez *Vélocipédie*.
— **Lumière électrique**, voyez *Briquets*.
— **Luthier**, ou Traité de la construction des Instruments à cordes et à archet, tels que le Violon, l'Alto, le Violoncelle, la Contrebasse, la Guitare, la Mandoline, la Harpe, les Monocordes, la Vielle, etc., traitant de la Fabrication des Cordes harmoniques en boyau et en métal, par MM. MAUGIN et MAIGNE. 1 vol. avec fig. et planch. 3 fr. 50
— **Machines à vapeur** appliquées à la Marine, par M. JANVIER. 1 vol. avec planches. 3 fr. 50
— **Machines Locomotives** (Constructeur de), par M. JULLIEN, ingénieur civil. 1 vol. avec Atlas. 5 fr.
— **Machines-Outils** employées dans les usines et ateliers de construction, pour le Travail des Métaux, par M. CHRÉTIEN. 2 vol. et atlas de 16 pl. grand in-8°. 10 fr. 50
LE MÊME OUVRAGE. 1 vol. in-8° jésus, renfermant l'Atlas. Voy. p. 33. 12 fr.
— **Maçon, Stucateur, Carreleur et Paveur**, contenant l'emploi, dans ces industries, des matières calcaires et siliceuses, ainsi que la construction des Bâtiments de ville et de campagne, et les méthodes de Pavage expérimentées dans les grandes villes, par MM. TOUSSAINT, D. MAGNIER, G. PICAT et A. ROMAIN. 1 vol. orné de figures et accompagné de 7 planches. 3 fr. 50
— **Maires, Adjoints, Conseillers et Officiers municipaux**, rédigé *par ordre alphabétique*, par M. Ch. VASSEROT, ancien adjoint. 1 gros vol. 3 fr. 50
— **Maître d'Hôtel**, ou Traité complet des menus, mis à la portée de tout le monde, par M. CHEVRIER. 1 vol. orné de figures. 3 fr.
— **Maîtresse de Maison**, ou Conseils et Recettes sur l'Economie domestique, par Mmes PARISET et CELNART. 1 vol. 2 fr. 50
— **Mammalogie**, ou Histoire naturelle des Mammifères, par M. LESSON. 1 gros vol. 3 fr. 50
— **Marbrier, Constructeur et Propriétaire de maisons**, contenant des Notions pratiques sur les Marbres, ainsi que des Modèles de Monuments funèbres, de Cheminées, de Vases et d'Ornements de toute nature, par MM. B. et M. 1 vol. avec un Atlas de 20 pl. 7 fr.
— **Marine**, Gréement, manœuvre du Navire et Artillerie, par M. VERDIER. 2 vol. ornés de figures. 5 fr.
— **Maroquinier**, voyez *Chamoiseur*.
— **Marqueteur et Ivoirier**, traitant de la fabrication des meubles et des objets meublants en marqueterie et en incrustation, de la Tabletterie-Ivoirerie, du travail de l'Ivoire, de l'Os, de la Corne, de la Baleine, de la Nacre, de l'Ambre, etc., par MM. MAIGNE et ROBICHON. 1 vol. orné de figures. 3 fr. 50
— **Mathématiques appliquées**, Notions élémentaires sur les Lois du mouvement des corps solides, de l'Hydraulique, de l'Air, du Son, de la Lumière, des Levés de terrains et nivellement, du Tracé des Cadrans solaires, etc., par M. RICHARD. 1 vol. avec figures. 3 fr.
— **Mécanicien-Fontainier**, comprenant la Conduite et la Distribution des Eaux, le mesurage aux Compteurs et à la Jauge, la Filtration, la fabrication des Robinets, des Fontaines, des Bornes, des Bouches d'eau, des Garde-Robes, etc., par MM. BISTON, JANVIER, MALEPEYRE et A. ROMAIN. 1 vol. avec figures et planches. 3 fr. 50
— **Mécanique**, ou Exposition élémentaire des lois de l'Equilibre et du Mouvement des Corps solides, par M. TERQUEM. 1 gros vol. orné de planches. 3 fr. 50

— **Mécanique appliquée à l'Industrie**, voyez *Technologie mécanique*.
— **Médecine et Chirurgie domestiques**, contenant les moyens les plus simples et les plus rationnels pour la guérison de toutes les maladies, par M. le docteur Morin. 1 vol. 3 fr. 50
— **Mégissier**, voyez *Chamoiseur*.
— **Menuisier en bâtiments, Layetier-Emballeur**, traitant des Bois employés dans la menuiserie, de l'Outillage, du Trait, de la construction des Escaliers, du Travail du Bois, etc., par MM. Nosban et Maigne. 2 vol. accompagnés de planches et ornés de figures. 6 fr.
— **Métaux** (Travail des), voyez *Machines-Outils, Tourneur, Charron, Chaudronnier, Ferblantier*.
— **Microscope** (Observateur au). Description du Microscope et ses diverses applications, par M. F. Dujardin, ancien professeur à la Faculté des Sciences de Rennes. 1 vol. avec Atlas de 30 pl. 10 fr. 50
— **Minéralogie**, ou Tableau des Substances minérales, par M. Huot. 2 vol. ornés de figures. 6 fr.
Atlas de Minéralogie, composé de 40 planches représentant la plupart des Minéraux décrits dans l'ouvrage ci-dessus ; fig. noires. 3 fr.
— **Mines** (Exploitation des).
2ᵉ *partie*, Métaux précieux et industriels, Soufre, Sel, Diamant, par M. L. Knab, ingénieur. 1 vol. avec planches. 3 fr. 50
— **Miniature**, voyez *Peinture à l'Aquarelle*.
— **Morale**, ou Droits et Devoirs dans la Société. 1 volume. 75 c.
Morale (La) de l'Enfance, par le vicomte de Morel-Vindé. 1 vol. in-18 cartonné. 1 fr.
— **Moraliste**, ou Pensées et Maximes instructives pour tous les âges de la vie, par M. Tremblay. 2 vol. 5 fr.
— **Mouleur**, ou Art de mouler en Plâtre, au Ciment à l'argile, à la cire, à la gélatine, traitant du Moulage du carton, du carton-pierre, du carton-cuir, du carton-toile, du bois, de l'écaille, de la corne, de la baleine, du celluloïd, etc., contenant le moulage et le clichage des médailles, par MM. Lebrun, Magnier, Robert et De Valicourt. 1 vol. orné de figures. 3 fr. 50
— **Moutardier**, voyez *Vinaigrier*.
— **Musique simplifiée**, ou Grammaire élémentaire contenant les principes de cet Art, par M. Led'huy. 1 vol. accompagné de musique. 1 fr. 50
— **Musique Vocale et Instrumentale**, ou Encyclopédie musicale, par M. Choron, fondateur du Conservatoire de Musique classique et religieuse, et M. de Lafage, professeur de chant et de composition.
— Première partie : Exécution. Connaissances élémentaires. Sons, Notations, Instruments. 1 vol. et Atlas. 5 fr.
— Deuxième partie : Composition. Mélodie et Harmonie. Contre-Point, Imitation, Instrumentation, Musique vocale et instrumentale d'Eglise, de Chambre et de Théâtre. 3 vol. et 3 Atlas. 20 fr.
— Troisième partie : Complément ou Accessoire. Théorie physico-mathématique. Institutions. Histoire de la musique. Bibliographie. Résumé général. 2 volumes et Atlas. 10 fr. 50

SOLFÈGES, MÉTHODES

Solfège d'Italie.	12 fr. »	Méthode de Trompette et Trombone.	» fr. 75
Méthode de Violoncelle.	4 50	— d'Orgue.	3 50
— de Cor anglais.	1 75	— de Piano.	4 50
— de Basson.	» 75	— de Harpe.	3 50
		— de Guitare.	3 »

— **Mythologies** grecque, romaine, égyptienne, syrienne, africaine, etc., par M. Dubois. (*Ouvrage autorisé par l'Université.*) 1 vol. 2 fr. 50

— **Naturaliste préparateur**, 1re *partie* : Classification, Recherche des Objets d'histoire naturelle et leur emballage, Disposition et Conservation des Collections, par M. Boitard. 1 vol. orné de figures. 3 fr.

— *Seconde partie* : Art de préparer et d'empailler les Animaux, de conserver les Végétaux et les Minéraux, de préparer les Pièces d'Anatomie normale et d'embaumer les corps, par MM. Boitard et Maigne. 1 vol. orné de figures. 3 fr. 50

— **Navigation**, contenant la manière de se servir de l'Octant et du Sextant, les méthodes usuelles d'astronomie nautique, suivi d'un Supplément contenant les méthodes de calcul exigées des candidats au grade de Maître au cabotage, par M. Giquel, professeur d'hydrographie. 1 vol. accompagné d'une planche. 2 fr. 50

— **Notaires**, voyez *Aspirants* aux fonctions de Notaires.

— **Numismatique ancienne**, par M. A. de Barthélemy, Membre de l'Institut. 1 gros vol. accompagné d'un Atlas renfermant 12 pl. 7 fr.

— **Numismatique moderne et du moyen âge**, par M. Ad. Blanchet. 3 vol. accompagnés d'un Atlas renfermant 14 planches. 15 fr.

— **Oiseaux (Eleveur d')**, ou Art de l'Oiselier, contenant la Description des principales espèces d'Oiseaux indigènes et exotiques susceptibles d'être élevés en captivité; leur nourriture, leur reproduction, leurs maladies, etc., par M. G. Schmitt. 1 vol. 1 fr. 75

— **Oiseleur**, ou Secrets anciens et modernes de la Chasse aux Oiseaux, traitant de la Fabrication et de l'emploi des Filets et des Pièges, par MM. J. G. et Conrard. 1 vol. orné de planches. Nouvelle édition, revue. 3 fr.

— **Organiste**, 1re partie, contenant l'histoire de l'Orgue, sa description, la manière de le jouer, etc., par M. Georges Schmitt. 1 vol. avec figure et musique. 2 fr. 50

— **Organiste**, 2e partie, contenant l'expertise de l'Orgue, sa description, la manière de l'entretenir et de l'accorder soi-même, suivi de Procès-verbaux pour la réception des Orgues de toute espèce, par M. Charles Simon. 1 vol. orné de planches et de musique. 1 fr. 50

— **Orgues (Facteur d')**, ou Traité théorique et pratique de l'Art de construire les Orgues, contenant le travail de Dom Bédos et les perfectionnements de la facture jusqu'à nos jours, par M. Hamel. 3 vol. avec Atlas in-folio. 18 fr.

— **Ornementiste**, voyez *Décorateur*.

— **Ornithologie**, ou Description des genres et des principales espèces d'oiseaux, par M. Lesson. 2 vol. 7 fr.
Atlas d'Ornithologie, composé de 129 planches représentant la plupart des oiseaux décrits dans l'ouvrage ci-dessus.
Figures noires. 10 fr.

— **Orthographiste**, ou Cours théorique et pratique d'Orthographe, par M. Thémery. 1 vol. 2 fr. 50

— **Paléontologie**, ou des Lois de l'organisation des êtres vivants comparées à celles qu'ont suivies les Espèces fossiles et humatiles dans leur apparition successive; par M. Marcel de Serres, professeur à la Faculté des Sciences de Montpellier. 2 vol. avec Atlas. 7 fr.

— **Papetier et Régleur**, traitant de ces arts et de toutes les industries annexes du commerce de détail de la Papeterie, Encres, Cirages, etc., par MM. Julia Fontenelle et Poisson. 1 gros vol. avec planches. 3 fr. 50

— **Papiers de Fantaisie** (Fabricant de), Papiers marbrés, jaspés, maroquinés, gaufrés, dorés, etc.; Peau d'âne factice, Papiers métal-

— 17 —

liques; Cire et Pains à cacheter, Crayons, etc., etc., par M. Fichtenberg. 1 vol. orné de modèles de papiers. 3 fr.
— **Papiers peints**, voyez *Étoffes imprimées*.
— **Paraffine** (Fab. et Épuration de la), voyez *Bougies stéariques, Huiles minérales, Huiles végétales et animales*.
— **Parcheminier**, voyez *Chamoiseur*.
— **Parfumeur**, ou Traité complet de toutes les branches de la Parfumerie, contenant les procédés nouveaux, employés en France, en Angleterre et en Amérique, à l'usage des chimistes-fabricants et des ménages, par MM. Pradal, F. Malepeyre et A. Villon. 2 vol. ornés de figures. Nouvelle édition corrigée, augmentée et entièrement refondue, par M. A.-M. Villon, ingénieur-chimiste. 6 fr.
— **Patinage** et Récréations sur la Glace, par M. Paulin-Désormeaux, 1 vol. orné de 4 planches. 1 fr. 25
— **Pâtes alimentaires**, voyez *Amidonnier*.
— **Pâtissier**, ou Traité complet et simplifié de Pâtisserie de ménage, de boutique et d'hôtel, par M. Leblanc. 1 vol. orné de figures. 3 fr.
— **Paveur et Carreleur**, voyez *Maçon*.
— **Pêcheur**, ou Traité général de toutes les pêches *d'eau douce et de mer*, contenant l'histoire et la pêche des animaux fluviatiles et marins, les diverses pêches à la ligne et aux filets en rivière et en mer, etc. (*En préparation*.)
— **Pêcheur-Praticien**, ou les Secrets et les Mystères de la Pêche à la ligne dévoilés, par M. Lambert. 1 vol. orné de vignettes et accompagné de planches. 1 fr. 50
— **Peintre d'histoire et Sculpteur**, ouvrage dans lequel on traite de la philosophie de l'Art et des moyens pratiques, par M. Arsenne, peintre. 1 vol. 3 fr. 50
— **Peintre d'histoire naturelle**, contenant des notions générales sur le dessin, le clair-obscur, l'effet des couleurs naturelles et artificielles, les divers genres de peintures, etc., par M. Duménil. 1 vol. orné de teintes. 3 fr.
— **Peintre en Bâtiments**, Vernisseur et Vitrier, traitant de l'emploi des Couleurs et des Vernis pour l'assainissement et la décoration des habitations, de la pose des Papiers de tenture et du Vitrage, par MM. Riffault, Vergnaud, Toussaint et F. Malepeyre. 1 volume orné de figures. Nouvelle édition revue et augmentée. 3 fr.
— **Peinture à l'Aquarelle**, Gouache, Pastel, Miniature, Peinture à la cire, Peintures orientales, etc. 1 vol. (*En préparation*.)
— **Peintre et Graveur en lettres**. (*En préparation*.)
— **Peinture sur Verre, Porcelaine, Faïence et Email**, traitant de la décoration de ces matières, ainsi que de la fabrication des Emaux et des Couleurs vitrifiables et de l'Emaillage sur métaux précieux ou communs et sur terre cuite, par MM. Reboulleau, Magnier et Romain. 1 vol. avec figures. 3 fr. 50
— **Peinture et Vernissage des Métaux et du Bois**, traitant des Couleurs et des Vernis propres à décorer les Métaux et les Bois, de l'imitation sur métal des Bois indigènes et exotiques, de l'ornementation des Articles de ménage et des Objets de fantaisie, suivi de l'imitation des Laques du Japon sur menus articles, par MM. Fink et Lacombe. 1 vol. orné de figures. 2 fr.
— **Pelletier-Fourreur et Plumassier**, traitant de l'apprêt et de la conservation des Fourrures et de la préparation des Plumes, par M. Maigne. 1 vol. orné de figures. 2 fr. 50
— **Perspective** appliquée au Dessin et à la Peinture, par M. Vergnaud. 1 vol. accompagné de planches. 3 fr.

2.

— **Pharmacie Populaire**, simplifiée et mise à la portée de toutes les classes de la société, par M. Julia de Fontenelle. 2 vol. 6 fr.

— **Photographie** sur Métal, sur Papier et sur Verre, contenant toutes les découvertes les plus récentes, par M. de Valicourt. 2 vol. avec planche. 6 fr.

— Supplément à la Photographie sur Papier et sur Verre, par M. G. Huberson. 1 vol. 3 fr.

— **Photographie** (Répertoire de), Formulaire complet de cet Art, par M. de Latreille. 1 vol. 3 fr. 50

— **Physicien-Préparateur**, ou Description des Instruments de physique et leur Emploi dans les Sciences et dans l'Industrie, par MM. Ch. Chevalier et le docteur Fau. 2 vol. avec un Atlas in-8° de 88 pl. 15 fr.

— **Physiologie végétale**, Physique, Chimie et Minéralogie appliquées à la culture, par M. Boitard. 1 vol. orné de planches. 3 fr.

— **Physionomiste des Dames**, Etude de la Physionomie de la femme et des Signes extérieurs au moyen desquels on peut reconnaître son Caractère et ses aptitudes, d'après Lavater, par M. le Dr Morin. 1 vol. accompagné de planches. 3 fr.

— **Physique** appliquée aux Arts et Métiers, voyez *Physicien-Préparateur, Technologie physique*.

— **Plain-Chant** ecclésiastique, romain et français, à l'usage des Séminaires, des Communautés et de toutes les Eglises catholiques, par M. Miné. 1 vol. 2 fr. 50

— **Plâtrier**, voyez *Chaufournier, Maçon*.

— **Plombier, Zingueur, Couvreur, Appareilleur à Gaz**, contenant la fabrication et le travail du Plomb et du Zinc et la manière de les souder, la Couverture des Constructions et l'Installation des Appareils et des Compteurs à Gaz, par M. Romain. 1 vol. orné de figures et accompagné de planches. 3 fr. 50

— **Poêlier-Fumiste**, traitant de la construction des Cheminées de tous modèles, des Fourneaux et des Poêles en terre, de l'agencement et de la Tuyauterie des Fourneaux en maçonnerie et des Poêles en terre, en fonte et en tôle, et du Ramonage des divers appareils de Chauffage, par MM. Ardenni, J. de Fontenelle, F. Malepeyre et A. Romain. 1 vol. orné de figures. 3 fr.

— **Poids et Mesures**, par M. Tarbé, ancien conseiller à la Cour de Cassation.

Petit Manuel classique pour l'Enseignement élémentaire, sans Tables de conversions. (*Autorisé par l'Université*.) 25 c.

Petit Manuel, à l'usage des Ouvriers et des Ecoles, avec Tables de conversions. 25 c.

Petit Manuel à l'usage des Agents Forestiers, des Propriétaires et Marchands de bois. Brochure accompagnée d'une planche. 75 c.

Poids et Mesures à l'usage des Médecins, etc. Brochure in-18. 25 c.

Tableau synoptique des Poids et Mesures. 75 c.

Tableau figuratif des Poids et Mesures. 75 c.

— **Poids et Mesures**, Comptes faits ou Barème général des Poids et Mesures, par M. Achille Nouhen. *Ouvrage divisé en cinq parties qui se vendent séparément*.

1re partie, Mesures de Longueur. 60 c.
2e partie, — de Surface. 60 c.
3e partie, — de Solidité. 60 c.
4e partie, Poids. 60 c.
5e partie, Mesures de Capacité. 60 c.

— **Poids et Mesures** (Barème complet des), avec conversion facile de l'ancien système au nouveau, par M. Bagilet. 1 vol. 3 fr.

— **Poids et Mesures** (Fabrication des), contenant en général tout ce qui concerne les Arts du Balancier et du Potier d'étain, et seulement ce qui est relatif à la fabrication des Poids et Mesures dans les Arts du Fondeur, du Ferblantier, du Boisselier, par M. Ravon. 1 vol. orné de figures. 3 fr.
— **Police de la France**, par M. Truy, commissaire de police à Paris. 1 vol. 2 fr. 50
— **Politesse** (Guide de la), voyez *Bonne Compagnie*.
— **Pompes** (Fabricant de) de tous les systèmes rectilignes, centrifuges, à diaphragme, à vapeur, à incendie, d'épuisement, de mines, de jardin, etc., traitant des principales Machines élévatoires autres que les Pompes, par MM. Janvier, Biston et A. Romain. 1 vol. orné de figures et accompagné de planches. 3 fr. 50
— **Ponts-et-Chaussées** : *Première partie*, Routes et Chemins, par M. de Gayffier, ingénieur en chef des Ponts-et-Chaussées. 1 vol. avec planches. 3 fr. 50
— *Seconde partie.* Ponts et Aqueducs en maçonnerie, par M. de Gayffier. 1 vol. avec planches. 3 fr. 50
— *Troisième partie*, Ponts en bois et en fer, par M. A. Romain. 1 vol. avec figures et planches. 3 fr. 50
— **Porcelainier, Faïencier, Potier de Terre**, contenant des notions pratiques sur la fabrication des Grès cérames, des Pipes, des Boutons en porcelaine et des diverses Porcelaines tendres, par M. D. Magnier, ingénieur civil. 2 vol. avec illustrations. (*En préparation.*)
— **Potier d'étain**, voyez *Fabr. des Poids et Mesures*.
— **Prestidigitation**, voyez *Sorcellerie*.
— **Produits chimiques** (Fabricant de), formant un Traité de Chimie appliquée aux Arts, à l'Industrie et à la Médecine, et comprenant la description de tous les procédés et de tous les appareils en usage dans les laboratoires de Chimie industrielle, par M. G. E. Lormé. 4 gros volumes et Atlas de 16 planches grand in-8°. 18 fr.
— **Propriétaire, Locataire** et Sous-Locataire, des biens de ville et des biens ruraux; rédigé *par ordre alphabétique*, par MM. Sergent et Vasserot, 1 vol. 2 fr. 50
— **Puisatier**, voyez *Sondeur*.
— **Relieur** en tous genres, contenant les Arts de l'Assembleur, du Satineur, du Brocheur, du Rogneur, du Cartonneur et du Doreur, par MM. Séb. Lenormand et W. Maigne. 1 vol. avec fig. et pl. 3 fr. 50
— **Roses** (Amateur de), leur Histoire et leur Culture, par M. Boitard, 1 vol. avec planches. 3 fr. 50
— **Sapeur-Pompier** (Nouveau Manuel *complet* du), composé par une commission d'officiers du Régiment de *Paris* et de la *Province*, publié par *Ordre du Ministère de l'Intérieur*.
Edition entièrement refondue d'après le nouveau matériel de la Ville de Paris. 1 vol. orné de 140 figures dans le texte.
Broché . . . . 3 fr. 50
Cartonné avec la couverture imprimée . . . . 3 fr. 85
— **Sapeur-Pompier** (Nouveau Manuel *abrégé* du), composé par une commission d'officiers du Régiment de Paris et de la Province, publié par *ordre du Ministère de l'Intérieur*.
Edition abrégée entièrement refondue, extraite du nouveau Manuel complet. 1 vol. orné de nombreuses figures dans le texte.
Broché . . . . 2 fr.
Cartonné avec la couverture imprimée . . . . 2 fr. 25
— **Sapeurs-pompiers** (Théorie des), extraite du nouveau Manuel

complet du Sapeur-Pompier, composé par une commission d'officiers du Régiment de Paris et de la Province.
Edition entièrement refondue, contenant les manœuvres de la Pompe à bras et des Echelles, d'après le nouveau matériel de la Ville de Paris. 1 vol. orné de nombreuses figures dans le texte.
Broché . . . . 75 c.
Cartonné avec la couverture imprimée . . . . 85 c.
— **Sapeurs-Pompiers**, voir Services d'Incendie dans les Villes et les Campagnes.
— **Sauvetage** dans les Incendies, les Puits, les Puisards, les Fosses d'aisances, les Caves et Celliers, les Accidents en rivière et les Naufrages maritimes, par M. W. Maigne. 1 vol. orné de vignettes et de planches. 2 fr. 50
— **Savonnier**, ou Traité de la Fabrication des Savons, contenant des notions sur les Alcalis et les corps gras saponifiables, ainsi que les procédés de fabrication et les appareils en usage dans la Savonnerie, par M. E. Lormé, 3 vol. accompagnés de planches. 9 fr.
— **Sculpture sur bois**, contenant l'Outillage et les moyens pratiques de Sculpture, les Styles de l'Ornementation, l'Art de Découper les Bois, l'Ivoire, l'Os, l'Ecaille et les Métaux, la Fabrication des Bois comprimés, etc., par M. S. Lacombe. 1 vol. orné de figures. 3 fr. 50.
— **Serrurier**, ou Traité complet et simplifié de cet Art, traitant des Fers, des Combustibles, de l'Outillage, du Travail à l'Atelier et sur place, de la Serrurerie du Carrossage et des divers travaux de Forge, par M. Paulin-Désormeaux et M. H. Landrin. 1 vol. et un Atlas. 5 fr.
— **Service d'Incendie** dans les Villes et les Campagnes, en France et à l'Etranger, par le lieutenant-colonel Raincourt, ancien chef de bataillon au régiment des Sapeurs-Pompiers, Président d'honneur du Congrès international des Sapeurs-Pompiers, en 1889, et Marcel Grégoire, sous-préfet de Meaux. 1 vol. in-18 orné de 77 figures dans le texte. 2 fr. 50.
— **Soierie**, contenant l'Art d'élever les Vers à soie et de cultiver le Mûrier, traitant de la Fabrication des Soieries, par M. Devilliers. 2 vol. et Atlas. 10 fr. 50
— **Sommelier et Marchand de Vins**, contenant des notions sur les Vins rouges, blancs et mousseux, leur classification par vignobles et par crus, l'Art de les déguster, la description du matériel de cave, les soins à donner aux Vins en cercles et en bouteilles, l'art de les rétablir de leurs maladies, les coupages, les moyens de reconnaître les falsifications, etc., par M. Maigne. 1 vol. orné de fig. 3 fr.
— **Sondeur, Puisatier et Hydroscope**, traitant de la construction des Puits ordinaires et artésiens et de la recherche des Sources et des Eaux souterraines, par M. A. Romain. 1 vol. accompagné de planches. 3 fr. 50
— **Sorcellerie Ancienne et Moderne expliquée**, ou Cours de Prestidigitation. (*Epuisé*.)
— Supplément a la Sorcellerie expliquée, par M. Ponsin. 1 petit volume. 1 fr. 25.
— **Souffleur à la Lampe et au Chalumeau**, traitant de l'emploi de ces instruments au dosage des métaux et à diverses opérations chimiques de laboratoire, par M. Pédroni, chimiste. 1 vol. orné de fig. 2 fr. 50
— **Substances Alimentaires**, voyez *Alimentation*.
— **Sucre** (Fabricant et Raffineur de), traitant de la fabrication actuelle des Sucres indigènes et coloniaux, provenant de toutes les substances saccharifères dont l'emploi est usuel et reconnu pratique, par M. Zoéga. 1 vol. orné de planches et de figures. 3 fr. 50

— **Tabletier**, voyez *Ebéniste, Marqueteur.*
— **Taillandier**, voyez *Serrurier.*
— **Taille-Douce** (Imprimeur en), par MM. BERTHIAUD et BOITARD,
1 vol. avec fig. 3 fr.
— **Tanneur, Corroyeur et Hongroyeur**, contenant le travail des Cuirs forts de la Molleterie et des Cuirs blancs, suivi de la fabrication des Courroies, d'après les méthodes perfectionnées les plus récentes, par M. MAIGNE. 2 volumes ornés de figures et accompagnés de planches. 6 fr.
— **Tapisserie**, voyez *Broderie.*
— **Technologie physique et mécanique**, ou FORMULAIRE à l'usage des Ingénieurs, des Architectes, des Constructeurs et des Chefs d'usines, par M. ANSIAUX, ingénieur. 1 vol. 3 fr.
— **Teinture des peaux**, voyez *Chamoiseur.*
— **Teinturier, Apprêteur et Dégraisseur**, ou Art de teindre la Laine, la Soie, le Coton, le Lin, le Chanvre et les autres matières filamenteuses, ainsi que les tissus simples et mélangés, au moyen des COULEURS ANCIENNES animales, végétales et minérales, par MM. RIFFAUT, VERGNAUD, JULIA DE FONTENELLE, THILLAYE, MALEPEYRE, ULRICH et ROMAIN. 2 vol. accompagnés de planches. 7 fr.
— *Supplément*, traitant de l'emploi en Teinture des COULEURS D'ANILINE et de leurs dérivés, par M. A.-M. VILLON, chimiste. 1 vol. 3 fr. 50
— **Télégraphie électrique**, contenant la description des divers systèmes de Télégraphes et de Téléphones, et leurs applications au service des Chemins de fer, des Sonneries électriques et des Avertisseurs d'incendie, par M. ROMAIN. 1 vol. orné de figures et accompagné de planches. 3 fr. 50
— **Teneur de Livres**, renfermant la Tenue des Livres en partie simple et en partie double, par MM. TRÉMERY et A. TERRIÈRE (*Ouvrage autorisé par l'Université*). 1 vol. 3 fr.
— **Terrassier** et Entrepreneur de terrassements, traitant des divers modes de transport, d'extraction et d'excavation, et contenant une description sommaire des grands travaux modernes, par MM. CH. ETIENNE, AD. MASSON et D. CASALONGA. 1 vol. et un Atlas de 22 pl. 5 fr.
— **Théâtral** (Manuel) et du Comédien, contenant les principes de l'Art de la parole, par Aristippe BERNIER DE MALIGNY. 1 vol. 3 fr. 50
— **Tissage mécanique**, contenant la Description des Machines génériques, leur installation, leur mise en œuvre, ainsi que l'organisation des établissements de Tissage, par M. Eug. BUREL, ingénieur. 1 vol. orné de figures et de planches. 3 fr.
— **Tissus** (Dessin et Fabrication des) façonnés, tels que Draps, Velours, Ruban, Gilet, Coutil, Châle, Passementerie, Gazes, Barèges, Tulle, Peluche, Damassé, Mousseline, etc., par M. TOUSTAIN. 2 vol. et Atlas in-4° de 26 planches. 15 fr.
— **Toiles cirées**, voyez *Caoutchouc.*
— **Tonnelier et Boisselier**, contenant la fabrication des Tonneaux, des Cuves, des Foudres et des autres vaisseaux en bois cerclés, suivi du *Jaugeage* des fûts de toute dimension, par MM. P. DÉSORMEAUX, OTT et MAIGNE. 1 vol. orné de fig. et accompagné de pl. 3 fr.
— **Tourneur**, ou Traité théorique et pratique de l'art du Tour, contenant la description des appareils et des procédés les plus usités pour Tourner les Bois et les Métaux, les Pierres, l'Ivoire, la Corne, l'Ecaille, la Nacre, etc. Ainsi que les notions de Forge, d'Ajustage et d'Ebénisterie indispensables au Tourneur, par E. de VALICOURT. 1 vol. grand in-8 contenant 27 planches de figures, 4° édition revue et corrigée. 15 fr.

Treillageur, *Première partie*, traitant de la fabrication à la main de la Menuiserie des Jardins et de la fabrication des Objets de jardinage, par MM. P. Désormeaux. 1 vol. accompagné de planches. 3 fr.

— **Treillageur**, *Seconde partie*, traitant de l'outillage, de la fabrication à la main et à la mécanique, de la confection des Grillages, Claies, Jalousies, etc., par M. E. Darthuy. 1 vol. avec fig. et pl. 3 fr.

— **Tricots (Fabrication des)**, voyez *Bonnetier*.

— **Tuilier**, voyez *Briquetier*.

— **Typographie, Imprimerie**, contenant les principes théoriques et pratiques de cet art, par MM. Frey et Bouchez, nouv. édit. entièrement refondue par M. Émile Leclerc, de la *Revue des Arts graphiques*. (*En préparation*.)
On vend séparément les Signes de correction. 50 c.

— **Vélocipédie (de)**, Locomotion, Vélocipèdes, Construction, etc., par Louis Lockert, ingénieur diplômé de l'École centrale. 1 vol. orné de 58 fig. dans le texte. Terminé par l'Art de monter à Bicyclette, par Rivierre. 1 fr. 50

— **Vernis (Fabricant de)**, contenant les formules les plus usitées de vernis de toute espèce, à l'éther, à l'alcool, à l'essence, vernis gras, etc., par M. A. Romain. 1 vol. orné de figures. 3 fr. 50

— **Vernisseur**, voyez *Peintre en Bâtiments, Peintures sur Métaux et sur Bois*.

— **Verrier et Fabricant de Cristaux**, Pierres précieuses factices, Verres colorés, Yeux artificiels, par MM. Julia de Fontenelle et Malepeyre. Nouvelle édition entièrement refondue. (*En préparation*.)

— **Vétérinaire**, contenant la connaissance des chevaux, la manière de les élever, les dresser et les conduire, la Description de leurs maladies, les meilleurs modes de traitement, etc., par M. Lebeau et un ancien professeur d'Alfort. 1 vol. orné de figures. 3 fr. 50

— **Vigne (Culture)**, voyez *Chasselas, Vigneron*.

— **Vigneron**, ou l'Art de cultiver la Vigne, de la protéger contre les insectes qui la détruisent, et de faire le Vin, contenant les meilleures méthodes de Vinification, traitant du chauffage des Vins, etc., par MM. Thiébaut de Berneaud et F. Malepeyre. 1 vol. orné de fig. et accompagné de planches. 3 fr. 50

— **Vinaigrier et Moutardier**, contenant la fabrication de l'acide acétique, de l'acide pyroligneux, des acétates, et les formules de Vinaigre de table, de toilette et pharmaceutiques, l'analyse chimique de la graine de moutarde, ainsi que les meilleures recettes pour la préparation de la moutarde, par MM. J. de Fontenelle et F. Malepeyre. 1 vol. orné de figures. 3 fr. 50

— **Vins (Calendrier des)**, ou instructions à exécuter mois par mois, pour conserver, améliorer ou guérir les Vins. (*Ouvrage destiné aux Garçons de caves et de celliers, et aux Maîtres de Chais, faisant suite à l'Amélioration des Liquides*), par V.-F. Lebeuf. 1 vol. 1 fr. 75

— **Vins**, voyez *Liquides, Sommelier*.

— **Vins de Fruits et Boissons économiques**, contenant l'Art de fabriquer soi-même, chez soi et à peu de frais, les Vins de Fruits, les Vins de Raisins secs, le Cidre, le Poiré, les Vins de Grains, les Bières économiques et de ménage, les Boissons rafraîchissantes, les Hydromels, etc., et l'Art d'imiter avec les Fruits et les Plantes les Vins de table et de liqueur français et étrangers, par M. F. Malepeyre. 1 vol. 3 fr.

— **Vins mousseux**, voyez *Liquides*.

— **Zingueur**, voyez *Plombier*.

BIBLIOTHÈQUE DES ARTS ET MÉTIERS

13 vol. format in-18, grand papier

1 fr. 75 le volume

Livre de l'Arpenteur-Géomètre, Guide pratique de l'Arpentage et du lever des Plans, par MM. PLACE et FOUCARD, 1 vol. accompagné de 3 planches.

Livre du Brasseur, Guide complet de la fabrication de la Bière, par M. P. DELESCHAMPS. 1 vol.

Livre de la Comptabilité du Bâtiment, Guide complet de la mise à prix de tous les travaux de Construction, par M. A. DIGEON. 1 vol.

Livre du Cultivateur, Guide complet de la culture des Champs, par M. MAUNY DE MORNAY. 1 vol. accompagné de 2 planches.

Livre de l'Economie et de l'Administration rurale, Guide complet du Fermier et de la Ménagère, par M. MAUNY DE MORNAY. 1 vol. accompagné d'une planche.

Livre du Forestier. Guide complet de la Culture et de l'Exploitation des Bois, traitant de la fabrication des Charbons et des Résines, par M. MAUNY DE MORNAY. 1 vol. accompagné d'une planche.

Livre du Jardinier. Guide complet de la culture des Jardins fruitiers, potagers et d'agrément, par M. MAUNY DE MORNAY. 2 vol. accompagnés de 2 planches.

Livre des Logeurs et des Traiteurs, Code complet des Aubergistes, Maîtres d'hôtel, Teneurs d'hôtel garni, Logeurs, Traiteurs, Restaurateurs, Marchands de vin, etc., suivi de la Législation sur les Boissons. 1 vol.

Livre de l'Eleveur et du Propriétaire d'Animaux domestiques, par M. MAUNY DE MORNAY. 1 vol. accompagné de 2 planches.

Livre du Fabricant de Sucre et du Raffineur, par M. MAUNY DE MORNAY. 1 vol. accompagné de 2 planches.

Livre du Tailleur, Guide complet du tracé, de la coupe et de la façon des Vêtements, par M. Aug. CANNEVA, 1 vol. accompagné de 2 planches.

Livre du Vigneron et du Fabricant de Cidre, de Poiré, de Cormé, et autres Vins de Fruits, par M. MAUNY DE MORNAY, 1 vol. accompagné d'une planche.

INDUSTRIE, ARTS ET MÉTIERS

Art du Peintre, Doreur et Vernisseur, par Watin; 12ᵉ édition, revue pour la fabrication et l'application des couleurs, par MM Ch. et F. Bourgeois, et augmentée de *l'Art du Peintre en voitures, en marbres et en faux bois*, par M. J. de Montigny, ingénieur. 1 vol. in-8°. 6 fr.

Calcul des essieux pour les Chemins de fer; Coup d'œil sur les roues de vagons, par A.-C. Benoit-Duportail. Brochure in-8°. 1 fr. 75

Carnet de l'Inventeur et du Breveté. Précis des législations française et étrangères, renseignements et conseils pratiques, memento pour l'enregistrement des échéances d'annuités, par M. Ch. Thimion, ingénieur-conseil. 1 vol. in-18, cart. toile. 3 fr.

Code de la Propriété, Traité complet des Bâtiments, des Forêts, des Chemins, des Plantations, des Mines, des Carrières et des Eaux, par M. Toussaint, architecte. 2 vol. in-8°. 15 fr.

Considérations sur la perspective, par Benoit-Duportail. Brochure in-8° avec planche. 1 fr. 25

Construction des Boulons, Écrous, Harpons, Clefs, Rondelles, Goupilles, Clavettes, Rivets et Équerres, suivi de la construction des Vis d'Archimède, par A.-C. Benoit-Duportail. Brochure in-8° avec 5 planches. 3 fr.

Contrefaçon des Billets de Banques, Papier timbré, Mandats, Actions industrielles et autres, et moyens d'y remédier, par M. Knecht-Senefelder. Brochure in-18, accompagnée d'une planche. 0 fr. 50

Cordon-Bleu (Le), Nouvelle cuisinière bourgeoise, rédigée et mise par ordre alphabétique, par Mlle Marguerite. 13ᵉ édition, augmentée de nouveaux menus appropriés aux diverses saisons de l'année, d'un ordre pour les services, de l'art de découper et de servir à table, d'un traité sur les vins et des soins à donner à la cave, etc. 1 vol. in-18 de 250 pages, orné de figures, broché. 1 fr.

Le même ouvrage, cartonné. 1 fr. 25

— **Cordon-Bleu (Le)**, nouvelle édition in-18 jésus. (*En préparation.*)

Cubage des Bois en grume (Tarif de), au mètre cube réel et au mètre cube marchand, par M. Ch. Blind. Brochure in-18. 0 fr. 75

Cubage des Bois (Tarif pour le), système métrique mis en harmonie avec l'ancien système, à la portée de tout le monde, par M. Gamet. 1 vol. in-12. 1 fr. 25

Découpure illustrée (Album de croquis), par A. Tiersot. In-4° jésus. 1 fr. 25

Dictionnaire du Métré et de la Vérification, par M. O. Masselin. 3 vol. grand in-8° et un Atlas in-4°. 32 fr.

On vend séparément :
— Charpente en bois, 1 vol. et Atlas. 12 fr.
— Serrurerie et quincaillerie, 1 vol. 10 fr.
— Terrasse, Maçonnerie, Marbrerie et Carrelage, 1 vol. 10 fr.

Études sur quelques produits naturels applicables à la *Teinture*, par M. Arnaudon. Brochure in-8°, 1 fr. 25

Industrie (L') dentellière belge, par B. Van der Dussen. 1 vol. in-12, accompagné d'une planche. 1 fr. 50

Levés à vue (Des) et du Dessin d'après nature, par M. LEBLANC. Brochure in-18 avec planche. 0 fr. 25

Livret-Devaux, Guide indispensable aux Débitants de Boissons et à tous les Négociants soumis à l'exercice de la Régie, ainsi qu'aux Consommateurs, par M. DEVAUX, receveur-buraliste. Cart. in-18. 0 fr. 50

Machines-Outils (Traité des) employées dans les usines et les ateliers de construction pour le Travail des Métaux, par M. J. CHRÉTIEN, 1 vol. in-8° jésus renfermant 16 planches gravées avec soin sur acier. 12 fr.

LE MÊME OUVRAGE, 2 vol. in-18 avec un Atlas grand in-8°. (Voyez page 19.) 10 fr. 50

Manipulations hydroplastiques, ou Guide du Doreur et de l'Argenteur, par M. ROSELEUR. 1 vol. in-8°. 15 fr.

Manuel-Barême pour les Alliages d'Or et d'Argent. Ouvrage indispensable aux Fabricants Bijoutiers et Orfèvres, ainsi qu'à toutes les personnes qui s'occupent du commerce des Métaux précieux, par M. A. MERCIER. 1 vol. in-8°. 10 fr.

Manuel du Bottier, ou la Théorie jointe à la Pratique, par A. MOUREY, ancien bottier. In-12. 1 fr. 50

Manuel du Commerçant en Epicerie, Traité des marchandises qui sont du domaine de ce commerce, falsifications qu'on leur fait subir; moyen de les reconnaître, par MM. A. CHEVALLIER fils et J. HARDY, chimistes. 1 vol. in-12 accompagné de 4 planches. 2 fr. 50

Manuel de la Filature du Lin et de l'Etoupe, Application du Système au Calcul du mouvement différentiel, par M. DELMOTTE, 2e édition. 1 vol. in-12. 2 fr. 50

Manuel pratique de Lithographie sur zinc, par M. L. MONROCQ. 1 vol. in-18, cartonné en toile. 4 fr.

Memento de l'Ingénieur-Gazier, contenant, sous une forme succincte, les Notions et les Formules nécessaires à toutes les personnes qui s'occupent de la fabrication et de l'emploi du Gaz, par M. D. MAGNIER. Br. in-18. 0 fr. 75

Mémoire sur l'Appareil des voûtes hélicoïdales et des voûtes biaises à double courbure, par M. A.-A. SOUCHON. 1 vol. in-4° renfermant 8 planches. 3 fr. 50

Photographie sur papier, par M. BLANQUART-EVRARD. 1 vol. grand in-8°. 1 fr. 50

Scieries et Machines-Outils pour travailler le bois, par MM. ARBEY et FILS. Album in-4° avec texte. 2 fr.

Tables techniques de l'Industrie du Gaz; CALCULS TOUT FAITS des diamètres et des longueurs de conduites, des volumes de gaz qui s'écoulent et des pertes de charges, du pouvoir éclairant et du titre du Gaz, etc., par M. D. MAGNIER, ingénieur. 1 vol. in-8°. 3 fr. 50

Traité complet de la Filature du chanvre et du lin, par MM. COQUELIN et DECOSTER. 1 gros volume avec Atlas in-folio de 37 planches. 20 fr.

Traité du Chauffage au Gaz, par Ch. HUGUENY. Br. in-8°. 1 fr. 50

Traité de la Coupe des Pierres, ou Méthode facile et abrégée pour se perfectionner dans cette science, par J.-B. DE LA RUE. 3e édition, revue et corrigée par M. RAMÉE, architecte. 1 vol. in-8° de texte, avec un Atlas de 98 planches in-folio. 20 fr.

Traité des Echafaudages, ou Choix des meilleurs modèles de charpentes, par J.-Ch. KRAFFT. 1 vol. in-folio relié, renfermant 51 pl. gravées sur acier. 25 fr.

Traité d'Horlogerie moderne, par M. Claudius SAUNIER. 3e édition. 1 vol. grand in-8° avec un Atlas. 36 fr.

Transmissions à grandes vitesses. *Paliers-graisseurs* de M. De Coster, par Benoit-Duportail. Brochure in-8° avec une pl. 0 fr. 75

Travail des Boissons, ce qui est permis ou défendu dans les manipulations, par M. V. F. Lebeuf. 1 vol. in-18. 4 fr.

Travaux de la Scie à découper. Instructions pratiques sur le découpage des bois et des métaux, par J. Carante. 1 vol. in-8°. 4 fr. 50

Usage de la Règle logarithmique, ou Règle-calcul. In-18. 0 fr. 25

Vignole du Charpentier. 1re partie, Art du trait, contenant l'application de cet art aux principales constructions en usage dans le bâtiment, par M. Michel, maître charpentier, et M. Boutereau, professeur de géométrie appliquée aux arts. 1 vol. in-8°, avec Atlas de 72 planches. 20 fr.

OUVRAGES
sur
L'HORTICULTURE, L'AGRICULTURE
L'ÉCONOMIE RURALE, ETC.

L'Amateur de Fruits, ou l'Art de les choisir, de les conserver, de les employer, principalement pour faire les compotes, gelées, marmelades, confitures, etc., par M. L. Dubois. In-12. 2 fr. 50

Asperges (Les), les Figues, les Fraises et les Framboises, Description des meilleures méthodes de culture pour les obtenir en abondance, et manière de les forcer pour avoir des primeurs et des fruits pendant l'hiver, avec l'indication des travaux à faire mois par mois, contenant la culture de l'Asperge à la charrue, par M. V.-F. Lebeuf. 1 vol. in-18 avec vignettes. 1 fr. 50

Champignons (Culture des) de couche et de bois et des Truffes, ou moyens de les multiplier, de les reproduire, de les accommoder, et de reconnaître les Champignons sauvages comestibles, etc., M. V.-F. Lebeuf. 1 vol. in-18, orné de 17 gravures sur bois. 1 fr. 50

Culture et taille rationnelles et économiques du Poirier, du Pommier, du Prunier et du Cerisier, contenant une Description des meilleurs fruits à cultiver en espalier et à haute tige, traitant des Formes nouvelles et naturelles propres à remplacer les formes de fantaisies connues, par M. V.-F. Lebeuf. 1 volume grand in-18 orné de 60 silhouettes des meilleurs fruits en grandeur naturelle. 2 fr. 50

Engrais des Jardins. Moyens de s'en procurer, d'en fabriquer à discrétion et à bon marché, les meilleurs engrais animaux, végétaux, artificiels, chimiques et du commerce; la manière de modifier la nature du sol par leur emploi, d'avoir de l'eau pour les arrosements, etc., par M. V.-F. Lebeuf. 1 vol. in-18. 1 fr. 25

Horticulteur (L') gastronome; Bons légumes et bons fruits, ou Choix des meilleures variétés de plantes potagères et d'arbres fruitiers, et moyen de conserver les fruits et les légumes pendant l'hiver, suivis de 365 salades de l'ami Antoine, de la manière d'établir un jardin potager-fruitier de produit, et du Calendrier de l'Horticulteur, par M. V.-F. Lebeuf. vol. in-18. 1 fr. 25

Révolution agricole, ou Moyen de faire des bénéfices en cultivant les terres, par M. V.-F. LEBEUF. 1 vol. in-18. 2 fr.

De la sciure de bois et de la Tourbe, considérées comme litières et comme engrais, par Gaston JACQUIER. Brochure petit in-8°. 2 fr. 50

De la Vente du Lait en nature, etc., par Gaston JACQUIER. Brochure in-8°. 2 fr. 50

Etude sur les Sauterelles et les Criquets. Moyen d'en arrêter les invasions et de les transformer en Engrais, par M. C. HAUVEL, ingénieur. Brochure in-8°. 1 fr. 50

Fabrication du Fromage, par le docteur F. GERA, traduit de l'italien par V. RENDU, in-8°, fig. (*Ouvrage couronné par la Société centrale d'Agriculture.*) 5 fr.

Histoire du Poirier, par DUVAL. Broch. in-8°. 1 fr. 50

Histoire du Pommier, par DUVAL. Brochure in-8°. 1 fr. 50

Pharmacopée Vétérinaire, ou Nouvelle pharmacie hippiatrique, contenant une classification des médicaments, les moyens de les préparer et l'indication de leur emploi, etc., par M. BRACY-CLARK. 1 vol. in-12 avec fig. 2 fr.

Pigeon Voyageur (Le) dans les Forteresses et au Zanzibar, par M. F. CHAPUIS. 1 vol. in-8°. 1 fr. 50

Vade-Mecum de l'Ensileur, Résumé des différentes méthodes de conservation des fourrages verts, par M. G. JACQUIER. 1 vol. in-8° orné de 20 figures. 3 fr.

Voyage de découverte autour du Monde et à la recherche de La Pérouse, par M. J. DUMONT D'URVILLE, capitaine de vaisseau, exécuté sous son commandement et par ordre du gouvernement, sur la corvette l'*Astrolabe*, pendant les années 1826 à 1829. 5 tomes divisés en 10 volumes in-8° ornés de vignettes sur bois, avec un Atlas contenant 20 planches ou cartes grand in-folio. 30 fr.

Cet important ouvrage, *qui a été exécuté par ordre du gouvernement sous le commandement de M. Dumont-d'Urville et rédigé par lui, n'a rien de commun avec le Voyage pittoresque publié sous sa direction.*

L'AMEUBLEMENT

RECUEIL DE DESSINS

DE SIÈGES, DE MEUBLES ET DE TENTURES

GENRE SIMPLE

DIVISÉ EN TROIS CATÉGORIES

SIÈGES, MEUBLES, TENTURES

Renfermant 36 Planches par an

Fondé par D. GUILMARD *et continué par* A. MAINCENT

Les abonnements ne se font que *pour un an* à partir du 1ᵉʳ janvier.

3 CATÉGORIES ENSEMBLE :

	Paris	Départements	Étranger
En noir.	15 fr.	18 fr.	20 fr.
En couleur.	25 fr.	28 fr.	30 fr.

2 CATÉGORIES ENSEMBLE :

	Paris	Départements	Étranger
En noir.	10 fr.	12 fr.	13 fr.
En couleur.	17 fr.	18 fr. 50	20 fr.

1 CATÉGORIE SÉPARÉE :

	Paris	Départements	Étranger
En noir.	5 fr.	6 fr.	7 fr.
En couleur.	8 fr. 50	9 fr. 50	10 fr. 50

UNE PLANCHE SÉPARÉE :

En noir : 50 c. — En couleur : 80 c.

LE GARDE-MEUBLE

JOURNAL D'AMEUBLEMENT

DIVISÉ EN TROIS CATÉGORIES

SIÈGES, MEUBLES, TENTURES

Renfermant 54 Planches par an

Fondé par D. GUILMARD *et continué par* A. MAINCENT

Les abonnements se font *pour un an* et *pour six mois*, à partir du 15 janvier et du 15 juillet de chaque année. On ne reçoit pas d'abonnement de six mois pour une catégorie séparée.

TROIS CATÉGORIES RÉUNIES :

	PARIS		DÉPARTEMENTS		ÉTRANGER	
	6 mois	1 an	6 mois	1 an	6 mois	1 an
En noir...	11 fr. 25	12 fr. 50	13 fr.	26 fr.	14 fr.	28 fr.
En couleur.	18 fr.	36 fr.	20 fr.	40 fr.	21 fr.	42 fr.

DEUX CATÉGORIES RÉUNIES :

| En noir... | 7 fr. 50 | 15 fr. | 9 fr. | 18 fr. | 10 fr. | 20 fr. |
| En couleur. | 12 fr. | 24 fr. | 14 fr. | 27 fr. | 15 fr. | 28 fr. |

UNE CATÉGORIE SÉPARÉE :

| En noir... | » | 7 fr. 50 | » | 9 fr. | » | 10 fr. |
| En couleur. | » | 12 fr. | » | 14 fr. | » | 15 fr. |

UNE FEUILLE SÉPARÉE :

En noir : 50 c. — En couleur : 80 c.

SUITES A BUFFON

FORMANT

Avec les œuvres de cet Auteur

UN

COURS COMPLET D'HISTOIRE NATURELLE

EMBRASSANT

LES TROIS RÈGNES DE LA NATURE

Belle Édition, format in-octavo

Les possesseurs des Œuvres de BUFFON pourront, avec ces suites, compléter toutes parties qui leur manquent, chaque ouvrage se vendant séparément, et formant, tous réunis, avec les travaux de cet homme illustre, un ouvrage général sur l'histoire naturelle.

Le titre de SUITES A BUFFON donné à cette importante collection dès l'origine de sa publication et sous lequel les Traités qui la composent ont été publiés, ne doit pas la faire confondre avec une réimpression même partielle des Œuvres du célèbre naturaliste, sous les auspices duquel elle a été annoncée.

Cette publication scientifique, du plus haut intérêt, confiée à ce que l'Institut et le haut enseignement possèdent de plus célèbres naturalistes, est appelée à faire époque dans les annales du monde savant. Les noms des Auteurs indiqués sont pour le public une garantie certaine de la conscience et du talent apportés à la rédaction des différents traités.

DIVISION DE L'OUVRAGE

Zoologie générale (Supplément à Buffon), ou Mémoires et Notices sur la Zoologie, l'Anthropologie et l'Histoire de la Science, par M. ISIDORE GEOFFROY SAINT-HILAIRE. 1 vol. avec 1 livraison de planches.
Fig. noires. 10 fr. 50
Fig. coloriées. 17 fr.
Cétacés (Baleines, Dauphins, etc.), ou Recueil et examen des faits dont se compose l'histoire de ces animaux, par M. F. CUVIER, membre de l'Institut, professeur au Muséum d'Histoire naturelle. 1 vol. avec 2 livraisons de planches.
Fig. noires. 14 fr.
Fig. coloriées. 27 fr.
Reptiles (Serpents, Lézards, Grenouilles, Tortues, etc.), par M. DUMÉRIL, membre de l'Institut, professeur à la Faculté de Médecine et au Muséum d'Histoire natu-

relle, et M. Bibron, professeur d'Histoire naturelle. 10 vol. et 10 livraisons de planches.
Fig. noires. 105 fr.
Fig. coloriées. 170 fr.
Poissons, par M. A.-Aug. Duméril, professeur au Muséum d'Histoire naturelle, professeur agrégé libre à la Faculté de Médecine de Paris. Tomes I et II (en 3 volumes) avec 2 livraisons de planches. *(En publication.)*
Fig. noires. 28 fr.
Fig. coloriées. 41 fr.
Entomologie (Introduction à l'), comprenant les principes généraux de l'Anatomie, de la Physiologie des Insectes; des détails sur leurs mœurs, et un résumé des principaux systèmes de classification, etc., par M. Lacordaire, professeur à l'Université de Liège. *(Ouvrage adopté et recommandé par l'Université pour être placé dans les bibliothèques des Facultés et des Collèges et donné en Prix aux élèves.)* 2 vol. et 2 livraisons de planches.
Fig. noires. 21 fr.
Fig. coloriées. 34 fr.
Insectes Coléoptères (Cantharides, Charançons, Hannetons, Scarabées, etc.), par M. Lacordaire, professeur à l'Université de Liège, et M. le Dr Chapuis, membre de l'Académie royale de Belgique. 14 vol. avec 13 livraisons de planches.
Fig. noires. 143 fr.
(Manque de coloris.)
— **Orthoptères** (Grillons, Criquets, Sauterelles), par M. Audinet-Serville, membre de la Société entomologique de France. 1 vol. et 1 livraison de planches.
Fig. noires. 10 fr. 50
Fig. coloriées. 17 fr.
Hémiptères (Cigales, Punaises, Cochenilles, etc.), par MM. Amyot et Serville. 1 vol. et 1 livraison de planches.
Fig. noires. 10 fr. 50
Fig. coloriées. 17 fr.
Insectes Lépidoptères (Papillons). *Les deux parties de cet ouvrage se vendent séparément,*
— Diurnes, par M. Boisduval. tome 1er, avec 2 livraisons de planches. *(En publication.)*
Fig. noires. 14 fr.
(Manque de coloris.)
— Nocturnes, par MM. Boisduval et Guénée, tome 1er, avec 1 livraison de planches, tomes V à X, avec 5 livraisons de planches. *(En publication.)*
Fig. noires. 70 fr.
Fig. coloriées. 109 fr.
Névroptères (Demoiselles, Éphémères, etc.), par M. le docteur Rambur. 1 vol. et 1 livraison de planches.
Fig. noires. 10 fr. 50
Fig. coloriées. 17 fr.
Hyménoptères (Abeilles, Guêpes, Fourmis, etc.), par M. le comte Lepelletier de Saint-Fargeau et M. Brullé 4 vol. avec 4 livraisons de planches.
Fig. noires. 42 fr.
Fig. coloriées. 68 fr.
(Manque de coloris.)
Diptères (Mouches, Cousins, etc.), par M. Macquart, ancien recteur du Muséum d'Histoire naturelle de Lille. 2 vol. et 2 livraisons de planches.
Fig. noires. 21 fr.
(Manque de coloris.)
Aptères (Araignées) Scorpions, etc.) par MM. Walckenaer et Gervais, 4 vol. avec 5 livraisons de planches.
Fig. noires. 45 fr.
(Manque de coloris.)
Crustacés (Ecrevisses, Homards, Crabes, etc.), comprenant l'Anatomie, la Physiologie et la classification de ces animaux, par M. Milne-Edwards, membre de l'Institut, professeur au Muséum d'Histoire naturelle, etc. 3 vol. avec 4 livraisons de planches.
Fig. noires. 35 fr.
(Manque de coloris.)
Mollusques (Moules, Huîtres, Escargots, Limaces, Coquilles, etc.).
Helminthes ou Vers intestinaux, par M. Dujardin, doyen de la Faculté des Sciences de Rennes.

1 vol. avec 1 livraison de planches.
Fig. noires. 10 fr. 50
(*Manque de coloris.*)
Annelés marins et d'eau douce (Annélides, Géphyriens, Sangsues, Lombrics, etc.), par M. DE QUATREFAGES, membre de l'Institut, professeur au Muséum d'Histoire naturelle, et M. Léon VAILLANT, professeur au Muséum d'Histoire naturelle. Tomes I et III (en 5 vol.) avec 3 livraisons de planches.
Fig. noires. 45 fr.
(*Manque de coloris.*)
Zoophytes Acalèphes (Physales, Béroés, Angèles, etc.), par M. LESSON, correspondant de l'Institut, pharmacien en chef de la Marine, à Rochefort. 1 vol. avec 1 livraison de planches.
Fig. noires. 10 fr. 50
Fig. coloriées. 17 fr.
Echinodermes (Oursins, Palmettes, etc.), par MM. DUJARDIN, doyen de la Faculté des Sciences de Rennes, et HUPÉ, aide-naturaliste au Muséum de Paris. 1 vol. avec 1 livraison de planches.
Fig. noires. 10 fr. 50
Fig. coloriées. 17 fr.
Coralliaires ou POLYPES PROPREMENT DITS (Coraux, Gorgones, Eponges, etc.), par MM. MILNE-EDWARDS, membre de l'Institut, professeur au Muséum d'Histoire naturelle, et J. HAIME, aide-naturaliste au Muséum d'Histoire naturelle. 3 vol. avec 3 livraisons de planches.
Fig. noires. 31 fr.
Fig. coloriées. 51 fr.
Zoophytes Infusoires (Animalcules microscopiques), par M. DUJARDIN, doyen de la Faculté des Sciences de Rennes.

1 vol. avec 2 livraisons de planches.
Fig. noires. 14 fr.
Fig. coloriées. 27 fr.
Botanique (Introduction à l'étude de la), ou Traité élémentaire de cette science, contenant l'Organographie, la Physiologie, etc., par M. DE CANDOLLE, professeur d'Histoire naturelle à Genève. (*Ouvrage autorisé par l'Unisité pour les Lycées et les Collèges*). 2 vol. et 1 livraison de planches noires. 17 fr. 50
Les planches ne sont pas coloriées.
Végétaux phanérogames (Organes sexuels apparents : Arbres, Arbrisseaux, Plantes d'agrément, etc.), par M. SPACH, aide-naturaliste au Muséum d'Histoire naturelle. 14 vol. avec 15 livraisons de planches.
Fig. noires. 150 fr.
Fig. coloriées. 248 fr.
Cryptogames (Organes sexuels peu apparents ou cachés : Mousses, Fougères, Lichens, Champignons, Truffes, etc.).
Géologie (Histoire, Formation et Disposition des Matériaux qui composent l'écorce du globe terrestre), par M. HUOT, membre de plusieurs sociétés savantes. 2 vol. ensemble de plus de 1500 pages, avec 2 livraisons de planches noires. 21 fr.
Les planches ne sont pas coloriées.
Minéralogie (Pierres, Sels, Métaux, etc.), par M. DELAFOSSE, membre de l'Institut, professeur au Muséum d'Histoire naturelle et à la Sorbonne. 3 vol. et 4 livraisons de planches noires. 35 fr.
Les planches ne sont pas coloriés.

Les SUITES A BUFFON forment actuellement 88 volumes in-8° imprimés avec le plus grand soin sur beau papier vergé, et planches. Chaque traité complet se vend séparément.

Prix du texte :

Chaque volume se composant d'environ 500 à 700 p. 7 fr.

Prix des planches :
Chaque livraison d'environ 10 pl., fig. noires.   3 fr. 50
—   —   —   —   fig. coloriées.   10 fr.

Zoologie classique, ou Histoire naturelle du Règne animal, par M. F. A. Pouchet, ancien professeur de zoologie au Muséum d'Histoire naturelle de Rouen, etc. Seconde édition considérablement augmentée. 2 vol. in-8°, contenant ensemble plus de 1 300 pages, et accompagnés d'un Atlas de 44 planches et de 5 grands tableaux.
Fig. noires.   20 fr.

Nota. *Le Conseil de l'Université a décidé que cet ouvrage serait placé dans les bibliothèques des Lycées.*

PETITES SUITES A BUFFON
Format in-18

Histoire des Poissons classée par ordre, genres et espèces, d'après le système de Linné, avec les caractères génériques, par Bloch et René-Richard Castel. 10 vol. accompagnés de 160 pl. représentant 600 espèces de poissons dessinés d'après nature.
Fig. noires.   26 fr.

Histoire des Reptiles, par MM. Sonnini, naturaliste, et Latreille, membre de l'Institut, 4 vol. accompagnés de 54 pl., représentant environ 150 espèces différentes de serpents, vipères, couleuvres, lézards, grenouilles, tortues, etc., dessinées d'après nature.
Fig. noires.   10 fr.

Histoire des Coquilles, contenant leur description, leurs mœurs et leurs usages, par M. Bosc, membre de l'Institut, 5 vol. accompagnés de planches.
Fig. noires.   10 fr. 50

Histoire naturelle des Minéraux, par M. E.-M. Patrin, 5 vol. accompagnés de 40 pl.
Fig. noires.   10 fr. 50

Histoire naturelle des Végétaux classés par familles, avec la citation de la classe et de l'ordre de Linné, et l'indication de l'usage qu'on peut faire des plantes dans les arts, le commerce, l'agriculture, le jardinage, la médecine, etc.; des figures dessinées d'après nature, et un Genera complet, selon le système de Linné, avec des renvois aux familles naturelles de Jussieu, par J.-B. Lamarck et C.-F.-B. de Mirbel. 15 vol. in-18 accompagnés de 120 planches.
Fig. noires.   30 fr.
Fig. coloriées.   46 fr.

Histoire naturelle des Vers, par M. Bosc, membre de l'Institut. 3 vol.
Fig. noires.   6 fr. 50
Fig. coloriées.   10 fr. 50

Histoire des Insectes, composée d'après Réaumur, Geoffroy, De Geer, Roesel, Linné, Fabricius, et les meilleurs ouvrages qui ont paru sur cette partie, rédigée suivant les méthodes d'Olivier, de Latreille, avec des notes, plusieurs observations nouvelles et des figures dessinées d'après nature, par F.-M.-G. de Tigny et Brongniart, pour les généralités. Edition augmentée par M. Guérin. 10 vol. ornés de planches.
Fig. noires.   23 fr.
Fig. coloriées.   39 fr.

Histoire des Crustacés, contenant leur description, leurs mœurs et leurs usages, par MM. Bosc et Desmarest. 2 vol. accompagnés de 18 planches.
Fig. noires.   7 fr. 50
Fig. coloriées (manquent).

OUVRAGES DIVERS D'HISTOIRE NATURELLE

Arachnides (Les) de France, par M. E. Simon, membre de la Société entomologique de France.
Tome 1er, contenant les Familles des Epeiridæ, Uloboridæ, Dictynidæ, Enyoidæ et Pholcidæ. 1 vol. in-8°, accompagné de 3 planches.
12 fr.
Tome 2, contenant les Familles des Urocteidæ, Agelenidæ, Thomisidæ et Sparassidæ. 1 vol. in-8°, accompagné de 7 planches. 12 fr.
Tome 3, contenant les Familles des Attidæ, Oxyopidæ et Lycosidæ. 1 vol. in-8°, accompagné de 4 planches. 12 fr.
Tome 4, contenant la Famille des Drassidæ. 1 vol. in-8°, accompagné de 5 planches. 12 fr.
Tome 5 (1re partie), contenant la Famille des Epeiridæ (supplément) et des Theridionidæ. 1 vol. in-8°, accompagné de planches.
12 fr.
Tome 5 (2e partie), contenant la Famille des Theridionidæ (suite). 1 vol. in-8°, accompagné de planches et orné de figures 12 fr.
Tome 5 (3e partie), contenant la Famille des Theridionidæ (fin). 1 vol. in-8°, accompagné de planches et orné de figures. 12 fr.
Tome 6. (*En préparation.*)
Tome 7, contenant les Familles des Chernetes, Scorpiones et Opiliones. 1 vol. in-8°, accompagné de planches. 12 fr.
Histoire naturelle des Araignées, par M. Eug. Simon, *Deuxième édition*.
Tome premier, 1er *fascicule* contenant 215 figures intercalées dans le texte. 1 vol. grand in-8° de 256 pages. 6 fr.
Tome premier, 2e *fascicule* contenant 275 figures intercalées dans le texte. 1 vol. grand in-8°. 6 fr.
Tome premier, 3e *fascicule* contenant 347 figures intercalées dans le texte. 1 vol. grand in-8°. 6 fr.
Tome premier, 4e *et dernier fascicule* (du tome 1er), contenant 261 figures intercalées dans le texte. 1 vol. grand in-8° 6 fr.
Le *tome deuxième* est en cours de publication.
Etude sur les Sauterelles et les Criquets, moyen d'en arrêter les invasions et de les transformer en Engrais par les procédés Durand et Hauvel, brevetés s. g. d. g. Brochure in-8° de 36 pages. 75 c.

OUVRAGES D'ASSORTIMENT

Aranéides des îles de la Réunion, Maurice et Madagascar, par M. Aug. Vinson. 1 gros volume in-8°, illustré de 14 planches.
Fig. noires. 20 fr.
Astronomie des Demoiselles, ou Entretiens entre un frère et sa sœur, sur la mécanique céleste, par James Fergusson et M. Quétrin. 1 vol. in-12. 3 fr. 50
Botanique (La), de J.-J. Rousseau, contenant tout ce qu'il a écrit sur cette science, augmentée de l'exposition de la méthode de Tournefort et de Linné, suivie d'un dictionnaire de botanique et de notes historiques, par M. Deville. 2e édition, 1 gros vol. in-12, orné de 8 planches.
Fig. noires. **4 fr.**

Chimie élémentaire, inorganique et organique, à l'usage des Ecoles et des Gens du Monde, par E. BURNOUF. 1 gros vol. in-12. 3 fr.

Choix des plus belles fleurs et des plus beaux fruits, par P.-J. REDOUTÉ, peintre d'histoire naturelle.
150 planches différentes coloriées. Chaque pl. 1 fr.

Collection iconographique et historique des Chenilles d'Europe, ou Description et figures de ces Chenilles, avec l'histoire de leurs métamorphoses, et leur application à l'agriculture, par MM. BOISDUVAL, RAMBUR et GRASLIN.

Cette collection se compose de 42 livraisons, format grand in-8°, papier vélin : chaque livraison comprend *trois planches coloriées* et le texte correspondant.

Les 42 livraisons réunies (la pl. I des Papillonides n'a jamais existé) : 100 fr.

Cours d'agriculture, de viticulture et de jardinage, par Mathieu RISLER (1849). 1 vol. in-12. 2 fr.

Fauna japonica, sive Descriptio animalium quæ in itinere per Japoniam jussu et auspiciis superiorum, qui summum in India Batava imperium tenent, suscepto anni 1823-1830, collegit, notis, observationibus et adumbrationibus illustravit PH. FR. DE SIEBOLD.

Reptiles, 3 livraisons noires. Ensemble. 25 fr.

Faune de l'Océanie, par M. le docteur BOISDUVAL. 1 gros vol. in-8°, imprimé sur grand papier. 10 fr.

Faune entomologique de Madagascar, Bourbon et Maurice.
— *Lépidoptères*, par le docteur BOIS-DUVAL ; avec des notes sur leurs métamorphoses, par M. SGANZIN.
Huit livraisons, format grand in-8°, papier vélin.
Les 8 livraisons réunies. Planches coloriées. 20 fr.
Planches noires. 10 fr.

Géométrie Perspective avec ses applications a la recherche des Ombres, par M. le Général G.-H. DUFOUR. 1 vol. in-8° avec Atlas in-4° de 22 planches. 4 fr.

Icones historiques des Lépidoptères nouveaux ou peu connus, collection, avec figures coloriées, des papillons d'Europe nouvellement découverts, par M. le docteur BOISDUVAL. Ouvrage formant le complément de tous les auteurs iconographes. Cet ouvrage se compose de 42 livraisons grand in-8°, comprenant chacune *deux planches coloriées* et le texte correspondant.

Les 42 livraisons réunies. Coloriées. 100 fr.
Noires. 25 fr.

Nota. — Tome 2. Le texte s'arrête page 208. Toutes les fig. des planches 48 à 70 inclusivement sont décrites. Les fig. des planches 71 à la fin ne sont pas décrites.

Iconographie et histoire des Lépidoptères et des Chenilles de l'Amérique septentrionale, par M. le docteur BOISDUVAL, et le major John LECONTE, de New-York.
Cet ouvrage comprend 26 livraisons, format grand in-8°, renfermant 3 *planches coloriées* et le texte correspondant.
Les 26 livraisons réunies. 60 fr.

Manuel des Candidats à l'emploi de Vérificateur des Poids et Mesures, par M. RAYON. 2e édit. 1 vol. in-8°. 5 fr.

Manuel des Sociétés de secours mutuels. Une brochure in-12. 1854. 0 fr. 50

Mémoires de la Société royale des Sciences de Liège. Première série, 1843 à 1866, 20 vol. à 7 fr.
Deuxième série, 1866 à 1887, 13 vol. à 7 fr.

Mémoires récréatifs, scientifiques et anecdotiques du physicien-aéronaute Robertson. 2 vol. in-8° ornés de vignettes. 12 fr.

Mémoires sur la guerre de 1809 en Allemagne, avec les opérations particulières des corps d'Italie, de Pologne, de Saxe, de Naples et de Walcheren, par le général Pelet, d'après son journal fort détaillé de la campagne d'Allemagne, ses reconnaissances et ses divers travaux ; la correspondance de Napoléon avec le major général, les maréchaux, etc. 4 vol. in-8°. 28 fr.

Ministre (Le) de Wakefield, traduit en français par M. Aignan, 1 vol. in-12, avec figures. 1 fr.

Monographie des Erotyliens, famille de l'ordre des Coléoptères, par M. Th. Lacordaire. In-8°. 9 fr.

Synonymia insectorum. — Genera et species Curculionidum (ouvrage comprenant la synonymie et la description de tous les Curculionides connus), par M. Schoenherr. 8 tomes en 16 parties. (*Ouvrage terminé.*) 144 fr.

Théorie élémentaire de la Botanique, ou Exposition des principes de la classification naturelle et de l'art de décrire et d'étudier les végétaux, par M. de Candolle. 3ᵉ édition, 1 vol. in-8°. 8 fr.

Voyage à Madagascar, au couronnement de Radama II, par Aug. Vinson. Ouvrage enrichi des Catalogues spéciaux publiés par MM. J. Verreaux, Guénée et Ch. Coquerel. 1 beau volume in-8° jésus.
Papier ordinaire, fig. coloriées. 20 fr.

NOUVELLE COLLECTION

DE

L'ENCYCLOPÉDIE-RORET

FORMAT IN-18 JÉSUS

Manuel de l'Apiculteur Mobiliste, nouvelles causeries sur les Abeilles en 30 Leçons, par l'Abbé Duquesnois, curé de Saint-Cyr-sous-Dourdan. 1 vol. orné de 20 figures dans le texte. 3 fr.

— **Cordon Bleu (Le)**. Nouvelle Cuisinière Bourgeoise, par Mlle Marguerite. 14ᵉ édition. (*En préparation.*)

33101. — Imprimerie Lahure, rue de Fleurus, 9, à Paris.

www.ingramcontent.com/pod-product-compliance
Lightning Source LLC
Chambersburg PA
CBHW071225300426
44116CB00008B/919